# Toutes les Poules

AUX LECTEURS

L'édi-
teur de
TOUTES LES
POULES sera obli-
gé aux Lecteurs de ce
volume de lui signaler
les oublis et les omissions
qui pourraient s'y être produits. :: :: :: :: :: :: ::
Il accueillera aussi avec reconnaissance les indications, les
conseils qu'on voudra bien lui
faire parvenir au sujet des
perfectionnements et amé-
liorations à y apporter. ::
Il s'efforcera d'en tenir
compte dans les édi-
tions ultérieures du
présent ouvrage.
:: :: :: :: ::

Toutes les Poules

et leurs Variétés

DESCRIPTION, STANDARD, POINTS, ÉLEVAGE

❧ ❧ ❧

Ouvrage publié sous la direction de

H.-L.-Alph. BLANCHON

Continué par

Le Comte DELAMARRE DE MONCHAUX

CORRESPONDANT DE L'ACADÉMIE D'AGRICULTURE
PRÉSIDENT DE LA FÉDÉRATION NATIONALE DES SOCIÉTÉS D'AVICULTURE
ET DE LA SECTION D'AVICULTURE DE LA SOCIÉTÉ DES AGRICULTEURS DE FRANCE
VICE-PRÉSIDENT DE LA SOCIÉTÉ CENTRALE D'AVICULTURE

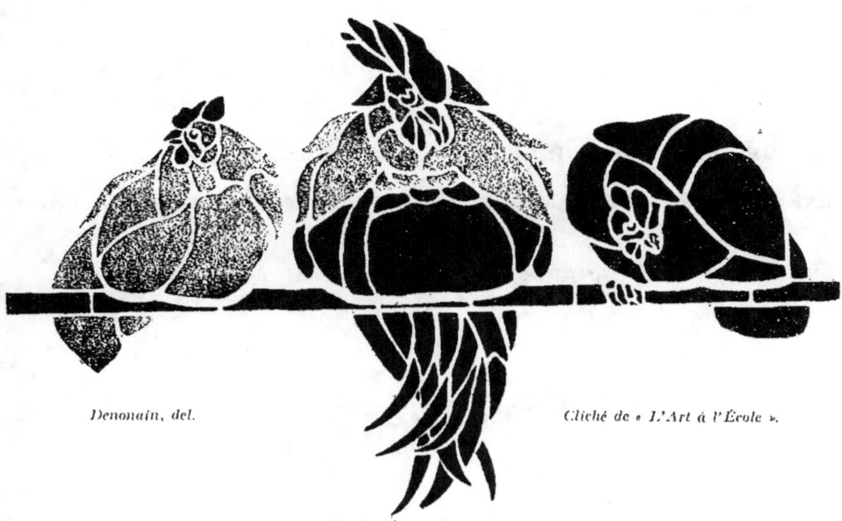

Denonain, del.   *Cliché de « L'Art à l'École ».*

PARIS	BRUXELLES	MADRID
CHARLES AMAT	ED. MARETTE	RIVAS GRANDE
ÉDITEUR	LIBRAIRE	LIBRAIRE
11, RUE DE MÉZIÈRES, 11	3, RUE SAINT-BONIFACE, 3	FERNANDO VI . 2

1924

OUVRAGES DES MÊMES AUTEURS

Comte DELAMARRE DE MONCHAUX.

LES OISEAUX. *Principales Espèces d'Europe.*

* **Les Oiseaux Chanteurs.** Volume in-16, 170 pages. — 174 figures. — 96 planches coloriées. — (Paris. — P. Lechevalier, 1923.)

LES OISEAUX DOMESTIQUES.

Aviculture Pratique. In-12 illustré. — Paris, G. Doin, 1924.

H.-L. Alph. BLANCHON.

MANUEL DE L'ÉLEVEUR DE POULES. (2ᵉ édition, 1909.) — L. Mulo. Paris.

EXPLOITATION PRODUCTIVE DES OISEAUX DE BASSE-COUR. (In-18. — Paris, Laveur.)

L'INDUSTRIE DU CANARD. In-12 illustré. — (Amat, Éditeur, Paris).

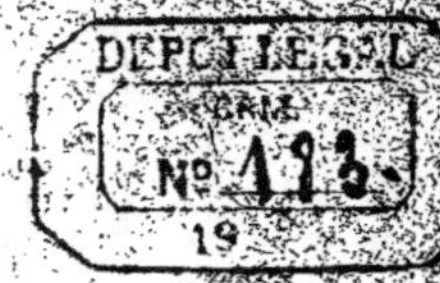

AVERTISSEMENT

Notre regretté collègue et ami Alphonse Blanchon avait entrepris, après de nombreux travaux, qui l'y avaient admirablement préparé, la publication d'un ouvrage d'ensemble sur les races gallines.

Toutes les Poules, tel était le titre de ce livre, dont les trois premiers fascicules parurent avant la guerre.

L'illustration, luxueuse et artistique, en avait été confiée à notre grand artiste animalier Malher. Des figures en noir et des planches hors texte en trichromie devaient aider à la compréhension du texte.

Mais l'homme propose... et la maladie emporta notre ami, avant qu'il pût achever cette œuvre, dont il nous avait souvent entretenu, à laquelle nous avions collaboré, et qu'il considérait comme le couronnement de sa féconde carrière d'écrivain.

M. Amat, qui n'a pas hésité à éditer, à grands frais, cette importante publication, désireux d'achever l'œuvre commencée, voulut bien faire appel à notre bonne volonté pour la terminer et la présenter aux lecteurs.

Nous ne pouvions refuser ce témoignage de sympathie à la mémoire de notre ancien collègue, et il nous a paru que c'était pour nous un devoir de mettre le monde avicole, où nous nous plaisons à entretenir de si nombreuses et si agréables relations, à même de profiter de son œuvre, sous la forme même où il l'avait conçue.

Dans les généralités qu'il avait rédigées et dont nous tenons à conserver le texte, H.-L.-Alph. Blanchon avait annoncé qu'il suivrait, pour la présentation des diverses races, la classification qu'il proposait, tout en en reconnaissant le caractère artificiel, classification en sept groupes que l'on trouvera plus loin.

La difficulté de répartir exactement les races dans ces divers groupes nous obligera parfois, dans la suite, à nous écarter légèrement de cette classification, que M. Blanchon ne donnait d'ailleurs pas comme un cadre rigide, rigoureusement scientifique, mais simplement comme une méthode pratique de présentation.

Ainsi, pour ne citer que cet exemple, dans le groupe des races à crête frisée, ou *fraisée*, suivant la nouvelle expression, se trouverait la Dorking à crête frisée, qu'on ne peut évidemment, sans inconvénient, séparer de la Dorking à crête simple.

De même, pour la Rhode Island, l'Ancône et l'Orpington. Chez ces races, en effet, les variétés *rose comb* ne sont qu'exceptionnelles. Le type courant est à crête simple.

D'autre part, pour le sixième groupe, races modernes mélangées de sang asiatique européen, les races pratiques françaises et étrangères d'Europe et d'Amérique ont été, dans bien des cas, améliorées ou agrandies, par un mélange de sang asiatique.

Nous nous arrêterons, pour la détermination du groupe auquel nous les rattacherons, à la distinction suivante : pour les races qui ont été simplement modifiées par l'introduction du sang étranger, mais qui ont conservé la physionomie, les caractères et les aptitudes du type primitif français, nous les classerons à la suite des races françaises et absolument pures. Au contraire, pour celles qui ont été créées de toutes pièces par des croisements, telles que la Faverolles en France ou l'Orpington en Angleterre, nous les rangerons dans le sixième groupe prévu par M. Blanchon.

En plus des Monographies contenues dans les chapitres consacrés aux sept groupes ci-dessus visés, nous avons réuni, en deux chapitres supplémentaires, des renseignements moins étendus sur diverses races françaises et étrangères (1) et sur quelques races dites « de fantaisie », ainsi que sur les Coqs et Poules sauvages qu'il est intéressant de comparer à nos races domestiques.

Comte Delamarre de Monchaux.

---

(1) Observation est faite que certaines « races » ainsi qualifiées dans notre chapitre IX, ne sont pas de véritables *races* au sens zootechnique du mot, mais constituent plutôt un ensemble de volailles ayant des caractères communs, que la sélection n'a pas toujours fixés.

TOTES LES POULES

CHAPITRE PREMIER

Généralités.

Caractères extérieurs. Les races gallines et leurs variétés sont différenciées par leurs caractères extérieurs (1). Les appellations usitées dans le monde avicole ne sont pas toujours d'une exactitude parfaite au point de vue de la zootechnie ; mais, puisqu'elles sont d'un usage courant et indispensable pour l'application des Standards, nous les adopterons en cherchant seulement à rendre compréhensibles, à tous, ces termes, erronés peut-être, mais qui répondent aux besoins de l'aviculture et qui sont communément employés.

La figure I nous donne la nomenclature des différentes parties d'un coq.

LE BEC (o, fig. I). — Le bec, plus ou moins droit, ou recourbé, se divise en deux *mandibules* recouvertes d'une matière cornée. La mandibule supérieure est terminée, à son extrémité, par la pointe et à sa base par les fosses nasales ou *narines*, qui peuvent être plus ou moins ouvertes ; la mandibule inférieure se divise à sa base en deux branches, et la partie creuse entre celles-ci se nomme menton ; la *commissure du bec* est le point où les deux mandibules se rejoignent. La surface extérieure, cornée, des mandibules peut varier de couleur, allant du blanc jaunâtre au noir en passant par le jaune, le gris, le gris bleu et le brun.

LA CRÊTE (1, fig. I) est une excroissance charnue, prenant naissance à la base de la mandibule supérieure, et s'étendant, plus ou moins loin, sur le sommet de la tête ; dans nos races modernes, elles offrent de grandes variations de formes et de dimensions.

La crête *simple* consiste en une lame de chair, partant de la mandibule supérieure et se terminant à l'arrière de la tête, le bord supérieur est découpé en forme de dents nommées *crêtillons* (fig. II — 2, 5, 10, coqs, et 1, poules). L'extrémité arrière consiste en un lobe plus ou moins arrondi et détaché à l'arrière de la tête (comparer 2 et 5, fig. II). La crête simple est portée soit droite (2, 5 et 10, fig. II) soit repliée, c'est-à-dire retombant sur l'un des côtés de la tête (1, fig. II) ; la crête repliée est l'apanage des poules, c'est un défaut chez les coqs.

La crête *double* ou *frisée* (appelée par-

(1) Nous laissons de côté pour le moment l'anatomie et la physiologie du coq et de la poule que nous traiterons dans un chapitre spécial.

fois *plate*) (fig. II, 3, 8, 9) forme au-dessus de la tête une masse à surface supérieure plate, hérissée de granulations pointues et rapprochées ; le devant au-dessus du bec est large et arrondi, l'arrière se termine par une pointe, plus

siste en une excroissance charnue ou en un bourrelet lisse, ne dépassant pas l'arrière de la tête, et ne se terminant pas en pointe comme la crête frisée. Le bourrelet peut être simple ou double.

La crête en *feuilles de chêne* ou en *gobelet* (4, fig. II) est une crête triple consistant en un mamelon central, placé au-dessus du bec, et entouré de deux coquilles ou feuilles juxtaposées, dont les bords extérieurs sont finement dentelés ; on leur donne plus spécialement le nom de *crête en gobelet* lorsque les feuilles se creusent, de manière à former une sorte de gobelet, et celui de *papillon* lorsque les deux feuilles s'étalent sans cependant s'aplatir ; l'ensemble dans ce dernier cas prend l'aspect d'un papillon aux ailes étendues, qui serait placé au milieu du front de l'oiseau.

La crête en forme de *cornes* (6, fig. II) consiste en une excroissance charnue au-dessus du bec, se divisant en deux cornes plus ou moins longues et fortes.

Les crêtes peuvent aussi offrir des différences dans leur *texture*, le tissu étant plus ou moins fin avec des granulations, plus ou moins accentuées, et même absolument lisses ; la couleur, chez l'oiseau en bonne santé, est toujours d'un rouge vif, à l'exception pourtant de la race Négresse, où elle est d'un bleu violacé.

Les crêtes frisées, en bourrelet, en gobelet, en forme de cornes, etc., etc., n'existent que chez quelques races, dont

Cliché - *Élevage Saint-Michel » Langeais.*

Fig. I. — Nomenclature des parties extérieures d'un coq.

ou moins aiguë, et plus ou moins relevée suivant les races.

La crête *fraisée* ou *triple* (11, fig. II) est formée de trois petits lobes parallèles dans le sens de la longueur et à peine dentelés ; elle est dans son ensemble petite, à peine saillante. La crête en *bourrelet* ou en *couronne* (7, fig. II) con-

elles forment un des caractères spéciaux.
Nous les étudierons dans les monographies spéciales de cette race, nous ne nous étendrons pour le moment que sur les crêtes *simples* et *frisées* ou doubles, communes à de nombreuses races.

menses (Minorque, Leghorn), tantôt petites ou moyennes (Cochin, Orpington), elles sont de texture et d'épaisseur différentes ; on remarque aussi de nombreuses variations dans leur forme géné rale. La figure II fait ressortir les diffé-

Fig. II. — Diverses formes de crêtes.

Crêtes simples. — Elles sont portées *droites* chez les coqs et souvent *repliées* chez les poules, surtout dans les races à grandes crêtes.

Dans les crêtes *droites*, apanage du sexe fort, on constate des différences sensibles suivant les races ; tantôt im-

rences existant entre des crêtes du même type, mais appartenant à des races diverses, n° 2 Leghorn, n° 5 Minorque, n° 10 Dorking. Tout en ayant une même ressemblance générale, elles se différencient par la façon dont elles sont dentelées, ainsi que par le plus ou moins grand développement du lobe inférieur et par la façon dont celui-ci est, plus ou moins, détaché de la nuque. Ce sont d'ailleurs des caractères de races sur lesquels nous reviendrons dans les monographies particulières.

Néanmoins, quelles que soient ces différences, une crête simple doit, chez le coq, répondre à certaines exigences pour être aussi trop forte à l'arrière, mal arrondie, ce qui fait qu'elle écrase le cou ; en outre elle présente en 3 un défaut grave, le *coup de pouce*, sorte de creux ou affaissement partiel de la crête, comme si d'un coup de pouce on avait cherché à la refouler de l'autre côté. La crête C (fig. III) est aussi défectueuse, quoique bonne comme dentelure, à part le petit

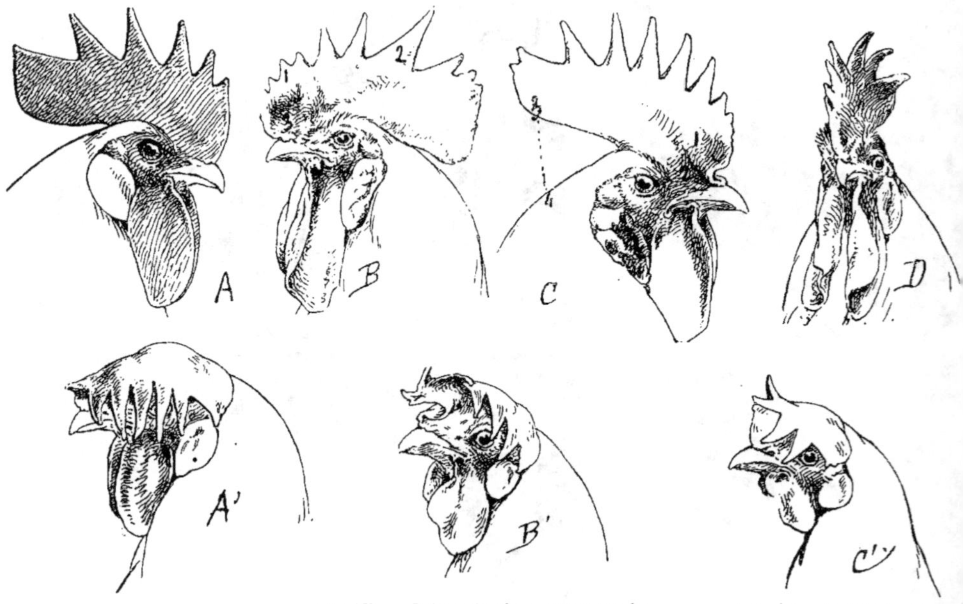

Fɪɢ. III. — Crêtes simples : coq et poules.   Cliché « Élevage Saint-Michel », à Langeai

parfaite. Cette crête est reproduite en A (fig. III), elle est portée bien droite, les dentelures régulières, la hauteur des crêtillons croissant régulièrement, le lobe arrière bien proportionné. La crête B (fig. III), du même type, est défectueuse, en trois points, elle est mal dentelée, manque de proportion graduelle dans la hauteur des crêtillons (voir 1 et 2), et crêtillon sis sur le lobe arrière ; mais l'espace entre ce lobe est beaucoup trop grand, quelle que soit la race ; elle présente, en outre en 1 un défaut des plus graves : au lieu d'être droite à partir de la base du bec elle se replie sur elle-même, formant un pli du plus désagréable effet. La crête D (fig. III) serait bonne, si elle était d'une force suffisante, mais, par suite de sa faiblesse, elle ne peut se maintenir *droite dans un même plan,* les crêtillons penchent tantôt à droite, tantôt à gauche (nous avons fait représenter la tête de trois quarts, de manière à faire ressortir la direction des crêtillons).

Dans les races à *petites crêtes simples* (Cochin, Langshan, Orpington, Coucou de Rennes, etc.) la crête est portée droite chez les poules, elle doit répondre aux desiderata ci-dessus indiqués, mais comme ces crêtes sont toujours de faible hauteur, les défauts susmentionnés sont plus que rares dans les races à *grandes crêtes simples.*

Dans les races à grandes crêtes simples (Leghorn, Minorque, Bresse, etc.), la crête chez les poules est portée pliée. Le croquis A′ (fig. III) représente une jolie crête de poule correspondante de celle du coq A : dentelures régulières, pli unique franchement fait. La crête B′ (fig. III) offre les mêmes défauts que la crête du coq B : dentelures irrégulières et *coup de pouce,* empêchant l'organe de retomber en un seul pli immédiatement au-dessus du bec. La crête C′ (fig. III) se détache trop brusquement du cou et se replie trop haut à l'avant.

Crêtes doubles ou frisées. On constate, suivant les races, des différences notables, tant dans le type que dans le volume des crêtes doubles ou frisées ; ainsi le n° 3 (fig. II) (Hambourg) se termine par une longue pointe portée horizontalement en se relevant même ; dans le n° 9 (fig. II) (Wyandotte), cette même pointe est beaucoup plus courte et portée abaissée de manière à accompagner le cou. Dans la première (Hambourg), la partie plate ou plateau est surélevée sur une masse charnue volumineuse ; dans la seconde (Wyandotte) le plateau s'incurve en avant de manière à partir du bec ; le plateau peut aussi varier de forme et de grandeur et affecter la forme d'un ove dont le petit axe est plus ou moins grand, atteignant son maximum chez le Red Cap n° 8 (fig. II) ; mais, quel que soit le type particulier, une crête frisée doit répondre à certaines conditions générales.

La crête E (fig. IV) est le modèle de la crête correcte : devant bien arrondi, arrière bien en pointe, surface du plateau absolument plane et régulièrement garnie de granulations pointues à petits monticules, séparés par des dépressions, ressemblant à un plateau de monnaie en caoutchouc ; la crête F (fig. IV) est défectueuse : plateau de surface irrégulière, marqué au centre d'un profond sillon trop large, se recourbant sur l'œil, pointe arrière pas assez détachée paraissant sortir du cou et sans être la continuation du plateau ; la crête G (fig. IV) défectueuse aussi, l'avant, au lieu d'être large, arrondi, étroit, formant presque une pointe sur le bec, plateau manquant de granulations, pointe arrière obliquant sur la droite au lieu d'être dans le prolongement de l'axe de la tête. La crête H (fig. IV) est trop lisse et trop plate, ressemblant à une crête en bourrelet de dimensions exagérées. La crête I (fig. IV) serait dans le type Wyandotte, mais elle manque absolument de pointe arrière, grave défaut.

Les poules ont des crêtes frisées de même forme que les coqs, mais de dimensions beaucoup plus réduites. La crête J (fig. IV) représente une crête parfaite chez une poule correspondant à celle du coq E. La crête K (fig. IV) est beaucoup trop petite ; quoique de dimensions moindres que chez le coq, la crête frisée doit néanmoins garnir toute la partie supérieure du crâne. La crête L (fig. IV) est trop large, creusée en son centre et mal mamelonnée ; mêmes défauts que la crête du coq F.

HUPPE. — La huppe est une touffe considérable de plumes longues, à extrémités pointues chez les coqs et arrondies chez les poules, posées sur le sommet du crâne et affectant différentes dispositions suivant la race (fig. II n° 4 Houdan type anglais). La huppe est dite *ronde* lorsqu'elle offre une forme globuleuse parfaite, les plumes s'appuyant, les unes sur les autres, comme chez les poules Padoue ; elle est au contraire *ébouriffée*, de peau, plus ou moins dénudée, elle est prolongée vers le bas par les barbillons. Sa surface est plus ou moins étendue, exagérée parfois chez certaines races. Elle est d'un beau rouge vif, couleur corail, sauf chez les Négresses (noir violet) et chez les Espagnoles (blanche) ; le caractère particulier à la race Espagnole est dû à une affection spéciale, la *dermatolysie*. Une bonne face doit être dénudée, de couleur uniforme, sans

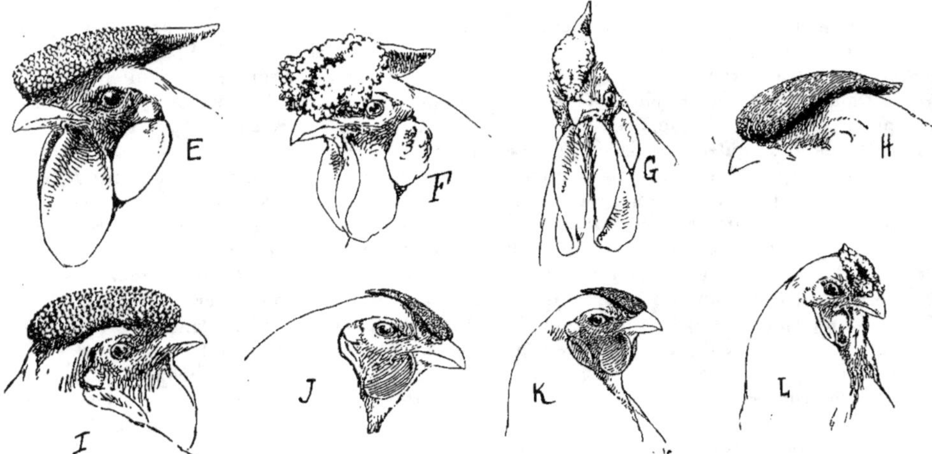

Fig. IV. — Crêtes frisées : coq et poules. *Cliché « Élevage Saint-Michel », à Langeais.*

lorsque les plumes n'offrent plus cette courbure régulière et ne se présentent point toutes de même façon (Houdan Crèvecœur). La *demi-huppe* est une huppe de volume réduit.

ÉPI. — L'épi consiste en une petite touffe placée aussi sur le sommet du crâne, mais composée de plumes courtes, droites ou légèrement retombantes (La Flèche).

FACE. — La face comprend les joues et le pourtour de l'œil, est constituée par une étendue plus ou moins grande taches blanches, de peau fine, sans plis, replis et sans rides ; une face ridée étant considérée comme défaut sérieux. La *face de bohémienne* est celle qui est garnie de petits points noirs, en assez grande abondance pour la brunir. Les joues sont parfois parsemées de petites plumes raides appelées *favoris*.

ŒIL. — La coloration générale de l'œil est déterminée par la couleur de l'iris ; cette couleur est très variable dans les races gallines ; aussi l'œil peut être *clair* ou *foncé*. On appelle *œil de vesce* l'œil dans lequel l'iris brun, presque noir, se confond avec la pupille.

BARBILLONS (3, fig. I). — Les barbillons, continuation de la joue, sont des appendices de chair transparente, plats, prenant naissance sur les deux branches de la mandibule inférieure et s'allongeant devant le cou ; la dimension des barbillons varie suivant les races : dans certaines ils sont longs et très pendants, mais il faut éviter qu'ils ne soient plissés.

OREILLONS (4, fig. I). — Les oreillons consistent en des parties charnues prenant naissance sous le conduit auditif, continuant les joues et se dirigeant vers les barbillons. Suivant les races, les oreillons sont rouges ou blancs ; on les dit *sablés* lorsque, étant blancs, ils sont piquetés de petits points rouges. Leur dimension est aussi très variable, ils peuvent affecter deux formes : ovales (en *amande*) ou ronds. Leur peau doit être lisse, fine et sans rides.

COU ET CAMAIL. — (5, fig. I). Le cou est plus ou moins long, plus ou moins droit ou arqué, porté plus ou moins élevé ; il est recouvert par le *camail*, composé de plumes longues, étroites et effilées qui recouvrent l'épaule ; chez le coq, le camail est très abondant, en général il doit s'accorder comme coloris et dessins avec les lancettes (voir plus loin), qui recouvrent les reins. Dans certaines races, on remarque la *cravate* (Faverolles, etc.), touffe de plumes prenant naissance sous le menton et retombant sur l'épaule.

POITRINE (6, fig. I). — On désigne sous ce nom la cage thoracique, et les muscles pectoraux qui garnissent le bréchet, (19 pointe du bréchet), de chaque côté. On dit qu'une poitrine est *ouverte, large, ample, saillante, arrondie*, expressions peut-être pas très scientifiques, mais d'usage courant, indiquant la forme de la poitrine. Noter pourtant que le port de l'oiseau peut influer sur l'aspect de la poitrine, et la faire paraître plus ou moins large, saillante ou arrondie. On appelle *plastron* l'ensemble des plumes recouvrant la poitrine.

DOS ET REINS (7, fig. I). — On ne peut distinguer extérieurement où finissent le dos (région correspondant aux vertèbres dorsales) et les reins dits aussi *selle* (correspondant aux vertèbres lombaires) ; ils forment tous les deux une même ligne droite ou plus ou moins incurvée suivant les races.

LANCETTES (9, fig. I) : ce sont des plumes longues, effilées, pointues, analogues à celles du camail, prenant naissance sur les reins et retombant sur les cuisses, recouvrant fort souvent l'extrémité des ailes, ces plumes n'existent pas chez la poule.

FAUCILLES (10 et 11 B, fig. I). — Grandes et petites plumes recourbées chez la queue des coqs et couvrant les rectrices. Les faucilles, très petites dans certaines races, peuvent atteindre des dimensions exagérées chez d'autres (Yokohama, Phœnix). On désigne sous le nom de *grandes faucilles* (10), les deux plus grandes et plus hautes dépassant les autres, qui sont désignées sous le nom de *petites faucilles*.

RECTRICES, GRANDES PENNES DE LA QUEUE, grandes caudales (13, fig. I), grandes plumes raides de la queue.

PETITES RECTRICES DE COUVERTURE DE LA QUEUE (12, fig. I), plumes raides recouvrant la base des grandes rectrices.

L'ensemble des Faucilles et Rectrices forme la *queue*. La queue est un des caractères extérieurs des plus importants, car elle modifie l'aspect de l'oiseau tout entier, surtout chez le coq. La queue a pour but de diriger le vol et surtout, puisque les races gallines domestiques ont peu à voler, à maintenir l'oiseau en équilibre sur ses pattes. La queue doit donc être proportionnelle au volume de l'animal : une queue longue, épaisse, lourde, fait pencher le corps en arrière et prendre une position trop relevée; une queue petite et peu garnie fera pencher l'oiseau en avant. Un grave défaut consiste dans le port de la *queue en travers*, c'est-à-dire penchée à droite ou à gauche; cette position, non seulement est fort disgracieuse, mais un indice certain de faiblesse et de rachitisme; les descendants de pareils coqs seront délicats à élever, hériteront du défaut paternel et seront peu féconds. La *queue en écureuil* est aussi un défaut sérieux, on appelle ainsi une queue portée très relevée, presque verticalement.

POMMEAU DE L'AILE, au-dessus du n° 14, fig. I, caché par le camail, petites plumes raides au-dessus de l'appendice des phalanges, jusqu'à l'articulation du cubitus, connues aussi sous le nom de poucettes.

PETITES ET MOYENNES COUVERTURES DE L'AILE (n° 14, fig. I), désignées aussi sous le nom de *petites* et *moyennes tectrices*. Les petites couvrent la partie supérieure de l'aile, elles sont suivies par les moyennes; cet ensemble est souvent appelé *dessus de l'aile*.

GRANDES TECTRICES ET GRANDES COUVERTURES DE L'AILE (n° 15, fig. I); elles font suite aux précédentes et recouvrent les rémiges secondaires; ce sont des plumes larges et raides qui réunies forment la *barre de l'aile*.

RÉMIGES SECONDAIRES OU PLUMES SECONDAIRES (n° 16, fig. I), grandes plumes raides partant du bord de l'avant-bras et recouvrant, quand l'aile est fermée, les rémiges principales.

RÉMIGES PRINCIPALES, GRAN-

DES PENNES DE L'AILE; PLUMES DU VOL (17, fig. I), ce sont les grandes plumes raides, partant du niveau des phalanges et du métacarpien principal, formant l'extrémité de l'aile, elles disparaissent sous les rémiges secondaires, leur ensemble constitue *le vol*. On dit qu'un oiseau a du blanc dans le vol, lorsqu'une ou plusieurs de ces grandes pennes, qui devraient être normalement d'une autre couleur, sont blanches ou partiellement blanches, c'est là un défaut sérieux, invisible lorsque l'aile est pliée; pour le constater, il faut forcer l'animal à étendre son aile.

PLUMES DE DESSOUS OU BOUFFANT (20, fig. I), ce sont les plumes duveteuses qui garnissent le ventre, les cuisses et les parties anales; leur abondance est d'une grande importance dans certaines races asiatiques, comme les Cochinchinois. Le bouffant doit être d'une couleur uniforme et ne pas s'éclaircir à sa base contre la peau.

CUISSES ET JAMBES (21, fig. 1), la cuisse est la région correspondant au fémur, et la jambe celle correspondant au tibia.

TARSE (22, fig. II), ou plus exactement *métatarse*, est la continuation; c'est la partie osseuse garnie d'écailles imbriquées qui, avec les doigts, forme la patte d'un oiseau. Dans les races gallines, la couleur de la surface écailleuse des tarses est fort variable : blanc, blanc rosé, rose, bleuâtre, bleu foncé, noir, noir verdâtre, vert jaune clair, jaune, jaune orange. Les tarses peuvent être nus ou emplumés et dans ce cas les plumes peuvent être en plus ou moins grande abondance (exemples : Cochin et Langshan). On nomme *manchettes* un groupe de plumes raides, qui sont à l'extrémité du tarse, et qui sont dirigées d'avant en arrière.

ÉPERON (24, fig. I), connu aussi sous

le nom d'*ergot*, éminence osseuse de corne, sise sur le côté interne du tarse, à à peu près le tiers inférieur de sa hauteur ; l'ergot n'existe que chez le coq, ou tout au moins à l'état très rudimentaire chez la poule ; l'ergot est toujours un grave défaut chez la poule.

DOIGTS (25, fig. I). — Les doigts sont terminés par les ongles, ils sont généralement au nombre de quatre, s'articulant isolément, trois en avant et un en arrière ; ce dernier a reçu le nom de pouce. Dans certaines races (Houdan, Dorking, Négresse, etc.), les doigts sont au nombre de cinq, ce doigt supplémentaire est situé au-dessus du pouce et ne repose jamais sur le sol.

Le plumage. Les diverses races gallines offrent des différences de plumage fort sensibles. La plume est constituée d'un tube corné, continué par un tube plein qui porte le nom de *rachis*, le tout constitue la *hampe* ; la hampe a de ses deux côtés des lamelles aplanies : les *barbes*, qui elles-mêmes en portent de plus petites, munies de crochets : *barbules*, qui, s'accrochant les uns aux autres, assurent la rigidité de la plume. Le *duvet* est constitué par des plumes de petites dimensions, à barbes privées de *barbules* et par conséquent manquant de consistance, molles, *duveteuses* en un mot. Le duvet constitue le vêtement des poussins à leur naissance, sa coloration n'a aucun rapport avec celle du plumage, le duvet forme aussi le bouffant dans certaines races.

Les plumes peuvent être unicolores ou affecter plusieurs colorations réparties de manières différentes, elles peuvent offrir ces diverses couleurs de manière très irrégulière, comme aussi former des dessins parfaitement réguliers ; dans ce dernier cas, on emploie des désignations particulières pour désigner ces dispositions.

On appelle *flammée* une plume dont le centre porte une flamme ou étroite languette de noir terminée en pointe, cette disposition se trouve surtout dans le camail et les lancettes.

1, fig. IV, montre une plume *maillée* ou à liseré, offrant sur la couleur du fond une régulière bordure noire.

2, fig. IV, plume *pailletée*, possédant à son extrémité une tache noire qui tranche avec la couleur du fond.

3 et 4, fig. IV, plume *barrée*, offrant des barres plus ou moins accentuées et plus ou moins courbées ou droites, d'un gris plus ou moins prononcé ; ces barres sont formées par des hachures noires 3 et 4, 5, fig. IV, plume *crayonnée*. Le crayonnage consiste en de légères lignes noires se détachant, comme autant de traits de crayon, sur la couleur du fond.

Les diverses colorations, que l'on constate sur le plumage des races, peuvent être ramenées à cinq, quoique, leurs nuances puissent varier à l'infini de ton et d'intensité : ce sont le blanc, le noir, le rouge, le jaune ou fauve, le bleu gris ou bleu ardoisé.

Suivant la disposition sur les plumes de ces diverses couleurs, le plumage a reçu diverses appellations : *maillé*, quand les plumes offrent la disposition de 1, fig. IV ; *pailleté*, lorsque les plumes sont comme dans 2 ou qu'elles portent des taches rondes noires ; *barré*, lorsque les plumes portent des barres droites bien définies, se détachant nettement sur le fond blanc, mais si ces barres sont incurvées ou plus atténuées, indécises, le plumage prend le nom de *coucou*. Avec les plumes 5, fig. IV, nous avons le plumage *crayonné*, mais si le crayonnage adopte la disposition de 5, fig. IV, le fond de la plume étant rougeâtre, le plumage prendra le nom de *perdrix*.

Le plumage est dit *argenté*, lorsque le noir se trouve sur une plume blanche une surface moins étendue que le blanc ; suivant la disposition du noir sur les

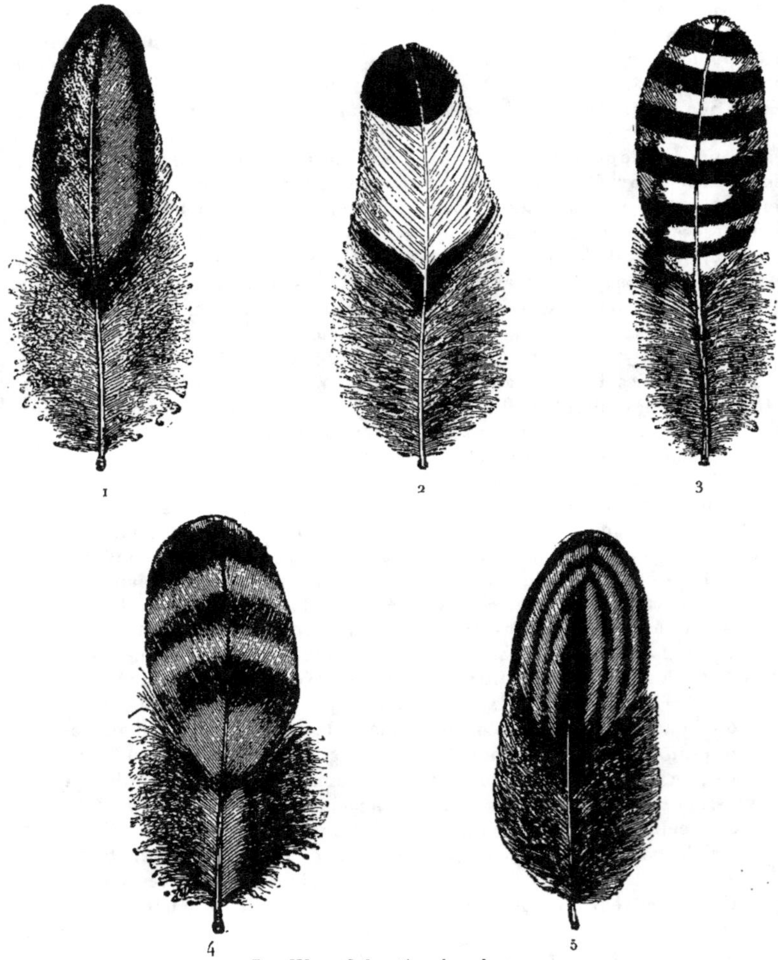

Fig. IV. — Coloration des plumes.

sous forme de lisière, bordure, paillette, tache, etc., etc., mais occupant toujours plumes, on dit *maillé argenté* lorsque les plumes sont maillées et bordées de noir, type 1, *pailleté argenté* lorsque les plumes sont pailletées de noir, type 2. Le plumage est dit *doré* lorsque le noir affecte les mêmes dispositions que dans l'argenté, mais lorsque le fond du plumage est jaune.

Le plumage est *herminé* lorsque les plumes sont simplement terminées par une pointe noire.

Il est *caillouté* lorsque les plumes sont : soit noires, soit blanches, ou noires et blanches, sans aucune règle de répartition, de manière à donner un ensemble tacheté de blanc et de noir.

Il est *gris* lorsque le noir et le blanc sont sur les plumes en hachures de manière à se fondre ensemble.

Les plumages unicolores sont désignés sous le nom de leur couleur : blanc, noir, jaune, bleu, etc., etc.

Il existe des appellations particulières, plumage *pile*, à *ailes de* canard, *Black Red*, *Diamant*, etc., qui se rapportent à des combinaisons de couleurs, soit relativement rares, soit propres à certaines races ; nous les décrirons dans les monographies particulières de ces races.

Standards. Les différentes races de volailles sont caractérisées par un ensemble de caractères. Le Standard fait la distinction exacte de tous les caractères que doit présenter le type *idéal*, c'est le *canon* de la race ou de la variété. Ce n'est point évidemment chose facile que d'établir un Standard correct et profitable, car il faut souvent lutter contre des préférences personnelles, afin de diriger la variété dans une bonne voie qui assurera sa permanence ; le *Standard* ne peut et ne doit être *ne varietur*, car, sous l'impulsion qu'il donne et suivant le sens dans lequel il dirige l'élevage, il se produit toujours des perfectionnements qui modifient le type primitif ;

comparez par exemple une gravure représentant des Cochins, lors de leur introduction, et ceux de nos jours ; aussi ne peut-on qu'approuver les Américains, qui revisent régulièrement leurs Standards d'excellence, au bout d'un certain nombre d'années.

Dans une exposition, le juge ayant ce Standard doit le suivre et juger d'après lui : c'est son *code* ; il ne pourra par exemple primer des sujets à tarses jaunes, lorsque le Standard exige des pattes grises. Ce fait en réalité n'aurait pas lieu, car la couleur des pattes est une caractéristique trop importante pour qu'il y ait divergence, mais nous donnons cet exemple pour mieux faire comprendre l'utilité des Standards, car, si l'on ne discute point sur la couleur des pattes, il n'est souvent pas de même pour la coloration de l'œil, du bec.

Pour permettre l'application du Standard, on a établi une *échelle des points*, c'est-à-dire un oiseau parfait représentant 100 ; on a constitué des coefficients particuliers pour chacun des caractères, coefficients, plus ou moins forts, suivant l'importance de ce caractère dans la conformation générale du type. Si une des parties présente quelques défauts, au lieu de lui donner le coefficient maximum indiqué par le Standard, on retranchera un certain nombre de points variant suivant l'importance du défaut. Ainsi la crête d'une race devant avoir cinq dents ou crêtillons, on retranchera du coefficient attribué à la crête, soit 1 ou 1/2 point, suivant la race, par crêtillon en plus.

Le juge ayant un Standard peut fixer sa religion, soit d'une manière personnelle, soit par l'application exacte et mathématique de l'échelle des points. Dans le premier cas, il inspecte tous les oiseaux, rejetant ceux qui ne répondent pas au Standard, puis, parmi ceux qui ont échappé à cette première épreuve éliminatoire, il fait un autre triage, comparant les sujets entre eux, tenant compte des coefficients de l'échelle des points et de l'importance des défauts, il finit par donner le prix à celui qui lui paraît le meilleur ; l'échelle des points lui sert dans ce cas d'auxiliaire.

D'autres juges, en Amérique plus particulièrement, suivent mathématiquement l'échelle des points : sur chaque cage se trouve une fiche imprimée donnant la nomenclature des caractères auxquels il faut attribuer un coefficient et le juge, examinant l'oiseau point par point, inscrit sur cette pancarte le coefficient accordé. Il fait ensuite l'addition et passe à un autre oiseau, ainsi de suite ; le 1er prix sera accordé à l'oiseau dont le total des points se rapprochera le plus de 100. Cette manière d'évaluer un sujet est si courante aux États-Unis qu'elle est utilisée pour la vente des sujets ; on peut acheter un sujet garanti 90 points, c'est-à-dire qu'après l'application de l'échelle des points d'après le Standard, il restera à cet oiseau 90 points, c'est-à-dire qu'il approchera bien près du type idéal.

De prime abord, cette manière de juger — qui malheureusement est longue et minutieuse — paraît être parfaitement correcte. Les jugements, néanmoins, peuvent être faussés et perdre de leur justesse mathématique par suite de la manière dont est établi le Standard. En Angleterre et en Amérique, il est toujours réservé une cote spéciale et assez importante à la *symétrie*. Qu'est-ce que la symétrie chez une volaille ? C'est assez difficile à définir en termes précis ; tachons plutôt de faire comprendre ce que l'on veut désigner par ce mot. Dans les premières échelles de points, qui furent d'ailleurs créées en Amérique, le nombre total des points ne s'élevait qu'à

15 avec quatre coefficients, accordés : 1° à la symétrie, 2° à la couleur, 3° à la taille, 4° à la condition. Sous le nom de *symétrie*, on comprenait la forme, la proportion, l'aspect à l'œil de toutes les parties du corps de l'oiseau ; sous le nom de couleur, la couleur ; de taille, la taille ; de condition, l'état de santé et l'apparence de l'oiseau au moment de l'exposition ; plus tard, on éleva le total des points à 100 et on multiplia le nombre des coefficients, en en laissant toujours un à la symétrie. Un coefficient fut établi pour la tête, comprenant à la fois la forme et la couleur de la tête, un autre pour le dos, comprenant aussi forme et couleur ; c'est ce qui fait que maintenant si l'on considère encore la symétrie, comme s'attachant à la forme, le coefficient fait double emploi, car si la forme de la tête ou de la queue est défectueuse, on a déjà retranché des points pour ces défauts, il est donc inutile de les retrancher dans le coefficient symétrie, et si l'on n'utilise point le coefficient symétrie de cette façon, il devient alors une véritable *cote d'amour* laissée à la disposition du juge, lui permettant d'affirmer ses préférences personnelles et d'aiguiller l'élevage, dans telle ou telle direction, comme avant l'établissement du Standard.

Remarquons que la plupart des Standards français n'offrent point ce défaut.

Mensuration. Pour bien représenter un type d'oiseau dans ses proportions, le dessin qui le reproduit devrait être fait franchement de profil, mais outre le manque d'élégance de pareille représentation, on serait obligé de laisser dans l'ombre d'autres caractères, ainsi dans un dessin de trois quarts la poitrine paraît beaucoup plus saillante qu'elle n'est, les reins plus élevés, etc., etc. ;

mais ce sont là des nécessités auxquelles il faut se soumettre, à moins de multiplier les reproductions d'un même animal ; pour éviter toutes erreurs qui pourraient se faire sur l'interprétation du type d'une race, pourquoi ne ferait-on pas des mensurations, pourquoi ne *bertillonnerait*-on pas les sujets se rapprochant le plus du type idéal ?

Le croquis ci-joint indique les mesures utiles que l'on peut prendre (l'animal étant de profil et parfaitement droit, les pieds bien à plat) fig. V.

1° A B. Hauteur du sol au sommet de la tête.

2° C D. Hauteur du sol au milieu du dos.

3° E F. Hauteur du sol à l'extrémité du bréchet.

4° G H. Hauteur du sol à la faucille supérieure.

5° K I Largeur prise de la poitrine au bord extérieur du duvet anal.

6° K M. Distance entre le bord extérieur du duvet anal et une perpendiculaire au sol partant des faucilles.

7° N E. Distance entre la poitrine (pointe du bréchet) et une perpendiculaire au sol, partant de l'extrémité du bec, l'oiseau étant dans son port naturel.

Suivant les cas, on peut ajouter à ces mesures la longueur des tarses, du bec à l'œil, ou la longueur de la tête suivant une ligne partant du bec et passant par l'œil.

Ces mensurations complètent heureusement un Standard, et nous les avons fait prendre toutes les fois que la chose a été possible.

En pratiquant de pareilles mensura-tions sur plusieurs sujets de haute valeur, on peut établir une moyenne qui donne, ajoutée au poids, des renseignements exacts sur les dimensions et formes de l'oiseau idéal.

Fig. V. — Mensurations d'un coq.

Classification des races gallines.

On a proposé de nombreux systèmes de classification pour les races gallines, mais aucune n'a donné entière satisfaction ; les unes se basent sur les centres d'origine des diverses races : races françaises, races étrangères ; d'autres s'appuient sur certains caractères zootechniques, plus ou moins facilement discutables.

La classification que nous suivrons, non tant pour sa valeur propre, mais comme guide dans la succession de nos monographies, est basée sur certaines affinités qui existent entre diverses races. Si l'on examine, comme en une exposition, une collection de volailles, on est frappé des dissemblances sensibles qui existent entre certaines races, même en laissant de côté la question de plumage et de volume : on voit des volailles à crêtes simples, à crêtes doubles frisées, d'autres huppées ; les formes massives des races asiatiques frappent de même que le port relevé des Combattants. Mais on constate en même temps des races qui ne diffèrent entre elles que sur quelques points peu visibles à première vue (exemple : Leghorn noir, Bresse noire, Minorque). Nous avons donc divisé les races gallines en sept groupes :

1er groupe. *Races à crête simple offrant les caractères du type méditerranéen :* Bresse, Caussade, Leghorn, Minorque, Andalou, Coucou de Rennes, Dorking, Barbezieux, etc. (1).

2e groupe. *Races huppées :* Padoue, Crèvecœur, Houdan, La Flèche.

3e groupe. *Races à crête frisée :* Hambourg, Red Cap, Le Mans.

4e groupe. *Races de Combattants :* Combattants malais, indiens, Combattants du Nord, Combattants anglais, etc.

5e groupe. *Races asiatiques :* Cochinchinois, Brahma, Langshan.

6e groupe. *Races modernes, mélange de sang des races asiatiques et européennes :* Faverolles, Wyandottes, Plymouth Rock, Rhode Island, Orpington.

7e groupe. *Races naines :* diverses variétés de Bantam.

En réalité, ce septième groupe ne devrait pas exister, car l'on trouve des modèles réduits de toutes les races, et ils devraient se trouver dans le groupe de la race de laquelle ils dérivent; pourtant, comme l'élevage des Bantam constitue une spécialisation de l'aviculture spor-

---

(1) Nous ne citons dans chaque groupe que quelques races, pour faire comprendre notre système de classification.

tive, nous avons cru devoir les rassembler dans un groupe à part.

Il faut remarquer que les transitions, de groupe à groupe, ne sont pas très tranchées : ainsi, si partant du type méditerranéen dont les Leghorn, Bresse, Minorque, sont les spécimens les plus caractéristiques, nous arrivons au Barbezieux, qui a beaucoup de points communs avec le La Flèche du 2e groupe, au Dorking, qui offre plusieurs points de ressemblance avec le vieux Combattant anglais, etc., etc.

Cette classification qui, nous le répétons, n'a aucune prétention scientifique, nous offre, au point de vue de notre œuvre, un avantage appréciable... Si dans un groupement comme celui des races étrangères nous avions placé les Leghorn et les Cochins, les dissemblances, entre ces deux races, sont telles qu'un simple coup d'œil sur le Standard suffirait pour éclairer le lecteur, lui faisant négliger les points de détail qui ont eux aussi leur importance ; au contraire, si nous trouvons côte à côte le Minorque et le Bresse, il lui faudra une étude attentive du Standard pour différencier les deux races, étude qui amènera à une comparaison attentive, profitable pour sa science avicole. C'est la principale raison qui nous a fait adopter ce genre de groupement : réunir dans le même groupe les sujets qui offrent des similitudes entre eux.

Dans chaque groupe, nous commencerons, en général, par les races qui offrent les caractères typiques les plus accentués du groupe, nous partirons des types moyens pour arriver aux plus volumineux, et. lorsqu'il sera possible de le faire, sans modifier cet ordre général, nous traiterons, en premier lieu, des races françaises — question de patriotisme peut-être — et aussi parce que c'est chez elles que nous trouvons le maximum de qualités.

CHAPITRE II

PREMIER GROUPE

Monographie de la Race de Bresse [1].

Trois sous-variétés : noire, blanche, grise.

Origine. Il est le plus souvent difficile, impossible parfois lorsque les races sont anciennes, de déterminer leur origine exacte, et l'on doit se borner à des suppositions. Tel est le cas pour la race de Bresse, dont l'antiquité est prouvée par la renommée dont elle jouit depuis plusieurs lustres.

Il est évident que la poule de la Bresse fait partie du groupe méditerranéen auquel appartiennent aussi les Leghorn, les Minorque, les Andalous, ainsi que d'ailleurs les poules communes qui peuplaient nos basses-cours de France. Les conditions climatologiques de la région, les débouchés rémunérateurs dans de grands centres, renommés par leur amour de la bonne chère, ont engagé les fermières de la Bresse à pratiquer, sur une importante échelle, l'élevage et l'engraissement. Reconnaissant que les sujets à plumage noir, blanc ou gris, à tarses foncés, donnaient des poulardes plus savoureuses et plus recherchées que les sujets à plumage plus ou moins rougeâtre, et à tarses jaunes, elles ont pratiqué d'une façon, inconsciente peut-être, mais fort judicieuse, une sélection qui nous a donné la Bresse actuelle avec toutes ses réelles qualités.

Pourtant, l'engouement général que l'on a eu, il y a une trentaine d'années, pour les races asiatiques n'a pas moins sévi en Bresse qu'ailleurs et durant une certaine période, les croisements Brahma et Cochin ont modifié considérablement le type primitif, lui donnant plus de volume au détriment de sa chair — on voit encore de nombreux effets de ce croisement aux pattes emplumées des poules (beaucoup plus que chez les coqs). Un autre croisement a joué un certain rôle dans la variété noire toujours en vue de l'augmentation du volume : celui avec le Langshan ; moins dangereux dans le même but était l'introduction du sang de Barbezieux, quoique donnant des têtes efflanquées ; enfin, plus récemment, certains aviculteurs ont fait pratiquer des croisements avec les Orpington — croisements qui changent le type de la Bresse et diminuent la valeur de sa chair, qui sont aussi des erreurs commerciales, car les pièces moyennes sont toujours d'une vente plus courante, plus facile et plus rémunératrice que les grosses pièces, d'un placement plus exceptionnel. Ces croisements précités — et nous pourrions ajouter dans la variété grise, la Campine

---

[1] Si les choses se passaient en toute justice, ce n'est pas nous qui aurions dû rédiger cette monographie, elle était réservée à la plume experte du Président du Bresse Club, le comte Gandelet : sa modestie l'en a empêché, car il fallait tracer son œuvre utile dans la rénovation de la race de Bresse, nous avons donc dû nous en charger, mais pour ce travail le comte Gandelet nous a procuré de précieux renseignements, dont nous avons profité largement, et dont nous sommes heureux de le remercier ici. En outre le comte Gandelet a bien voulu compléter notre monographie, par une étude admirablement documentée, sur l'ancienneté et l'importance du commerce de la volaille en Bresse. H. L. A. B.

introduite pour augmenter la ponte — ont permis à plusieurs auteurs de dire, il y a une vingtaine d'années, et non sans justesse, que la race de Bresse était sur le point de se perdre ; nous verrons plus loin comment le Bresse Club a pu rétablir, tout en l'améliorant, le type primitif.

Pour en terminer sur cette question d'origine, que nous sommes obligés de traiter fort sobrement, point n'est besoin d'essayer de répéter la théorie soutenue par certains, que la Bresse ne serait qu'une descendante de la Minorque anglaise ou de l'Andalouse ; la Bresse existant avant ces races relativement modernes, il serait plus plausible de soutenir l'argumentation contraire.

On en connaît trois variétés, désignées soit simplement par la couleur de leur plumage, soit aussi par le nom du centre où elles sont le plus principalement élevées : 1º *Variété noire*, dite de Louhans. 2º *Variété blanche*, dite de Bény-Marboz. 3º *Variété grise*, dite de Bourg.

STANDARDS

Standard français établi par le Comité du Bresse Club, le 19 octobre 1904.

Cette charmante race est caractérisée par sa crête immense, simple, droite chez le coq, renversée chez la poule, à dentelures triangulaires, profondes et aiguës comme chez la race Andalouse. Le coq a les formes extrêmement élégantes, le camail épais et long, la queue ornée de longues faucilles formant un magnifique panache, les allures gracieuses et vives. La poule identiquement pareille, pour les formes du corps, à la poule Andalouse, dont elle ne diffère que par une taille un peu moindre et par les joues qui sont moins rouges et moins nues. Elle a pour principal caractère une crête pliée, se rabattant sur un des côtés de la tête comme chez la poule espagnole. Elle est bonne pondeuse, donnant de beaux œufs, bonne couveuse et excellente mère. — Comme la race de Campine, elle est vive, alerte, et aime à s'éloigner dans les champs et dans les bois pour chercher sa nourriture.

Caractères généraux et moraux. COQ. — *Tête* : longue et fine. — *Bec* : court et fort. — *Couleur du bec* : corne foncé chez la variété noire ; blanc bleuâtre chez les variétés grise et blanche. — *Narines* : ordinaires. — *Iris* : rouge. — *Pupille* : noire. — *Crête* : simple, très droite, très haute, à dentelures triangulaires très profondes, s'avançant sur le bec et se prolongeant en arrière de la tête. — *Barbillons* : longs, pendants, d'un tissu très fin et d'un rouge vif comme la crête. — *Joues* : nues et rouge vif. — *Oreillons* : assez développés, d'un blanc de neige chez la variété noire ; blanc sablé de rouge chez les variétés blanche et grise. — *Cou* : court, gros, amplement garni de plumes longues et fines. — *Corps* : bien charpenté, formes élégantes, poitrine large, ouverte, dos large et légèrement incliné en arrière. — *Jambes et tarses* : de longueur moyenne. — *Couleur des tarses* : bleu. — *Doigts* : droits et au nombre de quatre à chaque patte. — *Queue* : magnifique panache amplement garni de faucilles longues et larges. — *Port* : majestueux, allures fières, vives et gracieuses.

POULE. — *Tête* : petite et allongée. — *Bec* : court. — *Couleur du bec* : comme chez le coq. — *Narines* : ordinaires. — *Iris* : orange, noirâtre. — *Pupille* : noire. — *Joues* : rouges, légèrement emplumées. — *Crête* : renversée, se rabattant sur un des côtés de la tête. — *Barbillons* : moyens. — *Oreillons* : blancs, bleuâtres. — *Tarses* : de longueur moyenne. — *Couleur des tarses* : bleu. — *Doigts* : droits, bien articulés, minces, au nombre de quatre à chaque patte. — *Ponte* : remarquable. — *Œufs* : blancs et de très bonne grosseur. — *Incubation* : très bonne. — *Chair* : d'une très grande finesse.

DESCRIPTION DU PLUMAGE. — *Variété blanche* : blanche d'un bout à l'autre. — *Variété noire* : le coq de cette variété est un superbe oiseau. Son plumage est entièrement noir. Les plumes du camail, les lancettes et les faucilles sont d'un noir de jais à reflets métalliques verts et violacés : celles des épaules sont d'un beau noir velouté et celles du plastron d'un noir brillant dont l'ensemble produit un admirable contraste avec le rouge vif de la crête et le blanc de neige des oreillons qui se détachent énergiquement sur le fond sombre du plumage. La poule a le plumage noir comme chez le coq, mais moins magnifiquement lustré. — *Variété grise* : le coq a le camail, les lancettes et le plastron blancs ; le dos blanc marqueté de taches grises qui sont cachées sous l'abondance des plumes du camail ; les ailes blanches, à l'exception de deux barres noires transversales ; le vol blanc ; les couvertures de la queue et les faucilles noires bordées d'un très large liseré blanc ; les plumes rectrices ou grandes caudales entièrement noires. La poule a la tête, le camail et toute la partie inférieure du corps blancs ; le dos, la partie supérieure des ailes et des reins et la queue blanc crayonné de gris.

DÉFAUTS A ÉVITER CHEZ LES OISEAUX REPRODUCTEURS. — Crête trop peu développée, droite chez la poule, renversée chez le coq. Plumage trop crayonné de gris chez la variété grise. Plumes blanches dans la queue ou plumes rouges dans le camail du coq, plumes blanches dans le vol de la poule chez la variété noire. — Un cinquième doigt à chaque patte. — Tarses jaunes ou pattus. — Oreillons rouges dans la variété noire. Taille trop petite. — Corps trop svelte chez le coq, queue portée trop relevée chez le coq.

Standard anglais établi par « The Bresse Club ».

Caractères généraux. COQ. — *Bec* assez long, mais fort. — *Crête* d'une texture fine, de hauteur moyenne, parfaitement droite, dressée, profondément et régulièrement dentelée, avec la partie arrière dépassant le derrière de la tête et accompagnant la courbe du cou, sans *coup de pouce*, ni excroissance latérale. — *Face :* de texture fine, sans rides ni plis. — *Oreillons :* bien développés, mais plutôt pendants. — *Barbillons :* moyens et à bords arrondis. — *Cou :* assez court et bien arqué. — *Corps :* large des épaules, carré et compact. — *Poitrine :* profonde et bien arrondie, bréchet long et droit. — *Dos :* large et modérément court. — *Ailes :* plutôt courtes, plutôt collées au corps. — *Queue :* de longueur moyenne et bien portée en arrière. — *Tarses :* de longueur moyenne à ossature moyenne, sans aucune plume. — *Doigts :* bien étendus, droits et au nombre de quatre. — *Grosseur :* moyenne. — *Poids :* coq adulte 6 livres anglaises (1 livre anglaise = 453 grammes), coquelets 5 livres.

POULES. — *Bec, face, oreillons, barbillons, cou* comme chez le coq. — *Crête :* de texture fine, moyenne ou plutôt au-dessous de la moyenne, simple, sans excroissances latérales, retombant gracieusement d'un côté ou de l'autre de la face. — *Corps, queue, tarses, doigts, port* et *taille* comme chez le coq. — *Poids :* poules adultes 5 livres anglaises, poulettes 4 livres et demie.

Plumage. VARIÉTÉ BLANCHE (coqs et poules). — *Bec :* bleu ardoise foncé. — *Œil :* aussi foncé que possible. — *Crête, barbillons :* rouges. — *Oreillons :* blancs ou blancs sablés de rouge. — *Face :* teintée de noir (de suie), particulièrement autour des yeux. — *Tarses :* bleu foncé. — *Plumage :* blanc pur, toute teinte paille devant être évitée. — VARIÉTÉ NOIRE. — Les Bresse noire ont les mêmes caractères que les blancs, à l'exception du plumage qui doit être noir à reflets

verts. — VARIÉTÉ GRISE. — Pas de Standard en Angleterre.

DÉFAUTS. — Excroissances latérales à la crête ; crête trop lourde ; plume paille ou de couleur ; queue trop relevée, toute difformité, tarses noirs, blancs ou jaunes, œil rouge. Les Anglais, comme le constate Whrigt's Poultry Book, paraissent tolérer l'oreillon rouge, dans la variété blanche.

ÉCHELLE DES POINTS

Crête.	5 points
Œil	10 —
Oreillons	10 —
Corps et port.	40 —
Couleur.	20 —
Tarses et doigts	15 —
L'oiseau parfait comptant . .	100 points

Observations sur le Standard. — Ces deux Standards ne sont peut-être pas à l'abri de toute critique, et il est intéressant de faire ressortir quelques points importants.

La question « *couleur des yeux* » est assez capitale. Le Standard français 1904 veut que le coq ait l'œil clair et la poule l'œil foncé, anomalie obligeant l'éleveur à avoir en quelque sorte deux parquets, l'un avec tous les sujets offrant l'œil clair pour la production des coquelets, l'autre avec sujets à œil foncé pour la production des poulettes ; le Standard anglais diffère en cela du Standard français, et veut que dans les deux sexes l'œil soit foncé, l'œil rouge étant considéré comme un grave défaut.

La question de l'œil présentée à l'Assemblée générale du Bresse Club, le 30 octobre 1912, a été l'objet d'une discussion d'ailleurs intéressante et assez animée : Il y a été décidé que l'œil devait rester ce qu'il était fixé au Standard de 1904, attendu que, de temps immémorial, on a toujours vu, dans le pays, le coq à l'œil rouge et la poule à l'œil orangé noirâtre, dans les trois variétés.

Ce point doit même être considéré comme une marque distinctive de la vraie race, a décidé l'Assemblée.

A cette même Assemblée générale, le comte Gandelet, Président, et M. Urbain, Secrétaire-Trésorier du Bresse-Club, ont présenté une *Échelle des Points*, qui, après examen et quelques modifications, a été fixée de la façon suivante :

ÉCHELLE DES POINTS

Pattes et tarses	15
Œil	10
Oreillon	5
Crête	10
Barbillons	5
Plumage	15
Couleur du bec	5
Forme, aspect général	35
Total	100

Les caractères généraux de la race de Bresse offrent une grande analogie (pour la variété noire du moins) (1) avec la race de Minorque ; il s'agit donc de faire ressortir les points par lesquels les deux races doivent se différencier, et peut-être le Standard 1904 n'est-il pas assez explicite sur ce sujet, de même qu'elle doit aussi se différencier des sujets Andalous qui, n'offrant pas le plumage bleu caractéristique, présentent par effet d'atavisme un plumage noir ou blanc.

La confusion entre ces races est fort facile et a souvent lieu. M. L. Bréchemin, dans l'*Agriculture Nouvelle* (16 décembre 1911), nous donne à ce sujet les renseignements suivants : « Avec des Bresse noires de Louhans et des Bresse blanches de Bény-Marboz, vous fabriquerez des Andalouses parfaites après quelques années de sélection. En appliquant la même sélection aux Bresse noires et blanches, on parviendra très bien à trouver des sujets qui présenteront les caractères des Minorque blancs et noirs qui paraissent dans les concours en Angleterre. »

(1) Il existe aussi une sous-variété *blanche* de Minorque qui ressemble fort à la Bresse blanche.

« Une année, au concours général, M. Masson exposait un lot de poules de Bresse parfaitement authentiques qui auraient pu figurer dans la classe des Minorque blanches. Les crêtes étaient très volumineuses ; avec un an ou deux de sélection, ces poules auraient été primées en Angleterre comme Minorque. Il aurait suffi pour cela de ne garder pour la reproduction que les coqs et poules à très grandes crêtes et à iris très foncé.

« Pour terminer la démonstration en ce qui concerne la parenté étroite qui existe entre les trois races précitées, je dirai que je possède en ce moment des poules noires provenant de coqs et poules Andalous, parfaitement sélectionnés, qui pourraient aisément passer pour des poules de Bresse : il y a quelques années, M. Favez Verdier a eu un coq, obtenant le premier prix comme Minorque, qui provenait d'Andalous bleus. »

Les différences qui doivent exister actuellement, entre les Bresse et les Minorque, sont assez faciles à saisir pour un œil expert. Dans la race de la Bresse, sans tenir compte de son plus ou moins grand développement, la crête est d'un tissu beaucoup moins épais, d'un grain très fin et d'une épaisseur uniforme ; dans la race de Minorque, le tissu est beaucoup plus grossier, les granulations plus apparentes, la base épaisse, et par conséquent la lame qui forme la crête diminuant sensiblement d'épaisseur pour arriver aux dentelures. En outre, « chez la poule Minorque, dès que la crête sort de la tête, elle tombe immédiatement, tandis que chez la poule de Bresse la crête, au-dessus du bec, en *avant*, monte d'abord et retombe ensuite d'un seul côté, *sans faire un pli*, d'abord à droite pour retomber ensuite à gauche, ou *vice versa*, ce qui est à éviter. Car la crête montant sans pli, pour retomber carrément d'un côté ou de l'autre, donne à la poule un petit air plus crâne et très gracieux sur une tête extrêmement fine. » (Comte Gandelet, Président du Bresse Club.)

Dans la race de Bresse, le dos du coq est *plat* et légèrement incliné ; et chez la poule, il est *plat*, *droit*, assez *allongé* chez les deux ; tandis que dans la Minorque, il est *arqué*, ce qui rend le type plus rond, moins allongé.

Tels sont actuellement les deux points essentiels qui différencient la race de Bresse et la race de Minorque, mais il me semble que d'autres points pourraient être fixés, et le Standard anglais ne manque pas en ce point d'une certaine perspicacité ; le *Standard* 1904 dit que la crête doit être *très haute*, les Anglais ainsi que le comte Gandelet préfèrent la crête un peu moins haute, « *medium size* », ce qui la différencie encore de celle de la Minorque, « et plus prolongée, *sans être collée à la nuque* », comme l'ajoute l'honorable Président du Bresse-Club.

La crête doit aussi être régulièrement dentelée, c'est là un point important, « à dentelures triangulaires très profondes » dit le *Standard* 1904. Il serait peut-être bon de fixer ce point d'une façon plus claire.

Dans l'état, pour nous, la crête idéale de la Bresse doit comprendre de cinq à six crêtillons séparés, entre eux, par une dépression atteignant en profondeur la moitié de la crête elle-même. Ils doivent être régulièrement espacés et augmenter graduellement de hauteur (comme la crête elle-même par conséquent), le crêtillon se trouvant au milieu. Tous les crêtillons doivent être simples, c'est-à-dire n'offrir qu'une seule pointe, le crêtillon offrant exactement la forme d'un triangle isocèle ; sa division en deux pointes constitue un grave défaut. Grave défaut aussi les excroissances latérales qui peuvent se produire vers la base de la crête (plus particulièrement à l'arrière) et qui indiquent un croisement, plus ou moins lointain, avec un sujet à crête double. Il est facile pour les éleveurs peu consciencieux, de se

débarrasser de cette duplicature des crêtillons ou de ces excroissances latérales à l'aide d'un rasoir, bien tranchant, mais le juge ainsi que l'aviculteur expert reconnaîtra vite cette... tricherie à la tache *parfaitement* lisse que laissent ces opérations chirurgicales et qui tranchent avec la peau granulée des autres parties ; l'enlèvement des excroissances latérales peut aussi se constater par la tache noire qu'elles impriment sur la crête vue par transparence à une vive lumière.

La crête du coq doit être parfaitement *droite*, c'est là un des caractères essentiels de la race, mais il arrive souvent que, par suite d'une faiblesse de cet organe, sans être repliée, au sens propre du mot, à une certaine hauteur cette crête s'affaisse sur elle-même, abandonnant la perpendiculaire pour s'incurver d'un côté ou d'un autre ; c'est encore un défaut sérieux dû certainement à la recherche de la finesse de la crête, que l'on constatera en se plaçant bien vis-à-vis de l'oiseau à examiner.

L'oreillon dans la race de Bresse est aussi un point important, et l'on pourrait demander au *Standard* 1904 d'être plus explicite à ce sujet ; si, dans la variété noire, les Anglais maintiennent l'oreillon blanc, ils paraissent tout disposés à adopter l'oreillon rouge ou tout au moins sablé rouge dans la variété blanche ; nous savons que nos éleveurs français tiennent avec raison à l'oreillon blanc dans la variété noire — à l'oreillon blanc bleuté pour les poules des variétés blanche et grise, à l'oreillon blanc sablé rouge pour les coqs des variétés blanche et grise. L'oreillon blanc n'est-il pas déjà un certain indice de bonne ponte et de bonne chair ? — La finesse de texture de l'oreillon est aussi un indice de nombreuses qualités et c'est, avec raison, que l'on exige l'oreillon de texture fine ; un oreillon épais serait un sérieux défaut.

« La forme amande qui existe généralement dans la variété noire est bonne et reste adoptée. Pour la variété blanche et grise, la forme de l'oreillon reste allongée. Chez la poule, l'oreillon est moins important comme grandeur que chez le coq : sa grandeur peut varier, mais elle atteint rarement la largeur d'une pièce de 50 centimes. »

(Assemblée générale du *Bresse Club*, du 30 octobre 1912.)

Si nous en croyons les indications, si documentées, qu'a bien voulu nous fournir M. le comte Gandelet, au sujet de la forme générale de la race de Bresse, il faut rechercher le type allongé en *bateau*, en évitant la queue relevée, presque en *écureuil*, forme sous laquelle maints dessinateurs nous ont représenté à tort cette race. Le comte Gandelet, à juste titre, désire des sujets à cou moins élevé et moins hauts sur pattes que ceux généralement décrits par nos auteurs avicoles. (Voir Mensuration, p. 13.) En cela il a parfaitement raison, éliminant ainsi certains croisements avec les Barbezieux, qui ont eu lieu pour donner à tort de la taille à la race Bressane.

A notre avis, le *Standard* anglais est dans le vrai en exigeant dans la variété noire le plumage à *reflets verts* ; le *Standard* 1904 admet le plumage à reflets verts ou violacés. Les reflets violacés nous paraissent une erreur ils n'existent pas dans les races d'origine méditerranéenne et sont un indice de croisement avec le Langshan, croisement qui, nous le savons, s'est pratiqué assez fréquemment en Bresse, il y a une vingtaine d'années.

Dans la variété grise, il convient, pour le plumage, de suivre le *Standard*, qui fut justement établi afin d'éviter l'apparition d'une grande quantité de noir et surtout de crayonnage, car il ne faut pas oublier que dans cette variété, comme le Langshan dans la noire, la Campine a joué un certain rôle. Essais de croisements malheureux, qui se manifestent encore fréquemment par suite du retour en arrière et qu'il convient d'éliminer avec soin.

Mensurations. — Il était intéressant d'avoir les mensurations de beaux types : nous nous sommes adressés, à cet effet, aux élevages du comte Gandelet et de M. Urbain, à Coligny, qui ont remporté en 1912, à l'exposition des Aviculteurs français, 2 premiers prix et 1 deuxième, et au Concours général agricole, 3 premiers prix, 2 deuxièmes et 2 troisièmes. C'était donc nous adresser à bonne source, d'autant plus que le Dr Ramé, dans son compte rendu de la *Revue avicole* (1er mars 1912), écrivait à propos de la race de Bresse : « Impossible de ne pas citer les noms du comte Gandelet, le nouveau président du Bresse Club, et de M. Urbain, amateurs bressans. Leurs oiseaux, très purs, habilement présentés et *au summum* des conditions, s'imposent dans presque toutes les sections de Bresse. » Voici les mesures que m'ont aimablement envoyées ces messieurs :

Coquelet noir.

1º AB voir figure V (Hauteur du sol au sommet de la crête) 52 à 55 centimètres.

2º CD (Hauteur du sol au milieu du dos) 32 à 35 centimètres.

3º EF (Hauteur du sol à l'extrémité du bréchet) 25 centimètres.

4º GH (Hauteur du sol à la faucille supérieure) 47 centimètres (1).

5º IK (Largeur prise de la poitrine au bord extérieur du duvet anal) 25 à 28 centimètres.

6º LM (Distance entre le bord extérieur du duvet anal et une perpendiculaire au sol partant de l'extrémité des faucilles) 15 à 20 centimètres.

(1) Le comte Gandelet fait observer que ce sujet a la queue un peu trop relevée.

7° NO (Distance entre la poitrine et une perpendiculaire au sol partant de l'extrémité du bec) 5 centimètres.

Coquelet blanc.

1° AB : 45 centimètres. (Le comte Gandelet trouve que ce coquelet blanc, moins haut sur pattes et à cou moins élevé que le noir, répond mieux à ce que doit être la Bresse.)

2° CD : 3o à 3a centimètres.

3° EF : 24 centimètres.

4° GH : 3a à 34 centimètres.

5° IK : 24 à 25 centimètres.

6° LM : 15 à 17 centimètres.

7° NO : 4 centimètres.

Qualités et exigences de la Race de Bresse. La poule de Bresse est vive, alerte, vagabonde, elle sait avec habileté trouver sa nourriture dans les champs, s'écartant souvent assez loin de son poulailler, c'est la poule de ferme plutôt que la poule de parquet ; il lui faut la liberté pour faire preuve de toutes ses qualités. D'ailleurs fort agile, grâce à des ailes vigoureuses et à son corps léger, elle a vite fait de traverser des clôtures de deux mètres de hauteur et même plus ; c'est la volaille parfaite pour les contrées à culture intensive de céréales. La race de Bresse est en outre fort rustique et peu difficile sur le choix des aliments. « Dans leur pays d'origine, les volailles sont nourries de maïs, d'avoine, de sarrasin, de blé — pas beaucoup, car les fermiers préfèrent le vendre : — elles reçoivent comme pâtées de la farine de maïs additionnée de son que l'on ébouillante ; l'on fait en outre entrer beaucoup de lait caillé dans cette pâtée... Les oiseaux vivent en liberté, car la Bresse tout entière leur sert de parquet et de volière ; ils cherchent eux-mêmes de quoi compléter, selon leurs besoins, la nourriture qui leur est donnée. » (Comte Gandelet.)

Comme toutes les races bonnes pondeuses, la Bresse (la variété noire surtout) demande peu à couver, mais lorsqu'elle se décide à couver, elle se montre bonne couveuse et excellente mère, sachant soigner et défendre ses poussins.

Les jeunes s'élèvent facilement, sans soins spéciaux, ils sont robustes et de croissance rapide ; on peut hâter cette rapidité de développement en leur donnant une nourriture animalisée. « Si on leur donne de la viande, on hâte leur développement dans le premier mois ; des farineux dans le deuxième mois, en plus de cette viande, mettent les sujets en état de paraître au marché au moins quinze jours plus tôt sans nuire à la qualité de la chair... A notre avis, les éleveurs de la Bresse arriveraient ainsi à grossir leur race sans avoir besoin de recourir à aucun croisement. » (BRÉCHEMIN : *Agriculture nouvelle*, 16 décembre 1911.)

La Bresse comme poule d'utilité. Dans l'exploitation lucrative de la basse-cour, la Bresse peut être considérée sous deux points de vue différents, pour sa ponte et pour sa chair.

Quoique différant peu sous le rapport de l'une ou de l'autre de ces productions, on s'accorde à donner la préférence à la variété noire pour la ponte et à la variété grise pour l'excellence de sa chair. Il convient de faire remarquer qu'une volaille à plumage clair est, une fois dressée, toujours de meilleur aspect qu'une même volaille au plumage sombre.

Quant aux qualités de pondeuse de la race de Bresse, tous les auteurs ne sont pas d'accord.

M. Goujon, un aviculteur professionnel, mais qui, avec raison, craint les parquets étroits et peuple les basses-cours de ferme avec les sujets qu'il élève, une seule race par ferme pour éviter tout mélange, considère les Bresse comme occupant un rang honorable parmi les six meilleures races pondeuses ; il ajoute : « La Bresse est une petite poule vive, rustique et pondant beaucoup. On en a vu égaler les meilleures Leghorn. Sa chair est exquise. C'est la poule idéale pour avoir des œufs en toute saison. »

Dans un tableau de ponte donné par M⁰ Lepelletier de Bouhelier, nous trouvons au sujet de la ponte des Bresse les renseignements suivants :

Bresse noire, nombre d'œufs pondus par an, 160 ; poids moyen de l'œuf, 80 grammes.
Bresse grise, nombre d'œufs pondus par an, 150 ; poids moyen de l'œuf, 54 grammes.

M. Lemoine, ce doyen de l'aviculture française, dont la science pratique ne peut être mise en doute, dans un essai de classification des races (*Le Poussin*, 1894) donne à la Bresse noire la deuxième place dans les pondeuses de gros œufs, mais, par contre, range les blanches et grises au troisième rang dans les pondeuses d'œufs moyens.

Le comte Gandelet, consulté par nous sur ce sujet, nous affirme que la Bresse noire est l'une des meilleures et des plus fortes pondeuses, et il ajoute : « Un amateur de Bresse noire, du nord de la France, M. Henri Decanter, membre du Bresse Club, nous écrivait dernièrement que, dans son bel élevage du Château de Merris, avec quinze poules Bresse noire, les unes nées en 1909, les autres en 1910, qu'il avait fait mettre en observation de novembre 1910 à fin juin 1911, il avait obtenu 1.931 œufs, pendant ces huit mois :

135 en novembre ; — 165 en décembre ; — 219 en janvier ; — 260 en février ; — 316 en mars ; — 304 en avril ; — 293 en mai ; 239 en juin. »

Le comte Gandelet a bien voulu peser à notre intention les œufs pondus dans son élevage si réputé, et le chiffre moyen varie de 67 à 72 grammes.

Nous trouvons aussi en Angleterre des renseignements intéressants sur la valeur des Bresse comme pondeuses.

M. F.-W. Holland écrit dans le *Poultry World* : « Un lot de ces magnifiques oiseaux (Bresse noire), ont pondu, du 12 août 1909 au 4 août 1910, une moyenne de 211 œufs par poule. »

M. Jos. Pople, dans l'*Almanach du Poultry* 1912, où il donne un intéressant article sur la race de Bresse en Angleterre, écrit : « Un de mes voisins possède 30 poulettes Bresse noire, nées en avril. Elles commencèrent à pondre en août. En novembre, elles donnaient en moyenne 17 œufs par jour, en décembre 19, et cela sans être forcées en aucune façon. »

M. F.-L. Brown, secrétaire de la National Poultry organisation Society, écrit dans *Wright's Poultry book* : « J'ai élevé pendant plusieurs années des Bresse blanches et je les considère comme aussi bonnes pondeuses que les meilleures de toute autre race. »

Dans le concours de ponte des quatre mois d'hiver 1904-1905, organisé par l'Utility Poultry Club, les La Bresse blanches obtinrent le second rang avec un lot de 4 poulettes donnant 240 œufs assez gros (7 à la livre anglaise, soit $\frac{453}{7} = 64$ gr. 6).

Ce dernier fait est intéressant, car la variété blanche n'est pas en général considérée comme une pondeuse d'hiver.

Il est vrai que l'aptitude à la ponte est non seulement une aptitude de race, mais aussi une aptitude individuelle, et au lieu de classer les races comme bonnes ou mauvaises pondeuses, on devrait plutôt dire races chez lesquelles on trouve actuellement de grandes ou mauvaises aptitudes à la ponte ; en adoptant une de ces races, on possède une des premières bases de la ponte intensive ; mais cette aptitude première peut augmenter ou diminuer suivant que l'on pratique ou ne pratique pas la *sélection en vue de la ponte*, c'est-à-dire que l'on mette exclusivement en incubation, pour le repeuplement de la basse-cour, les œufs des poules qui se sont montrées bonnes pondeuses (nous verrons dans un chapitre ultérieur comment il faut procéder). Si l'on pratique cette sélection spéciale, on augmente l'aptitude individuelle à la ponte ; on la laisse, au contraire, diminuer, si, sans s'inquiéter des aptitudes de ponte des ascendants, on se borne à sélectionner d'après les caractères extérieurs. Ces faits expliquent la divergence dans la grosseur et le nombre d'œufs pondus par les sujets d'une même race.

Au point de vue de la chair, la réputation de la Bresse est mondiale, nous n'avons que peu à nous étendre sur ce sujet ; d'ailleurs, dans la remarquable étude sur le Commerce de la Bresse que le comte Gandelet a bien voulu nous communiquer comme complément à ce chapitre, on trouvera l'appréciation de gourmets, de poètes ; nous nous bornerons ici simplement à deux attestations venant de l'Angleterre.

L'une, publiée dans le classique *Wright's Poultry Book*, est due à la plume autorisée de M. Brown, qui s'est fait en Angleterre l'apôtre de la basse-cour productive, qu'il a du reste étudiée tout spécialement en France, en Amérique et en Australie.

« Parmi les volailles de table françaises, la race de la Bresse occupe le premier rang... A Paris, ainsi que dans les autres parties de la France, en Italie, en Suisse, les poules de la Bresse figurent sur le menu des meilleurs hôtels. Une partie de leur valeur provient du système d'engraissement qui est pratiqué dans cette région, et il est hors de doute que pour la délicatesse de la chair il n'y en a pas de supérieure. La légèreté de l'ossature est sans contredit un grand avantage, et la race est particulièrement remarquable par la facilité avec laquelle elle prend du poids. Les poules de Bresse sont estimées pour leurs qualités et non pour leur taille, qui est souvent inférieure au grand type de Leghorn anglais. »

L'autre attestation provient d'Allemagne, et il faut attacher d'autant plus d'attention à cet éloge qu'il émane d'un pays qui cherche, par tous les moyens, à faire valoir ses propres produits, à les imposer partout, à rendre universel le *Made in Germany*.

Le comte Gandelet a bien voulu nous traduire l'article en question paru dans le *Geflügel Welt* en juin 1912. Nous en reproduisons les principaux passages avec le regret de ne pouvoir le donner en entier, conservant certaines expressions et tournures allemandes qui ne donnent que plus de saveur au morceau :

« A l'Est de la France, dans les départements de l'Ain et de Saône-et-Loire, où l'élevage de la volaille a pris naissance depuis déjà plusieurs siècles, on s'adonne surtout à une poule qui cache sous son simple plumage le plus précieux trésor ; et ce trésor trouve sa très réelle appréciation dans les plus fins restaurants de Paris, où l'on paie pendant la saison les poulardes jusqu'à 20 francs. En Allemagne, un gourmand, ou plus exactement un gourmet, est obligé de dépenser 25 marks (31 fr. 25) s'il veut savourer (*chatouiller son palais*) cette noble viande de la basse-cour bressane..... Si l'estomac insatiable et gâté de Paris (*gâté dans le sens d'enfant gâté*) reçoit la plus grande partie des volailles grasses de la Bresse, l'étranger en a aussi réellement sa part. L'Angleterre occupe le premier rang, et les grands hôtels anglais trouvent tout naturel que la poule de Bresse ne se trouve pas en dernier lieu sur le menu. La France produit toute une série de volailles dont les noms les plus connus sont : les La Flèche, Crèvecœur, Houdan, Mans — qui prennent une grande part dans la reproduction des Minorque — les Barbezieux et les Coucous de Rennes. Bien que les Houdan, Crèvecœur et La Flèche se laissent engraisser le plus rapidement, elles ont quand même un grand désavantage sur les volailles de Bresse et de Faverolles, celui de ne pouvoir être élevées avec autant de facilité et de ne pas permettre d'assurer le succès durant les mois d'hiver par suite de leur trop grande délicatesse ; quoique riches en chair, elles ne sont ni si blanches, ni si riches en chair que les Bresse.

« Si l'on compare le squelette de l'antique Crèvecœur et celui de la Bresse, on est surpris de la finesse des os de cette dernière. Bien que la Bresse compte au nombre des poules françaises les moins lourdes, à mon avis ce désavantage n'est qu'apparent ; il est facilement contrebalancé par la finesse et le poids si réduit des os.

« A ces qualités, nous devons ajouter un autre facteur : les Bresse sont de très bonnes pondeuses ; elles le sont d'autant plus qu'elles sont élevées en liberté; elles peuvent pondre jusqu'à 140 à 150 œufs par an, d'un blanc pur et d'un poids de 60 à 65 grammes. C'est incontestablement un beau rendement pour une poule destinée à l'engraissement.

« En Bresse, on a aussi essayé les croisements avec les grosses races, mais on y a renoncé; car il y avait danger pour la renommée de leur chair... de sorte que l'on continue l'élevage dans les anciennes conditions et l'on fait bien ; la preuve en est fournie par le produit rémunérateur.

« J'ai dit plus haut que le meilleur rendement est seulement obtenu avec les poules qui peuvent jouir de leur liberté. Il y a des rapports qui assurent le contraire, mais ils sont écrits dans un certain but commercial, et je ne les tiens pas pour honnêtes (1). »

Ces deux attestations étrangères et la création d'un Bresse Club anglais justifient le cri d'alarme du comte de Saint-Mauris Montbarrey, dans le *Bulletin de l'Aviculture française* sous le titre de « Aveu à retenir » ; l'étranger, et l'Angleterre en particulier, veulent s'emparer de la Bresse dans la mesure où ils peuvent le faire.

Le comte Gandelet
Engraissement. donnant un peu plus
loin des détails, fort
intéressants, sur l'élevage en Bresse, nous nous bornerons à quelques détails techniques.

Les coqs sont chaponnés ; il est main-

(1) Dr P. T. Geflügel Welt. Juin 1912. Traduit de l'Allemand par le comte Gandelet.

tenant assez difficile de trouver de bons opérateurs, mais nous croyons qu'en se servant des instruments et procédés américains — les chapons reprennent une grande faveur en Amérique (voir le chapitre spécial où nous traitons de cette opération) — on serait plus certain d'un bon résultat, car actuellement, en Bresse, l'opération n'est complète que sur 50 % des sujets qui y sont soumis.

On place chapons et poulardes, ces dernières n'ayant point encore pondu, dans une cage spéciale (sorte d'épinette) placée en un endroit obscur ; trois fois par jour pour commencer, et ensuite deux fois, matin et soir, on fait une pâtée très épaisse composée de farine de maïs additionnée de 1/7 de farine de sarrasin, le tout délayé dans du petit lait, de façon à obtenir une pâte très consistante qui peut se rouler en pâtons gros comme le doigt et longs de 3 à 4 centimètres. On y ajoute parfois de la farine d'orge et du riz cuit. La fermière place sur ses genoux, maintenus entre ses jambes, dans un tablier, 5 ou 6 sujets : à tour de rôle, elle les emboque jusqu'à ce qu'ils aient un jabot considérable, la digestion demande plusieurs heures. Au fur et à mesure qu'elle les emboque, les pâtons sont trempés dans du lait, ce qui les fait glisser plus facilement. Lorsque l'engraissement est reconnu suffisant, on procède au sacrifice.

« En Bresse, dit M. Chanel, de Bourg, on ne s'imagine pas hors du pays, tous les soins que prend la fermière qui engraisse la volaille pour la tuer proprement en la saignant au palais, sans qu'elle porte de marque, puis pour la plumer sans faire d'écorchure, ce qui devient une tare qui lui ôte de sa valeur vénale; après quoi elle l'enveloppe, toute chaude encore, dans un linge fin trempé dans du lait et qu'elle coud un peu ferme pour lui donner une forme ovale, allongée, flatteuse à l'œil et conséquemment avantageuse à la vente. Le linge fin trempé dans le lait par les fermières de la Bresse, pour servir de bandage propre à allonger les formes des volailles, donne de la blancheur à la peau et, en même temps, un aspect *chagriné* qui semble caractériser la finesse de la chair. — Les volailles grasses, envoyées dans les villes éloignées sont ordinairement plumées, excepté la tête, le bout des ailes et la queue. Elles sont également vidées, c'est-à-dire qu'on retire par l'anus les intestins et le foie. Le vidage des volailles doit être pratiqué sans ouvrir le ventre ni agrandir l'anus, dans le but de conserver l'aspect naturel de l'animal. Le foie ne doit pas rester dans l'intérieur du corps, parce que le fiel, qui est abondant dans la vésicule, s'absorbe et communique aux chairs un goût amer et désagréable. On doit aussi faire dégorger les aliments contenus dans le jabot, leur séjour dans ce premier estomac le fait aigrir, ce qui communique à la viande une odeur également désagréable. Ainsi préparée, chaque poule est enveloppée excepté la tête et les pattes, d'une feuille de papier blanc, puis ficelée et emballée dans des paniers à mailles peu serrées et non dans des boîtes fermées de toutes parts. Dans les paniers l'air frais pénètre, circule ; la viande se conserve mieux et plus longtemps. »

La Race de la Bresse comme poule sportive Le Révérend Sturges, dans son très intéressant *Poultry Manuel*, considérait encore en 1909 la poule de Bresse comme une excellente volaille de rapport, mais incapable d'intéresser l'*Aviculture sportive*. Pourtant, en Angleterre, depuis la création du Bresse Club, de nombreux spécimens de Bresse se remarquent dans toutes les grandes expositions. Faut-il se réjouir de ce nouveau succès de la race bressane ? L'élevage des races pures, *exclusivement* en vue des expositions, a des inconvénients, car il a pour principal but de porter au summum les caractères extérieurs, sans s'inquiéter des qualités productives, mais, d'autre part, il a pour avantage de conserver le type pur et de le perfectionner par sélection.

Comme dans toutes les races unicolores — la variété grise est encore peu élevée sportivement — les points de la tête jouent un rôle important dans l'attribution des récompenses et, parmi ceux-ci, la crête vient au premier rang, et l'on éprouve certaines difficultés à l'obtenir parfaite ; en effet, dans les races à crête simple, moyenne ou grande, la crête est portée droite chez le coq et repliée sur un côté chez la poule, telles sont du moins les exigences du Standard, et l'éleveur est souvent fort désappointé de voir dans quelques-uns de ses élèves, parfaits sous tous les autres rapports, la crête s'obstiner à se pencher plus ou moins chez les mâles ou se maintenir dressée chez les poulettes ; l'obtention d'une bonne crête, dans l'un ou l'autre sexe, demande des soins spéciaux, ou petits trucs si l'on veut bien. Le moyen le plus sûr dans l'obtention de crêtes impeccables réside dans le choix des reproducteurs, et le mieux est d'établir dans ce but deux parquets spéciaux, l'un pour la production des coquelets, l'autre pour celle des poulettes.

Dans le premier cas, on choisira un coq ayant une crête aussi parfaite que possible, et une poule ayant une crête forte à sa base, ne tombant pas immédiatement, mais, au contraire, se maintenant dressée sur la plus grande partie possible de sa hauteur (fig. VI). Pour avoir de bonnes crêtes chez les poulettes, on opérera de façon contraire, c'est-à-dire que, si l'on choisit une poule ayant une crête aussi parfaite que possible, on adoptera un coq à crête mince, faible, de force insuffisante pour se maintenir droite et retombant le plus près possible du sommet de la tête (fig. VII) ; ce dernier type de crête se trouvera sur les coqs chez lesquels cet organe a poussé d'une manière exagérée. Les belles crêtes demandent en outre des soins spéciaux ; en premier lieu, pour éviter le *coup de pouce* si défectueux chez les coqs, il convient d'enlever les jeunes à leur mère, avant que leur crête n'atteigne un centimètre à un centimètre et demi; la poule en abritant les poussins sous elle appuie forcément sur ces crêtes et leur fait prendre un mauvais pli. On peut augmenter la hauteur droite, il faudra donner à l'oiseau une nourriture fortifiante : morceaux de viande trempés dans de l'huile de foie de morue, sulfate de fer dans son eau de

Fig. VI.

Fig. VII.

de la crête en maintenant les oiseaux dans un local chaud (à 20 degrés, on voit la crête pousser avec une rapidité exceptionnelle), mais pour la maintenir boisson, et l'on fera bien de pratiquer tous les deux jours un massage ainsi fait : la crête ayant été lavée durant quelques minutes avec de l'eau très chaude, et bien séchée, on s'enduira les doigts de vaseline et on pressera, à plusieurs reprises, légèrement l'organe entre les doigts en remontant de la base au sommet. Il arrive souvent qu'au retour d'une exposition, les crêtes, par suite de fatigue ou d'anémie, pendent lamentablement à droite ou à gauche ; on peut leur rendre leur position primitive et leur fermeté en les frottant chaque jour avec du vinaigre et en donnant une nourriture substantielle à l'oiseau. Si le mauvais pli persistait, on pourrait placer la crête dans une sorte de cage en fil de laiton jusqu'à ce qu'elle puisse conserver d'elle-même sa position première (voir le paragraphe : *Préparation aux expositions*).

Le massage est aussi excellent pour les crêtes retombantes des poules de façon à les faire se replier d'une manière régulière ; avec les doigts enduits de vaseline, matin et soir, on tirera légèrement l'organe de bas en haut, repoussant si besoin est, de l'autre côté, la partie qui aurait dévié. Il peut être intéressant pour avoir un joli lot d'obtenir des poulettes dont les crêtes tombent toutes du même côté, on y arrive en les maintenant, lors de la croissance de la crête, dans un local sombre éclairé d'un seul côté.

Bien entendu, la finesse de texture de la crête étant très importante dans la race de Bresse, on choisira des reproducteurs offrant ce caractère.

Les oreillons sont aussi un point important ; en les lavant chaque jour avec un peu d'eau tiède, puis les frottant avec un peu de vaseline, on leur donne un éclat de blancheur incomparable ; les oreillons blancs sont assez difficiles à conserver, ils se *sablent* de rouge avec l'âge, et lorsque le coq est avec des poules, celles-ci s'amusent à lui becqueter cet organe dont la blancheur les attire, et chaque piqûre fait une petite blessure

qui, en se cicatrisant, laisse une tache rosée. Pour maintenir l'oreillon blanc, il faut autant que possible séparer le coq des poules lorsqu'on le destine à une exposition. Les oreillons ainsi sablés peuvent se rétablir en lavant chaque jour l'oreillon avec du lait tiède, essuyer avec un linge fin et saupoudrer l'endroit encore humide avec de l'oxyde de zinc en poudre ; les traces de rouge disparaissent peu à peu. Éviter comme aliment le maïs, qui jaunit l'oreillon.

Il faut aussi éviter les reproducteurs qui ont du *blanc sur la face* ; nous ne disons pas la face pâle, plus ou moins claire, signe de mauvaise santé (on donnera alors des reconstituants aux oiseaux), mais ayant des taches blanches plus ou moins grandes, indice d'un croisement avec la race espagnole ; avec l'âge les taches blanches finissent par envahir complètement la surface.

Les sujets d'exposition devront être fins de silhouette et ne devront point avoir la *queue en écureuil*, c'est-à-dire portée très relevée. Pour éviter ce dernier défaut, qui est très grave, si un des reproducteurs a des tendances à porter la queue relevée, on aura soin de l'allier à d'autres oiseaux portant la queue plutôt basse.

La couleur des tarses est aussi importante ; ils doivent être gris bleu foncé. Dans des prairies, il est facile de maintenir cette couleur, mais dans un terrain sablonneux ou calcaire elle s'affaiblit ; pour maintenir cette couleur, il faut les laver deux fois par semaine avec de l'eau tiède et les enduire d'un peu de glycérine.

Depuis leur naissance, les poussins destinés à fournir des sujets de concours, doivent être l'objet de soins incessants de la part de l'éleveur : Ne pas les maintenir dans une éleveuse trop chauffée ou trop longtemps sous la mère, de peur du « *coup de pouce* ». Séparer les coqs des poulettes vers trois mois ; les loger la nuit dans des poulaillers vastes et leur accorder le jour le plus de parcours

Le Comte GANDELET
Président du Bresse Club
Directeur du Bulletin de l'Aviculture française

Photo Barro, Nancy.

possible. Éviter jusqu'à la première mue les poulaillers chauds, qui exciteraient la croissance de la crête et causeraient sa faiblesse. Ne jamais leur donner une nourriture stimulante avant cette pre-mière mue, ni essayer de les forcer d'aucune façon avant cette époque.

Dans la variété noire, les poussins naissent avec la gorge, la poitrine et le dessous blancs ; ils prendront plus tard leur livrée noire, et ce sont ceux qui, à cet âge, offrent le plus de blanc qui auront, une fois adultes, le plus beau plumage noir à reflets brillants, ceux qui naissent presque entièrement noirs auront plus tard une livrée d'un noir terne. Ne pas oublier que les coquelets, très précoces, ne donnent que rarement de bons sujets d'exposition.

Bresse Club français

fondé en 1904, à Bourg, affilié à la Fédération des Sociétés d'aviculture de France.

Président d'honneur : M. Joseph DONAT.
Président : Le comte GANDELET, château de Coligny (Ain).
Vice-Président : M. P. DE MONICAULT, château de Versailleux (Ain).
Secrétaire - trésorier : M. Pierre URBAIN, château de Coligny (Ain).
Membres du Comité : Baronne DE BÉOST, vicomte DE CHIFREVILLE, M. PIOUD, comte DE SAINT-MAURIS MONTBARREY, M. Alph. DUPONT, et Baronne DE MAUNI.
Nombre des membres : Illimité : les dames sont admises.

Cotisations donnant droit au service du *Bulletin de l'aviculture française* (1) : membres actifs, 10 francs par an.

But. Établissement du Standard de la race de Bresse et encourager son élevage, par des expositions dans la région et par des médailles dans toutes autres expositions.

Historique. Le Bresse Club fut créé en 1904 par M. Joseph Donat : outre les nombreuses médailles qu'il accorda aux expositions régionales et à celles de la Société nationale d'Aviculture, de la Société des Aviculteurs français à Paris, à celles des Sociétés Avicoles d'Angers, de Louhans, Marseille, Avignon, Lille, Châteauroux, Lyon, Toulon, Reims, Liège, il organisa deux très intéressantes expositions à Bourg, en 1905 et 1907.

En 1911, M. Joseph Donat, ne pouvant plus s'intéresser comme il l'aurait souhaité à la marche de la Société, insista pour qu'on acceptât sa démission de président ; il fut nommé à l'unanimité président d'honneur, et l'unanimité des suffrages désigna aussi le comte Gandelet pour lui succéder. Le choix du comte Gandelet, comme président du Bresse Club, s'imposait en quelque sorte à l'attention de ses collègues. Aidé par son secrétaire particulier, M. P. Urbain, il s'est adonné depuis quelques années, avec autant de compétence que de soins, à l'élevage et à la sélection de la race de Bresse dans ses trois variétés. Quelques jolis parquets de cette belle race sont disséminés çà et là sous les beaux ombrages du château de Coligny. Cet élevage d'amateurs se recommande plutôt par le choix des sujets que par leur nombre, aussi les efforts de son propriétaire ont-ils été récompensés par de nombreux prix. 1910 : 3 prix d'honneur ; 9 1ers Prix ; 4 2es Prix ; 5 3es Prix. 1911 : 2 Prix d'honneur ; 14 1ers Prix ; 5 2es Prix ; 3 3es Prix ; 1912 : Exposition des Aviculteurs français : 2 1ers Prix et un 2e Prix. Concours général agricole : 3 1ers Prix ; 2 2es Prix et 2 3es Prix.

Sous l'impulsion de ce dévoué Président, le Bresse Club a pris un essor considérable : Déclaration de la Société ; nouvelle affilia-

(1) *Bulletin de l'aviculture française*, septième année, M. Papillon, fondateur ; comte Gandelet, directeur ; M. P. Urbain, administrateur, Coligny (Ain) : organe officiel du Bantam Club français ; Bresse Club, Pigeon Club français, Société des Aviculteurs du Nord, Fédération des Sociétés avicoles d'aviculteurs du Midi, Société des Aviculteurs Angevins, Club de la Caussade, Société d'aviculture et d'élevage de la Charente et du Sud-Ouest, Syndicat des Aviculteurs de l'Ouest, Club des aviculteurs et éleveurs amateurs du Douaisis.

tion à la Fédération des Sociétés d'Aviculture de France ; homologation du Standard, établissement de bagues, dons de nombreuses médailles à diverses sociétés, augmentation considérable des membres du Club, dont le nombre a été doublé au cours de 1912 ; subvention du Conseil général, etc., etc.

Au sujet de cette subvention, il est intéressant de signaler le rapport du Dr Bozonet, député de l'Ain, au Conseil général (20 août 1912) :

« M. le Président de la Société avicole « Le Bresse Club Français », dont le siège est à Bourg, sollicite l'attribution d'une subvention sur les fonds départementaux.

Photo. E. Woelflin, Nancy

M. Pierre URBAIN
Secrétaire-trésorier du Bresse Club.

« Cette Société a pour but de propager, de perfectionner et d'encourager l'élevage des volailles de Bresse, d'obtenir une meilleure classification des diverses variétés dans les concours et expositions. Il est aussi dans son programme d'organiser annuellement, et suivant ses ressources, une exposition de volailles vivantes, tant à Bourg que dans une autre ville de Bresse.

« Le Bresse Club français, non seulement prend part aux divers concours de volailles, à leur organisation, mais il offre aussi des médailles aux éleveurs, il rend donc de grands services à tous les points de vue. — En somme, grâce au dévouement de M. le Président de cette Société, qui a présenté à l'appui de sa demande un très intéressant rapport, grâce à l'activité de son secrétaire, cette société reste fidèle à sa devise : propager, perfectionner et encourager l'élevage des volailles de Bresse. — Dans ces conditions, votre quatrième commission vous propose d'émettre le vœu qu'une subvention lui soit accordée sur les fonds du ministère de l'Agriculture, et de lui accorder une somme à prélever sur le crédit affecté aux dépenses imprévues. »

Poursuivant avec le même dévouement son œuvre utile, le comte Gandelet espère organiser annuellement à Bourg des expositions de la race de Bresse dans ses 3 variétés.

ÉLEVEURS SPÉCIALISTES

chez qui on peut se procurer :

Œufs, jeunes sujets et reproducteurs

Comte GANDELET, château de *Coligny* (Ain). Spécialité des trois variétés de **Bresse.**

A. MASSON, Élevage Saint-Lazare, *La Ferté-Milon* (Aisne). **Bresse noire.**

Baronne D'ALEXANDRY, « Le Marquais », *Noyon* (Oise). **Bresse noire.**

LECOMTE-SUZAN, *Saint-Pierre-les-Elbeuf* (Seine-Inferieure). **Bresse noire, blanche.**

Dr Gilbert SERSIRON, « L'Estivade », *La Bourboule* (Puy-de-Dôme). **Bresse noire.**

Jean DESCHELLERINS, *L'Étang, par Châteauneuf-s/-Loire* (Loiret). « **Bresse de Bény** » **blanche.**

DEBRAYE frères, *Tartigny, par Bacouël* (Oise). **Bresse noire.**

DIDION, ferme de *Ludres*, près *Nancy* (M.-t-M.). **Bresse noire.**

PIOUD Aug., *Viriat, par Bourg-en-Bresse* (Ain). **Bresse grise.**

E. SERRE, Grand Élevage de *Montmerle* (Ain). **Bresse blanche, noire, grise.**

Baronne DE MAUNI, Château du Borgouet, par *Bourg-Achard* (Eure). **Bresse de choix.**

Comte DE SAINT-MAURIS MONTBARREY, à *Varennes-St-Sauveur* (Saône-et-Loire). **Bresse blanche, grise, noire.**

Mme L. MESSIMY, Château du Loyat, *Charnoz*, par *Meximieux* (Ain). « **Bresse blanche de Bény** ».

Baronne de BÉOST, château de Béost, *Vonnas* (Ain). **Bresse blanche.**

Ch. QUARTIER Fils, rue Bressigny, 121, *Angers* (M.-et-L.). **Bresse noire, grise, blanche.**

The La Bresse Club

Transformation en 1911 du White La Bresse Club.

Président : Lady WILSON, ADDLESTON SURREY.

Hon. Secretaire. : C. H. CAPLE Manor farm. Stanton Prior near Bristol.

Nombre de membres : illimité. *Cotisation :* 5 shillings par an.

BUT : propager et encourager en Angleterre l'élevage de toutes les variétés de Bresse. Publie chaque année un annuaire.

Pour compléter notre monographie sur la race de Bresse nous sommes heureux de donner les premières pages d'un ouvrage très documenté que prépare le comte Gandelet, Président du Bresse Club, sur le même sujet.

Cet ouvrage mettra en évidence, mieux qu'elle ne l'a jamais été, une *Étude* de M. Joseph Favre sur *Le Poulet de Bresse.* Nos lecteurs sauront apprécier l'importance et la haute valeur de ces pages.

Antiquité et importance de l'Industrie de la volaille de Bresse, par le comte Gandelet.

L'Exploitation de la volaille de Bresse est fort ancienne. « Le poulet de Bresse est une industrie fort antique dans le pays de Bresse. D'après les documents recueillis, elle remonte à la fin du XVIe siècle. Voici des faits qui permettent de préciser.

Avant l'annexion définitive de la Bresse à la France, traité de Lyon (17 janvier 1601), les syndics de la ville de Bourg faisaient fréquemment des présents au duc de Savoie, leur souverain, aux dignitaires de la Cour, au gouverneur de la Bresse et à son lieutenant. Tous ces dons sont inscrits dans les registres municipaux de la ville, on y voit figurer souvent des tonneaux de vin, du poisson, du gibier et, seulement vers la fin du XVIe siècle, des chapons gras.

« La date la plus ancienne en effet que nous ayons pu recueillir, dit M. J. Favre (1), remonte au 12 novembre 1591. Le peuple, ce jour-là, fut « si joyeux du départ des Romains que par reconnaissance pour le marquis de Treffort le conseil vota qu'il lui serait fait présent de deux douzaines de chapons gras (2) ».

« Les chapons servaient aux fermiers à payer leurs redevances : M. Dubost, ancien professeur à l'école d'Agriculture de Grignon, signale qu'en 1691, il trouve, pour la première fois, dans un domaine de la commune de Bey, canton de Pont-de-Veyle, un fermier qui, aux termes de son bail, doit fournir à son propriétaire

deux chapons « paillés », traduisez d'une teinte jaune paille, c'est-à-dire bien gras. De même dans un domaine de Bény, une des communes les plus renommées pour la volaille, on constate dans un bail de 1694 la réserve faite de chapons gras au profit du propriétaire qui était marchand et bourgeois de Bourg-en-Bresse. »

On trouve cependant des baux antérieurs à 1691, mentionnant des redevances de chapons et de poulardes.

Je conserve dans nos archives de famille des baux de domaines que je possède encore en Bresse, à Coligny et dans les environs, qui mentionnent des redevances de chapons et de poulardes dues à nos bons ancêtres, leurs propriétaires d'alors, les Seigneurs de la Tournelle, de Coligny : et ces baux datent de 1674 et 1677.

Le château de Saint-Germain, devenu maintenant bâtiment d'exploitation et de ferme de l'antique fief de la famille de Saint-Germain, est précisément situé sur les confins des territoires privilégiés de Bény et de Saint-Étienne-du-Bois, qui fournissent les incomparables chapons et poulardes qui font chaque année, en décembre, l'admiration des visiteurs à l'Exposition des volailles grasses à Bourg.

Dans les anciens baux de ce domaine se trouvent les mêmes redevances en volailles grasses mentionnées sur les baux de 1681. — Et les fermiers du château de Saint-Germain me fournissent encore au XXe siècle des redevances en chapons et en poulardes, comme leurs prédécesseurs le faisaient au XVIIe siècle, au Seigneur de Saint-Germain, Écuyer, notre aïeul.

A dater du XVIIe siècle, les redevances deviennent de jour en jour plus nombreuses et plus importantes. Sur la fin du XVIIIe siècle, on les voit figurer dans les baux de chaque domaine, ce qui prouve

---

(1) *Le Poulet de Bresse* : Etude de M. Joseph Favre, Diplômé des Ecoles Supérieures de commerce de Dijon, publiée en 1905.

(2) Le 20 décembre 1652, le syndic Reynauld revient de Dijon, où il devait saluer le duc d'Epernon, obtenir de lui exemption du logement des gens de guerre et lui offrir les chapons de la ville. Les chapons furent « fort agréés ».

que l'engraissement de la volaille était devenu général.

C'est de la fin du XVIIIe siècle que date en effet la grande réputation des poulardes et des chapons de la Bresse. C'est aussi vers la même époque que la culture du maïs commença à devenir générale, continue M. Favre, dans son étude si documentée sur « le Poulet de Bresse ». Jusqu'alors le maïs, comme les autres menus grains n'avait été toléré que dans les « verchères », c'est-à-dire dans les terres attenantes aux habitations et pour l'usage du cultivateur. Mais cette prescription invariablement consignée dans les baux du temps ne tint pas contre le besoin de l'intérêt ; la culture du maïs gagna peu à peu, et l'engraissement de la volaille devint possible en général en Bresse.

« En 1825, trois pays se disputent l'honneur de fournir les meilleures volailles : le pays de Caux, la Sarthe et la Bresse. Pour les chapons, il y a à cette époque quelques discussions, mais pour les poulardes, celles de Bresse ont incontestablement la préférence. Malheureusement elles étaient peu connues à Paris, où elles n'arrivaient que dans des « bourriches votives », selon l'expression de Brillat-Savarin. Vers 1840, la race de Bresse est notée dans les quelques écrits qui traitent de l'espèce galline comme une race perdue ; on ne parle que des volailles de fantaisie ou d'agrément qui sont de temps immémorial en possession du marché de la volaille, ne rapportant alors en Bresse que 200.000 francs environ.

« Depuis 1860, grâce au développement des chemins de fer, et à la création de concours spéciaux, ce commerce s'est développé peu à peu, pour prendre pendant ces dernières années une énorme extension.

« Nous allons indiquer d'après les documents officiels, c'est-à-dire d'après les statistiques publiées par le ministre de l'Agriculture et d'après des renseignements pris dans le Journal de la Société d'Émulation de l'Ain, quelques chiffres qui montreront le progrès constant du commerce de la volaille de Bresse. Mais il est bon de prévenir que, malgré leur caractère officiel, les statistiques sont loin d'être l'expression de la vérité absolue, surtout pour la basse-cour.

« Ceux qui sont chargés de réunir les premiers éléments de ces travaux n'ont pas toujours la compétence voulue. On se borne souvent pour établir les dites statistiques à recopier d'anciens tableaux ; on omet de les mettre à jour. On néglige surtout les volailles qui semblent n'être que les petits profits de la fermière ; aussi elles ne doivent être acceptées qu'avec une certaine méfiance, et il ne faut pas oublier, que la réalité est bien supérieure aux chiffres que nous allons voir.

« Jusqu'en 1892, le commerce est faible ; le tableau suivant permet d'établir par la comparaison de ses différentes valeurs, la situation de ce commerce (1) :

Années	Valeur
1844	200.000 francs
1864	500.000 »
1882	830.000 »
1892	1.604.343 »

Tout en augmentant, le commerce de volailles en Bresse n'avait alors qu'une très petite importance dans le commerce général de la volaille de France, qui était de 79.539.679 francs. La majorité des autres départements français faisait un chiffre d'affaires aussi élevé, et une dizaine d'autres, ayant à leur tête ceux du Pas-de-Calais, de la Seine-Inférieure, de la Saône-et-Loire (où on élève la variété noire de la race de Bresse), attei-

(1) *Le Poulet de Bresse*, par M. J. Favre.

gnaient une valeur dépassant 25 millions. Faisons observer toutefois que le commerce bressau a pris de 1882 à 1892 un grand essor qui, au point de vue des progrès accomplis, permettait de le classer en 1892 dans les premiers rangs :

	1882	1892
France	91.312.731	99.923.557
Pas-de-Calais	2.585.316	2.815.880
Bresse	850.771	1.604.343
Sarthe		1.366.070

On constate que pendant cette période de dix ans, le commerce du Pas-de-Calais, un des plus grands producteurs, n'a augmenté que de 230.564 francs, tandis que celui de la Bresse augmente de 759.572 francs.

« La statistique décennale de 1902 — continue M. J. Favre dans son étude — n'est pas encore constituée, et les statistiques cantonales annuelles sont si incomplètes que depuis 1892 les quelques chiffres que nous citerons ont été pris dans des comptes rendus et surtout auprès des gens compétents.

Vers 1893, on crée des marchés de volailles dans les environs de Bourg, beaucoup d'entre eux deviendront à leur tour de nouveaux centres de commerce. Leur action se montre bientôt, et, en 1896, au plus fort de ce commerce, c'est-à-dire du mois de décembre au mois de mars, les ventes de volailles effectuées à Bourg et dans les marchés environnants sont énormes, elles atteignent le chiffre total de 2.500.000 francs.

« Une enquête sommaire faite un mercredi (jour du marché à Bourg) apprend qu'il y avait ce jour-là 12.000 poulets gras en vie ou préparés, c'était un total de près de 50.000 francs déversés en un seul jour sur la culture. »

Le commerce prend ensuite des proportions considérables ; en 1898, M. Convert, professeur à l'Institut agronomique, aujourd'hui membre du Bresse Club, écrivait : « Jamais la volaille de Bresse n'a été aussi demandée.

« Sous l'influence d'ordres suivis, les marchés locaux, si bien approvisionnés qu'ils soient, sont rapidement épuisés. C'est par série de wagons complets que se font les expéditions courantes et les prix se maintiennent à des cours élevés malgré la concurrence du gibier depuis l'ouverture de la chasse.

« Il atteint dix millions en 1901 ; les chiffres ci-après donnés concernent les principaux marchands de Bourg et quelques commissionnaires lyonnais qui suivent très régulièrement les marchés de Bresse.

Nombre de poulets	1.242.000 pièces.
Poids approximatifs	1.870.000 kilos.
Valeur	5.200.000 francs.

« En 1903, le commerce de Bourg reste à 5 millions et celui des autres centres de Bresse peut, d'après M. Dupont, membre du Bresse Club, être fixé ainsi :

Bourg, 5.000.000 francs ; — Feillens, 3.000.000 francs ; — Pont-de-Veyle, 500.000 francs ; — Attignat, 300.000 francs ; — Mézériat, 250.000 francs ; — Vonnas, 250.000 francs ; — Saint-Trivier-de-Courtes, 250.000 francs ; — Saint-Julien, 200.000 francs ; — Saint-Étienne-du-Bois, 200.000 fr. ; — Total 9.950.000 francs. — Commissionnaires lyonnais, 1.825.000 fr. ; — Total général, 11.775.000 francs.

Nous allons citer en chiffres ronds la vente qui se fait ordinairement chaque semaine dans les principaux marchés de la Bresse. Ces marchés donnent lieu à un commerce original. Il est fait par des négociants qui s'approvisionnent de marchandises vivantes. Les marchés ont lieu de très bonne heure, et les industriels ou « coquetiers » s'y rendent en voiture, voiture rustique de forme trapézoïdale. Rien n'est pittoresque comme ces longues et hautes charrettes chargées de cages vides à l'aller, pleines au retour de volailles au blanc plumage qui égayent la route par des gloussements rapides ou de joyeux cocoricos. Leurs achats terminés, ils rentrent à midi et la volaille est livrée à l'atelier. Voici le nombre de poulets à chacun de ces marchés.

Poulets : Bourg, 10.000; — Châtillon-sur-Chalaronne, 7.000 ; — Montrevel, 6.000. — Mézériat, 6.000. — Attignat, 5.000; — Pont-de-Vaux, 5.000; — Marboz, 4.000; — Bagé-le-Châtel, 4.000; — Saint-Laurent, 4.000; — Foissiat, 4.000; — Vonnas, 3.000; Cras-sur-Reyssouze, 2.000 ; — Saint-Julien-sur-Reyssouze, 2.000; — Polliat, 2.000.

Total : 64.000.

En 1903, le commerce de la volaille de Bresse s'est donc élevé à 12 millions de francs environ. En résumé, voici le tableau de la progression du commerce de la volaille de Bresse depuis 1892 :

Années	Commerce
1892.	1.604.343 francs
1896.	2.500.000 francs
1901.	10.000.000 francs
1903.	12.000.000 francs
1906.	14.000.000 francs

Le prix des volailles varie avec la saison et la température : aux approches de Noël jusqu'à la fin de mars, c'est-à-dire pendant la période de l'engraissement, le prix est plus élevé. D'une manière générale, le prix des volailles à cette époque peut être fixé ainsi qu'il suit :

Volailles mi-grasses, de 1 kg. 500, prix 3 à 4 francs; — de 2 kilos, 5 à 6 fr. Volailles fines : — Poulardes de 3 kilos, 8 à 10 francs ; — Chapons de 4 kilos, 10 à 12 francs ; — Chapons de 4 kg. 500, 15 à 18 francs et plus.

Les pièces de concours, les lots primés se vendent jusqu'à 25 francs la pièce ; parfois même plus ; ils pèsent de 8 à 10 livres. Pour celles-là, il y a plus d'honneur que de profit pour l'éleveur, car, pour arriver à cette perfection, il a fallu prodiguer aux volatiles des soins minutieux de toutes les heures, durant la longue et délicate période de l'engraissement.

Pendant la période qui s'étend de mars en décembre, on trouve sur le marché des « poulets de grains », ce sont des volailles mi-grasses un peu moins fines que celles vendues vers Noël; elles pèsent en général de 1 kilo à 2 kg. 500, et valent de 1 fr. 75 à 2 fr. 25. Depuis 1860, le prix des volailles n'a pas varié sensiblement.

Cette statistique est extraite de l'étude de M. J. Favre :

Écrite en 1905, il y a sept ans, elle sera complétée jusqu'à ce jour !

Le Commerce actuel de la Volaille en Bresse. Le commerce n'a cessé d'aller en augmentant : il atteint aujourd'hui plus de 20 millions.

Le prix des volailles, qui n'avait pas augmenté sensiblement en 1907, depuis 1860, a augmenté dans ces dernières années, proportionnellement à toutes autres choses : au lieu de 1 fr. 75 à 2 fr. 25 le kilo; la volaille se paie 2 fr. 50 le kilo au moment où il y en a le plus, pendant le cours de l'été et au moment de la chasse. En d'autres temps de l'année, il n'est pas rare de la voir monter de 3 à 3 fr. 50 le kilo, et même 5 francs le kilo pendant les mois de mars et avril ! — J'ai vu, en 1911, à la dernière exposition des volailles grasses qui a lieu tous les ans à Bourg, à la veille de Noël, le *premier prix* de chapons, composé de trois pièces, pesant chacune

6 kilos, se vendre 5o francs la pièce, soit 15o francs les trois — et les premiers prix se vendent toujours dans ces prix et quelquefois plus. Il y a trois ans, en 1909 — le premier prix — trois pièces — atteignit le prix de 200 francs.

Il est curieux de savoir où vont ces victimes de notre gourmandise et en quel nombre. Beaucoup sont consommées sur place ou expédiées par pièce isolée comme cadeau familial. Les expéditions sont faites souvent par colis postal ou par paniers, ce qui permet une vente plus fractionnée et des arrivages plus rapides.

D'importantes maisons de commerce les expédient au loin ; à certaines époques, ce trafic atteint une intensité telle qu'un grand nombre d'expéditions dépassent 60.000 francs à la gare de Bourg.

Un peu moins des deux tiers des produits sont envoyés dans les différentes parties de la France. Paris en absorbe le plus ; puis viennent les grandes villes, les villes d'eaux et la Côte d'Azur. Un peu plus du tiers est expédié à l'étranger ; la Suisse à elle seule reçoit les trois quarts de l'exportation ; puis viennent l'Allemagne du Sud, la Belgique, l'Italie, l'Espagne, l'Autriche, l'Algérie et la Russie. Quelques envois se font en Égypte et aux États-Unis.

En Angleterre, la Bresse exporte peu, et cependant la volaille y est très chère.

A ce sujet, un marchand de comestibles de Regent-Street donnait cette raison fort simple que nous résumons :

« Les Anglais achètent leurs œufs et leur beurre en Normandie, ils sont, par là, en relations avec la région du Mans et leurs courtiers ont toujours joint le commerce du beurre avec celui de la volaille. Dès lors, ils achètent peu en Bresse, et les quelques lots qu'ils exposent dans leurs magasins ont été achetés en deuxième main à Paris ou à Lyon. »

Il y aurait là un point à étudier, l'ouverture sérieuse du marché anglais serait certainement pour notre élevage de volailles une cause nouvelle de prospérité.

« Il a été expédié, le 21 décembre 1901, à la gare de Bourg, à la suite du concours de volailles grasses : 3.000 colis-postaux de 3, 5, 10 kilos, contenant plus de 6.000 volailles. — Il a été expédié en messageries 15.000 kilos de volailles mortes. Sur les 3.000 colis postaux, 200 (en chiffres ronds) étaient à destination de l'Angleterre ; 100 de l'Allemagne ; 100 de l'Italie ; 5o de l'Algérie ; 3oo de la Suisse. Le reste est allé dans tous les coins de la France. »

Depuis que ce travail a été préparé, l'Angleterre entre pour une plus grande proportion dans l'exportation de la Bresse. Les Anglais commencent à s'intéresser d'une manière très suivie à la race de Bresse. On la prône en Angleterre à grands renforts de réclames. — Il s'est fondé un Bresse Club anglais. — Une centaine de lots de Bresse (Anglais) étaient exposés en 1912, à l'Exposition du Crystal Palace de Londres. — On cherche même à anglicaniser cette race, en sélectionnant les oreillons rouges, au lieu et place de l'oreillon blanc qui est exigé dans le Standard de la race...

Quant aux conserves de Bresse, les deux tiers sont consommés en France, un tiers au moins est vendu pour l'exportation, marquée chaque année par une extension sensible des débouchés. Ces exportations se font en Suisse, en Allemagne, en Angleterre et en Norvège. — Pendant la guerre du Transvaal, l'Angleterre en a demandé d'énormes quantités qui furent expédiées à Anvers.

L'exportation de la volaille de Bresse date de 1815, époque à laquelle les Alliés occupèrent comme frontière la ville de Bourg ; les premiers envois furent faits à Saint-Pétersbourg, puis en Allemagne, en Suisse, en Italie, etc..., et en 1864 aux États-Unis.

Elle fut beaucoup plus favorisée par le grand développement des chemins de fer, qui fit de Bourg un de leurs centres naturels, et par la proximité de cette ville avec de grands centres de consommation, tels que Lyon et Genève.

Bourg a du reste l'outillage nécessaire pour devenir une grande place de commerce et une active cité industrielle. Son importance est attestée par le nombre de lignes ferrées qui en partent : la ligne centrale, le Paris-Genève passe par Saint-Amour, ou par Mâcon, Bourg, Ambérieu, Culoz.

Dans ces deux dernières localités se greffent les embranchements qui se dirigent sur Lyon et sur Modane. Les autres lignes vont à Genève par Bellegarde, à Lyon par les Dombes et à Chalon-sur-Saône. En un mot, Bourg est le point de convergence de six lignes de chemins de fer. On a commencé, en outre, un vaste réseau de tramways qui doit desservir toutes les vallées que n'atteignent pas les chemins de fer, et qui portera dans les communes de Bresse les facilités de communications qui sont pour elle l'élément indispensable de toute activité commerciale et industrielle.

Cause du développement du commerce des volailles en Bresse. Ce commerce, devenu en quelques années le plus important du département de l'Ain, cette exportation croissante, sont dus à la grande réputation de notre volaille qui tient la première place au point de vue de la qualité, non seulement en France, mais encore dans le monde.

« Nos poulardes ont acquis leur ancienne renommée par une saveur spéciale, une délicatesse extraordinaire de la chair, une forme appétissante, une grande élégance, qui la font admettre partout et hautement estimer des gourmets. Seul le chapon du Mans a pu leur être comparé, mais il reste bien inférieur. La vieille réputation de notre race galline est surtout attachée à la poularde, cela tient à ce que l'engraissement du chapon est subordonné à une opération délicate et chanceuse : le chaponnage.

« Lorsque cette opération réussit mal, la chair du chapon est moins délicate que celle de la poularde. Dans ce sens et d'une manière générale, on peut dire que notre poularde vaut mieux que notre chapon. Mais quand on va plus loin et qu'on s'appuie sur un dicton populaire pour placer le chapon du Mans sur la même ligne que la poularde de la Bresse, on fait une erreur : le chapon du Mans ne vaut pas notre poularde.

« Les chapons eux-mêmes, lorsqu'ils sont bien francs, c'est-à-dire lorsque le chaponnage a été complet, l'emportent facilement sur ceux du Maine.

« Notre race est plus précoce, moins osseuse, plus fine, plus allongée et plus distinguée à tous les titres que n'importe quelle race du Maine ou de Normandie ; il suffit de comparer le corps roulé en cylindre et d'une blancheur si éclatante de nos chapons et poulardes avec les animaux anguleux, osseux, couverts de pelotes de graisse jaunâtre, pour reconnaître l'incontestable supériorité de notre race.

Aussi la poularde de Bresse, « si blanchette, si joliette, ronde comme une pomme », a été célébrée à l'envi par les littérateurs ! nous avons cité le plus connu, Brillat-Savarin : « Engraissée, la volaille de Bresse est pour la cuisine ce qu'est la toile pour les peintres, et pour les charlatans le chapeau de Fortunatus. On nous la sert bouillie, rôtie, chaude ou froide, entière ou par parties, avec ou sans sauce, désossée, écorchée et toujours avec un égal succès. » Les poètes ne lui ont pas ménagé les éloges, Berchoux en a parlé dans sa *Gastronomie*.

« Dans une chanson, *La Bresse,* que M. Perraud écrivait il y a longtemps, nous trouvons ce joli couplet :

> Nos voisins les Bourguignons
> Ont leur vin, mais nous avons
> Nos poulardes,
> Rondes sur tous les côtés,
> Emblèmes de nos beautés
> Campagnardes.
> Poulardes aux flancs savoureux !
> Gente fermière aux doux yeux !
> Que peut-on désirer mieux ?
> Vivre entre vous deux.

« Gabriel Vicaire, le délicat et joyeux auteur des *Émaux Bressans*, ne l'a pas oubliée dans les chants en l'honneur de sa province qu'il crayonnait à Paris, et dont il composa plus tard un délicieux volume :

> Naïve enfant de la Bresse,
> Etre honnête et succulent
> Qui t'enveloppe d'un blanc
> Justaucorps de fine graisse,
>
> Cousine des hommes gras
> Dont notre pays fourmille,
> On t'aime dans la famille,
> Nous ne sommes point ingrats.
>
> Ta respectable bedaine
> Semble celle d'un gourmet ;
> Ta chair a comme un fumet
> D'amourettes et de fredaines.
>
> Sur la fin d'un bon repas,
> Quand je te vois apparaître,
> Pomard aidant, je crois être
> Transporté là-bas, là-bas.
>
> Grands prés couleur d'émeraude,
> Bois, feuilles, petits étangs,
> Laboureurs du bon vieux temps,
> Fortes mangeuses de gaudes ;
>
> Sous mes regards attendris
> Tout le cher pays défile,
> Quel air de bonheur tranquille !
> Suis-je aussi loin de Paris.

« Gabriel de Moyria, un autre poète bressan, célèbre la poularde de Marboz :

> L'heure est venue, un découpeur s'apprête,
> D'un fer tranchant, il vient d'armer son bras,
> Et suspendue au bout de la fourchette,
> On voit tomber ses membres délicats.
> De toutes parts l'appétit se réveille,
> La joie éclate, excite les bons mots,
> Et l'on bénit les filles de Marboz
> A qui l'on doit l'ineffable merveille !

« D'où vient une telle renommée ? Plusieurs causes se présentent, les unes naturelles comme l'influence du milieu de l'élevage, les autres, résultats des efforts de l'homme, comme la sélection de la race et les concours spéciaux. Nous allons en dire quelques mots.

Les procédés d'élevage en Bresse. « L'élevage artificiel, au moyen de couveuses, sécheuses, éleveuses, n'est pas à la mode en Bresse ; je ne connais que quelques rares maisons qui ont essayé, et toutes n'ont pas réussi. Dans les fermes bressanes, la ménagère est tout aussi occupée que son mari ; il ne lui est par conséquent guère possible de faire cet élevage, qui demande des soins continus pendant plusieurs semaines.

« Ce que la nature a fourni à l'homme est sans contredit ce qu'il y a de meilleur, et l'élevage naturel est presque uniquement pratiqué en Bresse.

« Les plus grands soins sont apportés à l'élevage du poussin : la sécheuse artificielle est remplacée en Bresse par la cuisine de la fermière : selon la température, les poussins y demeurent de trois à huit jours ; la mère poule est enfermée ensuite dans une cage à élevage, ce qui empêche les poussins de s'éloigner ; enfin ceux-ci ne sont en liberté que lorsque les brouillards frais du matin sont dissipés et lorsque les rayons du soleil ne sont pas trop brûlants. Ils sont nourris avec une pâtée un peu chaude formée de farine de maïs blanc ébouillantée (de ce maïs blanc qu'on voit suspendu en longues grappes sous les larges auvents des maisons et des granges), délayée dans du petit-lait.

« Quand les poulets sont arrivés à leur croissance, il est habituel de faire un choix minutieux de ceux qui doivent supporter l'engraissement ; on écarte les sujets trop jeunes ou trop vieux, maladifs ou rétifs à prendre la graisse.

L'engraissement est le complément final de l'élevage, il contribue pour beaucoup à donner leur supériorité à nos belles poulardes. Pendant cette période d'engraissement, la Bresse se transforme en une « véritable manufacture de viande et de graisse ». Pendant toute l'année, les marchés bressans sont approvisionnés de « poulets de grains ». Ce sont des poulets demi-gras, de trois à quatre mois, qui, contrairement à leur nom, ont été nourris avec une pâtée épaisse de farine de maïs blanc, de son, parfois de pommes de terre, le tout délayé dans du petit-lait.

« On les enferme alors dans des épinettes (1) pendant quinze jours à trois semaines en été, et quatre semaines en hiver. Pendant dix à quinze jours, les poulets mangent à volonté une pâtée de farine de maïs délayée dans du petit-lait, puis on les « emboque » durant le reste de la période avec la même nourriture. Au moment de la vente, ils pèsent de 1 kilo à 1 kil. 500.

Les jeunes poulets destinés au véritable engraissement, c'est-à-dire à former des chapons gras, restent en liberté jusqu'à l'âge de quatre mois et demi à cinq mois ; les « pillettes » destinées à faire

des poulardes, de trois mois à trois mois et demi. On les voit voleter en troupes considérables dans la cour des grandes fermes, mettant dans l'habitation silencieuse beaucoup d'animation. Nés au printemps, ce n'est guère qu'en octobre qu'on les met en cage. Ils reçoivent pendant le temps de liberté la nourriture ordinaire, mais abondante, pour qu'ils soient en bonne forme au moment de la mise en cage.

« Un mois avant la mise en cage, les mâles subissent le chaponnage ou castration ; c'est le moyen assuré de leur donner une chair plus blanche, plus délicate, plus savoureuse, et de les rendre plus aptes à s'engraisser. Cette opération est pratiquée, en général, par des femmes qui se transportent d'un domaine à l'autre à certaines époques de l'année. Au moyen d'une paire de ciseaux, elles pratiquent une incision à côté de l'anus et enlèvent les organes de reproduction délicatement, afin de ne pas affecter les intestins. Les sujets chaponnés ont en outre la crête coupée, opération qui non seulement les fait distinguer, mais fournit le moyen de reconnaître si l'ablation a été complète ou partielle.

« Dans ce dernier cas la crête repousse : les chapons sont alors désignés sous le nom de « verdiots ».

« Telle est l'influence du chaponnage sur la qualité de la chair, que les chapons qui ne sont pas francs, à qui la crête a repoussé, perdent sur le marché, par ce fait, du cinquième au quart de leur valeur. »

« On a dit qu'on crevait les yeux aux chapons et aux poulardes mis en cage ; c'est une erreur. Mais, ce qui est moins cruel et revient au même, on les tient dans un endroit très obscur et dans une atmosphère chaude. — En général, ces cages ou épinettes sont placées dans un coin de la laiterie ou de l'écurie ; on les

---

(1) Les épinettes sont des cages de bois montées sur pied et divisées en compartiments ; elles sont munies d'augettes où se trouve constamment la nourriture. Elles contiennent de 6 à 10 oiseaux.

couvre de toiles, les poulets y sont entassés de telle sorte qu'ils ne peuvent faire aucun mouvement. Cette immobilité contribue beaucoup à leur engraissement.

« Le temps déterminé pour l'engraissement n'est pas fixé : il se subordonne à la plus ou moins bonne disposition du poulet et à son degré de force. En général, il dure deux mois, les plus belles pièces se vendent vers Noël, elles ont consommé alors de vingt à trente litres de farine. La période du grand engraissement va de la fin d'octobre à Pâques.

« Vingt-quatre heures avant de le tuer, la fermière ne donne au poulet aucun repas ; le gésier et les intestins sont alors vides de nourriture et, lorsque la saignée est faite dans ces conditions, on évite la production d'une fermentation acide qui amènerait une prompte décomposition et empêcherait la conserve et la facilité du transport. »

Les renseignements suivants compléteront ceux déjà donnés par M. Chanel.

« Tués, plumées, lavées, les volailles sont « parées » à la mode bressane, c'est-à-dire que leurs membres sont placés dans une position particulière que permet seule la structure de leur squelette : les cuisses sont ramenées sous le corps, la tête hors des ailes. On les enveloppe ensuite dans un maillot en toile spéciale employée dans toute la région.

« Cette enveloppe est double, l'intérieur est formé d'un linge fin, l'extérieur d'un canevas grossier et solide. Les volailles sont serrées fortement, les membres enfermés avec le reste du corps ; elles ressemblent ainsi à une sorte de pain de sucre. On les met alors confire un instant dans du lait d'où elles sortent avec la blancheur devant laquelle s'extasient nos ménagères, et on ne les sort de leurs langes qu'avant de les porter au marché.

« Ce procédé d'engraissement, bien que n'étant pas très compliqué, n'est pas d'une pratique absolument facile ; spécial à la Bresse, il donne de merveilleux résultats pour la qualité.

« Rien n'est plus propre à flatter la vue et le toucher que les volailles fines de Bresse ainsi préparées ; leur blancheur, leurs membres fins collés à leurs corps dont ils brisent à peine les lignes, leur forme gracieuse, tout cela leur donne une distinction particulière, à tel point que les gens qui les reçoivent croient à quelque chose d'artificiel dans l'arrangement de ces séduisantes momies.

« Les coquetiers achètent la majeure partie de ces volailles grasses : de nouveaux soins seraient superflus : l'expédition seule en demande. »

« La volaille vivante donne au contraire lieu à une véritable industrie.

« Les volaillers rentrent à midi du marché ; une armée de femmes, les « plumeuses », les attendent à l'atelier. Immédiatement les sujets sont tués, opération qui consiste à les assommer à l'aide d'un morceau de bois et à leur couper les carotides ; en moins de 3o secondes, et pendant que le poulet saigne, une ouvrière arrache les grandes plumes ou « tuyaux », le passe à sa voisine qui vide le gros intestin par le cloaque ; enfin les autres ouvrières les « uffinent », c'est-à-dire arrachent les dernières plumes.

« Une ouvrière habile peut, en moyenne, plumer 6o volailles pendant une demi-journée.

« Le sang, les intestins, les mauvaises plumes, sont jetés dans une caisse spéciale, autour de laquelle sont assises toutes les « plumeuses » ; les plumes de première qualité sont mises de côté. Ce sont de nouvelles sources de bénéfices.

« Pendant que le volatile est encore chaud, on le pare à la mode bressane, parfois même on le serre dans les toiles ; en se refroidissant, le corps se durcit et conserve la forme donnée. Le même jour, ils sont expédiés. Ordinairement les poulets sont simplement enveloppés de papier parcheminé et mis dans des cages bien conditionnées à l'intérieur pour éviter les talures pendant le voyage. Pour les expéditions lointaines, on prend plus de soins : les poulets enveloppés de papier sont placés debout dans des « carrés » véritables, paniers d'osier dont le fond est couvert successivement par des couches alternatives de sciure de bois et de glace.

« Les principaux coquetiers vendent 500 à 600 volailles par jour.

« Toute la Bresse engraisse des poulets.

« Les pièces de choix sont produites par un certain nombre de communes situées au pied du Revermont ; ce sont : Bény, Saint-Étienne-du-Bois, Villemotier, Marboz, Treffort. L'industrie a pris là un développement considérable.

« La poularde la plus fine et la plus développée comme taille se fait à Bény et à Saint-Étienne-du-Bois. Ces deux communes fournissent ces sujets énormes qui sont les véritables pièces de résistance des réveillons somptueux, c'est là que vont tous les prix des concours spéciaux qui se tiennent chaque année à Bourg vers Noël : les produits sont parfaits, ce sont de vraies « boules de graisse (1) ».

Dans sa séance du 25 juin 1913, la Fédération des Sociétés d'Aviculture de France a adopté, d'accord avec le Bresse-Club Français, le standard de la race de Louhans, avec les modifications suivantes :

Œil. Chez le coq : iris le plus foncé possible ; chez la poule : grand œil, dit œil de vesce. — *Crête*. Se prolongeant en arrière de la tête en bien se détachant. — *Oreillon*. En amande chez le coq, arrondi chez la poule.

Les reflets violacés dans le plumage sont considérés comme un défaut.

(1) J. Favre : « *Le Poulet de Bresse* ».

Monographie de la Race de Caussade
Une variété : noire, et une sous-variété : Gasconne

Origine. Comme toutes les races françaises, l'origine de la poule de Caussade est assez nébuleuse. Répandue dans tout le sud-ouest de la France, elle atteint sa perfection aux environs de Caussade, en Tarn-et-Garonne, chef-lieu de canton important par son commerce de volailles.

Est-ce une Bresse noire de Louhans importée dans une région plus chaude, moins riche et ayant, par suite de ce changement d'habitat, subi quelques modifications ? Est-ce au contraire une Minorque commençant déjà à subir les transformations climatologiques par suite desquelles elle est devenue une Bresse ? Ce sont là des questions impossibles à résoudre.

Le Dr Salvador Castillo, alors président de la Société nationale des Aviculteurs espagnols, fit, durant l'Exposition Universelle de 1900, une communication au Congrès ornithologique sur les races de poules étrangères auxquelles on attribue une origine espagnole ; il décrivit longuement la poule de Minorque, et sa description pouvait fort bien s'appliquer à la Caussade ; c'est peut-être la même, soit que les Maures l'aient importée de Castille, soit qu'ils l'aient réimportée en Espagne après leur occupation de la France méridionale.

Elle est à présent, plus ou moins bien sélectionnée, commune dans tout le sud-ouest de la France. Au moment de Noël, de Pâques, où le Midi envoie un peu partout ses poulardes, ses chapons, on peut voir dans toutes les gares des cageots pleins de volailles au plumage noir ; ce sont des sujets plus ou moins purs de la race de Caussade.

Un club s'est fondé à Toulouse pour le perfectionnement de cette race intéressante.

Standard de la poule de Caussade

Il a été établi par le *Congrès d'Aviculture*, tenu à Toulouse les 16, 17, 18 décembre 1905, puis revu et corrigé par le *Club de la Caussade*, dans sa séance du 14 mai 1911, au Concours National agricole.

Caractères généraux et moraux. COQ. — *Plumage* : noir, brillant. — *Tête* : allongée, fine, cou moyen. — *Bec* : couleur gris ardoise. — *Œil* : brun foncé. — *Joues* : nues, face d'un rouge vif. — *Barbillons* : plutôt développés, pendants, sans replis à tissu fin. — *Crête* : simple, droite, d'un tissu très fin, dentelures régulières pas très profondes ; s'avançant légèrement sur le bec ; s'écartant un peu de la nuque en arrière. — *Oreillons* : moyens, blancs chez les adultes, légèrement azurés chez les jeunes. — *Dos :* large. — *Poitrail* : plein, charnu, arrondi. — *Queue :* assez longue, portée presque perpendiculairement ; faucilles ou grandes plumes de longueur moyenne et pas très abondantes. — *Cuisses :* de moyenne longueur. — *Pattes :* très fines, nues, bleu ardoisé. — *Doigts :* au nombre de quatre, de longueur moyenne, très fins, dessous blanchâtre. — *Ongles* : gris ardoisé. — *Ossature :* très fine. — *Poids :* 1 kilo 500 à 2 kilos. — *Port :* démarche vive, élégante.

POULE. — (Mêmes particularités que chez le coq.) — *Crête* : cassée, se rabattant sur un des côtés et parfois repliée. — *Queue :* assez fournie, portée un peu relevée. — *Plumage* : noir brillant.

ÉCHELLE DES POINTS.

L'importance des qualités est en rapport avec le nombre de points.

Forme, aspect général	20 points
Plumage	10 —
Crête	10 —
Barbillons	5 —
Oreillons	15 —
Œil	6 —
Queue	4 —
Pattes : finesse	20 —
Volume	10 —
	100 points

Plumage : tacheté de rouge ou de blanc. — *Crête :* tombante chez le coq, droite chez la poule. — *Joues (face) :* maculées de blanc. — *Oreillons :* sablés de rouge. — *Pattes :* jaunâtres, verdâtres ou emplumées. — *Et autres défauts de conformation inhérents à toutes les autres races de volailles.*

M. le Comte BEGOUEN
Président du Club de la Caussade

Observations sur le Standard. — Comme a bien voulu me le faire remarquer avec beaucoup de justesse le comte Begouen, président du Club de la Caussade, il y a lieu d'insister sur la petitesse de la taille, ce qui différencie la Caussade de la Bresse. Ce serait, d'après l'avis unanime du Club, une faute que de chercher à augmenter le volume ; la Caussade doit rester menue par suite de la finesse de son ossature, et le Club tient tout particulièrement à la finesse des pattes, indice certain de très mince ossature.

M. le comte Begouen insiste tout particulièrement sur ce sujet. « La finesse de l'ossature, nous dit-il, qui est une qualité essentielle de la Caussade, est telle que le déchet des os sur le poids vif est proportionnellement bien moindre chez un sujet de cette race conforme au standard que chez un sujet d'autre race plus volumineux. »

M. Bailly-Maître, en particulier, s'est montré un chaud partisan de cette petitesse de taille, et au Congrès de Toulouse il réfutait l'opinion de ceux qui voulaient une Caussade volumineuse, sans tenir compte des influences du climat. Dans le Midi, la douceur de l'hiver permet des couvaisons en janvier. Les poulettes commencent à pondre à la mi-juillet. Les éleveurs font des couvées jusqu'en automne. Les œufs des couvées d'automne sont fournis en majeure partie par les poulettes nées en dernier, et c'est parmi les jeunes de ces dernières couvées qu'on prélève les sujets reproducteurs pour l'année suivante.

« Ceci étant expliqué, nous dit M. Bailly-Maître, il n'est pas, nous semble-t-il, malaisé de comprendre pourquoi la *Caussade* ne pourra jamais être une race vraiment volumineuse.

Car nul aviculteur n'ignore que pour améliorer une race de volailles dans le but déterminé d'augmenter sa taille, il faut choisir ses reproducteurs parmi les sujets les plus forts et les plus vigoureux des premières couvées, les nourrir abondamment et ne les laisser reproduire que l'année suivante, c'est-à-dire lorsqu'ils sont parfaitement adultes, toutes précautions qu'il n'est guère possible de faire observer dans le Midi, puisque le climat lui-même encourage les éleveurs à ne pas tenir compte de ces premiers principes de la sélection !

Certes, il serait désirable que, grâce aux avis éclairés qui leur sont donnés, les fermiers du Midi prissent quelques soins du choix de leurs sujets reproducteurs ; mais comment pourrait-on raisonnablement conseiller à ces mêmes fermiers de ne pas profiter des avantages de leur climat qui, en moins de cinq mois, donne aux coquelets toute l'ardeur des oiseaux adultes et transforme les poulettes en excellentes pondeuses, grâce auxquelles les couvées peuvent être continuées jusqu'en automne ? »

Qualités et exigences de la Race. La race de Caussade se montre d'une rusticité parfaite et admirablement adaptée au climat du midi de la France. D'humeur vagabonde, aimant à courir à travers les champs où elle est fort habile à trouver sa nourriture, il faut lui donner le plus de liberté possible. Couveuse médiocre, lorsqu'elle se décide à couver, elle élève pourtant bien ses petits, qui se montrent excessivement rustiques et de croissance rapide.

La race de Caussade comme poule d'utilité. La race de Caussade est estimée dans tout le Midi tant pour sa ponte abondante que pour la facilité avec laquelle elle s'engraisse.

Les œufs sont moyens et pèsent de 60 à 65 grammes ; d'après divers éleveurs on peut évaluer à 160-180, le nombre d'œufs annuellement pondus. Ces œufs sont *absolument* blancs. Cette blancheur prouve qu'il n'y a eu aucun mélange de sang asiatique et que la Caussade est de pure race méditerranéenne. On doit se montrer moins sévère sur ce point pour les œufs de Gasconnes.

Les poussins croissant rapidement forment d'excellents poussins de grains, les sujets adultes s'engraissent facilement et rapidement en *liberté surtout*, lorsqu'on leur distribue du maïs, abondant d'ailleurs dans la région.

M. Bailly-Maître nous résume comme suit les qualités productives de la Caussade : « Après MM. Momeja et Laval, après M. le professeur Girard, est-il nécessaire de redire quelles sont les qualités de la Caussade, au point de vue de la finesse et de la qualité de la chair ?

Les gourmets préfèrent de beaucoup un de ces bons petits poulets à chair tendre à de grosses volailles, de Vendée par exemple, énormes, mais dont la chair filandreuse manque de saveur. Si la Caussade ne peut prétendre rivaliser par la quantité, elle l'emporte de beaucoup par la finesse de sa chair, qui est très savoureuse et très juteuse.

D'autre part, sa réputation comme pondeuse est maintenant pleinement établie ; elle rivalise en effet avec la Leghorn et comme nombre et comme volume de ses œufs, et je pourrais citer tel aviculteur de profession qui, ayant depuis quelque temps préconisé la Caussade comme aussi bonne pondeuse que la Leghorn, a vu le nombre des demandes augmenter progressivement et sa clientèle accorder sa préférence à la Caussade sur toutes les autres races pondeuses de la Belgique et de l'Italie. »

En un mot, la Caussade est la véritable poule de produit des fermes du sud-ouest de la France et c'est elle qui forme le fond de la population galline de cette région, en mélange pourtant avec la *sous-variété Gasconne*, dont nous nous occuperons plus loin.

La Race de Caussade comme race sportive. La poule de Caussade est, comme nous venons de le dire, une race d'utilité, aussi n'a-t-elle pas été élevée sportivement ; néanmoins, dans plusieurs concours ou expositions elle a été exposée et a fait très bonne figure.

Pour le choix des reproducteurs, il

convient de suivre les règles générales que nous indiquons pour les races de Bresse et de Minorque.

Club de la Caussade

Toulouse, fondé en 1911

Présidents d'honneur : MM. le Dr AUDIGIER et le professeur GIRARD.
Président : M. le comte BEGOUEN.

Vice-Président : M. PLAIDEAU.
Secrétaire général : M. BIBENT.
Trésorier : Dr LANDELLE.
Nombre de membres : illimité. — *Cotisation :* 5 francs par an.
Siège social : 20, rue Saint-Antoine-du-T., Toulouse.
BUT : Favoriser le développement de la race de Caussade par tous les moyens en son pouvoir ; établir un Standard.

M. Justin BIBENT
Secrétaire général du Club de la Caussade

Dr A. LANDELLE
Secrétaire-trésorier du Club de la Caussade

Sous-variété Gasconne

Nous considérons la race Gasconne comme une sous-variété de la Caussade, ses affinités avec cette dernière, ses caractères à peu près identiques ; elle ne s'en différencie d'ailleurs que par ces deux points : *oreillons rouges* et *taille plus volumineuse*.

Cette grosse taille, plus forte que celle de la Bresse, a été surtout obtenue au détriment de la finesse de l'ossature et peut-être aussi de celle de la chair. Sa taille, d'après quelques éleveurs, proviendrait de croisements avec la Barbezieux peut-être aussi avec la Langshan et surtout l'Orpington.

Mais cette assertion paraît être fausse car dans les fermes de la région, où la sélection est inconnue, et malgré les nombreux croisements dus au hasard, l'ancien type autochtone se retrouve un peu partout.

Standard. Nous donnons le Standard établi par le Syndicat des éleveurs de poules Gasconnes dit *Gascogne Club*, et que veut bien nous communiquer M. V. BEAUNE, aviculteur au domaine de Courcelles, Monbahus (L.-et-G.), Président fondateur du Club.

Description détaillée. Coq. — *Plumage :* Entièrement noir. — *Tête :* fine. — *Crête :* simple, droite, dentelée, assez grande, peau bistre. — *Oreillons, barbillons :* ronds, petits, rouges, texture de la peau, fine. — *Yeux* (couleur de l'iris) : orangé. — *Bec :* gris bleu. — *Joues :* légèrement emplumées. — *Cou :* longueur moyenne. — *Camail :* abondant, noir brillant à reflets. — *Dos :* court, rond. — *Epaules :* largeur moyenne. — *Ailes :* moyennes. — *Queue :* faucilles peu abondantes. — *Poitrine :* assez large, charnue. — *Cuisses :* longueur moyenne. — *Jambes et tarses :* tarses lisses, non emplumés, couleur gris bleu, longueur moyenne. — *Pieds :* 4 doigts non emplumés. — *Ongles :* gris.

Poule. — *Plumage :* noir. — *Tête :* fine. — *Crête :* simple, droite ou retombée, moyenne, peau bistre. — *Oreillons, barbillons :* comme chez le coq. — *Yeux :* comme chez le coq. — *Bec :* gris-bleu. — *Joues, cou, dos, épaules, ailes,* comme chez le coq. — *Cuisses, jambes et tarses, pieds, ongles,* comme chez le coq.

Aire géographique : Sud-ouest de la France. — *Origine :* Vallée de la Garonne.

Apparence générale. — *Taille :* moyenne. — *Forme et aspect du corps :* svelte, élégant. — *Squelette et charpente :* ossature fine.

Poids moyen. — *Coq :* 2 kg. à 2 kg. 500. — *Poule :* 1 kg. 500 à 2 kilog.

Qualités. — *Ponte :* Moyenne annuelle : 150 à 180 œufs. — Saison de ponte : octobre à juillet. — Poids moyen de l'œuf : 60 grammes. — Couleur de la coque : blanche. — *Incubation :* ordinaire. — *Précocité :* très précoce. — *Rusticité :* très rustique. — *Acclimatation, climat et sol préférés :* s'acclimate partout et sur tous les sols, même sur les sols compacts et argileux. — *Aptitude à l'engraissement :* assez bonne. — *Caractère et allures :* très vagabonde, s'accommode mal de la vie de parquet, allure vive et élégante, poule de ferme et de plein champ.

Qualités et exigences de la race. C'est une race à double fin, réunissant admirablement les qualités de ponte et de finesse de chair.

Plus grosse que la Bresse, elle est, comme cette dernière, une pondeuse hors ligne pouvant rivaliser avec les races les plus réputées.

Sa précocité et sa rusticité sont exceptionnelles. A trois mois, les poulets sont complètement emplumés et bons pour le marché ; ils s'élèvent avec une étonnante facilité et sont bien rarement atteints

Cliché V. Beaune.

Coq de Gascogne agé d'un an, poids 2 k. 200 appartenant à M. V. Beaune.

par la maladie. Les poulettes commencent généralement à pondre vers l'âge de quatre à cinq mois et sans interruption pendant tout l'hiver.

Quoique encore peu répandue en dehors de son pays d'origine, la Gasconne est pourtant susceptible de s'acclimater partout, tant elle est vigoureuse et rustique ; elle donne de très bons résultats sur tous les sols, même sur les terrains compacts et argileux.

Vagabonde, active, elle trouve au dehors la plus grande partie de sa nourriture et coûte par conséquent très peu à

Gascogne présentés dans les concours et expositions.

Cliché V. Beaune

POULE DE GASCOGNE, AGÉE D'UN AN
POIDS 1 k. 800.
appartenant à M. V. Beaune.

M. Valmy BEAUNE
Président fondateur du Gascogne-Club

nourrir. Mais pour qu'elle donne le maximum de rendement, il lui faut l'espace et la liberté ; elle supporte difficilement la séquestration dans un parquet.

Club. Il s'est formé un club pour la propagation de la race Gasconne. **Gascogne-Club**, siège social : Agen.

Président fondateur : M. V. Beaune, à Monbahus (Lot-et-G.).

Cotisation : 2 francs par an (Membres actifs) ; 5 francs (Membres honoraires).

BUT : Établissement d'un Standard et veiller à son application dans les expositions et concours — création de prix spéciaux pour les meilleurs lots de race

ÉLEVEURS SPÉCIALISTES

chez qui on peut se procurer :

Œufs, jeunes sujets et reproducteurs

———

Comte BEGOUEN, 16, rue Vélane, *Toulouse* (Hte-Garonne). **Caussade.**

V. BEAUNE, Domaine de Courcelles, *Monbahus* (L.-et-Gar.). **Gasconne.**

Établissement d'Aviculture LEDUC, *Aucamville* (Hte-Garonne). **Caussade et Gasconne.**

Docteur A. LANDELLE, Château de Clairette, *Léguevin* (Haute-Garonne). **Caussade.**

Daniel BÉNABEN, Éleveur, *Monbahus* (Lot-et-Garonne). **Gasconne.**

Monographie de la Race de Barbezieux

Une variété : noire

Origine. « On servit entre autres choses un énorme coq vierge de Barbezieux, truffé à tout rompre », nous dit Brillat-Savarin, en rapportant le menu d'un festin. La variété de Barbezieux était, en effet, une des plus estimées de nos vieilles races ; elle a été négligée pendant longtemps et de nombreux croisements avaient été faits par les fermiers ; en outre, ils choisissaient comme reproducteurs les coqs les plus petits et, en un mot, atrophiaient la race ; elle se serait sans doute complètement perdue sans l'intervention d'un habile aviculteur, M. Giet, qui, un des premiers, a eu l'idée de rétablir les volailles de Barbezieux en se servant pour modèle des portraits conservés dans les Archives de la ville. Il lui fallut plusieurs années de sélection rigoureuse pour présenter des animaux d'une homogénéité parfaite.

Mme la vicomtesse de Boislandry, présidente du Barbezieux-Club et vice-présidente de la Société des Aviculteurs français, dont on connaît tout le dévouement aux choses de l'aviculture et dont la parole autorisée est si écoutée à la 13e section de la Société des Agriculteurs, a bien voulu nous communiquer une étude que lui avait remise le regretté Voitellier.

« La plus grande, la plus forte de toutes les races françaises, on pourrait même dire de toutes les races occidentales. Tout, dans le Barbezieux, a de l'ampleur : la crête, les barbillons, les oreillons, les pattes ; on le croirait l'intermédiaire entre la poule et le dindon ; c'est le géant de l'espèce galline. Et, cependant, ce n'est pas une race mère, ayant conservé la supériorité de la taille sur ses descendants. Évidemment, le Barbezieux a pour ancêtre l'Espagnol, qui, aujourd'hui, est plus petit que lui, mais nous ne serions pas surpris que l'Espagnol eût possédé autrefois cette taille supérieure, car c'est une des races que l'on peut le plus facilement grandir par sélection. Nous avons vu, en Angleterre, des poules Espagnoles ayant à peu près le volume des plus belles Barbezieux ; les sujets de ce genre sont, il est vrai, l'exception, mais ils existent, et il est possible de les conserver avec quelques soins. Quant à la taille du Barbezieux, elle est surtout la résultante d'une aptitude locale, d'une convenance particulière du sol, d'une région appropriée au tempérament spécial des animaux, et ce qui le prouve, c'est que les Barbezieux, capables de se développer et de se reproduire sous tous les climats, atteignent rarement ailleurs l'ampleur et surtout la taille que leur donne le département de la Charente.

Le beau Barbezieux rivalise facilement comme prestance et comme poids avec les meilleurs Langshan, et ce n'est assurément que par cette tendance inhérente au caractère français de trouver tout ce qui est étranger supérieur à ce que nous possédons, que les Langshan jouissent ici d'une faveur que les Barbezieux, les La Flèche et les Crèvecœur n'auraient jamais dû leur laisser prendre. Les Barbezieux n'ont qu'un défaut, c'est de n'être pas originaires d'Angleterre. On les couvrirait d'or en France et on voudrait en élever partout, en luttant centimètre à centimètre, à qui obtiendrait le coq le plus haut, et personne ne se plaindrait de leur délicatesse à l'élevage et de leur tendance à retourner à la taille moyenne.

Aucune race ne réunit au même degré le volume à la qualité ; une chair blanche, abondante et fine, à une aptitude remarquable à l'engraissement. On lui reproche d'être un peu délicate à l'élevage, de ne pas se développer avec une grande rapidité. Le reproche est fondé dans une certaine mesure. Le poussin Barbezieux s'emplume assez difficilement et manque de vigueur par les temps humides et froids ; s'il est né à une saison un peu avancée, il reste petit, chétif, sans rien avoir de l'apparence de force qui lui appartient naturellement. Mais il est assez juste, puisqu'il doit donner finalement un rendement supérieur aux autres, qu'on lui donne quelques soins de plus, et, alors, il les paie largement. Il est tout naturel que sa croissance anormale demande pour se constituer un peu plus de temps que les autres et, par conséquent, qu'il soit nécessaire de le faire naître aux premiers beaux jours de printemps, pour qu'il ait devant lui toute la belle saison pour se développer. Il est équitable que, pour constituer sa charpente exceptionnelle, il ait besoin de plus de matériaux que le vulgaire poulet qui court les rues. Aussi ne faut-il pas lui ménager, dans le jeune âge, une nourriture substantielle à laquelle on ne craindra pas d'ajouter les éléments azotés et phosphatés nécessaires pour constituer un colosse. Si l'on avait un Barbezieux dans le même temps, sans plus de peine et avec la même dépense qu'un Caussade ou un Leghorn, les éleveurs seraient vraiment bien naïfs d'avoir autre chose, et leur métier serait trop simple et trop lucratif.

La poule de Barbezieux est de tempérament rustique et est bonne pondeuse, à condition de vivre en liberté. Le séjour en parquet lui est funeste ; sa nature ardente, dépensant beaucoup, a besoin de consommer en conséquence pour s'entretenir.

Aussitôt remise en liberté, si elle court à son gré dans la campagne, elle reprend son brillant plumage aux reflets verts et violacés et pond régulièrement des œufs bien faits, d'un beau blanc, atteignant facilement le poids de 80 grammes et parfois celui de 85 grammes. Comme couveuse, elle laisse beaucoup à désirer, ressemblant du reste en cela à toutes les poules de sa famille, Espagnoles, Bresse, La Flèche et analogues. Généralement sauvage et brutale dans ses mouvements, elle bouscule et écrase ses poussins avec ses longues et fortes pattes, quand, par hasard, elle a couvé une nichée d'œufs, cachée dans quelque coin ignoré. C'est une productrice d'œufs et de viande, et non une meneuse de poussins.

Standard. Le coq est, par excellence, l'oiseau fier, de haute prestance. Il semble avoir une prédilection particulière pour les poses recherchées et les attitudes prétentieuses. Il a conscience de sa grandeur et de sa force et ne saurait s'avancer en sautillant ou à petits pas précipités. Sa crête, formée de sept pointes bien détachées et se dirigeant d'avant en arrière, ses barbillons de forme ovale, atteignent des proportions énormes, qu'il faut se garder d'exagérer. Nous sommes d'avis que les dimensions ci-dessous, qui ont été relevées avec l'exactitude la plus rigoureuse sur un lauréat de prix d'honneur, au grand concours du Jardin d'Acclimatation, en 1893, doivent servir de base pour le choix des reproducteurs. Ce coq, âgé de 14 mois, est un sujet remarquable avant tout par son type irréprochable, l'harmonie de ses formes et ses heureuses proportions. Les mêmes mesures ont été prises sur une poule du même

CoQ BARBEZIEUX. Élevage de M. Giet.

âge, également primée et pouvant passer pour une des meilleures que l'on puisse rencontrer.

On pourrait certainement trouver quelques mesures plus fortes chez certains sujets plus âgés ou de taille anormale, mais cela constituerait une exception n'ayant aucune valeur au point de vue du type à adopter pour la reproduction.

	COQ	POULE
Hauteur du sol au sommet de la crête dans l'attitude de marche	0,65	» »
Hauteur dans l'attitude fière . .	0,70	0,62
Hauteur dans l'attitude redressée	0,76	» »
Longueur de la crête, du devant à l'extrême arrière. . . .	0,14	0,11
Hauteur de la crête, de la tête à l'extrémité de la plus haute pointe.	0,08	0,07
Hauteur d'une dent à la crête. .	0,037	0,27
Largeur de la crête à l'arrière. .	0,045	0,03
Longueur du barbillon	0,09	0,055

	COQ	POULE
Largeur du barbillon prise au milieu.	0,07	0,05
Longueur de l'oreillon. . . .	0,05	0,025
Largeur de l'oreillon	0,035	0,02
Longueur du bec, de la commissure à la pointe	0,044	0,041
Largeur du crâne.	0,043	0,048
Longueur de la tête, du bout du bec à l'arrière du crâne à hauteur de l'œil.	0,095	0,085
Longueur de l'œil	0,017	0,015
Largeur de l'œil	0,010	0,010
Longueur du cou, de l'épaule à l'oreille	0,17	0,16
Longueur du dos, de la naissance du cou au croupion.	0,27	0,21
Longueur de la cuisse au coude .	0,20	0,17
Longueur de la patte, prise du coude au talon posant à terre	0,155	0,13
Longueur du doigt médian (ongle compris)	0,09	0,08
Circonférence de la patte, prise au-dessous de l'éperon . . .	0,06	0,048
Circonférence du corps, prise par-dessus les ailes	0,50	0,445

Il est superflu d'ajouter, tant ces caractères sont connus, que le plumage du

POULE BARBEZIEUX. Élevage de M. Giet.

Barbezieux est entièrement noir, et que toute trace de rouge ou de jaune, même de blanc, est une disqualification. Il pousse parfois des plumes blanches aux poules de deux ans, et, dans ce cas, on peut en tolérer quelques-unes dans le vol, mais il est préférable de n'en pas avoir. Le bec est fort, de couleur corne foncée ; les narines sont peu saillantes.

Mme la Vicomtesse de BOISLANDRY
Présidente du Barbezieux-Club

L'oreillon constitue un des points les plus caractéristiques de la race ; il est d'une blancheur immaculée, sans le moindre filament rouge, et semble se détacher en saillie sur le rouge de la face. On le recherche de forme ronde autant que possible, mais cette forme ne se trouve guère que chez les jeunes poulets n'ayant pas encore fait leur service de reproducteur ; l'oreillon tend à s'allonger quand le coq est en plein âge adulte. Il faut toutefois considérer comme un défaut l'oreillon pendant et plissé, qui indiquerait la présence du sang espagnol.

La couleur de l'œil constitue un point important. Il ne faut pas exiger l'œil noir ou œil de vesce, comme chez les Bresse, mais il faut au Barbezieux un œil brun jaunâtre paraissant presque noir à une certaine distance, et éviter

l'œil de coq ordinaire, jaune orange. La patte, gris ardoisé, est munie d'un éperon bien fait, plutôt fin et poussant modérément La queue, enfin, a sa forme particulière : elle n'est pas trop fournie et n'atteint jamais le volume de celle d'un Dorking ou d'un Crèvecœur. Les plumes sont cassantes, et l'on voit rarement un reproducteur livré à l'exercice de ses fonctions portant ses faucilles intactes et dans tout leur développement. La queue relevée (1) sur le dos est un défaut. Le coq de Barbezieux est un de ceux qui se prêtent le mieux au chaponnage, l'opération étant plus facile à pratiquer sur lui à cause de son ampleur que sur les sujets de petite taille ; il devient alors un rôti de haute marque, gros, gras, fin, succulent, qui appelle les truffes, et leur donne, quand elles répondent à son invitation, une hospitalité digne d'elles.

Il est curieux que, malgré tous ces avantages, la race de Barbezieux ne soit pas plus répandue en France et à l'Étranger ; cela tient, sans doute, à ce qu'elle a été longtemps privée des encouragements officiels. Il n'y a que peu d'années qu'elle est admise avec une classe spéciale aux programmes des Concours de l'État. Il s'est trouvé peu d'amateurs pour la lancer, comme les Houdan et les Fléchois ont eu la bonne fortune d'en rencontrer depuis vingt ans. Quelques éleveurs cependant les cultivent avec amour et savent les produire et les entretenir dans toute leur pureté. On a essayé de reproduire des Barbezieux, nous dirons artificiellement, par un croisement d'Espagnol et de Langshan. Le produit obtenu est, en effet, assez beau, et nous l'avons vu primer, il y a une douzaine d'années, comme race pure, au Palais de l'Industrie ; mais les

(1) C'est-à-dire queue d'écureuil (H. L. A. B.).

descendants cherchent toujours à rentrer dans le type de l'un de leurs aïeux, et persévérer dans cette voie serait une œuvre funeste. Il existe aujourd'hui chez divers amateurs, et en particulier au pays même de leur origine, assez de Barbezieux de race pure et exempts de tout croisement, pour maintenir la race par sélection, sans être obligé de recourir à aucune infusion de sang étranger.

Améliorer les Barbezieux ne semble pas possible quand on a vu les splendides spécimens de nos derniers concours ; les entretenir tels qu'ils sont et les propager est une tâche qui mérite de tenter les amateurs. » ·

Barbezieux-Club. M. le duc Fery d'Esclands, alors Président de la Société des Aviculteurs français, et M. Voitellier prièrent Mme la vicomtesse de Boislandry de fonder un club spécial pour la propagation de cette race.

Mme la vicomtesse de Boislandry a su réunir autour d'elle un certain nombre de notabilités avicoles, et le jeune club manifeste déjà sa vitalité ; il est affilié depuis 1907 à la Fédération des Aviculteurs français. Il ne pouvait avoir à sa tête personne plus compétente, car Mme la vicomtesse de Boislandry s'est montrée depuis longtemps une experte dans l'art de l'élevage des volailles. En 1907, elle exposait déjà aux aviculteurs français de superbes sujets de cette race et obtenait un premier et un second prix.

Barbezieux-Club, siège social, 31, rue Guyot, Paris.

Présidente : Mme la vicomtesse DE BOISLANDRY. *Secrétaire :* M. le comte de VILLENEUVE-ESCLAPON.

Cotisation : 5 francs par an.

M. le Comte de VILLENEUVE-ESCLAPON
Secrétaire du Barbezieux-Club

ÉLEVEURS SPÉCIALISTES

chez qui on peut se procurer :

Œufs, jeunes sujets et reproducteurs

Vicomtesse DE BOISLANDRY, 31, rue Guyot, *Paris.*

P. LEPLANQUAIS, Élevage Modèle de *Varennes-Jarcy* (S.-et-O.).

Monographie de la Race de Courtes-Pattes

Plusieurs variétés, mais pour le moment la noire est la seule reconnue

Origine. Alors qu'à Barbezieux on cherchait à augmenter la taille de ce type primitif (Espagnole, Minorque, Bresse) d'où sont dérivés plus ou moins directement la plupart, sinon toutes, de nos bonnes races françaises, dans d'autres régions on a procédé à une sélection dans un sens tout à fait opposé : au lieu de chercher à augmenter la hauteur des jambes, pour des raisons particulières on a voulu les diminuer. Ce fait n'est pas spécial d'ailleurs à la France, et plus loin nous étudierons aussi une forme bassette de la Poule d'Écosse : la *Scotch Dumpies*.

Divers auteurs, déjà anciens, ont voulu attribuer à la race de Courtes-Pattes une origine Cambodgienne ; ces auteurs ont été trompés par l'apellation de Poule de Cambodge que certains éleveurs, babiles commerçants, accordaient alors volontiers à la poule de Courtes-Pattes, c'était à l'époque où nos races françaises étaient dédaignées pour celles d'importation étrangère, pour les races asiatiques, en particulier, et ce nom exotique ne pouvait qu'attirer des acheteurs. Mais en étudiant de près la race Courtes-Pattes, nous ne retrouvons en elle qu'une Bresse ou une Géline dont on a diminué considérablement les jambes, produisant un effet analogue à celui d'un chien basset lorsqu'on compare son corps de chien de grande race et ses membres très courts.

Standard. Nous devons à l'obligeance de M. Verdon-Richard, le secrétaire-trésorier du Club de la Courtes-Pattes, le Standard suivant adopté par le Club.

Standard de la race de Courtes-Pattes (ou Bassettes)

Aire géographique : Anjou, Bas-Maine, Haut-Poitou.

Origine : Cette race semble être une variété de la Géline noire, sélectionnée de longue date dans les pays de petite culture riche où les ménagères tenaient à avoir des poules ne s'égarant pas dans les vignes ou les champs. On a donc pu voir des Bassettes à camail de couleur, comme les Gélines, mais la variété la plus communément répandue dans l'ouest de la France est noire.

Apparence générale : Taille moyenne. — *Forme et aspect du corps,* très allongé ayant quelque analogie avec le port du canard. — *Squelette et charpente* légers.

Poids moyen : Coq, 2 à 3 kilos. — Poule, 2 kilos environ.

Ponte : moyenne annuelle 150 œufs minimum. — *Saison de ponte,* précoce. — Grosseur et nature des œufs : œufs blancs de 65 grammes environ. La poule est une couveuse remarquable. Les poussins sont très précoces et très rustiques, très aptes à l'engraissement. Cette volaille est d'un caractère très familier, d'une acclimatation facile, sans préférence très déterminée. Les plumes n'ont aucune utilisation particulière, sauf pour les faucilles du coq qui sont très belles à l'état adulte.

COQ. — *Plumage :* entièrement noir à reflets métalliques particuliers tenant du bleu et du vert dans les faucilles et la couverture du dos ; le camail demeurant noir jais. — *Tête :* forte, pas de huppe, ni barbichons, ni favoris. — *Crête :* simple, droite, grande, fine, profondément et régulièrement dentée se prolongeant horizontalement derrière la tête sans descendre sur la nuque. Grain serré. — *Oreillons :* blancs, moyens chez les jeunes, se développant dès la deuxième année jusque sur la joue. — *Barbillons :* rouges, longs et fins. — *Yeux :* bruns-orangés. — *Bec :* moyen, noir à la base, corné à l'extrémité. — *Joues :* lisses, rouges et fines. — *Cou :* très fort, un peu cintré en avant. — *Camail :* abondant, à lancettes noires jais, fortement innervées, qui lui donnent un aspect très caractéristique. — *Dos :* large, long, s'incurvant vers le haut dans l'attitude fière. — *Épaules* : effacées, également tombantes. — *Ailes* : plutôt courtes, arrondies portées un peu basses. — *Queue* : très fournie à grandes faucilles retombantes, plantées obliquement à la ligne du dos. — *Cuisses* : très courtes faisant à peine saillie sur la ligne de la poitrine dont la courbe conserve ainsi l'aspect caractéristique de bateau. — *Jambes et tarses* : très courtes (3 à 4 centimètres environ), lisses, ardoisées. — *Pieds* : à quatre doigts lisses et ardoisés. — *Ongles* : couleur corne claire.

comme chez le coq. — *Cuisse, jambes et tarses, pieds, ongles* : comme chez le coq.

N.-B. — Il existe des variétés coucous et dorées dont les standards doivent être établis plus tard.

Observations sur le Standard. M. Verdon-Richard fait observer avec justesse que ce Standard, comme tous les premiers Standards éta-

RACE DE COURTES-PATTES

POULE. — *Plumage* : entièrement noir à reflets métalliques particuliers tenant du bleu et du vert dans la couverture du dos, le camail demeurant noir jais. — *Tête* : comme chez le coq. — *Crête* : de même nature que celle du coq, mais plus petite, dressée à l'avant et retombante de côté dans la deuxième moitié. — *Oreillons* : de même nature que chez le coq, mais ne se développant pas avec l'âge. — *Barbillons* : rouges, fins, moyens et arrondis. — *Yeux* : orangés. — *Bec, joues, cou, camail*, comme chez le coq. — *Dos* : presque horizontal. — *Épaules* : comme chez le coq. — *Ailes* : plutôt courtes, arrondies et bien tenues. — *Queue* : assez longue, oblique, prolongeant, en la relevant, la ligne du dos. — *Poitrine* :

blis par les Clubs s'occupant d'une seule race, peut être dans la suite sujet à modification. On ne peut que féliciter le Club de la Courtes-Pattes de n'avoir pas adopté le *sine varietur*, qui a été si souvent néfaste en aviculture.

Exigences et qualités de la race. M. Verdon-Richard complète les renseignements déjà donnés par les suivants.

« Au contraire de beaucoup d'autres, la poule Courtes-Pattes ne gratte pas autant, et de ce fait ne cause pas de dégâts dans les jardins où elle est susceptible de pénétrer.

Là où le petit closier ne dispose pas d'un très grand espace pour la basse-cour, c'est la poule tout indiquée. De caractère très docile et d'humeur peu vagabonde, elle ne s'écarte pas beaucoup de son poulailler.

Il ne faut pas croire pour cela qu'elle est impotente ; au contraire, elle est très vive, très alerte et toujours en quête de

M. VERDON-RICHARD

Secrétaire-trésorier du Club français de la Race Courtes-Pattes

vermisseaux. Son tempérament est rustique et facile, ne craignant pas plus l'humidité que les autres races, je pourrais même dire, moins que les races de volailles à pattes emplumées.

Sa chair est très fine et abondante, réputée, même dans les régions des La Flèche et des Mans. Elle prend bien l'engraissement. Comme volume, elle ne le cède en rien à la Bresse noire, dont elle a la livrée.

Ses œufs sont assez gros et sa ponte abondante. Elle couve modérément, est très bonne mère, adroite et patiente, et les poussins sont de prompte venue. »

La Race de Courtes-Pattes comme poule productive. Comme le fait remarquer si bien M. Verdon-Richard la race de Courtes-Pattes convient plutôt aux petites exploitations qu'aux grandes, son habitude de peu s'éloigner de son poulailler la fait rejeter des exploitations étendues où l'on veut que la volaille aille chercher au loin la plus grande partie de sa nourriture ; dans ce cas, on donne la préférence à la Bresse ou à la Caussade ; mais en Allemagne on l'estime d'une façon particulière et elle compose la population des nombreuses basses-cours de produit.

Sa ponte est bonne puisqu'on l'estime à 150-160 œufs de 60 à 64 grammes, œufs à coquille d'un beau blanc. Elle est très médiocre couveuse, mais, quand elle se laisse aller à l'incubation, elle fait une excellente mère, ses poussins trouvant toujours un abri sous elle, même quand elle est debout.

A l'élevage, les poussins Courtes-Pattes, sans être délicats, demandent un temps sec et un sol sablonneux. A l'âge adulte, ils ont une aptitude remarquable à prendre la graisse ; leur peau est blanche, et la chair d'une grande finesse.

La race de Courtes-Pattes, malgré toutes ses qualités et son originalité, est peu répandue, et, en dehors de la région où elle est produite, on ne la trouve guère que chez quelques amateurs ; elle mériterait certainement d'être plus répandue.

La Race de Courtes-Pattes au point de vue sportif. L'aviculture sportive s'occupe peu de la race de Courtes-Pattes, nous avons donc peu à en parler à ce point de vue.

Nous nous bornerons à prévenir l'amateur qu'il aura à lutter constamment par la sélection des reproducteurs, à éviter la tendance qu'offre la race à revenir au type originaire, le coq espagnol, et par conséquent à se hausser sur ses pattes.

Un autre défaut consiste dans la présence dans le camail et les lancettes de plumes rougeâtres, les reproducteurs offrant ce caractère devront être éliminés ; pourtant, comme d'autre part le plumage doit offrir un brillant métallique, les coqs, avec du rouge dans le camail, alliés à des poulettes de coloration pure, transmettent aux poulettes qui naissent de cette alliance — aux poulettes seules, car les coquelets auront eu aussi du rouge dans cette partie — un brillant tout particulier, un plumage profond avec des reflets métalliques très accentués ; ces poulettes alliées plus tard à un coq, absolument noir, même un peu terne, donneraient des coquelets avec un très beau plumage.

Club Français de la Race Courtes-Pattes

(dite Bassette)

Fondé en 1913

Président : M. E. Daignères.
Vice-Président : M. G. Baugas.
Secrétaire-Trésorier : M. Verdon-Richard.
Siège social : 7, rue Saint-Blaise.
Nombre de membres : illimité.
Cotisation : 5 francs par an.

But : Grouper les amateurs et éleveurs de la race de Courtes-Pattes, créer entre eux des relations pour améliorer cette race dont il se propose, par tous les moyens possibles, d'encourager l'élevage. Offrir dans la mesure de ses ressources, pour les concours et expositions, des récompenses spécialement attribuées à la race Courtes-Pattes, déterminer le Standard exact de la race tel qu'il ressort du type le plus généralement rencontré dans les élevages du Haut-Anjou et du Maine, ses pays d'origine, et s'efforcer d'obtenir pour l'attribut des récompenses l'application de ce Standard.

Quoique tout jeune encore, le Club de la Courtes-Pattes a pu attribuer des récompenses importantes dans nos dernières expositions.

M. DAIGNÈRES
Président du Club français de la Race Courtes-Pattes

ÉLEVEURS SPÉCIALISTES
chez qui on peut se procurer :
Œufs, jeunes sujets et reproducteurs

Robert de Vannoise, Élevage de *Saint-Mars-la-Brière* (Sarthe).

G. Baugas, 28, rue de l'Abattoir, *Cholet* (Maine-et-Loire).

P. Leplanquais, Élevage Modèle de *Varennes-Jarcy* (S.-et-O.).

E. Verdon-Richard, 35, rue Michelet, *Angers* (Maine-et-Loire).

***

Monographie de la Race Espagnole

Une variété : noire

(Il existait autrefois une variété blanche)

Origine. La race Espagnole est très certainement d'origine fort ancienne. Il paraîtrait, si l'on en croit divers auteurs, qu'elle fut introduite dans l'île de Cuba par Christophe Colomb lors de son second voyage au Nouveau-Monde ; il lâcha en effet, dans la plupart des îles qu'il découvrait, plusieurs couples d'animaux domestiques emportés d'Espagne, mais il est aussi probable que la race Espagnole, qui offre encore tous les caractères généraux des races méditerranéennes, était surtout élevée pour ses réelles qualités pratiques plutôt que pour la blancheur de sa face qui constitue de nos jours le caractère typique de la race. Coqs et poules espagnols se distinguent en effet de toutes les autres volailles par leurs joues recouvertes d'une peau épaisse, nue et d'une blancheur farineuse, sur laquelle sont implantés quelques poils noirs. Mégnin attribue cette particularité à une transformation anatomique à laquelle il a donné le nom de *dermatolysie*. Les éleveurs, en Angleterre surtout, attirés par cette étrangeté, se sont plus à la développer par sélection et sont arrivés à développer au maximum l'étendue de cette partie recouverte de peau blanche, qui existait peut-être primitivement d'une manière plus ou moins prononcée mais qui était loin d'atteindre les dimensions des sujets que nous voyons aujourd'hui dans nos expositions. Sans remonter bien loin, il n'y a qu'à comparer le dessin du peintre Jacques représentant en 1865 la tête du coq Espagnol avec la tête d'un des premiers prix de nos expositions. Mais il faut bien l'avouer, l'exagération de cette originalité typique a contribué grandement à la décadence de la race Espagnole, qui avait autrefois de réelles qualités, et c'est presque une revue nécrologique que nous écrivons en ce moment, tant sont rares les amateurs qui s'intéressent à cette race.

Standards. Aucun Standard officiel n'ayant été établi en France, nous nous bornerons à donner le Standard anglais, d'après lequel on juge dans les expositions.

Caractères généraux. COQ. — TÊTE. — *Crâne :* long, large et profond. — *Bec :* long et fort. — *Œil :* grand et ouvert. — *Crête :* simple, droite, forte à sa base, plutôt mince sur ses bords, lobe arrière s'étendant sur la nuque, se détachant le moins possible du cou dont il accompagne la courbe, d'une texture fine et régulièrement et profondément dentelée. — *Face :* la plus étendue possible, recouverte d'une peau de texture fine, bien tendue, sans plis ni replis, s'étendant bien tout autour des yeux sans pourtant gêner la vue, rejoignant les oreillons et les barbillons. — *Oreillons :* très développés et très larges, bien arrondis à leur partie inférieure s'étendant sur les barbillons et se prolongeant en arrière sur chaque côté du cou, d'une texture fine, sans plis, rides ou crevasses. — *Barbillons :* très longs, minces et bien pendants. — *Corps :* plutôt long, large à l'avant se rétrécissant à l'arrière. — *Cou :* long et mince. — *Poitrine :* large et saillante en dessous du cou, diminuant de largeur sous les cuisses. — *Dos :* s'inclinant vers la queue. — *Ailes :* courtes et collées au corps. — *Queue :* ample, bien fournie, jamais portée trop haute avec des faucilles larges et bien recourbées. — *Jambes :* longues et plutôt minces. — *Doigts :*

au nombre de quatre, minces et droits. — *Port :* relevé, allure fière. — *Poids :* 7 livres anglaises. — *Plumage :* court et serré.

POULE. — A l'exception de la crête qui doit retomber gracieusement d'un côté de la tête, la poule offre, à part les différences inhérentes à son sexe, les mêmes caractères généraux que le coq. — *Poids :* 6 livres anglaises. COULEUR. — *Bec :* corne foncée. — *Œil :* noir. — *Crête et barbillons :* rouge vif. — *Face et oreillons :* blancs. — *Tarses et doigts :* gris ardoisé pâle. — *Plumage :* noir avec des reflets noirs métalliques sans reflets violets.

ÉCHELLE DES POINTS

Face et oreillons.	35 points
Crête et barbillons	15 —
Type (port, aspect général typique de la race).	15 —
Taille	15 —
Plumage	10 —
Condition	10 —
Total. . .	100 —

DÉFAUTS SÉRIEUX. — Bleu, rose ou rouge sur la face ou les oreillons garnis d'une peau rugueuse (de choux-fleurs, disent les Anglais) — crête repliée chez le coq — excroissances sur la crête — oreillons pointus à leur extrémité — queue de travers ou queue d'écureuil — tarses foncés ou noirs.

Observations sur le Standard. — La race Espagnole nous offre un exemple frappant du mal que peut faire une échelle de points mal comprise ; en effet la cote attribuée à la face et aux oreillons est de 35 ; si nous y ajoutons celle de 15 attribuée à la crête et aux barbillons, nous remarquons que la tête seule représente la moitié de la totalité des points accordés à l'oiseau parfait. Dans ces conditions il est parfaitement compréhensible que les exposants se soient surtout appliqués à développer le plus possible les points de la tête, de la face en particulier, et, pour cela, ont allié une longue suite de reproducteurs consanguins ; de cette consanguinité répétée durant nombre de générations sont issus des sujets dont, il est vrai, la face blanche était fort developpée mais qui étaient d'une grande faiblesse constitutionnelle, fort

difficiles à élever et presque absolument stériles ; à un tel point que Tegetmeier, dans son volume *Table Market versus Fancy Fowls,* ayant émis l'opinion que les premiers prix d'une grande exposition anglaise devaient absolument manquer de rusticité et être complètement stériles, un M. Nichols lui répondit que son assertion n'était pas naturelle, la poule ayant pondu un œuf et le coq ayant passé l'hiver dans un parquet ordinaire avec le seul inconvénient d'avoir eu la crête complètement gelée. — Ce n'est peut-être là qu'une expression de l'humour anglais pour montrer les inconvénients de la race Espagnole telle que la comprennent les éleveurs sportifs.

Revenant au Standard lui-même, nous remarquerons qu'il ne met pas suffisamment en lumière certains caractères auxquels tiennent éleveurs et juges.

La crête ne doit pas être d'une dimension exagérée, comme on la désirait autrefois (à une époque encore plus ancienne on l'exigeait retombante chez le coq comme chez la poule), mais elle doit être solide à sa base et régulièrement dentelée.

La face *complètement* et *absolument* blanche est recouverte d'une peau fine, tendue, qu'on ne saurait mieux comparer à celle d'un gant de soirée en chevreau ; des poils noirs se montrant en plus ou moins grande quantité sur la surface de la face et en masquant la blancheur immaculée, leur enlèvement à l'aide d'une pince à épiler est parfaitement admis ; on doit pourtant en conserver une rangée sur le haut de la face et à la base de la crête, de manière à bien séparer par la ligne noire ainsi obtenue le rouge de la crête et le blanc de la face.

Les oreillons doivent être posés bien à plat, être parfaitement lisses et se confondre pour ainsi dire avec la face, de manière à former un tout, ils doivent être excessivement longs, plus longs que les barbillons eux-mêmes qu'ils dépassent tout en conservant la même largeur, leurs bords inférieurs doivent être arrondis et non pointus ; cette disposition particulière et leurs dimensions exagérées ont permis à certains auteurs de dire que chez l'Espagnol les barbillons étaient blancs ; ils sont au contraire rouges,

place, se rident, se boursouflent, forment des bourrelets autour des yeux au point de gêner la vue.

Le cou est long et élégamment recourbé, et la tête portée haute, la poitrine proéminente. Le corps doit être étroit à l'arrière, rappelant la forme de celui du grand Combattant anglais ; la queue portée haut sans pourtant arriver à la forme de

RACE ESPAGNOLE

mais disparaissent presque entièrement sous l'ampleur des oreillons. Il est donc inexact de dire que les barbillons sont blancs ; ils doivent être d'un rouge vif comme la crête.

Il convient de faire remarquer que la peau blanche des oreillons et surtout celle de la face ne restent fines et tendues que durant la première année. Après deux ans, ces organes jaunissent par

la queue d'écureuil. Les tarses que l'on exigeait autrefois assez foncés sont actuellement plus clairs, d'une teinte ardoisée, ils pâlissent avec l'âge : Le Standard a fixé un poids, mais il est actuellement rarement atteint.

Mensuration. D'après Ch. Jacques.
A B.   *voir page 13*   0.55
C D.   »   0.40

Qualités et exigences. Actuellement la race Espagnole étant surtout une race sportive et rendue fort délicate par suite d'une trop longue consanguinité, son élevage offre des difficultés assez nombreuses ; comme les poussins s'emplument fort lentement, il ne faut pas mettre les œufs en incubation de trop bonne heure, les éclosions d'avril et mai sont celles qui donnent les meilleurs résultats ; les poussins sont d'un accroissement lent, ils demandent de la chaleur et une nourriture animalisée, il est bon de leur distribuer . des morceaux de viande trempés dans de l'huile de foie de morue. Les adultes sont souvent atteints par la diphtérie, qui paraît trouver un terrain propice sur la peau blanche de la joue, les moindres blessures sur cette partie se transformant fort souvent en tumeurs diphtériques. Ils doivent aussi durant l'hiver être maintenus au chaud, car la gelée atteint très fréquemment la crête, les oreillons et les barbillons.

La Race Espagnole comme poule d'utilité. Jadis, la poule Espagnole était considérée comme une excellente variété de produit. Quelques auteurs l'ont même présentée comme la poule de ferme idéale, mais c'est surtout sa ponte qui lui a valu cette réputation, car sa chair plutôt coriace et filandreuse, son peu de facilité à prendre la graisse, n'ont jamais pu lui assurer un rang très honorable parmi les volailles élevées en vue de la production de la chair.

La ponte de l'Espagnole était en effet autrefois remarquable, et la plupart des auteurs la recommandaient tant pour la grosseur exceptionnelle de ses œufs que pour leur abondance ; d'après les documents que nous avons en mains, tant de source française qu'anglaise, la ponte annuelle moyenne pouvait être estimée à 160-180 œufs de 80 à 85 grammes l'un.

Comme toute bonne pondeuse, l'Espagnole demande rarement à couver. Les œufs sont à coquille blanche, non teinte.

Il est du reste intéressant de reproduire quelques-uns des passages que M. Leroy a consacrés à la race Espagnole dans la première édition de son volume *La Poule Pratique*, passages dans lesquels, dans un style imagé, il lui accorde un des premiers rangs dans la basse-cour de la ferme.

« La *Race espagnole* est une de celles qui se recommandent à notre attention. Comme rendement en œufs, je ne lui connais de rivale que la poule de Campine, qui pond tous les jours ; mais l'Espagnole a sur la Campine l'avantage de donner des œufs énormes, les plus gros œufs de volaille connus, tandis que l'œuf de la Campine est un des plus petits, à ce point qu'il est ennuyeux de le manger à la coque. La Race espagnole est donc la race par excellence qui conviendrait à la fermière qui ne demanderait d'autre produit que des œufs.

. . . .

De taille supérieure à la moyenne, le coq espagnol est un animal fièrement campé, de magnifique prestance, la tête chargée d'ornements ; le camail et les lancettes lustrés et comme criblés de reflets éblouissants. À voir sa crête énorme, droite et dentelée, faisant l'effet d'un tricorne ; ses caroncules opulentes flottant sur son plastron noir, comme des fourragères et des aiguillettes sur un uniforme de cavalerie, et une partie de ses barbillons blancs d'un blanc de buffleterie passée au blanc d'Espagne ; son plumage propre et luisant, et comme astiqué ; les écailles lisses de ses tarses et de ses doigts ajustées symétriquement comme s'il ne lui manquait pas un bouton de guêtre ; à voir, dis-je, l'ensemble de la livrée de ce coq, de si fière allure, vous ne pouvez vous empêcher d'admirer et de le trouver beau d'une beauté militaire, beau... comme un gendarme, dont il a la tenue martiale et aussi, paraît-il, le courage stoïque.

On prétend qu'il cache beaucoup de cœur sous son plastron noir ; qu'il tient tête à l'oiseau de proie, ce braconnier des volailles, et qu'il ne craint pas de se mesurer, malgré l'infériorité de son armement, avec les malfaiteurs ailés de la pire espèce. La police des champs est son fait ! une souris pour lui est un régal, et vous pouvez compter sur sa vigilance pour purger vos récoltes des vermines de toutes sortes qui sont la plaie du cultivateur.

La poule, remarquable par les larges plaques blanches qui saupoudrent ses joues, ce qui est la marque des bonnes pondeuses, est tout à fait digne du coq sous le rapport de la crânerie. Sa crête à elle, au lieu d'être droite, est purement posée de travers, et la coiffe comme d'un béret rouge, ce qui lui donne une physionomie mutine, à la fois coquette et tapageuse. Rien d'élégant, de riche et de splendide comme un beau troupeau d'Espagnols noirs. A distance, l'ensemble de toutes ces têtes surmontées de rouge écarlate fait l'ensemble d'un massif de coquelicots. »

Ne suivons pas plus loin M. Leroy dans son panégyrique de la race Espagnole et arrivons à sa conclusion.

« Comme mœurs, l'Espagnole est une poule vagabonde par excellence, gratteuse et pillarde, et je ne vous donnerais pas le conseil de la laisser s'introduire au jardin. Vous pouvez être certain qu'elle y laisserait, dans vos plates-bandes, des traces durables de son passage. Mais comme poule de ferme, comme poule des champs, elle est une des plus belles, des plus grosses, des plus aptes à se garder et à ne pas se laisser surprendre ; à trouver sa vie d'elle-même, à la pointe de ses griffes.

Ceux d'entre les lecteurs qui l'ont en parquet, car jusqu'ici ce n'est guère qu'en parquet qu'on l'a cultivée, bien qu'elle commence à se répandre dans les campagnes, ont pu constater qu'elle est forte mangeuse. Cette particularité est dans la logique : produisant beaucoup, il est inévitable que cette poule mange beaucoup ; mais ils ont dû remarquer qu'elle n'est pas difficile sur la qualité des aliments et qu'elle fait son profit d'une foule de choses que les autres poules dédaignent.

On la dit mauvaise couveuse. J'ajouterai qu'elle n'est pas couveuse du tout, ce qui est une qualité chez une poule.

Tout ce que je sais sur le compte de la Race Espagnole peut se résumer en ces quelques mots.

1º Grande taille, supérieure à la moyenne.

2º Ponte hors ligne : œufs énormes.

3º Aptitude à couver complètement nulle.

4º Chair médiocre.

5º Rusticité éprouvée.

6º Aptitude à trouver sa vie à l'état libre.

A la fermière donc qui voudrait ne pas faire d'élèves et borner l'exploitation des volailles à la récolte des œufs, je dirai : Prenez l'Espagnole ; nulle race à ma connaissance ne peut rivaliser avec elle comme fécondité. Et j'ajouterai : mais ne vendez pas ses œufs au cours, au cent ou à la douzaine : vendez au poids ; sinon vous seriez dupé d'un cinquième, peut-être d'un quart de la valeur de votre marchandise. »

Ces lignes étaient écrites en 1885, et, depuis cette époque encore récente, combien s'est modifiée la valeur de la race Espagnole comme poule de produit ! M. Leroy n'aurait point actuellement à lui décerner de pareils éloges, qui étaient justement mérités lors de l'apparition de son livre — nous en avons expliqué la raison plus haut. — Mais si l'Espagnole actuelle ne peut être recommandée pour peupler une basse-cour, si l'on ne peut en espérer une production immédiate, elle pourrait sans aucun doute, en la sélectionnant pour ses qualités et non exclusivement pour les caractères de sa face, être la souche d'une lignée aussi intéressante et méritante que l'Espagnole d'antan.

La Race Espagnole comme poule sportive. Actuellement la poule Espagnole est exclusivement considérée comme une race sportive. Elle a eu en effet une certaine vogue sous l'impulsion de M. Rake, qui créa à Bristol un centre d'amateurs de cette race qui remportaient tous les prix dans les expositions ; après la mort de M. Rake le groupe se désagrégea peu à peu et l'élevage de la race Espagnole fut peu à peu abandonné ; il le fut complètement lorsqu'il n'y eut plus assez de membres pour parer par des échanges à la consanguinité qui atteignait la race dans ses fonctions vitales.

Actuellement, le nombre des amateurs de la Race espagnole est des plus restreints, et l'on n'en voit dans les Expositions, dans les classes qui lui sont réservées, que quelques rares spécimens.

Dans l'élevage sportif de la race Espagnole, on doit avant tout faire un choix judicieux des reproducteurs, afin d'obtenir les « points de face » auxquels le Standard ajoute une si grande importance. Il vaut mieux allier des jeunes mâles avec la peau de la face des oreillons bien lisse et fine, manquerait-elle un peu d'étendue, avec des poules offrant dans ces mêmes parties une peau épaisse, rugueuse, pourvu qu'elles soient suffisamment grandes, que d'agir d'une manière contraire, car les descendants des coqs à peau grossière et rugueuse donnent rarement de bons résultats. Le grand défaut que présentent le plus souvent de nos jours faces et oreillons est celui de n'être pas posés à plat, bien tendus ; ces organes sont au contraire ridés, repliés, boursouflés, doublés même : on peut y remédier en pratiquant dès le jeune âge d'habiles massages ou étirages avec les doigts enduits de vaseline ; mais le mal provient surtout du choix des reproducteurs à face trop développée dans l'un et l'autre sexe ; on arrive ainsi à obtenir une peau beaucoup plus étendue que la surface qu'elle doit recouvrir d'où forcément plis et replis.

Les poussins s'élèvent parfaitement sous l'éleveuse artificielle, à la condition d'éviter les excès de chaleur ; il sera bon de donner aux jeunes une nourriture fortifiante à base animalisée ; les célèbres éleveurs de Bristol recommandaient comme boisson de l'*ale* (bière anglaise) qui peut être remplacée avec avantage par de l'eau et du vin de France... ou d'Espagne.

Il n'est pas facile de déterminer les qualités futures des très jeunes sujets, et les éleveurs les plus habiles se laissent induire en erreur. Wright rapporte que M. Jones, un des plus célèbres parmi les éleveurs de Bristol, avait condamné à l'automne un jeune coquelet comme incapable de faire un bon sujet. Son domestique, séduit par la belle crête de l'oiseau, différa la mise à mort et, l'année suivante, ce rescapé fut un vainqueur sur toute la ligne. Bien entendu les sujets qui dans leur jeune âge montrent du rouge sur la face doivent être éliminés sans hésitation, mais ce ne sont pas toujours ceux qui offrent dès leurs premiers mois une blancheur parfaite qui fourniront les meilleurs sujets ; ceux-ci se trouveront plutôt parmi les poussins qui offrent dans cette partie une teinte bleuâtre qui tournera plus tard en un blanc très pur.

Les éleveurs de Bristol, qu'il convient de toujours rappeler pour l'élevage de l'Espagnol sportif, maintenaient leurs élèves, lorsqu'ils étaient sur le point d'atteindre leur maturité, dans des parquets à sol gazonné, avec une cabane bien close et surélevée de 1 mètre environ dans laquelle ils étaient enfermés durant les froids.

La préparation pour l'exposition demande quelques soins ; si, durant leur jeune âge, les sujets ont reçu une nourriture fortifiante pour leur permettre d'acquérir le maximum, ils doivent au contraire, quelques semaines (trois au moins) avant le moment d'affronter l'examen des juges, recevoir une nourriture plutôt rafraîchissante. On conseille de leur donner comme premier repas une pâtée chaude composée de pain imbibé dans du lait (cette pâtée passe pour améliorer le blanc de la face) et, le soir, une pâtée d'orge avec une certaine quantité de blé en grain, sans excès pourtant, car le grain nuit à la blancheur de la face. Point important : il ne faut jamais oublier la nourriture verte ; laitue ou mieux cresson ; une tête de chou suspendue dans un coin fournira aussi un excellent supplément. Deux fois par semaine on ajoutera à l'une des pâtées par tête une petite pincée de fleur de soufre. De temps en temps un petit morceau de viande crue ou une poignée de chènevis pour corriger ce que ce régime peut avoir de trop débilitant. Il est aussi bon de purger les oiseaux en leur faisant prendre

une fois par semaine une cuillerée à
café d'huile de ricin.

Cette question d'alimentation est très
importante ; car souvent, chez les sujets
ayant une nourriture trop riche, une érup-
tion jaunâtre apparaît sur la peau blanche.
On peut faire disparaître ce défaut dans
le délai de trois semaines en adoptant
le régime indiqué plus haut, tout en pratiquant le traitement recommandé par
M. Wright : Purger deux fois par semaine
l'oiseau avec la solution suivante donnée comme eau de boisson. Eau 1 litre,
5 grammes sulfate de magnésie, 2 gr. 5
citrate de potasse, 1 gramme iodure de
potassium pour un litre d'eau et éponger
avec précaution matin et soir face et
oreillons avec une solution faite de
5 grammes d'acide sulfureux dans un
litre d'eau ; sécher soigneusement après
application.

Il est prudent de séparer les sujets de
concours et de les maintenir quelques
semaines solitaires chacun dans une case
spéciale ; on évitera ainsi les accidents
que pourraient se causer les oiseaux, soit
en se becquetant, soit en se battant ;
coups de bec qui certainement laisse-
raient durant un certain temps des traces
rouges sur la peau blanche.

Une quinzaine de jours avant l'exposition, il faudra maintenir les oiseaux
dans un local plutôt obscur et chaud :
l'obscurité améliore la blancheur de la
face, mais il ne faut pourtant point exagérer ces conditions, car non seulement
face et oreillons blanchiraient, mais aussi
la crête et les barbillons, ce qui donnerait à l'oiseau un air maladif. Les
éleveurs de Bristol maintenaient les
sujets, quelques semaines avant l'exposition, dans des petites cases où régnait
juste assez de jour pour que les oiseaux
puissent voir et prendre leur nourriture ;
il les sortaient néanmoins pendant une
demi-heure par jour, s'il ne faisait pas
froid, tout en évitant de les laisser exposés au soleil.

On doit aussi faire la toilette de la
face des oiseaux destinés aux expositions ; on examine avec grande attention
la face et avec une petite pince à épiler
ou une pince brucelles, on enlève un à
un tous les poils, tout le duvet noir, qui
apparaissent sur la surface blanche, en
atténuent la pureté et la font apparaître
comme piquetée de points noirs. La quantité de ces poils varie suivant les sujets,
mais elle est surtout abondante chez ceux
qui ont la face fort étendue. Une fois enlevés, la face apparaît blanche et nette,
mais il faut toujours en laisser une petite
rangée en dessous de la crête, de manière
à bien séparer ce dernier organe de la
face.

Enfin, afin de maintenir à la peau
toute sa finesse et sa blancheur, on lave
chaque jour crête et oreillons avec du
savon de toilette onctueux et doux que
l'on applique au moyen d'une éponge ou
d'un linge très fin ; on rince à l'eau claire
et on sèche en saupoudrant avec de
l'oxyde de zinc en poudre, projetée à
l'aide d'une houppette.

Pas de Club spécial français.
Pas de Club spécial en Angleterre
Aux États-Unis :
Spanish Club. — Honorable secrétaire :
M. N. LINDSEY NORTHVILLE.
N.-Y. États-Unis.

ÉLEVEUR SPÉCIALISTE

chez qui on peut se procurer :

Œufs, jeunes sujets et reproducteurs

P. LEPLANQUAIS, Élevage Modèle de
Varennes-Jarcy (S.-et-O.).

Monographie de la Race de Minorque

Deux variétés : noire et blanche — Sous-variétés à crêtes frisées

Origines. La race de Minorque est-elle une descendante directe de la race Espagnole ou cette dernière provient-elle de la Minorque, est une question qu'on ne saurait résoudre d'une manière certaine et qui, du reste, ne paraît que d'une importance secondaire ; mais il est évident que les deux races ont une origine commune et la similitude de plusieurs caractères décèle leur proche parenté. Cette race est-elle vraiment originaire de l'île de Minorque ou de la Péninsule Ibérique? Pendant longtemps les éleveurs la désignaient sous le nom d'Espagnole à face rouge, et ce sont, croyons-nous, les Anglais qui lui donnèrent le nom de l'île dont ils importèrent leurs premiers sujets. Ainsi M. Leworthey, qui élevait cette race depuis 1830, assurait que ses élèves provenaient de l'île de Minorque, et le Rev. Cox narre que Sir Aucland en importa aussi vers 1834 ou 1835. Ces deux élevages paraissent être la source des Minorque anglais. Il est aussi à peu près certain que ce sont les amateurs anglais qui ont été les fournisseurs de nos Basses-Cours françaises et que c'est d'Outre-Manche que la race est venue chez nous.

La variété blanche, simple cas d'albinisme qui se rencontre surtout dans les élevages où les unions consanguines ont été pratiquées depuis longtemps, est aussi connue depuis 1834.

Pendant longtemps, cette sous-variété passait pour plus rustique que la noire.

Estimée en Amérique, la Minorque blanche est assez rarement élevée en Europe.

Il existe aussi des sous-variétés noires et blanches, aux crêtes frisées, comme celles des Hambourg, mais elles sont peu élevées.

Standard. Nous donnons le Standard du London Minorca-Club, qui fait autorité.

Variété à crête simple.

Caractères généraux. COQ. — *Bec* : assez long et fort. — *Tête* : longue et large, offrant à la crête une base solide. — *Œil* : large et brillant. — *Crête* : simple, plutôt très grande, mais toujours de dimensions appropriées à la taille de l'oiseau, portée parfaitement droite, ferme, dépourvue de tous replis, marque du pouce, excroissances latérales, etc., s'élevant presque verticalement en avant et ne projetant pas au-delà de la pointe du bec, s'étendant bien à l'arrière et accompagnant la courbure du cou sans pourtant atteindre le camail, crêtillons en forme de coins. — *Face* : recouverte d'une peau fine et autant que possible dépourvue de poils ou duvets. — *Oreillons* : en forme d'amande, assez grands (pour s'harmoniser avec les autres points de la tête), d'une texture fine (comme de la peau de gant), plats, néanmoins épais et collés contre la tête. — *Barbillons* : larges et longs, arrondis à leurs bords. — *Cou* : long et couvert d'un camail abondant. — *Corps* : long, large aux épaules, donnant au dos un aspect plat, s'amincissant en pointe vers la queue. — *Poitrine* : pleine. — *Ailes* : de longeur moyenne, collées contre le corps. — *Queue* : pleine, portée en arrière, bien pourvue de plumes avec des faucilles larges, bien longues et bien recourbées. — *Tarses* et *pieds* : forts et de longueur moyenne. — *Doigts* : au nombre de quatre, longs et bien écartés. — *Port* : dressé et fier. — *Poids* : 3 kg. 500.

POULE. — A l'exception de la crête, qui retombe d'un côté de la tête, mais de façon à ne pas gêner la vue, les caractères généraux de la poule sont les mêmes que ceux du coq ; en tenant, bien entendu, compte des différences sexuelles. *Poids* : 3 kilos.

COULEUR. — Variété noire. — *Bec :* corne foncée. — *Œil :* foncé. — *Crête, face, barbillons :* rouge sang foncé. — *Oreillons :* blancs. — *Tarses* et *pieds :* noirs chez les coquelets et les poulettes. Ardoise foncé chez les adultes. — *Plumage :* noir avec reflets vert métallique.

Variété blanche. — *Bec :* blanc. — *Œil :* rouge. — *Crête, face, barbillons :* rouge sang. — *Tarses* et *doigts :* blanc rose. — *Plumage :* blanc pur.

GRANDS DÉFAUTS ET DISQUALIFICATION. — Blanc dans la face. Queue d'écureuil. Crête repliée chez le coq et droite chez la poule. Excroissances latérales. Crête non simple. Plumes d'autre couleur que noires dans la variété noire, blanches dans la variété blanche. Tarses d'autre couleur que noirs ou ardoisés dans la variété noire, ou rosés dans la variété blanche. Plumes aux pattes.

Échelle des points (à déduire)

Défauts dans la face, d'un rouge non uniforme ou d'une texture rugueuse ou encore garnie de poils et de duvet	15 points
Crête, mal conformée, tordue, à dentelures doubles	15 —
Oreillon, replié, ridé, ou tacheté de rouge	10 —
Bec, yeux ou tarses trop clairs (1)	8 —
Défauts dans la couleur du plumage	10 —
Bréchet déformé	7 —
Manque de taille	15 —
Manque de symétrie dans le corps	10 —
Mauvais état ou mauvaise condition de l'oiseau	10 —
	100 points

Observations sur le Standard. — L'attention est de suite attirée par l'importance des coefficients de la tête qui se montent à quarante points ; pourtant, malgré leur élévation, ils ont dans les jugements une importance encore plus grande.

L'œil doit avant tout être aussi foncé que possible ; un œil perlé ou un œil rouge, sans être, au sens absolu, une cause de disqualification, nuira à l'oiseau dans son classement. L'éleveur s'efforcera d'obtenir l'œil *noir*, se contentant,

(1) Pour la variété noire seulement.

si pareil résultat ne peut être obtenu, de l'œil brun, mais tout sujet à œil plus clair devra être écarté. A remarquer que l'œil foncé est généralement accompagné de tarses foncés, ce qui est un point aussi d'une grande importance.

La crête est peut-être le caractère sportif le plus important de la race de Minorque, et sans contredit le plus difficile à obtenir parfait. Chez le coq, la crête droite doit avoir de cinq à sept crêtillons ; on donne pourtant la préférence au nombre minimum ; ces crêtillons doivent affecter la forme de coins triangulaires, c'est-à-dire avoir une large base et s'amincir graduellement, et non s'amincir dès leur base ; leur hauteur doit être à peu près égale à celle de la lame pleine de la crête, c'est-à-dire la partie non dentelée partant de la tête jusqu'à la base des crêtillons. Il faut aussi noter que le crêtillon du milieu doit être plus élevé que les autres ; le profil de la crête devant être circonscrit dans un demi-cercle allant d'une de ses extrémités à l'autre. La fermeté de la crête, sa rigidité, la solidité de sa base a peut-être plus d'importance encore que sa grandeur ; néanmoins un bon sujet devra offrir une crête de 16 centimètres de longueur et 11 centimètres de hauteur depuis sa base jusqu'à l'extrémité du crêtillon du milieu (le plus élevé). La crête ne devra pas dépasser le bec en avant, car elle gênerait l'oiseau lorsqu'il mange et serait immanquablement abîmée ; elle devra aussi suivre la ligne du cou, sans pourtant toucher le camail. Enfin, la crête devra être d'une peau un peu granulée et ne pas offrir la texture fine que l'on recherche dans la race espagnole.

Chez la poule, la lame de la crête, en dessus du premier crêtillon d'avant, doit se replier d'un côté de la tête, formant une courbe suffisante pour que la partie retombante ne gêne pas la vue ; elle doit affecter aussi la forme bonnet de police. La crête, comme chez le coq, doit être régulièrement et profondément dentelée, les crêtillons doivent être au nombre de

s'étendre *sous* l'oreillon, sinon le blanc ne tardera pas à apparaître sur la face — défaut des plus graves.

L'oreillon devra adopter la forme amande, un oreillon rond est un fort

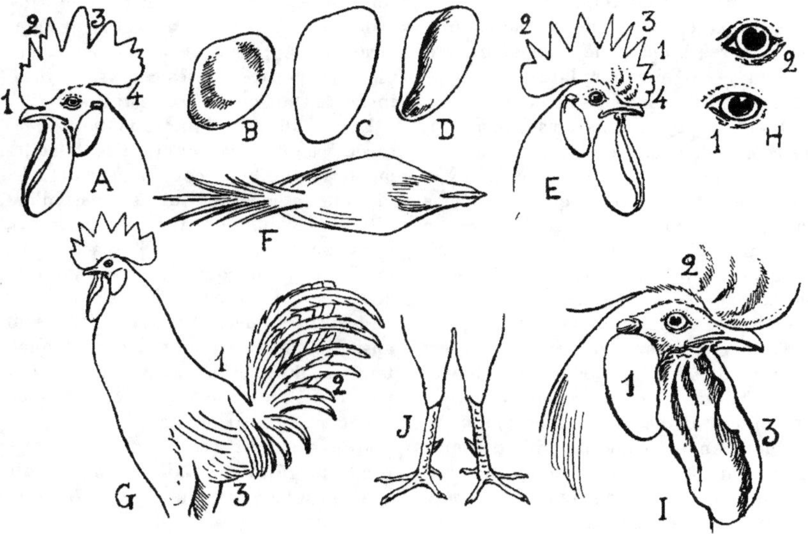

Défauts à éviter dans la race de Minorque

A   1 Crête pas assez avancée sur le bec.
    2 Crêtillon double.
    3 Crêtillon à pointe arrondie.
    4 Mauvais lobe arrière ne suivant pas la ligne du cou.
B   Oreillon trop rond et concave.
C   Oreillon correct et parfaitement plat.
D   Oreillon replié.
E   1 Dentelures trop nombreuses.
    2 Crête dentelée irrégulièrement.
    3 Crêtillons trop pointus.
    4 Devant trop avancé sur le bec.

F   Dos de l'oiseau montrant la forme large aux épaules et s'amincissant en coin vers la queue.
G   1 Dos trop court.
    2 Queue d'écureuil.
    3 Mauvais arrière-train.
H   1 Œil triste.
    2 Œil ouvert brillant.
I   1 Oreillon pas assez détaché de la face et des barbillons.
    2 Marques de pouce.
    3 Mauvais barbillons repliés.
J   Aplomb panard.

cinq ou de six, mais ceci a moins d'importance que chez le coq.

Dans les deux sexes, la face doit être d'un rouge sang foncé ; cette nuance foncée est importante, et préférable, même avec la présence de quelques poils ou duvet supérieur, à une nuance rouge pâle ; la teinte rouge foncé doit aussi

mauvais point, mais il doit, avant tout, être épais et de texture fine. Un oreillon de texture fine est un caractère assez commun, mais la plupart du temps, il est mince au point de ballotter lorsque l'oiseau remue ; il faut qu'il soit épais, qu'il reste collé à la tête, les bords bien arrondis et la nuance blanche s'étendant en dessous. On paraît moins rechercher actuellement les oreillons de dimension exagérée ; chez la poule, l'oreillon est plus arrondi que chez le coq ; mais dans les deux sexes, l'oreillon rond décèle un croisement avec les Hambourg.

Le dos sera plat, un dos arqué est une faute grave ; il aura une forme générale *en coin*, c'est-à-dire fort large aux épaules et s'amincissant vers la queue.

Quant aux ailes (dans la variété noire), les rémiges primaires et secondaires doivent être franchement *noires* et non grises. Il arrive souvent que les jeunes sujets ont des rémiges *blanches* lors de leurs premières plumes, mais celles-ci, en général, deviennent noires à la mue suivante.

La queue doit être portée plutôt dirigée en arrière ; une queue en écureuil est un grave défaut. Les tarses aussi foncés que possible, la teinte ardoisée indique une prédominance de sang espagnol.

Quant au plumage, il doit être noir, mais d'un noir brillant, non terne ; certains amateurs désirent le *noir corbeau*, d'autres veulent le noir à reflets verts.

On constate parfois dans le camail des coqs des plumes rougeâtres ainsi qu'à l'aile ; c'est évidemment une cause de disqualification pour de pareils sujets, quoique n'étant pas un indice de croisement, ce fait se produisant par atavisme chez toutes les races noires ; il ne faut pas sacrifier de pareils sujets, mais les conserver pour la reproduction ; ils donneront des poulettes avec un plumage particulièrement brillant.

Qualités et exigences de la Race de Minorque. La race de Minorque se fait remarquer par son activité et son habileté à trouver sa nourriture dans les champs ; quoique ces qualités se concilient généralement avec l'amour de la liberté, il est intéressant de noter que cette race se plie volontiers à une séquestration assez étroite et y prospère beaucoup mieux que d'autres, tels les Orpington, les Wyandottes, qui, dans ces conditions, ne font que s'engraisser sans produire beaucoup ; aussi, en Angleterre, on l'apprécie beaucoup pour peupler les petites basses-cours urbaines, installées sur un espace restreint.

Les poules de Minorque sont d'un caractère doux et s'apprivoisent facilement, au point de venir manger dans la main de la personne qui les nourrit d'habitude ; néanmoins, avec les inconnus, elles sont méfiantes, et si l'espace le permet, elles prendront le vol devant tout étranger qui cherchera à les approcher de trop près ou les effraiera. Elles sont aussi d'humeur tranquille et ne caquettent pas durant une heure après avoir pondu un œuf, comme si cela était un événement remarquable.

« Ce sont, dit avec humour le Reverend Sturges, des volailles robustes, sobres, productrices, du type de l'*homme d'affaires.* »

L'hiver, elles aiment à avoir un abri pour pouvoir se préserver de la pluie, car elles paraissent craindre l'humidité, et, en effet, elles réussissent mieux sur un terrain léger que sur un sol lourd et compact ; ce qu'elles exigent avant tout, c'est un sol bien drainé, car elles redoutent surtout, durant l'hiver, tout terrain humide, mal drainé. Cette dernière condition acquise, la race de Minorque, quoique d'origine méridionale, réussit fort bien dans les régions septentrionales. Pendant longtemps, en Angleterre, les meilleurs spécimens exposés venaient de l'Écosse, et aux États-Unis, dans un numéro spécial consacré à la Minorque, *Poultry Monthly* reproduisait une lettre d'un de ses abonnés, M. J.-H. Doam, mentionnant la facilité avec laquelle les Minorque supportent le climat de l'extrême Nord des États-Unis, où une température de 0° C. à — 18° C. règne la plus grande partie de l'hiver. Il faut, néanmoins, constater que les coqs élevés au point de vue sportif avec dimensions exagérées de la crête ont parfois cet organe gelé lors des très grands froids. Cet accident se constate rarement avec les sujets à crête moyenne ; d'ailleurs, au point de vue de la reproduction, une trop grande crête n'est pas à désirer. On a remarqué, en effet, qu'un coq, même jeune, avec une très grande crête, surtout si celle-ci est de base faible et tend à tomber de côté, n'est point capable de féconder les œufs tant que le temps est froid ; il faut, en général, attendre avril pour compter sur les propriétés fécondatrices de tel sujet. Il est pourtant un procédé bien simple pour éviter ce fait, c'est tout simplement l'*écrêtage* ; un sujet présentant l'inconvénient que nous venons de signaler, une fois écrêté comme un coq de combat, conservera, même durant la mauvaise saison, ses fonctions génératrices.

Comme chez toutes les bonnes pondeuses, l'aptitude à l'incubation est presque nulle chez la Minorque.

Les poussins Minorque éclosent facilement, se montrent rustiques, sont d'une croissance rapide ; ils sont très précoces.

La Minorque comme poule d'utilité. Comme volaille de table, quoiqu'on trouve sa chair moins tendre et moins juteuse que celle de quelques races extra, comme notre Bresse, par exemple, la Minorque est loin d'être à dédaigner, mais sa principale qualité est celle de pondeuse hors ligne de très gros œufs ; — elle serait, sans aucun doute, la meilleure pondeuse des races gallines si l'on

considérait le poids des œufs pondus au lieu du nombre. Notre excellent confrère Goujon — et nous aimons à le citer car nous savons avec quelle conscience il se livre à ses études comparatives — classe dans les races pratiques pour la ferme : 1° par ordre du nombre d'œufs pondus, la Minorque 3e ; 2° par ordre de grosseur des œufs pondus, Minorque 1re ; 3° par ordre considérant la masse des œufs pondus en une année, Minorque 1re ; 4° par ordre de leurs qualités générales, Minorque 1re, et il conclut ainsi :

« Minorque. — De taille au-dessus de la moyenne, elle peut donner de très bons poulets à chair ferme et prenant bien la graisse. Comme pondeuse, elle est idéale et ses œufs rivalisent comme grosseur avec ceux de l'Andalouse. Avec sa belle crête, droite chez le coq, retombante chez la poule, ses beaux oreillons blancs, ses longs barbillons, son beau plumage noir, sa démarche vive et nerveuse, on sent que la Minorque est une bête de sang. Elle respire la vigueur et la santé. C'est la poule de luxe et d'utilité. »

Le poids moyen des œufs de Minorque est de 75 grammes. Ils sont d'une bonne saveur, avec jaune foncé et coquille blanche, ce dernier point leur fait du tort en Angleterre, où les œufs à coquille fauve sont les plus estimés. Quant au nombre d'œufs pondus, les auteurs ne sont pas tous d'accord.

En Angleterre, d'après Wright, M. Hopkins eut quatre parquets qui lui produisirent en moyenne 226 œufs par an et par poule, M. Physick (sept parquets) 186, M. Amesbury, 180, et quelques poules, 200. Le Rev. Sturges, d'après son enquête, admet le chiffre de 150 à 170 par an.

Dans les concours de ponte australiens et américains, nous voyons la ponte des Minorque varier de 142 à 195 œufs par an.

Les auteurs français nous donnent les renseignements suivants : *Lagrange :* 155 œufs de 75 grammes. *Goujon :* 155 (même poids).

La Race de Minorque est-elle une bonne pondeuse d'hiver ? est une question d'une grande importance. Quoique dans certains concours anglais elle ait obtenu le quatrième rang pour le nombre d'œufs pondus pendant les quatre mois d'hiver, nous ne croyons pas qu'elle puisse rivaliser sur ce point avec les volailles ayant du sang asiatique comme les Wyandotte, Orpington, mais d'autre part elle constitue une excellente pondeuse d'automne, ce qui se comprend assez facilement par suite de la précocité de la race, les poulettes ayant mué de très bonne heure et commençant la ponte avant l'arrivée des froids.

La race de Minorque joue dans la basse-cour productive un rôle important pour les croisements, elle a été la base première des Orpington et les croisements Houdan ou Crèvecœur — Minorque, Minorque — Langshan, sont particulièrement recommandables lorsqu'on recherche une volaille de produit.

Nous avons parlé plus haut de la rusticité de la race, nous n'avons pas à y revenir ; nous rappellerons que, par suite de son activité merveilleuse, la Minorque se maintient en bonne santé dans les plus petits parquets à condition d'être bien nourrie et de se trouver dans des conditions hygiéniques. L'humeur particulièrement douce de la poule de Minorque la fait recommander pour les petits élevages ; si le coq un peu batailleur fait entendre de sonores *cocoricos*, il faut bien montrer qu'il est le maître et le seigneur bien-aimé d'un élégant sérail ; ses sultanes sont d'un caractère égal, tranquille, et ne font que peu de bruit ; de toutes les races de poules ce sont sûrement les plus silencieuses.

La race est très précoce et si l'éclosion a lieu en mars, avril ou même en mai, elles se mettront, pour peu qu'elles reçoivent une nourriture stimulante, à pondre dès la fin d'août ou septembre. Comme exemple de précocité, on peut citer des poulettes pondant dès l'âge de quatre mois.

Les poussins sont du reste très rustiques et s'élèvent facilement.

La Minorque comme race sportive. Comme nous le montre le Standard, l'élevage sportif porte, dans la race de Minorque, son attention sur les points de la tête : crête, face, oreillons, barbillons, œil. Ce sont surtout sur ces points qu'il faudra insister dans le choix des reproducteurs. Bien entendu, comme dans toute race, si le coq présente un défaut, il faudra le contrebalancer par une exagération de la qualité correspondante chez les poules, *et vice versâ*.

En tous cas, il faudra, comme première condition, choisir des sujets sains, robustes et vigoureux ; on écartera aussi absolument des parquets de reproducteurs tout coq trop haut sur pattes ou offrant une queue d'écureuil, car on n'obtiendra jamais dans leur descendance de parfaits sujets. Il faudra aussi éviter les coqs ou poules offrant des excroissances sur la crête ainsi que ceux à dentelures incorrectes.

Pour éviter des sujets délicats et ne pouvant atteindre la taille voulue, il ne faudra pas utiliser des poules de plus de trois ans ; le coq aura de préférence deux ans. On pourrait se servir de sujets, tant mâles que femelles, d'un an, mais il est préférable d'attendre qu'ils aient deux ans avant de les employer comme reproducteurs ; en voici la raison : certains sujets qui n'offrent la première année que peu de blanc dans la face en prennent une plus grande quantité après leur deuxième mue d'adultes ; en attendant l'âge de deux ans, on peut ainsi mieux juger de leurs vraies qualités et éviter ainsi l'emploi d'oiseaux possédant un défaut non encore apparent qu'ils transmettraient à leurs descendants.

On peut éviter l'emploi de parquets séparés pour coquelets ou poulettes en agissant de la façon suivante. On choisira un coq aussi près que possible du Standard et on l'alliera à six poulettes dont trois choisies pour la production des coquelets, les trois autres pour celle des poulettes ; la principale différence dans ces deux types consiste en ce que les poules destinées à la production des mâles doivent être plus hautes sur pattes et avoir une crête solide à sa base, bien dentelée et portée de la façon la plus droite possible ; les meilleures productrices de coquelets sont celles qui ont cet organe presque semblable à celui du mâle, mais on rencontre rarement de pareils sujets, on choisira donc celles dont la crête monte nettement au-dessus du bec sans trop de plis, ni replis, et suit bien la ligne du cou derrière la tête. Pour obtenir de bonnes poulettes, les poules devront avoir la crête aussi longue que possible (surtout si elle est un peu petite chez le mâle), mince et retombant de côté le plus près possible de sa base ; il est à noter qu'une crête avec six ou sept crêtillons retombe toujours plus gracieusement que celles qui n'en ont que quatre ou cinq.

Dans les reproducteurs des deux sexes on attachera aussi une grande importance à l'oreillon, qui doit être épais et aussi grand que possible : un oreillon peut être trop grand pour que le sujet gagne dans un concours, mais il ne l'est jamais trop pour un reproducteur.

Parquets séparés. Les meilleurs éleveurs adoptent pourtant le système des parquets séparés. Quelques indications sur le choix des reproducteurs sont utiles.

A. *Parquet pour la production des coquelets.* Le coq sera aussi près que possible du type idéal décrit par le Standard ; on fera particulièrement attention à la crête, face, oreillons, et au brillant de la couleur ; le coq paraît avoir une grande influence sur ces points. Les poules auront surtout une crête épaisse ainsi que les autres caractères indiqués plus haut pour la formation d'un parquet unique. Dans les deux sexes, veillez à la correction de l'oreillon, quoique à la rigueur on puisse utiliser une poulette avec un oreillon offrant des replis.

B. *Parquet pour la production des poulettes.* La règle générale est de choisir des poules aussi correctes que possible et d'une bonne taille. Quoique le blanc dans la face soit à critiquer, on peut sans trop de danger conserver pour la production des poulettes une poule de forte taille avec de grands oreillons, quoique le rouge de sa face ne soit pas pur ; veillez aussi que la queue soit portée basse. Quant au coq, on le choisira avec une crête correcte *mais trop fine et mince pour pouvoir être portée droite* ; ce qui serait un grand défaut pour un sujet exposé ; si la crête est absolúment retombante, et pareil sujet donnera de jolies poulettes, on a intérêt à pratiquer l'écrêtage.

Élevage des jeunes. Cet élevage est facile, surtout si les reproducteurs sont sains et vigoureux. Ils croissent et s'emplument rapidement, moins rapidement pourtant que les Leghorn. Il faut veiller, lorsqu'on pratique l'élevage artificiel, à ne pas les maintenir sous une éleveuse trop chauffée, surtout à les y garder trop longtemps, de même qu'il ne faut pas les laisser trop longtemps avec la couveuse si l'on pratique l'élevage naturel ; sinon on verrait la crête pousser trop rapidement et offrir la « marque du pouce ». Il faut noter que les coquelets très précoces font rarement de bons sujets de concours ; la crête chez eux croît trop rapidement et le corps n'atteint pas une grosseur suffisante. Dès l'âge de trois mois, il convient de séparer les sexes, de leur accorder le plus de liberté possible et surtout de ne pas les loger en trop grand nombre durant la nuit dans un local restreint (1).

Lors de leur naissance, les poussins Minorque ont la gorge, la poitrine et le dessous du corps blanc et les tarses souvent jaunes. Plus il y a de blanc dans ce duvet du premier âge, meilleur plumage aura le sujet une fois adulte ; ceux qui naissent tout noirs laisseront toujours à désirer sur ce point.

Il faut éviter de donner aux jeunes sujets une nourriture trop stimulante avant leur première mue.

A l'âge de cinq mois, il faudra s'occuper des oreillons et, pour cela, il faudra maintenir les élèves durant les froids dans des abris couverts ; mais cette séquestration peut nuire à la beauté des tarses. Il sera bon, dans ce cas, de les frotter trois fois par semaine avec un mélange d'huile et de paraffine. Quelque temps avant l'exposition, on tiendra les jeunes oiseaux à l'abri d'une lumière trop vive, sans pourtant les enfermer dans un local obscur comme les Espagnols, car il faut que la face soit d'un rouge foncé. — Une nourriture animalisée, additionnée de ferrugineux (et des oignons hachés d'après quelques auteurs) améliorera aussi cette couleur rouge de la face.

Pas de Club spécial français.
Clubs. Angleterre. — Minorca Club. *Secrétaire :* WILSON Knowle, Cottage, Kimberley.

British Minorca Club. *Secrétaire :* LINCOLN TOOTILL, Nabb Ford, Harnwood, Bolton, Lancashire.

London Minorca Club. *Secrétaire :* BIGGS, 100. South-Church Beach, South-end on Sea.

Scottish Minorca Club. *Secrétaire :* G. MILNE, The Cross, Withburn.

Welsh Minorca Club. *Secrétaire :* LOOKER, Gilwern, Abergarenny.

Canada. — Black Minorca Club. *Secrétaire :* F. BRERETON, 6, Alhambra avenue, Toronto.

États-Unis. — Black Minorca Club. *Secrétaire :* H. BILLARD, Brooklyn Hills, LT. N. Y.

ÉLEVEURS SPÉCIALISTES
chez qui on peut se procurer :
Œufs, jeunes sujets et reproducteurs

A. MASSON, Élevage Saint-Lazare, *La Ferté-Milon* (Aisne).

Robert DE VANNOISE, Élevage de *Saint-Mars-la-Brière* (Sarthe).

Ph. ROBIN, « Élevage et Chasse », 135, rue Marcadet, *Paris* (18e).

Établissements VOITELLIER, Mantes (S.-et-O.). Toutes races françaises et étrangères.

P. LEPLANQUAIS, Élevage Modèle de *Varennes-Jarcy* (S.-et-O.).

COMBINÉS BARRAL, pour la conservation des œufs, 11, rue Lecuirot, *Paris* (14e).

Julien LEFEBVRE, Propriétaire, *Merlaut,* par *Vitry-en-Perthois* (Marne).

E. FOREZ, Aviculteur, à *Toufflers* (Nord).

René ROUZÉ, « Élevage Saint-Joseph », 20, rue de l'Avenir, *Rosendaël* (Nord).

(1) L'inconvénient est moins sensible avec les poulettes ; au contraire, la chaleur (sans exception) rend la crête plus fine et la fait mieux retomber.

Monographie de la Race Andalouse

Une variété : bleu ardoisé

Origine. La Perre de Roo croit cette race, comme son nom paraît l'indiquer, originaire d'Andalousie, d'où elle a été importée en France et en Angleterre. Il ne se prononce point si la poule Andalouse descend de l'Espagnole à joues blanches, des conditions climatologiques différentes ayant déterminé l'apparition de joues rouges, ou si, au contraire, la face blanche qui caractérise le type espagnol n'est que le résultat d'une sélection judicieuse d'oiseaux reproducteurs et des efforts persévérants de l'homme.

Il n'est pas douteux que les premiers Andalous aient bien été réellement importés d'Espagne ; une lettre de M. Leworthey, citée par Lewis Wright, ne laisse aucun doute à cet égard. D'après cette lettre, les premiers types reçus en Angleterre auraient été débarqués par un négociant espagnol vers 1851. Les sujets en question ne devaient pas être très beaux, car, pour améliorer leur apparence, on les croisa tout de suite avec des sujets espagnols qui augmentèrent la taille et la crête ; il fallut ensuite une sélection sévère pour rétablir de nouveau la couleur bleu ardoisé et faire disparaître les joues blanches.

D'autre part, le Rév. Sturges émet, d'après M. Dixon, l'opinion que la race Andalouse fut créée en 1846, par un M. Barber, à la suite du croisement d'Espagnols, blancs et noirs, qu'il avait importés.

Notre confrère Bréchemin se rangerait plutôt à cet avis lorsqu'il émet l'opinion que la race Andalouse a été fabriquée en Angleterre.

« Son nom d'Andalouse, nous dit-il (1), pourrait lui faire supposer une origine espagnole, il n'en est rien cependant. Pas plus que la race « dite Espagnole », elle ne se rencontre à l'état pur en Espagne et l'on aurait sans doute beaucoup de mal à retrouver son origine. Cette origine doit d'ailleurs être peu ancienne, car la race est encore peu fixée, le joli type bleu, le seul type ayant une valeur réelle, au point de vue amateur, se reproduit avec beaucoup de difficulté ; dans une couvée de douze poussins, on obtient trois, quatre bleus, six si l'on a beaucoup de chance ; le reste est blanc, blanc loin de bleu ou noir. Ce mélange de couleur dans la reproduction décèle avec évidence le croisement qui a donné naissance à l'Andalouse, c'est-à-dire l'accouplement d'un coq noir avec une poule blanche ou l'accouplement inverse. Je suis certain, d'ailleurs, que ce croisement n'a nullement été fait avec intention, qu'il est le résultat du hasard, mais l'amateur chez lequel il s'est produit n'a pu manquer d'avoir le désir de le propager. Prenez un coq de Bresse noir, un peu enlevé sur pattes, et une poule de même race, mais de variété blanche, et croisez-les ensemble, je suis convaincu que vous obtiendrez parfois des Andalous de pure race (2) ; si vous ne réussissez pas bien de cette façon, faites le croisement inverse, et sans doute vous y arriverez. »

Le plumage ardoisé ou bleu, plus ou moins maillé, se rencontre d'ailleurs assez fréquemment parmi les volailles communes de ferme où le hasard préside aux accouplements ; cette nuance est, la plupart du temps, le résultat de l'union d'une volaille blanche et d'une noire ; pourtant, parfois, deux sujets noirs ou deux sujets blancs produisent des bleus,

---

(1) *Agriculture nouvelle*, 1911.
(2) Voir plus loin le chapitre consacré à l'hérédité mendelienne.

mais c'est là un fait d'atavisme que les théories de Mendel nous expliquent.

Un éleveur anglais, M. Cook, le créateur des Orpington, nous assurait avoir obtenu par hasard des volailles ressemblant aux Andalouses à la suite de l'union d'un coq Brahma inverse et des poules Espagnoles. Un coq issu de ce croisement présentait les caractères des Andalous à un tel point qu'il remporta plusieurs prix.

Les premiers types d'Andalous, qui, d'ailleurs, étaient en général d'un bleu ardoisé clair non maillé, différaient de ceux de nos jours, et ils offraient une certaine similitude de forme et de crête avec les Combattants ; il paraît assez évident que cette dernière race a joué un certain rôle dans la création de ces premiers types ; aujourd'hui, ils se rapprochent plus du Minorque et il est certain qu'il y a eu de nombreux croisements avec des Minorque, soit pour donner de la vigueur, soit pour augmenter la taille. Ceci est poussé si loin que dans les expositions on rencontre des sujets qui sont plus véritablement des Minorque ayant le plumage des Andalous que des Andalous de race pure.

Comme on le voit, l'origine des Andalous est assez complexe et faute de documents plus exacts, on ne peut arriver à percer complètement le mystère.

Standard. On n'a pas créé en France de Standard spécial, mais on a adopté celui suivi en Angleterre et en Amérique.

Caractères généraux. COQ. — *Tête :* moyennement longue et forte, plutôt large. — *Bec :* fort et de longueur moyenne. — *Œil :* plein. — *Crête :* simple, de grandeur moyenne avec des dentelures profondes formant des crêtillons fort larges à leur base, le lobe arrière suivant la courbe du cou mais sans pourtant toucher le camail, pas d'excroissances latérales, ni de marque du pouce. — *Face :* fine et sans duvet, ni poils. —

Oreillons : assez grands, en amande, de texture fine sans replis et se plaquant contre la tête. — *Barbillons :* longs et larges, de peau mince et fine. — *Cou :* plutôt long par rapport à la grosseur du corps et recouvert d'un camail abondant. — *Corps :* large, avec de larges épaules et des reins plus étroits. — *Dos :* légèrement arrondi, marquant une pente assez accusée vers la queue. — *Poitrine :* pleine et arrondie. — *Ailes :* longues, portées haut et contre les épaules, les pointes bien recouvertes par les lancettes. — *Queue :* ample et bien flottante, portée haut sans pourtant tomber dans le défaut de la queue en écureuil et sans former l'éventail, faucilles larges et bien recourbées. — *Cuisses :* hautes, fortes et bien dégagées. — *Jambes :* fortes et longues, tarses plutôt longs et forts, non emplumés. — *Doigts :* au nombre de quatre droits et fins. — *Port :* dressé, altier, indiquant l'activité. — Poids : 7 à 6 livres (anglaises).

POULE. — A l'exception de la crête qui retombe d'un côté de la tête en faisant de préférence un seul pli et en recouvrant l'œil, les caractères de la poule, à part les différences sexuelles, sont les mêmes que ceux du coq. — Poids : 5 à 6 livres (anglaises).

COULEUR. — *Bec :* ardoisé foncé ou corne. — *Œil :* rouge foncé ou brun rouge. — *Crête, face, oreillons :* rouge vif. — *Oreillons :* blanc pur. — *Tarses :* ardoisé foncé ou gris plomb. — *Plumage :* d'une couleur bleue argentée, chaque plume bordée d'un liseré noir, bien distinct quoique assez fin, sans pourtant être trop étroit ; chez le coq : le camail, le dos, les couvertures des ailes, les lancettes, les couvertures de la queue et les faucilles sont d'un noir profond ou noir pourpre avec un lustre très brillant. Chez la poule : le plumage est également bleu argenté avec un liseré noir à chaque plume, les plumes du camail du cou sont d'un noir brillant mais permettant de suivre sur chaque plume le liseré qu'offrent les autres plumes, cela d'une façon distincte quoique peu apparente à première vue.

GRAVES DÉFAUTS. — Chez le coq, crête retombante, blanc dans la face ou rouge dans les oreillons. — Camail ou lancettes rouillés. — Tarses d'autre couleur que gris plomb ou ardoisé. — Plumes aux tarses, doigts tordus. — Queue d'écureuil. Chez la poule, crête portée droite ainsi que les défauts signalés ci-dessus.

ÉCHELLE DES POINTS

Crête	10	} Points de la tête 25
Face	10	
Oreillon . . .	5	
Couleur générale du plumage . .	30	} Couleur 50
Maillage	20	
Taille, forme, port, condition . . .		25

Observations sur le Standard. L'inspection de l'échelle des points nous montre de suite que la couleur du plumage et le liseré des plumes constituent les points les plus importants de la race Andalouse considérée au point de vue sportif; néanmoins les autres points ayant aussi leur importance, il convient de les étudier. Comme nous l'avons dit plus haut, les premiers Andalous avaient, par suite de croisement ou de toute autre raison, une certaine ressemblance avec les Combattants anglais (vieux type), ou avec les Combattants du Nord, puis, par suite de croisements avec les Minorque, ils ont adopté presque entièrement le type de cette race. C'est là une erreur qui a été malheureusement encouragée par les récompenses accordées par nombre de juges dans diverses expositions; il faut au contraire rechercher une conformation tenant le milieu entre le Combattant et le Minorque. L'Andalou a, d'ailleurs, le cou plus long que ce dernier, et le dos part nettement du cou sans accompagner la courbe de celui-ci durant un certain espace comme chez le Minorque et le Leghorn, mais affecte immédiatement sa pente vers la queue. Celle-ci est aussi portée beaucoup plus haute que chez la Minorque, presque verticale, sans toutefois dépasser cette ligne en avant pour devenir queue d'écureuil, elle doit s'élever au-dessus des reins, à angle droit ou légèrement obtus. La queue doit être ample, flottante, et quoiqu'elles ne doivent pas être écartées en éventail, les faucilles seront assez espacées pour montrer les couvertures, elles seront gracieusement recourbées et toutes les plumes de la queue devront être aussi larges que possible; les ailes sont plus fortes, plus longues et portées plus haut que chez les Minorque. L'Andalou est aussi plus haut sur jambes, et les tarses, quoique aussi forts, ne doivent pas paraître aussi massifs.

Quant à la grosseur, les Andalous, quoique plus haut sur jambes, sont souvent inférieurs aux Minorque, n'ayant point le même corps massif. On cherche souvent par des croisements à augmenter le volume du corps, mais souvent au détriment du port altier et fier qui doit caractériser la race. Un sujet de forte taille, à gros os, aura certainement plus de mérite qu'un plus petit animal, mais ses chances peuvent être diminuées par sa lourdeur même ou plus exactement par l'aspect gauche qu'il peut avoir. Le cou long et porté bien en arrière, les pattes plus hautes doivent donner aux Andalous un aspect plus dégagé que les Minorque. Le coq doit respirer la vigueur et la vivacité. Il doit, en réalité, être un animal très vif; au point de vue économique, ceci est d'une grande importance, car un coq vif, alerte et vigoureux, produira toujours des descendants plus vigoureux et plus actifs, et par suite des poules dont la ponte sera toujours plus abondante.

Les *points de tête* méritent aussi d'attirer l'attention. La crête doit être simple et de *grandeur moyenne,* sans tomber dans l'exagération des crêtes immenses des Minorque et Leghorn, elle doit reposer sur une base solide et épaisse, mais comme d'autre part elle doit être mince, la lame doit aller rapidement en diminuant d'épaisseur; elle doit être régulièrement dentelée, elle monte rapidement jusqu'à la pointe la plus élevée, puis elle s'abaisse en courbe gracieuse formant cinq à six crêtillons. Ces crêtillons doivent être bien droits et offrir une seule pointe à leur extrémité, il faut éviter les pointes doubles. On admet, en général, de cinq à sept crêtillons; du reste, s'ils étaient plus nombreux, ils ne seraient plus assez larges à leur base et auraient une tendance à tomber sur le côté, au lieu de rester parfaitement érigés.

La couleur de la crête doit être d'un beau rouge brillant, sans toutefois égaler le vernis que l'on constate chez les Hambourg. La texture de la peau doit en être légèrement rugueuse, mais cette rugosité ne doit pas être aussi prononcée que chez les Minorque ; du reste ce sont principalement les grandes crêtes qui sont les plus rugueuses.

La crête de la poule diffère peu comme forme de celle du coq ; au lieu d'être maintenue droite, elle retombe sur le côté ; elle doit s'élever à la base verticalement sur une très petite hauteur, se diriger ensuite presque horizontalement, pour retomber vers le bas en faisant un pli gracieux, sans former de double pli.

Une *face* bien rouge et dépourvue de toutes traces de duvet et de poils est l'une des caractéristiques de la race. Elle doit aussi être entièrement dépourvue de blanc ; on laisse passer, à la rigueur, quelques petites taches blanchâtres, mais il ne faut pas qu'elles atteignent une grande étendue. Les truqueurs font disparaître les petits points blancs qui déparent leurs sujets en les extrayant à l'aide de petites pinces ; on assure également qu'on arrive au même résultat en frottant la face avec du papier émeri. Les oreillons, d'un blanc pur et d'une peau très fine comme de la peau de chevreau, collés contre la face, sont de grandeur moyenne et affectent la forme amande, mais ils sont relativement plus étroits que chez les Minorque.

Les *barbillons* ont leur extrémité arrondie, ils ne doivent pas offrir de pli ou replis.

La *couleur du plumage*, étant d'une importance capitale, demande quelques indications complémentaires à celles données par le Standard.

La couleur du fond, chez un sujet correct, devra être d'un bleu d'acier ou bleu de pigeon plutôt qu'ardoisé ou simplement gris, comme on le constate trop souvent, quoique maintenant il y ait une tendance à adopter une teinte plus foncée qu'autrefois. Chaque plume, sur la poitrine, les épaules et les cuisses, doit offrir une bordure ou liseré bien net de noir brillant ou de bleu très foncé. Jadis on voulait que ce liseré fût étroit ; aujourd'hui on l'admet beaucoup plus large, presque aussi large que chez la Wyandotte argentée, il est, en effet, dans ces conditions, beaucoup plus facile à conserver chez les descendants. Chez le coq, les plumes du camail, celles du dos et les lancettes doivent être d'un noir très brillant avec des reflets pourpres, si possible. Les plumes du camail de la poule sont très foncées vers le haut de la tête ; vers le bas et sur le dos elles deviennent plus claires et laissent apercevoir plus distinctement le liseré noir qu'elles doivent toutes offrir ; le dos de la poule doit être garni de plumes bleues bordées de noir, comme celles de la poitrine, et cela jusqu'aux couvertures de la queue. Il est difficile d'obtenir des poules correctes en cet endroit. Les ailes n'offrent en général que la teinte de fond avec très peu de traces de bordure noire, il est désireux pour les reproducteurs d'obtenir ce dernier caractère d'une manière plus marquée. Les rectrices primaires de la queue du coq doivent être bleues, assortissant la couleur de fond, tandis que les couvertures et les faucilles sont d'un noir foncé brillant. Chez la poule, la queue est formée de plumes bleues bordées de noir.

Les tarses et les pieds doivent être d'un bleu gris ardoisé aussi uniforme que possible et surtout sans taches, ni bariolages ; il faut remarquer toutefois que ce défaut, qui se rencontre souvent chez les jeunes sujets, disparaît dans la suite.

Exigences et qualités de la race Andalouse. La race Andalouse se montre particulièrement rustique sous à peu près tous les climats. Si elle prospère mieux lorsqu'elle peut jouir de la liberté, elle se prête comme la Minorque à un confinement très étroit. — Pourtant il convient de faire remarquer que quelques éleveurs prétendent que, dans ces conditions, elle a une tendance au picage. Elle est excellente pondeuse, mais n'a aucune propension à l'incubation.

Les jeunes sont très précoces et très rustiques ; néanmoins on constate des différences très sensibles dans la manière dont ils s'emplument, les uns très rapidement, les autres, au contraire, mettent assez longtemps pour remplacer leur duvet.

L'Andalouse comme poule d'utilité. En France, l'Andalouse a trouvé un avocat convaincu, et non des moindres, notre confrère M. Bréchemin ; depuis des années, il recommande, non sans chaleur, l'Andalouse pour l'amélioration des basses-cours de pondeuses. Glanons çà et là, dans les nombreux articles qu'il a publiés, les raisons qui le font si hautement prôner cette race, en ajoutant que lui-même, dans son élevage, a pu se convaincre des qualités de cette race.

« L'Andalouse, qui est une incomparable pondeuse, est en même temps une grosse mangeuse ; mais cette nourriture abondante est amplement compensée par le produit obtenu. Elle a le grand avantage de s'accommoder fort bien de la captivité du poulailler et de donner dans ces conditions un excellent rendement. Elle est toutefois, en même temps, la poule du fermier, car il n'en est pas de plus alerte, de plus active, pour rechercher elle-même sa nourriture. En liberté, elle donnera assurément un produit supérieur à celui obtenu en captivité, si l'on complète la nourriture qu'elle trouve naturellement avec des aliments bien combinés. On ne doit pas en obtenir un rendement

bien éloigné de 180 œufs. Au point de vue du volume, l'Andalouse doit être considérée comme une volaille de taille moyenne ; on rencontre cependant dans les concours des sujets de taille volumineuse, et cette sélection doit être encouragée quand elle se trouve bien liée aux caractères typiques qui constituent la valeur, la beauté de cette variété. Complétons les points de valeur pratique : nous venons de parler du volume, nous avons cité le point remarquable, ajoutons que les poussins s'élèvent bien, qu'ils sont très rustiques : à quatre mois, quand ils ont été bien nourris, ils forment un rôti très délicat. La chair est blanche, fine, prend assez facilement la graisse. Il n'y a pas à pousser l'engraissement de cette race, dont les poulets se vendront très bien comme poulets de grain, laissant l'engraissement aux races spécialement élevées dans ce but. La patte bleue de plomb est donnée comme une dépréciation sur les marchés, où l'on préfère les pattes roses ; mais la succulente poularde de Bresse est là pour nous répondre que cette nuance de pattes ne provoque aucune infériorité de la qualité de la chair ; les poulardes du Mans ont également les pattes bleu foncé ou noires. » (*Agriculture nouvelle*, *1911*.)

Dans son volume *La Basse-Cour productive*, M. *Bréchemin*, après avoir fait ressortir la beauté de l'Andalouse, continue :

« ... Si l'on ajoute à cela que les poules sont des pondeuses hors ligne de gros œufs à coquille blanc de lait, que les poussins s'élèvent très facilement et simplement, vite la conclusion sera que l'Andalouse est une des races les plus pratiques pour peupler non seulement un poulailler d'amateurs, mais une basse-cour de ferme où l'on aura toujours avantage à introduire du sang nouveau. — Les fermiers et les amateurs s'intéressent donc tout autant à la race Andalouse, les premiers ne s'arrêteront pas aux nuances plus ou moins variées du plumage, ne cherchant que de beaux poulets de grain et de précoces pondeuses ; les seconds chercheront les sujets parfaits de plumage et irréprochables de crête et d'oreillons. »

Le regretté *H. Voitellier*, dans son volume *Toute la Basse-Cour*, recommande aussi l'Andalouse comme bonne pondeuse, mais la considère comme « un peu délicate à l'élevage ».

L'Andalouse est en effet une excellente pondeuse ; ses œufs, du poids moyen de 75 grammes, ont, comme ceux de l'Espagnole, une forme particulière, ils offrent l'aspect d'un ovale parfait, et non avec un bout plus pointu que l'autre, comme la plupart des autres œufs. D'après divers auteurs, leur nombre varie entre 165 et 200 par an.

. La chair, ne pouvant rivaliser de finesse avec la Bresse, les La Flèche, Mans, Houdan, Dorking, en est néanmoins considérée comme la meilleure des races d'origine espagnole ou italienne.

La Race Andalouse comme poule sportive. Le plumage élégant, original, de la race Andalouse, la difficulté d'obtenir le lacis régulier du plumage, ont forcément attiré l'attention des aviculteurs sportifs.

L'élevage des Andalous de concours est assez délicat par suite de la difficulté de faire un choix judicieux des reproducteurs.

Nous savons que la coloration est fort instable, qu'elle provient du croisement du noir et du blanc, et, justifiant la théorie de Mendel, même dans les couvées provenant de sujets parfaitement corrects, on trouve des sujets entièrement blancs et d'autres entièrement noirs.

Si l'on croise les sujets blancs avec les sujets noirs, on obtiendra des jeunes bleus en assez grande proportion, mais avec une bordure aux plumes fort étroite et manquant en plusieurs endroits — les jeunes unis entre eux donneront dans la suite peu de sujets entièrement bleus ; ils seront presque tous soit blancs soit noirs. C'est pour cela que les éleveurs introduisent dans leurs parquets, à des intervalles plus ou moins espacés, un coq noir pour rétablir la coloration bleue, l'introduction aussi d'un coq blanc lacé comme Wyandotte argenté, Hambourg argenté, peut servir à renforcer le liseré, si celui-ci devient trop étroit ou vient à manquer.

D'après ce que nous venons de dire, des éleveurs seraient peut-être tentés de fabriquer eux-mêmes leurs Andalous : en croisant des sujets blancs lacés et noirs, ils y arriveraient certainement, mais la proportion des jeunes corrects qu'ils auraient durant quelques générations serait si faible, qu'il vaut mieux s'appliquer à fixer par sélection les caractères spécifiques de la race obtenus depuis longtemps.

Les indications suivantes sont utiles à retenir pour le choix des reproducteurs.

Pour obtenir la belle couleur argentée que doit présenter la race tout en conservant aux plumes le liseré noir, le meilleur moyen est d'unir entre eux des sujets les uns plus clairs, les autres plus foncés que ne l'exige le Standard. — Les résultats sont bien meilleurs que lorsqu'on allie des sujets offrant la couleur bleue correcte ; les sujets dont la couleur correspond à celle demandée par le Standard ne sont pas ceux qui doivent être choisis comme reproducteurs.

Les éleveurs les plus autorisés ne sont point d'accord si l'on doit adopter un coq clair ou *vice versa* ; les deux systèmes donnent pourtant des résultats identiques.

En choisissant un coq clair, veillez à ce que la couleur de fond bleue, tout en étant claire, soit bien uniforme, les plumes doivent être nettement bordées, cette bordure peut être étroite pourvu qu'elle soit bien définie ; la poitrine devra être particulièrement pourvue de plumes bien bordées, et cela jusqu'à la gorge. Les coqs clairs ont particulièrement le camail et les lancettes d'une coloration plutôt grise ; il faudra adopter les types qui, tout en étant d'une teinte générale claire, ont ces parties aussi fon-cées que possible. On devra absolument éviter comme reproducteur tout coq offrant une nuance jaunâtre ou brune dans le camail et les lancettes ; pareil défaut se perpétuerait ou augmenterait graduellement d'intensité chez les des-cendants.

Les poules à unir aux mâles que nous venons de décrire seront foncées sans toutefois être noires, quoiqu'à la rigueur on puisse laisser passer une teinte noire sur la poitrine ; mais, avant tout, on doit exiger aux plumes une bordure aussi large et noire que possible, il faut atta-cher un grande importance à la bordure des plumes de l'aile.

En adoptant le second système, on choisira comme mâles des coqs ayant le camail, le dos et les lancettes d'une cou-leur noire intense ; on accordera même la préférence aux sujets qui auront ces parties d'un noir brillant avec des reflets pourpres. Les faucilles doivent être noi-res également, la poitrine foncée aussi. Un pareil oiseau devra aussi posséder les bordures des plumes très larges. Les poules à donner à ce coq devront avoir la couleur de fond du plumage très claire, les plumes offrant toutes la bordure caractéristique sur la poitrine en parti-culier, mais cette bordure pourra être étroite pourvu qu'elle soit bien nette.

Quant à la taille et à la forme, il est inutile d'insister sur l'importance qu'il y a de choisir dans les deux sexes des sujets aux tarses forts et longs et au corps aussi massif que possible. On de-vra s'attacher à sélectionner des repro-ducteurs offrant bien le type Andalou, ayant le dos bien large entre les épaules, s'amincissant vers la queue tout en con-servant une forme arrondie et présentant une pente sensible depuis la base même du cou. On devra éviter les oiseaux aplatis sur les côtés.

Comme l'influence de la poule est fort sensible sur la taille des descendants, il faudra s'abstenir d'accepter dans les parquets de reproducteurs des poules au-dessous de la moyenne, quels que soient leurs autres mérites, d'autre part, les coqs ayant surtout de l'influence sur les points de la tête, on pourra *à la ri-gueur* accepter des sujets un peu petits à la condition que leur tête soit parfaite. Nous recommandons tout spécialement d'éviter les sujets *pâles dans la face,* ce défaut se transmet facilement et indi-que une faiblesse de constitution. Avec un coq dont la crête penche d'un côté et ne se maintient pas parfaitement droite, il ne faut point songer à avoir de bons coquelets, mais avec pareil type on pourra avoir de très bonnes poulettes — de même que les poules à crête droite donneront de mauvaises poulettes, mais de bons coquelets.

Nous ne dirons que peu de choses sur l'élevage des jeunes Andalous, on suivra les règles adoptées pour les Minorque et races identiques ; comme nous l'avons déjà dit, une certaine proportion des jeunes, 25 à 3o pour 100 en moyenne, ne s'emplument qu'assez difficilement et restent ainsi assez longtemps sans leur vêtement naturel, nous avons vu des su-jets qui restaient ainsi deux à trois mois avec les seules plumes des ailes et à quatre mois n'avaient point émis leur queue. Il est évident que ces sujets crai-gnent plus que les autres le froid et les intempéries.

Pourtant — fait intéressant — il faut remarquer que c'est en général parmi les sujets qui s'emplument le plus tardi-vement que se trouvent les spécimens qui offriront plus tard le plus grand ensemble de mérites.

La crête jouant un grand rôle dans les points de la tête, il faut retirer assez tôt les poussins de l'éleveuse ou les enlever de leur mère. Enfin la grosseur et la taille ayant une grande importance, il faut séparer les sexes dès que les coquelets commencent à montrer leur crête.

Clubs. Pas de Club français.

Angleterre. — *Secrétaire :* A. PLATT, Wheatley Lane Fences, Burnley, Lancs.

ÉLEVEURS SPÉCIALISTES

chez qui on peut se procurer :

Œufs, jeunes sujets et reproducteurs

———

P. LEPLANQUAIS, Élevage Modèle de *Varennes-Jarcy* (S.-et-O.).

PAVILLON, Élevage du Parc de Beauvais, par *Thouars* (Deux-Sèvres).

Monographie de la race de Lakenfelder
Une variété blanche et noire

Origine. D'après les uns, cette race serait une modification de la Campine ; d'après les autres, un croisement fort ancien entre la Minorque et l'Andalouse, dans lequel est intervenue la Bresse ; l'Ardennaise peut aussi y avoir joué un rôle. Quoi qu'il en soit, cette race allemande est bien d'origine méditerranéenne.

Elle est connue depuis fort longtemps et on lui attribuait une origine orientale ; certains auteurs la désignaient sous le nom de *Poule de Jérusalem.* « Cette espèce vient-elle de Jérusalem ou n'en vient-elle pas ? C'est ce que je n'ai jamais pu savoir. La seule chose certaine est qu'il y a une espèce qui porte ce nom, qui paraît depuis longtemps fixée et ne manque pas de caractères propres. — Selon certaines personnes, la Jérusalem est une poule blanche comme la neige, avec le camail herminé foncé, très tranché, et la queue presque noire ; la crête est simple, la patte bleue ; elle pond bien, elle est très bonne à manger, et sa taille est un peu au-dessous de la moyenne. Le coq tout pareil. Selon d'autres, en France au moins, la poule de Jérusalem est une assez forte poule qui présente à peu près les mêmes caractères que ci-dessus, mais dont la robe blanche est teintée d'un jaune rosé, très clair, à peine appréciable, et se trouve tiquetée de petites tachettes noires espacées. — Les avis sont tellement partagés que je n'ai pas pu me fixer davantage. » Ch. Jacques : *Le Poulailler,* 1ʳᵉ édition, vers 1872.

La poule de Jérusalem — si vraiment poule de Jérusalem il y avait — avait complétement disparu de nos basses-cours françaises, mais a continué à être élevée en Allemagne avec des caractères à peu près identiques sous le nom de Lakenfelder. Cette race serait aussi commune en Hollande. C'est vers 1902 qu'elle a fait son apparition dans les Expositions anglaises et c'est à peu près à la même époque que l'on s'en est occupé de nouveau en France.

Standard. Nous donnons le Standard adopté par le Poultry Club anglais.

Caractères généraux.

COQ. — Tête. — *Crâne :* court et fin. — *Bec :* fort et bien recourbé. — *Œil :* large et brillant. — *Crête :* simple, de grandeur moyenne, droite suivant le contour du crâne et régulièrement dentelée. — *Face :* unie et de texture fine. — *Oreillons :* en forme d'amande. *Barbillons :* de longueur moyenne, très arrondis à leur base. — *Cou :* de longueur moyenne, s'amincissant légèrement et recouvert d'un camail formé de longues plumes s'étendant bien sur les épaules. — *Corps :* long et s'amincissant vers la queue. — *Poitrine :* large et pleine, bombée vers le haut. — *Dos :* large et court. — *Ailes :* de longueur moyenne, portées haut, les couvertures et la pointe recouvertes les unes par le camail, l'autre par les lancettes. — *Queue :* pleine avec longues faucilles portée à un angle de 45 degrés avec le dos. *Jambes et pieds.* — *Jambes :* de longueur moyenne, tarses non emplumés. — *Doigts :* au nombre de quatre, forts, bien étendus. — *Port :* alerte. — *Poids :* 1 kg. 500.

POULE. — Les caractères généraux de la poule, en tenant compte des différences sexuelles, sont les mêmes que ceux du coq. (*Nota.* La crête est portée droite chez la poule et non repliée, comme dans la majeure partie des poules du même groupe.)

COULEUR

Bec : corne foncée. — *Œil :* rouge et marron brillant. — *Crête, face et barbillons :* rouge vif. — *Oreillons :* blancs. — *Tarses et pieds :* gris bleu ardoisé.

Plumage : noir et blanc. — *Camail (et chez le coq lancettes)* et *queue* noir intense sans aucune rayure ou tache d'autres couleurs. Reste du plumage : blanc pur.

ÉCHELLE DES POINTS

Couleur du plumage	45
Taille	20
Tête	10
Type	10
Condition	10
Tarses et pieds	5
	100

Défauts sérieux : Crête autre que simple ; tarses emplumés ; queue de travers. Toute autre difformité.

Observations sur le Standard. Le Standard anglais exige le camail, les lancettes et la queue d'un noir dense, et l'effet de l'opposition de ce noir zaïn avec le blanc pur avec le restant du plumage est en effet du plus gracieux effet ; en Hollande, ce point est aussi recherché, mais en Allemagne on tolère parfaitement les camail, lancettes et queue plus ou moins flammés, rayés ou tachetés de gris ou de blanc ; par suite, le second type, dont nous parlait Ch. Jacques au plumage du corps blanc rosé plus ou moins piqué de noir ou de gris, est complètement disparu. Le type original est un milieu entre la Bresse et la Campine, avec la queue moins relevée que chez cette dernière.

Qualités et exigences de la race. La race de Lakenfelder, quoiqu'elle se soit montrée en Angleterre d'une rusticité relative et d'un élevage plutôt délicat, se montre chez nous, au contraire, rustique et facile à élever. Son caractère sauvage exige la pleine liberté, et c'est dans ces conditions de liberté que les jeunes s'élèvent le mieux. Elle demande fort rarement à couver ; elle est bonne pondeuse d'œufs de grosseur moyenne. Sa chair est très fine.

La Race de Lakenfelder comme poule d'utilité. La race de Lakenfelder, quoique pour l'instant elle soit fort rare dans nos contrées, pourrait certainement faire une excellente poule de ferme, et non une bonne poule de parquet ; son principal mérite résiderait dans sa ponte, qui, après sélection, pourrait devenir très abondante ; supportant mal la captivité, elle sera toujours d'un engraissement difficile. Toutefois, malgré ces qualités, nous ne voyons pas l'intérêt qu'il y aurait à l'introduire dans nos basses-cours, alors que nous possédons déjà les Bresse, les Caussade et tant d'autres offrant les mêmes qualités portées à un plus haut degré ; la beauté du plumage n'étant pour l'aviculture productive qu'un détail accessoire.

La race de Lakenfelder comme race sportive. Dans l'aviculture sportive, la beauté du plumage est au contraire d'une importance considérable, et il est rare de trouver des races plus simplement élégantes que la Lakenfelder. Aussi mérite-t-elle d'attirer l'attention des éleveurs sportifs. Le contraste entre les parties noires et blanches est frappant ; des volailles en demi-deuil, mais la tristesse de ce demi-deuil est effacée par l'air fier et conquérant du coq, par l'allure vive, gaie, éveillée de la poule.

Dans la production de sujets d'exposition, la difficulté consiste à produire des sujets avec les parties noires dépourvues de gris ou de blanc ; le gris se manifeste particulièrement dans les lancettes ; il faut donc choisir des sujets ayant un duvet aussi foncé que possible ; il arrivera peut-être qu'en suivant cette règle durant longtemps on verra apparaître du noir dans les parties blanches ; mais il sera facile d'y remédier ; en introduisant dans le parquet de reproduction un coq offrant du gris dans le camail et les lancettes, les descendants reviendront au point.

Pas de Club en France.

Clubs. **En Angleterre :** Lakenfelder-Club. Hon. Secr. : THORNILEY, Shooter's Hill *Wern-Salop*.

Monographie de la race de Leghorn
Douze sous-variétés

suivie d'une étude sur la Leghorn en France par M. Fossecave, président du Leghorn Club français.

Origine. La race de Leghorn actuelle est très certainement une descendante directe de la race commune italienne dite poule de Livourne, mais elle nous est revenue considérablement modifiée d'Amérique, où elle avait été importée en 1853 d'après certains, vers 1835 d'après les autres. Des États-Unis elle est revenue en Europe en passant par l'Angleterre ; il résulte de cette longue randonnée qu'il existe actuellement trois types de Leghorn assez différents :

1° Type italien, très petit, peu homogène, pondant beaucoup, mais des œufs très petits ;

2° Type américain, plus gros que le précédent, mais offrant quelque analogie de conformation avec la Hambourg, pondant abondamment des œufs blancs de moyenne grosseur. Il existe dans le type américain des sous-variétés à crête frisée ;

3° Type anglais, plus gros encore et plus haut sur pattes, révélant une infusion de sang de Combattant malais blanc, pondant de gros œufs, mais en nombre plus réduit.

Les types américains et anglais sont les seuls véritablement fixés auxquels on puisse adapter un standard ; standard le même d'ailleurs en tenant compte de la grosseur et de la hauteur des pattes, plus fortes chez l'anglais que chez l'américain.

Standard. Nous donnons ci-dessous le tout nouveau Standard établi par le Leghorn Club anglais et que nous sommes l'un des premiers à reproduire.

CARACTÈRES GÉNÉRAUX DU COQ.

TÊTE ET COU. — *Bec :* fort, la mandibule supérieure bien détachée de la crête. — *Crête :* de texture fine, grande mais sans excès de croissance, simple, parfaitement droite, profondément et régulièrement dentelée, les crétillons s'élargissant à leur base ; s'étendant bien au-delà du derrière de la tête et suivant, sans la toucher, la ligne du camail ; sans marques de pouce ni excroissances latérales. — *Face :* de texture fine et sans plis ni rides. — *Barbillons :* longs, fins et de texture fine. — *Oreillons :* bien développés et plutôt pendants, bien pareils comme grandeur et forme, unis, ouverts et sans replis. — *Cou :* bien marqué, pourvu d'un abondant camail. — CORPS : en forme de coin, large aux épaules et s'amincissant jusqu'à la base de la queue. — *Poitrine :* ronde et proéminente, l'os du bréchet droit. — *Dos :* légèrement arrondi et s'abaissant vers la queue. — *Ailes :* fortes et portées bien serrées vers le haut.

Queue : d'une ampleur modérée, portée à un angle de 4o à 45° de la ligne du dos.

Jambes et pieds. — *Jambes* : de longueur modérée. — *Cuisses* : plutôt proéminentes et bien recouvertes de plumes. — *Tarses et pieds* : non emplumés.

Ossature : de fine qualité et ronde ; les tarses plats sont un défaut.

Port : éveillé et alerte.

Taille : moyenne; la plus forte est à préférer pourvu qu'elle ne nuise pas à la symétrie et au type.

Caractères généraux de la poule.

Tête et cou. — *Bec, oreillons, face, barbillons, cou* : comme chez le coq. — *Crête* : de texture fine, grande mais sans excès de croissance, simple, profondément et régulièrement dentelée, sans excroissances latérales, s'élevant sur une base solide et retombant gracieusement d'un côté ou de l'autre de la tête.

Corps. — *Corps* : large aux épaules et s'amincissant légèrement vers la queue, plus long et porté moins dressé que chez le coq. — *Poitrine* : ronde et gentiment recourbée depuis le cou. — *Dos* : long, assez large mais légèrement arrondi.

Queue : assez longue et modérément ample, mais portée serrée et plus basse que chez le coq.

Jambes et pieds : comme chez le coq.

Port : comme chez le coq.

Taille : comme chez le coq.

Sérieux défauts, pour lesquels un oiseau doit être *passé* (c'est-à-dire non examiné). — Crête tordue ou tombante chez le coq ou droite chez la poule ; — oreillons rouges ; — blanc dans la face ; — tarses d'autre couleur que jaune ou orange ; — queue de travers ou en écureuil, ou toute déformation du corps.

Variété blanche (White Leghorn).
Couleur du plumage.

Dans les deux sexes. — *Bec* : jaune. — *Œil* : rouge. — *Crête et barbillons* : rouge brillant. — *Face* : rouge brillant sans aucune trace de blanc. — *Oreillons* : blanc ou crème, la nuance blanche préférée. — *Ongles* : jaune. — *Tarses* : jaune ou orange. — *Plumage* : blanc pur; la teinte paille doit être évitée.

Échelle des points pour la variété blanche

Défauts	Déduire jusqu'à
Défauts dans la crête	12
— l'oreillon (plié, ridé ou tacheté de rouge)	15
— la couleur du plumage . .	25
— les jambes.	8
Manque de condition.	10
— taille.	15
— symétrie	15
Un oiseau parfait comptant	100

Variété brune ou dorée (Brown Leghorn).
Couleur du plumage.

Dans les deux sexes. — *Bec* : jaune ou corne. — *Œil* : rouge. — *Crête et barbillons* : rouge brillant sans aucune trace de blanc. — *Oreillons* : blanc ou crème (le blanc est préféré). — *Ongles* : corne ou presque blancs.

Chez le coq. — *Tête et camail* : Orange riche, flammé de noir, rouge cramoisi sur le devant du camail au-dessous des barbillons. — *Dos, épaules et petites couvertures des ailes* : bleu d'acier avec des reflets verts, formant une large barre en travers des ailes. — *Rémiges primaires* : brunes. — *Rémiges secondaires* : bai foncé sur les barbes externes qui seules apparaissent quand l'aile est fermée, et noir sur les bords internes et sur les pointes. — *Lancettes* : rouge orange riche avec ou sans flammes noires. — *Poitrine et dessous* : noir brillant et sans taches brunes. — *Queue* : noire avec reflets métalliques verts; du blanc dans la queue est un grave défaut. — *Couvertures de la queue* : noires bordées de brun.

Chez la poule. — *Camail* : jaune d'or riche avec des flammes noires larges et pointues (la poule d'exposition a un camail crayonné et non flammé). — *Poitrine* : rouge saumon passant au marron vers la tête et les barbillons et au gris cendré vers les cuisses. — *Corps* : brun riche crayonné de noir d'une manière très fine et très rapprochée, les plumes ne devant pas avoir leur tige claire. — *Queue* : noire, les plumes extérieures crayonnées de brun.

Échelle des points pour les deux sexes.

Défauts	A déduire
Défauts dans la crête	12
Oreillon replié ou ridé	6
Oreillon sablé de rouge	10
Manque de camail.	10
Défauts dans la couleur du plumage .	20
Manque de taille	15
Manque de symétrie.	15
Manque de condition.	12
L'oiseau parfait comptant pour . . .	100

Variété Pile (Pile Leghorn).
Couleur du plumage.

Dans les deux sexes. — *Bec* : jaune ou corne. — *Œil* : rouge. — *Crête et barbillons* : rouge brillant. — *Face* : rouge sans aucune trace de blanc. — *Oreillons* : blancs. — *Tarses* : jaunes. — *Ongles* : jaunes.

Chez le coq. — *Tête et camail* : orange brillant. — *Poitrine et cuisses* : blanc pur. — *Dos et lancettes* : marron riche. — *Epaules et petites couvertures* : rouge foncé. — *Grandes couvertures* : blanches. — *Rémiges secondaires* : marron foncé sur les barbes externes seules apparentes quand l'aile est fermée, et blanc sur les

barbes internes. — *Queue, faucilles et couvertures* : blanches.

CHEZ LA POULE. — *Cou* : blanc teinté de
jaune d'or. — *Poitrine* : rouge cramoisi passant au blanc vers les cuisses. — *Reste du
corps* : blanc.

ÉCHELLE DES POINTS DE LA VARIÉTÉ PILE
(dans les deux sexes).

Défauts	A déduire
Défauts dans la crête.	10
Oreillons plissés, ridés ou repliés.	10
Défauts dans le plumage	30
Défauts dans les jambes	5
Manque de taille	15
Manque de condition.	10
Manque de symétrie	20
Un oiseau parfait comptant . . .	100

VARIÉTÉ A AILES DE CANARD.
Couleur du plumage.

A. *Variété dorée à ailes de canard.*
(Gold Duckwing Leghorn).

DANS LES DEUX SEXES. — *Bec et ongles* :
jaune ou couleur corne. — *Œil* : rouge. —
Crête, face et barbillons : rouge brillant. —
Oreillons : blancs. — *Tarses* : jaunes ou
orange.

CHEZ LE COQ. — *Tête et camail :* jaune plutôt
pâle ou couleur paille, un peu plus foncé sur
le devant en dessous des barbillons, les plus
longues plumes marquées de noir. — *Dos* :
jaune d'or foncé. — *Reins et lancettes* : jaune
d'or foncé, passant au jaune d'or pâle dans
les lancettes. — *Epaules et petites couvertures
des ailes* : jaune d'or brillant ou orange, d'un
coloris très accusé (un mélange de plumes de
couleur plus claire est très objectionnelle). —
Grandes couvertures : d'un bleu métallique
(bleu violet) formant une barre régulière en
travers de l'aile, barre parfaitement déterminée et pas trop large. — *Rémiges primaires* :
noires avec une bordure blanche sur les barbes
externes. — *Rémiges secondaires* : barbes
externes blanches, qui sont seules visibles
lorsque l'aile est fermée, barbes internes et
pointes noires. — *Poitrine* : noire avec reflets
métalliques verts. — *Dessous* : complètement
noir. — *Queue* : noire avec de riches reflets
métalliques verts, duvet gris à sa base.

CHEZ LA POULE. — *Tête* : grise (le dessus
brun est un grave défaut). — *Camail* : blanc,
chaque plume étroitement flammée de noir ou
de gris foncé (une légère teinte jaunâtre sur
la couleur de fond est admise). — *Poitrine et
dessous du corps* : Rouge saumon brillant (ce
point est très important), plus foncé sur la
gorge et passant au gris cendré et au fauve
sur les parties inférieures. — *Dos, ailes, côtés
et reins* : gris ardoisé foncé, finement crayonné
d'un gris plus foncé ou de noir. — *Queue* :

grise, légèrement plus foncée que la couleur
du corps, avec plumes internes d'un noir mat
ou grises.

B. — *Variété argentée à ailes de canard.*
(Silver Duckwing Leghorn).

DANS LES DEUX SEXES. — *Bec et ongles* : jaunes ou couleur corne. — *Œil* : rouge. — *Crête,
face, barbillons* : rouge brillant. — *Oreillons* :
blancs. — *Tarses* : jaune ou orange.

CHEZ LE COQ. — *Tête et camail* : blanc
d'argent, les plus longues plumes flammées de
noir. — *Dos, reins et lancettes* : blanc d'argent.
— *Epaules et petites couvertures des ailes* :
blanc d'argent pur et franc (tout mélange de
plumes rouges ou rouille est un grave défaut).
— *Grandes couvertures* : bleu métallique (bleu
violet) formant une barre régulière en travers
de l'aile, barre parfaitement déterminée et pas
trop large. — *Rémiges primaires* : noires avec
une bordure blanche sur les barbes externes.
— *Rémiges secondaires* : barbes externes blanches qui sont seules visibles lorsque l'aile est
fermée, barbes internes et pointes noires. —
Poitrine : noire avec reflets métalliques verts.
— *Dessous* : complètement noir. — *Queue* :
noire avec de riches reflets métalliques verts,
duvet gris à sa base.

CHEZ LA POULE. — *Tête* : blanc d'argent. —
Camail : blanc d'argent, chaque plume étroitement flammée de noir. — *Poitrine et dessous
du corps* : saumon clair ou fauve, plus foncé
sur la gorge et passant au gris cendré sur les
parties inférieures. — *Dos, ailes, côtés et
reins* : d'un gris clair délicat ou gris perle
sans teinte rouge ou brune, finement crayonné
de gris foncé ou de noir (la pointe de couleur
est très importante). — *Queue* : grise, légèrement plus foncée que la couleur du corps, avec
plumes internes d'un noir mat ou grises.

ÉCHELLE DES POINTS DANS LES DEUX VARIÉTÉS
ET POUR LES DEUX SEXES.

Défauts	A déduire jusqu'à
Défauts dans la crête	10
Oreillons repliés ou ridés . .	5
Oreillons sablés de rouge . .	10
Manque de camail	10
Défauts dans la couleur du plumage	20
Manque de taille	15
Manque de symétrie	20
Manque de condition. . . .	10
Un sujet parfait comptant jusqu'à	100

VARIÉTÉ FAUVE (Buff Leghorn).
Couleur du plumage.

DANS LES DEUX SEXES. — *Bec* : jaune. —*Œil* :
rouge. — *Crête, barbillons* : rouge brillant,
sans aucune trace de blanc. — *Oreillons* : blanc
ou crème, le blanc préféré. — *Ongles* : blancs.

— *Tarses :* jaune ou orange. — *Plumage :* toute nuance de fauve variant de la nuance citron doré au fauve foncé, mais en évitant toute teinte lavée ou toute teinte rougeâtre. La couleur doit être parfaitement uniforme sur tout le corps en admettant le plus grand brillant (pour le coq seulement) sur le camail, les lancettes et les couvertures des ailes.

ÉCHELLE DES POINTS POUR LES DEUX SEXES.

Défauts.	A déduire jusqu'à
Défauts dans la crête. . . .	10
Défauts dans les oreillons (repliés, ridés ou sablés). . .	15
Défauts dans la couleur du plumage	3o
Défauts dans les jambes. . .	10
Manque de condition. . . .	10
Manque de taille.	10
Manque de symétrie	15
	100

VARIÉTÉ NOIRE (Black Leghorn).
Couleur du plumage.

DANS LES DEUX SEXES. — *Bec :* jaune ou couleur corne. — *Œil :* rouge. — *Crête et barbillons :* rouge vif. — *Face :* rouge vif sans aucune trace de blanc. — *Oreillons :* blanc ou crème, le blanc préféré. — *Tarses :* jaune ou orange. — *Ongles :* jaunes. — *Plumage :* d'un noir bleuâtre riche sans aucune plume d'une autre couleur.

ÉCHELLE DES POINTS POUR LES DEUX SEXES.

Défauts.	A déduire jusqu'à
Défauts dans la tête	10
Défauts dans les oreillons (repliés, ridés ou sablés). . .	10
Défauts dans la couleur du plumage	25
Défauts dans les jambes . .	15
Manque de condition. . . .	10
Manque de taille	10
Manque de symétrie	20

Un oiseau parfait comptant pour 100

VARIÉTÉ COUCOU (Cuckoo Leghorn).
Couleur du plumage.

DANS LES DEUX SEXES. — *Bec :* jaune ou corne. — *Œil :* rouge. — *Crête et oreillons :* rouge brillant sans aucune trace de blanc. — *Oreillons :* blancs. — *Tarses :* jaunes. — *Ongles :* jaunes ou corne. — *Plumage :* d'un gris clair bleuâtre, chaque plume barrée en travers de bandes d'un gris plus foncé ou de gris bleu. Ces marques partout uniformes, et les deux nuances ne tranchant pas nettement l'une sur l'autre mais se fondant entre elles de manière à ce que la ligne de séparation ne soit pas perceptible.

ÉCHELLE DES POINTS POUR LES DEUX SEXES.

Défauts.	Déduire jusqu'à
Défauts dans la crête. . . .	10
Défauts dans les oreillons (repliés, ridés ou sablés). .	10
Défauts dans la couleur du plumage	25
Défauts dans les jambes. . .	10
Manque de condition. . . .	10
Manque de taille.	15
Manque de symétrie	20

Un oiseau parfait comptant pour 100

VARIÉTÉ CAILLOUTÉE (Mottled Leghorn).
Couleur du plumage.

A) *Dans la variété cailloutée noire.*

DANS LES DEUX SEXES. — *Bec :* jaune ou corne. — *Œil :* rouge. — *Crête et barbillons :* rouge vif. — *Face :* rouge vif sans trace de blanc. — *Oreillons :* blancs. — *Tarses :* jaunes. — *Ongles :* jaunes ou couleur corne. — *Plumage :* cailloutage régulier de noir et de blanc, sans qu'une couleur l'emporte sur l'autre et sans qu'aucune apparence de maillage n'apparaisse. Il est fort désirable que la teinte noire offre des reflets verts.

B) *Dans la variété cailloutée rouge.*

Même description à la seule différence que dans le plumage le mot « noir » doit être remplacé par « brun rouge ».

ÉCHELLE DES POINTS POUR LES DEUX VARIÉTÉS ET POUR LES DEUX SEXES.

Défauts	Déduire jusqu'à
Défauts dans la crête. . . .	10
Défauts dans les oreillons (repliés, ridés ou sablés). .	10
Défauts dans la couleur du plumage	25
Défauts dans les jambes. . .	10
Manque de condition. . . .	10
Manque de taille	15
Manque de symétrie	20
Un oiseau parfait comptant .	100

VARIÉTÉ BLEUE (Blue Leghorn).
Couleur du plumage.

DANS LES DEUX SEXES. — *Bec :* jaune ou couleur corne. — *Œil :* rouge. — *Crête et barbillons :* rouge brillant. — *Face :* rouge brillant sans trace de blanc. — *Oreillons :* blancs ou crème, le blanc préféré. — *Tarses :* jaunes ou oranges. — *Ongles :* jaunes. — *Plumage :* d'une nuance unie de bleu depuis la tête jusqu'à la queue ; une nuance bleue un peu plus foncée est tolérée dans le camail, les couvertures des ailes et les lancettes, mais chez le coq seulement, et plus la teinte est unie, meilleur est le sujet. On doit éviter toute barrure ou maillage d'aspect plus foncé ou plus clair.

Échelle des points pour les deux sexes.

Défauts.	Déduire jusqu'à
Défauts dans la crête	10
Défauts dans les oreillons (repliés, ridés ou sablés) . . .	10
Défauts dans la couleur du plumage	30
Défauts dans les tarses . . .	10
Manque de condition. . . .	10
Manque de taille	10
Manque de symétrie	20
Un oiseau parfait comptant pour	100

Exigences et qualités de la race de Leghorn. La Leghorn est une race éminemment rustique pouvant prospérer partout ; néanmoins son caractère vif et sauvage la rend peu propre à la captivité étroite. La poule est une excellente pondeuse, une pondeuse hors ligne, surtout dans la variété américaine, aussi ne demande-t-elle que rarement à couver. Si elle s'y décide, elle abandonne facilement son nid ; pourtant, les poussins éclos, elle se montre mère vigilante, prête à défendre ses jeunes. Les poussins croissent vite, s'emplument facilement et sont sous tous les rapports très précoces.

Malheureusement, malgré les essais de sélection faits dans ce sens, on n'est point parvenu à améliorer leur chair, et tout ce que l'on peut en faire au point de vue comestible, ce sont de précoces poulets de grain, mais de deuxième qualité. Les poulettes pondent souvent à 16 semaines, et les coquelets sont aptes à la reproduction à 15 ou 18 semaines.

La race de Leghorn comme poule d'utilité. La race de Leghorn au point de vue de la Basse-cour productive ne doit être considérée que comme pondeuse, et en effet la Leghorn américaine s'est montrée dans la plupart des concours de ponte la meilleure pondeuse connue, nous verrons tout à l'heure pour quelle raison.

Il existe de nombreuses variétés de Leghorns, et il convient de rechercher celle qui est la meilleure pour la basse-cour productive. Nous écarterons de prime abord les variétés Pile, Ailes de canard, et Bleue, qui ne peuvent, les deux dernières, pour le moment du moins, être considérées que comme des volailles de luxe, des volailles sportives. Enquête fort délicate en somme, car chaque amateur, ayant une préférence particulière pour telle ou telle variété, lui attribue immédiatement des qualités supérieures aux autres. Après avoir compulsé à ce sujet de nombreux documents, journaux anglais, américains, rapports de concours de ponte, nous croyons pouvoir affirmer que d'une façon générale les meilleures pondeuses sont par ordre de mérite : la Blanche, la Noire (surtout celle à crête frisée), la Dorée, mais cette dernière a perdu, surtout dans la variété anglaise, son aptitude à la ponte par suite de l'introduction du sang du combattant Brown-Red. C'est la variété noire qui produisait les plus gros œufs, et plusieurs auteurs : Wright, Révérend Sturges, etc... assurent que les œufs des poules adultes de deux ans pèsent de 70 à 75 grammes. La plupart des éleveurs attribuent aux œufs de Leghorns (peu importe la variété) des poids variant entre 60 et 65 grammes ; Goujon (variété blanche), 194 œufs de 65 grammes donnant un poids total de 12 kg. 610. — Voitellier estime à 55 — 58 grammes le poids de l'œuf. Mais c'est surtout en Amérique que nous relevons les plus grands rendements de ponte. Dans une étude pour laquelle la Société des Agriculteurs de France a bien voulu nous accorder son Prix agronomique, nous avons étudié d'une façon toute particulière le rendement en œufs des diverses races présentées dans les concours de ponte. Aux États-Unis et en Australie, nous voyons la plupart du temps les premières places occupées par les Leghorns blanches, dont la ponte annuelle oscille entre 180 et 237 œufs ; d'ailleurs, dans ces contrées c'est la Leghorn blanche qui était présentée en plus grand nombre. Mais un fait intéressant dans ces concours de ponte qui ont eu lieu durant plusieurs années ressort des résultats obtenus lors de la première épreuve et lors de la cinquième.

La première année, le lot de Leghorns blanches classé premier n'avait donné que 185 œufs en moyenne par poule, tandis que les cinq premiers lots de la dernière épreuve fournissent une moyenne de 229 œufs. Les conditions de concours et l'alimentation étant restées les mêmes, cette augmentation notable d'œufs provient seulement d'une plus grande aptitude à la ponte obtenue grâce à la sélection par les *nids trappes*. Cela est si vrai qu'aux États-Unis, lorsqu'on veut de bonnes pondeuses, on n'achète pas simplement des œufs de Leghorns blancs, mais des œufs de Leghorns de M. X. *220 egg strain*, c'est-à-dire sélectionnés par M. X. grâce aux nids trappes pour la ponte de 220 œufs.

C'est donc par suite d'une sélection toute particulière, habilement conduite dans le sens de l'aptitude à la ponte, que la variété blanche l'emporte actuellement sur les autres par suite du nombre d'œufs qu'elle pond, mais il est fort probable que les mêmes règles appliquées à la variété noire donneraient les mêmes résultats. Les Américains aiment beaucoup les races blanches à pattes jaunes ; c'est ce qui explique que leurs soins de perfectionnement se sont surtout portés sur la Leghorn blanche.

Pour en revenir à la race actuelle, il convient dans la basse-cour productive d'adopter le type américain, de moyenne taille, en écartant le type anglais, car il est inutile de nourrir une grosse bête qui mangera autant, alors qu'une plus petite, moins coûteuse à entretenir, pondra davantage d'œufs. Le seul avantage que peuvent procurer les gros sujets, c'est lors de leur vente pour la consommation ; mais sur nos marchés, leur chair plus que médiocre, leurs pattes jaunes les rendent toujours d'une vente très difficile. Ceci dit sur les deux variétés américaine et anglaise, il nous reste à parler de la Leghorn italienne, connue simplement sous le nom de poule italienne. Il s'en est importé ces dernières années en France et dans d'autres contrées des quantités considérables ; leurs caractères ne sont pas très fixés et leur plumage est fort variable, quoiqu'un type se rapprochant du Brown-Red paraisse prédominer. Elles ont toutes les pattes jaunes ; elles pondent beaucoup, mais des œufs plutôt au-dessous de la moyenne. Cette introduction n'a pas donné le même résultat chez tous les éleveurs : les uns s'en sont montrés satisfaits, les autres ont vu, par suite de l'introduction de ces poules italiennes, leur basse-cour infectée par le choléra et la diphtérie. Bréchemin cite des basses-cours des environs de Liège complètement décimées par l'introduction des poules italiennes. « Il y eut même, nous dit-il, interdiction dans certaines provinces de l'introduction de poules de cette origine. Des wagons entiers de poules diphtériques étaient arrêtés et les poules brûlées sur place, mais on oubliait de désinfecter les wagons. » Il est évident que les conditions défectueuses dans lesquelles se font généralement ces transports ont été souvent la cause première de ces diphtéries, sans vouloir prétendre que toutes les poules soient diphtériques ; aussi est-il prudent de n'introduire dans sa basse-cour que des sujets importés de plus d'un an, ou même leurs descendants. Quant à l'avantage de cette introduction, nous n'en voyons pas le résultat éminemment pratique. Nous en avons dans la région que nous habitons (sud-est de la France, au seuil du Midi) un exemple frappant : la hausse du prix des œufs a vivement engagé nos fermiers à chercher une race meilleure pondeuse que la leur, et pour cela ils se sont adressés aux poules d'Italie ; mais si les Leghorns italiennes maintenues à l'état de race pure donnent une ponte plus abondante que la race du pays, cette supériorité diminue avec les croisements inévitables qui se produisent avec cette dernière, sans pourtant que ce croisement améliore leur chair. Résultat final : peu d'augmentation d'œufs, mais dommage irréparable à la finesse de chair de nos volailles de pays. Il est actuellement difficile de trouver dans notre région de bonnes volailles pour la consommation.

La Leghorn pure ne doit être introduite qu'en vue de la production des œufs et dans les fermes où l'on peut lui accorder une entière liberté. Son humeur trop vive et trop vagabonde ne lui permet ni la captivité ni l'engraissement. Sa précocité sexuelle nuit aussi à son développement, mais les poulettes pondent si jeunes que ce défaut devient un avantage.

La race de Leghorn comme race sportive. La *Fancy* ou Aviculture sportive a depuis longtemps pris possession de la Leghorn, tentée par le beau plumage de cette race galline, mais il faut reconnaître que l'obtention de sujets tels que le demande le Standard offre de grandes difficultés.

Nous laisserons de côté, en renvoyant au chapitre spécial « Préparation des oiseaux pour les Expositions », la manière d'obtenir les crêtes immenses qui ornent le chef des Leghorns de concours. (Il faut toutefois reconnaître qu'il y a maintenant une tendance à moins rechercher ces organes exagérés) pour ne nous occuper que des autres points et indiquer la méthode à suivre dans le choix des reproducteurs, afin d'obtenir les meilleurs descendants possibles.

Une difficulté qui existe pour toutes les variétés consiste dans l'obtention d'un oreillon parfaitement blanc et des tarses absolument jaunes ; il y a entre ces deux points un antagonisme permanent qui fait que nombre d'oiseaux, quelque soin que l'on prenne dans le choix des reproducteurs, pèchent soit par la présence d'un oreillon jaune, soit par des tarses blancs ou noirâtres. Ce n'est que par une sélection constante et faite depuis longtemps que l'on peut arriver à un pourcentage convenable de sujets ne présentant pas l'un de ces défauts.

Variété brune. — Pour obtenir de bons résultats, il faut avoir recours à des parquets spéciaux pour chaque sexe.

A. *Pour obtenir des coquelets.* — Le mâle sera un sujet offrant tous les caractères exigés par le Standard ; les poules seront un peu plus lourdement crayonnées que les sujets parfaits, il faudra s'appliquer à choisir des sujets ayant le camail aussi flammé que possible ; leur crête devra être bien dentelée, établie sur une base solide et, lorsqu'on les relève, ressembler à des crêtes de coq, s'étendant en arrière sur le cou ; une teinte rouille ou rougeâtre sur tout le plumage est une qualité pour ce cas spécial, en tout cas, le duvet devra être aussi foncé que possible ; le port bas de la queue est aussi un avantage ; enfin ces poules devront être aussi fortes que possible et un peu hautes sur jambes.

B. *Pour obtenir des poulettes.* — Les poules seront des sujets aussi parfaits que possible avec un crayonnage aussi fin que possible ; pour combattre la teinte rougeâtre qui se manifeste souvent chez les poules, le coq devra être d'une teinte générale plus foncée que ne l'exige le Standard et avec un camail fortement flammé. Le pigment noir que transmettra ainsi le coq fera échec au rouge qui viendrait à s'introduire dans le plumage des descendants. La poitrine du coq sera d'un noir profond, quoique quelques plumes rougeâtres ne soient pas un désavantage en cette partie, ainsi qu'un tiquetage brun sur les cuisses. D'après les éleveurs les plus compétents, il n'est pas une race où il soit aussi difficile que chez les poules Leghorn brunes, de maintenir la douceur du coloris général et, cette douceur une fois obtenue, de conserver le crayonnage.

Variété blanche. — On peut obtenir de bons sujets en se servant d'un seul parquet pour les deux sexes, en choisissant des sujets aussi parfaits que possible et provenant d'une bonne et ancienne lignée ; néanmoins les éleveurs les plus habiles préfèrent le système des parquets spéciaux.

A. *Pour obtenir des coquelets.* — Choisir un coq parfait et l'allier à des poules parfaites comme couleur, mais dont la crête se rapproche un peu de celle du mâle, c'est-à-dire établie sur une base ferme, s'étendant en arrière et plutôt droite que repliée.

B. *Pour obtenir des poulettes.* — Allier des poules parfaites à un coq parfait, mais dont la crête faible, retombante même, à lobe arrière peu développé, se rapproche de celle des poules.

Pour être présentés aux expositions, comme toutes les variétés blanches, les Leghorns blancs devront être soigneusement lavés, mais dans cette race il est nécessaire de répéter plusieurs fois le lavage ; après la répétition de cette opération, on s'aperçoit souvent que les sujets dont le plumage teinté de jaune paraissait leur valoir la réforme avaient au contraire une robe d'un blanc mat parfait.

Variété noire. On peut obtenir de bons résultats avec un seul parquet, néanmoins les meilleurs sont obtenus par les deux séparés.

A. *Pour obtenir des coquelets.* — Prendre un coq aussi parfait que possible et l'allier à des poulettes offrant des crêtes de coq (voir ci-dessus) et une couleur noire aussi profonde que possible ; la couleur jaune des tarses est d'une importance secondaire chez celles-ci.

B. *Pour obtenir des poulettes.* — Choisir des poules aussi parfaites que possible avec de bons tarses et un duvet bien noir ; la riche couleur des tarses étant le point le plus important, leur donner pour époux un coq parfait surtout comme couleur de tarses et de bec et offrant un très riche brillant dans son plumage. On peut à la rigueur leur tolérer quelques plumes blanches. — *Nota.* Les jeunes ont très souvent, parfois jusqu'à l'âge de 5 ou 6 mois, des tarses presque noirs ; il n'y a pas lieu de s'en inquiéter, ils deviennent jaunes plus tard.

Variété Pile. — **A.** *Pour obtenir des coquelets.* — Un bon coq avec des poules un peu rosées sur l'aile et avec une poitrine bien et profondément colorée, tout en ayant autant que possible des crêtes se rapprochant de celle du coq (voir plus haut).

B. *Pour obtenir des poulettes.* — De bonnes poules avec un coq plutôt pâle comme couleur et avec une crête plutôt retombante et mince.

Variété dorée à ailes de canard. — **A.** *Pour obtenir des coquelets.* — Choisir un bon coq d'exposition et lui donner comme épouses des poules avec une poitrine saumon bien rouge et qui peuvent sans aucun inconvénient, au contraire, avoir un peu de rouille sur l'aile.

B. *Pour obtenir des poulettes.* — Poules aussi parfaites que possible et le coq bien en couleur sur le dos, mais plutôt pâle sur les épaules et avec si possible un camail un peu argenté.

Si dans l'un des deux sexes la race devient trop foncée, on l'éclaircit par un croisement avec un coq de la variété argentée à ailes de canard.

Variété argentée à ailes de canard. — On obtient de bons résultats avec un seul parquet formé de bons sujets d'exposition ; néanmoins, comme dans cette variété le plumage tend toujours à s'éclaircir, il faut choisir les poules un peu foncées mais en évitant toutefois avec grand soin toute plume brune.

Variété fauve. — La couleur doit être profonde et parfaitement unie sur tout le corps ; elle peut varier du fauve citron à l'orange riche. La teinte cannelle, qui apparaît souvent, doit être évitée. Pour le choix des reproducteurs, le lecteur voudra bien se reporter à ce qui est dit au sujet des Cochinchinois et des Orpington fauves. Les principaux points à retenir sont les suivants : 1° il y a toujours, comme dans toutes les variétés fauves, une tendance à l'affaiblissement de la couleur, et pour obtenir des coquelets les poules doivent être plus foncées que d'ordinaire ; par contre, pour obtenir des poulettes, le mâle doit avoir une réserve de couleur pour la communiquer aux poules ; 2° la couleur du duvet est très importante ; si on néglige ce point, on aura rapidement des queues et ailes blanches ; 3° la couleur doit être infusée graduellement, c'est-à-dire que les deux sexes ne doivent pas être d'une nuance trop dissemblable, sinon le plumage sera pommelé.

Variété coucou. — On obtient de bons résultats en alliant des sujets parfaits, mais il est prudent de n'utiliser que des sujets de deux ans, car à cet âge apparaissent souvent des défauts que l'on n'avait pu constater avant, et qui, quoique invisibles, se transmettraient aux descendants.

Variété bleue. — Quant à la variété bleue, en lisant nos pages sur les variations du plumage dans les races gallines et l'application des lois de Mendel à ces mêmes variations, on verra comment la nuance bleue est obtenue par l'union de sujets blancs et noirs, et l'on y trouvera des indications suffisantes pour le choix des reproducteurs dans le cas qui nous intéresse actuellement.

Quelques mots sur l'élevage des Leghorns compléteront ces notes. On peut mettre couver dès décembre, mais d'une façon générale, les éclosions extra-précoces ne sont pas profitables, les meilleurs sujets proviendront de celles d'avril. Les poussins seront nourris avec soin de façon à ce que rien n'entrave leur croissance ; les éleveurs les plus réputés leur donnent comme boisson du lait plus ou moins coupé d'eau jusqu'à l'âge de cinq à six semaines. Leur régime n'a rien de particulier et un peu de nourriture d'origine animale leur fait toujours grand bien, le seul point important est d'éviter le maïs pour la variété blanche, car elle jaunit le plumage, tandis que pour les autres variétés ce grain est fort recommandable.

Il convient de séparer les sexes de très bonne heure, à quatre mois environ ; c'est là un point d'une grande importance, car, par suite de leur précocité sexuelle, si on leur laissait pleine liberté d'agir, leur croissance serait considérablement entravée.

La race de Leghorn au point de vue français

par M. Fossecave, président du Leghorn Club

La race de Leghorn est incontestablement une des plus belles avec ses nombreuses variétés :

Blanche (white Leghorn),

Noire (black Leghorn),

Fauve (buff Leghorn),

Brune (brown Leghorn),

Pile (pile Leghorn),

Bleue (blue Leghorn),

Coucou (cuckoo Leghorn),

Duckwing dorée (golden Duckwing Leghorn),

Duckwing argentée (silver Duckwing Leghorn),

Perdrix (partridge Leghorn).

Et race d'Ancône ou tachetée, truitée, pommelée ou plus vulgairement cailloutée (mottled Leghorn), également classée parmi les variétés de Leghorns par beaucoup d'éleveurs anglais.

Certaines de ces variétés élevées au point de vue sportif sont représentées par des oiseaux revêtus d'un plumage d'une

M. François FOSSECAVE
*Président-Fondateur
du « Leghorn Club Français »*

grande richesse de nuances. Le coq, sous l'aspect duquel est figuré Alectryon, serviteur de Mars, ainsi transformé par punition pour avoir laissé surprendre ce dieu avec Vénus par le Soleil, est le Leghorn brun, et c'est encore sur ce dernier qu'a été copié notre fier coq gaulois.

Sans entrer dans le détail des recherches de l'origine méditerranéenne de la race, disons qu'il est bien établi maintenant que, nées en Italie, les Leghorns furent importées en Amérique en 1834 et y furent améliorées comme état de santé, forme et fécondité, qu'elles ont passé des États-Unis en Angleterre où nos voisins se sont surtout préoccupés de perfectionner encore leurs caractères extérieurs.

Les Anglais reçurent leurs premières Leghorns, les blanches en 1868, les brunes en 1870, les noires en 1871.

A cette époque, les Américains avaient déjà un standard officiel de la race; vingt ans après, on comptait plus de dix variétés de Leghorns.

L'importance de la race fut reconnue telle qu'en 1876 se forma à Londres le « Leghorn-Club », le *premier club avicole spécial*.

Les premières Leghorns ont été exposées en France au Concours général de Paris en 1877.

On estime généralement que les variétés existant actuellement sont dues à des croisements judicieux.

Les variétés coucou et fauve semblent avoir été importées du Danemark en Angleterre. Les variétés Pile, Duckwing et bleue sont l'œuvre des éleveurs anglais.

Une variété connue en Angleterre sous la dénomination de « Birchen Leghorns » semble avoir complètement disparu.

A Londres, en 1895, au Dairy Show, douze classes différentes étaient réservées à la race de Leghorn.

Il est à noter la tendance et les efforts des éleveurs Américains et Anglais pour produire concurremment aux variétés actuelles les mêmes avec crête frisée.

Sachons gré aux éleveurs américains et anglais du bien qu'ils ont fait à la race ; mais comme toute *difficulté inutile*, toute fantaisie, toute originalité doivent être exclues d'un élevage pratique, il convient de n'accepter d'autres modifications au type primitif des variétés choisies pour leurs qualités de pondeuses extraordinaires et peu coûteuses et dont la propagation est surtout intéressante, que les modifications de nature à augmenter ces qualités, et refuser catégoriquement celles susceptibles de multiplier sans profit les soins et les frais indispensables à l'entretien des oiseaux.

Bien que la chair des jeunes sujets ne soit pas aussi médiocre que certains détracteurs de la Leghorn se plaisent à le répéter, cette race doit être élevée au point de vue de la production des œufs et non de la viande, car la finesse de la chair est incompatible avec les deux qualités de précocité et de fécondité *qui doivent rester les caractéristiques de la Leghorn.*

Il est illogique de vouloir produire à la fois des œufs en quantité et une chair délicieuse. Un coq qui commence avant quatre mois ses fonctions de mâle et qui est adulte à sept, aussi bien qu'une poule qui commence sa ponte vers l'âge de cinq mois pour la continuer abondamment jusqu'à la mue ne peuvent prétendre, avec ce genre d'entraînement, offrir au consommateur une chair succulente.

La ponte de la Leghorn est abondante et sa réputation de meilleure des pondeuses connues est d'autant plus méritée que dans tous les concours spéciaux de ponte, en Amérique, en Australie et en Angleterre, la race a affirmé sa supériorité.

Pour ne citer que les concours de ponte les plus importants, disons qu'en Australie, au concours de 1909, le premier et le deuxième lot primé étaient composés de Leghorns blanches, le troisième de Wyandottes dorées, et le quatrième encore de Leghorns blanches, et ce sur cinquante-huit parquets de races les plus réputées.

Au concours de 1910, la Leghorn blanche vient une fois de plus se placer en tête avec 1.394 œufs pour douze mois et six poules, soit une moyenne de 232 œufs par tête.

Nombreux sont les résultats officiels semblables qui pourraient être cités.

Les autres variétés sont sensiblement aussi fécondes, mais l'on éprouve plus de difficultés pour les maintenir parfaites en couleur, surtout celles qui ne sont pas unicolores. Parmi ces dernières, nous ne conseillerons que la variété brune pour l'élevage d'utilité, toutes les autres variétés pouvant être considérées comme volailles de luxe.

Ce sont les résultats de ces concours qui ont fait le succès de la race et l'ont rendue si populaire auprès des éleveurs des deux continents. Ce sont eux aussi qui prouvent combien la fécondité de l'oiseau primitif a été améliorée par les Américains, aucune italienne n'y ayant jamais figuré comme lauréate, malgré que cette dernière ait conservé une vieille renommée de bonne pondeuse et qu'elle avait déjà été choisie à l'époque de la féodalité par les éleveurs de la vallée du Rhône conscients de leurs intérêts, les droits de gélinage étant dans cette contrée plus élevés que partout ailleurs en France. Le record de la ponte est détenu par la Leghorn type américain.

Les œufs sont gros et blancs, de forme allongée, délicieux au goût, d'un poids moyen de 70 à 80 grammes.

La moyenne de production, 180 à 200 œufs par an, satisfait les plus exigeants.

Née en avril, une poulette commence à pondre abondamment dès fin septembre et donne son maximum de rapport dans le troisième semestre de son âge. Quoique toujours excellente, la ponte est un peu moindre l'année suivante et va diminuant de plus en plus à partir de deux ans et demi, âge où il convient de réformer les oiseaux.

Malgré ses excellentes qualités, *la race de Leghorn*, comme toutes les autres du reste, *doit être sélectionnée intelligemment dans le sens de la ponte. La supériorité de cette race réside précisément dans la facilité de cette sélection*, surtout si on ne recherche pas des variétés difficiles à obtenir.

Nous avons sélectionné dans le sens de la ponte quatre sujets Leghorns bleus (un coq et trois poules) qui nous ont fourni en un an 647 œufs, soit une moyenne de 216 œufs par poule.

De la même variété sélectionnée pendant six ans sur deux origines différentes, et en nous occupant exclusivement des caractéristiques de cette variété et de la beauté du plumage, un lot de sujets splendides, nourris et élevés dans les mêmes conditions que les précédents (un coq et trois poules également), nous ont fourni seulement 481 œufs, soit 160 œufs de moyenne par poule.

Il est bien évident que les poulettes qui sortiront de ce dernier parquet seront bien inférieures, comme pondeuses, à celles originaires du premier lot cité.

C'est pourquoi il est plus facile d'obtenir des résultats plus rapides avec la variété blanche, où la perfection de détails de forme et de plumage peut s'allier avec la fécondité.

L'éleveur qui cherche à se monter de reproducteurs ou de jeunes sujets de la race aura donc intérêt, s'il cherche la production intensive des œufs, à s'adresser à un éleveur au courant de ces résultats, plutôt que d'acheter dans un concours des reproducteurs primés, qui seront peut-être superbes, mais d'un rapport moindre.

Comme chez toutes les bonnes pondeuses, l'incubation est nulle chez la Leghorn; de plus, cette race, d'une rusticité à toute épreuve, possède la précieuse qualité de s'adapter à tous les climats avec la plus grande facilité et de s'y maintenir dans son type, sans autre modification appréciable que la période de mue.

Elle vit bien en parquets et donne encore ainsi un très bon rendement, ce qui la rend précieuse pour le citadin, qui, quoique ne disposant que d'une place restreinte, peut avec elle récolter des œufs frais presque en toute saison.

C'est la poule de ménage des villes par excellence. Un autre avantage appréciable, c'est qu'elle accepte avec facilité toute espèce de nourriture, sans que sa santé et sa bonne humeur s'en trouvent altérées, et, qu'élevée en liberté, elle sait trouver elle-même sa nourriture, ce qui est loin d'être négligeable pour les profits à tirer d'un élevage.

Les poussins s'élèvent rapidement et avec facilité, la race saine et vigoureuse paie largement l'éleveur de ses peines et lui occasionne rarement des déboires. Ces qualités corporelles, que ne possède généralement pas l'italienne, sont encore les résultats de la sélection entendue des Américains.

Les variétés pratiques de la race, c'est-à-dire celles les plus faciles à maintenir dans leur type et dont les qualités de pondeuses émérites ont valu aux Leghorns leur renommée universelle, sont la blanche, la fauve et la brune, également appelée dorée.

En plaçant en premier lieu la blanche, la plus facile à obtenir, à la fois parfaite et excessivement féconde, ce sont les variétés de la race les plus intéressantes au point de vue de la production intensive des œufs avec le minimum de peines et de frais.

Pour donner plus de diffusion à la connaissance de la race et en faciliter l'étude, nous examinerons l'une après l'autre chacune des parties de l'oiseau, faisant ainsi, non le Standard de la Leghorn française d'Utilité, ce Standard n'ayant pas encore été définitivement arrêté, mais l'exposé des principes suivis jusqu'à ce jour par le *Leghorn Club français* pour la détermination des caractéristiques de la race et de la valeur des oiseaux.

Un standard ne peut correspondre à toutes les variétés d'une race qu'au point de vue de certains caractères, tels que : forme, symétrie, taille, grosseur, condition, crête, etc.

L'échelle de points varie essentiellement également selon les variétés, en raison des difficultés de couleur et de plumage, car, généralement, plus ces difficultés sont grandes, plus le nombre de points qui leur est attribué est élevé.

Envisageant la race d'une façon générale, nous établissons habituellement notre jugement en nous basant sur l'échelle suivante :

Forme et symétrie de l'oiseau. .		10
Taille, grosseur		10
Condition		10
Couleur { plumage : 10 / pattes : 6 / yeux : 4 }		20
Crête		15
Oreillons.		15
Face		2
Barbillons		5
Queue.		8
Camail et Manteau.		5
Total.		100

Mais, dans cette échelle de points, il faut bien noter que nous envisageons surtout les variétés unicolores et principalement la variété blanche, dont nous préconisons l'élevage comme étant la plus apte à réunir perfection de forme et maximum de rapport, et où la couleur du plumage, qui entre seulement pour 10 points, est plus facile à obtenir parfaite que dans les autres variétés dont le plumage est constitué par l'assemblage de plusieurs teintes et où chaque plume a ses couleurs bien déterminées.

Les caractères typiques de la Leghorn se sont développés sans l'intervention des éleveurs et doivent être maintenus dans toute leur pureté.

Un bon juge doit discerner les pénalités à donner pour la crête dans les 15 points attribués à cette partie. Une crête trop grande, trop petite ou mal portée, peut être pénalisée jusqu'à 5 points.

Les dents imparfaites ou mal découpées, également 5 points.

Une crête salie, usée, relevée à l'arrière ou présentant des coups de pouce chez le coq, ou mal pliée chez la poule, peut entraîner jusqu'à 5 points de pénalisation.

Mêmes réflexions pour l'oreillon, qu'il faut savoir détailler : l'oreillon taché de rouge peut faire perdre jusqu'à 10 points, plissé, ridé, ou présentant des creux et des saillies, il peut être pénalisé de 5 points.

Nous attribuons un nombre élevé de points à ces deux détails principaux : crête et oreillons, alors que bec, œil, cou, poitrine, etc., entreront dans les points attribués à la forme, à la symétrie et aux couleurs (la couleur du plumage comptant pour 10, celle des pattes pour 6 et celle des yeux pour 4).

Le juge devra surtout disqualifier impitoyablement les sujets présentant :

Crête pliée chez le coq ; droite chez la poule ; oreillons rouges ; queue de travers ou d'écureuil ; plumes de couleur chez les blancs ; plumes blanches chez les bruns ; pattes autres que jaunes (sauf tolérance chez les noirs, où la teinte sombre autorisée pour le dessus des doigts dans toutes les variétés pourra s'étendre également aux tarses).

Le plumage des variétés blanche, noire et fauve étant unicolore, bien déterminé par leur désignation, et toute plume de couleur différente étant motif de disqualification, nous détaillerons seulement dans ses grandes lignes le plumage de la variété brune, dont la connaissance présente un intérêt d'autant plus grand que de petites sauvageonnes italiennes ont été livrées comme véritables Leghorns brunes et ont été une cause de mécomptes pour les aviculteurs, car, déjà mal soignées dans leur pays d'origine et fatiguées par un long transport, fait presque toujours dans de mauvaises conditions, elles ont contracté la diphtérie et l'ont transmise aux autres oiseaux de la basse-cour.

Une échelle de points bien comprise est, à notre avis, indispensable pour rendre un jugement exact sur la valeur d'un sujet, le coup d'œil d'ensemble a, certes, une grande importance, et il convient de tenir grand compte de la belle allure qui attire et séduit le juge et l'incite à décerner son premier prix, mais l'apparence d'un oiseau ne suffit pas pour déterminer d'une façon absolue sa supériorité ou sa valeur, et peut induire en erreur, surtout si le juge a à classer des animaux sensiblement de même beauté.

L'aspect général étant toutefois ce qui frappe tout d'abord le juge, nous commencerons par son examen : l'étude de l'oiseau.

Nous nous attacherons surtout à l'élégance de port de l'animal, à son caractère belliqueux, à sa fière allure caractéristique, et éliminerons rigoureusement tout sujet notoirement mal bâti.

La taille des Leghorns ne doit être ni trop grande, ce qui est contraire au type d'origine de la race, ni trop petite, ce qui marque des sujets faibles et délicats. La bonne moyenne donnera, pour la variété blanche, un poids de 3 kilogrammes environ pour les coqs, et de 2 kilogrammes à 2 kg. 5oo au maximum pour les poules ; pour les variétés noire, fauve et brune, un poids de 2 kg. 5oo environ pour les coqs et de 2 kg. 3oo pour les poules. Il faudra naturellement tenir compte de l'âge et ne pas perdre de vue qu'un étalon reproducteur en activité de service sera toujours un peu plus léger que celui préparé spécialement pour le concours, et que *la variété blanche est représentée par des sujets toujours un peu plus forts que ceux des autres variétés.*

Nous diminuerons d'un point ou deux la notation pour insuffisance de taille, mais nous nous préoccuperons surtout de combattre le défaut contraire que l'on rencontre surtout chez les sujets de provenance anglaise, car il est à remarquer que les sujets de provenance américaine sont toujours d'un volume plus réduit. Nous n'accorderons jamais qu'un second prix à un coq parfait, mais de très forte taille, de façon à bien marquer notre désapprobation pour ce défaut.

La Leghorn n'est pas une productrice de chair, et la grosseur des œufs ne correspond normalement pas au volume des poules. La poussée vers un type de grosses dimensions est à la fois une perte de temps pour amener les sujets à leur complet développement, une dépense plus grande de nourriture et un surcroît de soins pour l'obtention d'un même nombre d'œufs.

Les sujets doivent être très propres, avoir le plumage brillant et les plumes intactes, leur allure doit être vive, alerte. — Nous refuserons catégoriquement tout animal malade et enlèverons un point ou deux pour indice plus ou moins accentué de mauvaise santé, deux points pour galle aux pattes, un point pour signe apparent de coryza, un point pour plumes cassées aux ailes ou à la queue, un demi-point ou même un point pour crête, oreillons ou barbillons déchirés, en tenant compte de l'importance de l'avarie.

La tête doit être petite, gracieuse, d'une moyenne grosseur, plutôt courte, portée haut, les joues rouges comme les barbillons, nues ou très légèrement emplumées. Les plumes de la tête de couleur rouge orangé.

Le bec, légèrement crochu, fort à sa base, doit avoir $0^m,025$ environ et être de couleur jaune ou jaune corné suivant les variétés. Les narines sont ordinaires.

Nous donnerons un demi-point de moins si le bec est trop droit ou trop crochu, défauts qui déparent également le sujet.

Les oiseaux anglais présentent en général une longueur exagérée de la tête et du bec, ce qui nuit à la beauté des sujets, aussi enlèverons-nous un demi-point à un point pour ces défauts.

L'œil doit être grand, bien ouvert, vif, et avoir l'iris rouge.

L'œil perlé (iris clair) et l'œil de vesce (noir) sont des défauts.

Ne négligeons pas l'examen de la crête, partie qui contribue à donner au coq sa belle allure martiale, et est une des caractéristiques absolues de la race.

La crête donne au coq Leghorn toute sa physionomie, aussi doit-elle être en harmonie avec l'oiseau, d'un beau rouge vermillon, forte, grande, fièrement relevée au-dessus de la tête, revenir en avant à la hauteur du bec et suivre en arrière la courbe du crâne, dont elle se détache à la nuque pour se prolonger derrière la tête en s'arrondissant gracieusement. Elle doit avoir quatre ou cinq crétillons et s'arrêter au milieu du bec. Une crête descendant plus bas dépare la bête, la gêne et s'abîme facilement.

Chez la poule, la crête très dentelée doit être pliée et *retomber sur le côté de la tête*. La crête de la poule, de couleur identique à celle du coq, est surtout d'un rouge vif à l'époque de la ponte.

Les barbillons doivent être d'un tissu fin de la même couleur que la crête, simples, pendants, très développés, et ne former ni feuillets, ni replis disgracieux.

Si les barbillons, quoique de mêmes dimensions, sont d'une largeur exagérée, nous donnerons un demi-point de moins. Nous enlèverons encore un point s'ils sont trop courts ou mal faits, un point s'ils sont inégaux, retombent flasques, sont roulés ou mal pliés, trop écartés l'un de l'autre et laissent le cou à découvert.

Les oreillons sont, parmi les caractères typiques de la Leghorn, ceux qui permettent de juger sûrement de la pureté de la race.

Ils doivent être blancs ou crème plus ou moins foncé selon les variétés (mais nous les préférerons absolument blancs, pour la variété blanche), plutôt grands sans exagération, ovales, c'est-à-dire plus allongés que larges et, dans la partie supérieure, un peu plus larges que dans la partie inférieure, légèrement pendants, recouverts d'une peau fine, lisse, sans rides ni sinuosités et sans mélange de rouge.

Un mauvais oreillon gâte un beau sujet. Nous enlèverons quelques points pour oreillons insuffisants ou par trop développés.

Certains aviculteurs établissent un rapport entre la couleur des pattes et la couleur de l'oreillon et veulent ce dernier jaune soufre. Sans rejeter un sujet ayant les oreillons de cette couleur, nous estimons que cette théorie ne repose sur aucun fondement sérieux, car comment expliquer alors que Wyandottes, Plymouth Rock, Cochins, Brahmas, etc., aient pattes jaune brillant et oreillons rouges ?

Le cou doit être dégagé et long, gracieusement arqué, enveloppé d'un camail épais formé de plumes longues et soyeuses qui, chez le coq, doivent être au bord et d'un bout à l'autre d'un rouge orangé. Au centre de chaque plume dont le tuyau doit être entièrement noir, doit exister une bande noire parallèle aux bords et se terminant en pointe. Les petites plumes qui se trouvent sous le camail doivent être d'un bleu ardoisé foncé.

Enlever un ou deux points si les plumes sont plus ou moins grises et un point si le tuyau des plumes du camail est rouge.

Chez la poule, les plumes du camail doivent être moins longues, de couleur jaune orange, avec tuyau noir et bande noire très nette au centre.

Si la teinte du cou tire sur celle du coq, elle est trop foncée. C'est un défaut. Diminuer la notation d'un demi-point ou un point.

La couleur orange doit border la plume entièrement, la bande noire ne doit ni envahir le bout de la plume, ni être marquée de taches brunes. Enlever un demi-point ou un point pour chacun de ces défauts.

Il arrive quelquefois que le centre du tuyau de la plume est constitué par une bande jaune pâle ou que ce tuyau est entièrement jaune. C'est là un grave défaut dont se ressent la génération, les coqs issus de ces poules étant presque toujours mauvais en couleur ; aussi convient-il d'être sévère et de diminuer la note de deux à trois points.

Le dos doit être de longueur moyenne, la selle des reins bien formée, s'élevant progressivement vers la queue.

Chez le coq, les plumes doivent être bien fournies sur le dos, assez longues et d'une couleur identique à celle du cou.

Lancettes rouge ardent bordé de noir au milieu. Chez la poule, les plumes d'une teinte brun perdrix doivent être tachetées de taches brun foncé, formant une teinte marron douce et unie où le clair domine, teinte caractéristique, ne différant qu'au camail, au plastron et à la queue, et qui a valu son nom à la variété.

Le tuyau des plumes, noir de la base au milieu de la plume, devient brun clair sur la deuxième moitié. Le duvet doit être bleu ardoisé.

La poitrine doit être large et proéminente, les sujets maigres doivent être rejetés en élevage ; ils n'ont aucune valeur.

Chez le coq, les plumes du plastron et de toute la partie inférieure du corps doivent être noires avec reflets métalliques verts et non pas bruns. Celles de dessous, bleu ardoise foncé.

Il arrive que les plumes forment une teinte uniformément brune, c'est un défaut pour lequel il faut sortir un point ou deux.

Chez la poule, la couleur doit être roux marron et aller en s'éclaircissant sous le ventre, les plumes d'une teinte trop claire ou tachées de brun foncé déparent le sujet. Diminuer la notation en conséquence.

Le corps, de volume et de longueur moyens, doit être ovalaire, c'est-à-dire aller en s'amincissant de l'avant à l'arrière. Épaules larges, reins étroits, dos rond et incliné en arrière, poitrine large et proéminente.

Plumes absolument noires chez le coq. Chez la poule, plumes du dessus brun clair, plumes du dessous brun cendré.

Disqualifier tout sujet dont le bréchet est franchement déformé ou tordu, enlever quelques points aux sujets chez lesquels cette infirmité est très légère.

Les ailes doivent être très grandes et bien remplies sur le côté, sans plumes retournées ni cassées, avaries dont il est tenu compte lors de l'examen de la condition générale du sujet.

Enlever un point ou deux pour les ailes pendantes.

Les petites plumes de couverture des ailes doivent être noires à reflets verts.

Les moyennes, rouge foncé et rouge brun, bien distinctement barrées d'une bande noire à reflets verts.

Les rémiges primaires invisibles quand l'aile est fermée, entièrement noires à l'exception des barbes extrêmes qui sont bordées d'un liseré bai brun. Rémiges secondaires, barbes internes invisibles quand l'aile est ployée, noires, barbes extrêmes, les seules visibles quand l'aile est au repos, bai brun, marquées d'un petit dessin brun foncé.

Plumes moyennes couleur brun perdrix chez la poule.

Des traces de blanc dans les primaires et secondaires de l'aile disqualifient le sujet.

Chez le coq, la queue doit être abondante et bien fournie, garnie de grandes faucilles longues et larges, former une gracieuse courbe d'une moyenne longueur, d'un beau noir à reflets verts sans taches brunes ou grises à la base des plumes de couverture ou des faucilles.

Les plumes de couverture noires bordées d'un liseré brun. Plumes rectrices, petites, moyennes et grandes faucilles noires à reflets verts violacés.

Il arrive que les deux grandes faucilles sont blanches ou grises à la base, ce qui disqualifie le sujet.

Une queue perpendiculaire au dos est admise en Angleterre. Cette forme est disgracieuse. Il faut enlever un ou deux points.

Chez la poule, la queue doit être également bien fournie, longue et légèrement relevée, les grandes plumes d'une couleur noire mat, sauf les deux principales faucilles, qui sont tachetées de brun clair.

Enlever un point ou deux si ces taches sont grises.

Les cuisses doivent être bien détachées avec plumes noires chez le coq et non bordées de gris ou de brun, comme il arrive parfois. Chez la poule, plume couleur brun cendré, marqué du petit dessin caractéristique du plumage perdrix.

La Leghorn ne doit pas présenter l'aspect d'une courtes-pattes. Ses pattes nues, fines, nerveuses, seront assez hautes chez le coq, d'une longueur moyenne chez la poule, chez les deux d'un beau jaune brillant.

Cette couleur est une caractéristique absolue de la race, des pattes roses ou grises et des pattes emplumées disqualifient le sujet.

Les doigts minces, droits, bien articulés, au nombre de quatre à chaque patte, doivent être de même teinte que les pattes, toutefois on acceptera cette teinte un peu brunie pour leurs dessus, et aussi pour les tarses des sujets de la variété noire.

En ayant bien soin de ne pas rechercher, en jugeant l'aspect général et la condition, les défauts que l'on aura à porter en détail lors de l'examen de chaque partie de l'oiseau, nous pourrons prendre pour base de jugement de la variété brune et en général de toutes les variétés multicolores, l'échelle modifiée ci-dessous :

Aspect général et élégance du port.	5
Taille et grosseur	10
Condition, état général et santé . .	5
Tête et face.	2
Bec	1
Œil	1
Crête	10
Oreillons	10
Barbillons	5
Cou	6
Poitrine	10
Ailes	8
Dos	6
Queue	8
Corps	6
Cuisses	2
Pattes et doigts	5
	100

En résumé, nous enlèverons pour les défauts une partie des points attribués à chaque partie de l'oiseau en tenant compte de l'importance de ces défauts, et nous noterons les sujets d'après leur valeur réelle et non d'après leur valeur comparée à celle d'autres oiseaux de la même variété présentés en même temps.

Nous n'accorderons jamais un premier prix à une bête imparfaite pour ne pas égarer l'éleveur en l'incitant à chercher à imiter un sujet défectueux ; enfin, nous nous tiendrons toujours, dans un concours, à la disposition de chacun des exposants pour les guider dans leur élevage.

Dans l'intérêt vital de la race, un juge doit être intègre et sévère, pour ne pas fausser l'esprit des exposants et des visiteurs, et ne jamais délivrer à un sujet un prix supérieur à celui qu'il mérite. —

La présence de plusieurs sujets dans une même catégorie n'implique pas pour le juge l'obligation de les primer s'ils sont tous mauvais, ni de leur donner une mention.

Mais l'exposant qui confie le sort de ses bêtes à un jugement dont dépendent sa réputation avicole et son avenir commercial a droit à une appréciation entendue et juste. Un jury nombreux ne pouvant émettre qu'un jugement anonyme, souvent de complaisance, le nom de l'éleveur rentrant plus en ligne de compte que la valeur de ses sujets, attachons-nous à faire juger par un juge unique, renommé pour son autorité, sa compétence et son intégrité, pour que ses décisions ne puissent être critiquées (avec raison surtout). Munissons-le d'un Standard rigoureux et exigeons qu'il adopte pour sa notation le pointage centésimal utilisé en Angleterre et en Amérique où il a notamment donné d'excellents résultats. — Ce pointage est le seul, à mon avis, qui puisse donner un classement rationnel et juste et empêcher tout emballement injustifié du juge, car il faut éviter les appréciations rapides et incomplètes, sans autre base que la fantaisie.

Que cette notation détaillée soit fichée devant chaque sujet intéressé pour que les exposants puissent se rendre compte des imperfections de leurs sujets et contrôler en quelque sorte le bien fondé du jugement rendu, en ayant sous les yeux le résumé de l'appréciation du juge.

Choisissons autant que possible nos juges *parmi ceux proposés par les clubs spéciaux* et dûment acceptés par la *Fédération des Sociétés d'Aviculture de France*, payons-les pour qu'ils puissent mettre le temps nécessaire pour assurer dans de bonnes conditions le travail que nous leur demanderons et qu'ils gardent l'entière responsabilité de leurs jugements.

Évitons surtout de leur donner une besogne trop grande et ne les gênons pas en ajoutant des prix ou en supprimant après coup ceux annoncés au programme. Tous les prix offerts devront toujours être décernés, sauf ceux prévus pour des classes non représentées au concours, et ceux des classes dont les animaux n'auront pas la valeur suffisante.

Établissons si besoin est une commission de contrôle des jugements et n'hésitons pas à disqualifier un juge ayant mal rempli son mandat, parce qu'il aura accepté de juger des bêtes qu'il connaissait imparfaitement ou sera convaincu de partialité.

Mentionnons le nom du juge sur les diplômes, et invitons-le à signer ces pièces, les prix décernés n'en auront que plus de valeur, et cela permettra d'éviter de regrettables abus et protégera les intérêts de la race et ceux des aviculteurs.

Choisissons aussi nos juges parmi les juges français. Il n'en manque certes pas chez nous de très compétents, et nous éviterons ainsi les jugements intéressés qui nous rendent tributaires de l'étranger, pour la Leghorn surtout que nous pouvons élever en France avec toutes les qualités qui l'ont rendue célèbre et sans crainte de dégénérescence possible.

La *Leghorn Française*, bien définitivement fixée dans le type prévu et adopté par tous les producteurs d'œufs, pourra ainsi prendre parmi nos races nationales la place qu'elle mérite d'y occuper.

Leghorn=Club français

*4, rue du Couëdic, Nantes ;
fondé en 1908.*

But : Grouper les éleveurs et les amateurs de la race de Leghorn, les faire connaître, créer entre eux des relations avicoles destinées à encourager l'élevage de cette race, en propager les diverses variétés, les améliorer par la sélection des sujets et développer leurs qualités ; pour la realisation de ce but, organiser dans la mesure de ses moyens des conférences, des propagandes de presse et offrir dans les concours et expositions des objets d'art, médailles et diplômes exclusivement attribués à récompenser l'élevage de la race de Leghorn.

Cotisation : Membres actifs : 5 fr. ; Membres honoraires : 10 fr.

BUREAU :

Président honoraire, Conseiller perpétuel du Club : M. François FOSSECAVE, président-fondateur, à Bordeaux.

Président : M. SIGRIST, chemin Richeux, Nantes.

Vice-Président : M. POMEYROL, avenue de la Convention, Nantes.

Secrétaire-Trésorier : M. BRASSART, Nantes.

En Angleterre : Leghorn-Club : Hon. Secrét. : W. CLARKE, 25, Broadhinton Road, Clapham, London.

Au Canada : Leghorn-Club : Hon. Secr. : W. CADMAN, Box 36, Alhambra Av. Toronto, Ont. États-Unis ; Leghorn-Club : Hon. Secr. : Norman KÜSLING, Bel Air, Ind.

En Australie : Leghorn-Club of N. S. W. : Hon. Secr. : H. DEVINE, Boulwarde Lewisham.

ÉLEVEURS SPÉCIALISTES
chez qui on peut se procurer :
Œufs, jeunes sujets reproducteurs

FOSSECAVE, François, président-fondateur du Leghorn-Club français, *Bordeaux* (Gironde).

G. Minotte, Élevage Exclusif de la **Leghorn blanche américaine,** *Falçy,* par Athies (Somme).

Paul Métivier, 15, rue d'Avignon, *Nîmes* (Gard). **Leghorn dorée d'Amérique.**

A. Lorenzini, Établissements d'Aviculture, *Pise* (Italie). **Leghorn Valdarno.**

P. Leplanquais, Élevage Modèle de *Varennes-Jarcy* (Seine-et-Oise). **Leghorn d'Amérique blanche, noire, fauve, coucou.**

Louis Cottin, 39, rue du Chapeau-Rouge, *Lyon* (Rhône). **Leghorn noire, blanche, dorée.**

J. Leroux, Élevage de la Marne, rue de Courcy, *Reims* (Marne).

Mlle S. Pavillon, Élevage du Parc de Beauvais, par *Thouars* (Deux-Sèvres). **Leghorn blanche d'Amérique.**

A. Masson, Élevage Saint-Lazare, la *Ferté-Milon* (Aisne). **Leghorn blanche et dorée.**

J. Lefebvre, *Merlaut,* par Vitry-en-Perthois (Marne). **Leghorn blanche d'Amérique.**

F. Blot, « Le Châtelier », *Château-Gontier* (Mayenne). **Leghorn dorée d'Amérique.**

Monographie de la race d'Ancône

Une variété caillloutée

Origine — Dans le début, l'Ancône n'était sans aucun doute qu'un spécimen caillouté de la race de Livourne ou Leghorn italienne (1). Actuellement il est certain qu'un croisement avec la Minorque (qui se révèle dans ses tarses jaunes tachetés de noir) lui a donné de la taille et une chair supérieure à la poule italienne ordinaire. On la dit originaire de la ville d'Ancône, mais rien n'est prouvé à ce sujet, et elle a été surtout mise au point en Angleterre où elle jouit actuellement d'un grand succès.

(1) La Perre de Roo considérait à tort, à notre avis, l'Ancône comme une sous-variété coucou de la race espagnole ; il faut pourtant dire que les Ancône de jadis étaient plus coucou que caillloutées.

Standard Anglais. — Nous donnons donc le Standard anglais tel qu'il a été établi par l'Ancona Club et approuvé par le Poultry Club.

Caractères généraux. — COQ. — Tête. — *Crâne :* médiocrement long et profond, et plutôt large. — *Bec :* de moyenne longueur. — *Œil :* Proéminent. — *Crête :* (*a*) Simple ou (*b*) frisée ; (*a*) de hauteur moyenne, droite, avec de profondes dentelures (larges à leur base) donnant, formant cinq à sept crétillons et dont le bord supérieur suit une courbe convexe régulière, s'étendant bien en arrière et suivant la ligne du cou, sans excroissances latérales (ou marques de pouce et crétillons latéraux) ; (*b*) de grosseur moyenne, basse et carrée sur le devant, s'abaissant vers la pointe arrière (qui, elle, doit suivre la courbe du cou), la surface supérieure plane, sans creux, et recouverte de petites pointes de corail et d'une hauteur égale. — *Face :* unie.

— *Oreillons :* de grosseur moyenne, tendant à prendre la forme amande et de texture analogue à de la peau de chevreau. — Cou : Long et recouvert d'un abondant camail. — Corps : de longueur moyenne ; épaules larges et reins étroits ; poitrine pleine et arrondie portée en avant ; ailes fortes portées haut. — Queue : Large et bien étendue. — Jambes et pieds : *Jambes*, de moyenne longueur, bien écartées, les cuisses presque entièrement cachées par les plumes du corps, les tarses et pieds absolument nus sans plumes. — *Doigts :* au nombre de quatre, plutôt minces, bien étendus. — *Allure :* active. Poids de 6 à 7 livres.

POULE. — A l'exception de la variété à *crête simple* chez laquelle cet organe tombe d'un côté de la face, de préférence en faisant un seul pli, les caractères généraux sont semblables à ceux du coq en tenant compte des différences sexuelles. *Poids* de 5 à 6 livres.

COULEUR. — *Bec :* jaune, ombré de jaune plus foncé ou de couleur crème de préférence à un jaune uni. — *Œil :* Très rouge orange, pupille brune. — *Crête, face, barbillons :* Rouge brillant. — *Oreillons :* Blancs. — *Tarses et pieds :* Jaune pommelé. — *Plumage :* Marques de caillloutage blanc pur (non tiqueté) sur un fond vert noir métallique brillant, ces marques le plus possible en forme de V, mais formant un vrai cailloutage (comme chez la Houdan) et non un maillage. — *Queue :* Plumes noires jusqu'à leur racine et terminées à la pointe de blanc. — *Plumes du vol :* Noires avec pointes blanches. — *Duvet :* Noir.

Échelle des points (1913)

Fond vert noir métallique brillant, foncé jusqu'à la peau	15
Pureté de blanc, qualité et régularité du caillloutage	20
Queue	15
Crête	10
Jambes et bec	10
Œil	5
Oreillons	5
Condition	5
Type et forme	10
Taille	5
	100

Sérieux défauts : Blanc dans la face, plumage offrant d'autres couleurs que le blanc et vert noir ; duvet blanc ou de couleur pâle. Queue de travers ou autres difformités.

Observations sur le Standard. Dans sa dernière réunion de 1912, l'Ancona Club a décidé de donner une cote de 15 au type et à la forme ainsi que celle de 5 à la taille.

En effet, l'ancienne échelle des points ne mentionnait pas ces deux points et se contentait d'indiquer que l'on devait donner la préférence aux sujets les plus forts possible.

Le Standard s'est modifié considérablement depuis plusieurs années, et le type actuel est beaucoup plus foncé que l'ancien, et ils sont plus noir vert que caillouté, la tache blanche en forme de V apparaissant seule à la pointe des plumes. Mais là surgit une autre difficulté, il faut conserver ces taches assez grandes pour éviter que le tout ne constitue un maillage régulier.

Exigences et qualités de la Race. La race d'Ancône se montre rustique et est propre à s'adapter à tous les climats. Elle est excellente pondeuse, demande rarement à couver ; les jeunes s'élèvent facilement et croissent rapidement.

Elle a en résumé toutes les qualités de la Leghorn avec une chair supérieure. Toutefois, elle est d'un caractère plutôt sauvage et s'habitue mal à la captivité étroite ; mais, en liberté, elle est fort habile pour trouver dans les champs une partie de son alimentation.

La Race d'Ancône comme poule d'utilité. Comme la Leghorn pure, l'Ancône est digne d'occuper une place importante dans la basse-cour productive exploitée au point de vue de la production des œufs. Plusieurs aviculteurs assurent avoir dépassé avec elle la moyenne de 200 œufs par an, et ces œufs étaient aussi gros que ceux de la Minorque. Sans mettre en doute ces assertions, on peut évaluer, d'après les documents qui sont entre nos mains, la ponte moyenne annuelle à 160-180 œufs de 65 à 70 grammes. Ces œufs sont à coquille blanche dans la variété à crête simple et légèrement teintés de jaune dans la variété à crête frisée.

Un autre avantage de l'Ancône consiste dans sa grande précocité, les poulettes pondent souvent à 18 ou 20 semaines et, malgré qu'elles ne soient écloses qu'en mai, elles sont en pleine ponte en novembre et continuent durant l'hiver. Un éleveur anglais nous vantait les Ancônes en nous disant qu'une demi-douzaine d'Ancônes pouvaient être conservées en pleine ponte durant tout l'hiver avec une quantité de nourriture qui aurait pu juste suffire à l'entretien de trois ou quatre Orpingtons, et en été les Ancônes sont si habiles à trouver leur alimentation au dehors, qu'il suffit de leur distribuer matin et soir quelques poignées de grain à la ferme pour leur faire donner leur maximum de production.

Ajoutons que, d'après l'avis de tous, leur chair, sans être d'une finesse remarquable, est supérieure à celle des Leghorns pures.

L'Ancône comme race sportive. Le joli plumage de l'Ancône la désignait tout particulièrement à l'attention des aviculteurs sportifs anglais, et ils n'ont pas manqué d'en faire une race d'exposition. Le Standard ancien avait été établi d'une façon assez dangereuse au point de vue productif de la race, car il *exigeait* l'établissement d'un parquet séparé de reproducteurs pour chaque sexe; le nouveau Standard permet d'obtenir des sujets parfaits des deux sexes avec un seul parquet. Le point essentiel est de choisir des sujets offrant, avec les caractères et types du Leghorn, tout en étant de plus grande taille, les marques blanches bien en forme de V, bien angulaires, en évitant tous ceux chez lesquels cette marque offrirait une forme arrondie ou en croissant, sinon on arriverait vite au maillage régulier. Il faut écarter comme reproducteurs les oiseaux dont les plumes ne sont pas noires jusqu'à leur base et dont le duvet est clair.

Clubs. Pas de Club en France.
Angleterre : Ancona-Club : Hon. Secrét. : A. FRANKLIN, 24, Cowley Road. Uxbridges.

États-Unis : Ancona-Club : Hon. Secr. : JOHNSTON, 377, S. Detroit Avenue Toledo, Ohio.

ÉLEVEUR SPÉCIALISTE
chez qui on peut se procurer :
Œufs, jeunes sujets et reproducteurs

Hugues PETIT, *Épouville* (Seine-Inférieure).

Monographie de la race Gâtinaise

Une variété blanche

M. *Renard*, Vice-Président du Gâtinais Club, a eu l'extrême amabilité de
nous rédiger cette excellente monographie.

La poule gâtinaise est des plus anciennes races françaises. Elle est, sans
aucun doute, le type blanc de la vieille
race gauloise qui est connue en France
depuis l'antiquité romaine.

Par sa silhouette caractéristique et par
son allure particulière, le *coq gâtinais*
est bien le type du coq national français,
celui dont l'image domine nos clochers
et marque nos pièces de monnaie.

Il y a seulement un demi-siècle, le coq
gaulois doré et le coq blanc, son frère,
se voyaient côte à côte dans toutes les
fermes du centre de la France, et communément dans les autres provinces. Le
blanc dominait dans certains centres et
particulièrement dans la région du Gâtinais comprise dans l'Ile-de-France et
l'Orléanais, entre Nemours, Montargis
et Sens.

Vint l'introduction si fâcheuse pour
l'intégrité des races françaises des volailles asiatiques à corps lourd et massif,
à pattes emplumées, première invasion
de l'Europe par les races à peau jaune.
Les Brahmas, les Cochins ont profité d'un
engouement et d'un espoir pratique que
l'expérience n'a pas confirmés ; mais leur
œuvre néfaste a contribué à enlever à la
plupart de nos races leur caractère particulier et à diminuer leurs qualités. La
race gâtinaise avait eu, elle aussi, à souffrir de leur contact.

De nombreux types purs s'étaient
cependant conservés hors de tout croisement avec les races chinoises, noyaux
épars, suffisants pour la reconstitution
du grand troupeau gâtinais. Grâce à
l'activité et au zèle inlassable de l'impor-

M. RENARD
Vice-Président du Gâtinais Club

tant groupement qu'est aujourd'hui le
Gâtinais Club Français, la poule gâtinaise, soigneusement sélectionnée, a repris en France la place qu'elle mérite.

Les *volailles du Gâtinais* sont de belles
et fortes poules, ayant à la fois le volume
et l'élégance. Leur plumage est entièrement blanc, légèrement doré par le soleil,

les plumes brillantes sont collées au corps sans aucun bouffant. La poitrine est large et bombée, les cuisses longues, bien dégagées du corps. Les pattes roses ou rose doré chez les jeunes, teintées de rouge chez les adultes, sont assez longues et fortes, lisses, sans plumes ainsi que les quatre doigts.

Le coq a la tête fine, portée haute et fière au-dessus d'un large camail. Pas de trace de huppe. La crête, grande ou moyenne, est droite, écarlate, simple, bien découpée, relevée et bien dégagée du cou derrière. Les oreillons sont rouges, parfois légèrement marqués de blanc et, selon l'heureuse expression d'un juge compétent, c'est un coquelicot sur une gerbe de marguerites. L'œil est rouge, clair et vif, le bec blanc, court et assez fort. Le dos est long, droit, légèrement incliné sans excès. Il a la belle queue à grandes faucilles du coq national quand son développement est complet.

Chez la poule, les caractères sont les mêmes : le dos est droit, long et horizontal, la queue assez longue, élégante et fine, composée de plumes qui terminent bien sa gracieuse silhouette. La crête est d'abord petite et bien droite, moyenne ou assez grande et pouvant rester droite ou inclinée depuis l'âge de la ponte.

La Gâtinaise est une excellente pondeuse, commençant tôt l'hiver ; dès l'âge de 6 mois, quand elle est née dans le premier trimestre de l'année, et avec une alimentation rationnelle, elle donne réellement une ponte annuelle de 160 à 180 beaux œufs blancs, du poids de 70 à 75 grammes. Elle est bonne couveuse et bonne mère.

Le coq et la poule Gâtinais sont actifs, vifs d'allure, sans être trop bruyants, très vigoureux et d'une remarquable résistance à toutes les maladies ; ils prospèrent sur tous les sols, réussissent dans toutes les régions, s'adaptent à tous les climats ; ce sont là des qualités particulières à cette race rustique auxquelles il faut en ajouter une autre : la finesse de la chair, qui est abondante et juteuse.

Comme poids, on obtient couramment ceux de 2 kg. 500 à 3 kilogrammes pour la poule et 4 kilogrammes à 4 kg. 500 pour le coq ; chez ce dernier, ce poids est fréquemment dépassé. Cette race est cotée et jouit d'une grande faveur aux Halles de Paris. Les Anglais, si gourmets, en importent une notable quantité chaque année.

Comme leurs parents, les poussins sont rustiques, précoces, s'élèvent vite et bien, et à 3 mois, on peut les porter sur le marché. On en fait aisément des poulets de primeur.

La poule blanche du Gâtinais n'est pas à proprement parler une poule de sport ; elle est trop facile à faire et à tenir dans la limite du Standard établi par le *Gâtinais Club Français*.

C'est une volaille essentiellement française, susceptible par ses réelles qualités de combattre avantageusement l'engouement exagéré qui s'est produit en France pour certaines races étrangères créées depuis une quinzaine d'années au plus qui flattent l'œil par leur volume, mais sans qualités bien définies.

N'avons-nous pas chez nous, dans notre beau pays de France, de belles et bonnes races de poules, les meilleures que l'on puisse désirer, que nous devrions nous attacher à perfectionner par une sélection constante pour leur faire donner le maximum de qualités, au lieu d'aller chercher à l'étranger, par pur snobisme assurément, des races moins bonnes sous tous rapports que les nôtres ?

La Gâtinaise, elle, n'a pas été créée, on pourrait dire fabriquée de toutes pièces comme les volailles étrangères auxquelles nous faisons allusion.

Elle est le produit naturel du sol de l'une de nos plus riches provinces françaises, sur lequel, insouciante et vagabonde, elle a puisé sa rusticité, qui est l'une de ses qualités primordiales.

La sélection l'a améliorée en fixant ses caractères et en parfaisant ses avantages naturels, mais sans l'anémier, ni lui enlever de sa rusticité originelle.

qui veut avant tout une volaille rustique, de bel aspect, s'élevant vite et bien sans grands soins, et sur laquelle il peut compter avec assurance pour avoir des œufs frais en toute saison, et un rôti abondant et succulent quand il lui plaît.

En résumé, *la Poule Gâtinaise* est la poule de tout le monde; c'est la poule plébéienne et aristocratique par excel-

RACE GATINAISE

C'est la poule du paysan et du fermier, qui l'élèvent en grande liberté, qu'elle sait mettre à profit en cherchant activement sa nourriture et coûtant ainsi peu à entretenir.

C'est la poule de l'amateur, de l'employé et du petit rentier, qui la logent dans leurs parquets plus ou moins étroits, dont elle sait très bien s'accommoder.

C'est aussi la poule du riche châtelain,

lence; c'est la poule populaire et pratique dans toute l'acception des deux mots.

Il est peu de races dont on puisse dire autant de bien et avec autant de vérité.

Si ce n'est encore la poule idéale, en admettant que l'idéal puisse exister, elle est en tout cas bien près de la perfection.

Caractères Généraux. COQ. — *Tête :* Moyenne, portée haute et fière, dépourvue de toute trace de huppe. — *Crête :* Simple, droite, moyenne ou grande, charnue et haute, bien relevée et dégagée du cou derrière avec 5 à 7 dentelures régulières de profondeur moyenne. — *Barbillons :* Solides, larges, bien arrondis, de longueur moyenne. — *Oreillons :* Moyens. — *Bec :* De longueur moyenne et fort. — *Yeux :* Grands, brillants et vifs. — *Joues :* Lisses. — *Cou :* Long, porté droit, bien garni de plumes longues lui donnant une ligne arrondie régulièrement pour se joindre au dos. — *Dos :* Large, droit, long et légèrement incliné en arrière vers la queue. — *Ailes :* De longueur moyenne, carrées et épaisses du devant. — *Queue :* Bien développée et portée relevée avec faucilles grandes, longues, bien recourbées et nettement détachées chez l'adulte, petites et peu séparées chez le coquelet. — *Poitrine :* Large, épaisse et profonde, les épaules carrées et légèrement saillantes, donnant une impression de force et de robustesse. — *Cuisses :* Fortes et longues, bien écartées et bien dégagées du corps, garnies de plumes nettes et serrées sans aucun bouffant. — *Jambes ou tarses :* De longueur moyenne, plutôt longues, fortes et garnies d'écailles régulières sans traces de plumes. — *Pieds :* Forts avec quatre doigts longs et fermes bien posés carrément sur le sol. — *Aspect général du corps :* Grand, large, fort, puissant sans lourdeur, avec une silhouette nette qui doit rester élégante et précise, les plumes bien collées au corps. — *Poids :* Le plus fort sera le meilleur, quand il sera joint à une forme correcte et élégante.

Un coq adulte pesant moins de 3 kg. 500 et un coquelet pesant moins de 2 kg. 500 seront considérés comme légers.

POULE. — *Tête :* Moyenne ou petite, mais assez large, sans trace de huppe. — *Crête :* Simple, bien dégagée du cou derrière, droite et petite avant l'âge de la ponte. Moyenne ou assez grande et pouvant être inclinée depuis l'âge de la ponte. — Dentelures régulières et de profondeur moyenne. — *Barbillons et oreillons :* Arrondis, peu développés. — *Bec, yeux et joues :* Comme le coq. — *Cou :* Longueur moyenne, porté assez haut, bien garni de plumes; ligne postérieure régulièrement arrondie de la nuque au dos. — *Dos :* Droit, long et horizontal. — *Ailes :* Moyennes et bien collées au corps. — *Queue :* Bien dressée, sans être trop relevée, élégante de silhouette et composée de plumes fortes et solides. — *Poitrine :* Arrondie, large et profonde. — *Cuisses :* Moyennes, bien détachées du corps et garnies de plumes serrées sans bouffant. — *Jambes ou tarses :* De longueur moyenne, assez fortes sans être épaisses. — *Pieds :* Comme le coq. — *Ventre partie postérieure :* Sans excès de plumes bouffantes. — *Aspect général du corps :* Élégant et fort, sans lourdeur, formes bien dégagées et nettes. — *Poids :* Le plus fort sera le meilleur si la silhouette reste correcte.

PLUMAGE DANS LES DEUX SEXES. — Entièrement blanc, mais se dorant très légèrement à l'air et au soleil chez la poule, et, chez le coq, prenant un reflet jaune doré sur le cou et le dos, plus accentué chez les adultes.

COULEUR DANS LES DEUX SEXES. — *Crête et Barbillons :* Rouge vif. — *Oreillons :* Rouge pur ou rouge mélangé de blanc. — *Bec :* Rose doré. — *Yeux :* Roux plus ou moins teinté de rouge. — *Pattes :* Rose ou rose doré, teintées chez les adultes.

ÉCHELLE DE POINTS :

Type, formes, allures et aspect général.	20
Dimensions, volume et poids.	10
Construction de la tête	5
Crête	7
Barbillons et oreillons.	5
Yeux	5
Lignes, largeur et longueur du dos.	10
Largeur de la poitrine.	10
Queue.	7
Cuisses.	7
Jambes et pieds	7
Couleur et qualité de la plume.	7
	100

On a souvent fait à la Gâtinaise la critique de ressembler à l'Orpington blanche, d'être, en résumé, une sorte d'Orpington, et l'on se demandait quel intérêt il y avait de mettre en avant une nouvelle race ressemblant à l'Orpington.

La Direction du Gâtinais Club a fait paraître dans son journal, *le Monde ailé*, la réfutation suivante qu'elle permet de reproduire.

Cette idée est tellement *fausse, tellement loin de l'éclatante et évidente vérité, qu'il est vraiment étrange que cette critique ait pu être formulée* par des aviculteurs au courant de l'histoire avicole de ces dernières années. On peut plus facilement comprendre, à la rigueur, que les amateurs ignorants ne saisissent pas, au premier abord et sans être avertis, les différences, cependant considérables, qui existent entre deux races de poules qui ont toutes deux le plumage blanc.

Répondons le plus vite possible, mais complètement, à ces deux catégories de personnalités.

Tous ceux qui sont au courant de ce qui se passe dans le monde avicole international savent qu'il y a peu d'années encore, M. Cook, le célèbre aviculteur anglais, qui a son Établissement d'Élevage au *village d'Orpington*, A CRÉÉ DE TOUTES PIÈCES *une race de poules pratiques et commerciales* dont il a un peu essayé de cacher les sujets composants exacts, mais qui, cependant, est certainement composée avec une poule de ferme anglaise de la région du Sussex, avec des Dorkings et des Asiatiques : Brahmas et Cochins. Les fils de M. Cook ont continué son œuvre après sa mort et, on peut le dire, la continuent toujours, car la race *baptisée par eux Orpington* arrive à comporter toutes les couleurs possibles, et chaque année, presque, voit lancer sur le marché une nouvelle variété de couleur d'Orpington.

En somme (sauf la création de ces diverses variétés de couleur), MM. Cook et fils ont fait, au village d'Orpington, exactement ce que les éleveurs de la région de Houdan et du village de Faverolles ont fait en composant et créant la fameuse poule de FAVEROLLES.

La première poule Orpington a été une poule noire. Ensuite, il y a eu une poule blanche, une poule fauve, une poule diamantée, une poule coucou, une poule bleue (nous n'essaierons pas d'épuiser la nomenclature).

Voici donc quelle est l'origine récente de l'Orpington blanche.

En face d'elle, nous voyons notre vieille race pure de poule Gâtinaise blanche, existant depuis des siècles, tou-

M. E. DE SAINVILLE
Président du Gâtinais Club

jours semblable à elle-même et que le *Gâtinais Club* n'a eu qu'à protéger, à sélectionner, à remettre en lumière, pour faire éclater ses qualités au grand jour.

Comment donc peut exister la critique d'une équivalence de race entre la poule commerciale d'Orpington, née d'hier, et notre poule Gâtinaise la vraie Française au vieux quartier de noblesse ?

Exposer les faits, n'est-ce pas faire tomber la critique d'elle-même ?

Seule, semble-t-il, une jalousie commerciale a pu faire naître cette stupéfiante critique sur les lèvres des aviculteurs professionnels ou des grands amateurs.

Pour les amateurs ignorants, dont la bonne volonté demande seulement à être éclairée, signalons les énormes différences de forme et de nature qui existent entre la *Gâtinaise* et l'*Orpington*.

Nous avons donné le *Standard* complet et officiel de la race Gâtinaise, tel que l'a établi le Comité du *Gâtinais Club*, tel qu'il a été déposé à la Fédération des Sociétés avicoles.

Mais il nous faut d'abord, malgré cela, faire cette comparaison, point par point, entre la Gâtinaise et l'Orpington, qui va établir l'antithèse de leurs formes.

La race Gâtinaise est une race de poule légère, de forme plutôt élancée, malgré sa robustesse et sa largeur.

La poule Orpington est une poule *massive, lourde, ronde*, dont l'idéal, représenté par les gravures anglaises, est de ressembler à une grosse boule de duvet avec une queue à peine sortante et des pattes perdues dans la plume du ventre. En réalité, elle ressemble plus ou moins à cet idéal, mais elle tend toujours à s'en rapprocher et les sujets les plus sportifs et hautement primés touchent presque à l'idéal de ces gravures.

Différencions maintenant les sexes :

Le *Coq Gâtinais* est haut sur pattes ; ses cuisses, très détachées du corps, sont couvertes de plumes nettes et collées à la chair ; son dos est *droit, long*, un peu incliné en arrière. Il aboutit à une grande et belle queue aux longues faucilles bien séparées : la vraie queue typique du coq français. Son cou est long, gracieusement courbé. Sa tête fine aux yeux bien rouges est surmontée d'une crête plutôt haute, sans être d'une grandeur excessive ; une belle crête simple, forte en chair, largement découpée, et qui, SIGNE TRÈS CARACTÉRISTIQUE, *est très relevée derrière, très détachée de la nuque, pouvant laisser passer un doigt entre les plumes de la nuque et le dessous de la crête.* Il faut bien noter ce signe distinctif du coq Gâtinais.

Cette forme de crête, cette queue, toute cette silhouette, sont notre type idéal ; évidemment tous nos sujets ne le réalisent pas encore d'une façon absolue, mais tous s'en rapprochent, tous l'atteindront bientôt complètement, et déjà nos sujets hautement primés l'atteignent.

Peut-il y avoir une différence plus grande avec la boule duveteuse, idéale, de l'Orpington ?

En détail : le *coq Orpington* a des pattes qui semblent courtes, parce que les cuisses sont cachées, perdues dans le flot de duvet du bas ventre. Le dos est *court* et *ensellé comme un demi-cercle.* La queue est une touffe de plumes assez courte, sans faucilles détachées. Le cou paraît épais et court à cause de l'épaisseur toujours duveteuse du plumage. La tête est surmontée d'une crête simple, basse, et ayant très peu de chair en dessous des pointes. Cette crête est, pour le coq Orpington, *le signe distinctif ;* cette crête revient en arrière, recourbée, suivant et touchant la nuque, au lieu d'être relevée et séparée de la nuque comme chez le coq Gâtinais. (*C'est en somme la crête asiatique, comme l'autre est la crête française.*)

Vous avez lu ces deux descriptions détaillées ; comprenez-vous maintenant encore qu'on puisse confondre un coq Gâtinais avec un coq Orpington ?

Les poules diffèrent autant entre elles que les coqs ; parlons-en brièvement.

La poule Gâtinaise a le *dos très droit, très long, bien horizontal, avec une queue longue*, composée de plumes fortes et serrées les unes contre les autres. La poule Orpington a le *dos court et ensellé en demi-cercle*, comme son coq ; la queue courte, composée de plumes molles, formant une touffe en plumeau. La poule Gâtinaise a les cuisses nettes et sorties du corps, comme son coq. La poule Orpington a les pattes complètement perdues dans le duvet, encore plus que son coq. La poule Gâtinaise a la crête moyenne ou assez grande et retombant légèrement sur le côté quand elle est adulte. La poule Orpington a une toute petite crête basse.

Enfin, la poule Gâtinaise idéale doit réaliser le type complet de la sveltesse, de la légèreté, de la finesse. La poule Orpington idéale, plus encore que le coq, doit être une grosse boule ronde.

J'espère, amis lecteurs, que la démonstration définitive est faite, que jamais plus vous ne confondrez Gâtinais et Orpington, et que vous rirez doucement de ceux qui les confondraient encore.

Comme caractère, la Gâtinaise est vive, active, débrouillarde (à la Française) ; l'Orpington est lente, peu remuante, attendant qu'on la serve.

Comme qualités, la Gâtinaise, qui n'a aucun sang asiatique, a une chair beaucoup plus fine et plus juteuse que l'Orpington, qui, malgré les efforts savants de MM. Cook, conserve toujours quelque chose de la chair asiatique.

La Gâtinaise est beaucoup meilleure pondeuse, surtout l'hiver, car la Gâtinaise démontre partout ses qualités remarquables de pondeuse d'hiver ; et l'Orpington, en France, *quand on n'a pas affaire à des sujets exceptionnels, sélectionnés savamment pour les concours de ponte sensationnels*, pond, constate-t-on, très peu en hiver. Enfin, les œufs de Gâtinaise sont beaucoup plus gros que les œufs d'Orpington.

La robustesse à l'élevage du poussin et du poulet Gâtinais, la facilité de celui-ci à l'emplumage, sont très supérieures aux qualités du même ordre de l'Orpington.

Et voici nos deux races : l'*Anglaise commerciale* et la *pure vieille Française* bien différenciées définitivement.

Maintenant, nous devons le constater avec grands regrets, des Éleveurs mal-intentionnés ou maladroits ont, pendant les premières années où la race Gâtinaise a réapparu dans les Expositions parisiennes, essayé *d'exposer dans la classe Gâtinaise*, soit de vrais sujets Orpington, soit des sujets volontairement croisés en demi-sang avec des Orpington.

Des juges ignorants, hélas ! comme, il faut bien l'avouer, cela arrive quelquefois en France, ont établi des jugements faux, propres à troubler le public non connaisseur. Dès que le *Gâtinais-Club* a pris conscience de sa force, il a fait *déclasser immédiatement* et même *enlever des cages d'expositions* ces sujets exposés faussement dans la classe Gâtinaise. Mais ces incidents, déjà anciens, *ont laissé un souvenir confus* qui nuit encore parfois à notre race Gâtinaise, aux caractères si précis et si purs (nous venons de le montrer). Il importait de les faire servir.

Gâtinais-Club.

Président : M. E. DE SAINVILLE, à Saint-Germain-des-Prés (Loiret).
Vice-Président : M. A. RENARD.
Secrétaire : M. Edmond PRÉVOST.
Trésorier : M. NOUGUIER.

ÉLEVEURS SPÉCIALISTES

chez qui on peut se procurer :

Œufs, jeunes sujets reproducteurs

E. DE SAINVILLE, Grand Élevage des Courbes-Vaux, *Saint-Germain-des-Prés* (Loiret).

A. RENARD, Établissements d'Aviculture et d'Élevage de Basse-Bourgogne, *La Celle-Saint-Cyr* (Yonne).

L. DARIEUSECQ, Éleveur, *Saint-Firmin-des-Vignes,* par Montargis (Loiret).

Comte Pierre DE LA ROCHEFOUCAULD, *Combreux* (Loiret).

Émile PELADAN, *Uzès* (Gard).

P. LEPLANQUAIS, Élevage Modèle de *Varennes-Jarcy* (Seine-et-Oise).

Ch. QUARTIER Fils, rue Bressigny, 121, *Angers* (Maine-et-Loire).

DEBRAYE Frères, *Tartigny,* par Bacouël (Oise).

Monographie de la race Bourbonnaise

Une variété herminée

Origine L'origine de la poule autochtone de la région bourbonnaise peut se confondre avec celle de la Gâtinaise; c'est la poule commune du Bourbonnais et, particulièrement dans les régions de Moulins, Varennes et Saint-Pourçain, les marchés de volailles sont d'une grande importance et alimentent les villes de Lyon, Clermont et Vichy durant la saison. Quantité de ces volailles sont aussi expédiées sur Paris.

Ces volailles ont été sélectionnées, il y a nombre d'années, par des amateurs éclairés, qui sont arrivés à obtenir de beaux types, aux caractères tout à fait fixés.

Deux types existent, selon les contrées : le type blanc, dans la région de Tronget et Montmarault; le type herminé, dans les régions de Varennes et Saint-Pourçain.

La Société des Éleveurs du Bourbonnais et du Centre a admis ces deux types, cependant très différents : l'un, le blanc, quand il n'a pas été croisé d'Orpington, est le type primitif, qui rentre dans le type reconnu comme race sous le nom de Gâtinaise; l'autre, l'herminé, est le résultat sélectionné d'anciens croisements de poules du type blanc autochtone avec des coqs de Brahma herminé. Le Bourbonnais-Club n'admet que le type herminé, seul homologué par la Fédération nationale; et le Gâtinais-Club revendique l'appellation de Gâtinaise pour le type blanc. Les partisans des deux variétés, herminée et

RACE BOURBONNAISE

blanche, les ont réunies dans un standard unique.

Nous ne croyons pas, quant à nous, à l'identité des deux types, comme race unique. La couleur de l'œuf, quand le type blanc est pur, suffirait à les distinguer, sans parler de la conformation du squelette. Le type blanc, jusqu'à preuve du contraire, reste pour nous la Gâtinaise; le type herminé seul est la Bourbonnaise, dont l'œuf coloré indique la part de sang asiatique. On ne peut, en effet, confondre, sous une même dénomination, la race autochtone blanche, et cette même race croisée de Brahma.

8

La Poule Bourbonnaise, telle qu'elle est décrite ci-après, existe depuis fort longtemps dans les fermes de la région bourbonnaise, principalement dans les vallées de l'Allier et de la Loire.

Elle a été sélectionnée sans croisements nouveaux par de fervents amateurs, en vue des concours, depuis plus d'une vingtaine d'années; grâce à cette sélection, son type s'est affirmé, sans qu'elle ait perdu quoi que ce soit de ses qualités naturelles : précocité, aptitude à l'engraissement, finesse de chair et ponte très abondante. Ces qualités ont été soigneusement conservées et même développées.

Qualités et exigences de la race. La Poule Bourbonnaise préfère surtout l'élevage en grande liberté; elle aime vagabonder dans les champs et les prairies, où elle ne se souille pas, grâce à ses tarses lisses; elle s'accommode toutefois de l'élevage en parquets, où elle donne de bons résultats. Une de ses qualités est une rusticité remarquable.

Elle réussit sous tous les climats. Elle a même été importée au Maroc, au Brésil et en Russie.

La Race Bourbonnaise convient aussi bien à la ferme, où elle donne le maximum de rendement comme poule pratique à deux fins, qu'au parquet de l'amateur, qui trouve, dans cette jolie poule, une race tout à la fois sportive et très productive, ce qui est intéressant, au premier chef, à l'heure actuelle.

Standard. Adopté par le Bourbonnais-Club le 9 octobre 1919. Approuvé par la Fédération Nationale des Sociétés d'Aviculture de France le 19 avril 1920.

Caractères généraux. COQ. — ASPECT GÉNÉRAL : Le Coq Bourbonnais dénote un oiseau fort, sans lourdeur, élégant et actif. — *Tête* : moyenne. — *Bec* : fort, blanc, rayé ou marqué de noir. — *Narines* : horizontales. — *Yeux* : vifs, rouge orangé. — *Crête* : moyenne, de grain fin, simple, droite et détachée de la nuque; 5 à 7 dentelures assez profondes, très régulières. — *Joues* : nues et rouges. — *Oreillons* : ovales, moyens et rouges. — *Barbillons* : de grain fin, de longueur moyenne, ovales et rouges. — *Cou* : fort, de longueur moyenne. — *Dos* : long et large. — *Poitrine* : large et profonde. — *Ailes* : moyennes, le bord inférieur porté horizontalement. — *Queue* : de longueur moyenne, bien fournie, faucilles développées. — *Cuisses* : fortes, l'articulation tibiotarsienne doit être nettement dégagée du corps. — *Tarses et doigts* : de grosseur et de longueur moyennes, droits, nus, d'un blanc rosé, quatre doigts. — *Ongles* : couleur du bec.

POULE. — ASPECT GÉNÉRAL : Allure vive et dégagée. — *Tête* : moyenne. — *Bec* : fort, blanc rayé ou marqué de noir. — *Narines* : horizontales. — *Yeux* : vifs, rouge orangé. — *Crête* : moyenne, de grain très fin, simple, droite ou légèrement penchée, détachée de la nuque, 5 à 7 dentelures au maximum. — *Joues* : nues et rouges. — *Oreillons* : ovales, moyens et rouges. — *Barbillons* : de grain très fin, moyens et rouges. — *Cou* : moyen. — *Dos* : long, large et horizontal. — *Poitrine* : large et profonde. — *Ailes* : moyennes, le bord inférieur porté horizontalement. — *Queue* : de longueur moyenne, portée dans le prolongement de la ligne du dos, à angle ouvert. — *Cuisses* : fortes, l'articulation tibiotarsienne doit être nettement dégagée du corps. — *Tarses et doigts* : de longueur et grosseur moyennes, droits et nus, d'un blanc rosé, quatre doigts. — *Ongles* : couleur du bec.

PARTICULARITÉS DU PLUMAGE. — ASPECT GÉNÉRAL : Blanc herminé. — *Tête* : blanche. — *Camail* : *Chez le coq* : Bien fourni, les plumes de dessous sont blanches, celles de dessus formant le camail conservent leur tige blanche, mais les barbes sont d'un beau noir depuis leur extrémité jusqu'à la moitié de leur longueur, laissant autour de la plume un liseré blanc très net. *Chez la poule* : Les plumes sont plus courtes, le noir plus large, le liseré blanc doit être très net. — En principe, l'hermine du camail ne doit pas dépasser le bord supérieur de l'oreillon. — *Dos* : blanc, duvet blanc. — *Corps et Cuisses* : plumage le plus adhérent possible, couleur blanche, duvet blanc. — *Ailes* : lorsqu'elles sont repliées, elles doivent apparaître entièrement blanches, les plumes de couverture sont blanches, celles du vol mi-noires, mi-blanches, la tige de la plume séparant chaque nuance, les barbes blanches placées du côté extérieur. — *Lancettes* : blanches, avec parfois un léger filet noir au milieu. — *Queue* : *Coq* : Noire, faucilles et plumes de couverture noires, bordées d'un filet blanc. — *Poule* : Noire, excepté les plumes de couverture, qui doivent être bordées de blanc. — *Poids moyen* : *Coq* : 3 kilos 500. — *Poule* : 2 kilos 500.

DÉFAUTS ÉLIMINATOIRES. — Sujets petits et trop légers. — Traces de jaune au bec et autour du bec. — Crête double ou frisée. — Oreillons blancs. — Traces de plumes de couleur. — Stries horizontales au camail et à la queue, genre coucou. — Tarses d'une nuance autre que le blanc rosé. — Traces de plumes aux pattes. — Sujets à cinq doigts. — Défauts de construction squelettique, dos rond, etc. — Queue portée de travers. — En général, doivent être éliminés tous les sujets rappelant la forme arrondie de l'Orpington.

DÉFAUTS A ÉVITER. — Dentelures de la crête trop menues et trop nombreuses. — Lobe de la crête écrasé sur la nuque. — Crête trop développée et retombant sur la face. — Yeux gris, perlés ou jaune paille. — Oreillons sablés. — Queue où domine la nuance blanche. — Développement excessif du duvet des cuisses et de l'arrière-train. — Articulation de la jambe enfouie sous le duvet des cuisses et du corps. — Tarses courts. — Duvet gris, taches noires sur le dos et au plastron. — *Camail et queue :* Éviter la couleur noir fumé et terne de la nuance « tête de nègre », et rechercher un noir brillant à reflets verts. — Éviter, autant que possible, les reflets jaune paille aux camail, dos et lancettes.

TOLÉRANCES. — Bec et ongles couleur corne ou uniformément blanc rosé. — Oreillons très légèrement sablés. — *Nota.* — Tous sujets au-dessous de 3 kilos pour les coqs, 2 k. 250 pour les poules, sont considérés comme légers.

ÉCHELLE DES POINTS.

Aspect général, type		15
Volume et poids		10
Crête		5
Barbillons et oreillons		5
Yeux		5
Largeur et couleur du dos		15
Largeur de poitrine		
Queue		5
Cuisses		5
Tarses et ongles		5
Couleur du plumage	Queue	5
	Camail	10
	Corps	5
État général, condition, fraîcheur		10

TOTAL DES POINTS 100

Observations sur le Standard. Le Bourbonnais-Club n'admet qu'une seule et unique variété de la race Bourbonnaise, qui est herminée et ci-dessus décrite.

En conséquence, ne peuvent être qualifiés Bourbonnais dans les expositions, les coqs et poules ne présentant pas irrécusablement tous les caractères susénoncés.

Monographie de la race de Contres

Trois sous-variétés

Origine. Dans le groupe des races gallines du Centre de la France, apparentées à la Gâtinaise et offrant les qualités d'une bonne il y a plus de vingt ans, par M. le comte de Chevigné, qui l'avait trouvée dans des fermes de la région de Contres (Loir-et-Cher) et l'avait sélectionnée, dans l'éle-

RACE DE CONTRES

(Cliché de « L'Acclimatation ».)

poule de ferme, il convient de citer la *Poule de Contres*. D'un modèle intermédiaire entre la Bourbonnaise et la Bresse, cette volaille, qui forme une transition entre la Bresse grise et la Bresse blanche d'une part, la Gâtinaise et la Bourbonnaise de l'autre, avait été remarquée, vage qu'il possédait alors à Lutaine, dans le même département. Ayant acquis les reproducteurs de M. de Chevigné, nous nous procurâmes d'autres sujets, recueillis également dans les fermes, et nous fîmes, avec M. Vezin, alors Professeur départemental d'Agriculture, et depuis Directeur des Services agricoles du Département, une enquête assez étendue dans diverses régions limitrophes, pour rechercher le type dominant et son origine.

A la suite de ces recherches et de sélections continuées pendant plusieurs années, nous dressâmes une monographie provisoire de cette race, qui ne figurait pas encore dans les recueils avicoles officiels. Cette monographie fut présentée à la Société d'Aviculture de Loir-et-Cher, qui l'adopta dans sa séance du 2 novembre 1906, puis à la Fédération nationale des Sociétés d'Aviculture de France, qui l'homologua, en attendant la rédaction d'un standard plus étroit.

Standard. Nous reproduisons ici, d'après la brochure éditée par la Société d'Aviculture de Loir-et-Cher, les caractéristiques adoptées pour la race des *Poules de Contres*, ainsi qu'elles furent appelées par nous à cette époque. Cette race, à l'état non sélectionné, était alors fort répandue dans le département de Loir-et-Cher. On la trouvait aussi bien en Beauce qu'en Sologne; mais son nom lui fut donné à cause du marché de Contres, centre d'expéditions sur Paris, bien connu des « coquaillers » de la région.

Caractères généraux. Le coq est un bel oiseau, aux proportions harmonieuses, assez dressé, sans être trop haut sur pattes. Il présente les caractères suivants : *Tête :* de grosseur moyenne. — *Bec :* fort et court, d'un blanc bleuâtre. — *Œil :* grand et vif, brun foncé de préférence. On en trouve aussi de rouge orangé, ce qui n'est pas une cause de disqualification. — *Crête :* Assez haute et droite, simple, sans aucune excroissance sur les côtés, d'un tissu fin, à cinq ou six dentelures régulières, s'avançant légèrement sur le bec, et s'écartant un peu de la nuque en arrière, mais sans exagération. — *Joues :* rouge vif, et garnies de quelques fines plumes blanches. — *Barbillons :* arrondis, pendants, et moyennement développés. — *Oreillons :* moyens, d'un tissu satiné, sablés de blanc. — *Cou :* élégant, de longueur moyenne et abondamment garni d'un épais camail qui retombe en courbe gracieuse sur le cou de l'animal. — *Dos :* assez allongé. — *Poitrine :* pleine, profonde, charnue. — *Queue :* bien droite, de moyenne longueur, avec des faucilles bien développées. Elle ne doit être portée ni trop relevée, ni trop basse. — *Cuisses :* un peu plus longues que chez la Bresse, moins fortes que chez la Bourbourg. — *Tarses :* lisses, sans aucune trace de plumes (ce qui dénoterait un croisement avec la Bourbourg) et d'un gris bleuâtre, parfois un peu rosé sur les côtés. — *Doigts :* au nombre de quatre à chaque pied, de longueur moyenne, bien droits et régulièrement écartés. — *Ongles :* blancs, parfois nuancés de bleuâtre. — Le dessous des pattes est blanc. — *Ossature :* l'ossature de l'oiseau doit être fine, mais suffisamment charpentée. — Le coq doit avoir la démarche vive et fière. Doivent être éliminés de la reproduction les animaux d'aspect lourd ou trop massif, leur descendance n'héritant pas d'ordinaire des qualités de ponte de la race, et les poules qu'ils produisent étant moins « travailleuses », moins habiles et moins actives à chercher leur nourriture. — Cette race est tout à fait à recommander dans les exploitations agricoles, où l'on ne peut pas toujours élever convenablement les races spécialisées dans la ponte ou la production de la chair.

La poule offre les mêmes caractères généraux que le coq, avec une crête de moindre dimension, les épaules assez larges, le dos plat, plutôt long, incliné d'avant en arrière et *très légèrement* relevé vers le croupion.

COULEUR

COQ. — Chez le coq, le dos, le croupion et le corps sont blancs (parfois marqués de gris, ce qui est un défaut); le camail est herminé, moucheté, ou entièrement blanc suivant la variété. Les plumes des ailes sont grises ou noirâtres, dans la partie cachée lorsque l'aile est fermée, et blanches à l'extérieur, et vers la pointe, parfois avec une légère bordure blanche au bord interne de la plume. Les faucilles, noires bordées de blanc, avec de brillants reflets verts, tranchent sur le reste du plumage qui est blanc.

POULE. — Même plumage que chez le coq, en tenant compte des différences sexuelles. Le corps est blanc, avec ou sans camail herminé ou moucheté (suivant la variété); le dessous de la queue noir ou gris foncé. On rencontre souvent du gris au-dessus de l'aile, mais les oiseaux les plus recherchés sont ceux entièrement blancs, sauf les marques grises ou noires indiquées ci-dessus.

DÉFAUTS

Sujets ayant les jambes cagneuses, ou des formes anguleuses. Pli dans la crête chez le coq. Oreillons rouges. Yeux clairs. Taches ou marques grises en dehors de celles indiquées au Standard. Plumes blanches, là où elles doivent être marquées de gris ou de noir. Insuffisance des marques dans le camail herminé ou moucheté. Pattes roses ou blanches (ce qui rappellerait la Bourbonnaise ou la Sussex). Toute trace de plumes sur les tarses.

Considérations générales. La *Poule de Contres* pond, en grande quantité, de beaux œufs à coquille de couleur jaunâtre tirant sur le brun clair, ce qui la distingue nettement de la race de Bresse, la différence de grosseur des deux pôles de l'œuf étant d'ailleurs moindre que dans cette dernière race. Elle couve bien, sans demander trop souvent à entrer en incubation. C'est une très bonne éleveuse, qui donne des poulets précoces, prenant bien l'engraissement et s'élevant facilement. Sa race est très rustique et se comporte admirablement en parquets. C'est le type de la bonne poule de ferme, réunissant toutes les qualités moyennes qu'on doit rechercher dans ce genre de volailles, sans qu'aucune ait été développée à l'excès au détriment des autres. On l'a surnommée justement la « bonne à tout faire ».

Nous ajouterons aux considérations ci-dessus les indications pratiques suivantes. Résultat probable d'anciens croisements destinés à agrandir la poule du pays, la Contres constitue un type qui s'est dégagé spontanément, par suite de la loi des caractères dominants, dans des basses-cours à populations disparates. Le type herminé est celui qui nous a paru l'emporter à tous les points de vue, et à la sélection duquel nous nous sommes particulièrement attachés. Les variétés à camail moucheté et à camail blanc nous ont paru être le plus souvent des types dégénérés du vrai type herminé, dus aux croisements de hasard qui se font trop souvent dans les fermes.

La guerre, malheureusement, a été la cause de la disparition de plusieurs lignées sélectionnées de cette race méritante. Des efforts sont faits par la Société d'Aviculture de Loir-et-Cher pour lui rendre son importance.

La race de Contres se différencie, notamment, de la Bourbourg, par l'absence de plumes aux pattes et par l'ossature; de la Bourbonnaise, par la couleur des pattes et l'oreillon sablé; de la Gâtinaise, par la couleur des pattes et l'oreillon sablé, ainsi que par le plumage, qui est tout blanc chez la vraie Gâtinaise.

Monographie de la race de Bourbourg (1)

Une variété herminée

Origine. Issue d'anciens croisements de poules du pays avec des coqs de Brahma herminés, la Bourbourg actuelle, que l'on a souvent appelée la Faverolles du Nord, est une poule de ferme essentielle-ment pratique, dont l'élevage a pris un grand développement dans les environs de Bourbourg, Bergues, Ardres, Saint-Omer et Hazebrouck, où les volailles

RACE DE BOURBOURG

(*Cliché Gallecier.*)

vent appelée la Faverolles du Nord, est une poule de ferme essentielle- de cette race donnent lieu à un très important trafic.

(1) Nous tenons à remercier ici M. Robert Fontaine, président de la Société des Aviculteurs du Nord, qui a bien voulu nous communiquer des notes, dont nous avons tiré un utile parti dans cette monographie, pour laquelle nous nous sommes servis de la brochure publiée par cette Société.

La Monographie de la race de Bourbourg serait peut-être plus logiquement à sa place dans notre sixième groupe, avec les races issues de croisements telles que la Faverolles; mais il nous a semblé préférable de ne pas la séparer de celles des autres races blanches herminées de notre pays, avec lesquelles elle a de nombreuses affinités.

La Société des Aviculteurs du Nord, qui en a établi le standard, la recommande, à cause de sa ponte et de son incubation très précoces, qui permettent d'élever de très bonne heure d'excellents et vigoureux poulets qui se développent rapidement et alimentent les marchés de Bourbourg, Bergues et Saint-Omer, d'où ils sont réexpédiés dans toute la région.

Cette race, nous dit la Notice publiée par la Société, à laquelle nous nous référons ici, est très bien fixée déjà dans le sens indiqué ci-dessus. Les Aviculteurs du Nord estiment qu'elle doit être maintenue de bonne taille moyenne et que l'on ne doit pas chercher à la rendre trop forte, tout en lui conservant les caractères qu'elle tient du sang asiatique.

Dans un article publié le 10 mai 1914 dans le *Réveil agricole*, H.-L. Blanchon indiquait comme suit l'origine de cette race d'utilité : « Cette poule, disait-il, est originaire des cantons de Bourbourg, Gravelines et Bergues, département du Nord. Dans ces cantons, c'était autrefois la Braekel qui dominait dans les basses-cours; mais la passion des combats de coqs y fit admettre aussi les races combattantes, et les résultats qui s'ensuivirent furent peu heureux au point de vue de la ponte. » Le fait auquel fait allusion M. Blanchon se produisit il y a plus de soixante ans. Pour améliorer la race de Braekel ainsi dégénérée, on introduisit dans les fermes des coqs de Brahma et des coqs cochinchinois, et l'on obtint ainsi deux variétés rustiques, que l'on appela poules de Bourbourg, du nom de leur lieu d'origine.

Il y eut donc tout d'abord deux types, l'un procédant du Cochin et l'autre du Brahma; mais, peu à peu, la tendance s'accentua de préférer et d'admettre uniquement le type herminé, dont nous donnons ci-dessous le standard officiel.

Les sujets à épaulettes rouges ou trop hauts sur pattes, que l'on rencontre çà et là dans les fermes, sont un témoignage vivant des anciens croisements auxquels il vient d'être fait allusion. Ce sont, bien entendu, des reproducteurs à éliminer soigneusement de la basse-cour, si l'on veut avoir le type actuellement consacré.

Standard. Établi par la Société des Aviculteurs du Nord et homologué par la Fédération Nationale des Sociétés d'Aviculture de France.

Caractères généraux. COQ. — Le coq de Bourbourg est un bel oiseau, vigoureux, large, ramassé, assez près de terre.

La queue, aux reflets verts, tranche vigoureusement sur le reste du plumage, qui est blanc.

Somme toute, nous sommes en présence d'un seigneur campagnard de fort bonne mine et, ce qui ne nuit à rien, d'un excellent reproducteur.

CONFORMATION. — *Tête* : assez grosse, plutôt courte. — *Bec* : court et fort à la base, la pointe recourbée, 4 centimètres de longueur. — *Yeux* : grands et vifs. — *Crête* : simple, droite, régulièrement dentelée (cinq ou six dentelures), large de 5 centimètres, dents comprises; longue de 10 centimètres, de couleur rouge à grain assez gros, contournant légèrement le crâne. — *Barbillons* : moyens, ronds, environ 4 centimètres de long et 4 centimètres de large, de couleur rouge. — *Oreillons* : peu développés, rouges. — *Bouquets* : formés de petites plumes raides allant de bas en haut. — *Joues* : rouges, légèrement parsemées de petites plumes blanches. — *Cou* : moyen et robuste, bien arqué, garni d'un camail abondant. — *Plastron et poitrine* : larges, assez proéminents, bien fournis. — *Corps* : gros, un peu incliné en arrière. — *Ailes* : serrées au corps, assez longues. — *Dos* : large et plat. — *Reins* : assez larges, garnis de lancettes de moyenne longueur. — *Queue* : de moyenne longueur, compacte, garnie de faucilles de moyenne longueur, portée un peu relevée. — *Cuisses* : fortes, garnies abondamment de plumes, pas de manchettes au coude. — *Entre-jambes* : assez large. — *Tarses* : forts et légèrement garnis de plumes raides ayant environ 3 centimètres et demi de longueur. — *Doigts* : au nombre de quatre, gros et longs. — *Poids* : 3 à 4 kilos suivant âge. — *Taille* : 55 centimètres.

COULEUR. — *Bec* : blanc rosé avec quelques coups de crayon brun pâle. — *Yeux* : rouge orangé clair. — *Dessus de la tête* : blanc. — *Camail* : blanc, avec toute la partie inférieure rayée de noir, ce qu'on appelle herminé. — *Dos et reins* : blancs. — *Lancettes* : blanches, rayées de noir au milieu. — *Devant du cou, plastron, poitrine, abdomen, cuisses* : blancs. — *Ailes* : Rémiges primaires et secondaires noires avec les barbes externes blanches. — *Queue* : noire, les petites faucilles noires entourées de blanc. — *Tarses et doigts* : blanc rosé. — *Ongles* : blancs.

POULE. — CARACTÈRES GÉNÉRAUX. — La poule de Bourbourg est très jolie dans sa forme, bien plantée, large aux épaules, dos plat et allongé, jolie couleur blanche herminée au camail et à la queue, tout contribue à faire d'elle une robuste et élégante personne.

Sa ponte est très bonne. Fixer un chiffre à la ponte n'est ni consciencieux ni possible; car, si la meilleure des pondeuses de la meilleure des races peut donner parfois deux cents œufs en un an, la même poule, dans des conditions différentes et défavorables, peut ne donner que cent œufs dans le même temps.

Donc, il demeure acquis que la poule de Bourbourg est une excellente pondeuse, que ses jolis œufs saumonés sont exquis, supérieurs comme goût aux œufs blancs, et pèsent environ 68 grammes, ce qui est très joli.

La poule de Bourbourg couve de bonne heure et très bien, elle est bonne mère et ne demande pas à couver plus qu'il ne convient : deux fois l'an, pas plus, ce qui n'a rien d'exagéré.

CONFORMATION. — *Tête* : assez large, bien arrondie. — *Bec* : de 3 centimètres et demi de longueur. — *Yeux* : assez grands, l'arcade sourcilière plus développée que chez le coq. — *Crête* : petite, simple, à dents bien détachées, mince, à grain fin, un peu repliée sur elle-même. — *Barbillons* : plus larges que longs, 2 centimètres de longueur. — *Oreillons* : étroits, allongés, formant un pli. — *Bouquets* : petits, garnis de petites plumes très raides, allant de bas en haut. — *Joues* : rouges garnies d'un duvet blanc dans le bas. — *Cou* : de longueur et de force moyennes, plutôt court, camail bien fourni et court. — *Poitrine* : large, bombée, bien sortie. — *Corps* : gros, large, allongé, horizontal. — *Ailes* : demi-longues collées au corps, relevées et découvrant la cuisse. — *Dos* : large et plat, formant un triangle allongé des épaules à la queue. — *Reins* : assez étroits, bien garnis de plumes, mais sans excès. — *Abdomen* : développé, garni de duvet, bien sorti, sans trop de bouffant cependant. — *Queue* : demi-courte, grosse à la base, habituellement fermée. — *Cuisses* : assez fortes, courtes, bien garnies de plumes, mais sans manchettes, se détachant à peine du corps. — *Entre-jambes* : bien large. — *Tarses* : courts, de force moyenne, garnis extérieurement de plumes de 2 centimètres de lon-

gueur, descendant verticalement jusqu'aux doigts. — *Doigts* : nus, au nombre de quatre, moyens, le médian assez allongé. — *Poids* : de 2 kil. 500 à 3 kil., suivant l'âge. — *Taille* : 48 centimètres. — *Couleur des œufs* : saumon très clair. — *Poids des œufs* : de 65 à 70 grammes.

COULEUR. — *Bec* : blanc rosé. — *Yeux* : rouge orangé clair. — *Dessus de la tête* : blanc. — *Oreillons* : rouges. — *Joues* : rouges. — *Camail* : blanc, bien régulièrement herminé. — *Plastron, dos, reins, cuisses, abdomen* : blancs. — *Ailes* : rémiges primaires blanches, rayées de noir au milieu, rémiges secondaires noires, avec les barbes externes blanches, le bout de la plume blanc. — *Queue* : composée de plumes noir mat, bordées de blanc. — *Tarses et doigts* : blanc rosé. — *Ongles* : blancs.

DÉFAUTS A ÉVITER

Crête à lobes irréguliers, oreillons blancs, doigts difformes, tarses trop ou pas emplumés, port trop incliné en arrière ou en avant, trop de noir au camail ou aux ailes, queue trop relevée, manchettes.

DISQUALIFICATIONS

Bosse sur le dos ou aux reins, couleur autre que celle admise, crête autre que simple, cravate, favoris, queue de côté, pattes et tarses de couleur autre que celle admise.

POINTS

Taille	15	points
Port	10	—
Tête et bec	5	—
Camail et cou	10	—
Poitrine	15	—
Dos et reins	5	—
Ailes	5	—
Cuisses et tarses	5	—
Doigts	5	—
Queue	10	—
Couleur	15	—
Total	100	—

ÉLEVEUR SPÉCIALISTE

chez qui on peut se procurer :

Œufs, jeunes sujets et reproducteurs

———

GALLECIER, aviculteur à Lécluse (Nord).

Monographie des races Campine, Braekel (1), Hergnies

Deux sous-variétés : argentée et dorée

Origine. Nous plaçons dans une même monographie ces trois races, parce qu'en réalité elles n'en font qu'une, et que, réellement, Braekel, Hergnies, ne sont que des sous-variétés de la première, Campine; nous pourrions également y ajouter la Campine anglaise, qui diffère aussi du type belge primitif.

L'origine de la Campine est fort ancienne, puisque, probablement, le naturaliste italien Aldrovandus en parlait en 1600, et même, si l'on en croit certains historiens, lors de la conquête des Flandres. Jules César rapporta avec lui quelques poulets de Campine qui furent trouvés merveilleux par les Épicuriens romains. M. Van der Snick assure plus sérieusement que les races de Braekel et de Campine étaient toutes les deux fameuses depuis Charles V (1519) par les poulets de grain qu'elles fournissaient.

La différence entre la Braekel et la Campine réside surtout dans la grosseur, le coq Braekel adulte pesant 3 kilos et sa poule 2 kil. 500, tandis que le coq Campine ne pèse que 2 kilos environ et sa poule 1 kil. 500. Cette différence de poids assez sensible provient sans aucun doute de l'habitat des oiseaux, la Braekel ayant vécu depuis des siècles dans les riches Flandres, et la Campine dans d'autres plaines moins prospères. L'Hergnies est aussi voisine de la Braekel, mais élevée au-delà de la frontière, en France, où l'on trouve cette excellente race, à l'état non sélectionné, « se reproduisant invariablement avec la plus grande fixité », ce qui a engagé la Société des Aviculteurs du Nord à en « fixer les caractères les plus saillants » dans un standard que nous donnons plus loin. Elle ressemble « à une forte Bresse grise trop foncée ».

Standard. Standard belge de la Campine.

Caractères généraux. COQ. -- *Crête* : simple, grande, droite, composée de cinq à six dents triangulaires, tissée d'un grain assez gros. — *Bec* : bleu à la base, finissant en corne claire. — *Œil* : grand, brun très foncé, le bord de la paupière est noirâtre, ce qui fait paraître l'œil plus foncé. --- *Face* : rouge, garnie de petites plumes de la couleur du fond du sujet. — *Oreillons* : en forme d'amande, blanc nacré. — *Barbillons* : longs. — *Tête* : grosse et profonde, crâne légèrement aplati. --- *Cou* : fort, longueur moyenne. — *Camail* : épais, s'allongeant sur le dos. — *Poitrine* : profonde, large et charnue. --- *Conformation générale du corps* : dos large, ossature moyenne, corps légèrement incliné en arrière. — *Queue* : presque perpendiculaire. --- *Cuisses* : assez courtes, cachées par les plumes de l'abdomen. --- *Tarses* : bleus, longueur moyenne. — *Doigts* : au nombre de quatre. — *Ongles* : blancs. — *Port* : fier, démarche vive.

POULE. -- *Crête* : simple, grande, brillante, repliée sur un côté avec cinq à six dents, parfois tachetée de bleu à la base, grains assez gros. — *Bec* : bleu à la base finissant en corne claire. — *Œil* : grand, brun foncé, comme chez le coq. — --- *Face* : rouge, garnie de plumes. — *Oreillons* : blanc bleuâtre, nacrés. — *Barbillons* : rouges, arrondis. — *Tête* : large, profonde, assez forte. — *Forme générale du corps* : allongée, rectangulaire, inclinée en arrière. — *Pattes* : bleues. — *Doigts et ongles* : comme chez le coq.

(1) On écrit aussi *Braeckel, Brackel* et même *Brakel*, du nom de la localité belge d'où la race tire son appellation.

PLUMAGE

Variété argentée.

COQ. — *Plumes de la tête, du camail et lancettes :* blanc d'argent (ou avec quelques marques noires dans les lancettes). — *Restant :* à fond blanc d'argent, chaque plume barrée régulièrement d'une raie noire, frangée d'un peu de gris bleu. — *Queue :* noire à reflets verts, avec rectrices légèrement pointillées de blanc et faucilles bordées d'un mince liseré blanc.

POULE. — Même plumage que le coq, à part les plumes des reins qui sont barrées comme celles du reste du corps.

Variété dorée.

Même plumage que dans la variété argentée, mais avec fond jaune doré.

La Braekel est une amélioration de la Campine, plus forte et pondant de plus gros œufs. Lewis Wright dit qu'elle a prêté parfois à confusion, et que certains auteurs appelaient Braekels les sujets à crête simple et Campines les sujets à crête frisée. Il ajoute qu'à son avis, la plupart des Campines anglaises ont du sang de Braekel dans les veines.

STANDARD DE L'HERGNIES ADOPTÉ PAR LA SOCIÉTÉ DES AVICULTEURS DU NORD ET LA FÉDÉRATION NATIONALE DES SOCIÉTÉS D'AVICULTURE DE FRANCE

COQ. — *Bec :* court et fort, un peu recourbé, de couleur bleue ou corne foncée. — *Crête :* épaisse, haute, droite, simple, bien dentelée, à gros grains et rouge foncé. — *Tête :* forte. — *Œil :* noirâtre ou orange et noir mélangés, très grand, entouré de paupières noires. — *Barbillons :* assez longs. — *Oreillons :* blancs. — *Camail :* épais et jaune crème pâle. — *Épaules, dos :* jaune crème pâle. — *Ailes :* blanches, coupées de deux barres noires à reflets verts, transversales et parallèles. — *Poitrine :* large et profonde. — *Plastron :* blanc jusqu'au prolongement du camail, puis, de là, jusqu'au ventre, marqué de taches noires arrondies en forme de croissant. — *Cuisses :* assez courtes cerclées régulièrement de noir et de gris. — *Flancs et abdomen :* poivre et sel. — *Lancettes :* blanches. — *Queue :* portée assez relevée, noire. — *Faucilles :* noires, bordées d'un liseré blanc sale ou gris ou coupées de gris sale et de noir. — *Pattes :* gris foncé. — *Doigts :* quatre, gris foncé. — *Ongles :* blancs. — *Poids :* 2 kil. 500 à 3 kilos.

POULE. — *Crête :* simple, repliée sur un côté, souvent tachée de noir, régulièrement dentelée. — *Tête :* forte et assez ronde. — *Barbillons :* moyens, arrondis. — *Œil :* noirâtre, dit « œil de vesce », très grand, entouré de paupières noires. — *Oreillons :* bleuâtres ou blancs. — *Camail :* blanc et fourni. — *Épaules :* marquées de taches noires en croissant. — *Dos :* chiné de noir gris, avec pointillé de même nuance. — *Ailes :* marquées du croissant noir gris jusqu'aux grandes rémiges qui, elles, sont chinées ou barrées. — *Plastron :* comme pour le coq. — *Cuisses :* marquées du croissant. — *Flancs :* marqués du croissant. — *Abdomen :* poivre et sel. — *Queue :* chinée de noir gris avec pointillé noir. — *Pattes :* gris foncé. — *Doigts :* quatre, gris foncé. — *Ongles :* blancs. — *Poids :* 2 kilos à 2 kil. 500.

STANDARD ANGLAIS DE LA CAMPINE

(*Campine Club*).

COQ et POULE. — *Bec :* plutôt court. — *Œil :* brillant et proéminent. — *Crête :* simple, de grosseur moyenne, avec dentelures régulières, s'étendant bien à l'arrière, mais détachée du cou, sans excroissances latérales. — Droite chez le coq, retombante chez la poule. — *Face :* unie. — *Oreillons :* moyens, tendant à prendre la forme en amande, sans plis. — *Barbillons :* de texture fine, assez longs. — *Cou :* de moyenne longueur, gracieusement recourbé et recouvert d'un épais camail. — *Poitrine :* très pleine, ronde, portée en avant. — *Dos :* plutôt long. — *Corps :* large, s'amincissant vers la queue, serré et compact. — *Ailes :* longues, portées un peu haut. — *Queue :* d'une bonne longueur, portée bien détachée du corps ; chez le coq, faucilles et secondaires larges et abondantes. — *Jambes :* de moyenne longueur. — *Doigts :* minces et bien étendus ; quatre doigts. — *Tarses :* non emplumés. — *Taille :* la plus forte possible, tout en maintenant le type. — *Port :* alerte et gracieux. — *Marques :* chaque plume sur le corps de l'oiseau, à l'exception de celles du camail, doit être barrée transversalement ; ces barres doivent être aussi nettes que possible, avec des bords bien définis ; elles doivent traverser les plumes, de manière à former autant que possible des cercles autour du corps. Ces barres sur les plumes de la poitrine et du dessous du corps doivent traverser les plumes, soit suivant une ligne droite, soit suivant une ligne légèrement courbe, mais sur le dessus, dos, reins, lancettes et queue, elles doivent affecter plus ou moins une forme en V. Ces barres, en tout cas, doivent être nettes, bien définies, à bords tranchés. Les barres doivent être au moins trois fois plus larges que la bande de couleur de fond qui s'aperçoit entre elles. Les reins du coq doivent être garnis d'abondantes lancettes.

Variété argentée : couleur de fond blanc d'argent pur et barres d'un noir vert, avec reflets métalliques verts.

Variété dorée : couleur de fond, jaune d'or non lavé, barres noir vert, avec reflets métalliques.

(Cliché de « L'Aviculteur ».)

BRAEKEL ARGENTÉE

Marques.	30
Couleur camail 12, brillant 10, au total.	22
Taille.	10
Condition	10
Queue (développement et port).	8
Crête	5
Œil.	5
Oreillons.	5
Tarses et pieds.	5
	100

Observations sur les Standards. On constatera que l'une des principales différences dans le type anglais consiste en ce que, chez le coq, les lancettes doivent offrir la même disposition de couleur que les plumes des reins de la poule. C'est une difficulté dans l'élevage.

Qualités et exigences de la Race. Les Campines, Braekels ou autres sont des poules vives, alertes, aimant la liberté; elles volent avec une grande facilité; elles sont rustiques et excellentes pondeuses. Leur chair est fine et délicate. Elles sont faciles à élever, les poulets croissent rapidement, et, poussés à l'engraissement, forment à l'âge de cinq ou six mois d'excellentes volailles pour la table. Néanmoins, les variétés sélectionnées en Angleterre au point de vue du plumage sont plus délicates; elles craignent énormément l'humidité et sont par conséquent d'un élevage plutôt difficile.

En étudiant les divers Standards, nous voyons aussi que tout le groupe de Campine se rapproche beaucoup de la Hambourg. En réalité, il diffère surtout de la Hambourg crayonnée par sa crête simple au lieu d'être frisée et par sa taille plus forte.

La race de Campine comme poule d'utilité. C'est, croyons-nous, M. Garnot d'Avranches qui, le premier, a recommandé en France la poule de Campine; puis M. Leroy en vanta les qualités. Dans le *Bulletin de la Société nationale d'Acclimatation*, année 1882, M. Garnot s'exprime ainsi : « J'appellerai votre attention sur une race de poules essentiellement agricole au point de vue de la productivité de l'œuf, la poule de Campine argentée. Cette jolie race donne, bon an mal an, 240 à 260 œufs, souvent plus; on peut estimer, sans crainte d'exagérer, à 12 kilogrammes le poids d'œufs qu'elle peut pondre. Eu égard à son propre poids, c'est de toutes les races, après la race espagnole (1), si difficile à élever, celle qui pond le plus. »

En effet, la fécondité de la poule Campine lui a valu le nom de *poule qui pond tous les jours*, mais, comme le dit M. Leroy :

« Le surnom, est-il besoin de le faire observer, ne doit pas être pris à la lettre, pas plus que celui appliqué à l'espèce de fraises dites des quatre saisons. La poule qui pondra 365 œufs par an, plus un pour les années bissextiles, sera difficile à trouver. »

Sans mettre en doute les chiffres fournis par M. Garnot, M. Leroy fait remarquer qu'ils n'ont dû être donnés que dans certaines conditions spéciales d'installation et d'alimentation ; mais il ajoute :

« En résumé, nous avons pu remarquer que la Campine, par suite de ses aptitudes particulières à chercher sa vie en liberté, à échapper à ses ennemis, par suite de son grand rendement en œufs, est une race qui convient parfaitement à

(1) La race espagnole est maintenant devenue très mauvaise pondeuse (N. de l'A.).

la ferme. Le seul reproche qu'on puisse lui adresser consiste dans l'exiguïté de sa taille, qui la fait déprécier défavorablement sur les marchés. » Ce reproche est justifié, si l'on prend la Campine type; mais il ne l'est plus lorsqu'on prend la Braekel, qui donne plus de 160 œufs de 70 à 72 grammes, alors que les 200 de la Campine vraie ne pèsent que 48 à 50 grammes. Au point de vue de la consommation, la Braekel est aussi d'un poids fortement supérieur à la Campine. C'est donc celle-ci que l'on doit adopter de préférence. Sa chair est tout aussi fine et sa précocité encore supérieure. Nous n'avons considéré la Campine et la Braekel que comme pondeuses, mais il est aussi un point de vue qui mérite d'attirer l'attention de l'éleveur, c'est la production du poulet de grain. Aucune race, en effet, n'est capable de donner aussi rapidement et aussi sûrement des poulets de grain gras et dodus, qui sont fort recherchés dans certaines régions. À quatre mois, s'ils sont bien nourris, ils sont propres à la vente. Dans la Drôme, l'exploitation de M. Roux produisait annuellement des centaines de poulets de grain en utilisant la Braekel.

La Campine au point de vue sportif. Ce n'est qu'en Angleterre que l'on s'occupe de la Campine au point de vue sportif. La difficulté, surtout si l'on suit le Standard anglais, c'est d'avoir : 1º un camail conforme au standard; 2º des lancettes bien barrées chez le coq.

Les règles pour la formation des parquets sont les mêmes que pour les Hambourg crayonnées.

Pas de Club spécial en France.

ÉLEVEURS SPÉCIALISTES

chez qui on peut se procurer :

Œufs, jeunes sujets et reproducteurs

BEAUNE (V.), Grand Établissement d'aviculture pratique, domaine de Courcelles, *Monbahus* (Lot-et-Garonne).

LOMBARD (Ed.), Élevage de Saintonge, à *Chérac* (Charente-Inférieure).

Monographie de la race de Dorking

Cinq sous-variétés

Origine. Les Anglais se montrent très fiers de cette race nationale, faisant remonter aux Romains son introduction dans leur île. Ils fondent cette assertion sur un passage de Columelle, qui signalait et recommandait une race de poules à cinq doigts, dont les caractères et le plumage concordaient, à peu de choses près, avec deux des variétés de plumage des Dorkings actuelles.

Au sujet de cette prétendue introduction lors de la conquête romaine, il faut observer, si l'on en croit les *Commentaires* de Jules César, que le Druidisme défendait à ses adeptes la consommation de la chair des volailles, et qu'à cette époque, les seules races de poules élevées en Grande-Bretagne étaient, croit-on, des races d'agrément, les Combattants, dont les combats paraissent avoir été une des distractions favorites des peuples de ces temps reculés.

D'ailleurs, M. Tegmeyer, un auteur avicole fort consciencieux et fort estimé de l'autre côté du détroit, dans son livre *The Poultry Book* (1872), est loin de soutenir cette thèse, et considère l'introduction de la Dorking comme beaucoup plus récente.

D'autre part, depuis des siècles, on a remarqué, en France, des volailles ayant cinq doigts et un plumage analogue à celui de la Dorking, en Picardie; cette race ayant mérité les suffrages des fermières, était très abondante, et il est fort probable que c'est de cette province que les Anglais ont pris leurs premiers types, qui se sont répandus fort rapidement en Surrey.

Mais ce que l'on ne peut dénier, c'est que les éleveurs anglais, par leurs soins, par la sélection intelligente qu'ils ont pratiquée, et aussi par la nourriture abondante et choisie qu'ils leur ont accordée, ont transformé les sujets introduits, pour en faire de véritables machines à produire de la viande, comme ils l'ont fait d'ailleurs pour les races bovines, ovines et porcines.

La Dorking actuelle est-elle bien la représentation de ce perfectionnement? M. Tegmeyer, déjà cité, dans un autre de ses ouvrages, *Poultry for table and market*, le met en doute, regrettant l'ancien type de Surrey.

En effet, vers le milieu du siècle précédent, pour donner plus d'ampleur à la race, on effectua des croisements avec des coqs Combattants malais; ce fut, toujours d'après M. Tegmeyer, au détriment de la finesse de l'ossature; et l'ancien type, que ne tardèrent pas à regretter les vieux propriétaires de basses-cours productives, avait des os plus fins et était moins haut sur pattes.

Quoi qu'il en soit, la race, qui a pris le nom d'une petite bourgade du Surrey, par suite de la sélection constante et bien suivie (depuis le XVIIIe siècle d'après John Bolley), mérite, même si le croisement précité lui a enlevé quelques qualités, d'attirer l'attention des éleveurs éclairés.

Standard de la race de Dorking comprenant cinq sous-variétés.

Caractères généraux. — COQ. — TÊTE. — *Crâne :* large et fort. — *Bec :* fort et bien proportionné, légèrement recourbé. — *Œil :* plein. — *Crête :* simple ou frisée dans la variété grise; simple dans les variétés rouge et argentée, frisée dans les variétés blanche et coucou. La crête *simple* doit être de grandeur moyenne, forte à sa base, bien posée sur la tête, portée parfaitement droite, régulièrement dentelée sans coup de pouce ni excroissance latérale. La crête *frisée* est moyennement large, carrée par devant, s'amincissant graduellement en arrière, pour se terminer en une pointe distincte et légèrement relevée; sa surface est recouverte de petites granulations pansues, couleur corail, de même hauteur et sans creux. *Face :* nue. *Oreillons :* moyens, descendant jusqu'au tiers des barbillons. — *Barbillons :* larges et pendants, sans excroissance latérale. — *Cou :* plutôt court, et recouvert d'un camail abondant qui doit retomber sur le dos; ce camail donne au cou l'apparence d'être très large aux épaules et de s'amincir vers la tête.

CORPS. — Profond et massif, aussi large et long que possible, de profil rectangulaire et garni de plumes noires. — *Poitrine :* large et bien arrondie, avec bréchet long et droit. — *Dos :* large et de longueur moyenne, avec des lancettes abondantes et en pointe vers la queue. — *Ailes :* larges, portées haut et contre le corps. — *Queue :* abondante, portée plutôt relevée (sans être en queue d'écureuil), faucilles larges, bien recourbées, lancettes abondantes.

JAMBES ET PIEDS. — *Jambes :* courtes et fortes, à cuisses bien développées, mais presque totalement cachées par le plumage du corps, et à *tarses* ronds et forts (des jambes carrées ou nerveuses sont un défaut), bien écartées l'une de l'autre; il ne doit y avoir aucune trace de plumes sur les tarses; les éperons doivent être placés en dedans et pointer de ce côté. *Doigts :* au nombre de cinq, arrondis et durs, le doigt de devant long, droit et bien étendu, le quatrième distinctement séparé du cinquième et dirigé vers le sol, le cinquième partant du tarse et se dirigeant vers le haut.

Port : majestueux, la poitrine en avant.

Poids : coquelets : 9 à 10 livres (anglaises); adultes de 12 à 14 livres. Le poids est moindre dans la variété rouge : adultes, 8 livres; coquelets, 6 livres.

POULE. — A l'exception de la *crête* qui, lorsqu'elle est *simple*, doit retomber sur un des côtés de la tête, les caractères généraux de la poule sont les mêmes que ceux du coq, en tenant compte des différences sexuelles.

Poids : Poulettes, de 7 à 8 livres; adultes, de 9 à 10 livres. Dans la variété rouge : poulettes, 5 livres; adultes, 7 livres.

COULEUR. — *Caractères communs à toutes les variétés.*

Bec : Blanc ou couleur corne; la nuance corne foncée n'est tolérée que dans la variété noire. — *Œil :* iris rouge ou jaune. L'iris rouge est préférable. — *Crête, face, oreillons et barbillons :* rouge corail brillant. — *Tarses et pieds* (ongles y compris) : blanc mat, les tarses sans aucune trace de rouge ou de rose sur les côtés ainsi que les doigts, même sur la portion de membrane qui les relie.

VARIÉTÉ COUCOU.

Plumage dans les deux sexes : couleur de fond d'un gris bleu clair, chaque plume barrée de bandes gris foncé ou bleues, ces marques doivent être uniformes, et non se détacher brusquement sur la couleur de fond, mais leurs bords doivent s'y fondre, de manière à ce qu'une ligne de séparation des deux coloris ne soit pas perceptible.

VARIÉTÉ GRISE (appelée en Angleterre foncée ou colorée).

PLUMAGE DU COQ. — *Camail et lancettes :* blanc ou couleur paille, plus ou moins flammé de noir. — *Dos :* mélange de diverses nuances de blanc, noir et blanc, et gris, parfois additionné de marron (la teinte bronze doit être évitée). — *Ailes :* pommeau, blanc ou blanc mélangé de noir ou de gris; grandes couvertures noires avec reflets métalliques verts; secondaires, avec barbes externes blanches et barbes internes noires. — *Poitrine et dessous du corps :* noir de jais; éviter que ces parties soient pommelées de blanc. — *Queue :* noire à reflets brillants; on passe un peu de blanc sur les faucilles, mais jamais sur les couvertures.

PLUMAGE DE LA POULE. — *Camail :* blanc ou jaune paille clair flammé de noir. — *Poitrine :* rouge saumon, chaque plume terminée par une marque grise tirant sur le noir. — *Queue :* presque noire ou cuivrée avec les plumes extérieures légèrement crayonnées. — *Reste du plumage :* presque noir, ou du moins d'un brun foncé riche; la tige blanc terne et le bord extérieur des barbes un peu plus pâle que la plume elle-même, sauf aux ailes où le centre de la plume est d'un brun gris finement tigré avec une large bordure noire, le tout sans teinte rougeâtre.

VARIÉTÉ ROUGE.

PLUMAGE DU COQ. — *Camail et lancettes :* rouge brillant. — *Dos et pommeau de l'aile :* rouge foncé. — *Reste du plumage :* noir de jais à reflets verts.

PLUMAGE DE LA POULE. — *Camail :* doré, fortement flammé de noir. — *Queue et primaires :* noires ou brun très foncé. — *Reste du plumage :*

rouge brun (la teinte rouge doit être aussi prononcée que possible), chaque plume plus ou moins marquée de noir à son extrémité et avec la tige d'un jaune brillant ou orange vif.

VARIÉTÉ ARGENTÉE.

PLUMAGE DU COQ. — *Camail* : blanc argenté pur, sans teinte paille ou rouille, on tolère pourtant une petite flamme grise dans les plumes inférieures. — *Dos et reins* : blanc argenté pur, sans teinte jaune ou rouille. — *Ailes, pommeau et couvertures* : blanc argenté. Barre noir brillant à reflets métalliques, verts ou bleus, rémiges secondaires à barbes externes blanches et barbes internes noires, chaque plume avec une tache noire à l'extrémité, et quand l'aile est fermée, son extrémité paraît d'un blanc de neige avec un liseré supérieur noir; rémiges primaires noires avec une bordure blanche sur les barbes externes. — *Poitrine, dessous du corps et queue* : brun noir de jais sans mouchetures ni rayures blanches, quoique chez les vieux coqs on tolère un grisé blanc sur les cuisses.

PLUMAGE DE LA POULE. — *Camail* : blanc d'argent, surtout sur la nuque, les plumes du bas du cou flammées étroitement de noir, une nuance cuivrée doit être évitée. — *Poitrine* : saumon ou rouge, pareil à celui de la poitrine du rouge-gorge, passant au gris cendré vers les cuisses. — *Corps* : gris argent clair, finement crayonné d'un gris plus foncé (les lignes marquées par ce crayonnage suivant la direction et la forme des bords de la plume), sans teinte rougeâtre ou brune et sans marques noires. — *Queue* : gris plus foncé, plumes internes noires.

VARIÉTÉ BLANCHE.

PLUMAGE DES DEUX SEXES. — Blanc de neige sans aucune teinte paille.

Sérieux défauts et disqualifications : moins de cinq doigts, tarses d'autres couleurs que le blanc, tarses emplumés (même de simples traces de plumes), éperons en dehors des tarses; crête simple dans les variétés blanche et coucou, frisée dans les variétés argentée ou rouge; toute plume de couleur dans la variété blanche: longues jambes, doigts crochus ou boursouflés, ongles doubles, dos rond, bréchet déformé, queue de travers et toute autre difformité.

ÉCHELLE DES POINTS.

	Var. Grise	Var. Argentée ou Rouge	Var. Coucou ou Blanche
Grosseur	21	15	15
Type	20	20	20
Couleur	18	24	15
Cinquième doigt	15	15	15
Condition	10	10	10
Tête	8	8	17
Pieds et tarses	8	8	8
	100	100	100

Observations sur le Standard. — Les Dorkings étant considérées comme des volailles de produit, l'ampleur, la bonne forme du corps, sont les points les plus recherchés. Le corps doit être large, massif, avec une poitrine large et profonde, et avec un dos large et plein, long, conservant la largeur qu'il possède sur toute sa longueur et s'inclinant vers la queue. Le cou, fort et court, supporte une tête un peu forte, et l'abondant camail dont il est recouvert doit le faire paraître plus gros qu'il n'est en réalité.

Le corps, lorsque l'oiseau est au repos et qu'on le regarde de face ou sous un autre angle, ou d'en haut, paraît plus rond qu'anguleux; néanmoins, vu de profil, le corps est anguleux et peut s'inscrire dans un rectangle. Les tarses

(Cliché Cassel.)

et les pieds sont aussi très importants; ils doivent être d'un *blanc pur*, et non d'un blanc sale, tacheté, ni marbré; il arrive souvent que les tarses sur leur devant sont lavés de brun, ainsi que le dessus du pied; les ongles sont aussi bruns ou gris; à première vue, on dirait que le blanc est simplement sali par un dépôt de boue; mais ni eau ni savon ne feront disparaître cette teinte, et il faut éviter de faire reproduire de pareils sujets; ce défaut est plus fréquent chez les poules que chez les coqs. Dans la variété *grise*, on attache beaucoup d'importance au camail, qui doit être franchement blanc

ment construite que la grise, et est un peu plus haute sur pattes; on s'appliquera à obtenir les types aussi bas sur pattes que possible (sans exagération pourtant, pour ne pas tomber dans le type courtes-pattes). On attache aussi une grande importance à la pureté du camail, sans trace de noir, et à l'absence de toute marque noire sur les parties blanches.

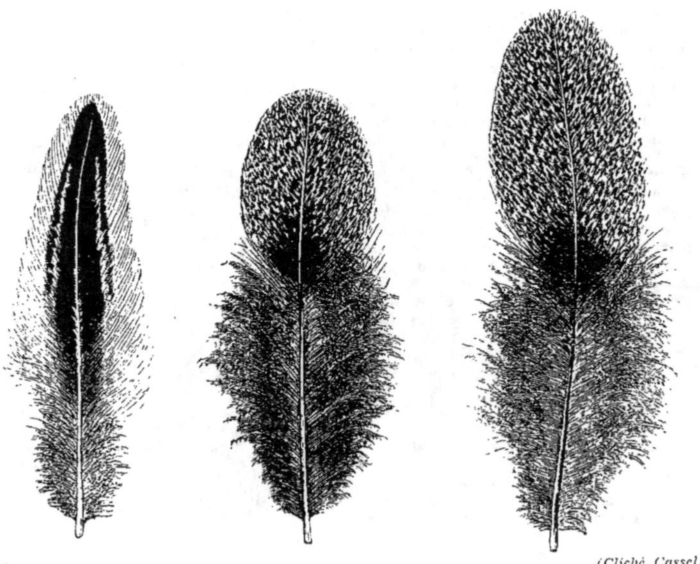

(Cliché Cassel.

PLUMES DE POULES DORKING SILVER GREY

ou jaune paille, flammé plus ou moins distinctement de noir, mais sans autre couleur. Il faut aussi éviter les plumes blanches sur la poitrine et le dessous du corps. Chez la poule, on demande un camail abondant, lourdement flammé, la queue portée haut sans être « en écureuil », et on donne la préférence aux sujets riches en couleur.

La variété argentée paraît plus large-

Chez les poules, le point principal consiste dans la belle teinte saumon un peu dorée de la poitrine et dans la couleur grise ou jaune des plumes des parties supérieures; la nuance désirée est un gris délicat, un gris perle légèrement argenté, les Anglais disent un *gris français*. Toute teinte paille, rouille ou brune, doit être évitée dans le plumage de la poule.

Dans la variété blanche, le point principal consiste à avoir une teinte blanche sans aucune nuance de jaune paille si, légère qu'elle soit. La crête frisée doit avoir la surface supérieure garnie de petites granulations ou pointes régulièrement espacées, et ne doit offrir aucun creux; elle doit être proportionnée à la grosseur de l'oiseau (plus petite chez la poule que chez le coq) et être solidement établie sur la tête sans tomber d'un côté ou d'un autre. Les formes de la variété blanche sont moins massives et compactes que celles des deux variétés précédentes.

Ajoutons que les variétés argentées et blanches sont très difficiles à conserver avec la pureté de leur plumage durant l'été, le soleil jaunissant plus ou moins les parties claires.

La variété blanche est assez rarement élevée; la variété coucou tend à disparaître complètement; quant à la variété rouge, très intéressante et avec un plumage très caractéristique, son manque de taille l'a fait délaisser, quoiqu'on fasse actuellement des efforts pour la mettre à la mode.

Exigences et qualités de la race de Dorking. La race de Dorking est avant tout productrice de viande, il ne faut pas l'oublier, et c'est non seulement par suite d'une sélection intelligente que les Anglais sont arrivés à lui donner ses très réelles qualités, mais aussi grâce à l'alimentation.

On l'accuse d'être délicate hors de son pays d'origine, mais c'est surtout le changement d'alimentation qui l'éprouve, bien plus que le changement de climat; pour faire montre de tous ses avantages, elle exige un régime très nutritif, riche surtout en matières azotées; c'est principalement dans le jeune âge et à l'époque de la mue que le besoin est impérieux. Aux poussins, durant les premiers jours de leur existence, il faut donner des pâtées de mie de pain, œufs durs et farine d'orge, chènevis écrasé dans lesdites pâtées, avec beaucoup de verdure, ainsi que de la viande ou des petits vers.

De ce besoin de matières azotées vient aussi l'habitude que l'on reproche aux Dorkings enfermées en des parquets étroits, d'être prises d'une telle fureur de piquage que la mue se termine difficilement. Les œufs des sujets maintenus en parquets sont aussi, dit-on, fécondés dans une faible proportion. Ces deux défauts disparaissent si la nourriture est suffisamment azotée.

La Dorking n'est pas, d'ailleurs, une poule de parquet: elle prospère beaucoup mieux en pleine liberté que maintenue dans une captivité plus ou moins relative. On assure qu'elle exige comme parcours des prairies ou des pâturages — nous croyons que c'est parce qu'elle trouve notamment de nombreux insectes ou mollusques dans ces terrains qu'elle les affectionne plus particulièrement; mais nous sommes loin de penser qu'ils soient indispensables. On dit aussi que, hors de son pays d'origine, la Dorking est d'un élevage peu profitable; nous pouvons assurer le contraire, puisque M. Blanchon fit ses débuts en aviculture, en 1882, comme cheptelier de la Société nationale d'Acclimatation, avec cette race qui lui donna toute satisfaction; pourtant il habitait une région plutôt méridionale, où on est loin de retrouver les prairies et le climat du comté de Surrey. Nous avons nous-même élevé avec succès la variété argentée en Loir-et-Cher, durant nombre d'années.

La poule de Dorking comme poule d'utilité. Au point de vue de la basse-cour productive, et surtout de l'exploitation de la volaille dans une ferme qui ne fait pas de cette production une spécialité, la race de Dorking est une des plus intéressantes. Nous ne la mettrons pas au niveau de certaines de nos races françaises d'élite, mais nous devons reconnaître qu'elle a joué un grand rôle dans les croisements qui nous ont donné la Faverolles.

Elle est de grosseur imposante, et, malgré ses jambes courtes, peut figurer parmi les colosses de l'espèce; son ossature est excessivement fine, la poitrine et les autres parties qui donnent la chair la plus recherchée sont très développées. Sa chair est d'ailleurs très fine et juteuse.

La poule est une bonne pondeuse, de 120 à 130 œufs par an, du poids moyen de 55 à 65 grammes, à coquille blanc rosé. Elle est en outre bonne couveuse (sans pourtant avoir une aptitude exagérée pour l'incubation) et est très bonne éleveuse.

Les poussins, qui naissent avec un duvet jaune, brun et blanc, croissent très rapidement (à 1 jour, ils pèsent 40 grammes; à 15 jours, 140 grammes; à 30 jours, 300 grammes. Lemoine); ils continuent pendant toute leur adolescence ce développement rapide. Ils ont besoin cependant d'une nourriture fortifiante au moment de la croissance des plumes, où ils sont, sans cela, assez délicats.

Ajoutons que la race de Dorking se soumet facilement à l'engraissement; elle prend rapidement la graisse et produit alors des sujets magnifiques.

Enfin, et l'exemple de la Faverolles nous le démontre, la race de Dorking peut jouer un rôle important dans les fermes pour l'amélioration, au point de vue de la chair, de la poule commune.

La race de Dorking comme poule sportive. La race de Dorking étant essentiellement une race de produit, est un peu dédaignée par les éleveurs sportifs (en Angleterre du moins). En France néanmoins, elle est souvent fort bien représentée dans les Concours avicoles. En général, la grosseur, l'ampleur, la forme typique du corps et la nuance des tarses sont les caractères qui ont une grande influence sur la décision du juge; néanmoins, les caractères du plumage ayant aussi leur importance, nous donnerons quelques indications utiles sur la composition des parquets et les points qu'il faut rechercher pour avoir de bons sujets.

Variété foncée. Si le coq est trop foncé en couleur, ses descendants peuvent avoir une tendance à avoir des teintes colorées dans les tarses et les pieds, qui se manifestent en premier lieu dans les ongles. Il devra aussi avoir une poitrine d'un noir foncé absolu. Les poules seront plutôt choisies pour leur grosseur et leur forme.

Variété argentée. Le coq doit avoir le dessus d'un blanc argenté pur et brillant et la poitrine d'un beau noir. Les poules, aucune trace de rouille ou de brun dans les parties grises. Si la poule est d'une coloration trop claire, les coquelets qui en proviendront auront la poitrine grisée ou tachée de blanc; il est donc préférable de choisir des poules plus foncées qu'il ne le faudrait pour des spécimens d'exposition.

Variété blanche. Le principal point à rechercher dans les reproducteurs des deux sexes est un plumage d'une blancheur immaculée.

Monographie de la race Coucou de Rennes

Quatre variétés.

Nous devons la monographie de cette race à la plume autorisée du Dr Ramé.

adulte (*Cuculus canorus*). Là, du reste, se borne la ressemblance; car le plumage

RACE COUCOU DE RENNES

Origine. La Coucou de Rennes moderne, améliorée par sélection, travaillée en vue des concours, est une race de forte taille; le coq adulte pèse 7 livres non engraissé, la poule 6 livres.

Le nom de Coucou lui vient sans aucun doute du dessin de ses plumes, barrées comme celles du ventre du coucou de la Coucou de Rennes, à la différence de celui du *Cuculus canorus*, est uniforme sur tout le corps.

La race est dite « de Rennes », parce qu'elle est plus spécialement répandue dans les fermes de Bretagne; mais on se tromperait en croyant que la poule Coucou n'existe nulle part ailleurs qu'aux environs de Rennes; elle est, au contraire, très commune en Normandie et dans le Nord de la France, où on la désigne sous les divers noms de Coucou Picarde, Coucou de France, Coucou de Flandres. En Belgique, croisée avec le Sanghaï, elle a produit la Coucou de Malines; en Angleterre, on l'appelle Scotch Grey (Coucou d'Écosse), et il ne semble pas douteux qu'elle n'ait contribué, pour une large part, à la formation du Dorking Coucou.

La Coucou de Rennes possède un type défini; on ne saurait, sans injustice, lui dénier la qualification de race véritable, alors surtout qu'on ne fait aucune difficulté pour accorder, de l'autre côté de la Manche, ce titre de race à la Scotch Grey, qui, sauf des différences de détail, sans grande importance au fond, est identiquement la même poule.

La Coucou de Rennes, avec sa livrée modeste, n'est pas un oiseau de luxe. Chercheuse infatigable, toujours en mouvement, sa place est au grand air, à la ferme, où elle peut donner de sérieux bénéfices; non pas que nous voulions la présenter comme supérieure à toutes les autres races; bien qu'ayant une chair juteuse et abondante, elle ne saurait lutter, sous le rapport comestible, avec les volailles noires de Crèvecœur, de La Flèche, du Mans; moins lymphatique, elle leur est supérieure pour la rusticité.

La Coucou de Rennes, à la différence de plusieurs autres races, est un résumé de qualités plutôt que la personnification d'une qualité déterminée, spéciale, portée à un degré excessif.

La poule de Rennes compte quatre variétés : deux pour la couleur, deux pour la crête.

Sur les marchés de Rennes, que nous avons suivis très attentivement pendant plusieurs années, on rencontre un nombre égal de spécimens de teinte claire et de teinte foncée.

La teinte claire est peut-être la plus ancienne; c'est elle qui a été décrite par Letrône, Jacque et les vieux auteurs. Chaque plume est uniformément marquée de barres gris bleu sur fond blanc.

Dans la teinte foncée, chaque plume est uniformément marquée de barres noir bleu sur fond bleuté. L'important est que les barres soient nettes, sinon le plumage devient brouillé et l'oiseau perd toute sa valeur.

Quelle est la teinte préférable? Nous pensons que c'est la teinte foncée.

En effet, si on se place au point de vue de la vente sur les marchés, point de vue tout à fait de circonstance, puisqu'il s'agit d'une poule de ferme, on constatera que, dans la région bretonne tout au moins, les volailles de couleur sombre trouvent ordinairement acquéreur à des prix plus élevés, parce que, dit-on, lorsqu'elles sont en partie plumées, leur chair paraît plus blanche que celle des variétés claires. Au point de vue des concours également, la teinte foncée est plus avantageuse; car elle passe moins vite à la pluie et au soleil, de même que les étoffes sombres se fanent moins vite que les étoffes claires.

Il importe, toutefois, de ne pas exagérer le foncé du plumage et de ne conserver que des sujets à ombres bien dessinées. Les jeunes qui, vus à une certaine distance, semblent noirs doivent être écartés de la reproduction.

Quelle que soit la teinte adoptée chez la race Coucou, le point capital est d'avoir des coqs et des poules bien appareillés. L'uniformité de nuance chez le coq et chez la poule Coucou de Rennes établit une distinction très nette avec le Coucou de Flandres, puisque les éleveurs du Nord, renonçant à lutter contre une tendance naturelle, acceptent le mâle sensiblement plus clair que la femelle. Leur race, peut-être plus près du type primitif, est inférieure à la nôtre, esthétiquement parlant.

Outre les deux variétés de poules Coucous différentes par la teinte, il existe deux autres variétés, qui se distinguent par la forme de la crête.

La variété principale est à crête simple, droite chez le coq, à dents bien séparées, très profondes et aiguës. La crête ne doit pas contourner complètement le crâne, ni lui être soudée dans presque toute sa longueur comme chez la Minorque, mais avoir sa partie postérieure détachée et flottante comme l'Andalouse. On s'efforcera de l'obtenir d'un grain fin, indice d'une chair succulente. Il y a des crêtes bifurquées au sommet dans leur partie terminale, c'est un défaut à éviter.

La variété secondaire a la crête frisée, large, épaisse, mais non grossière, surmontée d'une grande quantité de mamelons charnus, terminée en arrière par un éperon très distinct, qui doit être bien horizontal et non pas recourbé comme chez la Wyandotte ou relevé comme cela se voit parfois chez la Hambourg.

La variété à crête frisée a les mêmes qualités de fond que la variété type; mais la Coucou à crête simple est assurément plus élégante; c'est à elle seulement que les premiers auteurs réservaient le nom de Coucou de Rennes. Peut-être aussi est-elle plus pratique comme poule d'exposition; une crête simple est moins facilement endommagée qu'une grosse crête frisée, qui saigne au plus léger choc, et la crête d'un coq ensanglanté éveille bien souvent chez les poules du même parquet l'horrible soif du piquage.

Caractères généraux. COQ. — Le coq Coucou est fier et vigoureux, sa tête est de grosseur moyenne, l'iris rouge-orangé (l'iris pâle est une imperfection), œil brillant, bec blanc ou corne clair, joues rouges, barbillons longs, d'un tissu fin comme la crête.

Plusieurs de ceux qui ont décrit la race Coucou de Rennes indiquent l'oreillon comme devant être blanc, c'est une erreur. De même que la Scotch Grey, la Coucou de Rennes a l'oreillon rouge, souvent sablé. Pour obtenir un oreillon blanc, il faudrait modifier profondément le tempérament de l'oiseau.

La poitrine du coq Coucou est large, saillante, très développée. La patte forte, nue, assez longue, munie de quatre doigts, est d'une teinte blanc rosé quelquefois tachetée de gris marron, surtout chez les jeunes. Cette marbrure de la patte avec partie claire et partie foncée, qui rappellent les deux teintes composant le plumage Coucou, peut, comme la couleur corne du bec, se retrouver, même à l'âge adulte, chez les sujets de concours. La patte marbrée de bleu trahit presque toujours un croisement d'Orpington; pas plus que la patte uniformément bleue, elle ne doit être tolérée. La patte jaune, due à une infusion de sang Plymouth, entraîne disqualification. L'éperon atteint chez le coq, dès la seconde année, une longueur exceptionnelle. Le juge consciencieux devra tenir compte de cette particularité et ne pas écarter du concours comme hors d'âge, à la seule inspection de la patte, un coq tout jeune encore et susceptible de fournir une longue carrière.

La queue doit être longue, très fournie; il convient d'éviter avec soin la queue d'écureuil, ainsi nommée parce que les grandes faucilles ont en dedans une courbure disgracieuse qui les rapproche de la tête.

Dans les deux sexes, réformer les dos courts, rechercher autant que possible les formes allongées.

Pour l'attribution des prix dans les concours, nous ne sommes pas partisan du principe du jugement par « score cards »; nous pensons, jusqu'à preuve contraire, que le jugement « par comparaison » donne des résultats bien préférables; cependant, comme les « Points » peuvent être utiles pour fixer la valeur absolue d'un sujet considéré isolément, nous proposons, à titre d'indication, l'échelle suivante :

Couleur	25
Grosseur	20
Type (forme)	25
Patte	10

TÊTE :

Crête	5
Oreillon	5
Œil	3
Bec	2
Condition	5
	100

Graves défauts :

a) Couleur : Plumes rouges ou jaunes dès la pousse;

b) Grosseur : Poids inférieur à 6 livres (coqs) et 5 livres (poules).

c) Forme courte, basse, trapue jusqu'à l'exagération (Orpington).

d) Patte bleue ou tachée de bleu (croisement d'Orpington). Patte jaune (Plymouth), emplumée (Malines), à 5 doigts (Dorking).

e) Tête : Crête couchée chez le coq, bi ou trifurquée à l'arrière. — Demi-huppe. Oreillon blanc (Minorque). Bec jaune (Plymouth).

f) Absence de condition; maladie contagieuse.

Affection chronique cachectisante. — Extrême vieillesse.

Dos bossu. — Queue de travers. — Pattes cagneuses et toute autre difformité.

Un seul de ces défauts fait écarter l'animal qui en est affligé de la liste des récompenses.

La Fédération nationale des Sociétés d'aviculture, dans sa séance du 31 mars 1914, a homologué un standard d'une rédaction à peu près semblable, dû également au Dr Ramé, avec l'échelle de points ci-dessus reproduite.

(*Cliché Caldéron.*)

PLUMES DU COUCOU DE RENNES

D'après des exemplaires communiqués par M. le Dr Ramé.

A. Coq : *a* faucille; *b.* camail; *c.* couverture de l'aile; *d.* poitrine; *e.* lancette.
B. Poule : *a.* camail; *b.* couverture de l'aile (tectrice); *c.* cuisse; *d.* poitrine.

La Coucou de Rennes au point de vue sportif. La perfection du plumage est bien plus difficile à obtenir chez le coq que chez la poule. Beaucoup de coqs présentent des plumes rouges, grises, jaunes, blanches ou noires. Toute plume rouge entraîne la disqualification. On doit être très sévère aussi pour les plumes grises, qui rendent le dessin brouillé; quant aux plumes jaunes ou paille, il faut distinguer : apparaissent-elles jaunes dès l'instant de la pousse, l'oiseau doit être sacrifié; au contraire, jaunissent-elles en vieillissant au bout de cinq ou six mois, à la suite des intempéries, il y a là une simple imperfection temporaire, bien difficile à conjurer, surtout pour les lancettes, les plumes du camail et celles du recouvrement de l'aile; après la mue, ces plumes retrouveront leur belle teinte Coucou, soyez-en sûr.

Restent les plumes blanches ou noires. Ce sont ordinairement les grandes faucilles qui montrent ce défaut au-dessus de leur racine; l'extrémité de la plume est d'une bonne couleur chez le coquelet, mais, à l'âge de cinq mois, au moment où les grandes plumes commencent à tourner, le blanc ou le noir fait son apparition. Il y a là encore imperfection et non matière à disqualification.

Lors de la fixation des points du Coucou de Malines au printemps de 1891, les éleveurs belges décidèrent qu'à mérite égal un sujet ayant du blanc dans le plumage l'emporterait sur un sujet présentant des plumes noires. Il va sans dire que, si on admet le type Coucou clair, ce qui est le cas pour le Coucou de Malines, des plumes blanches détonneront moins dans l'ensemble du dessin. Si, au contraire, dans la race Coucou de Rennes, on préfère le type foncé, il faudra toujours, à mérite égal, faire passer le sujet à plumes noires avant le sujet à plumes blanches.

Les coqs Coucous ont le caractère très batailleur; il est difficile d'en tenir plusieurs ensemble.

La poule de Rennes porte la crête gracieusement pliée. La crête droite est une imperfection.

La Coucou de Rennes au point de vue productif. La Coucou donne à l'état libre environ 130 œufs par an; c'est donc une bonne pondeuse. Le poids moyen de l'œuf est 70 grammes. Les poules adultes donnant des œufs de moins de 65 grammes doivent être réformées. La coquille est teintée, surtout foncée au début de la ponte. Au dire de Jacque, la Coucou de Rennes est peut-être de toutes les races celle qui produit le plus longtemps sans s'épuiser. La Coucou de Rennes demande ordinairement à couver deux ou trois fois chaque année; elle est bonne mère, qualité très appréciable chez une poule de ferme.

Les poules enfermées en petits parquets non gazonnés sont enclines au piquage.

Le poussin naît robuste, il est recouvert d'un duvet gris ardoisé ou bleu presque noir, suivant qu'il appartient à la variété claire ou à la variété foncée. Le dos et le ventre sont blanchâtres; un détail caractéristique et qui peut à lui seul faire reconnaître le petit Coucou au milieu d'une bande nombreuse de poussins de races différentes, c'est la tache blanche, ronde, très apparente, que le nouvel éclos porte sur le sommet de la tête, un peu en arrière, comme une calotte.

De même que dans toutes les autres races Coucou, sans exception, la couleur se reproduit malheureusement d'une façon assez capricieuse; les coquelets sont souvent trop pâles, beaucoup de poulettes naissent noires; même en achetant des œufs aux meilleures sources, il faut compter sur un déchet d'environ 20 pour 100. C'est le gros inconvénient de la race. Il est juste de faire observer que les sujets de couleur aberrante ont des qualités de produit égales à celles des oiseaux de concours et que les poules noires, issues de Coucous, mariées à des coqs trop clairs, donnent quelquefois naissance à des jeunes très bien marqués.

La race est précoce. Les jeunes élevés en liberté peuvent être mangés comme poulets de grain dès l'âge de trois à quatre mois; si le rôti qu'ils fournissent n'est pas très gros, il est, en revanche, excellent; car les parties les plus développées sont les ailes et les muscles pectoraux, qui constituent ce qu'on appelle les « blancs ».

Les poulettes commencent à pondre vers l'âge de six mois.

Nous n'osons pas conseiller la Coucou de Rennes à l'amateur qui ne dispose que d'un espace restreint; elle perdrait chez lui une grande partie de ses qualités; mais nous la recommandons chaudement au propriétaire rural et au fermier qui cherchent à tirer bénéfice de l'exploitation de leur basse-cour; nul doute que ceux-là n'aient à se louer de sa rusticité à toute épreuve, de ses aptitudes remarquables comme poule de produit, nul doute non plus qu'ils n'arrivent en un temps très prochain à développer ses aptitudes, à améliorer encore la forme et le plumage par une sélection bien comprise.

CLUB. — Un club de la race Coucou de Rennes existe, dont la présidente est Mᵐᵉ Brun de Bressy. Il est affilié à la Fédération nationale.

Sous-variété de Janzé

La race de Janzé est évidemment une sous-variété noire de la Coucou de Rennes. Nous nous sommes adressé à M. Buisson, le célèbre éleveur de cette race (prix d'honneur à la Société Nationale en 1912), qui nous a donné les renseignements suivants que nous transcrivons littéralement.

La Janzé est une race locale, originaire du pays qui lui a donné son nom. Cette excellente volaille à plumage noir à reflets métalliques est un peu plus forte que la Bresse. Le coq est très élégant, avec sa queue volumineuse portée fièrement plus relevée que chez le coq Bressan, ornée de très longues faucilles. Sa crête est simple, droite, régulièrement dentelée, se prolongeant en arrière de la tête et s'avançant sur le bec; barbillons et oreillons rouges, d'un tissu fin, assez longs. La tête est fine et longue, le bec fort, de couleur foncée, les jambes de longueur moyenne, les tarses gris ardoisé, quatre doigts à ongles noirs.

Mêmes caractères chez la poule, la queue assez grande, légèrement relevée, la crête petite et portée droite.

Cette race est très rustique, bonne pondeuse de gros œufs de couleur crème; elle aime la liberté, mais réussit tout de même en parquets, s'ils ne sont pas trop exigus.

C'est la poule des contrées humides, y étant habituée par les terrains argileux de son pays d'origine.

Sa chair est l'égale des meilleures. Le marché de Janzé en expédie chaque semaine des milliers, principalement dans le midi de la France, sur la Riviera où elle est très appréciée. Les marchands prétendent qu'elle supporte mieux les longs voyages que les autres races.

CLUB. — Pas de club spécial en France.

Monographie de la race Coucou de Flandres

Une Variété

Origine. La Coucou de Flandres a une origine commune avec la Coucou de Malines — ce serait même, d'après Van der Snick, son type ancien.

Standard. Nous devons à l'obligeance de M. Robert Fontaine, président des Aviculteurs du Nord, le Standard de cette race, tel qu'il a été présenté par lui et reconnu officiellement par la Société des Aviculteurs du Nord, et homologué par la Fédération des Sociétés d'Aviculture de France.

Caractères généraux. *Tête* : de grosseur moyenne. — *Bec* : de bonne force, pas très long, légèrement recourbé, de couleur blanc sale, quelquefois marqué de noir. — *Crête* : de moyenne grandeur, simple, bien dentelée, de couleur rouge, droite chez le coq, légèrement repliée chez la poule. — *Barbillons* : moyens chez le coq, petits chez la poule; de forme un peu allongée et de couleur rouge. - *Oreillons* : ronds, petits, mais assez apparents, rouges, quelquefois sablés de blanc. — *Joues* : rouges, parsemées de plumes minuscules. — *Yeux* : assez vifs, de couleur rouge orangé. — *Cou* : pas très long, garni chez le coq d'un camail de bonne épaisseur, descendant jusqu'aux épaules, sans les couvrir. — *Corps* : gros, sans lourdeur, poitrine large et profonde, dos court et plat, rein de moyenne longueur. — *Ailes* : bien serrées au corps. — *Queue* : portée assez haut chez le coq, sans pour cela atteindre la verticale, moyennement développée. Chez la poule, elle est portée bien fermée et moins relevée que chez le coq, la base est large, allant en s'amincissant pour se terminer en pointe arrondie. — *Cuisses* : assez fortes et pas très longues. — *Tarses* : de moyenne longueur, robustes, bien lisses, blanc rosé, munis de quatre doigts bien écartés; les poules ont parfois quelques écailles noires et les poulettes ont le devant du canon un peu grisâtre. — *Taille* : Coq, 60 à 65 centimètres; poules, 40 à 45 centimètres. — *Poids* : Les coqs adultes pèsent de 3 à 3 kg. 500, les poules de 2 kg. 1/2 à 3 kilos. Un coquelet bien nourri, mais non engraissé, pèse, à l'âge de 4 mois, environ 2 kilos. Le poids des plumes est de 275 grammes, celui des os 325 grammes, soit à peu près 1 kg. 400 de viande à consommer.

COULEUR

Coq. — Le coq est de couleur plus claire que celle de la poule. Sa plume est barrée noir suie sur fond blanc sale; les barres sont en général au nombre de 4 noires et 4 blanches. Elles sont moins régulières chez le coq que chez la poule, et la partie blanche est plus large. Les plumes du dos et des épaules sont luisantes, comme vernissées, assez pointues, les barbes des plumes séparées.

La couleur du plumage doit être bien uniforme d'un bout à l'autre, le dessin du plumage doit être très net, les plumages brouillés sont défectueux. Les moyennes et les petites faucilles doivent être bien régulièrement barrées. Une tolérance existe pour la couleur de la base des grandes faucilles, qui est souvent blanche. Ce petit défaut finira par être éliminé, en conservant les sujets qui ont les grandes faucilles le plus barrées possible. Les plumes de l'abdomen sont assez brouillées.

Poule. — Le plumage est beaucoup plus foncé; les plumes sont barrées de noir foncé à reflets verts sur fond blanc sale, légèrement estompées. Les barres noires sont plus larges que chez le coq, et, comme chez celui-ci, les plumes de l'abdomen sont brouillées. Il faut absolument éviter dans l'ensemble du plumage la couleur charbonnée, c'est-à-dire le plumage brouillé; les barres doivent s'apercevoir distinctement.

DÉFAUTS

Sujets trop élevés sur jambes et ayant des formes anguleuses. Pli dans la crête. Oreillons blancs. Yeux clairs. Couleur trop foncée chez le coq. Plumage brouillé chez la poule. Plumes blanches ou noires. Doigts contournés.

DISQUALIFICATIONS

Crête autre que simple. Bosse sur le dos ou sur les reins. Tarses jaunes ou noirs. Plumes sur les tarses. Plumes jaunes ou rouges.

Considérations générales. C'est une volaille de la région du Nord de la France, par conséquent acclimatée, et pouvant donner un rendement appréciable.

Malheureusement, il est très difficile de la trouver à l'état de pureté dans les fermes. Ce n'est que chez quelques éleveurs amateurs qu'on peut encore la rencontrer. Là, elle se reproduit d'une manière constante, grâce à la sélection. Elle est de bonne taille, rustique, bien charpentée et pas trop haute sur pattes. Les particularités qui la distinguent sont : le port peu relevé, la crête simple, les pattes de couleur blanc rosé et le plumage plus clair chez le coq. Chez les poules, la couleur est plus foncée que celles des volailles coucou en général.

La chair est fine, blanche, tendre. La poule est assez précoce; elle pond environ 150 œufs, de couleur blanc rosé et d'un poids variant entre 65 et 70 grammes. Elle couve bien, se conduit en excellente mère; les poussins s'élèvent facilement et leur croissance est assez rapide.

On peut reconnaître les coquelets vers l'âge de trois semaines, ils sont de couleur plus claire, tandis que les poules sont presque noires.

Pas de club spécial en France.

RACE COUCOU DE FLANDRES
(Clichés « Chasse Illustrée ».)

Monographie de la race Coucou d'Écosse

Scotch Grey

Variété Coucou

Origine. La race Scotch Grey ou Coucou d'Écosse est d'origine fort ancienne. Ce n'est point, ainsi que certains auteurs ont voulu le prétendre, une variété Coucou du Dorking (qui existe d'ailleurs) — l'absence du cinquième doigt le prouve surabondamment, et ce fait ne se manifeste jamais par atavisme chez les jeunes — ni une variété écossaise de la Dominique américaine, comme la présence accidentelle de pattes jaunes chez les produits a pu le faire croire à certains auteurs, mais une variété coucou sélectionnée de la poule du pays, poule dans la formation de laquelle les variétés méditer-

RACE COUCOU D'ÉCOSSE

(Cliché Caldéron.)

ranéennes : Minorque, Espagnole, Leghorn italienne, ont certainement joué un rôle important.

Cette race est encore fort commune en Écosse.

Standard. Nous donnons le Standard du Scotch Grey Club, société écossaise qui s'occupe activement de cette race.

Caractères généraux. COQ. — *Crête* : simple, de grandeur moyenne, de texture fine, parfaitement droite et dressée, avec des dentelures bien définies, d'un rouge brillant, sans excroissances latérales et descendant bien en arrière de la tête. - *Bec* : fort, bien recourbé, blanc ou blanc strié de noir. — *Tête* : Fine, longue. — *Œil* : large, brillant, intelligent. - - *Oreillons* : moyens, de texture fine et de couleur rouge brillant. — *Barbillons* : de longueur moyenne, d'un rouge brillant et bien arrondis sur les bords supérieurs. — *Cou* : de moyenne longueur, s'amincissant légèrement vers la tête, bien arqué et possédant un camail retombant bien sur les épaules. — *Poitrine* : large, profonde et pleine, portée haut et en avant. — *Corps* : de moyenne longueur, compact et bien en chair. — *Ailes* : moyennes, portées haut, distinctement barrées, pommeau et pointe recouverts l'un par les plumes du camail, l'autre par les lancettes. — *Queue* : moyenne, portée haut, mais en arrière du corps, pas en écureuil, avec les faucilles flottantes et les rémiges secondaires élégamment et régulièrement barrées. — *Cuisses* : longues, droites, écartées et fortes. — *Tarses* : forts et plutôt longs, blancs ou blancs pommelés de noir, pas emplumés. — *Pieds* : forts et puissants, même couleur que les tarses, quatre doigts droits et bien étendus. — *Taille* : la plus forte possible, pourvu que les autres caractères soient respectés. — *Forme générale* : ressemblant à celle de l'Espagnole. — *Port et apparence générale* : dressé, vif, actif, audacieux et gracieux. — *Plumage* : coucou, la couleur de fond du corps, des ailes et des cuisses doit être d'un blanc bleuâtre, tandis que celle du camail, des lancettes et de la queue peut varier du blanc bleuâtre au gris clair. Les barres doivent être d'un noir brillant avec un lustre métallique. Les barres sur le corps, les cuisses et les ailes doivent être droites en travers des plumes, tandis qu'au camail, à la queue et sur les lancettes, elles peuvent être légèrement angulaires ou en forme de V, les bandes de noir et de blanc doivent être d'égale largeur et proportionnelles à la grandeur de la plume. Le plumage doit être parfaitement uni, c'est-à-dire d'une nuance uniforme depuis la tête jusqu'à la queue, et ne pas présenter de plumes rouges ou entièrement noires ou blanches; le camail, les lancettes et la queue doivent être très fortement barrés, tandis que sur les autres parties du corps les marques doivent être plus petites, tout en étant distinctes, bien définies et régulièrement réparties.

POULE. — *Crête* : moyenne, fine, à dentelures régulières, soit portée droite, soit tombant légèrement d'un côté de la tête. — *Bec* : fort, bien recourbé, soit blanc, soit blanc rayé de noir. — *Tête* : nette, longue et fine. — *Œil* : Large, brillant, clair. - - *Oreillons* : moyens, de texture fine et d'un rouge brillant. — *Barbillons* : de moyenne longueur, rouge brillant, bien arrondis à leur bord inférieur. — *Cou* : plutôt long, camail distinctement marqué et de la même couleur que le corps. — *Poitrine* : large, profonde et pleine, portée haut et en avant. — *Corps* : de moyenne longueur, compact et bien en chair. — *Ailes* : moyennes, portées haut, distinctement barrées, le pommeau et la pointe recouverts l'un par les plumes du camail, l'autre par les plumes des reins. — *Queue* : moyenne, bien marquée, portée en arrière du corps, sans être en écureuil. — *Cuisses* : longues, fortes, bien visibles. - *Tarses* : plutôt longs, blanc rosé ou légèrement pommelés, mais pas enfumés. — *Pieds* : gros et forts, de la même couleur que les tarses, quatre doigts, droits et bien étendus. — *Taille* : la plus forte possible, pourvu que ce ne soit pas au détriment des autres caractères. — *Forme* : ressemblant à celle de l'Espagnole. — *Port et apparence* : dressé, vif, actif, audacieux et gracieux. — *Plumage* : le même que chez le coq, mais les barres plutôt larges, distinctes et régulièrement réparties, donnant à tout le plumage l'aspect d'un tartan (manteau écossais) de berger.

Disqualifications : tout truquage, toute difformité du corps, et tout caractère visible provenant d'une autre race.

ÉCHELLE DES POINTS.

COQ

Couleur et marques du camail			10
»	»	des ailes et des épaules	10
»	»	du dos	10
»	»	port de la queue	10
»	»	de la poitrine et des cuisses	10
Tête et crête			10
Tarses et pieds			5
Taille			15
Symétrie			10
Condition			10
			100

POULE

Tête et crête	10
Couleur et marques du camail	10
des ailes et des épaules	10
du dos	10
port de la queue	10
de la poitrine et des cuisses	10
Tarses et pieds	5
Taille	15
Symétrie	10
Condition	10
	100

Observations sur le Standard. Le Standard du Poultry Club anglais ne diffère pas sensiblement de celui du Club écossais, que nous venons de donner; il mentionne en plus le *maniement* : Un Scotch Grey tenu en main doit paraître dur et ferme comme un Combattant; il donne aussi les poids : 7 à 8 livres anglaises pour les coqs, 5 livres et demie à 6 livres et demie pour les poules.

Qualités et exigences de la race. La race de Scotch Grey est considérée comme très rustique dans son pays d'origine; il faut néanmoins dire que, chez nous, on la trouve plutôt délicate; elle exige des herbages : elle est bonne pondeuse d'œufs assez beaux à coquille crème (d'après quelques auteurs, elle aurait donné, en France, une moyenne annuelle de 110-120 œufs de 63-65 grammes). Elle demande assez rarement à couver, et se montre alors assez mauvaise couveuse, abandonnant souvent son nid après une dizaine de jours. Les jeunes ont un développement assez rapide. On les considère comme d'excellentes volailles de table; leur chair est abondante, fine et juteuse. On s'est aussi très bien trouvé de cette race pour améliorer les races communes. Elle est très habile à fourrager dans les champs, à y trouver sa nourriture.

La race de Scotch Grey comme poule d'utilité. Ces qualités désignent assez la race de Scotch Grey comme poule de ferme sous les climats qui lui conviennent. Il est remarqué, en effet, que les poussins supportent parfaitement les climats froids et s'y montrent très précoces. — Aussi, actuellement, cette race est-elle fort prisée, non seulement en Écosse, son pays d'origine, mais aussi dans l'Amérique du Nord et en Allemagne. Peut-être ferait-elle bien dans le nord de la France.

La race de Scotch Grey comme race sportive. La race de Scotch Grey est assez rarement élevée sportivement; pourtant, dans de récentes expositions anglaises et américaines, on a pu constater une notable augmentation du nombre des oiseaux présentés.

Pour obtenir de bons sujets, il faut choisir un coq de bonne forme, de bonne taille, bien et régulièrement barré, avec les barres pénétrant le plus profondément possible dans l'intérieur du plumage et surtout n'offrant aucune trace de rouille sur le dos ou sur les ailes. On le mettra avec des poules bien marquées et de bonne couleur, mais avec des cous foncés, beaucoup plus foncés que chez les coqs. En agissant ainsi, on aura beaucoup plus de beaux sujets qu'en agissant de la manière contraire, c'est-à-dire en alliant un coq foncé à des poules claires. Il faut aussi éviter de se servir comme reproducteurs de coqs ou de poules ayant des plumes blanches dans la queue, et surtout dans les faucilles.

Pas de Club spécial en France.

Clubs. **Angleterre :** *Scotch Grey Club.*

Monographie de la race de Scotch Dumpies

Courtes-Pattes écossais

Plusieurs variétés non fixées

Origine. Cette race est connue depuis fort longtemps en Écosse; mais, par suite de l'introduction et de la vogue des races asiatiques, elle avait disparu complètement; elle fut, pour ainsi dire, créée à nouveau. Comme la Courtes-Pattes, avec laquelle elle a de grandes ressemblances, la Scotch Dumpies est une forme bassette de la race commune écossaise et de la Scotch Grey; elle est surtout caractérisée par son corps très long, large et profond, porté sur des jambes excessivement courtes.

Standard. D'après le Poultry Club anglais.

Caractères généraux. COQ. — TÊTE : *Crâne* : fin. — *Bec* : long et bien recourbé. — *Œil* : large et clair. — *Crête* : (a) simple ou (b) frisée; la simple préférée (a) de hauteur moyenne, droite et dressée, sans excroissances latérales et l'arrière suivant la ligne du cou, régulièrement dentelée; (b) de grosseur moyenne, bien posée d'aplomb sur la tête, la surface supérieure plane et bien garnie de petites pointes en mamelons, se rétrécissant en arrière, de façon à se terminer en une pointe, mais ne se relevant pas, suivant au contraire la ligne du cou. — *Face* : unie. — *Oreillons* : petits et collés contre le cou. — *Barbillons* : moyens. — Cou : De belle longueur, mais en rapport avec la grosseur du cou et recouvert d'un camail abondant. — Corps : Carré. — *Poitrine* : profonde. — *Dos* : large et plat. — *Ailes* : moyennes, bien portées. — *Queue* : pleine et flottante, les faucilles bien arquées. — *Jambes et pieds* : jambes très courtes, les tarses n'ayant pas plus de 3,5 à 4 centimètres de long. — *Doigts* : au nombre de quatre sur chaque pied et bien étendus. — *Port* : lourd, avec une démarche dandinante, l'oiseau, par suite du peu de longueur de ses jambes, ayant l'air de « nager sur la terre ferme ». — *Poids* : 7 livres et demie.

POULE. — Mêmes caractères que le coq, en tenant compte des différences sexuelles. — *Poids* : 6 livres.

COULEUR : *Bec* : s'assortissant avec les tarses. — *Œil* : rouge. — *Crête, face, oreillons et barbillons* : rouge brillant. — *Tarses et pieds* : blancs, sauf dans la variété noire, où ils sont noirs ou ardoisés, et pommelés dans la variété Coucou. — *Plumage* : il n'y a aucune couleur fixée pour le plumage, mais les variétés principalement exposées sont noires, coucou, foncées et argentées, ressemblant fort aux plumages ainsi dénommés chez les Dorking.

ÉCHELLE DES POINTS.

Type	40
Taille	20
Tête	15
Condition	15
Couleur	10
	100

Qualités et exigences de la race. Les Scotch Dumpies sont des volailles très rustiques, les poules très bonnes pondeuses et leur chair excellente, dépassant en finesse, d'après l'avis de Wright, celle des Dorking, pourtant si renommée en Angleterre. Elles sont aussi de très bonnes couveuses, couvant plus d'œufs que leur taille ne pourrait le faire supposer, et font d'excellentes mères, offrant ce mérite particulier d'être fort disposées à accepter des poussins éclos sous d'autres poules.

Clubs. Pas de Club spécial en France.

Angleterre : *Scotch Dumpies Club.*

Monographie de la race Géline de Touraine.

Une variété noire.

Origine. La race galline dite « Géline de Touraine » est une de ces variétés locales que des amateurs et des agriculteurs particuliers qu'il a été rédigé par le Club que préside avec compétence et dévouement, M. J. B. MARTIN, directeur des Services agricoles du département d'Indre-et-Loire.

RACE GÉLINE DE TOURAINE

sans des « poules de pays » ont sélectionnées, et qui présentent, entre autres avantages d'ordre pratique, celui d'une bonne adaptation au sol, aux conditions d'existence et au climat.

Nous donnons ci-dessous le standard de cette poule noire, fort méritante, tel

On annonce quelquefois, dans les journaux, des Gélines de Touraine herminées. C'est là un croisement, qui n'est pas actuellement reconnu comme race.

La Bourbourg, la Bourbonnaise et la Contres sont nos seules races françaises herminées, officiellement admises.

10

Standard. Dressé par le Club avicole de Touraine, le 23 octobre 1909, et homologué par le Bureau central de la Fédération, le 12 novembre 1913.

Caractères généraux et moraux.

I. AIRE GÉOGRAPHIQUE : Touraine. — *Origine :* autochtone.

II. APPARENCE GÉNÉRALE : *Taille :* un peu au-dessus de la moyenne. — *Forme et aspect du corps :* ample, allongé, aspect dégagé. — *Squelette et charpente :* plutôt fins.

III. POIDS MOYEN : *Coq :* 6 à 7 livres (3 kilos à 3 kilos 1/2). — *Poule :* 5 à 6 livres (3 kilos), race très dense.

IV. PONTE : *Moyenne annuelle :* 130 à 150 œufs. — *Saison de ponte :* 15 janvier au 15 septembre. (Les poulettes nées en mars-avril commenceront à pondre en novembre ou décembre). — *Grosseur ou nature des œufs :* beaux œufs, gros. — *Couleur et grosseur proportionnelle du jaune :* poids du jaune : 1/3 du poids total de l'œuf. — *Poids moyen :* 55 à 65 grammes. — *Couleur de la coque :* roux clair et légèrement teintée.

V. QUALITÉS : *Incubation :* suffisante. — *Précocité :* moyenne. — *Rusticité :* très grande. — *Acclimatation :* facile. — *Aptitude à l'engraissement :* très grande, chair blanche, très délicate, fine et compacte. — *Caractère et allures :* volaille à l'air vif. Très dense; beaucoup plus de poids qu'on ne le croirait à la voir.

Description détaillée.

COQ : *Plumage :* noir à reflets métalliques. — *Tête :* grosseur moyenne, plutôt fine. — *Crête :* simple, sans replis ni crétillons latéraux. — *Forme et disposition :* crête simple, droite et forte, et régulièrement dentée (6 dents). — *Dimensions, port :* forte, se prolonge et descend à l'arrière en suivant à peu près la courbure du cou. — *Oreillons, Barbillons ; forme, couleur :* oreillons peu charnus de moyenne grandeur, rouges, sablés de blanc au centre; barbillons rouges, de moyenne grandeur. — *Texture de la peau :* très souple, blanche. — *Yeux ; couleur de l'iris :* bruns, larges, bien ouverts, bord de la paupière rouge foncé. — *Bec ; forme, longueur, couleur de la corne :* fort, un peu arqué, noir, couleur corne claire à la pointe. — *Joues :* légèrement emplumées, peau rouge.

— *Cou :* fort. — *Camail :* beau; assez fourni. — *Dos :* long, large, compact, bien plein, formant une table presque horizontale. — *Épaules :* fortes. — *Ailes :* puissantes. — *Queue :* touffue. Faucilles assez longues. — *Poitrine :* large et profonde .— *Cuisses :* fortes, bien emplumées, sans bouffants très accusés. — *Jambes et tarses :* assez forts, gris ardoisé, lisses, sans plumes. Longueur moyenne. — *Pieds :* 4 doigts, sans plumes. — *Ongles :* couleur corne claire.

POULE : *Plumage :* noir. — *Tête :* plutôt fine. — *Crête : Forme et disposition :* régulièrement et finement dentée, se prolonge et descend légèrement en arrière. — *Dimensions, port :* moyenne, légèrement fléchie ou repliée sur le côté à l'époque de la ponte. — *Oreillons, Yeux, Bec, Joues, Cou, Dos, Épaules, Ailes, Poitrine, Cuisses, Pieds et Ongles :* comme chez le coq. — *Queue :* assez forte. — *Jambes et Tarses :* grosseur moyenne, gris ardoisé, complètement dépourvus de plumes. Éviter les pattes courtes ou trop longues.

ÉCHELLE DES POINTS.

Forme, aspect général	25 points
Tête (bec, œil).	10 —
Crête	10 —
Barbillons	5 —
Oreillons.	5 —
Queue.	8 —
Pattes.	10 —
Condition (plumage, couleur). . .	12 —
Poids (compacité).	15 —
Total	100 points

ÉLEVEUR SPÉCIALISTE

chez qui on peut se procurer :

Œufs, jeunes sujets et reproducteurs

Comte D'AUBIGNY, Élevage des Hayes, château des Hayes, à *Autrèche* (Indre-et-Loire).

Monographie de la race Noire du Berry.
Une variété noire.

Origine. La Poule noire du Berry est une ancienne volaille locale modifiée par des croisements et sélectionnée dans le sens assez droite. D'autres éleveurs se sont attachés, au contraire, à produire le type du standard que nous donnons ci-dessous, les croisements de Brahma

RACE NOIRE DU BERRY

(Cliché de Moreau, Photo.)

de la productivité en chair et en œufs. Les éleveurs qui s'en sont occupés n'ont pas toujours tendu au même type. Les uns, par des croisements de Brahma sur une base ancestrale de Bresse noire, ont obtenu des sujets d'un noir un peu cendré, avec barbes et moustaches, sans oublier quelques plumes aux pattes, plus massifs que le type véritable, avec majorité d'œufs couleur saumon. Sa crête, moyennement développée, était avec plumes aux pattes n'étant pas reconnus dans les expositions comme Poules noires du Berry.

D'autres encore ont cru devoir grossir leurs bêtes avec de l'Orpington.

C'est pourquoi le standard actuel exige la couleur blanche ou blanc rosé de l'œuf, et les pattes lisses, assez fortes, mais bleu ardoisé, afin de conserver les qualités et le caractère d'une volaille occidentale.

Standard. Établi par la Société d'Agriculture de l'Indre en 1912, adopté par la Société d'Aviculture du Cher, et approuvé par le Conseil de la Fédération des Sociétés d'Aviculture de France (28 mars 1912).

Caractères généraux. I. — AIRE GÉOGRAPHIQUE. Berry (Indre et Cher). — *Origine :* autochtone.
II. — APPARENCE GÉNÉRALE. — *Taille :* un peu au-dessus de la moyenne. — *Forme et aspect du corps :* bateau bien accusé, surtout chez le coq. — *Squelette et charpente :* os fins.
III. — POIDS MOYEN. — *Coq :* 3 kilos. — *Poule :* 2 kil. 300.
IV. — QUALITÉS. — *Ponte :* moyenne annuelle : 200 (1). — *Saison de ponte :* précoce. — *Œufs :* gros, jaune bien accusé, grosseur moyenne, 60 grammes; coque blanche. — *Incubation :* bonne couveuse, très précoce, très rustique, s'acclimate à tous les sols. — *Aptitude à l'engraissement :* très bonne, chair blanche, fine et savoureuse. — *Caractère et allures :* allures vives et dégagées.
V. — UTILISATION PARTICULIÈRE DES PLUMES. — Mode et literie.

Description détaillée. COQ. — *Plumage :* noir à reflets métalliques. — *Tête :* fine, plutôt allongée. — *Crête :* simple, droite, dentelures assez profondes, de 6 à 5 pointes, texture très fine. — *Oreillons et barbillons :* ordinaires, couleur rouge. — *Texture de la peau :* fine. — *Yeux :* rouges, dits « œil de coq ». — *Bec :* corne gris foncé, légèrement arqué, pointe du bec plus claire. — *Joues :* lisses. — *Cou :* solide, longueur moyenne. — *Camail :* noir brillant, sans trace de lancette rouge ou jaune. — *Dos :* large. — *Épaules :* larges et obliques. — *Ailes :* très développées. — *Queue :* garnie de longues faucilles et bien fournie. — *Poitrine :* très large. — *Cuisses :* bien proportionnées. — *Jambes et tarses :* pattes bleu ardoisé, assez fortes, sans plumes. — *Pieds :* quatre doigts, sans plumes. — *Ongles :* plus clairs que la corne de la pointe du bec. — POULE. — *Plumage :* noir à reflets métalliques. — *Tête :* fine, plutôt allongée. — *Crête :* simple, peu développée, légèrement penchée au moment de la ponte, texture très fine. — *Oreillons et bar-*

billons : ordinaires, couleur rouge. — *Texture de la peau :* fine. — *Yeux :* rouges, dits « œil de coq ». — *Bec :* corne gris foncé, légèrement arqué, pointe du bec plus claire. — *Joues :* lisses. — *Cou :* solide, longueur moyenne. — *Camail :* noir brillant, sans trace de lancette rouge ou jaune. — *Dos :* large. — *Épaules :* larges et obliques. — *Ailes :* très développées — *Queue :* très développée et relevée. — *Poitrine :* très large. — *Cuisses :* bien proportionnées. — *Jambes et tarses :* pattes bleu ardoisé, assez fortes, sans plumes. — *Pieds :* quatre doigts sans plumes. — *Ongles :* plus clairs que la corne de la pointe du bec.

Observations sur le Standard. En février 1922, à la suite d'une entente entre M. le baron H. de Laage, ancien président de la Section d'Aviculture de la Société d'Agriculture de l'Indre, Président de la Société d'Aviculture de Seine-et-Oise, et M. le baron de Glatigny, Président de la Société d'Aviculture du Cher, les modifications suivantes furent apportées au standard ci-dessus :

Couleur de la coque des œufs : blanche, parfois légèrement rosée.

Incubation de la race : assez bonne couveuse.

Plumage du coq : noir à reflets métalliques verts.

Crête de la poule : droite, peu développée.

Oreillons chez le coq : arrondis et de grandeur moyenne. — *Chez la poule :* idem.

Joues : lisses et rouges.

Cou : plutôt fort et de longueur moyenne.

Ailes : bien développées.

Ces modifications furent approuvées par M. H. Ratouis de Limay, au nom de la Société d'Agriculture de l'Indre, et homologuées par la Fédération française.

---

(1) Il convient d'avertir ici, pour ce standard comme pour les autres donnés dans cet ouvrage, que les chiffres indiqués pour la moyenne de ponte, de même que ceux du poids des œufs et des sujets, expriment simplement le *desideratum* des auteurs du standard, et non la moyenne réelle de tous les sujets existant de la race considérée.

Monographie de la race de Gournay.

La race normande par excellence, la Gournay, originaire du pays de Gournay-en-Bray, où elle était très connue autrefois, très réputée à juste titre, s'était peu à peu perdue par l'introduction néfaste, comme partout ailleurs, du reste, des races Cochinchinoise et Brahma. Elle a été, depuis 1896, soigneusement reconstituée et fixée, comme le prouvent les récompenses obtenues aux Expositions internationales de Paris et au Concours régional de Gournay-en-Bray depuis 1910.

On la trouve maintenant en bandes à l'état pur chez plusieurs éleveurs amateurs de la Seine-Inférieure.

Comme toutes les poules, la Gournay préfère le terrain sec; mais on remarque que, de toutes les races, elle est celle qui supporte le mieux le climat humide de la Normandie et le séjour sur le sol mouillé ou argileux. C'est la vraie poule d'herbage. *A fortiori*, elle peut réussir en d'autres régions où le climat est plus sec, le terrain plus sain. La Gournay, habituée aux intempéries, prospère quand elle est placée dans des conditions plus favorables que celles de son pays d'origine.

Elle supporte parfaitement la vie de parquet. Mais en parquet étroit, il ne faudrait pas s'attendre à avoir d'elle le même rendement qu'en liberté. C'est la même chose pour toutes les races, du reste.

La Gournay convient tout à fait pour

(*Cliché Caldéron.*)

RACE DE GOURNAY

l'engraissement forcé. Type à part, elle est, à ce point de vue, comparable à la Houdan et à la Bresse.

La Gournay est une race essentiellement pratique, rustique, de rapport. C'est la « Bresse normande ».

La Gournay a ceci de particulier qu'aucune autre race ne lui ressemble. Plumage régulièrement caillouté blanc pur et noir brillant, crête simple de grandeur moyenne, pattes marbrées rose et noir, quatre doigts, oreillons rouge mêlé de blanc, squelette léger, chair fine et savoureuse. Ponte hors ligne et précocité étonnante. Poids des œufs : de 65 à 70 grammes. La poule de Gournay ne couve pas.

Le Club Avicole et le Cercle des Fermières de la Seine-Inférieure s'intéressent tout particulièrement à la race de Gournay. Ils en ont entrepris la sélection. Les principaux collaborateurs : la Marquise de Sainte-Marie d'Agneaux, Mmes Filoque et Bouterre, MM. Gauthier, président du Club, et Cottereau, ont obtenu à cet égard d'excellents résultats.

A l'une des dernières Expositions des Aviculteurs Français à Paris, huit coqs, cinq coquelets, six poules, dix poulettes furent exposés, formant un fort joli lot de vingt-huit Gournay, presque les trois quarts du nombre des Houdan exposés en même temps. Les Gournay étaient trois fois plus nombreux que les Mantes.

Chose curieuse, alors que surgissent chaque année des nouveautés exotiques et françaises imprévues, la race de Gournay ne fait pas parler d'elle. La raison principale de cette indifférence apparente est que certains auteurs l'ont fait à tort passer pour une sous-race de la poule de Mantes. C'est une grosse erreur qui n'a que trop duré. Il n'y a aucun rapport entre la poule de Mantes et la poule de Gournay. La Mantes n'est que le résultat heureux du croisement de Brahma et de Houdan pratiqué il y a 30 à 35 ans par les frères Voitellier à Mantes. La Gournay est une race pure, une des plus anciennes de France.

C'est vers 1896 que M. Maison installa une basse-cour avec les meilleurs sujets rencontrés au cours de ses voyages dans la région de Vimeu et de la Bresle, dans les environs de Gournay, en Basse-Normandie; M. Maison se passionna pour la reconstitution de la race, et put même s'en procurer sur les marchés de Vire et Saint-Lô. A Gournay, les volailles de cette race que l'on rencontre dans les basses-cours proviennent de son élevage.

Standard. Le Standard est celui publié par le Club Avicole de la Seine-Inférieure et adopté par la Société des Aviculteurs Normands, d'Évreux.

Qualités générales. Tempérament robuste. S'acclimatant partout et prospérant en climat humide. Croissance rapide. Précocité surprenante. Insensible aux intempéries. Rusticité à toute épreuve.

Allure : fière chez le coq. Alerte et décidée chez la poule. — *Corps* : bien charpenté. Squelette léger. Formes arrondies, bien proportionnées. Constitution vigoureuse. Ensemble gracieux. — *Tête* : éveillée. Sans la moindre trace de huppe. — *Bec* : moyen, jaspé. — *Crête* : simple, d'un rouge intense, à dents profondes, bien droite et portée loin en arrière chez le coq, penchée chez la poule, de préférence sur le côté droit. — *Oreillons* : rouges, ou d'un rouge mêlé de blanc. — *Barbillons* : ordinaires, arrondis. — *Pattes* : marbrées rose et noir, sans la moindre trace de plumes, longueur moyenne, quatre doigts. — *Poitrine* : bien développée, charnue. — *Abdomen* : large, bombé. — *Plumage* : bien régulièrement caillouté, blanc pur et noir brillant. La prédominance du noir est préférable. Plume serrée. — *Ailes* : bien fermées, serrées contre le corps. — *Queue* : fermée, bien relevée. — *Incubation* : nulle. — *Ponte* : hors ligne. Œufs blancs, pesant de 65 à 70 grammes. — *Chair* : blanche, fine et savoureuse. L'une des meilleures volailles de table.

Défauts à éviter : plumes jaunes, rousses ou grises. Plumage non serré; renfermant plus de blanc que de noir. La plus légère trace d'épi ou de huppe sur l'occiput, ou de plumage aux pattes. Crête droite chez la poule, ou penchée chez le coq. Oreillons blanc pur ou bleuâtres. Pattes toutes noires ou toutes grises, sans marbrures roses. Ailes tombantes. Queue renversée sur le dos chez le coq, basse chez la poule.

Monographie de la race des Ardennes et de la Gauloise.

Une variété dorée et une variété argentée.

Origine. Cette race, éminemment rustique et convenant parfaitement aux fermes où on laisse les poules en liberté, paraît avoir conservé une partie des qualités de l'oiseau sauvage, quant à l'aptitude à « chercher sa vie » et à découvrir, par une chasse active, poursuivie dès le lever du jour, les insectes, les vers et les petits mollusques dont elle fait son régal.

qui demeurent emprisonnées dans des cours de fermes, l'Ardennaise a gardé, de son espèce originaire, que nous ignorons, la faculté de voler. Elle se cache volontiers dans les buissons quand on veut l'approcher, et, si l'on insiste, elle gagne, en volant, la ramure des arbres.

(*Cliché de l' « Acclimatation »*).

Moins abâtardie que les races élevées en volières ou en parquets et que celles

Nous donnons ci-dessous, **Standard:** d'après les travaux de La Perre de Roo et en nous inspirant des renseignements qu'a bien voulu nous communiquer M. Robert Fontaine, mais en les groupant sous une forme plus systématique, les éléments caractéristiques de cette race.

Caractères généraux.

COQ. — TÊTE. — Fine et longue. — *Bec* : court. — *Œil* : ardent et vif. — *Crête* : simple, à 5 ou 6 dentelures régulières, sans aucune excroissance latérale, ni coup de pouce, de grandeur moyenne, portée bien droite et se prolongeant un peu en arrière, en se détachant du cou à sa base. — *Joues* : recouvertes de petites plumes fines. — *Oreillons* : moyens, ne descendant pas à la moitié de la longueur des barbillons, mais dépassant ordinairement le tiers de leur longueur. — *Barbillons* : de longueur moyenne, larges et arrondis, sans excroissances latérales. — *Cou* : court et gros, garni d'un camail abondant.

CORPS. — Élancé et bien proportionné. — *Dos* : Assez large et nettement incliné d'avant en arrière comme chez les races de l'Europe occidentale. — *Reins* : ordinaires. — *Poitrine* : arrondie et portée en avant. — *Ailes* : longues, portées plutôt basses. — *Queue* : bien fournie, à longues faucilles bien recourbées. Lancettes abondantes.

JAMBES ET PIEDS. — *Jambes* : minces. — *Tarses* : fins, nus, sans aucune trace de plumes. — *Doigts* : au nombre de quatre.

Port : relevé et fier.

Taille : comparable à celle du Coq de Campine.

Poids : 2 kg. 1/4 à 2 kg. 1/2, chez l'adulte.

Chair : fine et délicate.

Caractère : assez belliqueux, supportant mal un autre coq.

POULE. — TÊTE. — Gracieuse et très petite. — *Bec, crête et forme du corps* : comme chez le coq, en tenant compte des différences sexuelles. La crête est simple et retombante, mais moyennement développée.

Port : alerte et vif.

Taille : moyenne, comme la Poule de Campine.

Poids : De 1 kg. 3/4 à 2 kg. approximativement.

Chair : fine et délicate.

Caractère : doux et craintif. Elle se cache ou s'envole, quand on l'approche.

Couleur.

COQ. — *Bec* : de couleur plomb foncé. — *Oreillons* : rouges, sablés de blanc le moins possible. — *Tarses* : de couleur bleu foncé, tirant souvent sur le noirâtre. — *Doigts* : de la couleur des tarses. — *Ongles* : de couleur foncée comme la corne du bec. — *Ergots* : souvent noirâtres.

PLUMAGE : *Variété dorée.* — *Camail* : d'un beau rouge orangé. — *Petites et moyennes couvertures des ailes* : rouge foncé velouté. — *Grandes couvertures* : noires à reflets verts formant une barre noire traversant l'aile. — *Rémiges secondaires* : brunes. — *Rémiges primaires, rectrices* : noir mat. — *Faucilles* : noires à reflets verts. — *Plastron et plumes des cuisses* : noir brillant. — *Plumes de l'abdomen* : noir mat.

POULE. — La poule, chez laquelle on observe le dimorphisme sexuel du plumage, a, d'un bout à l'autre, ce qu'on nomme le plumage « perdrix ». Elle a souvent l'œil plus foncé que le coq. Pour les oreillons et les autres caractères, comme chez le coq, sauf différences sexuelles.

Variété argentée. — Il existe également une variété argentée. Alors que la variété dorée nous offre un oiseau noir à camail doré, la variété argentée nous montre un oiseau noir à camail argenté. Les poules dorées sont assez semblables, comme plumage, aux poules de la race Cochin perdrix et les poules argentées à celles de la Brahma foncée.

Observations sur le Standard.

La description ci-dessus se rapporte aux poules ardennaises. Nous empruntons à un article de feu Henri Voitellier, publié en décembre 1911, dans le journal l'*Acclimatation*, sous le pseudonyme de J. Delsaux, la description suivante de la poule Gauloise, qu'il sera intéressant de comparer avec celle de l'Ardennaise qui précède, et qui complètera notre gravure, due à l'obligeance de notre excellent confrère M. René Tisserant, directeur de ce journal.

La poule Gauloise.

« Devrait figurer la première en tête du catalogue des races françaises, mais s'y trouve généralement la dernière, quand elle y figure. Elle n'existe, en effet, pour ainsi dire pas. Elle ne peut se dire autochtone de nulle part, et si, quelquefois, l'on voit son nom figurer dans une exposition, c'est grâce à quelque amateur de bonne volonté, chercheur de nouveauté et ne dédaignant pas une production originale. Car, en dépit de son nom qui la fait remonter aux temps antiques, la poule Gauloise est si bien à reconstituer, qu'on peut assimiler sa reconstitution à une création. Et cependant voilà quarante ans que nous voyons se produire des tentatives isolées de cette création, mais sans suite sérieuse. Ces tentatives, abandonnées, sont reprises ailleurs, pour être de même abandonnées par leurs auteurs et, faute de concurrents à inscrire, nos catalogues d'expositions officielles ou privées ne font pas encore mention de la poule Gauloise. On peut cependant considérer celle-ci comme existante, mais sous un autre nom, celui de poule des Ardennes. De toutes nos races françaises, l'Ardennaise est celle qui se rapproche le plus d'un type primitif, et dont les caractères sont à peu près ceux demandés pour la Gauloise. La variété dorée, surtout, répond à son signalement presque complet, et la variété argentée que l'on trouve toujours à côté de la dorée, n'est qu'un dérivé de la première, à moins que ce ne soit, comme on a beaucoup de raisons de le supposer, la forme primitive. On prétend même, à ce propos, que la poule Dorking argentée, dont le plumage est très caractéristique, serait notre poule Gauloise transportée depuis très longtemps en Angleterre et améliorée par les amateurs anglais. Le coq Dorking, en effet, est bien le type du vieux coq de nos clochers, de celui qui représente, sur les anciennes gravures, le coq gaulois; qu'on l'habille avec le plumage doré, au lieu du plumage argenté, c'est-à-dire avec lancettes du camail et des reins rouges à reflets dorés, et l'on aura le coq brillant, qui figure sur toutes les enluminures, et sur les modestes images pour représenter l'emblème des Gaulois.

« Le Dorking a cinq doigts et le Gaulois n'en a que quatre; mais cette particularité peut bien venir d'une de ces fantaisies de sélection, auxquelles se com-

plaisent les Anglais, et n'infirme nullement la thèse proposée. On trouverait même un argument en sa faveur dans la couleur de la patte : plusieurs amateurs, en cherchant à faire des Gaulois, ont voulu la patte blanche ou rosée comme celle du Dorking. D'autres la veulent bleue, comme celle de l'Ardennais. D'autres encore les ont faites vertes; mais il était trop évident que leurs produits descendaient de l'Italienne, et que ce n'était plus la Gauloise. La plupart des tentatives de reconstitution ont été faites avec des Leghorns et des Italiennes, dont on a fait disparaître la patte jaune. Chez beaucoup d'Italiennes, on la trouve verte naturellement et le plumage doré est facile à maintenir; mais, avec celles-ci. on n'arrive pas à la forme gracieuse et allongée qui est celle du Dorking et de l'Ardennais.

« Si l'on ne veut pas se contenter de cultiver l'Ardennaise, qui est une excellente et jolie poule, voilà les caractères que nous conseillerons de rechercher pour la Gauloise; mais nous n'avons pas la prétention de donner ceux-ci comme un standard définitif; car on ne peut décrire avec précision une race qui n'existe pas (1).

« Coq : *Forme :* allongée, en bateau. — *Queue :* longue et volumineuse à inclinaison moyenne, portée ni trop haute ni trop basse. — *Pattes :* à quatre doigts, longueur moyenne, pas trop courtes; couleur : rosée. — *Plumage :* celui du coq Cochin perdrix, ou du Leghorn doré pas trop clair, poitrail noir, queue verte, lancettes rouge vif. — *Œil :* rouge. — *Oreillon :* rouge ou sablé. — *Crête :* droite, simple, à cinq crétillons, pas trop volumineuse et n'avançant pas trop sur le bec, grain fin. — *Barbillons :* de longueur moyenne. — *Chant :* clair, net

(1) Depuis l'article de M. H. Voitellier, de très jolis sujets de la race Ardennaise ont été présentés dans nos expositions.

et pas prolongé, nullement rauque. — *Allure :* vive et ardente.

« La poule aura un plumage analogue à celui de la Leghorn dorée, rappelant celui d'une perdrix. Tête fine, crête droite peu développée, retombant cependant sur le côté au moment de la ponte, mais avec un seul pli. Elle devra pondre des œufs blancs et relativement gros. La taille ne doit pas dépasser celle d'une forte Bresse. Si elle est plus grosse, elle devra certainement son ampleur à un ancêtre asiatique, et alors elle ne sera plus française et ne pourra plus prétendre à son nom.

« Avec ces caractères, on peut avoir une poule à la fois élégante et bonne, intéressante à cultiver que, plus tard, on grandira, par sélection, pour en tirer meilleur produit, tout en lui laissant ses qualités primitives de rusticité, de précocité et de ponte, et ce sera une incontestable satisfaction pour celui qui aura reconstitué et bien fixé la race, de pouvoir dire, tout en faisant ample moisson d'œufs et de bons poulets pour le marché : « Je n'ai dans ma cour que des coqs gaulois. »

Observations sur cette monographie. — C'est avec raison que M. Henri Voitellier, qui était toujours très exact dans l'observation des caractères de race, exige des œufs blancs et non colorés de cette nuance saumon, tirant plus ou moins sur le brun, qui décèle, dans les oiseaux de forte taille obtenus par croisement, l'origine plus ou moins asiatique de leurs ancêtres. Nous nous souvenons, à des concours avicoles, où nous avions l'honneur de juger avec lui les races françaises du Centre, qu'il faisait la même observation à des éleveurs désireux des avoir comment déterminer l'origine de leurs sujets.

Il existe, comme l'indique M. Henri Voitellier, toute une iconographie populaire du coq Gaulois. Il y aurait également un article, fort intéressant, à écrire sur les représentations picturales qui en ont été faites par nos artistes, et qu'on trouve, ici et là, dans nos Musées.

Monographie de la race de Herve.

Trois variétés.

Origine. Voici encore une poule rustique de ferme, qui offre une bonne moyenne de qualités sérieuses. La Herve partage avec l'Ardennaise sous ce nom, dans tout le pays de Herve, c'est-à-dire dans la partie de la province de Liége située entre la Meuse et la Vesdre.

(Cliché Bertaut « Races Belges »).

COQ DE HERVE

dennaise le surnom populaire de « poule de haie ». En wallon, d'après Larbalétrier, le mot haie est synonyme de taillis. Cette poule, nous écrit M. Robert Fontaine, est connue depuis des temps immémoriaux, De forme assez arrondie, de taille moyenne, avec la face d'un beau rouge vif, le panache bien développé, l'apparence générale fière, éveillée et hardie, cette poule constitue une race précoce, sobre, bonne pondeuse. L'ossature et la chair sont fines. Cette dernière peut être considérée comme délicate.

Il existe de la Herve trois variétés, qui diffèrent surtout entre elles par le plumage; ce sont la noire, la bleue, dite Manheid, et enfin la coucou, dite Cotte de fer.

Standard. Nous donnons ci-dessous le Standard, qu'a bien voulu nous transmettre M. Robert Fontaine, président de la Société des Aviculteurs du Nord, et que nous reproduisons, sans autres changements que quelques détails de style qui n'en altèrent point les caractères.

Caractères généraux. COQ. — *Tête :* moyenne. — *Bec :* de longueur moyenne, de couleur corne foncée ou noire dans les variétés noire et bleue; de couleur plus claire dans la variété coucou. — *Crête :* simple, portée haute et droite, régulièrement, mais peu profondément dentelée, d'une hauteur moyenne d'environ cinq centimètres, à texture d'un grain assez gros. Elle s'avance assez bien sur le bec, et se termine en arrière par un lobe arrondi, qui se détache nettement de la nuque. — *Œil :* iris brun foncé dans les variétés noire et bleue; plus clair, sans devenir jaune, chez la Coucou. — *Oreillons :* de grandeur moyenne, d'un rouge vif, sans trace de blanc; les joues de même couleur. — *Barbillons :* rouges, moyens et peu pendants. — *Cou :* vigoureux, bien proportionné et gracieusement arqué, recouvert d'un émail abondant. — *Poitrine :* bien développée et portée en avant. — *Dos :* assez large et bien proportionné aux dimensions du corps. — *Ailes :* légèrement détachées du corps. — *Queue :* bien développée, portée haute, tout en restant inclinée en arrière. — *Tarses :* de moyenne longueur, sans aucune trace de plumes, gris ardoise chez les noirs et les bleus, gris plus pâle allant jusqu'au rosé dans la variété coucou. — *Ongles et doigts :* doigts au nombre de quatre, bien droits et proportionnés comme longueur à celle du tarse; ongles de couleur corne foncée ou corne claire, suivant la variété. — *Taille :* de 0ᵐ,40 à 0ᵐ,45 en moyenne. — *Poids :* de 2 kilos à 2 kil. 500 environ.

Défauts à éviter. — Crête inclinée, trop volumineuse ou se prolongeant en pointe en arrière. Tarses d'autre couleur que celles indiquées ou trop longs. Barbillons trop allongés. Oreillons tiquetés ou sablés de blanc.

Disqualification. — Crête trop volumineuse pour le type de la race, tombante ou double. Crétillons latéraux. Queue d'écureuil. Défauts de conformation du squelette. Manque de taille. Tarses emplumé. Cinq doigts aux pattes. Oreillons blancs. Tache rouge ou d'autre couleur que celles admises dans le plumage.

POULE. — Mêmes caractères généraux que chez le coq, en tenant compte des différences sexuelles. — *Crête :* simple, moyenne, régulièrement dentelée, à dents peu profondes. — *Barbillons :* petits, arrondis, rouges. — *Oreillons :* rouge vif et petits. — *Poitrine et dos :* bien développés. — *Ventre :* bien apparent. — *Queue :* bien fournie, portée en éventail et assez haute, tout en restant inclinée en arrière. — *Pattes :* comme chez le coq. — *Taille :* de 0ᵐ,35 à 0ᵐ,40 en moyenne. — *Poids :* 1 kg. 500 à 2 kilos environ. — *Ponte :* la poule de Herve pond des œufs blancs, au nombre de 130 à 180 par an et du poids de 60 à 65 grammes (poule sélectionnée). — *Incubation :* cette race couve rarement, mais est cependant bonne mère, quand elle se décide à couver. — *Précocité :* Les poussins sont faciles à élever; les poulets atteignent leur taille à l'âge de six mois, et les poulettes pondent dès ce même âge.

VARIÉTÉ NOIRE.

Le plumage de cette variété est entièrement noire et donne des reflets métalliques verts. Le noir doit être très intense et s'étendre jusqu'à la naissance de la plume. Les reflets bleus ou couleur suie doivent être évités.

VARIÉTÉ BLEUE.

La variété bleue de la poule de Herve ne diffère de la noire que par les teintes du plumage qui, au lieu d'être noir est de couleur bleu ardoise, chaque plume étant bordée d'un liseré noir, ce qui constitue ce qu'on appelle en élevage un plumage maillé.

Chez le coq, les plumes allongées du camail, des épaulettes et du dos sont d'un beau noir brillant; celles de la queue sont d'un bleu foncé sans liseré. Chez la poule, le plumage est d'un bleu ardoise bien liseré ou maillé, avec le camail plus foncé, les plumes du vol et de la queue surtout plus foncées et sans liseré.

VARIÉTÉ COUCOU.

La Herve coucou ou Cotte de fer a le plumage entièrement coucou, c'est-à-dire que chaque plume est marquée, à partir de la base, de barres gris foncé alternant avec des barres gris clair, donnant un ensemble de raies bien régulières, principalement sur la poitrine. Chez le coq, le plumage donne le reflet métallique vert.

ÉCHELLE DES POINTS.

Variété noire.

Conformation générale............	20
Couleur et reflets du plumage......	15
Port de la queue.................	10
Tête et crête....................	10
Couleur de l'iris.................	10
Tarses et pieds..................	10
Taille et poids..................	15
Condition	10
	100

Variétés bleue et coucou.

Conformation générale............	15
Couleur et dessin du plumage.......	25
Port de la queue.................	1
Tête et crête....................	10
Couleur de l'iris.................	10
Tarse et pieds..................	10
Taille et poids..................	15
Condition	10
	100

Observations sur le Standard. La poule de Herve est surtout intéressante à élever en liberté. La variété noire peut être sélectionnée aisément pour la ponte et paraît susceptible de donner, à cet égard, d'excellents résultats. Si l'on utilise les nids-trappes, il conviendra de lâcher les poules dans un vaste parcours, après la ponte. Les variétés bleue et coucou peuvent être, pour l'amateur épris de sélection, d'un attrait fort grand, par le mérite de la difficulté vaincue pour obtenir la perfection du plumage, tant pour le dessin que pour la couleur des barres foncées dans la variété coucou et le liseré du maillage dans la variété bleue. On peut donc trouver, dans les trois variétés de cette race, les agréments et les avantages de l'aviculture sportive et de l'aviculture pratique.

Sa variété bleue nous paraît aussi intéressante à sélectionner que l'Andalouse, pour les éleveurs qui ne craignent pas d'avoir, dans les couvées, des sujets noirs et d'autres de couleur mélangée, inconvénient commun à toutes les races « bleues ».

Nous croyons, du reste, que c'est surtout dans son pays d'origine qu'il convient d'élever la race de Herve, dans ses trois variétés.

Monographie de la race Landaise.

Deux variétés : une noire et une grise.

Origine. Alors que nombre d'avicul- teurs cherchaient à grossir les races dénommées Caussade et Gasconne par divers croisements, dont le

Leur rusticité en fait, d'autre part, des poules de ferme extrêmement intéres- santes là où on ne cherche pas à intensifier la production avicole par de gros rende-

COQ LANDAIS

POULE LANDAISE

meilleur était assurément celui dû à l'in- troduction dans leurs basses-cours de coqs de Bresse noire, — ce qui aboutissait à une modification des caractères typi- ques de ces races, — il faut savoir gré à M. l'abbé Marcel Dubourdieu de n'avoir pas craint de décrire et de recommander une race locale, des plus intéressantes, la poule Landaise, proche parente de la Caussade et de la Gasconne.

Rien n'est intéressant, pour le zootech- nicien, comme l'étude de ces races locales, depuis longtemps adaptées au sol, au climat et aux conditions d'existence et de nourriture que leur offre l'agriculture régionale.

ments obtenus à l'aide des méthodes per- fectionnées.

A ce double titre, la Landaise, dans ses deux variétés, la noire et la grise, se recommande particulièrement à notre attention.

C'est à l'exposition, organisée en fé- vrier 1923, par la Société centrale d'Avi- culture de France, que M. l'abbé Dubour- dieu a bien voulu nous expliquer, devant les cages où étaient présentés des sujets de la variété noire de cette race, la façon dont il en envisageait les caractères typiques.

D'après lui, l'origine de la poule dite Landaise remonterait à d'anciens croisements de poules espagnoles et de volailles arabes importées jadis en Espagne par les Maures. C'est, comme on voit, si cette supposition est exacte, une antiquité tout à fait respectable.

(Cliché Dubourdieu.)

POULES LANDAISES

Nous avons essayé de rendre, dans le standard ci-dessous, les indications que nous a fournies M. Dubourdieu.

Standard. Dressé, au Grand Palais des Champs-Élysées, à l'Exposition internationale d'Aviculture de février 1923; homologué par la Fédération des Sociétés d'Aviculture, le 15 mars 1923.

Caractères généraux et moraux. I. Aire géographique : race cantonnée dans la région des Landes et certaines parties de la Gascogne. II. Apparence générale : *Taille :* un peu au-dessous de la moyenne. — *Forme et aspect du corps :* aspect général élégant, pas compact, mais donnant l'idée d'une volaille « bien soudée ». — *Squelette et charpente :* plutôt fins. III. Poids moyen : *Coq :* 2 à 3 kilos. — *Poule :* 2 kilos environ. IV. Ponte : excellente pondeuse, *dans sa région,* la poule Landaise, bien sélectionnée, peut dépasser le records de 200 œufs. Elle pond des œufs d'un blanc très légèrement crème, à pôles assez différents du poids de 60 à 65 grammes. V. *Qualités :* Rusticité, ponte excellente, précocité des poulets destinés à la table. Volaille vive et chercheuse, habile à trouver au dehors sa nourriture.

Description détaillée. COQ. — *Plumage :* noir uniforme, légèrement velouté aux couvertures des ailes, reflets brillants, mais pas métalliques. — *Tête :* de grosseur moyenne, pas trop forte. — *Crête :* simple, de 5 à 6 centimètres de hauteur, à 5 ou 6 dentelures régulières et dont le talon se prolonge en arrière, en se détachant un peu de la nuque. — *Oreillons :* blancs, très légèrement teintés de jaune, bien séparés de la face. — *Barbillons :* moyens et rouges. — *Texture de la peau :* fine. — *Yeux :* vifs ; iris brun foncé. — *Bec :* court et peu recourbé, de couleur noirâtre, à extrémité de couleur corne. — *Joues :* légèrement emplumées, à peau rouge. — *Cou :* gracieux, mais plutôt droit. — *Camail :* assez, mais moyennement fourni. — *Dos :* assez large et pas trop allongé. — *Épaules :* bien développées. — *Ailes :* bien collées au corps. — *Queue :* assez volumineuse, portée haute, parfois presque à angle droit avec le dos, mais sans tomber dans le défaut connu sous le nom de « queue d'écureuil ». Faucilles moyennement développées. — *Cuisses :* bien emplumées, sans bouffant. — *Jambes et tarses :* pattes fines et lisses, noires avec légère transparence jaunâtre, à aplombs réguliers, droites, pas trop « serrées ». *Doigts :* au nombre de quatre, droits, bien écartés; dessous des pieds de couleur ocre jaune. — *Ongles :* courts et de couleur corne.

POULE. — *Plumage* — : noir, semblable à celui du coq. — *Tête :* fine. — *Crête :* fine, dentelée et retombant sur le côté. — *Oreillons :* petits, blancs, légèrement teintés de jaune. — *Corps :* moyennement allongé. — *Bassin :* large, avec « cul d'artichaux » développé. — *Queue :* fournie et assez ouverte. — *Peau :* fine et blanche. — *Autres caractères :* comme chez le coq, en tenant compte des différences sexuelles.

Défauts à éviter. — Queue d'écureuil, pattes jaune soufre. Mais la prédominance du jaune orangé sur le noir n'est pas une cause de disqualification.

Variété grise.

Le Standard ci-dessus est celui de la variété noire. Pour la grise, d'après M. Dubourdieu, « le type, c'est-à-dire la ligne, l'aspect, l'allure, sont les mêmes que dans la variété noire. Comme couleur, le coq ressemble assez comme plumage au coq Bresse gris, cependant, avec le camail moins blanc et fortement rayé de gris; les couvertures des ailes sont également beaucoup plus grises

La poule ressemble, comme plumage, à la poule Dorking argentée. Les pattes, chez le coq et la poule, sont noires, mais avec accentuation plus forte que dans la variété noire de la transparence jaunâtre (1). »

Observation sur le Standard. Le standard de la variété noire a pu être établi en décrivant, d'après les vues de M. l'abbé Dubourdieu, des sujets vivants qu'il nous a présentés. Quant à la variété grise, nous nous sommes bornés à citer ici ce qu'il en dit, dans la brochure qu'il a consacrée à la race Landaise; car nous n'avions pas de sujets de cette variété à notre disposition.

La Landaise est une poule qui aime la liberté. Nous ne la conseillerons donc pas comme volaille de parquet. Elle nous paraît, d'ailleurs, surtout intéressante dans la région qui lui est propre et où elle s'est formée.

Nous tenons à remercier ici M. Dubourdieu de la parfaite obligeance avec laquelle il s'est prêté à nous documenter. C'est grâce à lui que nous pouvons offrir à nos lecteurs les types caractéristiques de la variété noire qui illustrent cette monographie.

(1) Marcel DUBOURDIEU : *La Race de volailles Landaise,* Paris, 1922, p. 15.

ÉLEVEUR SPÉCIALISTE
Chez qui on peut se procurer :
Œufs, jeunes sujets et reproducteurs

———

M. FORT, Parc-avicole du Domaine de Villemarie, La Teste (Gironde).

CHAPITRE II

PREMIER GROUPE

RACES A CRÊTE SIMPLE

BRESSE — CAUSSADE — GASCONNE — BARBEZIEUX
ANDALOUSE — COURTES-PATTES — ESPAGNOLE — MINORQUE
LAKENFELDER — LEGHORN — ANCONE — GATINAISE
BOURBONNAISE — CONTRES — BOURBOURG — CAMPINE
BRACKEL — HERGNIES — DORKING — COUCOU DE RENNES
COUCOU DE FLANDRES — COUCOU D'ÉCOSSE — SCOTCH DUMPIES
GÉLINE DE TOURAINE — POULE NOIRE DU BERRY
GOURNAY — ARDENNAISE — GAULOISE — LA HERVE
LANDAISE

DEUXIÈME GROUPE

———

RACES HUPPÉES

LA FLÈCHE — CRÈVECŒUR — HOUDAN — CAUMONT — PAVILLY
BRABANÇONNE — PADOUE — HOLLANDAISE

CHAPITRE III

DEUXIÈME GROUPE

Monographie de la race de La Flèche
Une variété noire.

Origine. La race de La Flèche est connue depuis fort longtemps, puisque, d'après le *Bulletin* du La Flèche-Club et selon les rapports

Standard. Dressé par le La Flèche-Club en avril 1921 et homologué par le Conseil de la Fédération nationale des Sociétés d'Avi-

RACE DE LA FLÈCHE
(Dans le médaillon RACE DU MANS.)

de divers historiens, sa renommée prend date au xve siècle. Elle a une évidente affinité de forme et de format avec la race Espagnole, mais son rudiment de huppe et sa chair blanche décèlent une parenté avec la Crèvecœur; elle offre, en outre, quelques caractères de la race de Bréda.

culture de France, dans sa séance du 20 juin 1921.

I. AIRE GÉOGRAPHIQUE : région de La Flèche, en particulier les cantons de La Flèche et Malicorne. — ORIGINE : race d'origine mal connue, mais fort ancienne et à caractères bien fixés.

II. APPARENCE GÉNÉRALE : fière et distinguée. — *Taille :* très grande. — *Aspect du corps :*

volumineux, élancé, gracieux. — *Squelette* : ossature fine eu égard à la taille.

III. Poids moyen : 5 à 6 kilos après engraissement chez le coq adulte, 4 à 5 kilos après engraissement chez la poule adulte.

IV. Qualités : *Ponte*, moyenne annuelle : 165 œufs la première année, diminution rapide les années suivantes par suite de l'engraissement. — *Maximum de ponte* : mars-août. — *Grosseur et nature des œufs* : gros, blancs; jaune : gros, moyennement foncé. — *Poids moyen* : 75 gr. — *Forme des œufs* : assez allongée. — *Couleur de la coque* : blanche. — *Fécondation* : bonne avec coq de 18 mois et poulettes dans leur première année de ponte, la propension à l'engraissement propre à la race diminuant la fécondité chez les poules de deux ans. — *Précocité* : développement un peu lent, mais continu. — *Rusticité* : très rustique dans son pays d'origine. — *Acclimatation* : prendre quelques précautions pendant les quinze premiers jours de son transfert dans d'autres régions. — *Climat et sol préférés* : climat doux, sol sablonneux et sec. — *Aptitude à l'engraissement* : très remarquable. Les poulardes de La Flèche sont hors de pair. — *Caractère* : sociable. — *Allures* : vives.

V. Utilisation des plumes : plumes uniformément noires, sans qualités particulières.

VI. Description détaillée : COQ. — *Plumage* : noir de jais, lustré chez le coq. Lancettes du camail et faucilles de la queue à reflets métalliques verts très lustrés. Dans le plumage on remarque de longues plumes filiformes. — *Tête* : fine, mais d'aspect dur, provenant de l'épi et du bec crochu. — *Épi* : un épi de plumes courtes et droites immédiatement au sommet de la tête. — *Crête* : composée de deux cornes rouges très fines, droites et rondes, en forme de U, de 0ᵐ,02 à 0ᵐ,08 au maximum. Ces cornes sont prolongées vers le bec par une sorte de « tapis de chair », très rouge, non surélevé. Les cornes sont portées verticalement et si une inclinaison existe, elle doit être en avant. — *Barbillons* : grands, très rouges. — *Oreillons* : ovales et très grands, de forme bien régulière, lisses et d'un blanc pur. — *Yeux* : iris brun très foncé. — *Bec* : fort, un peu recourbé, de couleur foncée, le bout du bec souvent plus clair. — *Narines* : largement ouvertes, surmontées d'un petit crétillon de la grosseur d'un pois. — *Joues* : de couleur rouge vif, parsemées de plumes courtes et filiformes, ayant toute l'apparence de crins. — *Cou* : long et fort. — *Camail* : noir à reflets métalliques verdâtres. — *Dos* : plat, long, légèrement incliné en arrière. — *Épaules* : larges, musclées. — *Ailes* : portées collées au corps, ni retombantes, ni relevées. — *Queue* : portée relevée avec faucilles retombantes. — *Poitrine* : large. — *Cuisses* : très longues et très fortes. — *Jambes* : très longues, assez fines, couleur gris d'ardoise. — *Tarses* : même couleur, non emplumés. — *Pieds* : quatre doigts longs, non em-

plumés, couleur gris ardoise. — *Ongles* : couleur corne foncée.

POULE. — Les caractères, chez la poule, sont les mêmes que chez le coq, mais moins prononcés. — *Crête* : même disposition que chez le coq, mais longueur de 0ᵐ,01 à 0ᵐ,015. Le « tapis » est chez la poule très peu prononcé. — *Jambes* : plus courtes et plus minces que chez le coq.

VII. Échelle des points. — Crête, 15; œil, 10; oreillons, 15; face et barbillons, 10; couleur et forme du bec, 5; pattes et tarses, 5; queue, 10; plumage, 5; taille, 10; forme et aspect général, 15. — Total : 100.

A titre de comparaison, nous croyons intéressant de donner le Standard anglais.

Standard Anglais.

Caractères généraux. COQ. — *Tête*. — *Crâne* : plutôt long et mince. — *Bec* : long et fort avec des narines surélevées. — *Œil* : hardi. — *Crête* : du type *cornes* en forme de V, de grandeur moyenne, sans excroissances latérales, unie et droite. — *Face* : unie sans plumes ni poils. — *Oreillons* : moyens et de fine texture, arrondis, sans plis. — *Barbillons* : larges, pendants et bien arrondis. — *Cou* : long, avec un camail bien développé. — *Corps* : long. — *Dos* : légèrement en pente et s'amincissant vers la queue. — *Poitrine* : plutôt profonde et large de face. — *Ailes* : fortes, portées haut, mais dans aucun cas sur le dos. — *Queue* : longue et pleine, portée plutôt basse. — *Jambes et pieds* : *Jambes* : longues, avec tarses non emplumés; *Doigts* : au nombre de quatre, longs et droits. — *Port* : gracieux. — *Poids* : adultes, 8 livres anglaises; coquelets, 6 livres.

POULE. — A l'exception de la queue, qui est plutôt droite, les caractères généraux de la poule sont les mêmes que ceux du coq, à l'exception des différences sexuelles habituelles. — *Poids* : adultes, 6 livres; poulettes, 5 livres.

COULEUR. — *Bec* : corne foncée. — *Œil* : rouge brillant, dans aucun cas noir. — *Crête, face, barbillons* : rouges. — *Oreillons* : blancs. — *Tarses et pieds* : noirs ou ardoise foncé. — *Couleur du plumage* : noir avec un brillant reflet vert métallique.

Observations sur les Standards. En comparant le Standard français et le Standard anglais, on s'aperçoit que les Anglais ont assez considérablement modifié une des caractéristiques de la race, l'épi rudimentaire qui surmonte la tête. Ils veulent aussi que la face ne soit pas garnie de poils comme dans notre type français.

Qualités et exigences de la race. Le principal mérite de la race de **La Flèche** provient de sa chair délicate, fine, savoureuse; sa renommée à ce point de vue est universelle et elle concurrence la Bresse; mais les sujets de forte taille qu'elle donne sont d'une vente moins courante que les poulardes du pays bressan. Les œufs sont également très beaux et pèsent jusqu'à 75 gr., malheureusement la ponte est fort ordinaire; la poule ne demande presque jamais à couver. Son caractère est doux, sociable, s'accommode bien de la liberté; elle peut réussir aussi dans un parquet, mais alors il faut la nourrir avec abondance. Malheureusement, la race est délicate et parfois d'un élevage difficile. — Elle est en outre peu précoce.

La race de La Flèche comme poule d'utilité. La race de La Flèche est certainement une race qui mérite d'attirer l'attention de l'éleveur qui veut se livrer à la production de la chair; mais, s'il veut réussir avec cette race, il ne devra pas oublier de la nourrir copieusement : c'est là une condition essentielle de réussite dans cet élevage.

Comme nous l'avons dit, la race n'est pas précoce et met de neuf à onze mois pour arriver à son état de perfection; mais cet inconvénient peut devenir un avantage, car les poulets, étant fort longs à devenir adultes, continuent de se développer pendant l'hiver, et donnent au printemps, à cette époque où les bonnes volailles deviennent très rares, de magnifiques volailles de table qui se paient les plus hauts prix.

Les La Flèche passent pour s'acclimater difficilement hors de leur pays d'origine, ce qui n'est pas exact si, comme nous venons de le dire, on les nourrit avec abondance; mais ce qui a pu faire prendre corps à cet aphorisme, c'est que les La Flèche sont très sujets à la fluxion de poitrine, dès qu'on les change de climat. Aussi, dès qu'on reçoit des sujets de cette race, il faut les placer dans un poulailler chaud et n'ouvrir la porte que vers dix heures du matin et, les jours de pluie, que juste pour qu'ils prennent leur repas. Au bout de quinze jours, ils seront parfaitement acclimatés; mais, comme ils craignent toujours l'humidité, il vaut mieux ne tenter leur élevage que sur un terrain sec.

L'élevage des poussins hors de leur pays d'origine est plutôt délicat et, à ce sujet, M. Lemoine donne les précieux conseils suivants :

« Les poussins s'élèvent très bien, surtout les premiers jours; ils croissent rapidement, mais ils ont un instant critique à traverser, c'est au moment de leur première mue; le duvet les quitte subitement et les plumes ne repoussent pas facilement, il en résulte que leur petit corps n'est pas abrité et qu'il est très sensible à la chaleur et à la pluie. Plus que pour les poussins des autres races, il est donc essentiel d'éviter, pendant les six premières semaines, de les laisser sortir le matin à la rosée ou par un temps froid et pluvieux. Aussi doit-on de préférence élever des poussins de La Flèche sous de hautes futaies bien aérées, où ils peuvent, au besoin, se mettre à l'abri des rayons ardents du soleil et des ondées qui glacent leur petit corps dénudé. »

La ponte commence relativement de bonne heure chez les poulettes. Mais, comme cette race ne demande qu'excessivement rarement à couver, dans les pays où on l'élève, on entretient des dindes, dont la principale mission est de couver. Il y aurait grand avantage à les remplacer par des couveuses artificielles.

La production des sujets engraissés étant le principal but des éleveurs de la région, il est intéressant de connaître les procédés usités pour obtenir de belles bêtes; nous les trouvons dans un très intéressant mémoire de M. Letrône.

Le procédé pour l'engraissement des volailles n'est point un secret dans la contrée où l'on obtient ces poulardes si estimées, dites du Mans; cette industrie, toute particulière par ses résultats surprenants et tant appréciés avec raison par les plus fins gourmets, se circonscrit dans les communes suivantes : Mézeray qui, jadis, avait toute la supériorité sur ses voisines et qui maintenant en est quelque peu déchue; Malicorne, Arthézé, Courcelles, Bousse, Vilaines, qui tient le premier rang pour les beaux produits et le nombre de nourrisseurs; Crosnière et Véron, où l'industrie ne languit pas, Bailleul, Saint-Germain-du-Val, Sainte-Colombe, La Flèche, Cré-sur-Loir et Bazouges. C'est à l'arrondissement de La Flèche qu'appartiennent ces communes : c'est dans la ville chef-lieu que tous les nourrisseurs viennent apporter leurs produits les jours de marché, où l'on en voit en étalage par centaines à la fois. Ce commerce de première main, d'un produit spécialement local, ne devrait-il pas plus justement faire désigner ces poulardes comme étant de La Flèche plutôt que du Mans?

« On paraît avoir oublié dans le pays vers quel temps a commencé cette industrie de l'engraissement des poulardes, et à qui l'on doit attribuer l'initiative de cette entreprise; quelques gastronomes érudits pourraient peut-être éclaircir cette question, que je laisse de côté, à défaut de connaissances sur la matière.

« Le travail spécial de l'engraissement appartient principalement à des marchands de la campagne et à quelques petits cultivateurs que l'on nomme *poulaillers*. Les uns et les autres achètent, dans les marchés ou chez leurs voisins, les poulettes qu'ils nomment *gélines*, et qui paraissent les plus belles et les plus aptes à s'engraisser. C'est vers l'âge de sept à huit mois qu'elles sont réputées être assez avancées dans leur croissance pour être mises à la graisse. Pour faire ces belles pièces, non moins estimées, que l'on désigne sous le nom de *coqs vierges*, ce sont de jeunes coqs de l'année, n'ayant pas encore servi à la reproduction, que l'on traite de la même manière que les gélines sans qu'on leur fasse subir aucun genre de mutilation; leur engraissement demande un peu plus de temps et de nourriture.

« Les plus belles poulardes peuvent atteindre le poids de 4 kilogrammes, et les coqs vierges celui de 6 kilogrammes; on en voit quelquefois dépassant ce poids.

« Les poulaillers traitent depuis cinquante, quatre-vingts et même jusqu'à cent volailles à la fois. Ce travail commence en octobre et se poursuit jusqu'à l'époque du carnaval le plus ordinairement. Pour cela, on commence à établir tout alentour et sur le sol d'une chambre ou d'un autre local disponible, de petites loges faites simplement avec des pieux en bois brut, des croûtes ou relèves à la scie, et même enfin avec le bois le plus défectueux et de moindre valeur, qui pourra servir pour l'entourage et les divisions à claire-voie. On recouvre une partie de ces loges à demeure, et l'autre reste mobile, afin qu'on puisse y introduire les volailles et les en retirer. Ces constructions grossières sont faites par les poulaillers et ne coûtent, pour ainsi dire, que le temps employé à les faire et l'achat de quelques clous. La hauteur de ces loges doit être de 0^m,50 à 0^m,60, et la longueur est arbitraire ; cependant les plus grandes ne doivent pas contenir plus de six poules réunies, et doivent ne fournir que l'espace nécessaire à chaque animal pour qu'il puisse y être à l'aise sans pouvoir néanmoins circuler.

« On intercepte toute lumière venant directement du dehors, on calfeutre les portes et les fenêtres du local, afin que l'air extérieur ne s'y introduise pas trop librement.

« Pour habituer les poules au régime de nourriture et de réclusion forcées auquel on va les assujettir, pendant les huit premiers jours, on les enferme dans un lieu un peu sombre, et on ne leur donne pour toute nourriture qu'une pâte délayée, un peu épaisse, faite avec la même farine qui sert à la composition des pâtons, et mélangée soit avec un tiers, soit avec moitié de son. Pendant la durée de cette première épreuve, on leur donne à boire et on les laisse manger à volonté.

« La mouture qui sert à la composition des pâtons se fait ordinairement dans les proportions suivantes : moitié de blé noir, un tiers d'orge et un sixième d'avoine; on en retire le gros son. Tous les jours, on détrempe de cette farine dans du lait doux ou tourné, la quantité nécessaire pour deux repas, celui du soir et celui du matin. Quelques-uns ajoutent à la composition de cette pâte un peu de saindoux, surtout vers la fin du traitement; et cette pâte, qui ne doit être ni trop ferme ni trop molle, est roulée de suite en pâtons ayant la forme d'une olive de 0^m,015 de diamètre, et une longueur de 0^m,06.

« Le poulailler ou nourrisseur, à l'heure des repas, qui doivent être bien réglés, prend trois poules à la fois, les lie toutes trois ensemble par les pattes, les pose sur ses genoux et, éclairé d'une lampe, il commence, pour unique fois, à leur faire avaler une cuillerée d'eau ou de petit-lait; quelques-uns ne donnent pas à boire; puis il introduit un pâton tour à tour dans le bec de chacune de ces poules; et, pour faciliter l'introduction immédiate de ce pâton, il exerce une pression légère avec le pouce et les deux premiers doigts, en faisant glisser la main le long du col de l'animal jusqu'à sa poche; on évite ainsi le rejet du pâton. En soignant de la sorte trois poules à la fois, on leur donne le temps suffisant pour la déglutition, et elles sont empansées à leur degré dans un prompt et égal intervalle.

« Dès les premiers jours du pâtonnement, on se contente de faiblement remplir la poche de chaque volaille, et on augmente par degrés la dose des pâtons. C'est ainsi que l'on arrive à en donner à chaque repas douze, et même jusqu'à quinze. Il est essentiel de plonger les pâtons dans un vase plein d'eau avant de les faire avaler, cela facilite leur introduction.

« Le temps déterminé pour l'engraissement n'est pas fixé, il se subordonne à la plus ou moins bonne disposition de l'animal et à son degré de force. Quelques poulardes ne peuvent être conduites au complet engraissement sans danger d'accidents; le nourrisseur expérimenté sait le moment où il doit arrêter son travail. Nuls ne sont à l'abri de subir des pertes : il y a, disent-ils, malgré leur savoir et leur attention, de la bonne et de la mauvaise chance, des années plus ou moins favorables, sans qu'ils puissent s'en expliquer les causes. Tels, après avoir pratiqué pendant plusieurs années avec bonheur dans une localité, quoiqu'en agissant de même ailleurs, éprouvaient des pertes sensibles, par l'impossibilité d'un complet achèvement d'éducation de leurs poulardes.

« Quelques volailles sont grasses à point au bout de six semaines, d'autres au bout de deux mois. Quelquefois, si la poularde paraît être encore disposée à prendre bien sa nourriture, on continue de la lui donner le plus longtemps possible, et l'on arrive à obtenir des phénomènes de poids.

« On calcule que certaines poules dépensent 20 litres de farine, d'autres peuvent aller jusqu'à en absorber 30 litres.

« Ces volailles, étroitement emprisonnées dans une obscurité constante, n'ont pas de litières sous elles et ne sont jamais nettoyées de leur fumier pendant la durée du traitement. Si les émanations azotées, abondantes dans le local, sont nécessaires pour aider à l'engraissement, elles sont toutefois nuisibles à la santé des nourrisseurs, qui en souffrent d'autant plus qu'ils ont une nombreuse collection de poules à la graisse; quatre-vingts ou cent poules à la fois nécessitent à ceux-ci de passer les journées presque entières et une partie des nuits dans ces foyers d'infection. Quand le premier repas a commencé à quatre heures le matin, à peine se termine-t-il à midi, et le second, commencé vers trois heures du soir, ne finit que vers onze heures.

« Enfin, lorsque le poulailler retire ses poulardes de l'engraissement, il se charge lui-même de les saigner et de les plumer, et, avant qu'elles se refroidissent, il les place, appuyées sur le dos, sur une tablette ou un banc étroit, et leur fait prendre la forme que l'on connaît en se servant de calets en bois ou en pierre pour les maintenir dans cette position; puis il étend sur toute la partie du corps en saillie un petit linge mouillé afin de donner un grain plus fin à la graisse.

« Le mode de pratiquer l'engraissement des poulardes se résume donc à ces conditions principales :

« 1º Choisir l'espèce la plus belle parmi les jeunes coqs et les poulettes nés dans l'année et annonçant toutes les qualités ci-dessus indiquées;

« 2º Ne leur faire subir aucune mutilation, comme cela se pratique pour les chapons et même pour les poules que l'on engraisse ailleurs;

« 3º Préparer un local obscur, où l'air soit le moins renouvelé et où les poules soient parquées dans des loges étroites, sans y être trop gênées;

« 4º Ne pas nettoyer ni enlever les fumiers pendant toute la durée de l'engraissement;

« 5º Préparer les poules à la nourriture forcée pendant huit à dix jours avant le régime des pâtons;

« 6º Pratiquer avec adresse et promptitude en leur faisant avaler ces pâtons;

« 7º Leur donner deux repas dans les vingt-quatre heures et à des heures régulières;

« 8º Ne pas tenir à leur faire avaler absolument un nombre égal de pâtons; s'en tenir pour cela à l'examen de la capacité de la poche, qui, dans les premiers jours, doit être modérément garnie, et plus tard complètement, mais sans excès;

« 9º S'en tenir à la seule nourriture indiquée, sans y apporter le moindre changement, à modifier le dosage des mêmes ingrédients, si on le juge convenable;

« 10º Savoir discerner le point de maturité de l'engraissement et surveiller celles des volailles qui doivent être retirées avant ce terme, lorsqu'elles menacent de mal faire ou de périr.

« Toutes ces conditions étant bien observées, on obtiendra de bons résultats. »

La race de La Flèche comme race sportive. La race de La Flèche est peu élevée sportivement, quoiqu'on en trouve de fort beaux spécimens dans la plupart de nos expositions. En Angleterre, elle n'a jamais eu de succès.

Le Club. Il s'était fondé un club : Le Club des éleveurs et amateurs de La Flèche ; affilié en 1905 à la Fédération des Sociétés d'Aviculture. Ce club a été reconstitué, depuis la guerre, sous la présidence de M. Gaudineau. M. le comte Henry de Beaucorps en est le secrétaire. Siège social à la mairie de La Flèche (Sarthe).

Monographie de la race de Crèvecœur.

Une variété.

Origine. La poule de Crèvecœur est l'une des plus anciennes de France. Elle tire son nom du village de Crèvecœur en Normandie,

(*Cliché de « L'Eleveur »*).
COQ CRÈVECŒUR

dans le Calvados, arrondissement de Lisieux, canton de Mézidon, auprès de Cambremer. Il se produit ce fait, d'ailleurs assez fréquent, que le pays d'origine de cette volaille n'est pas resté son pays de principal élevage. Ceci est également le cas de la race anglaise Dorking, à peu près introuvable à l'état de pureté aux environs de Dorking. On trouve plutôt la Caumont que la Crèvecœur dans la région normande, où elle fut sans doute élevée, importée vraisemblablement. Darwin dit que les Crèvecœur et les Houdan sont des variétés de la Padoue. Au milieu du siècle dernier, on mentionnait, dans une notice sur la volaille de Normandie, l'abondance des poules de Padoue dans le département du Calvados. Bien que deux écrivains anglais, Wingfield et Johnson, aient écrit, en 1853, que la Crèvecœur avait son origine en Bourgogne, il est certain qu'à cette époque, on élevait cette race en Normandie et en Picardie. On la considérait comme issue de la Padoue noire. Mais alors la Crèvecœur se rapprochait beaucoup plus de la Padoue que nos sujets actuels.

A l'exposition de Birmingham, en Angleterre, en 1855, on fit la distinction entre la Padoue et la Crèvecœur. Le type n'était point alors parfait, et plusieurs de ces ancêtres des Crèvecœur contemporains avaient des plumes blanches dans la huppe et des plumes jaunes dans la queue. Le corps était moins volumineux.

A l'Exposition Universelle de Paris, en 1855, il y eut deux prix attribués aux volailles exposées : l'un était réservé aux Crèvecœur, l'autre à toutes les autres races gallines réunies. On voit l'importance prise alors par cette race, qui était mise à part, et considérée comme la principale et la plus méritante des volailles de France.

La Crèvecœur n'a pas conservé ce rang exceptionnel; et, si l'on en voit encore de beaux représentants dans nos grandes expositions, les classes de parquets ou d'unités qui lui sont réservées ne sont pas aussi nombreuses en sujets que le mériterait cette belle race.

Cliché de « l'Éleveur »).

POULE CRÈVECŒUR

Standard. Nous donnons le Standard adopté par la Société d'Aviculture de Basse-Normandie dans sa séance du 11 juillet 1909.

Plumage : noir à reflets verts. — *Pattes :* noires ou plombées foncées. — *Doigts :* quatre. — *Tarse :* moyen et fort. — *Volume :* fort, bien carré. — *Taille :* assez grande. — *Crête :* formée de deux cornes sans ramifications à la partie inférieure. — *Huppe :* formée de plumes constituant une boule parfaite chez la poule; rejetée en arrière chez le coq. — *Oreillons :* blancs, moyens. — *Dos :* bien droit. — *Queue :* remontant perpendiculairement au dos. — *Barbillons :* rudimentaires chez le coq et la poule. — *Cravate, Favoris :* cravate très longue et proéminente; favoris moyens. — *Œil :* brun. — *Iris :* aurore. — *Bec :* noir, fort, légèrement recourbé. — *Œufs :* allongés, gros, blanc mat. — *Rusticité :* bonne. — *Précocité :* moyenne. — *Ponte :* hors ligne, atteignant 160 œufs par an. — *Couveuse :* médiocre.

La qualité de l'œuf est remarquable. La viande est de première qualité. Il existe une

variété blanche, dont la chair est moins fine que celle du type.

Berceau de la Race. — Crèvecœur en Auge, dans l'arrondissement de Lisieux, département du Calvados.

Aire géographique naturelle. — Toute la région naturelle constituée par le terrain crétacé du Pays d'Auge.

Observations sur le Standard français. M. Langevin, secrétaire de la Société d'Aviculture de Basse-Normandie, qui fut chargé d'établir ce Standard, le fait suivre des observations suivantes.

« Le défaut que l'on peut reprocher à cette race, c'est son excès de huppe. Les amateurs d'expositions, les coureurs de concours, ont sélectionné la Crèvecœur en vue de l'exagération de cette coiffure, originale peut-être pour la poule de parquet, mais peu pratique pour la volaille vivant en liberté. Cette sélection, suivie depuis un quart de siècle par les éleveurs de la Sarthe, a eu pour résultat de fabriquer une bête de luxe. Délicieuse de chair, c'est entendu, mais redevenue inapte à chercher avantageusement sa vie dans les herbages des vallées de la Dives et de la Touques; car cette ample regorge, cette huppe retombante sur le front, gêne la vue, se plaque dans les yeux, par les temps de pluie ou de simple brouillard, et se salit dans les terrains argileux. Or, l'aviculteur soucieux de ses intérêts doit éliminer de son élevage toute cause de coryza ou d'ophtalmie.

« Mais, dira-t-on, pourquoi la Société d'Aviculture de Basse-Normandie, qui doit avoir pour mission évidente la reconstitution et l'amélioration du type pur des races de son pays, a-t-elle adopté la huppe en boule et les favoris dans le standard de la Crèvecœur? C'est qu'il n'est pas mauvais qu'une ancienne race nationale ait une caractéristique suffisamment accentuée pour que toute infusion de sang étranger soit décelée même aux yeux des plus superficiels.

« La Crèvecœur sans favoris et avec un rudiment de huppe, ce serait la Caumont. Toute tentative de grossissement de la race par la Langshan sera trahie par l'oreillon rouge; toute mésalliance avec l'Orpington noir diminuera la longueur des faucilles du coq et modifiera les deux cornes de sa crête.

« Les plus anciens documents traitant des races normandes que j'ai pu consulter ne datent guère que d'un demi-siècle. Ils nous représentent la poule de Crèvecœur comme une volaille aux jambes courtes et fortes, aux membres charnus, au dos large Ses formes épaisses ont de l'analogie, à un certain point de vue, avec celles du bœuf Durham et offrent, comme chez celui-ci, de grandes surfaces que remplissent des masses de chair et de graisse. Son plumage est noir, ou noir panaché de blanc. Elle porte sur la tête une huppe de plumes presque toujours tachetée de blanc. Le coq est fier et superbe. Sa tête est richement coiffée d'une huppe, qui retombe de chaque côté de la tête. Si son plumage est noir, sa collerette et les plumes du croupion sont dorées; s'il est tacheté de blanc, elles sont comme argentées. Une telle bête présentée aujourd'hui dans un concours serait disqualifiée sans réflexion !

« Ceux qui recherchent avant tout la bête de luxe, sorte de Padoue noire, prétendant aux récompenses dans les expositions, élèveront la Crèvecœur sans aucune plume blanche; la poule à la huppe énorme, élevée en parquet depuis plusieurs générations, — retour d'Angleterre, disent les mauvaises langues.

« Les gens pratiques voulant un troupeau de volailles qu'on lâche le matin et qui doivent traverser la haie pour aller s'ébattre dans l'herbage d'en face iront au pays d'origine rechercher quelques reproducteurs se rapprochant plutôt du type ancien que j'ai essayé de décrire ci-dessus. Ils ne s'effraieront pas d'une plume blanche dans la huppe ou d'une lancette dorée. Ainsi faisant, ils ne collectionneront peut-être pas les diplômes, mais leur poulet pourra coucher dehors sans crainte du froid, et, à 4 mois, après avoir été légèrement engraissé à la farine d'orge et au lait « truté », s'il est doré à point devant un clair feu de bois, ce sera un morceau de roi. »

Standard Anglais. Comme comparaison, nous croyons devoir donner le Standard anglais adopté par le Poultry Club de Londres.

Caractères généraux.

COQ. — TÊTE. — *Crâne :* assez fort avec une protubérance bien marquée sur le sommet. — *Bec :* fort et bien recourbé. — *Œil :* plein. — *Crête :* en forme de cornes, disposées en V, d'une hauteur moyenne, dressées et portées contre la huppe, chaque branche unie et s'amincissant en une pointe, sans excroissances latérales. — *Face :* avec favoris. — *Oreillons :* petits, mais visibles. — *Barbillons :* de longueur moyenne. — *Huppe :* large et pleine, bien arrondie au sommet, s'élevant sur le devant, de manière à montrer la crête composée de plumes pareilles à celles du camail et dont les extrémités touchent presque le cou. — *Cravate et favoris :* abondants et bien garnis, atteignant jusqu'à l'arrière de l'œil, cachant la face et les oreillons. — *Cou :* long et gracieux, garni d'un camail abondant. — *Corps :* large, épais et presque carré. — *Poitrine :* bien arrondie. — *Dos :* plat. — *Ailes :* fortes, bien repliées. — *Queue :* pleine et portée modérément haut. — *Jambes et pieds :* jambes très écartées, courtes, aux tarses non emplumés. — *Doigts :* au nombre de quatre, droits et longs. — *Port :* fier et élégant. — *Poids :* adulte 9 livres anglaises, coquelet 7 livres.

POULE. — A l'exception de la *huppe*, qui doit être de forme globulaire et cacher absolument la crête, les caractères généraux de la poule sont les mêmes que ceux du coq, en tenant compte des différences sexuelles. — *Poids :* adulte 7 livres, poulette 6 livres.

COULEUR. — *Bec :* corne foncée. — *Œil :* rouge brillant, quoiqu'on admette le noir. — *Crête, face, oreillons et barbillons :* rouge vif. — *Tarses et pieds :* noirs ou ardoise foncé. — *Plumage :* d'un noir vert à reflets métalliques. Aucune autre couleur n'est admissible, à l'exception pourtant de quelques plumes blanches dans le plumage des adultes, quoique cela soit un défaut.

ÉCHELLE DES POINTS.

Crête, favoris, cravate.	30
Grosseur.	20
Crête.	15
Couleur.	15
Symétrie.	10
Condition.	10
	100

Le Standard anglais n'accepte pas la variété blanche.

Qualités et inconvénients de la Race de Crèvecœur. Nombreux sont les auteurs qui ont fait l'éloge de cette race. Charles Jacques, l'éminent animalier, écrivait :

« Cette admirable race produit certainement les plus excellentes volailles qui paraissent sur les marchés de France. Les os sont encore plus légers que ceux de la Houdan, sa chair, plus fine, plus courte, plus blanche, prend plus facilement la graisse. Les poulets sont d'une précocité inouïe, puisqu'ils peuvent être mis à l'engraissement dès qu'ils ont atteint deux mois et demi ou trois mois, et être mangés quinze jours après. A cinq mois, une volaille de cette race est presque complète comme taille, poids et qualité. C'est la race de Crèvecœur qui donne les poulardes et les poulets fins vendus sur les marchés de Paris. Ceux de la race de Houdan ne viennent qu'après.

« La Crèvecœur est la première race de France pour la délicatesse de la chair, la facilité à engraisser, la précocité, et je crois aussi que c'est la première du monde à ces points de vue... »

L'éloge que La Perre de Roo fait de la Crèvecœur n'est pas moins vif :

« Parmi les nombreuses qualités qui recommandent la Crèvecœur aux éleveurs et gourmets, il faut citer la blancheur éclatante, la finesse, la délicatesse de sa chair et sa remarquable aptitude à s'engraisser... »

Pour M. Henri Voitelier :

« C'est une de nos plus belles et de nos plus anciennes races... »

M. Lemoine dit :

« Elle s'engraisse facilement. Dans toute la contrée aux environs de Lisieux, de Saint-Pierre-sur-Dives et de Mézidon, les fermiers et les autres cultivateurs élèvent et engraissent cette belle volaille de Crèvecœur. Aussi, les marchés de ces localités en sont-ils largement approvisionnés et le prix des achats est-il assez élevé.

Il y a, sur ces marchés, des agents qui achètent les meilleures pièces, pour les envoyer aux marchands de volailles de Paris. »

La Crèvecœur aurait toutes les qualités et l'emporterait sur toutes les autres races, si elle n'avait un inconvénient, — rien n'est parfait sur la terre, et peut-être en est-il de même dans les autres astres, s'ils ont une population, de la verdure et des volailles, — la Crèvecœur est délicate. Elle craint le froid, surtout l'humidité. Le coryza est fréquent chez ces volailles, que leurs huppes exposent encore, si elles ne sont pas très soignées, à des maladies d'yeux. Cette disposition fâcheuse aux maladies provenant des climats humides a nui au développement de cette race en Angleterre. Le climat anglais ne convient généralement pas aux volailles à huppes.

La Race de Crèvecœur comme race d'utilité.

M. Edward Brown, dans son livre « Races of domestic Poultry », rend justice à la Crèvecœur, qui est, dit-il, essentiellement une volaille de table; mais il fait des réserves en ce qui concerne son pays :

« Malgré toutes ses qualités, écrit le distingué professeur de Reading, cette race n'a pu acquérir une grande popularité en Angleterre, bien que ceux qui en élèvent vantent sa précocité, son aptitude à l'engraissement et ses qualités, comme grosseur et comme finesse, de splendide volaille comestible. La principale raison pour laquelle elles ne jouissent pas de la pleine faveur, c'est qu'elles sont généralement considérées comme délicates, ainsi que sont d'accord pour le reconnaître tous les auteurs, français comme anglais. »

M. Edward Brown, en constatant cette sensibilité au froid, à l'humidité de la Crèvecœur, et sa prédisposition au coryza, à l'angine et à l'ophtalmie, maladies que favorise la huppe, se demande si, pour l'élevage, et dans un but pratique, il n'y aurait pas lieu de couper la huppe. Voilà un remède bien radical ! La poule ainsi rasée, comme un combattant, ne serait plus la Crèvecœur. Sa huppe noire, c'est son diadème; la lui ôter serait la découronner et faire de la reine de la basse-cour une pauvre volaille sans parure et sans trait. Il est moins barbare de lui laisser sa huppe, et plus avantageux de multiplier les soins, de prendre des précautions, de garantir autant que possible ce bel oiseau contre les atteintes de l'humidité et du froid. Il convient, dit M. Edward Brown, pour combattre cette disposition au rhume et à l'angine des Crèvecœur, de les placer, chaque nuit, au centre de la basse-cour. C'est une volaille qui a besoin d'être abritée, un peu dorlotée. Remarquons qu'il en est de même de tous les animaux domestiques élégants, fins, supérieurs. N'en est-il pas aussi pareillement dans l'espèce humaine? Les précautions de vigilance, le savoir et les soins constants que réclame l'élevage d'une race difficile et délicate ne doivent pas faire proscrire cette race. La difficulté doit stimuler l'éleveur, car le succès efface le souvenir des peines.

Il ne faut pas, d'ailleurs, exagérer le tempérament délicat de la Crèvecœur. Elle craint absolument l'humidité, c'est exact, mais elle peut supporter le froid. Ce qu'il lui faut avant tout, c'est de l'espace, des prairies pour aller, venir, se donner du mouvement. Un éleveur anglais, M. S. W. Thomas, cité par M. Edward Brown, a dit dans *Fancier's Gazette* (*La Gazette des Amateurs*) :

« J'ai eu des poulettes Crèvecœur pondant par la neige et la gelée, à l'âge de cinq mois et demi, et j'ai tué des coquelets prêts pour la table, pesant près de 4 livres à quatre mois et demi... Leur mérite pour le croisement est incontestable. Ces volailles donnent, par le croisement, à toute volaille, comme volume, ponte, et par la qualité de la chair, ce qu'aucune autre espèce ne saurait apporter. » M. Thomas avait son élevage dans le sud du Pays de Galles, sur un sol froid, mais bien exposé. On peut de préférence, dit M. Brown, rechercher pour l'élevage des Crèvecœur des conditions plus favorables. Ceci établit toutefois que, l'humidité à part, la Crèvecœur peut parfaitement prospérer dans les contrées plutôt froides.

En Normandie, les éleveurs ne recherchent qu'une chose, la finesse et la blancheur de la chair et se préoccupent peu de l'augmentation de leurs sujets. M. Lemoine signalait, il y a déjà longtemps, ce fait : « Ceux-ci, disait-il, sont, en général, bien marqués; mais ils n'atteignent jamais l'ampleur remarquable que certains amateurs dans nos régions arrivent à leur donner. » Il faut dire que les éleveurs commencent par vendre les œufs au moment où les prix sont le plus élevés sur les marchés de Lisieux, Saint-Pierre-sur-Dives, Pont-l'Évêque, Trouville et environs; puis, au moment de la baisse des œufs, ils font couver leurs œufs restant par des dindes, et vendent ensuite les poulets quand ils ont 4 mois, guère plus, et, pour leur assurer une bonne vente, ils les gavent une quinzaine de jours avant le marché.

La poule de Crèvecœur pond des œufs très gros, d'un beau blanc, à coquille d'un grain très fin; mais c'est une pondeuse d'été, et sa production durant l'hiver est peu importante, et pourtant, en résumé, on peut la classer parmi les bonnes pondeuses. Elle demande rarement à couver et se montre mauvaise mère. C'est donc, dans certaines régions, une variété très intéressante. Mais nous avons signalé plus haut la difficulté qu'on lui attribuait pour prospérer hors de son pays d'origine. M. Blanchon, toutefois, ne s'est pas aperçu de ce défaut; cheptelier, en 1885, d'un lot de volailles de la Société d'Acclimatation, il avait introduit la Crèvecœur dans un des départements du Sud-Est, sur la limite du vrai Midi; si, la première année, le résultat ne fut pas merveilleux, cette race lui donna ensuite toute satisfaction; d'autre part, des œufs provenant de son élevage furent remis à des personnes habitant les hauts plateaux du Velay; le résultat fut excellent.

La race de Crèvecœur au point de vue sportif. La race de Crèvecœur paraît intéresser de moins en moins les éleveurs sportifs; d'ailleurs, n'étant pas très goûtée en Angleterre à ce point de vue, il n'est pas étonnant qu'elle soit moins estimée sur un marché où l'Angleterre domine.

Le point essentiel, pour avoir de beaux sujets d'exposition, consiste à ne prendre, comme reproducteurs, que des oiseaux qui, à l'âge de trois mois, ont présenté le moins possible de blanc dans la huppe. La présence de plumes blanches avant cette époque est d'importance moindre; mais, à mesure qu'ils approchent de l'âge adulte, ce défaut est plus grave; il indique une tendance à l'albinisme, qui est fort dangereuse pour le succès dans les concours.

Le Caumont-Club, fondée par M. Amédée Meslay, s'est transformé, en 1922, en Caumont-Crèvecœur-Club, sous la présidence de M. de Pontigny. Ce Club est affilié à la Fédération française.

Monographie de la race de Houdan.

Une variété caillloutée.

Origine. La belle et bonne race de Houdan est une race de poules à cinq doigts, ce qu'on appelle, en langage scientifique, une race *pentadactyle*.

Le cinquième doigt, véritable doigt surnuméraire, provient, chez cette poule individuels chez des races à quatre doigts.

Ne l'avons-nous pas constatée nous-même, à une exposition nationale d'aviculture, chez un coq de Bresse noire, qu'un juge, très compétent cependant, avait primé pour ses qualités typiques,

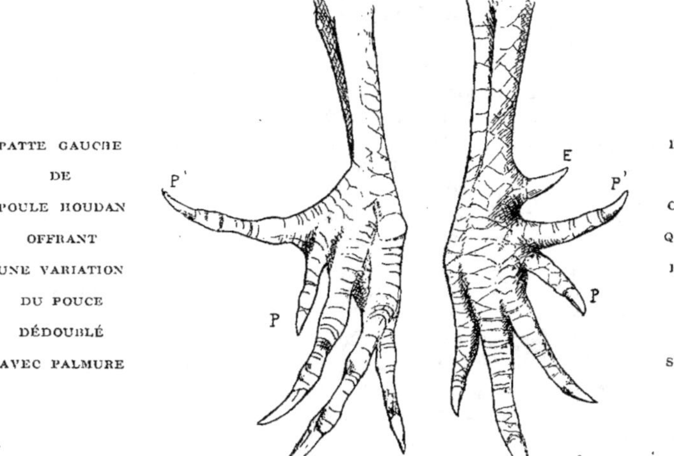

P. pouce. — P' pouce surnuméraire. — E. ergot.

comme chez tous les poulets pentadactyles, du dédoublement du pouce, qui s'oppose aux trois doigts antérieurs. C'est pourquoi il est placé, comme lui, en arrière.

L'existence de ce cinquième doigt est due à une mutation, très anciennement signalée chez la poule domestique, et dont on trouve parfois des exemples sans s'apercevoir de cette anomalie, et qui, à part ce défaut, était, en effet, un assez bon oiseau? Ce coq fut disqualifié par le juge, lorsque nous eûmes appelé son attention sur le dédoublement malencontreux du pouce, qui n'existait, du reste, qu'à une patte; et il est à espérer qu'on l'aura utilisé à la cuisine et non comme reproducteur, tandis que c'est l'inverse qui a lieu, dans la sélection des poules à cinq doigts.

C'est, en effet, par une sélection rigoureuse que l'on parvient à maintenir ce caractère, qui est héréditaire, mais que l'on considère généralement comme un caractère *à dominance imparfaite*, c'est-à-dire Houdan et surtout de Dorking; et nous avons observé, dans les expositions, un nombre considérable d'oiseaux de ces races. Or les pattes pentadactyles étudiées par nous étaient très différentes, de sujet à sujet.

Quoi qu'il en soit, le standard ne peut

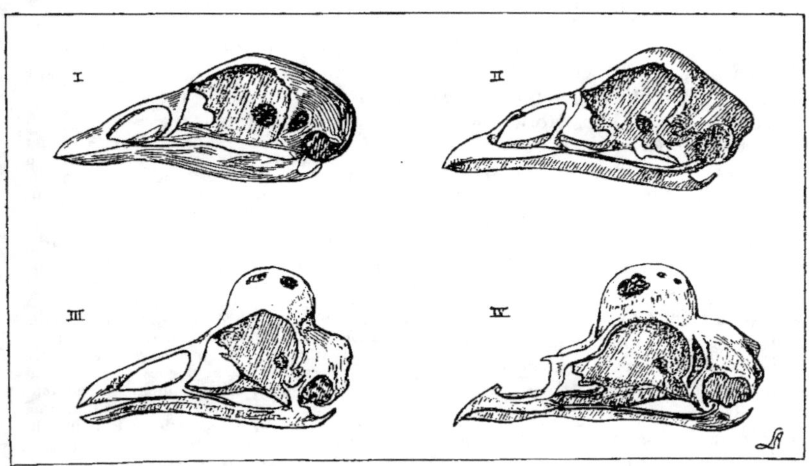

ORIGINE ET PARENTÉ DE LA HOUDAN

Fig. I. — Crâne de poule (type normal).
Fig. II. — Crâne de poule de Houdan (ancien type local).
Fig. III. — Crâne de poule de Houdan (1923) à huppe agrandie par croisement.
Fig. IV. — Crâne de poule de Padoue.

dire qui ne peut être entièrement fixé.

Une étude analytique de la disposition des deux doigts provenant du pouce dédoublé, étude dont le détail sortirait du cadre de cette monographie et dont nous avons recueilli les éléments depuis un certain nombre d'années, nous a conduit à nous demander si l'insuffisante fixation de ce caractère ne proviendrait pas, notamment, de ce qu'on ne cherche pas d'ordinaire à fixer un type de patte bien déterminé.

Nous avons élevé jadis pas mal de que gagner à préciser ce que l'on demande, à savoir, pour les races pentadactyles, cinq doigts, dont les trois antérieurs normalement constitués; un pouce également fonctionnel, et un pouce surnuméraire, non fonctionnel, bien distinct du précédent et ne touchant pas au sol.

Telle est, selon nous, la conception que l'on doit avoir de la patte pentadactyle, qui est un apanage de certaines races, dont plusieurs à chair fort délicate, et que, pour ce motif, les éleveurs tiennent à conserver, comme preuve

12

d'origine, malgré son inutilité intrinsèque.

Nous aurons l'occasion de revenir sur cette question, fort délicate, à propos du standard de la race de Faverolles (1).

Divers auteurs se sont appuyés sur ce caractère de poule à cinq doigts, pour chercher à la Houdan une origine, en la faisant dériver de la Dorking qui, comme nous l'avons vu, a aussi cinq doigts; mais ils ne semblent pas avoir fait la preuve de leur assertion.

La Houdan paraît issue d'une poule à cinq doigts autochtone, croisée jadis avec des coqs huppés de la race de Padoue. C'est, du moins, le renseignement qu'on trouve dans la plupart des livres qui constituent la littérature de la question.

Dans les notes qu'il nous a laissées sur la race qui nous occupe, M. Blanchon dit qu'elle tire son nom du village de Houdan, en Seine-et-Oise, à 27 kilomètres de Mantes. Il ajoute que son origine est assez incertaine; mais il admet que la Padoue a joué un rôle assez important dans la formation de cette race, en lui fournissant sa huppe. Nous croyons aussi à cette parenté, qui nous paraît prouvée par l'étude comparée du crâne de ces deux races. (*Voir figures I à IV*, page 175.)

Quant au cinquième doigt, il ne pense pas qu'il vienne de la Dorking et estime que la Houdan a acquis ce caractère directement à la même souche que la Dorking, à cette vieille race dont parlait déjà Columelle.

Quelle que soit son origine, la Houdan est, d'ailleurs, une de nos meilleures et de nos plus jolies races. Son plumage blanc et noir, sa huppe, ses allures vives et gracieuses, en font un oiseau des plus décoratifs. Rien n'est plaisant à voir comme un grand parquet de Houdan, bien tenu et bien soigné, sur un sol sec et sain, avec des abris appropriés. Dans

ces conditions, c'est à la fois une race de luxe et de produit, à la chair délicate et aux œufs abondants.

Standard. Nous donnons ci-dessous le standard de la race de Houdan, tel qu'il résulte des renseignements et documents que nous avons pu rassembler, et notamment d'après une Monographie pratique de cette race, communiquée par M. Duperray, président du Houdan-Faverolles-Club.

Caractères généraux. COQ. — *Tête* : forte. — *Bec* : court et puissant, arqué; noir à extrémité blanche ou de couleur corne. — *Œil* : ardent et vif; iris jaune orangé ou rouge orangé. — *Crête* : assez variable, de grandeur moyenne, elle affecte ou la forme en gobelet, ou celle d'un papillon aux ailes ouvertes, ou encore celle de deux feuilles de chêne accolées, ou même la forme de cornes régulières, bien que ce dernier point ait été controversé (2). — *Huppe* : grande, forte, bien rejetée en arrière, de sorte que la crête reste libre; légèrement ébouriffée et formée de plumes allongées, analogues à celles du camail. La longueur de ces plumes est une qualité. Cette huppe a sa base de fixation dans une éminence hémisphérique, située à l'avant du crâne et qui constitue un caractère ostéologique provenant d'anciens croisements de Padoue. — *Favoris* : les compléments de la huppe sont les favoris, bouffants, formant une saillie nettement dessinée sur le cou, et la barbe, grande, épaisse et tombant comme un voile. — *Face* : rouge, presque entièrement recouverte par la barbe. — *Oreillons* : blancs ou nacrés, parfois sablés de rouge; ils sont complètement dissimulés sous les favoris. — *Barbillons* : rouges et de petite dimension. — *Cou* : fort, plutôt court, sans être ramassé, bien emplumé et donnant à l'oiseau un aspect « étoffé ».

CORPS. — Fort et bien développé, l'ampleur du sujet primant celle de la huppe. — *Dos* : large, de longueur moyenne, légèrement incliné d'avant en arrière, mais se rapprochant le plus possible de l'horizontale. — *Reins* : de longueur moyenne. — *Poitrine* : forte et large. — *Ailes* : portées demi-fermées. — *Queue* : bien fournie, presque volumineuse, à faucilles bien développées, formant avec le dos un angle assez ouvert. Lancettes abondantes.

JAMBES ET PIEDS. — *Cuisses* : courtes, assez massives, disparaissant pour la plus grande

(1) Voir cinquième Groupe.

(2) Voir, ci-après, les Observations sur le **Standard.**

partie sous les plumes du côté du corps. — *Tarses* : nus, forts, bien droits, marbrés de noir et de blanc de préférence, parfois de gris cendré et de rose. Les pattes noirâtres ou gris cendré se présentent souvent dans la première année et peuvent devenir marbrées dans la deuxième; les pattes trop noires ou les pattes bleues sont un défaut. — *Doigts* : au nombre de cinq, dont quatre fonctionnels et un cinquième non fonctionnel, bien distinct, partant directement de l'os canon, à l'intérieur de la patte, et légèrement courbé vers le haut, le supérieur plus long que le pouce inférieur.

Port, taille et aspect général : Oiseau d'apparence vive, fort, hardi, un peu massif, mais élégant cependant et de moyenne hauteur.

Poids : le poids d'un coq d'un an est d'environ 3 kilos à 3 kg. 1/4.

Chair : fine et délicate.

Caractère : vif et assez belliqueux.

POULE. — Les caractères généraux de la poule sont les mêmes que ceux du coq, sauf les différences sexuelles. — *Tête* : est faite comme chez le coq. — *Crête* : plus petite que celle du mâle. — *Huppe* : chez la poule, la huppe est très différente de celle du coq. — Elle est beaucoup plus volumineuse et plus arrondie. Bien droite sur la tête, elle forme une véritable boule. Cela tient à ce que les plumes qui la composent sont elles-mêmes plus arrondies et moins allongées, n'étant pas semblables à celles du camail des coqs. La différence de la huppe dans les deux sexes constitue donc un véritable dimorphisme sexuel, dont l'étude rentre dans celle des caractères sexuels secondaires. Une huppe tombante ou étalée de côté chez la poule est un mauvais indice. Elle correspondrait peut-être à un sujet vieilli, à ovaires atrophiés, chez lequel le « plumage normal de l'espèce » tend à reparaître. Le diamètre de la huppe normale de la poule de Houdan peut atteindre 12 centimètres 1/2, chez une poule d'un an.

Pour la poule, les points les plus importants sont l'ampleur du plumage et de la huppe. — *Barbillons* : rudimentaires. — *Dos* : la ligne du dos fait un angle, qui la remonte légèrement vers la queue. — *Queue* : portée relativement basse. — *Poids* : selon la juste remarque de M. Louis Bréchemin, cette poule, qui donne de fort belles poulardes, figure parmi les races chez lesquelles le poids de la femelle se rapproche le plus de celui du coq. On estime ce poids de 2 kilos 3/4 à 3 kilos, rarement plus.

PLUMAGE. — Le plumage est composé plus ou moins régulièrement de noir et de blanc. La régularité du caillouté serait la perfection; mais, dit la Monographie pratique publiée par le Club, étant donné qu'elle n'existe pas, il est préférable de tolérer la prédominance du noir, les sujets ayant tendance à blanchir dans la deuxième année. Le plumage est donc formé de noir à reflet verdâtre et de blanc partagés aussi régulièrement que possible; mais le noir domine chez les coqs, surtout chez les jeunes; chez les poules, surtout un peu âgées, le blanc domine en général sur le noir. La huppe est noire et blanche, avec au moins un tiers de blanc bien réparti.

La sélection doit tendre à modifier la taille, la grosseur, ainsi que les proportions de blanc et de noir du plumage, et, en particulier, de la huppe. Le dos et la queue doivent être à dominance de noir.

Par une sélection persévérante, on peut, en sens inverse, arriver à obtenir des sujets tout blancs; mais ce type n'est pas reconnu dans nos Standards français.

La Houdan en Amérique.

En Amérique, la Houdan a été sélectionné dans un sens assez différent. Alors que chez nous, en France, cette poule est considérée surtout comme une volaille de produit, on en a fait un type sportif, à plumage régulièrement marqué et qui figure honorablement, du reste, dans le « *Standard of perfection* » de l'*American Poultry Association*.

Cette publication considère la Houdan comme l'une des plus anciennes et des meilleures races françaises; mais elle lui attribue une grosseur et une taille semblables à celles des Dorking, dont la simple inspection de gravures ou photographies représentant ces deux races montrerait cependant la différence.

Les Américains admettent une variété blanche; et le journal illustré l'*American Poultry Advocate* nous annonce même la création d'une variété rouge de Houdan.

Quel que soit le sort de ces deux variétés, cette revue estime qu'elles n'égaleront jamais « le grand vieux modèle caillouté » provenant des coqs Houdan français introduits dans ce pays.

Standard anglais.

COQ. — TÊTE. — *Crâne* : Caractères plutôt large et avec une protubé- généraux. rance osseuse au sommet du crâne que surmonte une huppe. — *Huppe* : large, pleine et compacte, ronde au sommet et non divisée par une raie, formée de plumes semblables à celles du camail, s'inclinant légèrement en arrière, de manière à bien montrer la crête. — *Bec* : plutôt court et fort, avec de larges narines. — *Œil* : hardi. — *Crête* : du type feuille de chêne (ressemblant en quelque sorte à un papillon, placé à la base du bec), assez petite, bien définie. — *Face* : munie de favoris. — *Favoris et Cravate* : larges et compacts, s'étendant tout autour de la face et cachant presque les yeux. — *Oreillons* : petits, entièrement cachés par les favoris. — *Barbillons* : petits et bien arrondis, presqu'entièrement cachés par la cravate. — *Cou* : de longueur moyenne, avec un camail abondant, s'étendant sur le cou.

CORPS : large, profond et long, comme chez le Dorking. — *Queue* : pleine, avec de longues faucilles, bien arquées.

JAMBES ET PIEDS. — *Jambes* : courtes et fortes, bien écartées et sans plumes aux tarses. — *Doigts* : au nombre de cinq sur chaque pied, semblables à ceux du Dorking.

Port : hardi et vif.

Poids : adultes, 9 livres anglaises; coquelets, 7 livres.

POULE. — A l'exception de la crête, qui est de forme globulaire et de dimension moindre, les caractères généraux de la poule sont les mêmes que ceux du coq, en tenant compte des différences sexuelles habituelles.

Poids : adultes, 7 livres anglaises; poulettes, 6 livres.

Couleur. *Bec* : couleur corne. — *Œil* : iris rouge. — *Crête, Face et Barbillons* : rouge vif. — *Oreillons* : blancs, ou blancs teintés de rouge. — *Tarses et Pieds* : blancs pommelés de bleu plomb ou de noir.

Plumage. *Fond* : d'un noir brillant, avec lustré vert, et caillouté de blanc pur; le cailloutage aussi régulièrement distribué que possible, excepté sur les rémiges primaires et secondaires; et, chez le mâle, sur les faucilles et les couvertures de la queue, ces plumes sont irrégulièrement tachées de blanc.

Le noir prédomine généralement chez les jeunes sujets; mais, malgré tout, le peu de cailloutage qui se montre doit être régulier et propre.

ÉCHELLE DES POINTS.

Coq.

Taille	18
Crête	15
Couleur	15
Huppe	12
Forme	12
Jambes et Pieds	10
Condition	10
Cravate et Favoris	8
	100

Poule.

Taille	20
Couleur	15
Huppe	15
Favoris et Cravate	12
Forme	10
Jambes et Pieds	10
Condition	10
Crête	8
	100

Observations sur le Standard. Nous nous arrêterons fort peu sur le Standard anglais qui, comme on peut le constater, tend à faire de la Houdan une Padoue cailloutée; nous n'insisterons pas.

A des éleveurs qui craignaient que la sélection ne fît tort aux qualités de pondeuse de la race, M. le vicomte Pierre d'Applaincourt, alors vice-président des *Aviculteurs Français*, répondit autrefois par la communication suivante : « Il faut d'abord sélectionner, afin de conserver la race pure (car, sans cela, vos volailles, au bout de quelques années, ne rappelleraient que très vaguement la race d'origine dont elles sont les descendantes); choisir ensuite, pour la reproduction, parmi ces volailles, celles qui montrent les meilleures dispositions à perfectionner les qualités productives de la race. — On considère qu'une poule Houdan, après la première mue, doit peser au minimum 1 kg. 750 et le coq 2 kg. 250 ; la difficulté est d'avoir du noir et du blanc purs, pas de blanc ardoisé, je crois que l'on doit y arriver par sélection. »

« Les détails dont j'ai parlé n'ont pas d'influence sur la ponte, mais si vous ne vous attachez pas à ces détails, après quelques générations, le cinquième doigt disparaîtra, la crête deviendra droite; vous aurez du mauvais Mantes (pas fixé); si la couleur devient noire et qu'il reste un vestige de huppe, vous aurez du mauvais Caumont (pas fixé); que sais-je ce que vous aurez? Mais ce ne sera pas une race fixée, puisque vous aurez des sujets dûs au hasard.

« Nos races sont excellentes; il faut les consacrer par les caractères physiques (standard), et les améliorer en observant beaucoup, en ayant de la persévérance et surtout réellement le goût de l'aviculture·

« Veuillez, à mon tour, me permettre de vous poser une question : Vous me dites ne pas vous être préoccupé des crêtes de vos Houdan; voudriez-vous être assez aimable pour les regarder et me dire comment elles sont? Elles doivent être, soit un commencement de crête droite (retour à la crête du coq sauvage), soit en cornes simples ou avec ramifications (crête de la race de Houdan, modifiée sans raison vers 1870).

« En résumé, c'est en choisissant dans les bons sujets, à la vue, parmi les meilleures pondeuses, que vous conserverez votre race de Houdan et arriverez à l'améliorer. »

La question de la forme de la huppe, que M. d'Applaincourt avait mise sur le tapis, est aussi très importante. M. Rouillier-Arnoult avait déjà, depuis longtemps, agité ce même sujet. Le Houdan-Club prit alors, à ce propos, la décision suivante :

« Faisant réponse à M. le vicomte P. d'Applaincourt, la résolution qui a été prise par le conseil d'administration du H. F. C. de France doit lui donner satisfaction ; vu la demande à lui adressée, il a adopté le point de vue de M. d'Applaincourt et reconnu qu'en effet, il est souvent rejeté, comme impropres à la reproduction, de beaux sujets, aussi bien en coqs qu'en poules, représentant la race primitive, qui portait une crête en corne.

« Donc, dans l'intérêt de la Houdan, et pour en régénérer la race, il a admis que les coqs de la race de Houdan ont une crête non fixée, tantôt en gobelet, tantôt en papillon, mode qui paraît avoir été donnée par la fantaisie depuis 1870 environ.

« La crête du coq de Houdan étant généralement en forme de cornes avant cette époque, il y a lieu d'admettre aussi et de reconnaître, comme étant de race pure, les coqs de Houdan qui réuniront un ensemble de qualités de la race déjà définie, mais portant des cornes suffisamment régulières. »

(Décision du conseil d'administration, 29 mai 1912.)

Qualités et Exigences de la race. La poule de Houdan est bonne pondeuse; elle donne à peu près 125 œufs par an, du poids moyen de 65 gr.; l'on cite même des œufs dépassant 70 grammes.

C'est vers l'âge de sept mois, que les poulettes commencent à pondre. L'incubation est un fait exceptionnel chez cette race, et c'est justement à cette habitude de ne jamais couver que l'on doit l'emploi des incubateurs qui, en effet, a été réalisé avec zèle dans toute cette contrée, surtout parce que la Houdan ne couvait point, et que son remplacement par les dindes causait de gros soucis aux éleveurs.

Les poulets de Houdan sont rustiques et précoces; ils s'élèvent aisément. On les engraisse dès l'âge de trois mois et demi à quatre mois, avec de la farine d'orge, mêlée à du son et du lait. Cet engraissement, qui n'est pas aussi poussé que chez d'autres races de chair, donne ce qu'on appelle vulgairement des « poulets moelleux ».

En juin, juillet et août, on vend ces poulets âgés de cinq mois environ.

La race de Houdan prospère surtout dans les pays à sol calcaire ou sablonneux, mais sain. Les terrains argileux et humides ne lui conviennent pas. On peut toutefois améliorer le sol des parquets par des amendements et des apports de sable, auquel on ajoute parfois de la chaux éteinte.

Sur un sol défectueux, la houdanaise perd de ses qualités.

Il lui faut du parcours; et un assez grand espace gazonné lui convient très bien. C'est une poule chercheuse, habile à trouver sa nourriture, dans la mesure où le lui permet cette vaste huppe, qui est, en somme, au point de vue pratique, un désavantage chez cette race.

Nous avons élevé, en Blésois, des poules de Houdan, et nous avouons avoir été satisfait de leur ponte et de leurs qualités de chair. Si nous y avons renoncé, c'est à cause de la huppe, qui, par les mauvais temps, se salissait et demandait un entretien et des précautions difficiles à assurer dans une exploitation agricole.

La poule de Houdan nous apparaît donc surtout comme une excellente volaille de produit pour l'amateur spécialisé, qui s'occupe principalement d'aviculture, ou comme une poule de ferme à utiliser dans des contrées à sol particulièrement sain.

C'est, comme toutes les bonnes pondeuses, une forte mangeuse. Elle est dotée d'un appétit vorace et transforme rapidement en œufs ou en viande (selon la composition de sa ration) les aliments qu'on lui distribue.

Dès l'âge de deux mois environ, on distingue aisément le sexe des jeunes, tant par la crête que par la nature et la forme de la huppe, plus ronde chez la femelle.

Au point de vue de sa rusticité, la huppe exagérée est, comme nous l'avons dit, un inconvénient sérieux.

M. Édouard Brown, dans son livre *Races of domestic Poultry*, fait un bel éloge de la Houdan; il dit pourtant que, tout en étant considérée comme une des volailles les plus pratiques, dont les poulets, élevés en hiver pour les marchés du printemps, sont très recherchés, et dont les mérites des pondeuses sont incontestables, la Houdan a perdu beaucoup de sa popularité en Angleterre. On pensait, lors de son introduction, qu'elle deviendrait la poule la plus recherchée, et cependant, de plus en plus, sa faveur décroît. C'est que la Houdan a un grand inconvénient : sa huppe. « Dans un climat comme celui que nous avons au Royaume-Uni, continue M. Brown, les volailles à huppe réclament des soins spéciaux. Il faut les abriter, lorsque le temps est humide. La pluie, détrempant la huppe, rend les oiseaux susceptibles de contracter du rhume. » Nous ajouterons que cette huppe, chez nous, surtout dans nos départements de l'Ouest où il pleut souvent et où la terre reste longtemps mouillée et boueuse, se trouve souillée, ce qui amène parfois des maladies d'yeux. Quelques éleveurs prennent la précaution de couper la huppe à leurs sujets; mais c'est alors les défigurer complètement. On peut dire que la Houdan ne convient qu'aux terrains très secs. Les huppes pendantes, engluées, éborgnant les poules, ôtent à la basse-cour l'aspect coquet que semblerait devoir lui donner une aussi jolie race.

Monographie des races de Caumont et de Pavilly.

Origine. Dans son *Aviculture*, publiée en 1905, Charles Voitellier réunit en une seule les races de Caumont et de Pavilly, et leur donne comme caractéristique principale la crête à forme de petite coquille aux

(Cliché de la Vie à la Campagne).

(Dessin de Geo Lefèvre.)

bords dentelés, située sur le devant de a tête. Il indique, comme autres différences avec la race de Crèvecœur, l'absence de gorge et de favoris et la plus grande longueur des barbillons. Cette

race a, dit-il, toutes les qualités de la race de Crèvecœur. Peut-être est-elle moins esthétique; mais elle est infiniment plus rustique et mieux adaptée à la vie des champs, grâce à sa huppe moins fournie.

Beaucoup d'auteurs avicoles ne mentionnent même pas la race de Pavilly. D'autres passent à la fois sous silence la Pavilly et la Caumont.

Il existe pourtant un club spécial pour chacune de ces races, et chacun de ces deux clubs a dressé un Standard.

RACE DE CAUMONT.

Le Caumont-Club a été fondé par notre excellent ami et collègue, M. Amédée Meslay, qui a raconté comme suit, dans les colonnes du journal l'*Acclimatation* l'historique de cette fondation :

« Jamais une œuvre agricole ne m'a, dit-il, causé plus de plaisir que la fondation du *Caumont-Club;* c'est avec une bien réelle et bien légitime satisfaction que j'ai vu venir à nous, dès la première heure, un certain nombre d'éleveurs sérieux et des plus importants.

« Comment pouvait-il se faire que, presque seule au milieu de la plupart des excellentes races de poules françaises, la race de Caumont n'avait pas son Club.

— Parce que modeste, nul n'y songeait; mais, ajoute-t-il, comme me le disait notre si regretté et si compétent vice-président de la *Société des Aviculteurs Français*, M. Henri Voitellier : « Cette modestie cache une des meilleures poules entre les meilleures. Il ne faudrait qu'un homme et un Club, pour faire connaître ses qualités si complètes et si nombreuses. »

« Que n'a-t-on pas écrit sur la poule de ferme, qui n'existe pas, disent les malins ! Eh bien, je le crois fermement, la voilà bien la poule de ferme idéalement pratique. Je n'en veux pour preuve que ce fait, que la race de Caumont est une des races françaises dont l'ère géographique est la plus étendue. Cette ère comprend toute la Normandie. Elle s'étend au Maine, à l'Anjou, jusqu'à la Loire et même quelque peu au sud de ce fleuve. On trouve cette poule dans ces régions, un peu partout, dans les fermes et dans les marchés les plus fermés à toute importation de sang étranger ou même d'autre sang français. Il faut que son pouvoir prolifique ait été énorme, pour qu'elle se soit ainsi maintenue et étendue peu à peu. Dernièrement, nous trouvions, dans une ferme assez isolée de la Mayenne, un superbe coq à la crête en gobelet et un certain nombre de belles poules. Caumont à la petite huppe. Certes ! l'excellente métayère n'avait jamais songé, disait-elle, à changer sa vieille race qui pondait si bien ! C'était bien la race autochtone.

« La Caumont est, en effet, une excellente pondeuse, et sa production en œufs est surtout extrêmement remarquable la seconde année. Ses œufs sont gros et réguliers, et c'est elle qui fournit les beaux œufs normands, dont le cours, à la Halle de Paris, est le plus élevé. Un mandataire des Halles me le disait dernièrement.

« La rusticité de cette poule est très grande et sa santé parfaite; aucune autre race de poussins n'est plus facile à élever; les jeunes s'emplument avec facilité. Si l'on a soin de mettre un peu de farine de viande séchée dans la pâtée de farine d'orge, il est très rare que l'on ait aucune mortalité. Comme finesse de chair, la Caumont est de tout premier ordre; elle ne le cède en rien à ce sujet aux La Flèche, Crèvecœur, Houdan, La Bresse et Le Mans.

« La Caumont, d'ailleurs, c'est la poule d'origine des Crèvecœur, et je citerai comme l'auteur de cette vérité, encore une fois M. H. Voitellier, au jugement si sûr et si précis.

« Au point de vue du volume, la Caumont, bien élevée, est une forte volaille, à l'ossature très fine, à la chair abondante et juteuse; c'est une volaille à la chair lourde et dense; la plume est plate, peu épaisse et bien collée au corps. Comme toutes les bonnes pondeuses, elle couve peu; mais, lorsqu'elle couve, elle est sage, très douce, et bonne mère. »

En raison des affinités qui existent entre les races de Caumont et de Crèvecœur, le Caumont-Club, au cours de l'une des expositions internationales de la Société Centrale d'Aviculture de France, s'est transformé en Caumont-Crèvecœur-Club.

Standard. Nous donnons ci-dessous le standard officiel de la race de Caumont, établi par le *Caumont-Club Français* (depuis *Caumont-Crèvecœur-Club*) dans sa séance du 3 février 1913, adopté par la *Société des Aviculteurs de la Basse-Normandie* et approuvé par le Conseil de la *Fédération des Sociétés d'Aviculture de France* (séance du 21 février 1913).

Caractères généraux. I. — AIRE GÉOGRAPHIQUE. — Toute la Normandie, le Maine et l'Anjou. — *Origine :* le Calvados et la Basse Normandie, Caumont-l'Eventé (Calvados), d'où elle tire son nom. Elle est connue dans le Maine et l'Anjou sous le nom de coq de Saint-Louis ou race de Saint-Louis depuis un temps immémorial, probablement à cause de la crête du coq en forme de couronne.

II. — APPARENCE GÉNÉRALE. — *Taille :* forte à l'âge adulte. — *Forme et aspect du corps :*

large et élancé. — *Squelette et charpente* : très fin. Ossature fine.

III. — POIDS MOYEN. — *Coq* : 3 kil. 500 à 4 kilos à l'âge adulte. — *Poule* : 2 kil. 500 à 3 kilos à l'âge adulte.

IV. — QUALITÉS. — *Ponte : Moyenne annuelle :* 160 à 170 œufs par an. — *Saison de ponte :* toute l'année, excepté pendant la mue et un ralentissement pendant le froid et les mois d'hiver. — *Grosseur et nature des œufs* : la grosseur et le poids du jaune sont relativement élevés et d'une très belle couleur orange. — *Poids moyen des œufs :* 60 à 65 grammes. — *Couleur de la coque :* blanche. — *Incubation :* presque nulle. — *Précocité :* moyenne. — *Rusticité :* très grande. Les poussins, bien nourris, s'élèvent très facilement. -- *Acclimatation, climat et sol préférés :* Acclimatation facile. Climat normand et des prairies de l'Ouest; elle préférerait le sol sablonneux, mais elle s'accommode fort bien des sols argileux à cause de sa très grande rusticité. — *Aptitude à l'engraissement :* très grande. — *Caractère et allures :* gaie et familière; aime la liberté.

V. — UTILISATION PARTICULIÈRE DES PLUMES. — Les plumes de la poule sont utilisées dans la literie. — Les faucilles et les lancettes du coq, du plus beau reflet verdâtre, les font rechercher des modistes.

COQ. — *Plumage :* noir à beaux reflets verdâtres. — *Tête :* fine, légèrement aplatie. — *Huppe :* petite huppe retombant en arrière. — *Crête :* composée en forme de gobelet ou couronne, avec pointes tout autour, sans boutons de chair au centre, fine et rouge. — *Oreillons :* elliptiques, assez forts, blancs, fins et satinés. — *Barbillons :* de 4 centimètres environ chez le coq. — *Yeux :* orange foncé. — *Bec :* longueur moyenne; légèrement arqué vers l'extrémité; couleur noire. — *Joues :* face rouge. — *Cou :* ordinaire. — *Camail :* noir à reflets verdâtres. — *Dos :* large et long. — *Épaules :* larges. — *Ailes :* moyennement développées. — *Queue :* chez le coq, en faucille, partant perpendiculairement à la ligne du dos, non redressée, dite en queue d'écureuil, ni penchée en arrière, ni en éventail. — *Poitrine :* large. — *Cuisses :* développement moyen. — *Jambes et tarses :* tarses assez longs, forts, moyennement gros, noirs, plombés et non emplumés. — *Pieds :* quatre doigts non emplumés. — *Ongles :* noirs.

DÉFAUTS. — Blanc dans le plumage, ou reflets bleutés ou rougeoyants. Oreillons roses ou sablés. Corps petit et queue en port d'écureuil.

POULE. — *Plumage :* comme chez le coq. — *Tête :* fine, légèrement aplatie. — *Huppe :* petite, retombant en arrière, un peu plus forte que chez le coq, plus ronde et plus fournie. — *Crête :* composée, double, en forme de petit gobelet, jamais retombante, fine et rouge. — *Oreillons :* ronds et plus petits que chez le coq, blancs, fins et satinés. — *Barbillons :* réduits chez la poule. — *Yeux :* iris orange foncé. — *Bec :* longueur moyenne; légèrement arqué vers l'extrémité; couleur noire. — *Joues :* face rouge peu accentué; presque toute emplumée. — *Cou :* ordinaire. — *Camail :* noir à reflets verdâtres. — *Dos :* large et long. — *Épaules :* larges. — *Ailes :* moyennement développées. — *Queue :* la queue de la poule est de développement moyen. — *Poitrine :* large. — *Cuisses :* développement moyen. — *Jambes et tarses :* tarses très fins chez la poule, noirs et plombés, non emplumés. — *Pieds :* quatre doigts non emplumés. — *Ongles :* noirs.

RACE DE PAVILLY.

Il existe, d'autre part, un Club spécial de la race de Pavilly, fondé le 14 décembre 1908, affilié à la Fédération Française en 1909 et présidé par Mme la marquise de Sainte-Marie d'Agneaux. Ce Club a établi, pour cette race, dont les qualités sont analogues à celles de la race de Caumont, et qui en diffère surtout par sa crête simple, un standard que nous donnons ci-après.

Laissons tout d'abord la distinguée présidente du Club nous présenter cette race (1).

Origine. « Il est difficile, nous dit-elle, d'établir au juste l'origine de la race de Pavilly. Cette excellente race a été cultivée, depuis des siècles peut-être, en Normandie; et elle est certainement une variété de la race de Crèvecœur, ainsi que la Caumont, avec laquelle elle a de nombreux points de ressemblance.

« Pavilly est un gros bourg de l'arrondissement d'Yvetot, où se tient, tous les jeudis, un important marché de volailles.

(1) Nous tenons à remercier ici Mme la Marquise de Sainte-Marie d'Agneaux de la monographie, qu'elle a bien voulu nous adresser, et qui a servi à la présente rédaction.

D. DE M.

C'est là que les grands restaurateurs et les hôteliers de Rouen viennent chercher des « volailles noires », qui ont une réputation bien établie dans toute la Normandie.

« Les Pavilly, comme la plupart de nos races françaises, ont vu leur popularité disparaître ou tout au moins s'éclipser, il y a une quarantaine d'années, quand les races asiatiques furent importées en France. Le croisement avec les Langshan donna à nos volailles normandes plus de poids, mais au détriment de la finesse de la chair, de la taille des œufs et de la rusticité. Nous dirons tout à l'heure les difficultés qu'eut à surmonter le Pavilly-Club, pour rendre à la race ses qualités anciennes, tout en lui donnant un peu plus de poids et de volume. »

Standard. Ce Standard, établi par la Société des Aviculteurs Français et adopté par le Pavilly-Club, a été approuvé par la Fédération Nationale des Sociétés d'Aviculture de France.

Caractères généraux. COQ. — *Taille* : forte et élancée. — *Tête* : fine et aplatie. — *Huppe* : portée en arrière comme une petite calotte, plumes fines, retombant en arrière, et non ébouriffées. — *Crête* : simple, droite dentelée peu profondément, avançant bien sur le bec, rouge vif, pas trop charnue. — *Bec* : droit, fort, noir, légèrement arqué. — *Barbillons* : elliptiques. — *Oreillons* : blancs, ou blancs sablés de rouge, peau fine, rouge foncée autour des yeux de même que celle des joues. — *Œil* : iris, orange foncé. — *Cou* : fort, camail noir à reflets verdâtres, plumes des lancettes fines. — *Dos* : large et long. — *Ailes* : moyennes, bien au corps. — *Queue* : portée en faucille perpendiculairement au dos, mais non redressée en queue d'écureuil, ni en arrière. — *Plumes* : noires à reflets verts brillants. — *Poitrine* : large. — *Cuisses* : moyennes. — *Tarses* : moyens, lisses, gris plombé. — *Doigts* : quatre, ongles noirs. — *Poids* : de 6 à 7 livres. — *Chair* : blanche, fine, savoureuse, s'engraisse rapidement.

POULE. — La poule a les mêmes qualités que le coq. Elle a la tête fine et aplatie, la crête simple, avançant bien sur le bec et se repliant légèrement sur le côté gauche. — *Huppe* : ronde, portée en arrière, et venant emboîter la crête. — *Bec* : noir ou corne foncée, droit. — *Barbillons* : peu développés, rouge vif, peau fine, rouge autour des yeux et celle des joues de même. — *Yeux* : iris orange foncé. — *Oreillons* : blancs ou blancs sablés de rouge. — *Pattes* : noires ou gris plombé. — *Ongles* : noirs. — *Dos* : droit. — *Queue* : portée droite, mais non en écureuil. — *Plumage* : noir brillant. — *Poids* : de 4 à 5 livres. — *Œufs* : gros, blanc pur, poids de 60 à 75 grammes. Ponte annuelle, environ 200 œufs.

Observations sur le Standard. Comme on le voit par le Standard ci-dessus, le coq, comme la poule, a des allures vives, des formes élancées, un plumage noir brillant à reflets verts, une crête simple, dentelée peu profondément et avançant bien sur le bec, une huppe de plumes noires et fines posée en calotte sur le fond de la tête et venant rejoindre la crête. Pattes gris plombé, quatre doigts, ongles noirs.

Couveuse moyenne, souvent nulle, à moins qu'elle n'ait choisi elle-même son nid, la Pavilly est vive, alerte et rustique. Elle s'engraisse vite. Les poussins s'élèvent facilement; ils naissent couverts d'un épais duvet gris foncé, avec des taches blanches à la poitrine et quelquefois sur la tête; les pattes sont gris clair, les ongles et le bec couleur corne. Ils s'emplument vite et se passent fort bien de leur mère au bout de quatre à cinq semaines; à deux mois, ils couchent dans les arbustes, et cherchent, dès qu'ils sont libres, à voler pour y rejoindre leurs aînés; à trois mois, ils couchent dehors par tous les temps.

Il existe une variété de Pavilly à crête double frisée, à pointes épaisses et irrégulières. Les barbillons sont ronds, d'un rouge vif, les oreillons rouge, aussi. Les pattes, très fortes, sont rosées, ou quelquefois tachées de noir. Ces volailles sont plus rondes et plus trapues que celles à crête simple. Les coqs atteignent 8 livres, et ils s'engraissent facilement. Le duc Féry d'Esclands et M. Henri Voitellier, après en avoir conféré avec des aviculteurs connus, avaient décidé qu'on referait la race à crête simple, comme étant encore plus rustique et meilleure pondeuse que celle à crête double, et c'est le Standard de la Pavilly à crête simple qui fut adopté par la Société des Aviculteurs Français, dans sa séance du 14 décembre 1908, séance où le Pavilly-Club fut fondé.

La race de Caux est une Pavilly à crête simple, sans huppe. En Normandie on les appelle des Corneilles. On en voit partout, dans toutes les fermes de la Seine-Inférieure. Les coqs ont presque toujours les oreillons rouges et ils portent la queue plus en arrière que les Pavilly. Les poules sont meilleures couveuses, et moins vagabondes que leurs sœurs huppées.

La race de Pavilly supporte à merveille le climat froid et humide de la Seine-Inférieure. Elle couche autant que possible hors du poulailler et est rustique, vagabonde et un peu sauvage. Elle va souvent fort loin chercher sa nourriture, et, en été, on la voit rarement en dehors de l'heure du repas du soir. Elle pond un peu partout, dans les greniers, dans les granges et dans les haies.

Origine du Pavilly Club. Le duc Féry d'Esclands, fondateur et président de la Société des Aviculteurs Français, passait chaque année deux mois dans sa villa des Mouettes, près de Dieppe. Il avait remarqué, en diverses fermes, des volailles noires, huppées ou non, et il s'était enquis de leur nom et de leurs qualités. Les nombreuses fermières, qui viennent chaque samedi au marché de Dieppe, lui avaient dit que c'était « la race de pays », des Pavilly, mais qu'on les avait croisées avec des « poules noires d'Amérique ». Elles voulaient parler des Orpington noires, qu'un Américain, M. Douglas, avait importées d'Angleterre. Le duc Féry d'Esclands visita des fermes, causa avec des aviculteurs du pays, et avec le concours de la marquise de Sainte-Marie d'Agneaux, membre du Comité des Aviculteurs Français et de M. de Boishébert, le seul peut-être qui eût encore de vraies Pavilly, il se décida à fonder le Pavilly-Club, le 14 décembre 1908.

Les premières volailles qui furent présentées, en 1909, à l'exposition des Aviculteurs Français, étaient loin d'être belles. Les coqs surtout se ressentaient des croisements avec les Orpington; et, cette année-là, sur plus de deux cents poussins, on en garda seize ! Depuis, les Aviculteurs Normands se sont mis à l'œuvre; sous l'impulsion donnée au Club par sa présidente, la marquise de Sainte-Marie d'Agneaux, et par la Société des Aviculteurs Français, on était arrivé avant la guerre à produire des volailles se rapprochant bien du Standard et qui, d'ici à quelques années, eussent été dignes de leur nom de Bresse Normandes. Pour cela, une sélection rigoureuse demeure nécessaire; toute poule pondant des œufs petits ou légèrement teintés, ayant des plumes aux pattes ou des pattes rosées, les coqs ayant des plumes à reflets violets, à pattes emplumées, à plumes blanches ou jaunes aux lancettes du camail, à oreillons rouge vif, à crête épaisse ou frisée, ou à excroissance sur le côté, toutes ces volailles-là sont à supprimer; la queue portée en écureuil ou renversée en arrière est à éliminer aussi.

Le Pavilly-Club a été affilié, dès 1909, à la Fédération des Sociétés d'Aviculture de France. Il a pris part, à partir de 1909, aux expositions internationales des Aviculteurs Français, de la Société Nationale d'Aviculture, de France, et, à Paris, au Concours général agricole, aux expositions de Lille, de Roubaix, d'Évreux, de Caen, d'Angers, etc., aux concours régionaux de la Société Centrale d'Agriculture de la Seine-Inférieure, à Rouen, à Dieppe, à Gournay, à Yvetot, à de nombreux comices agricoles. De nombreux prix d'honneur, des premiers prix, des seconds, des mentions très honorables ont été les récompenses des efforts des membres du Pavilly-Club. A deux reprises, la médaille de vermeil, donnée par le Département de la Seine-Inférieure, a été remise par le Préfet à la Présidente.

Nous ajouterons à la monographie qui précède, une observation que nous avons déjà présentée, il y a quelques années, à la Société des Agriculteurs de France, dans un Rapport sur l'iconographie des Oiseaux de basse-cour. Nous avons retrouvé, sur plusieurs toiles de maîtres du XVIIIe siècle, la demi-huppe en arrière si caractéristique des races de Caumont et de Pavilly.

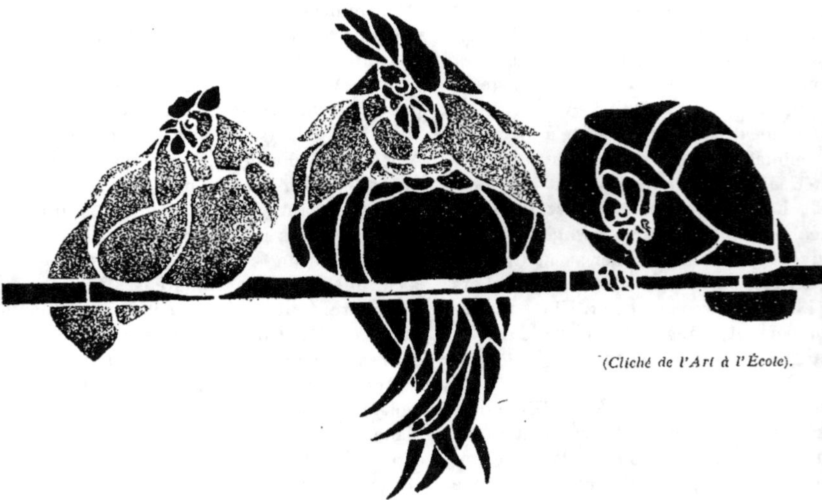

(Cliché de l'Art à l'École).

Monographie de la race Brabançonne.

Dix sous-variétés.

Nous donnons, ci-après, la monographie établie, sous les auspices du Brabançonne-Club de Belgique, par M. Derscheid, de Florival.

défauts, résultent de ce fait, aujourd'hui généralement admis : chaque pays a ses races.

L'on peut affirmer que chaque région

(Cliché Bertaut. Races belges.)

FOULE BRABANÇONNE

Origine. Un principe général de sélection naturelle régit nos races de poules.

La diversité des types, leurs qualités, leurs aptitudes, leurs vertus, voire leurs

a ses races propres, acclimatées, donnant le maximum de rendement en chair ou en œufs.

Le milieu dans lequel elles vivent et se développent, le climat, la nourriture, le sol, sont autant de facteurs qui concourent à fixer la sélection des poules.

Ceci est tellement vrai, qu'une race transplantée loin de son habitat se modifie totalement.

naturelle, et d'autres obtenues par un choix intelligent, se reproduisant fidèlement par leurs caractères et leurs types. Les premières s'éteignent par l'introduction de races exotiques, dont la

(Cliché de " Chasse et Pêche ").

SILHOUETTE DE LA POULE BRABANÇONNE

« Nul n'est prophète dans son pays », dit le proverbe, et, cette fois, appliqué à la cause que nous allons défendre, il dit vrai.

Les plus grands ennemis de nos races nationales, ce sont la plupart des Belges, nos nationaux. Si pénible que soit cet aveu, nous avons la conviction que tout lecteur doué de l'esprit d'observation se rangera à notre avis.

Nous avons, en Belgique, des races très anciennes, fixées par la sélection

faveur est toujours grande ; les autres ne parviennent pas à fixer l'attention des éleveurs.

Parmi nos races pondeuses, la Brabançonne est assurément une des plus recommandables pour le nombre et le volume de ses œufs.

Avant d'aborder l'examen de la Brabançonne, il est utile d'établir son habitat et de rappeler son passé.

Répandue dans plusieurs localités du pays, on en trouve les sujets les plus purs dans le Brabant et notamment dans l'espace formé par le triangle des villes de Bruxelles, Louvain et Malines — Hever, Boortmeerbeek, Rymenam, Haecht, Campenhout, Nederockerzeel, Melsbroeck, sont les communes qui spécialisent la Brabançonne.

Nous avons toujours considéré le nord-est de Bruxelles comme étant la région propre à la Brabançonne. Quoique les sujets purs y soient devenus rares, la grande consommation des villes citées justifie parfaitement cette opinion. Mais le domaine de la poule Brabançonne s'étend bien au delà; l'on trouve des sujets très purs jusqu'à Wavre et Ottignies. A l'extrême limite de la province de Brabant, notamment dans le Hageland, la race, ayant moins souffert de l'introduction des poules exotiques, s'est maintenue en majorité.

Le paysan estime à sa juste valeur la poule huppée, comme il la désigne sommairement, et ne s'en dessaisit pas aisément.

**

Sans assigner une date déterminée à la formation de la race, nous ne craignons pas d'affirmer que la Brabançonne est très ancienne, quoique son nom français soit relativement récent. Ceci n'a rien d'extraordinaire, attendu que le nom français des races vivant en pays flamand est postérieur au nom flamand. De tout temps, la Brabançonne a été désignée en pays flamand sous le nom de « topman », ce qui la caractérise bien; dans la partie wallonne du Brabant, on l'a appelée « houpette ». Cette dénomination est aussi caractéristique que l'autre.

L'état rudimentaire de l'aviculture durant la première moitié du dix-neuvième siècle ne nous permet pas de remonter à la formation de la race ou à son introduction dans le pays.

Nous employons à dessein les deux mots : « formation « et « introduction », parce que, sous le peu louable prétexte de dénier la pureté de la race brabançonne, ses détracteurs ont produit les affirmations les plus contraires à la réalité.

Nous avons, en effet, la preuve que la Brabançonne était la race la plus répandue en Brabant, dès la fin du dix-huitième siècle.

Un tableau, signé Helleman et datant de 1807, que nous avons eu l'occasion de voir chez un curé des environs de Louvain, représente une cour de ferme où, entre autres animaux de basse-cour, figurent des poules à huppes bien typiques. Les personnes âgées, que nous avons consultées, déclarent avoir toujours vu des poules Brabançonnes et se rappellent parfaitement le temps où l'on pratiquait le chaponnage avant de les livrer sur les marchés de Bruxelles et de Louvain. Le chaponnage est abandonné depuis l'introduction de la Coucou de Malines qui s'engraisse dès l'âge de trois mois, et dont la charpente est plus forte et mieux fournie pour la table. Les paysans du Brabant, notamment dans les communes où l'on se livre spécialement à l'engraissement des poulets, trouvent cette industrie plus rémunératrice que l'élevage pour les œufs. De là, un arrêt notable dans la production de la Brabançonne, race pondeuse.

Mais tout le monde ne se livre pas à l'engraissement du poulet; ceux qui recherchent une poule peu exigeante, bonne pondeuse et grande chercheuse, bien acclimatée, donnent la préférence à la Brabançonne.

**

La poule Brabançonne, comme la plupart de nos races, s'est formée spontanément par la sélection naturelle sur son habitat.

Sa grande fécondité, sa rusticité et la facilité avec laquelle s'élèvent les jeunes couvées sont les preuves les plus éclatantes de son ancienneté et de sa parfaite adaptation au sol brabançon. Rien d'étonnant, d'ailleurs, qu'entourés des grandes villes de Bruxelles, de Malines, de Louvain, dont les marchés constituent des centres de grand écoulement, les paysans se soient livrés depuis de longues années à un élevage intensif des volailles. Au milieu des sujets disparates qui peuplaient leurs basses-cours, les éleveurs ont dû distinguer certains types plus productifs, plus rémunérateurs que les autres; de là, la préférence accordée à la « poule huppée ».

C'est là, à notre avis, la démonstration la plus simple et la plus rationnelle de la formation de la Brabançonne. Par analogie, la formation des autres races belges ne s'est pas établie autrement que par l'intérêt des éleveurs. Si la Brabançonne a été détrônée, sur son domaine, par la Coucou de Malines, c'est que le paysan a trouvé dans l'élevage de cette race un avantage réel, depuis qu'il a su discerner la volaille de table de la pondeuse. Si la Brabançonne ne vaut pas la Malines par sa précocité à prendre la graisse, ses aptitudes comme pondeuse sont remarquables, puisqu'elle peut être comparée aux races les plus prolifiques. Tous les éleveurs sont d'accord sur ce point.

Toutefois l'apparition de la Coucou de Malines n'a pas été la seule cause de la diminution en nombre de la Brabançonne. Nos lecteurs n'ignorent point que la poule Italienne a eu son heure de vogue. Des marchands importateurs lançaient par le pays des fournées de circulaires prônant la nouvelle venue et insistant particulièrement sur sa fécondité et son bas prix. Le pays fut envahi par l'Italienne, qui devait trouver bon accueil, puisqu'elle était étrangère. L'on constatait, il est vrai, une mortalité effrayante parmi les jeunes sujets importés; mais nos braves paysans fermaient les yeux ou attribuaient ce déchet à l'influence de la lune, à l'année. Pensez donc ! L'on ne pouvait rejeter tout de suite une poule qui venait du pays des horizons bleus et à laquelle ses lanceurs — quelque peu cousins germains des bluffeurs américains, qui vendent des poules de 300 œufs — prêtaient toutes les qualités. Le paysan, qui a le croisement chronique, lâchait pêle-mêle, dans sa cour, les poules du pays et les survivantes Italiennes. A cette époque, les expositions firent connaître les races étrangères, que l'on trouva, comme toujours, fort séduisantes, et un nouvel élément étranger vint se mêler aux vieilles races du pays. Toutes ces causes réunies devaient fatalement aboutir à la dégénérescence de la Brabançonne, voire à sa disparition.

****

La Brabançonne était donc vouée à une extermination lente, mais sûre, étant donné les nombreux croisements dont elle était l'objet.

A cet égard, il n'est pas sans intérêt de faire remarquer que la partie du Brabant où l'on élève principalement la Brabançonne est envahie par l'Espagnole, race pondant de gros œufs, mais peu recommandable au fermier, à cause de la délicatesse des poussins. Étant donné le peu de soucis que l'on prend, à la campagne, d'entretenir les qualités d'une race, un croisement intense s'était opéré entre l'Espagnole et la Brabançonne, quand, il y a une dizaine d'années, des aviculteurs avisés, voyant sombrer leur vieille race pondeuse dans le sang espagnol, jugèrent le moment venu d'intervenir et de reconstituer cette race. C'était sauver de la déchéance une de nos meilleures poules nationales.

bec, chez la poule; moyenne et droite, chez le coq, et assez développée vers l'avant; lobe postérieur plutôt petit et se relevant au-dessus de l'horizontale; dentelure régulière, ni trop profonde ni trop large ; texture assez fine. —

(Cliché de " Chasse et Pêche ").

SILHOUETTE DU COQ BRABANÇON

I. Description du type.

Standard. *Tête :* petite, allongée.— *Huppe :* petite, en arrière de la tête, se dressant légèrement et fuyante par les extrémités chez la poule; couchée et suivant la direction du camail chez le coq. — *Crête :* simple; petite et repliée en avant sur le

Bec : moyen et légèrement recourbé, de couleur corne foncée ou bleue à la base (suivant la variété), allant en s'éclaircissant vers le bout. — *Yeux :* iris brun très foncé; bord de la paupière noirâtre. — *Joues :* rouges et nues. — *Oreillons :* blancs, petits, de forme triangulaire aux coins arrondis. — *Barbillons :* moyens et rouges, arrondis en forme de sébile. —

13

Cou : longueur moyenne, large à sa base. — *Poitrine* : de largeur moyenne, longue, relevée en coin. — *Dos* : long, assez large, incliné en arrière. — *Ailes* : grandes, serrées au corps. — *Queue* : étroite, en forme de lame de couteau, fuyante et formant avec la ligne du dos un angle obtus. — *Cuisses* : courtes et cachées par les plumes de l'abdomen. — *Tarses* : très fins, lisses, de couleur bleu plomb; le bleu ardoise est admis chez les jeunes sujets de la variété noire. — *Doigts* : au nombre de quatre, largement ouverts, bleus comme les tarses. — *Ongles* : blancs et effilés. — *Taille* : moyenne, entre celles de la Campine et de la Brackel. — *Poids* : environ 2 kilos pour la poule et 2 kilos 1/2 pour le coq (sujets adultes). — *Conformation* : profil caractéristique, en forme de triangle, dont le bassin est la base et la tête le sommet, arrière-train très développé et bas. — *Plumages* ou *variétés* : les plumages propres à la race sont : le noir, le caille, le fauve herminé, e fauve (roux), le bleu et le blanc; on voit parfois des sujets d'autres couleurs.

PARTICULARITÉS DE LA RACE.

Habitat. — Se rencontre principalement dans le nord-est du Brabant, ainsi que dans la partie wallonne de cette province.

Qualités. — Rusticité remarquable, ponte très abondante, même l'hiver ; s'élève sur tous les terrains, même en parquet restreint; couve rarement.

Œufs. — Gros, arrondis, blanc mat, d'environ 70 grammes.

Couleur et qualité de la chair. — Blanche et délicate.

Ossature. — Très fine.

ÉCHELLE DES POINTS.

Forme et profil	30	points
Huppe	10	»
Crête	10	»
Pattes et ongles	10	»
Queue	10	»
Tête et bec	5	»
Yeux	5	»
Joues et oreillons	5	»
Barbillons	5	»
Plumage	5	»
Taille	5	»
	100	points

DÉFAUTS ENTRAINANT LA DISQUALIFICATION DES SUJETS AUX EXPOSITIONS. — Crête repliée chez le coq; droite ou retombante sur le côté chez la poule; crête frisée, double ou en couronne chez le coq et la poule. — Huppe trop forte ou de mauvaise forme, dénotant un croisement. Absence de huppe. — Taches blanches ou bleuâtres dans la face. — Oreillons rouges, jaunâtres ou trop grands. — Queue d'écureuil ou portée de travers. — Bosse ou autres difformités. — Pattes noires, blanches, jaunes ou verdâtres; cinq doigts; plumes aux pattes. — Plumes d'autres couleurs chez les variétés noire, blanche, bleue, fauve.

NOTA. — Les sujets ayant un crétillon de côté ne pourront remporter de prix.

II. Description des plumages plus spécialement propres à la race.

1. VARIÉTÉ NOIRE.

Plumage uniformément noir de jais.

2. VARIÉTÉ CAILLE.

Cette variété, très prisée des amateurs du Brabançonne-Club de Bruxelles (Club fondé le 18 février 1903), mérite une mention spéciale, que nous sommes d'autant plus heureux de lui accorder, que c'est à la plume autorisée d'un des membres du Club que nous en devons la description et le standard.

DESCRIPTION DÉTAILLÉE
DE LA VARIÉTÉ CAILLE (1).

Origine. Cette variété fut dénommée « Caille » par feu Louis van der Snickt, à cause d'une certaine ressemblance de son plumage avec celui de la Caille.

Mes premières Brabançonnes Caille sont issues hors de mes noires sans aucun croisement. Et, j'ajouterai entre parenthèses — comme preuve — qu'il suffit d'accoupler des Brabançonnes noires déteintes, c'est-à-dire d'un noir mat, suie, avec un coq Brabançon noir à épaulettes dorées, pour obtenir des « Caille » à la seconde génération. Évidemment, elles ne seront pas parfaites en tous points, et une sélection sévère s'imposera; mais cela a bien été mon point de départ.

Depuis bientôt dix ans que je m'occupe spécialement de cette variété, j'ai pu constater que c'était la plus rustique et la plus précoce; c'est aussi la plus belle et celle qui offre le plus d'attrait pour

(1) Nous devons la description de cette variété à l'obligeance de M. W. Collier, de Jette-lez-Bruxelles, Secrétaire-Trésorier du Brabançonne-Club, juge spécial aux expositions, et initiateur de la variété.

l'éleveur-amateur, le plumage dit caille étant d'une grande richesse et offrant un grand intérêt dans l'élevage dès le premier âge.

Voici ce qu'en disait M. Michel Kips (*alias* Emka), l'érudit directeur scientifique du Groupe d'Études de l'Union Avicole Belge :

« La variété Caille est la dernière venue. De toutes, c'est peut-être la plus belle, la plus étoffée. Dans sa perfection, elle offre incontestablement la livrée la plus riche, la plus luxueuse dont nous puissions parer nos volailles.

« La variété Caille est une des plus difficiles à obtenir dans sa perfection, parce que sa pleine beauté résulte d'une harmonieuse compensation entre un certain nombre de points assez opposés. C'est un plumage d'artiste, en ce sens que sa perfection donne une complète satisfaction à l'œil, comme dessin, comme couleur, comme opposition de tons, etc. Tant qu'un sujet ne donne pas cette absolue satisfaction, il lui manquera quelque chose comme sujet Caille.

« Et cette perfection réside dans une concordance exacte des détails, dans une opposition parfaite des tons, dans une compensation harmonieuse de toute une gamme de couleurs chaudes...

« Elle dépend d'un équilibre très complexe à réaliser dans toute sa splendeur; les écarts, même de détails, prennent donc immédiatement de l'importance, parce qu'ils rompent l'harmonie générale et ont pour effet de donner à l'animal un aspect heurté, qui le classe de suite très en recul. »

Les lignes ci-dessus démontrent clairement tout l'intérêt que comporte l'élevage de cette variété.

Mais, si la variété Caille offre tant de beautés, je dois dire que de toutes c'est celle que la plupart des éleveurs connaissent le moins, et c'est à leur intention que j'ai cru utile d'entrer dans tous ces détails.

Caractère d'ensemble. Le dessous du corps clair (jaune d'or éclatant), le dessus foncé (noirâtre).

C'est principalement l'opposition résultant de ce caractère, et qui frappe l'attention avant tout, qui fait l'attrait de la variété.

La poule donne assez exactement l'aspect d'un animal en fête qui aurait revêtu une claire toilette de cérémonie sur laquelle un sombre manteau aurait été jeté.

Cette opposition est donc la toute première qualité à rechercher; plus elle sera tranchée, plus le sujet aura de la valeur.

Elle existe aussi chez le coq, mais avec cette différence que la partie sombre du manteau est partiellement cachée par les barbes soyeuses fauves des épaulettes et des plumes du dos, donc quasi dissimulée dans la partie non apparente des plumes, laquelle doit être très foncée, tandis que chez la poule elle est manifestée dans toute l'étendue du dos et des ailes.

COULEURS. — Trois principales : châtain très foncé; blond jaunâtre (nankin) allant jusqu'au rouge chez le coq en passant par le doré et le fauve; noir. (Pas de blanc; pas de rouge.)

DESSINS. — Les nervures des plumes du dos, des reins, des couvertures, des ailes et de la queue, des plumes des flancs ainsi que des grandes plumes du camail, ressortent en doré; elles sont plus ou moins voyantes selon la partie du corps envisagée, mais doivent toujours être plus claires que le fond des plumes auxquelles elles appartiennent, et être d'un tracé aussi fin et aussi net que possible, tout en ressortant fortement, c'est-à-dire éclatantes. Ces plumes du manteau sont bordées de fauve et châtain foncé. Ce liseré doit être aussi net que possible et très peu large, parfois même très étroit, presque imperceptible, et va contournant la plume.

Description du plumage caille chez le coq.

COQ. — *Tête :* petites plumes à fond noir, brillant, très finement liserées de doré. — *Huppe :* plumes longues et souples à fond noir en forme de losange (*fig. 1*), bordé de fauve (A); pointe dorée (B); nervure dorée. — *Bouquet à l'oreille :* fauve grisâtre. — *Camail :* longues plumes à fond noir de jais (*fig. 2*), le noir prenant des reflets métalliques à mesure que l'on approche du dos, sur lequel le camail tranche nettement. — Les barbes soyeuses (A) des grandes plumes sont noires.

Les petites plumes du camail, vers la gorge, ont les nervures dorées et ont les barbes soyeuses fauve à reflets dorés.

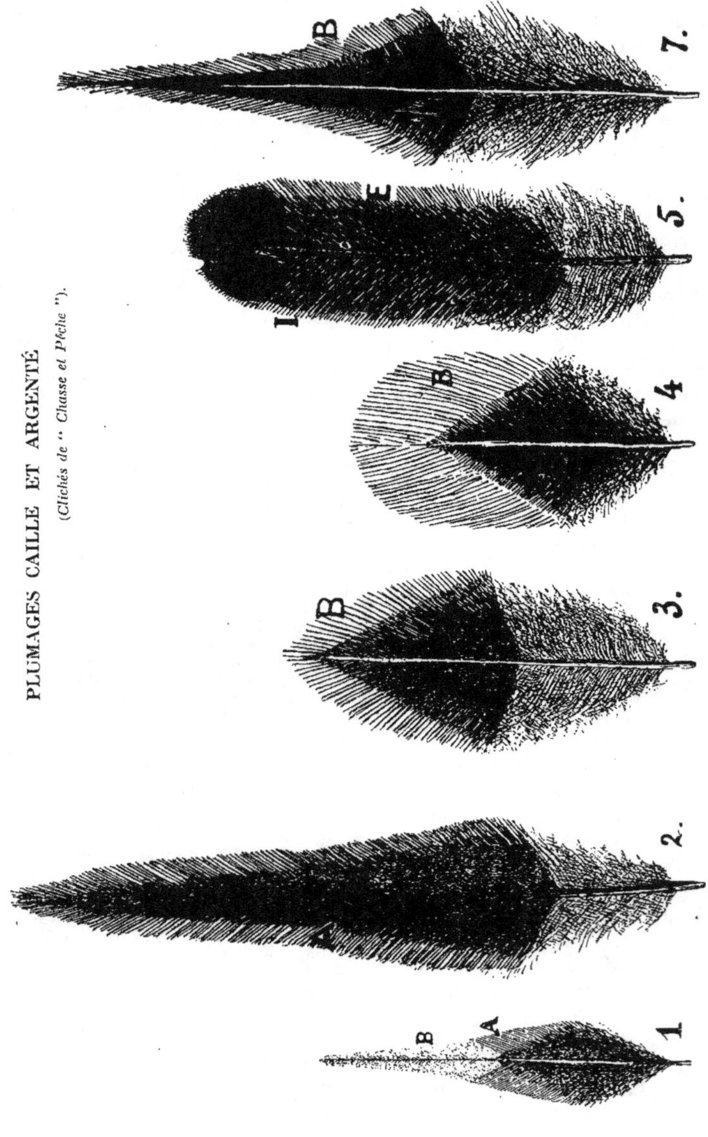

PLUMAGES CAILLE ET ARGENTÉ

(Clichés de " Chasse et Pêche ").

Poitrine : entièrement de couleur jaune d'or éclatant (nankin), chaque plume finement liserée de fauve clair étincelant, avec nervure se détachant en clair. — *Dos* : chaque plume (*fig. 3*) est noire en forme de triangle, avec barbes soyeuses fauve (B). La nervure est dorée.

Ces plumes, larges sous le camail, se rétrécissent sur le dos et s'allongent sur les reins; la partie noire doit être aussi grande que possible et apparente. — *Ailes* : Chaque plume est noire, très finement bordée de châtain foncé; les barbes soyeuses (B) des couvertures (*fig. 4*) sont fauve étincelant; nervure dorée.

N. B. — C'est l'ensemble des barbes soyeuses fauve des plumes du dos et des couvertures de l'aile qui donne au dos et à l'épaulette leur aspect doré, masquant partiellement les parties foncées.

Les grandes tectrices de l'aile (*fig. 5*) sont châtain très foncé (terre d'ombre) et sont bordées de châtain foncé, très finement ou pas du côté interne (I), et un peu davantage du côté externe. (E). Elles se terminent par une grande tache noire; l'ensemble de ces taches arrondies forme deux barres noires à reflets métalliques sur toute la largeur de l'aile.

Les rémiges primaires sont noires; les rémiges secondaires (*fig. 6*) sont noir mat et très finement bordées de canelle du côté externe (E).

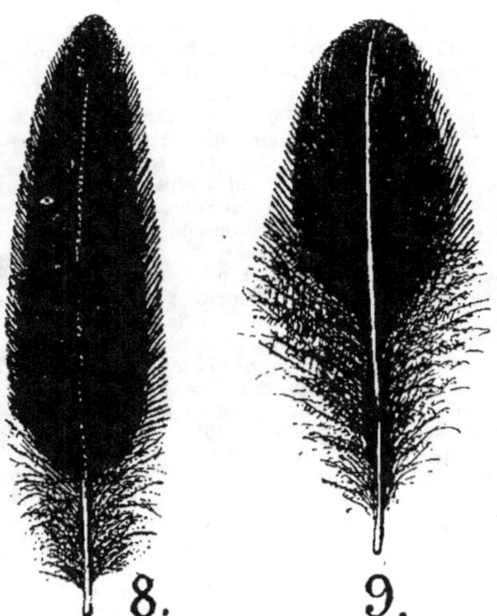

(Clichés de " *Chasse et Pêche* ").

PLUMAGES CAILLE ET ARGENTÉ

Les dernières rémiges secondaires et les grandes plumes de l'aile, qui se superposent graduellement le long du dos, ont la partie externe de la nervure dorée, formant une ligne claire longitudinale dans la barre noire formée par l'ensemble de ces plumes, et qui sont recouvertes en partie par les lancettes.

Lancettes : plumes noires (*fig. 7*) avec barbes soyeuses rougeâtres (B) et nervure dorée. — *Queue :* rectrices noires; grandes et moyennes faucilles noires à reflets métalliques ; petites faucilles comme les moyennes, mais finement bordées d'un fauve rougeâtre. — *Cuisses :* claires comme la poitrine; les grandes plumes du haut des cuisses, qui recouvrent les côtés de l'abdomen, sont châtain très foncé, liserées de fauve, avec nervure dorée. — *Abdomen :* Plumes d'un brun grisâtre à barbes soyeuses dorées.

N. B. — La partie duveteuse de toutes les plumes est gris cendré assez foncé; celles de la poitrine ont le duvet d'un gris un peu plus clair.

Description du plumage caille de la poule.

POULE. — Ce qui caractérise le plumage de cette variété, principalement chez la poule, c'est l'ensemble foncé des parties supérieures et clair des parties inférieures, ce qui fait que l'oiseau semble couvert d'un manteau foncé, strié par les nervures tranchant fortement. — *Tête :* petites plumes noires à liseré d'or très fin. — *Huppe :* plumes noires à nervure dorée, les plus petites très finement bordées de fauve. — *Bouquet de l'oreille :* Fauve grisâtre. — *Camail :* plumes noir de velours; les petites de la partie supérieure vers la gorge sont bordées de fauve; les grandes (*fig. 8*) sont à reflets métalliques.— *Poitrine :* nankin immaculé, les nervures se détachent en clair. Les plumes du côté du poitrail vers les ailes et les flancs sont châtain très foncé, liserées de fauve et avec nervure dorée très apparente; elles forment, par leur suite, une délimitation régulière à la partie immaculée. — *Dos :* plumes noires à reflets veloutés, très finement bordées de châtain foncé et à nervure dorée très éclatante. La figure 9 est une grande plume du dos entre les épaules. Le liseré des petites plumes du dos est pour ainsi dire imperceptible. Les grandes plumes des reins, vers la queue, ont le liseré plus apparent. — *Ailes :* couvertures comme les plumes du dos, mais avec liseré plus apparent vers le bord inférieur de l'aile. Les rémiges primaires sont noires; les rémiges secondaires (*fig. 6*) sont châtain très foncé avec partie externe (E) canelle. Les dernières rémiges secondaires et les grandes plumes de l'aile, qui se superposent graduellement le long du dos lorsque l'aile est fermée, sont noirâtres et ont la partie externe de la nervure dorée, qui forme une ligne claire longitudinale dans la barre noire formée par l'ensemble de ces plumes. — *Queue :* rectrices noires; tectrices caudales châtain très foncé (terre d'ombre) à liseré fauve, et nervure dorée. — *Cuisses :* comme la poitrine, devant; plus foncées que l'abdomen, derrière. Les grandes plumes qui recouvrent les côtés de l'arrière-train et le haut des cuisses, ainsi que celles qui contournent la queue par dessous, sont châtain foncé, à nervure dorée, et sont franchement liserées de fauve. — *Abdomen :* brun clair grisâtre.

ÉCHELLE DES POINTS
DES PLUMAGES CAILLE ET ARGENTÉ.

Poitrine.....................	25 points
Dos et reins (couleur)........	20 »
Dos et reins (marques)........	15 »
Ailes (couleur)	10 »
Ailes (marques)	10 »
Huppe et camail (couleur)....	10 »
Huppe et camail (marques)...	5 »
Queue et arrière-train........	5 »
Total.........	100 points

DÉFAUTS A ÉVITER. — Poitrine saumonée, ou trop pâle, ou brunâtre. Nervures pâles. Liseré trop large. La couleur châtain est celle d'une chevelure châtain et non pas la teinte d'une châtaigne. Éliminer la teinte « lie de vin » et les reflets grisâtres.

3. VARIÉTÉ BLEUE.

Plumage bleu cendré, ni trop clair, ni trop foncé, uni ou légèrement liseré.

4. VARIÉTÉ BLANCHE.

Plumage uniformément blanc d'argent.

5. VARIÉTÉ FAUVE HERMINÉE.

Huppe, camail et *lancettes :* plumes à fond noir, liseré fauve. Rémiges primaires noires; rémiges secondaires noires, avec barbes externes fauves; les rectrices, les moyennes et petites faucilles, noires à reflets métalliques; grandes faucilles (ou rectrices supérieures chez la poule), noires avec liseré fauve.

Le reste du plumage est fauve intense.

6. VARIÉTÉ FAUVE.

Plumage fauve d'un bout à l'autre (partie duveteuse des plumes gris cendré). Les plumes du camail et du dos sont d'un fauve canelle, chez la poule; et le camail et les lancettes, chez le coq, sont roux.

Autres plumages dont plusieurs spécimens ont été primés aux expositions.

7. Variété dorée.

COQ. — *Huppe :* dorée. — *Camail :* roux. — *Poitrine :* d'un noir brillant, ainsi que toute la partie inférieure du corps. — *Ailes :* épaulettes (petites et moyennes couvertures) fauves; grandes couvertures : noires à reflets verts, dont l'ensemble forme une large barre, qui traverse l'aile dans sa largeur. Rémiges primaires : noires; partie externe des rémiges secondaires : chamois. — *Dos :* roux. — *Lancettes :* rousses. — *Queue :* rectrices : noires; tectrices caudales : noires, avec liseré brun; grandes et moyennes faucilles : noires à reflets métalliques.

POULE. — *Huppe :* dorée, légèrement striée de noir. — *Camail :* plumes à fond noir liserées d'or, le noir gagnant en importance et prenant des reflets métalliques à mesure que l'on descend vers le dos; nervure ocrée. — *Poitrine :* chamois immaculé, avec nervure fauve clair. — *Dos :* l'ensemble du dos est composé de plumes couleur brun clair, chaque plume liserée chamois avec nervure dorée très éclatante tranchant fortement sur le fond de la plume. — *Ailes :* couvertures comme sur le dos : plumes brun clair avec liseré chamois, celui-ci s'élargissant et s'éclaircissant vers le bord inférieur de l'aile; nervure dorée avec fine strie fauve de chaque côté, ce qui fait paraître la nervure plus large qu'elle n'est. Rémiges primaires : noires, cachées par les rémiges secondaires, qui sont terre d'ombre foncée, la partie externe de chaque plume couleur chamois. — *Queue :* toutes les plumes du croupion et celles de la queue ont les mêmes caractères que celles du dos. — *Cuisses :* plus claires que la poitrine. — *Abdomen :* nankin.

8. Variété argentée.

A peu de choses près, la même que la dorée, mais les couleurs fauve, roux, chamois et nankin sont remplacées par du blanc et du gris à reflets argentins. Poitrine de la poule couleur saumon.

9. Variété perdrix dorée.

COQ. — *Huppe, camail* et *lancettes :* plumes à fond noir peu apparent, large liseré roux foncé. Plumes du dos, petites et moyennes couvertures des ailes : roux foncé velouté; grandes couvertures des ailes : noires à reflets verts, dont l'ensemble forme une barre noire verdâtre qui traverse l'aile; rémiges secondaires : brunes; rémiges primaires et rectrices : noir mat; faucilles : noires à reflets verts; cuisses et abdomen : noirs; plumes de la poitrine : noir brillant avec fin liseré roux.

POULE. — *Huppe* et *camail :* plumes à fond noir, avec liseré fauve; les plumes des autres parties du corps sont marquées de rayures longitudinales et parallèles (ellipses).

10. Variété perdrix argentée.

La même que la « perdrix dorée »; mais les couleurs fauve et rousse sont remplacées par du blanc et du gris à reflets argentins.

Qualités et utilité de la race. La rusticité de la Brabançonne est remarquable. Pendant que sévissait le terrible fléau du choléra, au cours de l'année 1901, les contrées où les Brabançonnes sont en majorité ont relativement peu souffert. Comme fait typique connu par plusieurs amateurs, nous citerons une ferme du Hainaut, complètement décimée, où neuf poules Brabançonnes ont résisté à l'épizootie.

Comme chez toutes les races pondeuses, la tendance à couver est nulle chez la race Brabançonne.

Une grande qualité de la Brabançonne, c'est qu'elle commence sa ponte à l'époque où les œufs sont rares, et partant très chers.

C'est vers la mi-novembre que les poules adultes, rétablies de la mue, commencent leur ponte pour la continuer, pour ainsi dire sans interruption, jusqu'à l'époque de la mue de l'année suivante. Une statistique, établie sur des sujets corrects et tenus en bonnes conditions, a démontré qu'en novembre, décembre et janvier, la ponte se fit à raison de un œuf sur deux jours, soit environ 18 œufs par mois; en février et mars, la ponte fut de deux œufs sur trois jours; en avril et les mois suivants, elle s'éleva à trois œufs sur quatre jours, avec un maximum de cinq et six œufs par semaine.

La fécondité est extraordinaire. De l'avis de ceux qui élèvent cette race, sa ponte est de 150 à 200 œufs par an, suivant les conditions de nourriture, de parcours et de terrain.

On a reproché à la Brabançonne d'être tardive et de commencer à pondre assez tard. Nous avouons que la Brackel est plus précoce; la Brabançonne ne commence sa ponte qu'à l'âge de six à sept mois, mais la grappe ovarienne étant mieux formée, elle donne, dès le début, des œufs d'un volume appréciable.

L'œuf de la Brabançonne est volumineux et pèse en moyenne soixante-dix grammes. Une particularité de cet œuf, c'est qu'il est arrondi aux deux pôles. La coquille de l'œuf est blanc mat. Le jaune est très gros, pèse environ 30 grammes et est d'une belle teinte rouge foncé.

La poule Brabançonne se comporte bien partout et se laisse enfermer en parquet, sans que la ponte en soit enrayée, ni l'élevage compromis. Elle ne semble, du reste, pas souffrir de sa captivité relative et s'accommode facilement de la place qu'on lui offre.

Cette qualité de produire de nombreux œufs sans jouir de la liberté est précieuse pour ceux — et ils sont légion — dont les poules doivent rester enfermées d'après les termes mêmes du code rural.

ÉLEVEUR

chez qui **on** peut se procurer :

Œufs, jeunes sujets et reproducteurs

W. Collier, 97, rue des Cailloux, *Jette-lez-Bruxelles* (Belgique).

Monographie de la race de Padoue et de la race Hollandaise (1).

Neuf variétés.

Origine. La Padoue est certainement fort ancienne. Quoiqu'elle ne puisse plus être considérée

La forme particulière de son crâne a attiré l'attention de Darwin, qui écrivait : « Poule huppée ou Polonaise (2) : Tête

PADOUE ARGENTÉ

maintenant que comme une race de luxe, elle était autrefois élevée, tant pour sa ponte et pour la finesse de sa chair, que pour la beauté de son plumage. Tout porte à croire que c'est une des races citées par Aldrovandus, en 1400, sous le nom de Padoue que nous lui avons conservé.

(1) Nous donnons cette monographie, telle que l'avait rédigée H.-L.-A. Blanchon.

(2) En Angleterre, la Padoue est désignée sous le nom de « Polish » qui veut, en effet, dire Polonaise; on a longtemps cherché les raisons de cette dénomination, car son origine n'a rien de polonais : le mot anglais *polish* signifiant aussi poli, brillant, on a prétendu que ce nom venait de la beauté, du brillant, du poli du plumage; mais il est un terme d'argot anglais « Poll's », qui veut dire huppe, d'où « polish » poule huppée. Il est vrai que ce mot d'argot pourrait provenir lui-même du shako emplumé des soldats polonais ! On voit combien il est difficile de déduire l'origine d'une race galline en se fondant sur le nom qu'elle porte. D'après La Perre de Roo, d'autre part, l'origine italienne de la Padoue ne serait authentiquée

avec une large huppe arrondie de plumes, supportée par une protubérance hémisphérique des os frontaux, qui renferme la partie antérieure du cerveau... Les orifices nasaux surélevés et en forme de croissant... Bec court. Crête absente ou petite et en forme de croissant. Barbillons, soit existants, soit remplacés par une houppe de plumes formant favoris. Tarses ardoisés. Les différences sexuelles apparaissent tard dans la vie. Ne couve pas. »

Au point de vue de Darwin, le principal intérêt de cette race consistait dans la protubérance crânienne, qui n'existe

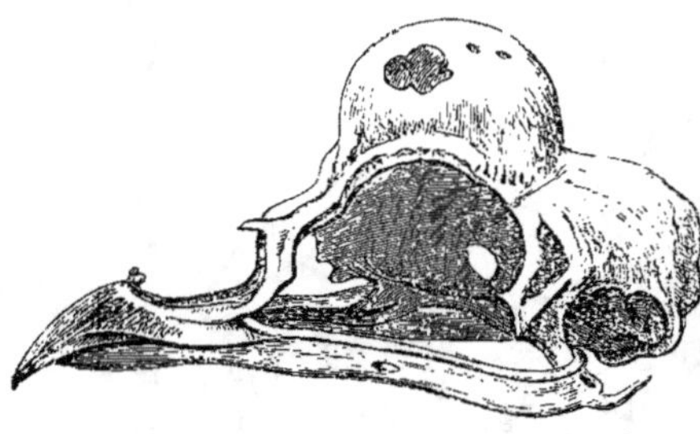

(Cliché Cassel).

CRANE DE PADOUE

pas chez les volailles normales. Il dit aussi que cette particularité du crâne avait été signalée par Borelli, en 1656, et il ajoute : « En 1737, une variété, la dorée, était connue; mais, en jugeant d'après la description d'Albin, la crête était plus forte, la huppe plus petite... »

Darwin pense que la huppe, dans la Padoue, est un caractère féminin (1), et,

par aucun document. Le coq de Padoue est le *Gallus patavinus* de cet auteur. En allemand, la race est ainsi désignée : *Die Polnische race;* en anglais, les oiseaux de cette race sont nommés : *Polish fowls.*
D. de M.

(1) Chez le coq, les plumes de la huppe sont des plumes semblables à celles du camail du mâle, minces et à bout en pointe; chez la poule, au contraire, les plumes de la huppe sont à bout arrondi, comme dans le plumage du cou de la femelle, ce qui ne cadre guère avec le point de vue de Darwin.
D. de M.

s'appuyant sur l'assertion de Blumenbach (1813), que dans cette race la protubérance existait chez les poules seules, il conclut : « Ainsi il n'y a pas de doute, la conformation remarquable du crâne des Padoue était, en Allemagne, propre aux poules seules; actuellement, elle a été transmise aux coqs et est ainsi devenue commune aux deux sexes. »

Certains éleveurs ont soutenu que le grand développement de la huppe fut la cause (2) de cette protubérance crânienne; et, en effet, chez les sujets où elle n'atteint pas les dimensions habituelles, on constate que la masse de plumes ne repose pas sur une protubérance osseuse, mais bien sur une masse graisseuse qui la remplace.

Une autre particularité remarquable est l'absence presque totale de crête. Le Standard anglais dit en effet : « La crête, s'il en existe une, ne doit consister qu'en deux petites cornes, la préférence devant être accordée aux sujets n'en possédant pas. »

Remarquons aussi que nos races françaises huppées ont des crêtes de cette forme (plus ou moins modifiée, sans atteindre, d'une façon générale, de grandes dimensions), la Padoue ayant joué un rôle dans leur formation (3).

Ajoutons que plusieurs auteurs ont désigné à tort comme une race particulière, et sous le nom de Hollandaise, les variétés de Padoue possédant une huppe d'autre couleur que le plumage du corps; il existe bien certaines différences, taille plus petite, allure plus vive, absence de cravate et présence de barbillons; mais, à notre avis, ces différences ne sont pas

(2) Tout au moins peut-on constater qu'il existe une relation entre l'importance de la huppe et l'existence d'une protubérance crânienne développée.
D. de M.

(3) Voir, ci-dessus, la monographie de la race de Houdan.
D. de M.

suffisantes pour les séparer de la famille des Padoue.

Standard. Nous donnons ici le Standard adopté par la généralité des éleveurs et par la plupart des clubs.

Caractères généraux. COQ. — TÊTE. *Crâne :* large, avec une protubérance crânienne bien marquée. — Huppe : très grosse et pleine, circulaire au sommet, ne se partageant pas ni ne s'écartant d'un côté ou de l'autre, compacte au centre et retombant également sur le cou, formée de plumes non tordues sur elles-mêmes, semblables à celles du camail. — *Bec :* moyen, avec narines placées haut au-dessus de la partie recourbée. — *Œil :* large et plein. — *Crête :* absente ou à la rigueur représentée par deux très petites cornes. — *Face :* unie et sans favori ni cravate dans les variétés *dites Hollandaises,* et complètement recouverte par la cravate dans les autres. — *Oreillons :* très petits et ronds, invisibles dans les variétés autres que les Hollandaises. — *Barbillons :* plutôt larges et longs chez les Hollandaises, excessivement petits dans les autres. — *Cou :* long avec un camail abondant s'étendant bien sur les épaules. — CORPS : Poitrine pleine et ronde. — *Dos :* plutôt long et plat, s'amincissant vers la queue. — *Flancs :* profonds. — *Épaules :* larges. — *Ailes :* larges, portées serrées contre le corps. — *Queue :* pleine et bien déployée, portée plutôt bas, jamais perpendiculairement, les faucilles et rémiges de couverture abondantes et bien recourbées. — JAMBES ET PIEDS. — *Jambes :* fines et longues avec tarses non emplumés. — *Doigts :* au nombre de quatre, minces et bien étendus. *Port :* dressé. — *Allure :* éveillée. — *Poids :* 6 livres et demie.

POULE. — A l'exception de la huppe qui est d'une forme globulaire et dont les plumes sont à bouts arrondis, les caractères généraux de la poule sont les mêmes que ceux du coq, en tenant compte des différences sexuelles. — *Poids :* 5 livres.

COULEUR

VARIÉTÉ CHAMOIS.

DANS LES DEUX SEXES. — *Bec :* bleu ardoise foncé ou corne. — *Œil :* rouge. — *Crête et face :* rouge. — *Oreillons :* blanc bleuâtre. — *Tarses et pieds :* bleu ardoisé foncé.

PLUMAGE DU COQ. — Chamois avec des marques de maillage blanc. — *Huppe :* plumes chamois, blanches à leur racine et à leur pointe, avec le moins possible de plumes entièrement blanches. — *Cravate :* chamois pommelé ou maillé de blanc. — *Camail :* plumes chamois à pointes blanches. — *Ailes :* basses et secondaires chamois maillées de blanc et les primaires chamois à pointe blanche. — *Queue :* rectrices de couverture et faucilles chamois maillé de blanc.

Plumage de la poule. — A l'exception des rémiges primaires, qui sont chamois à pointe blanche, le plumage, y compris la crête, est chamois maillé de blanc, c'est-à-dire chaque plume offrant un liséré blanc.

VARIÉTÉ DORÉE.

Bec, œil, crête, face, oreillons, tarses et pieds comme dans la variété chamois.

PLUMAGE DU COQ. — Jaune doré, tirant sur le bai avec des marques noires. — *Huppe :* plumes bai doré, noires à leur base et à leur pointe et sans plumes blanches. — *Cravate :* bai doré, pommelé de noirâtre. — *Camail :* plumes

(Cliché Calderon).

HOLLANDAISE BLEUE

bai doré avec pointes noires. — *Dos et lancettes :* bai doré régulièrement maillé de noir. — *Poitrine, cuisses, épaules et ailes :* bai doré maillé de noir, à l'exception des primaires qui sont pailletées de noir à leur pointe. — *Queue :* bai doré maillé de noir, la bordure noire devenant très large à l'extrémité des faucilles.

PLUMAGE DE LA POULE. — Fond bai doré, chaque plume maillée de noir.

VARIÉTÉ ARGENTÉE.

Mêmes caractères et plumage que la dorée, mais la couleur de fond est blanc d'argent au lieu d'être bai doré.

VARIÉTÉ BLANCHE.

Bec : bleu ardoisé foncé. *Œil, crête et face :* rouges. — *Oreillons :* blancs. — *Tarses et pieds :* bleu ardoisé foncé. — *Plumage :* d'un blanc pur.

VARIÉTÉ COUCOU.

Comme la blanche, mais le plumage coucou.

VARIÉTÉ HERMINÉE.

Bec : blanc. — *Œil, crête et face :* rouges. — *Oreillons :* blancs. — *Tarses et pieds :* bleu ardoisé très clair. — PLUMAGE. — *Camail :* chaque plume blanche marquée à son extrémité d'une gouttelette ou paillette noire. — *Restant du plumage :* blanc pur, à l'exception de deux petites barres noires parallèles, à peine perceptibles, qui traversent l'aile, et de l'extrémité de la queue, qui est marquée de noir.

VARIÉTÉ HOLLANDAISE NOIRE A HUPPE BLANCHE.

Bec : bleu ardoisé foncé. — *Œil, crête, face et barbillons :* rouges. — *Oreillons :* blancs. — *Tarses :* bleu ardoisé très foncé, presque noir. — *Huppe :* d'un blanc pur. — *Restant du plumage :* d'un beau noir à reflets métalliques.

VARIÉTÉ HOLLANDAISE BLEUE A HUPPE BLANCHE.

Mêmes caractères que la précédente. *Huppe :* blanc de neige. — *Restant du corps :* d'un bleu foncé profond.

VARIÉTÉ HOLLANDAISE BLEUE A HUPPE BLEUE.

Mêmes caractères que la précédente. *Huppe :* bleue. — *Corps :* du même bleu foncé.

VARIÉTÉ HOLLANDAISE BLANCHE A HUPPE NOIRE.

Plumage : blanc avec une huppe noire. Variété qui paraît éteinte aujourd'hui.

ÉCHELLE DES POINTS.

TÊTE : huppe 30, cravate 10, crête et barbillons 5, au total	45 points
Couleur de plumage et marques	25 —
Type	10 —
Taille	10 —
Condition	10 —
	100 points

VARIÉTÉS DITES HOLLANDAISES.

Tête : huppe, 30; crête et barbillons, 15.	45 points
Couleur du plumage	30 —
Condition	15 —
Type	5 —
Taille	5 —
	100 points

SÉRIEUX DÉFAUTS. — Huppe partagée ou embroussaillée, crête autre que en forme de cornes, absence de cravate dans toutes les variétés hollandaises, tarses autres que noir bleuâtre, bleu ou ardoisé; plus de quatre doigts; queue de travers; toute difformité.

Observations sur le Standard. Les Standards anglais n'admettent pas les variétés coucou et herminée, ni les Hollandaises bleues à huppe bleue, et blanche à huppe noire.

Le Standard n'est d'ailleurs pas assez explicite sur un des points les plus importants de la race, la huppe. Il convient d'y revenir, afin de compléter cette description par trop sommaire; chez le coq, cette huppe est composée de plumes (pareilles aux lancettes comme forme) disposées en parasol et bien plus large que chez la poule, où elle est parfaitement arrondie, formant un globe parfait, sauf sur le devant une sorte de petite gouttière qui part du bec et ne tarde pas à se perdre dans la masse des plumes. La huppe, énorme dans les deux sexes, repose sur la protubérance crânienne que nous avons signalée et se tient légèrement en arrière, de façon à dégager les yeux. Chaque plume de la huppe est arrondie, chez la poule, et dans les variétés chamois, dorée et argentée, elle offre d'abord une bordure de la couleur du fond, puis marquée de noir (ou blanc pour la variété chamois) et enfin de la couleur du fond. Dès les deuxième et troisième mues, une partie des plumes de la huppe blanchit, et ce fait augmente toujours à mesure que le sujet vieillit. (*Voir fig. page 201*).

Dans ces trois variétés, les plumes du camail sont les mêmes que celles de la huppe, mais plus pointues; les plumes du dos et de la poitrine sont terminées par une demi-paillette noire (blanche chez les chamois) et barrée de même couleur vers le milieu au point où commencent les barbes duveteuses, cette barre n'est donc pas visible, étant cachée par les plumes supérieures qui recouvrent cette partie; les plumes des épaules sont entourées d'une large bordure noire ou blanche tranchant sur la couleur de fond.

COQ
(Jeune).

POULE
(1re année).

POULE
(2e année).

(Cliché Cassel).

PLUMES DE LA HUPPE, PADOUE PAILLETÉ
(Spangled Polish).

Cette bordure s'amincit aux plumes de recouvrement de la queue et disparaît ou reste à l'état de simple liseré sur les bords des grandes plumes de l'aile et sur les faucilles, tout en demeurant très accentuée et très large à l'extrémité desdites plumes.

Ces quelques détails supplémentaires donnés sur les plumes de la poule montreront clairement ce que doit être le maillage de la Padoue.

Caractères et exigences de la race. Il est presque certain qu'autrefois la race de Padoue était une race rustique et productive, pouvant prétendre à un bon rang parmi les volailles de ferme, où sa réelle beauté lui faisait occuper une place privilégiée; mais, en voulant augmenter sa beauté, en en faisant une volaille de luxe, on a fait disparaître beaucoup de ses qualités primitives. La race de Padoue est maintenant délicate et d'un élevage plutôt difficile. Les poules, quoique classées parmi les non-couveuses, demandent pourtant à couver plus souvent que les autres classées dans la même catégorie; ce sont des pondeuses moyennes de 100 à 110 œufs de 55 à 60 grammes et à coquille blanche; la ponte la plus abondante s'obtient dans une situation sèche; elle est toujours plutôt tardive, février au plus tôt, et ne dure que jusqu'à la mue; le développement des poussins est assez rapide; mais, par suite de la faiblesse de leur constitution, ils présentent souvent des difformités dans le dos et des queues de travers; en outre, s'ils ne reçoivent pas dans leur jeune âge une nourriture très stimulante (le préférable est de les nourrir comme des faisandeaux avec des œufs de fourmis), ils s'affaiblissent vers l'âge de un mois à six semaines et périssent en grand nombre.

Il faut aussi, même lorsqu'ils sont adultes, les maintenir à l'abri de la pluie, car la race de Padoue actuelle craint fort l'humidité. Enfin, puisque la huppe fait leur plus bel ornement, il faut éviter qu'elle soit abîmée, et la prudence exige de ne leur donner à boire que dans des abreuvoirs siphoïdes avec des augettes assez petites pour qu'ils ne puissent y tremper que leur bec.

Les Padoue supportent très bien la captivité, mais le piquage est assez fréquent; il proviendrait surtout de la difficulté que ces oiseaux ont à se débarrasser des canons de leurs plumes naissantes; ils tentent mutuellement de se les arracher; mais, si une goutte de sang perle, ils prennent goût à cet exercice, qui dégénère vite en piquage. L'éleveur fera bien d'inspecter souvent, lors de la mue, ses sujets, et d'arracher lui-même à l'ongle les canons prêts à tomber.

La chair des Padoue est excellente, fine et juteuse, et c'est, dit-on, par suite de croisement avec cette race que les Houdan et les Crèvecœur ont acquis l'excellence de leur chair.

La race de Padoue comme race sportive. Il est inutile de considérer la race de Padoue au point de vue utilitaire. A moins de la rénover entièrement, on n'en fera jamais une race de produit; à ce point de vue, ses plus ardents défenseurs doivent se borner à déclarer que, par suite de sa production en œufs et en chair, elle arrive à rembourser sa nourriture, — ce qui est bien quelque chose ; — d'ailleurs, que ferait-elle dans les champs avec son immense huppe qui l'empêche presque de voir ? Au point de vue sportif, cette race a aussi perdu actuellement beaucoup de son importance.

Le point important, dans toutes les variétés, est la huppe. Il faut donc s'appliquer à choisir des reproducteurs ayant une forte huppe *avec une protubérance crânienne aussi développée que possible ;* il se peut que des sujets n'offrant pas ce caractère aient une belle et abondante huppe; mais on peut être assuré que leurs descendants l'auront moins développée et que cette diminution s'accentuera de génération en génération. Quoiqu'une bonne huppe ait plus d'importance chez le reproducteur mâle que chez ses épouses, on ne devra pas négliger ce dernier point chez elles, et leur huppe devra être aussi globulaire que possible. Il faudra éviter, chez le coq, la huppe trop ébouriffée, ainsi que penchée en avant; elle doit, au contraire, se dégager du front, et se diriger légèrement en arrière, malgré le poids des plumes. S'il n'en était ainsi, on aurait, dans une génération ou deux, des jeunes avec une huppe recouvrant le front.

Quant à la question couleur du plumage, nous ne nous en occuperons pas, les règles générales pour la Padoue étant les mêmes que pour les autres races, c'est-à-dire : choisir toujours un sexe un peu trop foncé pour l'allier avec l'autre ayant la couleur désirée et cela afin d'éviter la perte de pigment.

Pour les variétés maillées, on suivra les règles indiquées pour les Wyandottes et les Bantam Sebright, en faisant remarquer que, comme actuellement on désire un liseré très mince, on aura soin de choisir des reproducteurs chez lesquels ce liseré soit parfaitement distinct et nettement marqué; on remarque aussi que les coqs à queue poivrée donnent toujours de meilleurs résultats que ceux chez qui la couleur de fond est pure. Les reproducteurs une fois choisis, l'éleveur, quoique de prime abord cela puisse paraître comme un crime, fera bien de couper huppe et cravate; les oiseaux verront ainsi beaucoup mieux, et par suite seront plus aptes à prendre leur nourriture et à jouer leur rôle de reproducteurs.

Il est préférable de ne faire couver que tardivement; les poussins nés en avril donneront les meilleurs résultats; ceux qui naissent avant meurent souvent, ceux qui éclosent plus tard ne donnent que difficilement une belle huppe. On leur accordera tous les soins que réclament de futurs sujets d'exposition. Le principal souci consiste à empêcher leur huppe de s'abîmer; elle a une tendance à pencher d'un côté; on la relève en l'attachant avec des bracelets de caoutchouc, on la bande même dans de la toile. Ces pratiques demandent un certain art et des connaissances spéciales; toute théorie serait inutile, nous n'insisterons pas, nous bornant à dire que ce relèvement et attachage des huppes doit toujours être pratiqué lorsqu'on met des Padoue en paniers pour les envoyer à un concours.

(Cliché de l'Éleveur-Aviculteur).

COQ PADOUE (1907).

TROISIÈME GROUPE

RACES A CRÊTE FRISÉE

LE MANS — HAMBOURG — REDCAP — ALSACIENNE

CHAPITRE IV

TROISIÈME GROUPE

Monographie de la race du Mans.

Une variété noire (1).

Tous ceux qui apprécient les grasses et fines volailles de table connaissent les produits, très recherchés, qu'obtiennent les habiles éleveurs du Mans avec les volailles de cette race justement renommée.

Origine. M. Charles Serre, éleveur distingué de cette race, a bien voulu nous communiquer les renseignements suivants sur la poule du Mans.

Depuis quelques années, l'élevage de la volaille prend, en France, une importance de plus en plus marquée. Cette importance se manifeste, non seulement par le nombre croissant des lots mis en cage à chaque exposition, mais encore et surtout, par l'apparition à jet continu de races nouvelles. Chacun cherche à réaliser la perfection par des moyens divers. Les uns pensent arriver au but par le croisement; d'autres par la sélection.

Le croisement permet d'arriver plus facilement au résultat visé; son principal défaut est de fournir, au début, des sujets hétérogènes, dont on ne peut fixer les caractères et faire une race nouvelle

qu'à la condition de faire intervenir une sélection rigoureuse. Témoin les Faverolles.

La sélection demande plus de temps pour résoudre le même problème, mais y arrive plus sûrement. Les caractères de race sont toujours conservés; il n'y a de modifié que les formes extérieures et l'aptitude à la précocité. Les nombreuses races que nous possédons ont l'avantage d'être adaptées d'une façon parfaite au milieu dans lequel elles sont placées. Elles sont peut-être un peu tardives dans leur développement, ou manquent de taille. La sélection a ici sa place marquée, et avec son aide, en peu d'années, on peut arriver à leur donner les qualités qui leur manquent.

Un exemple frappant de ce fait nous est fourni par la race du *Mans*.

Cette race, essentiellement française, doit son nom au chef-lieu du département de la Sarthe, aux environs duquel on la rencontre et où elle est élevée depuis de très longues années.

L'ancienneté de cette race n'a, du reste, pas besoin d'être prouvée. La réputation des *Chapons du Mans* ne date pas d'aujourd'hui; elle est depuis longtemps passée à l'état de fait historique. Il est probable que la race du Mans est d'origine méridionale, proche parente de la Caussade et de l'Espagnole, d'où elle serait dérivée; mais, en tout cas, elle est, d'après M. Serre, d'obtention antérieure

(1) Voir figure dans le médaillon, page 159.

à sa voisine la race de La Flèche, qu'on a voulu, à tort, suivant lui, faire passer pour son aînée.

Quoi qu'il en soit, les caractères de la race du Mans sont nettement tranchés et ne permettent aucune confusion avec ceux de la race de La Flèche. Rien n'est moins semblable, à part la couleur, que deux individus de ces races. Les différences portent surtout sur les formes générales, la longueur des tarses et la disposition de la crête.

Standard. Le Standard n'ayant jamais été établi d'une façon officielle, nous nous bornons à donner la description fournie par M. Serre.

Le coq du Mans est de taille au-dessus de la moyenne, atteint un fort poids, dû non à l'élévation au-dessus du sol, mais à l'ampleur de son corps. Il est donc relativement bas sur pattes et la finesse de son squelette indique son aptitude à l'engraissement. Sa crête aplatie en dessus porte de nombreuses aspérités coniques disposées régulièrement et se termine en arrière par une pointe portée à peu près horizontalement. Les oreillons sont blancs, de grandeur moyenne, et les barbillons assez longs. Les tarses sont toujours dépourvus de plumes, de teinte gris plombé et terminés par quatre doigts. En ajoutant que la coloration du plumage est uniformément noire aux reflets verts et métalliques, nous aurons donné une idée de l'aspect que présente à l'œil cette volaille.

Les mêmes caractères se retrouvent chez la poule, mais, comme toujours, avec des variantes quant au format. La poule est moins forte, a la crête plus petite et les oreillons moins développés que le coq. Sa ponte est bonne et ses œufs sont volumineux.

Qualités de la race. Pendant longtemps, on a reproché à cette race sa lenteur à se développer. Ce reproche, fondé à une certaine époque, n'a plus aujourd'hui sa raison d'être. Plusieurs éleveurs de mérite se sont attachés à la perfectionner, soit par croisement, soit par sélection.

Les premiers, plutôt amateurs qu'éleveurs de races de produit, se sont servis de la race hambourgeoise noire pour arriver à leur but. Ils ont obtenu des volailles d'un ensemble peut-être plus harmonieux, à crête plus régulière, à oreillons mieux faits; mais ils ont diminué la taille et conséquemment le poids. Nous avons élevé de ces volailles fort belles de type et pondant très bien; mais elles nous ont paru un peu délicates et d'un volume insuffisant. Le croisement de Hambourg était fort probable dans celles que nous avons eues.

Les seconds, plus heureusement inspirés, ont cherché et sont arrivés à améliorer la race par elle-même. Une longue suite de générations, de la patience par conséquent, et un choix judicieux des reproducteurs leur ont permis de réaliser le but rêvé. Les Mans, dans ces conditions, tout en devenant plus précoces, ont conservé leurs anciens caractères et fournissent aujourd'hui à une époque moins avancée de leur existence une plus forte quantité de viande de toute première qualité.

Nous croirions manquer à notre devoir, si nous ne signalions ici en première ligne, comme ayant contribué le plus à ce progrès, M. René Voisin, le grand aviculteur manceau de La Suze-sur-Sarthe. Ses nombreux succès dans les concours, tant internationaux que nationaux, ont, du reste, prouvé qu'il était dans la bonne voie. Aujourd'hui, quelques éleveurs cherchent à suivre son exemple, non seulement dans la région d'origine de cette race, mais aussi ailleurs. La race du Mans est, en effet, de celles qui redoutent le moins l'effet de l'acclimatation dans un milieu nouveau. Disons, en terminant, qu'on trouve surtout les poules du Mans dans certains cantons du département de la Sarthe, notamment dans ceux de La Suze, Malicorne, Brûlon, Loué, Conlie et dans le sud de la Mayenne.

Pas de Club spécial en France.

Monographie de la race de Hambourg (I).

Huit variétés.

Origine. La race de Hambourg est-elle originaire de la ville de ce nom, ou de ses environs? C'est l'idée commune qu'éveille de suite le nom qu'elle porte. Il n'en est rien, (désignée sous le nom de *Poule pond tous les jours;* Chettiprats et Creels, suivant les districts), et la variété pailletée, cantonnée en Angleterre (appelée Mooneys dans le Lancashire et Pheasant

HAMBOURG PAILLETÉ

cependant. Hambourg n'aurait été qu'un port de transit, lors de l'introduction de cette volaille en Angleterre. Si nous ne remontons qu'à deux siècles environ, nous distinguons deux variétés différentes quant au plumage : en Hollande, la variété crayonnée, restée dans ce pays dans le Yorkshire). Le mélange de ces deux variétés, qui offraient de grandes similitudes de types, avec des différences

(1) Nous publions cette monographie telle que H.-L.-A. Blanchon l'avait rédigée, en la faisant suivre d'une note relative au type amélioré par le Club français de cette race.

D. de M.

de plumage peu importantes, a créé la variété de Hambourg moderne.

L'antiquité de la race est beaucoup plus grande. Aldrovandus, professeur de philosophie à Bologne, dans son ouvrage en trois volumes publié en 1599, décrit la Hambourg crayonnée, à laquelle il donne le nom de *Gallinaca Turcica*, poule de Turquie; la figure, qui accompagne son texte, reproduit les principaux caractères de la Hambourg crayonnée de nos jours.

Cette origine turque est-elle admissible? Il est fort probable qu'Aldrovandus a commis une erreur à ce sujet. Columelle, qui a décrit avec grand soin les principales races de volailles que connaissaient les Romains, ne nous signalait pas ce type à crête frisée, qui l'aurait certainement frappé; pourtant, les Romains connaissaient assez la Turquie, pour en avoir exporté des volailles, si elles leur avaient paru intéressantes; et, d'autre part, de nos jours encore, on ne trouve que très exceptionnellement ce type de crête dans les basses-cours du Midi de la France, de l'Italie et de l'Espagne. Il semble qu'au contraire l'introduction du type Hambourg concorde avec la puissance coloniale des Hollandais aux Indes, et de leurs comptoirs dans les îles de la Sonde. Ce fait explique pourquoi ce type à crête frisée s'est surtout propagé dans les régions avoisinantes de la Hollande, et, ajoute non sans raison M. Ch. Voitellier, « cette hypothèse se trouve renforcée par ce fait que l'on ajoute le nom de Java à celui de Bantam noir, dont le type a une similitude fort grande avec la Hambourg noire, et aussi par la ressemblance qui existe entre les coqs et poules de Hambourg pailletés ou crayonnés de toutes nuances, et les diverses variétés de Bantam sélectionnées, vers 1800, par sir John Sebright. »

Si l'aire géographique de la Hambourg pure est peu développée, nous trouvons des traces de son sang, introduit par croisement, dans quantité de nos races modernes, telles que Red-Cap, Mans, Wyandotte, Orpington à crête frisée, etc.

En résumé, la Hambourg importée en Hollande a donné naissance à deux types : l'un, crayonné, reste dans les Pays-Bas; l'autre, pailleté, par suite de modifications obtenues, en Angleterre; ces deux types, mélangés à nouveau, nous ont donné le Hambourg actuel, qui, tout en offrant une homogénéité complète de forme et de caractères généraux, a conservé les deux types de plumage, crayonné et pailleté.

Standard. Nous donnons le Standard adopté par le Poultry-Club.

Caractères généraux. COQ. — TÊTE. — *Crâne :* fin — *Bec :* court. — *Œil :* plein. — *Crête :* double ou frisée, fermement établie, bien de niveau sur la tête, carrée sur le devant, s'amincissant graduellement vers l'arrière, pour se terminer en une longue épine, pointue à son extrémité, et continuant sur le même plan la surface de la crête, sans s'abaisser ni se relever; la surface de la crête absolument plate, et régulièrement garnie de granuletons pointus ou petites pointes ressemblant à du corail, de hauteur égale; la surface supérieure ne doit en outre n'offrir aucun creux. — *Face :* unie, sans peau rugueuse et sans poils. — *Oreillons :* unis, ronds et épais, variant de dimensions suivant le sexe. — *Barbillons :* unis, ronds et minces. — *Cou :* de longueur moyenne et recouvert d'un abondant camail formé de longues plumes retombant sur les épaules et les recouvrant. — CORPS : de moyenne longueur, en forme de coin, assez plein aux épaules, et devenant étroit vers la queue. — *Poitrine :* bien arrondie. — *Ailes :* larges et relevées. — *Queue :* longue et presque traînante, toutefois portée plutôt haut, en évitant la queue d'écureuil. — *Faucilles et petites rectrices :* larges et abondantes. — *Jambes :* de moyenne longueur. — *Cuisses :* fines. — *Tarses :* fins et ronds. — *Doigts :* au nombre de quatre, fins et bien étendus. — PORT : gracieux. — *Poids :* dans les variétés crayonnées, 2 kg. 250, plus fort dans les autres.

POULE. — Les caractères généraux de la

poule, en tenant compte des différences sexuelles, sont les mêmes que ceux du coq. *Poids :* dans les variétés crayonnées : 1 k. 800; plus fort dans les autres.

COULEUR

Variété noire.

Bec : noir ou couleur corne. — *Œil, crête, face et barbillons :* rouges. — *Oreillons :* blancs. — *Tarses et pieds :* noirs.

Couleur du plumage. — Noir brillant, avec des reflets métalliques vert brillant accentués depuis la tête jusqu'à la queue et particulièrement sur le camail et les lancettes. Toute teinte bronzée ou pourpre, si légère qu'elle soit, doit être évitée, ainsi que toute rayure.

Variété crayonnée dorée.

Bec : couleur de corne. — *Œil, crête, face et barbillons :* rouges. — *Oreillons :* blancs. — *Tarses et pieds :* bleu de plomb.

Plumage du coq : rouge bai brillant ou jaune doré marron brillant, à l'exception de la queue qui est noire; les lancettes et les rectrices de la couverture de la queue bordées tout le tour d'un léger liseré d'or.

Plumage de la poule : couleur du fond pareille à celle du coq, et à l'exception des plumes du camail, qui doivent être dépourvues de toute marque si possible, chaque plume distinctement et régulièrement crayonnée en travers de fines lignes parallèles d'un riche vert noir; ces lignes, ainsi que leurs espacements, devant être aussi régulières que possible, et plus les lignes du crayonnage seront fines et nombreuses sur la même plume, meilleur sera l'oiseau.

Variété crayonnée argentée.

Sauf que la couleur du fond, et chez le coq le liseré des lancettes et rectrices sont d'argent, cette variété est similaire à la précédente.

Variété pailletée dorée.

Bec, Œil, Crête, Face, Oreillons, Barbillons, Tarses et pieds : comme dans les variétés crayonnées.

Plumage du coq : couleur de fond d'un riche jaune chamois ou jaune acajou doré, avec toutes les marques des plumes, pointes et paillettes (taches rondes en forme de pastille), ainsi que les plumes de la queue d'un noir vert brillant. — *Camail et lancettes :* flammés de vert noir au centre. — *Petites couvertures des ailes,* avec pointes vert noir en forme de pointes de dagues. — *Grandes couvertures :* avec deux barres ou rangées de paillettes rondes, parallèles, traversant l'aile et formant une élégante courbe, chaque barre ou rangée bien distincte et séparée de l'autre. — *Rémiges secondaires :* terminées par de larges paillettes, dont l'en-semble forme le « Stepping » (1). — *Poitrine et dessous du corps :* chaque plume terminée par une tache ronde ou paillette; ces paillettes, petites vers le cou, croissent régulièrement vers les cuisses, sans jamais pourtant atteindre des dimensions assez fortes pour se recouvrir les unes les autres.

Plumage de la poule. — La couleur du fond et les marques sont identiques à celles du coq. — *Camail, barre de l'aile et stepping :* comme chez le coq. — *Rectrices et couverture de la queue :* noires avec, sur leur bord, un étroit liseré de jaune d'or. — *Reste du plumage :* chaque plume terminée par une paillette ronde et aussi grosse que possible, sans pourtant déborder sur sa voisine; le pailletage doit commencer haut sur la gorge.

Variété pailletée argentée.

Bec, œil, crête, face, oreillons, barbillons, tarses et pieds : comme dans les variétés crayonnées.

Plumage du coq : couleur de fond blanc d'argent pur, marques vert noir brillant. — *Camail, épaules et dos :* chaque plume marquée en pointe d'une petite tache en forme de pointe de dague. — *Ailes, petites couvertures :* marquées aussi à leur extrémité de marques en pointes de dagues, devenant de plus en plus fortes, jusqu'à ce qu'elles émergent, de manière à former une barre en travers de l'aile, désignée sous le nom de troisième barre; les autres *barres* de l'aile (au nombre de deux), *les rémiges secondaires,* ainsi que la *poitrine* et le *dessous* marquées comme dans la variété dorée. — *Queue, rectrices :* terminées par des taches bien distinctes en forme de demi-lune. — *Faucilles :* paillettes, rondes et larges à l'extrémité de chacune. — *Petites rectrices de couverture :* de même, mais avec des paillettes moins grosses.

Plumage de la poule : couleur de fond et marques semblables à celles du coq. — *Camail :* plumes marquées depuis la tête de marques en forme de pointes de dagues, qui augmentent graduellement de largeur, de façon à devenir de véritables paillettes à la base du dit camail. — *Ailes :* rémiges secondaires comme chez le coq, barres semblables à celles de la poule pailletée dorée. — *Queue :* chaque plume terminée par une tache en forme de demi-lune; les petites rectrices de couvertures atteignant la moitié de la longueur des rectrices vraies, ces grandes plumes, par suite des marques à leur extrémité, forment des deux côtés de la queue une raie composée d'une suite de paillettes. — *Reste du plumage :* comme chez la poule de la variété pailletée dorée.

(1) Le Stepping, qui signifie montée en marche d'escalier, comprend les 5 ou 6 paillettes terminant les rémiges secondaires; ces plumes étant graduellement plus courtes les unes que les autres, les paillettes se trouvent donc placées en travers de 'aile *en escalier,* d'où le nom anglais.

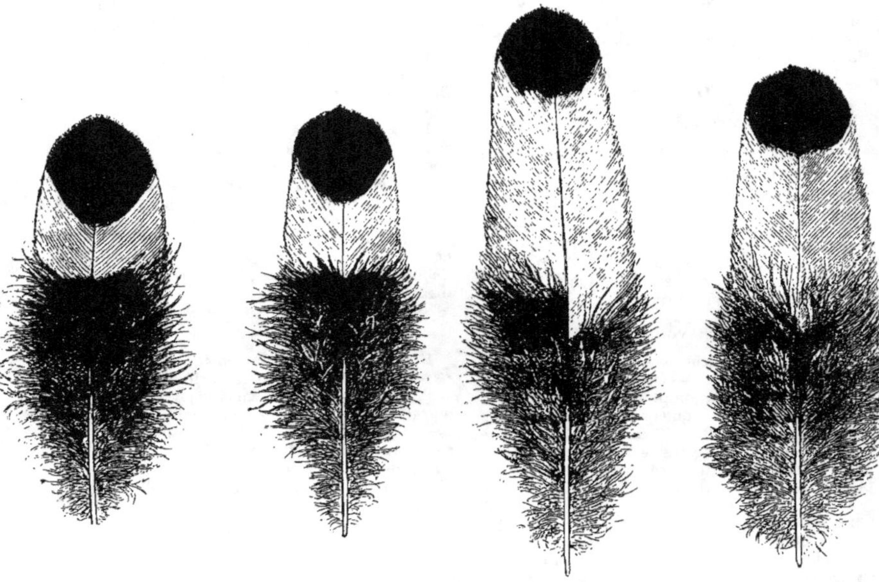

(*Cliché Cassel.*)

PLUMES DE HAMBOURG PAILLETÉ ARGENTÉ

VARIÉTÉ BLANCHE.

Cette jolie variété, au bec jaune tirant sur la couleur corne, aux yeux rouges, aux grands oreillons blancs, aux tarses bleu de plomb, offre un plumage d'un blanc immaculé.

Elle présente les mêmes caractères généraux que la noire.

VARIÉTÉ FAUVE.

Cette variété, aux caractères généraux analogues à ceux de la précédente, doit avoir un plumage uniformément fauve. Il convient d'éviter que les plumes du camail ou des couvertures ne soient d'une nuance différente et ne tranchent sur le reste du plumage. La tolérance de cette diversité de nuance chez le coq peut se répercuter chez la poule, et il faut y prendre garde. La couleur du bec est jaune ou corne claire; celle des tarses bleu de plomb.

VARIÉTÉ BLEUE.

Comme dans toutes les races, qui comportent une variété noire et une blanche, des sujets bleus, ou de couleur gris ardoisé, ont également été obtenus et la descendance de ces croisements se dédouble suivant les lois étudiées chez les Andalous.

ÉCHELLE DES POINTS.

Variété noire.

COQ

Tête : crête 15, face 15, oreillons 15.	45
Couleur	25
Queue	15
Forme, type et condition	15
	100

POULE

Tête : Crête 15, face 15, oreillons 15.	45
Couleur	35
Forme, type et condition . . .	15
Queue	5
	100

Variétés crayonnées.

COQ

Queue	35
Couleur	30
Tête : Crête 10, oreillons 10, face 5 . .	25
Forme, type et condition	10
	100

POULE

Marques	60
Tête : Crête 10, oreillons 5, face 5...	20
Couleur	10
Forme, type et condition	10
	100

Variétés pailletées

L'échelle des points pour les variétés pailletées, chez les deux sexes, est la même que celle donnée ci-dessus pour la poule crayonnée.

Sérieux défauts. Blanc dans la crête, crête simple, oreillons rouges; queue en écureuil ou de travers ou toute autre difformité. — (Nota. — Si un sujet a l'habitude de se reposer en portant sur sa queue d'un côté ou de l'autre, mais la maintenant dans le bon plan lorsqu'il est en action, ceci n'est pas considéré comme une queue de travers).

Standard du Hambourg-Club. Nous croyons intéressant de compléter le Standard donné par le Poultry-Club, par le Standard officiel du Hambourg-Club, qui met mieux en lumière certains points.

Caractères généraux. COQ. — *Crête* : unie, brillante, couleur corail, non bourgeonnée, ni de peau rude, carrée sur le devant et bien remplie en cette partie, n'offrant pas de creux en forme de coin; bien travaillée sur la surface, point creuse au centre ni feuillue sur ses bords, s'amincissant en une pointe finement aiguë, sans nœud ni grosseurs, portée au même angle que le reste de la crête, sans tendance à s'abaisser vers le cou, mais restant parallèle à la ligne passant par le bec et l'œil. La crête entière doit être solidement et carrément établie sur la tête, sans inclinaison d'un côté ou d'un autre, et proportionnée à la grosseur de l'oiseau. — *Face* : rouge corail, de texture fine et unie, sans peau rude, poils ou taches de blanc. — *Oreillons* : de fine texture, blanc pur, ni rudes, cordés, repliés gercés, ni pendant librement, loin de la face, ni bleus, ni bordés ou rayés de rouge. Ils doivent être ronds, épais et d'un blanc verni, uni, variant de grosseur, suivant : 1° le sexe; 2° la variété. — *Tarses* : dans les variétés crayonnées

et pailletées : bleu de plomb; dans les variétés noires : noirs. — *Port* : gracieux. — *Plumage* : très abondant avec plumes longues et larges. — *Couleur* : pour les argentés, blanc d'argent pur jusqu'à la peau dans toutes les plumes, sans être poivré ou lavé de noir, sans débordement des marques, sans teinte brune ou soufrée en aucun endroit. Pour la variété pailletée dorée, un fond bai brillant riche ou acajou, s'étendant sur tout le corps, à l'exception de la queue, qui est noire (avec un liseré bai chez la poule). Pour la variété crayonnée dorée, la couleur de fond est d'un marron doré brillant; les parties noires, chez les pailletées et les crayonnées, doivent offrir des reflets métalliques verts, ainsi que dans la variété noire, et être absolument dépourvues de teinte rouille, pourpres ou d'ombres ou barres quelconques, ainsi que de toutes plumes colorées.

POULE. — *Crête* : mêmes caractères que chez le coq, mais plus petite. — *Oreillons* : les mêmes que chez le coq, mais plus petits. (Dans les variétés crayonnées, l'oreillon n'a pas encore atteint le même degré de perfection que chez les autres.) — *Forme* : bien ronde, et dans aucun cas plate des côtés ou étroite. — *Taille* : plus forte chez les pailletées et les noires que chez les crayonnées. — *Couleur* : chez les argentées : blanc d'argent pur comme chez les coqs. Chez les pailletées dorées : fond acajou brillant. Chez les crayonnées : marron doré, bien égal et uniforme sur tout le corps, un peu plus doré que chez les coqs, mais trop foncé, de manière à ne pas détruire l'heureux contraste du crayonnage noir vert foncé, ni trop pâle pour ne pas paraître lavé. Chez les noires, les reflets verts doivent être franchement verts, presque vert pur, sans aucun reflet pourpre ou bleu, ni traces de barres ou crayonnage. — *Tarses* : les mêmes que chez le coq. — *Plumage* : abondant dans le camail et la queue; les couvertures de cette dernière, abondantes, longues et larges et d'un lustre très riche.

COQS PAILLETÉS ARGENTÉS.

Les paillettes doivent s'approcher le plus possible les unes des autres, sans cependant se recouvrir mutuellement; comme forme, ces paillettes doivent, sur la poitrine, figurer un rond aussi parfait que possible, ainsi que sur les faucilles de la queue et cela sans maillage blanc; sur le dos, elles affectent une forme plus en poire, avec au centre une marque en diamant d'un noir plus intense. Sur les rectrices de la queue, sur chaque plume blanche, la pointe offre une paillette affectant la forme d'un croissant, tandis que le camail et les lancettes sont fortement flammés de noir. Les barres de l'aile et le stepping (voir note p. 213) forment un caractère très spécial. Les premières doivent être fortement accusées, claires et nettes, et élégamment recourbées en travers de l'aile, tandis que le dernier

Cou (Neck).　　　Dos (Saddle).　　Près de la tête.　A mi-hauteur.　A l'épaule.

COQ　　　　　　　　　　POULE

(Cliché Cassel.)

HAMBOURG PAILLETÉ ARGENTÉ
Silver Spangled,
PLUMES DU CAMAIL

doit être formé de paillettes parfaitement circulaires, pas plus larges d'un côté que de l'autre et le plus grosses possible.

POULE PAILLETÉE ARGENTÉE.

Oreillons un peu plus grossiers que dans toute autre variété; paillettes larges et rondes, sans aucun lacis blanc, barres de l'aile et *stepping* fortement accusés, nets et formés de paillettes rondes comme chez le coq; pointes des plumes de la queue en forme de croissant sur un fond absolument blanc; taille la plus forte possible.

COQ PAILLETÉ DORÉ.

Camail élégamment flammé de noir ou autre, mais sans excès, de manière à ne pas présenter un collier noir à la base du cou; poitrine fortement pailletée, sans aucun maillage gris et sans mouchetures blanches; barres de l'aile et *steppings* fortement accusés et nets; dos élégamment flammé de noir au centre de chaque plume; *queue noire avec plumes abondantes.*

POULE PAILLETÉE DORÉE.

Camail élégamment flammé de noir au centre de chaque plume, montrant un mince maillage d'or sur chaque plume; poitrine fortement pailletée, sans que les paillettes se recouvrent les unes les autres et sans maillage gris ou mouchetures blanches; dos et ailes comme dans l'argentée; rectrices de couvertures des ailes, noir vert avec un léger liseré or sur tout leur bord; grandes rectrices ou primaires caudales noires, à l'exception des deux supérieures, qui sont finement mais, nettement liserées d'or.

COQS CRAYONNÉS.

Aussi forts que possible, crêtes et oreillons très élégants, plutôt plus petits et plus élégants que chez les pailletés et les noirs; plumes très abondantes, mais peut-être avec une queue moins forte que chez les autres variétés : faucilles 45 cm.; rectrices de couverture 30 à 35 cm., les plumes aussi larges que possible et les rectrices aussi nombreuses que possible, offrant un vert noir à reflets métalliques aussi brillants que possible et dépourvues de barres d'autres couleurs, la bordure devant être assez étroite et nette sur les deux faces de la plume, à peu près 3 mm. au plus, le plus net et le plus mince, le meilleur, cette bordure est un peu plus étroite chez les argentés que chez les dorés; du gris dans les faucilles est un défaut sérieux.

POULES CRAYONNÉES.

Camail : sans aucune marque si possible, crayonnage net et en lignes régulières tout autour du corps, depuis la gorge jusqu'à la pointe de la queue, ni grossier, ni manquant de lustre. Chaque plume doit avoir la même largeur de couleur de fond visible que de crayonnage, alternant aussi régulièrement que possible; plus il y a de lignes de crayonnage sur la même ligne, mieux et plus fines elles sont, meilleur est l'oiseau. Le crayonnage doit être net et franchement marqué, droit en travers de la plume, et non en taches (comme chez les poules pour parquets à coquelets), ni poivré par l'envahissement de la couleur de fond, ni mousseux. Les rémiges secondaires, leur partie visible l'aile fermée (et c'est là un point faible), doivent être dépourvues de taches en forme de mousse, et être au contraire aussi finement et nettement crayonnées que possible.

Coq pailleté argenté.

Tête : crête 10, oreillons 10, face 5, au total	25
Marques du camail	10
— du dos et des lancettes	10
— de la queue	5
— de la poitrine et des cuisses	15
— des ailes; petites couvertures 5, barres 5, Steppings 5, au total	15
Couleur : tarses compris	10
Symétrie, condition et port	10
	100

Poule pailletée argentée.

Tête : crête 10, oreillons 5, face 5, au total	20
Marques du camail	15
— du dos et des lancettes	15
— de la queue	10
— de la poitrine et des cuisses	10
— des ailes : petites couvertures 3 1/3, barres 3 1/3, Steppings 3 1/3	10
Couleur : tarses compris	10
Symétrie, condition et port	10
	100

Coq crayonné doré.

Tête : crête 10, oreillons 10, face 5, au total	25
Queue	35
Couleur : tarses compris	30
Symétrie, condition et port	10
	100

Poule crayonnée dorée.

Tête : crête 10, oreillons 5, face 5, au total	20
Crayonnage du camail	5
— du dos et des lancettes	15
— de la queue	15
— de la poitrine et des cuisses	15
— des ailes	10
Couleur, tarses compris	10
Symétrie, condition et port	10
	100

Coq crayonné argenté.

On applique la même échelle de points que pour le coq crayonné doré.

Poule crayonnée argentée.

Tête, crête 10, oreillons 5, face 5, au total	20
Crayonnage du camail	5
— du dos et des lancettes	15
— de la queue	15
— de la poitrine	15
— des ailes	10
Couleur, tarses compris	10
Symétrie, condition et port	10
	100

Coq noir.

Tête : crête 15, oreillons 15, face 15, au total	45
Queue	15
Couleur du plumage	20
— des tarses	5
Symétrie, condition et port	15
	100

Coq noir.

Taille, plumage et oreillons, plus amples que dans toute autre variété; oreillons larges, unis, ronds, épais, sans plis, rides, gerçures, sillage ni bordure rouge, d'une texture fine comme de la peau de chevreau, pas de blanc dans la face, ou rien d'apparent sur la face qui doit être uniformément du plus beau rouge corail parfaitement uni; couleur du plumage noir avec le plus brillant reflet vert, quoiqu'on ne puisse que rarement approcher celui que possèdent les poules.

Poule noire.

Taille la plus forte, forme la plus ronde et la plus pleine; plumage d'un vert noir scarabée, presque vert pré, oreillons blancs immaculés, mais pas si larges que chez le coq, où ils dépassent souvent la grosseur d'une pièce de deux francs.

Échelle des points.

Tête : crête 10, oreillons 5, face 5, au total............	20
Marques du camail	10
— du dos et des lancettes.	15
— de la queue........	5
— de la poitrine et des cuisses............	15
— des ailes; petites couvertures 5, barres 5, steppings 5, au total.	15
Couleur, tarses compris.......	10
Symétrie, condition et port....	10
	100

Poule pailletée dorée.

On applique la même échelle de points que pour le coq.

Poule noire.

Tête : crête 15, oreillons 15, face 15, au total..........	45
Queue	5
Couleur du plumage	30
— des tarses	5
Symétrie, condition et port....	15
	100

Observations sur les Standards. Ces deux Standards se complètent heureusement. Comme on peut le voir par l'examen de l'échelle des points, la crête est d'une importance capitale, et ce n'est point chose facile d'obtenir une crête parfaite; aussi, parfois des éleveurs peu consciencieux se laissent-ils aller à certains procédés de truquage, pour réparer ce qu'il peut y avoir de défectueux dans cet organe. Le célèbre auteur avicole anglais M. Lewis Wright écrit : « Il y a actuellement chez les Hambourg un *truquage* inconnu dans toute autre race. Les crêtes qui sont maintenant exigées ne peuvent être exposées honnêtement, sauf à de très rares exceptions, et la majorité ne comprend que des crêtes saillies et sculptées de manière à obtenir la forme voulue. » Et c'est peut-être une vérité que M. Wright a émise dans la Grande presse en Angleterre; personnellement, alors que nous poursuivions, il y a quelque trente ans, des études dans certaines universités du Royaume-Uni, — nous étions jeune alors, mais la passion galline s'était déjà emparée de nous, — nous avons connu plusieurs de ces truqueurs, et nous savons que quelques-uns de leurs fils, héréditaires de leurs secrets, continuent encore plus avantageusement au point de vue pécuniaire le petit métier de leurs pères. Il ne faudrait pas, toutefois, généraliser ces critiques, où il y a peut-être de l'exagération.

Un autre point assez important consiste, chez les variétés pailletées, dans l'ampleur des paillettes, mais l'augmentation excessive de leur diamètre, toutes les plumes chevauchant plus ou moins les unes sur les autres, fait que lesdites paillettes se recouvrent mutuellement, ne laissant pas apercevoir la couleur de fond de la plume, et perdant en même temps leur forme ronde caractéristique. Pour y parer, des éleveurs arrachent des plumes; cela constitue-t-il un maquignonnage frauduleux ? On trouve, dans les journaux anglais, une longue polémique à ce sujet. Peut-être serait-il plus simple d'exiger des paillettes d'un moindre diamètre. C'est d'ailleurs ce qui se fait aux États-Unis d'Amérique. Mais M. J. Goron objecte que, dans ce cas, on obtiendrait en peu d'années, des Oiseaux trop blancs sans pailleté à la queue et aux ailes.

Dans les variétés crayonnées, le désir d'avoir un crayonnage aussi fin que possible, avec des lignes nombreuses sur la même plume, a fait sacrifier tous les autres points; la variété perd de sa grosseur et le camail pur argent ou pur or devient absolument tiqueté de noir. — Ce que l'on gagne d'un côté, on le perd de l'autre.

Ajoutons aussi qu'avec le Standard actuel, il est absolument impossible d'obtenir chez les crayonnés, lès mêmes reproducteurs de bons coquelets et de bonnes poulettes; que des reproducteurs particuliers pour chaque sexe sont absolument indispensables. De cette pratique ressort une constatation assez curieuse : les poulettes sont ordinairement délicates, difficiles à élever et ont perdu les qualités primitives de la race, tandis que celles nées de parquets destinés à produire des coquelets se montrent beaucoup plus robustes et meilleures pondeuses. Le Standard est arrivé à la création, dans la même variété, de deux sous-variétés; l'une comprenant les mâles, l'autre les femelles; et, lors d'une exposition où l'on présente un couple, on est loin de pouvoir dire que ce sont deux frères et sœurs, ou des parents rapprochés qu'on a réunis sous les yeux, mais bien des parents très éloignés.

Qualités et exigences de la race. La race de Hambourg par elle-même, sélectionnée comme on le fait actuellement pour les expositions, se montre rustique sous tous les climats. Elle joint à la beauté de plumage, l'élégance de la forme et la grâce des mouvements. Quoiqu'elle soit le plus souvent destinée à l'embellissement des volières, elle n'en est pas moins d'une surprenante fécondité, et sa chair est d'une grande finesse. Les poules sont très bonnes pondeuses; on les désigne, dans certaines contrées, sous le nom de « poule pond tous les jours », mais les œufs sont petits (en moyenne 200 œufs de 45 à 150 grammes) ; ces œufs sont blancs. La ponte paraît plus développée encore dans les variétés crayonnées que dans les argentées; les poulettes pondent souvent à cinq mois.

Quoiqu'aimant beaucoup la liberté et sachant en profiter pour vagabonder et trouver sa nourriture dans les prairies, la race de Hambourg supporte bien la captivité.

Les poulets sont faciles à élever, très précoces et leur chair est délicieuse.

Le sélectionnement suivi auxquels sont soumis les sujets d'exposition, la consanguinité pratiquée depuis longtemps, ont fait perdre en grande partie ces qualités aux Hambourg élevés dans un but sportif; cette race se montre alors délicate et d'un élevage plutôt difficile.

La race de Hambourg comme race d'utilité. Dans son excellent livre, « *La Poule pratique* », M. Leroy recommande la race de Hambourg. « Cette race, nous dit-il, est une belle et bonne race de parquet.

Elle est d'une grande fécondité; sa chair est exquise; seulement ses œufs sont inférieurs comme dimensions aux œufs de la Houdan; mais beaucoup de personnes tiennent à la Hambourg comme étant plus ornementale. La Campine étant d'allure vagabonde m'a paru convenir pour la ferme, et la Hambourg proprement dite, de caractère plus rassis, est généralement tenue en parquet. De même que la Houdan, la Hambourg est bonne pondeuse et mauvaise couveuse. Seulement elle est de taille beaucoup plus inférieure à celle de la Houdan. C'est à peu près le seul reproche qu'on ait à lui adresser. »

La faible grosseur des œufs pondus, malgré leur quantité, constitue un défaut pour l'élevage productif de la Hambourg; cette race ne peut réellement rendre de service que pour la production de poulets de grains de primeurs, et encore on donne souvent la préférence à sa proche parente la Campine.

La race de Hambourg comme race · sportives. Les Hambourg sont surtout élevés au point de vue sportif et actuellement c'est surtout à ce point de vue qu'ils occupent encore une place importante dans la nomenclature des races gallines.

L'élevage n'en est, du reste, pas facile, surtout si l'on désire obtenir des sujets parfaits et dignes de paraître dans une exposition.

Décrire tous les principes, sur lesquels se reposent les aviculteurs spécialistes en la matière, nous forcerait à écrire un véritable volume sur cette race; nous nous bornerons à les résumer de la manière la plus brève, la plus courte possible, en renvoyant ceux de nos lecteurs qui connaissent l'anglais aux ouvrages suivants : Charles Holt « *Hambourg* up to date », et Théo Hewes « *The Hamburg Book* », ainsi qu'à certains articles parus dans « *Feathered World* ».

Variétés pailletées : dorée et argentée. *Pour produire de bons coquelets,* on choisira en premier lieu un coq offrant tous les caractères types de la race et formant un parfait type d'exposition, surtout au point de vue de la couleur.

Les poules que l'on donnera comme épouses à ce coq, devront être de forte taille et excellentes au point de vue des points de la tête, et se souvenant qu'il y a toujours une tendance à l'affaiblissement général de la couleur, on les prendra très fortement pailletées. Les éleveurs les plus habiles sélectionnent dans ce sens des poules et possédant même une sorte de sous-variété destinée uniquement à produire des coquelets; ils pratiquent aussi sur une très large échelle la consanguinité, en évitant, autant que possible, toute introduction de sang nouveau.

Pour produire de bonnes poulettes, on choisit des poules aussi parfaites que possible que l'on allie à un coq fortement pailleté.

Variétés crayonnées, dorée et argentée. *Pour produire de bons coquelets,* on prend un coq aussi parfait que possible à qui l'on donne des poules offrant un crayonnage très marqué et épais, et qui ne conviendraient en aucune façon pour une exposition, en ayant toujours soin de sélectionner les poules capables de donner de bons coqs, et d'en créer une sorte de race spéciale.

Pour obtenir de bonnes poulettes, on choisit les meilleures poules possible et on les allie avec un coq montrant sur sa poitrine et sur les ailes des traces aussi vigoureuses que possible de crayonnage et possédant une queue noire et descendant autant que possible d'une race ayant produit de bonnes poules d'exposition.

Variété noire. La variété noire est la seule qui n'exige pas l'établissement de parquets spéciaux pour les deux sexes, mais il faut toujours choisir des reproducteurs richement colorés. Quelques plumes rouges dans le camail du coq le disqualifient dans les expositions, mais ce défaut donnera du lustre au plumage des poulettes qui naîtront de lui, et il sera parfait pour être allié à des poules de couleur un peu terne, contrebalançant manquement. Un coq qui aura de très grands oreillons sera excellent pour produire des poulettes, car elles laissent en général à désirer sur ce point. Il faut avoir grand soin de ne pas allier des sujets qui offrent les mêmes défauts dans la crête, la face, les oreillons ou dans la couleur du plumage.

Ces simples indications suffiront aux amateurs novices pour les guider dans le choix des reproducteurs, mais si l'aspect extérieur donne des indications assez précises, il ne faut pas oublier que pour obtenir des résultats parfaits, il faut se servir de sujets dont on connaît la descendance depuis longtemps, sans cette précaution il se produit des retours en arrière, des faits d'atavisme qui déroutent l'éleveur.

Dans les variétés dorées, crayonnées ou pailletées, la couleur de fond jaune chamois ou jaune dorée est d'une importance capitale. Les éleveurs pour l'améliorer se servent souvent de nourritures spéciales comme le poivre de Cayenne ou autres préparations surtout utilisées dans l'élevage des canaris (voir le § spécial que nous consacrons à ces divers aliments); en tous cas, sans aller aussi loin, le maïs peut former une heureuse base d'alimentation pour améliorer la couleur des variétés dorées d'Hambourg.

L'élevage des Hambourg n'offre pas de grandes difficultés, mais on réussit toujours mieux quand on peut mettre un certain espace à la disposition des poussins.

Les éleveurs anglais et belges donnent les conseils suivants pour l'alimentation des poussins; ils les nourrissent avec du pain trempé dans du lait, cru et égoutté, de farines d'orge et de sarrazin légèrement humectés et salés, d'un peu d'œuf cuit dur, de biscuit concassé finement et servi sec; il faut varier et renouveler souvent la nourriture, on mettra aussi à leur disposition des coquilles d'œuf écrasées, des écailles d'huîtres broyées, du plâtre, etc.

Dès la seconde quinzaine, on ajoutera à leur ordinaire du gruau d'avoine, qui constitue un bon fortifiant; on donnera aussi de temps en temps du pain trempé dans la bière (ou du vin) en guise de stimulant sans oublier la verdure, et surtout par les temps secs et chauds on ne négligera pas tous les deux jours des distributions de viandes cuites hachées menu que l'on jette à la volée afin que tous en aient.

On conseille aussi vivement de leur distribuer le blé légèrement cuit, c'est-à-dire un peu gonflé et amolli, on ajoute un peu de sel et par les temps de pluies persistantes, et dès la moindre diarrhée, on donnera tantôt légèrement cuit, tantôt sec.

Maintenez toujours dans les éleveuses, les parquets une propreté rigoureuse, et séparez les sexes le plus tôt possible en se gardant d'introduire les poulettes auprès des vieux coqs.

Ne conservez d'ailleurs que les sujets dont la croissance est normale et qui continuent à pousser sans arrêts; n'hésitez pas à tuer les sujets présentant des défauts, vous soignerez d'autant mieux le restant.

 ᴀɴꜱ le but d'améliorer à la fois le volume des sujets et celui des œufs, M. Joë Goron, l'éleveur bien connu de la race de Hambourg, s'est appliqué, durant un certain nombre d'années, à sélectionner ses produits, en choisissant comme reproducteurs les plus beaux sujets de ses parquets, et en mettant à couver les œufs les plus gros et les mieux conformés, ce qui, par parenthèse, lui donna, nous dit-il, une majorité de mâles, chose curieuse à noter.

Il arriva ainsi à obtenir, sans croisement, d'après ce qu'il nous a déclaré, un agrandissement du modèle de la race et un accroissement du volume de ses œufs. Ce résultat, d'ordre à la fois zootechnique et pratique, est extrêmement intéressant. Il fait d'une race essentiellement décorative, susceptible de charmer les regards de l'amateur de belles volailles, une race d'utilité dont les produits ne sont pas négligeables.

Club. Il existe un Club français de la race de Hambourg, qui a été affilié à la Fédération Nationale des Sociétés d'Aviculture, le 14 mars 1921. Ce Club a établi un standard, homologué par cette Fédération.

ÉLEVEURS

chez qui **on peut** se procurer :

Œufs, jeunes sujets et reproducteurs

Dʳ Paul Mᴏɴɴɪᴇʀ, La Châtre-sur-le-Loir (Sarthe). Spécialité de Hambourg pailleté argenté.

M. Joë Gᴏʀᴏɴ, à Sannois (Seine-et-Oise).

Monographie de la race de Redcap.

Une variété dorée pailletée.

Origine. Les Redcaps, que l'on a parfois désignés aussi sous les noms de Manchesters et de Moss Pheasants, sont des volailles an-

un perfectionnement de la Hambourg, dû à d'anciens croisements avec le Combattant Black-Red, — est, à une date relativement récente, revenue à la mode,

(*Cliché de " l'Acclimatation. "*)

COQ DE REDCAP

glaises, anciennement connues chez nos voisins d'Outre-Manche, qui les élevaient surtout dans les comtés de Derbyshire et de Yorkshire. Après une éclipse, cette race, — qui a beaucoup d'analogie avec la Hambourg dorée pailletée, et que l'on considère, assez généralement, comme

ce qui lui a redonné la faveur d'un certain nombre d'éleveurs.

Dans son bel ouvrage, *The New Book of Poultry*, Lewis Wright donne la figure d'un coq et d'une poule Redcaps, sous le nom de Derbyshire-Redcaps.

Le Red-Cap ou Chaperon rouge : un

15

joli nom pour une jolie race ! C'est, en effet, un fort bel, oiseau, qui porte fièrement cette superbe crête « en rose », à laquelle il doit son nom, et dont le plumage rappelle celui du Faisan par sa couleur, d'où l'appellation ci-dessus notée de « Moss Pheasant ».

Cette appellation vient, d'ailleurs, assez naturellement à l'esprit; car, dans nos campagnes françaises, nous avons satisfaire à un but utilitaire, il est évident qu'une sélection suivie eut aussi pour objectif d'augmenter la largeur et l'importance de la crête, tout en conservant à cette volaille le type général de la race de Hambourg.

Standard. En l'absence de Standard français, c'est aux documents anglais et améri-

(Cliché de « l'Acclimatation »).

POULE DE REDCAP

souvent entendu désigner sous le nom de « Poules faisanes » des poules de la race de Hambourg pailletée dorée d'où procède le Red-Cap; et nous avons pu, naguère, observer de très jolis hybrides de la Poule de Hambourg et du Faisan sauvage, dont le plumage était vraiment remarquable.

Si les anciens Redcaps furent élevés, notamment dans le Derbyshire, pour cains qu'il convient de se reporter. Le Standard anglais du Poultry-Club et le Standard américain de l'American-Poultry Association sont, d'ailleurs, assez semblables.

Il serait à souhaiter que les standards suivis dans les divers pays où l'on élève une race fussent ceux-là mêmes du pays d'origine de cette race. Leur adoption dans les pays d'importation de la race considérée, loin de nuire à ses obtenteurs leur permettrait plus sûrement d'écouler leurs produits à l'étranger.

Faire connaître les races des divers pays selon leur vrai type est donc une œuvre utile à ceux qui les ont créées et dont ils ne sauraient prendre ombrage.

Si nous indiquons parfois les différences qui séparent les Standards d'une même race en divers pays, c'est pour renseigner exactement nos lecteurs; mais nous ne voyons pas, quant à nous, d'avantage à modifier une race étrangère pour lui donner un cachet nouveau, comme les Anglais l'ont fait, par exemple, pour notre Houdan, au détriment de ses qualités de rusticité et de sa valeur pratique comme volaille de produit.

COQ. — Le coq de Redcap est **Caractères généraux.** un bel oiseau vigoureux et plus étoffé que celui de Hambourg.

TÊTE. — *Crâne* : long et large. — *Bec* : court et petit. — *Œil* : plein. — *Crête* : frisée, ou « en rose », très large, d'une forme symétrique, avec une pointe arrière droite, à surface supérieure plate, sans creux, garnie de petites pointes régulières, et d'environ 12 cm. sur 10 cm. — *Face* : unie. — *Oreillons* : de grandeur moyenne. — *Barbillons* : longs et bien arrondis. — *Cou* : de longueur moyenne, avec un camail abondant.

CORPS. — *Poitrine* : pleine et bien arrondie. — *Dos* : plutôt large et long. — *Ailes* : modérément longues, collées contre le corps. — *Queue* : pleine, portée, presque droite, faucilles larges et longues, bien arquées.

JAMBES ET PIEDS. — *Jambes* : cuisses courtes, tarses forts, de longueur modérée. *Doigts* : au nombre de quatre, bien étendus.

PORT : actif et gracieux.

POIDS : à peu près 7 livres et demie (livres anglaises).

POULE. — A l'exception de la *queue*, qui est portée plutôt basse, les caractères généraux de la poule sont les mêmes que ceux du coq, en tenant compte des différences sexuelles. — *Poids* : de 5 livres et demie à 6 livres et demie.

COULEUR.

Bec : couleur corne. — *Œil* : rouge. — *Crête face, oreillons, barbillons* : rouge brillant. — *Tarses et pieds* : bleu ardoisé.

PLUMAGE DU COQ. — *Tête* : rouge. — *Camail et lancettes* : rouge, chaque plume flammée de noir. — *Dos* : rouge pailleté de noir. — *Ailes* : petites couvertures rouge vif; grandes couvertures rouge riche, chaque plume terminée par une paillette formant une barre noire en travers de l'aile; rémiges primaires et secondaires fortement marquées à l'extrémité de noir. — *Poitrine, dessus et queue* : noirs.

PLUMAGE DE LA POULE. — *Tête et camail* : comme chez le coq. — *Dos et poitrine* : fond, rouge brun profond, non charbonné, chaque plume terminée par une paillette noire en forme de demi-lune, ces marques sur la poitrine, le dos et les ailes doivent être aussi uniformes que possible. — *Ailes* : Rémiges primaires et secondaires comme chez le coq, couvertures régulièrement pailletées. — *Queue* : noire.

ÉCHELLE DE POINTS.

Tête : crête 20, oreillons et barbillons, 10. Crâne, 5	35
Couleur et marques	20
Taille	15
Condition	10
Type	10
Queue	5
Jambes et pieds	5
	100

Disqualifications. — Crête penchant d'un côté de la tête, oreillons blancs, queue d'écureuil ou de travers, plumes sur les tarses ou les doigts; tarses d'une autre couleur que le bleu ardoisé; plus de quatre doigts à chaque pied.

Qualités et exigences de la race. La poule de Red Cap se montre évidemment plus rustique que la Hambourg; mais cette race, qui fut très prônée, lors de son introduction chez nous, vers 1887, n'a pas tenu tout ce que l'on paraissait en droit d'en espérer; elle semble maintenant à peu près abandonnée dans notre pays. Nous en élevions autrefois, à Troussay, en Blésois; mais nous n'avons pas conservé cette race, en raison de la difficulté que nous éprouvions à trouver, pour renouveler le sang, de bons reproducteurs de couleur satisfaisante et à crête tout à fait correcte. Les poules de Red-Cap que nous avons eues nous ont donné une ponte satisfaisante, mais pas très précoce.

Le Yorkshire et le Derbyshire étant des pays froids et montagneux, la race de Redcap, qui nous en vient, est susceptible de s'acclimater chez nous. dans des régions à climat plutôt rude, ce qui peut être un avantage.

Quelques précautions cependant sont à prendre pour sa crête.

Les Redcaps que nous possédions s'étaient bien accoutumés en parquet. Nul doute qu'ils n'eussent donné de meilleurs résultats, en liberté dans une cour de ferme, avec la faculté précieuse de rôder à leur guise aux alentours. Nos sujets, en effet, étaient vifs et alertes, ce qui indique en général des bêtes chercheuses, « travailleuses », comme on dit aux champs.

Chair délicate, excellente volaille de table, telle est également la poule de Redcap.

On l'a croisée souvent avec la Wyandotte, pour améliorer sa ponte.

Monographie de la race alsacienne.

Six variétés.

Origine La poule Alsacienne est une jolie volaille, qui pourrait bien avoir quelque parenté avec la Hambourg, dont elle a un peu la particulièrement sélectionnée en Alsace, d'où son nom.

Les sujets qu'on rencontre dans les exploitations agricoles n'ont pas tous des

RACE ALSACIENNE

(Cliché de l' " Acclimatation. ")

tête, mais avec un corps plus ramassé et des faucilles moins développées chez le coq.

Cette excellente race, qui manque un peu de taille, est très bonne pour la ponte et pour la production de la chair.

Elle est très répandue, des deux côtés de la frontière, dans l'est de la France et dans l'Ouest de l'Allemagne; mais on l'a

caractères bien fixés. Il y en a de toutes couleurs; ils ont la crête frisée, les oreillons blancs, blanchâtres ou crème; les tarses lisses, bleutés ou noirs.

La variété noire est plus typique et plus appréciée, puis la noire à cou doré ou à cou argenté, la perdrix dorée, la perdrix argentée.

L'Alsacienne offre une grande similitude avec la poule des pays rhénans, appelée Rheinlander. Ces deux volailles ont certainement une même origine. et ne diffèrent guère que de nom.

Standard. Nous donnons ci-dessous la description de la race Alsacienne, d'après les renseignements que nous avons pu recueillir sur cette race, et notamment d'après des notes qu'a bien voulu nous communiquer M. Robert Fontaine. Le Standard officiel de la race n'a pas encore été présenté à l'homologation de la Fédération française; mais il est à espérer que bientôt l'Alsacienne, heureusement recouvrée par l'aviculture française, figurera dans le catalogue fédéral de nos races nationales d'utilité.

Caractères généraux. COQ. — *Tête* : de grosseur moyenne, rappelant un peu celle du coq de Hambourg, mais avec le bec un peu plus long et un peu plus arqué. — *Bec* : de moyennes dimensions, de couleur corne foncée, presque noire. — *Œil* : ardent et vif, iris de couleur foncée, ce qui fait paraître l'œil plus grand. — *Crête* : frisée ou fraisée, d'autres disent « perlée »; elle doit être régulièrement perlée, d'un tissu fin et très rouge, ces deux dernières qualités correspondant à la finesse de la chair, et à la vigueur du sujet; elle est terminée, en arrière, par un prolongement en forme d'épine, de dimensions moyennes et se détachant bien du crâne. — *Face* : rouge, sans traces de blanc. — *Oreillons* : blancs, ovales, plus en amande, et moins ronds que chez le Hambourg, de dimensions moyennes, comme la tête, mais assez développés cependant. Un bel oreillon, bien blanc, dans la variété noire, est d'un joli effet. — *Barbillons* : moyennement longs et d'un beau rouge écarlate. — *Cou* : plus fort et plus droit que chez le Hambourg, il est moins gracieux, peut-être; mais, bien proportionné cependant, il donne à l'oiseau, quand il se redresse, un air important, grâce à son abondant et riche camail.

CORPS. — Assez ramassé, trapu, disent quelques-uns; l'oiseau est plus en hauteur qu'en longueur, si on le compare au Hambourg, chez qui c'est l'inverse. Il en résulte un animal d'aspect fier, qui, avec sa queue et ses faucilles bien développées sans exagération, se tient bien droit et bien d'aplomb. — *Dos* : large, un peu incliné en arrière. — *Reins* : de longueur moyenne. — *Poitrine* : pleine, bien saillante. —

Ailes : de dimensions moyennes, portées serrées au corps. — *Queue* : bien fournie, à faucilles bien développées et assez fortement recourbées.

JAMBES ET PIEDS. — *Cuisses* : de longueur moyenne et bien emplumées. — *Tarses* : nus, bien droits, assez forts et de couleur noire. — *Doigts* : au nombre de quatre, de longueur moyenne et de couleur noire. — *Ongles* : noirs également.

Port, taille et aspect général : Oiseau d'apparence vive, assez fort pour sa taille, un peu massif, mais non sans élégance et de moyenne hauteur.

Poids : de 2 à 3 kilos.

POULE. — Les caractères généraux de la poule sont les mêmes que ceux du coq, en tenant compte des différences sexuelles. La crête, notamment, est de dimensions beaucoup plus réduites, et le prolongement qui la termine en arrière est bien plus court que chez le coq. L'oreillon également, d'un beau blanc comme chez le mâle, est plus petit. La queue est moins développée que chez la Hambourg.

Port, taille et aspect général : l'Alsacienne est une poule vive, chercheuse, d'aspect éveillé.

Qualités de ponte et de chair. — Donner un chiffre moyen pour la ponte d'une race nous a toujours semblé un peu chimérique. Cela dépend de tant de facteurs, héréditaires ou individuels, et aussi du régime et des conditions d'habitat, de logement et de nourriture. Certains annoncent de 170 à 180 œufs par an. Nous n'y contredirons pas; mais nous croyons qu'avec une bonne sélection aux nids-trappes et un bon régime, on peut arriver à dépasser ces chiffres, qui, au contraire, ne seront pas atteints, dans une basse-cour non sélectionnée ou mal dirigée, même avec des sujets de race. — Pour la chair, l'Alsacienne est aussi une volaille fort recommandable, donnant satisfaction au palais du gastronome; mais elle manque un peu de poids pour la vente sur les marchés.

Poids : De 1 kilo 1/2 à 2 kilos 1/2.

PLUMAGE. — Entièrement noir, dans la variété typique noire, avec des reflets mordorés chez le coq. Il existe également deux variétés noires, à camail tranchant sur le reste du plumage. L'une est à camail doré, l'autre à camail argenté. Ces deux variétés doivent provenir d'anciens croisements; car nous avons obtenu des effets analogues avec des croisements de Langshan noir et d'Orpington noir. La sélection aidant, on peut avoir, dans ces deux variétés, des oiseaux très décoratifs. Enfin, il existe deux variétés à plumage perdrix : l'une dorée, l'autre argentée.

Signalons, pour terminer sur la question du plumage, une variété blanche.

Il serait facile, si l'on voulait, d'y ajouter une variété bleue, puisqu'on connaît les composantes de cette couleur; mais ce ne serait qu'un type de plus à offrir à la curiosité des amateurs, et une difficulté à vaincre, à cause de l'instabilité du bleu ardoisé, qui, dès la seconde génération, ne se reproduit plus chez tous les descendants.

Éliminant cette dernière variété, qui est seulement, quant à présent, dans les possibilités de la race, il reste donc à noter les 6 variétés ci-dessus visées : noire, blanche, noire à camail doré, noire à camail argenté, perdrix dorée et perdrix argentée, ce qui est bien suffisant.

Au goût des éleveurs à déterminer leur choix parmi ces divers types, tous agréables à voir et intéressants à posséder !

Les caractères généraux sont les mêmes pour toutes les variétés, parmi lesquelles la noire est particulièrement à recommander.

Observations sur le Standard. La poule Alsacienne aime le parcours et la liberté. Son caractère vif et indépendant s'accommode volontiers des courses actives à la recherche de cette nourriture vivante que les Gallinacés de nos basses-cours remplacent malaisément dans les étroits parquets où le manque de place les confine trop souvent. En pratiquant les couvées de printemps, de façon à avoir des œufs de poulettes à l'entrée de l'hiver, on pourra sélectionner utilement ces dernières, éliminer les mauvaises pondeuses ou les pondeuses trop tardives, et mettre à couver des œufs de poules adultes choisies parmi les poulettes de l'année précédente ayant fourni la ponte la plus précoce et la meilleure. Si l'on procède régulièrement ainsi, durant plusieurs saisons, on arrivera à améliorer sensiblement le rendement, et la cuisine ainsi que le porte-monnaie de l'éleveur s'en trouveront également bien.

L'Alsacienne couve peu, mais bien. *Age quod agis*, disaient nos anciens. L'Alsacienne ne sait pas le latin, mais elle suit le vieil adage et fait bien ce qu'elle fait.

QUATRIÈME GROUPE

RACES DE COMBATTANTS

LES COQS DE COMBAT
ASEEL — COMBATTANTS INDIENS, MALAIS, ANGLAIS
GRANDS ET PETITS COMBATTANTS DU NORD
COMBATTANTS DE BRUGES ET DE LIÈGE
COMBATTANTS AMÉRICAIN ET AUSTRALIEN
COMBATTANT DÉNUDÉ DE MADAGASCAR, COMBATTANT ORLOFF

CHAPITRE V

QUATRIÈME GROUPE

Les Coqs de Combat.

Jeux cruels, dira-t-on. — Sans doute, et notre intention n'est pas de faire ici l'apologie des combats de coqs.

Ils ont toutefois, au point de vue de l'élevage, abouti à la création progressive de types de volailles extrêmement intéressants, non seulement au point de vue de la sélection et de l'hérédité des caractères, mais à celui des croisements productifs, dont il sera parlé plus loin.

Ce n'est pas d'aujourd'hui que le goût des hommes pour les émotions violentes et pour les chances incertaines de gain les a portés à utiliser l'ardeur combattante des coqs, pour satisfaire leur passion du jeu.

L'historique des combats de coqs qu'a fait M. Pierre-Amédée Pichot, dans son bel et intéressant ouvrage, *Les Oiseaux de Sport*, nous en donne la preuve (1).

« Un jour, dit-il, que Thémistocle mar-

chait contre les Perses à la tête de son armée, il vit deux coqs se battre dans un champ qui côtoyait la route. Arrêtant ses hommes, et montrant à ses soldats ces deux combattants acharnés l'un contre l'autre : « Voyez, leur dit-il, ces oiseaux. « Ce n'est pas pour leurs Dieux qu'ils se « battent, ni pour protéger les tombeaux « de leurs ancêtres; ils ne se battent pas « davantage pour la gloire, ni pour la « liberté ! Ils ne se battent que parce que « aucun des deux ne veut céder à l'autre. » Le général athénien passait sous silence qu'il y avait, peut-être bien, une poule qui, dans un coin du champ, guettait l'issue de la lutte. Toujours est-il que cet exemple enflamma tellement le courage des Athéniens qu'ils se battirent, eux aussi, à la prochaine rencontre, avec tant d'acharnement, qu'ils remportèrent la victoire; et, par la suite, une loi spéciale institua des combats de coqs, auxquels les Athéniens assistèrent religieusement chaque année. Ces combats de coqs étaient une véritable leçon de choses, qui en valait bien une autre, et ils furent donnés en exemple à la jeunesse pendant toute l'antiquité. Notre grand peintre Gérôme, dont le savant pinceau a si merveilleusement reconstitué plusieurs des scènes de la vie antique, a représenté un jeune Romain et une jeune Romaine faisant battre des coqs, avant d'aller sans doute les sacrifier sur l'autel d'Esculape, auquel le coq était consacré comme l'emblème du réveil et de la vi-

(1) Nous tenons à remercier ici M. F. Geoffroy-Saint-Hilaire, qui, au nom des héritiers de l'auteur, a bien voulu nous autoriser à reproduire les passages cités ici de l'ouvrage *Les Oiseaux de sport* (Lecaplain et Vidal, Paris, 1903) et quelques-unes des curieuses gravures qui accompagnent le texte de M. P.-A. Pichot.

gucur; et Socrate, au moment de mourir, recommandait à son élève Criton d'immoler un coq à Esculape, comme un hommage rendu à l'immortalité.

« Shakespeare fait de la supériorité des coqs de combat d'Octave sur ceux de son rival Antoine, un des griefs de la jalousie de l'époux de la belle Cléopâtre contre le vainqueur d'Actium : « A « chances égales, « dit-il, ses coqs « triomphent des « miens, et ses « cailles battent « les miennes lors- « que nous les en- « gageons dans « l'arène les unes « contre les au- « tres. » Le dramaturge anglais prête à ses héros, dans ce passage, un langage qui devait plutôt être celui des sportsmen de la Grande-Bretagne du XVIIe siècle; mais il reste dans les traditions de l'antiquité, lorsqu'il fait allusion aux combats de cailles, dont la pugnacité a été exploitée dans l'empire romain, comme à notre époque elle l'est encore en Chine, au Japon et dans l'Inde pour amuser les indigènes et favoriser leur passion pour le jeu. Un des plus jolis tableaux de Rochegrosse nous semblerait parfaitement exact, si, dans son « combat de cailles », il n'avait orné ses combattants

PORTRAIT D'UN FAMEUX COQ DE COMBAT EN TENUE D'ARÈNE, PAR MARSHALL.

de petits bonnets surmontés d'une aigrette comme les chaperons des faucons. On n'a jamais dû se servir de ces engins pour les cailles. Mais la fantaisie des artistes n'a pas toujours respecté la vérité et l'on est surpris de voir que, même à l'époque où florissait la fauconnerie, certains peintres comme Veyrmann, n'ont pas rougi de représenter des faucons volant avec leurs chaperons sur la tête, alors qu'on leur ôtait toujours, avant de les mettre sur l'ailé, ces coiffures qui naturellement leur couvraient les yeux.

« C'est en Angleterre que les combats de coqs ont été le plus en honneur et qu'ils ont atteint leur plus grande perfection, par suite d'une réglementation minutieuse qu'imposait l'importance des sommes engagées parfois sur leur issue. Les races de combat ont été élevées et améliorées avec autant de soins que celles des chevaux de course, des bull-dogs et des lévriers, afin de développer à l'extrême le courage et la ténacité des champions et d'égaliser leurs chances dans les combats; dans ce but aussi, on leur faisait subir une toilette spéciale, afin de donner le moins de prise possible à l'adversaire; on leur

UN COMBAT DE COQS EN ANGLETERRE AU XVIIIe SIÈCLE

(d'après une gravure ancienne)

Les coqs sont dans l'arène, et là, tendant le cou,
Ils sont prêts à porter plus d'un terrible coup.
Leurs ergots sont armés de l'acier redoutable.
Les parieurs ardents, tout autour de la table,

Misant et discutant les chances de chacun,
Luttent comme vrais coqs, et l'artiste taquin
Exprima sur leurs traits l'angoisse ou la colère,
Tandis que nos héros s'égorgent pour leur plaire !

D. DE M.

taillait les plumes de la queue, des ailes et du cou sur un patron d'ordonnance et on leur coupait la crête pour les empêcher de se saisir par cette annexe.

« Les oiseaux étant ainsi parés, on les engageait les uns contre les autres par couples, appariant autant que possible les coqs de même poids et, pour rendre le combat plus meurtrier, on leur armait les tarses d'éperons aigus en acier ou en argent. Les joutes étaient simples ou à plusieurs manches et, dans certains tournois, les vainqueurs de chaque couple avaient à se mesurer les uns contre les autres, avant de triompher. Dans certains paris, comme le *Welch-Main*, où trente-deux coqs étaient engagés, il fallait toute une semaine de luttes pour arriver, par élimination, à proclamer le vainqueur. Les chances de chaque oiseau et les péripéties de la bataille étaient l'objet, entre les vainqueurs, de calculs de probabilités d'une complication excessive à dérouter tous les chercheurs de martingale de Spa ou de Monte-Carlo.

« Les combats avaient lieu dans des arènes circulaires spécialement aménagées avec des gradins tout autour. On les appelait des *cock-pits* (V. fig. p. 235). Le sol de l'arène était recouvert par une natte, et, après que les oiseaux avaient été examinés par les juges et pesés pour éviter toute fraude, les arbitres ou « maîtres du match » prenaient place de chaque côté de l'arène, et les entraîneurs ou assesseurs qu'on nommait les *setters-to*, mettaient leurs clients emplumés l'un en face de l'autre et le « allez messieurs » solennel était prononcé. Le combat, qu'on désignait « la bataille », (V. fig. page 237) durait parfois sans interruption jusqu'à la mort d'un des deux adversaires; mais parfois, après un premier assaut, les coqs se retiraient chacun dans un coin de l'arène, se regardant en dessous et guettant une occasion de recroiser le bec à leur avantage. Cette interruption du corps à corps ne devait pas se prolonger plus longtemps qu'il ne fallait pour compter jusqu'à quarante, et un commissaire spécial ou chronométreur, le *teller of the law*, était chargé de ce soin. Après quoi les entraîneurs ou *setters-to*, qui ne devaient pas autrement toucher à leurs oiseaux ni les aider, sauf pour les dégager quand par hasard leurs éperons se prenaient dans la natte ou dans le corps de l'adversaire, les remettaient bec à bec. Le coq qui refusait dix fois de suite de reprendre le combat était considéré comme battu, à moins que son adversaire ne mourût auparavant de ses blessures, même lorsqu'il persistait à vouloir attaquer.

« Il y eut, en Angleterre, plusieurs arènes fameuses : celle de Newmarket était en grande vogue à la fin du XVIIIe siècle. En 1775, à Newcastle, pendant la réunion des courses, les amateurs de Durham et du Northumberland se disputèrent un Welch main où figurèrent trente-huit combattants, et on prétend que sur cette arène on a compté, en une seule semaine, jusqu'à mille coqs tués.

« Cet amusement assurément était barbare; mais depuis qu'une ordonnance de Guillaume IV, en 1835, a proscrit les combats de coqs et que les amateurs ont été vigoureusement pourchassés par la police, le Révérend Ed. Dixon se demande ironiquement, dans le chapitre qu'il a consacré aux coqs de combat dans son ouvrage sur les volailles de ferme et d'agrément, si la passion du jeu a diminué, si l'on coudoie moins de gredins hypocrites dans les centres de réunion et de plaisir, si le nombre des menteurs et des intrigants a décliné dans le pays; si la persécution et la calomnie ont disparu des mœurs anglaises, si les empoisonnements, les assassinats, les infanticides sont moins fréquents.

« La réponse nous paraît, comme au

COMBAT MORTEL
(D'après une ancienne gravure.)

ENTRE UN COQ BIRCHEN-PILE ET UN DUCK-WING FAUVE A POITRAIL NOIR.

Cette estampe, destinée à perpétuer la mémoire d'un champion célèbre, représente sa dernière victoire, après laquelle on lui accorda une paisible retraite, en récompense de ses services passés et de ses nombreux succès.

Révérend Ed. Dixon, assez embarrassante (1).

« Toujours est-il que la passion du jeu rapprochait, dans les arènes consacrées aux combats de coqs, les gens des rangs les plus divers et les professions les plus disparates. A ces promiscuités étranges, que nous voyons du reste de nos jours se continuer sur les champs de courses, il est douteux que la morale eût beaucoup à gagner. Le grand peintre satirique Hogarth, si merveilleux observateur des mœurs de son époque dont il a flagellé les vices par des suites de tableaux d'un intérêt si poignant, nous a laissé une bien amusante représentation d'un combat de coq dans l'arène royale de Westminster. Nous y voyons coude à coude des types de toutes les classes de la société. Le jeune homme aveugle qui préside assis au centre du tableau, cachant sous ses mains aristocratiques les billets de banque entassés dans la coiffe de son chapeau, est un célèbre parieur de l'époque, lord Albermarle Bertie, fils du duc d'Ancaster. A droite, se trouve encore un autre grand personnage qu'on reconnaît aux plaques d'ordre de chevalerie qui couvrent sa poitrine. Un ruffian de bas étage cherche à profiter de la cécité du jeune gentilhomme pour lui subtiliser quelques banknotes. Un balayeur des rues coudoie un beau gentilhomme français qui, dans sa distraction, laisse tomber le tabac de sa tabatière entr'ouverte sur le spectateur placé au-dessous de lui; un pasteur invoque le ciel en faveur du coq sur lequel il a ponté sans doute, et, au premier plan, de mauvais plaisants ont dessiné à la craie une potence sur le dos d'un spectateur, soit que cet emblème figure là en guise d'avertissement, soit qu'il serve à désigner le bourreau lui-même, ce qui est assez probable, car ce fonctionnaire était un habi-

(1) *Ornamental and domestic poultry*, by the Rev. S. Dixon, London, 1850.

tué. Des jockeys ou hommes d'écurie topent du bout de leurs cravaches, selon l'usage pour tenir un pari, et sur le sol se projette l'ombre singulière d'un personnage qu'on ne voit pas, mais qui n'est autre que le joueur insolvable qu'on a hissé au plafond dans un panier, comme c'était la coutume, et qui semble tendre au public sa montre et ses breloques pour obtenir qu'on le délivre de sa fâcheuse position. C'est la même société que nous retrouvons, soixante ans plus tard, dans la curieuse estampe en couleurs de Rowlandson, publiée dans le *Microscome de Londres* en 1808, et dont Pugin avait dessiné l'architecture, nous laissant ainsi un souvenir parfaitement exact du fameux cock-pit royal.

« En France, pour ne pas avoir pris les proportions d'une institution nationale, les combats de coq ont été également beaucoup pratiqués et sont restés en honneur dans certains centres miniers, quoiqu'ils soient, comme en Angleterre, également proscrits par la loi, d'une application difficile, j'imagine, au fond des galeries de mine et dans les auberges borgnes où Remy Cogghe a pris sur le vif, comme Hogarth et Rowlandson, l'aspect pittoresque d'une réunion d'amateurs en pays flamingant.

« La passion pour les combats de coqs fut habilement exploitée dans les Indes, au siècle dernier, par un Français célèbre, afin d'attirer à lui les indigènes et de gagner leur confiance. Je veux parler du major général Claude Martin. Né à Lyon en 1735 et fils d'un humble tonnelier, Claude Martin, poussé par l'esprit d'aventure, s'engagea à l'âge de seize ans avec l'un de ses frères dans les troupes que Lally-Tollendal recrutait alors en France pour la Compagnie des Indes.

« Claude Martin s'était embarqué à Lorient sur *Le Machault*, le 18 septembre 1751, et il arriva à Pondichéry en 1752.

LE COMBAT DE COQS DE LUCKNOW EN 1786.

Il servit, en qualité de dragon, dans les gardes du gouverneur, puis dans divers régiments avec lesquels il se distingua aux prises de Gondelar et du Fort Saint-David ; mais, lorsque la cause française fut perdue dans les Indes, Claude Martin passa au service du gouverneur anglais de Madras avec un certain nombre de ses compatriotes, qui ne trouvaient plus à utiliser leur activité sous le drapeau français.

« A la suite d'une mission, qui lui fut confiée à Lucknow en 1774, Claude Martin entra dans les bonnes grâces du Nabab, visir d'Oude, et de son fils Asaf ed Doula, et rien ne se fit plus à la cour de Lucknow que par son intermédiaire, le nabab ayant obtenu de la Compagnie des Indes anglaises de le garder auprès de lui en qualité de surintendant de son arsenal. Alors, ses remarquables qualités d'organisateur et d'administrateur purent se donner libre carrière. Claude Martin inspira au souverain indien la passion des arts et des produits d'Europe ; il établit un système de prêts et d'importations au moyen duquel il amassa une fortune considérable, et en 1790, au moment où éclata la guerre entre Tipoo-Sahib et les Anglais, il était riche de 10 millions et possédait sur les rives de la Gounties un palais magnifique, qu'il avait appelé Constantia House, et où il avait réuni, comme dans un jardin zoologique, les animaux et les plantes des cinq parties du monde et un très riche musée d'objets d'art et de physique.

« Les fêtes que Claude Martin donnait dans ce palais étaient un moyen habilement employé pour amorcer les princes et les seigneurs indiens et pour mettre en contact fréquent les indigènes et les étrangers. De cette manière, il créait un échange profitable d'opinions et d'intérêts. Les Indiens étant grands amateurs de combats de coqs, il n'avait garde de négliger cette manière de les séduire, et il avait formé, en peu de temps, des équipes de coqs de combat dont la réputation était telle, qu'elle avait éveillé la jalousie des amateurs de l'Angleterre où ce sport favori battait son plein. L'un d'eux, le colonel Mordaunt, dont les coqs de combat étaient alors sans rivaux, résolut de venir disputer la suprématie aux coqs de Claude Martin. On pense si ce défi lancé à travers les mers et si le voyage du colonel remua le monde sportif des Indes anglaises ! Le tournoi eut lieu à Lucknow en 1786, et les coqs de Martin sortirent triomphants de la lutte, ce qui contribua à accroître sa popularité. Ce remarquable « event » fut fixé sur la toile par un peintre qui compte parmi les notabilités de l'École anglaise, quoiqu'il soit d'origine allemande.

« Zoffany, pour le moment l'hôte de Claude Martin, était, comme lui, d'origine plébéienne, étant né en 1733, à Ratisbonne, d'un ébéniste au service du prince de Taxis. Protégé par l'électeur de Trèves, il était venu en Angleterre pour fuir l'humeur acariâtre de la femme à laquelle il avait uni son sort, et il eut quelque mal à percer, jusqu'au jour où le fameux acteur Garrick lui confia le soin de peindre son portrait. Il était passé aux Indes en 1782, jouissant déjà de la notoriété et d'une belle fortune, et Claude Martin le mit en relation avec les princes indiens dont il peignit les portraits. Il représenta l'*Ambassade d'Hyderabad* venant présenter ses hommages à lord Cornwallis à Calcutta et une *Chasse au tigre* près de Chandernagor ; mais son tableau le plus remarquable fut précisément le *Combat de coqs de Lucknow*, dont la gravure faite par Earlom est fort recherchée aujourd'hui dans les ventes par les amateurs, dont beaucoup ignorent sans doute l'intérêt historique qui s'attache à ces réunions où les costumes orientaux coudoient d'une façon si bizarre les uniformes et les tenues

civile des officiers et des administrateurs
de la Compagnie des Indes. Nous y
voyons le major général Claude Martin
présider sur un divan placé à droite de la
composition, sous une tente. L'artiste
anglais s'est représenté lui-même derrière son protecteur tenant ses brosses et
ses crayons. Les personnages principaux
de l'état-major du général et de la Cour du
nabab les entourent. M. Gregory présente un coq au lieutenant Golding, dont
la corpulence est assez notable, et qui
presse contre son cœur un coq favori sans
doute. A gauche, le colonel Mordaunt
tend les mains au roi d'Oude Azaf ed
Doula; les entraîneurs ou *setters-to* des
parieurs sont des Indous, qu'on voit au
premier plan soignant leurs oiseaux et entourés de leurs boîtes d'accessoires où
figurent les éperons meurtriers; enfin le
fonds de la scène est occupé par des indigènes et par une troupe de gracieuses
bayadères, parmi lesquelles des serviteurs
font circuler des rafraîchissements sous
une forme un peu primitive dans une
outre, dont ils servent l'eau fraîche dans
le creux des mains des spectateurs paraissant aussi altérés que les combattants. »

Monographie de la race d'Aseel.

Plusieurs Variétés·

Origine. La race d'Aseel est fort ancienne; elle provient des Indes où elle était la vraie race combattante.

surtout remarquable par son fort poids, eu égard à sa taille. En le prenant dans la main, on aura la sensation d'un oiseau de taille très moyenne, mais on le sentira

CROQUIS DU COQ ET DE LA POULE
DE LA RACE D'ASEEL

Il serait possible qu'elle fût l'ancêtre du Combattant Malais, dont elle ne diffère d'ailleurs que sur quelques points. L'Aseel a les épaules hautes et proéminentes, le plumage court et étroit, la queue tombante du Malais; mais les épaules sont moins anguleuses et les jambes beaucoup plus fortes et plus courtes, ce qui le fait paraître légèrement bas. Cette race est de plomb, plus dur que toute autre volaille, le Combattant Indien venant en second rang à ce point de vue; cela tient à l'excessive densité de ses muscles.

Cette race a été signalée, en Angleterre, vers 1846, comme ayant été importée, depuis plusieurs années déjà, par le général Gilbert.

Standard. Nous donnons ci-dessous le Standard généralement suivi pour cette race, bien que, sur certains points, il manque de précision.

Caractères généraux. COQ. — TÊTE. — *Crâne :* court et petit, quoique large entre les yeux et la commissure du bec et épais à sa base. — *Bec :* fort, épais, et plutôt court, la mandibule supérieure légèrement recourbée, l'inférieure droite. — *Yeux :* hardis, placés plutôt en arrière de la tête. — *Crête :* triple ou en bourrelet, la plus petite possible, de chair très dure. — *Face :* dure et de texture fine. — *Oreillons :* aussi petits que possible. — *Barbillons :* absents.

Cou : de moyenne longueur, de même épaisseur sur toute la longueur, puissant et garni d'un maigre camail laissant la gorge nue, sans pourtant qu'elle soit proéminente ou trop garnie de chair.

Corps : court. — *Dos :* droit. — *Épaules :* larges et hautes. — *Arrière-train :* étroit en comparaison, mais épais, plein et dur à la racine de la queue, ce qui est une grande indication de force. — *Ailes :* fortes, courtes et de niveau, portées bien en dehors des épaules.

Queue : courte et légèrement tombante, avec les faucilles s'amincissant comme un cimeterre jusqu'à 9 ou 12 centimètres du sol.

Jambes et Pieds. — *Jambes :* bien écartées, avec cuisses fortes et musculeuses. — *Tarses :* courts, non emplumés. — *Doigts :* au nombre de quatre, épais et droits; le « pied de canard » (1) n'est pas une disqualification.

Port : dressé, sans néanmoins offrir trop l'apparence d'un coq Combattant Anglais.

Plumage : court et serré. C'est un plumage très ferme et bien collé au corps, qui fait l'oiseau plus lourd qu'il ne paraît. Le corps est presque nu à la pointe du bréchet et à la première jointure des ailes.

Poids : 6 livres anglaises.

POULE. — Les caractères généraux de la poule sont semblables à ceux du coq, en tenant compte toutefois des différences sexuelles.

Poids : 5 livres anglaises.

Couleur. — A l'exception de la crête, de la face et de la partie nue de la gorge, qui doivent être rouges, le Standard ne fixe aucune couleur pour le bec, les yeux, les tarses et le plumage. Les principales variétés sont noires, grises, blanches, jaunes, ou cailloutées de noir ou de rouge.

(1) Voir le Standard des Combattants Anglais.

ÉCHELLE DES POINTS
(Telle qu'elle est pratiquée en Angleterre.)

Tête (crâne, 20; crête et yeux, 5).	25
Type	20
Condition	20
Jambes et pieds	10
Port de la queue	10
Cou	5
Arrière-train	5
Plumage	5
	100

Qualités et défauts de la race. Les Aseel sont d'un caractère excessivement batailleur. Ils se montrent assez rustiques. Les poules ont à peine pondu quelques œufs, qu'elles demandent à couver. Les jeunes s'élèvent facilement; mais les coquelets, dès leur plus jeune âge, se livrent des combats acharnés; ils achèvent à coups de bec leurs jeunes frères, alors qu'ils sont déjà étendus à terre.

Au point de vue productif, le seul avantage qu'il y a à élever ces oiseaux est de les employer dans des croisements avec les races européennes, afin de donner aux produits ainsi obtenus une ampleur de poitrine; la chair de ces produits est peut-être plus fine, mais ils n'atteignent pas la grosseur de ceux de pareils croisements faits avec un coq Combattant Indien.

Au point de vue sportif, on s'occupe peu de cette race.

Monographie de la race du Combattant Indien.

Une Variété.

Origine. Comme pour toutes les races d'origine ou d'introduction assez éloignée, on n'est pas d'accord sur l'origine du Combattant Indien. Certains veulent que cette race soit originaire de Hazanbagh, située dans le Nord-Est de la province du Bengale où l'on voit encore des sujets de combat rappelant le type actuel que l'on voit dans les concours; d'autres veulent qu'il soit le produit du croisement de l'Aseel, du Combattant Malais et du Combattant Anglais vieux type; cette dernière assertion paraît assez soutenable, et l'examen de la tête peut nous donner de bonnes indications à ce sujet; chez l'Indien, elle a gardé l'aspect féroce et les gros sourcils du Malais; elle est plus longue que chez l'Aseel, tout en conservant la crête triple de ce dernier; elle a beaucoup de ressemblance avec l'Anglais, tout en restant plus courte. Elle paraît donc avoir été créée en Angleterre, il y a une soixantaine d'années, dans le Devon et le Cornwall. Cette race est très appréciée aux États-Unis.

Standard. Nous donnons le standard de l'Indian Game Club, qui est très détaillé et exprime bien les caractéristiques du type et celles de son plumage.

CARACTÈRES GÉNÉRAUX.

COQ. — TÊTE. — *Crâne* : plutôt large, long et épais, pas aussi affilé que chez le Combattant Anglais, mais moins large que chez le Malais, ayant pourtant l'arcade sourcilière assez forte, — *Bec* : court et bien recourbé, très fort au départ de la tête, donnant à l'oiseau un aspect puissant. — *Œil* : plein, hardi. — *Crête* : frisée ou triple, petite, solidement fixée au crâne (1). — *Face* : unie et d'une texture fine. — *Oreillons et barbillons* : petits. — *Gorge* : nue, mais pas autant que dans le Combattant Anglais, cette partie offrant chez l'Indien quelques petites plumes pouvant être presqu'entièrement cachées par la masse des autres plumes.

Cou : de longueur moyenne, garni d'un court camail qui en recouvre juste la base.

CORPS : large et lourdement établi, avec dos court et plat, épaules proéminentes et poitrine assez profonde et bien arrondie. — *Dos* : se rétrécissant graduellement, depuis la poitrine jusqu'à la queue. — *Ailes* : courtes, musclées, portées plus haut à l'avant, mais bien arrondies à la pointe et bien serrées à leur extrémité, sans pour cela que les côtés soient plats. — *Queue* : de longueur moyenne, avec rectrices et faucilles étroites, dures et serrées entre elles, portée légèrement retombante.

JAMBES ET PIEDS. — *Jambes* : très fortes et épaisses. — *Cuisses* : grosses et rondes. — *Tarses* : de longueur moyenne, bien écartés. (*Nota*. — Les tarses ne doivent, dans aucun cas, être aussi longs que chez les Malais, ni ressembler à des échasses, tout en étant assez longs pour donner à l'oiseau l'aspect d'un Combattant.) — *Doigts* : au nombre de quatre, longs, droits, forts, bien étendus, avec le doigt arrière porté bas, presque à plat sur le sol, et dirigé en arrière.

PORT : très droit et vigoureux, avec le dos fortement incliné en arrière.

POIDS : 10 livres anglaises.

PLUMAGE : composé de plumes étroites, courtes, dures et portées collées au corps.

MANIEMENT : l'oiseau paraît, sous la main, de chair ferme pleine de muscles.

POULE. — A l'exception de la queue, qui est plutôt courte, bien emplumée, serrée et portée moins bas que chez le coq, les caractères généraux de la poule, différences sexuelles exceptées, sont celles du coq.

POIDS : 9 livres anglaises.

COULEUR.

Bec : corne, jaune ou corne rayée de jaune. — *Œil* : variant du jaune pâle au rouge pâle. —

(1) Le Combattant Indien est généralement exposé écrété. (Voir ci-après la monographie du Combattant Anglais.)

Crête, face, oreillons, barbillons : rouge brillant. — *Tarses :* jaune riche, ou orange foncé.

PLUMAGE DU COQ — *Tête, cou, poitrine, duvet, cuisses :* noir, avec de riches reflets vert foncé. La base du cou et les lancettes sont marquées de bai ou de marron, mais ces marques ou tiquetures doivent être presque masquées par l'ensemble du plumage. - - *Dos :* vert noir brillant (ou vert scarabée), touché d'un peu de bai ou de marron sur les pointes des barbes de l'extrémité des plumes, ce qui donne l'éclat

façon encore plus distincte sur toute la rondeur de la poitrine, règne un maillage régulier vert noir, tranchant sur le fond bai; ce maillage est formé par un double liseré noir vert, le premier sur le bord externe des plumes, le deuxième à environ mi-largeur des barbes. *Le dessous du corps* et les *cuisses* sont marqués d'une manière à peu près semblable; mais le maillage offre des marques de moins en moins distinctes, à mesure qu'au-delà des cuisses elles se rapprochent de l'anus. Les plumes des *épaules* et du *dos* sont plus petites, et vont en s'élargissant vers la queue

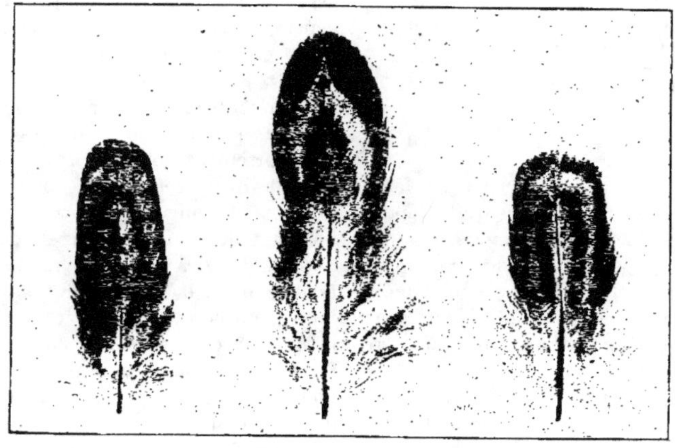

(Cliché Cassel.)

MAILLAGE DE LA POULE INDIAN GAME

désiré. — *Épaules :* vert noir' brillant, largement marqué de bai ou de marron au centre de la plume ou sur la tige elle-même. — *Ailes :* couvertures pareilles aux épaules, secondaires à barbes internes vert noir brillant, et à barbes externes bai ou marron, le tout, de manière à ce qu'une tache triangulaire de marron ou de bai soit seule visible, lorsque l'aile est fermée; primaires entièrement noir foncé, sauf un léger liseré de cinq centimètres sur les barbes externes, et marron clair.

QUEUE : vert noir brillant, légèrement marqué de bai ou de marron à la base de la tige.

PLUMAGE DE LA POULE. — La couleur de fond est brun marron (pas bien pur), ou brun acajou. — *Tête, cou et gorge :* vert noir brillant; les plumes pointues du camail, qui se trouvent en dessous du cou, sont aussi vert noir brillant. avec une flamme bai ou marron. — *Poitrine :* à partir du bas de la gorge et s'étendant d'une

elles portent aussi le double liseré. Le maillage sur les couvertures des ailes et sur les épaules est le plus distinct. Souvent. dans les bons spécimens, existe un troisième liseré externe qui suit, à peu de chose près, la tige de la plume, se terminant en pointe au-dessus de cette tige.

Les *rémiges primaires* sont noires, sauf sur les barbes internes, qui sont quelque peu colorées ou poivrées de marron clair; les *secondaires* ont les barbes internes noires, les barbes externes de la couleur du fond, bleu marron ou acajou, et bordées d'un délicat liseré de vert noir brillant. Les *grandes couvertures de l'aile*, qui forment la barre. offrent le maillage de celles de la poitrine et sont souvent un peu poivrées. Les liserés formant le maillage doivent être d'un vert métallique presque noir, ayant beaucoup de brillant, et doivent apparaître comme faisant saillie, et sembler comme repoussées en relief sur la plume.

Les rectrices de couverture de la queue doivent être marquées de la même façon; mais le maillage est beaucoup moins apparent.

ÉCHELLE DES POINTS.

Forme et couleur du corps et des cuisses, 10; du dos, 8; de la poitrine, 8; des ailes, 8; au total	34
Tête : crâne, 3; yeux, 3; sourcils, 3; bec, 2; oreillons, 2; barbillons, 2; crête, 2; total	17
Port	12
Taille	10
Condition	8
Forme et couleur de la queue	8
Forme et couleur des tarses et des pieds	8
Cou	3
	100

Observations sur le standard. Il convient de faire remarquer que, depuis plusieurs années, le Game Club ne donne plus l'échelle des points indiquée plus haut, et qu'il ne l'a pas remplacée. Elle est pourtant maintenue par le Poultry-Club.

Plusieurs éleveurs, et notamment une autorité, le Rév. Sturges, critiquent vivement le triple liseré que recommande le Standard. Ils voient dans ce caractère l'indice révélateur d'un croisement avec le Brahma.

Les deux points essentiels consistent dans la forme et le port, qui doivent être absolument typiques, en particulier les ailes, que l'on veut portées un peu hautes par devant, bien arrondies à la pointe, et relevées au bout. Ensuite viennent les points de tête, et les défauts les plus souvent relevées sont un crâne trop étroit et le bec trop long.

Vient ensuite le maillage, dont la régularité est une des conditions de beauté, chez les poules surtout.

Exigences et qualités de la race. Le Combattant Indien se montre d'une très grande rusticité; il supporte très bien la captivité étroite, et, s'il jouit de la liberté, il sait trouver avec habileté sa nourriture dans les champs. La poule possède une aptitude ordinaire à l'incubation, mais elle se montre bonne pondeuse et excellente mère, sachant très bien défendre ses jeunes. Comme pondeuse elle ne peut rivaliser avec les races dites grandes pondeuses, mais sa ponte n'est pas à dédaigner, car élevées en bonne saison, les poulettes se montrent bonnes pondeuses d'hiver (120 œufs par an en moyenne), les œufs pèsent de 60 à 65 grammes, ils sont fortement colorés, presque complètement brun rouge. Les poussins qui s'élèvent le mieux sont ceux qui proviennent des reproducteurs de deux ans; quoique longs à s'emplumer, ils s'élèvent facilement, à la condition qu'ils puissent jouir d'un certain espace, car le mouvement leur est nécessaire pour éviter la faiblesse des jambes. La meilleure alimentation est le grain avec quelque peu de nourriture animale. Lorsqu'on les élève artificiellement, il faut éviter l'excès de chaleur et l'encombrement.

La race du Combattant Indien comme poule d'utilité. La rusticité du Combattant Indien, l'excellence de sa chair et le fort poids qu'il atteint (il est toujours plus lourd qu'il ne le paraît de prime abord par suite de son plumage sans bouffant collé au corps) lui font occuper un bon rang parmi les poules d'utilité générale, si ce n'est parmi les pondeuses. Aux États-Unis, cette race est particulièrement estimée, et nous avons devant les yeux un numéro spécial du *Poultry Monthly*, consacré au Combattant Indien, où nous relevons ces titres : « *Le Combattant Indien pour* *les affaires (business). Le Combattant Indien pour l'homme pauvre. Le Combattant Indien pour l'homme riche.* » Par sa grande production de viande, par sa rusticité, et le peu de difficulté qu'il montre dans son alimentation, par la très réelle beauté de son plumage, le Combattant Indien convient parfaitement à ces trois classes.

En France, nous pouvons lui faire le reproche d'avoir les pattes jaunes, ce qui discrédite toujours un sujet sur le marché, mais il est d'une grande utilité dans la basse-cour productive pour améliorer la chair de la poule commune et obtenir de gros poulets précoces.

Dans ce cas, voici comment il convient d'opérer : vers le commencement de janvier on choisit dans la basse-cour une quinzaine de poulettes de la race commune qui la peuplent et on leur donne comme époux un coq indien, âgé d'un an si possible, car à cet âge, il donnera une plus forte proportion de poulets, ce qui sera avantageux pour le marché. Ces poules et ce coq seront installés dans un parquet spécial, aussi vaste que possible, et les œufs récoltés avec soin ; ces œufs, mis à couver, produiront des poulets extrêmement rustiques et atteignant, à trois ou quatre mois, un poids d'un tiers supérieur à celui de ceux que l'on obtient sans cette intervention d'un coq étranger.

C'est donc un croisement, mais un croisement de première génération ayant pour but de produire des sujets d'utilisation immédiate et non des reproducteurs; et l'on se débarrassera de tous les sujets, coquelets aussi bien que poulettes. On recommence donc l'opération chaque année, car, si l'on gardait quel-ques-uns de ces jeunes comme reproducteurs, le sang indien étant très envahissant, au bout de quelques générations, on ne posséderait que des Indiens presque purs.

L'inconvénient le plus sérieux de ce système est l'obligation où l'on est de se procurer, chaque année, un coq indien; mais on peut éviter cet achat en mettant dans le parquet spécial avec les autres poulettes une poule indienne. Celle-ci donnant des œufs d'un brun très foncé, tirant presque sur le violet, il est facile de les mettre en incubation, pour obtenir le coquelet qui sera nécessaire l'année suivante.

Race du Combattant Indien comme race sportive.

La beauté du Combattant Indien en fait un beau sujet d'exposition. Les deux sexes peuvent être obtenus avec succès du même parquet de reproducteurs; néanmoins, lorsqu'on utilise des parquets séparés pour obtenir de beaux coquelets, il faut choisir des poules foncées et à maillage très large et au contraire des poules plus claires, et à maillage plus étroit, pour obtenir de belles poulettes. Un éleveur renommé conseille, pour ce dernier cas, de choisir un coq ayant plus de rouge que dans les couvertures et un maillage plus rougeâtre que ne le comporte le Standard ; mais, avant tout, dans les deux sexes, il faut choisir des sujets aussi parfaits de forme et de corps que possible et ne pas sacrifier ces deux points importants au plumage.

Tout sujet présentant du blanc doit être éliminé comme reproducteur.

Monographie de la race du Combattant Malais.

Quatre sous-Variétés.

Origine. La race du Combattant Malais est certainement d'origine asiatique; car on en trouve encore des spécimens dans les Iles de la Sonde, dans la Cochinchine. On en parle, pour la première fois, dans la 1re édition du livre de M. Mouhaz, *Domestic Poultry*, parue en 1815, dans laquelle on la considère comme synonyme de la race Chittagong, aujourd'hui disparue, et qui était sans doute un croisement avec le Dorking. A cette époque où les Cochin et Brahma n'étaient pas connus, les Malais étaient fort estimés, et les navires en apportaient de grandes quantités, soit par Liverpool, soit par Londres. Les expositions de volailles n'existaient pas, et cette race était élevée dans le seul but productif. Dès son apparition, la « Fancy » ou aviculture sportive s'empara de cet oiseau, et, pour accentuer son originalité, chercha à augmenter — au lieu de diminuer ce qui eut été plus raisonnable — la longueur des jambes, et obtint, par des croisements avec les Vieux Combattants, une plus grande variété du plumage. Pour ces raisons, le type primitif s'est assez profondément modifié.

Standard. Nous donnons ci-dessous le Standard du Welsh United Game Club.

Caractères généraux. COQ. — TÊTE ET COU. — *Crâne :* très large, avec les yeux très profondément enfoncés et munis de sourcils proéminents, donnant à l'oiseau une expression morose et cruelle. — *Crête :* petite, posée bien en avant, ressemblant à la moitié d'une noix (voir fig. 11, p. 3); aussi unie et régulière que possible. — *Bec :* fort et crochu. — *Oreillons et barbillons :* petits, le devant du cou montrant une certaine longueur de peau nue. — *Cou :* long, porté droit, avec seulement un soupçon de courbe. — *Camail :* abondant à la base du crâne, mais ailleurs très court et maigre. — CORPS : *corps* très large et carré aux épaules, s'amincissant vers la queue. — *Poitrine :* profonde et pleine, généralement déplumée à la pointe du bréchet. — *Dos :* s'abaissant et légèrement courbe en profil. — *Reins :* étroits et tombants, garnis de lancettes courtes et maigres, comme dans le camail. — *Épaules :* très larges, proéminentes, portées haut et souvent dénudées à leur pointe. — *Ailes :* de moyenne longueur, larges et fortes, portées serrées contre le corps. Vu d'arrière, tout le corps doit avoir l'apparence d'avoir été grossièrement coupé. — QUEUE : tombante, mais pas en faux, de longueur moyenne. — *Faucilles :* fortes, étroites, mais légèrement recourbées. — JAMBES ET PIEDS : *cuisses :* longues et musculaires, mais peu emplumées, laissant la jointure supérieure du tarse parfaitement nue. — *Tarses :* longs et massifs, bien garnis d'écailles, plutôt plats à la partie supérieure, mais s'arrondissant vers le point d'émission de l'éperon. Une courbure dirigée vers le sol est préférée dans l'éperon. — *Doigts :* longs et droits, avec un talon puissant, le doigt arrière devant reposer fermement sur le sol. — FORME GÉNÉRALE ET PORT : féroce, haut et belliqueux, élevé en avant et s'abaissant à l'arrière. Les contours supérieurs du camail et les plumes supérieures de la queue doivent former une suite de lignes légèrement courbes se rejoignant à angles presque égaux (voir figure ci-contre). — *Taille et poids :* grande taille. Les coqs au-dessous de 10 livres anglaises sont considérés comme petits. — *Plumage,* court, ferme et raide, d'un duvet et d'un lustre extraordinaire. — *Chair :* très ferme et dure au toucher.

POULE. — Caractères généraux semblables à ceux du coq, avec cette exception que la queue est portée légèrement au-dessus de l'horizontale et mouvante, comme si elle était fixée au corps par un jonc flexible. La queue doit être plutôt courte et carrée, jamais en pointe, ni en éventail. — TAILLE ET POIDS : forte taille. Les poules au-dessous de 7 livres anglaises sont considérées comme petites.

COULEUR DANS TOUTES LES VARIÉTÉS

COQ ET POULE. — *Œil* : perle, jaune ou fauve. — *Bec* : jaune ou corne. — *Crête, face, oreillons, barbillons, gorge* : d'un rouge brillant. — *Tarses* : d'un beau jaune vif.

PLUMAGE DANS LA VARIÉTÉ NOIRE ROUGE

(*Black-red*).

COQ. — *Tête et camail* : rouge foncé riche. — *Dos et couverture des ailes* : rouge foncé riche. — *Barre de l'aile* : d'un vert noir brillant. — *Secondaires* : à barbes externes bai riche, à barbes internes noires et à pointes noires, la partie bai seule visible, lorsque l'aile est fermée. — *Rémiges primaires* : noires sur les barbes internes, avec les externes bordées de rouge. — *Poitrine et dessous du corps* : noir brillant. — *Queue et lancettes* : noires à reflets verts.

POULE. — Couleur marron cannelle, avec camail pourpre foncé, ou encore couleur perdrix; le premier type doit être absolument dépourvu de marques, tiquetage ou crayonnage.

VARIÉTÉ ROUSSE (*Red*).

Le Standard de l'United Game Club dit que, dans les deux sexes, le plumage doit être absolument dépourvu de plumes blanches aux ailes et à la queue. Nous complèterons cette description un peu sommaire.

COQ. — *Tête et camail* : d'un rouge roux vif. — *Dos et épaules* : marron. — *Lancettes* : même couleur que le camail, mais un peu clair. — *Petites couvertures des ailes* : noir brillant. — *Rémiges primaires et secondaires* : noir mat. — *Poitrine* : noire, chaque plume bordée d'un petit liseré marron. — *Dessous du corps* : noir mat. — *Queue* : noire à reflets métalliques.

POULE. — *Camail* : noir, chaque plume offrant un liseré jaune d'or. — *Reste du corps* : soit noir, soit marron foncé.

VARIÉTÉ BLANCHE.

COQ ET POULE. — D'un blanc de neige absolument pur.

VARIÉTÉ PILE.

COQ ET POULE. — Comme les Combattants pile anglais, mais d'une couleur très riche et ne ressemblant pas à des sujets blancs mal teintés.

ÉCHELLE DES POINTS.

Défauts :	Déduire jusqu'à
Mauvaise tête, mauvaise crête, manque de sourcils	15
Manque d'épaules	10
Défauts dans les jambes et pieds	10
Manque de style	10
Manque de courbes correctes et de port	15
Défauts dans la queue	5
Plumes, longues, larges et molles	8
Manque de taille et d'ossature	15
Défauts dans la couleur du plumage	6
Manque de brillant et de condition	6
	100

Sérieux défauts entraînant la disqualification : queue de travers et toute autre difformité. Yeux ou tarses d'autres couleurs que celles indiquées par le Standard. Oreillons blancs.

Qualités et exigences de la race. Les Combattants Malais sont rustiques, mais peu précoces. Leur chair est au dessous de la moyenne; mais leur forte taille, le développement des muscles pectoraux les fait estimer pour les croisements. Les poules sont de moyennes pondeuses d'œufs de 60 à 62 grammes, à coquille fortement saumonnée, presque brune. L'aptitude à l'incubation est très prononcée dans cette race, et les poules se montrent des mères plus habiles que les Cochinchinoises, étant moins lourdes et plus vigilantes. Elles sont, du reste, toujours prêtes à défendre leurs poussins contre tout danger, même contre des dangers imaginaires, ce qui amène souvent de terribles batailles, dans la basse-cour, entre les conductrices des différentes couvées.

Les jeunes s'élèvent bien; mais, s'ils sont exempts d'une manière remarquable de la plupart des épizooties qui s'abattent sur les poussins, les jeunes coquelets sont, par contre, très souvent atteints, vers leur 5e, 6e ou 7e mois, d'une grande faiblesse dans les jambes. Un grand défaut de cette race consiste dans son humeur batailleuse et son caractère détestable; si l'on introduit dans la basse-cour un coq Malais, on peut être assuré qu'il se livrera immédiatement à des combats acharnés avec tous les autres coqs et deviendra un véritable tyran pour tous ceux — et ce sera la généralité — qui se trouveront être plus faibles que lui.

La race du Combattant Malais comme race d'utilité. Ce que nous venons de dire suffit à démontrer que la race du Combattant Malais n'est pas désignée pour peupler les basses-cours productives, mais pour servir à l'amélioration des races communes. Elle peut rendre à cet égard les mêmes services que le Combattant Indien (1).

La race du Combattant Malais sportive. La race Malaise a aussi beaucoup perdu de son importance comme race sportive et on la présente assez rarement dans les grandes expositions. Le type du Standard paraît se perdre, par suite des croisements avec le Combattant Anglais. Il ne faut pas oublier qu'il y a cinq points à rechercher dans la race, pour en faire un bon sujet d'exposition : 1º tête et sourcils; 2º taille et hauteur des jambes; 3º largeur des épaules; 4º les trois courbes (voir figure page 248); 5º étroitesse des plumes.

(1) Voir la monographie de cette dernière race.

Monographie de la race du Combattant Anglais.

Deux types: Vieux Combattant et Combattant moderne. Plusieurs sous-Variétés.

Origine. La race des Combattants Anglais est évidemment fort ancienne. Jules César certainement y fait allusion, lorsqu'il parle des volailles élevées en Grande-Bretagne, non pour les consommer, mais par plaisir et divertissement. Il est assez probable que l'amour des combats de coqs avait été introduit bien avant la conquête romaine par les navigateurs phéniciens; toujours est-il reconnu que, durant des siècles, (le premier document authentique date du règne de Henry II et admet que ce sport était alors pratiqué depuis longtemps), les combats de coqs ont été, en Angleterre, considérés comme un sport national.

C'est, sans doute, à une sélection continue en vue de produire les sujets offrant les plus grands moyens offensifs et défensifs, qu'est due la race de combat.

Mais, depuis que la vogue des combats de coqs a considérablement diminué, les éleveurs *sportifs* se sont emparés de cette race et ne s'occupent plus de ses qualités combatives; ils en ont fait un oiseau d'exposition. De ce fait, de l'unique race primitive, il existe actuellement deux types, qui peuvent presqu'être considérés comme deux races différentes :

L'Ancien Combattant Anglais, et le *Combattant Anglais Moderne*, appelé, non sans quelque ironie, mais assez justement, par plusieurs auteurs, le « Combattant d'exposition. »

Le célèbre artiste animalier Ludlow, dont la réputation de l'autre côté du détroit rivalise avec celle de notre collaborateur Mahler, indique clairement la différence entre les deux types :

« J'ai connu Hookey, un coq de combat d'il y a quarante ans; il avait la tête crochue, un gros bec courbé de Faucon, capable de se maintenir pendant que les pattes, courtes et fortes, faisaient leur terrible office. Son œil était plein de feu et de colère, et ses sourcils exprimaient la détermination. Ses mouvements, loin d'être précipités, étaient réglés et dignes, toujours prêt, mais sans donner tête baissée sur l'ennemi. Chaque pas en avant semblait une marche savante; pas de forfanterie, ni de passes, de fatigues inutiles : quelques pas élastiques, pour se rendre compte du terrain et de la distance. Amplement couvert de plumes dures comme des aiguilles, poitrine et épaules larges, cuisses grasses et proéminentes, cou assez court, mais fort et gros, pattes garnies d'ergots aussi fins et acérés que l'acier. De la couleur Duckwing, à faucilles primaires, en partie colorées, un héritage du côté maternel, le plus souvent une dorée (Black red) avec duvet blanc sur les plumes. Maintien droit, queue peu garnie, toute sa force à sa vraie place, l'œil rubis, les pieds durs et semblables à des serres. Hoohey avait cinq ans, mais il était dans toute la force de la jeunesse. Un bon modèle de Combattants est l'ancien Derby régénéré et, je suis heureux de le dire, il est apprécié dans l'arène. Il se bat jusqu'à la mort. Les particularités du coq de combat sont le courage, la constitution et l'endurance, alliés à la vigueur et à un corps bien fait pour le combat. Tel était Hookey. Il n'a jamais connu ni médecine, ni entraînement, ni toilette, ni gingembre, ni armes d'acier ou d'argent; ses prouesses ont toujours consisté à défendre son harem et sa propre personne.

« Le Combattant moderne est un type tout différent. Sans doute, il est *game* (propre au combat), d'une famille *select* et *fashionable*, d'une hauteur de jambes exagérée; mais les amateurs ont toujours reconnu différents types. Il y avait les longs, les ramassés, les moyens, et cela a duré jusqu'au moment des expositions. Alors, l'idéal de nos ancêtres a été réalisé, peut-être dépassé. Le Combattant moderne est grand, imposant, relevé, supérieur, la personnification de la grâce et de l'élégance, la beauté alliée à l'utilité. Il a la tête longue, droite et mince, le bec gros et fort, les narines petites, sans renflements comme chez les Malais et les coqs français; l'œil fier, sans le sourcil asiatique. La crête, quoique amputée, est un des caractères principaux; elle est la plus mince de toutes les crêtes. De l'endroit où elle se termine en arrière, elle s'élève presque droite, elle est mince et porte des dentelures très fines. Ceux qui ont étudié la race en détail, savent que le Combattant de race a une crête caractéristique, rappelant un peu celle de l'Andalou. La face, la crête et les barbillons doivent être d'une texture douce et fine, de la couleur rouge la plus brillante. Le cou doit être long, mince, avec aussi peu de courbure et de renflement que possible, le camail court, se terminant en pointe entre les épaules. Les épaules larges, les ailes libres et bien séparées du corps. La poitrine large, assez plate, le dos droit, les ailes bien relevées; tout le corps en forme de coin; les cuisses longues et saillantes et placées fort en

avant, les canons également longs et forts et ronds; le Combattant ne peut avoir les jarrets plats du Malais. Il a les pieds grands, les doigts et les ongles longs, avec un ferme appui sur le doigt de derrière, placé sur la même ligne que le doigt central. L'ensemble, grand, relevé, détaché, poitrine large, croupion étroit, queue très courte, portant des plumes aussi étroites que possible. Cette queue doit être un peu pendante, bien rassemblée. Il doit être spécialement grand, allongé et lourd de corps, tout en restant un modèle de brillant et de symétrie. »

Nous venons donc de voir que l'Ancien Combattant est avant tout un spadassin, ayant avec cela la plus belle apparence; quelques spécimens sont réellement beaux. Le Moderne est avant tout un oiseau d'exposition, quelquefois suffisamment courageux et approprié au combat. M. Tegetmeier, tout en faisant ressortir la différence entre les deux types, paraît regretter l'ancien. La citation est un peu longue, mais les appréciations valent la peine d'être rapportées :

« Autrefois, nous dit M. Tegetmeier « Poultry for the table and market versus fancy fowls, » quand le Combattant était élevé pour l'arène, on recherchait un oiseau vigoureux, au plumage serré, possédant une grande force dans les jambes et les ailes, ce qui nécessitait des muscles pectoraux forts et bien en chair, qui donnaient de la profondeur à la poitrine; on évitait, dans l'oiseau, tout ce qui pouvait paraître superflu, comme une abondance de plumage, une crête développée, etc. Comme il n'y a ainsi dans le Combattant aucun caractère qui puisse être développé jusqu'à l'exagération, la race resta longtemps dédaignée comme race d'exposition, mais il arriva un moment où la mode prit en faveur des oiseaux élevés, avec long cou et longues cuisses, et avec un plumage réduit au minimum. Le résultat peut être constaté dans le type moderne où l'élongation du cou, des jambes et même du corps est portée à un degré extraordinaire. On peut le voir maintenant, se tenant dans la cage d'exposition avec la pointe du bréchet soulevée de 35 centimètres au dessus du sol, avec un cou correspondant. Les plumes de la queue sont réduites le plus possible, un coq n'ayant aucune chance à moins que ses plumes ne soient, d'après le terme sportif anglais : *Whip-like*, c'est-à-dire en forme de fouet. »

Jadis, le Combattant était caractérisé par le port de sa queue un peu en éventail; maintenant celle-ci est si petite et ténue, si serrée, que ce caractère a complètement disparu. Inutile de dire que ces modifications ont été déterminées au détriment de l'abondance de la chair et des qualités productives. Les Combattants modernes sont de peu de valeur sur la table; les poules ont perdu la qualité d'excellentes éleveuses qu'elles possédaient autrefois; toute la race est devenue délicate et difficile à élever, et est délaissée par ceux qui élèvent les volailles dans un but productif. En parlant des Combattants, j'ai dit que leurs qualités provenaient surtout de la pratique des combats qui étaient très appréciés de tous jusqu'à ce qu'une loi récente vînt les interdire sous peine d'amendes fort élevées. La pratique des combats peut être considérée comme un moyen pour l'Homme d'appliquer sans contrôle le principe si souvent mis en avant par Darwin et Spencer, la survivance du mieux résistant dans le « combat de la vie ». Les coqs qui s'étaient montrés les plus forts, les plus actifs, les plus courageux en remportant la victoire dans l'arène, étaient conservés comme continuateurs de l'espèce. Ce procédé de sélection a été pratiqué pendant une

longue suite de générations, et il a eu pour résultat final de rendre les Combattants anglais hors de pair comme forme, et de les faire considérer universellement comme le plus parfait type de beauté galline.

Depuis la mode des expositions, tout ceci est changé. Il est inutile de dire que le type moderne n'est d'aucune utilité pour le fermier, étant improductif, délicat, non adapté pour la table, et inutile dans les croisements pour donner de la chair aux autres races.

Il faut pourtant noter que, depuis quelques années, on essaie de faire revivre l'Ancien Combattant; nous étudierons donc spécialement les deux types.

A. — COMBATTANT ANGLAIS ANCIEN TYPE.

Standard. Le Standard reconnu comme le meilleur et généralement suivi, est celui établi par le Welsh United Club.

COQ. — TÊTE ET COU. — *Tête :* d'une longueur moyenne et en forme de coin. — *Bec :* fort à sa base et légèrement recourbé. — *Œil :* large, brillant, proéminent, plein d'expression et de couleur identique. — *Crête :* simple, petite, régulièrement dentelée, de fine texture, portée droite. — *Face :* peau de fine texture pour assortir la crête et les barbillons. — *Oreillons :* assortissant autant que possible la crête et les barbillons. — *Barbillons :* petits et de texture fine. — *Cou :* long et très gras à sa jonction avec le corps. — *Camail :* avec plumes longues, raides comme du fil de fer et recouvrant les épaules. — CORPS. — *Poitrine :* large et bien développée, caractère indicatif d'une grande vigueur constitutionnelle, bréchet droit. — *Dos :* court, large aux épaules, et s'amincissant vers le cou. — *Ventre :* petit et compact. — *Ailes :* longues, garnies et arrondies, ayant une tendance à se rejoindre entre elles sur la queue, protégeant largement les cuisses et garnies de plumes à tige très dure. — *Queue :* faucilles abondantes, larges, les plus hautes bien recourbées avec une tige forte et dure. — JAMBES ET PIEDS. — *Cuisses :* courtes, épaisses et musclées, bien plantées et écartées l'une de l'autre.

Caractères généraux.

— *Tarses* : de longueur moyenne, régulièrement recouverts de fines écailles, non plats sur le côté. — *Doigts* : quatre à chaque patte, réguliers, longs et bien étendus, le doigt de derrière s'étendant bien en arrière et bien à plat sur le sol; éperons placés bas sur le tarse. — Tenue générale et port : port audacieux et élégant, mouvements prompts et gracieux, fier et éveillé comme prêt à toute attaque. — Maniement : l'oiseau, tenu dans la main, offre une chair ferme, mais légère et solide, douce et chaude, avec une forte contraction des ailes et des jambes. — Plumage : dur, brillant et ferme. — Poids : 5 à 6 livres anglaises.

POULE. — Tête, cou et corps : comme chez le coq. — Queue : tendance à être en éventail et portée haut. — Jambes et pattes : comme chez le coq. — Poids : de 4 à 5 livres anglaises.

COULEUR

Variété rouge a plastron noir (*Black breasted red game*), plus généralement désignée tant en France qu'en Angleterre, sous le nom de *Black-Red*.

Dans les deux sexes. — *Bec* : de nuance assortie aux tarses. — *Œil* : rouge. — *Face* : rouge brillant. — *Tarses* : d'une couleur bien tranchée (n'importe laquelle).

COQ. — *Cou, camail, lancettes* : rouge orange, sans plumes noires. — *Dos et épaules* : rouge foncé. — *Pommeau de l'aile* : rouge foncé. — *Barre de l'aile* : bleu foncé riche. — *Rémiges secondaires* : bai. — *Rémiges primaires et bout des ailes* : noir. — *Poitrine et dessous du corps* : noir. — *Queue* : noire avec reflets métalliques verdâtres.

POULE (*perdrix*). — *Cou* : rouge doré rayé de noir. — *Dos et ailes* : couleur perdrix. — *Poitrine et cuisses* : saumon ombré. — *Queue* : noire teintée de bronze.

VARIÉTÉ ROUGE GINGEMBRE
(*Bright or ginger Red game*).

Dans les deux sexes. — *Bec* : s'accordant avec les tarses. — *Œil* : rouge. — *Face* : rouge brillant. — *Tarses* : de n'importe quelle couleur bien tranchée.

COQ. — *Camail et lancettes* : rouge doré clair sans rayures. — *Dos et épaules* : rouge brillant. — *Pommeau de l'aile* : rouge brillant. — *Barre de l'aile* : bleu foncé brillant. — *Rémiges secondaires* : bai. — *Rémiges primaires et bout de l'aile* : noir. — *Poitrine et dessous du corps* : noir teinté de brun. — *Queue* : noir ou noir teinté de brun.

POULE. — *Cou* : rouge doré. — *Dos et ailes* :

jaune froment (1), mais d'une nuance plus claire que celle de la poitrine. — *Poitrine et cuisses* : froment clair. — *Queue* : noire teintée de brun.

Variété rouge a plastron brun (*Brown breasted red game*), connue le plus généralement sous le nom de *Brown Red*.

Dans les deux sexes. — *Bec* : corne foncée. — *Œil* : foncé. — *Face* : d'un rouge plus ou moins foncé. — *Tarses* : d'une couleur foncée.

COQ. — *Camail et lancettes* : rouge orange rayé de noir. — *Dos et épaules* : rouge foncé. — *Ailes* : brun foncé ou noir. — *Queue* : noire.

POULE. — *Cou* : noir flammé ou rayé de noir. — *Corps* : noir ou brun uniformément pommelé. — *Queue* : noire.

VARIÉTÉ PILE ROUGE.

Dans les deux sexes. — *Bec* : s'accordant avec les tarses. — *Œil* : rouge brillant. — *Face* : rouge vif. — *Tarses* : blanc jaune ou jaune verdâtre.

COQ. — *Camail et lancettes* : orange ou marron rouge. — *Dos et épaules* : rouge profond. — *Barre de l'aile* : blanc. — *Rémiges secondaires* : barbes externes de couleur baie; externes blanches avec une pointe blanche, la couleur baie seule visible lorsque l'aile est fermée. — *Rémiges primaires* : blanc pur. — *Poitrine et dessous du corps* : blanc. — *Queue* : blanche.

POULE. — *Cou* : marron clair. — *Poitrine et cuisses* : marron s'éclaircissant vers les cuisses. — *Reste du corps* : blanc.

VARIÉTÉ ARGENTÉE A AILES DE CANARDS
(*Silver Duckwing game*).

Dans les deux sexes. — *Bec* : s'accordant comme couleur avec les tarses. — *Face* : rouge. — *Tarses* : jaune blanc olive ou bleu.

COQ. — *Camail et lancettes* : blanc d'argent sans rayures foncées. — *Dos et épaules* : blanc d'argent. — *Pommeau de l'aile* : blanc d'argent. — *Barre de l'aile* : bleu d'acier. — *Rémiges secondaires* : à barbes externes blanches et à barbes internes noires, ainsi que la pointe, le blanc étant seul visible lorsque l'aile est fermée. — *Rémiges primaires* : noires. — *Poitrine et cuisses* : noires. — *Queue* : noire.

POULE. — *Cou* : blanc flammé de noir. — *Dos et ailes* : gris foncé. — *Poitrine et cuisses* : fauve pâle. — *Queue* : gris et noir.

(1) C'est-à-dire d'une nuance jaune clair rappelant celle du blé.

VARIÉTÉ BLANCHE.

DANS LES DEUX SEXES. — *Bec* : jaune. — *Œil* : rouge ou perlé. — *Face* : rouge écarlate. — *Plumage* : entièrement blanc. — *Tarses* : blanc ou jaune.

VARIÉTÉ NOIRE.

DANS LES DEUX SEXES. — *Bec* : foncé. — *Œil* : rouge ou foncé. — *Plumage* : entièrement noir brillant. — *Tarses* : d'une seule couleur foncée.

VARIÉTÉ A AILES CUIVRÉES.

DANS LES DEUX SEXES. — Comme dans la variété noire, sauf un peu de jaune citron foncé sur les épaules du coq.

VARIÉTÉ PAILLETÉE.

DANS LES DEUX SEXES. — *Bec* : de couleur s'accordant avec les tarses. — *Œil* : rouge de chouette. — *Face* : rouge vif. — *Plumage* : soit noir, rougeâtre, bleu ou jaune pailleté de blanc, paillettes distribuées aussi régulièrement que possible. — *Queue* : noire et blanche. — *Tarses* : d'une couleur unique ou pommelée.

SÉRIEUX DÉFAUTS DANS TOUTES LES VARIÉTÉS. — *Dos* : bossu ou de travers. — *Bréchet* : déformé. — *Queue* : de travers. — *Tarses* : plats. — *Pieds* : de canard. — *Port* : défectueux, et toute autre difformité.

ÉCHELLE DES POINTS.

Défauts :	Déduire jusqu'à
Dans la tête, 4; bec, 4; yeux, 6......	14
— cou, 6 ; dos, 8..............	14
— la poitrine et corps..........	12
— les ailes....................	6
— les cuisses, 4; tarses, 6; queues, 2; pieds, 9..............	21
— le plumage.................	7
— le port....................	10
— la couleur.................	8
— le maniement...............	8
Un oiseau parfait comptant......	100

Observations sur le standard du type ancien. Les points que l'on recherche le plus chez le Combattant vieux type sont la pureté de la race, la forme caractéristique de l'oiseau de combat; la couleur franche des tarses et des pieds; des doigts pas trop grossiers et des cuisses bien arrondies et bien en chair, l'œil large ouvert et féroce. Le plumage doit être brillant et dur. On évitera avant tout un plumage douteux, rappelant quelque croisement avec le Dorking. Ce sont là, avec la forme caractéristique du corps, les desiderata des juges et des éleveurs. La couleur du plumage n'a qu'une importance relative.

Exigences et qualités de la race de combat vieux type. Le Combattant Anglais constitue une race rustique, offrant une chair fine, juteuse, remarquablement développée sur la poitrine. Les jeunes croissent vite, et sont toujours dodus et bien en chair, et cela sans engraissement; d'ailleurs, leur caractère vif et toujours remuant leur fait mal supporter cette opération.

Les poules se montrent bonnes couveuses, mais, par suite de leur caractère sauvage, elles abandonnent facilement le nid, si on les dérange par trop; ce sont aussi des mères attentives, défendant avec ardeur leurs poussins. Il faut éviter que deux couvées ne se rencontrent; car les mères se livreraient à des combats sanglants, qui pourraient être funestes aux jeunes.

En un mot, le grand défaut de la race de combat est son humeur batailleuse et son peu de disposition à se laisser gouverner dans la basse-cour.

La race de combat vieux type comme poule d'utilité. La race de Combat vieux type offre néanmoins des qualités qui peuvent la rendre intéressante comme race productive. Tout d'abord ce sont, lorsqu'elles peuvent jouir d'une pleine liberté, de bonnes pondeuses d'œufs de 60 à 62 grammes, fortement teintés; la ponte d'hiver est surtout satisfaisante.

17

La chair est, comme nous l'avons dit, excellente, et cette race peut surtout être utile dans les croisements avec d'autres volailles, pour assurer le développement des muscles pectoraux chez les sujets issus de ces croisements.

Un de nos doyens en aviculture, M. Leroy, recommande particulièrement, dans son volume « La poule pratique », la race de combat, et ce volume étant déjà d'une certaine date, c'est évidemment du vieux type dont il voulait parler, dans les pages qu'il y consacre et auxquelles nous ferons quelques emprunts.

Nous avons cité La Perre de Roo, qui disait : « La poule de combat est une des meilleures pondeuses que je connaisse. C'est avec raison la poule de basse-cour qu'un grand nombre d'éleveurs anglais adoptent »,

M. Leroy continue :

« Quant au point de vue comestible, il y aurait à faire entre la chair de la poule de Houdan et celle de la poule Combattant une étude comparée, qui ne manquerait pas d'intérêt. Tout ce que je puis vous dire, quant à présent, c'est que la chair de la race de combat est tout simplement délicieuse... »

La vraie place de la race de combat, l'habitat tout indiqué de cette vaillante poule libre est donc la ferme, où elle a prospéré autrefois, et où elle a laissé comme trace, chez nous, une volaille qui y pullule depuis des années à l'état demi-sauvage, sans dépense, sans aide et livrée à elle-même, sa descendante notre race (?) commune.

En introduisant chez nous à la ferme le grand Combattant anglais, M. Leroy estime que nous ne changerons donc rien, pour ainsi dire, à l'état de choses existant, si ce n'est qu'au lieu d'une poule sans race, plus ou moins dégénérée, nous aurons une poule améliorée, supérieure, réunissant au plus haut degré les qualités recherchées chez une volaille de vrai produit, à savoir : une rusticité éprouvée; une grande aptitude à se défendre en demi-liberté et à chercher sa vie; une chair savoureuse; une ponte satisfaisante.

« Cette poule est, d'après M. Leroy, vive, alerte, pétulante, vagabonde, méfiante du danger et gardant ses distances; nulle race plus que la Combattante n'est apte à se garer des chiens, des gens errants et des bêtes de proie; — apte à la recherche de mille et une choses perdues et sans emploi qui constituent le fond même de sa nourriture; débrouillarde au suprême degré, trouvant à propérer là où d'autres races mourraient de faim; habile à purger les champs des insectes qui sont un fléau de l'agriculture, nulle ne mérite à un degré supérieur le surnom de *poule pratique*. »

La race de combat vieux type au point de vue sportif. Ainsi que nous l'avons dit, le vieux type est assez peu élevé au point de vue sportif; il convient portant de faire remarquer que cette race prend annuellement une importance de plus en plus considérable, et cela au détriment du type moderne; il ne serait pas étonnant de la voir grandement préférée à cette dernière, et cela dans peu d'années.

B. — COMBATTANT ANGLAIS TYPE MODERNE.

Origine. Le Combattant Anglais Moderne dérive directement du vieux type, et les modifications de forme constatées chez lui sont dues à la production d'oiseaux d'exposition et non de combat ou d'utilité. Ces changements ont été graduels et se sont surtout fait sentir depuis 1870; la modification la plus sensible a été dans la taille, qui s'est développée considérablement, par suite de l'élongation des pattes, en même temps que la tête puissante, le bec de « boxeur » s'allongeaient, devenaient plus minces, sans pourtant être aussi minces qu'ils ne le sont aujourd'hui; la queue prenait déjà la forme de mèche de fouet. En 1900, le cou, les

texture fine et régulièrement dentelée. — *Face :* unie, fine. — *Oreillons et barbillons :* de texture fine, petits, s'accordant comme grandeur avec la crête. (*Nota :* On expose d'ordinaire les Combattants écrêtés, c'est-à-dire après avoir supprimé avec des ciseaux : crête, oreillons et barbillons.) — Cou : long et légèrement arqué, recouvert de plumes raides comme du fil de fer, mais fines néanmoins à leur base. — Corps : court de dos, large en avant, s'amincissant à l'arrière. — *Dos :* plat et en forme de fer à repasser. — *Ailes :* fortes, courtes et puissantes. —

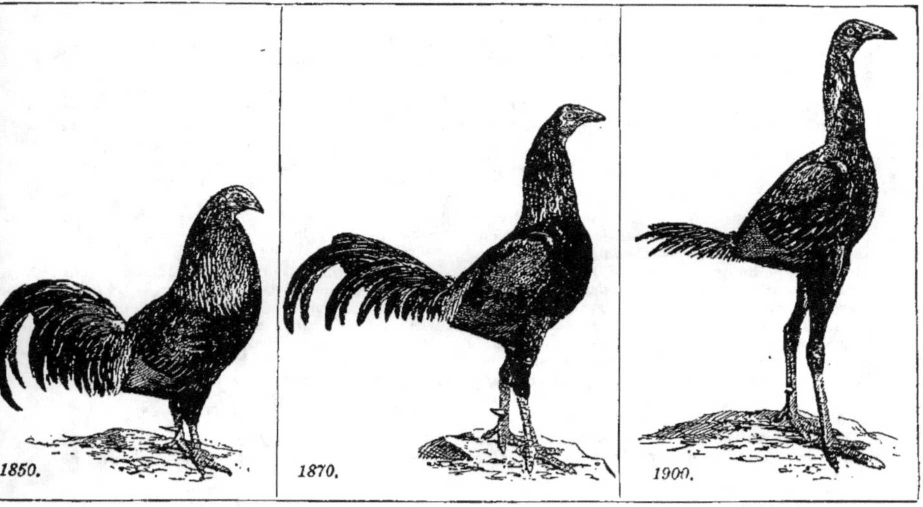

DÉVELOPPEMENT DU COMBATTANT ANGLAIS

cuisses s'allongeaient encore, et la queue devenait de plus en plus étroite.

En même temps, des modifications sensibles se produisaient dans le plumage.

Standard. Nous donnons le Standard établi par le Poultry Club, en collaboration avec l'United Game Club.

Caractères généraux. COQ. — Tête. — *Crâne :* long, fin, étroit à la hauteur des yeux. — *Bec :* long, gracieusement recourbé, fort à sa base. — *Œil :* proéminent. — *Crête :* simple, petite, droite, de

Épaules : proéminentes, et portées haut. — Queue : courte, fine, avec plumes bien serrées les unes contre les autres, portées très légèrement au-dessus du corps, faucilles fines, bien pointues et très légèrement recourbées. — Jambes et pieds. — *Jambes :* cuisses fortes et musculeuses. — *Tarses :* longs et bien arrondis. — *Doigts :* au nombre de quatre, longs, fins, droits, le doigt d'arrière bien étendu et portant à plat contre le sol, et non vers la plante du pied, défaut grave connu sous le nom de pied de canard. — Port : dressé et plein de vie. — Poids : de 7 à 9 livres anglaises. — Plumage : court et dur.

POULE. — Les caractères généraux, de la poule, différences sexuelles exceptées, sont les mêmes que chez le coq. — Poids : de 5 à 6 livres anglaises.

Variété brun argenté (*Birchen*).

Bec : corne foncée. — *Œil* : noir. — *Crête, face, oreillons, barbillons* : pourpre foncé. — *Tarses et pieds* : noirs.

Plumage du coq. — *Camail, dos, lancettes, épaules, couvertures des ailes* : blanc d'argent, le camail légèrement flammé de noir. — *Reste du plumage* : d'un noir riche, la poitrine offrant sur chaque plume un étroit liseré noir, formant ainsi un maillage régulier allant en diminuant graduellement vers le bas du corps, pour disparaître entièrement vers les cuisses, qui doivent être parfaitement noires.

Plumage de la poule. — *Camail* : comme chez le coq. — *Reste du plumage* : noir, avec la poitrine très légèrement maillée comme chez le coq.

Variété rouge a plastron noir (*Black-breasted Red*) communément appelée *Black-Red*.

Bec : vert foncé. — *Œil, crête, face, oreillons, barbillons* : rouge brillant. — *Tarses* : vert olive.

Plumage du coq. — *Dessus de la tête (cap en anglais)* : rouge orange. — *Camail* : orange clair sans aucune flamme noire. — *Dos, reins, lancettes* : rouge cramoisi. — *Ailes* : *petites et moyennes couvertures*, orange; *grandes couvertures*, vert foncé. — *Rémiges secondaires* : à barbes externes d'un riche bai, et à barbes internes noires avec la pointe noire, mais ne laissant apercevoir que la nuance baie, lorsque l'aile est fermée. — *Primaires* : noires. — *Reste du plumage* : noir à reflets verts.

Plumage de la poule. — *Camail* : jaune clair, très légèrement flammé de noir, cette teinte s'étendant, mais en devenant plus claire, sur le sommet de la tête. — *Poitrine et cuisses* : poitrine saumon riche, mais cette teinte passe au gris cendré sur les cuisses. — *Queue* : noire, sauf les plumes supérieures, qui offrent la coloration du plumage de la partie supérieure du corps. — *Reste du plumage* : à fond perdrix brun clair, finement crayonné et avec une légère teinte dorée prédominant sur le tout, mais d'une façon égale et absolument dépourvue de nuance rouille, pas de crayonnage sur les plumes de vol.

Variété brun doré (*Brown-Red*).

Bec : corne très foncée (on préfère le noir). — *Œil, crête, face, oreillons, barbillons, tarses et pieds* : noirs.

Plumage du coq. — *Camail, dos, couvertures des ailes* : jaune citron, les plumes du camail flammées de vert noir (et non de brun). — *Reste du plumage* : vert noir, les plumes de la poitrine jusqu'à la hauteur des cuisses bordées d'un liseré jaune pâle.

Plumage de la poule. — *Cou* : jaune citron pâle, les plumes du dessus de la tête, ainsi que celles du bas du cou, flammées de vert noir. — *Reste du plumage* : vert noir, la poitrine maillée de citron clair comme chez le coq.

(*Nota.* — Il ne doit exister que deux couleurs dans le plumage de la variété Brown-Red : le jaune citron et le noir. Chez le coq, cette nuance jaune citron doit être riche et brillante; chez la poule, plus pâle. — Le noir, doit, dans les deux sexes, avoir des reflets métalliques verdâtres, un vert de scarabée pour ainsi dire.)

Variété dorée a ailes de canard.

Bec : corne foncée. — *Œil* : rouge rubis. — *Crête, face, oreillons, barbillons* : rouges. — *Tarses et pieds* : jaune verdâtre.

Plumage du coq. — *Camail* : blanc crème, sans aucune flamme. — *Dos et lancettes* : orange pâle ou jaune riche. — *Ailes* : *petites et moyennes couvertures*, orange pâle ou jaune riche; *grandes couvertures et rémiges primaires*, noires avec reflets bleus. — *Rémiges secondaires* : blanches sur les barbes externes, noires sur les barbes internes et à la pointe, la partie blanche seule visible quand l'aile est fermée. — *Reste du plumage* : noir avec reflets bleus.

Plumage de la poule. — *Camail* : blanc d'argent légèrement flammé de noir. — *Poitrine et cuisses* : saumon passant au gris cendré sur les cuisses. — *Queue* : noire, sauf les plumes supérieures, qui s'accordent avec celles du dos. — *Reste du plumage* : gris clair ou gris d'acier, très légèrement, mais partout crayonné de noir.

Variété argentée a ailes de canard.

Bec, œil, crête, oreillons, barbillons, tarses et pieds : comme dans la variété dorée à ailes de canard.

Plumage du coq. — *Camail, dos, lancettes, couvertures des ailes et rémiges primaires* : blanc d'argent. — *Rémiges secondaires* : à barbes externes blanches, à barbes internes noires et à extrémité bai, le blanc seul visible lorsque l'aile est fermée. — *Restant du plumage* : noir à reflets bleus.

Plumage de la poule. — *Camail* : blanc d'argent, finement flammé de noir. — *Poitrine et cuisses* : poitrine saumon clair passant au gris pâle sur les cuisses. — *Queue* : noire à l'exception des plumes supérieures qui s'accordent avec celles du dos. — *Reste du plumage* : gris clair perle légèrement crayonné de noir.

Variété pile.

Bec : jaune. — *Œil* : rouge cerise brillant. — *Crête, face, oreillons, barbillons* : rouges. — *Tarses et pieds* : jaune orange riche.

Plumage du coq. — *Camail* : orange vif, le camail fumé ou lavé doit être évité. — *Dos* *et lancettes :* marron riche. — *Ailes : petites couvertures :* marron; *grandes couvertures,* blanches sans aucune tache; *secondaires,* à barbes externes marron foncé et à barbes internes et pointes blanches, la partie marron devant seule être visible lorsque l'aile est fermée; *rémiges primaires,* blanches. — *Reste du plumage :* blanc pur.

PLUMAGE DE LA POULE .— *Cou :* blanc légèrement teinté d'or. — *Poitrine :* saumon riche. — *Reste du plumage :* blanc pur.

ÉCHELLE DES POINTS
S'APPLIQUANT A TOUTES LES VARIÉTÉS.

Style et forme	30
Couleur du plumage	20
Conditions et plumes courtes	10
Œil	10
Queue	10
Tarses et pieds	10
Tête	5
Cou	5
	100

SÉRIEUX DÉFAUTS. — Œil d'une autre couleur que celle indiquée par le Standard; tibias plats; bréchet déformé; doigts tordus ou pied de canard; queue de travers; dos déformé.

AUTRES VARIÉTÉS. — On distinguait autrefois d'autres variétés de Grands Combattants Anglais : les noires, blanches, coucou, *wheaton* (jaune froment), mais ces variétés ne sont plus admises par le Standard officiel.

Observations sur le standard. Le point essentiel qui ressort du Standard est l'importance de la forme générale et du style. Par ce dernier mot, on comprend l'allure, le port, les détails de tenue qui forment un ensemble général; l'aviculteur, devant un Grand Combattant, doit être comme un collectionneur devant un meuble, un fauteuil, dont les lignes, les détails, les courbes, plus ou moins accentuées, forment un ensemble qui lui permet d'affirmer que c'est du pur style Louis XV, Louis XVI, ou Empire, et tout ce qu'un œil exercé peut seul discerner permettra à l'aviculteur de dire d'un oiseau, qu'il est de pur style Grand Combattant, type moderne. C'est là le point le plus recherché, et l'on a vu des oiseaux l'offrant, l'emporter sur d'autres, dont le coloris du plumage était de beaucoup plus correct.

Un autre point, d'une grande importance, et qui, quoiqu'ayant une cote à part, rentre dans cette question de style, consiste dans le plumage serré et dur, et dans le peu de longueur des plumes qui le composent. On ne s'en rend compte qu'en maniant l'oiseau.

Qualités et exigences de la race de Grand Combattant Anglais. L'humeur batailleuse, que l'on constate dans le vieux type, a un peu disparu dans le nouveau type. Néanmoins, ce sont loin d'être des volailles d'une douceur exceptionnelle. Elles aiment la liberté et un sol plutôt sec. L'aptitude à l'incubation est ordinaire, la ponte assez bonne chez les sujets, chez lesquels la sélection au point de vue sportif n'a pas été poussée à l'excès; les œufs sont fortement teintés et pèsent de 60 à 65 grammes, la ponte est avantageuse durant les mois d'hiver. La chair est bonne, l'engraissement est plutôt difficile. Quoique cette race soit assez habile pour trouver sa nourriture dans les champs, au point de vue productif on ne saurait la recommander comme poule de ferme, ainsi qu'on peut le faire pour le vieux type.

Le Grand Combattant Anglais comme race sportive. C'est donc uniquement au point de vue sportif que doit être considéré le Grand Combattant Anglais, type moderne. Nous avons déjà insisté sur l'importance que l'on attribuait au style et à la forme.

Nous allons passer rapidement en revue les autres points recherchés dans les autres variétés.

Variété brun doré (*Black-Red*). — On veut que chaque plume de la poitrine du coq soit bordée d'un léger liseré citron, ce liseré devant affecter une forme ronde et non pointue; le restant de la plume, y compris la tige, étant noir, à maillage très régulier, doit commencer à la gorge, pour s'étendre jusqu'à la jonction des cuisses avec le corps; mais toutes les parties noires du plumage doivent offrir un reflet vert; c'est là un point très important. Chez la poule, la couleur citron clair du cou doit s'étendre sur l'arrière du crâne, les flammes noires des plumes diminuant d'importance dans cette partie. On recherche aussi les reflets verdâtres dans toutes les parties noires.

Les principaux défauts à éviter, chez les coqs, sont les dos longs, les cous épais et les plumes longues; éviter soigneusement les sujets dont les petites couvertures des ailes sont plus foncées que le dos. Chez les poules, les principaux défauts sont un dos long, un plumage mou et de mauvais yeux. Dans les deux sexes, il faut éviter les oiseaux présentant des reflets pourprés ou bronzés dans les parties noires.

Pour obtenir de bons coqs, on allie un coq aussi parfait que possible à des poules qui manquent un peu de maillage sur la poitrine ou qui ont beaucoup de noir dans les plumes du camail. On obtient aussi de bons résultats avec des poules casquées de noir (au lieu de citron).

Les bonnes poules sont obtenues avec des poules correctes et avec un mâle d'une couleur plus foncée que celle d'un bon sujet d'exposition; mais il faut que sa couleur soit bien profonde et avec de brillants reflets, surtout sur le dos, les cuisses et le ventre et manquant un peu de maillage sur la poitrine.

La variété brun argentée (*Birchen*) qui paraît dérivée de la précé-dente, les parties citron étant chez elles d'un blanc argent, se reproduit assez fidèlement; néanmoins, il est bon, pour obtenir des sujets parfaits, de suivre les règles que nous venons de donner, c'est-à-dire, en un mot, pour avoir de bons coquelets, d'allier un bon coq avec des poules offrant une plus grande proportion de noir que ne le veut le Standard et manquant de maillage, et pour avoir de bonnes poulettes, d'opérer de façon inverse, d'allier de bonnes poules à un coq offrant les défauts susmentionnés.

Variété dorée a ailes de canard. — Cette variété, qui paraît être originaire d'un croisement assez complexe, nécessite absolument, pour obtenir des sujets parfaits, l'installation de parquets spéciaux pour la production des différents sexes; et, suivant le cas, le mâle ou les femelles sont des types d'une autre variété : le *Black-Red* ou *rouge à plastron noir*.

A) Pour obtenir des coquelets. Le mâle sera un *Black-Red* parfait au point de vue du Standard et surtout avec un camail sans aucune flamme et d'une seule couleur; les parties noires devront être d'une teinte très profonde, la barre de l'aile plutôt teintée de pourpre que de vert. Les poules à choisir seront des *dorées à ailes de canard*, plutôt fortes en couleur. Seuls, les coqs qui en proviendront seront des sujets à ailes de canard; toutes les poulettes seront des Black-Red.

B) Pour obtenir des poulettes, allier un coq à *ailes de canard* avec des poulettes Black-Red, mais dont le père était à *ailes de canard*, c'est-à-dire provenant du croisement indiqué en A. Le coq à ailes de canard sera choisi un peu plus clair que ne le veut le Standard. De ce croisement B, on obtiendra de bonnes poulettes et parfois seulement un bon coq.

Ce système donne le meilleur résultat :

faute d'avoir des poules croisées, on peut essayer d'allier des sujets aussi parfaits que possible, mais le pourcentage des bons descendants est très faible.

VARIÉTÉ ARGENTÉE A AILES DE CANARD. — On suit les règles que nous venons d'indiquer pour la variété dorée, mais en utilisant, suivant le cas, un mâle argenté à ailes de canards ou des poules de cette variété avec des Black-Red en place de sujets dorés.

L'alliance des deux sexes de même variété paraît néanmoins donner dans la variété argentée de meilleurs résultats que dans la dorée.

VARIÉTÉ PILE. — Pour obtenir de bons coquelets, il faut choisir des poules à ailes teintées de rose et aussi colorées que possible sur la poitrine, élevées sur jambes, à épaules hautes; ne choisissez jamais des poules à œil clair. Le coq devra avoir les points exigés par le Standard. Pour avoir de bonnes poulettes, le coq aura la teinte des parties supérieures plus foncée que ne le veut le Standard, d'une nuance rouge brique si possible; si sa poitrine est légèrement marbrée de rougeâtre, meilleur il sera pour le but proposé, à la condition que les couvertures des ailes soient d'un blanc pur. Les poules offriront le type du Standard, en évitant surtout des teintes rosées sur les ailes.

On ne peut maintenir le *plumage pile* qu'en faisant reproduire des sujets consanguins; cette consanguinité affaiblit la race; aussi est-on, à certaines périodes, obligé d'introduire du sang nouveau.

On y arrive, en alliant des poules Pile à un coq Black-Red, en ayant soin que ses rémiges secondaires soient d'un marron riche très profond. Les descendants de ce croisement alliés entre eux donneront des sujets Pile plus ou moins parfaits, les coquelets seuls seront conservés et alliés à leur tour à des poulettes Pile pure;

le sang du Black-Red doit être introduit dans la race par la voie des mâles seuls, jamais par les poules.

Nous ne donnons que les lignes générales qui président au choix des reproducteurs dans les diverses variétés; on voit qu'il faut un véritable art, une science consommée des lois de l'hérédité, pour arriver à des résultats parfaits.

L'élevage des jeunes, heureusement, ne présente pas de pareilles difficultés. Ils sont, sauf lorsque la consanguinité a été poussée à l'excès, assez robustes, mais demandent un sol sec, une alimentation fortement animalisée, et, comme ils sont pourvus de longues pattes, il faut chercher à développer le plus possible leur ossature en leur donnant des matières phosphatées, du phosphate d'os dans leurs pâtées.

ÉCRÉTAGE. — Les races de combat sont toujours exposées écrêtées. L'écrêtage comprend, non seulement l'ablation de la crête, mais aussi celle des oreillons et barbillons; elle s'effectue avec des ciseaux tranchants recourbés de préférence. Pour l'exécuter proprement avec le moins d'effusion de sang possible, l'assistance d'un aide est nécessaire. Celui-ci maintient d'une main l'oiseau pressé contre lui et de l'autre lui relève légèrement la poitrine et la tête. L'opérateur, saisissant les barbillons, introduit la pointe de ses ciseaux sur la mandibule inférieure du bec, et coupe le barbillon en se dirigeant vers l'oreille, et en veillant à ne point couper la peau de la face; il continue cette dissection en enlevant l'oreillon. Le premier barbillon coupé, on opère de même pour le second. On passe ensuite à la crête, l'aide la saisit alors d'une main et la maintient droite. Il est préférable de commencer par derrière, en se dirigeant vers le bec. L'opérateur dispose ses ciseaux sur le sommet de la tête, ce qui est facile grâce à la courbure de son instrument; il coupe d'un seul coup l'organe; il faut, durant cette opération, maintenir les ciseaux fortement appuyés sur le crâne, afin d'en suivre la forme et d'éviter des *escaliers*. Avec un peu d'adresse, on arrive facilement à un résultat parfait, sans retouche. Il faut néanmoins donner, de chaque côté au dessus du bec, deux coups de ciseaux supplémentaires, afin de bien enlever la crête en cet endroit, et ne pas laisser d'excroissance qui alourdirait la tête de l'oiseau et grossirait la base du bec.

L'opération terminée, on lave la tête, afin de la débarrasser du sang, et on lâche le sujet; le lendemain, il est bon d'enduire la plaie avec un peu de vaseline ou de lard frais. Au bout de dix jours, les croûtes tombent; on renouvelle alors l'application de vaseline. Le sujet peut être exposé dès que les parties opérées ont repris la même couleur rouge que les parties avoisinantes.

(Cliché Gallina.)

COMBATTANTS ANGLAIS

Monographie de la race du Grand Combattant du Nord.

Dix-sept sous-Variétés.

Origine. L'origine des Grands Combattants du Nord est certainement la même que celle des Combattants Anglais; mais, tandis qu'en Angleterre on s'appliquait à obtenir des sujets aussi hauts, élancés, droits sur leurs pattes, qu'il était possible de les avoir, afin d'offrir le moins possible de prise à leurs adversaires, les amateurs de combats de coqs dans les Flandres sélectionnaient dans un sens tout différent. Ils ne voulaient point de sujets conformés pour éviter les coups, mais cherchaient, au contraire, à produire des oiseaux *bâtis* pour donner les coups les plus terribles et capables, par la robustesse de leur constitution, d'en recevoir, eux aussi, et de les supporter; aussi leurs préférences ont-elles été à un type qui, quoiqu'étant aussi haut sur pattes que possible, était lourd, massif et puissant. C'est cette différence de type qui distingue le Grand Combattant du Nord du Combattant Anglais.

Standard. Nous sommes heureux de pouvoir publier le Standard du Grand Combattant du Nord, tel qu'il a été établi par M. Robert Fontaine et adopté par la Société des Aviculteurs du Nord.

Considérations générales.

COQ. — La forme du coq doit être ronde, et non anguleuse comme celle du Malais ou du Combattant Anglais d'exposition; son port est droit, sans raideur; sa démarche est élégante. Le regard est ardent; il défie, mais il n'est pas cruel. L'attitude générale exprime la force, l'élégance, l'énergie et la bravoure. Le coq Combattant du Nord réunit toutes les conditions voulues pour en imposer aux autres volailles et être le roi de la basse-cour.

Par sa conformation, on voit que cet oiseau est destiné à combattre à l'arme d'acier, c'est-à-dire à donner des coups (joutes) dans la poitrine, tandis que les Malais, Japonais et autres races de combat sont bâtis pour le combat à l'éperon naturel, et doivent toujours frapper à la tête.

Il n'est pas question, parmi ces derniers, du Grand Combattant Anglais, type moderne, cet échassier des expositions, qui n'est bon qu'à donner de l'ennui aux éleveurs.

Les coqs Combattants du Nord sont non seulement des combattants de premier ordre, comme structure et forme; mais ils possèdent les couleurs les plus riches. Les paysans les appellent Coqs Faisans.

Caractères distinctifs.

COQ. — *Tête* : large et allongée, très forte à sa jonction avec le cou. — *Bec* : de moyenne longueur, gros à sa base, et légèrement recourbé à la pointe. — *Yeux* : grands, brillants, à fleur de tête, pleins d'expression et de couleur rouge. — *Crête* : simple, droite, régulièrement dentelée, d'un tissu fin, rouge vif. On la coupe, à l'âge de six à sept mois, à environ un centimètre du crâne. — *Barbillons* : moyens, d'un tissu fin et rouge vif; on les coupe aussi très près de la tête. — *Oreillons* : peu développés, à tissu fin, rouge, s'attachant aussi près que possible de la crête et des barbillons; ils sont également coupés vers l'âge de six mois. — *Joues* : de couleur rouge vif, d'un tissu fin, se confondant avec la crête et les barbillons; elles sont garnies de très petites plumes. — *Cou* : assez long, un peu arqué, très fort à sa jonction avec le corps, garni d'un camail fourni, dont la base couvre bien les épaules. — *Poitrine* : large et très développée, indice d'une constitution vigoureuse; l'os de la poitrine, (bréchet) bien droit. — *Corps* : gros et large, incliné en arrière. — *Ailes* : bien serrées au corps, tendant à se rencontrer sous la queue, arrondies, couvrant bien les cuisses et garnies de plumes très dures. — *Dos* : assez court, plat, large aux épaules et s'amincissant vers la queue. — *Reins* : larges, abondamment garnis de lancettes souples et assez longues. — *Abdomen* : petit et serré. — *Queue* : large, courbée, fermée, détachée du croupion, un peu relevée, garnie de longues faucilles; la tige des plumes caudales forte et dure. —

Cuisses : fortes, musculeuses, de moyenne longueur. — *Entre jambes* : les jambes doivent être bien écartées l'une de l'autre. — *Tarses* : forts, de moyenne longueur, les écailles lisses et bien serrées, l'os des tarses ne doit pas être plat, les éperons robustes, bien sortis et placés bas. Ces éperons sont sciés, dès la première année, à un centimètre et demi des tarses. — *Doigts* : au nombre de quatre, gros, longs, bien écartés, munis de longs ongles, le doigt postérieur bien en arrière et posé à plat sur le sol. — *Poids* : 8 à 10 livres (4 à 5 kilos). — *Taille* : 55 à 60 centimètres.

CONSIDÉRATIONS GÉNÉRALES.

POULE. — La poule du Combattant du Nord est très carrée de formes : elle est pourtant vive, et cherche courageusement sa nourriture; elle est bonne pondeuse, et donne environ 150 œufs par an pesant en moyenne 60 grammes ce qui indique une bonne grosseur. Elle est bonne couveuse, excellente mère. Il n'est pas rare, dit M. Cliquenois, de voir, chez la poule, à partir de l'âge de dix mois, des ergots sortir et se développer comme chez le coq. Cet ornement se transmet de mère à fille. Contrairement à l'appréciation d'un certain auteur, à qui une poule éperonnée fait l'effet d'une femme à barbe, M. Cliquenois trouve que cela donne un cachet de race et de force. Du reste, les combats de poules armées d'ergots d'acier sont encore assez fréquents pour que cet ergot soit justifié. Ce ne sera donc jamais un cas de disqualification, ni même un défaut chez la poule Combattant du Nord. Nous ne discuterons pas ici la valeur et la signification de ce caractère sexuel secondaire, qui apparaît plus ou moins dans toutes les races, mais dont on élimine, d'ordinaire, les poules qui en sont dotées, chez les races autres que celle qui nous occupe.

CARACTÈRES DISTINCTIFS.

POULE. — La poule Combattant du Nord doit être bien en rapport avec le coq comme structure. La tête est moins forte que celle du coq, le bec également. La crête est petite, simple, haute de 1 à 2 centimètres, toujours droite, les barbillons et les oreillons petits et rouges. Le camail assez large à la base. Le corps est large, le dos paraît moins long que celui du coq, parce que la queue est plus droite. Cette dernière est un peu inclinée en éventail et portée assez haut. Le poids varie de 5 à 8 livres (2 kilos et demi à 4 kilos).

VARIÉTÉS DU COMBATTANT DU NORD.

Les principales variétés sont :

La dorée,
L'argentée à manteau doré,
L'argentée à manteau argenté,
La noire,
La noire à manteau doré,
La blanche,
La blanche et rouge,
La dorée mouchetée,
L'argentée mouchetée,
La noire mouchetée.

VARIÉTÉ DORÉE DITE ROUGE.

COQ. — *Bec* : de couleur corne, avec un peu de jaune. — *Yeux* : rouge orangé. — *Dessus de la tête et camail* : rouge orangé, de nuance plus claire au bas du camail. La couleur rouge orangé doit être plutôt claire que foncée. — *Dos* : d'un beau rouge acajou foncé et luisant. — *Reins et lancettes* : rouge orangé, plus pâle en graduant vers le bout des plumes, les lancettes plutôt claires que foncées. — *Devant du cou et plastron* : noir à reflets verts. — *Poitrine, abdomen et cuisses* : noir terne. — *Ailes* : les petites rectrices noires à reflets verts et bleus; le pommeau de l'aile a les barbes des plumes internes noires, et les externes noires à bordure extérieure acajou terne; les moyennes tectrices rouge acajou foncé et luisant; les grandes tectrices noires à reflets verts et bleus. Les rémiges secondaires noires à l'intérieur; l'extérieur mi-noir et mi-acajou terne; le bout des plumes noir, la tige des plumes acajou terne; les rémiges primaires noir terne, avec liseré extérieur de couleur fauve. — *Queue* : les caudales noires à reflets verts; les petites faucilles noires à bordure acajou; les moyennes et grandes faucilles, noires à reflets verts. — *Tarses et doigts* : de couleur jaune foncé ou vert olive.

POULE. — *Bec et yeux* : pareils à ceux du coq. — *Dessus de la tête et camail* : jaune citron avec une raie noire finissant en pointe de chaque côté de la tige, ce qu'on appelle larmé. La tige de couleur jaune très clair. — *Partie antérieure du cou et plastron* : de couleur saumon, la tige et la bordure beaucoup plus claires. — *Poitrine et abdomen* : de couleur saumon grisâtre, s'assombrissant graduellement jusqu'à la queue. — *Cuisses* : de couleur grisâtre. — *Dos, reins, ailes* : brun strié noir, ce qu'on appelle ordinairement couleur perdrix. La tige, ainsi que le tour des plumes, de couleur plus claire. Les rémiges primaires ou plumes du vol, sont d'un noir terne. Les rémiges secondaires, noires à l'intérieur et striées à l'extérieur. — *Queue* : les moyennes et les petites caudales striées; les grandes noirâtres. — *Pattes* : de la couleur de celles du coq.

VARIÉTÉS ARGENTÉES OU GRISES.

VARIÉTÉ ARGENTÉE A MANTEAU DORÉ.

Cette variété est beaucoup plus répandue que la suivante.

COQ. — *Bec:* de couleur corne avec un peu de jaune. — *Yeux* : rouge orangé. — *Dessus de la tête, camail, reins et lancettes* : de couleur jaune paille. — La base du camail est presque toujours larmée de noir. — *Dos* : rouge orange foncé. — *Devant du cou et plastron* : noirs. — *Poitrine abdomen et cuisses* : noir terne. — *Ailes* : petites tectrices, noires à reflets bleus; moyennes, rouge orange foncé; grandes, noires à reflets bleus. Ce sont ces grandes tectrices, qui forment la barre bleue qui a fait désigner les variétés argentées sous le nom de Combattants à ailes de Canard. Le pommeau de l'aile a les barbes des plumes internes noires, les externes noires à bordure extérieure crème. Les rémiges secondaires, noires à l'intérieur; l'extérieur mi-noir et mi-jaune paille; le bout des plumes noir; les rémiges primaires noir terne avec liseré extérieur de couleur jaune paille. — *Queue* : caudales noires à reflets verts, petites faucilles noires à bordure jaune paille, moyennes et grandes faucilles noires à reflets verts. — *Pattes* : jaune foncé ou vert olive.

POULE. — *Bec et yeux* : comme ceux du coq. — *Plumes de la tête et camail* : blanc argenté larmé de noir, la tige blanche. — *Partie antérieure du cou et plastron* : saumon tige blanche, bordure de la plume très claire. — *Poitrine et abdomen* : saumon grisâtre, s'assombrissant graduellement jusqu'aux caudales. — *Cuisses* : gris cendré. — *Dos, reins, ailes* : cendré brunâtre, strié de noir, la tige des plumes blanches, la bordure des plumes plus claire. Les rémiges primaires noirâtres, intérieurement, et striées extérieurement. — *Queue* : les petites et moyennes caudales striées, les grandes noirâtres. — *Pattes* : de la couleur de celles du coq.

Variété argentée a manteau argenté.

COQ. — *Bec* : corne avec un peu de jaune. — *Yeux* : rouge orange. — *Dessus de la tête, camail, dos, reins et lancettes* : blanc légèrement crémé; la base du camail est presque toujours larmée de noir. — *Devant du cou et plastron* : noirs. — *Poitrine abdomen et cuisses* : noir terne. — *Ailes* : petites tectrices, noires à reflets bleus; moyennes tectrices, blanc crémé, grandes tectrices noires à reflets bleus; rémiges secondaires et rémiges primaires : comme celles du coq de la variété à manteau doré. — *Queue* : comme celle du coq précédent. — *Pattes* : jaune foncé ou vert olive.

POULE. — La poule ne diffère de celle de la variété précédente que par l'ensemble de sa couleur qui est plus claire.

Variété noire.

Le coq et la poule de cette variété sont noirs à reflets verts d'un bout à l'autre; le dessous un peu plus terne. Le bec est de couleur corne avec un peu de jaune, les yeux sont rouge orange et les pattes jaunes.

Variété noire a manteau doré.

COQ. — Noir luisant avec le dos et les moyennes tectrices dorés. Bec corne avec du jaune, yeux rouges orangé, pattes jaunes.

POULE. — Noir luisant avec le camail jaune larmé de noir. Bec et pattes comme ceux du coq.

Variété blanche.

Coq et poule d'un blanc pur sans traces de jaune. Yeux rouge orangé, bec et pattes jaunes.

Variété blanche et rouge.

COQ. — *Bec* ; de couleur corne avec beaucoup de jaune. — *Yeux* : rouge orangé. — *Dessus de la tête, camail et lancettes* : rouge orangé clair. — *Dos* : rouge acajou foncé. — *Ailes* : petites tectrices blanches, moyennes, rouge acajou foncé; grandes, blanches bordées extérieurement de roux. Le pommeau de l'aile a les barbes internes blanches et les barbes externes blanches avec bordure couleur rousse. Rémiges primaires, blanches avec bordure extérieure rousse; rémiges secondaires, barbes internes blanches, barbes externes mi-blanches et mi-rousses; le bout des plumes blanc. — *Queue* : blanche et le moins possible marquée de noir. — *Pattes* : jaunes.

POULE. — Blanche avec les plumes du camail dorées et une raie blanche au milieu, les plumes du plastron de couleur saumon et légèrement rayées de blanc au milieu. Bec et pattes comme ceux du coq.

Variétés avec mouchetures dont les coqs sont vulgairement appelés pintelés ou agacheux.

On trouve cette particularité dans les dorés, les argentés, et les noirs. Les coqs et les poules de ces variétés doivent être le plus régulièrement possible marqués de blanc. Le bec et les pattes de la couleur appartenant au fond du plumage.

Points attribués par M. R. Fontaine.

Ensemble	15
Taille	15
Port	10
Tête et bec.......................	10
Cou	5
Poitrine	10
Dos et reins......................	5
Ailes	5
Cuisses et tarses	5
Doigts	5
Queue	5
Couleur	10
Total :	100

Défauts.

Demi huppe ou épis, Oreillons blancs, Doigts contournés. Marques de couleur au plastron chez le coq.

DISQUALIFICATIONS.

Couleur non admise. Manque complet de taille. Bosse sur le dos ou sur les reins; Crête autre que simple ; noir à la crête ou à la face; Cravate; Favoris ; queue de côté. Jambes trop longues ou cagneuses. Faiblesse des joints. Pattes de couleur bleue, noire ou blanche. Cinq doigts aux pattes.

Observations à propos du Standard. Nous complétons ce Standard par diverses observations qui ont été faites à la Société des Aviculteurs du Nord, lors de la promulgation dudit standard. Les coqs de cette race sont de vrais spadassins et des batailleurs par excellence; ils ont toujours été élevés par les amateurs en vue des combats de coqs, si renommés dans le Nord de la France. C'est une des plus belles, des plus rustiques et des plus intéressantes races qui existent, et elle est aussi très productive. Les poussins s'élèvent assez rapidement, et donnent des poulets de grain à la chair délicate. Les coquelets, vers l'âge de deux mois, se battent déjà avec acharnement; mais à cet âge les coups sont encore inoffensifs. C'est une des meilleures de nos races locales. Il est rare de rencontrer dans le Nord une petite maison dans la campagne, sans voir près de l'habitation, un coq Combattant au milieu d'une dizaine de poules de race commune. Ces coqs appartiennent à des *coqueleux* qui les mettent là en pension, ne pouvant les tenir tous chez eux.

En regardant attentivement le coq aussi bien que la poule Combattant du Nord, il est facile de voir que, contrairement à ce qu'ont prétendu quelques aviculteurs, qui en ont fait une monographie plus ou moins erronée, cette volaille n'est le produit d'aucune race étrangère ; car elle n'emprunte aucune forme à celles dont on voudrait la faire descendre. Ainsi des écrivains peu observateurs lui voient des formes de Malais mitigées par celles du Grand Combattant Anglais. Il y a une objection bien simple à faire à cette théorie, c'est que les combats de coqs se font dans le Nord depuis plusieurs siècles et qu'il est fort probable que les rares voyageurs français qui visitèrent les Indes à une époque aussi reculée, avaient d'autres soucis que de rapporter des volailles.

Quant au Grand Combattant Anglais, il est permis de supposer que celui de l'ancien type (Old English) n'est autre qu'un Combattant Français, légèrement transformé par l'habileté bien connue des éleveurs anglais. On ne saurait prétendre cependant que notre race des Combattants soit la même qu'il y a quelques siècles; il est au contraire certain qu'elle a subi des améliorations ; car, de tous temps, les coqueleux ont été fort passionnés pour les combats de coqs, et l'amélioration de leurs favoris a dû être une des grandes occupations de leurs loisirs. D'ailleurs, il est impossible de trouver la figure d'un Malais chez un Combattant du Nord. Si l'on fait un mariage de Malais et Combattant anglais, on retrouve immédiatement le Malais dans les produits, et on a beaucoup de peine à y retrouver le Combattant Anglais.

Malheureusement, les coqueleux ont toujours élevé leurs volailles sans s'inquiéter de la variété des couleurs, ils ne voyaient que les qualités belliqueuses de leurs sujets; il s'ensuit qu'un amateur trouvant à acheter un joli coq et une très belle poule de la variété dorée est tout surpris de voir parmi la progéniture de cet accouplement des poussins de variété argentée, noire ou même blanche.

Depuis 1889, cette race, sur la demande de plusieurs amateurs de la région, fut admise à avoir des classes spéciales aux expositions organisées à Lille, Roubaix, Tourcoing, Armentières, etc. Cet exemple a été suivi par les Sociétés du Centre de la France, et celles de la Belgique. MM. Voitellier, Lemoine, Bréchemin et Mégnin en ont donné une description dans leurs livres sur les animaux de basse-cour.

Il importait donc à la Société des Aviculteurs du Nord de demander à quelques spécialistes de vouloir bien établir officiellement les points du Combattant du Nord. M. R. Fontaine, président de la Société, qui est, presque partout, juge des Combattants du Nord, a été chargé de vouloir bien recueillir tous les renseignements nécessaires auprès de MM. H. Cliquennois, A. Detroy et L. Walle, et c'est, sur leurs données et les siennes, que cette description du Combattant du Nord a été faite.

Monographie de la race du Petit Combattant du Nord.

Caractères, Standard et points. M. Robert Fontaine, que nous aimons à citer, lorsqu'il s'agit des races du Nord, dont il a fait une étude toute particulière, a bien voulu nous adresser les renseignements suivants, au sujet de la race des Petits Combattants du Nord, de ses caractéristiques et de sa distinction d'avec celle des Grands Combattants du Nord. Ces indications seront fort utiles à qui voudra se rendre un compte exact de la différence existant entre ces deux races.

A la taille près, nous dit M. Robert Fontaine, tous les caractères et points des Petits Combattants du Nord sont les mêmes que ceux des Grands Combattants du Nord.

Pour les Petits Combattants du Nord, modèle réduit de l'autre race, les limites de poids sont à établir comme suit :

Coqs : de 1 kilo 250 à 1 kilo 500 (2 livres et demie à 3 livres).

Poules : de 1 kilo à 1 kilo 250 (2 livres à 2 livres et demie).

Aucun sujet dont le poids sortirait de ces limites ne devrait être exposé, ni, à plus forte raison, récompensé dans une exhibition avicole. En effet, les sujets trop légers ou trop lourds ne correspondent pas au type de la race.

Le juge pourrait s'en rendre compte, en les pesant avant de les juger.

On objecte le manque de temps. A ceci, l'on pourrait répondre qu'avec le système actuellement en vigueur, dans nos expositions d'aviculture, du juge unique, il serait utile de multiplier le nombre des juges, en confiant le soin d'apprécier les races à de véritables spécialistes, et en ne leur donnant à juger qu'un petit nombre de classes rentrant effectivement dans leur spécialité. On éviterait ainsi certains jugements, critiqués avec raison par les éleveurs compétents, qui sont rendus, chaque année, par des juges auxquels on donne trop de races et trop de sujets à juger, et qui, s'ils sont capables de juger correctement certaines races, sont d'une compétence fort discutable pour en juger d'autres, dont il n'ont qu'une connaissance par trop superficielle.

Nous nous rangeons donc, sans hésiter, et sauf impossibilité, à l'opinion de M. Robert Fontaine, et voudrions, autant que faire se pourra, que les **Petits Combattants du Nord** ne fussent primés qu'après avoir été préalablement pesés par les soins du juge.

Observations sur le Standard. Il faut conserver aux Petits Combattants du Nord leurs qualités ou caractères de volailles pouvant être encore d'une utilité pratique, c'est-à-dire ayant des caractères et des aptitudes qui fassent qu'on puisse se servir des coqs pour le combat et des poules comme pondeuses et couveuses.

Pour cela, il est absolument nécessaire de ne pas les laisser descendre au-dessous des poids fixés ci-dessus; et, à mérite égal, dans une exposition, le juge devra donner la préférence à des sujets de poids moyen, plutôt qu'à ceux qui n'atteindraient pas le poids minimum exigé.

Monographie de la race du Combattant de Bruges.

Plusieurs Variétés.

Origine. Dans son excellent livre sur les Races belges (1), livre devenu malheureusement introuvable, René Bertaut se demande pourquoi distinguer en deux races le Combattant de Bruges et le Combattant de Liège, « deux variétés, dit-il, qui ont tant de points de ressemblance »; et il les réunit sous un même nom, celui des Combattants Belges.

Les arguments des éleveurs liégeois, qui ont voulu obtenir des classes spéciales dans les expositions pour leur race de combat, ne lui semblent pas décisifs.

D'après les partisans de la distinction de ces deux races, le Combattant de Liège serait plus élevé sur pattes, et le Brugeois plus trapu de formes. Enfin, pour séparer plus nettement les deux types, on exigerait du premier une crête simple, et du second une crête triple, ce qui ne correspond pas toujours à la réalité, comme nous le verrons, en étudiant la monographie du Liégeois.

Un dernier trait caractériserait chacune des deux races.

Les Combattants de Liège, très hauts sur pattes, frapperaient leurs adversaires à la tête ou au cou ; les Brugeois, plus trapus, frapperaient leurs ennemis à la poitrine.

Pour mettre tout le monde d'accord, autant que possible, et ne froisser personne, M. René Bertaut propose de donner à l'ensemble des deux races le nom de Combattant Belge, le Liégeois

(Cliché Bertaut).

COQ COMBATTANT DE BRUGES BLEU UNI

n'étant, d'après lui, qu'une variété du Combattant de Bruges, due, sans doute, à quelque croisement originaire, suivi de sélection, et dans les produits duquel l'influence du milieu a pu également se faire sentir.

(1) *Monographies de Races belges (volailles)*, par René BERTAUT, secrétaire-adjoint des Aviculteurs belges. Schaerbeek-Bruxelles, 1905, in-12, pp. 37 et s.

Caracté-ristiques. Le Combattant de Bruges est un oiseau rustique, de très grande taille. M. Van der Snickt l'appelle le « géant de la race galline ». D'après cet auteur, il est à la fois élancé et lourd, a le plumage serré, une tête de Vautour, la crête triple, les barbillons très petits, de grands oreillons rouge foncé, un bel œil noir, de solides pattes grises, le bec, les ongles et les ergots noirs. Quatre doigts aux pieds. Pas de plumes aux tarses.

La poule de cette race est bonne pondeuse; mais sa chair, d'après Ernest Lemoine, est médiocre. Elle est mauvaise couveuse, d'après ce même auteur.

E. Lemoine indique pour le coq le plumage suivant : plumes du camail rouges avec une petite ligne noire au milieu; partie supérieure de l'aile marron rouge, le reste gris foncé; lancettes rouges; queue et faucilles noires.

La poule, dit-il, a la tête d'un gris très foncé, le reste du corps gris ardoisé, avec un liseré noir.

Le Combattant de Bruges a connu, en réalité, plusieurs variétés de plumage, parmi lesquelles la plus belle et la plus estimée était, sans doute, la variété bleue, de ce bleu ardoisé qui est dans la gamme des gris.

C'est ainsi qu'en 1904, à l'Exposition des Aviculteurs belges, on put admirer la remarquable collection de Bruges bleu uni présentée hors concours par M. Herman Bertrand, un défenseur convaincu de cette variété. Les partisans de ce type soutenaient qu'on devait écarter les variétés bleues à manteau, comme provenant de croisements avec d'autres races.

La couleur bleue étant elle-même le résultat d'un croisement, on voit la complexité du problème, dont nous laissons la solution aux éleveurs compétents, n'ayant, pour notre part, jamais élevé cette race.

Qualités de la race. Contrairement à l'opinion de M. Ernest Lemoine (1), la poule, d'après René Bertaut (*loc. cit.* p. 44), serait « bonne couveuse et bonne mère ». Elle pondrait de 150 à 170 œufs, d'un poids moyen de 65 à 75 grammes.

Dans les basses-cours d'utilité, le Combattant Belge présente l'inconvénient des races batailleuses, qui oblige à séparer les coquelets à l'âge de six mois.

Points du Combattant Belge. Le même auteur, réunissant, comme nous l'avons dit, le Combattant de Bruges et celui de Liège en une seule race, donne, pour cette race, les points suivants :

Tête et bec..............	15 points
Oreillons	3 —
Épaules et ailes...........	3 —
Développement de la poitrine et du cou................	12 —
Dos et reins..............	5 —
Cuisses et tarses....:......	5 —
Doigts	8 —
Taille	30 —
Bon état de l'oiseau........	15 —
Ensemble du plumage.......	4 —
	100 —

(1) *Élevage des Animaux de basse-cour*, Paris, 1893, in-12, p. 73.

Monographie de la race du Combattant de Liège.

Plusieurs Variétés.

Origine. La race du Combattant de Liège, née de la même passion pour le sport cruel et répréhensible des combats de coqs que la race du Combattant de Bruges, paraît avoir, avec celle-ci, une commune origine. Nous en parlons ci-après, en nous inspirant des renseignements que M. Robert Fontaine a bien voulu nous communiquer, au sujet de cette race.

Caractéristiques. Le Combattant de Liège a une très grande analogie avec son voisin et parent le Combattant de Bruges. Il en diffère cependant par les traits suivants. Son dos, en effet, est plus incliné que chez le Combattant de Bruges. Il porte la queue plus basse. Il est plus large des épaules. Son cou et ses pattes sont plus longs.

Les tarses, dans cette race, sont de couleur pâle ou foncée, suivant la couleur du sujet.

La crête est indifféremment simple ou triple. L'on s'est peu attaché à ce caractère; car elle est toujours rasée, et l'on a coutume de voir ces oiseaux écrêtés, ce qui explique pourquoi on n'a pas cherché à sélectionner un type de crête déterminé. Toutefois les partisans de la séparation de la race de Liège de celle du Combattant de Bruges, demandent que la crête du Liégeois soit toujours simple, et celle du Brugeois triple, pour les différencier.

Les yeux du Combattant de Liège sont clairs ou foncés, selon les sujets.

En un mot, c'est avant tout un coq de combat qu'on a cherché à produire, et qu'on a sélectionné, pour l'avoir aussi haut que possible, afin qu'il domine son ennemi; car, dans les combats de coqs aux armes naturelles, le grand point est de dépasser son adversaire en hauteur, parce que les coqs de cette race frappent généralement au cou ou à la tête.

Toutes les couleurs sont admises.

Utilisation pratique. Nous n'insisterons pas sur cette race, qui présente surtout un caractère d'intérêt local, et a été employé parfois dans des croisements d'utilité au sein des basses-Cours. Le peu de précision du standard, si l'on peut dire qu'il y en ait un qui mérite ce nom, fait que ce type de volailles est d'une utilisation un peu incertaine dans les croisements; et il y a de meilleures races de Combattants à employer, pour la production de la chair, que celle-là.

Monographie
de diverses races de Combattants Américains (1).

ISIBLEMENT, il y a une différence considérable entre les Combattants proprement dits, appelés en Amérique : Exhibition game (Combattants d'exposition ou de luxe) et les Combattants Américains Pit game (Pit, signifie enceinte ou parc de combat). Il y a une grande variété de Pit game en Amérique, chaque éleveur a une spécialité. — On ne tient nullement aux nuances, qui ne sont pas fixes, et l'on en trouve des rouges, des noirs, des fauves, des bleus, des bariolés. Ce sont la forme, la force et le caractère tenace qui constituent les qualités désirées. Les poules sont excellentes pondeuses, élèvent parfaitement leurs poussins et font d'excellentes volailles de table s'engraissant facilement.

Standard. Caractères généraux. COQ. — *Tête :* large et très forte à sa jonction avec le cou. — *Bec :* assez court, bien recourbé et fort à la base. — *Crête :* les coqs qui ont la crête simple doivent l'avoir sans excroissance. Ceux qui l'ont autrement doivent l'avoir égale partout et de forme symétrique. — *Barbe :* s'il y en a, elle doit être composée de plumes courtes et minces. — *Huppe :* s'il y en a, elle doit être près de la tête et s'étendre droit en arrière. — *Yeux :* grands et proéminents, clairs et étincelants, avec une expression de vivacité

et d'intrépidité, pareils comme couleur. — *Cou :* assez long et élégamment arqué. Le camail, composé de longues plumes, doit retomber gracieusement au-dessus des épaules. — *Dos :* assez court, large aux épaules et s'amincissant vers la queue, les plumes des lancettes longues et souples. — *Poitrine et corps :* poitrine large, très pleine et non courbe. Corps assez court, très ferme, musculeux, non tendre ou creux sur les côtés, très large aux épaules et s'amincissant vers la queue. — *Ailes :* très longues, fortes et puissantes, non collées au corps. — *Queue :* assez droite, pleine et bien épanouie. les faucilles abondantes, longues et bien arquées; les plumes principales de la queue abondantes et en forme d'éventail, les tiges des plumes dures et fortes. — *Jambes et pattes :* cuisses courtes et vigoureuses, dures et fermes, avec des os de grandeur moyenne, mais très musculeuses; les jambes de grandeur moyenne, bien faites et fortes, bien écartées l'une de l'autre, les écailles lisses et serrées, les éperons placés bas, les pieds forts et plats, doigts longs et minces, droits et bien ouverts, munis de longs ongles, le doigt postérieur placé bas au pied, bien droit en arrière et posant à plat sur le sol. — *Allures :* tout le corps doit paraître symétrique, solide et très musculeux. L'oiseau doit être vif et ardent au combat, les plumes ne sont pas courtes, mais luisantes. fermes, raides avec des tiges solides.

POULE. — *Tête :* large, robuste, conique, élégante, soignée. — *Bec :* assez court, bien arqué, pointu à l'extrémité et gros à la base. — *Crête :* si simple, petite et mince, basse par devant, également dentelée et parfaitement dressée et droite. Si pas simple, doit être petite, unie et de forme symétrique. — *Barbe et Huppe :* comme chez le coq. — *Yeux :* grands, proéminents, clairs et brillants avec une expression de vivacité et d'intrépidité, ayant la même couleur. — *Cou :* assez long, élégamment arqué, les plumes du camail longues et abondantes. — *Dos :* de longueur moyenne, large aux épaules, s'amincissant vers la queue. — *Ailes :* très longues, fortes et puissantes, bien repliées contre le corps. — *Queue :* assez droite, pleine et épanouie, les plumes longues et les tiges dures et fortes. — *Jambes et pieds :* cuisses courtes et vigoureuses, dures et fermes, très musculeuses, pattes de grandeur moyenne, belles et fortes, écailles lisses et serrées, et pour la couleur le

(1) Cette Monographie est due à la plume de M. Robert Fontaine.

pendant de celle du coq avec qui elle est exposée. Pieds forts et plats, doigts longs, minces, droits et ouverts, bien munis de forts ongles, le doigt postérieur planté bas sur la patte et en arrière. — *Allures :* tout le corps doit paraître solide, symétrique et musculeux, oiseau vif, leste, gracieux dans ses mouvements, plumes non courtes, mais fermes et raides, couleur faisant pendant à celle du Coq exposé avec elle.

Variétés. Le Claiborn, à crête simple ou fraisée, est rouge, à pattes jaunes, et peut peser de 3 k. 500 à 4 kilos.

Le Philena red est plus léger, plus méchant, il pèse environ 3 kilos.

Le Hosier Beauty est le barbu.

Le Dominique est de couleur coucou à pattes jaunes, gris foncé ou blanchâtres.

Les Coqs Poules (Henny), assez communs, ont comme leur nom l'indique, le plumage de la poule, avec camail, rein et queue comme cette dernière. La couleur la plus commune est celle tirant sur le rouge, avec camail argenté.

DISQUALIFICATIONS.

La couleur différente du plumage ou des pattes, quand on les expose par couples ou par trio. Les Coqs et Coquelets qui ont la crête simple ne peuvent pas être écrêtés. Dos voûté, queue de travers, pattes difformes.

ÉCHELLE DES POINTS.

Tête	8	points
Crête, barbillons, oreillons	4	—
Yeux	3	—
Cou	10	—
Dos	8	—
Poitrine et Corps	12	—
Ailes	8	—
Queue	12	—
Jambes et pieds	10	—
Condition	5	—
Port (compris activité, symétrie et apparence générale)	20	—
Total	100	—

Monographie de la race du Combattant Australien (1).

ETTE race est très répandue en Amérique où les amateurs de combats de coqs l'apprécient beaucoup. Elle est plus rare chez nous. La couleur de ces volailles est noire avec des reflets verts assez prononcés.

Standard. Caractères généraux. COQ. — *Corps :* porté droit. — *Tête :* aspect méchant, indique bien la qualité du spadassin, tient le milieu entre celle du Malais et celle de l'Indien. — *Crête :* elle a la forme de celle du Brahma, mais un peu plus grande, rouge vif, et on a l'habitude de la raser. — *Bec :* fort, crochu, bien recourbé à la pointe, de couleur noire ou corne très foncée. — *Œil :* rouge orangé clair. Le regard semble défier n'importe quel concurrent pour la lutte. Les arcades sourcillières sont peu prononcées. — *Oreil-*

(1) Monographie due à M. Robert Fontaine.

lons : petits, et rouge vif. — *Barbillons :* presque nuls, rouge vif. — *Joues :* rouge vif, parsemées de petites plumes noires. — *Cou :* long, un peu arqué, recouvert de plumes courtes et bien collées à la peau. — *Poitrine :* large et peu bombée. — *Pectoraux :* bien fournis en viande. — *Dos :* légèrement arrondi sans être bossu pour cela. - *Ailes :* moyennes, bien sorties, épaules remontant vers le camail, lancettes plutôt courtes. — *Queue :* bien ouverte et garnie de faucilles moyennes, portée presque horizontale. - - *Cuisses :* fortes, musclées et assez courtes. — *Tarses :* un peu courts, munis de doigts bien écartés, de couleur noir verdâtre. — *Ergots :* attachés un peu en arrière. — *Poids moyen :* trois kilos.

POULE. — Bien en rapport avec le coq. Elle pèse environ deux kilos, car elle est très en chair. *Crête :* petite et souvent noirâtre. *Corps :* compact. — *Épaules :* arrondies, ce qui donne à l'oiseau un aspect rustique. — *Plumage :* d'un beau noir lustré comme chez le coq. — *Queue :* étroite, et portée horizontalement. Les poules sont bonnes pondeuses, mais les œufs de couleur jaunâtre sont plutôt petits. Les mères couvent bien et sont des éleveuses parfaites, un peu méchantes cependant, mais il faut leur pardonner, car cela prouve qu'elles sont de sang combattant.

Monographie
de la race du Combattant Dénudé de Madagascar.

Trois Variétés.

Origine. D'après les renseignements que nous a fournis M. Robert Fontaine, ces singulières

L'oiseau possède les plumes des ailes et de la queue, une toque de plumes et quelques lancettes comme les autres vo-

DÉNUDÉ DE MADAGASCAR
ET COU NU

volailles auraient été importées des Mascareignes, en 1894, par le baron Engerrand de Fosseye. Elles furent exposées à Damville (Eure) et à Gand en 1895; à Paris et à Lille en 1896.

Leur silhouette rappelle celle du Malais.

lailles; mais le reste du corps est à peu près nu, sauf de rares plumes aux épaules, au sternum, à l'artichaut et aux cuisses. Disposées en lignes, elles recouvrent, en s'étalant, la partie inférieure du corps.

On rencontre, assure-t-on, ce type de

Combattant, non seulement à Madagascar, mais aux îles Bourbon et Maurice, ses voisines, où elles seraient estimées, tant à cause de leurs qualités comestibles que comme oiseaux de combat.

La recherche et la découverte du Dénudé de Madagascar seraient dues à la pratique assez bizarre qu'ont, paraît-il, les Malgaches, de déplumer leurs coqs de Combat, pour les frictionner et les masser avec du rhum. Cette pratique aurait pour but de développer la musculature du sujet, de durcir la peau, et de donner moins de prise à ses adversaires, qui, dit-on, naissent souvent sans plumes sur les parties du corps correspondant à celles ainsi traitées.

Il y aurait là, semble-t-il, un curieux cas d'hérédité.

A Saint-Denis de la Réunion, où les combats de coqs sont très en honneur, il est rare de trouver des coqs, fussent-ils Anglais, Malais, Indiens ou Chatighan, qui ne soient déplumés artificiellement. Le peu de plumes qu'ont déjà ces volailles et l'incomparable douceur du climat expliquent cette coutume, qui peut sembler inopportune sous notre climat.

Caractéristiques. La peau de ces volailles, étant constamment exposée à l'air, se teinte d'un beau rouge chez les adultes, et présente un peu l'aspect du cuir de Russie. Elle en acquiert la dureté, chez les sujets âgés de deux à trois ans, et cela est très apprécié pour le combat, tout en n'empêchant pas la chair d'être blanche et délicate.

La tête du Combattant Dénudé de Madagascar ressemble assez à celle du Dindon, ou à celle du Condor; elle est même plus exagérée, et un peu aplatie « à la façon d'une tête de Vipère ». Ces comparaisons expressives, empruntées au langage des éleveurs, expriment assez bien la physionomie de l'oiseau, malgré ce qu'elles ont d'imparfait.

La tête est dépourvue de caroncules, sans barbillons ni oreillons, et elle présente seulement, chez le Coq, une crête mamelonnée, mais plate, dont la grosseur est fort variable. Lorsqu'elle est trop volumineuse, on la coupe le plus souvent, pour alléger la tête de l'oiseau. Généralement, elle figure assez bien une fraise, grosse comme une noix et placée à la naissance du bec.

Ce dernier est court, très fort, ainsi que les pattes. Il est, comme ces dernières, de couleur très foncée; et, chez certains sujets, les ongles, les paupières, voire même aussi la face et l'iris, atteignent la noirceur de l'ébène. La queue est portée très basse, comme celle du Faisan. Elle est peu volumineuse. Sa longueur est à peu près celle du corps de l'oiseau, prise de la clavicule aux vertèbres coccygiennes.

Quant aux rares plumes, qui constituent tout le plumage, elles sont presque toujours noires.

Seul, le Coq a parfois une livrée de couleur, que la poule ne présente que rarement.

Les ailes et la queue ont le développement normal des autres races gallines, et permettent même à la poule un vol soutenu.

Le poids de ces oiseaux atteint 4 à 5 kilos pour le coq.

La poule offre, en un modèle plus réduit, et en tenant compte des différences sexuelles, les mêmes caractères que le coq.

Aptitudes et particularités d'élevage de la race. La femelle du Combattant Dénudé de Madagascar pond, dès l'âge de six mois, jusqu'à 200 œufs, blancs, pesant souvent, nous assure-t-on, 80 grammes; mais une telle ponte n'est obtenue qu'en empêchant l'incubation.

Comme couveuse et éleveuse, cette volaille est très bonne; « la nature, dit M. Robert Fontaine, a cru devoir lui laisser un plumage moins décolleté que celui du coq ». Elle a, presque toujours, un bien plus grand nombre de plumes au sternum, à l'artichaut et aux cuisses, ce qui facilite l'incubation, et ensuite son rôle de mère pour l'élevage et la protection des poussins, qu'elle peut ainsi abriter suffisamment, surtout dans le climat où s'est développé cette race.

Les poussins naissent sans duvet, et croissent, cependant, avec la plus grande facilité. Il est bon de faire faire l'incubation par leur mère ; car certaines éleveuses n'hésitent pas à dépecer une progéniture qui ne leur appartient pas, et qui les tente beaucoup par le manque de plumes (1).

Observations sur cette race. La description et les détails ci-dessus résument bien l'opinion qu'on se fait généralement en Europe de cette curieuse race. Certains auteurs pourtant ont émis l'opinion qu'il ne s'agirait pas ici d'une race véritable, mais simplement d'un croisement entre des coqs Combattants et des poules de la race dite « Cou nu de Transylvanie », dont l'origine est également controversée.

Nous avons cru devoir, pour éclairer la question, nous adresser à une des personnalités les plus compétentes pour tout ce qui touche à la faune de Madagascar et des Iles Mascareignes. M. Paul Carié, correspondant du Muséum national d'Histoire naturelle, président de la Société

zoologique de France, qui, pendant ses nombreux séjours aux Iles Maurice et de la Réunion, a pu observer les animaux sauvages et domestiques de ces contrées, a bien voulu nous adresser les observations suivantes au sujet de la monographie ci-dessus rapportée, que nous lui avions communiquée :

« Je me rappelle, nous écrit-il, qu'il a été question de ces volailles dans le *Chasseur français*, vers 1896 ou 1897. La note qu'on leur avait consacrée était intéressante.

« Je crois, en ce qui me concerne, à l'origine malaise ou indo-malaise de ces oiseaux. A Maurice, on les appelle coqs de bataille de l'Inde.

« Je ne puis confirmer l'opinion de M. Fontaine au sujet de la délicatesse de leur chair. Elle est ordinairement coriace.

« L'habitude de les déplumer est générale, et, en effet, on leur fait des frictions de rhum pour rendre leur peau plus dure.

« Mais il est faux de dire que les poussins naissent sans duvet. Ils en ont moins que les autres poussins, mais encore en quantité suffisante pour les couvrir. De même, la poule a presque toutes les plumes et le coq en a sur tout le corps, sauf au bréchet et sur la partie médiane du dos. La dénudation de ces oiseaux est toute artificielle.

« La nuance du plumage est généralement noire, mais il en est de roux et de roux et noirs.

« Le chiffre de la ponte est absolument exagéré, je ne crois pas qu'il dépasse 150 œufs, dans des cas exceptionnels. Cette race, à Maurice, passe pour ne pas être bonne pondeuse, et n'est élevée que pour le combat. Les beaux coqs atteignent un prix élevé — de 50 à 60 roupies, de 200 à 275 francs, au cours actuel du change.

« Enfin, le poids ne dépasse pas 3 à 4 kilos.

(1) Voir, pour comparaison, les détails et controverses relatifs à l'origine de la race dite « Cou-Nu ».

« Voilà, bien succinctement, ce que je sais de cette race. Je regrette de n'avoir pas donné suite, à mon dernier voyage, au projet que j'avais fait de rapporter quelques sujets des différentes races : Sans croupion, Cou-nu, Combattant, Poule frisée, dite de Mozambique. Celle-ci est très curieuse, avec ses plumes plantées à rebours et semi-rigides. »

Nous avons reproduit, en soit entier, la lettre de M. P. Carié, qui, en sa qualité de grand propriétaire mauricien, est particulièrement qualifié pour parler des races de ce pays.

Les notes, également très intéressantes, de M. Robert Fontaine, peuvent s'appliquer, notamment en ce qui concerne la ponte et la qualité de la chair, à des oiseaux croisés avec des poules de Transylvanie.

Nous avons connu, en Loir-et-Cher, une petite basse-cour de poules Cou-nu dont quelques exemplaires furent présentés à l'exposition avicole de Blois, en 1907. Leur propriétaire vantait leurs qualités de ponte et de chair, et s'en déclarait fort satisfait. Il se peut donc que des Combattants importés aient été croisés avec cette race de poules et que les produits aient hérité des qualités dont parle M. Robert Fontaine. Ceci n'est qu'une hypothèse; mais elle expliquerait à la fois l'opinion de M. R. Fontaine, celle des auteurs auxquels nous faisions allusion plus haut, et les observations, précieuses pour notre documentation, de notre collègue et ami, M. Paul Carié, que nous tenons à remercier ici de l'obligeance qu'il a mise à nous renseigner.

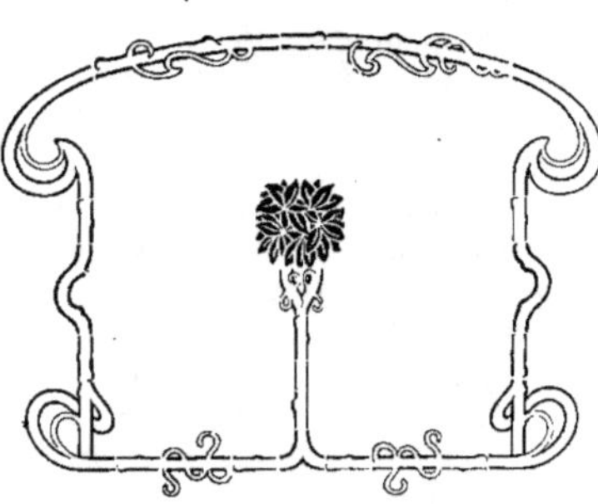

Monographie de la race Orloff.

A race de volailles russe connue sous le nom d'Orloff nous a été révélée en 1905. C'est une race géante qui, paraît-il, est précieuse pour les croisements tendant à obtenir de grosses volailles de table. Elle est, du reste, recommandée pour sa chair délicate et copieuse. La poule pond abondamment de gros œufs couleur d'ivoire.

Standard. Caractères généraux. *Tête* : grande, presque ronde, munie de barbe et de favoris épais, mais sans le moindre soupçon de huppe. L'os frontal large. — *Bec :* court, très gros à la naissance, et fortement courbé en bas, ce qui, avec la barbiche, et les favoris, fait ressembler la tête à celle du hibou. — *Crête :* ressemble à une framboise coupée en deux, elle est de couleur rouge pâle; parsemée de petits boutons à sa partie supérieure, laissant apercevoir au milieu de petites plumes hérissées. De la crête à la naissance du bec s'étend une petite peau fine. — *Yeux :* grands, de couleur rouge orange. — *Oreillons :* très petits chez le coq, à peine visibles chez la poule. — *Cou :* fièrement levé, portant crinière au vent. Le camail présente un gonflement en boule à la partie supérieure du cou, à partir du collet. — *Poitrine :* forte et proéminente. *Dos :* court, large et allant en pente vers la queue. — *Ailes :* de longueur moyenne, mais recouvrant bien les flancs de l'oiseau. — *Queue :* de moyenne grandeur, assez étroite et bien relevée. Le coq porte des faucilles. — *Cuisses :* assez longues et bien musclées. — *Tarses :* forts, grands, nus et de couleur jaune foncé. — *Doigts :* forts, bien écartés, de même nuance que les tarses. — *Poids :* Coq : de 4 à 5 kilos; Poule : de 3 à 4 kilos.

COULEURS. — I. *Rouges.* — Le corps est de couleur rouge orange foncé, la barbe et les favoris sont noirâtres avec pointes acajou. Les ailes ont la teinte plus foncée. Les couvertures rouge bronzé. La queue est de couleur brun rouge.

II. *Mouchetés.* — Fond du plumage orange foncé, avec mouchetures noires aux extrémités blanches, c'est la couleur dénommée actuellement porcelaine. Les ailes sont mélangées de bai, de noir et de blanc. La queue est d'un noir verdâtre. Chez la poule, la couleur sera acajou pâle, avec autant de plumes que possible portant un bout noir terminé par du blanc.

III. *Blancs.* — Blanc neige d'un bout à l'autre.

IV. *Noirs.* — Noir à reflets brillants.

ÉCHELLE DES POINTS .

Tête et Crête	5
Bec	5
Barbe et Favoris	5
Plumes du cou	15
Poitrine	10
Port	10
Taille	20
Pattes et Doigts	10
Couleur	20
	100

DÉFAUTS. — Bec droit. Barbe et favoris pas assez prononcés. Tarses d'autre couleur que jaune.

Observations sur cette race. Le Combattant Orloff était déjà rare avant la guerre. Qu'est-il advenu de cette race depuis la révolution russe? C'est ce que nous ignorons. Il existe, en tous cas, en Angleterre et en Amérique, une race dite Orloff, qui est inférieure comme taille au Combattant Orloff du type russe d'avant-guerre.

Monographie de la race du Combattant japonais (1).

Origines et caractères. Assez répondu au Japon où les combats de Coqs sont très en vogue, il tient beaucoup du Malais. On le nomme dans le pays *Chamo*, et encore *Aka-Sasa* ou *Ainoko*. — Il est grand, fort, élancé, et se tient très droit. Sa hauteur est de 0 m. 75. On prétend que les habitants de Java entourent étroitement de paille des Coquelets arrivés à la moitié de leur croissance, pour obtenir cette position relevée. Cette stature remarquable du Chamo aurait été créée artificiellement, et serait devenue héréditaire. En tous cas, cette positionest très favorable dans les combats, d'autant plus que la race possède courage et force combinés à un très haut degré.

Queue : portée très basse. — **Caractères.** *Formes :* anguleuses. — *Épaules :* hautes et larges. — *Jambes :* bien plantées, assurent une assiette formidable à l'Oiseau. — *Cuisses :* très développées. — *Doigts :* nerveux. Ils font penser à la serre de l'Oiseau de proie.

PLUMAGE : très collant, laisse entrevoir l'arête du bréchet. — *Poitrine :* fort large, mais pas bombée. — *Corps :* si droit que l'Oiseau fait penser à un homme déambulant les mains derrière le dos, la casquette sur l'oreille.

Si le corps est allongé, aucune de ses parties n'est fort longues. — *Tête :* courte et massive. — *Bec :* très court, gros, de couleur jaune. — *Arcade orbitaire :* très développée. — *Crête :* informe et peu allongée, ressemble à celle du Brahma. — *Cou :* vigoureux et assez long. — *Pattes :* également, elles sont jaunes.

Le caractère de cette race est sauvage et batailleur. La Poule est bonne pondeuse d'œufs petit, arrondis et de teinte jaunâtre. — *Variétés :* rouge brun avec poitrine foncée, blanc, noir; d'autres couleurs sont aussi admises.

(1) D'après des Notes de M. Robert Fontaine.

CINQUIÈME GROUPE

LES GRANDES RACES ASIATIQUES

COCHINCHINOISE — BRAHMA — LANGSHAN

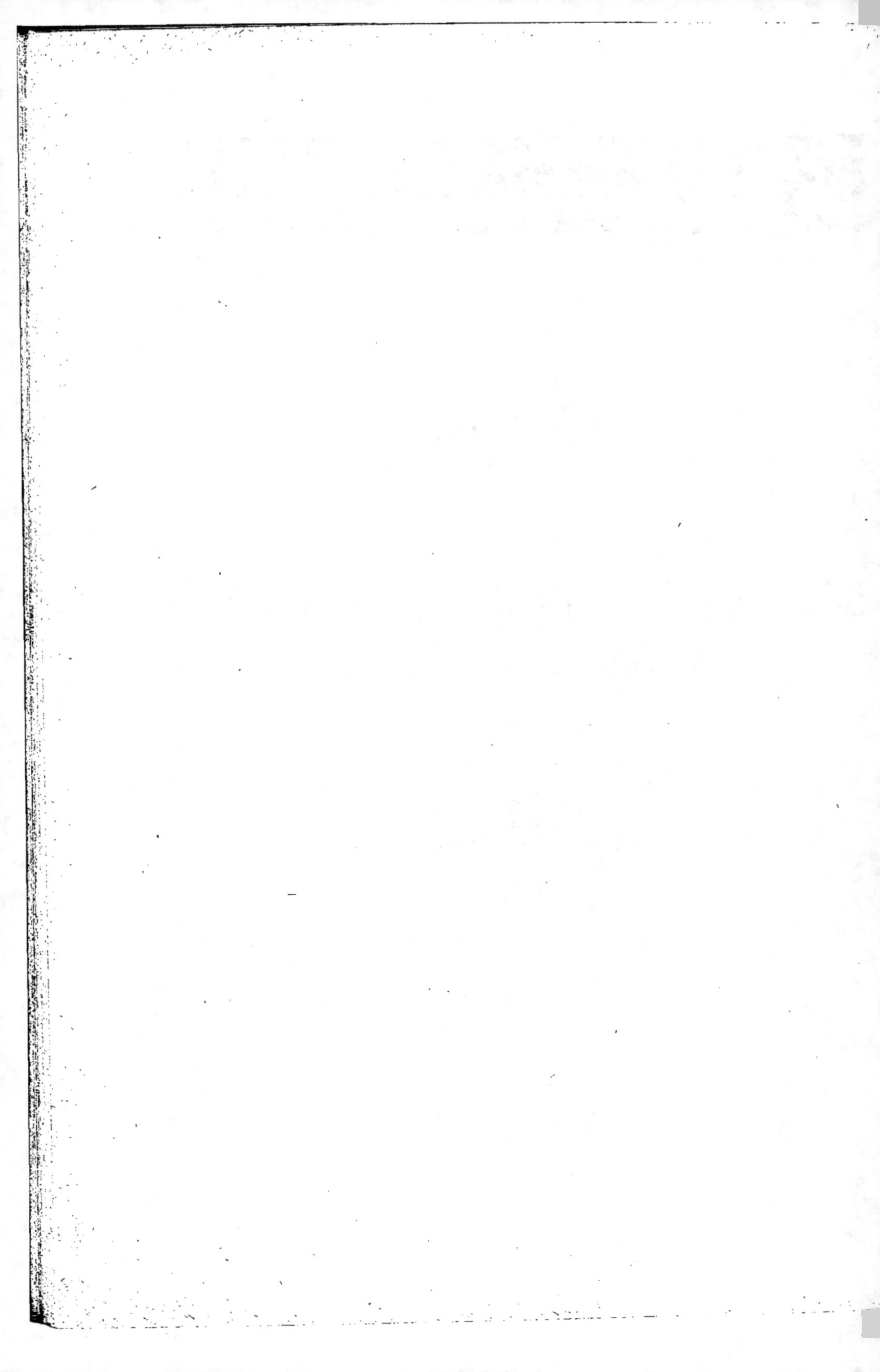

CHAPITRE VI

CINQUIÈME GROUPE

Monographie de la race Cochinchinoise.

Cinq Sous-Variétés.

Origine. Les sujets de la race Cochinchinoise que nous possédons actuellement passent pour descendre de ceux offerts, en 1843, à la reine Victoria d'Angleterre. Mais il est fort douteux que les oiseaux qui composaient ce lot aient été de vrais Cochinchinois; si l'on en croit MM. Lewis et Sturgeon, c'étaient plutôt des Malais ou Indiens au plumage dur et serré. Il paraît plus vraisemblable que l'introducteur en Angleterre de la race Cochinchinoise fut M. Sturgeon qui, intéressé dans une compagnie de denrées alimentaires, fournissait les navires faisant l'importation du thé. Il eut l'occasion de voir, à bord, des volailles qui le frappèrent par suite de l'ampleur de leur forme et de l'abondance de leur plumage; il en fit l'acquisition et les multiplia, non sans de nombreux déboires dans les débuts, par suite de morts accidentelles ou volontaires; un de ses jeunes frères, trouvant que ces volailles, fort grosses, feraient un merveilleux rôti pour un dîner de fête, ne fit-il pas occire les plus beaux spécimens? M. Sturgeon réussit à s'en procurer d'autres et à avoir assez d'œufs pour posséder, en 1851, un ensemble assez important de sujets de cette nouvelle race.

D'autre part, en 1846, dit la Perre de Roo, le vice-amiral français Cécile, expédia de Makao, province de Kouang-Toung, en Chine ,au ministre de la Marine, six poules et deux coqs de la vraie race Shang-Haï; ces volailles avaient été achetées dans une ferme située près de Shang-Haï, où la race est très répandue. Ces sujets arrivèrent en France, le 22 mai de la même année, et furent appelés à tort *Cochinchinois*, nom qui leur est resté et que toutes les protestations de l'amiral Cécile ne parvinrent pas à rectifier. L'amiral de Mackau, alors ministre de la Marine, fit don d'un coq et de trois poules au Muséum d'Histoire Naturelle, où ils se multiplièrent rapidement, et le vice-amiral Cécile garda les autres, qu'il fit reproduire chez lui, en vue d'en propager la race.

C'est donc, en réalité, la France qui a été la première à élever ces superbes volailles.

Toutefois, après avoir été, en France, le sujet d'un engouement général, pendant les premières années qui suivirent leur introduction, la savante ignorance, pour employer le terme de la Perre de Roo, leur trouva mille défauts et les abandonna, avant qu'elles eussent été suffisamment acclimatées pour permettre d'apprécier leur mérite en connaissance de cause, et la race, livrée aux hasards des croisements, disparut dans le mélange des basses-cours. En Angleterre, au contraire, M. Sturgeon et ses confrères en élevage, qui avaient acquis chez lui des sujets, à des prix très élevés pour l'époque, s'appliquèrent à sélectionner la race et à la conserver dans toute sa pureté. Cette *Cochin fever* (littéralement fièvre du Cochin), qui en Angleterre s'empara des propriétaires les plus riches, fut, — chose intéressante à constater, — le point de départ de l'attention que les Anglais apportèrent aux animaux de basse-cour, et la première manifestation de la Fancy, ou Aviculture sportive, dont nous nous occupons tant actuellement.

Les éleveurs, pour avoir des Cochinchinois purs, durent s'adresser aux aviculteurs d'Outre-Manche. C'étaient certainement des Cochinchinois purs, mais le type s'était déjà considérablement modifié et ces modifications n'ont fait que s'accentuer par la suite.

Charles Jacque nous a laissé (1) une description intéressante des premiers sujets introduits en France :

« Le corps du coq Cochinchinois, dit-il, est d'une configuration heurtée et comme composé de parties cubiques. Les épaules, extrêmement saillantes et anguleuses, forment sur le dos et les ailes qui sont élevés au niveau du dos, une grande surface plate et horizontale. Le plastron est haut et large, les plumes des flancs, extrêmement aplaties et se rejoignant en deux grandes plaques, laissent bien voir la proéminence du sternum. Les ailes sont courtes ou presque cachées par les lancettes, qui cependant ne descendent pas beaucoup plus bas qu'elles. Tout ce que je viens de décrire compose la partie supérieure du coq, laquelle est recouverte de plumes généralement courtes et collantes, qui laissent bien comprendre la forme heurtée des membres qu'elles recouvrent; aussi cette partie supérieure présente-t-elle un grand contraste avec les cuisses qui sont enveloppées de plumes longues, légères, épanouies, bouffantes et formant avec le cul d'artichaut une masse vraiment disproportionnée, mais qui constitue les caractères les plus saillants de l'espèce. Les

jambes ou pilons sont à peu près cachés sous les plumes des cuisses et laissent à peine entrevoir l'endroit où elles s'articulent au canon de la patte. »

Comparez cette description avec le Standard actuel et vous verrez la notable différence qui existe entre le type introduit et le type actuel.

Ces modifications ont-elle été profitables au point de vue productif? Non, s'il faut en croire les judicieuses observations de M. Tegetmeier (2). S'il était absurde de vouloir faire accroire que cette nouvelle race pondait deux à trois œufs par jour, on pouvait la considérer comme une des meilleures pondeuses parmi les races bonnes couveuses. « J'ai, nous dit-il, le bilan de ponte de quatre jeunes poules Cochin, descendant des meilleurs sujets importés; celles de 1855 pondirent 570 œufs et un autre lot de quatre couveuses, dans des circonstances aussi favorables, pondirent 599 œufs, donnant une moyenne de 146 œufs par an et par poule. Comme on laisse chacune d'elles élever une couvée, et comme la moitié des œufs furent pondus durant les mois d'hiver, on peut considérer ce résultat comme très satisfaisant, si on le compare à nos Cochins d'aujourd'hui, qui utilisent leur nourriture à la production de plumes inutiles », et plus loin :

« J'ai déjà dit que les Cochins de nos jours sont une masse de plumes inutiles. Les plumes consistent en une matière animale sèche, dont la composition se rapproche beaucoup de la viande sèche, mais d'autre part la chair est une matière animale ou azotée combinée à trois fois son poids d'eau. En ne considérant que le point de vue de la nourriture,

---

(1) Ch. JACQUE. — *Le Poulailler. Monographie des Poules indigènes et exotiques.* Paris, Libr. agr. de la Maison rustique, 1858, in-8°, p. 177. — Il a été donné, à la même librairie, des éditions in-12, plus récentes, de cet excellent livre, illustré par le célèbre artiste que fut Jacque.

(2) W.-B. TEGETMEIER. *Poultry for the table and market versus Fancy Fowls, with an exposition of the fallacies of Poultry Farming.* London, Horace Cox, 1898, third edit., revised an enlarged.

l'oiseau consomme autant de blé pour produire une livre de plumes que 4 livres de viande et si le plumage d'un Cochin pèse 1/4 de livre de plus qu'il est nécessaire (ou de plus que les autres races), les aliments qui auraient pu produire une livre de viande ont été dépensés en pure perte, et cette perte est répétée à chaque mue annuelle. »

Depuis 1900, les Américains qui s'en tenaient au type européen, l'ont considérablement modifié; ils se sont appliqués à développer plus encore le bouffant et à rendre les plumes le plus duveteuses possible; les plumes sont toutes garnies à leur base de barbes, privées de barbules, elles offrent dans cette partie un aspect duveteux; les Américains ont augmenté considérablement cette partie, diminuant le plus possible la partie rigide de la plume, un quart seulement restant rigide; il en résulte des oiseaux qui ont l'air d'être presque tout habillés de duvet, et, ce duvet garnissant mieux toutes les parties creuses du corps, ils paraissent encore plus ronds; le vrai duvet est aussi plus développé dans le type américain et descend beaucoup plus bas le long des cuisses et des tarses, ne laissant apercevoir de *vraies* plumes qu'aux pieds.

Arrivera-t-on au plumage composé entièrement de duvet? Il n'y'aurait rien d'étonnant à ce que ce désir des aviculteurs américains fût réalisé.

Standard.
Caractères
généraux.
COQ. — TÊTE. — *Crâne :* petit. — *Bec :* recourbé, court et fort à sa base. — *Œil :* expressif. — *Crête :* simple, dressée, bien arquée, parfaitement droite, sans excroissances latérales, de fine texture et régulièrement dentée. — *Oreillons :* assez développés pour pendre aussi bas ou presque aussi bas que les barbillons. — *Barbillons :* longs, minces et pendants. — *Cou :* plutôt court et porté plutôt en avant, garni d'un ample camail qui doit flotter sur les épaules. — *Corps :* large et profond. — *Dos :* large, mais très court. — *Cous-*sin (1) large, montant franchement vers la queue, en formant une ligne harmonieuse avec cet organe. — *Ailes :* petites, portées serrées contre le corps et bien fermées, les plumes du vol entièrement repoussées sous les rémiges secondaires. — *Poitrine :* large et pleine, s'étendant aussi bas que possible. — *Queue :* petite et molle, avec le moins possible de côtes dures portées bas ou presque à plat. — *Jambes et pieds : cuisses :* larges et fortement recouvertes de duvet ou de plumes frisées, avec le moins possible de plumes à côtes dures. — *Tarses :* courts et épais, écartés et fortement emplumés sur le dehors, les plumes partant du genou et allant jusqu'à l'extrémité des doigts du milieu et d'arrière. — *Doigts :* au nombre de quatre, forts, droits et bien étendus. — *Port :* imposant, plutôt en avant, arrière-train élevé. — *Poids :* adultes, 10 à 13 livres; coquelets, de 8 à 10 livres.

POULE. — TÊTE. — *Crâne :* tête très petite. — *Bec :* comme chez le coq. — *Crêtes, oreillons et barbillons :* comme chez le coq. — *Cou :* aussi court que possible, porté bien en avant et garni d'un camail abondant. — *Dos :* très plat, large et court. — *Coussin :* excessivement large et convexe, commençant à s'élever le plus en avant possible et enterrant presque la queue. — *Ailes :* comme chez le coq, mais de plus petites proportions, les pointes cachées sous le plumage du corps. — *Queue :* très petite, portée presqu'horizontalement et presque cachée sous le coussin. — *Jambes et pieds :* comme chez le coq. — *Poids :* adultes, de 9 à 11 livres; poulettes, de 7 à 10 livres.

COULEUR

VARIÉTÉ FAUVE.

Bec : jaune riche. — *Crête, face, oreillons et barbillons :* rouge brillant. — *Œil :* rouge, quoiqu'on admette l'œil blanc ou perlé. — *Tarses :* jaune, une teinte rougeâtre se manifeste entre les écailles dans les vieux sujets.

Plumage du coq. — Fauve; allant du citron au cannelle, mais d'une nuance uniforme non tachée ou pommelée. — *Camail, dos, épaules, ailes et coussin :* d'une nuance plus foncée, mais s'accordant avec celles des autres parties. — *Queue :* d'une nuance encore plus foncée, mais avec le moins possible de plumes noires; le blanc dans la queue doit être évité.

Plumage de la poule. — D'une nuance unie et non pommelée. — *Camail :* d'une couleur plus foncée, mais s'harmonisant avec la nuance du corps, sans flammes, rayures, crayonnage, ou parties plus claires.

(1) Le coussin, d'une importance capitale chez le Cochin, consiste dans les reins garnis de lancettes chez le coq, et de plumes ordinaires chez la poule.

Variété perdrix.

Bec : jaune ou couleur corne. — *Crête, oreillons, barbillons* : comme dans la variété fauve. — *Œil* : rouge brillant. — *Tarses* : jaune ou couleur poussière.

Plumage du coq. — *Camail* : rouge brillant ou rouge orangé, avec une forte flamme noire sur chaque plume. — *Dos, épaules et petites couvertures de l'aile* : brun rouge, mais d'une teinte franchement plus foncée que dans le camail. — *Grandes couvertures de l'aile* : d'un vert noir métallique, formant une large et nette barre en travers de l'aile. — *Rémiges secondaires* : à barbes externes bai brillant, seule couleur visible quand l'aile est fermée, et à barbes internes noires; la pointe de chaque plume est noire. — *Rémiges primaires* : à barbes externes bai foncé et à barbes internes noirâtres. — *Poitrine, dessous du corps, cuisses et plumes des tarses* : d'un noir aussi intense que possible. — *Queue* : noire à reflets métalliques; des plumes blanches dans la queue ne sont pas une cause de disqualification, mais sont pourtant considérées comme un très grave défaut.

Plumage de la poule. — *Camail* : jaune d'or ou jaune orangé doré, chaque plume portant une large flamme noire; ces flammes doivent exister aussi sur le dessus de la tête. — *Reste du plumage* : d'une couleur brune, chaque plume régulièrement crayonnée, en forme de croissant, de noir ou de brun très foncé; le crayonnage doit être net et parfait partout et jusque sous la gorge; les plumes des tarses sont crayonnées de même que celles du corps.

Variété blanche.

Bec : jaune riche. — *Crête, face, etc.* : comme dans la variété fauve. — *Œil* : perle ou rouge brillant. — *Tarses* : jaune. — *Plumage* : blanc pur sans aucune teinte rougeâtre ou jaunâtre, ni tiquetage noir ou jaune. Les coqs montrent souvent une teinte paille sur leurs parties supérieures et ce défaut doit être évité autant que possible.

Variété noire.

Bec : jaune, noir ou couleur corne. — *Crête, face, etc.* : comme dans la variété fauve. — *Œil* : rouge brillant, rouge foncé, brun ou presque noir. — *Tarses* : jaune verdâtre. — *Plumage* : d'un beau noir à reflets brillants (un noir terne est un gros défaut) et sans plumes jaunes, dorées ou rouges.

Variété coucou.

Bec : d'un beau jaune brillant, mais la couleur corne est préférable. — *Crête, oreillons, etc.* : comme dans la variété fauve. — *Œil* : rouge brillant. — *Tarses* : jaune brillant. — *Plumage* : couleur de fond, gris bleuâtre, barré ou crayonné en travers de bleu gris noir foncé, le camail du coq ne devant point offrir de teinte dorée ou rougeâtre et la queue de plumes noires ou blanches.

Échelle des points pour toutes les variétés.

Couleur ou marques dans les variétés Perdrix et Coucou	20
Taille	15
Symétrie	10
Plumes des tarses et pieds	10
Tête	10
Coussin	8
Duvet ou bouffant	7
Queue	5
Camail	5
Oreillons	5
Condition	5
Total	**100**

Sérieux défauts. — Rémiges primaires de l'aile tordues sur leur axe, ailes retournées, tarses complètement nus (disqualification absolue), tarses de toute autre couleur que jaune ou chair, sauf dans la variété noire, où ils peuvent à la rigueur être noirs; plumes entièrement noires, chez le coucou; crêtes retombantes ou tordues; queue de travers et toute autre difformité.

Observations sur le Standard. Nous insisterons sur quelques points importants, afin de les mettre en lumière mieux que ne le fait la sécheresse du Standard. La *tête* doit être plutôt petite en proportion de la grosseur de l'oiseau; mais il est bon de faire remarquer ici que, grâce à son abondant duvet et à son plumage, il paraît plus gros qu'il ne l'est en réalité. La *crête*, la *face*, les *oreillons* et les *barbillons* devront être d'une peau aussi fine que possible, et d'une belle couleur rouge. Une peau rugueuse doit être considérée comme un grand défaut; la crête ne doit pas être trop grande; car une grande crête et des barbillons développés enlèvent à l'oiseau cet aspect spécial qui doit caractériser les vrais et beaux Cochins. Les oreillons tomberont bas et jusqu'au niveau inférieur des barbillons, mais sans les dépasser comme il arrive parfois chez les Brahma.

Le *cou* devra être plutôt court et bien couvert par un camail flottant et abondant, très long et s'étendant sur les épaules; un pareil camail fait paraître le dos très court, qualité fort recherchée chez les beaux types; il sera gracieusement recourbé et porté en avant.

Les *épaules* devront être carrées et aussi larges que possible, étant entendu que le dos et le coussin sont larges également. Un sujet avec une poitrine et des épaules larges, mais possédant un coussin étroit, doit être considéré comme un très mauvais type.

Le *dos,* aussi large que possible, doit être très court et presqu'entièrement caché par le camail, à un tel point que, lorsque le port est droit, les lancettes qui garnissent les reins doivent paraître le prolongement du camail. Le *coussin* est l'une des parties qui caractérisent le plus la race. Il doit être large et recourbé, se relevant dans la direction de la queue, pour s'abaisser légèrement au commencement de cet organe, de manière à produire, chez la poule, au commencement de la queue, une sorte de buste de duvet; les lancettes qui garnissent les reins doivent être très développées, chez le coq, et recouvrir la pointe des ailes. La *queue* elle-même doit être très peu développée, se détachant à peine des plumes de couverture, qui doivent être abondantes et molles.

Le *corps* doit être large, court et carré; les *cuisses* garnies d'un duvet épais, forment une sorte de boule; c'est là un point très important.

Les *cuisses, tarses* et *pieds* seront garnis, le plus possible, de plumes et de duvet; ces plumes doivent être douces et molles; il faut, autant que possible, éviter le *Vulture's hock* (jarret de Vautour), les manchettes, qui, considérées

autrefois comme une disqualification, sont néanmoins tolérées actuellement, quoiqu'elles soient bien disgracieuses. Chacun sait que l'on désigne sous le nom de *Vulture's hock* les plumes raides et résistantes qui dépassent les calcaneums de plusieurs centimètres en forme de manchettes ou d'éperons. Les oiseaux qui les possèdent ont l'air de sauter sur leurs talons, plutôt que de marcher sur leurs doigts de pieds.

Qualités et exigences de la race. Parfaitement acclimatée chez nous, la race Cochinchinoise se montre rustique et d'un élevage facile. Ce n'est pas actuellement une pondeuse hors ligne (80 à 110 œufs en moyenne par an) et les œufs ne pèsent que 55 grammes environ; mais ils ont une coquille fortement colorée, d'un jaune rosé tirant sur le brun, avec relativement moins de blanc que dans les autres races, et une finesse de goût qui, si elle n'est pas toujours reconnue par le commerce, l'est hautement des gourmets; c'est d'ailleurs cette constatation qui a fait et fait encore aujourd'hui préférer en Angleterre les œufs à coquille teintée. La race Cochinchinoise manifeste un besoin de couver, qui ne se rencontre dans aucune race européenne, et qui surpasse même à cet égard toutes les autres races asiatiques; de ce fait, la ponte se trouve souvent entravée; mais, d'autre part, par suite de cette manie d'incubation, la ponte est répartie à peu près sur toute l'année, aussi peut-on considérer la Cochinchinoise comme une bonne pondeuse d'hiver, et est-elle, par croisement, capable de transmettre cette qualité aux autres races.

Toutefois, si la Cochin est bonne couveuse et constitue comme on l'a dit, « une vraie machine à couver », ce qui peut rendre des services dans l'exploitation

19

où l'on n'utilise pas les éleveuses artificielles, il faut dire que, par suite de sa lourdeur, elle est une mère maladroite, malgré toute la vigilance et la bonne volonté qu'elle y apporte : « Merveilleuse pour faire éclore les poussins, disait Tegetmeier, merveilleuse aussi pour les tuer dès qu'ils sont éclos ». Il y a peut-être de l'exagération, mais il faut reconnaître qu'avec la Cochin, les accidents sont plutôt fréquents.

On la remplace maintenant, comme couveuse et éleveuse, dans beaucoup d'élevages, par l'Orpington fauve.

Le développement des jeunes est lent, ce qui n'a rien d'étonnant, étant donnée la forte taille qu'ils atteignent plus tard ; ils sont aussi longs à s'emplumer et restent parfois nus durant des semaines.

Les Cochinchinois sont peu habiles à trouver leur nourriture dans les champs ; ils s'éloignent peu du poulailler ; aussi supportent-ils très bien la séquestration en parquets. Leur chair est filandreuse.

La race Cochinchinoise comme race d'utilité. Si, dès les débuts, la race Cochinchinoise non modifiée paraissait pouvoir rendre des services dans nos basses-cours, il n'en est plus de même aujourd'hui ; et il ne faut actuellement la considérer que comme une race d'exposition, mais cette race peut encore rendre des services, en communiquant par croisement aux volailles, du pays l'ampleur de forme et l'aptitude de pondre l'hiver. A ce titre, elle mérite l'attention des éleveurs qui veulent modifier le type existant dans leurs basses-cours ; mais, dans ce rôle encore, elle tend actuellement à être supplantée par l'Orpington, qui offre, entre autres avantages, celui d'avoir les pattes lisses.

La race Cochinchinoise au point de vue sportif. C'est surtout au point de vue sportif, que la race Cochinchinoise retient maintenant l'attention des éleveurs ; et c'est véritablement une des reines de nos expositions avicoles. Pour peu que l'on ait fréquenté les manifestations d'élevage, on a remarqué combien le grand public, le public des dimanches, les non-connaisseurs, s'arrêtent devant ces masses imposantes de chair et de plumes, les connaisseurs aussi, car il n'est point aisé d'obtenir des Cochinchinoises dignes d'une première récompense.

Passons rapidement en revue les différentes variétés, en cherchant à dégager les points les plus recherchés, et la meilleure manière de former des parquets.

Variété fauve. — La couleur uniforme des Cochins fauves peut varier du citron clair au cannelle foncé ; le plus essentiel, c'est que la couleur soit uniforme et n'offre pas des taches plus ou moins foncées ou claires sur diverses parties du corps. Il est vrai que le camail, et, chez le coq, les couvertures des ailes qui sont d'un caractère différent des autres plumes, offrent généralement des teintes plus foncées ; mais, malgré tout, ces parties ne devront pas trop se différencier de la nuance générale du corps.

L'uniformité de coloris est, sans contredit, le point le plus difficile à obtenir chez les Cochins fauves. Premièrement, parce qu'il est difficile d'obtenir, par un judicieux choix des reproducteurs, des jeunes offrant cette qualité ; secondement, parce que, l'uniformité de couleur une fois obtenue chez les jeunes, il est fort difficile de la maintenir ; car, durant la saison de la mue, le soleil ou la pluie peuvent influencer les plumes encore tendres et produire des décolorations qui dureront toute la saison.

Une des plus jolies nuances consiste dans le citron; les dessous du coq et le corps entier de la poule offrent la nuance dorée de ce fruit, tandis que, dans les deux sexes, le camail et les épaules, et les couvertures des ailes, chez le coq, se trouvent d'une teinte un peu plus foncée et plus brillante, mais sans se différencier d'une manière notable de la coloration totale du corps. La queue doit être dépourvue de plumes blanches ou noires, et doit offrir une coloration uniforme analogue à celle du camail. C'est là un point assez difficile à obtenir; aussi tolère-t-on souvent quelques plumes noires dans la queue des beaux sujets, mais, par suite, ils ne peuvent prétendre à être parfaits.

Le fauve brillant tirant un peu sur l'orange vif est maintenant la teinte la plus estimée; mais il faut observer que la teinte préférée est sujette à des variations suivant le goût du moment.

Un point extrêmement important est l'absence de toutes taches, marques ou pointillés blancs ou gris sur les ailes.

Puis, comme reproducteurs, on conseille de choisir des oiseaux (poules et coqs) aussi parfaits que possible; la poitrine du coq assortissant celle des poules avec une couleur uniforme et analogue répandue sur tout le corps. Il est bon de choisir des reproducteurs de nuance générale un peu plus foncée que celle que l'on veut voir chez les jeunes, car il est à remarquer que la teinte du plumage tend toujours à s'affaiblir chez les descendants. Un point très important consiste dans la nuance du duvet, qui doit être aussi foncé que possible; car il est reconnu que les sujets à duvet clair ont une tendance à transmettre à leur progéniture une moindre quantité de pigments donnant de la coloration aux plumes.

La grosseur des reproducteurs doit être considérée en seconde ligne, et il est préférable d'employer des sujets de couleur parfaite, mais de taille moyenne, plutôt que des sujets de forte taille, mais inférieurs comme coloration. Des reproducteurs de grosseur moyenne et *âgés de deux ans* produiront des poussins qui, bien élevés et bien nourris, deviendront assez gros et parfois très gros. La manière d'élever et de nourrir les jeunes joue ici, comme dans toutes les races, le rôle le plus important.

Il est nécessaire d'abriter les jeunes contre la pluie et contre le soleil, non seulement dans l'intérêt de leur santé, mais aussi pour conserver à leur plumage une coloration uniforme. Les oiseaux dont les plumes durant leur croissance sont un jour exposés à la pluie, puis le lendemain au soleil, n'auront jamais qu'un plumage décoloré et panaché d'un aspect des plus désagréables.

Variété perdrix. — Le coq de la variété perdrix est une bel oiseau, offrant un plumage élégant et agréablement colorié. Quelques enthousiastes prétendent que l'on peut trouver chez ce gallinacé toutes les nuances des oiseaux des îles et des plus beaux perroquets; son plumage est, en effet, une heureuse réunion de rouge orange, jaune et noir.

Le Standard donne une description suffisante du plumage; nous n'y reviendrons que sur quelques rares points. L'œil doit être orange, ou suivant le Standard américain de couleur bai; on tolère l'œil perlé, mais il faut convenir que cette coloration ne s'accorde pas aussi bien que la nuance orange avec les diverses teintes de plumage. Chez la poule, le camail doit être abondant, d'une couleur variant entre le jaune d'or, le jaune brun doré, et le jaune orange; chaque plume du camail porte une large bande de rayures longitudinales noire. Cette bande noire est parfois vermiculée ou crayonnée de brun rouge; c'est une qualité à rechercher chez les reproducteurs et point à dédaigner chez les sujets d'exposition. Il existe, chez les poules Cochins perdrix, deux types de plumage : les claires et les foncées, qui ne diffèrent entre elles que par le fond de la robe, qui

nage sont d'une importance extrême; il se compose de bandes ou rayures longitudinales, se dirigeant parrallèlement aux bords externes des plumes; chaque plume doit offrir le plus grand nombre possible de ces bandes, sans toutefois nuire à la netteté du dessin par

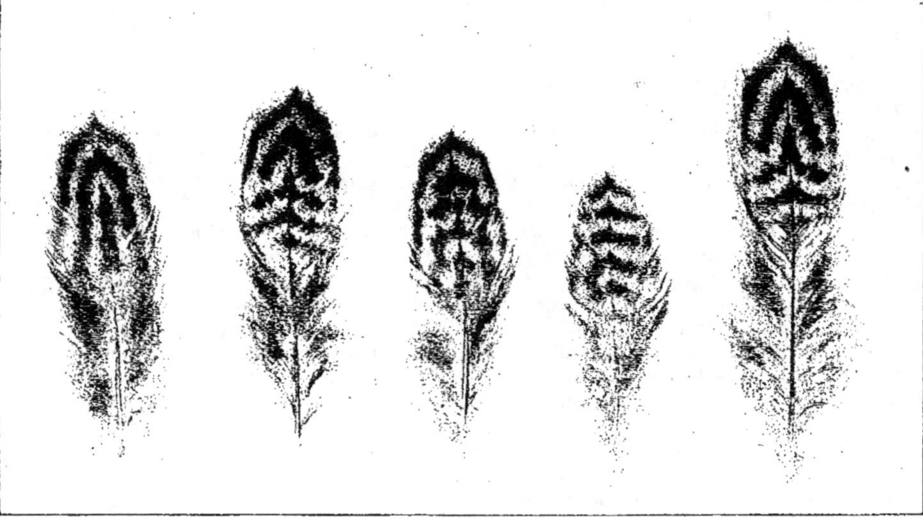

(*Cliché Cassel.*)

PLUMES CRAYONNÉES DE COCHIN PERDRIX

est un peu plus foncée chez l'une que chez l'autre; du reste, la variété claire paraît aujourd'hui presque complètement abandonnée, et la coloration foncée attire seule l'attention des éleveurs. Avant tout, la coloration doit être parfaitement uniforme sur tout le corps, la couleur préférée est un brun rouge acajou; chaque plume ornée d'un crayonnage régulier brun foncé, très régulier, et se détachant bien sur le fond brun rouge. La régularité et la netteté de ce crayon-

leur abondance. Pour obtenir des beaux Cochins perdrix, il est presque indispensable d'établir deux parquets de reproducteurs, l'un pour les mâles, l'autre pour les femelles.

Si l'on veut produire de beaux coqs d'exposition, on choisira comme mâle un sujet offrant les qualités de conformation et de plumage que l'on désire voir se perpétuer chez les jeunes. On accordera néanmoins la préférence à un type qui aura le camail d'un rouge riche, les rayures longitudinales des plumes étant d'un noir intense et plus larges et marquées que ne l'exige le Standard. La poitrine et le dessous du corps devront aussi être d'un noir intense, sans aucune tache de marron. Pour la conformation, on pourra négliger un peu la grosseur; mais il faut, avant tout, que le dos et les reins soient très larges. Quant aux poules à unir à ce coq, on les choisira d'une teinte générale très foncée, rouge brun tirant sur la couleur du café torréfié, avec un camail rouge orange. Un point très important à considérer, dans ce choix, c'est le crayonnage qui recouvre les plumes de ces poules. Les différentes bandes, qui forment le dessin, seront étroites, quoique nettes, nombreuses et très rapprochées, couvrant pour ainsi dire tout le fond; cette disposition donne aux sujets un aspect noirâtre et terne, qui ne saurait être admis chez un sujet de concours; mais, avec de pareilles poules, on obtient une grande proportion de coqs méritants. Les poulettes issues de ce parquet seront néanmoins conservées; on trouvera parmi elles de beaux spécimens pour la formation des parquets destinés à la production des coqs. Remarque très importante : il faut absolument éviter d'introduire dans les parquets de reproducteurs tout sujet ayant du blanc dans la queue; c'est un défaut qui se transmet très facilement, et qui apparaît sans cesse chez les descendants de pareils animaux; il est très difficile de le faire disparaître, une fois qu'une lignée l'a acquis; car c'est un caractère dominant.

Pour l'obtention des poules de concours, on choisira un coq ayant un camail tirant sur le jaune, plutôt que sur le rouge, tout en étant bien rayé de noir. On recherchera les sujets offrant, sur la poitrine et les parties inférieures du corps, des taches marron; si l'on pouvait trouver un sujet dont la poitrine fût crayonnée de bai ou de marron, ce serait une précieuse acquisition. Quant aux poules, on les choisira se rapprochant du Standard, avec un crayonnage très régulier, très foncé et très distinct. Le camail devra être d'un beau jaune foncé doré; le reste du plumage pourra être d'un brun plutôt clair, — les rayures étant toujours très foncées, — mais on devra éviter toute teinte jaunâtre dans la coloration du fond du plumage. Il faudra attacher une grande importance à la netteté et à la régularité du crayonnage de la poitrine.

On aura soin également de veiller, chez tous les reproducteurs, à ce que la crête soit droite, régulièrement dentelée, sans ondulations, et sans dents latérales.

Variété blanche. — Dans cette variété, l'œil est orange, quoiqu'on ne considère pas l'œil perlé comme une disqualification, mais l'œil orange s'accorde beaucoup mieux avec un plumage blanc. Le bec, jaune de corne, ou mieux franchement jaune. Les tarses, jaunes sans tirer sur le blanc ou le rosé, comme cela arrive très fréquemment. Enfin, la couleur doit être d'un blanc pur argent, et et sans aucune teinte jaunâtre.

Bon nombre de sujets ont la coloration voulue, lorsqu'ils sont jeunes; mais, une fois adultes, ils prennent une coloration jaunâtre et même jaune, qui est très défectueuse.

Il faut absolument éviter de choisir de pareils oiseaux comme reproducteurs; car ils transmettraient infailliblement ce défaut à leur descendance. On rejettera aussi les oiseaux qui ont du blanc dans les oreillons; ce défaut se transmet et augmente chez les jeunes issus de pareils sujets.

Les spécimens à œil perlé passent pour avoir une plus délicate constitution que les autres; ils deviennent aussi plus fréquemment aveugles, dit-on.

Les Cochins blancs, pour être jolis, demandent à être élevés dans des parquets d'une extrême propreté ou mieux sur de vastes pelouses; ils n'ont jamais qu'un piteux aspect, lorsqu'ils sont maintenus renfermés dans l'étroite volière d'une maison urbaine, où l'air impur, rempli de fumée, ternit la splendeur de leur plumage.

Fait à remarquer, le croisement de Cochins fauves et de Cochins blancs produit des sujets noirs.

Cochins noirs. — Les premiers Cochins noirs ont sans doute été obtenus par le croisement que nous venons de signaler, et il en résultait que, parmi les jeunes, apparaissaient sans cesse des coquelets avec camail jaunâtre ou rougeâtre, et des poulettes prenant des plumes blanches lorsqu'elles devenaient adultes. Ce défaut exista jusqu'à l'époque, déjà ancienne, où l'on introduisit des oiseaux à plumage noir, à œil noir, se rapprochant beaucoup des Cochins noirs, et que l'on considéra comme tels, quoiqu'ils offrissent certaines différences de forme, un plumage plus uni et des tarses noirs. C'étaient, comme on le reconnut plus tard, les premiers Langshan importés. Grâce à l'introduction de ce sang nouveau, la variété devint plus fixe et se reproduisit d'une manière naturelle; une habile sélection leur fit regagner les formes extérieures des purs Cochins, que ce croisement avaient un peu altérées; il faut maintenant regretter que l'on ne s'adonne pas plus à l'élevage de ces jolies volailles; malheureusement, leur certaine ressemblance — assez éloignée pourtant — avec les Langshan leur cause du tort.

Les Cochins noirs offrent les caractères des blancs, à l'exception de leur plumage, qui doit être d'un beau noir à reflets métalliques; enfin, l'œil peut être ou rouge, ou noir, et les tarses peuvent présenter une teinte jaune un peu terne, au lieu du jaune vif exigé dans les autres variétés; néanmoins, le jaune vif et franc est préférable; la plante des pieds doit toujours être jaune ou jaunâtre.

Les Cochins noirs ont une grande tendance à avoir la peau de la crête rugueuse; c'est un grave défaut; il faut absolument l'éviter chez les reproducteurs. On choisira ceux-ci avec le plumage le plus brillant possible.

Cochins coucou. — Les Cochins coucou offrent les mêmes caractères généraux que les autres variétés de la race : crête, face, oreillons et barbillons rouge vif, bec jaune, quelquefois marqué de noir, œil rouge. La couleur générale est d'un gris bleu clair, chaque plume portant des barres transversales d'un gris bleu plus foncé, ces barres ne doivent par se détacher nettement; leurs bords, au contraire, doivent, en s'éclaircissant peu à peu, se confondre avec les nuances du fond. Ce dessin doit s'étendre d'une manière uniforme sur tout le corps, et une grande régularité est exigée; chez les beaux sujets, les tarses sont jaunâtres, quoique le jaune vif soit préférable.

Cette variété provient, soit d'un accident de plumage survenu dans les croisements, pour obtenir des noirs, soit de croisement Cochins.

Pour le choix des reproducteurs, on suivra les règles que nous avons indiquées pour les variétés coucou ou barrées, les Plymouth Rock par exemple. D'ailleurs, cette variété paraît complètement abandonnée aujourd'hui.

Pas de club en France, ni au Canada.

Les Cochins et la Caricature. Les races asiatiques, sélectionnées au point de vue sportif, et particulièrement les Cochins, par suite de l'emplumement exagéré, mais voulu, de leurs tarses, ont inspiré souvent la verve des caricaturistes. Nous donnons ici un exemple de ces dessins humoristiques, emprunté à la *Chasse illustrée,* qui représente une scène de voltige et de haute... fantaisie, où un superbe coq de race Méditerranéenne, à la crête conquérante, juché, faucilles au vent et tarses écartés, sur deux opulentes poules asiatiques, conduit ces dernières, dans quelque cirque idéal, qui n'exista peut-être que dans l'imagination de l'artiste, et les guide au moyen de rênes qu'il tient énergiquement dans son bec.

Monographie de la race de Brahma Pootra.

Deux Sous-Variétés : Herminée et Inverse.

Les Brahma, qui autrefois étaient désignés sous le nom de Brahma-Pootra, ont été introduits en Europe des États-Unis, un lot important de ces volailles ayant été adressé par un M. G. Burnahm comme cadeau à la reine Victoria d'Angleterre; cet éleveur assurait que ces sujets avaient été apportés de Shanghai en Amérique. Quoique cette race porte le nom d'un grand fleuve de l'Inde, son origine chinoise paraît beaucoup plus probable que toute autre, et même leur proche parenté avec les Cochins est fort probable ; ces derniers auraient été importés en Europe vers 1847, tandis que les fondateurs de la race Brahma étaient, à la même époque environ, transportés aux États-Unis. Les éleveurs, en sélectionnant, en pratiquant peut-être des croisements, ont créé deux races différentes de sujets, qui peut être étaient de même origine ; d'ailleurs, les premiers types de Cochins et de Brahma avaient de grands points de ressemblance ; un caractère distinctif de la Brahma actuelle, sa crête fraisée, n'existait pas, et le vieux type nous offrait la crête simple du Cochin.

Dans le livre, que nous avons déjà cité, de Charles Jacque, cet auteur consacre à la race de Brahma-Pootra des lignes assez suggestives.

Après avoir rappelé qu'elle avait été introduite en France vers 1853, peu de temps après son importation en Angleterre, il dit que la beauté de son plumage, la taille des oiseaux, dépassant celle des autres races gallines connues, la supériorité de sa chair sur celle de la Cochin en firent bientôt rechercher la possession par de nombreux amateurs.

Malheureusement, de mauvaises conditions d'élevage et de sélection, sans parler des mélanges de races dûs à des croisements avec le Cochin blanc, le Malais blanc et d'autres encore, amenèrent rapidement la dégénérescence et la disparition du type, qui se perdit dans ces alliances avec des sujets de mauvaise origine.

Il peut être intéressant de noter l'impression que firent à Jacque les premiers sujets de la race de Brahma qu'il lui fut donné d'observer. D'après lui, ils avaient « la forme et les caractères du Cochin le mieux fait », mais ces caractères étant, chez eux, plus marqués encore et leur volume étant plus fort.

« La forme du coq surtout, nous dit-il (1) n'avait presque aucun rapport avec celle de la presque totalité des coqs répandus à foison aujourd'hui. Le dos parfaitement horizontal; les épaules larges, la partie postérieure formée par l'énorme épanouissement des plumes de l'abdomen ou cul d'artichaut et les plumes des cuisses extrêmement larges; la queue très courte; la jambe ou pilon courte et forte *presqu'entièrement cachée* par les plumes des cuisses;

(1) *Op. cit.*, p. 177.

le canon de la patte très gros et très court sous un épais matelas de plumes s'étendant jusque sur les doigts; la tête et le cou *proportionnellement* petits : tels sont les principaux caractères de forme distinctifs de la race. »

Caractères généraux. COQ. — TÉTE. — *Crâne :* petit, plutôt court, de largeur moyenne, bien arrondi, avec une légère proéminence au-dessus des yeux. — *Bec :* court, recourbé et très fort. — *Œil :* large et assez proéminent. — *Crête :* fraisée ou triple (voir 11, figure II), aussi petite que possible, emboîtant fermement le crâne et s'abais-

BRAHMA HERMINÉS

(*Cliché Gallina*).

Charles Jacque nous parle ensuite du plumage herminé de cette race, de la variété perdrix, dont il a possédé des sujets, et il ajoute, en ce qui concerne l'origine de la variété dite « inverse » :

« On a fait, avec la Cochinchine noire et la Brahma, une variété qui se nomme Brahma inverse. Le corps est entièrement noir, et le camail, semblable à celui du Brahma ordinaire, se détache alors sur le fond vigoureux du plumage. »

Standard. Il sera utile de comparer ces notions primitives des premiers Brahma, importés ou obtenus chez nous, avec le Standard de la race, que nous donnons ci-après :

sant en arrière pour suivre la ligne du cou. — *Face :* aussi unie et dépourvue que possible de plumes ou petits poils. — *Oreillons :* longs, d'une fine texture et sans plumes. — *Barbillons :* petits, bien arrondis, de texture fine et sans plumes. — *Cou :* long, bien recouvert d'un camail flottant, atteignant bien les épaules et dépourvu de plumes tordues. Une dépression visible à la base arrière du crâne entre les plumes de la tête et celles du camail. — *Corps :* très ample, large et carré. — *Poitrine :* pleine et portée bien en avant, avec l'os du bréchet presque horizontal. — *Dos :* court et plat ou légèrement creux entre les épaules, les reins s'élevant graduellement sous le milieu des lancettes jusqu'à la queue. — *Ailes :* de moyenne force, portées horizontalement, surtout vers le bas, sans plumes tordues ou cassées, les extrémités dissimulées sous les lancettes qui sont longues et bien fournies. — *Queue :* de longueur moyenne, s'élevant bien au-dessus de la selle et portée verticalement, les grandes plumes retombant gracieusement et recouvrant bien les plus petites, qui sont abondantes et suivent le même mouvement, de même que les plumes de couverture, qui sont larges et abondantes. — *Jambes et pieds : jambes :* de longueur moyenne (pas trop courtes), fortes, bien écartées et garnies de plumes. — *Cuisses :* fortes et placées de manière à ce que les plumes les plus basses de la poitrine les recouvrent en avant; un duvet doux et abondant recouvre le derrière des cuisses, en s'étendant bien en arrière; genoux amplement recouverts de plumes diverses arrondies ou de plumes dures, à la condition qu'elles s'assortissent avec celles des

mais plus dur et plus serré que celui du Cochinchinois.

POULE. — A l'exception du *cou,* qui est plutôt court et des *jambes,* qui sont courtes en proportion de la grosseur de l'oiseau, les caractères généraux de la poule sont les mêmes que chez le coq, en tenant compte des différences sexuelles. *Poids :* de 7 à 9 livres.

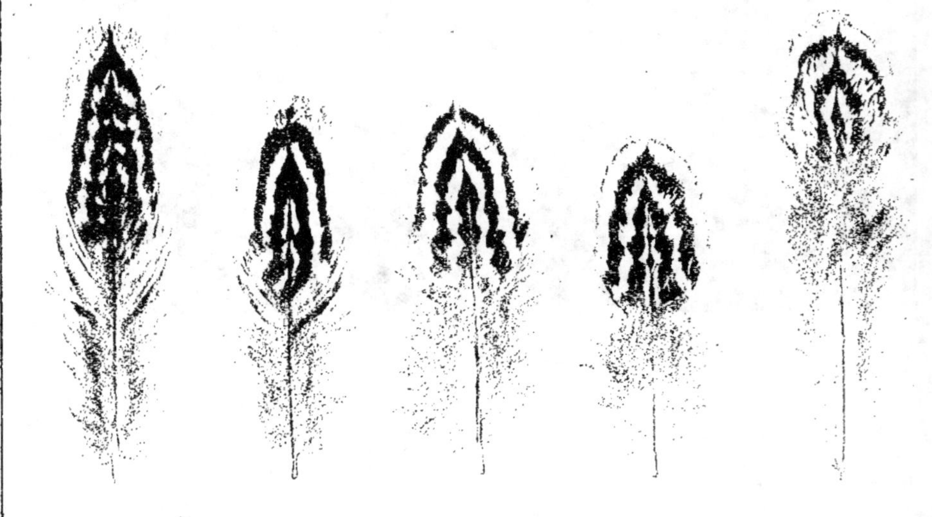

(Cliché Cassel.)

PLUMES DE POULETTE DE BRAHMA FONCÉ

tarses. — *Tarses :* aussi abondamment garnis de plumes s'écartant bien des jambes et doigts, s'étendant en dessous des plumes du genou et atteignant l'extrémité du doigt du milieu et du doigt extérieur; un plumage abondant sur les jambes et pieds est désirable sans *Vulture hock* (1) si possible. — *Doigts :* au nombre de quatre. — *Port :* calme, mais néanmoins assez actif. — *Poids :* de 10 à 12 livres. — *Plumage :* abondant,

(1) On désigne sous le nom de *Vulture hock* (jarret de Vautour) des plumes raides qui forment au genou des sortes de manchettes.

COULEURS

DANS LES DEUX VARIÉTÉS.

Bec : jaune ou jaune et noir. — *Œil :* rouge orangé, perle ou gris; la coloration rouge orangé étant la préférée, car l'œil perle ou gris est en général un signe de faiblesse de constitution et les sujets sont prédisposés à être aveugles. — *Crête, face, oreillons et barbillons :* rouge brillant. — *Tarses et pieds :* orangé jaune ou jaune, les tarses offrant souvent une teinte rouge prononcée entre les écailles et au bas de l'articulation supérieure.

VARIÉTÉ INVERSE (BLACK BRAHMA).

PLUMAGE DU COQ. — *Tête :* d'un blanc d'argent. — *Camail :* blanc d'argent, avec une large flamme noire se terminant en pointe et sans tige blanche. — *Poitrine, dessous du corps, cuisses, et duvet :* d'un noir brillant. — *Dos :* blanc d'argent, excepté entre les épaules où les plumes sont d'un noir intense, bordées de blanc. — *Lancettes :* comme les plumes du camail. — *Ailes :* petites couvertures des ailes blanc d'argent; primaires, noires, parfois mélangées à quelques rares plumes offrant une étroite bordure blanche sur le bord externe; secondaires ayant la partie des barbes externes formant la partie triangulaire de l'aile blanches, l'autre partie formant la pointe de l'aile, noires; les grandes, formant une barre d'un noir intense au-dessus de la partie triangulaire blanche que nous venons de signaler; cette barre doit être très distincte quand l'aile est fermée. — *Queue :* noire, avec les plumes de couverture bordées, maillées ou terminées en pointe de blanc. — *Plumes des jambes :* noires ou très légèrement mélangées de blanc, le noir zain préféré.

PLUMAGE DE LA POULE. — *Tête :* blanc d'argent ou blanc et noir ou gris. — *Camail :* comme celui du coq, ou bien montrant, au centre, un crayonnage analogue à celui du restant du corps. — *Queue :* noire ou avec des plumes bordées de gris, ou encore crayonnées. — *Reste du plumage :* couleur de fond, d'un gris quelconque, crayonné de noir ou d'un gris plus foncé que la couleur de fond, crayonnage suivant les contours extérieurs de la plume, très fin, bien marqué, uniforme et aussi abondant que possible.

VARIÉTÉ HERMINÉE.

PLUMAGE DU COQ. — *Tête et camail :* comme dans la variété inverse. — *Lancettes :* blanches ou blanches très légèrement flammées de noir, le blanc pur est préférable et les flammes noires ne sont tolérées que chez les oiseaux à camail foncé. — *Ailes :* primaires noires ou noir bordées de blanc; secondaires à barbes externes blanches et barbes internes noires. — *Queue :* noire ou noire régulièrement lisérées de blanc; les petites couvertures noir brillant, régulièrement maillées de blanc. — *Reste du plumage :* blanc avec duvet soit blanc, soit bleuâtre, soit ardoisé, mais cette dernière couleur ne doit pas être visible quand les plumes sont en désordre. Un mélange de noir et de blanc est admissible dans les plumes des tarses et pattes.

PLUMAGE DE LA POULE. — *Camail :* blanc d'argent flammé de noir, les flammes beaucoup plus visibles à la base du cou; elles ne doivent qu'occuper le centre des plumes et être régulièrement encadrée d'une marge blanche. Les autres parties sont les mêmes que chez le coq.

ÉCHELLE DES POINTS

VARIÉTÉ INVERSE.

COQ

Couleur du plumage : blanc impur, 10; poitrine tachetée ou marquée de blanc, 7; queue tachetée de blanc, 5; excès de blanc dans les plumes des tarses et pieds, 3; autres défauts, 6; au total	31
Tête (comprenant des taches de blanc dans l'oreillon compte pour 2)...	11
Camail manque de flammes, 5; plumes trop étroites, 4; au total	9
Tarses manque de plumes, 6; pâles de couleurs, 2; au total	8
Taille	8
Port ou symétrie	8
Ailes : primaires mal rangées	8
Selle : manque de lancettes ou ressemblant à celle des Cochins	6
Condition	5
Duvet (manque de)	5
Queue : forme ou port	3
Doigts : tordus	3
Total	100

POULE

Couleur du plumage : couleur de fond terne ou non unie, 9; blanc dans les plumes des tarses et pieds, 4; autres défauts, 5; au total	18
Marques : crayonnage irrégulier du plumage du corps, 10; des plumes des tarses, 3; au total	13
Tête : (comprenant des taches de blanc dans l'oreillon compte pour 2).	10
Tarses : manque de plumes, 7; couleur pâle, 2; au total	9
Poitrine : creuse	9
Taille	8
Port et symétrie	8
Selle : manque de lancettes ou ressemblant à celle des Cochins	6
Condition	5
Camail étroit	4
Duvet manque	4
Queue : forme et port	3
Doigts : tordus	3
Total	100

VARIÉTÉ HERMINÉE.

COQ

Couleur : blanc impur, 10; taches de blanc dans la queue, 5; noir à la	

poitrine, 4; beaucoup de noir dans les plumes des tarses, 4; noir dans le duvet, 8; autres défauts, 4; au total 30

Tête (y compris du blanc dans l'oreillon compte pour 2) 10

Camail, manque de flammes, 5; plumes étroites, 4; au total 9

Tarses manque de plume, 6; couleur pâle, 2; au total 8

Taille 8

Port et symétrie 8

Selle, lancette maigres ou ressemblant à celles des Cochins, 5; lancettes flammées, 2; au total 7

Ailes 6

Conditions 5

Manque de duvet 3

Queue : forme et port 3

Doigts : tordus 3

Total 100

POULE

Couleur : beaucoup de noir dans les plumes des tarses, 15; blanc impur, 10; taches noires, 10; autres défauts, 6; au total 41

Tête (y compris du blanc dans l'oreillon compte pour 2); au total 10

Tarses manque de plumes, 7; couleur pâle, 2; au total 9

Taille 8

Port et symétrie 8

Selle peu garnie ou en forme de Cochins 6

Conditions 5

Camail maigre 4

Queue : forme et port 3

Doigts tordus 2

Total 100

SÉRIEUX DÉFAUTS. — Crête autre que fraisée ou triple, lancettes ou plumes des ailes tordues ou frisées; tarses nus, manque prononcé de taille chez les adultes, manque total de condition, tarses blancs, difformité quelconque; du jaune sur n'importe quelle partie du plumage des herminés ; beaucoup de jaune ou de rouge dans le plumage des coqs inverses ou beaucoup de blanc dans la queue de cette variété; manque de crayonnage ou taches de brun ou de rouge dans le plumage des poules inverses.

MENSURATION. — Nous avons eu la bonne fortune de pouvoir obtenir les mensurations de plusieurs coqs Brahma herminées primés dans diverses grandes expositions. Nous avons fait une moyenne qui nous a donné les résultats suivants :

A. B. (voir fig. V, page 18.) 26

C. D. 16.75

I. F. 8

I. K. 14

G. K. 5

Observations sur le Standard. Un point d'une très grande importance consiste dans la forme de la crête; celle-ci doit être fraisée ou triple, c'est-à-dire composée de trois bourrelets placés parallèllement sur toute leur longueur; le bourrelet du milieu doit être plus élevé que les deux latéraux; ce même bourrelet présente, en général, sept petites pointes; mais, dans tous les cas, toutes ces pointes ne doivent pas être élevées, et plus basse est la crête tout entière, mieux cela vaut; les dépressions, sortes de rainures qui existent entre chaque bourrelet, doivent être aussi régulières que possible, et comme largeur et comme profondeur; en arrière, la crête doit s'abaisser et suivre la forme du crâne et la ligne du cou, et non se relever et former une pointe plus ou moins ascendante; ce défaut, qui est assez fréquent, est l'occasion d'un truquage employé par certains éleveurs; ils coupent avec un rasoir tranchant et en suivant une ligne oblique cette pointe, rendant ainsi la crête presque parfaite, mais le défaut se reproduit chez les descendants.

On évitera aussi une expression cruelle dans les yeux, ce qui provient d'un croisement avec les Malais.

La selle devra être aussi large que possible, et quand cette partie du corps est garnie de lancettes, elle doit bien se relever vers la queue, donnant à l'oiseau vu de profil l'apparence d'avoir un dos très court; c'est ce caractère qui constitue actuellement une des plus grandes différences entre les Cochins et les Brahma.

Enfin, tout le plumage devra être dur et relativement serré, de manière à ne pas offrir l'apparence duveteuse bouffante de la robe du Cochin.

La race de Brahma est la géante

mage beaucoup plus serré, moins bouffant. Elle se montre d'une rusticité parfaite sous tous les climats; la ponte d'œufs petits très bruns, mais assez lourds

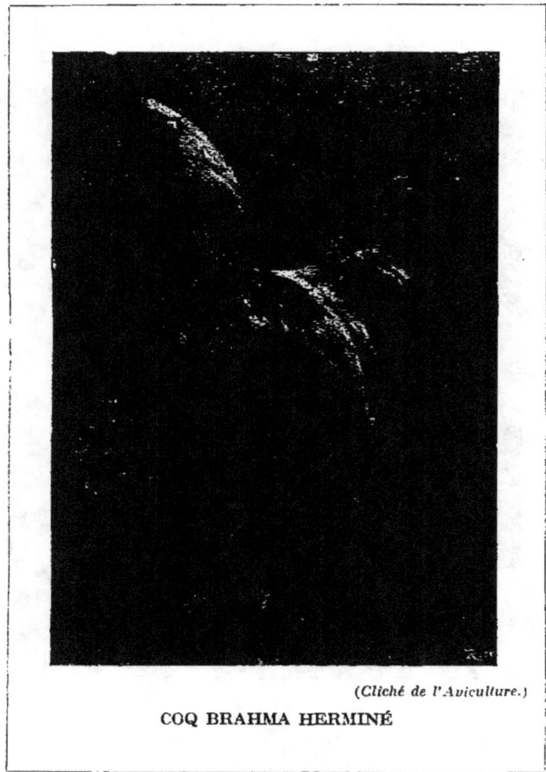

(*Cliché de l'Aviculture.*)

COQ BRAHMA HERMINÉ

Qualités et exigences de la race. de la basse-cour; si parfois elle paraît moins volumineuse que la Cochin, sa proche parente, en réalité elle atteint un plus fort poids; son apparence de taille un peu inférieure provient de son plu-

pour leur taille, est fort variable suivant que les sujets ont ou n'ont pas été sélectionnés au point de vue sportif. La généralité des auteurs évalue le nombre des œufs pondus au chiffre annuel de 120 à 150, mais en Amérique, où cette race est fort souvent élevée en vue de sa ponte, ces chiffres ont été de beaucoup dépassés; on cite des pontes annuelles dépassant 200 œufs; un avantage de la Brahma comme pondeuse consiste dans sa ponte abondante durant les mois d'hiver; c'est la variété herminée qui est supérieure à l'inverse sur ce point, et les meilleures avec elles des couvées en février, en janvier parfois. Les poussins sont aussi plus précoces que les jeunes Cochinchinois; toutefois, ils n'atteignent leur pleine taille qu'après leur dix-huitième mois. La chair est meilleure que celle des Cochins; on peut lui donner la cote d'assez bonne.

(*Cliché de l'Aviculture.*)

POULE BRAHMA HERMINÉE

pondeuses se trouvent parmi les types possédant une grande crête et un peu plus légers que ne le veut le Standard; il faut d'ailleurs remarquer que ce dernier type se trouve aussi plus rustique que les mastodontes de Concours.

Son aptitude à l'incubation est bonne, sans être toutefois exagérée comme dans les sujets premiers importés et les Cochins, mais elle offre l'avantage d'être une couveuse très précoce, et l'on peut obtenir

Enfin, la race de Brahma supporte parfaitement la séquestration.

La race de Brahma comme poule d'utilité. Bien que, d'une façon générale, on ne conseille pas la Brahma pour le peuplement d'une basse-cour productive; elle a eu, comme nous l'avons vu, ses partisans, même à ce point de vue. C'est ainsi que le numéro du 1er décembre 1909 de la revue *La Vie à la Campagne* ouvrait ses colonnes à un article, fort bien écrit d'ailleurs, de Mme d'Alq, faisant valoir les qualités pratiques de cette race, comme pondeuse d'hiver, excellente couveuse, n'abandonnant jamais ses œufs, parfaite éleveuse, volaille robuste et rustique supportant bien le froid. Mme d'Alq en appréciait la chair et trouvait à ses œufs un goût particulièrement délicat. L'abondance des plumes était aussi, à ses yeux, un rendement à envisager.

Aussi, dans sa prédilection pour ces beaux oiseaux, les avait-elle installés dans une serre inutilisée, et leur avait-elle donné, en guise de perchoirs, une planche de 7 centimètres de largeur, située à 20 centimètres du sol et s'étendant sur toute la longueur du poulailler.

Dans la journée, les sujets, particulièrement bien traités, erraient librement dans le jardin.

Malgré tout, au point de vue d'un élevage de ferme, nous ne saurions recommander cette magnifique volaille, qui est surtout maintenant une volaille d'exposition.

C'est une très forte mangeuse, peu habile à chercher sa nourriture dans les champs ou les prés.

Mais, là où la Brahma est particulièrement intéressante dans la basse-cour productive, c'est là où l'on peut utiliser ses qualités améliorantes. C'est, en effet, au point de vue de la chair, de sa finesse, de la précocité et de la taille, la race assimilatrice par excellence, surtout la variété herminée; c'est d'ailleurs elle qui a servi à la création de notre Faverolles, c'est elle aussi qui a produit en Belgique le Coucou de Malines.

La race de Brahma comme race sportive. La race de Brahma a été pendant longtemps la favorite de l'Aviculture sportive et si sa popularité a un peu diminué devant les nouvelles races telles que les Orpington, les Plymouth, beaucoup d'aviculteurs s'adonnent encore à son élevage; élevage qui n'est point sans difficultés, car les points ont été portés à un tel degré, qu'il est actuellement impossible d'avoir de bons inverses d'exposition, à moins d'utiliser le système des parquets séparés pour chaque sexe. Quelques rapides conseils sur le choix des reproducteurs, suivant que l'on veut obtenir poulettes ou coquelets d'exposition, intéresseront le lecteur.

Pour obtenir de bons coquelets. — Le point peut-être le plus important est que les deux sexes proviennent d'une lignée sélectionnée depuis longtemps pour la production des mâles seuls. Le coq choisi sera un oiseau aussi parfait que possible, mais les poules seront de très forte taille, car la taille provient le plus souvent d'elles ; elles ne devront pas posséder sur n'importe quelle partie du corps le crayonnage typique, mais elles devront offrir un camail fortement flammé.

Pour obtenir de bonnes poulettes. — Le coq devra provenir d'une lignée destinée à la production des femelles, et si les plumes de la poitrine, des cuisses, ainsi que le duvet sont bordées ou maillées de blanc, il n'en sera que meilleur; si son camail, au lieu d'être fortement flammé, l'est très peu, ou si mieux les flammes sont remplacées par un léger crayonnage, il produira une forte proportion de bonnes poulettes d'exposition. Les poules qu'on doit donner à un pareil oiseau seront aussi parfaites que possible.

Variété herminée. — Quoique nombre d'éleveurs pratiquent le système des parquets séparés, on peut néanmoins obtenir de bons coquelets et de bonnes poulettes d'un unique parquet de reproduction. Le point principal à considérer, en plus de la forme et de la taille, consiste en un camail très fortement flammé; si le coq ne présente pas ce caractère, il faudra contrebalancer son absence en lui donnant des épouses avec les plumes aussi bien marquées que possible et ayant le duvet très foncé. Il y a, dans la race, toujours une tendance à la perte de la couleur et à produire des sujets blancs.

Monographie de la race de Langshan.

LANGSHAN CROAD. Une Variété noire (1).
LANGSHAN MODERNE. Trois Variétés : noire, blanche et bleue.

ANDIS que les partisans du Langshan *new style* cherchaient, à tout prix, à obtenir des oiseaux aussi élancés et hauts sur pattes que possible, un Club se fondait en France, en 1905, qui réagissait contre cette tendance d'exagération sportive, et dont les membres s'attachaient à produire dans leurs élevages et à présenter dans les expositions des sujets qui, tout en étant de grande taille, fussent en même temps bien charpentés, bien proportionnés et bien en chair.

Sans atteindre à la pureté des Croad Langshan, les oiseaux de ce type, qui figurait d'ordinaire, dans nos expositions françaises, sous le nom peut-être inexact de « type primitif », par opposition aux classes réservées au « type moderne », constituaient cependant de très belles volailles, qui furent souvent utilisées avec succès dans les croisements destinés à l'amélioration des basses-cours composées de poules communes, et aussi dans les croisements dits industriels ayant pour but de produire, soit des poulets de table, soit des œufs destinés à la consommation.

En Belgique également, des volailles du même type furent obtenues, et nous avons longtemps possédé des parquets de Langshan blancs hautement primés dont la population sélectionnée descendait de sujets importés de Belgique.

Ce fut la grande guerre, si désastreuse pour les élevages d'oiseaux de race pure, qui nous priva de nos derniers reproducteurs, qu'on fut obligé de sacrifier au moment de la pénurie des grains.

Nous eûmes aussi des bleus du même type.

Enfin, pendant de longues années, nous possédâmes des Langshan d'une variété qui n'arriva jamais chez nous à la perfection quant à la taille et à l'homogénéité du plumage, mais qui nous fournissait des couveuses et des éleveuses de tout premier ordre, nous voulons parler de la variété fauve, créée également en Belgique, et dont nous ne connaissons plus aujourd'hui de représentants.

Les affinités de cette variété avec la Cochin et l'Orpington fauve nous ont toujours fait penser qu'elle devait avoir une parenté avec ces deux races.

Tous nos sujets portaient la bague fédérale française aux initiales L. C. F., qui étaient celles du Langshan-Club français.

Actuellement, nous ne possédons plus

(1) La partie de cette monographie concernant le Langshan du type Croad a été établie avec la collaboration de M. Pierre Gurney, vice-président du Croad Langshan Club d'Angleterre, délégué de ce club pour la France.

de Langshan et les avons remplacés par des Orpingtons fauves.

La Langshan comme race d'utilité. L'opinion, qui nous est restée de l'élevage prolongé que nous avons fait de ces quatre variétés de Langshan, est que la race en question est une belle et bonne race d'utilité; mais on peut, toutefois, lui reprocher une croissance un peu lente, et pour la variété blanche, un emplumement également un peu lent. Les jeunes poussins de nos Langshan blancs, hauts sur pattes et insuffisamment couverts de duvet dans leur premier âge, étaient fort curieux à voir. Malgré cela, ils étaient robustes, et, une fois leurs plumes prises, ils grossissaient et s'élevaient fort bien, à condition d'être nés de bonne heure et de recevoir une nourriture fortifiante, que nous nous trouvions bien d'additionner par la suite de phosphates, au moment du développement du squelette chez les coquelets et les poulettes.

Des croisements avec les diverses variétés de la Bresse nous donnèrent des résultats remarquables au point de vue de la ponte, à la première génération; mais nous ne crûmes pas devoir employer comme reproducteurs les sujets issus de ces croisements destinés uniquement à la production des œufs.

Origine de la Langshan Controversy. Les volailles qui portent le nom de Langshan furent d'abord exposées, en 1872, dans la « Variety Class » du Crystal Palace, où elles obtinrent une récompense. Les juges et les rapporteurs, tous sans exception, en parlèrent et les décrivirent comme « Black Cochins »; telle fut du moins l'impression que firent ces oiseaux sur tous les éleveurs; mais la question de la différence entre les deux races Langshan et Black Cochin donna matière à une controverse, laquelle, quant à l'ardeur combative des deux partis, n'eut pas son égale dans l'histoire de la volaille, et dura de 1872 à 1902.

Maintenant qu'on peut voir la distinction réelle qui existe dans les Langshan, il est impossible de ne pas regretter qu'un tel esprit ait retardé le but désiré. Il peut paraître étrange aux éleveurs qui considèrent les Langshan d'aujourd'hui, que cette volaille ait jadis été confondue avec le Cochin, et que de tels oiseaux aient été classés parmi les Cochins. Tous les juges les prirent comme tels; tous les rapporteurs et tous les journaux traitant de la volaille émirent la même impression. A première vue, à cette époque, la différence n'était pas sensible; mais il suffit de regarder les remarquables dessins d'après nature de Harrison Weir, faits en 1872 des Langshan, et en 1852 des Cochins, pour constater la différence de formes : queue longue et portée en éventail, finesse de la tête, silhouette élégante, aspect gracieux, élégant et dégagé, tels étaient les caractères des premiers Langshan importés par le commandant Croad.

Nous savons maintenant que le Langshan possède un élément très distinctif du Cochin et aussi susceptible que lui d'un plus ou moins grand développement, selon le choix. Ce fut la connaissance expérimentale de cette réelle distinction, qui causa tant d'animosité. La défense des Langshan par Miss Croad, après la mort de son oncle, le commandant, manquait de mesure, mais eut cependant comme bon résultat d'empêcher l'absorption d'une race de grande valeur et qui possédait des qualités distinctives qui lui étaient particulières. Miss Croad, une femme de haute intelligence et de grande distinction, mais ignorante en aviculture et malheureusement fort mal conseillée au début, défendit âprement ses volailles favorites, tactique dont la partie adverse sut profiter. Elle ne sut pas choisir et exposer le type le plus distinctif, afin de montrer où la différence existait; fit voir des

(Cliché Gurney).

COQ CROAD LANGSHAN

auxquelles elle dévoua sa vie entière. Elle publia trois éditions de son livre « The Langshan Fowl », qui prouve son désir de chercher la vérité et de la faire reconnaître. Son inexpérience en matière avicole lui fit commettre des erreurs de oiseaux des types les plus opposés : avec des pattes amplement garnies de plumes, et d'autres aux jambes presque nues. Elle admit que certains avaient les pattes dénudées, que plusieurs avaient des crêtes frisées; les uns avaient les yeux noisette très foncé, d'autres noisette très clair. On fut bien obligé de se rendre compte que ces différences étaient des accidents et par conséquent non essentielles, puisque, parmi toute importante collection, on les remarquait quelquefois. Cela n'empêchait pas la volaille d'appartenir à l'une des plus pures et des plus belles races que nous ayons. Cette volaille fut vraiment supposée être tout à fait *sui generis*. Comme on le considérait comme un oiseau sacré dans son pays, il advint qu'on eut aussi en Angleterre pour le Langshan une sorte de culte; à défaut de type distinctif et d'explications, ses droits furent soutenus par des exposés parfois exagérés.

Les caractères essentiels comprenaient de longues queues, portées en éventail, de grandes faucilles, le lustre du plumage, les jambes noires avec du rouge entre les écailles, l'absence de jaune près du bec. Il y avait cependant largement à faire quant au choix; mais, malheureusement, rien ne fut fait pour obtenir, pour l'exposition, des types vraiment parfaits. Au lieu du brillant du plumage, sur lequel on insistait, on montra des poules complètement en dehors de condition, sans lustre et presque marron. Un grand coq aux jambes presque nues paraissait, par exemple, dans la même cage qu'une poule très courte, lourdement emplumée et jarretée; et, au milieu de toute cette confusion et devant l'absence de tout type, on aurait voulu que les juges et les rapporteurs vissent ce que les éleveurs de Langshan ne pouvaient démontrer dans la cage d'exposition ! Malheureusement, les membres de ce culte particulier attribuaient les difficultés qui s'étaient élevées par suite de leur manque de savoir et d'expérience de la volaille, à des motifs intéressés de la part des éleveurs de Cochin.

Nous n'entrerons pas dans les détails de cette controverse, qui occupa pendant des années toute la presse avicole anglaise. Les écrivains semblaient perdre de vue l'objet de la discussion.

Personne, en France, ne contesta la pureté des Langshan ou leur provenance d'une certaine partie du nord de la Chine ou encore la valeur à beaucoup de points de vue supérieure à celle des Cochins présents. Aux appels répétés qu'on fit aux juges de choisir un type, M. Wright en suggéra un qui se trouva justement décrit plus tard comme Orpington noir, mais il ne fut pas accepté, et la confusion continua, de sorte que, en 1878, Lady Gwydyr gagna simultanément deux prix dans les classes des Cochins noirs et des Langshan, aux mêmes expositions et avec des oiseaux de même élevage.

Des faits de cette sorte étaient sans doute irritants, et de tels faits peuvent avoir exaspéré ceux qui savaient et sentaient qu'il y avait quelque chose de distinct entre les deux races, mais qui ne pouvaient, ni le définir, ni le faire voir. Quant à assurer que c'était un calcul des exposants des Cochins, et croire que c'était parce que les Langshan menaçaient des intérêts, c'était chose ridicule en face du désir évident qui existait et qui existe encore dans les imaginations, toujours prêtes à adopter quelque chose de nouveau.

Penser que Miss Croad et le capitaine Gedney, un des héros de la prise de Lucknow, ont attaqué, soit les races, soit les éleveurs, cela constitue un outrage à la vérité. On peut dire la même chose de l'accusation portée contre les éleveurs de Langshan, accusés de vouloir en imposer à un public crédule. De tout cela il résulta de grands retards dans les progrès du Langshan. Les gens préféraient rester à une distance respectable des éleveurs qui se laissaient aller si librement en récriminations sur les différences d'opinions, plutôt que de courir le risque de relations plus proches avec eux et leurs oiseaux.

Un tel sentiment ne devait pas éloigner les progrès de toute nouvelle race, et cependant, il empêcha ceux du Langshan. L'évolution, quand elle se produisit, fut plutôt curieuse. On continua la recherche d'un type aux expositions, et, enfin, à Birmingham, en 1877, tandis qu'on n'avait aucun standard pour se guider, le juge remarqua une paire de volailles à laquelle il accorda le premier prix de la classe. Il sembla qu'il y avait là réellement quelque chose de distinctif et de magnifique que jamais on n'avait vu auparavant. L'année suivante, à l'exposition du Crystal Palace, furent exposées trois paires du même type, qui obtinrent le troisième prix. Leur propriétaire déclara, dans la suite, que ces oiseaux provenaient d'une importation spéciale. A l'exposition de Birmingham, une semaine ou deux plus tard, on remarqua que, parmi les anciens Langshan, les oiseaux de Miss Croad et de M. Thomson étaient les seuls qui se distinguaient. On pouvait donc voir la différence du type. Les oiseaux dont nous parlons avaient peu de plumes aux jambes et les jambes courtes, de très amples poitrines, une queue abondante et de profil un *sweep* comparable à celui des Dorking. Cette variété devint rapidement et resta pendant quelques années le vrai type du Langshan, ainsi que le déclaraient MM. Bush, Orme, Pope, Housman et autres. Après cette considération, on pouvait espérer que la longue controverse était terminée; mais le culte rendu à cette volaille mystérieuse, considérée comme sacrée en Chine, l'empêcha, et la fameuse controverse du Langshan, si elle intéressa le monde des aviculteurs, détourna nombre de personnes de l'élevage de cette race. La crainte d'être

accusé d'élever des Cochins en place de Langshan amena dans la suite une importante modification dans le type du Langshan. La Modern Langshan Society fut fondée à cet effet en 1904. La présidence offerte à Miss Croad fut refusée par elle. La Modern Langshan Society s'appliqua à obtenir des sujets fort élevés sur pattes et portant la queue aussi haute que possible. Ce résultat obtenu, on délaissa complètement le type à large poitrine et à jambes courtes, qui avait de nombreux avantages, et devant cet abandon, un aviculteur intelligent eut l'idée de reprendre le Langshan pour en créer une race nouvelle, qui sous le nom d'Orpington a eu le succès que nous connaissons tous.

Nous ne voulons pas prétendre que l'Orpington n'est qu'un Langshan ancien type sans plumes aux pattes, et admettons parfaitement la possibilité des croisements faits par M. Cook, pour l'obtention de cette nouvelle race; mais il est évident que M. Cook père s'est inspiré de l'ancien type pour créer ses Orpingtons. Miss Croad raconte qu'un coq Langshan étant entré par accident dans le poulailler où le fermier Cook père tenait quelques poules Minorques plus ou moins croisées avec d'autres races, donna de si bons résultats, qu'il acheta ensuite plusieurs Langshan de Miss Croad, en demandant des sujets à pattes aussi nues que possible. En organisant des expositions dans son village d'Orpington, d'où le nom, en faisant une réclame intelligente dans la presse avicole, en profitant du goût des cuisinières anglaises pour la volaille à pattes nues, M. Cook obtint et lança une excellente race dont la renommée et la fortune furent rapides.

Les amateurs de Langshan se ressaisirent en 1903, préparèrent le « Pure Langshan Standard » et fondèrent le « Croad Langshan Club » en 1904,

M. R. F. Housman en prit l'initiative. Le Croad Langshan Club et la **Langshan Society**, reconnaissant l'impossibilité de se mettre d'accord sur un type moyen, décidèrent de marcher séparément, tout en restant bons amis.

Le Croad Langshan Club fut donc créé pour reprendre le type Croad, bien préférable au type haut sur pattes, à plumage serré comme celui des Poules de Combat. Les Langshan du type bas avaient plus de viande et n'étaient pas sujets à cette faiblesse des jambes que l'on constate si souvent chez les oiseaux hauts montés. Leur ponte était surtout bonne et ils avaient sur la table la meilleure apparence.

Quoique actuellement le vrai type du Langshan Croad soit assez difficile à établir, les éleveurs donnent la préférence aux sujets plutôt bas sur pattes, à queue bien fournie de nombreuses et longues faucilles, dont deux dépassant les autres de plusieurs centimètres, et portée en éventail; à tête fine et crête plutôt petite; le dos en U; les tarses légèrement emplumées, et la poitrine large et pleine.

Le Croad Langshan d'aujourd'hui n'a pas perdu ses qualités primitives. Le Club recherche surtout les qualités pratiques et utiles, la ponte et la finesse de la chair. Les mérites que possède cette race lui attirent l'estime des éleveurs les plus sérieux.

Les longs tarses du Langshan moderne n'ont pas été obtenus d'une façon aussi nuisible qu'on pourrait le croire, car, à notre avis, on a haussé les Langshan à l'aide d'un croisement avec le Combattant Indien, croisement qui est souvent avantageux au point de vue du produit en chair et en œufs. Un fait qui vient corroborer cette thèse consiste dans le léger liseré un peu plus terne que l'on voit souvent apparaître sur les plumes de poitrine des Langshan type moderne. La plupart des éleveurs anglais du Langshan moderne déclarent cependant qu'ils n'ont obtenus ce type que par une sélection judicieuse et sans croisement aucun. Un des exposant les plus heureux du type moderne écrit : « En premier lieu, je dois dire que j'ai obtenu le type moderne de la « Society » par une soigneuse sélection, choisissant toujours comme reproducteurs les sujets les plus hauts, au plumage le plus serré, aux os les plus fins, et aux effets les plus accentués. Tous les éleveurs savent que, par la sélection, il est possible d'obtenir plusieurs variations d'une race, en choisissant les reproducteurs capables de produire vos desiderata. »

Langshan Croad. Pour avoir des renseignements certains sur le Langshan Croad, nous ne pouvions mieux faire que de nous adresser à M. Pierre Gurney, Vice-Président du Croad Langshan Club de la Grande-Bretagne et Délégué du Club pour la France.

M. Mignard, le successeur d'Henri Voitellier à Mantes, parlant de M. Gurney dans son journal « *l'Aviculteur* », nous dit qu'il est un fervent de la race Langshan. Depuis près de vingt ans, il la sélectionne avec un soin jaloux et présente aux expositions de Paris des sujets vraiment splendides de forme et de couleur, type de ceux que certains de nos lecteurs ont pu voir aux premières expositions de la Société des Aviculteurs Français (en 1896-97-98). M. Gurney compte donner une nouvelle extension à cette magnifique race.

« Nous avons eu maintes occasions de constater la ponte merveilleuse des Langshan de M. Gurney, soit dans la basse-cour uniquement composée de sujets de cette même race, soit dans les expositions où, malgré les intempéries et les longs déplacements qu'avaient parfois à subir les volailles, leur ponte ne s'arrêtait pas. »

Quelques jours avant sa mort à Poling, près du Château historique d'Arundel, où elle élevait ses Langshan en pleine liberté, Miss Croad écrivait à M. Gurney : « Je vous remercie de cœur de l'appui que vous m'avez toujours donné », et en lui faisant part de la triste nouvelle de la mort de Miss Croad, sa nièce, Miss Clara Croad écrivait : « Ma tante vous a toujours été grandement reconnaissante de l'intérêt que vous avez porté à ses oiseaux favoris et d'avoir aidé à conserver dans sa parfaite pureté cette race d'élite, pour le plus grand bien de l'aviculture. »

M. Gurney a eu l'extrême amabilité de nous fournir les renseignements qui vont suivre :

CROAD LANGSHAN STANDARD.

1913

COQ. — *Port et apparences générales :* assez haut sur pattes pour donner un port gracieux au corps. Le tibia plutôt court. Les cuisses très charnues et très écartées l'une de l'autre, assez longues cependant pour permettre aux calcaneums de se faire bien voir. — *Poitrine :* large, profonde et garnie de pectoraux extrêmement charnus, augmentant avec l'âge. — *Bréchet :* long. — *Sternum :* légèrement arrondi. — *Dos :* de longueur moyenne, large et plat sur les épaules, le niveau des reins plus élevé que celui du dos et formant avec celui-ci une ligne ascendante sans solution de continuité. Le dos du coq paraît plus court que celui de la poule. — *Queue :* en éventail s'étendant bien à droite et à gauche. Au même niveau que la tête, quand le coq prend la position d'attention. — *Ailes :* portées haut ou bas, haut de préférence.

Apparence générale : celle d'une volaille active et intelligente.

DIMENSIONS ET OSSATURE : Dans une race d'aussi grand mérite pour la table, le volume a de l'importance. Le coq ne doit pas peser moins de 9 livres. Il est essentiel pourtant de rechercher l'élégance et l'harmonie de formes. — *Ossature :* moyenne, ou assez fine, en rapport avec le volume et la quantité de chair. Ossature plus forte chez le coq que chez la poule. — *Chair :* blanche. — *Peau :* blanche et fine.

PLUMAGE : *Couleur et reflets :* Plumage plutôt souple, ni mou ni serré. — *Couleur de dessous :* gris foncé, plus foncé chez la poule. — *Couleur de surface :* noir intense à reflet vert métallique de scarabée, sans teinte violette ou bleue, ayant plutôt une tendance vers le jaune. Du blanc dans les extrémités des plumes aux doigts et aux tarses n'est pas un défaut. C'est caractéristique de la race. — *Camail :* plein, abondamment fourni de plumes longues fines et soyeuses. Pendants latéraux luisants et abondants. Lancettes de l'aile très brillantes. — *Queue :* pleine et abondamment fournie de pendants latéraux luisants et de faucilles, dont deux supérieures dépassent les autres de quinze centimètres ou plus. — *Calcaneums :* bien couverts de plumes molles ne faisant pas saillie en forme de manchettes.

TÊTE ET PIEDS. — *Tête :* de forme gracieuse, petite pour la taille de la volaille; l'œil surmonté d'une arcade sourcillière assez épaisse. La face, dépourvue de plumes, de couleur rouge. — *Crête :* simple, de grandeur moyenne, ou plutôt petite, très droite, sans ramifications externes, épaisse et ferme à la base, devenant assez mince, d'un tissu fin et poli, dentelée régulièrement, de cinq à six dents (cinq de préférence), bien détachée de l'arrière de la tête. Couleur rouge brillant. — *Barbillons :* rouge brillant, de qualité fine et plutôt petits. — *Oreillons :* rouges, bien développés, pendants, d'un tissu fin. — *Œil :* brun, le plus foncé possible, mais pas noir; la couleur d'une noisette mûre, brun Van Dyck. Large et intelligent. — *Bec :* de couleur variant de la corne claire au foncé, de préférence claire à l'extrémité, et rayé de gris. — *Tarses :* bleu-noir, bleuâtres chez les sujets âgés, faisant voir du rose entre les écailles, surtout au derrière et à la partie interne des tarses. Chez le coq, du rouge intense se fait voir à travers la peau, tout le long du côté extérieur des tarses, à la base des plumes, un signe particulier de la race. Écailles des tarses et des doigts presques noirs chez les jeunes sujets. Tarses garnis de plumes molles longeant extérieurement le canon de la patte et le doigt externe. (Cette garniture ne doit être ni trop abondante, ni trop légère.) — Quatre doigts : longs, droits et minces. L'épiderme entre les doigts et en dessous des doigts de couleur blanc rosé, le plus rose possible. Taches noires en dessous des doigts un défaut sérieux — *Ongles :* blancs.

POULE. — *Port et apparence générale :* il n'est pas nécessaire que le calcaneum se laisse voir chez la poule âgée, car elle porte plus de plumes molles que le coq. — *Dimensions :* doit peser pas moins de 7 livres à l'âge adulte. — *Plumage :* plumes de l'abdomen duveteuses et plus bouffantes que chez le coq. La queue de la poule adulte peut avoir deux plumes légèrement courbées dépassant les autres de deux centimètres et demi. Autrement, semblable au coq.

DÉFAUTS QUI DISQUALIFIENT. — Tarses ou doigts jaunes. Du jaune à la base du bec ou autour des yeux. Cinq doigts. Crête autre que simple. Du blanc permanent dans les oreillons. Du gris ardoisé clair dans l'épiderme entre les plumes de vol. Plus qu'une trace de couleur foncée ou de noir, dans les ongles. Épiderme sous les doigts noirs ou en partie noir. Ne pas confondre avec des points noirs.

ÉCHELLE DES POINTS :

Type et condition : Symétrie, 15; condition et vivacité, 10; au total...................... 25
Volume : Dimensions, 15; squelette, 10; total 25
Plumage : Couleur et reflet brillant, 15; queue, 10; total............. 25
Tête et pieds : Pieds et ongles, 10; tarses, 5; œil, 5; crête, 5; total... 25
_____
100

VALEURS APPROXIMATIVES. — « Exceptionnel », 25; « Très bien », 20; « Bon pour la reproduction », 15; « Assez bien », 10; « Médiocre », 5 à 0.

Le juge peut pénaliser de 25 points tout défaut sérieux.

DÉFAUTS QUI NE DISQUALIFIENT PAS (Ne nuisent pas pour la reproduction, laissés à l'appréciation du juge). — 1° Barres violettes ou bleues dans quelques plumes quand le restant est bon; 2° rouge foncé dans quelques plumes du camail (dû à l'excès de brillant); 3° du blanc dans les plumes de vol (primaires et secondaires). Extrémités blanches des plumes de la tête, chez la poule adulte seulement; extrémités ou bords blancs des plumes de la poitrine chez les jeunes; 4° quelques plumes au doigt médian.

DÉFAUTS TRÈS SÉRIEUX, MAIS N'INDIQUANT PAS NÉCESSAIREMENT IMPURETÉ DE RACE. — 1° Quantité appréciable de plumes barrées de violet ou de bleu; 2° teinte générale bleue ou violette; 3° œil de couleur claire (se rappeler que les yeux deviennent plus clair avec l'âge); 4° iris jaune; 5° queue de travers ou en écureuil; 6° absence ou insuffisance trop grande de plumes aux tarses et aux doigts externes.

De toutes les grandes races de poules, c'est incontestablement la Langshan qui donne le maximum de rendement en chair et en œufs. Ses œufs, de couleur brune saumonée, ont une saveur particulièrement délicate et sont surtout appréciés à la coque. Sa ponte merveilleuse, surtout en hiver, quand presque toutes les races chôment, a été officiellement constatée en divers concours de ponte. Il n'est pas rare de compter pour une seule poule de 30 à 40 œufs en autant de jours. Les poules nées en mars commencent à pondre les premiers jours de novembre et continuent tout l'hiver. Celles écloses en avril et mai commencent en novembre et décembre. Quant aux vieilles poules qui ne se sont arrêtées qu'en novembre et décembre, elles recommencent leur ponte en février.

Les poules de races méditerranéennes et américaines sont d'aussi bonnes pondeuses que les Langshan, mais comme qualité de chair, elles ne leur sont pas comparables. La chair de la Langshan est délicieuse, blanche, rosée, très fine. La poitrine, longue et profonde, est très développée. A sept mois, un coquelet peut peser entre 3 kilos et demi et 4 kilos. A dix mois, un coq Langshan peut atteindre 4 ou 5 kilos, gardant toujours une extrême finesse de chair, une ossature légère et une proportion remarquable de chair blanche.

Le Langshan possède en outre une troisième qualité que, du reste, personne ne lui conteste : l'élégance de formes et la beauté du plumage. Fièrement campé sur des jambes plutôt courtes que longues; le cou gracieusement arqué; l'œil vif et foncé; crête, barbillons, oreillons, d'un rouge vif brillant; la queue en panache, portée en éventail, longue et très fournie de nombreuses faucilles dont deux dépassent les autres de plusieurs centimètres; le plumage entièrement noir à reflets métalliques, vert brillant; font bien du coq Langshan le « Roi de la Basse-Cour ».

Docile, très rustique, facile à élever en liberté, c'est non seulement la race par excellence pour le château, mais aussi pour la ferme et la grande exploitation.

Soyons raisonnables et pratiques et

conservons le Langshan type Croad dans toute sa pureté, tel qu'il fut importé en 1872, par le commandant Croad, de l'armée britannique, des terres et des forêts entourant la pagode bouddhiste de « Lang-Shan » (en chinois : Deux Collines), sur la rive du Yang-Tse-Kiang, au nord de la Chine, où les Bonzes les élevaient depuis des générations.

Les nombreuses qualités pratiques de cette race remarquable, que ne possèdent pas les autres races asiatiques, portèrent un sérieux préjudice à la poule noire de Shanghai, connue sous le nom fort incorrect de Cochin, qui avait fait son apparition au Crystal Palace en 1850, vingt ans auparavant.

Une polémique, relatée plus haut, se produisit dès l'apparition des Langshan du commandant Croad à l'Exposition d'Aviculture du Crystal Palace.

Cette opposition violente, ainsi que les nombreux croisements que les Langshan eurent à subir, menacèrent de faire disparaître la souche pure, malgré les soins dévoués et désintéressés qui leur furent prodigués par Miss Croad, nièce et héritière du commandant, décédé le 23 juillet 1874 en sa propriété « The Manor House », Durrington, dans le Comté de Sussex.

Autour de Miss Croad, se groupèrent un petit nombre de propriétaires et d'éleveurs : MM. Harrison Weir, le capitaine C. W. Gedney, John Gabb, R. O. Ridley, R. Fletcher Housman, H. P. Mullens, et autres. Mais la souche pure menaçait de s'éteindre, lorsque en 1895, M. Pierre Gurney, qui avait déjà peuplé sa basse-cour de Langshan provenant de l'élevage de Miss Croad, rencontra chez Miss Croad à Poling, près du château historique d'Arundel, où de nombreux troupeaux de Langshan vivaient en liberté, heureux et choyés, le célèbre peintre animalier Harrison Weir,

maintenant décédé, auteur du livre, aussi remarquable par son érudition que par la beauté des dessins dus à la plume facile de l'artiste : « Our Poultry ».

De cette entrevue résulta un renforcement notable de la cause des Croad Langshan. A partir de 1896, les Croad Langshan de souche pure se firent admirer aux expositions des deux sociétés d'aviculture à Paris, se répandirent en différents départements de la France, en Normandie, en Provence. Le Croad Langshan Club fut fondé en 1904. M. Housman en fut le premier Président; Miss Croad, Présidente d'honneur; M. Gurney, Vice-Président et Délégué pour la France.

Le Club publia le Standard et une brochure intitulée « The Croad Langshan », avec pour sous-titre : « Beauté basée sur l'utilité », et donnant des photographies de sujets ayant gagné aux diverses expositions de la Grande-Bratagne. Le Standard fut revu et corrigé en 1913.

Les Langshan n'ont rien à gagner, il est vrai, à être soumis à n'importe quel croisement, mais un coq Langshan améliore de façon étonnante les basse-cours.

Nous avons dit de quelles excellentes qualités pratiques la nature les a dotés. Leurs formes mêmes, d'une parfaite élégance, méritent de leur être exactement conservées; car, si les Cochins et les Brahma doivent la plus grande partie de leur originalité à l'opulence de leur contours, il ne saurait en être de même des Langshan, dont la coupe est toute différente et doit permettre à ces volailles beaucoup de grâce et d'aisance dans leurs mouvements. Il est également reconnu que leur chair délicieuse, et d'une saveur bien particulière, ne peut que perdre si elle est modifiée par un croisement. Nous conseillons donc aux éleveurs et aux amateurs de cette belle race de poules de l'entretenir constamment dans le plus grand état de pureté, afin de lui conserver tous les mérites qu'elle doit à son origine très ancienne et son immuable fixité de poule capturée à l'état demi-sauvage dans les forêts et les terres de la Pagode de Lang-Shan, où elle vivait libre depuis des siècles.

Origine. En parlant de la Langshan Controversy, nous avons montré quelle était l'origine du Langshan moderne, variété noire. Nous n'avons que deux mots à ajouter sur l'origine des deux autres variétés.

VARIÉTÉ BLANCHE. — Cette variété est connue depuis une vingtaine d'années; on ne peut se prétendre en face d'un cas d'albinisme, les Albinos ont les yeux rouges, tandis que les Langshan blancs ont conservé les yeux foncés de la variété noire. Ils proviennent de sujets au plumage blanc, nés exceptionnellement dans des couvées de noirs et qui ont gardé tous les caractères primitifs de la race; il faut remarquer pourtant que les tarses sont devenus d'une teinte gris ardoisé, beaucoup plus claire, et que la coloration rose qui apparaît entre les écailles s'est beaucoup affaiblie; néanmoins la teinte générale est beaucoup plus foncée que chez les Dorkings blancs. Ajoutons que lorsque dans les couvées de blancs, on voit apparaître de jeunes noirs — ce qui arrivait fréquemment dans les débuts, avant que la variété se fût bien fixée —, ces sujets reprennent toujours les tarses foncés.

VARIÉTÉ BLEUE. — Lorsqu'on possède des variétés noires et blanches, on sait combien il est facile d'obtenir par croisement des sujets bleus. Ils paraissent avoir été obtenus par sélection, après pareil croisement, par MM. Kirly et Smith de New-York; mais la véritable nuance ne fut acquise, dit-on, que par l'adjonction d'un sujet *bleu,* qui se rencontra, par accident, dans une couvée de noirs. Les sujets bleus, bien entendu, sont soumis aux lois, maintenant bien connues, auxquelles obéissent ces sortes de croisements, ce qui put faire douter de l'affirmation ci-dessus, les noirs issus de bleus reproduisant noir.

VARIÉTÉ NOIRE

Standard. Caractères généraux. COQ. — *Tête et cou :* tête, pas trop forte, portée plutôt haute. — *Bec :* plutôt long, légèrement recourbé. — *Œil :* grand. — *Crête :* simple, droite, de grosseur moyenne, fine de texture, régulièrement dentelée, cinq ou six pointes, sans excroissances ou creux sur les côtés. — *Face :* à peau fine. — *Oreillons :* moyens, pendants, portés à se replier. — *Barbillons :* moyens, ronds, de texture fine. — *Cou :* moyennement long, élégamment replié, fort à sa base, recouvert d'un camail abondant et brillant; les plumes du camail se terminant bien en pointe.

Corps : Tout le corps est large et profond, très large aux épaules. — *Poitrine :* pleinement large, avec un bréchet proéminent, bien couvert de viande. — *Dos :* large, plutôt long, horizontal dans l'attitude normale, le rein abondamment garni de lancettes fines, pas trop longues et avec reflet brillant. — *Ailes :* fortes, portées normalement, plutôt serrées contre le corps, mais non retombantes, avec des plumes brillantes. — *Queue :* pleine, étalée à sa base, portée plutôt haute, mais sans former la queue d'écureuil avec ses couvertures abondantes et deux longues faucilles larges à leur base et se terminant en pointe. — *Jambes : Cuisses :* pas trop longues, bien développées et bien écartées, recouvertes d'un plumage serré. — *Tarses :* plutôt longs, pas trop forts comme ossature et portant sur la surface extérieure une légère rangée de plumes s'étendant jusqu'au doigt extérieur. — *Doigts :* quatre, longs et droits, bien écartés, le doigt extérieur ayant quelques plumes. — *Forme générale et port :* droit et gracieux, alerte, haut sur jambes, avec l'aspect d'un oiseau actif (*Nota :* Un coquelet apparaîtra plus haut qu'un adulte, par suite de son manque de profondeur et de proéminence de poitrine qui n'est atteint qu'à complète maturité). — *Poids :* un coquelet doit peser au moins 8 livres; un coq adulte 10 livres. — *Plumage :* serré et doux, avec très peu de duvet jusqu'à la première mue.

POULE. — *Tête et cou : Tête :* bec, œil, crête, face, oreillons et barbillons, comme chez le coq avec crête, oreillons et barbillons de plus petite proportion. — *Cou :* moyennement long et gracieusement recourbé, plumes du camail en pointe. — *Corps :* comme chez le coq. — *Dos :* large, plutôt long, horizontal dans l'attitude normale avec coussin peu développé. — *Queue* : pleine à sa base, avec plumes complètement arrondies à l'extrémité; le port de la queue est moins relevé que chez le coq. — *Jambes et pieds* : comme chez le coq. — *Poids* : une poulette devra peser au moins 6 livres et une adulte 8 livres.

PLUMAGE DANS LES DEUX SEXES. — *Bec* : corne foncée allant même jusqu'au noir. — *Œil* : brun noisette foncé. — *Crête, face, oreillons et barbillons* : rouge brillant. — *Plumes* : complètement noires, avec un reflet vert métallique très brillant. — *Peau* : blanche et transparente. — *Jambes* : gris foncé, avec des écailles noires sur le devant laissant apercevoir la peau rose entre les écailles, spécialement près des doigts de pieds. — *Ongles* : blancs. — *Dessous du pied* : blanc rosé.

DÉFAUTS qui disqualifient un sujet : peau jaune, base du bec jaune, œil jaune ou orange, jaune autour de l'œil, dessous des pieds jaune, jambes autre couleur que gris foncé, plus de quatre doigts, taches blanches permanentes dans l'oreillon ou dans la face. Crête autre que simple, queue recourbée, queue d'écureuil, plumes de couleur.

DÉFAUTS de moindre importance : absence de rose entre les doigts de pied, plumes sur le doigt du milieu, trop de plumes sur les tarses, tarses trop courts, trop de duvet.

VARIÉTÉ BLANCHE.

COQ ET POULE. — *Bec* : blanc avec une légère teinte rosée sur les bords de la mandibule inférieure. — *Œil* : marron plus foncé possible. — *Crête, face, oreillons, barbillons* : rouge brillant — *Plumage* : blanc pur avec reflets argentés. — *Peau* : blanche, transparente. — *Tarses* : gris ardoisé clair, avec une teinte plus claire, surtout après la première mue, sur le devant des tarses et descendant jusqu'aux doigts de pieds, les écailles laissent entrevoir une peau rosée, particulièrement du côté extérieur des tarses; cette même peau rosée devra s'apercevoir entre les doigts de pieds. — *Ongles* : blancs. — *Dessous des pieds* : blanc rosé. — *Forme et taille* : des Langshan noirs.

VARIÉTÉ BLEUE.

COQ. — *Bec* : corne plus ou moins foncée. — *Œil* : marron le plus foncé possible. — *Crête, face, oreillons, barbillons* : rouge vif. — *Peau* : blanche et transparente. — *Plumes du camail, du dos, couvertures de la queue et des ailes, lancettes, faucilles* : gris bleu ardoisé foncé, avec un brillant reflet pourpre. — *Reste du plumage* : gris bleu clair, chaque plume portant un liseré distinct et aussi large que possible d'une nuance bleu ardoisé plus foncé rappelant celle du dos, de façon à bien trancher sur la couleur de fond de

chaque plume. — *Tarses* : gris, moyens, les écailles laissant apercevoir entre elles une peau rose. — *Ongles* : blancs. — *Dessous des pieds* : rosés. — *Taille* : port et forme générale de la variété noire.

POULE. — *Bec, œil, peau* : comme chez le coq. — *Crête, face, oreillons, barbillons* : rouge vif. — *Peau* : blanche et transparente. — *Plumage général* : gris bleu plutôt clair, chaque plume portant un liseré d'une teinte bleu ardoisé foncé comme chez le coq. Le tout doit former un *maillage* parfait. Les petites plumes de la tête et de la partie supérieure du cou sont bleu ardoisé foncé. — *Tarses* : comme chez le coq. — *Taille* : port et forme générale de la variété noire.

ÉCHELLE DES POINTS.

		À déduire
Défauts dans la tête		15
— les pieds		10
— le plumage		10
Trop de duvet		10
Brechet tordu		10
Étroitesse		15
Mauvais port et forme défectueuse		10
Manque de taille		10
Mauvaise condition		10
Un bon oiseau comptant pour		100

Qualités et exigences de la race. Nous n'avons rien à ajouter sur les qualités de la race, le Langshan moderne possédant toutes celles que l'on attribue à la variété Croad. Ses formes élancées sont moins élégantes; mais, à ce point de vue, il offre un certain avantage pour donner de la taille aux autres races, et certainement on se sert souvent de lui pour grandir les Barbezieux.

Les jeunes s'élèvent tout aussi bien que les Croad; ils sont peut-être un peu plus longs à s'emplumer.

Telles sont les affirmations des partisans du Langshan « New Style »; mais l'exagération de la longueur des pattes rend bien des coqs cagneux et, pour notre part, nous n'en sommes guère partisan.

On assure que la *variété blanche* offre tous les avantages de la variété noire, tout en donnant une ponte plus abondante, de beaux œufs jaunes, plus gros et plus lourds que ceux pondus par les noires. Pourtant, comme volaille de table, leur croissance peu rapide ne les fait pas estimer par les fermiers, leur chair néanmoins, fort abondante sur la poitrine

La croissance des bleus étant tout aussi lente que celle de leurs frères et sœurs blancs, il faut mettre en incubation en saison peu avancée.

Malgré tout, les bleus ne sont considérés que comme des sujets d'exposition.

LANGSHAN MODERNE

et les cuisses, est très délicate. Les jeunes naissent avec un duvet gris sale; ils s'emplument lentement; ils sont malgré cela robustes et craignant peu le froid à la condition de les maintenir à l'abri de l'humidité et des vents froids.

On devra faire éclore les sujets d'exposition en janvier, février; les éclosions de février sont les plus avantageuses d'une façon générale et si l'on veut avoir de bonnes pondeuses d'hiver, il ne faudra jamais avoir des poulettes nées après mars.

Le Langshan moderne comme race sportive. — Le Langshan moderne est surtout considéré comme un sujet d'exposition, et, à ce point de vue spécial, son élevage n'offre pas de grandes difficultés, s'il est fait de bonne heure.

Variété noire. — Un seul parquet suffit pour obtenir des coquelets et des poulettes, mais il faut choisir des reproducteurs offrant des caractères particuliers pour obtenir le maximum de jeunes. La plupart des éleveurs choisissent pour la reproduction des poules âgées de deux ans, fortes, mais ayant une ossature aussi fine que possible, au plumage tirant le plus possible sur le vert, aux cuisses bien écartées, à la poitrine large, au dos long, avec les yeux aussi foncés que possible, et les tarses point emplumés. Un point essentiel, si l'on veut obtenir des poulettes correctes, c'est que la mère ait une crête fine, plutôt petite, mais bien droite et régulièrement dentelée. On peut obtenir de très bons coquelets avec des poules ayant une forte crête, même retombante, pourvu qu'elle soit régulièrement dentelée.

En choisissant le coq, on peut prendre, soit un sujet âgé d'un an, soit de deux, mais on devra veiller à l'excellence de sa forme, au bon port de sa queue, aux reflets du plumage, qui doivent être aussi verts que possible, et absolument dépourvus de teinte pourpre (1), la prédominance de la teinte verte dans la queue est absolument indispensable. Le mâle doit avoir en outre un port correct et les cuisses bien écartées. Les yeux seront très foncés, la face bien rouge et la crête bien droite et régulièrement dentelée, la partie arrière s'appliquant bien sur le crâne.

D'ailleurs, chaque défaut de la poule doit être contrebalancé chez le coq. Les jeunes Langshan, quoiqu'un peu longs à s'emplumer, sont très robustes et s'élèvent facilement; ils naissent, ainsi qu'on le sait, recouverts d'un duvet noir et jaune, et, fait intéressant à signaler, ce sont ceux qui sont les plus jaunes, qui donnent en général le plumage le plus brillant. Les Langshan n'ont besoin

(1) Il est bon toutefois de faire remarquer que des coqs ayant du rouge dans le camail donnent des poulettes ayant un lustre exceptionnel, tout en perpétuant le défaut chez les coquelets. Donc, si un coq offrant cette particularité peut être utilisé à la reproduction, il faut absolument éliminer, pour les reproductions futures, les coquelets qui en proviennent.

d'aucune préparation spéciale pour les expositions, et les différents systèmes de nourriture pour la couleur ont peu d'influence sur eux; néanmoins, le carbonate de fer, mélangé à petites doses dans leurs pâtées, aide à obtenir un beau lustre.

Variété blanche. — A part le plumage qui doit être blanc pur, on suit, pour le choix des reproducteurs, les mêmes règles que pour les noirs.

Variété bleue. — Il faut former les parquets de très bonne heure; on allie quatre ou cinq poules de plus d'un an à un jeune coq d'un an, trois à quatre poulettes à un coq de plus d'un an, c'est dans ces conditions que l'on obtient le maximum de fertilité des œufs.

Il faut un certain discernement dans le choix des reproducteurs pour obtenir la couleur exacte exigée, car on trouve des sujets d'un gris pigeon très clair et d'autres d'une couleur ardoise très foncée. On ne doit point regretter de pareils sujets; car, s'ils sont impropres à être exposés, ils peuvent fournir d'excellents reproducteurs; en effet, on obtient assez facilement la juste teinte et un liseré très marqué en unissant un coq foncé à des poulettes claires. On conseille d'établir deux parquets, l'un pour la reproduction des coqs, l'autre pour les poules, mais il est surtout indispensable d'utiliser pour la reproduction un coq de couleur plutôt foncée avec un liseré bien marqué.

Si l'on veut obtenir des Langshan bleus, offrant bien le type désiré, les coqs devront avoir la queue fort relevée, tandis qu'au contraire elle doit être presque horizontale chez la poule. On conservera donc pour la production des coquelets les mâles et les femelles dont la queue est haute, tandis que les sujets à queue basse seront conservés pour l'obtention des poulettes.

Il est à remarquer que, dans chaque couvée, on trouve pratiquement au moins 20 % de jeunes soit entièrement noirs, soit entièrement blancs. Ce chiffre n'a rien d'absolu, parce que tous les œufs pondus ne sont pas mis en incubation, ou ne réussissent pas. Les lois auxquelles nous faisions allusion, ne s'en trouvent en rien affectées ni violées.

Race de Langshan, type allemand.

C'est le Langshan Croad à pattes lisses.

Avant la guerre, ce type existait en Russie, d'où il a sans doute passé en Allemagne. Il nous souvient d'avoir eu ce renseignement par un Russe distingué, président d'une Société avicole russe, dont nous ignorons le sort depuis la révolution soviétique. Il convient d'ajouter que nous ignorons aussi celui de la race elle-même dans ce grand et malheureux pays, où les destructions, hélas ! ne se comptent plus. Nous nous étions souvent demandé si ce type n'avait pas contribué à la formation de l'Orpington noir.

CHAPITRE VII

SIXIÈME GROUPE

RACES MODERNES

FAVEROLLES — MANTES — ESTAIRES — MALINES
ORPINGTON — SUSSEX — WYANDOTTE — PLYMOUTH-ROCK
RHODE ISLAND — CHANTECLER — BARNEVELDER — MENDEL
MARSH DAISY — CATALANE DEL PRAT — PARAISO

SIXIÈME GROUPE

Monographie de la race de Faverolles.

Une variété.

ÉLANGER le sang de diverses races, et effectuer des croisements successifs, pour obtenir ensuite une véritable race ayant des caractères nettement définis et soigneusement fixés, telle est l'histoire des origines et du progrès d'une de nos races françaises les plus célèbres, la Faverolles, dont la chair rivalise avec celle des meilleures volailles de table.

Origine. La Faverolles est une création assez récente, due à des croisements irréfléchis, pratiqués à la suite de l'introduction des races asiatiques dans les basses-cours de la région de Houdan. Les éleveurs cherchaient à trouver un type d'engraissement aisé et rapide, n'ayant pas l'inconvénient de la huppe des Houdan. Il est certain que la Dorking, dont on commençait à ce moment l'introduction, joua aussi un certain rôle dans cette création, dont le centre fut le village de Faverolles, entre Dreux et Houdan.

La fusion de toutes ces races se fit peu à peu ; mais, lorsque M. Roullier-Arnoult voulut la sélectionner, il se trouva en face de diverses variétés, dont voici une sommaire description :

1º Une poule massive, ayant les mêmes allures que la race asiatique de Brahma, mais à plumage plus ou moins clair et liseré de noir.

2º Une poule de même apparence que la Cochinchinoise, au corps penché en avant, à plumage de teinte chamois ou jaune mélangé de plumes blanches ou liserées de blanc.

3º Une poule genre Dorking, aussi volumineuse que les précédentes, mais d'allures plus légères; c'est une Dorking rougeâtre, même dessin que dans la race pure.

4º Une poule du genre Houdan, avec plus de volume que dans la race type; le cailloutage noir et blanc manque de régularité, la huppe n'existe plus; cette variété était peu répandue.

5º Une poule qui présentait assez le plumage de la Coucou de Rennes, avec des nuances tantôt claires, tantôt foncées.

On rencontrait encore de grosses poules noires présentant les allures massives de la race asiatique de Langshan.

Quant aux coqs, les types dominants se rapprochaient des races de Brahma, Dorking et Coucou; mais toutes ces variétés, coqs ou poules, ne présentaient pas de caractères bien fixés, et elles étaient seulement sélectionnées au point de vue de l'ampleur, de la précocité et de la facilité d'engraissement.

Depuis, on s'est plu à sélectionner les Faverolles au point de vue de la forme et de la couleur du plumage. Aussi élève-t-on maintenant une variété dont le plumage est absolument fixé et les caractères déterminés par un Standard.

La rédaction du Standard définitif de cette race, — car, désormais, on put lui donner ce nom, — n'alla pas, toutefois, sans difficultés ni controverses, et la Fédération nationale, soucieuse de ménager les intérêts et les susceptibilités des éleveurs, dut se borner à homologuer tout d'abord une « Monographie de la race de Faverolles, établie par la Société du Houdan-Club de France », sous les auspices de M. Duperray (1).

En présentant au public avicole cette monographie, les dirigeants du Club la faisaient précéder de quelques considérations générales expliquant leur décision.

« Il y a quinze ans environ, écrivaient-ils, la Faverolles était un composé de types divers, rappelant, les uns le Cochinchinois et le Brahma, les autres les races de Houdan et de Dorking.

« Parmi ces types, nous avons choisi celui qui, à notre appréciation, devait réunir un ensemble de qualités supérieures, comme chair et comme ponte, aux qualités correspondantes de la Houdan.

« Nous avons voulu que la poule de notre choix possédât le volume et la rusticité des races asiatiques, et nous avons sélectionné le type dit *tête de Hibou*. Au point de vue de la couleur, les éleveurs houdanais, convaincus de la valeur de la variété saumonée, ont compris que l'amélioration de la Faverolles ne pouvait se faire que par sélection successive, et qu'ils devaient s'y attacher de préférence. Ils ont si bien poursuivi la réalisation de cette idée, que, désormais, le type saumoné est tout à fait fixé, et que l'on ne rencontre plus qu'exceptionnellement dans la région des Oiseaux rappelant le Brahma ou le Dorking. Cette fixité du type a permis au Houdan-Club d'établir comme suit les caractères de la race. »

(1) Par suite de l'importance prise par la nouvelle race de Faverolles, cette Société devint le Houdan-Faverolles-Club de France, dont M. Duperray demeura président.

Monographie de la race de Faverolles.

Type dénommé *à tête de Hibou*, seul adopté. Monographie, rédigée par le Houdan-Club de France, devenu, par la suite, le Houdan-Faverolles-Club.

Caractères généraux.

COQ. — *Tête* : large et forte, sans aucune trace de huppe. — *Crête* : simple, droite, dentelée. — *Oreillons* et *Barbillons* : moyens, plutôt courts. — *Cou* : solide, fort, large vers les épaules. — *Corps* : plutôt large que long. — *Poitrine* : très large, bien développée. — *Dos* : très large et droit. — *Ailes* : fortes, proéminentes en façade, courtes, serrées au corps de la pointe. — *Queue* : courte. — *Cuisses* : fortes, largement séparées. — *Jambes et tarses* : de longueur moyenne, ou assez longue, forts, plutôt épais, légèrement emplumés ou sans plumes. — *Doigts* : forts, 4 ou 5 doigts. — *Taille* : volumineuse le plus possible. — *Allure, aspect général* : large, puissant sans être lourd, carré sans être massif, les jambes bien dégagées, l'air fort et solide.

POULE. — *Tête* : large, forte, sans aucune trace de huppe. — *Crête* : simple, moyenne ou petite. — *Oreillons* : moyens. — *Barbillons* : courts. — *Cou* : court et plein. — *Corps* : assez allongé, large. — *Poitrine* : large, l'os du bréchet plus long que chez le coq. — *Dos* : large et plat. — *Ailes* : fortes, proéminentes en façade. — *Queue* : en forme d'éventail, les plumes larges, rondes, de longueur moyenne, portée ni trop basse ni trop relevée. — *Cuisses* : fortes, largement séparées. — *Jambes et tarses* : De longueur moyenne ou assez longue, forts, plutôt épais, légèrement emplumés ou sans plumes. — *Doigts* : forts, 4 ou 5 doigts. — *Taille* : forte. — *Allure, aspect général* : lourd.

Couleurs.

COQ. — *Bec* : couleur corne ou gris jaunâtre plus ou moins foncé. — *Oreillons* : rosés. — *Œil* : roux clair ou gris. — *Barbichons et favoris* : raisonnablement garnis, gris ou noirs. — *Poitrine* : noire, ou noire et blanche, le noir dominant. — *Camail* : blanc gris ou blanc crème, avec ou sans aiguillettes noires. — *Dos et épaules* : un mélange de blanc crème, de gris clair et de noir, avec parfois quelques plumes brun roux, mais très peu. — *Queue* : noire à reflets verts, avec parfois quelques plumes rousses ou grises, très peu nombreuses. — *Jambes et tarses* : modérément emplumés ou sans plumes. — *Couleur des pattes* : blanche.

POULE. — *Bec* : couleur corne ou blanc teinté. — *Oreillons* : rosés. — *Œil* : roux clair ou gris. — *Barbichons et favoris* : blanc crème et saumoné, quelques plumes noires tolérées. — *Poitrine* : blanc crème ou saumonée. — *Camail* : avec aiguillettes plus ou moins foncées. — *Dos et épaules* : saumonés. — *Ailes* : semblables au dos, de préférence plus claires, sauf les grandes plumes du vol, qui seront brunes, plus foncées que le dos. — *Queue* : saumonée, avec les extrémités souvent brunes, plus ou moins foncées. — *Jambes et tarses* : plumes saumonées courtes, en petit nombre, ou absence totale. — *Couleur des pattes* : blanche.

Observations sur la Monographie. Comme le lecteur a pu s'en rendre compte, cette monographie, qu'on n'avait pas osé qualifier de Standard, manque à dessein de précision sur un certain nombre de points. La variété à quatre doigts y est admise. Elle a été souvent primée dans les concours, étant donné qu'elle est conforme à la monographie, dans son ensemble.

L'exemplaire de cette monographie, transmis à la Fédération par M. Duperray, président du Houdan-Faverolles-Club, le 30 janvier 1922, était accompagné d'une lettre indiquant que cette monographie avait été établie, « après consultation de tous les membres de la Société, avec un questionnaire ».

L'honorable président, auprès duquel nous avions souvent insisté pour obtenir une plus grande précision du Standard, ajoutait cependant : « La modification à apporter dans l'avenir serait, dans un temps donné, de ne reconnaître que la Faverolles à 5 doigts. »

Pour bien apprécier le Standard résultant de la monographie ci-dessus reproduite, il faut se rappeler les conditions dans lesquelles la *race* de Faverolles se dégagea peu à peu, avec des caractères progressivement fixés, des premiers croisements effectués sans méthode et dont le principal résultat avait été tout d'abord de donner de l'ampleur et de la force aux poules communes et aux poules de Houdan qui peuplaient autrefois les basses-cours de Faverolles.

La race dite de Cochinchine et celle de Brahma-Poutra avaient fourni la taille et le volume.

Les coqs de Dorking, sans nuire à ces qualités, contribuèrent à la finesse de la chair et renforcèrent, à cet égard, l'influence ancestrale de la Houdan.

Il ne faut pas oublier qu'il s'agissait surtout dans ces croisements d'aviculture pratique. On était dans un pays d'élevage, où l'essentiel était de produire de gros poulets à chair délicate, faisant prime sur les marchés ; et il faut convenir que les éleveurs de Faverolles ont su réaliser ce programme.

La question du cinquième doigt, caractère hérité des races de Houdan et de Dorking, intéressait moins les producteurs ; et l'on doit considérer aussi que le dédoublement de ce qu'en zootechnie on appelle, non le 5e doigt, mais le doigt I, constitue un caractère à dominance imparfaite, qui ne se reproduit pas avec fixité, et qu'on ne peut obtenir un doigté correct que par une sélection suivie, qui n'avait pu être pratiquée dans les débuts.

Nous aurions parfaitement compris, quant à nous, une Faverolles à pattes lisses et à quatre doigts ; car, pour une volaille d'utilité comme celle-là, la polydactylie et l'emplumement même léger des tarses ne paraissent pas indispensables ; mais on a voulu conserver à la fois un souvenir atténué des pattes emplumées des races asiatiques et des pattes à cinq doigts des Houdan et des Dorking. Ce dernier caractère, inutile en lui-même, — me disait un jour Charles Voitellier, — peut avoir son importance en ce qu'il décèle dans les produits la présence du sang de Houdan ou de Dorking, qui sont des races à chair délicate.

Quoi qu'il en soit, nous estimons que le moment est venu de préciser le Standard ; car il nous répugne de voir primer, comme il est arrivé souvent dans les expositions, des Oiseaux présentant une patte à cinq doigts et une à quatre seulement, ou offrant les dédoublements tératologiques les plus variés du doigt I, ce qui constitue plutôt des monstruosités qu'un caractère de race.

Notre avis très net, que nous avons exprimé dans de nombreux articles et qui tend, du reste, à prévaloir dans les jugements, est que le coq et la poule de Faverolles doivent posséder, comme les Dorking et les Houdan, quatre doigts fonctionnels et normaux, et un cinquième doigt non fonctionnel, un peu plus long, légèrement relevé et ne touchant pas au sol. Quant à l'emplumement des pattes, puisqu'on y tient, nous demanderons qu'il soit modéré, comme il convient à une race d'utilité, et nous proscrirons les tarses lisses, qui ne sauraient être facultatifs dès lors qu'on n'a pas voulu les rendre obligatoires.

Pour les couleurs, le coq à beau plastron noir et la poule légèrement saumonée nous paraissent dignes de la préférence des éleveurs.

Nous croyons que la magnifique race de Faverolles n'a rien à perdre en demeurant conforme aux exigences ci-dessus, et que les éleveurs de sujets de race pure ont tout à gagner à pouvoir vendre, en France et à l'Étranger, des Oiseaux d'un type bien défini. Leur intérêt bien compris n'est pas, en effet, de laisser aux Standards étrangers, le soin de préciser les caractères d'une de nos meilleures races françaises. Il faut que l'acheteur, en acquérant des producteurs primés, sache ce qu'on lui vend et ce qu'il en obtiendra. La valeur des sujets de choix ne pourra qu'en être accrue, et elle compensera l'avantage qu'on pourrait trouver à profiter de l'élasticité du Standard, pour écouler, comme Oiseaux de race,

du tout venant ramassé dans les fermes. Ce n'est assurément pas la pratique de nos collègues des grandes sociétés avicoles, et c'est pourquoi nous pensons qu'ils finiront tous par être de notre avis.

La controverse de la Faverolles. Tandis que le Houdan Faverolles Club, sous l'impulsion de M. Duperray, s'attachait à préciser les caractères du type *Faverolles à tête de Hibou* (1) et s'appliquait à sélectionner ce type, à l'encontre de ceux qui faisaient afficher dans les concours *qu'il n'y a pas de type spécial en Faverolles*, d'autres aviculteurs s'élevaient contre l'admission d'un type unique dans cette race.

Les uns, s'en tenant à l'opinion émise par M. Roullier, dans une intéressante brochure sur l'élevage, ne paraissaient pas désirer que l'on sélectionnât la Faverolles, et ils semblaient craindre que cette sélection ne réduisît le volume de cette volaille et ne lui fît perdre ses qualités.

Cette conception de l'orientation à donner à l'élevage des Faverolles se trouve parfaitement résumée dans la brochure de M. Roullier, où il dit : « La poule de Faverolles n'a pas de caractères définis, elle ne doit pas en avoir ; mais on ne saurait la confondre avec la poule de ferme courante ; elle a *un rien, un tout, un je ne sais quoi*, qui la distingue des autres. La voir c'est la connaître pour toujours. »

D'autres éleveurs, et notamment M. Poinsot, successeur de M. Roullier-Arnould à Gambais, demandaient l'établissement d'un Standard dans lequel seraient admis : 1° des types à quatre et à cinq doigts ; 2° des variétés coucou, noire, blanche et marron.

Dans une lettre, publiée en août 1922

(1) Cette dénomination est due à M. Duperray.

par la *Revue Avicole*, M. Poinsot nous apprend que, bien avant la guerre, M. Roullier-Arnould, son regretté beau-père, possédait un superbe troupeau de Faverolles noires, dont la sélection fut suivie pendant dix ans jusqu'à la guerre. Les coqs en étaient changés avec des types noirs de la région, pour éviter la consanguinité. Ces Faverolles noires, qui furent primées dans les expositions, durent être vendues à la guerre; mais il en existe, croyons-nous, d'autres actuellement, et le type n'en est pas perdu.

De son côté, M. Poinsot fit, avec la Faverolles coucou, ce que M. Roullier-Arnould avait fait avec la noire, et il dit en avoir obtenu une descendance parfaitement coucou.

Il est donc évident que la tendance est d'admettre plusieurs variétés de Faverolles; mais, comme le dit très justement M. Charles Voitellier, qui résume fort bien cette controverse dans les numéros des 1er juillet et 1er août 1922 de la *Revue Avicole* à laquelle nous empruntons ces détails, « la présentation dans une exposition de quelques sujets bien appareillés, qu'on peut trouver dans un groupe important de métis, n'est pas une preuve de fixation de leurs caractères distinctifs : il faut qu'ils reproduisent semblables à eux-mêmes... Tant qu'il n'en est pas ainsi, on est en droit de penser qu'il s'agit simplement de métis qui, entre parenthèses, ne peuvent être vendus comme animaux de race pure. » Et c'est bien là que gît la difficulté. M. Poinsot la souligne d'une façon très claire, quand il écrit à la *Revue Avicole* (n° du 1er août 1922, p. 259) : « On veut actuellement faire de la Faverolles une *race pure;* c'est ce que vous ne ferez jamais entendre aux cultivateurs de la région qui, quoi que l'on fasse, auront toujours, dans leurs basses-cours, des sujets fauves, noirs, coucous, marrons, à 4 ou 5 doigts.

« Que résultera-t-il si vous maintenez un type unique? Des réclamations *constantes,* parce que les fermiers et les cultivateurs de la contrée vendront aux aviculteurs des œufs de Faverolles fauves, noirs, coucous, marrons. Il en résultera que, lorsque les clients recevront des œufs de ces variétés, ils ne manqueront pas de dire : Pardon, il n'y a qu'une race de Faverolles à cinq doigts... Pour en arriver à un type fixe, il faut, je l'ai dit : décider le cultivateur ou le fermier de la région de Gambais ou de Houdan à n'avoir dans sa basse-cour qu'un type de Faverolles saumon à 5 doigts. Cela, vous ne l'obtiendrez jamais. »

D'autre part, M. Duperray écrivait à la même revue : « Nous ne sommes pas, à la Société, des intransigeants; et nous sommes tout disposés à accepter une ou deux variétés de Faverolles à condition qu'elles présentent un ensemble de qualités permettant de bien reconnaître le type Faverolles. Ce dont nous ne voulons pas simplement, c'est un mélange non défini de caractères.

« Ce n'est pas en présentant dans un concours un lot, groupé pour la circonstance, de sujets recueillis un peu partout, que l'on peut prétendre imposer à notre Société la reconnaissance d'une variété nouvelle de Faverolles. »

En publiant cette réponse, dont nous ne pouvons donner ici qu'un extrait, faute de place, M. Charles Voitellier en tire cette conclusion : « Nous retiendrons surtout de cette lettre ce qui a trait à la possibilité d'obtenir une ou deux variétés de la race de Faverolles et à leur reconnaissance par le Club, dès l'instant où, comme nous le disions précédemment, on en verra non seulement quelques lots dans une exposition, mais une ou plusieurs basses-cours peuplées de sujets reproduisant semblables à eux-mêmes. »

Nous n'insisterons pas davantage sur

cette controverse, dont nos lecteurs trouveront tous les détails dans les deux articles ci-dessus visés de M. Charles Voitellier.

Standard type utilité. M. Franky-Farjon, consulté sur la question du Standard de la Faverolles, en janvier 1922, répondit à la Fédération, en envoyant des notes, fort intéressantes, expliquant « ce que doivent être les *sujets d'élite d'une basse-cour pour la reproduction d'utilité*, mais non pas les sujets d'élite pour le concours ».

« En effet, nous écrivait-il, je suis persuadé que le praticien qui élèverait des Faverolles pour la basse-cour, c'est-à-dire pour le produit (tant pour les œufs que pour la chair), en se limitant au type concours, irait, de la sorte, contre ses intérêts, c'est-à-dire contre le but poursuivi. » En conséquence, M. Franky-Farjon suggérait d'établir « un *Standard de concours*, mais avec l'idée bien arrêtée que, jusqu'à nouvel ordre et pendant longtemps encore, il y aurait deux Standards Faverolles : Standard pour la *reproduction utilitaire*, Standard assez élastique ; — et Standard pour les concours ».

La controverse, dont nous avons tâché de résumer les éléments pour nos lecteurs, paraît résulter, si nous ne nous trompons, de l'opposition de deux points de vue : celui de l'aviculture pratique et celui de l'aviculture sportive.

Il est certain que, lorsqu'on s'attache à obtenir, chez des Oiseaux de concours, certains détails de conformation ou de plumage difficiles à réaliser, c'est souvent au détriment des qualités productives d'une race, parce que la recherche de ces caractères morphologiques détourne plus ou moins de celle des caractères d'utilité, les sujets qui réunissent les caractères extérieurs du Standard n'étant pas toujours ceux qui offrent dans le plus haut degré les qualités pratiques.

Nous pensons donc qu'il y a du vrai dans les deux points de vue, et que c'est peut-être ce qui a rendu jusqu'ici l'entente difficile; mais il est à espérer qu'elle se fera cependant, sous les auspices de notre Fédération Nationale, qui n'envisage, dans cette question, que les intérêts véritables des éleveurs d'une de nos meilleures races françaises. Ce n'est du reste pas que pour la Faverolles que l'on réclame un type « utilité »; et, dans les expositions, on entend couramment des éleveurs, d'ailleurs très compétents, proposer aux clients désireux de constituer une basse-cour productive des volailles de race pure type « utilité ».

Laissons donc au temps et aux intéressés le soin de régler la question, et souhaitons que, tout en précisant, comme nous le désirons, le Standard, on s'attache principalement à des variétés bien typiques, dans lesquelles une sélection utilitaire puisse être avantageusement poursuivie. La Faverolles noire, par exemple, qui est un fort bel Oiseau, pourrait devenir, par la suite, un élément intéressant pour peupler des basses-cours. Le plumage uniformément noir, en effet, se reproduit avec une grande régularité, lorsqu'il est une fois fixé; et c'est celui de plusieurs de nos races françaises à chair très délicate.

Standard anglais. Le Standard adopté par le *Poultry Club* admet quatre types de Faverolles, tous à cinq doigts, savoir : le saumoné, le fauve, le blanc et le bleu. Ce dernier prouve l'existence d'un type noir, non reconnu par le Standard, et qui, à notre avis, serait très intéressant à sélectionner et à propager, comme l'avait tenté avec succès M. Roullier-

Arnould. On en trouverait les éléments dans nos basses-cours françaises.

Caractères généraux. COQ. — TÈTE. — *Crâne :* large, plat et court. — *Bec :* court et fort. — *Crête :* simple, de grandeur moyenne, portée droite, avec cinq ou six dentelures. — *Face :* garnie de favoris. — *Favoris et cravate :* larges, pleins et courts. — *Oreillons et barbillons :* petits et en partie cachés par les favoris et la cravate. — *Cou :* fort et épais. — *Corps :* épais, profond et lourd. — *Poitrine :* ronde, avec un bréchet s'avançant bien, mais pas trop arrondie. — *Dos :* plat et carré, très large aux épaules et aux reins. — *Ailes :* petites, serrées au corps. — *Queue :* de moyenne longueur et portée plutôt droite, avec des plumes larges. Une queue avec plumes étroites ou portée basse est un défaut sérieux. — *Jambes et pieds. Jambes :* cuisses courtes et bien écartées, tarses de moyenne longueur, forts, droits, bien écartés (toute tendance à être panard est fort critiquable), légèrement emplumés jusqu'au bas du dernier doigt. — *Doigts :* cinq à chaque pied, le cinquième étant séparé du quatrième et le doigt de dehors un peu emplumé. — *Port :* actif et alerte. — *Poids :* adulte, 7 à 8 livres 1/2; coquelet. 6 1/2 à 7 1/2 livres (1). (Le Standard du *Poultry Club* porte de 8 à 10 livres.)

POULE. — A l'exception de la *crête*, qui est en proportion beaucoup plus petite, et de la *queue*, qui est en éventail, les caractères généraux de la poule sont semblables à ceux du coq, en tenant compte des différences sexuelles habituelles. — *Poids :* adulte, 6 à 7 livres; poulette, 5 à 6 livres et demie (2). (Le Standard du *Poultry Club* porte de 6 1/2 à 8 1/2 livres.)

I. VARIÉTÉ SAUMON.

Couleur. CATACTÈRES COMMUNS AUX DEUX SEXES. — *Bec :* jaune ou blanc. — *Œil :* iris gris ou noisette (*hazel*). — *Crête, face, barbillons, oreillons :* rouges. — *Jambes et pieds :* blancs.

PLUMAGE CHEZ LE COQ. — *Favoris et cravate :* noir foncé. — *Camail :* paille. — *Dos, épaules et partie supérieure des ailes :* acajou brillant. — *Poitrine, cuisses, dessous, queue et plumes des jambes :* noir. — *Ailes :* barre de l'aile, noire; rémiges primaires, noires; secondaires, à barbes externes blanches et à barbes internes et pointes noires.

PLUMAGE CHEZ LA POULE. — *Favoris et cra-*

(1) Livres anglaises.
(2) *Idem.*

vate, poitrine, cuisses et duvet : crème. — *Reste du plumage :* jaune froment, le *camail* flammé d'une teinte plus foncée (mais sans noir); les *ailes* d'une nuance plus claire.

II. — VARIÉTÉ FAUVE.

CARACTÈRES COMMUNS AUX DEUX SEXES. — *Bec, œil, crête,* etc..., comme dans la variété saumon.

PLUMAGE CHEZ LE COQ ET LA POULE. — Riche citron fauve uniforme.

III. — VARIÉTÉ BLANCHE.

CARACTÈRES COMMUNS AUX DEUX SEXES. — *Bec,* etc..., comme dans la variété saumon.

PLUMAGE CHEZ LE COQ ET LA POULE. — Blanc pur exempt de taches paille.

IV. — VARIÉTÉ BLEUE.

CARACTÈRES COMMUNS AUX DEUX SEXES. — *Bec :* noir. — *Œil :* noir ou brun. — *Crête, face, barbillons et oreillons :* rouges, ces derniers partiellement cachés par la barbe. — *Jambes et pieds :* Noirs ou bleus.

PLUMAGE CHEZ LE COQ. — *Tête, barbe, favoris, cou, dos, queue et dessus de l'aile :* bleu ardoisé foncé. — *Reste du plumage :* bleu ardoisé moyen, chaque plume maillée d'une teinte plus foncée.

PLUMAGE CHEZ LA POULE. — *Tête, barbe, favoris et cou :* bleu ardoisé foncé, le cou devenant plus clair près du dos. — *Reste du plumage :* bleu ardoisé moyen, chaque plume maillée de foncé.

ÉCHELLE DES POINTS.

Couleur	25	points.
Symétrie	20	—
Favoris et cravate	20	—
Taille	15	—
Condition	10	—
Crête	10	—
Total	100	points.

DISQUALIFICATIONS. — Peau et tarses d'une teinte autre que blanche, excepté dans la variété bleue. — Absence de cravate et de favoris. — Tarses non emplumés, ainsi que le doigt du dehors. — Nombre de doigts autre que cinq à chaque pied. — Poitrine creuse. — Toute difformité. — Mauvaise couleur générale. — Blanc dans la queue, les ailes, ou la sous-couleur, les ailes dans la variété fauve. — Teinte grise des ailes dans la variété blanche..

Standard américain. Le Standard américain, adopté par *the American Poultry Association* et reproduit dans le *Standard of perfection* (1), ne comporte qu'une seule variété, la variété saumon, dont il donne une description très détaillée.

Qualités et exigences de la race (2). La principale qualité de la Faverolles est de fournir des poulets qui atteignent rapidement un fort volume. Leur chair excellente en fait des poulets essentiellement « marchands ». La poule de Faverolles est aussi une assez bonne pondeuse, qui donne des œufs d'hiver, lorsqu'on l'élève de bonne heure et qu'on sait la loger et la soigner. Les Anglais et les Américains l'apprécient particulièrement à ce point de vue.

La poule se montre aussi bonne couveuse, douce et familière. On peut lui donner de 14 à 16 œufs, elle est également bonne mère et conduit parfaitement deux douzaines de poussins et plus.

La précocité de cette race d'utilité est exceptionnelle. Dans les élevages de la région de Houdan, il est d'usage constant de retirer à quatre semaines les poulets les plus forts pour les mettre « en graisse »; l'engraissement dure : pour faire du demi-gras, de huit à dix jours; pour du poulet gras, vingt et un jours. Le reste de la bande est mis en graisse à quatorze ou quinze semaines au plus; aussi, dans une période de quatre à cinq mois, une bande de poulets est vendue et l'éleveur est à même de se rendre compte de son gain, ce qui est fort appréciable.

« Poule pratique par excellence, dit M. Duperray, président du Houdan-Faverolles-Club, et pondeuse d'hiver, sa ponte est facilitée par la fréquentation des écuries, des vacheries, des fumiers chauds. Dans la vacherie tiède, une partie appropriée par une légère séparation permet l'élevage du poussin en hiver. En avril, les couveuses permettent la reproduction des sujets de sélection, en vue des futurs reproducteurs; le poulet précoce d'hiver offrira toujours à l'éleveur une vente avantageuse.

« Elle donne l'œuf en hiver pour l'amateur, au château, comme dans le poulailler du modeste rentier ou dans le petit réduit de l'ouvrier. La poule, nourrie économiquement par des déchets de cuisine, donnés en pâtée chaude, fait merveille. Elle se contente aussi d'un petit espace, bien qu'elle soit dans de meilleures conditions, s'il est possible de lui donner du terrain. »

Engraissement. Le poulet qui, dès son jeune âge, est habitué à manger à discrétion, grossit beaucoup plus vite et gagne une prédisposition à l'engraissement qui sera d'un grand avantage à l'époque où on lui appliquera ce régime.

Les premiers jours, on donne quelques repas avec des œufs durs, du pain émietté et un peu de verdure; mais l'alimentation principale est composée d'une pâtée ferme de farine d'orge ou de maïs, délayée avec de l'eau, du petit-lait ou du lait coupé de 50 % d'eau; il faut toujours se rapprocher le plus possible du lait. Pour faire une pâtée assez ferme, sans être dure, on mélange un litre de liquide pour un kilogramme de farine, on y ajoute généralement, pour la rendre plus appétissante, environ cent grammes de brisures de riz cuit, dit riz à veaux. De la verdure et des oignons hachés sont encore souvent ajoutés à cette pâtée,

(1) *The American Standard of perfection*, 1923, p. 289.
(2) Cette partie de la monographie de la race de Faverolles a été rédigée par M. Blanchon, à l'aide de renseignements et de documents qu'avait bien voulu lui fournir M. Duperray.

qui est distribuée aux poussins jusqu'à ce qu'ils aient atteint six semaines. Les poussins auront le plus de parcours possible, les mille petits insectes, verdures fraîches, graviers, etc., qu'ils trouvent en courant de côté et d'autre, leur donnent la vigueur qui résulte d'une bonne alimentation, variée et comprenant des aliments vivants.

Pour l'élevage d'hiver, alors qu'ils sont maintenus dans une chambre spéciale, on leur jette sur le sol des grains de millet et, si on le peut, des petits vers qu'ils se volent les uns les autres, ce qui leur procure un exercice indispensable. A six semaines, les poulets peuvent recevoir une nourriture un peu moins délicate; le riz et le millet peuvent être remplacés par du petit blé, de l'avoine, du sarrasin. La pâtée sera faite un peu plus épaisse; on pourra y mélanger des pommes de terre soigneusement écrasées, la farine dominant toujours et le liquide se rapprochant le plus possible du lait. Les poulets élevés à ce régime pèseront 1.500 grammes à trois mois et demi; ils seront d'une vente facile; mais l'éleveur aura davantage à les mettre, de suite, à l'engraissement, ce qui lui permettra de livrer trois semaines après à la consommation des poulets superbes et d'un prix de vente très rémunérateur.

Cet engraissement spécial se pratique, soit à l'entonnoir, soit au moyen de gaveuses mécaniques. Trois fois par jour, on gave les animaux avec une pâtée très liquide, composée de lait ou de petit-lait et de farine d'orge ou de maïs bien blutée. On emploie environ 300 à 350 grammes de farine par litre de liquide. Les bêtes, enfermées par dix dans une cage ou épinette, sont saisies les unes après les autres et soumises au régime indiqué ci-dessus : on leur introduit l'entonnoir dans le bec, ayant auprès de soi un baquet rempli de la pâtée liquide, que l'on puise au moyen d'une louche. Avec un peu d'habitude, c'est l'affaire de quelques minutes pour chaque bête. A ce régime, les volailles doivent gagner, en trois semaines, de 750 grammes à 1 kilo. Certains éleveurs, les trois derniers jours de l'engraissement, ajoutent 10 grammes de graisse de porc fondue avec le lait et un œuf cru par litre de pâtée. Il est bien entendu que les sujets destinés à être conservés pour la reproduction sont mis à part, vers le même âge de trois mois et demi, et nourris désormais avec des grains variés, de la pâtée de son, pommes de terre et farine, et *de la verdure en abondance;* la nourriture spéciale que ces sujets auront reçue dès le premier âge aura sur leur chair une influence qui se transmettra infailliblement à leurs descendants (1).

ÉLEVEURS SPECIALISTES

chez qui on peut se procurer

Œufs, jeunes sujets et reproducteurs

Comte D'AUBIGNY, Élevage des Hayes, Château des Hayes, à *Autrèche* (Indre-et-Loire).

A. MASSON, à *La Ferté-Milon* (Aisne).

(1) Cette opinion d'éleveur est curieuse à noter pour l'étude de la question, si importante et si difficile, de l'hérédité des caractères acquis.

D. de M.

Monographie de la race de Mantes.

Une variété cailloutée.

Origine. Issue de croisements qui remontent à plus d'un demi-siècle, cette jolie et très intéressante race est une création de feu sélectionnée dans le sens de l'amplitude des formes et du poids.

L'origine de cette race est fort bien expliquée dans un article, très intéres-

(*Cliché de l'Acclimatation.*)

RACE DE MANTES

Henri Voitellier, qui, parmi les croisements de Poules de Houdan avec Coqs de Brahma, sélectionna les produits « dans le sens de la race la plus fine, la Houdan », tandis que la Faverolles fut sant, qui parut dans le journal l'*Acclimatation* du 16 août 1906. Nous en devons la communication à M. René Tisserant, Directeur de ce journal, dont l'obligeant concours nous a, en maintes circonstances, facilité la documentation de cet ouvrage.

La race de Mantes. « En employant le mot *race*, pour donner une dé-finition de la Poule de Mantes, dit l'écrivain de l'*Acclimatation*, nous usons d'une habitude prise en quantité de cas analogues ; mais nous n'entendons pas émettre la prétention de définir une race absolument pure, dont l'origine se perdrait dans la nuit des temps. Bien peu de races de Poules, d'ailleurs, se trouveraient dans ces conditions. Et après le nombre incalculable de créations et de fabrications que nous connaissons, il faut se contenter d'appliquer le mot race à toute *famille d'individus se reproduisant avec régularité dans un type bien homogène, bien défini, et ne donnant pas, dans ses descendants, de rappel de familles d'un type différent.*

« Dans ces conditions, la race de Mantes est bien une race. Voilà trente ans que son type est bien fixé et se reproduit avec une régularité parfaite, sans aucun apport de sang étranger.

« La Poule de Mantes et la Poule de Faverolles ont entre elles une grande analogie ; on pourrait même dire qu'elles ont la même origine ; seulement la constitution de chacune provient d'une sélection dirigée dans un sens différent.

« La sélection, pour constituer les Mantes, a visé à plus de finesse et plus d'élégance. Le mot *visé* n'est peut-être pas juste ; car la sélection s'est opérée d'elle-même dans une même contrée, et les éleveurs n'ont guère eu qu'à récolter les fruits du hasard.

« Mantes et Faverolles datent toutes deux de l'importation des Brahma dans la contrée Houdanaise, il y a environ 50 ans.

« Les coqs Brahma herminés, qui por-taient crête simple à cette époque, ont donné, par suite de leur croisement avec les Poules de Houdan, des poulets forts et vigoureux, les uns avec quatre doigts, les autres avec cinq ; tantôt avec plumes aux pattes, tantôt sans plumes ; portant, les uns la huppe, d'autres la gorge, et le plumage caillouté, comme la mère, ou à peu près blanc et noir comme le père ; les uns enfin présentant dans leur ensemble les caractères généraux et la finesse de la Poule, les autres se rappro-chant du Coq.

« C'est surtout dans les années qui sui-virent la guerre de 1870, que les spéci-mens de ces produits, plus ou moins bario-lés, se trouvèrent, grâce à l'engouement toujours croissant de la race Brahma Pootra, disséminés sur toute la partie des départements de Seine-et-Oise et d'Eure-et-Loir, qui s'étend entre Hou-dan, Dreux et Mantes.

« En 1876, le type que nous connais-sons aujourd'hui sous le nom de *race de Mantes* fut remarqué par un aviculteur faisant ses débuts dans une carrière où il devait plus tard acquérir une notoriété toute particulière, M. Henri Voitellier, et celui-ci, parcourant en tous sens la con-trée, réunit un lot de quelques Poules et un Coq, à peu près homogènes et repré-sentant un type à la fois original et élé-gant, qu'il était dès lors permis d'idéali-ser en le perfectionnant.

« Le plumage était régulièrement cail-louté de noir et de blanc, la patte à quatre doigts, sans plumes, la crête simple et dentelée, pas de huppe ; des favoris, avec une grosse gorge, enca-draient la tête. La taille était forte, le tempérament rustique.

« Les premiers produits de ce lot, si minutieusement choisi, donnèrent des rappels de tous les ancêtres possibles ; on trouva des plumes aux pattes, des cinq doigts, des huppes, des crêtes en gobelet, des plumes rouges, des jaunes; mais, toutefois, dans le nombre se trouvaient assez de sujets corrects et bien semblables aux parents pour que le type fût considéré comme fixé. La sélection aurait facilement raison des quelques imperfections qui subsistaient encore, et ne pouvait manquer d'amener, à bref délai, une régularité absolue, ce qui fut fait.

« A l'exposition universelle de Paris, en 1878, un lot de Mantes, très régulier, est exposé dans la catégorie des races françaises diverses et obtient un deuxième prix, en même temps qu'il éveille l'attention de tous les amateurs.

« Chaque année, depuis cette époque, les Mantes n'ont cessé de figurer au Concours général et dans toutes les grandes expositions, toujours conformes au type primitivement présenté, toujours correctes et de plus en plus régulières. Elles ne tardaient pas à obtenir la consécration officielle, par l'ouverture d'une classe spéciale à la race de Mantes, au programme du Concours général de Paris. On peut dire maintenant qu'elle tient la première place dans la catégorie des bonnes races françaises, et c'est bien à juste raison qu'elle a été dénommée la meilleure de toutes les races de produit, la Poule de ferme par excellence. »

Standard. Nous empruntons au créateur de la race les caractéristiques auxquelles il s'était arrêté pour en fixer le type par une patiente sélection.

Caractères généraux. COQ et POULE. — *Tête :* dépourvue de huppe. — *Crête :* assez développée, de grain fin, simple, dentelée, droite chez le Coq, retombante chez la Poule. — *Gorge et favoris :* grosse gorge de plumes et larges favoris, formant trois pièces distinctes et très accentuées. — *Taille :* forte, bien proportionnée. — *Forme générale :* rappelant celle de la Houdan. — *Tarses :* nus, sans trace de plumes. — *Doigts :* au nombre de quatre à chaque pied. — *Éperons :* aucune trace d'éperons chez les Poules.

Couleur. *Plumage :* caillouté, bien marqué de noir et de blanc, à larges mailles, dans les deux sexes (plumage sans hachures grises donnant un ensemble plutôt foncé que clair provenant des Poules Houdan du croisement originaire). — *Tarses :* d'un gris clair rosé, marbré de noir. — *Œufs :* à coquille blanche, très légèrement teintée (ce qui élimine le plus possible le sang asiatique dans les sujets sélectionnés issus de l'ancien croisement).

Qualités de la race. A un certain point de vue, pratiquement parlant, on peut considérer la race de Mantes (ainsi que l'envisageait, du reste, son créateur) comme un perfectionnement de celle de Houdan. Elle n'a pas, en effet, cette huppe, fort gracieuse il est vrai, mais dont nous avons signalé les inconvénients dans notre monographie de la Houdan. La crête simple est aussi plus aisée à obtenir correcte que la crête des Coqs et Poules de cette dernière race. Ce sont là, il faut l'avouer, des caractères pratiques, qui ne sont pas à négliger, pour quiconque désire avoir une basse-cour de produit.

D'autre part, si l'on compare la Mantes à la Faverolles, elle n'atteint pas le poids et le volume de cette dernière race et n'a peut-être pas les mêmes avantages pour la production et la vente sur les marchés des gros poulets précoces; mais elle a, outre sa précocité, une grande finesse, une chair très délicate, et, quant au type et au plumage, elle échappe aux controverses, sans cesse renaissantes, dont la Faverolles a été et est encore l'objet. Elle présente aussi, toujours au point de vue pratique, l'avantage d'avoir quatre doigts normalement constitués et les tarses nus, la production de plumes garnissant, même légèrement, les tarses ne servant à rien, et le cinquième doigt étant une difficulté à vaincre pour l'éleveur qui cherche à fixer ce caractère *à dominance imparfaite.*

Nous ne pouvons donc qu'exprimer le regret que cette jolie volaille soit trop peu répandue, et qu'elle ne paraisse pas en plus grand nombre dans nos expositions.

La ponte de la Poule de Mantes est excellente. Comme la plupart des bonnes pondeuses, c'est une couveuse médiocre.

Si l'on a une basse-cour de cette race, il sera bon, par suite, de posséder, soit une couveuse artificielle, soit quelques Poules de race couveuse, des Orpington fauves, par exemple, pour assurer plus facilement le renouvellement de la basse-cour.

Monographie de la race d'Estaires.

Trois Variétés.

Origine. L'Estaires est une volaille du Nord. On l'a nommée ainsi du village d'Estaires, bonne pondeuse; elle donne des œufs à coquille foncée, excellents; leur défaut est d'être un peu petits; elle est bonne

RACE D'ESTAIRES

arrondissement d'Hazebrouck, département du Nord, où on l'a rencontrée principalement, ainsi qu'à Merville et autres localités avoisinantes.

Elle provient d'un croisement de poules communes de la contrée avec des Langshan et des Combattants du Nord. La chair est blanche; les œufs sont teintés, les pattes sont bleues. L'Estaires est couveuse et bonne mère; les poussins sont précoces et s'engraissent facilement.

La principale qualité de la poule d'Estaires est de fournir une bonne volaille de table. La chair est très fine; les poulets, qui deviennent rapidement gras, sont recherchés sur les marchés de Lille et des principales villes du Nord. On en envoie aussi à Paris en grandes quantités; beaucoup de « Chapons du Mans » et de « Poulardes de Bresse », qu'on sert sur nos tables, sont, de leur véritable nom, des Estaires.

Standard. Nous donnons, ci-dessous, le standard de cette excellente race pratique, qui est un des exemples que l'on peut citer de l'amélioration des basses-cours communes par l'introduction de coqs étrangers, donnant un croisement plus ou moins fixé, par la suite, au moyen d'une intelligente sélection.

Caractères généraux. COQ. — Le coq d'Estaires est un bel oiseau fort et rustique; son aspect général dénote la vigueur et l'aptitude à la reproduction. Il a le dos large, la poitrine bien cambrée et portée légèrement en avant, les pectoraux bien remplis, enfin, comme pour le coq de Bourbourg, on a, à sa vue, l'impression d'un vrai seigneur campagnard de fort bonne mine. — *Tête* : forte. assez grosse, et plutôt courte. — *Bec* : court et fort à la base, la pointe légèrement recourbée, de 4 centimètres environ de longueur. — *Yeux* : grands et vifs. — *Crête* : simple droite, régulièrement dentelée (cinq ou six dentelures larges de 5 centimètres, dents comprises, longues de 10 centimètres) de couleur rouge à grains assez gros, contournant légèrement le crâne. — *Barbillons* : moyens, ronds, environ 4 centimètres de long, et autant de large, de couleur rouge. — *Oreillons* : peu développés, rouges. — *Bouquets* : assez épais et formés d'une touffe de petites plumes fines et noires. — *Joues* : rouges, légèrement parsemées de petites plumes noires. — *Cou* : moyen et robuste, bien arqué, garni d'un camail abondant. — *Plastron et poitrine* : poitrine très large et portée en avant. — *Corps* : trapu et gros, bien rempli, un peu incliné en arrière. — *Ailes* : serrées au corps, assez longues. — *Dos* : large et légèrement arqué. — *Reins* : larges et garnis de lancettes de moyenne longueur. — *Queue* : de moyenne longueur, compacte, garnie de faucilles et portée un peu relevée. — *Cuisses* : fortes et assez courtes, charnues, garnies de plumes. — *Entre-jambes* : large. — *Tarses* : forts et légèrement garnis de plumes raides ayant environ 2 cent. 1/2 de longueur. — *Doigts* : au nombre de quatre, gros, et de longueur moyenne. — *Poids* : 3 kil. 1/2 à 5 kilos, suivant l'âge. — *Taille* : 50 à 55 centimètres.

COULEURS. — Il existe trois variétés de volailles de race d'Estaires : la *noire zain*, la *noire à manteau doré*; la *noire à manteau argenté*. —

Bec : couleur corne foncée, presque noir. — *Yeux* : jaune orangé. — *Dessus de la tête* : noir. — *Camail* : noir à reflets métalliques chez la variété noire zain. Noir et très légèrement marqué d'acajou chez la variété à manteau d'or. Noir très légèrement marqué d'argenté chez la variété à manteau argenté. — *Dos et reins* : noirs chez la variété noire, acajou et argenté chez ceux de la variété dorée et argentée. — *Lancettes* : de la même couleur que le camail. — *Devant du cou* : plastron, poitrine, abdomen noir mat. — *Ailes* : noires chez la variété noire zain; noires avec les épaules acajou chez la variété dorée et noires avec les épaules argentées chez la variété argentée. — *Queue* : entièrement noire à reflets métalliques. — *Cuisses* : noir mat. — *Tarses et doigts* : couleur plomb foncé. — *Ongles* : couleur corne foncée.

POULE. — La poule d'Estaires est, comme le coq, un fort bel oiseau, d'aspect vigoureux et robuste. Elle doit être basse sur ses pattes, de forme bien carrée. le dos large, la queue courte et terminée en pointe, l'œil vif, la démarche agile, le plumage uniformément noir. — *Tête* : large et forte. — *Bec* : long de trois centimètres environ, assez fort à la base et ayant la mandibule supérieure légèrement recourbée à sa pointe. — *Yeux* : assez grands. — *Crête* : moyenne, simple. légèrement retombante, dentelée, d'un tissu fin et de couleur rouge vermillon. — *Barbillons* : courts et bien arrondis. — *Oreillons* : rouge vermillon et peu développés. — *Bouquets* : comme ceux du coq. — *Joues* : rouges, garnies d'un duvet noir dans le bas. — *Cou* : de longueur et de force moyennes. camail bien fourni et court. — *Poitrine* : remarquablement large, bombée et bien sortie en avant. — *Corps* : ramassé et trapu, de forme un peu carrée, plat aux épaules. — *Ailes* : de longueur moyenne, collées au corps et laissant découvrir la cuisse. — *Dos* : large et plat, formant un triangle allongé des épaules à la queue. — *Reins* : moyens, bien garnis de plumes noires mates. — *Abdomen* : bien développé. — *Queue* : courte à la base, habituellement fermée et terminée en pointe. — *Cuisses* : grosses et recouvertes de plumes duveteuses. — *Entre-jambes* : bien large. — *Tarses* : courts et garnis de rudiments de plumes descendant verticalement jusqu'aux doigts. — *Doigts* : nus, au nombre de quatre, moyens. — *Poids* : de 2 kil. 500 à 3 kil. 500, suivant l'âge. — *Taille* : 48 centimètres environ. — *Couleur des œufs* : saumon jaunâtre. — *Poids des œufs* : 65 à 70 grammes.

COULEURS. — *Bec* : corne foncée. — *Yeux* : jaune orangé. — *Dessus de la tête* : noir. — *Oreillons* : rouges. — *Joues* : rouges. — *Camail* : comme chez les coqs, sauf pour la variété à manteau doré, où la poule a le cou doré au lieu d'être acajou. — *Plastron, dos, reins, cuisses, abdomen* : noirs. — *Ailes* : noires. — *Queue* :

noire. — *Tarses et doigts* : plomb foncé. — *Ongles* : corne foncée.

Défauts. — Crête à lobes irréguliers, ou trop grande, oreillons blancs, doigts difformes, tarses trop ou pas emplumés, port incliné en avant ou en arrière, queue en éventail ou trop longue, ongles blancs ou rosés.

Disqualifications. — Bosse sur le dos ou aux reins, couleur autre que celle admise, crête autre que simple, cravate, favoris, queue de côté, pattes et tarses de couleur autre que celle admise.

Qualités et exigences de la race. Dans les cantons où l'on l'on élève la poule d'Estaires, on possédait la Brackel ou bien l'Hergnies; mais le goût des combats de coqs fit admettre les races combattantes dans les basses-cours et les croisements ainsi occasionnés diminuèrent considérablement la ponte, il y a de cela une trentaine d'années; on introduisit alors des coqs Langshan qui firent la race actuelle, qui se distingue très nettement de la Langshan et de l'Orpington.

La poule d'Estaires se montre très rustique, très précoce et très bonne pondeuse durant les deux premières années, ensuite, elle se ralentit; à ce moment, en effet, la poule d'Estaires prend trop d'embonpoint et s'engraisse, pour ainsi dire, d'elle-même. Sa chair fine et savoureuse en fait une excellente volaille de table.

Les poulets, très précoces, très rustiques, vigoureux, qu'on vend facilement sous les noms de Bresse et du Mans, quoique ce ne soit que des poulets de grain, ont une très bonne chair; les poulettes pondent de très bonne heure, mais la ponte est inférieure à celle des Brackel, les œufs sont beaux et gros.

Club. Pas de club spécial. Cette race est une de celles auxquelles s'intéresse particulièrement la Société des Aviculteurs du Nord. C'est, au premier chef, une race d'utilité.

Monographie de la race de Malines.

Plusieurs variétés.

Origine. On assure que la race Coucou de Malines, cette Faverolles de la Belgique, est d'ori-

Cette race est surtout élevée pour la production des poulets gras, dans les environs de Merchtem; on la connaissait

(Cliché Bertaut).

COQ COUCOU DE MALINES

gine bien antérieure à l'introduction en Europe des races asiatiques. Dans ce cas, elle aurait une grande similitude d'origine avec le Coucou des Flandres, le Coucou de Rennes; mais nous croyons que les races asiatiques ont joué un rôle important dans le type actuel.

autrefois sous le nom de Lombaardsch Kieken.

Standard. Nous donnons ici le Standard que M. Blanchon nous a laissé dans ses notes sur la Malines.

22

Caractères généraux. — **COQ.** — *Plumage :* entièrement gris bleu, uniformément ombré. Chaque plume est marquée, à partir de l'extrémité, d'ombres bleu foncé, alternant avec des ombres blanches ou bleu très pâle. Les plumes du camail, des épaules, du dos et des reins, sont généralement un peu plus claires. Les ombres doivent être bien distinctes, les unes claires, les autres foncées. Chez le Coq, le bout de la plume est généralement clair; chez la Poule, foncé. Les Coqs ont parfois deux ou trois plumes noires, mais plus rarement que les Poules. Ce n'est pas un défaut. — *Plume :* large, abondante, peu serrée, plutôt molle, éviter d'en augmenter l'abondance, la plume demandant beaucoup de nourriture pour se former. — *Tête :* forte, proportionnée au volume de l'Oiseau. — *Expression :* d'apparence douce. — *Bec :* blanc rosé, fort et courbé, marqué parfois d'un coup de crayon. — *Œil :* orange. — *Face :* rouge vif, texture assez fine, sans rides grossières. — *Crête :* droite, simple, grandeur moyenne, 4 à 5 centimètres, dentelures régulières dans le sens vertical, avec un grand lobe en arrière, s'écartant de la nuque, sans en suivre le contour. — *Barbillons :* rouges, pendants, longueur moyenne. — *Oreillons :* assez longs, pendants, rouges. — *Cou :* assez fort, vu la taille, bien courbé, garni d'un camail assez épais, cachant la naissance des épaules. Les plumes doivent être finemen tombrées, à reflets argentés (pas jaunes, sauf l'été). — *Épaules :* larges. — *Ailes :* moyennes, bien serrées au corps. Une tache blanche dans les plumes du vol n'est pas une grande faute, mais il faut éviter les grandes plumes complètement blanches. — *Dos, reins :* larges, assez longs, à peu près horizontaux, sinon légèrement inclinés en arrière. — *Queue :* assez courte, bien ombrée, grandes faucilles, courtes, petites, très nombreuses, formant, dans leur ensemble, un large coussin. Port de la queue, semi horizontal. — *Poitrine :* large et aussi profonde que possible. — *Sternum :* ou os de poitrine, droit et long; pectoraux bien développés. — *Cuisses :* longues, très charnues, elles doivent se détacher du corps pour donner une haute taille; dépourvues de manchettes ou plumes raides dépassant le talon. — *Cuisses et abdomen :* garnis de plumes duveteuses. — *Peau :* blanche, indice d'une chair fine. — *Pattes ou tarses :* très forts, blanc rosé, garnis de trois rangées de plumes longeant l'extérieur de la patte et le doigt externe et parfois un peu le médium, mais le moins possible. La peau est souvent rougeâtre à l'extérieur des pattes et entre les doigts, chez les Coqs adultes. — *Écailles des pattes :* blanches; chez les jeunes, elles sont souvent grisâtres, surtout chez les Poulettes. — *Doigts :* au nombre de quatre, blanc rosé, forts, longs. — *Poids :* adultes 4 à 5 kilos, 1ʳᵉ année 3 à 4 kilos. — *Apparence :* Oiseau massif, fort grande taille.

POULE. — Beaucoup de ressemblance avec le Coq, sauf dans les points suivants. — *Os :* proportionnellement moins forts. — *Taille :* moins élevée. — *Tête :* plus fine. — *Bec :* blanc ou marqué de gris foncé. — *Crête :* petite et droite (2 centimètres au plus). — *Plumage :* uniformément ombré sur tout le corps, les ombres se détachant sur un fond le plus clair possible; deux ou trois plumes noires ne sont pas un défaut important, mais en éviter l'excès. — *Tarses :* plus courts, de façon que les cuisses ne sortent guère des plumes de l'abdomen; poitrine ordinairement plus profonde que celle du Coq. — *Peau :* blanche et fine. — *Duvet des cuisses et de l'abdomen :* bien épanoui; ne pas chercher de surabondance. — *Poids :* adultes 3 à 4 kilos, 1ʳᵉ année 2 kilos 750 à 3 kilos 1/2. Ponte 90 à 130 œufs, de couleur jaune ou rosée. — *Poids des œufs :* 55 à 65 grammes.

ÉCHELLE DES POINTS.

Taille, poids et surtout le volume...	34
Plumage...	20
Largeur et profondeur de poitrine...	10
Formes du corps et maintien...	8
Bon état de l'Oiseau...	8
Tête (bec, œil, face, crête, barbillons et oreillons)...	5
Cou et camail...	3
Longueur et couleur des tarses et cuisses...	8
Queue (port, longueur et forme)...	4
Total...	100

Qualités et exigences de la race. — La race de Malines est rustique et d'un développement très rapide. La Poule est bonne pondeuse d'hiver, bonne couveuse, bonne mère, et elle demande à couver de très bonne heure, ce qui est dans certains cas un avantage considérable, mais son principal mérite réside dans la facilité avec laquelle elle s'engraisse.

Engraissement. — Cet engraissement donne lieu à une industrie spéciale. Les poussins, qui se développent très vite, sont généralement envoyés vivants, vers trois mois, sur les marchés, où les engraisseurs vont les chercher. La période d'engraissement dure de quatre à cinq semaines. Les Coqs et les Poules sont enfermés séparément, dans de grandes cages, où ils restent jusqu'à la fin de l'engraissement. Ce sont les Coqs qui atteignent le poids le plus lourd; mais les Poules acquièrent une plus grande finesse de chair. On a bien soin de tenir dans la plus grande propreté les locaux dans lesquels sont engraissées les volailles; ils sont secs et bien aérés. On désinfecte régulièrement toutes les cages et toutes les épinettes avant d'y introduire de nouveaux sujets, afin d'éviter la contamination diphtérique, ou autre, qui amènerait une mortalité considérable. Toutes les cages sont badigeonnées au lait de chaux, le sol au-dessus des cages aussi. Les épidémies étant le plus grand ennemi des engraisseurs, il n'est pas de précautions que ceux-ci ne prennent pour les enrayer.

La nourriture donnée aux poulets à l'engraissement consiste en une bouillie de farine de sarrasin et de petit lait; elle est placée dans une augette qui longe les épinetttes. On estime à 10 litres de bouillie par jour la quantité nécessaire pour 30 à 35 poulets. Quand on juge que la période d'engraissement est terminée, la nourriture est supprimée et l'on ne donne le dernier jour que du petit lait, parfois une cuillerée de vinaigre une heure avant le sacrifice. Les poulets sont donc livrés au tueur qui les saigne et les passe aux plumeurs, qui accomplissent immédiatement leur besogne.

Une fois plumés, les poulets sont dressés, parés et rangés sur une tablette, dans un endroit bien frais, sans être humide, la cave la plupart du temps, vingt-quatre heures après, rigides et bien rassis, ils sont livrés à la consommation. La plupart s'en vont chez les marchands de comestibles de Bruxelles, Anvers, Liège, ou dans les grands restaurants. Les engraisseurs cherchent à se créer une clientèle en Angleterre et cela au détriment de nos volailles françaises.

Club. Il existe, depuis 1913, un club français de cette excellente race, le Malines Club Français, ayant pour président M. Berthier.

Ce club, dont les membres ont déjà obtenu de nombreuses récompenses dans les expositions nationales et internationales, est affilié à la Fédération des Sociétés d'Aviculture de France.

Standard de la Malines à crête simple.

Adopté par le Malines Club français, d'après le Standard établi le 10 janvier 1914 par le Malines Club belge.

Standard du Malines Club français. COQ et POULE. — *Apparence* : grande volaille, de haute stature, large, profonde, volumineuse et massive. — *Taille* : élevée. — *Volume* : très fort. — *Ossature* : très forte, surtout chez le Coq. — *Tête* : forte, mais non grossière, plus fine chez la Poule. — *Œil* : clair, strié ou foncé, suivant la variété. — *Face* : rouge, garnie de plumes très fines. — *Crête* : rouge, petite, droite, dentelée de trois à six dents. — *Barbillons* : moyens, pendants. — *Cou* : moyen. — *Dos et reins* : très larges, dos horizontal, long et large. — *Queue* : plutôt courte, portée semi-horizontale. — *Poitrine* : large, profonde et charnue. — *Cuisses* : très fortes, plus charnues que dans n'importe quelle race. — *Pattes et tarses* : forts, blanc rosé, souvent marqués de gris dans le jeune âge, surtout chez les Poulettes, légèrement emplumés, le doigt médian pouvant l'être. — *Ongles* : blancs. — *Plumage* : duveteux, uniformément coucou, barré régulièrement bleu noirâtre sur blanc bleuâtre, blanc ou herminé noir, doré ou argenté. — *Poids* : Coq, 3 1/2 à 5 kilos et plus; Poule, 2 1/2 à 4 kilos et plus. — *Chair* : très blanche et très ferme, l'Oiseau prenant facilement la graisse. — *Ponte* : précoce, excellente en automne et en hiver. — *Œufs* : 100 à 150 par an, de couleur jaune ou rose; pesant de 55 à 70 grammes. — *Incubation* : excellente et précoce. — *Rusticité* : remarquable, permettant élevage d'hiver en chambre et élevage artificiel. — *Qualités* : volaille précoce, pouvant être engraissée à 2 mois et demi, 3 ou 4 mois et donner de gros poulets fort tendres, connus universellement sous le nom de poulets de Bruxelles. Poule précoce d'automne et d'hiver. — Incubation et élevage en toute saison. Véritable volaille industrielle.

ÉCHELLE DES POINTS :

Crête simple	5
Oreillons, Barbillons	5
Largeur des épaules et des reins	10
Longueur du dos	10
Queue (longueur et port)	5
Plumage	20
Longueur et épaisseur des tarses	10
Volume	25
Apparence générale, type et bonne condition	10
Total	100

Observations sur les Standards. Le Standard adopté le 10 janvier 1914 par le Malines Club belge et dont procède celui du Malines Club français communiqué par M. Berthier, président de ce dernier Club, est, d'après lui, plus clair, et dépeint mieux la couleur. Son échelle des points serait aussi meilleure.

Dans l'autre Standard, il n'est, en effet, nullement question de la longueur du dos, qui, nous dit M. Berthier, est pourtant un point capital dans la Malines; car les élèves ont toujours tendance à garder un dos ensellé (souvenir des croisements asiatiques) quand, au contraire, il faut un dos très long et droit (caractères des races de l'Europe occidentale). L'on doit pouvoir mettre les deux mains à plat entre la naissance du cou et la queue.

Pour la plume, d'après M. Berthier, elle doit être serrée au corps; car, à son avis, c'est le moyen d'obtenir la finesse de la chair.

Le plumage doit être duveteux, et uniformément coucou, barré régulièrement de bleu noirâtre sur blanc bleuâtre.

« Pour moi, ajoute M. Berthier, il y a eu incontestablement infusion de sang Langshan dans la Malines à crête simple; c'est même ce qui en fait la valeur, la race de Langshan étant celle qui a le plus de vitalité. »

Toujours d'après M. Berthier, c'est la Malines à crête simple qui est la plus recommandable pour la délicatesse de la chair et les qualités de ponte. La variété dite « à crête de Dindon » ne peut l'égaler sous ces deux rapports, cette dernière variété provient de croisements avec le grand Combattant de Bruges.

ÉLEVEURS SPÉCIALISTES
chez qui on peut se procurer
œufs, jeunes sujets et reproducteurs

MONNIER (Dr A.), *Le Châtre-sur-le-Loir* (Sarthe).

AUBIGNY (Comte D'). Élevage des Hayes, Château des Hayes, à *Autrèche* (Indre-et-Loir).

MASSON, à *La Ferté-Milon* (Aisne).

Monographie de la race d'Orpington (1).

Sept sous-variétés.

Origine. La race d'Orpington, qui maintient, depuis un certain nombre d'années, son incontestable popularité, est de création assez récente. Elle. a été fabriquée de toutes pièces par un habile aviculteur anglais d'Orpington House, à St Mary's Cray (Kent) Angleterre. Le nom d'Orpington lui vient donc de la demeure familiale de M. Cook. Cet aviculteur distingué, dans son volume « *Fowls for the times* », a bien voulu indiquer comment il s'y est pris pour créer cette nouveauté. Il est assez intéressant de rapporter avec certains détails son mode opératoire, qui peut servir d'exemple à ceux qui voudraient à leur tour créer quelque chose de nouveau, et est d'un bon enseignement au point de vue zootechnique.

Le but de M. Cook était d'obtenir une race possédant les qualités suivantes : 1º bonne ponte durant les mois d'hiver; 2º engraissement facile d'elle-même, sans procédés spéciaux; 3º forte taille et bonne qualité de chair.

M. Cook se mit au travail et obtint les résultats suivants :

En 1886, il lança sur le marché l'Orpington noir. Voici comment fut obtenue cette race. M. Cook choisit, en premier lieu, des coqs Minorque noirs, aussi gros que possible, et ayant les oreillons rouges, ce qui se rencontre assez fréquemment dans les élevages et enlève de la valeur aux sujets offrant cette particularité. Les Minorques sont un peu délicats dans les pays froids; mais cette race offre, avec une ponte très abondante, l'avantage d'avoir une chair délicate et une peau fine; elle devait transmettre ces qualités à la race qui allait être créée, ainsi que le plumage noir, la crête simple, les oreillons et barbillons rouges.

A ces coqs furent alliées des poules Plymouth Rock noires; les Plymouth Rock à cette époque étaient tous barrés; néanmoins, comme ces oiseaux provenaient d'un croisement où le Java noir a joué un grand rôle, il arrive fréquemment, que parmi les jeunes, il s'en trouve qui ont le plumage entièrement noir. Ce furent donc des poulettes de ce genre que prit M. Cook. Les Plymouth Rock offrent de la taille et sont d'excellentes pondeuses d'hiver; malheureusement leurs pattes jaunes et leur peau de même couleur les font dédaigner par les consommateurs européens. Le sang de Minorque combattait, dans le croisement, ces derniers défauts.

Cette alliance produisit des poulettes noires, grosses et bien formées. Quant aux coqs jaunâtres ou coucou, ils ne purent servir au but que se proposait M. Cook.

Il ne conserva que des poulettes, qui furent unies à des coqs Langshan, mais à des Langshan du vieux type Croad, courts sur jambes.

La race Langshan apportait comme qualités la taille, la blancheur de chair, l'ampleur de la poitrine et une ponte parfaite, surtout pendant l'automne et

(1) Monographie rédigée avec la collaboration de M. Gourdin, ancien président de l'Orpington Club français.

l'hiver, moment où les œufs sont rares. Les tarses emplumés étaient considérés, avec raison, comme un défaut; aussi des coqs offrant le minimum de plumes sur les tarses furent-ils choisis. Les jeunes provenant de cette combinaison fournirent le type de l'Orpington. En continuant à le fixer par la sélection, ces sujets noirs devaient offrir théoriquement — et la pratique a démontré à peu de choses près la vérité de cette assertion — les qualités, sans les défauts, des trois races qui ont contribué à leur formation : Minorque, Plymouth Rock et Langshan. Fait curieux, ils présentent l'amalgame de trois races venant de trois continents différents : Minorque (Europe), Plymouth (Amérique), Langshan (Asie).

La mode étant à ce moment aux races de volailles à crête frisée, M. Cook ne tarda pas à produire une sous-variété d'Orpington, noire à crête frisée ou double, ce qui lui fut d'ailleurs facile, en utilisant dans le précédent croisement un coq Langshan à crête double ou frisée, sport qui se rencontre assez fréquemment, à la place d'un coq de même race à crête simple (1).

En 1896, M. Cook créa l'Orpington blanc à crête frisée; qui fut suivi peu après par la même variété à crête simple. Ces Orpington blancs furent obtenus à la suite d'un premier croisement de coqs Langshan blancs, sport qui se présente parfois dans la race, et de poules de Hambourg blanches. Les poulettes qui naquirent de ce croisement furent alliées à des coqs Dorking blancs. Selon que les

coqs Dorking avaient la crête simple ou double, furent créés des Orpington blancs à crête frisée ou simple.

En 1898, nous voyons apparaître la variété fauve. Elle a été obtenu d'un premier croisement de coqs Hambourg dorés, d'aussi grande taille que possible, et de poules Dorking. Les poulettes obtenues furent unies à des coqs Cochins fauves, ayant le moins possible de plumes aux tarses. On conserva uniquement les jeunes qui n'avaient pas de plumes aux tarses, soit 10 à 18 %. Selon que les poules Dorking avaient la crête simple ou frisée, les Orpington naissaient avec l'un ou l'autre type de crête.

En 1897, apparut l'Orpington diamant, dénommé Jubilé, car c'était justement l'année du jubilé de la reine Victoria. M. Cook ne révèle pas la façon dont il l'a obtenu; mais on a pu néanmoins le savoir. On choisit des poulettes Orpington jaunes présentant le plus possible une teinte rougeâtre ou chocolat, et on les allia avec un Dorking rouge, en choisissant les coqs ayant le plus de noir possible dans leur plumage. Un grand nombre de bons spécimens furent obtenus de ce premier croisement, et, par une habile sélection, on fit disparaître le 5e doigt des Dorking et leur long dos. Dans les croisements successifs, on introduisit les Hambourg dorés, mais il fallut ensuite faire disparaître par sélection l'oreillon blanc et la crête foncée.

En 1899, M. Cook présenta au public la variété Pailletée. Les premiers sujets obtenus ne furent tout d'abord que des *sports* de la variété Jubilé; mais, comme après la mue, on trouva leur plumage intéressant, M. Cook divisa les poulettes ainsi colorées en deux lots, dont l'un fut allié à des coqs Dorking foncé, l'autre à des coqs Orpington noirs. La progéniture de ces deux croisements fut soigneusement sélectionnée, et les sujets des deux

(1) S'il faut en croire Lewis Wright, en 1891, M. Partington exposa au Payri Show 2 coqs et 2 poules Orpington noirs, qui obtinrent, les premier et second prix. Ces oiseaux étaient d'une grosseur et d'une taille qui n'avaient jamais été obtenues; ils firent sensation. M. Partington assura les avoir créés lui-même, et voulant faire mieux, il n'avait en aucune façon utilisé le sang Cook. Qu'y a-t-il de vrai dans cette assertion? En tous cas, les sujets que nous possédons actuellement sont un mélange de sang Cook et Partington.

groupes, alliés entre eux, produisirent l'Orpington pailleté de nos jours.

En 1907, deux nouvelles variétés font leur entrée dans le monde avicole, le coucou et le bleu. M. Cook étant mort en 1904, c'est à son gendre M. Art. C. Gilbert qu'est due la création de ces deux types. M. Art. C. Gilbert nous dit lui-même comment il a obtenu les deux variétés : « Mon départ pour faire des Orpington coucou fut un accouplement entre coqs Orpington noirs et poules Orpington blanches, qui donna d'une façon générale des Oiseaux blancs et noirs, les blancs avec tarses gris ardoisé foncé et l'œil foncé; les noirs avec des tarses pommelés et l'œil rouge ou brun; un certain nombre de coquelets (très peu) offrirent sur certaines parties du corps le plumage coucou, tandis que chez les poulettes un petit nombre parmi les noires offraient sur le camail et sur les reins quelques barres plus claires (coucou), mais visibles seulement lorsqu'elles étaient tenues en main; ces coquelets et poulettes furent ensuite croisés de la façon suivante; les coquelets avec des poulettes Orpington pailletées; les poulettes avec des coquelets Orpington pailletés. Le résultat cette fois fut bon, et donna la moitié de jolis Orpington coucou; un quart environ d'Orpington pailletés (ceux-ci furent utilisés pour infuser du sang nouveau dans nos Orpington pailletés et j'obtins ainsi vigueur, taille et fertilité). Le restant se composait de noirs, de blancs et de un ou deux coquelets bleus, ainsi que deux ou trois poulettes bleues. Les coquelets bleus furent alliés avec des poules provenant du précédent croisement Orpington noir et blanc, et un coq Orpington noir fut donné comme époux aux poulettes bleues. Le résultat fut deux tiers de bleus dans chaque combinaison.

En 1910, apparut l'Orpington rouge, mais nous ne savons quel en fut le créateur, et le moyen qu'il employa pour créer cette couleur. Il est assez certain pourtant que le Rhode Island joua un rôle important dans cette création.

Pour être complet, dans cette histoire des diverses variétés d'Orpington, il convient de rappeler que les premiers Orpington blancs étaient à crête frisée. C'est un M. Richardson qui exposa les premiers à crête simple, provenant d'un sport de la variété jaune; il donna à cette nouvelle variété le nom d'Albion; la vogue de ce nom fut très éphémère, et les Albions revinrent dans la catégorie des Orpington blancs d'où il n'y avait eu aucune raison de les faire sortir.

Ajoutons, à ce propos, que les Orpington à crête frisée, qui avaient, à un certain moment, pu attirer l'attention des éleveurs, sont de plus en plus délaissés de nos jours. En Amérique, d'ailleurs, on a refusé leur admission au Standard officiel.

Standard. Il existe en Angleterre des clubs spéciaux pour presque chaque variété d'Orpington; nous avons relevé les Standards adoptés par ces divers clubs.

Caractères généraux pour toutes les variétés.

Caractères généraux. COQ. — TÊTE : *Crâne :* petit et fin, plutôt large sur les yeux. — *Bec :* fort et élégamment recourbé. — *Œil :* plein et brillant. — *Crête :* a) simple, b) double et frisée; a) de grandeur moyenne, droite, régulièrement dentée et sans excroissances latérales; b) petite, d'aplomb et ferme, avec surface supérieure plane (sans creux) garnie régulièrement de petites pointes distinctes, se rétrécissant à l'arrière en pointe, s'abaissant contre la tête et ne se soulevant point. — *Face :* unie. — *Oreillons :* de grandeur moyenne. — *Barbillons :* de longueur moyenne, plutôt allongés et élégamment arrondis à leur extrémité. — *Cou :* de moyenne longueur et recouvert d'un abondant camail, qui doit s'étendre sur le dos. — *Corps* : large et profond, reins larges et s'élevant légèrement en arrière, avec d'abondantes lancettes, qui avec l'épais camail donnent au dos un aspect court et concave. — *Poitrine* : large et arrondie (pas plate) portée en avant. — *Ailes* : plutôt petites, portées contre le corps, les pointes presque cachées par les lancettes. — *Queue* : plutôt courte, compacte, flottante et inclinée en arrière et dans aucun cas en écureuil. — *Jambes et pieds* : jambes courtes et fortes, les cuisses presque cachées par le plumage du corps. — *Doigts* : au nombre de quatre, forts et bien étendus. — *Port* : dressé et gracieux. — *Poids* : 10 livres. — *Plumage* : assez noir, pas aussi dur que chez le Combattant, ni si mou, lâche et duveteux que chez le Cochin. — *Maniement* : chair très dure.

POULE. — Les caractères généraux de la poule sont les mêmes que ceux du coq, en tenant compte des différences sexuelles; mais il faut faire remarquer que le *coussin* doit être petit, juste suffisant pour donner au dos une apparence courte et gracieuse, mais non pleine et ronde, en forme de « ballon » comme chez le Cochin. — *Poids* : 8 livres.

COULEUR

Variété noire.

Bec : noir. — *Œil* : noir avec iris brun foncé. — *Crête, face, oreillons et barbillons* : rouge brillant. — *Tarses et pieds* : noirs. — *Plante des pieds et peau* : blancs.

Variété fauve.

Bec : blanc ou corne. — *Œil* : rouge ou brun, le rouge préféré. — *Crête, face, oreillons et barbillons* : rouge brillant. — *Tarses, pieds et peau* : blancs. — *Plumage* : fauve, franc et uniforme jusqu'à la peau.

Variété jubilé.

DANS LES DEUX SEXES : — *Bec* : blanc ou corne. — *Œil* : rouge ou brun, le rouge préféré. — *Crête, face, oreillons et barbillons* : rouge. — *Tarses et pieds* : blanc ou blanc rosé. Une légère teinte corne ne peut être considérée actuellement comme une disqualification. — *Ongles* : blanc ou corne. — *Peau et chair* : blanc.

PLUMAGE DU COQ. — N. B. — Le terme acajou employé dans ce standard signifie rouge acajou brillant et non marron ou brun marron. — *Camail* : acajou avec des flammes noires et pointes blanches; la crête de même couleur

acajou que les barbes. — *Lancettes* : s'assortissant avec le plumage du camail. — *Dos* : s'assortissant avec le camail et les lancettes. — *Poitrine* : acajou; chaque plume pailletée de noir avec pointe blanche, ces trois couleurs bien tranchées et en proportion à peu près égales, de manière à éviter, d'un côté, un aspect tiqueté, ou l'air de plaques, de l'autre. — *Ailes* : *Petites couvertures* : comme le camail. — *Grandes couvertures et barbes de l'aile* : noires. — *Rémiges secondaires* : acajou, noir et blanc. — *Rémiges primaires* de même, mais avec plus de blanc. — *Queue, faucilles et grandes tectrices* : blanches ou blanc et noir, ou acajou noir et blanc. — *Couvertures* : plumes blanches bordées d'acajou et pointes blanches. — *Cuisses et duvet* : s'accordant avec la poitrine.

PLUMAGE DE LA POULE. — *Tête et cou* : comme chez le coq, en tenant compte des différences sexuelles. — *Corps, poitrine et dos* : acajou avec des paillettes noires et pointes blanches, côté acajou de la même couleur que les barbes elles-mêmes. Les trois couleurs bien tranchées et se montrant dans des proportions égales, en évitant un aspect tiqueté ou tacheté, l'effet doit être uniforme sur tout le corps de l'oiseau. — *Ailes* : comme le corps, avec les grandes rémiges comme chez le coq. — *Queue* : analogue à celle du coq. — *Cuisses et duvet* : s'accordant avec la poitrine.

Variété blanche.

DANS LES DEUX SEXES. — *Bec* : blanc. — *Œil* : rouge. — *Crête, face, oreillons, barbillons* : rouges. — *Tarses* : blancs. — *Peau et chair* : blancs. — *Plumage* : blanc pur lustré, sans autre teinte.

Variété pailletée.

DANS LES DEUX SEXES. — *Bec* : noir ou noir et blanc. — *Œil* : brun. — *Crête, face, oreillons et barbillons* : rouge. — *Tarses et pieds* : noir et blanc, pommelé le plus régulièrement possible. *N. B.* Jusqu'à ce que la variété soit mieux sélectionnée, les tarses entièrement blancs sont admissibles. Mais les tarses noirs sont considérés comme un défaut, défaut insuffisant pour disqualifier l'oiseau. — *Ongles* : blancs. — *Peau et chair* : blanc.

PLUMAGE DU COQ. — *Camail* : noir avec pattes pailletées blanches. — *Lancettes* : de même. — *Dos* : noir tiqueté de blanc. — *Poitrine* : noire avec paillettes blanches, les deux couleurs en égale proportion, évitant un effet tiqueté ou tacheté. — *Ailes* : *petites couvertures* : comme le dos. — *Barre de l'aile* : noire. — *Rémiges secondaires* : noir et blanc. — *Rémiges primaires* : de même, mais avec plus de blanc. — *Queue, faucilles* : noires avec paillettes blanches. — *Couvertures* : de même. — *Autres plumes* : noir et blanc. — *Cuisses et duvet* : noir pailleté ou blanc.

PLUMAGE DE LA POULE. — *Tête et cou* : noir avec paillettes blanches. — *Corps, poitrine, dos* : même plumage que la poitrine du coq, d'un aspect uniforme sur tout l'oiseau. — *Ailes* : comme le corps. — *Grandes rémiges* : comme chez le coq. — *Queue* : comme chez le coq. — *Cuisses et duvet* : comme chez le coq.

Nota. — Dans les deux sexes, le noir doit avoir une belle teinte vert scarabée brillant, le blanc pur et brillant, les couleurs doivent être très tranchées, et ne pas se fondre l'une dans l'autre.

VARIÉTÉ COUCOU.

DANS LES DEUX SEXES. — *Bec* : blanc. — *Œil* : rouge. — *Crête et barbillons* : rouges. — *Face* : rouge sans trace de blanc. — *Oreillons* : rouges, aucune trace de blanc permise. — *Tarses* : blancs ou blanc pommelé, le blanc pur préféré. — *Ongles* : blancs. — *Plumage* : couleur de fond d'un gris bleuâtre clair, chaque plume barrée en travers d'une bande proportionnée à la grosseur de la plume, d'un bleu noir plus foncé et d'une manière uniforme sur tout le corps.

VARIÉTÉ BLEUE.

DANS LES DEUX SEXES. — *Bec* : bleu. — *Œil* : noir ou brun, le noir préféré. — *Crête, face, oreillons, barbillons* : rouge brillant. — *Tarses* : noir ou bleu. — *Ongles* : blancs.

PLUMAGE DU COQ. — *Camail, dos, lancettès.* — *Queue, petites couvertures des ailes* : bleu ardoisé foncé. — *Reste du plumage* : bleu ardoisé de teinte moyenne, chaque plume offrant une bordure d'un bleu plus foncé s'assortissant avec celui du dos.

PLUMAGE DE LA POULE. — Plumage général bleu ardoisé, de teinte moyenne, chaque plume offrant une bordure plus foncée, sauf sur la tête et le camail où la couleur est d'un bleu ardoisé foncé.

VARIÉTÉ ROUGE.

DANS LES DEUX SEXES. — *Bec* : blanc. — *Crête, face, oreillons, barbillons* : rouge vif. — *Tarses et pieds* : blancs. — *Couleur du plumage* : d'une couleur générale acajou foncé aussi régulière que possible sur tout le corps. La couleur désirée peut se comparer à celle d'une châtaigne fraîche (le jaune est toléré comme couleur de duvet, mais le rouge doit être préféré). On permet aussi du noir dans la queue et aux ailes, mais il faut, autant que possible, élever, pour obtenir des sujets entièrement rouges.

ÉCHELLE DES POINTS.

Variété noire.

Forme : corps, 15; poitrine, 10; reins, 5; au total	30
Tête : crête, 7; crâne, 5; face, 5 ;œil, 5; bec, 3; au total	25
Plumage et condition	10
Port	10
Taille	10
Queue	5
Tarses et pieds	5
Peau	5
	100

Variété fauve.

Type	30
Couleur	20
Condition	15
Tête	15
Tarses et pieds	10
Taille	10
	100

Variété blanche.

Tête	10
Couleur	30
Condition	15
Tarses et pieds	15
Taille et type	30
	100

Variété jubilé.

Tête	10
Couleur	35
Condition	15
Tarses et pieds	10
Taille et type	30
	100

Variété pailletée.

Tête	10
Couleur	25
Condition	15
Tarses et pieds	10
Taille	20
Type	20
	100

Variétés coucou et bleue.

Défauts dans la condition	10
— la couleur et le plumage	25
— la tête	10
Manque de forme	15
— de taille	20
Défauts dans les tarses et pieds	10
— les reins et le dos	5
— la peau et la chair	5
	100

Variété rouge.

Couleur	30
Type	25
Tête et crête	10
Tarses et pieds	10
Taille	10
Condition	15
	100

DISQUALIFICATIONS. — Tarses ou pieds emplumés, blanc dans l'oreillon, longues jambes, excroissances latérales de la crête. Toute difformité, peau jaune ou tarses jaunes dans les noirs. Tarses ou pieds jaunes chez les Coucous; toute autre plume que blanche et noire dans les pailletées, toute plume jaune chez les blancs.

Observations sur le Standard. Le Standard est certainement fort bien compris; mais il y a certaines difficultés pour suivre dans toutes ses variétés les desiderata de forme et de type, laissant de côté la couleur du plumage qu'il est toujours facile de résoudre d'une manière ou d'une autre, car s'il existe plusieurs variétés d'Orpington, ces variétés n'ont point une origine commune, et il faut toutes les ramener au type primitif, celui de la variété noire. Aussi la forme et le type sont-ils des points d'une importance capitale dans la race.

Exigences et qualités de la race. L'Orpington de n'importe quelle variété se montre rustique et d'élevage facile sous n'importe quel climat et dans n'importe quelles conditions. On le voit aussi bien prospérer dans les plaines à hiver extrêmement rigoureux du Nord des États-Unis et du Canada que dans les champs brûlés du soleil du Natal ou du Cap. Sa ponte est bonne, et la poule offre l'avantage de pondre avec abondance durant l'hiver. Dans un des derniers concours anglais de ponte, qui a eu lieu de septembre à mars, les Orpington ont obtenu les 2e, 3e, 4e, 6e, 7e et 11e rangs. La classification se faisait, non seulement par le nombre des œufs pondus, mais aussi par le bénéfice de ces œufs, les frais de nourriture retranchés. La moyenne des œufs pondus peut être évaluée de 140 à 160 par an; le poids de l'œuf de 62 à 65 grammes; la coquille est teintée. La propension à l'incubation est assez bonne et, lorsqu'elle couve l'Orpington le fait avec soin; elle constitue une bonne mère, prenant soin de ses poussins et sachant les mener à bien. Les poussins s'élèvent très facilement; ils sont robustes et précoces; on peut même commencer leur engraissement à un âge moins avancé que les Faverolles; à cinq mois, ils font un rôti énorme et succulent; ils sont même présentables à quatre mois. A six mois, parfois avant, les poules commencent à pondre et continuent.

La chair est excellente, la peau est blanche, mince et fine, la viande également blanche et ferme.

L'Orpington s'élève parfaitement en parquet; en liberté, il sait très bien trouver sa nourriture dans les champs.

La race d'Orpington comme poule d'utilité. La race d'Orpington peut certainement constituer une excellente race de ferme; mais une question se pose tout d'abord. Quelle variété choisir? Nous écartons tout d'abord les variétés pailletée, jubilé, coucou, bleue et rouge, qui ne sont que des variétés d'amateurs et ne conviennent nullement à une exploitation avicole; d'ailleurs, les trois premières ont, à notre avis, peu d'avenir et sont peut-être destinées à disparaître, brillants météores, du ciel de l'aviculture. Il ne nous reste donc, au point de vue spécial auquel nous nous sommes placés dans ce paragraphe, que les variétés noires, fauves ou blanches. Des goûts et des couleurs, il ne faut pas disputer, dit un vieux proverbe, et il paraîtrait assez loisible que chaque propriétaire composât sa basse-cour avec la variété de la couleur qui lui plaît le mieux; mais, ainsi que nous l'avons vu plus haut, les Orpingtons noirs, fauves, bleus ne sont pas, au sens propre du mot, des variétés issues d'une même race primitive, comme par exemple les Bresse noires, blanches ou grises; ils portent bien tous le nom d'Orpington, mais ce ne sont pas des frères ; leur origine n'est pas commune, comme, nous l'avons indiqué; ce sont des cousins *plus ou moins* germains, mais offrant, le plumage excepté, des caractères généraux à peu près semblables.

Si nous étudions de près les trois variétés d'Orpington, nous constatons, et nous avons à cet appui une documentation venant de nombreux pays, que les qualités des *fauves* et des *blancs* sont à peu près identiques; il n'y a donc plus qu'à comparer la valeur des noirs et celle des fauves.

D'une façon générale, et il est évident que l'on ne peut parler que d'une façon générale, car suivant la sélection pratiquée, les lignées d'une même variété peuvent offrir des différences sensibles dans leurs qualités productives, les poules Orpington noires demandent plus rarement à couver que les autres, mais quand elles manifestent ce désir, on éprouve plus de difficultés qu'avec les fauves pour leur faire quitter le nid. Si les noires n'éprouvent ce besoin que deux ou trois fois par an, les fauves ont ce désir dès qu'une quinzaine d'œufs sont pondus, mais il est facile de les en dissuader, sauf pourtant au printemps où elles montrent plus de persévérance.

Au point de vue de la ponte, il y a peut-être peu de différence entre les deux variétés. Les fauves, d'une façon générale, pondent plus tôt que les noires, et la ponte commencée donne à la filée, et plus rapidement, un plus grand nombre d'œufs que les noires. Mais, comme elles demandent plus souvent à couver, il en résulte des arrêts plus fréquents. Les noires, généralement, pondent des œufs plus gros, et une fois la ponte commencée un peu plus tardivement, pondent sans arrêt pendant des périodes plus longues, ce qui fait qu'au bout de l'année, elles ont pondu peut-être une plus grande masse d'œufs. Mais il est évident que la ponte est surtout une question d'aptitude développée par la sélection; les sujets élevés pour les expositions ne donneront jamais le même nombre d'œufs que ceux élevés dans le but de cette production. Et puisque nous parlons ponte, il faut éviter, si on la veut abondante, que les poules ou poulettes soient trop grasses. Elles ont une tendance à s'engraisser, et il faut combiner le régime en conséquence. Il est à remarquer que, dans toutes les variétés, les pondeuses se trouvent dans les types moyens, les poules de très forte taille pondant moins que les autres.

Les jeunes Orpington, qu'ils soient noirs ou fauves, se montrent en général tout à fait rustiques, et peuvent s'élever avec les jeunes de toute autre race qu'ils dépasseront rapidement. Toujours, d'une façon générale, les jaunes croissent plus rapidement que les noirs qui se sont développés beaucoup plus lentement, commençant à les rattraper; et, comme leur croissance dure plutôt longtemps, on arrive à avoir avec eux des sujets plus forts.

Quant à la précocité des poulettes, elle est fort variable; les fauves paraissent pondre plus tôt que les noires, quoiqu'on cite des noires ne pondant qu'à neuf mois. Ce dernier cas est pourtant fort rare, et si ces poulettes sont de forte taille, il ne faut pas négliger de mettre ces œufs en incubation, si l'on veut donner de la taille à son troupeau.

Entre la fauve et la blanche, il n'y a que la question de couleur qui puisse guider le choix de l'éleveur; la blanche, bien sélectionnée dans le sens de la production des œufs, arriverait peut-être à être meilleure pondeuse que la fauve. Quelques Strains américains tendent à le prouver (1), mais peut-être dans les pays très septentrionaux, serait-elle un peu plus délicate. En ce moment-ci, le fauve est une couleur à la mode, qui sera très prochainement détrônée par le rouge, mais les éleveurs, même productifs, lui donnent la préférence; cela au fond a peu d'importance, mais lorsqu'il s'agit de vendre des sujets engraissés et parés pour l'étal, rien ne vaut le plumage blanc; le petit duvet qui reste toujours en plus ou moins grande quantité est beaucoup moins visible, et ne dépare pas l'aspect engageant de la bête; c'est à ce point de vue que la variété blanche est particulièrement intéressante.

Noir, blanc, ou fauve, l'Orpington est une variété des plus appréciables pour la basse-cour productive; elle s'adapte à toutes les situations , à tous les modes d'exploitation. C'est, comme le disent les Anglais, « Round about fowl » une poule à toutes fins; elle est bonne pondeuse, de bonne taille, précoce, s'engraissant facilement, donne une chair succulente. Sa peau blanche, ses tarses roses la font rechercher sur les marchés; elle se prête à la séquestration, mais sait profiter des avantages de la liberté; elle convient aussi bien à la grande exploitation qu'à la plus petite. Elle offre, en outre, l'avantage d'avoir une bonne ponte durant l'hiver; mais pour ce der-

nier point, il convient de ne pas choisir des sujets élevés dans un but sportif, et de pratiquer soi-même une sélection uniquement dans le sens de la ponte.

La critique la plus importante que l'on puisse adresser aux Orpington consiste dans leur ossature un peu trop forte.

La race d'Orpington au point de vue sportif. Si la race d'Orpington a des qualités qui la font apprécier dans la basse-cour productive, l'ampleur de ses formes et la beauté du plumage de certaines variétés ajoutent à sa grande popularité, et ont attiré l'attention des aviculteurs sportifs. Actuellement, dans nos expositions, dans nos concours généraux ou nationaux, la classe des Orpingtons est une de celles représentées par le plus grand nombre de sujets.

Cette classe est, en effet, si courue, tant en France qu'à l'étranger, qu'il faut des connaissances toutes spéciales pour arriver à produire des oiseaux ayant quelques chances d'obtenir des prix ou mentions. Le choix des reproducteurs, quoiqu'il puisse paraître simple de prime abord, quand il s'agit de sujets unicolores, est devenu très difficile. Ils doivent transmettre à leurs descendants ces trois points principaux : forme, taille et couleur.

Nous réservant de parler de la couleur plus tard, pour chaque variété, nous allons essayer de guider le lecteur dans le choix des reproducteurs pour obtenir taille et forme, conseils qui s'appliquent à toutes les variétés, quelles qu'elles soient.

Choix des reproducteurs pour obtenir la taille. — Le résultat le meilleur est certainement obtenu lorsque les reproducteurs des deux sexes offrent cette qua-

(1) M. le comte Olivier de La Rochefoucauld préconise cette variété blanche, dont il a obtenu de très bons résultats.

D. DE M.

lité qu'ils tiennent de leurs descendants et qu'ils ont conservée à la suite d'un élevage bien compris; mais le cas ne se présente pas toujours, car très souvent les gros sujets, les coqs surtout, laissant à désirer sur d'autres points : forme ou couleur, ne peuvent prétendre prendre place dans les parquets de reproducteurs. Le point essentiel sera de rechercher la taille chez les poules, un coq moyen avec de fortes poules donnera de beaux sujets et de forts descendants; on n'obtiendra jamais pareil résultat avec un coq même merveilleux et des poules chétives. Un point important consiste à toujours nourrir abondamment les futurs reproducteurs durant leur jeune âge; si on néglige cette précaution, on arrive à produire des nains avec la plus belle poule possible. Certains éleveurs assurent avoir obtenu de forts sujets avec des poules laissant à désirer quant à la taille; cela se peut, mais si l'on va au fond des choses, on s'aperçoit que les poules appartenaient à une grosse race, et manquaient elle-même de taille parce qu'elles avaient été élevées trop tard dans la saison.

Une chose très importante pour l'obtention de la taille consiste à avoir des reproducteurs solidement bâtis et avec une forte ossature. En règle générale, les oiseaux les plus gros sont produits par des poules de deux ans, mais alors se présente une difficulté, c'est d'avoir des œufs assez tôt; car, pour que les jeunes puissent atteindre leur pleine taille, il faut les faire élever plutôt de bonne heure, afin qu'ils puissent profiter des beaux jours pour atteindre leur croissance.

Le parquet idéal consiste à avoir un coquelet de neuf mois aussi bon qu'on peut se le procurer, avec des tarses courts et forts, bon comme jeune, et quoique d'une bonne taille, pas d'une grosseur excessive, et ni trop gras, ni fatigué par de nombreuses expositions, et des poules (3 ou 4) de deux ans; si celles-ci ne sont pas encore prêtes à pondre, des poulettes déjà fortes, et de la plus grande taille possible.

Choix des reproducteurs pour obtenir la forme. — Un Orpington, quelque taille qu'il puisse présenter, n'est assuré d'une récompense dans une exposition, que s'il offre la forme typique de la race; sinon ce n'est qu'un gros oiseau sans valeur aucune. Le Standard anglais décrit le corps de l'Orpington comme « cobby and compact », que nous traduisons par *ragot* et compact, *ragot*, ramassé comme le cobb ou cheval de chasse irlandais. Toute forme allongée est contraire au type Orpington. En effet, un coq Orpington doit être large d'épaules, court de dos, fort du dos aux tarses, la poitrine portée en avant, avec des épaules carrées. Le dos ne doit pas s'abaisser pour rejoindre les reins; il doit plutôt se relever, ou tout au moins être de niveau; en tous cas, plus large et plus court est le dos, mieux cela vaut. Les plumes flottantes du camail doivent commencer à la tête et continuer jusqu'au dos, offrant un peu, en profil, un creux de cou de cygne; elles doivent s'étendre sur le dos presque jusqu'au point où commencent les lancettes. Les reins, garnis de lancettes, doivent être larges et s'élargir encore à mesure qu'ils s'approchent de la queue. La queue est aussi un point très important, et s'obtient assez difficilement bonne, elle ne doit être ni trop forte, ni trop maigre, d'une ampleur juste suffisante pour balancer les contours de l'oiseau, mais ne doit pas atteindre une hauteur égale à celle de la tête.

Regardant un Orpington de profil, on peut distinguer deux lignes principales : une ligne courbe régulière partant de la gorge pour aboutir au dessus de la queue, et pour les parties supérieures, une autre ligne courbe en forme d'U, à branches très écartées. L'une des branches part de la tête, l'autre aboutit au sommet de la queue; la courbe du bas se trouvant au milieu du dos. Toutefois, la branche d'U, côté queue, est d'un quart moins longue que l'autre du côté tête. Il est beaucoup plus aisé d'obtenir cette forme chez les oiseaux de taille moyenne que chez ceux de fortes dimensions; évidemment, chez ceux-ci, on est obligé d'adopter comme profil du dos un U à branches encore plus écartées, afin d'obtenir un dos proportionnellement plus long; mais il faut éviter tout excès de ce côté, comme d'ailleurs en adoptant un profil en U, à branches trop resserrées, qui donneraient alors le type Langshan Croad.

Le dos en U est moins prononcé chez les poules; chez celles-ci, le camail, aussi garni que possible, s'étend sur le dos, qui doit être court et large, et qui commence aussitôt à s'étendre et à s'élever, de manière à former un coussin abondant, au travers duquel les plumes de la queue sortent à peine; celle-ci est dans une position plus élevée que chez le coq, et atteint presque le niveau de la tête.

Dans les deux sexes, les tarses doivent être courts, mais sans excès pourtant, car il ne faut point obtenir des spécimens Bassets comme notre bonne Courtes pattes. Il faut éviter, bien entendu, toute trace de plume sur les tarses, puisque c'est une cause de disqualification; mais il faut aussi rejeter les sujets qui ont les tarses ridés : c'est une indication qu'il y a eu parmi les ancêtres des sujets à pattes emplumées, et ce caractère pourrait bien se reproduire à l'occasion chez les jeunes.

Les meilleurs résultats seront obtenus avec des reproducteurs de deux ans, offrant bien les caractères que nous venons d'indiquer; il vaut mieux sacrifier à la taille, pour avoir des sujets parfaits comme forme et comme type. Tenez aussi à ce que vos reproducteurs portent leurs ailes haut; cela est nécessaire pour assurer un dos carré, et rejetez absolument de vos parquets ceux qui ont les ailes tombantes.

Veillez également à ce que vos mâles surtout n'aient pas les doigts de pieds tordus; c'est un signe de rachitisme et d'infertilité relative, qui se transmettra aux descendants.

Évitez encore chez les reproducteurs les yeux clairs; ils ont toujours, dit-on, une tendance à s'éclaircir avec l'âge chez les reproducteurs; ils seront également transmis moins foncés aux descendants.

Variété noire. *Choix des reproducteurs pour l'obtention du plumage :* Il paraîtrait, à première vue, inutile de donner des détails sur le choix des reproducteurs destinés à produire des sujets noirs; mais le Standard ne nous dit pas simplement noir, mais bien : noir avec des *reflets métalliques verts,* et cela n'est pas aussi aisé à obtenir.

Le *brillant* de ces reflets peut être augmenté ou diminué par la nourriture, la pluie, l'ombre, etc. etc. Mais les reflets eux-mêmes ne peuvent être transmis que par les ascendants; la couleur qu'ils offrent généralement est, soit le vert, soit le bleu, le violet ou le bronzé, et parfois, après une saison passée aux intempéries, un brun noir rouillé, ou encore, ce qui est commun, une combinaison de ces diverses nuances.

Il est, en effet, très rare de trouver un oiseau offrant des reflets verts sur tout le corps, sans laisser apparaître quelque reflet bleu ou pourpre. Souvent un coq a le corps aux reflets verts, la queue bronzée, offrant sous un certain angle d'éclairage des reflets verts et des reflets pourpres si l'éclairage n'est pas le même;

ou encore un autre sujet offrira le bon plumage, mais montrera des reflets pourpres dans les lancettes et à la barre des ailes.

D'autres sujets étant d'un noir jai, offrent sous un certain angle des reflets verts, mais il est à remarquer que cette teinte métallique ne couvre jamais tout le corps, et ils ne feront jamais, au point de vue de la couleur du plumage, que de mauvais reproducteurs.

Il semble que c'est le mâle qui a plus d'influence que les poules sur l'intensité et la bonne couleur de ces reflets métalliques; aussi, on s'appliquera à le choisir aussi parfait que possible; si pareil sujet n'est point à la disposition de l'éleveur, il choisira un mâle offrant des barres pourpres dans les ailes, mais les moins marquées et les plus irrégulières possibles. On sera moins exigeant avec les poules et au besoin, si le coq est parfait à ce point de vue, on pourra l'allier avec des poulettes à reflets bleus.

Un bon moyen d'avoir de parfaites poulettes, consiste à choisir un coq offrant du rouge dans le camail, dans la queue; celui ci, allié même avec des poules un peu défectueuses au point de vue de la couleur, donnera de très bonnes poulettes, mais des poulettes seulement. Il est inutile d'essayer de marier les bronzés avec des pourpres ou des bleus, on n'atteindra jamais ainsi de bons résultats.

Ajoutons que, fort souvent, le plumage défectueux du premier âge s'améliore à la deuxième mue, mais aussi souvent les défauts deviennent plus apparents; il est donc difficile de préjuger sûrement avant cette seconde mue.

Un petit peu de fer (carbonate) dans l'eau de boisson aide à maintenir le plumage brillant et de la graine de lin bouillie et mélangée aux pâtées durant la mue intensifie les reflets.

Variété jaune. *Choix des reproducteurs pour l'obtention du plumage.* — La mode gouverne aussi le plumage des poules. Il y a quelques années, et peut-être non sans raison, le fauve le plus foncé était le plus estimé. Il y a au contraire actuellement une tendance à les élever de la teinte la plus claire possible, et il arrive que si l'on allie deux sujets offrant cette nuance claire, les descendants seront presque blancs, et chez beaucoup on verra apparaître des plumes vraiment blanches dans les ailes et la queue.

La mode actuelle, celle du moins qui est suivie dans les grandes expositions anglaises et américaines, veut une teinte citron un peu pâle même. L'ancien Standard disait un jaune uni et profond jusqu'à la peau, d'une nuance variant du citron à l'orangé, mais ni rouge ni chocolat. Actuellement les mots « du citron à l'orangé » ont disparu du Standard, mais on a eu grand soin de maintenir l'uniformité de la masse, sans préciser la nuance de jaune à choisir, ce qui laisse le champ libre à la mode.

Si l'on avait adopté une nuance de jaune semblable à celle des Cochins, les Orpington fauves, auraient été bien plus faciles à élever, tandis que la nuance pâle actuelle exige des parquets séparés pour l'obtention de chaque sexe. Quelques conseils généraux sur la formation de ces parquets séparés seront utiles, mais nous disons conseils généraux; ils sont fondés surtout sur cette loi que la couleur a toujours une tendance à devenir de plus en plus pâle dans les générations suivantes, aussi pour éviter cet inconvénient, faut-il que les reproducteurs de l'un ou l'autre sexe apportent un supplément de couleur dans la race. Donc, suivant coquelets ou poulettes à produire, on choisira un coq ou des poules plus foncés que la nuance désirée. Cette combinaison apportant une nouvelle provision de pigments, combattra la perte de coloris que nous venons de signaler.

Réussit-on toujours de cette façon? Non; les résultats sont assez variables et dépendent de l'état des reproducteurs. Si le coquelet reproducteur est exceptionnellement vigoureux, il communiquera sa coloration aux descendants; si, au contraire, ce sont les poules, leur robe sera transmise de préférence à celle de leur époux. De ce fait, il advient souvent que les résultats d'un parquet sont, à la fin de la saison, tout autre, qu'au commencement, et, en général, un coquelet transmettra toujours mieux sa couleur qu'un coq plus âgé (1).

Pour obtenir de bons coquelets. — Choisissez, si possible, un coquelet de la nuance fauve que vous désirez voir chez vos élèves. Comme nous le disions, la nuance actuellement *fashionnable* s'approche beaucoup plus du citron que de l'orange. Tâchez d'avoir une nuance moyenne, avec des reflets dorés, mais sans la moindre teinte rouge. Évitez des ailes nuancées de bai et ayant les plumes du col couleur cannelle. Veillez aussi à ce que la couleur du dessous soit bonne. Quand les plumes sont soulevées, vérifiez si la côte est bien jaune; et que la couleur jaune s'étende jusqu'à la racine de la plume elle-même, ou le plus près possible. Les plumes du vol doivent être entièrement jaunes, et non teintées ou marquées de blanc, ce qui arrive fréquemment avec les sujets clairs, et, si possible, la poitrine recouverte et *cachée à la vue* des rémiges secondaires doit être jaune, quoiqu'à la rigueur quelques petites marques noires ne soient pas un défaut très grave en cet endroit. Que le camail soit, en dessous, si possible, d'une couleur

aussi profonde que la surface visible. Il arrive fort souvent que les jaunes, dans cette partie du corps, ainsi que dans d'autres, ne sont jaunes qu'en dessus de la surface visible, et que cette coloration est comme lavée en dessous. Si pareil coquelet a l'œil *rouge*, il sera parfait, en admettant encore qu'il possède la taille et la forme.

A ce coquelet, on donnera comme épouses de quatre à six poules ou poulettes précoces, d'un point ou deux plus foncées que lui, pas plus. Une trop grande différence d'intensité de couleur entre les deux sexes produit une nuance générale, très irrégulière, et l'on s'en apercevrait par des parties plus foncées sur les ailes des coquelets qui naîtraient de pareilles unions. On veillera aussi, chez ces poules, à la couleur du dessous; une couleur en dessous de teinte *moyenne*, avec la côte de la plume bien jaune; si la coloration est très prononcée, cet excès de couleur se fera sentir; si elle est trop faible ou si le dessous est blanc, quoique la couleur de surface soit foncée, les descendants montreront, soit des taches blanches, soit les plumes du vol blanches.

Une faute que présente très souvent la variété fauve, consiste dans le plumage *saupoudré* et *enfariné*, c'est-à-dire comme si le plumage fauve avait été saupoudré de farine. Lorsque ce défaut est très prononcé, le plumage a l'air comme rapiécé, des parties offrent une bonne teinte fauve, les autres, cette même teinte, mais grisée par de la farine? En général, on constate surtout ce défaut dans les couvertures des plumes des poules. Quelquefois la plume entière est atteinte, et le défaut est très visible, d'autres fois, au contraire, c'est la base seule, et comme cette partie est recouverte par les plumes supérieures il faut soulever celles-ci pour reconnaître le défaut. Cet aspect enfariné est considéré comme un défaut des

<hr>

(1) Nous donnons ces indications, d'après l'expérience des éleveurs, et sans chercher à l'expliquer ; car elles soulèvent de délicats problèmes.

plus graves, qui entraîna sûrement la disqualification. Certains juges sont si sévères sur ce point qu'ils se servent d'une loupe pour en déceler les moindres traces.

Un fait à noter, c'est que ce défaut se produit dans les descendants femelles des parquets qui produisent les coquelets les mieux colorés, et les meilleures poulettes; aussi peut-on à la rigueur utiliser une poule à plumage quelque peu enfariné pour l'allier à un bon coq, afin d'obtenir de très beaux sujets. Mais pareilles poules ne donnent jamais de bonnes poulettes.

Pour obtenir de bonnes poulettes. — Dans ce cas, on choisira comme reproducteurs des poulettes aussi parfaites que possible, d'une nuance moyenne, et sans trace de ce plumage enfariné que nous avons signalé plus haut, d'une riche coloration sur la surface et en dessous, et nullement « charbonisée ou mitée ». Il faut, chez elles, de la taille et de la grosseur, sans pour cela que la taille et la grosseur soient au détriment du type; mais il ne faut pas oublier que l'on n'obtiendra jamais de bonnes et fortes poulettes avec des reproducteurs femelles de petite taille.

Comme il y a toujours tendance à une perte de couleur chez les descendants, perte qui s'accentuera à chaque mue, il faudra, lorsqu'on pourra se les procurer, prendre, de préférence à des poulettes, des poules plus âgées, ayant conservé la même intensité de coloration, après la deuxième mue qu'avant. Le coquelet, que l'on donnera à ces poules ou poulettes, devra être très légèrement plus foncé que les poulettes, de manière à compenser la perte de couleur; mais, dans ce choix, évitez absolument que ce coquelet soit rouge sur l'aile.

Conservation de la couleur jaune. — Il s'agit, non seulement d'obtenir une bonne couleur fauve, mais aussi de la conserver.

L'exposition au soleil et à la pluie met souvent hors de condition, le plumage des poulettes surtout; car les coquelets paraissent mieux supporter l'effet néfaste des éléments. La plupart des sujets dont on admire la beauté du plumage, lors des expositions d'automne, ont été soigneusement mis à l'abri de la pluie depuis l'âge de trois mois, quand la mue commence. On les laisse seulement sortir, lorsqu'il ne pleut point, le matin de bonne heure et le soir après le coucher du soleil, ou bien on les maintient dans des parquets absolument ombragés. Rien n'est plus mauvais, pour un oiseau fauve, une fois son plumage mouillé par la pluie, que de le laisser se sécher au soleil; l'action des rayons solaires a vite fait de pâlir les plumes, principalement sur le dos et les reins; souvent, au lieu d'un simple affaiblissement de couleur, les plumes en ces parties affectent alors une bordure ou frange plus claire.

Pour être dans toute sa beauté, un sujet fauve doit être parfaitement propre, et si son plumage est sale, il doit être lavé. Le lavage offre un certain danger pour le plumage jaune, et souvent des oiseaux, d'une nuance magnifique et douce à l'œil, ont pris à la suite du bain un plumage plus coloré, mais d'une teinte dure; ce fait est dû à l'action de la soude contenue dans le savon. C'est un fait assez curieux, que cette augmentation de l'intensité de la couleur due au savon, et, s'il est dangereux pour les sujets à plumage court, il peut, dans certains cas, donner du ton à des sujets trop pâles (1); mais son effet se bornera là, et il ne rendra jamais uni et parfait un plumage tacheté ou enfariné. Il est assez difficile de préjuger la couleur future des sujets dans leur jeune âge. La colo-

(1) On pourrait neutraliser de l'alcali, qui est la soude, en ajoutant au bain un peu d'acide (vinaigre ou acide acétique, par exemple).

23

ration du duvet peut pourtant fournir certaines indications. Les meilleurs sujets proviennent de ceux qui, à l'état de poussins, ont eu un duvet de coloration moyenne; comme règle générale, un poussin avec un duvet clair (cela s'applique du reste à toute autre nuance de duvet foncé ou clair) deviendra plus foncé avec ses premières plumes, et encore plus foncé quand il émettra ses plumes d'adulte; puis, à chaque mue, il deviendra plus clair. Les jeunes avec beaucoup de noir dans les plumes du vol peuvent être de suite éliminés; car ce défaut ne fera que s'accentuer; mais, au contraire, du blanc dans les plumes du vol jusqu'à trois ou quatre mois, disparaît souvent à la mue suivante; certains éleveurs prétendent même que, si ce blanc ne disparaît pas entièrement à la première mue, il disparaîtra à la suivante. Des coquelets, qui ont une forme typique jusqu'à trois mois, prennent un aspect décharné et élancé lors de la mue, et conservent cet aspect jusqu'à l'âge de six mois et plus; le plus souvent, ils prennent le dessus, et deviennent de très beaux oiseaux. Un coquelet qui émet son plumage lentement devient souvent un très bel oiseau. Les poulettes qui offrent le plumage enfariné ne s'améliorent jamais; il vaut tout autant les réformer au plus tôt.

Variété blanche. Pour cette variété, le choix des reproducteurs offre moins de difficultés au point de vue de la couleur. Bien entendu, pour la taille et la forme, il faudra suivre les conseils que nous avons donnés. Le grand défaut des blancs consiste dans une tendance à avoir une teinte jaunâtre ou paille sur tout le plumage. Souvent cette teinte jaunâtre est due à l'effet du soleil et de la pluie; mais, très souvent, elle provient d'une nuance héréditaire venant du plumage des reproducteurs. Il faut donc choisir ceux-ci parmi les sujets offrant le plumage du blanc brillant le plus pur possible, et vérifier la couleur du dessous. La peau doit être d'un blanc bleuâtre, le duvet blanc, le canon qui contient les plumes en formation doit être blanc bleu, ou bleu ardoisé; dans toutes ces parties, il ne doit exister aucune trace de jaune ou de jaunâtre. Choisissez, si possible, le mâle avec l'œil rouge, mais évitez tous sujets ayant des plumes fauves; des plumes noires seraient certainement moins graves chez des reproducteurs. On doit absolument écarter tout reproducteur offrant la moindre teinte jaunâtre dans les tarses.

S'il y a peu d'importance à ce que le plumage des reproducteurs soit abîmé et jauni par le soleil, (il redeviendra blanc à la prochaine mue), il n'en est pas de même des coquelets et poulettes qui doivent paraître en automne ou en hiver dans une exposition. Vers quatre mois, au moment où ils commencent à prendre leurs premières plumes d'adulte, il faudra les maintenir, comme les fauves, à l'abri de la pluie et du soleil.

Bien entendu, avant d'être exposés, les Orpington blancs doivent être soigneusement lavés.

Variété jubilé et pailletée. Ces deux variétés étant actuellement fort peu élevées, et, à notre avis, bien moins intéressantes, au point de vue pratique, nous nous abstiendrons de donner des détails sur la formation des parquets de reproduction.

Variété coucou. On suivra, pour le choix des reproducteurs les indications données au sujet des Plymouth Rock barrés.

Variété bleue. — Voir pour ces sujets les races bleues, Andalouse, etc.

Variété rouge. — Pour le choix des reproducteurs, opérer comme pour les Rhode Island Red.

Ces renvois à d'autres races ne s'appliquent que pour la couleur du plumage; il faudra, avant tout, assurer la taille et le type Orpington, en agissant comme nous l'indiquons plus haut.

Club. — L'Orpington Club français, dont nous avons l'honneur d'être vice-président, a été fondé, en mars 1905, par M. Raymond Lecointre. C'est un des Clubs fondateurs de la Fédération des Sociétés d'Aviculture, dont le premier président fut le regretté duc Féry d'Esclands, et l'un des premiers clubs français qui employèrent régulièrement, depuis cette époque, les bagues d'origine en aluminium.

Ce Club a toujours été florissant Ses membres importèrent de nombreux sujets d'élite de sang anglais et des œufs de bonne origine; et il contribua puissamment, par les résultats remarquables qu'obtinrent ses sociétaires dans les expositions nationales et internationales, à créer dans notre pays de bons *strains* d'élevage français.

M. Gourdin, décédé en août 1913, fut, après M. Raymond Lecointre, qui quitta la présidence du Club pour se consacrer entièrement à la vie agricole, l'un des présidents les plus compétents et les plus dévoués de nos Clubs de race. M. Hénon, qui lui succéda, joint aux qualités d'un éleveur compétent et averti, celles d'un président accompli, qui ne craint pas de payer de sa personne toutes les fois que les intérêts du Club sont en jeu.

Standard des différentes variétés d'Orpington.

Adopté par l'Orpington Club français et homologué par la Fédération nationale des Sociétés d'Aviculture de France.

Standard de l'Orpington noir. — CARACTÉRISTIQUES GÉNÉRALES. — COQ. — TÊTE : *Crâne :* petit et net, bien arrondi au-dessus des yeux. — *Bec :* fort et présentant une courbe gracieuse. — *Yeux :* pleins et brillants. — *Crête* (a) simple ou (b) frisée : (a) de taille moyenne, plantée droite, régulièrement dentelée et exempte de crétillons sur les côtés; (b) petite, droite et ferme, d'un tissu fin, garnie de fines aspérités sur le sommet; l'ensemble de ces aspérités offre une surface plane sur le dessus, sans aucun creux au centre; elle se termine à l'arrière par une pointe distincte dirigée en arrière sur la tête (ne se redressant pas). — *Joues :* unies. — *Oreillons :* de volume moyen et de taille moyenne. — *Barbillons :* de longueur moyenne, plutôt ovales et bien arrondis aux extrémités. — *Cou :* de longueur moyenne et abondamment recouvert de longues plumes de camail qui doivent retomber sur le dos. — *Corps :* large et profond. — *Reins :* larges et légèrement relevés avec des lancettes abondantes, lesquelles, avec les plumes du camail, donnent une sorte d'apparence courte et concave à l'animal. — *Poitrine :* large et bien arrondie (pas plate), portée en avant. — *Ailes :* plutôt petites, portées serrées au corps, les extrémités étant presque recouvertes par les lancettes. — *Queue :* plutôt courte, compacte, flottant et s'incurvant en arrière, mais en aucun cas la queue d'écureuil n'est tolérée. — *Jambes et tarses :* jambes courtes et fortes, les cuisses presque cachées par le plumage du corps. — *Doigts :* 4 à chaque pied, droits et bien séparés. — *Port :* droit et gracieux. — *Poids :* 4 kil. 500. — *Plumage :* assez dense, la plume est moins dure que chez les Combattants, mais moins douce, ni aussi duveteuse, que chez les Cochins. — *Chair :* ferme.

POULE. — Les caractéristiques générales de la poule sont similaires à celles du coq, en tenant compte des différences sexuelles. — Il faut noter que le coussin doit être petit, d'une taille suffisante pour donner au dos une apparence courte et gracieuse, mais pas plein, ni arrondi en boule comme chez le Cochin. — *Poids :* 3 kil. 500. — *Couleur :* dans les deux sexes. Bec noir, yeux noirs, iris brun foncé. Crête, joues, oreillons et barbillons, rouge vif. Jambes et tarses, noirs. Ongles, sole de la patte et peau, blancs. — *Plumage :* noir avec des reflets verts.

ÉCHELLE DE POINTS.

Forme : Corps, 15; Poitrine, 10; Reins, 5	30
Plumage et Condition	10
Tête : Crête, 7; Crâne, 5; joues, 5; Œil, 5; Rec, 3	25
Port	10
Volume	10
Queue	5
Jambes et Tarses	5
Peau	5
Perfection	100

DÉFAUTS SÉRIEUX. — Plumes aux tarses et aux doigts, blanc aux oreillons, pattes longues, crétillons sur le côté de la crête; toutes les difformités, peau jaune, ou jaune aux tarses ou aux doigts.

Standard de l'Orpington blanc. *Couleur :* un pur blanc neige, exempt de toute autre couleur, peau et chair fines et blanches. — *Type :* corps compact, massif, large et trapu, court sur pattes, poitrine large, pleine et portée en avant, queue plutôt courte et compacte, dos court et légèrement courbé, reins larges, port droit et hardi. — *Tête et crête :* crête, joues, oreillons et barbillons, rouge vif. Crête simple, de grandeur moyenne, attachée fermement à la tête, droite, dentelée régulièrement et exempte de crétillons latéraux. — *Yeux :* rouges. — *Jambes et tarses :* jambes courtes, droites, couleur blanche, parfaitement exemptes de plumes, 4 doigts à chaque pied, ceux-ci droits et bien écartés, les ongles blancs. Les animaux, dans les deux sexes, doivent être vifs.

ÉCHELLE DE POINTS.

Type	30
Couleur	20
Tête et Crête	10
Œil	5
Jambes et Tarses	10
Condition	15
Volume	10
Perfection	100

DÉFAUTS. — Crétillons sur les côtés de la crête, blanc aux oreillons, jambes longues, plumes aux jambes, jambes d'une autre couleur que blanche, toute trace de jaune ou de graisse sur les plumes.

DISQUALIFICATIONS. — Maquillage ou truquage.

Standard de l'Orpington fauve. *Type* (30 points). — *Corps :* compact, massif, large et trapu, court sur pattes. — *Poitrine :* large et pleine, portée en avant. — *Queue :* plutôt courte et compacte. — *Dos :* court et légèrement courbé. — *Reins :* larges. — *Port :* droit. — *Couleur* (20 points). — Claire, de couleur fauve uniforme jusqu'à la peau. Peau et chair fines et blanches.

— *Tête et crête* (15 points). — *Œil :* rouge ou brun (rouge de préférence), bec blanc ou de couleur corne. — *Crête, joues, oreillons et barbillons :* rouge vif; crête petite, nette, attachée fermement à la tête, régulièrement dentelée et droite, barbillons de longueur moyenne. — *Jambes et tarses* (10 points). — Jambes courtes, droites, couleur blanche, complètement exemptes de plumes, 4 doigts à chaque pied, droits et bien écartés, les ongles blancs. — *Poids* (10 points). — Coquelets de 4 à 5 kilos, poulettes de 3 à 4 kilos, animaux adultes, quelquefois un peu plus lourds.

Les Orpingtons fauves à crête frisée sont semblables à ceux à crête droite, excepté la crête frisée, qui doit être petite et nette, bien attachée à la tête, formée de fines aspérités et se terminant en pointe à l'arrière, se rabaissant en épousant bien la forme de la tête (ne redressant pas).

ÉCHELLES DES POINTS.

Type	30
Couleur	20
Condition	15
Tête et Crête	15
Jambes et Tarses	10
Poids	10
Perfection	100

DÉFAUTS. — Toute difformité, crétillons sur le côté de la crête, blanc aux oreillons, longues pattes et plumes aux tarses ou aux doigts.

DISQUALIFICATIONS. — Maquillage ou truquage.

Standard des Orpingtons bleus et coucou. COQ. — *Tête :* petite, nette et portée haute. — *Bec :* fort et légèrement recourbé. — *Yeux :* pleins, brillants et intelligents. — *Crête :* simple, petite, droite, régulièrement dentelée et exempte de ramifications sur les côtés. — *Oreillons :* petits. — *Barbillons :* moyens et bien arrondis. — *Cou :* légèrement recourbé, compact, avec camail abondant. — *Corps : Poitrine :* large, profonde et pleine (pas plate), avec l'os du bréchet long et droit. — *Dos :* court et large. — *Reins :* légèrement relevés avec des lancettes abondantes. — *Ailes :* bien formées et portées serrées au corps. — *Peau et chair :* blanches, de fine texture et fermes. — *Queue :* courte et compacte, flottant et s'incurvant en arrière. — *Jambes et tarses :* jambes courtes, fortes et bien séparées. — *Doigts :* au nombre de 4 et bien écartés. — *Forme générale et port :* trapu et compact, droit et gracieux. — *Volume et poids :* large, de 4 kil. 500 à 6 kil. 500 adultes.

POULE. — *Tête, cou, corps, jambes et tarses, peau et chair :* semblables au coq. — *Queue :* nette, petite, inclinée un peu en arrière, puis légèrement relevée. — *Volume et poids :* large, de 3 kil. à 4 kil. 500.

COULEUR DES ORPINGTON COUCOU.

Bec : blanc. — *Œil* : rouge. — *Crête et barbillons* : rouges. — *Joues* : rouges, exemptes de toute trace de blanc. — *Oreillons* : rouges, aucun blanc n'est toléré. — *Jambes et tarses* : blancs, ou légèrement tachetés de noir, mais le blanc est préféré. — *Ongles* : blancs. — *Plumage* : fond léger gris clair, chaque plume du corps étant barrée d'un noir bleuâtre plus foncé, la largeur des barres proportionnée aux dimensions de la plume et régulière sur toutes les parties du corps.

COULEUR DES ORPINGTON BLEUS.

Bec : bleu. — *Yeux* : noirs ou brun très foncé, le noir est préféré. — *Tête, barbillons, joues et oreillons* : rouge vif. — *Jambes et tarses* : noirs ou bleus. — *Ongles* : blancs.

PLUMAGE DU COQ. — *Cou, reins, camail, pommeau de l'aile, dos et queue* : bleu ardoisé foncé, le reste du plumage est bleu-ardoisé moyen, chaque plume étant bordée d'un liseré bleu plus foncé, comme la couleur du dos.

PLUMAGE DE LA POULE. — Bleu ardoisé moyen, liseré d'un bleu plus foncé sur toute la surface du corps, excepté la tête et le cou qui sont bleu-ardoisé foncé.

ÉCHELLE DE POINTS.

Condition	10
Couleur du plumage	25
Tête	10
Forme	25
Volume	20
Jambes et Tarses	10
Perfection	100

DÉFAUTS SÉRIEUX. — Plumes aux jambes, longues jambes, toute trace de jaune sur les tarses et doigts, plus de 4 doigts. Crétillons sur le côté de la crête, plus d'un tiers de blanc dans l'oreillon, toute difformité.

Standard de l'Orpington jubilé. *Tête, tarses et doigts* : comme chez le fauve.

PLUMAGE DU COQ. — Fond acajou riche, ni foncé ni marron. Camail et dos, plume acajou avec barre centrale noire, tuyau acajou, pointe blanche. Plastron, cuisse et culotte, plumes acajou, paillettes noires, extrémités blanches, les trois couleurs très pures et bien distinctes, en proportions égales, évitant deux excès contraires, soit un aspect trop tiqueté, soit un aspect trop barbouillé. — *Ailes* : épaulettes, pareilles au camail, barres noires, rémiges secondaires, acajou, noir et blanc; rémiges primaires pareilles, mais un peu plus de blanc est toléré. — *Queue* : faucilles blanches, ou noires et blanches, ou noires, blanches et acajou; petites faucilles, noires, liserées acajou, extrémités blanches.

PLUMAGE DE LA POULE. — *Camail* : assorti à celui du coq. — *Corps, cuisse et culotte* : plumes acajou, paillettes noires et extrémités blanches, comme le plastron du coq. — *Ailes* : comme le corps, mais les rémiges primaires assorties à celles du coq. — *Queue* : comme chez le coq.

Standard de l'Orpington pailleté (Spangled). *Bec* : noir, blanc ou légèrement tacheté. — *Yeux* : rouges de préférence, ou bruns. — *Crête, joues, barbillons et oreillons* : rouges. — *Tarses et doigts* : noirs et blancs, marqués aussi uniformément que possible. — *Ongles et peau* : blancs.

PLUMAGE DU COQ. — *Camail* : plumes noires avec extrémités blanches. — *Dos* : noir légèrement tiqueté de blanc. — *Plastron, cuisses et culotte* : noirs avec paillettes blanches, les couleurs se rencontrant en proportions égales, pour éviter un aspect ou trop tiqueté ou trop barbouillé. — *Ailes* : épaulettes comme le dos, barres noires; rémiges secondaires et primaires, noires et blanches, mais en tolérant plus de blanc dans les primaires ou les plumes du vol. — *Queue* : noire et blanche, toutes les faucilles noires avec extrémités blanches.

PLUMAGE DE LA POULE. — *Cou, ailes* (seulement les plumes du vol) *et queue* : pareilles au coq. Reste du plumage, comme le plastron du coq, d'aspect uniforme sur tout l'oiseau. Dans les deux sexes, le noir doit avoir un beau brillant (à reflets métalliques), le blanc doit être pur et brillant; les deux couleurs sont bien distinctes et non mélangées.

ÉCHELLE DES POINTS.
Jubilé et Pailleté.

Couleur	35
Taille et forme	35
Condition	10
Tête	10
Tarses et Doigts	10
Perfection	100

ÉLEVEURS

chez qui on peut se procurer :
Œufs, jeunes sujets et reproducteurs.

BRIDOUX, 2, rue du Pont à l'Herbe, *Douai* (Nord). Orpington fauve.

MASSON, à *La Ferté-Milon* (Aisne).

Orpington noir australien.

Origine. Race importée d'Australie et réputée pour sa ponte et sa vitalité. Combine heureusement « l'utile et l'agréable », selon l'expression de M. Hénon, président de l'Orpington Club français.

Cette variété, qui est un retour au type primitif, a été admise en juin 1923, par le Comité de l'Orpington Club français. C'est une réaction, dans le sens utilitaire et productif au point de vue de la ponte, contre l'Orpington noir massif, type actuel de nos expositions, magnifique Oiseau que l'on conserve pour l'aviculteur qui en fait sa spécialité, mais auquel seront ajoutés, dans des classes spéciales, les Orpingtons australiens, Black Australian Orpingtons, ou « Australorps », comme on les nomme en Angleterre.

Standard. Nous donnons ci-dessous le Standard adopté par l'O. C. F., qui n'est qu'une traduction de celui qu'a bien voulu envoyer au Club M. W. Powell-Owen.

Caractères généraux. *Dos :* de bonne largeur et longueur, ample espace entre les pattes. — *Ventre :* de bonne longueur, profondeur et largeur, mais toujours en proportion. L'Oiseau doit être large, pour permettre le développement du cœur, des ovaires, et des organes internes. — *L'abdomen* doit toujours être proportionné, sans être trop développé, afin d'éviter d'être tombant et distendu. Bréchet droit, ni trop long ni trop court, mais de préférence bien en accord avec l'abdomen. — *Tête :* Crête simple. — *Barbillons :* unis, de grandeur moyenne, de texture fine et soyeuse, près l'un de l'autre. — *Bec :* court et profond. — *Yeux :* haut placés dans le crâne et regardant droit. — *Crâne :* fuyant avec cou élancé, ressemblant à celui du cygne. — Les yeux ressortent assez pour être vus en face et de dos. — *Face :* franche et sans rides, et sans sourcils retombants. — *Plumage :* Court et épais du dos à la base de la queue, évitant un épais duvet, et de longues plumes. Le plumage doit revenir vivement en place quand on le brosse à contre sens. Les plumes des cuisses serrées et non bouffantes ou trop épaisses, celles de l'abdomen et des cuisses de texture fine et soyeuse. — *Os et parties cornées :* os de la patte moyen avec écailles serrées, petites et nombreuses, donnant une apparence ronde au devant de la patte. Les tendons derrière la patte flexibles. Les jambes de moyenne longueur (mais cependant sans exagération), de façon à ne pas montrer trop d'os. Bec pas trop gros. — *Ouverture (vent)*, large et de texture fine. — *Os pelviens :* de texture fine, ne portant pas d'excès de graisse ou de cartilage souple. — *Chair de l'abdomen :* texture fine et souple sans excès de graisse. — *Caractères de race :* Dans les deux sexes, bec noir, jambes et pattes noires, yeux noirs et iris brun, crête, barbillons, tête et oreillons rouges, plumage noir à reflets verts. Pattes dépourvues de plumes.

Poids : La tendance devrait être d'avoir un bel Oiseau fin et compact, qui soit toujours actif, alerte et bon travailleur. Comme point de comparaison, il est dit que des poulettes sur le point de pondre devraient peser 2 kg. environ et les poules 2 kg. 500. Un poids excessif indiquera un Oiseau indolent et inactif, qui doit toujours être écarté.

Monographie de la race de Sussex.

Quatre variétés : rouge, herminée, cailloutée et brune.

Origine. La race de Sussex, que l'on a considérée parfois, plus ou moins exactement, comme la Faverolles de l'Angleterre, y est depuis longtemps répandue, et on la dit originaire des provinces de Sussex et de Surrey. D'après certains auteurs, elle serait la souche mère de la Dorking ou dériverait, comme elle, d'une ancienne et même race ; d'après d'autres, au contraire, elle serait le résultat du croisement de la Dorking et du Grand Combattant Anglais. De multiples croisements avec les races d'origine asiatique ont considérablement modifié le type primitif ; mais une sélection intelligente a pu faire disparaître en partie les caractères ainsi acquis. Si le Sussex a regagné ses tarses complètement nus, il a perdu le cinquième doigt qui le rapprochait, dit-on, du Dorking. Actuellement, il existe, en Angleterre, plusieurs Clubs qui ont entrepris de remettre au point cette antique race et de la perfectionner.

Le caractère qui différencie principalement la race de Sussex des autres races consiste dans la longueur du dos et des épaules et leur forme plate, ce qui fait paraître, vu d'en haut, le dos beaucoup plus court qu'il ne l'est en réalité. Comme corps et comme poitrine, le Sussex ressemble un peu au Dorking ; mais pourtant, entre sa structure et celle du Dorking, il existe de notables différences, et son aspect général est tout différent.

(Cliché Cassel).

COQ SUSSEX HERMINÉ (*Light Sussex*).

Standard. Nous donnons ici le Standard anglais des quatre variétés de la Sussex.

Caractères généraux. COQ. — TÊTE ET COU. — *Tête :* de grosseur moyenne. — *Bec :* court et fort, recourbé. — *Œil :* plein et brillant. — *Crête :* simple, de moyenne grandeur, régulièrement dentelée, droite, bien attachée à la tête et suivant en

(Cliché Cassel).

COQUELET SUSSEX. — VARIÉTÉ CAILLOUTÉE.
Speckled Sussex.

(Cliché Cassel).

POULETTE SUSSEX. — VARIÉTÉ HERMINÉE.
Light Sussex.

arrière la forme de la nuque. — *Face* : rouge. — *Oreillons et barbillons* : de grandeur moyenne et de couleur rouge. — *Cou* : gracieusement recourbé, avec un camail bien fourni. — CORPS. — *Poitrine* : large et carrée, portée bien en avant, avec l'os du sternum long et fort. — *Épaules* : larges. — *Dos* : large et plat. — *Ailes* : portées serrées contre le corps. — *Peau* : de nuance claire et de texture fine. — *Queue* : de grandeur moyenne. — PATTES ET TARSES. — *Cuisses* : fortes et courtes. — *Tarses* : gros et cours plutôt écartés l'un de l'autre, non emplumés. — *Doigts* : au nombre de quatre bien étendus. — FORME GÉNÉRALE ET PORT. — Ramassé, compact, mais gracieux et dressé. — *Taille* : forte. — *Poids* : 7 livres et plus. — *Plumage* : serré.

POULE. — TÊTE, COU ET CORPS. — Comme chez le Coq. — *Queue* : petite, recourbée en arrière. — *Jambes et pieds* : comme chez le Coq. — FORME GÉNÉRALE ET PORT : ramassé, compacte, gracieux et droit. — *Taille* : forte. — *Poids* : 6 livres et plus. — *Plumage* : serré.

VARIÉTÉ ROUGE (*Red Sussex*).

Couleur. DANS LES DEUX SEXES. — *Bec* : blanc ou couleur corne. — *Œil* : rouge ou brun. — *Crête, face, oreillons et barbillons* : rouges. — *Tarses et pieds* : blancs. — *Peau et chair* : blanches et fines.

PLUMAGE DU COQ. — *Tête et camail* : brun brillant flammé de noir. — *Corps* : brun foncé ou couleur châtaigne, avec une couleur plus foncée sur le dos et aux petites tectrices qui doivent être plus brillantes. — *Ailes* : brun foncé riche avec du noir aux plumes du vol. Tectrices brun foncé brillant. — *Queue* : noire, faucilles brun foncé presque noir aux extrémités.

PLUMAGE DE LA POULE. — *Tête et cou* : brun foncé strié de noir. — *Ailes* : brunes avec du noir aux plumes du vol. — *Queue* : noire. — *Reste du plumage* : brun.

VARIÉTÉ HERMINÉE (*Light Sussex*).

DANS LES DEUX SEXES. — *Bec* : blanc ou couleur corne. — *Œil* : orange. — *Crête, face, oreillons, barbillons* : rouges. — *Tarses et pieds* : blancs. — *Peau et chair* : blanches et fines.

PLUMAGE DU COQ. — *Tête* : blanche. — *Camail* : blanc flammé de noir. — *Ailes* : blanches, avec du noir dans les plumes du vol. — *Queue* : noire. — *Faucilles* : blanches marquées de noir aux extrémités. — *Reste du plumage* : entièrement blanc.

PLUMAGE DE LA POULE. — *Tête* : blanche. — *Camail* : blanc flammé de noir. — *Ailes* : blanches avec du noir dans les plumes du vol. — *Queue* : noire. — *Reste du plumage* : entièrement blanc.

VARIÉTÉ CAILLOUTÉE (*Speckled Sussex*).

DANS LES DEUX SEXES. — *Bec* : blanc ou couleur corne. — *Œil* : orange ou brun. — *Crête, face, oreillons et barbillons* : rouges. — *Tarses et pieds* : blancs. — *Peau et chair* : blanches et fines.

PLUMAGE DU COQ. — *Tête et camail* : d'un riche rouge brun, flammé de noir et à pointes blanches. — *Ailes : rémiges secondaires* : rouges ou presque rouges; *rémiges primaires* : blanches ou presque. — *Lancettes* : comme les plumes du camail. — *Queue* : blanche et noire. — *Reste du plumage* : noir, blanc et brun rouge, aussi régulièrement caillouté que possible.

PLUMAGE DE LA POULE. — *Ailes : rémiges secondaires* : brunes, blanches et noires; *rémiges primaires ou grandes plumes du vol* : blanches. — *Queue* : noire, blanche et brune. — *Reste du plumage* : brun, blanc et noir, aussi régulièrement caillouté que possible .

VARIÉTÉ BRUNE (*Brown Sussex*).

DANS LES DEUX SEXES. — *Bec* : foncé ou couleur corne. — *Œil* : orange ou brun. — *Crête, face, oreillons et barbillons* : rouges. — *Tarses et pieds* : blancs. — *Peau et chair* : blanches et fines.

PLUMAGE DU COQ. — *Tête et camail* : brun rougeâtre flammé de noir. — *Lancettes* : comme les plumes du camail. — *Dos et petites couvertures des ailes* : brun rouge foncé. — *Grandes tectrices* : noir à reflets métalliques vert bleu. — *Rémiges secondaires et primaires* : noires bordées de brun. — *Poitrine et queue* : noires.

PLUMAGE DE LA POULE. — *Cou et camail* : brun flammé de noir. — *Dos et ailes* : brun foncé bigarré. — *Poitrine et dessous du corps* : brun pâle jaunâtre. — *Plumes du vol* : noires bordées de brun. — *Queue* : noire.

ÉCHELLE DES POINTS.

Défauts :	Déduire jusqu'à
Défauts dans la tête et la crête	10
— dans la couleur du plumage	20
Manque de type et dos pas assez plat	20
— de condition	10
Défauts dans les tarses et pieds	15
Manque de taille	15
Une volaille parfaite réunit..	100 points

DISQUALIFICATIONS. — Plus de quatre doigts,

queue de travers, teinte différente, tarses emplumés, crête frisée.

Observations sur le Standard. La variété brune n'était pas admise tout d'abord dans les Standards du Poultry Club. Il s'est formé un Club spécial pour établir son Standard et favoriser le développement de cette variété. Ce Standard se trouve dans le *Bulletin* du Brown Sussex Club d'Angleterre. Mais l'édition de 1922 des Standards du Poultry Club comprend la variété *Brown*.

Qualités et exigences de la race. Dans son pays d'origine, la race de Sussex est très rustique et supporte bien les hivers froids. La Poule est une bonne pondeuse et la variété herminée (*Light Sussex*) est particulièrement apte à produire des œufs durant les mois d'hiver. Les œufs sont assez gros, à coquille teintée; la Poule demande à couver d'une façon normale; elle se montre bonne mère; les poulets sont rustiques, quoiqu'ils paraissent craindre un peu le froid dans leur jeune âge; ils sont fort précoces et aptes très jeunes à l'engraissement. On cite aussi des Poulettes ayant commencé à pondre dès l'âge de quatre mois.

La Race de Sussex comme race d'utilité. Ce que nous venons de dire fait voir que la race de Sussex peut être considérée avantageusement au point de vue de son produit. La variété herminée paraît être préférée par la majeure partie des éleveurs; ses poussins sont, paraît-il, plus rustiques que ceux des autres variétés et la ponte de cette variété serait meilleure, quoique ses œufs soient un peu moins gros. Elle offre l'avantage d'être une excellente pondeuse d'hiver.

La grande précocité de la race fait qu'elle profite fort bien de la nourriture qu'on lui donne, et des éleveurs Anglais de notre connaissance en sont très satisfaits. Dans les environs de Londres, dans le Sussex et le Surrey, cette race joue le rôle de notre Faverolles française et fournit à Londres la majeure partie des poulets gras qui y sont consommés. Les jeunes poulets sont élevés par des petits propriétaires, des *cottagers*, puis vendus ou livrés à des spécialistes qui pratiquent l'engraissement dans de vastes hangars; les Oiseaux sont maintenus dans des épinettes grossièrement faites et emboqués soit à la main soit avec des gaveuses mécaniques dont l'usage commence à se répandre. La farine d'avoine du Sussex est particulièrement renommée pour l'engraissement, mais les engraisseurs veulent qu'elle soit obtenue avec des meules et non des cylindres. Pour produire de la bonne farine pour engraissement, les meules doivent tourner à plus de 150 tours à la minute; les meuniers sont obligés de payer une surprime pour l'assurance.

L'engraissement dure en général de 14 à 21 jours.

La Race de Sussex comme Poule sportive. Il aurait été étonnant que la *Fancy* anglaise ne se fût pas déjà emparée de la race de Sussex, qui depuis ces dernières années, constitue une classe importante dans les Expositions anglaises. Les points essentiels, dans ces Oiseaux d'exposition, sont la forme (dos plat) et le plumage.

En élevant la variété « Light », il est difficile d'éviter chez les Coqs une teinte paille ou jaunâtre, qui se manifeste beaucoup moins souvent chez les Poules. Le défaut le plus fréquent chez ces dernières est le manque de camail; et, si le camail est abondant, la couleur du duvet est alors foncée, ce qui nuit à la blancheur du plumage. Il faut donc choisir avec grand soin les reproducteurs. Les parties blanches doivent être d'un blanc très pur sur lequel contraste agréablement le plumage dit « herminé », avec ses marques classiques.

Dans la variété rouge, il faudra surtout rechercher une coloration d'un brun marron tirant franchement sur le rouge.

La variété cailloutée (*Speckled*) est peut-être la plus ancienne, mais c'est aussi la plus difficile à obtenir, conforme au Standard, avec une répartition égale des trois couleurs : brun rouge, blanc et noir.

Certains éleveurs, pour améliorer le plumage de leurs Oiseaux de cette variété, ont parfois recours à des Coqs *Jubilee Orpington*. Le type des deux races n'étant pas le même, il en résulte que des métis ainsi obtenus sont parfois indûment primés par des juges qui se préoccupent plus du plumage que de la forme, et l'inconvénient qui en découle est d'atténuer la différence qui doit exister entre la Sussex cailloutée et l'Orpington Jubilé.

De même, des croisements sont faits souvent entre des Light Sussex et des Bourbonnais, pour redonner du ton au plumage herminé. Chez les produits, on constate une tendance à voir les pattes roses des Bourbonnais remplacées par des pattes blanches de Sussex. Nous en avons vu primer aux Expositions, dans les classes de Bourbonnais, qui étaient plus Sussex que Bourbonnais.

Quand on élève les deux races, il est facile, en triant les jeunes, de les distinguer, soit à la conformation générale, soit à la couleur des tarses.

La Sussex en France. Presque inconnue, il y a peu d'années, dans notre pays, cette race, surtout l'herminée, tend à s'y ré-

pandre de plus en plus. Nous possédons cette dernière variété et en sommes extrêmement satisfait; elle donne de très beaux Oiseaux et des œufs d'une bonne grosseur. Les jeunes sont aussi rustiques que nos Bourbonnais et les dépassent assez vite en volume.

Clubs. En *Angleterre : Sussex Club* pour les trois premières variétés.
— *Brown Sussex Club* pour la quatrième.

En *France :* Sussex Club français, pour les quatre variétés. Le Club est affilié à la Fédération nationale, et distribue, comme les autres Clubs fédérés, des bagues d'origine en aluminium.

M. l'abbé Dubourdieu, qui importa en France les Sussex, dès 1911, et qui est l'un des membres les plus actifs et les plus autorisés du Sussex Club français, a bien voulu nous adresser, à l'intention de nos lecteurs, les réflexions suivantes qu'on nous saura gré de reproduire, et qui font voir que nos éleveurs français ont déjà bien « travaillé » cette race.

« Je crois utile, pour guider le choix des amateurs, de plus en plus nombreux, de la race Sussex, relativement à la variété à adopter, de faire ici quelques observations.

« D'une façon générale, les qualités sont les mêmes dans chaque variété. Toutefois, ces qualités peuvent se modifier par des influences spéciales. Il est certain, par exemple, que la variété *Speckled*, incontestablement la plus séduisante par son plumage, devra, pour maintenir l'équilibre de sa coloration, faire appel, beaucoup plus souvent, à la consanguinité chez les reproducteurs. Il s'ensuivra, forcément, des rebuts plus nombreux dans la sélection, pour manque de taille, décoloration, effets de lymphatisme, abaissement de la ponte. La beauté des sujets sélectionnés compensera agréablement pour l'amateur les déchets de l'élevage.

« Et puis, quels rôtis délicieux feront les réformés !

« La *Light* a toujours été une des variétés les plus populaires du Sussex. Est-ce dû à son coloris simple, commun à d'autres races, n'ayant cependant aucun rapport avec lui? Est-ce par sa facilité à se reproduire sans exiger une aussi sévère sélection que la *Speckled?* Je ne parle évidemment pas du choix des sujets de concours, qui exige un minutieux examen du plumage, comme d'ailleurs, chez toutes les races. Est-ce plutôt une tendance à la ponte précoce, très caractérisée chez cette variété, qui l'ont fait rechercher par beaucoup d'amateurs?

« Toutes ces remarques, en fait, très exactes, ont concouru à lui assurer cette popularité. Je dois dire même que, par un élevage intelligemment conduit, plusieurs éleveurs anglais sont arrivés à créer des *strains* remarquables de ponte luttant avantageusement avec la Wyandotte blanche et la Leghorn.

« Je cite pour mémoire les *strains* de J. Spencer, C. Goode, P. Adams et H.-D. Bradby.

n'attire pas le regard à l'excès; mais si l'éleveur la maintient dans le véritable coloris du standard, sans foncer le dos, comme on l'a malheureusement trop pratiqué, et en nuançant le jaune froment clair avec les tons « *mastic* » placés au bon endroit, eh bien! vous avouerez que la *Brown Sussex* est très caractéristique.

« J'ajoute, en outre, que si vous ne cherchez pas une volaille à plumage spécial, attirant l'attention, ce qui a parfois des inconvénients, mais plutôt une volaille bonne à tout faire, à ponte plus que moyenne, très bonne même, d'une rusticité particulière, à chair exquise, etc., n'hésitez pas.

« N'est-ce pas, d'ailleurs, à cet ensemble de

(*Clichés Dubourdieu.*)

POULE ET COQ SUSSEX. VARIÉTÉ CAILLOUTÉE (*Speckled Sussex*).

« La *Red Sussex* est, elle aussi, une variété excessivement rustique, se reproduisant très bien et ayant, comme la *Light*, l'avantage d'avoir très peu de déchets dans la sélection. Quand un éleveur de cette variété est arrivé, ce qui est facile, à éliminer les tendances aux taches de poivre (*peppered*), la *Red* se reproduit d'une façon très homogène. Si sa ponte est un peu moins précoce que celle de la *Light*, elle dure peut-être davantage en été. En somme, sa rusticité et ses autres qualités ne le cèdent en rien à celles des autres variétés. Sa coloration d'un rouge acajou intense, n'admettant pas de dégradation vers le jaune, comme chez la Rhode-Island, en font, à mon avis, une volaille séduisante et capable de plaire à beaucoup. J'ajoute qu'elle est parfois utile à l'éleveur de la *Speckled*, pour redonner de l'intensité au fond du plumage de celle-ci.

« La *Brown Sussex* n'a pas, il faut en convenir, un plumage qui « *tire l'œil* », malgré qu'un beau Coq *Brown*, en belle couleur, supporte avantageusement la comparaison avec une quantité d'autres plumages. La Poule, plus modeste,

mêmes qualités, dans toutes ses variétés, que la Sussex a dû et doit encore plus que jamais, la faveur dont elle est entourée? »

ÉLEVEURS SPÉCIALISTES
chez qui on peut se procurer
œufs, jeunes sujets et reproducteurs

Dr Paul MONNIER, *La Châtre-sur-le-Loir* (Sarthe).

BRIDOUX, 2, rue du Pont-à-l'Herbe, à *Douai* (Nord), *Light Sussex herminées*.

Comte DE L'ESCALE, Élevage de Kerdoué, à *Malestroit* (Morbihan), *Speckled Sussex*.

Monographie de la race Wyandotte (1).

Douze Sous-Variétés.

Origine. Une variété à plumage maillé, la Wyandotte, dont la variété argentée fut la première manifestation, eut un grand succès en Europe. Elle est d'origine assez récente; c'est en 1880 que l'on signale, pour la première fois, les Wyandottes, et cette dénomination s'applique à une variété que l'on désignait sous le nom de Sebright Cochin ou de Cochin Américain, et qui d'ailleurs eut assez peu de succès, jusqu'à ce qu'un éleveur habile sût la présenter et la lancer sous le nom qu'elle porte aujourd'hui. Les Wyandottes furent importées peu après en Angleterre; car, en 1884, on rencontre déjà dans les expositions des Oiseaux de cette race élevés dans le Straffordshire.

Vers 1888, on en signalait plusieurs en France.

On ignore l'origine exacte de la Wyandotte, et les Américains prétendent qu'une poule indigène, la Chitakong, en a été la base; mais d'autres personnes pensent que les Bantam Sebright, les Brahma Herminés, ont joué un rôle important dans les croisements complexes d'où est sortie cette volaille. Nous ne trancherons pas ici cette controverse, faute de documents suffisants.

Pendant longtemps, les caractères de la Wyandotte n'étaient point fixés; le dessin formé par le liseré noir bordant chaque plume était des plus irréguliers, et la pointe arrière de la crête continuait à se relever, ainsi que chez la Hambourg, au lieu de suivre, comme actuellement, la ligne du cou (voir 5 et 7, fig. II, page 3); peu à peu, la sélection opérant, la race se fixa et se reproduisit régulièrement. En premier lieu, il n'existait qu'une seule variété, l'argentée, c'est-à-dire celle ayant le fond du plumage blanc, avec chaque plume bordée d'un liseré noir; elle fut suivie par la dorée, dont le plumage offrait une belle couleur jaune doré, les plumes également bordées de noir. Devant le succès de l'argentée, l'idée vint bientôt aux éleveurs de changer la couleur du fond et de transformer le blanc pur en un beau jaune doré; cette modification fut le résultat d'un croisement assez complexe, dans lequel, selon toute probabilité, les Leghorns à crête frisée, les Hambourg dorés, les Cochins perdrix et les Combattants Brown Red jouèrent un rôle important. C'est M. Joseph M. Keen qui, vers 1885, lança cette nouveauté. Elle devint rapidement fort populaire.

Puis vint la variété blanche; et ensuite les variétés se multiplièrent; mais ne suivons pas l'ordre chronologique, fort difficile à établir, de cette avalanche de créations, que nous diviserons pour les Wyandottes en trois classes : 1° les variétés au plumage maillé; 2° les variétés au plumage unicolore; 3° les variétés diverses.

I. Variétés à plumage maillé. La variété fauve maillée de noir était d'une création assez facile, la variété fauve unicolore

(1) Monographie rédigée par M. Blanchon.

ayant été obtenue précédemment. Les uns prétendent que cette variété est le résultat du croisement d'un sujet fauve avec un sujet doré; d'autres, au contraire, que c'est un simple retour en arrière de la fauve, peu fixée à cette époque; enfin, d'autres encore — et nous sommes de leur avis, — ne considèrent la fauve maillée noire que comme le résultat d'une sélection de sujets dorés, dont la couleur de fond offrait une teinte plus claire que ne le voulait le Standard de la dorée, de sujets ayant la tendance à avoir le plumage lavé, ce qui arrive assez fréquemment. En effet, la fauve maillée de noir ne se distingue de la dorée que tout simplement par la couleur du fond, qui, au lieu d'être d'un beau jaune doré, est fauve, ou plus exactement jaune citron. Cette variété paraît avoir eu peu de succès et est actuellement fort rare.

Les dorées maillées bleues et les fauves maillées blanches sont des Oiseaux de races peu répandues, qui ne plaisent qu'aux amateurs de la *fancy* à outrance. C'est M. Keller qui, vers 1886, obtint les premières dorées maillées, bleues ou violettes, comme il les désigna tout d'abord, résultat de croisements consécutifs de *dorées* et *d'argentées*. La Wyandotte violette a la couleur de fond jaune chaud doré; comme la dorée, mais la bordure des plumes, au lieu d'être d'un noir profond, est d'un gris bleu ardoisé analogue à la couleur du liseré des plumes des Andalouses.

M. Keller, en cherchant à obtenir des violettes parfaites, et pour cela croisant et recroisant sans cesse, remarqua quelques sujets dont la bordure des plumes était blanche. D'où, après sélection, un nouveau type, la fauve maillée blanche. Dans cette variété, et cela s'explique par les lois de Mendel et la diminution du pigment, le fond du plumage est jaune, chamois plutôt, chaque plume régulière-

ment bordée de blanc; la queue de l'Oiseau est parfois blanche.

On parle aussi d'une *variété noire maillée blanc*. Son obtention n'a rien d'impossible, mais pour le moment, on n'en a pas vu paraître de spécimens dans les expositions, et nous ne pouvons donner à ce sujet aucun renseignement utile.

Bien entendu que, pour le dessin du plumage, pour la forme générale, la crête, les tarses, toutes ces variétés doivent offrir les mêmes caractéristiques.

II. Variétés à plumage unicolore. La Wyandotte blanche est une variété sportive de la variété argentée, dans laquelle la bordure noire des plumes a complètement disparu. Provenant donc directement de l'argentée, la mieux formée, la meilleure de toute la famille, la variété blanche avait, dès son apparition, tous les atouts pour conquérir une honorable et justifiée place dans le monde des poulaillers, puisque, comme le disait M. I. Cromblehome, le fait de n'avoir plus de maillage sur son plumage invitait l'éleveur à rechercher surtout les formes correctes, la taille, le poids et les qualités nécessaires et productives.

La Wyandotte blanche a, du reste, fait son chemin, et si les « fanciers » invétérés la délaissent parfois, ne trouvant pas dans l'obtention de son plumage les difficultés qu'ils se plaisent à vaincre dans d'autres races, les fermiers américains l'ont adoptée comme l'*utility fowl* par excellence.

Il y a environ vingt ans que le Rév. Briggs lança la Wyandotte blanche, qui provenait de sujets albinos (1) nés dans une couvée d'argentés. Ces volailles eu-

(1) Le terme d'*aberration* blanche est plus exact que celui d'*albinos*.

D. de M.

rent de suite un grand succès, et, si les producteurs s'étaient contentés d'élever des sujets issus de ces premiers spécimens, on aurait eu rapidement une lignée de superbes animaux. Mais, en Amérique, on est pressé, plus qu'ailleurs peut-être; on demandait des Wyandottes blanches, il fallait en fabriquer à la hâte. Aussi, en croisant des argentées avec des Hambourg ou des Leghorn blancs, on obtint des couvées donnant un assez fort pourcentage de sujets blancs, et présentant la forme générale des Wyandottes; forme plus ou moins parfaite et taille laissant à désirer; mais, en somme, c'étaient des Wyandottes blanches, qui contentèrent pour le moment les éleveurs désireux de se procurer les premiers une nouveauté sensationnelle.

Dans la suite, les éleveurs se plaignirent du manque de taille, et des croisements avec le Brahma herminé ou des Cochins blancs augmentèrent le volume.

De tout cela, il résulta une race assez hétéroclite, pondant tantôt beaucoup, tantôt peu, donnant soit de gros œufs, soit de petits œufs.

Une réaction se fit enfin, et tout le monde s'appliqua à refaire de la Wyandotte blanche ce qu'elle était à ses débuts, une argentée, moins ses marques, offrant le plus de volume possible.

On y est arrivé déjà depuis plusieurs années, mais ces erreurs du début, fort criticables certainement, ont peut-être eu une heureuse influence sur la valeur productive de la race. La Wyandotte argentée, depuis longtemps déjà entre les mains des « fanciers » à la recherche surtout de la régularité du plumage, avait perdu quelque peu de ses qualités primitives; les croisements Hambourg, Leghorn et autres, faits pour obtenir rapidement la blancheur du plumage, ont introduit, chez la blanche, un sang nouveau qui l'a régénérée et ont augmenté

sa puissance de ponte; maintenant que tous les défauts inhérents à ces croisements ont été éliminés par sélection, la Wyandotte blanche n'a conservé que les avantages des dits croisements.

L'origine de la Wyandotte fauve est plus complexe, quoique peu ancienne. Tout porte à croire que les premiers sujets obtenus l'ont été en 1885 par M. Nicholoz, à la suite de croisements entre des Cochins fauves et des Wyandottes dorées; mais il tarda longtemps à exposer des sujets représentant bien le type recherché. A peu près à la même époque, M. Brackenbury essaya divers accouplements successifs, et ses efforts l'amenèrent à exposer très rapidement des sujets ayant une bonne couleur fauve, tout en conservant la forme typique de la race Wyandotte. M. Brackenbury commença par accoupler des Wyandottes argentées et des Wyandottes dorées, et il obtint une sous-variété qu'il baptisa de fauve crème, offrant le plumage général d'un jaune lavé avec la queue et les ailes blanches. Il croisa ces fauves crème avec des Cochins fauves, tandis que, d'un autre côté, il alliait des Wyandottes dorées avec des Cochins fauves. Ce sont les produits de ces deux croisements qui, unis ensemble, donnèrent des Wyandottes fauves.

Mais ce n'est pas tout; quelques années plus tard, un éleveur du Massachusets, M. Buffington, introduisit dans cette contrée des Wyandottes argentées, qu'il vendit aux fermiers des environs, pour renouveler le sang de leurs basses-cours; celles-ci étaient peuplées de volailles de la race Rhode-Island reds (rouges de Rhode-Island) ; il fut surpris de trouver parmi les sujets que produisit l'introduction des Wyandottes argentées dans les basses-cours du pays, nombre de sujets offrant les caractères des Wyandottes, avec leur crête typique, mais ayant un beau plumage fauve; il en acheta plusieurs couples et croisa leurs descendants entre eux, en faisant intervenir une sélection habile, de manière à rapprocher plus encore les formes du corps de celles de la Wyandotte argentée.

Les Wyandottes fauves, que possèdent actuellement les aviculteurs, proviennent sans aucun doute des descendants de ces trois premières familles, plus ou moins mélangées entre elles.

La variété noire possède un plumage entièrement noir; elle ne serait, paraît-il, qu'un sport de la variété argentée, fixé par une assez longue sélection.

La variété bleue (1), a été obtenue par le conflit du blanc et du noir, à la suite du croisement des variétés noire et blanche.

La variété rouge, toute nouvelle, doit évidemment sa coloration au sang du Rhode-Island.

III. Variétés diverses. La variété perdrix a acquis son plumage, et surtout le délicat crayonnage des plumes de la poule, d'un croisement avec la Brahma, tandis que la variété dorée donnait la forme et la couleur de fond. Cette variété est connue depuis 1890.

La variété argentée crayonnée, connue depuis 1900/1901, offre les mêmes caractères que la perdrix, mais la couleur de fond, au lieu d'être jaune dorée ou brune, est blanche. Cette variété a été obtenue d'une façon identique à la variété perdrix; mais, dans le croisement avec la Brahma, la variété argentée a remplacé la variété dorée, pour donner la couleur de fond au plumage.

La variété Columbian ou Colombienne

a été admise dans les Standards américains vers 1905; elle diffère un peu du type général des Wyandottes; c'est plutôt une Brahma herminée, à tarses nus et jaunes. On ne sait d'où vient son nom, une fantaisie sans doute de son premier obtenteur, et il est assez plausible de supposer qu'elle a été obtenue à la suite d'un croisement de la Brahma herminée et de la Wyandotte blanche. Ce qui le prouverait, c'est que la Wyandotte blanche n'était qu'un sport de l'argentée, et, certains caractères réussis tendant à revenir, on vit souvent un certain maillage noir apparaître chez les jeunes Columbians, quoique issus de sujets purs.

La variété coucou serait beaucoup plus ancienne, provenant sans doute du croisement des variétés blanche et noire, mais cette création, ressemblant, avec son plumage barré, au Plymouth Rock, n'a jamais eu grand succès.

La variété pailletée, d'origine plus récente, provient aussi du croisement des variétés blanche et noire; elle est encore peu connue, et ne paraît pas jouir d'une grande estime.

La liste est close, pour le moment — et c'est suffisant — mais, dans la prochaine édition de cet ouvrage, très certainement la liste sera encore allongée; on nous parle déjà d'une variété rouge maillée de blanc. Il est vrai que, peut-être, plusieurs des variétés que nous signalons aujourd'hui auront disparu, après avoir brillé d'un bien faible éclat, étoiles filantes dans le ciel de l'aviculture sportive.

Standards. Nous donnons les standards adoptés par les Poultry Clubs américains et anglais; en prenant, pour les variétés nouvelles encore, les standards établis par les clubs spéciaux qui, pour les

(1) Ce « bleu » est, en réalité, une sorte de mosaïque de blanc et de noir. Bien qu'on l'appelle bleu, en élevage, il est donc, en fait, dans la gamme des gris.

D. de M.

Wyandottes, se créent avec autant de facilité que les variétés nouvelles elles-mêmes.

Caractères généraux de la race Wyandotte. COQ. — Tête : *Crâne :* court et large. — *Bec :* court et bien recourbé. — *Œil :* de grosseur moyenne. — *Crête :* frisée, fermement placée d'aplomb sur le crâne, basse, carrée en avant, s'amincissant vers l'arrière et se terminant en une pointe bien définie, qui doit suivre la courbe du cou, sans avoir aucune tendance à se relever; la surface supérieure de forme ovale et bien garnie de petites pointes en mamelons arrondis; les bords extérieurs doivent avoir une forme convexe, et sa surface doit avoir une forme courbe, de manière à suivre la forme du crâne. — *Face :* unie et de fine texture. — *Oreillons :* oblongs, bien développés et fins. — *Barbillons :* de longueur moyenne, d'une fine texture et bien arrondis. — *Cou :* de longueur moyenne et garni d'un camail abondant. — *Corps :* court, profond et rond. — *Poitrine :* large et courte. — *Dos :* large et court. — *Reins :* pleins et larges, s'élevant suivant une ligne concave vers la queue. — *Ailes :* de grosseur moyenne et bien régulières. — *Côtés :* bien arrondis. — *Duvet :* abondant. — *Queue :* bien développée, étendue à sa base, les rectrices portées plus haut, les faucilles de longueur moyenne. — *Jambes et pieds :* de moyenne longueur, les cuisses bien recouvertes de plumes molles (sans rachis), les tarses forts, bien arrondis et sans plumes ni duvet. — *Doigts :* au nombre de quatre, droit et bien étendus. — *Port :* gracieux, bien équilibré, ressemblant à celui des Brahma. — *Poids :* 8 livres et demie, et 7 livres et demie pour la variété fauve maillée de blanc.

POULE. — Les caractères généraux de la poule, en tenant compte des différences sexuelles, sont les mêmes que ceux du coq. — *Poids :* 7 livres; variété fauve maillée de blanc : 6 livres.

VARIÉTÉ DORÉE (GOLD LACED WYANDOTTE).

DANS LES DEUX SEXES. — *Bec :* couleur corne, passant au jaune à la pointe. — *Œil :* bai. — *Face, oreillons, barbillons :* rouge vif. — *Tarses :* jaunes.

PLUMAGE DU COQ. — D'un riche bai doré avec des marques noires. — *Camail :* bai doré flammé de noir au centre de chaque plume, sans tiqueture, bordure noire ou pointe noire. — *Dos :* bai pur sans noir ni brun. — *Poitrine et dessus :* d'un riche bai doré avec un maillage d'un noir de jai, bien marqué, non doublé, régulier depuis la gorge jusqu'aux cuisses, le noir ayant des reflets métalliques verts. — *Cuisses et duvet :* noir ou ardoise foncé, légèrement poudré d'un peu de maillage clair au dehors

des cuisses. — *Épaules :* bai doré maillées de noir. — *Ailes :* petites couvertures bai doré. — *Grandes et moyennes couvertures :* bai doré, bien maillé de noir, formant (au moins) deux barres bien définies en travers de l'aile. — *Rémiges secondaires :* à barbes internes noires et à barbes externes bai doré ludics et du noir. — *Rémiges primaires :* à barbes internes noires et à barbes externes bai doré maillées de noir. — *Queue :* noire avec de brillants reflets verdâtres (NOTA. — Le brillant et l'uniformité de la couleur est plus recherché que toute teinte particulière).

PLUMAGE DE LA POULE. — *Camail, cuisses et duvet :* comme chez le coq. — *Poitrine, dos, ailes :* comme la poitrine du coq, rémiges secondaires et primaires comme chez le coq. — *Queue :* noire avec des reflets métalliques verts, couvertures des ailes noires avec centre bai doré riche (le brillant et la régularité du plumage sont plus recherchés qu'une nuance particulière).

VARIÉTÉ ARGENTÉE
(SILVER LACED WYANDOTTE).

DANS LES DEUX SEXES. — *Crête, œil, face, oreillons, barbillons, tarses et pieds :* comme dans la variété dorée.

PLUMAGE. — Comme dans la variété dorée, sauf la couleur de fond qui est blanc d'argent (sans teinte jaune ou paille) au lieu de bai doré (chez la poule la régularité du maillage et sa couleur sont plus importants que la largeur de ces marques).

VARIÉTÉ BLANCHE (WHITE WYANDOTTE).

DANS LES DEUX SEXES. — *Bec :* jaune brillant. — *Œil, crête, face, oreillons, barbillons, tarses et pieds :* comme dans la variété dorée.

PLUMAGE : blanc pur sans teinte jaune ou paille.

VARIÉTÉ FAUVE (BUFF WYANDOTTE).

DANS LES DEUX SEXES. — *Bec, œil, crête, face, oreillons, barbillons, tarses et pieds :* comme dans la variété blanche.

PLUMAGE : de n'importe quelle nuance de fauve, depuis le citron jusqu'au fauve foncé, en évitant d'une part toute teinte lavée et toute teinte rouge de l'autre, la couleur étant parfaitement uniforme sur tout le corps, quoiqu'on tolère une teinte un peu foncée sur le camail, les couvertures des ailes et les lancettes chez le coq seulement.

VARIÉTÉ NOIRE (BLACK WYANDOTTE).

DANS LES DEUX SEXES. — *Bec, ailes, crête, face, oreillons, barbillons, tarses et pieds :* comme dans la variété blanche. — *Plumage :* noir, avec reflets verdâtre, avec duvet aussi foncé (noir que possible).

Variété Perdrix (Partridge Wyandotte).

Dans les deux sexes. — *Bec, crête, face, oreillons, barbillons, tarses et pieds :* comme dans la variété dorée.

Plumage du Coq. — *Camail :* orange ou rouge doré, d'une teinte plus pâle par derrière chaque plume flammée de noir brillant. — *Dos et épaules :* rouge brillant riche, sans teinte marron ou pourpre. — *Ailes :* barres noires riches, rémiges secondaires à barbes externes d'un bai riche à barbes internes noires et la pointe noire; la partie bai seule visible quand l'aile est fermée. — *Poitrine :* noire sans tiqueture d'autre couleur. — *Duvet :* noir solide. — *Queue :* faucilles et couvertures comprises d'un noir métallique brillant

Plumage de la Poule. — *Camail :* jaune doré, très légèrement crayonné. — *Poitrine, dos et ailes :* d'une couleur de fond brun clair, sans aucune teinte jaune ou rougeâtre, chaque plume distinctement et abondamment crayonnée d'une teinte plus foncée que la couleur de fond; ce crayonnage doit être uniforme partout, et comme forme doit suivre celle du contour de la plume. Un fond couleur brique ou jaunâtre est un grand défaut. — *Duvet :* brun (sans teinte jaune ou rougeâtre), légèrement crayonné, plus ce crayonnage est marqué, mieux cela vaut. — *Queue :* rectrices noires mais passant au brun à leur extrémité; cette partie brune doit être bien crayonnée.

Variété argentée crayonnée.

Dans les deux sexes : *Bec, œil, crête, face, oreillons, barbillons, tarses et pieds :* comme dans la variété dorée.

Plumage du Coq. — *Tête :* blanc d'argent. — *Camail :* blanc d'argent, chacune des plumes flammée de noir brillant. — *Dos :* blanc d'argent, sans teinte brune ou paille, à l'exception des plumes d'entre les épaules qui doivent être flammées comme celles du camail. — *Lancettes :* comme les plumes du camail. — *Petites couvertures de l'aile :* blanc d'argent comme le dos. — *Grandes et moyennes couvertures :* formant sur l'aile une barre distincte d'un noir vert brillant. — *Rémiges secondaires :* partie des barbes externes blanches, le reste et barbes internes, de manière à former une surface triangulaire blanche, avec la pointe de l'aile noire. — *Rémiges primaires :* à barbes externes blanches, et à barbes internes noires. — *Poitrine :* noire sans maillage ni tiqueture. — *Duvet :* noir profond. — *Queue :* y compris les faucilles, d'un noir vert à reflets métalliques.

Plumage de la Poule. — *Tête :* blanc d'argent rayé de noir. — *Camail :* blanc d'argent

flammé de noir. — *Poitrine, dos, ailes :* couleur de fond gris d'acier, chaque plume distinctement et régulièrement crayonnée d'une nuance plus foncée; ce crayonnage doit être parfaitement uniforme partout, et comme forme doit suivre celle du contour de la plume, les traits devant être aussi nombreux que possible et pas trop épais. — *Duvet :* comme le plumage de fond, aussi crayonné que possible. — *Queue :* rectrices noires, mais passant au gris à leur extrémité, cette partie grise doit être crayonnée.

Variété Columbian. (Columbian Wyandotte).

Dans les deux sexes. — *Bec :* jaune ou couleur corne. — *Œil, crête, face, oreillons, barbillons, tarses et pieds :* comme dans la variété dorée.

Plumage du Coq. — *Tête :* blanche. — *Camail :* blanc flammé de noir, mais sans bordure ou pointe noire. — *Lancettes :* blanches ou blanches flammées de noir, entièrement blanches préférées. — *Couvertures de la queue :* noir vert brillant maillé de noir et blanc. — *Rémiges primaires :* noires, ou noir bordé de blanc. — *Rémiges secondaires :* à barbes internes noires, et à barbes externes blanches. — *Reste du plumage :* blanc sans tiqueture, le duvet soit ardoisé, bleuâtre ou blanc.

Plumage de la Poule. — *Tête :* blanche. — *Camail :* noir intense, chaque plume entourée d'une marge blanche. — *Queue :* noire, excepté les deux plumes supérieures qui peuvent être ou ne pas être bordées de blanc. — *Rémiges primaires :* noires ou noir bordé de blanc. — *Rémiges secondaires :* à barbes internes noires et à barbes externes blanches. — *Reste du plumage :* blanc sans aucune tiqueture, duvet, soit ardoisé, bleuâtre ou blanc.

Variété bleue (Blue Wyandotte).

Dans les deux sexes : *Bec :* jaune. — *Crête, face, barbillons :* rouges. — *Oreillons :* rouges (plus d'un tiers de la surface de l'oreillon blanche est une cause de disqualification). — *Plumage :* toute nuance de bleu depuis la plus claire jusqu'à la plus foncée quoiqu'une nuance moyenne *soit préférée*, mais une grande uniformité de couleur est exigée. Cette particularité de beaucoup de blanc dans l'oreillon indiquerait qu'un croisement avec la race Andalouse a servi à obtenir la variété. — *Camail, couvertures des ailes, lancettes et queue* de même nuance que la poitrine; la nuance bleue doit être franche, non enfarinée. — *Forme :* la forme typique de la race Wyandotte est exigée; le type est plus important que la taille (*N. B.* — Au congrès de Lancaster, on a déclaré préférer les parties supérieures d'une teinte plus foncée que les parties inférieures, plutôt que d'une teinte plus claire que les parties inférieures).

Variété dorée maillée de bleu ou violette (Blue Laced Wyandotte).

Dans les deux sexes. — *Crête, œil, face, oreillons, barbillons, tarses et pieds :* comme dans la variété blanche.

Plumage du Coq. — *Couleur de fond :* bai riche. — *Camail :* bai chaque plume flammée de bleu, sans bordure ou pointe noire. — *Dos et épaules :* bai, sans noir ou teinte bleue. — *Ailes :* barre bien définie, maillée de bleu. — *Poitrine :* bai, maillée de bleu, sans double bordure et sans marques ou teinte noirâtre, maillage régulier depuis la gorge jusque par derrière les cuisses. — *Duvet :* bleu poudré d'or. — *Queue :* bleu solide sans blanc ni noir.

Plumage de la Poule. — *Camail et queue :* comme chez le coq. — *Reste du plumage :* comme la poitrine du coq, le maillage devant s'étendre au delà des cuisses dans le duvet anal.

Variété fauve maillée de blanc (Buff Laced Wyandotte).

Dans les deux sexes. — *Bec :* jaune ou corne avec pointe jaune. — *Crête, œil, face, barbillons, oreillons, tarses et pieds :* comme dans la variété noire.

Plumage du Coq. — Bai riche avec marques blanches. — *Camail :* bai flammé de blanc. — *Poitrine et cuisses :* bai régulièrement et nettement maillé de blanc. — *Ailes :* barres bien définies, bai maillées de blanc. — *Rémiges secondaires :* à barbes internes blanches, et à barbes externes bai bordées de blanc. — *Queue, duvet :* blanc pur.

Plumage de la Poule. — *Cou, queue, duvet :* comme chez le coq. — *Poitrine :* dos et ailes : bai, avec un maillage blanc régulier et net; le maillage des reins peut continuer jusque dans les couvertures des ailes.

Variété noire maillée de blanc (White Laced Black Wyandotte).

Coq et poule. — Exactement comme dans la variété *fauve maillée de blanc*, la couleur de fond bai étant remplacée par du noir. La queue du coq peut être néanmoins noire bordée de blanc.

Variété Pailletée (Spangled Wyandotte).

Dans les deux sexes. — *Bec, œil, crête, face, oreillons, barbillons, tarses et pieds :* comme dans la variété blanche.

Plumage du Coq. — *Camail :* noir avec de petites paillettes blanches. — *Dos et petites couvertures des ailes :* noir légèrement pailleté de blanc. — *Poitrine :* noire avec paillettes blanches, les deux couleurs en proportion égale, évitant un effet tiqueté d'une part et des taches

de l'autre. — *Rémiges primaires et secondaires :* noires et blanches, les dernières ayant plus de blanc que les premières. — *Queue, faucilles et couvertures :* noires ou pailletées blanches. — *Rectrices :* noires et blanches. — *Cuisses et duvet :* noir avec paillettes blanches.

Plumage de la Poule. — Comme chez le coq, de manière à produire le même effet. Dans les deux sexes, le noir doit avoir des reflets métalliques et le blanc doit être pur et brillant; les deux coloris doivent être bien tranchés, et ne point se fondre l'un dans l'autre. — *Duvet :* foncé.

Variété Coucou (Cuckoo Wyandotte).

Dans les deux sexes : *Bec, œil, crête, face, oreillons, barbillons, tarses et pieds :* comme dans la variété blanche. — *Plumage :* coucou fond gris bleuté, chaque plume barrée de bandes d'un gris plus foncé ou de bleu. Les marques devant être uniformes sur tout le corps, les deux couleurs doivent se fondre l'une dans l'autre, de manière à ce que la ligne de séparation ne soit pas perceptible.

Variété Rouge (Red Wyandotte).

Dans les deux sexes : *Bec, œil, crête, face, oreillons, barbillons, tarses et pieds :* comme dans la variété blanche. — *Plumage :* d'une riche couleur rouge foncé, non charbonné. — *Duvet :* noir.

ÉCHELLE DES POINTS

Variétés dorées et argentées.

Tête : crête, 8; oreillons et barbillons, 6; autres points, 5; au total	19
Poitrine	14
Dos	14
Taille et condition	14
Ailes	12
Cou	8
Queue	7
Duvet	6
Jambes	6
	100

Variété dorée maillée de bleu.

Poitrine	20
Tête : crête, 8; oreillons et barbillons, 8; autres points, 3; au total	19
Dos et ailes	13
Queue	13
Taille et condition	12
Duvet	10
Cou	8
Jambes	5
	100

Variété fauve maillée de blanc.

Poitrine et cuisses	20
Queue	15
Tête : oreillons et barbillons, 6; autres points, 8; au total	14
Cou et reins, camail et lancettes...	13
Dos et ailes	12
Taille et condition	11
Duvet et couleur de dessous	10
Jambes	5
	100

Variété blanche.

Défauts dans la crête	8
— la tête	6
— le corps	12
— les oreillons et barbillons	8
— le cou	10
— le dos	10
— les ailes	10
— la queue	8
— les jambes	8
Manque de taille et de condition...	20
	100

Variété noire.

Forme	20
Crête	10
Tête	5
Couleur du plumage	20
— du dessous	15
Jambes	10
Taille	12
Condition	8
	100

Variété fauve.

Couleur	30
Tête : crête, 8; oreillons et barbillons, 8; autres points, 5; au total	21
Taille et condition	14
Dos	6
Jambes	6
Poitrine	5
Ailes	5
Queue	5
Cou	4
Duvet	4
	100

Variété bleue.

Forme	25
Couleur	25
Crête et tête	15
Jambes	15
Taille	10
Condition	10
	100

Variété perdrix.

COQ

	déduire jusqu'à
Défauts dans la crête	8
— la tête	11
— le cou	12
— la poitrine	10
— le dos	12
— les ailes	11
— la queue	7
— le duvet	7
— les jambes	8
Manque de taille et de condition...	14
	100

POULE

Défauts dans la crête	6
— la tête	11
— le cou	8
— la poitrine	13
— le dos	13
— les ailes	13
— la queue	7
— le duvet	7
— les jambes	8
Manque de taille et de condition...	14
	100

Variété argentée et crayonnée.

COQ

Tête : crête, 8; oreillons et barbillons, 6; autres points, 4; au total	18
Taille et condition	13
Cou	11
Poitrine	11
Dos	11
Ailes	11
Duvet	10
Jambes	8
Queue	7
	100

POULE

Poitrine	16
Taille et condition	14
Dos et ailes	13
Camail	10
Coussin	10
Jambes	10
Type	10
Tête : oreillons et barbillons, 4; autres points, 4; total	8
Queue	5
Duvet	4
	100

VARIÉTÉ COLUMBIAN.

	déduire jusqu'à
Tête grossière ou de Brahma.......	3
Mauvaise crête	5
Défauts dans les oreillons et barbillons	4
Tarses pâles	5
Camail maigre	4
Autres défauts dans le camail	20
Rémiges primaires en désordre.....	4
Défauts dans la queue	5
Manque de taille et de condition....	15
Plumage du corps blanc, noir pur..	25
Manque de type et de forme	10
	100

DISQUALIFICATIONS. — Plumes ou duvets sur les tarses ou les pieds; plus d'un tiers de la surface de l'oreillon rouge ou jaune; crête autre que frisée ou penchée d'un côté, et assez large pour obstruer la vue; queue de travers; dos déformé; tarses d'autre couleur que jaune (sauf chez les sujets adultes où ils passent souvent à la teinte paille); plumes autres que blanches dans la variété blanche; blanc dans la queue; poudrage ou marques irrégulières sur la couleur de fond des plumes dans les variétés dorées et argentées; noir dans la queue ou excès de maillage dans les variétés fauves maillées; blanc dans la queue de la fauve maillée bleu.

Observations sur les Standards. Les clubs spéciaux sont en grand nombre, et chacun a établi un Standard pour la variété dont il s'occupe. Il existe certaines divergences dans ces Standards, surtout dans l'échelle des points. Nous avons donné ceux qui sont le plus généralement suivis, et, faute de place, nous avons dû laisser de côté les autres, mais en les étudiant de près, on voit que les différences qui existent ne portent que sur des points secondaires; d'ailleurs, ils sont tous d'accord pour accorder une grande importance à la forme et au type, qui doit bien être celui propre à la Wyandotte et qui caractérise cette race.

La race Wyandotte est une race **Qualités et exigences de la race.** d'une grande rusticité, se prêtant admirablement à tous les climats, et particulièrement à ceux plutôt froids : en effet, la crête simple de nombreuses races a l'inconvénient de geler lorsque la température est rigoureuse, et, une fois cet accident arrivé, les coqs se montrent inféconds (1); les crêtes frisées n'ont pas cet inconvénient de geler aussi facilement.

Les poules se montrent très bonnes pondeuses et elles ont acquis de leurs ascendants les Brahmas une aptitude marquée pour la ponte durant les mois d'hiver. On estime cette ponte à 160 œufs par an; les œufs, à coquille fortement colorée, pèsent 60 grammes environ, mais il convient de dire que ce chiffre moyen est très souvent dépassé, surtout dans la variété blanche, qui, en Amérique et en Angleterre, a été l'objet d'une sélection particulière au point de vue de la ponte. La poule est aussi une très bonne couveuse et une excellente mère, sachant mener à bien ses jeunes poussins; ceux-ci sont rustiques, peu enclins aux maladies, s'élevant bien, et sont de rapide croissance. Au point de vue de la chair, il faut considérer que le grand développement des muscles pectoraux fait de la Wyandotte une excellente volaille de table; la chair est très fine et juteuse; elle est des plus appréciées en Amérique, mais, en Europe, sa peau jaune et ses tarses jaunes lui font un tort considérable pour la vente. La Wyandotte s'engraisse facilement.

Cette race supporte parfaitement la séquestration et peut convenir aux petits éleveurs des villes qui sont obligés de

(1) A moins qu'on ne pratique l'écrétage, ce qui rend leurs propriétés fécondantes aux coqs; ce fait est assez bizarre. — Nous rapportons ici les propos d'éleveurs, sans autre garantie, ne les ayant pas contrôlés par des observations conformes.

maintenir constamment leurs volailles enfermées dans une volière au fond d'un jardinet ou d'une cour; mais si, à son grand bénéfice, elle peut jouir de sa liberté, elle sait aussi bien en profiter que nos poules des fermes pour glaner au loin par champs et prairies. Ajoutons que la Wyandotte est une race très sociable et assez familière, loin d'être aussi sauvage que la Leghorn.

La race de Wyandotte comme poule d'utilité. Au point de vue réellement productif, la si multiple race de Wyandotte doit, pour le moment du moins, se réduire aux variétés suivantes : argentée, dorée, blanche, noire, fauve, perdrix et Columbian; les autres n'étant actuellement que des races d'amateurs élevées seulement dans un but sportif, et soumises, par suite, à une consanguinité qui fait tort à leurs qualités productives.

Si nous considérons la Wyandotte au point de vue de la production de la chair, nous ne croyons pas qu'elle soit appelée à un grand succès en France; la cause première est dans sa peau jaune, et dans ses pattes jaunes, qui passent chez nous pour l'indice d'une chair très inférieure. Cette opinion vient-elle de ce que la majeure partie des volailles à pattes jaunes, que l'on offre sur les marchés, sont des Leghorn ou de mauvais Cochins. Quoi qu'il en soit, cette prévention existe, à tort peut-être, pour la Wyandotte, s'il faut en croire M. Bréchemin et M. Madelaine, de Rouen.

Mais, comme pondeuse, la Wyandotte a certainement droit à une première place dans la basse-cour destinée à la production de l'œuf. Occupons-nous tout d'abord de sa précocité. Lors de son introduction en France, vers 1887, M. Madelaine, un habile aviculteur de Rouen,

vantait ses mérites en ces termes (1) : il ne s'agissait alors que de la variété primitive, l'argentée :

« La race est excessivement précoce quand on la fait naître de bonne heure — février ou mars — ou en arrière-saison, vers la mi-septembre. Pendant les chaleurs, elle vient moins vite. J'affirme que trois Wyandottes nées le 20 septembre 1890 pondaient toutes les trois le 18 janvier suivant, c'est-à-dire avant l'âge de 4 mois. M. Richards, dans une lettre publiée par le *Mentor Agricole* (N° du 24 novembre 1889), cite deux cas de précocité plus grands encore, dont un concernant une poulette née en mai, ce qui a lieu de me surprendre. Les dernières Wyandottes que j'ai élevées (saison 1892) n'ont commencé leur ponte qu'entre cinq mois et cinq mois et demi. Il faut croire que les mêmes saisons chaque année ne sont pas également favorables au développement de la grappe ovarienne. La production annuelle d'une Wyandotte doit être évaluée à 180 œufs, du poids moyen de 60 grammes, dont plus de 60 en plein hiver, quand le prix des œufs est le plus élevé. C'est le chiffre que j'ai obtenu chez moi, en moyenne, alors que des Leghorn, tenues dans des conditions absolument identiques, c'est-à-dire en parquets, avec parcours de 10 mètres carrés par tête, n'ont pas dépassé celui de 112. Il faut conclure de cela qu'un grand parcours ne lui est pas indispensable comme à la Leghorn, mais il est peut-être douteux qu'il augmenterait sa fécondité. Le chiffre de 180 s'entend poules de couvées, une incubation la réduisant à 85 environ. » Ce que nous venons de dire s'applique à la variété argentée, mais parmi les créations qui ont suivi, n'y en a-t-il pas

(1) Victor MADELAINE : *Quatre Grandes Pondeuses.* Brochure de 20 pages. Blondel, Rouen, 1892.

de plus intéressante au point de vue de la ponte?

La dorée passe pour être aussi une excellente pondeuse. Le Révérend Sturgis, une autorité avicole de l'autre côté du détroit, considère cette race comme la meilleure pondeuse qu'il ait jamais possédée. — « Les meilleures pondeuses que j'ai eues sont de cette race, nous dit-il, j'ai eu une poulette qui m'a donné 39 œufs dans 40 jours. »

La fauve se montre particulièrement une bonne pondeuse d'hiver, et elle passe pour donner bien près de deux cents œufs par an.

La noire aurait, paraît-il, les mêmes qualités.

Mais au point de vue de la ponte, c'est la blanche qui paraît l'emporter. Un éleveur anglais fort connu, le Révérend I. Cromblehome, écrivait, il y a quelques années, à M. Lewis Wright : « Si je désirais élever des Wyandottes, dans le seul but du rendement en chair et en œufs, je choisirais sans hésiter la Wyandotte blanche. La blanche est la mieux en chair de toute la famille, l'éleveur n'ayant pas à rechercher un dessin régulier du plumage, mais simplement un blanc pur, n'est point obligé de s'en tenir à des unions consanguines et peut admettre, sans trop de danger, du sang nouveau dans ses parquets. Par suite, la race conserve sa vigueur et ses facultés productives. Pour les mêmes raisons, la ponte est aussi plus abondante. On peut peut-être discuter les raisons de cette suprématie, mais en tous cas, mes Wyandottes blanches sont les mieux conformées, les meilleures pondeuses d'œufs fertiles de toutes les Wyandottes que je possède. »

Si nous étudions les concours de ponte qui ont eu lieu ces dernières années, nous voyons que si, aux États-Unis, la Leghorn se classe première, en Angleterre, au contraire, les Wyandottes blanches l'emportent; nous relevons parmi les parquets classés premiers des moyennes de 234, 193, 180, 165 œufs par poule, et si nous considérons la ponte durant les mois d'octobre, novembre et décembre (concours de l'*Utility Poultry Club*), nous trouvons les moyennes par poule de 40, 32 1/2 et 31 œufs. La Wyandotte blanche mérite donc d'attirer l'attention des éleveurs français qui veulent se livrer à la production des œufs. Toutefois, il faut reconnaître que, par suite de leur origine un peu complexe, toutes n'offrent pas la même aptitude à la ponte; il s'agit de les sélectionner (1) avec soin, pour obtenir de pareils maxima.

La variété Columbian, encore assez rare, paraît avoir les mêmes qualités de pondeuse que la blanche; quant à la perdrix, elle se montrerait plutôt inférieure comme pondeuse aux autres variétés, du moins d'après ce que l'on peut conclure des résultats obtenus dans la plupart des concours de ponte.

La race de Wyandotte comme poule sportive. La race de Wyandotte a autant de succès — plus chez nous — comme poule sportive que comme poule productive. Un point important consiste à bien reproduire le type Wyandotte, qui se différencie des autres races. C'est un Oiseau formé de lignes courbes, disent avec raison les Américains; il est assez difficile d'expliquer par la plume les points caractéristiques de sa conformation; un coup d'œil sur les illustrations qui accompagnent notre texte lui feront mieux comprendre ce qu'est et ce que doit être le type Wyandotte; d'ailleurs, en reprenant plus loin

(1) Voir plus loin le paragraphe consacré à la sélection des pondeuses.

le standard de la variété argentée, nous ferons ressortir les caractères de forme les plus importants.

Variété argentée. Le Standard officiel n'étant qu'un résumé assez succinct, nous croyons devoir le reprendre d'une façon plus explicite, afin de bien montrer ce que l'on recherche dans une variété maillée. Cette description, couleurs exceptées, suivra, pour les variétés à plumage maillé, les détails sur la forme et le type de tous les membres de la famille des Wyandottes, quelle que soit leur robe.

Coq. — La crête, chez le coq, est l'une des premières caractéristiques de la race; la plupart des descriptions attribuent tout simplement à cet Oiseau une crête frisée ou fraisée, c'est exact, mais cette crête fraisée doit avoir une forme particulière s'écartant de celle des Hambourg et des Bantam Sebright; sa pointe, au lieu de se relever en arrière, doit plutôt se recourber vers le bas et suivre aussi le mouvement du cou tout en étant carrée et relevée sur le devant. Un type correct ne doit présenter ni une crête trop grosse, retombant sur les yeux, ni une crête creuse au centre; les granulations caractéristiques de la crête fraisée doivent être abondantes et bien indiquées, une crête unie serait un grave défaut.

La tête doit être courte et garnie de plumes blanc argent rayé de noir, face bien rouge, bec fort, bien recourbé, couleur de corne claire, en passant au jaune vers la pointe (il faut éviter que le bec soit rayé de noir); œil bai brillant, oreillons rouges, bien développés; le blanc est considéré comme un grave défaut et les oreillons entièrement blancs disqualifient l'Oiseau; barbillons rouges, de développement moyen, bien arrondis et non pendants et longs comme chez les Leghorn.

Le cou doit être de longueur moyenne, proportionné au restant du corps, tout en restant un peu court; il doit être gracieusement arrondi et garni d'un camail abondant. Ce camail doit être composé de fines plumes blanc argent, portant au centre une flamme noire. Cette flamme noire doit être terminée en pointe aiguë et fine; elle ne doit point être trop large, afin de ne pas couvrir entièrement à la base la surface de la plume, une bande blanche assez large doit être visible sur tout le pourtour.

Les deux seules couleurs admises sont le blanc d'argent et le noir intense; il faut absolument éviter une teinte jaunâtre dans le blanc ou le brunâtre dans le noir, qui enlèveraient une grande partie du cachet de l'Oiseau. Ce sont là des défauts importants, qui ont une grande tendance à se montrer, même chez des reproducteurs d'Oiseaux parfaitement sélectionnés.

La poitrine doit être large et profonde, garnie de plumes blanches, bordées de noir, de manière à former un plumage régulièrement maillé depuis la gorge jusque sous les cuisses.

On attache, avec raison, une grande importance à la bordure noire des plumes de cette partie du corps des Wyandottes.

En premier lieu, cette bordure bien nette doit garnir entièrement le bord des barbes et ne pas former un fer à cheval; elle ne devra point, comme cela arrive fréquemment, être accompagnée d'un petit liseré blanc extérieur; la partie blanche sera nette, ni tiquetée, ni rayée; quoique beaucoup de beaux sujets aient présenté des bordures en forme d'amande, on doit plutôt demander à celle-ci la forme d'un cœur, dont la pointe serait tournée vers la naissance des plumes, on évitera ainsi de donner à la poitrine un aspect trop noir qui arrive avec la bordure en amande.

Le blanc des plumes sera pur à reflets argentés, sans teinte jaune ou paille, le noir devra être profond et offrir des reflets verts; la base duveteuse des plumes sera ardoisée.

Le dos est court, large aux épaules, il doit être massif d'aspect; c'est d'une grande importance, car un dos correct donne l'aspect typique de la race, déployant le cou et la queue à leur avantage. Les plumes seront d'un blanc d'argent. Le coussin formé par les lancettes, qui s'étendent du milieu du dos jusqu'à la base de la queue, doit être large et relevé en courbe gracieuse vers la queue; les lancettes doivent être abondantes et analogues aux plumes du camail, elles retombent sur les extrémités des ailes, courbées sans excès; cette partie du corps doit tenir un juste milieu entre la queue du Brahma et la queue fortement développée du Hambourg. Les plumes doivent être larges et d'un noir intense à reflets verts, sans aucun blanc.

Les ailes seront de grandeur moyenne, bien repliées et portées plus haut, les couvertures supérieures sont blanc d'argent, les inférieures bordées de noir, formant deux larges barres bien définies; les rémiges secondaires ont les barbes internes noires et les externes maillées de noir; les rémiges primaires ont les barbes internes noires et les externes sont largement maillées de noir.

Les cuisses, de longueur moyenne, sont recouvertes d'un plumage abondant et doux, noir ou ardoisé, saupoudré de gris; les tarses sont de longueur moyenne, forts mais à ossature plutôt légère; ils sont ainsi que les pieds d'une couleur jaune bien franche.

Le duvet doit être abondant et de couleur gris ardoise. Le port est celui d'un coq Brahma, mais l'Oiseau ne doit pas paraître aussi allongé. Le poids moyen des adultes doit être de 4 kil. s

à 4 kil. 500, celui des jeunes de 3 kil. 500.

POULE. — La poule offre les caractères généraux du coq : crête semblable mais plus petite. Tête, face, oreillons, barbillons, de même, mais de grosseur moindre; cou plus court que chez le coq, camail abondant de plumes blanches parsemées de noir; poitrine large et profonde, recouverte, comme chez le coq, de plumes blanches bordées de noir; dos large et court, offrant le plumage régulièrement maillé de la poitrine. On attache une grande importance à la régularité du maillage des plumes des reins, celles-ci ne devant offrir aucune bizarrerie irrégulière; queue bien étendue à sa base, plumes noires, à reflets verts, couvertures noires avec une tache au centre; les couvertures des ailes doivent offrir le même dessin que la poitrine et présenter les mêmes barres que chez le coq.

Cuisses, tarses, pattes, duvet, comme chez le mâle; aspect général massif et carré. Poids moyen des adultes : 3 kil. à 3 kil. 500, des jeunes : 2 kil.

Le standard détaillé aura fait comprendre ce que doivent être le coq et la poule Wyandotte idéals; mais, pour obtenir des sujets aussi parfaits que possible, il faut faire preuve de grande habileté dans le choix des reproducteurs. La Wyandotte argentée est, en effet, comme l'a dit nous ne savons plus quel auteur, une « étude de blanc et de noir », mais le noir, au lieu de rester à sa place dans les plumes de la queue, ou dans la bordure des plumes, a toujours une tendance à envahir la couleur blanche du fond, et produit des plumes comme grises ou ombrées à la suite de légers crayonnages ou tiquetures, et particulièrement sur le dos et les reins de la poule, ou encore des plumes visiblement rayées de noir; parfois même, le noir s'empare presque complètement du camail ou de

(Cliché de l'Aviculteur.)

POULE WYANDOTTE ARGENTÉE MAILLÉE

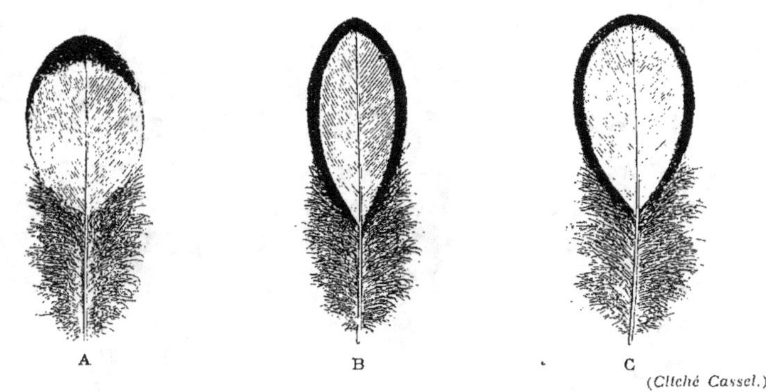

A. Plume à liseré en forme de fer à cheval. *B.* Plume correcte en forme d'amande.
C. Plume correcte en forme de cœur.

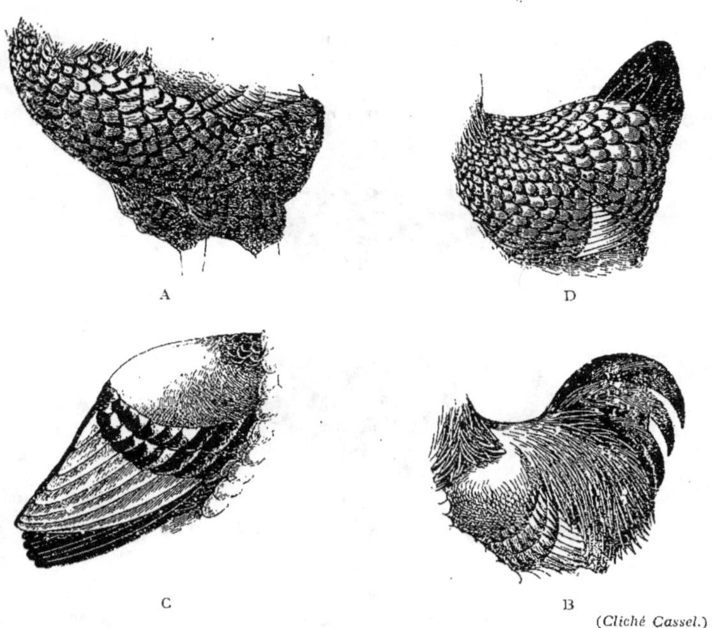

A, Poitrine du coq. *B.* Dos du coq. *C.* Aile du coq. *D.* Dos de la poule.

la gorge. D'autres fois, la prédominance est au blanc, et alors il se produit un camail dont les flammes noires passent plume; ces types offrent donc, d'une façon manifeste, les indices d'une perte de pigment, et, alliés entre eux, donneraient

 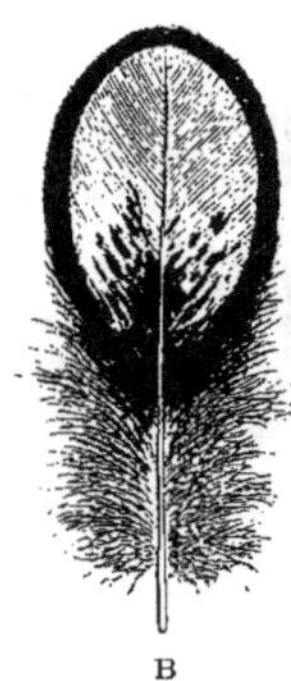 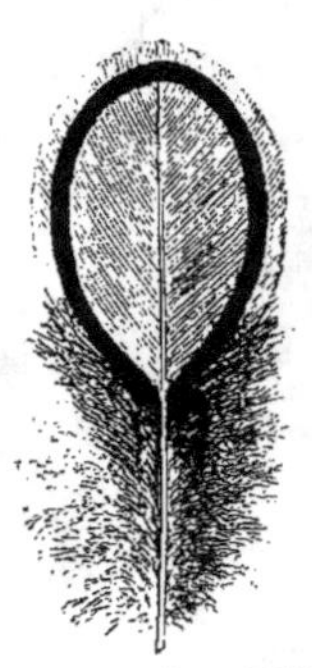

A   B   C   (*Cliché Cassel.*)

A. Plume tiqueté.   *B*. Plume rayée.   *C*. Plume à liseré bordé de blanc.

au gris (ou au brun sale) ou encore dont les flammes n'existent plus qu'à la base des plumes. Beaucoup de spécimens qui apparaissent comme bien maillés n'offrent au bout d'un certain nombre de générations des sujets entièrement blancs; d'ailleurs l'alliance de sujets parfaits, comme l'exige le Standard, produirait

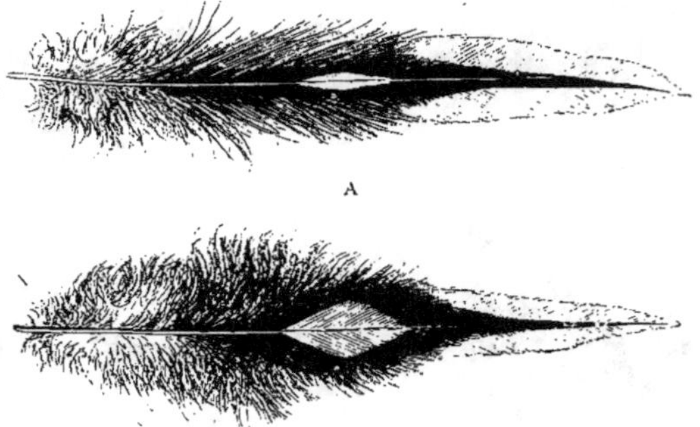

A

B   (*Cliché Cassel.*)

A. Plume de camail du coq.   *B*. Lancette du coq.

la bordure noire qu'à l'extrémité de la plume, dans la partie seule visible, au lieu de suivre tous les contours de la à la longue le même résultat : perte du pigment noir. Dans ces conditions, on ne peut choisir dans les deux sexes des sujets répondant aux desiderata du Standard, et l'on est obligé d'avoir recours aux parquets spéciaux, les uns pour produire des coquelets, les autres pour donner des poulettes.

Pour obtenir de bons coquelets. — Le principe général est de choisir un coq aussi parfait que possible et de l'allier à des poules trop foncées, et ayant un maillage plus large et plus prononcé que ne le veut le Standard, ayant même le camail presqu'entièrement noir ou les plumes des reins tiquetées de noir.

Pour obtenir de bonnes poulettes. — On agit d'une manière inverse; à des poules aussi bonnes que possible, on donne un coq trop foncé, et dont le maillage est trop large et trop lourd. Il faut veiller à ce que le coq ait une queue franchement noire, que les rémiges primaires soient aussi d'un noir profond, et que la couleur du duvet soit ardoise foncée et non d'un gris pâle, ce qui indique une grande réserve de pigments noirs.

Variété dorée. Les remarques générales que nous avons faites sur la variété argentée, tant au point de vue de la forme que du dessin du plumage, s'appliquent également à la dorée; mais, dans cette variété, l'attention de l'éleveur doit s'appliquer tout particulièrement à obtenir comme couleur de fond une nuance jaune doré, bien chaude; les sujets offrant une nuance comme lavée, doivent à tout prix être évités.

En cherchant à avoir une couleur correcte, certains éleveurs ont obtenu des sujets à tarses foncés ou bleus; il ne faut pas oublier qu'une des caractéristiques de la race Wyandotte est d'avoir des tarses jaunes, franchement jaunes; on peut tolérer une nuance rougeâtre, mais toute teinte tirant sur le bleu, le verdâtre ou le brun doit être prohibée.

D'autres éleveurs ont augmenté outre mesure la crête de la Wyandotte dorée et en ont fait une monstruosité, qui peut se comparer à celle du Red Cap. C'est là un excès dans lequel il faut se garder de tomber. Les dorées, comme les argentées d'ailleurs, offrent souvent à l'extrémité des plumes un petit liseré blanc en bordure extérieure enserrant la bordure noire que doivent présenter toutes les plumes. On trouve ce défaut dans nombre de types remarquables dont l'aspect général est ainsi fort endommagé.

Il faut également veiller à ce que la teinte du fond soit, sur tout le corps, d'une nuance uniforme. En effet, sur certains sujets, on remarque une poitrine bien plus claire que sur le dos; parfois les épaules sont si foncées qu'elles apparaissent marron. Ces défauts apparaissent plus fréquemment chez les poules que chez les coqs; on trouve également chez celles-ci par-ci par-là des plumes dont la teinte diffère des autres ; une poule avec un plumage uniformément doré est excessivement rare. Ajoutons que, chez les dorées, la bordure des plumes tend à prendre une forme pointue ou en V. Le type absolument correct est peut-être plus difficile à obtenir que chez l'argentée, la dorée paraît, du reste, un peu délaissée maintenant. Pour obtenir des sujets d'exposition, il faudra avoir recours à des parquets de reproducteurs spéciaux pour chaque sexe. On suivra pour cela les règles générales que nous avons indiquées pour les argentées ; mais, s'il faut, suivant les cas, prendre les reproducteurs de l'un ou l'autre sexe plus foncés que ne le veut le Standard, on s'appliquera plutôt à les choisir avec un maillage fort et prononcé qu'avec une nuance de fond noir trop foncé.

Autres variétés maillées. Pour les autres variétés maillées, on suivra pour la sélection des reproducteurs les indications que nous venons de donner pour l'argentée et la dorée.

d'un blanc pur, d'un blanc de neige, mais d'autre part le bec et les tarses doivent être d'un jaune franc et vif, le sang se trouve chargé, si nous pouvons nous exprimer ainsi, de pigment jaune qui tend à pénétrer dans les plumes et

(Cliché de « la Chasse illustrée »).

COQ ET POULE WYANDOTTE BLANCS

Variété blanche. Comme forme, crête, barbillons, tarses, port général, ce sont les mêmes que chez la Wyandotte argentée. Les seules différences qui existent consistent dans la couleur franche au lieu de corne du bec, et dans la blancheur immaculée du plumage. Toute trace de noir dans les plumes disqualifie l'Oiseau; le blanc doit être pur et non teinté de jaune. Le poids est aussi supérieur : 4 kilos pour un coq adulte, 3 kil. 600 pour un coquelet, 3 kil. 100 pour une poule adulte et 2 kil. 700 pour une poulette.

Le plumage, avons-nous dit, doit être à donner au plumage une teinte jaune et même à produire des plumes rougeâtres dans le camail; aussi est-il assez difficile d'obtenir un plumage d'un blanc pur.

Les juges, suivant l'échelle des points que nous avons donnée, établissent d'ordinaire pour la couleur les points suivants :

Cou.

	déduire jusqu'à
Teinte jaunâtre	1/2 à 2 points
Plume rougeâtre dans le camail	2 —

Dos.

Teinte jaunâtre	1/2 à 3 —

POITRINE.

	déduire jusqu'à
Teinte jaunâtre	1/2 à 1 points.

CORPS.

Teinte jaunâtre	1/2 à 1 —

AILES.

Plume franchement jaune (par plume)...........	1/2 —
Teinte jaunâtre avec rachis jaune...............	1 2 à 3 —

QUEUE.

Faucilles jaunâtres ...	1/2 à 1 1/2 —
Faucilles jaunâtres avec rachis jaune	1 2 à 3 —

Dans certaines lignées, les plumes à rachis jaunâtre apparaissent avec une désespérante fréquence, et, fait curieux à constater, si une plume ainsi défectueuse apparaît sous une aile, on est presque assuré d'en trouver une pareille située à la même place sous l'autre aile. Il faut donc éliminer comme reproducteurs tous les sujets présentant ces défauts et ne faire couver que des œufs provenant de sujets blancs purs. Un parquet unique suffit pour l'obtention des deux sexes.

Les Wyandottes blanches élevées en plein air ont, par suite de l'influence du soleil, le plumage un peu jauni, mais, en soulevant les plumes, on peut se rendre compte de la pureté de la couleur, le teint jaune dans ce cas n'étant absolument qu'extérieur.

On évitera de leur donner du maïs, qui pousse toujours le plumage blanc au jaune.

Les sujets d'exposition devront être maintenus à l'ombre.

En résumé, la Wyandotte est une race des plus intéressantes, fort rustique, facile à élever, elle se montre bonne pondeuse, meilleure que l'argentée, et donne des œufs l'hiver, elle s'engraisse facilement et fournit de belles volailles pour le marché.

Variété fauve. Son plumage doit être uniformément fauve. Ce terme de fauve est assez élastique; le Standard américain dit bien un fauve doré ou plus exactement un fauve avec une teinte, un reflet (hue) doré, mais il peut être plus ou moins foncé, tirer sur le rouge ou être très pâle, nous avons l'or rouge et l'or jaune, lequel choisir? Il est difficile de le dire, car les Américains eux-mêmes ne sont pas d'accord; ceux de l'Est préfèrent les sujets riches en couleur, tandis que ceux de l'Ouest donnent leurs préférences aux teintes plus pâles; en tous cas, une nuance tirant franchement sur le rouge, qui rappellerait le plumage des Rhode-Island, n'est point admise. Bien entendu, quelque pâle qu'il soit, le jaune ne doit pas être doré, il doit être aussi absolument uniforme, n'offrant pas sur certaines parties du corps des taches plus ou moins étendues plus claires; et cet accident est assez fréquent dans la nuance pâle.

Cette teinte uniforme du plumage ne doit pas se cantonner seulement dans la partie visible du plumage, mais aussi s'étendre sur le duvet; aussi en achetant un sujet est-il nécessaire de s'assurer en soulevant les plumes que la nuance fauve s'étend bien jusqu'à la base, en tous cas que le duvet ne soit pas blanchâtre.

Trouver un animal parfait au point de vue de la couleur n'est point d'ailleurs chose facile; car, quelque bien sélectionnées que soient actuellement les Wyandottes fauves, leur plumage a toujours une tendance à revenir au noir ou blanc. Le blanc est plus facile à faire disparaître dans les descendants que le noir qui se montre toujours fort tenace. Les défauts que l'on rencontre le plus communément chez les coqs sont le manque d'uniformité dans la teinte, les épaules offrant une nuance plus foncée; tandis que le duvet est plutôt blanchâtre; des plumes noires ou blanches apparaissent dans les ailes et la queue et les plumes du camail sont plus ou moins flammées de noir. L'uniformité de couleur est plus aisée à obtenir chez les poules, mais le difficile est d'avoir le camail et la queue ainsi que le duvet d'un jaune bien franc; la plupart des poules, et même des meilleures, si on les examine de très près, montrent des mouchetures dans le camail et des plumes noires ou blanches aux ailes et à la queue, d'autres ont un jaune très uni mais d'une nuance passée, lavée, d'un jaune sale, fort désagréable.

Comment choisir des reproducteurs capables de produire des sujets aussi près que possible de la perfection est une question qui intéresse au plus haut point l'éleveur habile, car il sait bien que, même s'il alliait coqs et poules parfaits, il n'obtiendrait point des descendants de même valeur; car, il ne faut pas l'oublier, dans les races fauves, les reproducteurs ont toujours une tendance à avoir des descendants d'une nuance plus claire.

Un point aussi d'une importance capitale est d'avoir une race sélectionnée depuis le plus long temps possible; on aura ainsi beaucoup moins de chances de voir apparaître des plumes noires ou blanches dans la queue. Pour avoir de bons résultats, il vaut mieux adopter deux parquets séparés qu'un seul pour les deux sexes.

Pour avoir de bons coquelets. — Le coq devra être de la couleur désirée, quoique légèrement plus foncée, car l'on sait que le mâle a une influence prépondérante sur la couleur, et tout particulièrement sur celle des descendants mâles; aussi, pour avoir de bons coquelets, aussi parfaits que possible, choisissez un coq bien coloré, laisserait-il à désirer un peu au point de vue de la forme, et donnez-lui pour épouse une poule de forme impeccable, son plumage présenterait-il quelques défectuosités.

Si, au contraire, votre objectif est d'avoir de bonnes poulettes, choisissez-leur pour mère une poule un peu foncée comme couleur et de forme parfaite, recherchez particulièrement chez celle-ci l'uniformité de couleur, voyez que la couleur fauve pénètre bien jusqu'à la base du duvet, et évitez surtout les taches claires sur son plumage; le coq pourra laisser à désirer, pourvu que sa crête soit bonne et que sa couleur ne s'écarte pas trop de celle exigée par le Standard; on a vu des coqs ayant les plumes du vol blanches, ainsi que les faucilles, donner un fort pourcentage de bonnes poulettes, par contre les coquelets laissaient beaucoup à désirer.

Variété noire. — Quoique cette variété soit unicolore, elle est assez difficile à obtenir parfaite, et nécessite l'emploi de parquets de reproducteurs spéciaux pour les deux sexes; la difficulté réside dans l'obtention simultanée de tarses franchement jaunes et d'un plumage d'un noir intense — le même fait se présente d'ailleurs avec les Leghorn noirs. La plupart du temps, les coqs Wyandottes noirs ont les tarses plus ou moins bronzés, ou, si ces tarses sont bien jaunes, la queue n'est pas d'un noir intense, ainsi que le duvet et la couleur de dessous, points exigés par le Standard. On remarque aussi que, dans la plupart des sujets noirs exposés, les mâles ont (beaucoup plus que les poulettes) conservé les caractères du Combattant Indien, qui a dû jouer un rôle dans leur formation; ils offrent alors un aspect féroce, et l'œil dur sous une forte arcade sourcilière. Il est important de faire disparaître ce caractère, et l'on n'y arrive que par une sélection constante.

Le meilleur moyen d'obtenir de bonnes Wyandottes noires d'exposition consiste à établir deux parquets reproducteurs.

Pour avoir de bons coquelets. — On choisit, dans les deux sexes, des reproducteurs d'une couleur aussi profonde et intense que possible. Le coq devra avoir les tarses d'un beau jaune, en s'assurant qu'il est d'un noir intense à la queue, sur les grandes rémiges et dans le duvet. Les poules seront aussi bien noires, mais la couleur de leurs tarses est moins importante; ils peuvent être plus ou moins foncés, elles transmettent rarement ce caractère aux coquelets qui proviennent d'elles.

Pour avoir de bonnes poulettes. — On choisira en premier lieu des poules de couleur aussi intense que possible, et offrant des tarses bien jaunes. Le coq devra lui aussi avoir des tarses bien jaunes, ou mieux orange, si l'on peut se procurer pareil sujet. Il est moins important chez lui que la coloration du duvet et du plumage de dessous soit intense. Un autre procédé permettant d'avoir de beaux sujets noirs des deux sexes consiste à allier un beau coq blanc avec des poules noires. Dans ce croisement, le noir étant un dominant sur le blanc, presque tous les jeunes issus de cette union seront d'un beau plumage noir avec tarses bien jaunes, mais quelques blancs apparaîtront dans la suite dans la génération suivante F2 (voir plus loin les lois de Mendel).

Variétés bleues. Pour le choix des reproducteurs, on suivra les principes généraux que nous avons exposés en parlant des autres variétés bleues, Andalouses, loi de Mendel, variation de couleur, etc. Dans la Wyandotte bleue, la grande difficulté réside dans la disparition du maillage qui a toujours une tendance à réapparaître; une longue sélection peut seule y remédier.

Variété perdrix. La mode veut maintenant chez le coq un camail d'une teinte dorée, beaucoup plus claire que la couleur orange qu'indique le Standard; cette même teinte se retrouve sur les lancettes, plumes du camail, et les lancettes doivent toujours être bien flammées de noir.

Pour obtenir de bons sujets, l'établissement de deux parquets de reproduction séparés est indispensable.

Pour avoir de bons coquelets. — Le coq choisi sera aussi bon que possible, en veillant que le noir de son plumage soit intense et solide, non seulement sur la poitrine et le duvet, mais aussi sur les plumes du vol, et à la base de la queue. Les poules qu'on lui donnera seront fortes et solides, leur camail sera bien flammé de noir. La régularité et la visibilité du crayonnage est peu importante, mais il devra être foncé ou noir, aussi pareilles poules auront-elles un aspect général beaucoup plus foncé que les poules d'exposition. Cette réserve de pigment noir permettra aux coquelets qui descendront de pareil parquet de conserver une poitrine bien noire, et d'avoir le camail bien flammé de noir, ce qui est important.

Pour avoir de bonnes poulettes. — Les poules choisies seront des sujets d'exposition avec un crayonnage clair, concentrique et bien défini; la teinte de fond sera d'un brun tendre, régulière, même sur le duvet. Les plumes du camail seront crayonnées, non flammées. Le mâle offrira une teinte générale plus foncée qu'un sujet d'exposition; son camail sera plus foncé, mais les flammes n'auront pas besoin d'être distinctes; il est préfé-

25

rable que le camail soit plutôt crayonné que flammé. La poitrine ne sera pas exclusivement d'un noir intense, mais bien tiquetée ou maillée d'une teinte rougeâtre, marques qui continueront jusqu'aux cuisses et au duvet anal.

Variété argentée crayonnée. La grande difficulté réside dans l'obtention de beaux tarses jaunes.

Pour obtenir de bons coquelets. — Le coq sera un sujet d'exposition, et les poules fortes avec un camail bien flammé, un crayonnage de teinte foncée, mais plutôt indistinct, en un mot une teinte générale plus foncée que ne le veut le Standard; les tarses des poules pourront être d'une nuance foncée ou bronzée; ce caractère ne sera que rarement transmis aux jeunes coquelets.

Pour obtenir de bonnes poulettes. — On alliera de bonnes poules avec un crayonnage très distinct à un coq de nuance générale trop foncée et avec la poitrine maillée et tiquetée, marques qui devront s'étendre sur les cuisses.

Variété Columbian. Pour le choix des reproducteurs, on suivra les conseils indiqués pour le Brahma herminé.

ÉLEVEURS SPÉCIALISTES
chez qui on peut se procurer
œufs, jeunes sujets et reproducteurs

MONNIER Paul (Docteur), *La Châtre-sur-le-Loir* (Sarthe).

BRIDOUX, 2, rue du Pont-de-l'Arche, *Douai* (Nord).

MASSON (A.), à *La Ferté-Milon* (Aisne).

AUBIGNY (Comte d'). *Élevage des Hayes. Château des Hayes, à Autrèche* (Indre-et-Loire).

Monographie de la race de Plymouth Rock (1).

Variétés : blanche, fauve, barrée, noire.

Origine. La race de Plymouth Rock, dont la première variété obtenue se distingue par son plumage coucou ou lavé, est d'origine différente, et qui portaient les noms de leurs obtenteurs; ils provenaient : 1º du croisement d'un coq espagnol et de poules Cochins blanches, dont les produits

PLYMOUTH ROCK

américaine. C'est une création assez récente (1870). En 1872, elle a été importée en Angleterre, puis en France.

Elle provient de croisements assez complexes; il y avait, lors des débuts, plusieurs types, produits d'une manière avaient été ensuite croisés avec des Dominique; 2º du croisement d'un coq Dominique avec poules Cochins fauves; 3º d'un coq anglais blanc de race indéterminée avec des poules Java, ce qui donne des produits, soit blancs, soit noirs, soit coucou, ces derniers étant seuls conservés, soit élevés purs, soit

(1) Monographie rédigée par M. Blanchon.

croisés à nouveau avec des Dominique; 4° d'un croisement coq Java avec des poules Dominique; 5° les produits du n° 4 croisés avec des Brahma, ce qui donne une race plutôt foncée.

Les croisements de ces divers types entre eux ont donné le Plymouth Rock barré moderne. Cette origine est parfaitement démontrée par la difficulté que l'on éprouve à élever des sujets parfaits. Le plumage coucou n'est pas une coloration primaire, mais il est produit par le croisement de sujets blancs ou foncés; et d'ailleurs chez leurs descendants, en France, on trouve nombre de sujets, soit entièrement noirs ou blancs, soit coucou, soit bleus, comme les andalous, soit encore cailloutés, comme les Houdan. La Java est une vieille race américaine à plumage noir absolument fixé; la Dominique est aussi une ancienne race coucou, avec d'abondantes plumes à la queue et d'un coucou trop clair; aussi, chez les jeunes Plymouth, on constate un antagonisme persistant entre cette grande abondance de pigment noir et l'abondance et la nuance claire des plumes de la queue du Dominique; chez les jeunes oiseaux présentant l'un ou l'autre de ces défauts, le pigment noir se fait surtout sentir dans la couleur jaune des tarses qui deviennent alors pommelés.

La variété blanche n'est qu'un sport de la variété barrée, de même que la variété noire; comme nous venons de le dire, les sujets coucou donnant souvent des jeunes entièrement blancs ou noirs, ces sujets unicolores ont été sélectionnés; mais on trouve surtout dans leurs descendants des traces de barres plus ou moins prononcées.

Le croisement des variétés noire et blanche a donné la variété bleue, mais parmi les descendants de ce croisement, on constate un certain nombre de sujets coucou ou lavés. Enfin, l'introduction du sang de Cochin a donné la variété fauve.

Standard. Nous donnons le Standard actuellement en vigueur.

Caractères généraux. COQ. — TÊTE : *Crâne* fort, mais point trop épais. — *Bec :* court et fort. — *Œil :* large et brillant. — *Crête :* simple, de grosseur moyenne, portée droite avec des dentelures bien définies, et sans excroissances latérales. — *Face :* unie. — *Oreillons :* de texture fine, bien développés et pendants. — *Barbillons :* de grosseur correspondant avec la grosseur de la crête et modérément arrondis. — *Cou :* de longueur moyenne, épais et abondamment recouvert par les plumes du camail, qui doivent bien recouvrir les épaules. — *Corps :* large, épais et compact. — *Poitrine :* large et bien arrondie. — *Dos :* large et de moyenne longueur. — *Ailes :* moyennes, portées haut, le pommeau recouvert par les plumes de la poitrine et l'extrémité par les lancettes. — *Queue :* plutôt courte, s'élevant légèrement de la selle, les faucilles et les petites couvertures de moyenne longueur et élégamment recourbées, les couvertures étant assez abondantes pour recouvrir les grandes rectrices. — *Jambes et pieds : Jambes :* bien écartées, fortes et grosses, cuisses de 5 à 7,5 centimètres (à partir de l'articulation supérieure du tarse jusqu'au corps) tarses d'une longueur correspondante. — *Doigts :* au nombre de quatre, forts, droits et bien tendus. — *Port :* dressé et gracieux. — *Poids :* 10 à 12 livres.

POULE. — Mêmes caractères généraux que chez le coq, en tenant compte des différences sexuelles. — Poids : 8 à 10 livres.

COULEUR DANS TOUTES LES VARIÉTÉS.

Bec : jaune brillant. — *Œil :* d'un riche bai clair. — *Crête, face, oreillons et barbillons :* rouge brillant. — *Tarses et pieds :* d'un jaune brillant.

PLUMAGE DANS LA VARIÉTÉ BARRÉE (COQ ET POULE).

Couleur de fond légèrement bleuté; chaque plume barrée en travers avec des bandes de noir à reflets métalliques verts, ces barres devant être étroites, sans exagération et d'égale largeur; les deux couleurs nettement définies, bien l'une sur l'autre sans se fondre; les barres doivent se continuer jusqu'à la base elle-même des plumes et se continuer dans le duvet; chaque plume doit aussi se terminer par une pointe noire.

PLUMAGE DE LA VARIÉTÉ NOIRE (COQ ET POULE).

Entièrement noir avec reflets métalliques vert brillant.

PLUMAGE DE LA VARIÉTÉ FAUVE (COQ ET POULE).

D'un fauve accusé, allant jusqu'à la peau, mais d'une nuance uniforme pouvant varier du citron à l'orange, en évitant toute teinte lavée ou toute teinte rougeâtre.

PLUMAGE DE LA VARIÉTÉ BLANCHE
(COQ ET POULE).

Blanc pur, en proscrivant toute teinte paille.

PLUMAGE DE LA VARIÉTÉ BLEUE (COQ ET POULE).

Bleu maillé de noir, comme celui de l'Andalouse; il existe une sous-variété à crête frisée.

ÉCHELLE DES POINTS.

Variété fauve (coq et poule).

Couleur	35
Type	20
Taille	15
Condition	10
Tête	10
Tarses et pieds	10
	100

Autres variétés (coq et poule).

Couleur (comprenant la crête 10 pour la queue chez les barrées)	30
Type	20
Taille	20
Condition	10
Tête	10
Tarses et pieds	10
	100

SÉRIEUX DÉFAUTS. — La moindre trace de plumes ou de duvet sur les tarses; tarses autres que jaunes, oreillons blancs, plumes rouges ou entièrement noires ou blanches dans les barres; plumes autres que noires dans les noirs; camail ou lancettes tachetées, teinte lavée, noir ou blanc dans les ailes, ou blanc dans la queue chez les fauves; toute plume colorée dans les blancs.

Observations sur le Standard. Le Standard que nous venons de rapporter est par trop sommaire pour faire bien faire comprendre et le type et la couleur du plumage des Plymouth Rock.

Dans toutes les variétés, le Plymouth Rock doit être large, fort, avec une large poitrine; la tête, de grosseur moyenne, doit être portée bien droite, dressée, non basse, abaissée comme chez le Cochin. Le corps, long, épais et compact, avec poitrine bien arrondie, présente, lorsqu'on voit sa partie inférieure de profil, un contour donnant un demi-cercle parfait, partant de dessous le camail jusqu'à la base de la queue; la queue, petite d'aspect dans le type Cochin, étendue à sa base et en forme de cône, lorsqu'on la voit de l'arrière. Une longueur queue du type Leghorn est un grand défaut. Le port dressé, imposant, beaucoup plus haut et droit que chez l'Orpington; le Plymouth montre aussi plus d'agilité que ce dernier, et a moins de bouffant sur tout le corps.

On peut, du reste, distinguer deux types: l'anglais et l'américain. Dans ce dernier, la queue du coq est plus forte, et portée plus haut, tout en étant loin d'être verticale; les jambes sont un peu plus basses, le corps un peu plus long et ayant une tendance à avoir la forme de celui du Dorking avec moins de duvet sur les cuisses, ainsi que sur les reins et les jambes, points qui tendent à donner des sujets meilleurs producteurs de viande, et de ponte plus abondante.

Il convient aussi d'ajouter quelques mots sur la couleur du plumage dans la *variété barrée.* Lors de sa création, le Plymouth Rock était simplement une volaille coucou, dont les marques ou barres affectaient une forme quelque peu curviligne; les barres sont actuellement droites, placées en travers de la plume perpendiculairement à la tige, comme le crayonnage dans les Hambourg crayonnés, mais certainement moins étroites que ce crayonnage, sans pourtant être trop larges; mais les deux couleurs ne doivent pas se fondre, la barre noire étant munie d'une sorte de frange. Autrefois, on se plut à multiplier les barres, et on était arrivé de la sorte à obtenir un véritable crayonnage; on est actuellement revenu à des barres plus larges et moins nombreuses sur chaque plume. Un point assez difficile à obtenir, ce sont les barres régulières sur les épaules et sur les couvertures des ailes; car, très souvent, ces parties sont, soit mouchetées de blanc, soit un peu rousses.

Les Standards anglais et américain diffèrent entre eux sur la couleur de fond; les Anglais la veulent d'un blanc bleuâtre, les Américains d'un blanc gris rayé de barres d'un bleu sombre, allant presque jusqu'au noir franc; les marques anglaises sont donc plus foncées que celles adoptées en Amérique; mais, à cause de cela, quoique le fond gris bleu soit proscrit, les types américains paraissent *dans leur ensemble* plus bleus que ceux de l'Angleterre.

Qualités et exigences de la race. La Plymouth Rock est une race excessivement rustique, qui se plaît dans tous les climats. C'est une bonne pondeuse d'environ 160 à 170 œufs de 60 grammes environ, à coquille teintée et foncée. La ponte est bonne durant l'hiver. Son aptitude à l'incubation est ordinaire, mais elle se montre bonne mère; la croissance des jeunes est fort rapide. Sa chair est bonne; elle supporte assez bien la séquestration.

La race Plymouth Rock comme race d'utilité. En Amérique, la Plymouth Rock se partage avec la Wyandotte et la Leghorn les grandes exploitations, elle offre, en effet, de grandes qualités pratiques. Ce sont des volailles vigoureuses, qui s'acclimatent facilement. On peut les considérer comme d'excellentes poules de ferme, à raison de leur activité, de leur instinct qui les porte à fourrager dans les champs, cherchant les insectes, picorant dans l'herbe avec vivacité, s'accommodant d'ailleurs de tout; robustes, elles résistent aux intempéries et en même temps prospèrent admirablement en parquets.

Elles sont volumineuses et fournissent un rôti suffisant à un nombre respectable de convives. Les poulets sont précoces, et ils sont bons à manger à partir de la quinzième semaine. C'est une croissance plus rapide que celle de beaucoup de volailles de même ordre. Sur les marchés européens, les Plymouth Rock ne sont pas classés comme poulets de premier choix, parce qu'ils ont de très gros os, et que la chair quoiqu'abondante et bien distribuée, est jaune comme leur peau. Ces défauts sont, au contraire, considérés comme des qualités aux États-Unis. Il est possible, toutefois, de rectifier la teinte orange ou crème de leur chair en donnant du lait aux poulets.

Comme volaille de consommation, cette race est très estimée sur les marchés américains; mais, en France, on lui reproche la couleur de ses pattes.

A ses qualités, il convient d'ajouter le mérite de bonne pondeuse. Les variétés qui paraissent les plus intéressantes, au point de vue productif, sont les deux variétés noire et blanche ; mais elles sont moins recherchées des amateurs de « Fancy ».

La race de Plymouth comme sportive. La variété barrée, par suite des difficultés pour obtenir un plumage régulièrement marqué, est la plus estimée par les aviculteurs sportifs. Des soins spéciaux doivent être apportés dans le choix des reproducteurs. Si l'on opère avec un unique parquet pour la production des jeunes des deux sexes, il faudra choisir coq et poules, offrant des barres d'une intensité moyenne, mais aussi nettes que possible, et en veillant bien à ce que ces barres se continuent jusqu'au duvet lui-même; malgré cela, l'éleveur obtiendra toujours un fort pourcentage de coqs trop clairs, et de

barres en forme de croissant, et il faudra que ces barres soient parfaitement rectilignes, et si possible offrant de beaux reflets bleus.

Si l'on emploie le système des parquets séparés pour chaque sexe, *pour avoir de bons coquelets*, on choisira un coq plus foncé que ne le veut le Standard. et on

(Clichés Cassel.)

PLUMAGE DU PLYMOUTH ROCK

poules trop foncées. Ses soins s'appliqueront à éviter ce fait, dans la mesure du possible.

On arrive parfois à obtenir de bons spécimens avec un coq clair, ayant des barres très étroites, mais bien marquées, et provenant de parents fortement colorés, que l'on allie à des poules foncées. D'une façon générale, les meilleurs coquelets proviennent de poules foncées et les meilleures poulettes de poules d'une nuance plus claire. Mais la couleur n'est pas seule à considérer, il faut regarder la forme des barres ; on n'obtiendra jamais de bons résultats avec de larges

l'alliera avec des poules dont le plumage offre des barres bien nettes, d'une teinte moyenne. Ce parquet donnera une certaine proportion de bons coquelets, mais toutes les poulettes seront trop foncées.

Pour avoir de bonnes poulettes, tout en choisissant des poulettes de la bonne couleur, ou mieux un peu foncée, on leur donnera comme époux un coq d'une teinte plus claire que ne le veut le Standard. Dans l'élevage des variétés noires fauve et blanche, on suivra les règles que nous donnons pour les Orpingtons et les Cochins.

La Poule est souvent plus réussie que le Coq. (Voir nos conseils pour l'obtention d'un plumage correct dans les deux sexes.)

Coq
DE PLYMOUTH ROCK
BARRÉ.

Éviter de conserver, pour la reproduction, des Coqs de couleur trop claire ou à dessin insuffisant du plumage.

(Clichés de l'Aviculteur).

Monographie de la race de Rhode Island (1).

Une variété rouge.

Origine. Cette race, qui n'a commencé à faire parler d'elle en Europe que depuis peu d'années, est considérée en Amérique comme déjà ancienne. Son origine est obscure et controversée. Alors que certains auteurs voudraient qu'elle eût été créée de toutes pièces, d'autres la donnent comme une race issue, par hasard, de divers croisements pratiqués par les fermiers du Rhode Island.

D'après M. Bolboek, avec lequel nous avons collaboré dans « Poultry Monthly », le Rhode Island aurait crû par l'alliance de poules Malaises avec un coq Leghorn marron à crête frisée. Ce fut le point de départ de la race qu'il croisa avec d'autres variétés dans la suite.

D'autres personnes pensent que la nouvelle race provient des croisements suivants :

1° Coq commun avec poules cochinchinoises;

2° Coq Malais avec poules provenant du croisement n° 1;

3° Coq Leghorn marron à crête frisée et poules du croisement n° 2;

4° Coq Wyandotte fauve avec poules provenant du croisement n° 3.

Les aviculteurs anglais, grands créateurs de races, affirment que certainement la Sussex rouge a joué un rôle, dans la création de la race, pour donner à ces volailles la nuance rouge qui les fait remarquer, et contribue grandement à leur vogue actuelle.

Cependant, les auteurs américains n'admettent pas ces origines, et il faut avouer qu'ils semblent avoir raison. En effet, dès 1827, le Rhode Island était un État gros producteur de volailles et d'œufs pour les marchés des grandes villes avoisinantes. De 1845 à 1850, beaucoup de sujets des races asiatiques furent importés dans le pays, pour augmenter la taille des volailles, semble-t-il, ou simplement par mode; les auteurs avicoles de l'époque, notamment le D\u0072 Bennet, dans son « Poultry Book », publié en 1852, mentionnent les Shanghaï qui avaient les pattes très emplumées, les Chittergangs, les Shakebags et les Cochinchinois; ces derniers ne ressemblent guère à ce que nous connaissons sous la dénomination de Cochinchinois. Une gravure de « The Poultry Book » du D\u0072 Bennet représente un trio de Cochinchinois, importés en 1850 par un M. Barham; ce sont des volailles sans plumes aux tarses, hautes sur pattes, le dos incliné, et à silhouette très longue. Il est dit que le coq était rouge barré de jaune, la poule entre le bai et le brun rouge; dans les deux sexes, les pattes étaient jaune-rouge, et chez les coqs plus rouges que dans toute autre race connue. Un musée du Massachussetts conserve un Combattant Malais importé au Massachussetts en 1846 : c'est un Oiseau à crête triple, d'un beau rouge riche uniforme, sauf une aile qui montre du blanc dans les plumes

(1) Nous donnons cette monographie, telle que l'avait rédigée M. Blanchon.

du vol, la sous-couleur varie du gris ardoise clair au gris ardoise foncé.

Nous n'avons cité ces exemples que pour montrer la difficulté qu'il y a à éclaircir la question et la prudence avec laquelle il faut affirmer que telle ou telle race a contribué à former les Rhode Islands.

On peut seulement affirmer que bien avant 1850, le district de Little Crampton (Rhode Island) et celui voisin de Fall River (Massachussetts) étaient l'habitat d'une race de volailles plus ou moins pure, à plumage rouge et à pattes jaunes, présentant des crêtes simples ou des crêtes doubles, et cela avant que le Leghorn doré et la Wyandotte ne fussent bien connus. Les fermiers, par suite d'un préjugé plus ou moins justifié, sur la précocité et la fécondité des sujets issus de coqs rouges, recherchaient soigneusement dans les élevages voisins, pour éviter la consanguinité, les coqs les plus rouges, pour les croiser avec leurs poules plus ou moins pures; on conçoit qu'avec ce système, on obtenait une race où les sujets de bonne couleur rouge devenaient la règle, et qui, élevée sans consanguinité par des gens ne visant que le point de vue pratique, présentait une vigueur et une rusticité peu communes. Quelle est la race nouvelle qui peut s'appuyer sur cinquante années d'élevage pratique et sans consanguinité?

En 1899, la race était assez fixée pour que le Dr Allrich ait pu choisir dans les fermes les sujets qu'il exposa à la grande Exposition de New-York; depuis, un Club s'est fondé, a codifié la race pour la forme et la plus grande régularité de la couleur, et les Rhode Islands sont devenus tels que nous les connaissons.

Standard. (D'après l' « American Standard. Standard of Perfection », édité par l'American Poultry Association, édition 1922) (1).

Préambule. — Les Rhode Islands rouges sont une race américaine généralement considérée au point de vue des expositions comme une race nouvelle; cependant, ils sont élevés dans un but exclusivement pratique depuis de longues années dans l'État de Rhode Island, dont ils ont pris le nom. On les considère comme issus du croisement des races asiatiques, méditerranéennes et des Combattants. Leurs principaux caractères sont : la couleur rouge, la forme longue et compacte et l'uniformité de leur couleur.

Caractères généraux. COQ. — *Tête* : de grandeur moyenne, portée horizontalement et légèrement en avant. — *Bec* : de longueur moyenne, légèrement recourbé. — *Yeux* : grands, ovales, proéminents. — *Crête : simple,* de grandeur moyenne, bien posée sur la tête, parfaitement droite et verticale, avec cinq dents régulières et bien nettes, celles d'avant et d'arrière plus petites que celles du centre; de largeur considérable à sa jonction avec la tête; la surface lisse, le lobe arrière ne suivant pas de trop près la forme de la tête, franc de dentelures. — *Double,* basse, ferme sur la tête, le sommet de forme ovale, et la surface couverte de petits grains, terminée par une petite pointe en arrière. La crête suit la courbe générale de la tête.

Note. — Le Rhode-Island Club Suisse Romand (2) emploie et propose le terme « *Crête en rosette* » au lieu de « *Crête plate* », ce dernier faisant supposer que la surface de la crête est lisse, tandis qu'elle est sillonnée de plis et hérissée d'aspérités. C'est bien une sorte de rosette allongée, pointue en arrière, et les termes anglais « *Rose comb* » et allemand « *Rosen-Kamm* » qui sont appliqués au type de crête

(1) L'*American Poultry Association* est une puissante Société avicole, qui groupe toutes les Sociétés avicoles américaines et la majeure partie des Aviculteurs américains; elle correspond un peu à ce qu'est notre Fédération des Sociétés d'Aviculture de France; mais son action sur l'élevage est beaucoup plus marquée; elle fixe le Standard officiel des races, donne des brevets de juge, et son action s'étend, d'une façon assez autoritaire, à toutes les questions avicoles.

(2) Le R.-I. Club Suisse Romand nous prie de dire qu'il emploie et propose ce terme de *Crête en Rosette,* au lieu de *Crête plate.* Nous signalons bien volontiers cette communication du Président, M. Huguenin.

des Wyandottes, Hambourgs, etc., trouveraient dans celui de « Crête en rosette » leur meilleur équivalent. La « Crête triple », différente de la *plate*, ne s'applique qu'aux Brahmas, Buckeyes, etc. — *Barbillons et oreillons : Barbillons*, de grandeur moyenne, de même longueur, de contour régulier, sans plis ni rides. — *Oreillons :* oblongs, bien dessinés, lisses, de grandeur proportionnée aux autres parties de la tête. — *Cou :* de longueur moyenne; camail abondant, retombant sur les épaules, pas emplumé de façon trop lâche. — *Ailes :* de bonne grandeur, bien repliées, portées horizontalement. — *Dos :* large, long, porté horizontalement, avec une légère courbe concave remontant vers la queue; lancettes du rein de longueur moyenne, abondantes. — *Queue :* de longueur moyenne, bien étendue, portée sous un angle de quarante degrés avec l'horizontale, augmentant ainsi la longueur apparente de l'Oiseau ; faucilles, de longueur moyenne, s'étendant légèrement audelà des rectrices; petites faucilles et plumes de couverture, de longueur moyenne, larges, bien couvertes de plumes souples. — *Poitrine :* profonde, pleine, bien arrondie. — *Corps et bouffant : Corps :* large, profond, long ; bréchet, long, s'avançant bien en avant, donnant au corps une apparence oblongue ; les plumes serrées au corps. — *Bouffant :* modérément plein. — *Tarses et doigts : tarses*, de longueur moyenne, bien arrondis, lisses, bien séparés. — *Doigts*, de longueur moyenne, droits, forts, bien étendus. — *Tarses et doigts* francs de plumes, tuyaux et duvet.

POULE. — *Tête :* de grandeur moyenne, portée horizontalement et légèrement en avant. — *Bec :* de longueur moyenne, légèrement recourbé. — *Yeux :* grands, ovales. — *Crête : simple*, de grandeur moyenne, bien posée sur la tête, parfaitement droite et verticale, avec cinq dents régulières et bien nettes, celles d'avant et d'arrière plus petites que celles du centre. — *Double*, basse, ferme sur la tête, beaucoup plus petite que celle du coq, et, en proportion de sa longueur, plus étroite; couverte de petits grains, et terminée par une petite pointe courte en arrière. — *Barbillons et oreillons : Barbillons*, de grandeur moyenne, de même longueur, de contour régulier. — *Oreillons :* oblongs, bien dessinés, lisses, de grandeur proportionnée aux autres parties de la tête. — *Cou :* de longueur moyenne; camail modérément plein. — *Ailes :* plutôt grandes, bien repliées, le pommeau bien couvert par les plumes de la poitrine; les plumes du vol portées presque horizontalement. — *Dos :* large, long, porté presque horizontalement. — *Queue :* plutôt courte, modérément étendue, portée sous un angle de 35 degrés avec l'horizontale. — *Poitrine :* profonde, pleine, bien arrondie. — *Corps et bouffant : Corps*, large, profond, long; bréchet, long, droit, s'avançant bien en avant, donnant

au corps une apparence oblongue; les plumes serrées au corps. — *Bouffant :* modérément plein. — *Jambes et doigts : Cuisses*, de longueur moyenne, bien couvertes de plumes douces. — *Tarses :* de longueur moyenne, bien arrondis, lisses. — *Doigts :* de longueur moyenne, droits, forts, bien étendus. — *Tarses et doigts*, francs de plumes, tuyaux et duvet.

COULEUR DU COQ. — *Bec :* corne rougeâtre. — *Yeux :* rouges. — *Crête, face, barbillons et oreillons :* rouge vif. — *Cou :* rouge, avec de légères touches noires à l'extrémité des lancettes au bas du camail; sous-couleur, rouge. — *Ailes :* épaules rouges; *rémiges primaires*, barbes supérieures rouges, barbes inférieures noires avec une étroite bordure rouge, suffisante seulement pour empêcher le noir de se montrer à la surface quand les ailes sont pliées dans leur position naturelle. — *Rémiges bâtardes :* noires. — *Rémiges secondaires :* barbes inférieures rouges, le rouge s'étendant à l'extrémité des plumes; le reste de chaque plume, noir; les cinq plumes près du corps rouges, de façon que l'aile, fermée dans sa position naturelle, montre une harmonieuse couleur rouge. — *Couvertures de l'aile :* rouges. — *Dos :* rouge riche; sous-couleur, rouge. — *Queue :* noire, excepté les deux rectrices supérieures, qui peuvent être bordées de rouge. — *Poitrine :* rouge riche, sous-couleur, rouge. — *Corps et bouffant :* rouge; sous-couleur, rouge. — *Tarses et doigts :* jaune riche, ou couleur corne rougeâtre; une ligne de pigment rouge sur le bas des côtés des tarses, s'étendant au bout des doigts, est à rechercher.

PLUMAGE : couleur générale, rouge uni, riche, excepté où le noir est prescrit, franc de lignage, ou d'apparence farineuse; sous-couleur, rouge.

COULEUR DE LA POULE : *Bec, Yeux, Crête, Joues, Oreillons, Barbillons, Tarses et Doigts :* comme chez le coq. — *Tête :* plumage rouge brillant. — *Camail :* rouge riche, la pointe des plumes les plus longues est marquée d'une tache noire. Le devant du cou est rouge. — *Ailes :* comme chez le coq. — *Dos, poitrine :* d'un riche rouge. — *Queue :* noire, excepté les deux rectrices du dessus qui peuvent être bordées de rouge. — *Plumage :* d'un riche rouge, bien homogène, excepté où le noir est spécifié. — Barbes de la même couleur que la plume. Sous-couleur : rouge. — Tuyaux : rouges.

A valeur égale en tous points, la meilleure sous-couleur l'emporte.

POIDS : Coq : 8 1/2 livres (1). — Coquelet : 7 1/2 livres. — Poule : 6 1/2. — Poulette : 5.

DISQUALIFICATIONS. — Plumes ou duvet sur

(1) La livre américaine valant, comme la livre anglaise, environ 450 grammes, ces poids équivalent à : coq, 3 kilos 850; coquelets : 3 kilos 375; poule : 2 kilos 925; poulette : 2 kilos 250.

les tarses ou les pieds, ou indication certaine qu'une plume a été arrachée desdites pattes. — Crêtes tombantes. — Plus de 4 doigts aux pattes. — Absence complète de rectrices. — Queue tordue ou queue d'écureuil. — Une ou plusieurs plumes entièrement blanches dans le plumage extérieur. — Oreillons ayant plus de la moitié de leur surface réellement blanche. — Tarses et doigts d'une autre couleur que jaune ou corne rougeâtre. — Sujets malades. — Dos bossus, becs difformes. Un gésier pendant causera une forte diminution de points. — Sur toutes les causes de disqualification, le sujet aura le bénéfice du doute.

POINTS POUR LE JUGEMENT.

Symétrie					4
Poids					4
Condition					4
Crête					8
Tête	forme	2	couleur	2	4
Bec	—	2	—	2	4
Yeux	—	2	—	2	4
Barb. et Or.	—	2	—	3	5
Cou	—	3	—	5	8
Ailes	—	4	—	5	9
Dos	—	6	—	5	11
Queue	—	5	—	5	10
Poitrine	—	6	—	5	11
Corps et bouf.	—	5	—	3	8
Jamb. et doi.	—	3	—	3	6

Total : 100

Qualités et exigences de la race. — La race de Rhode Island est une race très rustique et qui paraît résister aux plus grands froids. On assure qu'elle est d'une grande précocité, les poulets atteignant rapidement leur complet développement. Leur chair est juteuse ; mais il est évident que leur peau jaune et leurs tarses rouges leur nuiront toujours dans nos contrées. Des races Leghorn et Wyandotte, les poules de Rhode Island ont acquis des qualités de bonnes pondeuses et les poulettes commencent, paraît-il, à pondre à cinq ou six mois, mais elles sont surtout remarquables pour leur ponte hivernale. Les œufs ont une teinte brun foncé, ils sont assez gros, mais plutôt lourds par comparaison avec leur grosseur, leur poids variant entre 60 et 65 grammes. Ces poules sont de bonnes couveuses.

La race se plaît en liberté et se montre assez habile à trouver sa nourriture dans les champs, mais elle supporte très bien la séquestration.

En résumé, race intéressante, mais au sujet de laquelle on ne peut entièrement se prononcer en ce qui regarde ses mérites sous nos climats (1).

Clubs. — En France, il existe un club qui est affilié à la Fédération des Sociétés d'Aviculture. Ce club a son siège social à Paris, 46, rue du Bac. Il a publié un standard qui, sous une forme de rédaction légèrement différente, est analogue à celui que nous donnons ci-dessus.

Suisse : Rhode Island Club Suisse Romand (Standard américain).

Club Suisse des Éleveurs de Rhode-Island (Standard allemand).

ÉLEVEURS

chez qui on peut se procurer
Œufs, jeunes sujets et reproducteurs

BRIDOUX, 2, rue du Pont à l'Herbe. *Douai* (Nord) Rhode Island Red.

MASSON A., à *La Ferté-Milon* (Aisne).

J. HUGUENIN, à *Bussigny*, près Lausanne (Suisse), 12 ans de sélection de la Rhode-Island. Crête simple — plus de cent prix — sujets de grands concours. Œufs à couver.

(1) Nous l'avons, à plusieurs reprises, recommandée à diverses auditrices de notre Cours du *Foyer rural*, qui en ont été très satisfaites comme ponte.

D. DE M.

Monographie de la race de Chantecler (1).

Une Variété blanche.

Origine. Le but de la création de cette race a été d'obtenir « une volaille éminemment *pratique* et vraiment canadienne, possédant, en outre, quelque chose de personnel, une caractéristique, un cachet particulier ».

L'auteur de cette création, le Fr. M. Wilfrid, un aviculteur émérite, qui dirige avec compétence et succès la Basse-Cour de l'Institut agricole d'Oka (Canada), n'a pas craint de consacrer dix années d'efforts persévérants à la formation de la Chantecler; et il a eu l'attention délicate de donner ce nom français à cette race galline d'un pays où les traditions françaises ont gardé tant d'empire.

Le créateur de la Poule Chantecler a voulu posséder un type de volaille à crête aussi réduite que possible, en raison de la rigueur des hivers canadiens; et il lui a donné des « barbillons à l'avenant ». La couleur blanche du plumage a retenu son choix.

Enfin, évitant de spécialiser cette race nouvelle dans la production de la chair ou dans celle des œufs, il s'est appliqué à obtenir, à la fois, une « chair planctureuse » et la ponte d'hiver, si recherchée des fervents de l'aviculture pratique.

Pour obtenir ce double résultat, il a pris comme Oiseau type propre à conférer au futur sujet canadien la vigueur et la rusticité exigées par les conditions climatériques du Canada, un Coq Cornouaille foncé (*Cornish*), qui devait donner à la nouvelle race les qualités de forme, de finesse et d'abondance de la chair, en même temps que la petitesse désirée de la crête et des barbillons.

Ce Coq fut allié à une Poule Leghorn, de la variété blanche, qui avait pour mission d'imposer la dominance de son plumage et de ses qualités de ponte.

La génération F1 de ce croisement confirma le résultat que nous avons souvent constaté nous-même et auquel s'attendait le Fr. M. Wilfrid, d'après son expérience des croisements, à savoir « que c'est la femelle qui donne la couleur » et le mâle qui « donne la forme ».

Il obtint des sujets d'un blanc sale, à plumes courtes, serrées au corps, à forme élancée, et à tête « dépourvue de crête, sans barbillons ni oreillons ».

Simultanément, il accoupla un Coq Rhode Island rouge avec une Poule Wyandotte blanche, d'où naquirent des sujets blancs, plus ou moins tachetés de gris et de noir, dont un superbe Coq semblable aux Columbian Wyandottes.

Au printemps de 1909, ce bel Oiseau fut mis avec les Poulettes les plus blanches provenant du croisement *Leghorn Cornouaille.*

La génération F2 ainsi obtenue comprenait des sujets à plumage cendré, d'autres l'avaient tacheté; un petit nombre retraçaient les caractères de la Leghorn ou tenaient du Rhode Island;

(1) Les renseignements qui nous ont permis de décrire cette race ont été puisés dans l'intéressante brochure que lui a consacrée le Fr. M. Wilfrid, régisseur de la Basse-Cour de l'Institut agricole d'Oka (Canada), à qui nous sommes également redevables des clichés qui illustrent cette monographie.

mais la plupart se rapprochaient par la forme du Cornouaille.

Comme, durant ces deux premières années, le Fr. Wilfrid se heurtait à l'inconstance des formes et du plumage et à la

Une amélioration s'ensuivit dans la couleur, mais non dans la forme ni dans la ponte.

Trois années de sélection à ces deux points de vue apportèrent enfin une amé-

COQ CHANTECLER.

médiocrité de la ponte, il pratiqua un nouveau croisement au printemps de 1910.

Un Coq Plymouth Rock blanc, du poids de 9 3/4 livres, fut accouplé aux Poulettes obtenues qui avaient le plus possible la couleur, la forme et la crête du type cherché.

lioration notable du troupeau, qui fut divisé en deux lots, en 1913.

L'un de ces lots fut sélectionné en consanguinité, l'autre constitua une nouvelle lignée par l'introduction du sang d'un Coq Wyandotte.

En 1916, uniformité et ponte excellente étaient obtenues et une magnifique Poulette atteignait, à 7 mois, le poids respectable de 7 3/4 livres. Par surcroît, elle pondait 91 œufs de novembre 1916 à février 1917.

Ce sujet remarquable fut croisé avec un Coq Plymouth Rock blanc de 10 livres; et les meilleurs Cochets issus de cette

Standard. D'après le Fr. M. Wilfrid, créateur de la race.

Caractères généraux. COQ. — *Tête :* courte. — *Crâne :* large, indiquant une forte constitution. — *Bec :* court, fort, légèrement recourbé. — *Yeux :* de grandeur moyenne, presque ronds, avec une expression vive. — *Crête :* en bourrelet, plutôt

POULE CHANTECLER.

union furent accouplés avec les Poulettes les plus méritantes des deux lignées sélectionnées du Fr. Wilfrid.

La race était dès lors créée, et elle put être bientôt présentée au public avicole.

C'est, comme on le voit, une synthèse de cinq races excellentes à divers points de vue; et ses Coqs peuvent chanter, haut et clair, pour faire lever sur elle, grâce au Fr. Wilfrid, le brillant soleil de la prospérité.

petite, posée fermement sur le devant de la tête; devant et arrière carrés et non en pointe; surface plate, unie, sans granelure. — *Oreillons et barbillons :* plutôt petits, d'un tissu uni. Oreillons ovales, barbillons presque ronds. — *Cou :* de moyenne longueur, légèrement arqué, s'amincissant vers la tête. — *Camail :* abondant et flottant bien sur les épaules, sans apparence de cassure au collet. — *Ailes :* bien repliées, l'extrémité des rémiges couverte par les plumes de la selle. — *Dos :* long, large dans toute sa longueur; s'incurvant légèrement vers la base de la queue. Plumes de la selle abondantes. — *Queue :* de moyenne longueur, portée à angle de 45 degrés de l'horizontale. Les faucilles, de longueur moyenne, s'étendant légèrement au-delà des rectrices qui peuvent être vues au travers. — *Poitrine* : large, profonde, bien arrondie aux côtés, proéminente. — *Corps* : long, large, plein et saillant. — *Plumage* : serré au corps. — *Bouffant* : court et fourni. — *Jambes et doigts* : cuisses, de longueur moyenne, larges, bien couvertes de plumes duveteuses. Tarses nus, de moyenne longueur, bien espacés. Doigts, droits et au nombre de quatre à chaque pied.

POULE. — *Tête* : courte, petite, avec crâne large, comme le Coq. — *Bec* : court, fort, légèrement courbé. — *Yeux* : de grandeur moyenne, presque ronds. — *Crête* : en bourrelet, mais très petite, surface plate, unie, sans granelures, carrée à l'avant et à l'arrière. — *Oreillons et barbillons* : très petits, à peine perceptibles. — *Cou* : de moyenne longueur, arqué, s'amincissant vers la tête. — *Ailes* : bien pliées et de moyenne grandeur. — *Dos* : long, large aux épaules, s'inclinant légèrement vers la selle et formant une légère incurvation vers la queue. — *Queue* : moyennement grande, portée à 45 degrés de l'horizontale. — *Poitrine* : large, pleine, bien arrondie aux côtés, proéminente. — *Corps* : long, large. — *Plumage* : serré au corps. — *Bouffant* : court et fourni. — *Jambes et doigts* : cuisses, de longueur moyenne, bien recouvertes de plumes duveteuses. Tarses, de moyenne longueur, nus et bien espacés. Doigts, droits, de moyenne longueur.

Couleur. COQ et POULE. — *Bec* : jaune. — *Yeux* : rouge bai. — *Crête, face, oreillons et barbillons* : rouge brillant. — *Tarses* : jaunes. — *Plumage* : blanc de neige.

DISQUALIFICATIONS. — Tout sujet qui a l'un ou l'autre des défauts suivants : blanc dans les oreillons; une ou plusieurs plumes d'une autre couleur que le blanc; crête autre qu'en bourrelet; pattes d'autre couleur que le jaune; une ou plusieurs plumes ou traces de plumes aux tarses et aux doigts; queue de travers; et toute autre difformité inhérente aux autres races.

POIDS STANDARD. — COQ : 9 livres anglaises. — COCHET : 8 livres. — POULE : 7 livres. — POULETTE : 6 livres et demie.

CARTE DE POINTAGE.

L'importance des qualités est en raison directe du nombre de points.

Symétrie	4
Poids	4
Conditions	4
Crête	12

Tête :	Forme	4,	couleur	2.	6
Bec :	—	2,	—	2.	4
Yeux :	—	2,	—	2.	4
Barbillons et oreillons :	—	4,	—	2.	6
Cou :		5,	—	3.	8
Ailes :		3,		3.	6
Dos :		6,		3.	9
Queue :		5,	—	3.	8
Poitrine :		6,	—	3.	9
Corps et bouffant :		6,	-	3.	9
Tarses et doigts :		3,	—	4.	7

Total...................... 100

Sélection pour la ponte. Les qualités de ponte sont à la fois des aptitudes de race et des aptitudes individuelles. La transmission par le Coq des aptitudes de la mère est mise en évidence par le Fr. Wilfrid. En alliant un Coq de première classe à des Poulettes issues d'un tel Coq et de bonnes pondeuses, on aura de bonnes pondeuses d'hiver. La Chantecler est utilisable à la fois pour la production de la chair et pour celle des œufs.

Race sportive. La *Fancy* peut très bien trouver son compte à l'élevage de la race Chantecler, qui a sa physionomie propre et ses caractères spéciaux. La petitesse de la crête et des barbillons est de première importance à ce point de vue, ainsi que la pureté du blanc du plumage et l'élégance des formes.

Éviter de garder comme reproducteur un Coq de type Wyandotte, un sujet à crête à rosace ou en pois, ou trop développée, ou d'un poids insuffisant, ou enfin dont le plumage ne serait pas d'un blanc pur.

Le plumage jaunit souvent au soleil; mais il y a aussi des sujets à teinte paille héréditaire.

Monographie de la race de Barnevelder.

Origine. Parmi les races étrangères modernes, issues de croisements, et donnant, à la fois, de très beaux Oiseaux au riche plumage

A l'inspection de ces Oiseaux, il nous a semblé qu'ils devaient avoir du sang de Combattant dans les veines. Les aptitudes pratiques et le plumage de la race,

(*Cliché de « Chasse et Pêche »*).

et des volailles de produit pour la chair et les œufs, il convient de citer la jolie race de Barnevelder, originaire des environs de Barneveld et de Lienteren, en Hollande, — dont nous avons pu examiner, en février 1923, des spécimens à l'Exposition internationale d'aviculture, organisée à Paris, au Grand Palais des Champs-Élysées, par la Société centrale d'Aviculture de France.

si cette supposition est exacte, s'en sont, d'ailleurs, fort bien trouvés. Le dessin de ce plumage semble indiquer également un croisement de Wyandotte doré.

Introduite depuis peu en France, cette race existe actuellement dans le très bel élevage de Mme la Marquise de Ganay, vice-présidente de la Société centrale d'Aviculture de France et de l'Association scientifique avicole.

26

Standard. En janvier 1921, la Société « De Barnevelder » rédigea le standard que nous donnons ci-dessous. — D'après ce standard, les caractéristiques de la race de Barnevelder sont d'avoir le port érigé ou droit de la queue et du cou (sans tomber dans le défaut de la « queue d'écureuil »). Le cou doit être très légèrement courbé, et assez long, ainsi que la queue. La hauteur de la selle, la grande profondeur du corps qui donne une apparence trapue, et le dos plutôt court, achèvent d'indiquer la silhouette générale de l'Oiseau.

Caractères généraux. COQ. — *Tête* : de moyenne hauteur; assez large. — *Bec* : court, bien courbé; de couleur jaune avec bout foncé. — *Yeux* : assez grands, ronds, orange foncé. — *Crête* : simple, plutôt petite, droite, bien dentée, le talon ne peut pas descendre bas sur la nuque et doit être exempt de crétillons. — *Barbillons* : courts, bien arrondis. — *Oreillons* : rouges, allongés. — *Joues* : rouges, exemptes de plumules. — *Cou* : assez long, porté droit, très peu courbé. — *Corps* : profond, à large poitrine. — *Dos* : assez court, large; selle fort développée, élevée. — *Arrière-train* : fort développé, pendant, bien recouvert de duvet. — *Ailes* : assez courtes, portées haut. — *Queue* : de moyenne longueur, portée relevée. — *Pattes* : cuisses de moyenne longueur, exemptes de plumes de couleur jaune.

POULE. — Comme le Coq, avec les seules différences sexuelles.

COULEUR DU COQ. — *Camail* : noir, se dégradant en rouge avec bout des plumes noir. — *Poitrine* : noire. — *Dos* : plumes d'un brun rouge fortement liserées de noir. — *Dessous* : noir à duvet foncé. — *Ailes* : couvertures brun rouge, avec large liseré noir; petites rémiges noires vers l'intérieur, brun foncé vers l'extérieur, ce qui donne, lorsque l'aile est repliée, une bande brune; grandes remiges noires vers l'intérieur et brun-rouge liseré de noir vers l'extérieur. — *Selle* : noire, se dégradant en rouge aux extrémités noires. — *Queue* : toute noire. Le plumage serré et le noir est à reflets verts.

COULEUR DE LA POULE. — *Cou* : noir, un peu de brun est toléré vers la tête. — *Poitrine* : plumes brunes avec large liseré noir (couleur perdrix foncé). — *Dos* : plumes brunes largement liserées de noir. — *Dessous* : le plus foncé possible. — *Ailes* : comme chez le Coq. — *Selle* : plumes brunes piquetées de noir et largement liserées de noir. — *Queue* : noire ou tout au plus légèrement brune. — *Pattes* : jaunes, nues, une teinte noirâtre est encore tolérée.

Observations sur le Standard. La Poule de Barnevelder pondant des œufs fortement colorés, on devra écarter, autant que possible, de la reproduction les sujets qui donneraient des œufs blancs. On présente cette Poule comme étant une bonne pondeuse d'hiver, qui conviendrait également à l'élevage de ferme et à l'élevage en parquets. Elle a été déjà utilisée en Angleterre, ainsi qu'en Allemagne, où l'on assure que l'on en a été satisfait. On peut, en ce qui concerne notre pays, lui adresser le même reproche qu'à toutes les races à pattes jaunes; car, si, en Amérique, par exemple, on apprécie les volailles à pattes jaunes sur les marchés, la vente de telles volailles est plutôt difficile sur les marchés français.

Quant aux œufs colorés, depuis que l'on élève, en France, soit des Orpingtons, soit des races issues d'anciens croisements asiatiques, nous ne croyons pas que ce soit un défaut pour la vente, les œufs colorés se vendant fort bien maintenant.

❧   ❧   ❧

Monographie de la race de Mendel.

Quatre variétés.

A nouvelle race de Mendel, écrit M. J. Delacour (1), surtout dans sa variété noire, me semble appelée à un grand avenir. Cette opinion de notre collègue de l'A. S. A. n'est pas seulement fondée sur la réputation de cette race. Il cultive la variété noire dans le magnifique élevage de son château de Clères (Seine-Inférieure), et il en a donné des œufs à notre ami M. Pierre Crépin, secrétaire général de notre Fédération nationale, qui possède maintenant aussi cette variété, assez nouvelle en France, dont nous avons déjà vu des exemplaires au Grand Palais (Exp. internat. de la Société cent. d'Aviculture de France).

Origine. La race de Mendel a été créée en ces dernières années par Oscar Smart, biologiste anglais, récemment décédé, qui s'efforça de perfectionner les volailles par l'application des connaissances actuelles sur l'hérédité. Le résultat de ses travaux fut la Poule de Mendel. On ne sait par quels croisements elle fut obtenue.

Standard. En attendant qu'un Standard plus détaillé puisse être présenté à l'homologation de la Fédération, nous avons groupé dans celui que nous donnons ici, les renseignements qu'a bien voulu nous fournir M. Jean Delacour et ceux observés sur les sujets de la variété noire que nous avons vus.

Caractères généraux. COQ. — *Tête :* moyenne, longue, mince, étroite, plus large à la base. — *Yeux :* grands, brillants, proéminants. — *Crête :* simple, droite, régulièrement dentelée, grande et fine de texture. — *Oreillons :* rouges. — *Corps :* large, épais, très long et aussi large en arrière qu'en avant. — *Poitrine :* pleine, bien portée en avant. — *Queue :* assez longue, bien étalée et portée à angle de 60° avec le sol. — *Pattes :* blanches, lisses. — *Doigts :* au nombre de quatre. — *Poids :* 3 kilos à 3 kil. 500.

POULE. — Mêmes caractères que le Coq, en tenant compte des différences sexuelles. — *Crête :* grande, fine, retombante. — *Poids :* 2 kilos à 2 kil. 500.

COULEURS. — Quatre variétés : noire, blanche, bleue et fauve. La noire est la mieux fixée et la plus pratique.

Observations sur le Standard. « On voit, écrit M. Delacour, qu'en fixant le Standard, on a évité toute exagération de caractères, qui auraient pu développer certaines qualités au détriment des autres. »

Dans la variété noire, *tout le plumage* doit être à reflets verts.

Les poussins sont très souvent marqués de blanc, qui disparaît à la première mue. Ce n'est pas là un défaut, et il n'y a pas lieu de s'en alarmer, si cette tendance ne s'accentue pas.

(1) Les éléments de cette monographie ont été puisés dans un article de M. Jean Delacour, paru dans la *Basse-Cour française* (N° d'août 1921, pp. 8-10).

« La variété blanche se reproduit généralement de couleur bien pure, mais ici la crête est souvent trop petite et il faudra choisir les reproducteurs parmi les Oiseaux à grande crête.

« La variété bleue est extrêmement jolie. Le ton doit être lavande foncée. Malheureusement, il est difficile d'obtenir des sujets de couleur bien uniforme. On y arrive avec les Poules, mais les Coqs ont presque toujours quelque défaut de coloration. On ne réussit bien qu'en alliant les Poules bleues à un Coq noir et *vice versa*. Cette variété a encore besoin d'être fixée.

« La variété fauve n'a pas encore été livrée au commerce (1920), et il n'a pas encore été possible jusqu'ici d'obtenir un Coq parfait, mais on espère arriver bientôt à un bon résultat (1). »

(1) J. DELACOUR : Une nouvelle race pratique, la la Poule de Mendel. *L'Oiseau. Supplément consacré à l'Aviculture de Basse-Cour*, 1920, pp. 17-18.

La race de Mendel comme race d'utilité. Cette race, au dire de ceux qui en ont pratiqué la variété noire, est bonne pondeuse et de chair blanche et fine.

« Je crois, dit M. Delacour, dans la *Basse-Cour française*, que la Mendel, si son élevage est habilement conduit, sera la volaille « à tout faire » de l'avenir. Elle demande encore, toutefois, à être fixée et sélectionnée avec le plus grand soin. »

Nous partageons pleinement, quant à nous, cette dernière opinion de M. Jean Delacour. En effet, les sujets de la variété noire de la race de Mendel, que nous avons vus exposés, nous ont semblé manquer un peu d'homogénéité, et cela n'a, d'ailleurs, rien d'étonnant chez une race issue de croisements encore récents. Nous n'ajouterons qu'un mot, c'est que M. J. Delacour serait très qualifié pour concourir à cette sélection.

RACE DE MENDEL

(Cliché de la Basse-Cour Française.)

Monographie de la race Marsh Daisy.

Trois variétés : Froment, Fauve, Blanche.

Origine. La Marsh Daisy (Pâquerette de Marais) est une Poule d'importation anglaise. Les premières volailles de cette race que nous avons vues furent exposées à Blois, lors de la « Grande semaine », en juin 1922.

relation avec un vieux paysan qui, au dire des habitants de son village, possédait une race de Poules remarquables, tant par leur élégance que par leur rusticité et par leur ponte.

« Un peu sceptique, nous dit-on, notre

(*Cliché de la Basse-Cour Française*).

COQ ET POULE MARSH DAISY « FROMENT »

Notre collègue de l'*Association scientifique avicole*, M. Frédéric Passy, qui en possède, a publié, dans le numéro de janvier 1923 de la *Basse-Cour française* (p. 7-9) un article auquel nous empruntons, en partie, les détails et l'illustration de cette monographie.

Un éleveur anglais, M. Charles Moore, — nous dit-il, — raconte, dans le *Marsh-Daisy Year Book*, l'histoire de cette race. En 1913, cet éleveur fut mis en

éleveur s'en fut trouver le vieux paysan ; après de longues discussions, il finit par acquérir deux de ces fameuses Poules qui, à vrai dire n'étaient pas aussi jolies que la rumeur publique le faisait espérer ! De couleur jaune sale, leur plumage n'était guère attrayant. Leur vivacité et leur prestance décidèrent cependant M. Moore à les acheter. »

Le paysan, d'ailleurs, ne se fit pas faute de raconter à M. Moore l'histoire de cette « race » de Poules. Il les élevait déjà depuis quinze ans. Son père les avait obtenues en croisant un Coq Malais et une Poule *Old English Game*. Depuis, notre homme les avait, disait-il, élevées constamment en consanguinité, sans introduction aucune d'un nouveau sang.

M. Moore s'en fut avec ses deux Poules, et il les mit avec un Coquelet *Old English Game*. Il les accoupla ensuite avec un Coquelet issu de ce croisement; et, l'année suivante, avec un Coquelet né de cette dernière union.

Les produits furent assez disparates; mais, après une sélection méthodique de plusieurs années et l'introduction de sang de *Sicilian Buttercup*, M. Moore finit par obtenir des sujets qui lui donnèrent satisfaction.

Ils étaient d'une « belle couleur froment, avec des pattes vert pâle. La Marsh Daisy variété froment (*wheeten*) était créée. »

M. Moore, poursuivant ses élevages, a obtenu depuis deux autres variétés, plus rares que la première : la blanche et la fauve.

Il paraît que cette race nouvelle est très en vogue de l'autre côté du Détroit. On cherche aussi à la « lancer » en France; mais la « race » ne nous semble pas encore bien fixée, et les Oiseaux qu'il nous a été donné d'observer formaient des lots manquant encore d'homogénéité.

Nous donnons ici, d'après **Standard.** M. Frédéric Passy, le standard anglais de cette race.

Trois variétés : Froment, Fauve, Blanche.

Caractères généraux. *Type : Corps :* trapu, massif chez le Coq, élancé chez la Poule. — *Port :* relativement droit. — *Poitrine :* bien développée et proéminente. — *Dos :* presque horizontal. — *Cou :* long. — *Tête :* fine, donnant au port général une allure élégante et enlevée. — *Crête :* fraisée, plate, hérissée de petites aspérités, aussi régu-

lières que possible, ne débordant pas sur les yeux, finissant en pointe horizontale. Les crêtes trop grandes sont à éliminer. — *Barbillons :* proportionnés à la crête. — *Oreillons :* en forme d'amande et aussi blancs que possible. — *Bec :* couleur de corne. — *Yeux :* iris d'un beau rouge. — *Pattes :* parfaitement lisses, dépourvues de plumes ou duvet, fines, de couleur vert olive. — *Doigts:* 4 doigts bien détachés. — *Ongles :* blancs ou couleur chair.

VARIÉTÉ FROMENT.

PLUMAGE DU COQ : *Camail :* châtain doré. — *Couvertures et lancettes :* or rouge. — *Dos et dessus des ailes :* à reflets dorés. — *Poitrine et dessous du corps :* bien dorés, sans aucune trace de noir. La sous-couleur est bleu ardoise. Éviter surtout les plumes blanches. Les plumes de la queue, de couleur dorée, deviennent de plus en plus foncées vers les faucilles, qui sont noires avec des reflets vert métallique.

PLUMAGE DE LA POULE : *Camail :* châtain foncé. — *Bouts des plumes :* frangés de noir. — *Épaulettes et miroir de l'aile :* marron. — *Rémiges :* brunes. — *Dos :* plus pâle. — *Poitrine et sous-couleur :* saumon clair. — *Queue :* bien noire. — *Caudales :* bien noires. Rechercher les plumes très noires dans la queue.

VARIÉTÉ FAUVE.

PLUMAGE DU COQ : *Tête et camail :* marron doré. — *Dos et épaulettes :* or foncé. — *Poitrine et dessus du corps :* d'un joli fauve, uniforme sur tout le corps. — *Plumes de la queue :* dorées, plus foncées vers les faucilles ,qui sont noires à reflets métalliques. — *Longues lancettes :* parfaitement noires à reflets vert métallique.

PLUMAGE DE LA POULE : *Tête et camail :* fauve doré; des tiquetures dans les rémiges ne donnent plus lieu à disqualification. — *Dos, ailes, dessous du corps :* couleur fauve uniforme. — *Caudales :* brun noir avec tiquetures et bordure noire. Les caudales tout à fait noires sont à rechercher. Quelques tiquetures dans les rémiges ne donnent plus lieu à disqualification.

VARIÉTÉ BLANCHE.

Bec, yeux, tête, crête, barbillons, pattes, etc., semblables à la variété Froment. Le plumage complètement blanc jusqu'à la peau. Toute autre couleur donne lieu à disqualification.

ÉCHELLE DES POINTS.

Type	20 points.
Tête	10 —
Crête et barbillons	10 —
Oreillons	13 —
Pattes	12 —
Plumage	20 —
Condition	15 —
Total	100 points.

Monographie de la race Catalane del Prat.

Plusieurs variétés.

Origine. Race espagnole provenant du croisement des Poules communes d'une localité des environs de Barcelone (*El Prat de Llobregat*) avec des Coqs asiatiques. Il en est résulté une excellente volaille, très appréciée sur les marchés de la capitale de la Catalogne, et dont il sera parlé plus loin, dans la monographie des races espagnoles diverses, à laquelle nous renvoyons (1).

Caractères. Qu'il nous suffise de dire ici que c'est une volaille à crête simple, à oreillons blancs, à tarses lisses bleu ardoisé, ou parfois blanc rosé (ce qui est un défaut), qui prend bien l'engraissement et atteint un poids respectable. Issue d'une race locale, adaptée au sol et au climat, elle est rustique et s'élève facilement. La ponte est satisfaisante. La Poule couve bien et est une éleveuse attentive.

Principales variétés : fauve, charbonnée, perdrix, saumonée, blanche.

Race de Paraiso.

Origine. Due à une création du Professeur Salvador Castelló qui l'a réalisée au château de Paraiso près de Barcelone, d'où son nom, M. Castelló ayant bien voulu présenter lui-même à nos lecteurs cette excellente volaille, dans une Monographie de Races gallines espagnoles, on en trouvera la description et les caractères à notre chapitre des races étrangères diverses (1).

(1) Voir page 463.

(1) Voir page 471.

CHAPITRE VIII

SEPTIÈME GROUPE

—

RACES NAINES

COMBATTANTS NAINS : Anglais — Malais — Indien — Aseel.

BANTAMS : Sebright — Pattu Blanc — Botté — Java.

RACES NAINES DIVERSES : Pékin — Barbu d'Anvers et ses variétés — Ardennaise — Barbarie — Coucou d'Écosse — Soyeuse Naine — Padoue et Hollandaise — Wyandotte.

FANTAISIE NAINES : Nagasaky — Samarang — Bantan Frisée — Wallikiki (Rumpless Bantan) — Sabot — Wallikiki huppée (Ghoondook) et Sabot.

SEPTIÈME GROUPE

Monographie des Combattants nains anglais.

Origine. Les Combattants nains anglais ou Bantam de combat (Game Bantam) sont les types réduits des Grands Combattants Anglais, dont ils offrent toutes les variétés de coloris.

Standard. Laissant, pour le moment, la question de couleur, que nous décrirons en étudiant chaque variété, nous nous occuperons tout d'abord des caractères de formes, qui sont les mêmes pour tous ces Oiseaux, et nous ne croyons pouvoir mieux les indiquer qu'en donnant *in extenso* les Standards anglais et américain.

Caractères généraux. COQ. — *Tête* : longue, maigre et étroite. — *Crête* (lorsqu'elle est non coupée) : fine, petite, nette, bien dentelée, parfaitement droite et raide. — *Bec* : long, fort et un peu recourbé. — *Yeux* : larges, fiers et proéminents. — *Face* : maigre, recouverte d'une peau de texture fine. — *Gorge* : longue, recouverte d'une peau fine et lisse. — *Barbillons* (lorsqu'ils sont non coupés) : petits, ronds et minces. — *Oreillons* (lorsqu'ils sont non coupés) : très petits et sans aucune trace de blanc. — *Cou* : long, élancé, formant avec la tête une courbe gracieuse. — *Camail* : court, étroit, formé de plumes serrées et dures. — *Dos* : dos plat et court, large aux épaules, se resserrant en pointe sur la queue. — *Poitrine* : large, sans être trop proéminente. — *Ailes* : courtes, bien recourbées, se serrant fortement contre le corps. — *Queue* : petite, ni bouffante ni étendue, portée bas. — *Faucilles* : peu abondantes, fines et minces. — *Couvertures de la queue* : étroites, courtes et fines. — *Cuisses* : longues, musculeuses, bien détachées, plutôt portées en avant. — *Jambes* : droites, longues, rondes, élancées, garnies d'écailles fines et serrées. — *Pieds* : bien plantés, les doigts minces et longs, bien étendus à plat, ongles réguliers. — *Plumage* : court, serré, dur et brillant. — *Corps* : Ferme, musculeux et compact.

Port : dressé, élégant et fin. Apparence pleine de vigueur, de souplesse et d'agilité, sans rien d'étriqué ni de lourd.

Poids : un coquelet ne doit pas peser plus de 370 grammes. Un coq adulte ne doit pas dépasser 665 grammes.

POULE. — *Tête* : longue, étroite, nette et de forme un peu pointue. — *Bec* : long, fort et légèrement courbe. — *Yeux* : grands, proéminents et brillants. — *Face* : maigre, recouverte d'une fine peau. — *Crête* : très petite, mince, nette, portée parfaitement droite, un peu basse par devant, bien dentelée. — *Barbillons* : petits, fins, minces et ronds. — *Oreillons* : très petits et serrés, sans aucune trace de blanc. — *Gorge* : longue. — *Cou* : long, élancé et légèrement arqué. — *Camail* : court, étroit et serré. — *Dos* : plat et court, large aux épaules et se resserrant vers la queue. — *Poitrine* : plutôt large, sans être trop proéminente. — *Ailes* : courtes, bien recourbées, se serrant contre le corps et bien au-dessus des cuisses. — *Queue* : courte, étroite et portée plutôt bas. — *Cuisses* : longues, musculeuses, bien détachées et portées plutôt en avant. — *Jambes* : droites, longues, rondes, élancées et garnies d'écailles fines et serrées. — *Pieds* : bien plantés, doigts minces et longs, bien étendus, portant à plat, ongles réguliers. — *Plumage* : court, serré et brillant.

Poids : une poulette ne doit pas peser plus de 480 grammes et une poule adulte plus de 570 grammes.

Port : dressé, élégant et fier.

En accordant 100 points à un Oiseau parfait sous tous les rapports, voici les points que l'on doit retrancher suivant les défauts qu'il peut présenter :

Tête défectueuse	10 points
Camail trop emplumé ou trop long	5 —
Queue trop forte, bouffante ou épandue	8 —
Ailes défectueuses, non serrées .	12 —
Corps épais et grossier	12 —
Tarses ou pieds défectueux ou hors de proportion	14 —
Plumage non conforme au Standard.....................	21 —

Taille trop forte (on doit retrancher 1 point par chaque once anglaise, 28 grammes environ, dépassant les poids indiqués plus haut; pour les poids inférieurs à ceux indiqués, on doit accorder 1 point en plus par once à ces Oiseaux).

Manque de symétrie	15 points.
Condition apparente ou état de l'Oiseau	15 —
Fermeté du corps de l'Oiseau soupesé à la main	12 —

DISQUALIFICATIONS. — Pieds de Canard. Poitrine déformée. Queue d'Écureuil, c'est-à-dire relevée vers le haut. Dos déformé.

Observations sur le Standard. L'on voit, par le tableau des points, que, si la correction du plumage est d'une grande importance, la forme, la condition et la taille jouent un rôle important dans la valeur du sujet.

Nous signalerons donc, tout particulièrement, les défauts les plus fréquents.

Dans la tête, le point le plus difficile à obtenir consistera dans la nuance rouge, sans aucun blanc, des oreillons. Ceci est surtout à considérer chez les Poules, puisqu'on pratique l'ablation de ces organes chez les mâles. Il faudra donc éviter de choisir des reproducteurs possédant ce défaut. L'écrêtage devra être également pratiqué chez les Coqs avec grand soin, car une crête mal coupée fera perdre très facilement un bon rang à un sujet presque parfait. La crête devra toujours être simple chez les mâles non écrêtés et chez les femelles.

La tête ne peut être jamais assez longue, dans sa longueur réside la beauté.

Le cou devra être long, élancé et plutôt grêle. On éliminera les sujets qui ont *un cou de taureau* ou un cou trop court.

Les plumes du cou devront être aussi serrées et étroites que possible, le camail court ne devra en aucun cas recouvrir les petites couvertures des ailes.

Le dos devra être plat; il arrive souvent qu'il est légèrement bombé : c'est un défaut assez sérieux. On rencontre plus rarement des dos creux, défaut plus grave encore.

Les membres ont une grande importance dans l'échelle des points, ils devront être longs, plutôt maigres, mais fortement musclés, parfaitement détachés du corps, ils devront aussi être ronds; les membres aplatis par devant ou carrés dénotent une faiblesse dans la constitution de l'Oiseau et sont considérés comme un grave défaut, non seulement dans les sujets de concours, mais aussi et surtout chez les reproducteurs.

Les doigts, à ongles réguliers, doivent être longs, bien détachés, portés bien à plat sur le sol. Le doigt de derrière doit se trouver tout à fait au bas de la jambe et dans une direction exactement opposée à celle du doigt du milieu. Si ce doigt se trouve sur le devant de la jambe et se dirige dans le même sens que les autres doigts, au lieu d'être absolument opposé, l'Oiseau est dit : à pieds de Canard, et cela entraîne sa disqualification.

Ce défaut doit être absolument évité chez les reproducteurs, car il se transmet avec une constance étonnante. Si ce doigt de derrière a une bonne direction, tout en étant placé trop haut, ce ne sera pas un motif de disqualification; mais on considérera le sujet comme ayant un pied défectueux et on lui retranchera un certain nombre de points.

Les ailes devront être courtes, bien recourbées et serrées contre le corps; si l'Oiseau les porte trop haut, il est dit à ailes d'oie, mais s'il les porte bas et presque traînantes, le défaut est encore plus grave.

Un grand nombre de Bantam ont les ailes trop longues ou mal recourbées, ce qui ne leur permet pas de les serrer contre le corps.

Il faut absolument réformer les reproducteurs qui offrent ces caractères.

La queue doit être courte, réunie en faisceau et portée très légèrement au-dessus de l'horizontale, elle ne doit pas être composée de plus de 14 caudales et celles-ci doivent-elles être étroites et courtes ; les faucilles du coq doivent également être étroites et courtes et former une sorte de *fouet* qui contribue à l'élégance du sujet.

Le plumage doit être dur et serré ; une nourriture appropriée contribue en partie à ce résultat, qui vient surtout du choix judicieux des reproducteurs. Cette qualité est fort difficile à obtenir dans les variétés à ailes de canard et Birchen. Les Coqs méritants sous ce rapport ont une tendance à avoir un plumage foncé.

Lorsqu'on prend un Bantam dans la main, on doit sentir un corps dodu tout en étant très ferme et musclé.

La taille est fort cotée dans l'échelle des points. Mais, à notre avis, le Standard donne une impulsion dangereuse et, en la suivant de trop près, on obtient des Oiseaux, minuscules, il est vrai, mais d'une santé délicate et souvent impropres à la reproduction.

A. Variété Black Red de Combattant nain doré.

DESCRIPTION D'APRÈS LE STANDARD ANGLAIS

COQ. — *Tête :* rouge orangé. — *Face et gorge :* garnies d'une peau rouge brillante. — *Yeux :* rouge rubis. — *Bec :* corne foncée. — *Camail :* rouge orange, clair sans aucune rayure. — *Dos :* rouge vif. — *Épaules et pommeau de l'aile :* noirs. — *Couvertures des ailes :* rouge cramoisi. — *Barre de l'aile :* bleu d'acier. — *Rémiges primaires :* noires à l'exception des deux plus basses, dont le bord extérieur est bordé de bai. — *Rémiges secondaires :* bai clair en dessus, et noires en dessous. — *Reins :* rouge orange, de même coloris que le camail. — *Queue :* noire. — *Couvertures de la queue et faucilles :* noir brillant à reflets bleus. — *Poitrine et cuisses :* noir brillant à reflets bleus. — *Dessous du corps :* noir sans teinte roussâtre. — *Jambes et pieds :* jaune vert ou olive.

POULE. — *Tête :* couleur d'or. — *Face, crête, oreillons, barbillons :* rouge vif. — *Yeux :* rouge rubis. — *Camail :* doré, chaque plume portant une raie longitudinale très étroite mais bien définie. — *Dos, épaules, couvertures des ailes, barre des ailes :* d'un brun uni, finement vermiculés ou crayonnés de noir. — *Rémiges primaires :* noires. — *Rémiges secondaires :* bord extérieur brun, vermiculé de noir comme les couvertures, les autres parties noires. — *Queue :* noire à l'exception des plumes supérieures qui sont brunes, vermiculées de noir comme le dos. — *Gorge :* saumon clair. — *Poitrine :* saumon rouge, passant au gris cendré sous le ventre. — *Cuisses :* saumon pâle ou gris cendré. — *Jambes et Pieds :* vert olive.

Observations sur le Standard. Le Coq dont nous venons de donner la description forme le type propre pour les expositions ; mais, s'il donne, comme reproducteur, des coquelets assez semblables à lui-même, les poulettes qui naîtront de lui auront une teinte rouillée ou jaune sur les ailes, ainsi qu'une poitrine trop claire, défauts à éviter.

Un point essentiel consiste en un camail d'un beau rouge orange, sans aucune rayure longitudinale, ce qui se produit assez fréquemment. A ce propos, notre confrère du *Poultry Monthly*, M. H.-J. Babcock, nous signale une particularité assez peu connue des éleveurs. Tous les Coqs Bantam, comme nous venons de le dire, doivent avoir un camail sans aucune rayure apparente, quoique cette rayure se trouve parfois sur les plumes de dessous. Or, à la mue d'été, ce camail parfait disparaît et est remplacé par un autre formé de plumes plus courtes, moins pointues, et ayant toutes une raie longitudinale ; il est alors tout différent de ce qu'il était précédemment ; ce camail défectueux disparaît au bout de quelques semaines pour donner de nouveau place à un camail correct. Ce changement de plumage peut se comparer à celui qu'effectuent les Canards communs, de Rouen et autres, qui prennent pendant un certain temps le plumage de la Cane. On assure qu'une mue comparable à celle que nous venons de signaler se produit chez le Coq Bankiva. Un défaut qu'il faut absolument éviter et qui se rencontre fréquemment dans les Black-Red, c'est une teinte bleuâtre aux tarses, qui indique un croisement avec les Combattants nains à ailes de Canard. Les tarses doivent être vert olive ou vert jaune et ne jamais tirer sur le bleu. Chez la Poule, le vermiculage ou crayonnage doit être très net sans être trop large; lorsqu'il est particulièrement large, le défaut est considéré comme assez grave. Toute trace de rouille ou de fauve rougeâtre dans le plumage doit être absolument évitée. Pour faciliter l'obtention de Coqs corrects, les éleveurs ont souvent une tendance à conserver des poules trop claires; il ne faut pas suivre cette voie, surtout pour les sujets de concours.

Choix des reproducteurs. — Il ne faudrait pas s'imaginer qu'en alliant deux sujets parfaits, on obtienne des jeunes présentant les qualités exigées par le Standard. L'obtention de sujets irréprochables exige, au contraire, la formation de deux parquets de reproducteurs.

Il faut avant tout insister sur la santé des reproducteurs, sinon la tendance à la maladie augmentera chez les descendants, avec la délicatesse des sujets.

On donne, en général, trois Poules à un Coq; on pourrait aller jusqu'à huit, mais il est préférable de constituer le parquet d'un petit nombre de sujets aussi parfaits que possible.

Pour la formation du parquet destiné à produire des Coqs, on choisira comme mâle un Oiseau élégant (une taille légèrement trop forte ne doit pas arrêter dans ce choix et possédant surtout un plumage très brillant; il faudra également veiller à ce qu'il ait le dos court, le bréchet non déformé et le doigt de derrière bien disposé. A ce mâle, on donnera trois poules au plumage aussi serré que possible avec un camail clair et une teinte plutôt argentée; le plumage du dos, des épaules, des couvertures des ailes, devra, au lieu d'être franchement brun, posséder une teinte rougeâtre (défaut pour les sujets d'exposition). Chaque plume bordée d'un liseré doré. Les Poules devront aussi être courtes de corps, de petite taille; elles auront une queue très courte et des épaules aussi proéminentes que possible. Les Poules possédant ce plumage sont connues sous le nom de Wheaten. Pour la formation d'un parquet destiné à produire des femelles, il faudra choisir de préférence un mâle d'une nuance plus foncée que celui employé pour la production de Coqs; son dos, au lieu d'être d'un rouge vif, devra être plutôt rouge brique, ses épaules et barres des ailes devront être aussi noires que possible et les plumes de teinte uniforme sans aucune bordure. Il est bon d'avoir un sujet non écrêté, on jugera ainsi de la valeur de sa crête qu'il transmettra aux Poules, celles-ci n'étant point écrêtées, ce point a de l'importance. Les Poules devront être aussi parfaites que possible comme couleur, plutôt foncées, sans teinte rougeâtre et avec un crayonnage bien marqué, sans être trop large. Il est absolument impossible d'obtenir de bonnes poulettes de mères d'un coloris fautif. Ces dernières devront aussi être parfaites comme forme et comme taille sans être toutefois trop petites. Les éleveurs anglais, non contents d'établir des parquets spéciaux pour chaque sexe, élèvent spécialement des sujets destinés à former la remonte desdits parquets, comme s'ils avaient affaire à deux races spéciales. Aussi une partie de leur basse-cour sera destinée à fournir des Coqs pour le parquet devant produire des Coqs, l'autre pour celui produisant des Poules.

Sans suivre cet exemple et sans recourir à des parquets différents pour chaque sexe, on peut adopter un moyen terme et obtenir d'assez bons sujets avec un seul parquet. Pour cela on choisira un Coq analogue à celui indiqué pour le parquet devant produire des poulettes, mais avec une nuance plus claire sur le dos et avec un plumage brillant, on l'unira à quatre Poules, dont deux présenteront le type indiqué pour la production des Coqs, et les deux autres seront du type indiqué pour la production des femelles.

Cette méthode donnera de bons résultats, en évitant l'embarras de deux parquets.

B. Combattant nain brun doré (Brown Red).

DESCRIPTION D'APRÈS LE STANDARD ANGLAIS.

COQ. — *Tête* : jaune citron doré, finement rayé de noir. — *Crête* (lorsqu'elle n'est point coupée) : rouge très foncé tirant sur le pourpre. — *Face* : très foncée, d'un noir de mûre ou pourpre noir. Les anglais disent « face de bohémienne ». — *Œil* : noir (un œil rouge ou clair est un grave défaut). — *Bec* : corne très foncée. — *Barbillons et oreillons* (lorsqu'ils ne sont point coupés) : foncés de même couleur que la face. — *Camail* : jaune citron doré, chaque plume portant en son milieu une raie longitudinale noire. — *Couverture des épaules, dos, lancettes* : jaune citron clair. — *Épaules et pommeau de l'aile* : noirs. — *Petites couvertures de l'aile* : jaune citron. — *Grandes tectrices* : noir brillant. — *Rémiges primaires et secondaires* : noires. — *Queue* : noire. — *Faucilles et couvertures de la queue* : noires avec reflets verdâtres. — *Poitrine* : noire. Chaque plume bordée de jaune citron clair de manière à former un dessin régulier, chaque plume se détachant bien en forme de fer de lance. Ce dessin continue sous les parties inférieures jusqu'aux cuisses. — *Dessous du corps et cuisses* : noirs. — *Tarses, pieds, doigts et ongles* : bronze très foncé, presque noirs.

POULE. — *Tête* : citron ou jaune paille. — *Face, crête, oreillons, barbillons* : noirs ou pourpre noir. — *Œil* : noir. — *Bec* : noir ou corne très foncée. — *Camail* : paille, finement rayé de noir. — *Poitrine* : noire, chaque plume bordée de jaune paille. — *Restant du plumage* : noir verdâtre à reflets. — *Tarses et pieds* : bronze foncé ou noirs.

Observations sur le Standard. Comme son nom anglais l'indique, le Coq Brown-Red ou brunrouge avait autrefois un plumage où le rouge et le rouge orangé occupaient une grande place, la poitrine était ornée alors d'un beau dessin brun. C'était ainsi un fort joli Oiseau, mais peu à peu la mode a exigé des nuances plus claires, les rouges intenses ont fait place à des jaunes plus ou moins clairs, et aujourd'hui c'est le jaune citron clair qui est le plus apprécié. Au lieu de brun-rouge, on devrait dénommer aujourd'hui cette race noir-citron et le nom français de brun-doré lui est mieux approprié que l'appellation anglaise. Puisque nous nous occupons de la couleur générale de ce type, il est bon de faire remarquer que, dans les variétés de Bantam à nuances claires, le plumage est bien moins dur et serré que dans les autres variétés. Cette qualité importante est fort difficile à obtenir chez les Bantam à ailes de Canard et les Birchen; nous en ignorons la cause, mais le manque de pigment est corrélatif; ainsi, à mesure que les Brown-Red devenaient plus clairs et adoptaient la coloration citron clair, le plumage était de moins en moins dur et serré. Pour réparer ce défaut, certains éleveurs, et non des moins méritants, ont une tendance à revenir aux anciennes colorations. Nombreux sont ceux qui adoptent le jaune doré, quelques-uns admettent même l'orangé. Il est évident qu'il se produira avant peu un changement dans le Standard.

Néanmoins, le jaune citron clair étant toujours exigé dans le Standard, nous étudierons le moyen d'obtenir des sujets parfaits suivant les points actuellement admis.

Plusieurs méthodes se présentent :

On peut unir entre eux des Coqs et des Poules offrant tous les caractères requis par le Standard, en insistant surtout sur la régularité et la netteté du dessin de la poitrine. De pareilles unions produiront certainement un petit nombre de jeunes assez bons.

Un Coq possédant une coloration citron clair dominante, et ayant sur la poitrine les bordures des plumes plus larges que le Standard l'exige, pourra, malgré des défauts dans les autres parties du plumage, donner d'assez bons coquelets si on l'unit à des poules bien noires dans les parties qui doivent être de cette couleur, et offrant un plumage correct, tout en étant foncé. Les coquelets seront surtout remarquables par la beauté de leur devant, les poulettes varieront du noir au brun, mais seront élégamment crayonnées. Un Coq ayant un camail fortement rayé de noir, une poitrine peu marquée de jaune et offrant une coloration générale plus foncée que celle du Standard, donnera de son union avec des poules correctes des poulettes parfaites, mais les coquelets seront trop foncés.

Ce même Coq uni à une Poule trop claire donnera une faible proportion de poulettes correctes, mais les coquelets auront la coloration voulue. Quoique, comme nous venons de le voir, des unions appropriées produisent un certain nombre de descendants corrects des deux sexes, M. Proud conseille, pour l'élevage des Bantam de combat nain brun doré, l'établissement de deux parquets : l'un pour produire les Coqs, l'autre pour la production des Poules.

Pour obtenir des coquelets, on choisira un Coq parfait en couleur, possédant surtout la partie supérieure du corps d'un beau jaune citron clair. Le dessin de la poitrine devra être le plus étendu possible tout en étant clair et distinct, les épaules et le pommeau de l'aile devront aussi être bien noirs sans aucun crayonnage jaune. Un autre point important est l'œil : celui-ci devra être très foncé sinon noir; ne choisissez jamais comme reproducteur un Oiseau à œil rouge ou clair. Les Poules à unir au Coq ainsi choisi devront être de taille élevée, de plumage serré et possédant un camail d'un jaune citron bien pâle; il faudra veiller à ce que ce jaune pâle s'étende sur la tête elle-même. C'est là que réside le secret pour obtenir des coquelets au coloris brillant. Si donc vous voulez obtenir des coquelets au plumage éclatant, ne prenez jamais des Poules à tête foncée, mais tenez à ce que le jaune pâle du camail s'étende sur la tête et jusqu'au-dessous et autour de la crête; si les Poules possèdent un crayonnage ou des marques jaunes sur le plumage noir du dos, ne vous inquiétez pas de ce défaut, grave pour une exposition, mais qui devient ici une qualité; les jeunes Coqs qui descendront de pareilles mères auront, au contraire, un dos parfait, à coloration jaune bien étendue. Les poulettes issues d'un parquet composé suivant ces règles ne seront pas exposables, mais vous pourrez les conserver pour vous en servir plus tard à la production des coquelets; il se pourrait qu'il se rencontre parmi ces jeunes poulettes un sujet possédant un camail très clair et ayant le dos, les épaules et les ailes rayés, crayonnés ou marbrés de jaune clair : conservez-la précieusement, elle sera, si elle est correctement appareillée, la souche de coquelets magnifiques.

Pour obtenir des poulettes, il n'est point nécessaire d'avoir un Coq aussi clair que précédemment, un mâle de couleur orangée ou même plus foncée conviendra mieux, mais il faudra veiller à ce que les plumes de son devant soient régulièrement bordées et que le dessin s'étende jusqu'aux cuisses, sans interruption ou taches, l'œil devra être noir ou foncé. Les Poules à choisir auront les parties noires d'une coloration profonde, le dessin de la poitrine devra être très régulier sans jamais s'étendre sur les parties supérieures des épaules et couvertures des ailes. C'est un point très important dans l'obtention des poulettes. Le camail devra être très clair et brillant; en résumé, le type à choisir comme poule se rapproche de celui exigé par le Standard. Un parquet ainsi composé donnera un certain nombre de poulettes correctes; les Coqs, sans être entièrement défectueux, ne seront pas de première valeur, ils manqueront peut-être un peu de jaune, c'est-à-dire que cette couleur ne s'étendra pas suffisamment sur les parties qu'elle doit occuper; la nuance aussi sera un peu foncée. Ces coquelets ne devront pas être tous sacrifiés, il est bon d'en conserver quelques-uns qui serviront dans la suite de mâles dans les parquets destinés à la production des femelles. En agissant ainsi, on travaillera pour l'avenir et l'on créera une race à soi.

Il est évident que l'on a éclairci la coloration primitive des *Brown-Red* par un croisement avec les *Birchen* ou *bruns argentés*, et c'est dans ce croisement que réside l'origine de la coloration jaune citron clair. On peut se demander s'il ne serait pas plus aisé d'obtenir des sujets parfaits en employant dans les parquets de reproducteurs soit un Coq, soit une Poule *Birchen*. Ce moyen est dangereux; car le croisement avec les Birchen influe sur la coloration noirâtre de la face typique du Brown-Red. Il arrive parfois qu'on a beau s'ingénier dans le choix des Coqs et des Poules destinés à la reproduction, les reproducteurs employés ne veulent jamais produire des Coqs ni à camail et à dos clairs, ni à poitrine ornée de plumes régulièrement bordées de jaune. On est alors forcé d'avoir recours au sang des Birchen, mais il faut opérer avec grande prudence.

On choisira donc un Coq Birchen chez qui la couleur blanc d'argent s'étende largement sur les parties supérieures du corps; le camail devra être d'un blanc argent pur, la poitrine être ornée de plumes bordées de blanc formant un dessin régulier. Ce Coq sera mis avec deux ou trois Poules Brown-Red aussi parfaites que possible. De ce parquet vous obtiendrez des coquelets d'un beau jaune clair et possédant une poitrine à lacis correct. Ils seraient parfaits si leurs faces n'étaient point trop rouges et leurs yeux trop clairs. Choisissez les sujets offrant la taille la plus élevée, la coloration la plus claire et possédant également une poitrine aux plumes régulièrement bordées de jaune paille. La saison suivante, vous les unirez aux mêmes poules. Parmi les jeunes issus se trouveront des coqs très beaux et offrant déjà une coloration plus foncée dans la face et dans l'œil.

C. Combattant nain argenté (Birghen).

COQ. — *Tête* : blanc d'argent. — *Face et crête, barbillons, oreillons* (lorsque l'écrêtage n'est pas pratiqué) : très foncé, tirant sur le noir et se rapprochant le plus possible de la nuance de ces parties chez le brun argenté. — *Œil* : aussi foncé que possible. — *Bec* : corne foncée. — *Camail* : blanc d'argent, chaque plume portant en son milieu une fine raie longitudinale noir foncé. — *Couverture des épaules, dos et lancettes* : blanc et argent. — *Épaules et pommeau de l'aile* : noirs. — *Petites couvertures de l'aile* : blanches. — *Grandes tectrices* : noir brillant. — *Rémiges primaires et secondaires* : noires. — *Queue* : noire. — *Faucilles et couvertures de la queue* : noires à reflets verdâtres. — *Poitrine* : noire, chaque plume bordée de blanc et formant un dessin régulier analogue à celui du brun doré. — *Cuisses* : noires, les plumes de devant également bordées de blanc. — *Restant du plumage* : noir. — *Tarses, pieds et ongles* : brun foncé bronzé, presque noir.

POULE. — *Tête* : blanc d'argent. — *Face, crête, oreillons, barbillons* : rouge foncé. — *Œil* : foncé. — *Bec* : corne foncée. — *Camail* : blanc, finement rayé de noir. — *Poitrine* : noire, chaque plume bordée de blanc. — *Restant du plumage* : noir verdâtre à reflets. — *Tarses et pieds* : bronze foncé ou noirs.

Observations sur le Standard.

La description que nous venons de donner montre que les bruns argentés doivent ressembler en tous points aux bruns dorés, à l'exception des parties du plumage qui, jaune citron chez les bruns dorés, doivent être blanc d'argent chez les argentés.

Ces caractères sont les indices d'une proche parenté entre les deux espèces : en effet, les bruns dorés ou Birchen sont les produits du croisement d'un Coq brun doré avec une Poule Combattant argenté à ailes de Canard. Cette Poule donne aux jeunes les différentes marques blanc d'argent du plumage qui caractérise les bruns argentés, mais elle influe aussi sur la teinte de l'œil, de la face, de la crête, des oreillons et barbillons. Aussi les bruns argentés ont-ils une tendance à avoir l'œil rouge ou clair, au lieu de l'avoir foncé ou noir comme l'exige le Standard ; toutefois, il est impossible d'obtenir un œil aussi foncé que chez les bruns dorés, il en est de même de la couleur de la face, la face rouge de la Poule tend à rendre plus claire la face de ses descendants et la couleur *noir de mûre* exigée est fort difficile, sinon impossible, à conserver. Mais si des colorations parfaites ne peuvent être obtenues dans ces différentes parties, les efforts des éleveurs devront tendre à sélectionner leurs reproducteurs, de manière à obtenir des jeunes ayant la face et les yeux aussi foncés que possible.

Les bruns argentés, les poulettes plus particulièrement, ont une tendance à avoir le sommet de la tête d'une coloration sinon noire, du moins plus foncée que le camail lui-même. Il faut veiller à ce défaut et l'éliminer par sélection. Par suite du croisement primitif, l'influence de la Poule argentée à ailes de canard se fait sentir sur le plastron des poulettes Birchen, les plumes de cette partie du corps sont parfois irrégulièrement bordées de blanc, d'autres fois la largeur de cette bordure est insuffisante ; enfin il arrive également que les plumes noires du dos ou des ailes soient aussi bordées de blanc ; ce sont là de graves défauts, difficiles malheureusement à faire disparaître. Quant aux coquelets, avec l'œil et la face de nuance claire qu'ils tiennent de leur mère, ils montrent souvent un autre défaut, venant du côté paternel cette fois, c'est la présence d'une teinte jaune paille dans le camail ou dans les autres parties du corps qui doivent être d'un blanc d'argent pur.

Nous avons dit que les bruns argentés provenaient d'un croisement. Voici la marche à suivre pour un éleveur qui voudrait créer lui-même sa race de Birchen (1).

On unit un Coq brun doré à une Poule argentée à ailes de canard, les poulettes obtenues sont alliées dans la suite à un Coq brun doré ; les Poules issues de ce deuxième croisement seront encore unies à un coq brun doré bien coloré, on obtiendra ainsi des sujets assez bons, des Poules plus particulièrement ; celles-ci auront un camail bien argenté et le dessin de la poitrine prononcé et régulier, les Coqs, néanmoins, auront souvent du jaune dans leur camail, il faudra alors croiser le meilleur de ces Coqs à une Poule argentée à ailes de Canard, de ces croisements naîtront de bons sujets mâles,

(1) Tous ces croisements, usités en aviculture « sportive », sont aussi très intéressants à réaliser et à contrôler pour le zootechnicien, qui étudie l'hérédité des caractères.

D. de M.

que l'on accouplera avec les Poules précédemment obtenues. Voilà la race créée; mais il faudra encore lutter avec la face et l'œil clairs qui ne s'élimineront que par une longue sélection. Aussi est-il préférable de se procurer tout de suite de bons sujets, plutôt que d'essayer de les obtenir par ces croisements successifs. Pour le choix des reproducteurs, on appliquera des règles analogues à celles que nous venons d'émettre en parlant des bruns dorés, en se rappelant seulement que, dans ce cas, le blanc d'argent doit se trouver partout où régnait le jaune citron.

Les bruns dorés (Brown Red) et les bruns argentés (Birchen) sont de très jolis Oiseaux, chez qui la perfection peut être assez facilement obtenue; on se demande pourquoi ils jouissent actuellement de si peu de vogue. A l'un des concours du Bantam-Club français, lorsque le nombre des sujets exposés dans les classes des Combattants nains dorés et argentés à ailes de Canard était de 34 et de 21, il y avait seulement 8 bruns dorés et 15 bruns argentés. Ces jolies races mériteraient certainement d'attirer, d'une manière plus sensible, l'attention des éleveurs de races naines.

D. Combattant nain à ailes de Canard.

Standard. Il existe, de cette jolie race, deux variétés, la dorée et l'argentée, dont voici la description d'après les Standards américain et anglais :

COMBATTANT NAIN ARGENTÉ
A AILES DE CANARD.

Couleurs. COQ. — *Tête :* blanc d'argent pur. — *Face, crête, barbillons et oreillons* (lorsque l'écrêtage n'est pas pratiqué) : rouge vif. — *Œil :* rouge brillant. — *Bec :* corne foncée. — *Camail :* blanc d'argent. — *Couvertures des épaules, petites couvertures des*

ailes, dos et lancettes : blanc d'argent. — *Épaules et pommeau de l'aile :* noirs. — *Grandes tectrices :* bleu d'acier. — *Rémiges primaires :* noires, à l'exception du bord inférieur des dernières qui doit être blanc. — *Rémiges secondaires :* à barbes internes noires et à barbes externes blanches, à l'exception des pointes qui sont d'un noir bleu, formant dans leur ensemble, quand l'aile est ployée, un large liseré noir bleu. — *Poitrine et cuisses :* noir bleu. — *Dessous du corps :* noir profond. — *Queue :* noire. — *Couverture de la queue et faucilles :* noires à reflets bleus. — *Tarses et pieds :* vert olive ou vert bronzé.

POULE. — *Tête :* blanche. — *Face, crête, oreillons, barbillons :* rouge vif. — *Œil :* rouge de rubis. — *Bec :* corne foncée. — *Camail :* blanc avec étroites rayures longitudinales noires. — *Gorge et poitrine :* saumon pâle. — *Cuisses et dessous du corps :* gris de cendres. — *Dos, épaules, grandes et petites couvertures des ailes :* gris clair finement vermiculé de noir. — *Rémiges primaires :* noires. — *Rémiges secondaires :* à barbes internes noires et à barbes externes gris clair vermiculé de noir. — *Queue :* noire, à l'exception des plumes supérieures qui sont de même coloration que celles du dos. — *Tarses et pieds :* jaune clair et vert bronzé.

Standard. Voici les couleurs du Standard, pour cette variété.

COMBATTANT NAIN DORÉ
A AILES DE CANARD.

Couleurs. COQ. — *Tête :* blanc crème. — *Face et crête, barbillons, oreillons* (lorsque l'écrêtage n'est pas pratiqué) : rouge vif. — *Œil :* rouge rubis. — *Bec :* corne foncée. — *Camail :* blanc crémeux, sans aucune rayure noire. — *Dos :* orange clair ou jaune doré. — *Épaules et pommeau de l'aile :* noirs. — *Couvertures des épaules et petites couvertures des ailes :* orange clair ou jaune doré. — *Grandes tectrices :* bleu d'acier. — *Rémiges primaires :* noires, à l'exception du bord inférieur des dernières qui doit être brun clair. — *Rémiges secondaires :* à barbes internes noires et à barbes externes blanches, à l'exception des pointes qui portent une tache bleu foncé, formant ainsi dans leur ensemble, quand l'aile est ployée, un large liseré noir bleu. — *Lancettes :* jaune paille. — *Poitrine et cuisses :* noir bleu. — *Dessous du corps :* bien noir, sans aucun bleu. — *Queue :* noir bleu. — *Couvertures de la queue et faucille :* noir bleu à reflets. — *Tarses et pieds :* jaune olive ou vert bronzé.

POULE. — *Tête :* blanc argent. — *Face, crête, oreillons, barbillons :* rouge vif. — *Œil :* rouge rubis. — *Bec :* corne foncée. — *Camail :*

blanc avec étroite rayures longitudinales noires.
— *Gorge* : saumon clair. — *Poitrine* : saumon
vif passant au gris sur les cuisses et le ventre. —
*Dos, épaules, grandes et petites couvertures des
ailes* : gris ou gris ardoise, clair, finement vermiculé de noir. — *Rémiges primaires* : noires. —
Rémiges secondaires : à barbes internes et à
barbes externes de même coloration que les
couvertures. — *Queue* : noire, à l'exception des
plumes de dessus qui ont la même couleur que
celles du dos. — *Tarses et pieds* : jaune olive
ou vert bronzé.

Observations sur le Standard. On constatera qu'il
existe peu de différence
entre les deux variétés.
Le Coq argenté se dis-
tingue du doré par son
camail, son dos, les petites couvertures des
ailes et lancettes qui sont d'un blanc pur,
tandis que, en ces parties, domine le
jaune ou l'orange chez le doré. La Poule
argentée est, d'une manière générale,
plus claire que la dorée.

Dans certaines contrées, on n'estime
qu'une seule de ces variétés. Ainsi, en
Angleterre, la dorée est recherchée pour
les expositions; en Amérique, au contraire, l'argentée l'emporte de beaucoup
sur l'autre.

Il est bon de faire remarquer que l'argentée a été la première créée, tandis que
la variété dorée a été obtenue par le croisement d'une Poule argentée, à ailes de
Canard, avec un Coq nain doré (Black-
Red).

Pour être complet, nous indiquerons la
manière d'élever les argentés aussi bien
que les dorés.

Le nom de Combattants à ailes de Canard leur vient de la disposition des couleurs de l'aile, qui rappelle un peu le
miroir de certaines variétés de Canards;
l'aile, une fois fermée, doit, en effet, présenter au-dessus de la partie blanche une
large bande bleu d'acier, formée par les
grandes couvertures ou tectrices. Il est de
toute importance que cette barre de l'aile
soit bien prononcée et régulièrement

définie, et les Combattants nains à ailes
de canard pèchent souvent par là.

Variété argentée à ailes de Canard.
— L'accouplement d'un coq et d'une
poule conformes au Standard donne d'assez bons résultats, tant pour la production de coquelets que pour celle de poulettes.

Toutefois, les éleveurs les plus habiles
préfèrent avoir des parquets spéciaux
pour la production des mâles et des femelles.

Pour avoir de beaux coquelets, on conseille de choisir un Coq ayant la poitrine
bien développée et d'un noir profond;
cette coloration doit être intense et se
maintenir jusque sous la gorge; les autres
parties du corps, quoique moins importantes dans ce choix, doivent se rapprocher le plus possible du Standard. Les
femelles devront être d'une nuance générale argentée, avec une poitrine saumon
pâle et un camail aussi peu rayé de noir
que possible.

On obtient aussi de très bons résultats
en unissant un Coq pareil à celui que nous
venons de décrire à une Poule argentée à
ailes de Canard de la variété Wheaten;
nous décrirons plus loin les Poules dites
Wheaten.

Pour obtenir de bonnes poulettes, choisissez de préférence un mâle avec une
poitrine plutôt grisâtre ou mieux pommelée de gris ou de blanc, et ayant les couvertures de la queue bordées de blanc ou
de gris. Pour un pareil Coq, un camail rayé
de noir n'est pas un défaut, au contraire.
Comme Poules, accordez votre préférence
à celles dont le plumage sera le mieux
vermiculé de noir.

Variété dorée à ailes de Canard. —
Pour la formation des parquets, on peut
procéder comme suit, en se rappelant que
les dorés proviennent, à l'origine, d'un

croisement entre les argentés à ailes de Canard et les Combattants nains dorés ou Black-Red :

1º L'union de sujets conformes au Standard donne parfois, mais en assez faibles proportions, de bons sujets;

2º Accouplez un Coq doré à ailes de canard à une Poule dorée Wheaten ou à une Poule Black-Red, et vous aurez de beaux coquelets;

3º Un Coq Black-Red uni à une Poule dorée Wheaten donnera une forte proportion de beaux coquelets. Dans tous les parquets où l'on emploiera des Black-Red, il faut veiller à ce que les Coqs aient le camail, le dos et les lancettes d'une nuance orangée très clair.

On n'obtiendra jamais un bon résultat avec des sujets foncés. Il en serait de même avec les Poules Black-Red qui auraient des plumes noires ou foncées sur la tête au lieu d'être orange clair; ce défaut se transmettrait chez les poulettes à ailes de Canard et serait fort grave. Il est à remarquer que, dans les croisements où l'on emploie la Poule Black-Red, il se trouvera toujours un certain nombre de poulettes qui offriront à peu près tous les caractères de la race Black-Red; il sera bon de les conserver, car ces Poules pourront s'employer plus tard à la place des Poules Black-Red pures et seront préférables pour la production de Coqs dorés à ailes de Canard.

Forcés de nous restreindre, nous n'avons pu tracer que les règles les plus importantes utilisées pour la formation des parquets de reproducteurs. Les dorés à ailes de Canard étant un croisement d'argentés à ailes de Canard et de Black-Red, il est toujours très difficile de maintenir en de justes proportions ce mélange de sang de manière à obtenir les sujets désirés et sans que l'une des deux races mères ne prédomine. Mais il serait inutile de nous étendre là-dessus; c'est à l'éleveur seul d'apprendre, par l'expérience et la connaissance de la race qu'il possède, la meilleure voie à suivre et le moment où il sera utile d'introduire du sang nouveau soit de Black-Red, soit d'argenté à ailes de Canard.

Dans le choix des reproducteurs, il sera fort utile de les mettre de côté lorsqu'ils sont encore fort jeunes. On connaîtra ainsi mieux leur plumage; car celui-ci subit quelquefois des modifications lorsqu'arrive l'âge adulte. Les Combattants nains étant en général exposés fort jeunes, c'est surtout le premier plumage qui a de l'importance, les parents, dans ce cas, auront dû posséder, dès leur jeune âge, les colorations désirées par l'éleveur.

E. Combattant nain Pile.

Standard. Nous donnons ci-dessous la description de cette variété, telle qu'elle est admise par le Standard anglais.

Couleurs. COQ. — *Tête* : rouge orange. — *Face et crête, oreillons, barbillons,* lorsque l'écrêtage n'est pas pratiqué : rouge vif. — *Œil* : rouge vif. — *Bec* : soit jaune, soit corne, cette couleur doit correspondre à celle des tarses. — *Camail* : orange vif. — *Dos, couvertures des épaules* : orange cramoisi. — *Lancettes* : orange ou rouge orange. — *Épaules et pommeau de l'aile* : blancs. — *Petites couvertures des ailes* : blanches. — *Grandes tectrices* : orange cramoisi. — *Rémiges primaires* : blanches. — *Rémiges secondaires* : à barbes internes blanches et à barbes externes marron clair ou bai. — *Poitrine et cuisses* : blanc de lait pur. — *Queue* : blanche. — *Tarses et pieds* : jaune tirant sur l'orangé.

POULE. — *Tête* : jaune d'or clair. — *Face, crête, oreillons, barbillons* : rouge vif. — *Œil* : rouge de rubis. — *Bec* : jaune ou couleur corne. — *Camail* : doré avec de fines raies blanches. — *Poitrine* : riche, saumon rougeâtre. — *Reste du plumage* : blanc crème aussi pur que possible. — *Jambes et tarses* : jaune tirant sur l'orangé.

Observations Comme on peut s'en rendre compte par la

sur le Standard. description que nous venons de donner, le Coq Pile offre les caractères du Coq Black-Red avec cette différence, importante il est vrai, que toutes les parties qui sont noires chez le Black-Red doivent être blanches chez le Pile.

Ce plumage particulier, que l'on appelle Pile et que l'on trouve dans d'autres races, a été obtenu par le croisement avec une variété blanche, qui a eu pour effet de chasser tout le pigment noir. Dans le cas qui nous intéresse, les Bantam de Combat Pile ont été obtenus à la suite de croisements des variétés blanche et Black-Red. La coloration Pile est assez instable, soit que le blanc tende à s'étendre, soit que le noir apparaisse de nouveau, et il est fort difficile d'obtenir une coloration jaune dans les tarses.

C'est principalement par la couleur des tarses que pèchent en général les Coqs; on les admettait autrefois verdâtres, mais aujourd'hui un sujet de concours doit les avoir jaune orangé — il se présente aussi souvent un défaut contraire : les tarses prennent une teinte blanchâtre. Il arrive aussi que du blanc apparaît dans le camail ou sur la tête, il faut l'éviter, quoiqu'il soit assez difficile de le faire disparaître complètement du bas du camail. Le noir, selon la règle générale de la formation des diverses colorations de plumage, tend à reparaître dans la queue; il faudra veiller à ce que ce défaut ne se produise point; néanmoins, on tolère une queue légèrement saupoudrée de noir, et il arrive justement que ce sont ces Oiseaux qui ont le plumage le plus ferme, le plus serré et le plus dur, qualité fort recherchée. Enfin, la poitrine blanc pur est assez difficile à obtenir sans aucune trace de rouge : ce point est acquis beaucoup moins aisément que la coloration correcte des parties supérieures.

Chez la Poule, l'on doit mentionner, outre la tendance à avoir les tarses verdâtres ou blanchâtres, l'apparition d'une teinte fauve sur les parties qui devraient être blanc pur, ainsi que des marques rougeâtres sur les ailes. C'est seulement en élevant un grand nombre de poulettes que l'on peut arriver à produire quelques sujets parfaits sous ce rapport.

Un Coq et une Poule possédant les colorations requises par le Standard donneront sans doute une certaine quantité de bons produits. Mais, par suite de la lutte constante des divers pigments entre eux, les différents défauts que nous venons de signaler ne tarderont point à faire leur apparition et il faudra, tôt ou tard, recourir à l'adjonction de sang nouveau. Aussi préfère-t-on de beaucoup composer des parquets spéciaux pour la production des Coqs et pour celle des Poules.

Pour le parquet destiné à la production des coquelets, on choisira un Coq possédant, pour la forme et les parties supérieures, les qualités que nous avons indiquées en parlant des Black-Red. Le second point sur lequel devra porter l'attention de l'éleveur, c'est la poitrine, qui doit absolument être d'un blanc pur sans aucune teinte rougeâtre ou rayure rouge. Il faudra aussi que l'extrémité de l'aile soit d'une teinte bien chaude et profonde. On n'a jamais vu de beaux sujets d'exposition provenir d'un coq qui n'avait point cette dernière qualité. Choisissez trois ou quatre Poules avec une poitrine bien colorée, d'une nuance foncée de préférence, et possédant des marques rouges sur les ailes; mais ces ailes ne devront jamais avoir l'extrémité d'un teinte crème. De ce parquet, l'on obtiendra de bons coquelets, mais les poulettes seront trop riches en couleur pour pouvoir être exposées; toutefois on aura soin de conserver celles qui correspondront au signalement que nous venons de donner; car elles formeront d'excellentes Poules pour la production des Coqs.

Pour le parquet destiné à fournir des Poules, on choisira un Coq parfait comme extrémité et arc de l'aile, bien blanc aux épaules et au pommeau de l'aile; la couleur de la partie supérieure, au lieu d'être d'un orange vif, sera plutôt foncée et d'une teinte brique. Les Poules à donner à ce mâle devront être aussi exemptes que possible de toute teinte rougeâtre et de marques rouges sur les ailes; une poitrine saumon foncé sera nécessaire, car, quoique les autres parties du corps soient parfaites, il est impossible d'élever de bons sujets femelles d'une Poule ayant la poitrine claire. Les coquelets nés de ce parquet seront trop pâles en couleur pour des sujets d'exposition; mais ceux qui auront l'extrémité des ailes d'un beau bai et qui auront les parties blanches bien pures devront être gardés comme reproducteurs pour l'année suivante.

Il arrive que, pour maintenir la coloration voulue et surtout pour empêcher l'albinisme (1) de s'étendre partout, il soit, au bout de 4 ou 5 ans, nécessaire d'introduire du sang nouveau, même dans les parquets les mieux sélectionnés. Voici la meilleure méthode. On choisit un Coq Black-Red très riche en couleur sur les parties supérieures et ayant les lancettes d'un bel acajou, avec bord de l'aile bien prononcé; son poitrail également ne devra présenter aucune trace de cailloutage. Ceci est très important, si l'on veut obtenir des Coqs à poitrine pure; un autre point capital, c'est que le Coq choisi ait l'extrémité de l'aile à partir de l'arc d'un beau brun foncé, on n'obtiendrait rien de bon en utilisant un mâle qui n'ait pas cette qualité. A ce Coq, on alliera des Poules Piles blanches; par ce mot, nous entendons des Poules Piles dont les parties colorées sont très claires, jaune citron pâle sur le dos et presque blanches de

(1) Ou aberration blanche.

poitrine. Quelque sélectionnés que soient les parquets, de pareilles Poules se rencontrent toujours parmi les élèves. La presque totalité des Coqs qui naîtront de ce croisement auront les tarses d'un jaune correct, tandis que les femelles, quoique d'un plumage conforme au Standard, auront presque toutes (75 % environ) les tarses bronzés et ne seront pas dignes d'être exposées; mais, si on les accouple à un Coq Pile remplissant les conditions indiquées pour produire des poulettes, les femelles qui naîtront dans la suite auront les tarses d'une bonne couleur.

Certains éleveurs, au lieu d'introduire, tous les 4 ou 5 ans, du sang nouveau dans leur race, préfèrent former chaque année leurs parquets en y introduisant des Black-Red, soit des mâles, soit des femelles, suivant qu'ils veulent produire des Coqs ou des Poules.

D'autres conseillent d'unir un Coq Pile à des Poules Wheaten. En tous cas, lorsque la nuance blanche commence à s'étendre et lorsque les pattes commencent à pâlir, il faut toujours avoir recours au Black-Red; et même, pour éviter la pâleur des tarses, il est bon d'employer, au moins tous les trois ans, un reproducteur Pile ayant les tarses bronzés, afin de maintenir la couleur orangée.

Le terrain sur lequel on élève les Pile influe beaucoup sur leur couleur; il est préférable de les maintenir sur une pelouse ou sur un sol sablonneux; un terrain crayeux ou fortement calcaire blanchirait rapidement leurs tarses. La nourriture a une grande importance aussi sur la coloration des tarses; le maïs améliore la coloration jaune; mais, si l'on abuse de cet aliment, il jaunit le blanc du plumage. Le plumage des Pile tend aussi rapidement à devenir trop lâche et trop mou; pour y remédier, il faut avoir recours au croisement avec les Black-Red.

La blancheur des plumes des Pile les rend assez difficiles à exposer sans de sérieux lavages, mais des lavages trop fréquents finissent par enlever le lustre du plumage; il faut donc les maintenir aussi proprement que possible. Le fumier des usines leur est particulièrement nuisible.

En résumé, il n'est pas très aisé d'obtenir des Pile de coloration parfaitement semblable à celle indiquée par le Standard, et si, sur 150 élèves, l'aviculteur peut en tirer de 15 à 20 de passables, il peut se considérer comme heureux. Quant aux vraiment bons sujets, il faut attendre souvent longtemps; il est vrai que, lorsqu'il en arrive un, c'est une aubaine pour son propriétaire, car, couramment, en Angleterre, un Coq vainqueur d'une grande exposition se vend 200, 250 et 300 francs; comme prix plus élevés, on peut en citer un vendu à Liverpool 1.250 francs et un autre 750 francs (1). On ne trouverait en France aucun acheteur à ces prix, peut-on observer, mais, dans ce cas, lorsqu'on a un Oiseau de pareil mérite, il vaudrait la peine de lui faire passer le détroit.

F. Poules Wheaten.

En parlant de la formation des parquets de reproducteurs pour la production des variétés Black-Red, Duckwing et Pile, nous avons signalé l'emploi de Poules Wheaten. Ces Poules peuvent être considérées comme des sous-variétés à nuance plus jaune ou fauve, ou mieux à couleur de blé (*wheat* en anglais veut dire blé), des variétés que nous venons de signaler plus haut, ces Poules étant toujours unies à des mâles présentant les colorations plus ou moins prononcées du Standard. Les Coqs Wheaten n'existent point, nous croyons néanmoins intéressant de don-

(1) Tous ces prix sont des prix d'avant-guerre.
D. de M.

ner une rapide description de ces sous-variétés.

POULE COMBATTANT NAIN DORÉ OU BLAK-RED WHEATEN.

Couleurs. *Crête, face, oreillons, barbillons :* rouge vif. — *Œil :* rouge vif. — *Bec :* corne verdâtre. — *Tête et camail :* doré. — *Poitrine :* fauve pâle ou crème. — *Cuisses et dessous du corps :* crème ou fauve clair. — *Dos et ailes :* cannelle clair ou couleur de blé. — *Rémiges primaires :* noires. — *Rémiges secondaires :* à barbes externes jaunes couleur de blé et à rémiges internes noires. — *Queue :* noire avec les plumes de dessous bordées de jaune clair. — *Tarses et pieds :* bronzés ou verdâtres.

POULE COMBATTANT NAIN A AILES DE CANARD OU DUCKWING WHEATEN.

Couleurs. *Crête, face, oreillons, barbillons :* rouge vif. — *Œil :* rouge vif. — *Bec :* corne verdâtre. — *Tête et camail :* blancs ou blancs très légèrement rayés de noir. — *Poitrine :* fauve clair. — *Cuisses et dessous du corps :* crème ou fauve pâle. — *Dos et ailes :* cannelle clair. — *Rémiges primaires :* noires. — *Rémiges secondaires :* à barbes externes couleur de blé et à barbes internes noires. — *Queue :* noire avec les plumes de dessous bordées de fauve clair. — *Tarses et pieds :* bronzés ou vert olive.

POULE COMBATTANT NAIN PILE WHEATEN.

Couleurs. *Crête, face, oreillons, barbillons :* rouge vif. — *Œil :* rouge vif. — *Bec :* couleur corne ou jaune. — *Tête et camail :* couleur d'or. — *Poitrine :* jaune ou couleur crème. — *Dessous du corps et cuisses :* crème ou jaune pâle. — *Dos et ailes :* cannelle pâle ou couleur de blé. — *Rémiges primaires :* blanches. — *Rémiges secondaires :* à barbes externes couleur de blé et à barbes internes blanches. — *Queue :* blanche avec les couvertures extérieures bordées de fauve clair. — *Tarses et pieds :* jaune orange.

Observation. Les Poules offrant ces coloris se trouvent facilement dans les élèves provenant des parquets sélectionnés pour la production des Coqs; on les conserve soigneusement et c'est d'elles que l'on obtient les plus beaux mâles.

G. Combattant nain noir (Black Game Bantam).

Couleurs. COQ et POULE. — *Crête, face, oreillons et barbillons :* rouge pourpré. — *Œil :* brun foncé ou noir. — *Tarses et pieds :* bronze foncé presque noir. — *Plumage :* noir brillant.

Observations sur le Standard. Cette jolie race paraît maintenant être assez délaissée, et c'est à tort ; la principale qualité à rechercher chez les Bantam de combat noirs, c'est un plumage à reflets brillants et parfaitement exempt de rougeâtre, brun, fauve ou blanc.

Comme reproducteurs, on devra choisir des oiseaux à plumage bien noir orné de reflets pourpres, et tout spécialement ceux dont la base des plumes et le duvet sont bien noirs. — On devra également écarter toute poule qui offrirait dans son plumage une teinte brune. — Inutile de dire que tous les sujets qui offrent des traces de blanc, de rouge, de fauve, sont absolument impropres à la formation de parquets de reproducteurs.

Les Bantam de combat noirs ont souvent un plumage parfaitement noir, mais terne et manquant de reflets. On peut remédier à ce défaut assez grave, en introduisant du sang de Black-Red ou de Brown-Red ; car c'est sans aucun doute de types foncés de cette race que sont issus les Combattants moins noirs. En effet, si l'on ne rencontre pas souvent parmi les Brown-Red des jeunes absolument noirs, il arrivera fréquemment de trouver — comme chez les Black-Red, du reste — des sujets qui offrent une poitrine noire avec les parties supérieures du corps très foncées. — On alliera les coqs offrant ces caractères à des poules noires, et les poules et les coqs noirs, les jeunes qui en naîtront ne seront peut-être pas tous noirs, mais ils seront au moins très foncés ; en les alliant de nouveau à des noirs purs, l'on obtiendra des jeunes ayant un plumage noir très brillant.

H. Combattant nain blanc (White Game Bantam).

Standard. Les caractéristiques des couleurs de cette variété sont les suivantes :

Couleurs. COQ et POULE. — *Crête, face, oreillons, barbillons :* rouges. — *Œil :* rouge rubis brillant. -- *Bec, tarses et pieds :* jaunes. — *Plumage :* blanc brillant.

Observations sur le Standard. Les points les plus importants chez ces oiseaux sont un plumage bien blanc entièrement dépourvu de marques ou de taches rouges, de toute teinte jaunâtre, ainsi qu'une belle couleur jaune au bec et aux tarses. Il est très difficile d'obtenir un plumage parfaitement blanc avec des pattes jaunes, lorsque le pigment colorant tend à disparaître sous l'influence de l'albinisme, les pattes blanchissent ; si, au contraire, le pigment colorant est trop abondant, il se manifeste par des taches rouges ou jaunes sur les ailes, les reins, ou par des plumes noires dans la queue.

Les blancs peuvent être considérés comme des variétés albinos des *Brown-Red* ou des *Black-Red*, c'est évidemment leur origine, mais on peut les obtenir aussi de la variété *Pile*. Nous avons déjà signalé des Poules Pile que l'on rencontre fréquemment dans les élevages et chez qui la coloration rouge du plumage a fait place à une nuance jaune citron clair. En choisissant toujours les Poules et les Coqs de plus en plus clairs, on arrivera rapidement à des sujets blanc pur avec pattes jaunes, au lieu de verdâtres, comme cela arriverait si l'on se servait de Brown-Red ou de Black-Red.

Lorsque la coloration des pattes tend à diminuer d'intensité, c'est aussi à l'aide d'une de ces Poules Pile claires qu'il est préférable d'introduire dans la race le sang nouveau qui redonnera de la couleur aux tarses; il est évident que l'on éliminera par des croisements successifs avec des sujets blancs toutes les traces de jaune ou de rouge qui pourraient se trouver sur le plumage.

Comme les Pile, les blancs demandent à être élevés très proprement, sur un parcours gazonné de préférence, et loin de toutes fumées provenant de cheminées d'usines. Cette variété, très jolie lorsque son plumage est immaculé, devient très laide dès que ses plumes sont tant soit peu salies. — Les lavages peuvent y remédier; mais, outre que c'est une opération difficile à exécuter, leur usage fréquent détruit le lustre du plumage, on ne doit y avoir recours que les veilles d'exposition — et encore vaut-il mieux s'en passer lorsque c'est possible.

ÉLEVEUR SPÉCIALISTE

Mrs E. C. PRIDEAUX, *Lindfield* (Sussex), Angleterre.

Monographie des Bantams de combat nains
Malais, Indien, Aseel.

PEU répandus en France, les Combattants nains Malais, Indiens et Aseel rentrent dans la même catégorie de Bantams que les Combattants nains Anglais. Bien qu'ils soient encore assez rares en Angleterre, on les y estime beaucoup. On les apprécie moins en Amérique, où on leur reproche leur taille encore un peu forte ; ces Oiseaux, en effet, n'ont pas encore pu être amenés aux proportions minuscules des Combattants Anglais.

1. — *Bantams de Combat nains Malais.*

Les Combattants nains Malais, ainsi que les Indiens et Aseel, sont des créations de M. Entwistle; aussi empruntons-nous à cet auteur la majeure partie des indications suivantes, tant au point de vue de leur description que de leur élevage. En premier lieu, M. Entwistle n'oublie point de faire valoir le mérite de ses nouvelles productions, et, d'après cet auteur, les Combattants nains Malais, tout en ayant un plumage aussi séduisant que les Combattants nains Anglais, offrent en outre le contraste agréable de pattes franchement jaunes avec le brillant coloris du plumage, contraste qui lui donne un cachet particulier. Leurs crêtes poussent toujours correctement et ne nécessitent point l'écrêtage ; les oreillons, toujours rouges, ne sont point coupés; pour les expositions : on se contente de laver la face, la crête, les oreillons et barbillons. Ils sont tout aussi rustiques, sinon plus, que leurs congénères anglais, leurs œufs sont toujours féconds, et les poussins, vigoureux et forts, s'élèvent aisément et sont prêts pour le concours à l'âge de cinq mois. Les parents soignent très bien leurs jeunes; enfin, le coloris et les caractères de la race se reproduisent avec fixité, et il n'y a point de parquets séparés pour la production des mâles et des femelles. En résumé, ce sont les Combattants nains Malais qui conviendraient particulièrement aux débutants dans l'élevage des Bantam de combat.

Il est intéressant de noter comment M. Entwistle a pu obtenir ces nouvelles variétés. Il essaya, tout d'abord, des croisements entre des sujets de la grande race malaise et des Combattants nains Anglais; pendant longtemps, il ne put réussir, à la fin pourtant les œufs d'une poule se montrèrent fertiles. De ces sujets, qu'il sélectionna de manière à faire disparaître toutes les ressemblances avec les Combattants Anglais et à obtenir des types offrant tous les caractères des Malais, sont sortis tous les Bantam Malais qui existent aujourd'hui.

Standard. Les caractères généraux du Bantam Malais nain sont les suivants :

Caractères généraux. COQ. — *Tête :* courte et large dans sa partie crânienne, sourcils proéminents. — *Crête :* spéciale, simple, épaisse, peu développée en hauteur et avec bord supérieur non denté, mais présentant quelques granulations charnues. — *Bec* : fort et crochu. — *Œil* : brillant, enfoncé, à expression cruelle. — *Face* : nue. — *Peau* : nue, descendant sur la gorge. — *Oreillons et barbillons* : très petits. — *Cou* : long, légèrement recourbé et porté droit. — *Camail* : très court et serré, sauf à la base du crâne. — *Dos* : long ; tombant et convexe. — *Épaules* : très larges et proéminentes, portées haut et généralement dépourvues de plumes au point d'attache de l'aile. — *Ailes* : courtes, fortes, bien recourbées et serrées contre le corps. — *Reins* : courts et tombants, peu garnis de plumes courtes. — *Queue* : de longueur moyenne, tombante, avec des faucilles étroites, raides et peu recourbées. — *Poitrine* : dure, pleine et profonde, souvent dépourvues de plumes au bréchet. — *Cuisses* : longues et musculeuses, peu emplumées. — *Tarses* : longs et massifs, couverts de fines écailles bien serrées. — *Doigts* : longs et fermes. — *Plumage* : court, dur et brillant. — *Corps* : bien ferme et musculeux. — *Port* : droit et fier, très redressé. — *Poids* : 750 à 800 grammes pour les coquelets, et pas plus de 200 grammes pour les coqs.

POULE. — *Tête* : courte et large, sourcils proéminents. — *Crête* : petite, offrant l'aspect d'une moitié de noix. — *Bec* : fort et crochu. — *Œil* : fier et enfoncé. — *Face* : nue. — *Oreillons et barbillons* : très petits. — *Gorge* : maigre et nue, couverte de fines plumes ressemblant à des poils. — *Cou* : long, légèrement recourbé et dressé. — *Camail* : maigre et court. — *Dos* : long, convexe. — *Épaules* : larges, hautes et proéminentes. — *Ailes* : courtes, serrées contre le corps. — *Queue* : plutôt courte et carrée, portée légèrement au-dessus de l'horizontale ; elle est très flexible et sans cesse balancée d'un côté et de l'autre. — *Poitrine* : pleine et profonde, souvent déplumée au bréchet. — *Cuisses* : fortes, musculeuses, peu emplumées. — *Tarses* : longs et forts. — *Doigts* : longs, bien implantés. — *Plumage* : court, dur et brillant. — *Corps* : dur, ferme et musculeux. — *Port* : redressé. — *Poids* : 600 à 650 grammes pour les poulettes et pas plus de 675 grammes pour les poules.

En un mot, le Bantam Malais doit reproduire en type réduit les caractères de la grande race malaise. On en distingue plusieurs variétés dont nous résumons les Standards américains et anglais :

A. — Combattant Malais rouge brillant.

Couleurs.   COQ. — *Crête, face, gorge, oreillons et barbillons* : rouge brillant. — *Œil* : blanc, perlé jaune. — *Bec* : jaune (de préférence) ou corne. — *Tête et camail* : rouge orange. — *Dos, épaules et couvertures de l'aile* : rouge cramoisi. — *Pommeau de l'aile* : noir. — *Primaires* : noires avec les barbes inférieures bordées de bai. — *Secondaires* : barbes externes bai clair, barbes internes noires. — *Lancettes* : rouge orange. — *Queue* : noire à reflets verdâtres. — *Poitrine, cuisses et parties inférieures* : noir brillant. — *Tarses et pieds* : jaune brillant.

POULE. — *Crête, face, gorge, oreillons et barbillons* : rouge brillant. — *Œil* : blanc perlé ou jaune. — *Bec* : jaune ou corne. — *Tête et camail* : jaune doré riche avec fines rayures noires. — *Dos, ailes et couvertures de la queue* : noirs. — *Poitrine* : rouge saumon ou cannelle. — *Parties inférieures et cuisses* : brun. — *Tarses et pieds* : jaune brillant.

Cette variété se reproduit avec fixité, les jeunes offrant en général les caractères des parents.

B. — Combattant nain Malais Foncé.

Couleurs.   COQ. — *Crête, face, gorge, oreillons et barbillons* : rouge brillant. — *Œil* : blanc, perlé, jaune. — *Bec* : jaune (de préférence). — *Tête et camail* : rouge foncé. — *Dos et pommeau de l'aile* : pourpre cramoisi foncé ou marron. — *Lancettes* : rouge profond. — *Restant du plumage* : noir foncé brillant. — *Tarses et pieds* : jaune vif.

POULE. — *Crête, face, gorge, oreillons et barbillons* : rouge brillant. — *Œil* : blanc, perlé ou jaune. — *Bec* : jaune. — *Tête et camail* : bai foncé ou pourpré. — *Primaires* : bai foncé. — *Secondaires* : barbes externes jaunâtres, barbes internes noires ou brun foncé. — *Queue* : bai foncé, plumes supérieures cannelle. — *Reste du plumage* : jaunâtre ou cannelle d'une teinte aussi uniforme que possible. — *Tarses et pieds* : jaune brillant.

Cette poule est souvent désignée sous le nom de poule malaise cannelle. Son plumage peut varier du jaunâtre presque clair au brun rougeâtre.

Sa variété rouge foncé se reproduit avec fixité.

C. — Combattant nain Malais Faisan.

Couleurs.   COQ. — *Crête, face, gorge, oreillons et barbillons* : rouge vif. — *Œil* : blanc, perlé ou jaune. — *Bec* : corne ou jaune rayé de couleur corne. — *Tête et camail* : noir brillant. — *Dos, reins, lancettes* : nuancés de vert noir brillant et de marron foncé, le noir prédominant. — *Pommeau de l'aile* : marron foncé. — *Primaires* : noires. — *Secondaires* : à barbes externes d'une coloration bai riche, barbes internes noires. — *Queue* : vert noir brillant. — *Reste du plumage* : noir foncé à des reflets très brillants. — *Tarses et pieds* : jaune brillant. — *Crête, face, gorge,* *oreillons et barbillons :* rouge vif. — *Œil :* blanc, perlé ou jaune. — *Bec :* corne ou jaune rayé de couleur corne. — *Tête et camail :* noir foncé brillant. — *Poitrine, aile, dos, cuisses et couvertures des ailes :* d'un bai brillant uniforme analogue à la coloration de la poitrine du Faisan commun (*Phasianus colchicus*), chaque plume bordée de vert à reflets métalliques. La bordure au lieu d'être simple est parfois double, mais les sujets possédant cette particularité ne sont pas moins considérés comme corrects, en tous cas le lacis doit être aussi régulier que possible. — *Queue :* noire. — *Tarses et pieds :* jaune brillant.

Cette variété est réellement charmante, et mériterait d'être appréciée en France, elle se reproduit avec fixité. Ses poussins, lorsqu'ils naissent, sont d'une teinte jaune plus ou moins uniforme, à l'âge de 10 jours, lorsqu'ils émettent les grandes plumes du vol, la bordure des plumes commence à apparaître, mais souvent la poitrine devient entièrement noire; ce n'est qu'à l'âge de 18 à 20 semaines que les poules offrent le dessin correct qui en fait le charme. On ne peut donc point juger de la valeur de ces animaux lorsqu'ils sont jeunes.

D. — Variété Pile.

Le plumage de cette variété est le même que celui des Combattants nains Anglais Pile : l'œil est blanc ou perlé; le bec et les tarses d'un beau jaune brillant.

E. — Variété Blanche.

Plumage entièrement blanc sans teinte jaunâtre; œil blanc ou perlé; bec et tarses jaune brillant. Les Combattants Malais nains se jugent d'après l'échelle suivante ; on retranche des 100 points que l'on accorde aux sujets parfaits les cotes suivantes pour les défauts reconnus, tant au point de vue de la forme que du plumage :

Tête et cou défectueux	15
Œil défectueux	10
Manque d'épaules	10
Tarses et pieds défectueux	10
Queue défectueuse	5
Manque de symétrie	12
Mauvais état de l'oiseau	10
Coloration défectueuse	8
Plumes trop abondantes ou trop longues, ou pas assez dures	10
Taille et poids trop forts	10
	100

Disqualification. — Crête triple, dos déformé, queue de travers, bréchet déformé et tarses jaune verdâtre.

2. — *Combattants Indiens nains.*

Les Combattants Indiens nains diffèrent peu des Combattants nains Malais; le port pourtant est moins élevé et dressé, leur tête moins large, leurs yeux moins enfoncés, la crête est triple comme celle des Brahmas; leur queue, quoique portée bas, est moins tombante que chez les Malais, le dos est plus court, le corps plus compact. Même poids que les Malais nains.

On distingue :

A. Le Combattant Indien nain à plumage maillé et dont la coloration est similaire à celle du Combattant Malais nain faisan, avec cette seule différence que les tarses sont jaune orange au lieu d'être jaune franc.

B. Le Combattant Indien nain au plumage bien blanc et aux pattes jaunes.

3. — *Aseel nains.*

Quoique ayant l'aspect des Combattants Indiens nains, les Bantams d'Aseel sont plus courts sur jambes et ont le corps encore plus compact. Leur poids varie de 575 à 675 grammes.

Dans cette race, la couleur des tarses peut être jaune ou brune, peu importe, mais cette coloration doit toujours assortir la nuance du bec de l'Oiseau.

On distingue, dans cette race, les variétés blanche, noire, black-red, grise, rouge pailletée, noire pailletée, Faisan Pile, etc...

Le plumage n'a qu'une importance relative, pourvu que le sujet soit correct comme forme.

Les Aseel sont des Oiseaux robustes, s'élevant aisément; ils pondent peu, mais couvent bien.

Monographie de la race de Bantam Sebright.

Trois variétés : dorée, argentée et citronnée.

LES Bantam Sebright sont peut-être l'exemple le plus frappant des résultats que peut obtenir, avec beaucoup de patience et d'esprit de suite, un éleveur sachant utiliser la sélection et se servir des croisements (1). L'historique de leur création est assez connu pour que nous n'ayons qu'à le rappeler très brièvement. C'est en 1800 qu'un membre du Parlement anglais, Sir John Sebright, commença à travailler avec des Bantam de Nankin, noirs et blancs, de Java, ainsi qu'avec des Poules de Padoue argentées et dorées. En outre de ces variétés, on rapporte que Sebright utilisa un Coq de race inconnue, mais offrant, par la disposition de ses plumes, l'aspect de la Poule; ce sujet joua un rôle important; car, dans les Sebright, les Coqs manquant de lancettes et de faucilles offrent une plus grande ressemblance de forme avec les Poules que les autres mâles des diverses races gallines. Les difficultés à vaincre par sélection étaient nombreuses; car, dans cette création, il fallait obtenir à la fois une forme et un plumage bien déterminés. Son idéal établi, Sebright sélectionna, de manière à faire disparaître les faucilles recourbées, le camail

à plumes longues et fines, les lancettes, tout en obtenant, grâce aux Padoue, des plumes régulièrement bordées de noir. Mais les Padoue, en donnant à la race ce caractère, apportaient avec elles une huppe volumineuse, qu'il fallait éliminer pour ne conserver qu'une crête fraisée comme celle du Hambourg ou plus exactement du Java qui donnait ce caractère à la variété en formation.

Enfin, après des insuccès multiples, le résultat désiré fut à peu près obtenu au bout de quinze ans. Un club se créa et l'on organisa entre amis de petits concours, où les sujets qui se rapprochaient le plus du type rêvé étaient primés; la race de Sebright marcha alors rapidement dans la voie du progrès, et les sujets actuels diffèrent peu des Sebright de 1825 ou 1830.

Standard. — Voici, d'après les plus récents Standards, les caractères généraux des Bantam Sebright, pour les trois variétés.

Caractères généraux. — COQ et POULE. — *Crête :* fraisée, large sur le devant de la tête et se terminant en pointe allongée sur le derrière, garnie de granulations ou de pointes aussi régulières que possible; la crête doit être fermement fixée à la tête, plate en dessus et se relevant légèrement à l'arrière. — *Tête :* petite et portée en arrière. — *Œil :* brillant et plein. — *Bec :* plutôt court. — *Face :* garnie d'une peau fine et unie. — *Oreillons :* très doux et unis de grandeur moyenne. — *Barbillons :* bien arrondis et de grandeur moyenne. — *Cou :* plutôt court et bien porté en arrière. — *Dos :* très court et plat. — *Ailes :* fortes et portées pendantes. — *Poitrine :* très

---

(1) Ils constituent, en même temps, l'un des exemples les plus précieux pour l'étude du conditionnement des caractères sexuels secondaires, ainsi qu'on le verra plus loin.

D. de M.

proéminente et pleine. — *Cuisses* : courtes. — *Tarses* : courts, minces, non emplumés et garnis de fines écailles. — *Doigts* : minces, droits et bien étendus. — *Plumage* : plumes courtes et bien arrondies à la pointe. Il est le même dans les deux sexes, le Coq n'ayant ni faucilles ni lancettes. — *Forme générale* : compacte et nerveuse.

Port : gracieux et fier rappelant celui du Hambourg et faisant ressortir la poitrine.

Poids : 600 grammes environ pour les Coqs et 500 grammes environ pour les Poules.

On distingue trois variétés : la dorée, l'argentée et la citronnée.

VARIÉTÉS DIVERSES DE LA RACE.

A. Bantam Sebright doré.

Couleurs. COQ et POULE. — *Crête, face, oreillons* et *barbillons* : pourpre ou noir violet foncé. — *Œil* : foncé presque noir (l'œil absolument noir est une qualité). — *Bec* : corne foncée. — *Tarses et pieds* : gris ardoisé bleu. — *Plumage* : chaque plume est chamois doré et bordée d'un large liseré noir. Ce liseré doit être très distinct et former un dessin régulier sur tout le corps; il faut également qu'il soit de largeur uniforme sur tout le plumage.

B. Bantam Sebright argenté.

Couleurs. COQ et POULE. — Mêmes caractères que dans la variété dorée, à l'exception des plumes qui, au lieu d'être chamois doré, sont d'un blanc d'argent pur, possédant également le liseré noir.

C. Bantam Sebright citronné.

Couleurs. COQ ET POULE. — Mêmes caractères que chez les variétés précédentes, à l'exception des plumes qui sont jaune paille, également bordées de noir.

Observations sur le Standard. Laissant de côté les différences de plumage, les caractères que l'on doit principalement rechercher chez les Bantam Sebright sont les suivants :

Tout d'abord, les avis sont partagés au sujet des oreillons; on a désiré pendant longtemps l'obtention de sujets possédant, avec la face d'un beau pourpre noir, l'oreillon blanc pur; on a tenté de satisfaire ce desideratum à l'aide de croisements divers, mais ce résultat a toujours été obtenu au détriment de la régularité du lacis du plumage. M. Hewett, une autorité en la matière, assure n'avoir jamais vu de Bantam Sebright possédant un oreillon entièrement blanc; tous ceux qu'il a examinés possédaient un organe ayant au plus des traces de blanc et toujours le plumage laissant à désirer. Nous devons pourtant dire que M. S. Babock prétend avoir vu plusieurs fois, aux États-Unis, des Sebright à oreillons blancs et à plumage correct, mais ayant la face rouge; il croit qu'avec le croisement du Java noir, on pourrait obtenir la fixité de ce caractère, tout en admettant qu'il faudrait une longue sélection pour éliminer les diverses modifications que pourrait amener ce changement.

Il est également bon de remarquer qu'en Amérique, la face rouge vif au lieu de pourpre est parfaitement admise. En Angleterre, au contraire, la face pourpre noir est exigée; il est alors impossible d'obtenir l'oreillon blanc. Aussi a-t-on abandonné, depuis un certain temps, la prétention d'obtenir la blancheur de cet organe, et l'on exige un oreillon bien pourpré; l'oreillon rouge vif serait considéré, par certains juges, comme un défaut. Hâtons-nous de dire qu'il n'y a rien encore d'absolument précis à ce sujet et que la couleur de l'oreillon ne peut entraîner la disqualification. On discute également sur la couleur des tarses qui, d'après le Standard, doivent être ardoisés. Certains éleveurs assurent, non sans raison, que, pour les dorés, la coloration jaune vert des jambes s'accorde mieux avec la nuance chamois doré du plumage. Ils paraissent avoir raison; mais, d'autre part, la teinte bleuâtre des tarses s'assortit mieux au plumage des argentés; aussi, pour l'uniformité, il est presque certain que l'on conservera longtemps encore, dans le Standard, la coloration gris-bleu ardoisé qui est actuellement exigée.

L'éleveur devra s'efforcer d'obtenir chez ses élèves une tête petite et bien ronde, portant une crête frisée analogue à celle des Hambourg. Cette crête, qui est plus petite chez la Poule que chez le Coq, est souvent dépourvue chez la première dans la queue; celle-ci doit-être large et carrée comme chez la Poule, quoique portée un peu plus haut; les plumes des reins doivent être larges, bordées de noir et ne point affecter la forme allongée des lancettes avec une raie centrale noire comme cela arriverait, si le Coq conservait la disposition particulière du plu-

(Cliché de l'Acclimatation.)

BANTAM SEBRIGHT (VARIÉTÉ ARGENTÉE).

de la pointe légèrement relevée par laquelle doit se terminer la crête sur l'arrière; ce défaut, qui n'est point une disqualification, enlève un certain nombre de points dans la quotité accordée à la crête; il est donc de tout intérêt de sélectionner dans ce sens.

Un point d'une importance extrême est d'avoir des *Coqs à queue de Poule*, comme disent les Anglais; en effet, comme nous l'avons vu dans le Standard, les Coqs ne doivent pas avoir de faucilles mage réservée aux mâles normaux des races gallines; il en est de même pour le camail.

Enfin, l'on doit s'efforcer à obtenir une petite taille, tout en conservant un corps dodu et une poitrine bien proéminente. Le port fier et élégant doit aussi être considéré.

Si nous passons au plumage, le point le plus important, quelle que soit la variété, consite dans la régularité du dessin formé par la bordure qui doit entourer chaque plume. Cette bordure doit être bien nette, bien régulière et bien uniforme comme largeur sur toutes les plumes; il faut tout particulièrement éviter que ces bordures ne s'étendent sur la couleur du fond en formant des bavures, ce qui se rencontre assez souvent. Il est difficile de conserver pendant longtemps ce caractère; car, chez les descendants des sujets les plus parfaits, le liseré noir des plumes tend à devenir de plus en plus irrégulier; parfois même, il disparaît entièrement.

Des éleveurs émérites, voyant dans leurs parquets la propagation de ce défaut, y remédient par un croisement occasionnel avec les Java noirs; on sélectionne ensuite avec soin pour ramener les sujets au type Sebright, et l'on obtient ainsi des Oiseaux ayant un plumage correctement et largement maillé, sur la poitrine en particulier, mais avec des plumes dans la queue ayant une tendance à devenir *nuageuses*, c'est-à-dire offrant sur la couleur du fond des maculatures noires ou plus ou moins grisâtres. Ce croisement a aussi pour effet d'augmenter la fécondité de la race.

Les *Coqs à queue de poule* passent, en effet, pour être inféconds. Si cela n'est point entièrement vrai, il faut néanmoins remarquer que les races, où les Coqs présentent ces caractères anormaux, donnent un moins grand nombre d'œufs fécondés que les autres. Nous pourrions citer comme exemple les Lancashire Mooney, race dérivée du Yorkshire, où les Coqs ont pris le plumage des Poules. Lancashire Mooney et Yorkshire Pheasent sont actuellement très rares. Les Sebright n'échappent point à cette règle; et, que ce soit par suite des caractères féminins pris par le Coq ou par suite d'une consanguinité longtemps prolongée, les œufs pondus par cette race sont peu fertiles et c'est là une des principales difficultés

de son élevage; car, ne pouvant obtenir un grand nombre d'élèves, on ne peut effectuer un triage aussi absolu que pour les autres races. Le croisement avec le Java noir donne un regain de fécondité au Sebright; il en est à peu près de même lorsque l'on croise les dorés avec les argentés, les œufs fécondés sont alors plus nombreux; il ne reste plus qu'à rétablir les deux variétés par sélection; beaucoup d'éleveurs, pour augmenter le nombre de leurs élèves, adoptent ce procédé, qui fait disparaître les inconvénients de la consanguinité.

D'autre part, d'autres aviculteurs conservent comme reproducteurs les sujets ayant quelques faucilles dans la queue, assurant que la fécondité des œufs est ainsi augmentée; de pareils pères, il naît des sujets ayant « une queue de Poule », qui, seuls, sont exposés, ainsi que d'autres ayant des faucilles, dont on garde comme reproducteurs, pour les saisons suivantes, les types présentant seulement quelques traces de ces plumes. Quoi qu'il en soit, les Bantam Sebright ne sont pas très féconds, aussi l'éleveur donne-t-il tous ses soins aux rares poussins qu'il fait éclore; ceux-ci, du reste, ne sont pas plus délicats que les autres Bantam.

On ne donne pas plus de trois Poules à chaque Coq , et l'on préfère unir un vieux Coq à des poules de deux ans. Les Sebright, lorsqu'ils sont effrayés, prennent l'attitude suivante : ils renversent la tête en arrière et redressent leur queue de manière à la ramener tout contre la tête, ils baissent les ailes, les laissant traîner à terre, ils ont ainsi l'aspect d'un gros Pigeon queue de Paon; et, comme chez ce dernier, la tête et le cou sont animés d'une sorte de mouvement, de tremblement nerveux, particularité qui, dans la race galline, est spéciale à cette volaille. En déployant ainsi sa queue et ses ailes,

28

le Sebright fait valoir les beautés de son plumage ; on doit donc s'efforcer de développer ce curieux caractère de race.

Recherches sur le conditionnement des caractères sexuels secondaires du plumage chez le Coq Sebright.

Le caractère le plus intéressant des Bantam Sebright, au point de vue zootechnique, est l'absence, chez les mâles, des caractères sexuels secondaires du camail et des grandes plumes de la queue. Ces mâles sont, comme nous l'avons dit, des « Coqs à queue de Poule ».

Corrélativement à ce caractère féminin, ils sont considérés comme peu féconds par les éleveurs, ainsi qu'il a été dit plus haut.

Darwin avait enregistré cette particularité du plumage des Coqs Sebright, dans son livre sur « *La variation des Animaux et des Plantes sous l'action de la domestication* »; mais, en raison de l'état peu avancé des connaissances biologiques à l'époque où il écrivait, il ne lui avait pas été possible de déterminer la cause de cette anomalie.

Très récemment, l'Américain Th. Morgan s'est appliqué à résoudre ce problème ; il a fait une étude histologique des glandes mâles reproductrices des Coqs Sebright à queue de Poule, et, dans leurs organes génitaux, il a trouvé des cellules semblables à celles qu'on observe dans l'ovaire de la Poule. Ces cellules sont caractérisées par leur pigment jaune, et on les nomme, pour cela, cellules à lutéine. Ce serait la présence de ces cellules qui constituerait un caractère empêchant à la croissance du plumage mâle. L'expérimentation sembla démontrer la justesse de cette conclusion. En effet, Morgan ayant opéré ces Coqs et fait disparaître lesdites cellules, ils prirent, à la suite de cette opération, le plumage normal du

mâle : camail luxuriant et faucilles bien développées. Donc il semble légitime d'admettre que le caractère féminin du plumage des Coqs Sebright « à queue de Poule » correspond bien à une conformation anatomique spéciale et à la présence des cellules à lutéine dans les organes mâles de ces Oiseaux.

A notre époque, où la notion de sécrétion interne a été particulièrement mise en évidence par de récents travaux consacrés aux actions hormoniques, c'est-à-dire à l'influence des sécrétions internes sur la morphologie et la pathologie de l'organisme, la particularité anatomique que présentent les Coqs Sebright ; et l'anomalie morphologique du plumage qui paraît en être la conséquence, offrent un intérêt d'actualité scientifique de tout premier ordre ; et c'est pourquoi nous avons cru devoir entrer, à cet égard, dans d'assez longs détails qui n'intéresseront pas seulement l'éleveur et l'amateur d'aviculture sportive, mais aussi le biologiste et le zootechnicien.

a) *Variété dorée.* — Pour obtenir de bons Bantam Sebright dorés, il faut unir des reproducteurs offrant la forme et les caractères exigés par le Standard, mais les représentants de l'un ou l'autre sexe devront avoir la bordure des plumes beaucoup trop large pour pouvoir être exposés. Ainsi, si le mâle présente un plumage correct, les Poules devront avoir les plumes très largement bordées ; si, au contraire, la lisière des plumes de Poules est de la largeur voulue par le Standard, il faudra les unir à un Coq au plumage très fortement maillé. Les reproducteurs ainsi choisis donnent toujours des jeunes plus beaux, que s'ils offraient eux-mêmes tous les caractères de la perfection. Sauf cette exception, la coloration du plumage des deux sexes devra être celle exigée par le Standard, à moins toutefois que les Oiseaux ne soient assez vieux, car on a vu des Oiseaux qui, *grisonnant* par suite de l'âge, donnaient d'excellents descendants, meilleurs peut-être que lorsqu'ils étaient dans toute la plénitude de leur beauté. Si les sujets d'un sexe sont d'une couleur de fond trop claire, on s'appliquera à choisir dans l'autre sexe des reproducteurs ayant cette coloration du fond plus foncée qu'il n'est nécessaire.

Lorsque les poussins perdent leurs premières plumes où le noir domine, il arrive parfois que lorsqu'ils souffrent, pendant un jour ou deux, du froid, de l'humidité ou de grands vents, les nouvelles plumes apparaissent avec des taches qui déparent la beauté future des sujets. Également, lorsque pour une raison ou pour une autre, la mue ne se fait pas régulièrement, les plumes varient entre elles comme nuances, ce qui abîme complètement l'aspect du sujet. Il est donc absolument nécessaire de maintenir les jeunes Sebright à l'abri des intempéries et de leur donner une nourriture stimulante et réconfortante, cela sous peine de ne point obtenir une couleur de fond nécessaire.

Cette couleur doit être d'un beau chamois vif bien doré et les plumes larges et bien arrondies aux extrémités (non étroites et pointues, comme on le voit trop souvent), doivent *toutes* posséder sur tout le pourtour une bordure bien définie d'un beau noir à reflets métalliques verts; le dessin formé ainsi doit s'étendre depuis la tête jusqu'à l'extrémité de la queue et sur les parties inférieures jusqu'aux tarses. Le plus difficile est d'obtenir une queue parfaite; la poitrine laisse aussi souvent à désirer au point de vue de la bordure des plumes; enfin, chez les Coqs plus particulièrement que chez les Poules, les grandes couvertures de l'aile laissent à désirer sous ce rapport.

Lorsque la gorge et la poitrine sont bien maillées, il arrive souvent que, les bordures des plumes du dos et des cuisses étant trop larges, le noir domine en ces parties et que la queue est plus ou moins tachée de noir.

Ce sont là des difficultés fréquentes, que l'on évite par des unions raisonnées.

b) *Variété argentée*. — Pour le choix des reproducteurs, on suivra les mêmes principes que pour la variété dorée, c'est-à-dire que l'on unira à un Coq correct des Poules ayant les plumes trop largement bordées; si l'on continuait à unir entre eux des reproducteurs ayant les plumes offrant des bordures de la largeur exigée par le Standard, cette bordure irait, chez les descendants, toujours en diminuant, jusqu'au moment où elle disparaîtrait presqu'entièrement.

Dans la variété argentée, les plumes sont d'un blanc d'argent pur bordées de noir brillant à reflets verts; cette couleur de fond blanc argent est plus facile à obtenir que la coloration chamois doré de la variété dorée; toutefois, elle prend parfois une teinte crémeuse qui décèle un croisement plus ou moins éloigné avec la variété dorée; du reste, il y a quelque vingt ans, la majeure partie des sujets montraient ce défaut, qu'une longue sélection a fini par faire disparaître presqu'entièrement.

On éprouve, chez les argentés, les mêmes difficultés que chez les dorés pour obtenir un plumage régulièrement maillé en toutes ses parties. Les argentés passent pour être encore moins féconds que les dorés.

c) *Variété citronnée*. — Elle est intermédiaire entre la dorée et l'argentée, et est obtenue par le croisement de ces deux variétés. Le fond du plumage est jaune paille plus ou moins foncé, chaque plume bordée de noir à reflets verts. Les Sebright citronnés sont peu estimés en Amérique.

Les mêmes règles générales que pour les deux variétés précédentes doivent guider dans le choix des reproducteurs.

En dernier lieu, nous insisterons, dans l'établissement des parquets, qu'ils soient de la variété dorée, argentée ou citronnée, sur l'importance qu'il y a à choisir des reproducteurs possédant une crête correcte. S'occupant tout particulièrement de la régularité du plumage, beaucoup d'éleveurs négligent de porter une attention suffisante sur ce point, et beaucoup de Sebright ont maintenant la crête trop large, creuse au centre et portée de travers; pour éviter de pareils défauts qui, s'ils se perpétuaient, nuiraient à la beauté de la race; il ne faut prendre que des reproducteurs ayant une crête aussi correcte que possible.

Échelle des points.

Un Bantam Sebright parfait comptant 100 points, on retranche les points indiqués pour les défauts suivants :

Crête défectueuse	10
Face et oreillons défectueux	12
Queue maculée	15
Bordure défectueuse et irrégulière aux plumes....................	25
Couleur du plumage défectueuse ...	20
Manque de symétrie	5
Mauvais état ou condition de l'oiseau	8
Taille ou poids trop élevés.........	5
	100

Disqualifications. — *Crête* : simple. — *Queue* : tordue ou autre difformité. — *Tarses* : emplumés. — *Faucilles* : dans le plumage du Coq et manque de la bordure caractéristique sur les plumes.

Monographie du Bantam Pattu Blanc.

Deux Variétés.

Origine et description. Due, sans doute, à des croisements, dont l'amateur qui a créé cette race ne nous a pas laissé le secret, cette variété de Bantam, qui ne présente d'ailleurs qu'un intérêt relatif, se trouve figurée, dans les livres et revues avicoles, avec les ailes tombantes, à la manière des Bantams Sebright, la queue relevée, qui est aussi une « queue de Poule » chez le Coq, des manchettes au calcanéum et des tarses fortement emplumés sur les côtés, ou, comme s'expriment les auteurs, « garnis de longues plumes qui s'épatent extérieurement ».

La couleur des tarses et des doigts est blanc rosé.

Le plumage des deux sexes est entièrement blanc, et ce blanc doit être aussi pur que possible; mais il n'est pas exact de dire que « la Poule ne diffère guère du Coq que par les *caractères habituels des deux sexes* », puisque la gravure que l'on met en face de cette affirmation nous montre un Coq à queue dépourvue de faucilles. Il y a, évidemment, dans cette race, comme chez les Sebright, dont elle a peut-être hérité cette anomalie, des caractères sexuels secondaires qui ne sont pas les caractères habituels du sexe mâle; et, malgré son peu d'intérêt sportif, voici encore une variété qui peut intéresser ceux qui étudient le conditionnement de ces caractères.

La silhouette du Coq est assez amusante, avec son port dressé, sa poitrine bombée, sa haute crête assez fortement dentelée et sa « queue de Poule » haute et fournie, qui, en se redressant, fait paraître l'Oiseau plus court qu'il n'est en réalité. La véritable race est celle à crête simple; mais il existe également une variété à crête frisée ou fraisée, moins estimée des amateurs.

Observation. — Ne pas confondre avec les Cochins nains, qui diffèrent de notre race par la conformation générale et par celle de la queue, des ailes, ainsi que par les plumes de l'abdomen.

Monographie de la race du Bantam Botté.

C'est une race naine, qui est caractérisée par le grand développement des plumes qui garnissent les pattes, d'où sa dénomination.

On l'appelle, en Angleterre, *Booted Bantam*.

Standard. Nous donnons ici le Standard qu'a bien voulu nous communiquer M. Robert Fontaine.

Caractères généraux. COQ. — *Tête :* moyenne. — *Bec :* assez court, fort, un peu courbé, pâle ou foncé, correspondant à la pigmentation du plumage. — *Crête :* simple, de moyenne grandeur, régulièrement dentelée, de fine texture, rouge vif. — *Barbillons :* bien proportionnés, de forme arrondie. — *Oreillons* : assez petits, rouges, mais on admet aussi les blancs. — *Yeux* : de couleur rouge orangé à brun foncé. — *Joues* : très rouges, emplumées. — *Cou* : court, conique, gentiment posé en arrière, bien orné de plumes formant un camail épais. — *Corps* : trapu. — *Dos* : large aux épaules. — *Reins* : très courts, ornés de longues lancettes. — *Poitrine* : haute, ronde et portée fort en avant. — *Ailes* : très longues, pendantes, mais fermées. — *Queue* : courbée en arrière, semi-oblique, assez grande, riche en plumes de couverture; les faucilles assez développées sont courbées en forme de cimeterre. — *Cuisses* : assez courtes, fortes, très fournies de plumes et fort mouchetées. — *Tarses* : assez courts, fort emplumés, les plumes des doigts en forme de cimeterre, fort longues et recourbées en arrière, mais portées horizontalement; quatre doigts colorés comme le tarse et dont la couleur correspond à celle du bec, mais plus couleur chair. — *Poids* : 700 grammes.

POULE : comme le Coq, sauf les différences sexuelles. — *Crête* : droite. — *Queue* : en forme d'éventail. — *Poids* : 600 grammes. — Bonne pondeuse, gros œuf, eu égard à la taille; vigoureuse, peu exigeante; prospère facilement en petits parquets. Bonne couveuse et bonne mère. Les fortes plumes aux pattes empêchent ces volailles de gratter la terre.

Couleur. VARIÉTÉ BLANCHE : de teinte uniforme sans trace de jaune. VARIÉTÉ PORCELAINE : chaque plume, à l'exception des grandes rémiges, de la couverture des ailes, des plumes de la queue, porte au bout une tache blanche en forme de demi-lune bordée de noir et de couleur de fond jaune d'ocre.

VARIÉTÉ BLEU PORCELAINE : porte au fond de chaque plume une paillette blanche sur fond gris perle, le fond du plumage étant brun pâle, le camail et le manteau du Coq étant plus foncés.

VARIÉTÉ PERDRIX.

COQ. — *Tête, cou et manteau* : rouge orange. — *Dos et couvertures de l'aile* : rouge violet, miroir bleu d'acier. — *Grandes rémiges* : rouge brun bordées de noir. — *Petites rémiges* : rouges noires vers l'intérieur de l'aile, brun foncé vers l'extérieur. — *Poitrine, dessous, cuisses et queue* : fort noirs, avec reflets vert ou pourpre.

POULE : *Plumes du cou* : jaune d'or, avec une raie noire au milieu de chaque plume. — *Poitrine* : saumon. — *Cuisses et arrière train* : couleur cendrée. *Restant du plumage* : de couleur brune perdrix.

VARIÉTÉ MOUCHETÉE OU PAPILLOTÉE : noire avec des taches blanches régulièrement espacées sur tout le corps. Le Coq a cependant le camail et le manteau striés longitudinalement.

VARIÉTÉ COUCOU : bandes noir cendré sur fond ardoise.

VARIÉTÉ HERMINÉE : blanche avec camail herminé et queue noire, comme chez toutes les variétés herminées.

DISQUALIFICATIONS : Dos rond. Trop de taille. Grande crête. Poitrine peu bombée. Queue droite (queue d'Écureuil). Manque de plumes aux pattes. Trop peu de mouchetures chez les mouchetés.

Monographie de la race de Bantam de Java.

Origine. Comme le dit avec raison Cornevin, malgré le nom exotique que l'on donne à cette race, personne ne pourrait démontrer qu'elle est originaire de la· Sonde ou qu'elle y a été créée; les Anglais, avec plus de raison, appellent cette variété de Poules naines Rose Combed Bantam ou Bantam à crête fraisée, ce genre de crête étant, en effet, un des caractères typiques de la race.

L'origine des Bantam de Java est inconnue, mais il est évident que les Hambourg y ont joué un rôle très important; cette variété est, en effet, en noir et en blanc, la forme naine correspondant à la race de Hambourg, avec la plupart de ses caractères.

Standard. Voici le Standard de ces jolies volailles naines.

I. — BANTAM DE JAVA.

Caractères généraux. COQ. — *Crête* : bien plantée sur la tête, assez grosse et large sur le devant s'amincissant à l'arrière en une longue pointe, fine et légèrement relevée vers le haut; la surface supérieure de la crête doit être bien plane, ni creuse ni bombée et garnie régulièrement de fines pointes ou granulations de grosseurs égales. — *Face* : rouge cerise, douce et sans trace de blanc (il arrive souvent que la face tourne au blanc près des yeux, c'est un défaut assez grave). — *Tête* : courte et assez large. — *Bec* : légèrement recourbé. — *Œil* : plein. — *Oreillon* : blanc, large, rond et de fine texture; il doit être aussi épais que possible, quoique un Oiseau avec les oreillons larges et épais soit plus disposé que d'autres à avoir du blanc dans la face. — *Barbillons* : ronds et fins, d'un beau rouge vif. — *Cou* : court et épais, avec un camail abondant couvrant bien les épaules. — *Dos* : court et large. — *Ailes* : plutôt fortes, mais pas trop longues. — *Queue* : large, primaires longues et larges, faucilles longues et larges, elles doivent être aussi larges à leur extrémité qu'à leur base et ne point se terminer en pointe, elles doivent en outre être gracieusement recourbées au point de venir presque toucher le sol. La poitrine doit être large, pleine et proéminente. — *Tarses* : courts et fins.

Port : élevé, gracieux et plein de vivacité.

Poids : de 980 à 500 grammes.

POULE. — *Crête* : de même forme, mais de grosseur moindre que chez le Coq. — *Tête, face, œil* : comme chez le Coq. — *Oreillons* : blancs, de bonne grandeur, bien ronds. — *Barbillons* : fins, ronds et bien rouges. — *Cou* : plutôt court. — *Dos* : aussi court que possible. — *Ailes* : de longueur moyenne, légèrement tombante. — *Queue* : large, étendue et portée plutôt haut. — *Poitrine* : large et proéminente. — *Cuisses* : courtes. — *Tarses* : courts et fins.

Port : gracieux et plein de vivacité.

Poids : de 920 à 450 grammes.

Il existe deux variétés de Bantam de Java; les noirs et les blancs.

II. — JAVA NOIRS.

COQ et POULE. — *Bec* : couleur corne foncée. — *Œil* : rouge brillant ou rouge rubis. — *Tarses* : d'un beau noir franc et non ardoisé comme on le voit souvent. Les pattes des sujets âgés sont en général plus claires que celles des Coquelets et Poulettes. — *Plumage* : d'un beau noir vert, à reflets métalliques aussi brillants que possible.

Observations sur le Standard. Cette intéressante race, qui fournit peut-être les plus petits sujets de l'espèce galline (d'années en années la taille va toujours en diminuant, on se demande où l'on s'arrêtera), possède de nombreuses qualités, en outre de sa réelle beauté et de sa grande élégance. Les Poules sont de bonnes pondeuses de 100 à 150 œufs par an, et ces œufs sont en général — quoique ce ne soit point un caractère absolu de la race — de forme allongée et souvent teintés ou tachetés de fauve clair ou de crème. Les jeunes s'élèvent facilement et, dès leur naissance, il est assez aisé de reconnaître les sujets qui offriront plus tard un plumage correct : ceux-ci seront noirs sur le dos et sur les parties supérieures, avec du blanc à la pointe des ailes, avec la gorge et le ventre blancs. Ceux qui naissent entièrement noirs présenteront plus tard des plumes rouges ou ferrugineuses sur diverses parties du corps. C'est, du moins, l'opinion d'un habile éleveur, M. Entwistte; mais il est juste de faire remarquer qu'il y a parfois des exceptions à cette règle. Les Java, à leur naissance, sont excessivement petits et se montrent vifs; c'est un spectacle particulièrement amusant que de voir s'ébattre une couvée de ces minuscules Oiseaux. Malgré leur petite taille, les Coqs Bantam de Java sont très belliqueux et ils n'hésitent point à s'attaquer aux sujets les plus gros de la basse-cour.

Monographie de la race de Bantam de Pékin.

Cinq variétés.

Origine. Cette race, qui est une réduction de la Cochin fauve, a été importée de Pékin, en Angleterre, d'où son nom. Avec la variété

gleterre, où de nombreuses classes lui sont réservées dans les expositions.

Crête : simple, régulièrement dentelée, très

(*Cliché de l'Acclimatation*).

COQS ET POULES BANTAM DE PÉKIN (VARIÉTÉ PERDRIX)

fauve, ainsi introduite, on obtint, par divers croisements, les quatre autres variétés actuellement élevées : la noire, la coucou, la blanche et la perdrix, tout en conservant la forme générale de la Cochin, plus ou moins modifiée par les croisements et la sélection.

Cette race a une grande vogue en An-

Caractéristiques. réduite chez la Poule. — *Barbillons, orcillons :* rouges. — *Corps :* ramassé et compact. — *Poitrine :* large. — *Dos :* court. — *Reins* ou *selle :* formant prolongation immédiate du dos sans courbure, lancettes couvrant presque entièrement le court bouquet de la queue.

Observation. — On expose ordinairement les Coqs à deux ans, à cause du lent développement de leurs qualités de concours. Les Poules, plus précoces, sont bonnes à exposer à un an.

Monographie de la race Barbue d'Anvers.

Quatre variétés : coucou, noire, blanche et fauve.

Origine. Cette amusante petite bête, vraie volaille d'amateur, est commune et populaire en Belgique, où elle paraît avoir été créée.

Caractères. Cornevin résume ainsi ce qui en fait l'originalité : « *Cravate* de petites plumes frisées avec *barbe* et *favoris*. Nanisme. *Crête fraisée*. » Quand nous aurons dit qu'elle a le *bec* brun, les *tarses* d'un gris variant avec la couleur du plumage, la *forme* générale d'une Bantam, mais avec la queue moins relevée, il nous suffira d'ajouter que c'est une race rustique, douce, assez bonne pondeuse et couveuse passable.

Notre gravure, du reste, donne une idée très exacte de la Poule de la variété coucou.

(Cliché Berlaut.)

POULE BARBUE D'ANVERS

Sous-races d'Uccle, d'Éverberg et du Grubbe.

Il existe trois sous-races de la Barbue d'Anvers, la Barbue d'Uccle, celle d'Everberg qui est une Barbue d'Uccle sans queue, tirant son nom de celui de la localité où elle a pris naissance, — et la Barbue du Grubbe, autre croisement réalisé grâce à la dominance du caractère sans queue. Grubbe est le nom de la ferme où cette dernière variété a été obtenue.

Monographie de la race des Ardennais Nains.

Origine et description. L'Ardennaise naine présente tous les caractères de l'Ardennaise de grande taille dont elle procède ; le Coq possède les allures et les formes gracieuses de son grand frère ; l'un et l'autre se caractérisent par des lancettes longues et fournies et par des faucilles très développées, qui forment un panache d'une grande élégance.

La Poule ressemble en tous points à sa congénère de grande taille et possède les mêmes jolis plumages.

La race est précoce, rustique, et très bonne pondeuse; ses œufs sont d'un volume appréciable, au point que trois pèsent autant que deux de Poule ordinaire. Elle est également précieuse comme couveuse pour l'incubation des œufs de Faisans et de Perdrix.

Le Coq est un Oiseau élégant et bien proportionné, à la démarche fière et dégagée; son regard est vif et plein de feu; il est d'humeur assez combative et chante avec beaucoup d'entrain.

La Poule est très jolie de plumage, possède des formes coquettes et gracieuses; elle est très familière, vit parfaitement en parquet. C'est une bonne pondeuse précoce; ses œufs pèsent environ 35 grammes.

Le Coq pèse de 600 à 650 grammes; sa crête mesure de 3 à 3 cm. 1/2 de hauteur et 6 à 7 de longueur. La Poule pèse de 550 à 600 grammes; sa crête mesure de 1 à 1 cm. 1/2.

Aux couleurs précitées chez les Ardennais de grande taille, ajouter les couleurs noire, fauve, blanche et perdrix citronnée, tenant le milieu entre la perdrix dorée et la perdrix argentée.

Monographie de la race dite de Barbarie ou Naine belge.

Origine. C'est une race naine, dont la taille tient le milieu entre l'Ancien Combattant Anglais nain et le Petit Combattant du Nord. Les Belges en revendiquent la nationalité; ils l'avaient d'abord appelée Barbarie, puis lui ont donné le nom d'Ardennaise naine, et enfin celui de Naine belge. Cette race est connue dans le Nord de la France depuis des temps immémoriaux; on l'aplait Poule Anglaise, et cela probablement parce que la race nous est venue d'Angleterre, et actuellement elle est appelée Poule de Barbarie et par abréviation « Barbarie ».

Standard. Nous donnons ici les caractéristiques de cette race, d'après des notes communiquées par M. Robert Fontaine.

Caractères généraux. COQ. — *Tête* : allongée, assez fine. — *Bec* : de longueur moyenne. — *Crête* : simple ou frisée; les deux sont admises. — *Barbillons* : arrondis, mais pendants. — *Yeux* : assez grands, couleur rouge orangé. — *Face* : rouge, garnie de de petites plumes. — *Oreillons* : rouges. — *Cou* : assez court. — *Camail* : épais, formé de plumes assez longues et larges, descendant sur les épaules, sans toutefois les couvrir. — *Épaules* : assez larges, mais arrondies. — *Dos* et *Rein* : de longueur moyenne. — *Queue* : bien développée, longue, portée légèrement relevée, les rectrices longues et larges, belles faucilles larges et bien recourbées. — *Poitrine* : bien fournie et de bonne largeur. — *Ailes* : longues, bien fermées et portées un peu bas. — *Jambes* : plutôt courtes et musculeuses, presque cachées dans le duvet de l'abdomen. — *Tarses* : moyens, d'épaisseur ordinaire. — *Doigts* : bien développés sans être longs. — *Taille* : plutôt petite, sans exagération. — *Poids* : environ 500 grammes.

POULE. — Semblable au Coq, sauf les points suivants :

Crête : petite et bien droite. — *Camail* : orné de plumes plus courtes. — *Barbillons* : très courts *Lancettes* : absentes. — *Queue* : plus courte et naturellement dépourvue de faucilles. — *Ailes* : portées un peu plus haut. — *Tarses* : plus minces. — *Poids* : 450 grammes.

Couleur. COQ et POULE. — Dorée, argentée, noire, blanche, brun doré, brun argenté, rouge et blanc, bleue, fauve, coucou. La couleur du bec et des pattes en rapport avec la couleur du plumage.

Qualités et aptitudes de la race. Les Coqs ont assez mauvais caractère; ils sont arrogants, très infatués de leur personne; aussi, lorsqu'on les approche se redressent-ils et vous regardent-ils d'un air provoquant; ils tiennent cela du Combattant. La Poule est très bonne pondeuse; ses œufs sont proportionnellement assez gros, en comparaison de la taille. C'est une couveuse très douce et une excellente mère. Ces volailles tiennent peu de place et sont les amies des enfants; car, en général, elles sont très familières.

Le Coucou d'Écosse nain.

C'est un modèle réduit du Coucou d'Écosse, qui en diffère par sa petite taille et en offre les caractères et le plumage.

Le poids des Coqs varie de 450 à 550 grammes; celui des Poules de 400 à 475 grammes.

La Poule soyeuse naine.

Deux variétés.

Le caractère soyeux du plumage peut se rencontrer chez des races très différentes. On l'a même vu chez des Langshan.

La volaille soyeuse type est une volaille naine, blanche ou fauve, à crête simple et dentelée, à oreillons petits et blancs. Les ailes sont longues et tombantes; la queue est longue aussi; les tarses, courts, sont nus et de couleur chair.

Cette petite race pond de petits œufs, en petite quantité et est, par suite, d'un très petit rapport; mais elle aime beaucoup à couver, ce qui lui donne une raison d'être autre que l'amour du nanisme avicole sportif.

La race de Padoue naine et Hollandaise.

Plusieurs variétés.

C'est une réduction très fidèle de la jolie et décorative race de Padoue, qui peut être obtenue dans les mêmes variétés que la grande, et ne demande, par conséquent, aucune description spéciale.

Ces charmants bijoux de l'Aviculture sont-ils des inutilités? Pas plus que les fleurs délicates qui ornent nos jardins ! Ils prodiguent, près de nous, la beauté et la vie, et leur élevage met en œuvre l'application des règles de la zootechnie. C'est plus qu'il n'en faut pour justifier ceux qui s'attachent à produire des sujets parfaits de cette race.

Monographie de la race Wyandotte Naine.

Plusieurs Variétés.

Origine. Cette race est une réduction des Wyandottes ordinaires, obtenue par divers croisements suivis d'une patiente sélection.

Standard. D'après M. Robert Fontaine.

Caractères généraux. COQ. - — *Tête :* courte et large. — *Crête :* double, posée ferme et unie sur la tête, effilée vers la pointe. — *Oreillons et Barbillons :* de substance fine. — *Cou :* de moyenne longueur, bien arqué. — *Corps :* poitrine pleine et arrondie, dos court et large, ailes moyennes bien serrées sur les flancs. — *Queue :* bien développée, large à la base, plumes de la queue portées assez haut, faucilles de longueur moyenne. — *Pattes :* de longueur moyenne, fortes, sur une ossature fine. Quatre doigts bien écartés. — *Port :* allures du Brahma.

POULE. — Caractères semblables à ceux du Coq, sauf les différences sexuelles. — *Corps :* court et large aux épaules. — *Queue :* large à la base. - - *Taille :* un peu inférieure à celle du Coq.

Couleurs. Elles sont les mêmes que chez les Wyandottes de grande taille.

RACE NORMALE DE WYANDOTTE, d'où procède la Wyandotte naine.

POULE ARGENTÉE   COQ ARGENTÉ

Monographie de la race de Nagasaki ou Bantam japonaise.

Plusieurs variétés.

Origine. Introduite du Japon en Europe, vers 1854, et actuellement répandue en Angleterre,

Caractéristiques. *Tête :* fine et assez longue. — *Bec :* jaune. — *Crête :* simple, dentelée, droite chez le Coq et penchée chez la Poule, très développée chez le

COQS ET POULES DE RACE NAGASAKI

en Belgique, en France et en Hollande, chez les amateurs de races naines, cette petite volaille, originale, douce, un peu délicate, assez bonne pondeuse, couveuse assidue, mère tendre et attentive, volant bien, surtout la variété noire, est un charmant Oiseau de jardin et d'agrément.

Coq eu égard à sa taille. — *Joues :* rouges. — *Oreillons :* moyens et rouges. — *Barbillons :* longs et arrondis. — *Corps :* volumineux pour la taille de l'Oiseau. — *Poitrine :* bombée. — *Dos :* très court. — *Ailes :* longues, traînantes. — *Queue :* bien formée, à faucilles très longues, relevées et portées très en avant. Elles touchent souvent la crête. La Poule a aussi la queue très développée et portée en avant, mais en tenant compte des différences sexuelles. C'est en grande partie ce port de la queue qui donne son cachet si particulier à la race. — *Tarses :* courts et jaunes, à éperon avorté.

Variétés : herminée, foncée, noire, blanche, coucou et cailloutée.

LA RACE NAGASAKI DANS L'ART

Interprétation décorative japonaise.

Interprétation humoristique française.

La race de Samarang.

Caractéristiques. Race naine du genre Nagasaki; le Coq a le dessus du corps brun marqué de jaune orange et le dessus noir. La queue est portée très haut. La Poule est jaunâtre, avec le camail et la queue noirs.

Monographie de la race de Bantam frisée [1].

Origine et caractères. Due sans doute à des croisements de Bantams avec des Poules frisées, cette curieuse petite race corps se rapproche davantage de celle des Bantams de Java.

Les Coqs ont de luxuriantes faucilles comme ces derniers, et non la « queue de

(*Cliché Caldéron*).

BANTAM FRISÉE

rappelle la race frisée dont elle procède, et a, comme elle, une crête fraisée ou frisée, terminée en arrière par deux pointes; mais la forme générale du Poule ». Les plumes sont frisées, chez le Coq et la Poule, anomalie héritée du croisement originaire. La race naine a donc gardé la forme générale du Bantam, avec les caractères sexuels secondaires et l'anomalie de la race frisée.

(1) Voir, pour comparaison, notre monographie de la race frisée, p. 495 et suiv.

Monographie de la race naine de Wallikiki.

(*Rumpless Bantam*)

Plusieurs variétés.

Origine. Cette race est due, semble-t-il, à divers croisements du Wallikiki proprement dit avec des volailles naines à pattes lisses et à quatre doigts aux pieds. Le Wallikiki a donné le caractère *sans queue ;* les croisements ont fourni les plumages des variétés obtenues ; et il est de fait qu'on en a présenté, dans les expositions, des exemplaires de toutes couleurs : dorée, blanche, noire, coucou, etc...

Standard. Le point important est de reproduire, en miniature, le type de la race Wallikiki. Il suffira de se reporter à ce que nous disons de cette race, sans qu'il soit besoin d'insister ici davantage. C'est une petite volaille très vive et qui couve peu.

Défauts à éviter. Éviter soigneusement toute trace de huppe, ou de plumes aux pattes, rappelant la race de Wallikiki huppée dont nous parlons ci-après. Éliminer également tout Oiseau qui présenterait cinq doigts aux pieds au lieu de quatre.

Variété dite Sabot.

Origine. Une variété de la Wallikiki naine, bien sélectionnée, existe, sous le nom de *Sabot*, qui paraît provenir d'un croisement de la race Wallikiki avec la race de Pékin.

On a obtenu ainsi des sujets dont la silhouette est extrêmement caractéris- tique, avec leur grande crête, simple, dentelée assez profondément et d'un beau rouge, qui tranche sur la couleur du plumage, leurs barbillons également bien développés, leurs pattes courtes et les lancettes longues et abondantes qui donnent à leur corps court et arrondi un aspect tout à fait curieux, dont l'amplitude de la crête, chez le Coq, accentue le contraste. Les sujets de cette variété sont souvent désignés sous le nom de *Sabots Hollandais*.

Standard. Aucun Standard officiel français n'a été encore soumis à la Fédération nationale. Celui que nous donnons ici est un résumé des caractéristiques fournies par M. Paul Monseu à la Perre de Roo.

Caractères généraux. COQ. — *Tête :* assez forte et arrondie. — *Bec :* plutôt fort, recourbé légèrement ; corne foncée ou blanc (suivant le plumage). — *Œil :* iris rouge ou même rouge brun. — *Crête :* simple, haute et droite, à trois ou quatre dentelures profondes. — *Joues :* rouges et légèrement emplumées. — *Barbillons :* moyens, larges, non pendants, mais cependant bien développés. — *Oreillons :* rouges. — *Cou :* ample camail de lancettes assez longues. — *Corps :* Arrondi. — *Dos :* très court (caractère essentiel pour l'appréciation du sujet). — *Ailes :* bien ployées, mais non serrées contre les flancs. — *Jambes :* courtes, cachées par les plumes des flancs. — *Tarses :* courts et lisses, sans trace de plumes, de couleur variable : aux plumages foncés correspondent des tarses de couleur plomb. Chez les blancs, on trouve des tarses, gris ardoisé, blancs et même jaunes. Ce point est à préciser. — *Doigts :* au nombre de quatre à chaque pied.

POULE. — *Tête :* Assez forte, arrondie. — *Bec :* assez court, corne foncée ou bleu. — *Œil :*

iris rouge ou rouge brun. — *Crête* : simple et droite. — *Joues* : rouges. — *Barbillons* : moyens. — *Oreillons* : rouges. — *Cou* : court. — *Corps* : très court, de forme arrondie. — *Tarses* : nus, de couleur ardoisée, chez les variétés à plumage foncé, non fixée dans les autres. — *Doigts* : quatre à chaque pied. — *Taille* : minuscule.

Observations sur le Standard. Le Coq Sabot, par suite du croisement dont il paraît issu, a une tête qui présente une grande analogie avec celle du Pékin.

Le plumage des Sabots est extrêmement variable, et nous ne pouvons songer à en décrire ici les nombreux aspects.

Les Coqs de cette race sont courageux et batailleurs. On donne la Poule comme bonne pondeuse et bonne mère.

La race étant tout à fait naine, les œufs sont naturellement très petits.

Monographie de la race de Wallikiki huppée, sans queue.

Une variété noire, une variété blanche.

Origine. Nous décrirons cette race, d'après la Perre de Roo; car nous n'en connaissons pas actuellement de représentants.

On l'appelle aussi race Ghoondook, ou, tout simplement, « race huppée sans queue ».

Elle pourrait fort bien n'être que le résultat de croisements avec la véritable race de Wallikiki, dont nous avons donné déjà la monographie, l'absence de queue constituant un caractère fortement dominant, qui permet, comme nous l'avons dit, d'obtenir des types variés présentant cette curieuse anomalie.

Quoi qu'il en soit, on la dit originaire de la Turquie d'Asie, et on lui reconnaît une certaine analogie avec la « Poule du Sultan, dont elle diffère principalement par l'absence de la queue » (1). Cette analogie tient peut-être à ce qu'elle en descend par quelque croisement.

On est, en somme, fort peu renseigné sur sa véritable origine.

Standard. Pas de Standard officiel français homolo-gué par notre Fédération nationale.

Nous groupons, ci-dessous, les caractères qu'en donne la Perre de Roo, pensant être agréable aux amateurs de *Fancy* qui voudraient s'appliquer à reconstituer ce type.

Caractères généraux. COQ et POULE. — De même que chez la Wallikiki proprement dite, c'est l'absence d'os coxygiens qui détermine l'atrophie du croupion et l'absence de queue. Ce caractère est essentiel à la race. — Les particularités de la Wallikiki huppée sont les suivantes. — *Tête* : « chargée, dit la Perre de Roo, d'une grande huppe sphérique, formée de plumes arrondies et droites chez la Poule, aplatie en forme de parasol et composée de plumes fines, longues et retombant tout autour de la tête, chez le Coq », différences sexuelles qui se retrouvent chez toutes les races huppées, où les plumes de la huppe du Coq sont semblables à celles du camail. — *Barbe* : bien fournie chez les deux sexes. — *Bec* : de moyenne longueur et noir. — *Œil* : iris aurore. — *Cou* : long, porté droit, à la manière du Pingouin ou du Canard coureur Indien. — *Camail* : abondant, à plumes longues et fines offrant de beaux reflets satinés, dans la variété blanche, et métalliques, dans la noire. — *Corps* : court, arrondi. — *Port* : très redressé. — *Poitrine* : large. — *Ailes* : longues, portées bas. — *Jambes* : courtes, avec des mouchettes formées de plumes longues et raides. — *Tarses* : courts, plomb foncé, abondamment emplumés. — *Doigts* : au nombre de cinq à chaque pied. — *Taille* : petite, celle d'un Sebright argenté.

(1) La Perre de Roo. *Op. cit.*, p. 283.

29

Observations sur le Standard.
Nous n'indiquons ici que les deux variétés, blanche et noire, dont parle la Perre de Roo.

Leur croisement pourrait donner la bleue; et, comme l'absence de croupion, la huppe, l'emplumement des pattes et le cinquième doigt sont des caractères dominants, il est évident que, par des croisements judicieux, on pourrait créer d'autres variétés de plumage.

Bien entendu, il ne s'agit ici que d'une volaille de sport; mais ces recherches et cette maîtrise, obtenue par les éleveurs, de l'hérédité des caractères, ne sont pas sans intérêt pour la connaissance des lois dont profite ensuite le zootechnicien pour travailler à l'amélioration des races de produit.

COQ WALLIKIKI

RACES DIVERSES

FRANÇAISES ET ÉTRANGÈRES

I. — MONOGRAPHIES DE RACES FRANÇAISES DIVERSES (1)

Monographie de la race de Blanzac.

Une variété noire.

Répartition géographique. C'est encore une volaille de couleur noire; on la rencontre sur le territoire du canton de Blanzac (Charente) et aussi dans les communes limitrophes appartenant aux cantons de Barbezieux, Châteauneuf, Angoulême-Sud et Montmoreau. Le centre de son habitat paraît être le petit massif de Puypéroux, Chadurie, Pérignac, Bécheresse et Voulgézac.

Caractères généraux. La forme de cette volaille rappelle un peu celle de la Leghorn; elle est un peu moins grande, son poids moyen étant de 2 kilos. — *Tête* : fine, ainsi que le col. — *Crête* : simple, mince et souple chez la Poule, retombant sur le côté comme la Leghorn. Le Coq la porte droite, assez développée, avec sept crétillons, les trois du milieu nettement et profondément découpés, le dernier trilobé. — *Oreillons* : blancs, de la grandeur d'une pièce de cinq francs chez le Coq et d'une pièce de un franc chez la Poule. Ils se teintent, avec l'âge, d'une légère roséole à la base. — *Iris* : jaune sablé de brun un peu foncé autour de la pupille. — *Corps* : rappelant celui du Leghorn, la poitrine est large, la ligne supérieure est harmonieuse et suffisamment redressée à ses extrémités. L'axe de support est marqué par la position des jarrets; il est placé aux deux tiers de la longueur totale du corps, comptés à partir de la base du jabot. L'Oiseau, dans la position normale, fait donc avec le sol un angle d'environ 60 degrés, qui lui donne l'attitude

redressée. — *Taille* : de 53 centimètres pour le Coq et 50 centimètres pour la Poule. — *Tarses* : minces, lisses, d'un noir uni, portant un éperon acéré d'un centimètre et demi chez le Coq. — *Doigts* : au nombre de quatre. — Le *camail*, les *lancettes* et la *queue* garnie de faucilles, adoucissent les raccordements. La courbe de la tête, du cou et de la queue est ainsi ininterrompue.

Mensuration. Nous donnons ici les résultats moyens de mensurations prises sur des volailles de cette race :
Dimensions de la *crête* : chez le Coq, 10 cm. de longueur sur 5 de hauteur; chez la Poule, 7 sur 4. — Celles des *barbillons* : Coq, 3 cm. d'attache et 6 cm. de hauteur. Poule, 3 sur 3. — Les *tarses* ont 9 cm. et le *doigt médian* 7 cm. — *Ailes* : les grandes rémiges sont au nombre de 10; celles de la *queue* au nombre de 15, et de 17 cm. de longueur. Les *grandes faucilles* ont de 40 à 50 cm. de longueur.

Qualités et aptitudes de la race. La Poule est une glaneuse faisant merveille dans les pays boisés; il lui faut un grand parcours dans les prairies; elle s'écarte très loin de la ferme, et, en cas d'alerte, elle fait des vols de 30 à 40 mètres. Peu exigeante au point de vue du logement, elle perche le plus souvent dans les granges, les étables, les hangars, sur les instruments aratoires; car le poulailler n'existe pas toujours. C'est une bonne pondeuse, donnant environ par an 200 œufs, qui sont blancs, et atteignent 60 gr. quand la pondeuse a un an. Elle couve bien et se conduit en mère tendre. Les jeu-

---

(1) Nous tenons à remercier ici M. Robert Fontaine, qui a bien voulu nous communiquer de nombreuses notes relatives à la plupart des races diverses françaises et étrangères, dont il est traité dans ce chapitre, notes auxquelles nous avons fait de larges emprunts.

nes naissent blancs et noirs et sont très précoces. C'est une tradition pour les ménagères de vendre leurs premiers poulets âgés de quatre mois à la fête patronale de Blanzac, qui est l'Ascension. A cette date, le poulet est bien en chair; la blancheur et la finesse de chair, jointes au squelette léger, lui ont donné une grande réputation. Les chapons nés en juillet et août sont préparés en novembre et livrés à la consommation au bout de six à sept mois. Ils atteignent le poids de 2 kg. 500 à 3 kilos.

Race de Caux.

Origine. Cette race est une dérivée de la Poule de Caumont.

Caractéristiques. COQ et POULE. — *Crête :* simple, régulièrement dentelée. — *Oreillons :* blancs. — *Couleur des tarses :* gris bleu. — *Nombre de doigts :* quatre à chaque pied. — *Plumage :* noir.

Qualités de la race. Excellente volaille de ferme constituant une bonne Poule de produit, rustique et bien adaptée au sol et au climat.

C'est, comme nous le disons dans la monographie consacrée aux races de Caumont et de Pavilly (1), une Pavilly à crête simple et sans huppe. Mêmes qualités que cette dernière race.

Race du Coucou Picard.

C'est, nous dit M. Robert Fontaine, une bonne volaille tenant du Coucou de Flandres et du Coucou de Rennes.

Acclimatée dans la Somme, elle a subi quelques petites modifications, d'où son nom spécial.

Il en fut exposé un lot au Concours agricole de Lille, en 1886, qui obtint le 2e prix dans la catégorie des races françaises diverses. Depuis cette époque, les Coucous Picards n'ont plus fait leur apparition aux expositions, et aucun éleveur n'en a donné la description.

Race dite « Favoris. »

Il s'agit d'un croisement d'Orpington et de Faverolles, que nous avons pu observer en diverses expositions de la Société centrale d'Aviculture de France.

Il en a été fait de quatre couleurs : fauve, blanche herminée, dorée et bleue.

Le nom vient des favoris de ces Oiseaux, qui sont de belles et fortes volailles.

(1) Voir page 185.

II. — MONOGRAPHIES DE RACES ALLEMANDES DIVERSES

Monographie de la race d'Elberfeld.

Trois variétés : dorée, argentée et noire.

Origine. Le Coq de cette race, appelé aussi Chanteur des Montagnes, à cause de son chant elle a été sélectionnée, à la suite, croit-on, d'anciens croisements avec la Hambourg et la Padoue. Sa forme et ses allures

(*Cliché Caldéron.*)

ELBERFELD

prolongé, est d'origine allemande. On la trouve, notamment, dans la région d'Elberfeld, de Dusseldorf et de Cologne, où rappellent la race Alsacienne et rendent vraisemblable une origine commune; mais l'Elberfeld n'a ni huppe, ni crête frisée.

Standard. Nous n'avons, en France, aucun Standard officiellement reconnu de cette race. Il suffira d'en donner ici les caractéristiques principales.

Caractères généraux. COQ. — *Tête* : assez longue et forte. — *Bec* : gros et recourbé à son extrémité, de couleur corne claire. — *Œil* : iris rouge. — *Crête* : simple, droite, régulièrement dentelée, s'avançant sur le bec et très haute en arrière. — *Barbillons* : longs et pendants. — *Oreillons* : assez allongés, blancs, souvent sablés de rouge. — *Joues* : rouges, parsemées de fines plumes, mais en laissant le tour de l'œil dégarni. — *Cou* : gros et court. — *Corps* : assez volumineux. — *Dos* : plat. — *Reins* : larges. — *Poitrine* : arrondie et ample. — *Crête* : bien développée, plutôt forte. — *Queue* : bien garnie et ample, faucilles longues et larges. — *Cuisses et jambes* : assez longues et fortes. — *Couleur des tarses* : bleu ardoisé. — *Doigts* : au nombre de quatre, les antérieurs assez longs et bien séparés. — *Taille* : légèrement au-dessus de la moyenne.

POULE. — Mêmes caractères généraux que le Coq, en tenant compte des différences sexuelles. — *Crête* : rabattue. — *Oreillons* : arrondis. — *Dos* : plat et long. — *Queue* : portée un peu relevée, mais pas trop.

Couleurs. I. VARIÉTÉ DORÉE. — COQ. — *Camail* : rouge orangé à reflets dorés. — *Dos, épaules, petites et moyennes couvertures des ailes* : rouge acajou velouté. — *Grandes couvertures des ailes* : chamois, avec des marques en forme de taches d'un noir brillant à leur extrémité, formant par leur ensemble une large bande en travers de l'aile. — *Rémiges primaires* : chamois vif, bordé de noir. — *Rémiges secondaires* : *idem*. — *Lancettes* : d'un beau rouge marron. — *Couvertures de la queue* : noires marquées de chamois. — *Faucilles et rectrices* : noires à reflets métalliques bronzés. — *Plastron, partie inférieure du corps, jambes* : chamois vif, avec une bordure noire à chaque plume. — *Plumes anales* : noires, marquetées de chamois.

POULE. — *Tête et partie supérieure du camail* : plumes noires avec léger liseré chamois. — *Partie inférieure du camail* : chamois, largement bordées de noir. — *Plastron, partie inférieure du corps, dos, rein, couvertures des ailes* : plumes chamois, d'un ton chaud, avec liseré noir brillant, qui forme croissant et se détache sur le fond chamois du plumage. — *Queue* : noire, marquetée de chamois.

Observation. — Dans les deux sexes, le plumage, dans son ensemble, est très brillant.

II. — VARIÉTÉ ARGENTÉE. — COQ et POULE. — Sauf le fond du plumage, où le blanc d'argent pur remplace le chamois intense, la description du plumage de cette variété est identique à celle de la variété dorée. Elle a absolument les mêmes marques.

III. — VARIÉTÉ NOIRE. — Plumage entièrement noir brillant. C'est peut-être la variété la plus intéressante comme volaille pratique, quoique sans doute la moins estimée par les amateurs d'élevage sportif. A notre avis, les reflets de ce plumage noir doivent être verts.

Qualités de la race. On s'accorde à reconnaître aux trois variétés de l'Elberfeld une chair fine, une précocité satisfaisante et une très bonne ponte.

On ajoute que la Poule couve suffisamment et qu'elle élève convenablement ses poussins. C'est donc une race de produit, en même temps qu'une fort jolie volaille.

Monographie de la race de Sundheimer.

Origine. Originaire des environs de Kehl, elle est répandue dans le pays de Hanau. Cette Poule ressemble à la Langshan, dont elle atteint à peu près la taille. C'est un croisement de Brahma, de Dorking et de Houdan.

Deux couleurs dominent : celle de la Brahma et celle du Dorking argenté, mais plus pâle. C'est une race recommandée pour la chair et la ponte. Les Poulets ont une croissance rapide, s'engraissent facilement, sont peu sensibles aux intempéries. Tout ce qui se vend à Strasbourg, à Baden Baden, dans les lieux de villégiature de la Forêt Noire, non seulement comme Poulets de grains, mais comme poulardes du Mans, de la Bresse, de Bruxelles, vient en grande partie de Sundheimer. La Poule est bonne pondeuse d'hiver, donnant des œufs de 60 à 70 grammes, de couleur crème. Presque tous les œufs frais vendus à Strasbourg pendant la mauvaise saison proviennent du pays d'Hanau.

Caractères distinctifs. La crête est simple, de grandeur moyenne, pas de huppe. Par contre, presque toutes les volailles sont ornées d'une barbe pleine, qui leur donne un caractère tout spécial, probablement en héritage de la Houdan.

La patte est presque toujours légèrement emplumée; elle est parfois lisse. Les doigts sont au nombre de quatre, quelquefois cinq. Elle est généralement de couleur claire, on ne voit que rarement des pattes foncées ou jaunes. Les éleveurs attachent peu d'importance à la couleur de la face, mais elle est généralement rouge. La queue est le plus souvent noire, les faucilles du Coq sont modérément développées.

Couleurs. *L'Herminée.* — COQ : fond de plumage blanc, poitrine blanche tachée de noir, barre des ailes noires, les rémiges primaires des ailes sont marquées de noir, la queue est noire marquée de blanc. La Poule est blanche, avec camail pointillé de noir; sa queue est noirâtre.

La Dorking. — COQ : noir à camail et lancettes blanches ou paille. La poitrine est très souvent marquée de blanc, et les couvertures des ailes brun marron. — POULE : elle passe du gris brun à l'isabelle, chaque plume striée de noir, la poitrine va du saumon à la couleur crème.

Poids. COQ : 4 kilos à 4 kg. 500. — POULE : 3 kilos à 3 kg. 500.

Monographie de la race Rhénane (Rheinlander)
Quatre Variétés.

Origine. La Poule Rhénane a une certaine analogie avec la Leghorn, et paraît venir, comme elle, d'une Poule de ferme améliorée; mais sa crête ressemble à celle de la Wyandotte et les tarses sont bleu ardoisé ou noirs. C'est une Poule de produit, rustique, bonne pondeuse, peu ou pas couveuse, précoce.

Standard. Nous donnons ici le Standard de cette race qu'a bien voulu nous communiquer M. Robert Fontaine.

Caractères généraux. COQ et POULE. — *Tête* : de grosseur moyenne. — *Crâne* : légèrement aplati. — *Crête* : triple, pas très grande. — *Bec* : fort, de couleur corne ou noirâtre. — *Œil* : grand, vif, de couleur brun foncé. — *Joues* : rouge vif, garnies d'un court duvet. — *Barbillons* : ronds, de grandeur moyenne, rouge vif. — *Oreillons* : petits, ovales et blanc pur; une petite bordure blanche est cependant tolérée. — *Cou* : de longueur moyenne, fort, garni d'un riche camail qui, chez le Coq, dépasse l'épaule. — *Dos* : large, de longueur moyenne, légèrement incliné en arrière chez le Coq, mais horizontal chez la Poule. — *Rein* : garni, chez le Coq, de lancettes abondantes. — *Poitrine* : large et formant une courbe profonde vue de profil. — *Ailes* : longues, serrées au corps, le vol noyé sous les lancettes. — *Ventre* : l'arrière-train est bien développé et garni d'un duvet abondant. — *Queue* : longue, portée relevée, mais jamais droite comme celle de l'Écureuil. Les plumes sont larges chez le Coq, et les faucilles fortement arquées. — *Cuisses* : moyennes, disparaissant dans le plumage du ventre. — *Tarses* : la longueur moyenne, ossature fine, sans articulations grossières. — *Doigts* : au nombre de quatre, bien conformés et droits. — *Poids du Coq* : 3 kilos. — *Poids de la Poule* : 2 kilos 500. — *Plumage* : serré au corps.

COULEUR. — Il existe quatre variétés de cette race : la noire, la blanche, la dorée et l'argentée. Dans la variété noire, le plumage présente de vifs reflets verts.

Monographie de la race de Ramelsloher.

Origine. Race très estimée dans le Nord de l'Allemagne. Elle a été créée pour la production des œufs d'hiver, quelle couve elle-même afin de produire des Poulets précoces, appelés Poulets de Hambourg, très estimés des Allemands. Tout le monde apprécie la valeur d'un œuf frais l'hiver, mais ici la valeur principale consiste dans la précocité. La production de la chair est ici en question, mais la ponte n'est pas négligée. Il ne s'agit pas de produire un gros Poulet, mais de le produire hors saison.

Caractères généraux. COQ. — *Tête* : grande et large du crâne. — *Bec* : solidement courbé, bleu clair ou du moins bleuâtre. — *Crête* : assez haute, droite, élégamment courbée, bien plantée jusque sur la moitié du bec, fortement attachée mais non collée sur le cou, régulière, pas trop profondément dentée, 5 à 7 dents, de forte texture. De chaque côté de la tête se trouve une rangée de petites plumes minces relevées en brosse, donnant à la tête un aspect important. — *Barbillons* : assez longs, minces, bien arrondis, rouge sang. — *Joues* : minces et rouge foncé. — *Yeux* : brun foncé, vifs. Un signe de race est d'avoir le tour des yeux noir et la prunelle noire. — *Oreillons* : blanc bleuâtre, blancs ou rouge bleuâtre, ovales et de grandeur moyenne. — *Cou* : long, fièrement relevé, légèrement arqué, gros avec épais camail. — *Corps* : fort, plein et vigoureux. — *Poitrine* : large, pleine et portée haut. — *Dos* : large et long, un peu incliné vers l'arrière. — *Reins* : larges avec abondantes lancettes. — *Ailes* : larges et grandes serrées contre le corps. — *Queue* : pleine, avec faucilles élégamment courbées, mais pas trop longues et portées en arrière. — *Cuisses* : hautes, bien attachées, pleines et fermement emplumées. — *Tarses* : hauts, lisses, de couleur bleu ardoise. — *Doigts* : forts, longs, ouverts, avec les ongles forts et blanc bleuâtre. — *Plumage* : 1° blanc d'argent, peu après la première mue un peu jaunâtre; 2° jaune, couvertures des ailes plus foncées, queue plus claire. — *Poids* : 2 kg. 500 à 3 kg. 500.

POULE. — *Crête* : petite, droite devant, un peu couchée en arrière. — *Corps* : plus en arrière, plein et arrondi (ventre de pondeuse). — *Queue* : bien fermée, large, genre des Poules communes. — *Plumage* : blanc d'argent pur chez les blanches, et fauve uniforme chez les jaunes. — *Poids* : 1 kg. 500 à 2 kilos.

Monographie de la race Barbue de Thuringe.

Origine. Cette race est caractérisée par sa tête, qui est ornée de barbe et de favoris, et par la couleur du plumage, qui a une certaine analogie avec celle du Hambourg pailleté.

Standard. D'après M. Robert Fontaine.

Caractères généraux. COQ. — *Tête* : petite, avec le dessus arrondi. — *Crête* : simple, petite, droite et régulièrement dentelée. — *Bec* : court, légèrement recourbé, plus fort à la base, de couleur corne. — *Gorge* : petite, garnie d'une barbiche assez développée. — *Joues* : garnies de favoris très abondants, entourant bien le menton, larges et compactes, bien emplumées et bien collées à la tête. — *Yeux* : flamboyants et clairs, de couleur rouge brun. — *Oreillons* : rouges, ou blanc bleuâtre, cachés par les favoris. — *Cou* : bien redressé, un peu arqué en arrière, orné d'un camail fortement garni de plumes. — *Corps* : de moyenne longueur, la poitrine bien arrondie, la partie postérieure bien conformée. — *Dos* : court et droit. — *Ailes* : de longueur moyenne et bien fermées. — *Rein* : garni de plumes abondantes et longues appelées lancettes. — *Queue* : large, très richement emplumée, avec de longues faucilles courbées et relevées obliquement. — *Cuisses* : courtes, bien en chair, les plumes bien serrées. — *Tarses* : de moyenne longueur, lisses et de couleur bleu ardoise. — *Doigts* : au nombre de quatre, de moyenne longueur, minces, modérément écartés, munis d'ongles blanchâtres.

POULE. — *Tête* : très petite et dont au moins la moitié est cachée par les favoris. — *Crête* : petite, droite et dentelée. — Le reste comme chez le Coq, moins le camail, les lancettes et les faucilles.

Couleur. VARIÉTÉ DORÉE. — COQ. — Tête, camail et lancettes rouge doré; épaules rouge foncé avec deux barres transversales pas trop étroites et la partie entre les deux barres de couleur brun châtain marquée d'un point noir. Les plumes du vol brun ocre. — La barbe et les favoris noirs; le haut du cou, la poitrine, le ventre et la queue (cette dernière à reflets métalliques verts), sont tachetés de brun doré.

POULE. — Barbe et favoris noirs. Le cou, la poitrine, le dos, le rein, le ventre, les ailes tachetés de noir et de brun doré. Les plumes de la queue noires marquées de brun. Les plumes du vol brun ocre.

AUTRES VARIÉTÉS. — La variété argentée a les mêmes marques que la variété dorée, mais la couleur dorée et brun doré est remplacée par du blanc d'argent. Les variétés blanches, noires, bleues et chamois sont unicolores, et la couleur doit être bien uniforme.

Race dite « La Merveille » (Wunderheimer).

Cette volaille, entièrement blanche, est issue de croisements entre les races de Brahma et de Wyandotte.

Elle est de grande taille.

Le bec et les pattes sont jaunes.

La crête est celle du Wyandotte.

Les tarses sont emplumés sur la partie antérieure; mais les doigts sont nus.

Race de Nassau.

C'est encore un croisement fait avec l'Orpington. Volaille de couleur blanche, qui ressemble beaucoup à l'Orpington blanc, mais avec le corps plus long.

Ses pattes sont lisses et de couleur chair.

III. — MONOGRAPHIES DE RACES ANGLAISES DIVERSES

Monographie de la race Sultane.

Une variété blanche.

Origine et caractères. Il y a toute une littérature sur la Poule Sultane, appelée aussi Padoue Sultane et race de Seraï-Tâook. On la dit origi-, naire de Turquie, et elle serait issue d'un ancien croisement de Padoue blanche et de Cochin.

Deux petites remarques seulement au sujet de ces deux affirmations : 1° Corne-vin dit l'avoir vue en Turquie, mais avoue qu'elle est plus commune en Angle-terre et en Belgique; 2° la Padoue et la Cochin sont des races tétradactyles ou à quatre doigts. Or la Sultane en a cinq à chaque pied. Où a-t-elle pris ce cin-quième doigt? S'agit-il encore d'une « mu-tation brusque »? Nous en admettons la possibilité; mais il ne faut pas en voir partout, sans preuve.

Donc la Sultane a cinq doigts (tout comme une vraie sultane turque); et, comme elle est coquette et qu'elle veut plaire, elle arbore aussi la huppe con-quérante, la cravate et les favoris, sans parler de sa « crête bicorne », de ses « manchettes » et de ses tarses emplu-més.

La Padoue lui a transmis, avec sa huppe, la protubérance crânienne qui la caractérise.

Poule familière, quoique Sultane, déco-rative et rentrant dans la catégorie des Oiseaux de luxe.

Variété Ptarmigan.

Les auteurs citent cette variété, qui ressemble, disent-ils, à la Poule Sultane, et que nous n'avons, pour notre part, jamais eu l'occasion d'observer dans les expositions.

Bréchemin dit qu'elle était répandue, paraît-il, en Angleterre, il y a plus de vingt ans, ce qui ferait supposer une origine anglaise due à des croisements.

La taille de cette volaille serait un peu plus élevée que celle de la Sultane, son corps moins volumineux.

Elle possède une huppe allongée et renversée en arrière. Peut-être devrait-on écrire : « *elle possédait* »; car il n'est pas sûr que cette variété existe encore. C'est pourquoi nous croyons inutile de nous étendre davantage à son sujet.

IV. — MONOGRAPHIES DE RACES BELGES DIVERSES

Monographie de la race Huttegem (1)

Deux Variétés.

Origine. C'est encore une volaille de grande taille, qui a fait son apparition aux expositions de Belgique, vers 1898. On la rencontre aux environs d'Audenarde, où l'on s'en sert principalement pour couver des œufs de Canes. Toutes les prairies qui longent l'Escault sont inondées, et on en profite pour y élever des Canetons. Les Canes étant généralement d'excellentes pondeuses, mais de piètres couveuses, et des mères peu soigneuses, les paysans comprirent vite l'avantage qu'il y aurait à faire élever leurs Canetons par des Poules, et ils n'eurent pas loin à aller pour trouver l'auxiliaire qu'il leur fallait. La Poule du pays vivait excellemment dans les prairies humides, elle s'était, comme il arrive souvent, pliée aux exigences de son habitat et ne souffrait d'aucune des maladies qui ne manqueraient pas d'enlever toute autre race que l'on voudrait implanter en cette contrée. La Poule est attachée à un piquet, on la met à l'abri sous de petites huttes de chaume, et les Canetons parcourent les prairies en quête de Vers de terre que font sortir les gamins qui piétinent le sol. Lorsque viennent les gelées, on nourrit les Canetons avec des déchets de viande de boucherie, les Poules reçoivent du grain. Bien entendu, ces Poules ont un type, mais il y en a de toutes couleurs; aussi les éleveurs d'Audenarde ont fondé une société et ont établi le Standard de la Poule de Huttegem. Celle-ci, paraît-il, supporte le climat humide des bords de l'Escaut, grâce à la présence du pigment jaune; car sa couleur est fauve à camail acajou et à queue noire.

Standard. Voici le Standard de cette race d'utilité pratique.

Caractères généraux. COQ. — *Tête* : moyenne et allongée. — *Crête* : simple, droite, petite, finement dentelée de 7 à 8 dents. — *Bec* : blanc, pouvant être teinté de roussâtre. — *Œil* : perlé ou jaune orange. — *Face* : rouge, garnie de petites plumes rousses, les oreilles recouvertes d'une petite touffe de plumes blanches. — *Oreillons* : rouges. — *Barbillons* : demi-longs. — *Cou* : gros et court. — *Poitrine* : large, profonde et charnue. — *Dos* : large et long. — *Ailes* : courtes et relevées. — *Queue* : de développement moyen et peu relevée. — *Cuisses* : fortement emplumées, sans manchette. — *Tarses* : blancs et emplumés. — *Doigts* : au nombre de quatre, dont l'extérieur seul emplumé. — *Ongles* : blancs. — *Taille* : 60 à 65 centimètres. — *Poids* : 3 kg. 500 à 4 kg. 500. — *Plumage* : rouge uni, camail rouge, queue noire, faucilles rouges, vol rouge marqué de noir.

POULE. — Mêmes caractères que chez le Coq, sauf : *Crête* : simple, petite, droite, finement dentelée de 7 à 8 dents, tissu fin. — *Barbillons* : courts. — *Cou* : gros, court et arqué. — *Ailes* : très courtes et relevées. — *Queue* : fermée, peu développée, peu relevée. — *Cuisses* : fortement garnies de plumes duveteuses formant une très large culotte. — *Taille* : 50 à 60 centimètres. — *Poids* : 2 kg. 500 à 3 kilos. — *Plumage* : fauve, camail acajou, queue et vol marqués de noir.

---

(1) Monographie due à M. Robert Fontaine.

VARIÉTÉS. — Il existe aussi une variété à crête frisée, dont la crête doit être la plus petite possible.

ÉCHELLE DES POINTS.

Tête, crête, œil	5
Bec, barbillons, oreillons	5
Volume et poids apparent ou réel	10
Profondeur de poitrine	5
Largeur du dos et des reins	5
Largeur de la culotte	30
Ossature	5
Queue	5
Bon état et apparence générale	15
Plumage	15
Perfection	100

La race de Seloigne.

Origine et caractères. Cette volaille est aussi appelée *Poule à plumes de Paradis*.

M. Gloix, faisandier du domaine de Seloigne (Hainaut), a annoncé le premier l'apparition de cette curieuse variété de Poules, en février 1910. Voici ce qu'il dit : Le pays de Seloigne est un pays d'argile, imperméable à l'eau et très humide. L'endroit est ce qui reste d'un ancien fourneau à minerai de fer, de sorte que le sol est couvert d'une couche de crasse broyée ou gravier de minerai brûlé. Comme les Poules ramassent beaucoup de ce gravier, non seulement pour le gésier, mais encore au moment de la mue pour activer la pousse des plumes, j'ai pensé que c'était peut-être là la cause de cette sorte de plumage. Les plumes semblent être en baleine et former un voile, à travers lequel on aperçoit la peau de l'Oiseau.

A l'éclosion, les jeunes à plumage anormal sont couverts d'un duvet spécial; on croirait plutôt du poil, et ils sont plus délicats que les autres.

La couleur est celle de l'Ardennaise, c'est-à-dire la couleur noire avec camail doré ou argenté, les Coqs étant naturellement à manteau.

Il en fut exposé à Liège, et le commissaire chargé de la mise en cage éprouva, en prenant ces volailles, une sensation qui le frappa; il crut prendre un paquet de baleines.

Il est certain que si l'on pouvait se servir des plumes de la Seloigne pour les vendre en guise de plumes de Paradis, il y aurait là une source de bénéfice pour ceux qui les élèveraient.

La race Courtraisienne.

Origine et caractères. C'est une Poule à cinq doigts, à crête simple ou frisée, à oreillons blancs, et à pattes blanches. La tête est fine et intelligente, le dos long, le corps bas sur pattes et la queue bien plantée. La forme générale est celle d'une barque, rappelant de fort loin la Poule Dorking, atténuée en ce qu'elle est plus légère, plus « pondeuse » que la massive Poule anglaise. Peut-être serait-elle l'ancêtre de la Dorking? Elle est peu élevée pour les Expositions; aussi est-elle encore loin de l'état pur, et la couleur du plumage n'est-elle guère fixée. Les aviculteurs belges n'en ont pas encore donné un standard officiel.

Monographie de la race Modave.

Origine. Résultat de croisements de l'Orloff, de la Faverolles, et du Combattant Indien, elle a été obtenue et fixée par un éleveur célèbre de Liège. C'est une bonne pondeuse et une grande et excellente volaille de table.

La Modave est beaucoup plus lourde qu'elle ne le paraît, à cause des plumes serrées, comme chez les Combattants. Les pattes sont aussi blanches que celles de la Dorking, grosses, lisses, à cinq doigts, le cinquième disposé comme celui de la Houdan, et non séparé depuis sa naissance comme chez la Dorking.

La forme tient plus de celle du Combattant.

La couleur du plumage du Coq est toute différente de celle de la Poule, comme chez la Faverolles.

Standard COQ. — *Crête :* triple — *Oreillons :* rouges, pendants. — *Bavette :* de Dindon noir sous le bec. — *Favoris :* noirs sur les joues. — *Œil :* jaune pâle. — *Camail :* s'ouvrant en crinoline depuis la nuque et le dessus des oreillons. — *Dos :* très large. — *Épaules :* sorties. — *Camail :* blanc paille strié de noir. — *Lancettes* du rein plus blanches, un peu d'*épaulettes triangulaires* blanches — *Queue :* se rapproche de celle du Combattant. — *Restant du plumage :* noir à reflets verts.

POULES. — *Crête :* plus petite. — *Tête :* très large et fendue. — *Bec :* brun corne. — *Fond du plumage :* fauve plus ou moins brun. — *Tête et camail :* brun foncé allant jusqu'au noir, avec des reflets verts. — *Queue :* brune, terminée de noir. — *Favoris, moustache, barbiche :* formant une boule de couleur foncée ou se détachant en jaune sur fond noir. La nervure de chaque plume paille et le bout est plus ou moins liséré ou pailleté de noir. — *Forme :* celle du Combattant, mais plus arrondie.

La race du Coucou d'Iseghem.

Origine. C'est une grande volaille massive, à plumage coucou, à crête frisée, à pattes lisses et à poitrine proéminente, très répandue dans la région qui entoure la ville d'Iseghem. Elle fut mise en évidence, il y a quelques années déjà, par la Société d'Aviculture d'Iseghem.

Standard. D'après M. R. Fontaine.

Caractères généraux. *Crête :* frisée, bien proportionnée, se terminant en pointe et légèrement courbée sur la nuque. — *Tête :* moyenne. — *Bec :* blanc ou crayonné. — *Œil :* orangé. — *Barbillons :* rouges, de 5 centimètres environ. — *Oreillons :* rouges. — *Volume :* très grand. — *Poitrine :* ronde, proéminente, très charnue. — *Dos et reins :* longs et larges. — *Ailes :* serrées au corps. — *Queue :* courte, portée semi-horizontalement. — *Cuisses :* charnues. — *Tarses :* solides, lisses, blanc rosé. — *Doigts :* au nombre de quatre, bien écartés. — *Ongles :* blancs. — *Plumage :* coucou. — *Taille :* grande. — *Volume :* très grand. — *Ossature :* forte. — *Poids :* Coqs, 4 kilos et plus. — Poule, 3 kg. 500 et plus. — *Chair :* abondante, blanche, très fine. — *Ponte :* précoce. — *Œufs :* jaunâtres ou rosés de forme arrondie et au nombre de 170 environ par an. — *Incubation :* très bonne couveuse hiver comme été. — *Rusticité :* supérieure. — *Qualités :* chair et ponte.

La Campine Courtes-Pattes.

Cette curieuse volaille est tout à fait semblable à la vraie Campine, dont elle n'est qu'une variété sélectionnée à un point de vue spécial.

Elle a toutefois le corps un peu plus long, et ses cuisses et tarses sont très courts, comme il sied à une Courtes-pattes.

On trouve, dans cette race, des Coqs bien dessinés; mais les Poules d'un plumage correct sont très rares : leur camail est presque toujours tacheté. Mêmes qualités que la Campine.

Recherchée, comme les autres Courtes-pattes, parce qu'elle est considérée comme grattant moins aisément dans les plates-bandes de ses maîtres.

Rare dans nos expositions.

La race Sottegem.

Description. C'est une Brackel à tête noire; aussi est-elle appelée souvent Sottegem à tête noire. Le corps a la forme de celui de la Brackel : bec, pattes et yeux comme elle; mais elle se différencie par le camail, qui est noir extérieurement et blanchâtre vers la peau, le duvet de la plume étant blanc. Le dessus de la tête est plus intensément noir que l'extérieur du camail. Les marques du plumage, au lieu d'être, comme chez la Brackel, des barres, sont plutôt des demi-lunes, ce qu'on nomme le « marquage en fer à cheval »; quelquefois ces marques sont des paillettes. Le Standard n'en a pas encore été établi officiellement.

(Cliché H. Voitellier.)

PANNEAUX POUR PARC MOBILE

V. — MONOGRAPHIES
DE RACES ESPAGNOLES [1]

UNE monographie des Races gallines espagnoles — le lecteur le comprendra aisément — ne doit traiter que de celles qui sont véritablement originaires de ce pays, et non de celles qui, passant par tradition et étant considérées comme telles, ne le sont en aucune façon.

Nous faisons allusion ici à la race appelée « Espagnole à face blanche », qui, déjà au temps de Buffon, était si bien considérée comme espagnole, que ce grand naturaliste n'a pas hésité à baptiser le Coq de cette race du nom de « *Gallus hispaniensis* ». Ces volailles à face blanche n'ont jamais existé en Espagne; et, bien que dans la formation de cette race, il ait pu entrer quelques éléments d'origine espagnole, c'est une race élaborée, à vrai dire, à l'Étranger.

Cette caractéristique de la face blanche est si évidente que, si ces Poules avaient existé en Espagne en d'autres temps, on les trouverait certainement figurées dans les tableaux, les gravures, les dessins et les peintures où l'on voit des représentations de Coqs et de Poules. Or on n'a jamais vu, même par hasard, de semblables représentations.

La race à face blanche aurait dû être appelée simplement « *Gallus albi facies* »; et, avec ce nom, on ne serait pas tombé dans l'erreur de la donner comme espagnole tout en ne l'étant pas.

Une autre race, qui n'est pas davantage espagnole, est celle qui est appelée, hors d'Espagne, « Andalouse bleue », parce que, bien qu'il existe en Andalousie une race de Poules de type méridional à coloration gris ardoisé, qui a pu donner origine au nom de ces Andalouses bleues, elle est très distincte de ces dernières dans sa coloration, et tout le monde sait maintenant comment s'est prononcée et affinée la coloration bleue des Andalouses, en Angleterre et dans d'autres pays, par ces procédés, pourrions-nous dire, artificiels et bien connus de ceux qui ont étudié à fond la question de la coloration chez les Oiseaux et les procédés mandéliens qui expliquent leurs variations dans la descendance.

Chez les Andalouses bleues, il peut y avoir certaines relations avec les Poules d'Andalousie de couleur gris ardoisé, qui se rencontrent partout dans les basses-cours de cette région espagnole; mais il n'y a aucun doute que, telles qu'elles se présentent dans les expositions d'Europe

<hr>

(1) Ces monographies des races espagnoles sont la traduction d'une très intéressante notice qu'a bien voulu rédiger, en espagnol, à notre intention, notre distingué confrère et ami, M. le professeur Salvador Castelló, directeur de l'École royale d'Aviculture de Arenys de Mar, près Barcelone.

Bien que, dans les premières fascicules du présent ouvrage, M. Blanchon ait traité de la race dite Espagnole, de la Minorque et de l'Andalouse *telles qu'on les veut dans les Expositions*, nous croyons intéressant, au point de vue de l'Aviculture pratique, de donner ici ces monographies, qui serviront à la fois de complément aux Notices de M. Blanchon et d'introduction à l'étude des races nouvelles Catalane del Prat et Paraiso, à la formation et à la sélection desquelles M. Castelló a pris une si grande part qu'il peut en quelque sorte en revendiquer la paternité.

D. de M.

30

et d'Amérique, elles constituent plutôt une race de production étrangère, qu'une race espagnole.

Il y a aussi quelque chose d'analogue en ce qui se rapporte aux Minorques. Bien qu'il soit très prouvé qu'elles sont vraiment d'origine espagnole, il n'en est pas moins certain que la fantaisie et l'ingéniosité des aviculteurs anglais et nord-américains les ont transformées de telle manière qu'elles se différencient beaucoup de ces Poules primitives des Iles Baléares qui furent transportées en Angleterre et qui constituèrent le tronc originaire des actuelles Minorques.

Comme races existant actuellement en Espagne et qui, en réalité, doivent être considérées comme espagnoles, on peut citer seulement la Race commune Méditerranéenne, vraie Leghorn non sélectionnée; la Castillane, l'Andalouse ou Minorquaise, noires toutes les trois; la race Catalane du Prat; et un nouveau type de Poule d'aspect moderne, créé récemment en Espagne et que l'on connaît sous le nom de « Race Paraiso », parce qu'elle a été obtenue au château Paraiso de la Ville de Arenys de Mar, où est établie l'École Royale officielle espagnole d'Aviculture, dans les environs de Barcelone.

Race méditerranéenne des côtes espagnoles.

Caractéristiques. C'est la Poule commune à toutes les côtes de la Méditerranée, qui se rencontre aussi bien dans tout l'Est espagnol que dans le Sud de la France et de l'Italie et dans les Iles de la mer latine.

Ses caractéristiques sont celles de la race appelée Leghorn, que les Nord-Américains ont tirée de Livourne en Italie. La race espagnole commune — nous devons en informer le lecteur — se rencontre dans le même état où elle était au temps où l'agronome Columelle, qui écrivait dans les premières années de l'Ère chrétienne, nous a parlé d'elle dans son fameux traité « *De Re Rustica* ».

Cette race, plutôt petite, a de multiples variétés de couleurs, entre lesquelles prédominent la blanche, la noire, la fauve, la perdrix et la rouge; mais elle conserve la couleur de sa peau, de sa chair, de son bec et de ses tarses jaunes, sa crête simple, droite chez le Coq, et plus ou moins retombante chez les Poules; ses aptitudes de grande pondeuse d'œufs volumineux et blancs, sa faible propension à couver, ses

instincts rustiques et vagabonds; mais elle est loin de constituer un type bien fixé, comme l'est celui de ses descendantes, les Leghorns, parce qu'elle n'a pas été l'objet de sélections ni dans le sens morphologique, ni dans le sens physiologique.

Cette Poule est celle qui se trouve répandue par tout le pays, et on la trouve aussi bien sur les côtes cantabriques, que dans quelques régions, comme l'antique royaume de Valence, où elle s'est moins abâtardie; et là se rencontrent de nombreuses Poules de Valence blanches ou noires qu'on dirait être de vraies Leghorns.

Cette Poule espagnole de la Méditerranée, qui est connue aussi sous le nom de Poule de Valence, ne mérite pas de description spéciale, puisque ses caractères sont les mêmes que ceux des Leghorns, avec une crête moins bien conformée et d'un nombre de pointes non fixé, les oreillons moins saillants et moins blancs, et la queue moins bien faite et généralement mal placée en queue d'écureuil, tous défauts qui peuvent être corrigés par un travail de consciencieuse sélection.

RACE CASTILLANE, ANDALOUSE OU MINORQUE NOIRE.

Origine. Cette race est certainement la plus célèbre de l'Espagne comme belle volaille ayant des caractères bien fixés; et, bien qu'ils correspondent en tout à ceux de la Poule

Il y a des raisons de croire que cette Poule noire fut introduite ou pour le moins sélectionnée par les Maures, durant leur longue domination dans la Péninsule Ibérique; car elle prédomine précisément

COQ ET POULE
DE LA RACE CASTILLANE NOIR (1)

méditerranéenne, il n'y a pas de doute que cette race est distincte de celle dont il vient d'être traité; car, chez elle, la chair et la peau sont toujours blanches, le bec noir et les tarses noirs ou plombés, avec les oreillons blancs, tandis que dans la Poule méditerranéenne, ils ont coutume d'être jaunes; chose qui ne se voit jamais chez la Castillane.

(1) Cliché communiqué par M. le Professeur Castelló.

dans ces régions qui, comme les deux Castilles, la province de Léon, l'Andalousie et les Baléares, furent celles où ils dominèrent davantage. En Catalogne, la race Castillane noire ne fut pas connue jusqu'à la fin du siècle passé, quand les amateurs et les Établissements d'Aviculture l'introduisirent dans leurs basses-cours. Bien que cette race soit principalement connue sous le nom de Castillane, elle existe à l'état indigène dans les autres régions qui lui donnent aussi leur nom, et c'est ainsi qu'elle s'appelle également Andalouse noire, Zamorana, Malagueña et Minorque. Il n'existe, d'ailleurs, entre les Poules de ces diverses provenances, d'autres différences que celles qui sont naturelles entre des familles originairement issues d'un tronc commun, c'est-à-dire de petites variations quasi imperceptibles dans la configuration de la crête, de la queue et dans son plus grand ou plus petit développement, qui ne permettent pas d'établir entre elles des différences essentielles.

Quant au volume, l'avantage est remporté par les Poules noires des îles Baléares, qui sont l'indiscutable tronc ancestral des fameuses Minorques, si connues et appréciées dans le monde entier.

On peut affirmer ce fait, non seulement pour confirmer l'histoire de l'Aviculture, mais parce que l'on peut dire que, quand les Anglais virent la collection de Castillanes, d'Andalouses noires, de Leoneas, de Zamoranas, et de Minorquaises que les Espagnols présentèrent à l'Exposition de La Haye, à l'occasion du premier Congrès Mondial d'Aviculture, réuni dans cette capitale en septembre 1921, ils convinrent qu'il n'y avait pas de doute que la Poule qui donna origine au perfectionnement dont a été l'objet la race de Minorque était bien celle-là.

C'est chose connue depuis longtemps que les Anglais, quand ils s'emparèrent à la fin du xviiie siècle des Iles Baléares, trouvèrent, particulièrement à Minorque, des Poules de cette race qu'ils importèrent dans leur pays, de même qu'en emportèrent avec elles les familles espagnoles et françaises qui furent internées en Angleterre, et, si ces renseignements ne paraissent pas suffisamment concluants, l'écrivain anglais J.-N. Williams précise le cas de M. Liworty, de Barnstaple, qui, en 1830, importa des Poules de Minorque dans son pays, et celui de Sir Acland, qui

en importa en grand nombre en 1834, ayant été, lui et d'autres personnes de sa famille, ceux qui répandirent la race dans tout le Devonshire, d'où elle s'étendit plus loin par tout le pays.

La race Castillane

Caractéristiques. a au fond les caractères des primitives Minorques, et, comparée avec les Minorques modernes, elle est plus petite, a la *crête* moins parfaite, avec un nombre variable de dents moins bien conformées que chez la Minorque; les *oreillons*, chez elle, sont plus petits que ceux de la Minorque qui les a plus grands et plus arrondis; la *queue* des Castillanes n'apparaît presque jamais bien placée, ayant une grande tendance à être redressée en queue d'Écureuil, et son *plumage* est d'un noir bien mat, sans que pour cela il manque de quelques reflets métalliques. Le *bec* et les *tarses* sont noirâtres et bien que parfois on en voit des exemplaires avec les *ongles* blancs, comme chez les beaux Minorques, ce n'est pas chose courante chez les Castillanes. En résumé, on peut dire que les Castillanes se remarquent par le manque de sélection chez de nombreuses générations. Par suite, de même que dans les pays qui ont travaillé les Minorques en ce sens, la race primitive s'améliore et se perfectionne, en Espagne au contraire, abandonnée à elle-même, elle a dégénéré, mais on y porte remède et elle a déjà beaucoup gagné dans ces dernières vingt années.

La grande amélioration des vieilles Castillanes d'Espagne est due principalement à l'union des Coq Minorques de provenance anglaise avec les Poules de la race existant en Espagne, plutôt qu'à la simple sélection. Cette union ne représente pas un croisement, toutes les fois que le sang est le même. L'introduction de sang de familles plus perfectionnées et sélectionnées que dans la première génération, de belles volailles qui, disséminées dans les pays par les Établissements d'aviculture et spécialement par l'École Royale d'Aviculture espagnole, à qui l'on doit d'avoir préconisé un tel système d'amélioration rapide, a diffusé déjà la bonne semence, si bien que, d'année en année, on voit de plus en plus de belles Poules Castillanes, qui, sans avoir les grandes crêtes et les énormes oreillons de la Minorque Anglaise, sont déjà de précieux Oiseaux d'Exposition.

Qualités et aptitudes de la race. La race Castillane, bien que dégénérée dans ses caractères morphologiques, a conservé incontestablement ses qualités exceptionnelles de grande pondeuse d'énormes œufs blancs; et l'on peut dire que, bien alimentée, elle ne donne jamais moins de 150 œufs dans une année. D'ailleurs, les Castillanes ont été victorieuses au concours de ponte madrilène de 1923, étant en compétition avec les Leghorns, Plymouth, Rhode Island et autres races étrangères.

Comme chez toutes les races de ponte, les Castillanes couvent peu et elles ne se mettent guère à couver que quand elles sont vieilles ; aussi les éleveurs de cette race doivent-ils se pourvoir de Poules d'autres races, pour avoir des couveuses, ou employer l'incubation artificielle qui est déjà très répandue en Espagne.

Les Castillanes ont la chair blanche et fine, et bien qu'elles ne forment pas une race très adaptée à la production de la graisse, elles constituent de bons Oiseaux pour la consommation ordinaire. Elles sont au premier rang des Poules qui en Espagne peuvent être consommées après avoir fini leur ponte; car c'est chose commune dans la préparation de la cuisine espagnole, que le bouillon de Poule, qui est d'autant meilleur que la Poule est plus vieille.

RACE CATALANE DEL PRAT.

Origine. Voici une race espagnole relativement moderne, qui est digne de figurer parmi les meilleures de notre époque, en fait de Poule d'utilité pratique et d'adaptation générale, c'est dire qu'on peut l'avoir aussi bien comme Poule pondeuse que comme race produisant d'excellentes volailles de table, sans toutefois qu'elle puisse atteindre à l'ultime point de perfection des races les plus estimées prédisposées à produire des Oiseaux extra-fins.

La race Catalane del Prat s'est formée inconsciemment, vers 1880, dans une petite vallée des environs de Barcelone, qui est connue sous le nom de Prat del Llobregat, du nom d'une petite rivière de Catalogne qui se jette dans la Méditerranée à très peu de kilomètres de Barcelone.

Dans cette vallée, la propriété est très divisée, et nombreux sont les petits cultivateurs qui tous élèvent des Poules, avec le produit desquelles ils paient généralement le fermage des terres qu'ils cultivent.

Vers l'époque ci-dessus indiquée, les amateurs de Poules de Barcelone amenèrent du Jardin d'Acclimatation de Paris et d'autres élevages français la race Cochinchinoise fauve qui était alors de mode et par suite du manque de connaissance de la pratique avicole, ils ne surent pas en conserver la race, dont pourtant se conservèrent beaucoup de Coqs qui attiraient l'attention par leur couleur fauve et leur grande taille. Ils furent achetés par divers propriétaires de petites terres de la vallée du Llobregat qui en firent cadeau à leurs fermiers, et ceux-ci, attirés par la grande taille des Coqs les mirent avec leurs Poules et en firent un

le sang cochinchinois se fut bientôt perdu, de génération en génération se conservèrent les caractéristiques de taille et de couleur, le type général des descendants de ce croisement évoluant vers le type indigène tout en conservant dans la descendance des traits certains du Cochinchinois, comme les plumes aux pattes et le

COQ ET POULES DE LA RACE CATALANE DU PRAT
Variété fauve (1).

croisement, de la descendance duquel sortirent en majorité de grands Coqs Cochinchinois et d'autres ayant la coloration perdrix de leur *mère* ou un mélange de couleurs et les pattes lisses, mais toujours de grande taille.

Comme les gens de la campagne s'affectionnaient à la couleur fauve et par raison d'intérêt inclinèrent à garder d'année en année les produits les plus grands et ceux de cette couleur, bien que

(1) Cliché communiqué par M. le Professeur Castelló.

rouge des oreillons, défauts qui commencèrent à disparaître sous l'influence des conférences de l'École Royale d'Aviculture et des visites de son Directeur dans les fermes du Prat, au cours desquelles il recommanda la conservation des Oiseaux de grande taille, fauves, sans plumes aux pattes, avec les tarses bleus, comme les avaient les antiques Poules du Prat, et enfin les oreillons blancs.

Comme les gens de la campagne se rendirent compte que de tels caractères devaient être conservés, lorsque les amateurs

CHAPONS DE LA RACE CATALANE DEL PRAT
(*Clichés communiqués par M. le Professeur Castelló*).

CHAPONS DEL PRAT, tels qu'ils sont présentés au marché
par l'Élevage d'expérimentation et démonstration
de l'École Royale d'Aviculture d'Arenys de Mar (Barcelone).

de Barcelone qui allaient leur acheter des Poules rejetaient celles qui n'avaient ni les *oreillons* blancs ni les *pattes* bleues, ainsi que les Oiseaux qui les avaient plus ou moins emplumées, en peu d'années se fit l'épuration de la race ; et ils en vinrent à avoir des Oiseaux possédant les caractéristiques suivantes, qui correspondent au Standard de la race Catalane del Prat.

Standard. La *tête* est de moyenne dimension avec une *crête* bien développée, pourvue de 6 ou 7 pointes, droites chez les Coqs et tombantes chez les Poules adultes, *poitrine* ample, profonde et abondemment pourvue d'une chair blanche : le *dos* ample et un peu tombant jusqu'en arrière se terminant par un *croupion* bien emplumé. La *queue* est grande chez le Coq, et l'animal a coutume de la porter plutôt haute que basse, bien qu'aujourd'hui la sélection tende à ne conserver que les reproducteurs à queue basse.

Les *pattes* sont plutôt courtes que larges, lisses et sans plumes, avec des *tarses* d'un beau bleu ardoisé. Le *bec* est de couleur corne, la *face* rouge, les *oreillons* blancs ou légèrement sablés de rouge sur les bords, et l'*iris* est de couleur amarante ou rouge.

Qualités et aptitudes de la race. Les Poules sont des types de race essentiellement pondeuse, larges de *ventre* et l'*abdomen* bas et ample. Elles commencent à pondre à cinq ou six mois, et donnent de 120 à 150 *œufs* de bonne dimension, légèrement teintés de brun. Ces Poules sont d'excellentes pondeuses et de bonnes mères. La sélection a fait beaucoup, et l'on a obtenu déjà des familles de pondeuses de 180 à 200 œufs.

Cette race a obtenu le premier prix dans un concours de ponte qui s'est tenu dans le Sud-Américain, en compétition avec les races les plus accréditées d'Europe et d'Amérique.

La race del Prat est très grande et constitue en Espagne l'équivalent de la race française de Faverolles. C'est dire que c'est une Poule de ferme, utile non seulement pour la ponte, mais aussi pour l'obtention d'excellents chapons et de bonnes poulardes. Lors des fêtes de fin d'année à Barcelone, les chapons du Prat ne se vendent jamais moins de 30 pesetas (au cours actuel environ 70 francs français).

Variété blanche. L'École Royale d'Aviculture espagnole, depuis déjà environ 18 ans, a obtenu d'isoler un groupe de Prat blancs qu'elle a conservé et dont elle a obtenu la dissémination de cette variété blanche qui surpasse la fauve pour la finesse de la chair et l'abondance de la ponte, mais qui est d'un volume un peu moindre.

Variété perdrix. On a eu, en d'autres temps, une variété perdrix qui s'est perdue complètement.

La crête de la race del Prat. Dans la race del Prat, aussi bien dans la variété fauve que dans la blanche, se présente une particularité qui lui donne une caractéristique spéciale, c'est la très fréquente apparition d'appendices, de dents postérieures ou latérales à la crête. 80 % de ses Coqs ont ces dents plus ou moins larges ou plus ou moins conformées.

Ceci, qui en toute autre race constitue certainement un défaut, ne peut être tenu pour tel en celle de Prat, sinon 80 % des Coqs devraient être disqualifiés.

Actuellement, dans les expositions, on

admet les Prat dans leurs variétés avec appendices et sans appendices à la crête ; mais les dirigeants de l'Aviculture espagnole se préoccupent de ce point et estiment que dans peu d'années on disqualifiera tous les Coqs avec appendices.

Race d'utilité. La race del Prat peut être considérée en Espagne comme la meilleure race courante de pays, pour la production des œufs et de la chair à la fois ; car si la race Castillane doit être considérée comme plus forte pondeuse, elle n'a pas une chair aussi savoureuse et aussi abondante que celle de Prat.

Par son aspect général, la race de Prat rappelle beaucoup le type de la Minorque d'il y a quinze ou vingt ans, mais avec une coloration fauve.

RACE ANDALOUSE BLEU ARDOISE.

Cette race qui, dans ses lignes générales et dans ses caractéristiques locales, ne se différencie pas de l'Andalouse noire, devait être connue des Anglais qui, sans doute, emportèrent dans leur pays des Poules de cette couleur gris ardoisé, ou qui, pour le moins, s'accordèrent à leur donner le nom de race Bleue sous lequel l'Andalouse de cette couleur est actuellement universellement connue.

Il existe, en effet, en Andalousie, nombre de Poules de couleur gris ardoisé plus ou moins sali, et même avec des teintes de plumes noirâtre ou rougeâtre dans quelques parties de leur plumage, spécialement au camail, sur le dos et à la queue. Mais c'est un type qui n'a pas été sélectionné le moins du monde et qui constitue, non une race, mais une variété non fixée.

RACE MODERNE DE PARAISO.

Sous ce nom a été créée au château de Paraiso de la ville de Arenys de Mar (environs de Barcelone), où est établie l'École Royale officielle espagnole d'Aviculture, une nouvelle race ayant pour base la race Catalane del Prat dans ses variétés fauve et blanche, création dont le but était d'améliorer la ponte par l'introduction d'un sang nouveau et d'obtenir en même temps une volaille donnant beaucoup de chair de première qualité pour la préparation des chapons et des poulardes supérieures. Ce travail ayant été commencé en 1916, on peut dire que depuis 1920 a été obtenu le type désiré, à ce point que le marché de Barcelone a si bien apprécié les petits poulets, les poulardes et les chapons Paraisos, qu'on arrive à payer ces derniers à la Noël et à la fin de l'année jusqu'à 60 pesetas la pièce.

Dans les Paraisos, on a réuni les sangs de Prat, Orpington, Rhode-Island, dans leurs variétés fauves et rouges ; les blancs ont prévalu, car la variété fauve a été presque abandonnée, à cause de l'instabilité de sa couleur.

Quand nous aurons dit que les Paraisos rappellent beaucoup les Gâtinais, nous aurons fait leur description, en ajoutant toutefois qu'ils sont plus volumineux ; et quant à la ponte, la sélection et les registres de ponte révèlent l'existence de grandes pondeuses de plus de 230 œufs, et on espère arriver au plus haut record de production.

Tels sont les renseignements que l'on peut donner en général sur les races de Poules actuellement existantes en Espagne où l'on travaille déjà beaucoup pour la détermination de leurs Standards respectifs et où l'on organise des expositions qui vont en progressant d'année en année.

COQ ET POULE DE LA NOUVELLE RACE ESPAGNOLE « PARAISO »

Création de la Ferme-École Paraiso d'Arenys de Mar (Barcelonne) à l'objet de produire un nouveau type de poule fermière adaptable à la production de la belle volaille à chair extra-fine.

VI. — MONOGRAPHIES DE RACES HOLLANDAISES

Monographie des races de Bréda et de Gueldres.
Quatre variétés : noire, blanche, bleue et coucou.

I. — La poule de Bréda.

Origine. Cette race a été obtenue en Hollande. Son nom est très

chair et la ponte, il ne semble pas qu'il y ait intérêt à l'introduire.

Il n'existe, en France, aucun Stan-

(*Malherdel.*)   (*Cliché de l'Acclimatation.*)

RACE DE BRÉDA DITE A TÊTE DE CORNEILLE (KRÄBENKOPF).

connu ; mais on la voit rarement dans nos expositions et plus rarement encore dans nos basses-cours, où, bien qu'il s'agisse d'une race de produit pour la

Standard. dard officiellement reconnu de cette race. Nous en groupons simplement ici les principaux caractères.

Caractères Généraux. COQ et POULE. — Dans son excellent livre sur l'incubation artificielle et la basse-cour, Voitellier décrit ainsi plaisamment cette race :

« C'est assurément une bonne race, mais manquant un peu de taille et pas jolie. Description : un vilain La Flèche, un peu rabougri, avec des plumes aux pattes et des manchettes, et une crête à peu près informe, formant une sorte de cavité, au lieu de cornes, au-dessus du bec, accompagné d'oreillons *rouges*. Le petit épi sur la tête, le plumage noir, la couleur des pattes, sont les mêmes » (1).

La planche VI de l'ouvrage allemand de Friderich représente la variété noire et lui donne des oreillons *blancs*, d'ailleurs peu développés. Les barbillons, moyennement longs chez le Coq, sont petits et arrondis chez la Poule. Ce sont d'assez belles volailles noires à reflets verts, à dos presque horizontal et plat, de taille moyenne, mais bien proportionnée, à ossature plutôt forte et à solides pattes noires régulièrement emplumées sur le côté. Des manchettes, surtout apparentes chez le Coq, complètent leur costume. La queue est abondamment fournie. Le Coq a les lancettes bien retombantes et les faucilles bien recourbées.

Couleurs. Trois variétés. La race type est la noire à reflets verts. Mêmes caractéristiques et mêmes conseils d'élevage que pour les autres races ayant ce plumage. — Il existe également une variété blanche, pour laquelle on demande un plumage d'un blanc pur, sans trace de jaune ni de couleur paille. — Enfin, une variété bleue a été obtenue, comme on le peut faire dans toutes les races qui ont un type noir et un type blanc. Elle obéit aux règles habituelles de cette sorte de plumage, auxquelles nous renvoyons.

Qualités de la race. La race de Bréda est, comme nous l'avons dit plus haut, une race de produit. On lui concède la finesse de la chair, une propension naturelle à l'engraissement, et on lui attribue une ponte abondante, quand on ne la pousse pas à la graisse. Les poulets, d'après Voitellier, sont un peu délicats à élever. Ils s'engraissent facilement, d'après R. Dupont. N'en ayant jamais élevé, nous n'avons aucune opinion personnelle à leur endroit.

II. — La Poule de Gueldres.

C'est tout simplement la variété coucou de la Poule de Bréda.

Dans une plaquette, devenue rare, A. Mercier, ancien Inspecteur du Jardin d'Acclimatation, s'exprimait ainsi sur le compte de cette race :

« Les Poules de Gueldres et de Bréda se prêtent aussi à un bon croisement; c'est à l'aide de cette race que l'on est parvenu à former les variétés de Cochinchine coucou, noire et blanche », — ce qui prouve que déjà, vers 1872, on considérait la Gueldres comme une simple variété de la Bréda.

La race Brabander.

Curieuse variété de volailles de race hollandaise, qui a la forme d'une Poule commune et se distingue par la tête ornée d'une huppette droite, dont le sommet revient en avant; les joues et la gorge sont ornées de favoris et de barbe, fortement prononcés. Les pattes sont lisses. On en trouve de toutes couleurs.

Race Drenthe.

C'est une Frisonne agrandie, comme la Braekel est une Campine agrandie.

On en rencontre des crayonnées, des argentées, des dorées, des mouchetées, des mouchetées tricolores (noir, doré et blanc, plumage dit « mille fleurs »), etc.

(1) Voitellier. *L'Incubation artificielle et la basse-cour, traité complet d'élevage pratique.* Paris 1887, p. 237.

Monographie de la race Frisonne.

Plusieurs Variétés.

Origine. La Frise est une région de l'Europe occidentale, sur la mer du Nord, partagée entre la Hollande, où elle forme la province de Frise, et l'Allemagne, ancienne province de la Frise orientale.

Les Hollandais appellent la race Frisonne *Friesche pellen*, les Allemands *Ostrfriesische Moven* (Mouette de la Frise orientale). Elle est considérée comme race hollandaise. La Poule Frisonne est très robuste, rustique, mais de taille au-dessous de la moyenne. Elle ressemble beaucoup à la Hambourg crayonnée, mais avec la crête simple.

Standard. D'après M. Robert Fontaine.

Caractères généraux. *Tête* : moyenne, étroite, légèrement arrondie. — *Bec* : moyen, légèrement recourbé, de couleur chair. — *Crête* : simple, plutôt petite, droite, fine, à dentelures régulières, mais peu profondes. — *Joues* : rouges, garnies de petites plumes. — *Yeux* : grands et de préférence bien foncés. — *Oreillons* : petits, lisses, ovales et blanc pur. — *Barbillons* : moyens, minces et presque ronds. — *Cou* : de longueur moyenne, un peu arqué, garni entièrement chez le Coq d'un camail bien fourni, pendant jusque dans le dos. — *Poitrine* : pleine et ronde, haute et proéminente. — *Dos* : plutôt court, mais proportionnellement large, penchant vers la queue. — *Rein* : garni chez le Coq de lancettes courtes, mais bien fournies. — *Ailes* : longues, hautes et collantes. — *Queue* : bien fermée et oblique, avec couverture des plumes abondantes, garnie chez le Coq de faucilles courbées et bien développées. — *Cuisses* : solides, plutôt courtes, aux plumes collantes. — *Tarses* : moyens, lisses à écailles fines, couleur bleu ardoise, avec quatre doigts fins, de longueur moyenne et bien écartés.

Couleur. Les deux couleurs fondamentales sont l'argentée et la dorée; mais il en existe des isabelles, noirs, blancs, coucous, et même des sujets sans queue.

COQ ARGENTÉ. — Le Coq est blanc d'argent à duvet gris foncé. Les extrémités des plumes du dos et des reins peuvent être légèrement mouchetées. Les bouts des rémiges sont noirs, de même que les barbules des rémiges inférieures. L'aile est ainsi bordée de noir, tandis que les bouts des grandes tectrices qui sont également noirs y forment une sorte de petit ruban. La queue est entièrement noire avec reflets verdâtres. Les grandes faucilles et les tectrices ont généralement un liseré blanc.

POULE ARGENTÉE. — La tête, le cou, le haut de la poitrine, le ventre, sont blanc d'argent pur. Le dessous de la poitrine, le dos, les ailes, le rein, les couvertures de la queue sont tachetés grossièrement. La marque de la tache se rapproche de la forme d'un fer à cheval, les taches s'atténuent en s'approchant des cuisses. Les tectrices sont noires légèrement bordées de blanc.

VARIÉTÉ DORÉE. — Le fond du plumage est rouge orange à reflets bruns. La teinte de la tache est noir verdâtre.

VARIÉTÉ ISABELLE. — Le fond du plumage est nankin clair avec le dessin marqué blanc.

AUTRES COULEURS. — Noir bien lustré, blanc pur sans tache de jaune, coucou.

Les Barbus Hollandais (Uilebaarden).

Origine et caractères. Ces volailles ont été obtenues par le croisement du La Flèche et du Barbu de Thuringe. Elles se distinguent de ce dernier, en ce que : 1° elles ont une petite crête en couronne terminée par deux cornes dentelées; 2° la barbe, au lieu d'être de forme allongée, est portée en éventail. La taille est devenue un peu plus forte. Variétés : noire, blanche, bleue, coucou, pailletée et crayonnée, dorée et argentée.

VII. — MONOGRAPHIES DE RACES ITALIENNES

La race Italienne.

Plusieurs variétés.

'EST l'ancêtre de la Leghorn. Elle est plus petite que la race sélectionnée et ne pèse jamais plus de 2 kilos.

On en trouve de toutes couleurs ; car c'est là vraiment une Poule commune de fermes. Il y en a qui ont les pattes jaunes. D'autres les ont vertes. Quelques-unes sont huppées ; mais la plupart sont dépourvues de cet ornement.

Standard. Le nouveau Standard suisse unifié pour l'appréciation des volailles admet, chez la race Italienne, six variétés, qui sont, la perdrix, l'argentée, la coucou, la fauve, la noire et la blanche.

Dans le type reconnu, la crête est simple, dentelée, droite chez le Coq, tombante chez la Poule. La huppe n'est pas admise. La revue suisse « *L'Aviculture pratique* », publiée à Lausanne, donne deux bons clichés de cette race, dans son numéro du 21 avril 1923. D'après elle, il faut réserver le nom de Leghorn au type américain sélectionné, et les volailles correspondant aux gravures qu'elle présente, ayant toutes la *même forme du corps*, quelle que soit la variété, sont des Italiennes.

Qualités et aptitudes de la race. Elles sont rustiques dans leur pays d'origine et constituent de bonnes pondeuses d'œufs pesant environ 55 gr.

Cette volaille est à rapprocher de la Poule commune espagnole de type méditerranéen, dont nous parlons ailleurs et à laquelle M. le professeur Castello a bien voulu consacrer quelques lignes dans cet ouvrage (1).

(1) Voir page 464 et suiv.

Monographie de la race Bouton d'or Sicilien.

(Siciliam Buttercup).

Origine. C'est une race découverte en Sicile par des éleveurs américains. Naturellement, ils l'ont trouvée sous des aspects variés, comme toutes les races élevées à l'abandon; et, comme ses qualités suscitèrent chez ces amateurs américains un engouement extraordinaire, ils la sélectionnèrent et la baptisèrent du nom de « Buttercup » qui signifie Bouton d'Or, parce que la forme de la crête du Coq ressemble à la Renoncule bien connue de ce nom. Ces volailles furent importées en Amérique, vers 1862, par le capitaine Joseph Daves. Celui-ci avait acheté un lot de ces volailles vivantes, pour lui servir d'approvisionnement en viande fraîche pendant son voyage vers Boston. Elles se comportèrent si bien pendant la traversée, et leur ponte fut si abondante, malgré l'exiguité de la caisse qui leur servait de poulailler de fortune, que les œufs pondus constituaient une valeur infiniment supérieure à celle de leur chair et les Bouton d'Or eurent la vie sauve. Leur entrée en Amérique fit sensation et ils furent élevés spécialement par l'avocat J.-D. Cough et le Révérend A.-B. Browne.

La Sicilian Buttercup a la taille de la Leghorn; comme elle, c'est une pondeuse hors ligne; les œufs sont blancs et de forte dimension.

Standard. D'après M. R. Fontaine.

Caractères généraux. COQ. — *Tête* : longueur modérée, assez profonde. — *Bec* : longueur moyenne. — *Yeux* : pleins, avec expression vive. — *Crête* : en forme de V avec de nombreuses pointes, ou en forme de coupe avec de nombreuses pointes. Dans les deux cas, la crête doit être bien maintenue en position et ne pas retomber de côté. — *Barbillons* : taille moyenne, minces et bien arrondis. — *Oreillons* : de grandeur modérée. — *Cou* : bien arqué, avec camail abondant. — *Ailes* : de grandeur moyenne. — *Dos* : de longueur modérée, s'inclinant en s'abaissant à partir des épaules. — *Queue* : grandeur moyenne, faucilles bien recourbées. — *Poitrine* : large et bien arrondie. — *Corps* : longueur modérée, assez profond. — *Duvet* : court. — *Cuisses* : grandeur modérée. — *Tarses* : assez longs. — *Doigts* : droits. — *Couleur* : bec jaune.

POULE. — Comme chez le Coq, sauf les différences suivantes. — *Crête* : en forme de coupe ou de V, avec courtes projections, peut se tenir droite ou retomber gracieusement de chaque côté comme les feuilles d'un livre ouvert. — *Barbillons* : minces, lisses et bien arrondis. — *Cou* : assez élancé. — *Queue* : bien étalée. — *Tarses* : minces.

Couleur. COQ : Bec jaune, ou jaune et noir, yeux bai rougeâtre ou bruns. Crête et barbillons rouge brillant, oreillons rouges ou rouge et blanc. Tarses et doigts vert saule foncé ou clair. Plumage rouge foncé ou tirant sur couleur beurre, avec les plumes de la queue et les rémiges noires.

POULE. — Camail fauve crayonné de noir. Dos fauve doré caillouté noir. Poitrine teintée plus claire de fauve, couleur unie. Les teintes et marques ci-dessus sont désirables, mais les teintes brunes ne sont pas une disqualification.

DISQUALIFICATION. — Tarses autres que teinte verte ou emplumés. Oreillons tout blancs.

Monographie de la race Polverara.

Deux Variétés : noire et blanche.

Origine. Peu connue en France, cette race est assez répandue en Italie, où elle est dénommée *Polverara lucente* (luisante) ou Padoue de Polverara. Polverara est son lieu d'origine dans la province de Padoue. C'est un tout petit pays de cette région, où l'on conserve la race dans toute sa pureté. A l'inverse de la Padoue, qui est une race de luxe, la Polverara est une Poule de produit, rustique, précoce, et s'acclimatant facilement. Il y a deux variétés de Polverara luisantes : la noire et la blanche; mais la noire est élevée de préférence, à cause de sa rusticité à toute épreuve. Cette race donne une chair excellente et blanche. La Poule est bonne pondeuse même en hiver et couve très rarement. Ses plumes, très souples, donnent un bon produit; on les vend dans les campagnes de la province de Padoue de 80 à 100 francs les 100 kilos.

Standard. D'après M. Robert Fontaine.

Caractères généraux. COQ. — *Bec* : presque noir, les narines « gonflées ». — *Crête, Barbillons, Oreillons* : crête fort peu développée et terminée par deux petites cornes, se rattache aux barbillons au moyen d'une gorgerette d'un beau rouge vif, qui fait un agréable contraste avec le blanc laiteux des oreillons, très visibles au milieu des favoris touffus. - - *Huppe* : abondante et portée presque droite, ce qui est un réel avantage sur les races à huppe, qui sont sujettes à l'aveuglement. — *Œil* : vif, intelligent et fier, iris jaune orangé. — *Cou* : assez long, garni d'un camail aux plumes longues, minces, flexibles, luisantes. — *Poitrine* : passablement développée et portée un peu relevée. — *Dos et reins* : de moyenne longueur et largeur, les reins garnis de lancettes assez longues et souples. — *Ailes* : serrées au corps. — *Queue* : bien arquée, avec des faucilles moyennes. — *Tarses* : nus et de couleur verdâtre. — *Doigts* : au nombre de quatre. — *Port* : hautain. — *Poids* : 3 kilos à 3 kg. 500.

POULE. — Beaucoup plus petite que le Coq. — *Huppe* : plus développée que chez le Coq, mais portée droite aussi. Sous la huppe, deux petites cornes très peu visibles et foncées forment la *crête*. Les *barbillons* sont à peine esquissés. — *Plumage* : de la même nuance, mais moins luisant. — *Poids* : 2 kilos à 2 kg. 500.

Couleur. Livrée entièrement noire à reflets bleu bronzé chatoyant.

Monographie de la race de Valdarno.

Une Variété noire.

Origine. Le Val d'Arno inférieur, soit la plaine de Pise. Elle se trouve peu à l'état pur, sauf chez les aviculteurs qui l'ont sélectionnée suivant le Standard ci-dessous. Comme conformation générale, c'est une volaille assez forte; et, comme plumage, elle revêt l'uniforme noir sans la moindre trace d'autre couleur, car il n'y a pas de variété de couleur. Elle a le port hardi et élégant.

Standard. D'après M. Robert Fontaine.

Caractères généraux. COQ. — *Tête* : assez grosse et plus forte que chez la Poule commune. — *Crête* : haute, très développée et très charnue. Simple, régulièrement découpée, elle a six dents et se termine par un lobe de contour quasi quadrangulaire, de couleur rouge profond. Elle est forte à la base, solidement attachée au bec et au sommet de la tête, et elle se prolonge en arrière en se séparant de la nuque. — *Bec* : suffisamment long et légèrement recourbé, de couleur corne foncée. — *Joues* : rouge brillant. — *Barbillons* : abondants et très longs, rouge comme la crête. — *Oreillons* : de forme ovale, de couleur blanc crème, quelquefois un peu veinés de rouge. — *Yeux* : très vifs, à iris orangé et à prunelle noire dilatée. — *Cou* : arqué, de longueur et d'épaisseur moyennes, garni d'un camail bien prononcé. — *Épaules* : assez larges sans être carrées. — *Poitrine* : prononcée, ronde, saillante. — *Dos* : plat, le rein fourni de lancettes longues. — *Ailes* : plutôt longues, bien collées au corps. — *Queue* : portée très droite, elle n'est pas très volumineuse, cependant, le gouvernail est assez ample et les faucilles sont bien recourbées. — *Cuisses* : charnues. — *Tarses* : nus, plutôt courts et forts, de couleur foncée tirant sur le plomb. — *Doigts* : quatre à chaque patte, ongles longs et de couleur claire. — *Plumage* : noir, uniformément sans soupçon d'autre teinte. — *Poids* : 3 kilos.

POULE. — Dans ses caractéristiques générales, la Poule ne diffère du Coq que par le volume du corps, un peu inférieur; la crête, bien prononcée, au lieu d'être droite, et repliée sur un des côtés de la tête; les *barbillons* sont sensiblement moins grands et plus ronds, et aussi les *oreillons ;* les *tarses*, la plupart du temps plus foncés que ceux du Coq. Enfin, le camail est beaucoup plus petit, les *reins* sont dépourvus de lancettes, et la *queue* de faucilles. Le poids est de 2 kg. 500.

ÉCHELLE DES POINTS.

Crête	15
Oreillons et barbillons	15
Largeur des épaules	10
Longueur du dos	5
Queue, longueur et port	5
Plumage complètement noir	20
Longueur et épaisseur des tarses	10
Volume	10
Aspect général	10
Perfection	100

Qualités et exigences de la race. Très rustique, très précoce, d'élevage facile, caractère vif et ardent, ayant besoin de grands parcours, très bonne pondeuse, médiocre couveuse. Chair délicate et savoureuse sur un squelette menu. Œufs d'un bonne grosseur moyenne. Certains pèsent, assure-t-on, jusqu'à 68 et 74 grammes, chiffres que nous n'avons pu vérifier.

VIII. — MONOGRAPHIE DE RACE POLONAISE

Monographie de la race Zielono nuzki.

Origine. Cette race, très estimée en Pologne, a été introduite en France, en 1921, par M. Dybowski, membre de l'Académie d'Agriculture, professeur à l'Institut national agronomique, qui a bien voulu nous donner à son sujet les renseignements ci-après.

Standard. Les caractéristiques de la race Zielono nuzki (prononcez *nouchki*) s'appliquent à une race de taille moyenne, dont aucun standard n'a encore été officiellement dressé chez nous. Le nom de cette volaille d'utilité veut dire, littéralement, *verts pieds*, ce qui s'explique par les pattes verdâtres des sujets.

Caractères généraux. COQ. — Le mâle, dans cette race, est un bel oiseau, rappelant un peu un Leghorn doré en plus rouge. Il a le corps robuste, trapu et est large de poitrine. Sa queue est abondante, à faucilles bien développées, mais non « en Écureuil ». La crête est simple, moyenne, droite et régulièrement dentelée, sans crétillons de côté ni « coup de pouce ». C'est une crête du type « Bresse », mais en plus petit. Les oreillons sont très rouges et les barbillons de moyenne dimension. Les pattes sont vertes et lisses, les pieds ont quatre doigts.

POULE. — Genre Leghorn dorée, plus grisâtre. Crête droite, dentelée, petite, oreillons très rouges ; barbillons petits ; taille moyenne.

Aptitudes de la race. Cette Poule, nous dit M. Dybowski, passe, en Pologne, pour très bonne pondeuse et très résistante. En fait, les sujets importés en France par lui, en 1921, se sont reproduits en 1922 et 1923. La ponte a été médiocre, si on la compare à celle de la Leghorn, et les œufs étaient petits (50 grammes environ).

Étant donné la vogue de cette volaille en Pologne, il y aurait lieu, semble-t-il, d'étudier cette race de plus près, un jugement définitif ne pouvant être porté sur sa valeur chez nous, par l'observation d'un nombre encore restreint de sujets, parmi lesquels une sélection raisonnée et suivie ne pouvait être pratiquée au point de vue utilité et productivité. Les œufs de cette poule sont teintés, comme des œufs de Gallinacés ayant du sang asiatique dans les veines.

IX. — MONOGRAPHIES DE RACES RUSSES DIVERSES

Monographie de la race barbue ou cosaque.

Origine. Parmi les volailles que Cornevin classe dans sa sous-section des races cravatées à tarses nus, figure, après la Mantes, dont ces caractères la rapprochent, la race barbue ou cosaque (Barbe de Hibou, *Uilebaarden* des Hollandais; race de Varna), dite aussi « race à tête de Hibou ». Cette race, en voie de disparition dans l'Europe occidentale et centrale, était jadis répandue en Hollande. On la trouve encore sur les bords de la Mer Noire.

Bréchemin la considère comme provenant d'un ancien croisement d'une Poule de ferme avec une race asiatique.

Caractères. Deux types, l'un à *crête* simple, droite dans les deux sexes, l'autre bien plus typique, original, portant une crête à deux cornes non ramifiées. — *Barbillons :* longs et larges. — *Oreillons :* rouges, dissimulés dans les *favoris*. — *Joues :* rouges et nues. — *Favoris et barbe :* à petites plumes courtes, frisées, qui encadrent les joues et forment cravate à la naissance de la gorge.

Cette volaille, aux *pattes* fines et lisses, aux *tarses* gris de plomb, a quatre *doigts* à chaque pied. — La *queue* est garnie de faucilles bien développées et est portée plutôt basse.

Elle a une physionomie très particulière, et c'est une race qui réunit les qualités d'une bonne Poule de ferme.

Monographie de la race Pavlovsk.

Plusieurs Variétés.

Origine et description. Ces volailles ressemblent beaucoup par leur conformation aux Poules huppées de Padoue. Elles sont assez originales et ont un caractère propre, dans leurs différents signes distinctifs, suffisant pour être rangées parmi les espèces classées. Elles ont reçu ce nom de Pavlovsk dans le gouvernement de Nijni-Novgorod, où, selon la légende, elles auraient été importées par l'impératrice Catherine II. Elles sont huppées et barbues.

La huppe n'est pas aussi grande que chez la Padoue; elle a la forme de gerbe, avec le faîte qui se déploie; les tarses sont emplumés. On en rencontre des noires, des blanches, des dorées et des argentées.

Race dite de Poltava.

C'est une volaille qui était peu connue en Russie avant la guerre, et qui paraît plutôt nous venir d'Italie, malgré son nom.

Elle ressemble beaucoup à l'Italienne. Son plumage est entièrement noir. Ses tarses sont de couleur verte. Ses oreillons sont blancs.

X. — LES RACES DE L'AFRIQUE DU NORD

Race Marocaine.

Origine. Dans son beau livre sur l'*Élevage dans l'Afrique du Nord* (Maroc, Algérie, Tunisie) (1), H. Geoffroy Saint-Hilaire nous apprend que les Poules indigènes de ces contrées sont « des Oiseaux d'une taille au-dessous de la moyenne, légers et peu charnus ».

On pourrait utiliser la propension de ces Poules à couver; car, d'après cet auteur, elles ont « tendance à couver dès qu'elles ont pondu dix à douze œufs et sont assez difficiles à découver, surtout en été ».

Ce sont des volailles de pays, non sélectionnées, qui vivent avec le douar et l'accompagnent dans ses déplacements, suspendues, les pattes attachées, sur le dos des Chameaux ou autres bêtes de somme. L'endurance, qui leur permet de supporter, des heures durant, un pareil supplice, montre chez elles une incontestable rusticité; mais les qualités de chair et de ponte de volailles aussi mal soignées laissent grandement à désirer.

Caractères. La Poule marocaine est, quand elle ne demande pas à couver et ne reste pas indéfiniment accroupie sur le nid qu'elle s'est choisi, une volaille légère, active et sauvage, qui, peu nourrie par ses maîtres, cherche à gagner comme elle peut sa vie, en errant de tous côtés « sur les anciennes aires ou autour des Équidés ».

Il y en a de toutes couleurs et le hasard des croisements entremêle à plaisir les différentes teintes de leur plumage.

Elles ont les tarses jaunes ou verts, et beaucoup ornent leur tête d'une petite huppe.

Les œufs, pondus avec parcimonie, sont petits. Pourtant, la ponte est plus abondante et plus régulière dans les climats maritimes.

L'élevage de ces volailles, fort nombreuses, ne coûte presque rien, et fournit à la consommation et à l'exportation des quantités d'œufs importantes.

Les prix des volailles et des œufs ont beaucoup augmenté; mais, en 1910-1912, M. Geoffroy Saint-Hilaire rapporte qu'il avait vu vendre des Poules indigènes, au Maroc, à des prix variant entre 0 fr. 75 et 1 fr. 50 la pièce !

On a essayé d'améliorer ces Poules indigènes par divers croisements, pour lesquels la race Espagnole de taille moyenne et la Leghorn ont assez bien réussi; mais il y a encore beaucoup à faire dans cet ordre d'idées pour développer la production avicole dans ces régions.

(1) Paris, Challamel, 1919, pp. 361 et s.

XI. — LES COQS ET LES POULES DE L'AMÉRIQUE TROPICALE

A *Basse-Cour Française*, organe de l'*Association scientifique avicole* (A. S. A.) (1) a publié un intéressant article de M. Jean Delacour sur « L'Aviculture en Amérique tropicale », dont nous donnons ci-dessous quelques extraits, en nous limitant à ce qui concerne plus spécialement les races gallines.

« Lorsque l'on voyage loin de l'Europe, nous dit M. Delacour, que l'on pénètre même dans des régions reculées, à peine connues, peu peuplées, on est étonné de constater que les volailles domestiques abondent partout.

« Les tribus d'Indiens Peaux-Rouges, errant à travers la forêt vierge de l'intérieur et fuyant tout contact avec le Blanc et le Noir de la côte, traînent elles-mêmes à leur suite des Coqs et des Poules, tant la domestication de ces Gallinacés fait partie intégrante de la vie de l'Homme.

« Dans les Antilles, très peuplées et très avancées, la volaille pullule. Les Poules sont de deux sortes : d'abord des Poules communes, assez comparables à nos Poules de ferme françaises, de taille généralement réduite, de formes et de couleurs très diverses, qui sont élevées pour la production des œufs et de la chair; ensuite, des Oiseaux de combat, qui ressemblent sensiblement, en plus légers, aux Vieux Combattants Anglais. Ces Combattants sont de formes assez

homogènes; ils portent des plumages très divers, mais dont les règles sont établies. Les Créoles sont fanatiques des combats de Coqs, qui donnent lieu à des paris énormes. Ils élèvent, sélectionnent et dressent leurs Coqs avec amour et y mettent tout un art compliqué.

« De janvier à mars surtout, on voit de ces Oiseaux, attachés par une patte devant toutes les maisons.

« Dans ces pays, les Coqs combattent sans éperons artificiels; le combat n'en est que plus long et plus cruel, et ce spectacle m'indigna. Mais il y aurait fort à faire pour le supprimer dans les Antilles françaises.

« On commence à rencontrer, chez quelques amateurs des Antilles, de très bonnes Leghorns et Wyandottes blanches, Rhode-Island et Plymouth-Rocks, de provenance américaine; et ces races donnent là d'excellents résultats. Cependant, le nombre des personnes qui essaient de pratiquer l'aviculture d'une façon raisonnée est infime; ce sont seulement quelques grands propriétaires éclairés de la Martinique et de Trinidad surtout. Mais on peut dire que l'aviculture rationnelle est encore inconnue aux Antilles. Les volailles y sont élevées au petit bonheur, sans soins intelligents ni sélection d'aucune sorte, sauf en ce qui concerne les Coqs de combat.

« Cet état de choses pourrait cependant changer. Le climat tropical offre bien des inconvénients, mais aussi des avantages, pour l'Aviculture. S'il est vrai que certaines maladies, comme le « pian », déciment les couvées, celles-ci peuvent se faire d'un bout à l'autre de l'année,

(1) N° de janvier 1923, pp. 10 et 11.

car l'été est perpétuel dans ces îles heureuses. Les graines à donner aux Oiseaux sont réduites au seul maïs, qui est importé du continent; mais combien de produits du pays peuvent composer d'excellentes pâtées : Patates, Ignames, Fruit à pain, feuilles de Bananiers, etc..., et les Termites, que l'on trouve à profusion, constituent la meilleure nourriture que l'on puisse donner aux poussins. D'ailleurs, on en jugera par les résultats obtenus par quelques amateurs; on peut espérer qu'un jour, l'élevage des volailles fleurira aux Antilles. Mais il y a là toute une éducation à faire.

« Au Vénézuéla, la situation est absolument comparable, et il n'existe aucun élevage important et convenablement conduit, en dehors de celui des Coqs de combat, qui y est encore plus en faveur, si possible, qu'aux Antilles. Je me rappellerai toujours les files pittoresques de cavaliers péons (1), chacun un Coq sous le bras, se rendant à travers les « Llanos » désolés de l'intérieur, le jour de Noël 1921, vers quelque « pulperia » (2) lointaine. Là, dans un coin sombre, des faces bronzées se penchaient avec une émotion fébrile, vers les Oiseaux couverts de sang qui s'entretuaient...

« A Maracay, dans sa ferme « Las Delicias », où il possède une collection d'ani-

(1) Paysans du Vénézuela, de sang mêlé d'Espagnol, d'Indien et de Nègre.
(2) Aubergerie-épicerie.

maux variés, le Président Gomez élève des milliers de volailles. Beaucoup proviennent d'Europe et descendent de races pures, dont on retrouve encore le type. Mais toutes sont mêlées maintenant, et le nombre des Coqs dépasse celui des Poules... Il est à craindre que ce ne soit pas la ferme de « Las Delicias » qui puisse servir d'exemple aux Vénézuéliens dans l'art de l'aviculture !

« Le Président Gomez est aussi un grand amateur de Coqs de combat. Il en possède un si grand nombre à Maracay, que la petite ville résonne jour et nuit de leur chant. Les voyageurs qui, s'y arrêtant, croient pouvoir dormir, se trompent singulièrement.

« Aux Guyanes, les volailles sont plus rares que dans les pays précédents, par suite de la moindre population. Elles pourraient d'ailleurs y réussir aussi bien, quoiqu'en pensent là-bas beaucoup de personnes. J'ai vu de très bons résultats obtenus sur le Maroni. Les Indiens nomades de l'intérieur de la Guyane possèdent eux-mêmes des volailles, mais il ne semble pas que ce soit pour la consommation; ils les recherchent pour leurs plumes, dont ils se servent dans leurs ornements, comme de celles des Oiseaux sauvages de leur pays, perroquets et autres. Ils apprécient surtout à cet effet les Coqs blancs, couleur qu'ils ne peuvent trouver facilement chez les Oiseaux sauvages. »

XII. — MONOGRAPHIES DE RACES ASIATIQUES

Monographie de la race Indienne dite grande Java [1].

Deux variétés : Noire, Caill0utée.

Caractères et aptitudes. Race de grande taille. Corps allongé, poitrine profonde et pleine. L'ensemble répond exactement aux exigences d'une volaille pratique, de qualité supérieure. Elle est très rustique. Elle existe en deux variétés : la noire, la cailloutée noir et blanc.

Caractères généraux *Tête :* moyenne. — *Crête :* simple, de moyenne grandeur et de couleur rouge vif, de même que les *barbillons*. — *Oreillons :* rouges. — *Poitrine :* très longue et bien fournie en chair. — Un Poulet troussé a belle apparence pour le marché. Servie à table, sa chair n'a pas cette couleur foncée qu'on rencontre chez d'autres races, elle est juteuse et fine. — *Pattes :* lisses et noires ou à peu près, avec la plante des pieds jaune, chez les noirs; chez les caillouté, les tarses doivent être jaunes tachetés de noir, mais on en rencontre parfois de jaune clair, et aussi noir pâle ou bleu de plomb, excepté le dessous des pieds qui est jaune; chez les noirs, la couleur doit être d'un noir brillant à reflets métalliques verts.

L'ensemble est une merveille de beauté avec un style et un port qui lui sont propres. Comme taille, elle est un peu plus grande que la Plymouth Rock. Le Coq pèse 5 kilos; la Poule 4 kilos, le Coquelet 4 kg. 350, la Poulette 3 kg. 250.

La Poule est excellente pondeuse; bien soignée, elle pond l'hiver plus que la majorité des races tant vantées. Les œufs sont gros et de couleur brun pâle. Couveuse pas trop persistante, bonne mère. Les Poussins se développent rapidement. Les Poulettes pondent à partir, de 4 à 6 mois et continuent pendant l'hiver.

(1) D'après des Notes de M. Robert Fontaine.

Monographie de la race de Sumatra.

Origine. Ces magnifiques volailles tirent leur nom de l'île de Sumatra, d'où elles sont originaires. Elles sont rares, parce qu'elles sont peu prolifiques. Il y en a deux variétés; car, de même il y a le Yokohama blanc et celui à manteau acajou, de même il y a le Sumatra noir et celui à manteau acajou. Le Sumatra serait en quelque sorte un Yokohama noir, s'il avait les pattes jaunes, mais il les a verdâtres.

Standard. D'après M. Robert Fontaine.

Caractères généraux. COQ NOIR. — Le Coq a la forme du Yokohama, mais est un peu plus petit; sa couleur est d'un beau noir lustré avec reflets verts métalliques comme ceux du Canard Labrador. — *Tête* : petite et un peu allongée. — *Bec* : assez crochu, court, de couleur corne foncée. — *Crête* : petite, ayant la forme de celle du Yokohama, de couleur rouge un peu bleuté, ainsi que les oreillons qui sont petits. — *Joues* : de même couleur et parsemées de petites plumes noires. — *Barbillons* : presque nuls, — ils sont, pour ainsi dire, atrophiés et de la couleur de la crête; ils sont séparés par une peau de la gorge, garnie de petites plumes noires qui forme une espèce de barbillon unique assez développé. — *Œil* : rouge orange foncé, entouré d'une peau noirâtre. — *Cou* : assez long, garni d'un camail très fourni de longues plumes étroites s'étendant sur le dos et la plupart revenant sur la poitrine. — *Dos, Poitrine, Ailes* : comme chez le Yokohama. — *Lancettes* : longues. — *Queue* : très grande, portée horizontalement et garnie de plumes longues, les plus grandes faucilles atteignent 60 centimètres. — *Pattes* : assez courtes, verdâtres, avec le dessous de l'intérieur des doigts de couleur jaune. — *Poids* : environ 2 kg. 500.

POULE NOIRE. — Même forme que celle de la Yokohama; son plumage ressemble à celui du Coq, mais les reflets verts sont moins prononcés. — *Crête* : très petite et d'un noir bleu taché de rouge. — *Joues et Oreillons* : également. — *Barbillons* : nuls, leur place est simplement marquée. — *Œil* : orange foncé. — *Queue* : très fournie à la base, plumes de recouvrement très fournies. — *Poids* : 1 kg. 500.

COQ A MANTEAU ACAJOU. — Mêmes caractères que ceux de la variété noire. Le dos, les épaules, et quelques plumes des lancettes sont d'un rouge acajou foncé se fondant avec le noir comme la couleur du Coq Indien. La poitrine est souvent parsemée de plumes de cette couleur, mais plus pâles; mais c'est un défaut.

POULE A MANTEAU ACAJOU. — La Poule est noire avec une teinte roussâtre.

Qualités et exigences de la race. Les Poules pondent assez bien, sont très bonnes couveuses et bonnes mères. Les œufs sont petits, de couleur jaunâtre. Les poussins s'élèvent assez facilement. La difficulté est d'avoir des œufs fécondés. Le climat français en est sans doute la cause. Des poussins de la variété noire viennent au monde noirs ou noirs et blancs. Ceux de la variété à manteau acajou sont à peu près comme les poussins des Combattants de la variété argentée. A la pousse des plumes, ils prennent leur véritable couleur.

XII. — MONOGRAPHIES DE RACES DE FANTAISIE

Monographie des races Yokohama et Phénix.

Plusieurs Variétés.

ARMI les races gallines qui présentent une des plus curieuses particularités dues à une patiente sélection, figure la race de Yokohama, le « Long tailed Fowl of Japan » des Anglais qui, nous apprend Mme L.-C. Prideaux, éleveur spécialiste de cette race, se contentent d'avoir des oiseaux dont les coqs ont une queue de 1^m,20.

Les Yokohama, d'après Mme Prideaux, devraient être classés comme étant la variété à crête triple et les Phénix la variété à crête simple, ce qui permettrait de les exposer dans des classes séparées.

Le petit nombre de ces oiseaux existant chez nous, et la difficulté de les transporter et de les présenter dans les expositions, sans nuire à la fraîcheur et à l'intégrité de leur queue, sont cause que, dans nos expositions françaises, on réunit ces deux variétés dans une même classe. Aussi les rapprocherons-nous ici dans cette monographie.

Origine. En France, on a l'habitude de désigner sous le nom de Phénix les variétés à plumage argenté ou doré (analogues aux plumages de même nom chez les Grands Combattants Anglais) et sous le nom de Yoko-hama les autres variétés; — il faut pourtant noter que maintenant, à l'exemple des Anglais, on a une tendance à toutes les ranger sous le même nom de Yokohama.

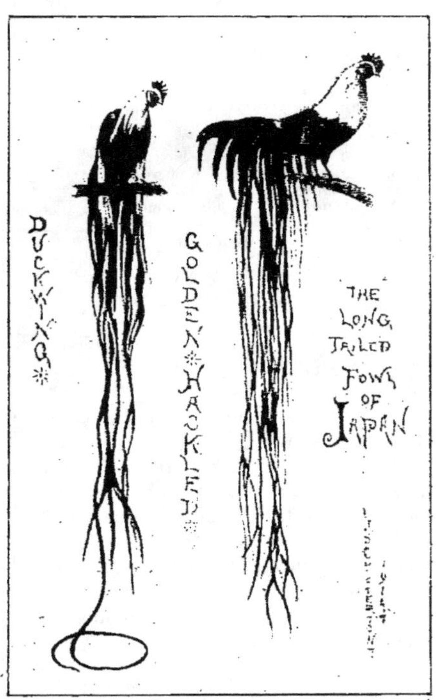

COQS PHÉNIX

Variété à ailes de Canard et variété dorée.

Ces volailles furent importées en Europe en 1870, elles provenaient du Japon; mais ce sont, sans doute, des sujets de la race Malaise, que les Japonais ont longtemps sélectionnés dans le sens de la longueur de la queue, et, en effet, on voit dans cette contrée des sujets dont les grandes faucilles atteignent près de deux mètres de long.

de pois, petite et unie. — *Face :* d'une texture fine. — *Oreillons :* petits, ovales, en forme d'amande et collés contre la tête. — *Barbillons :* ronds et petits, en proportion avec la crête et les oreillons. — *Cou :* long et garni d'un camail long et flottant. — *Poitrine :* pleine et ronde. — *Dos :* large et s'amincissant vers la queue. — *Ailes :* longues, portées plutôt bas, mais collées au corps. — *Queue :* aussi longue et flottante que possible, avec d'abondantes couvertures, les faucilles et couvertures plutôt étroites et dures, toute la queue doit former une

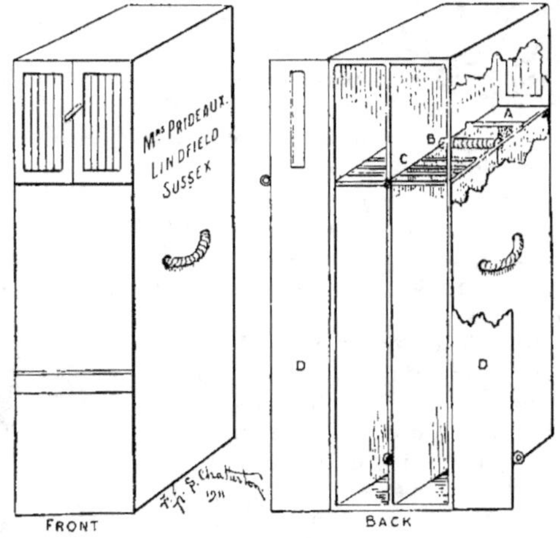

DESCRIPTION DE LA CAGE DE VOYAGE POUR VOLAILLES JAPONAISES A LONGUE QUEUE

La partie supérieure du côté est coupée pour montrer l'intérieur de la cage.

A. — Planche pour nourriture.
B. — Perchoir, recouvert de ficelle enroulée.
C. — Divisions en jonc pour les longues plumes de la queue.
D.D. — Deux portes pour fermer le derrière de la cage, l'une est coupée pour montrer l'intérieur.

Poignées de corde de chaque côté pour soulever la cage.

Standard. La Fédération française n'ayant encore homologué aucun Standard pour les races de Phénix et de Yokohama, nous donnons ici les caractéristiques qui résultent des renseignements qu'a bien voulu nous fournir Mrs. Prideaux, à qui nous sommes également redevable des clichés qui illustrent cette monographie.

Caractères généraux. COQ. — TÊTE. — *Crâne :* petit, mais avec une tendance à être long et en forme de cône. — *Bec :* fort et recourbé. — *Œil :* brillant et plein. — *Crête :* simple ou en forme

courbe gracieuse et est portée plutôt bas. — JAMBES et PIEDS. — *Jambes :* de longueur moyenne avec des tarses fins; *doigts :* quatre à chaque pied. — *Port :* élégant et un peu comme celui d'un Faisan. — *Poids :* 4 livres et demie.

POULE. — Les caractères généraux de la poule sont les mêmes que ceux du coq, en tenant compte des différences sexuelles. — *Poids :* 2 livres et demie.

COULEURS. — Nous ne décrirons pas les couleurs du plumage dans les diverses variétés; car il offre toutes les combinaisons de celui des Grands Combattants Anglais.

Nota. — A part la variété blanche, qui doit être entièrement d'un blanc pur, on tient peu de compte de la régularité du plumage, les points essentiels sont, chez le coq, une queue aussi longue que possible et, chez la poule, le dos doit être long et étroit et s'amincissant vers la queue, la poule doit en outre présenter des lancettes, la queue doit aussi être très longue.

Qualités et exigences de la race. La race est délicate; les jeunes, plutôt difficiles à élever, demandent certains soins particuliers, se rapprochant un peu de ceux des Faisans. Enfin, chez les adultes, la queue des coqs exige, pour être conservée dans toute sa beauté, des précautions considérables, au point qu'on la maintient pliée dans du papier Joseph et qu'on enferme l'oiseau dans une sorte de caisse spéciale où il ne peut se retourner. Les poules sont pourtant de bonnes couveuses et élèvent bien leurs jeunes.

Au point de vue productif, la race, quoique bonne pondeuse, n'aurait aucun intérêt, si les dépouilles des coqs blancs n'avaient, pour le commerce des plumes, une valeur assez élevée, qui compenserait, largement, paraît-il, les soins nécessités par son maintien en bon état.

Coq Phénix dont les grandes plumes de la queue ont été enveloppées et enroulées pour en assurer la préservation.

ÉLEVEUR SPÉCIALISTE

chez qui on peut se procurer

des Phénix et Yokohama (sujets d'exposition et reproducteurs pour importation) :

Mrs. L.-C. Prideaux, Lindfield, Sussex (Angleterre).

(*Cliché de Mrs. Prideaux.*)

LE COQ ET LA POULE PHÉNIX DANS L'ART JAPONAIS

Monographie de la race Sans Croupion
ou Sans Queue.

Origine. C'est encore une anomalie héréditaire, que nous avons à décrire dans cette race, appelée par nos auteurs *Wallikikili* ou *Wallikiki*, et par les anglais *Rumpless*. Sa dominance semblerait résulter d'une assertion rapportée par Buffon, qui y croit, et par Temminck, qui la traite de « conte peu vraisemblable ».

« Les transactions philosophiques de l'année 1693, nous dit Temminck (1), nous apprennent que les Coqs de Virginie n'ont point de croupion; les habitants de cette colonie assurent que lorsqu'on y transporte des Coqs, ils perdent bientôt leur croupion... »

Cela avait lieu, sans doute, chez leur descendance, à la suite de croisement avec des volailles sans croupion, comme le pense L. Wright, croisement, dit-il, qui perpétue ce caractère avec une grande persistance.

Toutefois, si l'on en croit le témoignage cité par Buffon, du sieur Fournier, fournisseur attitré de la belle noblesse pour les rares Oiseaux de basse-cour, la dominance de ce caractère serait imparfaite. « Le sieur Fournier, dit Buffon, m'a assuré que lorsqu'elle se mêle avec la race ordinaire, il en provient des métis qui n'ont qu'un demi-croupion, et six plumes à la queue, au lieu de douze : cela peut être, mais j'ai de la peine à le croire », conclut Buffon. (Oiseaux, sous l'article Coq.)

D'autre part, L. Wright (*Op. cit.*, p. 481.)

(1) *Op. cit.*, t. II, p. 267.

dit avoir été personnellement informé, en 1872, par un gentleman de l'Ouest indien que, dans les environs de la localité qu'il habitait, existait nombre de volailles sans queue, et que c'était là un caractère persistant.

Temminck, qui décore le Coq Wallikikili du nom scientifique de *Gallus ecaudatus*, affirme que le Coq sans croupion n'est pas originaire du Nouveau Monde et croit que l'espèce primitive fréquente « les immenses forêts et les lieux inhabités de l'île de Ceylan ». Il assure que la Poule construit son nid à terre, nous apprend que ce nid est grossièrement entrelacé d'herbes fines et « qu'il ressemble aux nids des Perdrix. »

« Les Chingulois, dit-il, désignent cette espèce par la dénomination de Wallikikili, ce qui signifie Coq des bois. »

Caractères distinctifs : l'absence de la dernière vertèbre du dos qui porte le croupion. L'Oiseau primitif aurait « une crête charnue sans échancrures », les joues et partie de la gorge dénudées, deux barbillons semblables à ceux de nos Coqs vulgaires; les plumes de la nuque longues et effilées, leurs barbes désunies et soyeuses marquées d'une flamme noire entourée de jaune légèrement orangé... et il continue, ainsi, pendant une page, à nous décrire le plumage du Coq. Il disait tenir ses renseignements du Gouverneur de Ceylan, qui lui envoya deux mâles de cette espèce.

Ces deux mâles et un troisième, déposé dans le cabinet de M. Raye de Breukelerwaert, avaient même plumage.

I. — COQ WALLIKIKI

des auteurs.

II. — SANS QUEUE BELGE

d'après Bertaut.

(*Cliché de l'Acclimatation.*)

III. — COQS SANS CROUPION

Divers types de Coqs Sans Queue ou Sans Croupion montrant quelques-unes des variétés obtenues par croisements en utilisant la dominance de ce caractère.

Temminck reconnaît qu'il existait de son temps « différentes races domestiques de cette espèce », se distinguant par « les différentes couleurs du plumage ».

Parmi ces sujets domestiques, il ne trouva que crêtes dentelées ou doubles, mais pas de crêtes lisses sans échancrure, comme dans le type primitif.

La Perre de Roo appelle la race sans croupion race de Choki-Kukullo ou Wallikiki.

Linné la désignait ainsi : *Gallina cauda seu uropygio carens* (Poule sans queue ni croupion).

L'auteur belge Bertaut comprend la « Sans-Queue » dans son intéressante monographie des races belges. « Pour certains, dit-il, elle est originaire d'Asie, pour d'autres, nous devons la considérer comme race nationale »; et, pour justifier cette dernière assertion, il s'exprime ainsi à ce sujet (1) :

Les Français la connaissent et l'ont baptisée du nom bizarre de Walikikie, et l'ont fait venir en ligne directe de la Chine. Les linguistes belges toutefois veillaient, et ont prouvé à l'évidence que ce nom si exotique n'est qu'une corruption de deux mots flamands *Waal* ou *Waalsch* Wallon et *Kieken* Poule. Donc, Poule Wallonne, ce qui prouverait... l'origine belge de la Sans-Queue.

Nous n'insisterons pas davantage sur la synonymie des *Rumpless Fowls*.

Laissant de côté les noms de Coq de Perse (Aldrovandus), Coq de Ceylan, Coq de Virginie, Wallikiki et Wallikikili, nous appellerons le *Gallus ecaudatus* de Temminck, tout simplement Coq sans croupion, avec Buffon, ou, plus simplement encore, Coq sans queue, et nous ne chercherons pas davantage à démêler ses origines, qui, d'après nous, sont, comme nous le disions en commençant, dues à une mutation héréditaire, sélectionnée ensuite par les amateurs de volailles

(1) *Races belges*, p. 71.

étranges et curieuses, anomalie que Buffon aimait à rapprocher de celle des races de Chiens sans queue.

Standard. Cette race étant très rare chez nous, aucun Standard n'a encore été homologué par la Fédération nationale.

Caractères généraux. COQ. — *Tête :* petite. — *Crête :* rudimentaire, lisse. — *Oreillons :* blancs, sablés de rouge. — *Barbillons :* petits. — *Bec :* fin et pointu, de couleur noire ou corne foncée. — *Cou :* long. — *Corps :* arrondi, de façon à rapprocher la silhouette de l'Oiseau, chez la Poule, de celle d'une Caille, le dimorphisme sexuel ne permettant pas d'obtenir cette silhouette chez le Coq. — *Abdomen :* assez volumineux; bas artichaut assez développé. — *Ailes :* assez grandes. — *Croupion :* arrondi et ovale. — *Queue :* manque, ainsi que la dernière vertèbre. — *Jambes :* fines, assez courtes. — *Tarses :* couleur plomb, lisses, sans aucune trace de plumes. — *Doigts :* au nombre de quatre.

POULE. — Mêmes caractères généraux que le Coq; mais en tenant compte des différences sexuelles. — *Crête, oreillons et barbillons :* très réduits.

Observations sur le Standard. Le Standard, que nous donnons, est muet sur la couleur du plumage, et c'est à dessein. En effet, la particularité de cette volaille est l'absence de queue. Or, cette anomalie, fort ancienne, constitue un caractère si bien fixé par une longue descendance, que lorsqu'on croise les sujets de cette race, qui sont très prolifiques, avec d'autres volailles, on obtient généralement, dit Wright, (*loc. cit.*), une grande majorité de *Rumpless birds*. Il en résulte que toutes les couleurs et tous les types peuvent être obtenus avec cette particularité, et qu'en fait, il y a des *Sans croupion* de plumages fort variés. C'est, sans doute, une preuve qu'ils ne sont pas tous de race pure, et c'est peut-être à ces croisements qu'ils doivent leur fécondité.

Aptitudes de la race. Comme race d'utilité, la Poule sans queue est une volaille vive, alerte, chercheuse et vagabonde, apte à trouver ce qui lui est nécessaire, en coûtant peu à son propriétaire. Ses œufs sont nombreux, mais petits. On dit qu'elle couve rarement. La chair de cette volaille, quoique de bonne qualité, serait de peu de vente sur les marchés, à cause de la conformation anormale (ou plus exactement, anomale) de l'Oiseau.

Variété huppée. Il existe une variété huppée, qui a, sans doute, été obtenue de croisements, et dont nous parlons au chapitre des races naines.

Monographie de la Sans Queue belge.

Origine. Ainsi que nous l'avons indiqué dans la monographie précédente, les Belges revendiquent comme une race « nationale » la race, assez mal définie, que Bertaut désigne dans son ouvrage sous le nom de « Sans-Queue ». « Certains auteurs, dit-il, en ont fait une variété de l'Ardennaise, sans doute parce que, comme elle, elle présente une grande facilité d'adaptation au terrain pauvre des Ardennes. »

« On considère généralement, dit Paul Monseu, la race Sans-Queue comme race belge, parce qu'elle est fort répanduc dans le Luxembourg belge et les provinces limitrophes. »

« A vrai dire, dit encore Bertaut, je ne sais s'il faut la considérer comme une variété spéciale, ou comme une anomalie de la nature. »

La réponse est facile : c'est une anomalie héréditaire, dont on a fait un caractère de race.

Standard. Le même auteur donne, d'après M. Paul Monseu, une description de cette volaille, qui est assez différente de celle que nous avons enregistrée ci-dessus. Nous la résumons ici pour l'explication de la figure II (page 491) qui représente un Coq de la variété coucou de cette race.

COQ et POULE. — *Tête.*
Caractères généraux. *Crête :* a) simple, droite chez le Coq, pliée chez la Poule, dans la variété à crête simple; b) en gobelet, à double rangée de dentelures régulièrement espacées, laissant entre elles un creux caractéristique (voir fig. 2, p. 491), dans la variété dont nous reproduisons le type coucou, dont la crête seule suffit à indiquer un croisement. — D'après MM. Bertaut et Monseu, la crête autre que simple serait un défaut. — *Dos :* le plus court possible. — *Croupion :* absent, d'où le caractère *sans queue.*

Couleur. *Face, Crête et barbillons :* rouges. — *Oreillons :* blancs. — *Pattes et tarses :* bleu ardoise. — *Plumage :* blanc, noir, doré, coucou, etc... suivant la variété. On en trouve de la couleur des Poules de Frise dorées (espèce de plumage barré comme la Campine). Il y en a de bleues comme les Andalouses; d'autres sont argentées comme la Campine belge. On a même primé des sujets du type Hollandais bleu à huppe blanche, et d'autres du type Cosaque. Ce sont là, évidemment, autant de croisements différents.

Variétés Sans queue de Barbus nains.

Il convient de rapprocher des volailles sans queue, dont il vient d'être traité, deux variétés curieuses de ces races naines appelées Barbues, qui, par croisement, ont acquis le caractère en question.

C'est d'abord le *Barbu d'Everberg*, qui n'est autre qu'un Barbu d'Uccle sans queue, et tire son nom de la localité où cette variété fut obtenue; puis le *Barbu de Grubbe*, qui est un Barbu d'Anvers sans queue. Grubbe est le nom de la ferme d'où cette curiosité avicole est sortie.

Tout aviculteur qui voudra s'en donner la peine pourra, d'ailleurs, se passer la fantaisie de créer un type nouveau de cette série des *Sans queue*, par de judicieux croisements et une patiente sélection consécutive à ces croisements.

Monographie de la race Frisée.

Plusieurs variétés.

Origine. L'anomalie, fort ancienne, qui caractérise le plumage de cette race, est due, sans doute,

Buffon, dans son dénombrement des races gallines étrangères, consacre un court paragraphe au *Coq frisé* « dont les

RACE FRISÉE
Variété dite « Padoue frisée ».

(*Cliché de l'Acclimatation.*)

à une mutation héréditaire, qu'une longue sélection a « perfectionnée » et fixée. Aldrovandus l'a citée et décrite à la fin du xvie siècle et Linné mentionne le *Gallus pennis revolutis*.

plumes, nous dit-il, se renversent en dehors ».

« On en trouve, ajoute-t-il, à Java, au Japon, et dans toute l'Asie méridionale. Sans doute, ce coq appartient plus par-

32

ticulièrement aux pays chauds; car les poussins de cette race sont extrêmement sensibles au froid et n'y résistent guère dans notre climat. »

Il y en avait déjà de nombreuses variétés, ou plutôt la sélection n'avait porté que sur le caractère anormal du plumage. « Le sieur Fournier (1), dit Buffon, m'a assuré que leur plumage prend toutes sortes de couleurs, et qu'on en voit de blancs, de noirs, d'argentés, de dorés, d'*ardoisés*, etc... » Le croisement du blanc et du noir, qui a donné le bleu ardoisé des Andalous, était donc connu dans la race qui nous occupe ici.

Temminck (2), traçant l'histoire des Coqs, écrit, sous l'article « Coq à plumes frisées » (*Gallus crispus* Briss) : « Cette espèce est originaire d'Asie; on la trouve en domesticité à Java, à Sumatra et dans toutes les Philippines où ces Coqs réussissent très bien. On est, ajoute-t-il, dans l'incertitude sur la contrée qui continue encore à nourrir ces Oiseaux dans l'état d'indépendance, mais il paraît probable que l'Asie est leur berceau. »

A l'appui de cette manière de voir, la Perre de Roo cite une lettre de E. Layard, rapportant que les Ceylanais désignent ces volailles sous le nom de *Capri Ku Kullo* et les croient originaires de Java.

Darwin, dans son livre célèbre sur les variations des animaux, dit des « Poules frisées ou cafres », comme on les appelait alors, qu'elles sont « communes dans l'Inde ».

Enfin, — et nous sommes heureux de pouvoir donner ici un document précis (ce qui vaut toujours mieux qu'une simple affirmation), — le 28 juillet 1865, M. de

Pina, alors consul de France à Padang, écrivait au président de la Société impériale d'acclimatation (1), pour lui annoncer l'envoi d'un certain nombre d'animaux, expédiés par lui à la Société, de Padang (Sumatra), et indiquait que dans cet envoi se trouvaient « six Poules frisées de Sumatra ».

Quatre de ces Oiseaux seulement parvinrent à destination, le 5 décembre 1865, les deux autres ayant succombé pendant la traversée.

Ils furent ainsi désignés dans la liste des animaux provenant de cet envoi : « 4 Coqs et Poules domestiques frisés de Sumatra. »

Citons, pour terminer, Wright. Il dit que cette race est bien connue à Ceylan et à l'île Maurice. M. P. Carié nous a confirmé ce fait, en ce qui concerne cette dernière île.

Standard. Il existe des Coqs et des Poules frisés de divers types, et même une variété naine dont nous parlons au chapitre des races naines. On s'est surtout attaché à développer et à maintenir l'anomalie curieuse du plumage, qui fait la particularité de ces Oiseaux. Il s'en trouve de croisés avec nos Poules communes, et il semble que l'anomalie en question soit un caractère dominant, puisque divers aviculteurs ont rencontré de ces Poules frisées dans nos basses-cours; mais, pour avoir des sujets d'exposition, il faut éviter ces croisements, qui altèrent plus ou moins les caractères de la race.

Caractères généraux. COQ. — *Tête* : assez forte et longue. — *Bec* : court et fort. — *Œil* : iris, aurore. — *Crête* : frisée (rose-comb). — *Barbillons* : bien développés. — *Oreillons* : en amande et blancs. — *Cou* : court et fort. — *Queue* : bien fournie. —

---

(1) G. Fournier, une des autorités avicoles de l'époque, était un curieux qui éleva, pendant plusieurs années, pour lui-même, pour le prince de Clermont, et pour plusieurs seigneurs, des Poules et des Pigeons de toute espèce.

(2) *Hist. nat. générale des Pigeons et des Gallinacés*, Amsterdam, 1813, t. II, p. 259-260.

(1) Cette lettre a été reproduite *in extenso* dans le *Bulletin de la Soc. imp. d'acclim.*, 1865, p. 748-749.

Tarses : lisses et sans traces de plumes, (il existe cependant une variété à pattes emplumées). — *Doigts* : au nombre de quatre à chaque pied.

POULE. — Sauf les différences dues au sexe, les caractères généraux de la Poule sont les mêmes que ceux du Coq.

Couleurs. La couleur dominante, chez ces oiseaux, paraît avoir été le blanc (Sonnini de Manoncourt). Temminck (1) à cet égard s'exprime ainsi, parlant de la race ancienne : « celle qui tient le plus du premier type a tout le plumage blanc et les pieds lisses. » Les pattes emplumées et les couleurs foncées ne seraient venues qu'ensuite.

Lewis Wright (2), de son côté, dit qu'il y a un certain nombre d'années, la couleur la plus commune était le blanc, et qu'on en voyait aussi de tout noirs. A présent, conclut-il, la plupart sont bruns ou perdrix.

Les pattes, assez courtes, seraient de couleur foncée.

Comme le disait à Buffon le sieur Fournier, la plus grande variété de plumage peut se rencontrer dans cette race, et l'amateur de *fancy* aura le choix entre les divers plumages bien définis qu'il voudra s'appliquer à fixer.

Observations sur le Standard. Comme on a pu le remarquer, le Standard est assez vague, et il s'applique à un type assez bas sur pattes, assez ramassé en boule, tel qu'on le trouve figuré dans la Perre de Roo. Cet auteur indique, pour la crête, qu'elle doit être volumineuse, frisée et se terminant en arrière par deux pointes. Wright (*loc. cit.*) se contente de dire que les Oiseaux de cette race ont le plus souvent une crête fraisée (*rose-comb*). Il y en a, à la vérité, de formes très différentes, et l'on en trouve également à crête simple; mais il nous semble préférable de sélectionner, pour la « Poule frisée », une crête frisée ou fraisée.

Quant au type général, nous avons souvent vu dans les expositions, des Oiseaux bien plus enlevés et de forme plus dégagés que ceux figurés par la Perre de Roo, et nous avouons les préférer, comme silhouette.

On a, du reste, lancé, sous le nom de Padoue frisée du Chili, une race frisée à plumage chamois, qui paraît due à un croisement entre la vraie race frisée et la Padoue, croisement dans lequel on a utilisé le caractère dominant du vieux type. Le beau dessin de Malher, que M. Tisserant, directeur du Journal l'*Acclimatation* a bien voulu nous autoriser à reproduire, se rapporte, comme il est facile de s'en rendre compte à un semblable croisement.

Quel que soit, en définitive, le type que l'on adopte, et la couleur de plumage que l'on préfère, le point essentiel, qui donne sa perfection à l'Oiseau, au point de vue sportif, pour les expositions, est le caractère du plumage frisé, dans lequel chaque plume est tournée le dessous en dessus, *the curled or frizzled character*, comme s'exprime L. Wright.

Qualités et défauts de la race. Quoique il s'agisse d'une race dite « de fantaisie » ou de sport, la Poule frisée a une chair excellente, mais son épiderme rougeâtre est cause qu'elle se vend mal sur nos marchés. Elle pond bien , couve peu, mais se montre bonne mère, et les jeunes, soit en raison de l'acclimatation de la race, soit par suite de croisements inter venus, n'ont plus la délicatesse dont parlait Buffon.

Le Coq, dit la Perre de Roo, est complaisant pour ses Poules. Celles-ci sont sociables, et, avec un peu de soin, les poulets s'élèvent très bien.

(1) *Loc. cit.*
(2) *The new book of Poultry*, p. 472.

(1) *Poules et Poulaillers*, Paris, E. Dentu, s. d., p. 182.

Monographie de la race Nègre-Soie.

Quatre variétés : blanche, noire, brune herminée, crépue ou frisée.

Les Coqs et les Poules Nègres.

Origine. La race Nègre, dite de *Mozambique* ou de *Guinée*, qui est depuis longtemps répandue en Europe, a été présentée tantôt comme importée de Chine, tantôt comme venant de l'Inde, ou encore de la Côte occidentale de l'Afrique.

Temminck (1), qui donnait au Coq nègre le nom de *Gallus morio*, le dit originaire de l'Inde où, d'après lui, l'espèce vivrait à l'état sauvage. Le *Gallus morio* de Temminck serait remarquable par le violet noirâtre de la crête et des barbillons, le noir de la peau et du périoste.

Mardsen (2) et Freyer (3) assuraient également que les Oiseaux de cette race avaient les os noirs.

Buffon attribuait à l'alimentation la nuance noire du périoste de ces Coqs. De son temps, leur race n'était pas inconnue en France : « Lorsqu'elle se mêle avec les autres, écrit-il, il en résulte des métis de différentes couleurs, mais qui conservent ordinairement la crête et les cravates ou barbes noires, et qui ont même la membrane qui forme l'oreillon teinté de bleu noirâtre à l'intérieur . »

Le caractère de la race Nègre paraît donc fortement héréditaire.

Dans son livre sur *les Transformations brusques des êtres vivants* (4), L. Bla-ringhem cite le cas des Coqs et Poules nègres des plateaux de Bogota, dans l'Amérique du Sud. Alors que, dans la plupart des races gallines, la peau est blanche, ou jaune dans certaines races, chez ces Poules négresses, elle est entièrement noire, et cette couleur est également très accentuée sur la crête, les barbillons et sur toutes les parties glanduleuses et vascularisées du bec, de même que sur les muqueuses internes, le périoste et le tissu cellulaire qui enveloppe les muscles.

L. Blaringhem rappelle que l'introduction en Amérique du Sud des Coqs et Poules ancêtres de cette race remonte à l'époque où les compagnons de Federman, partis du Vénézuéla, parcoururent les plaines occidentales de la Cordillère des Andes, et il croit probable que le caractère des Poules négresses actuelles de ces régions y est apparu par variation brusque, de même que chez les races analogues des Philippines, de Java et des Iles du Cap Vert.

Nous partageons cette opinion et voyons dans le cas des Poules négresses un cas de mélanisme héréditaire dû à une mutation brusque qui s'est transmise régulièrement à la descendance.

Darwin, dans ses *Variations* (I, 281), distinguait la race à peau noire de Ceylan de celle des plateaux de Bogota, en se fondant sur ce que le caractère des os noirs y était plus rare chez les Coqs que chez les Poules. On peut, d'ailleurs, fort

---

(1) *Hist. nat. des Pigeons et des Gallinacés*, t. II, p. 253.
(2) *Hist. de Sumatra.* t. I, p. 188.
(3) *Voy. de Siam*, t. I, p. 279.
(4) Paris, E. Flammarion, 1911, p. 200.

bien admettre que la mutation s'est produite en divers pays et en diverses races, et il n'est pas sûr que toutes les Poules négresses descendent des mêmes ancêtres.

En dehors des types nègres différents qui proviendraient de croisements, il peut s'en trouver de race pure ayant pour origine des mutations distinctes d'où proviendrait ce caractère.

LA RACE NÈGRE-SOIE.

Aptitudes et caractères. De caractères parfaitement définis, cette race, qui figure couramment dans nos expositions, est tion, et les faisandiers, qui s'en sont beaucoup servi, ont été les principaux auteurs de sa diffusion dans nos contrées. Les cas de mélanisme signalés,

(Cliché de l'Aviculteur).

RACE NÈGRE-SOIE

particulièrement entretenue, à cause de ses aptitudes spéciales pour l'incuba- en France et dans d'autres pays voisins, pourraient fort bien venir de l'hérédité de ce caractère dans des basses-cours où auraient vécu des Poules négresses conservées comme couveuses et qui auraient été cochées par le Coq de la ferme.

Au point de vue sportif, la Nègre-Soie est d'ailleurs une curieuse et amusante volaille. Le contraste, dans la variété blanche, qui est la plus répandue, entre la face, la crête et les barbillons, teintés de noir, et le plumage soyeux et blanc, type offrant une réunion de caractères acquis dont la sélection et la fixation sont d'une étude fructueuse pour les recherches sur la dominance des caractères. Ainsi, pour ne citer que ce fait, d'après L. Blaringhem, le dédoublement du pouce serait resté « un caractère variable très prononcé dans la race soyeuse des Poules à peau noire », peut-être, ajouterons-nous, parce que l'atten-

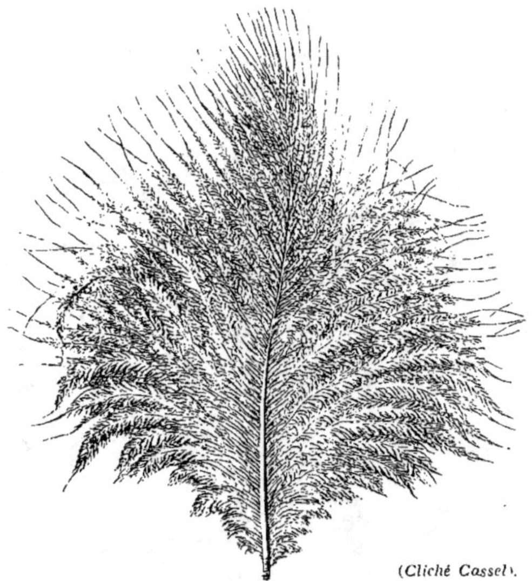

(Cliché Cassel).

PLUME DE POULE NÈGRE-SOIE

lui donne une physionomie très spéciale. C'est, de plus, une race pentadactyle, qui réunit, comme on voit, trois sortes de caractères dus à des mutations anciennes : mélanisme de la peau, plumage soyeux, dédoublement du doigt I ou pouce, sans parler de la huppe, ni de l'emplumement des tarses. Elle est donc très digne d'intéresser : l'éleveur de gibier comme couveuse, l'amateur de *fancy* comme volaille d'exposition, le zootechnicien comme tion des éleveurs s'est surtout portée jusqu'ici sur le plumage, la couleur de la peau et les aptitudes pour l'incubation de cette Poule. Ce serait le cas d'expérimenter, pour savoir si la polydactylie est un caractère infixable, comme le prétend Davenport (1).

(1) L. BLARINGHEM (*op. cit.*, p. 215), assure que ce caractère est fixé chez la Dorking; et, de fait, ayant élevé cette dernière race durant de longues années, nous n'avons *jamais* eu de poulets Dorking à 4 doigts.

Standard.

Voici les caractéristiques de la race.

Caractères généraux.

Volaille pentadactyle à tarses emplumés, de *taille* intermédiaire entre la Bantam et la Hambourg, à *peau* et *périoste* noirs, aux *joues* et *barbillons* violet noirâtre, aux *oreillons* bleuâtres, au *plumage* tout blanc, formé de plumes duveteuses. — Elle a la *tête* et le *bec* courts, une *crête* fraisée, aplatie, en couronne, plus large que longue et peu garnie de pointes; *demi-huppe* pointue dirigée en arrière chez le Coq, sphérique chez la Poule. Les *joues* sont nues, *oreillons* et *barbillons* assez développés; les *tarses*, emplumés extérieurement, sont gris noirâtre ou noirs; la *queue* peu développée et le corps ramassé. — *Ponte* : médiocre, œufs à coquille jaunâtre (ce qui milite en faveur de l'origine asiatique) pesant environ 42 grammes. — *Incubation* : fréquente et bonne. — *Poussins* : s'élèvent assez bien.

— L. Martinet (*Bull. Soc. Anthropologique*, Paris, 1875, p. 886), cité par Blaringhem, affirme avoir fixé en quatre générations, par rigoureuse sélection, la polydactylie accidentelle des Poules.

Couleurs du plumage.

Il existe, outre la *variété blanche*, la seule répandue en France, une *variété noire*, que M. Jean Delacour a possédée et qu'il a vue souvent en Angleterre; elle est en tout semblable à la blanche ordinaire, mais à plumage d'un noir de suie.

M. Delacour a possédé également la *variété brune*, qui est à plumage noir herminé de brun jaunâtre.

VARIÉTÉ CRÉPUE. — On cite encore une *variété crépue ou frisée*, connue sous le nom de *race Cafre frisée* (1), qui présente peu d'intérêt pratique.

Observation. — Les quatre variétés ci-dessus visées doivent être pentadactyles et à tarses extérieurement emplumés.

(1) CORNEVIN : *Traité de Zootechnie spéciale. Les Oiseaux de basse-cour*, Paris, Baillière, 1895, p. 220.

Monographie de la race Cou-nu, dite de Transylvanie.

Origine. Bien qu'il ne s'agisse pas ici d'une race de Combat, mais d'une volaille de pro-

Carié, qu'il existe des volailles de la race Cou-nu à l'île Maurice.

Quant à la littérature qui a été publiée

COMBATTANT DÉNUDÉ
DE MADAGASCAR ET COU-NU,
DIT DE TRANSYLVANIE

duit, présentant une particularité héréditaire, fort curieuse, dans la dénudation naturelle du cou, nous avons cru utile de la rapprocher dans une même figure de celle du Combattant dénudé de Madagascar, dont il a été traité dans un chapitre précédent, en raison même de cette particularité commune aux deux types.

On a vu, par la lettre citée de M. Paul

sur ce sujet, elle est confuse et peu abondante.

Louis Bréchemin, dans « la Basse-Cour productive », reproduit un dessin, qui représente un « Cou-nu », dit de « Transylvanie », et il accompagne cette gravure de la remarque suivante : « Cette race infiniment plus originale qu'intéressante est donnée par les uns comme étant de Transylvanie, par d'autres, comme provenant de Madagascar; on en rencontre un peu dans toutes les parties de la France des exemplaires assez hétéroclites; aucune fixité comme plumage, cou plus ou moins dénudé, cependant allures et formes à peu près les mêmes... »

Lewis Wright (1) assure que les *Naked Necks* furent importés d'Autriche, leur pays d'origine étant la Transylvanie. Il nous apprend que les premiers oiseaux de cette race vus en Angleterre furent exposés par M. John C. Fraser, en 1874.

Ch. Cornevin (2), sous ce titre « Race à cou nu ou de Transylvanie », fait observer qu'il est impossible de dire « si cette singulière race a pris naissance dans les Carpathes et à quelle époque... » Et il ajoute : « Nous savons seulement qu'elle y fut commune. » Au cours d'un voyage en Transylvanie, il avait constaté que cette race ne gagnait pas de terrain et qu'elle était plutôt supplantée par la race grise ordinaire.

La Perre de Roo (3), qui inscrit notre race sous le nom de *Gallus nudicollis* et considère les oiseaux qui la constituent comme de « hideux animaux », dit que « un coq et trois poules de cette race... furent envoyés à l'Exposition universelle de 1878, par M. le baron de Villa Secca, qui en fit don, après l'exposition, à M. A. Geoffroy Saint-Hilaire, directeur du Jardin d'acclimatation ».

Il enregistre seulement comme un « on-dit » l'origine transylvanienne de ladite race, qui, d'après lui, « ne diffère de notre race commune que par le cou, qui est entièrement nu chez les oiseaux des deux sexes, à l'exception d'une petite touffe

de plumes implantées vers le milieu de sa partie antérieure », particularité qui se voit bien dans la figure donnée par L. Bréchemin, et mieux encore dans le beau dessin de notre collaborateur P. Malher (v. p. 320), où la Poule de Transylvanie fait face au Coq Combattant dénudé de Madagascar.

En 1900, d'après Lewis Wright, on vit d'autres spécimens de notre race dans une exposition avicole, à laquelle ils furent envoyés par Lord Deerhust.

Quelle que soit la contrée d'où provienne cette curieuse race, son origine paraît due à une mutation brusque immédiatement héréditaire. C'est, à ce titre tout au moins, un exemple que — n'en déplaise à notre ami Bréchemin — nous qualifierons d'aussi intéressant qu'original, retournant ainsi sa phrase, mais à un autre point de vue... qui n'est, d'ailleurs, pas celui de l'esthétique, sur lequel nous sommes pleinement d'accord avec lui.

Lewis Wright (1) rapporte, à titre de curiosité, une tradition qui tend à expliquer l'origine de la dénudation du cou et que nous relatons ici, sans en garantir plus que lui la réalité. Un coq non dénudé aurait eu le cou brûlé ou échaudé, de telle façon qu'il en perdit les plumes correspondant à cette partie du corps; et, depuis, cette dénudation du cou se serait toujours transmise !

Quoi qu'il en soit, il s'agit là d'un caractère dominant, ainsi qu'on peut aisément s'en rendre compte dans les croisements.

C'est même ce qui explique la variété, tant des types que des couleurs, qui se rencontre chez les volailles à cou nu, le caractère du cou nu se transmettant régulièrement, là ou d'autres caractères varient.

(1) *The new book of Poultry*, 1905, p. 481.
(2) *Traité de Zootechnie spéciale. Les Oiseaux de basse-cour*, Paris, 1895, p. 156.
(3) *Monographie des Races de Poules*, p. 331.

(1) *Op. cit.*, p. 481.

Standard. Les observations qui précèdent montrent à la fois comment il se fait que certains éleveurs, tel un chef de gare de la ligne de Blois à Romorantin que nous avons bien connu, vantent, par expérience, les qualités de ponte et de chair de la poule Cou-nu, et que d'autres, comme le classique La Perre de Roo — qui parlait d'après les sujets observés par lui au Jardin d'Acclimatation — donnent la race comme « aussi peu estimable par sa beauté que par sa production », — et comment il se fait également qu'on soit embarrassé pour établir un standard destiné à fixer les caractères de volailles d'origines très disparates, qui se sont vu imposer un caractère dominant étranger aux qualités de ponte, de chair et aux particularités de plumage.

Caractères généraux. COQ. — *Tête* : allongée, ayant, dit La Perre de Roo, beaucoup de ressemblance avec celle du « coq villageois ». — *Bec* : plutôt mince et long, de couleur noire ou corne foncée. — *Œil* : iris rouge orangé. — *Crête* : simple, bien droite, moyennement développée, pourvue de dentelures assez peu régulières (ce qui n'est pas une qualité), mais, en tous cas, sans crétillons latéraux supplémentaires, indivision du lobe postérieur qui s'étend en arrière de la nuque. — *Barbillons* : de longueur moyenne, assez arrondis. — *Oreillons* : rouges. — *Joues* : dénudées et rouges. — *Cou* : de longueur moyenne (d'après La Perre de Roo), couvert d'une peau rouge, entièrement nu, sauf une petite touffe de plumes implantées vers le milieu de sa partie antérieure.

— *Corps* : allongé et rappelant celui d'un bon coq de ferme. — *Tarses* : de moyenne longueur et sans trace de plumes. L'écaillure des pattes est de couleur gris plomb. — *Doigts* : bien droits et au nombre de quatre à chaque pied. Ils sont aussi de longueur moyenne. — *Queue* : plutôt longue, à faucilles bien développées, formant contraste, par l'abondance de son plumage, avec la dénudation du cou. La queue ne doit pas être portée trop haute. — *Taille* : un peu au-dessous de celle des coqs communs de nos fermes. — *Plumage* : toutes couleurs correspondant à celles des poules, en tenant compte de la différence des sexes et du dimorphisme qui peut en résulter. — *Port* : peu majestueux, oiseau disgracieux, d'aspect déplaisant et triste, tant en raison de son cou déplumé que de la disproportion existant entre ce cou sans plumes et la queue bien garnie. — *Chair* : fine et délicate.

POULE. — Les caractères de la poule sont semblables, en tenant compte des différences dues au sexe. Les barbillons et la crête sont très peu développés.

Observations sur le Standard. Ces volailles, malgré leur cou nu, sont rustiques et font de bonnes poules de ferme. La Perre de Roo signale (1) que, malgré un hiver rigoureux, celles qui avaient été données par le baron de Villa Secca au Jardin d'Acclimatation, ont très bien résisté au froid et n'ont pas eu la crête gelée, comme cela était arrivé, en ce même hiver, à nombre de coqs de races de ferme insuffisamment abrités.

(1) *Op. cit.*, p. 332.

CHAPITRE X

LES COQS ET LES POULES SAUVAGES

COQ DE BANKHIVA — COQ DE LAFAYETTE
COQ DE SONNERAT — COQ DE JAVA

CHAPITRE IX

Monographie des Coqs et Poules sauvages

Par M. J. DELACOUR

Président de la Section d'Ornithologie de la Société Nationale d'Acclimatation.

Les Poules domestiques, dans l'infinie variété des races, descendent toutes d'un ancêtre sauvage commun, la Poule de Bankhiva, *Gallus gallus* (L.).

tiques; le Coq de Lafayette (*G. lafayetti* Lesson); le Coq de Sonnerat (*G. sonnerati* Temminck); le Coq de Java (*G. varius* Show et Nodder).

J. DELACOUR, del.

COQ ET POULE DE BANKHIVA

Les Coqs et Poules sauvages forment l'un des genres les plus différenciés de la grande famille des Phasianidés. Ils sont encore abondants dans le Sud-Est de l'Asie et en Malaisie. Ils se divisent en quatre espèces : le Coq de Bankhiva (*G. gallus*), seule souche des races domes-

COQ DE BANKHIVA.

Le Coq de Bankhiva habite le Nord-Est de l'Inde, la Birmanie, les États Malais, Sumatra, le Siam et la Cochinchine. On le trouve, en outre, acclimaté à l'état sauvage, dans de nombreuses îles, dont Haïnan, Java, Tahiti, etc...

C'est un Oiseau de forêt, très méfiant et rusé; il s'approche toutefois des villages et se croise fréquemment avec les volailles domestiques; aussi les spécimens provenant des contrées habitées sont-ils rarement purs.

de la Malaisie, rouges), et les pattes du gris ardoisé au brun verdâtre.

La Poule est rousse sur la tête, passant à l'orangé sur le cou et au jaune pâle sur le camail, avec le centre des plumes brun foncé; le dessus du corps est brun rouge, vermiculé de noir; le dessous roux

J. DELACOUR, del.

COQ DE SONNERAT

Le Coq de Bankhiva est de la taille d'un gros Bantam, avec une allure très fine et très dégagée; son poids est de 750 à 1.200 grammes; son plumage est celui des variétés domestiques dorées : tête, cou et camail, dos et lancettes, rouge doré; dessous du corps et queue, noir à reflets verts; ailes noires, avec les secondaires roux doré. La crête est simple dentelée, rouge, assez petite; les oreillons varient du blanc au rouge (ceux des exemplaires de l'Inde sont blancs, ceux

pâle; sa crête est rudimentaire.

Les Bankhiva sont généralement monogames, et la Poule pond de cinq à huit œufs. On voit quelles transformations la domestication a fait subir à cet Oiseau! Leur voix rappelle, en plus bref, celle des Poules domestiques. Les autres espèces sauvages ont des mœurs analogues à celles des Bankhiva, mais se font remarquer, à son encontre, par leur caractère farouche et leur peu d'inclination à vivre en captivité.

COQ DE LAFAYETTE.

Le Coq de Lafayette habite Ceylan. Bien que ressemblant assez au Bankhiva, il en est si profondément différent que ses hybrides avec les Poules domestiques sont presque toujours inféconds. Il est

La Poule est brun foncé, moucheté de noir et de blanc.

COQ DE SONNERAT.

Le Coq de Sonnerat se rencontre dans le Sud et l'Ouest de l'Inde. De taille un

J. DELACOUR, del.

COQ DE JAVA

rebelle à la captivité, et sa voix est différente de celle de son congénère. Il est légèrement plus petit.

Le Coq a le camail et le manteau, le dos et la poitrine, jaune pâle ou jaune doré, avec le centre des plumes marron ou noir; des reflets violets se montrent sur le devant du cou et au croupion; ailes, queue et ventre noirs. Sa crête simple et dentelée est rouge, avec une tache jaune au centre; pattes roses ou jaunes.

peu supérieure à celle des précédents, la crête dentelée et rouge, les pattes rouge pâle, le Coq de Sonnerat se fait remarquer par son plumage : les ailes et la queue sont noires, la poitrine et le dos gris fer ligné de blanc, tandis que les plumes du camail, du manteau et des épaules sont ornées de larges plaques cornées et brillantes, varient du blanc au jaune vif. Ces ornements, si curieux, sont tout à fait particuliers à l'espèce.

La Poule est brune avec des rayures jaune pâle en dessus; blanc varié de noir en dessous.

En captivité, le Coq de Sonnerat donne des hybrides féconds avec le Bankhiva et les races domestiques. Sa voix est très différente de celle de ses congénères.

COQ DE JAVA.

Le Coq de Java, que l'on trouve dans cette île et dans les petites îles qui la prolongent à l'Est, est le plus beau et le plus aberrant des Coqs sauvages. De la taille du Bankhiva, il se distingue des autres Coqs par sa crête sans dentelure, verte dans la moitié inférieure, violette au dessus, et son barbillon unique coloré de jaune, de rouge et de bleu. De plus, les plumes du camail et du manteau sont arrondies au lieu d'être allongées en lancettes. Ces plumes sont noires et vertes, frangées de pourpre. Celles du bas du dos et du croupion sont allongées, vertes et bordées de jaune. Les couvertures des ailes sont noires, bordées de rouge feu. La queue est vert bronzé, les parties inférieures noires.

La Poule est brune, tiquetée de fauve, avec des marques vert métallique sur le dessus du corps et la queue.

La voix de ces oiseaux est très particulière.

Le Coq de Java est très rarement vu en Europe. Dans son pays d'origine, on le croise avec les Poules domestiques, pour obtenir des hybrides dont la voix, extraordinairement retentissante, est très appréciée et devient l'objet de concours et de paris. Ces hybrides sont féconds.

Les Coqs sauvages sont intéressants pour l'aviculteur au même titre que les Faisans; ce sont, comme eux, de magnifiques Oiseaux de volière, qui demandent des soins analogues à ceux que l'on donne aux autres habitants des faisanderies.

Gallus gallus L. = *G. Bankhiva.* — Coq de Bankhiva.

G. Lafayetti Lesson = *G. Stanleyii.* — Coq de Lafayette ou de Stanley.

G. Sonnerati Temminck = *G. Sonneratii.* — Coq de Sonnerat.

G. Varius Show et Nodder = *G. furcatus.* — Coq tacheté ou Coq de Java.

CONSIDÉRATIONS ZOOTECHNIQUES

MÉTHODES DE REPRODUCTION — HÉRÉDITÉ — SÉLECTION
LINE BREEDING — CROISEMENTS — VARIATIONS DE LA COULEUR
DU PLUMAGE — LES LOIS DE MENDEL ET LA GÉNÉTIQUE
VIE DU P. MENDEL — LOIS DE MENDEL
APPLICATIONS DE CES LOIS A L'AVICULTURE
CARACTÈRES SEXUELS SECONDAIRES

L'anatomie et la physiologie du Coq
et de la Poule ayant été décrites d'une
façon très complète dans les ouvrages
d'anatomie comparée et dans les traités
spéciaux, il nous a paru plus intéressant
de présenter ici des considérations zootechniques d'ordre pratique qui seront
plus utiles aux éleveurs que les généralités classiques que l'on trouve dans tous
les ouvrages. On nous pardonnera donc
d'insister moins sur ces deux sujets, et
de nous attacher davantage aux questions
relatives à la sélection et à l'hérédité des
caractères.

CHAPITRE XI

Considérations Zootechniques [1].

Méthodes de reproduction. Dans l'élevage des races pures, tant pour le maintien que pour le perfectionnement de leurs caractères, les méthodes de reproduction et les lois qui les régissent ont une particulière importance. Il convient donc de donner ici quelques détails sur les différentes méthodes de reproduction adoptées pour les races gallines, sur leur but et leurs avantages, et de tâcher de pénétrer dans le secret de ces lois d'hérédité qui, trop souvent, déjouent les efforts de l'éleveur, lorsqu'il les transgresse.

Hérédité. L'hérédité est la faculté qu'a tout être apte à se reproduire de transmettre à sa descendance les qualités et les défauts qui lui sont propres.

Comment l'aviculteur peut-il se servir de cette puissance héréditaire pour améliorer une race et la perfectionner?

Deux moyens sont à sa disposition : la *sélection* et les *croisements*.

Sélection. « La sélection, dit Privat-Deschanel, est une méthode particulière de maintien et d'amélioration des races chez les êtres vivants, qui consiste à choisir les reproducteurs qui présentent, au plus haut degré, les caractères propres de la race à laquelle ils appartiennent, en vue de perpétuer ou de développer les qualités et les aptitudes qui la caractérisent. »

La sélection peut être *conservatrice*, lorsque son but est simplement de *maintenir* les qualités de la race; elle est au contraire *progressive*, quand son but est, soit d'amoindrir un défaut, soit d'augmenter une qualité, de perfectionner en un mot la race.

Les différentes races de volailles que nous élevons maintenant sont, pour la plupart, des races artificielles, et ne sont maintenues ou améliorées que par une sélection rigoureuse, dans un sens fixé ou dans un but déterminé à l'avance.

En effet, on allie entre eux les sujets qui présentent les qualités voulues. On unit encore les plus beaux produits obtenus et ainsi de suite, de manière à porter au plus haut degré les qualités désirées; ces produits ont tous, entre eux, une similitude plus ou moins grande qui va toujours en augmentant et, par suite de cette loi zootechnique : « *les semblables engendrent les semblables* », on arrive à avoir des sujets aussi parfaits que possible.

Mais, pour allier des semblables à des semblables, il faut choisir les membres d'une même famille et la reproduction continue entre individus de la même fa-

(1) En différents articles, parus dans l'*Acclimatation*, qui ont été réunis, en 1899, dans une plaquette devenue rare, H.-L. Blanchon avait déjà traité de l'*Élevage des volailles de pure race en vue des Concours et Expositions*. Nous renvoyons, pour plus de détails, à cette très intéressante étude, où l'on trouvera une foule de renseignements et de conseils pratiques pour l'élevage et le perfectionnement des volailles de race.

D. DE M.

mille constitue la *consanguinité*. On s'est souvent demandé si la consanguinité n'avait pas des effets néfastes.

En principe, non (1), — les unions de ce genre sont très communes chez les Oiseaux.

Chez les Pigeons, chez les Perdrix, les unions se pratiquent presque toujours entre frères et sœurs, et l'on ne voit pas pour cela la race Pigeon ou Perdrix péricliter. Les unions consanguines pourraient être continuées à l'infini, sans danger aucun, à la seule condition que le premier couple reproducteur ne soit atteint ou n'ait aucune tendance prononcée à être atteinte d'aucune affection ou maladie quelconque. On comprendra aisément que si les deux reproducteurs ont une tendance prononcée pour une même maladie, cette tendance, ainsi que les défauts des reproducteurs, se développent de plus en plus, en même temps que les qualités et les aptitudes que l'on cherche à augmenter par des mariages consanguins. Mais le cas où les deux reproducteurs sont enclins tous deux à la même affection est assez rare, et, dans la pratique, les reproducteurs sont généralement réunis au nombre de trois ou quatre; et, si l'un d'eux a une tendance morbide, les autres, s'ils sont d'origines différentes, en seront, la plupart du temps, absolument indemnes; par suite, cette tendance morbide ne se développera jamais dans la progéniture avec une grande rapidité et les unions consanguines pourront être continuées, pendant un certain temps, sans aucun inconvénient.

Avec des premiers reproducteurs parfaitement sains, on peut continuer les unions consanguines fort longtemps (2); mais il faut maintenir les Oiseaux et leur progéniture en bonne santé par des soins hygiéniques et une nourriture appropriée; car, du moment où ils seront atteints pour une cause ou une autre, — qui ne dépendra nullement de la consanguinité, — alors commenceront à se produire les inconvénients que nous avons signalés et qui sont la terreur et la préoccupation des éleveurs.

Line Breeding. Pour éviter la consanguinité, on peut suivre un procédé particulier, qui retarde le plus possible les effets nuisibles qui peuvent en résulter.

On peut reculer, en effet, d'une façon sensible, cette limite extrême, en suivant, pour les accouplements, la méthode que les Anglais et les Américains ont appelée le *Line breeding*. Le tableau suivant, dont la première idée revient à M. Felch, un juge et éleveur des plus renommés des États-Unis, fait facilement saisir les principes de ce système.

Les deux Oiseaux accouplés en premier lieu sont censés être de sang différent, ou tout au moins, s'il existe entre eux des liens de parenté, ces liens ont été atténués au point de vue des effets néfastes de la consanguinité par un habitat différent.

Dans le schéma ci-contre, les lignes pleines se rapportent aux mâles, les lignes pointillées aux femelles; le cercle au point de rencontre de deux lignes représente le produit de l'union des repro-

---

(1) Nous reproduisons ici, sans changement, cette opinion de H.-L. Blanchon, sans entendre pour cela conseiller la reproduction en consanguinité, qui, de l'aveu de tous les éleveurs, aboutit, en fait, au bout de peu de temps, à une diminution notable des caractères de fécondité chez la Poule domestique.

D. DE M.

(2) Pratiquement, toutefois, comme la consanguinité développe et accentue les caractères individuels défectueux tout autant que ceux qui offrent quelque avantage, on n'y devra recourir que dans la mesure où elle paraîtra nécessaire pour fixer ceux de ces derniers, dont on désire doter la race ou la lignée, et l'on fera bien, pour maintenir la vigueur et la fécondité des reproducteurs, d'utiliser, de temps à autre, un mâle d'une autre lignée sélectionnée.

D. DE M.

ducteurs désignés par les lignes pleines et pointillées, produit qui comporte évidemment des mâles et des femelles ; la fraction inscrite au-dessous de ces cercles indique

sont produits les groupes 3 et 4, qui possèdent respectivement 3/4 du sang du reproducteur initial, situé du même côté du schéma, et 1/4 de sang seulement du

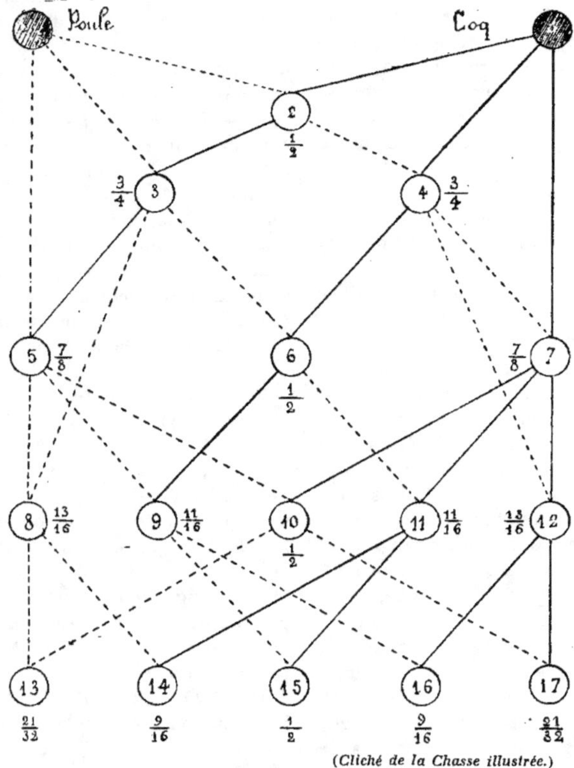

(*Cliché de la Chasse illustrée.*)

TABLEAU DU LINE BREEDING

la proportion du sang qu'ont ces sujets par rapport aux reproducteurs initiaux. Ainsi, par exemple, la première année, le couple initial produit le groupe 2 qui est 1/2 sang avec le Coq et la Poule.

La 2e année, la 1re femelle est alliée à un Coq du groupe n° 2 et le 1er Coq à une Poulette de ce même groupe n° 2, ainsi

reproducteur, situé de l'autre côté, ainsi le groupe 3 à 3/4 de sang de la Poule initiale et 1/4 de sang seulement du Coq.

La 3e année, un des Coquelets du groupe 3 est allié à la 1re Poule pour former le groupe 5, et des Poules du groupe 4 reçoivent pour époux le premier Coq pour former le groupe 7, qui ont respectivement 7/8 du sang d'un des reproducteurs initiaux; l'accouplement le plus intéressant de cette troisième année est celui de Poulettes du groupe 3 avec un Coquelet du groupe 4 produisant le groupe 6, composé d'animaux exactement demi-sang par rapport au premier couple réunissant théoriquement en quantité égale les qualités dudit couple. La 4e année, alliant des Poulettes du groupe 5 avec des Coquelets du groupe 7, nous obtenons le groupe 10, qui est encore demi-sang avec les reproducteurs initiaux.

La 5e année, l'union des groupes 9 et 11 nous donnera aussi des sujets demi-sang.

Si au lieu de suivre ce mode d'accouplement, nous nous étions bornés à allier entre eux frères et sœurs du groupe 2 et continuer toujours dans la suite les mariages entre frères et sœurs, nous aurions aussi des sujets demi-sang; mais cette *adelphogamie* est l'une des formes les plus dangereuses de la consanguinité et amène promptement la dégénérescence; en suivant le *Line breeding*, nous évitons donc l'*adelphogamie* et réduisons au minimum les causes néfastes de la consanguinité. En examinant aussi le schéma, nous pouvons constater que nous avons, pour ainsi dire, trois familles; tandis que le groupe 10 est demi-sang, le groupe 8 a 13/16 du sang de la Poule, et le groupe 12, 13/16 du sang du Coq; le groupe 12 représente donc la descendance en ligne paternelle, et le groupe 8 la descendance en ligne maternelle.

Ceci a aussi son importance dans l'élevage de certaines races de volailles pour lesquelles on est obligé d'avoir des parquets spéciaux pour l'obtention des mâles et des femelles.

On peut aussi, en suivant les indications du schéma, se rendre compte comment, lorsqu'on est obligé d'avoir recours à un croisement, l'on peut réduire au minimum le sang étranger introduit, et faire disparaître, autant que possible, les défauts que le nouveau venu aurait introduits dans le type.

Croisements. Le croisement est l'union de deux individus de races différentes. Selon le but poursuivi, on peut considérer plusieurs méthodes de croisements.

I. — *Le croisement de retrempe.* — Il consiste à aller chercher dans une autre race un reproducteur qui n'interviendra qu'une seule fois pour donner de la fécondité, de la rusticité ou de la précocité, ou arriver à éliminer un défaut. Il sert surtout dans les races trop affinées par la consanguinité. Souvent, et c'est surtout le cas en Aviculture, on ne va pas chercher ce reproducteur dans une autre race, mais bien dans une autre famille ou lignée de la même race, n'ayant avec elle aucun rapport consanguin. Cela s'appelle *rafraîchir le sang*. On peut, d'ailleurs, profiter de cette occasion pour éliminer un défaut, en choisissant pour le croisement un sujet ne l'offrant pas, ou même ayant le défaut contraire. En général, pour tout croisement de retrempe, ou pour « rafraîchir le sang », on se sert, dans les races gallines, d'un Coq, son action étant plus active, puisqu'il peut agir, à la fois, sur plusieurs Poules.

II. — *Le croisement d'implantation.* — Il a pour but de remplacer une race par une autre plus avantageuse, mais d'une manière progressive, sans exiger la dépense immédiate d'un grand nombre de reproducteurs. Ainsi, dans la basse-cour de la ferme, l'éleveur voulant remplacer sa race commune par la race de la Bresse dont il a pu apprécier les mérites, achètera simplement un Coq Bresse et supprimera son Coq commun. Il conservera les Poulettes qui naîtront de cette première union et les alliera avec le Coq Bresse et ainsi de suite. Les caractères de la race commune disparaîtront peu à peu; et, au bout d'un certain nombre de générations, on n'aura plus que des Bresse pures, ou du moins n'ayant plus qu'une infime proportion de sang de la Poule commune, si l'on a toujours eu le soin de sélectionner dans le sens de la Bresse.

III. *Le croisement de première génération ou industriel.* — Il a pour but l'obtention d'animaux d'une utilisation immédiate supérieure à celle qu'on obtiendrait de sujets des deux races pures que l'on croise; mais il n'y a pas intérêt à faire reproduire soit entre eux, soit avec des sujets de race pure, les métis ainsi obtenus. Ce croisement est fort utilisé dans l'aviculture productive, pour améliorer, dans certains cas, au point de vue de la chair, la Poule commune. Les croisements avec la race Malaise ou Indienne nous en offrent un exemple frappant. En croisant la Poule commune avec un Coq Indien, on obtient des poulets remarquables par leur ampleur de poitrine; mais si l'on alliait ces produits entre eux, on aurait bientôt des sujets dans lesquels le sang Indien marquerait rapidement sa prédominance (voir plus loin théories de Mendel). Dans ces conditions, tous les produits sont consommés, et, chaque année, on renouvelle pareil croisement, sans en garder les produits.

IV. *Le croisement alternatif.* — Il a pour but la création de races nouvelles offrant une heureuse réunion des caractères ou qualités des races primitives. On peut le pratiquer en alternant à chaque génération la race du mâle, c'est ce que l'on appelle croisement alternatif régulier. On peut aussi ne le reprendre qu'après plusieurs générations; on peut encore faire intervenir une troisième et une quatrième race dans les générations qui suivent la première. Ce croisement a été fort pratiqué en Aviculture pour l'obtention des races nouvelles, comme les Wyandottes, Orpingtons, Chanteclers, etc. (Voir les monographies de ces races.)

Mais, pour pouvoir agir avec quelque certitude, l'aviculteur doit connaître certaines lois qui lui seront d'un précieux secours.

Les variations de la couleur de plumage (1). En remarquant, dans les expositions et les concours agricoles, les multiples variétés des races gallines, au plumage si diversement coloré, qui toutes descendent d'un ou deux types primitifs de plumage invariablement fixe, on se demande s'il n'y a point de règles qui président à cette diversité de coloration et à la distribution des couleurs sur les différentes parties du corps de l'animal. On conçoit aisément que le croisement d'animaux diversement colorés produise de nouvelles combinaisons de couleurs, et il y a grand intérêt à rechercher s'il n'y a pas des lois immuables pour la répartition nouvelle du coloris.

Ces recherches, pour arriver à des règles sérieuses, doivent être suivies par voie expérimentale et, pour étudier cette transmission des particularités pigmentaires, il ne s'agit pas seulement de s'appuyer sur des faits visibles mais aussi de se préoccuper, avec beaucoup d'attention, de *l'ancienneté des caractères* des sujets mis en présence; car l'hérédité joue un rôle important dans la fixité des caractères, *qui est d'autant plus grande qu'ils ont été transmis héréditairement un plus grand nombre de fois.*

Dans une étude publiée par l'un de nous, en 1901, dans la *Revue scientifique,* nous avons cherché à dégager des règles

(1) Les premiers éléments de la théorie des variations de coloration du plumage dans les races gallines ont été développées par M. H. Herdsford, dans son livre « *Leghorn of all varieties* », auquel nous avons fait de nombreux emprunts.

.H.-L. A. B.

de quelques faits que nous avions observés, et nous les complétons par les résultats de nombreuses années d'observations supplémentaires, observations qui ont en grande partie confirmé nos premières conclusions et nous amènent à les compléter par de nouvelles.

Mais, avant d'étudier les variations qui peuvent se produire dans le plumage des races gallines, il convient de rechercher *l'origine des couleurs* qui ornent ce plumage.

La plupart des naturalistes, Darwin et tant d'autres, considèrent le Coq Bankiva comme l'ancêtre de toutes nos races de Poules domestiques. Il est inutile de donner ici une description de cet Oiseau (1); nous rappellerons qu'il a un plumage qui offre des analogies avec celui de l'ancien Coq gaulois ou du Leghorn brun actuel. Dans son plumage, nous trouvons : 1° le *rouge* dans ses différentes teintes, marron, carmin, orange, roux et, par extension, le fauve actuel des Cochins et Orpingtons, qui n'est autre que de l'orange roux; 2° le *noir*, avec ses différents lustres, vert métallique, bleu métallique, pourpre, ainsi que le noir mat; 3° le *blanc*. Quoique le blanc ne se trouve pas dans le plumage des jeunes Oiseaux, on a eu l'occasion de le trouver sur quelques plumes de vieux sujets ayant survécu plus longtemps que les autres au *struggle for life* incessant de la forêt; d'autre part, on a rencontré, comme dans toutes les espèces animales, des Bankiva atteints d'un commencement d'albinisme (2) ou de mélanisme.

Outre le Bankiva, on rencontre, à l'état sauvage, les espèces suivantes :

Le *Gallus Stanleyii*, (3) qui a le camail et la poitrine noirs tachetés de marron; chez la femelle, les rémiges secondaires

(1) V. ch. x, description des RACES SAUVAGES.
(2) Ou **aberration blanche**.
(3) Ou Coq de Lafayette.

sont barrées de fauve et le poitrail blanc, chaque plume bordée de noir. Le *G. Sonneratii* offre chez le Coq un camail noir frangé de gris, avec une tache jaune à l'extrémité de chaque plume; les plumes de la poitrine sont noires bordées de gris avec la côte blanche; les tarses sont jaunes. Le plumage de la Poule est blanc bordé et marqué de noir. Le *G. furcatus* a le camail noir à reflets pourpre, et les lancettes sont maillées de jaune et d'or, le dessous et la queue noirs. La Poule est presque noire, avec le camail brun jaune, le dos irrégulièrement barré de fauve, le poitrail jaune maillé de noir.

On peut se demander si ces Poules sauvages sont des espècess distinctes ou des variations naturelles du Bankiva, et si leurs croisements n'ont point joué un rôle dans l'origine de nos races domestiques; au fond, cette constatation aurait peu d'importance; car nous avons déjà, dans le plumage fondamental du Bankiva, toutes les couleurs que nous trouvons actuellement dans nos races gallines, sauf une, le bleu.

Nous ajouterons que nous observons déjà, à l'état embryonnaire, dans les *marques* des plumes, les différents dispositifs qui se trouvent aujourd'hui fixés d'une manière plus tranchante chez diverses variétés : mailles, barres, flammes, crayonnage, etc., etc.

Laissons de côté, pour l'instant, cette question des marques. Si l'on étudie le plumage que nous offrent actuellement les différents spécimens de la race galline, on remarque, soit seules, soit opposées entre elles, les cinq couleurs suivantes : noir, rouge, jaune ou fauve, bleu et blanc, cette dernière n'étant pas une couleur, mais bien une absence de coloration due à la disparition du pigment. Les quatre premières ont des nuances variables, et, par *noir*, nous comprenons toutes les teintes, depuis le noir mat jusqu'au noir aux reflets métalliques, vert, bleu ou pourpre; par rouge, depuis le brun marron, rougeâtre, jusqu'au cramoisi; par jaune ou fauve, depuis le citron pâle jusqu'au cannelle foncé; enfin par bleu, le gris ardoisé, bleuâtre, plus ou moins foncé (véritable mosaïque de blanc et de noir) qui n'est pas un bleu véritable, mais est dans la gamme des gris.

Nous pouvons diviser ces deux couleurs en deux classes : les primaires et les secondaires, les primaires ne pouvant jamais être obtenues par le mélange de deux ou plusieurs pigments, les autres n'étant, au contraire, que le résultat du mélange de deux ou plusieurs primaires.

Le jaune ou fauve est du rouge modifié par l'influence du blanc; en effet, comme nous le verrons plus loin, on ne trouve ni Coq, ni Poule offrant une nuance d'un rouge franc et uniforme dans *tout le plumage* (pas même chez la Rhode Island, la plus rouge des variétés, qui a toujours la queue plus ou moins noire); le rouge se trouve toujours uni à du noir ou du blanc. Mais, si ces couleurs viennent à disparaître et que le rouge s'étende sur tout le plumage, ce dernier, sous l'influence des pigments contraires, se modifie et devient jaune ou fauve; le jaune ou fauve est donc une couleur secondaire.

Le bleu est aussi une couleur secondaire produite par le noir et le blanc; la preuve nous en est donnée par les Langshans bleus produits par les croisements de Langshans noirs et blanc impur et par les Andalous bleus, dont toutes les couvées donnent encore un grand nombre de jeunes entièrement noirs et d'autres blancs.

Le blanc n'étant pas à proprement parler une couleur, mais l'absence de pigment, il n'y a donc comme couleurs primaires que le noir et le rouge.

L'étude attentive du plumage des races gallines nous amène à formuler une pre-

mière loi. *Le rouge (sans modification en jaune plus ou moins prononcé) n'existe jamais seul sur le plumage tout entier de l'espèce galline* et, comme corollaire, nous ajouterons qu'il se trouve, d'une façon générale, opposé au noir (quoi qu'il y ait quelques rares exceptions que nous étudierons plus loin, *races piles*). Nous remarquerons aussi que, lorsque des plumes *rouge non modifié* se trouvent opposées à des plumes noires, ces dernières sont généralement confinées à la queue, à la poitrine et sur les parties inférieures, tandis que les premières se trouvent à la partie supérieure du corps, positions respectives qu'elles occupent dans le plumage du Coq primitif.

S'il n'existe pas, dans la race galline, de sujets entièrement rouges, il en existe d'entièrement *noirs;* le fait est dû au *mélanisme.* Le mélanisme provient d'un excès de pigment coloré; il est le contraire de l'*albinisme*, dû au manque de ce pigment; c'est un fait qui se produit accidentellement chez à peu prè toutes les races d'animaux; aussi n'est-il pas surprenant qu'en sélectionnant des sports de ce genre, on ait pu obtenir des races noires et des races blanches, depuis les temps les plus reculés. Ainsi la palette primitive, — si nous pouvons nous exprimer ainsi, — qui doit servir et a servi à créer toutes les variétés de plumage que nous connaissons, se compose de sujets noir et rouge, noirs, blancs. Étudions les résultats que nous donneront ces diverses couleurs opposées les unes aux autres par croisement. Il est bien entendu que de pareilles expériences ne peuvent donner des résultats sérieux que si l'on utilise dans les divers croisements des sujets à plumage parfaitement fixe, et possédant par hérédité depuis le plus longtemps possible les couleurs avec lesquelles nous allons essayer de jouer.

Il est évident qu'*avec des sujets d'ascendance inconnue les résultats pourraient être absolument faussés,* par suite de quelque phénomène d'atavisme ou de retour en arrière (1).

Blanc opposé au noir et rouge. — Lorsque le blanc est opposé par croisement au rouge et noir réunis (c'est le cas du croisement d'un sujet blanc avec un autre offrant le plumage du Coq primitif), *il a peu d'influence sur le rouge, mais il détruit le noir.* La preuve nous en est donnée par les variétés dites *Piles,* chez lesquelles, dans la queue et toutes les parties inférieures, le noir a été complètement remplacé par le blanc, les parties supérieures rouges ayant conservé leur couleur primitive; il convient, pourtant, de faire observer que les variétés Piles à couleur rouge bien tranchée sont assez rares : le blanc, quoique n'ayant pas une action absolument dominante sur le rouge, n'a pu que modifier, affaiblir un peu le rouge, le rapprochant du fauve.

Il faut aussi noter que l'action du blanc n'a pas toujours assez de force pour détruire complètement le pigment noir, et que celui-ci tend souvent à apparaître de nouveau dans les parties du corps qu'il paraît affectionner le plus particulièrement.

Rouge contre noir. — Nous avons déjà vu que, lorsque le rouge et le noir apparaissent sur le même Oiseau, ils se localisent en des parties différentes : le rouge sur le camail, les épaules, les lancettes, la partie supérieure du miroir de l'aile; le

noir se cantonne dans le reste. Mais si le rouge et le noir peuvent coexister côte à côte sur un même sujet, lorsque, par suite de croisements, ils sont mis en conflit direct sur les mêmes parties (comme, par exemple, si l'on croise une volaille à dos noir avec une volaille à dos rouge), le pigment disparaît dans ces parties, et le blanc plus ou moins pur apparaît et remplace le rouge, ou tout au moins, il y a une forte décoloration et une grande tendance au blanc pur.

Ce fait nous est démontré par les variétés dites *à ailes de Canards* (Combattants et Combattants nains) chez lesquelles le blanc a pris la place du rouge dans le camail, les épaules, les ailes et les lancettes, et qui proviennent du croisement de sujets entièrement noirs avec d'autres offrant la disparition de couleurs du Coq primitif. Un autre exemple de cette transformation en blanc du rouge nous est offert par la variété Wyandotte argentée, qui provient de la Wyandotte dorée. Cette dernière race nous offre un plumage jaune rouge doré (rouge modifié) maillé de noir, c'est-à-dire chaque plume offrant une bordure noire; ce type, croisé avec des sujets entièrement noirs, a donné naissance à une nouvelle variété, dans laquelle le fond des plumes est devenu blanc d'argent, le jaune ou rouge modifié ayant disparu, mais la bordure noire persistant à chaque plume.

Comme pour le noir, il convient de citer la persistance du rouge dans certaines parties du corps que le pigment paraît préférer à d'autres; il en est ainsi, non seulement dans les croisements que nous venons de signaler, où le noir et le rouge se trouvaient en lutte immédiate pour produire le blanc, mais aussi chez les sujets entièrement blancs et noirs. Par suite, on voit souvent apparaître, dans les plumes du camail et les lancettes,

(1) Nous croyons devoir prévenir les lecteurs qu'ils ne seraient pas prémunis contre pareils accidents par l'achat de sujets sélectionnés de race pure et même de lauréats de nos grands concours; car souvent les éleveurs, pour donner certaines qualités, de la fécondité et de la vigueur surtout, à leurs races, y introduisent fréquemment du sang d'une autre race, dont ils font disparaître les traces dans le plumage des descendants par sélection, mais cette introduction cause toujours et pendant longtemps des phénomènes d'atavisme.

H.-L. A. B.

des plumes franchement rouges chez les sujets noirs, et rouges, ou tout au moins rougeâtres ou jaunes, chez les sujets blancs.

Fauve contre noir. — Mis en conflit direct avec le pigment noir, le fauve agit à peu près comme le rouge pur en produisant du blanc. Mais il semblerait que le fauve subisse l'influence du noir plus lentement, car les sujets obtenus par un croisement fauve × noir n'ont pas le plumage d'un blanc pur, mais bien d'un blanc crème, une légère teinte fauve persistant très longtemps.

D'autre part, il faut remarquer que quelques croisements fauves × noirs donnent un petit nombre de descendants *bleus,* en même temps que d'autres entièrement noirs et entièrement blanc crème, agissant ainsi comme le croisement noir × blanc, et prouvant ainsi le rôle du blanc dans la création du fauve.

Blanc contre noir seul. — La loi de Mendel nous apprend que le blanc est dominant sur le noir et que les produits d'un premier croisement blanc × noir sont ou blancs ou blanc tacheté de noir. Les sujets issus de ce premier croisement, alliés ensemble, donneront environ 25 pour 100 noirs, 50 pour 100 blanc tacheté de noir et 25 pour 100 blancs. Mais il convient de remarquer que, dans les races gallines, la dominance du blanc sur le noir est loin d'être universelle; elle s'accuse à mesure que la variété se rapproche le plus de l'albinisme parfait. L'albinisme véritable, c'est-à-dire l'absence complète du pigment cutané, n'a pas été observé dans les races gallines. L'animal, dont tout le corps et même les yeux sont dépourvus de pigment, est seul un vrai *albinos,* et si, chez les volailles, les Oiseaux à plumage entièrement blanc ne sont pas rares, leurs becs, leurs pattes et leurs yeux étant colorés,

l'albinisme n'est pas complet (1). Ainsi la dominance du blanc du Leghorn blanc (le type le plus rapproché de l'albinos de la race galline) est très forte sur le plumage noir de la Minorque, tandis que cette dominance n'existe pas pour le blanc de la poule négresse; en effet, si le plumage de la négresse est d'un blanc pur, sa peau noire indique encore une grande quantité de pigment, signe certain qu'elle est éloignée de l'albinisme parfait. Il en est de même de la dominance du blanc de la Wyandotte blanche, ce qui surprendrait, cette volaille étant aussi blanche qu'un Leghorn, si l'on ne se rappelait qu'elle n'est que le résultat de la sélection d'un sport accidentel de la variété *argentée,* blanche à plumes bordées ou maillées de noir; le pigment qui produit ce maillage dans la variété mère tend toujours à reparaître dans le plumage de la sous-variété blanche, et explique ainsi la nécessité du blanc de la Wyandotte et la dominance du noir de la Minorque.

Lorsque le blanc n'a pas la force de devenir un dominant absolu et porte le noir comme un caractère récessif, le croisement blanc × noir donne alors des sujets dont le plumage offre soit des hachures, plus ou moins rapprochées (crayonnage, barres, etc.), soit même un gris uniforme qui atteint une teinte bleu ardoisé et donne ce qu'en aviculture on dénomme le bleu. En effet, dans les races gallines, le vrai bleu n'existe pas comme on l'entend généralement; le bleu des volailles n'est qu'un gris ardoisé tirant sur le bleu, de teinte plus ou moins foncée.

Blanc, noir et fauve en opposition. — Le blanc détruit ou modifie le noir, suivant

(1) C'est pourquoi nous proposons de réserver au cas de ces Oiseaux le nom d'*aberration blanche,* qui est ici plus exact que celui d'albinisme.

D. DE M.

sa plus ou moins grande dominance, et a peu d'effet sur le fauve lui-même, rappelant le cas déjà cité du blanc en opposition avec le noir et le rouge. Cet effet est illustré par un exemple bien connu des aviculteurs : le croisement de la Wyandotte dorée avec la Wyandotte blanche. La Wyandotte dorée a le fond du plumage d'un riche fauve doré, chaque plume *maillée* ou bordée de noir; la Wyandotte argentée est un sport de la Wyandotte argentée. Le produit du croisement donne la Wyandotte fauve maillée de blanc, variété dans laquelle la couleur dorée du fond a pris une nuance fauve plus claire et dans laquelle le noir de la bordure a complètement disparu pour faire place à une bordure blanche; mais ce même croisement donne souvent un autre résultat.

L'albinisme de la variété blanche n'est pas très ancien; c'est un sport de la Wyandotte argentée et son plumage contient encore une certaine quantité de noir; le blanc n'est pas un dominant parfait sur le noir; il se produit alors ce fait : c'est que la bordure des plumes, au lieu de passer franchement du noir au blanc, prend la teinte intermédiaire du bleu; la variété obtenue est, comme le précédent, une variété à fond fauve clair, mais maillée de *bleu*. Elle a eu, il y a quelques années, un très grand succès sous le nom de *violette*.

Bleu. — Nous avons déjà vu que le bleu, que nous avons classé parmi les couleurs secondaires, est le produit du croisement noir × blanc, à la condition que le blanc ne soit pas d'une hérédité trop lointaine et contienne encore du pigment noir. Le fait, d'ailleurs, est prouvé par le plumage de la majeure partie des volailles bleues, dont l'Andalouse est la plus connue, qui ne sont jamais d'un plumage bleu uni, mais bien maillées de plus foncé, c'est-à-dire que chaque plume a une bordure plus foncée que le fond, ce qui indique clairement que, dans leurs ancêtres, se trouve une race ayant le plumage maillé noir, car les différentes marques de plumage ont toujours une tendance à réapparaître, quoique ayant disparu durant un certain temps.

Une sélection rigoureuse a pu faire disparaître ce maillage dans certaines races (Leghorn bleu), mais il a toujours une tendance à réapparaître. L'origine du bleu (produit du blanc et du noir) est prouvée par le fait que, dans toutes les couvées de sujets bleus, il se trouve une grande proportion de jeunes blancs et noirs (50 pour 100 bleus, 25 pour 100 noirs, 25 pour ·100 blancs).

Le P. Mendel a étudié la descendance du croisement blanc argenté maillé noir et du noir.

1re génération : argenté × noir donnent tous bleus.

2e génération : bleu × bleu donnent 1 noir + 2 bleus + 1 argenté.

3e génération : noir × noir donnent noir seulement.

4e génération : argenté × argenté donnent argenté seulement.

5e génération : noir × bleu donnent 1 noir + 1 bleu.

6e génération : bleu × argenté donnent 1 argenté + 1 bleu.

Donc, pour produire le bleu, il ne s'agit pas de croiser simplement noir et blanc, mais noir et blanc ayant le noir comme caractère récessif.

Blanc. Albinisme. — Nous revenons un peu plus longuement sur l'albinisme ou manque de pigment, qui nous permet d'avoir des volailles blanches. L'albinisme peut être soit total (ce qui n'a lieu que d'une façon relative dans les races gallines, comme nous l'avons dit plus haut) ou partiel, soit héréditaire ou accidentel. Il y a une tendance naturelle, chez la plupart des Oiseaux à plumage coloré et élevés en domesticité, à produire des jeunes dont la généralité possède une teinte plus claire que celle des parents; et si la sélection faite, soit par l'éleveur, soit par la nature elle-même, n'intervenait, un albinisme serait le résultat définitif de cette tendance. Le fauve, en particulier, qui est du rouge déjà modifié par le blanc, est remarquable par la facilité avec laquelle il s'éclaircit et blanchit.

Si, au contraire, l'éleveur intervient pour empêcher la nature d'opérer elle-même la sélection voulue, et qu'il s'efforce d'unir continuellement entre eux les sujets les plus clairs qui lui naîtront, il obtiendra dans un temps plus ou moins rapproché, une race blanche. C'est là l'albinisme héréditaire. Il arrive également parfois que des Oiseaux de race pure, absolument noirs de plumage, donnent naissance, parmi d'autres poussins noirs, à un ou deux sujets blancs (1). C'est là un cas d'albinisme dû, soit à un défaut constitutionnel, soit à un effet d'atavisme inconnu de l'éleveur; c'est ce que l'on appelle un *sport*. Quant à l'albinisme partiel, c'est-à-dire le manque de pigment sur une portion plus ou moins étendue du corps, il est dû à un accident dont la cause première est, comme nous l'avons vu plus haut, le conflit direct du rouge et du noir en cette partie. Cet albinisme partiel peut être fixé à l'aide d'unions choisies et bien sélectionnées.

Nous venons de voir que les Oiseaux, sous l'influence de la domesticité, ont tendance à produire des descendants d'une nuance plus claire que la leur,

c'est-à-dire une diminution de pigment. Comment peut-on déceler cette diminution de pigment, afin de rejeter comme reproducteurs les Oiseaux la manifestant et choisir, au contraire, ceux chez qui le pigment est dans toute sa force? Question des plus importantes pour l'éleveur.

L'examen de la coloration du duvet et de la base des plumes nous donnera le renseignement désiré. Nous entendons par base la partie duveteuse des plumes qui s'étend depuis la peau jusqu'à la partie ordinairement visible; c'est à cette base que la diminution du pigment sera en premier lieu visible, et, si l'éleveur veut éviter toute tendance à l'albinisme, il devra chosir des Oiseaux, ayant non seulement le plumage d'une coloration régulière et profonde, mais possédant aussi la base des plumes richement colorée jusqu'à la peau, offrant une grande réserve de pigment.

En résumé, des quatre couleurs : noir, rouge, jaune, bleu, le noir paraît avoir moins de pigment en quantité que les autres, le bleu excepté, et par conséquent disparaît plus facilement; le bleu, ne devant son existence qu'à la présence du pigment noir, suit cette règle et est particulièrement instable. De l'union de deux sujets, l'un noir (ou bleu), il résulte, après peu, des générations d'albinos. Le jaune ou fauve n'est pas *entièrement* chassé avec autant de facilité et, quoique la quantité de pigment puisse être réduite à peu de chose, sa disparition ne s'effectue que par degrés, le blanc à chaque génération empiétant progressivement sur le jaune, jusqu'au moment où l'on obtient des sujets blanc crème. Le rouge est certainement la coloration la plus solide, et au bout du nombre de générations qu'aurait nécessité le noir pour disparaître complètement sous l'influence du croisement avec un sujet blanc, le rouge est à peine modifié. Même

---

(1) Nous avons observé plusieurs fois ce fait chez des Bresse noirs de Louhans, comme on le voit, du reste, de temps à autre, chez les Oiseaux sauvages, notamment chez le Merle noir (*Turdus merula* L.).

D. DE M.

lorsque, après des sélections persistantes, on est arrivé à réduire le rouge en le faisant passer par des teintes de plus en plus claires, on trouve encore dans le plumage des traces de ce pigment, diffusé dans tout le plumage, donnant au tout une teinte paille, ou bien se manifestant de préférence dans le camail et les lancettes par des plumes franchement rouges. Tous les éleveurs savent que ces teintes jaunâtres ou ferrugineuses et ces plumes rouges sont les plus difficiles à faire disparaître.

Les Lois de Mendel et la génétique. Nous venons de voir, pour la coloration du plumage, les différentes causes des nombreuses modifications de la livrée du Coq ancêtre. Nous ne pousserons pas plus loin cette étude, pour rechercher la cause première des nombreuses modifications dans la forme, la taille et divers organes comme la crête, les barbillons, la huppe, etc... (1).

Mais ces caractères, quels qu'ils soient, une fois acquis, sont-ils régulièrement transmis aux descendants? Cette question d'hérédité est d'une importance capitale pour l'aviculteur et c'est par leur connaissance seule qu'il pourra maintenir son troupeau au même degré de perfectionnement et même le perfectionner encore davantage.

La génétique et les théories d'hérédité provenant des lois de Mendel lui seront d'une utilité incontestable, en lui permettant d'escompter d'une façon plus sûre les résultats qu'il obtiendra à la suite de diverses alliances. Il est donc de toute utilité pour l'éleveur de bien se pénétrer de leur importance; et, afin de mieux les mettre en lumière, évitant ici

(1) Nous avons signalé, à cet égard, dans la monographie de la race Chantecler, l'influence du mâle.
D. DE M.

toute discussion oiseuse, nous nous efforcerons de les résumer, d'une façon aussi simple, nette et brève que possible.

La vie du P. Mendel. Mendel naquit en 1822, à Heizendorf, dans la Silésie autrichienne, d'une famille de petits métayers, et reçut au baptême le nom de Johann. Après avoir, grâce à l'intervention pécuniaire d'une de ses sœurs, terminé ses études moyennes au Gymnase de Toppau, il se sentit appelé à la vie monastique. Admis dans l'Ordre des Augustins, il entra au monastère de Saint-Thomas, à Brünn, et y devint prêtre en 1847. Il prit en religion le nom de Gregor, et c'est de ce nom qu'il signa ses travaux.

Dès son noviciat, Mendel, qui avait autrefois reçu de son père des leçons d'horticulture, commença à instituer, dans les vastes jardins du couvent, des expériences comparatives sur les espèces végétales. Ses supérieurs, en vue de le préparer à l'enseignement, l'envoyèrent bientôt compléter sa formation scientifique à l'Université de Vienne. Il y demeura de 1851 à 1853. Revenu à Brünn, il enseigna à la *Realschule* de cette ville jusqu'à ce que, en 1868, il fût élu prélat de son abbaye.

C'est pendant les années de son professorat qu'il étudia les effets héréditaires du croisement, principalement dans les plantes. Ses recherches fondamentales sur le *Pisum sativum*, le Pois de nos jardins, lui prirent huit années. Les résultats en furent communiqués à la Société des naturalistes de Brünn en 1865, et parurent dans les publications de ce corps savant en 1866, sous le titre : *Versuche über Pflanzenhybriden*. En 1869, Mendel fit encore paraître dans le même recueil un petit travail sur l'hybridation dans le genre *Hieracium* : *Ueber einige aus*

Kienstlicher Befruchtung Gewonnene Hieracium-Bastarde. C'est tout ce que Mendel publia, à part quelques petites notes.

Ses lettres montrent cependant qu'il avait entrepris des recherches bien plus développées, entre autres sur les Abeilles. Il dut les interrompre au moment où il fut élu à la prélature. Mais, ainsi qu'il l'écrivait au célèbre botaniste Naegeli, il comptait les reprendre bientôt, avec plus de loisir même qu'auparavant, dès qu'il se serait mis au courant des devoirs de sa nouvelle charge. Seulement, la résistance qu'il dut, à partir de 1877, opposer à une loi d'exception du Gouvernement autrichien, imposant d'une taxe spéciale les propriétés des Ordres religieux, lui prit tout son temps et toute son activité, et lui fit abandonner définitivement toute recherche scientifique. On ne saurait assez le regretter pour la science. Si Mendel avait pu continuer en paix son travail, non seulement il aurait conduit à bon terme les recherches étendues qu'il avait entreprises, mais, en outre, il aurait pu, par des publications plus développées et plus répandues, forcer l'attention du monde savant et ainsi la rénovation de la *génétique* (1), qui s'est produite en 1900 par l'introduction des méthodes de Mendel, se fût réalisée trente ans plus tôt (2).

Mendel mourut en 1884.

Voici, abstraction faite de toute hypothèse explicative, un bref aperçu des faits que le P. Mendel avait su établir de façon magistrale :

(1) Le terme de *génétique* (naissance, origine), proposé par Bateson, désigne l'ensemble des questions qui concernent l'hérédité et la variabilité dans les organismes : c'est la physiologie de la descendance. — Quatre conférences internationales de génétique se sont tenues jusqu'ici : Londres, 1899; New-York, 1902; Londres, 1906; Paris, 18-23 septembre 1911.
H.-L. A. B.

(2) V. GRÉGOIRE, les Recherches de Mendel et des mendélistes sur l'hérédité (*Revue des Questions scientifiques*, 20 octobre 1911).
H.-L. A. B.

Si l'on croise deux races ou variétés de plantes, A et B, présentant, par exemple, des différences de coloration dans les graines ou les fleurs, on constate que, à la première génération, la couleur *a* (de la race A) se montre *seule* chez les descendants. On pourrait croire que l'autre n'est pas *héritée*, mais à tort, puisque, si l'on croise entre eux ces métis, on obtient, à la deuxième génération, de nouveaux produits, dont les trois quarts présentent encore la coloration *a*, mais dont le dernier quart possède exclusivement la couleur *b* (de la race B). Ces deux colorations *a* et *b* ont donc bien été transmises; mais, à la première génération, la couleur *b* étant demeurée *latente*, n'avait pu, quoique présente, se manifester. A cause de cela, on appelle *récessif* ou *dominé*, le caractère de coloration *b*, et *dominant*, au contraire, le caractère de coloration *a*. Si l'on pousse l'expérience plus loin, on note que les individus à coloration *b* croisés entre eux continuent à donner exclusivement et indéfiniment des descendants à coloration *b*, tandis que les individus à coloration *a* fournissent encore la même proportion de dominants *a* et de récessifs *b* et ainsi de suite.

Vers 1900, trois botanistes, De Vries, Correns et Tschermark, travaillant indépendamment les uns des autres, retrouvèrent la loi de Mendel et remirent son œuvre en lumière; du côté zoologique, Cuénot et Bateson constatèrent peu après que la loi s'applique aussi à divers caractères des animaux (Souris); Lang la vérifia chez les Colimaçons, Davenport chez les Poules, Hurst chez les Lapins, etc.

Les lois de Mendel. La théorie du célèbre moine autrichien, confirmée par des milliers d'expériences, est le plus sûr guide dans la création comme dans la fixation d'une race. Ces expériences ont démontré deux principes de la plus haute importance pour l'obtenteur de races nouvelles, ainsi que pour le sélectionneur de races acquises :

1º L'indépendance des caractères entre eux ;

2º La prédominance apparente de certains caractères par rapport au caractère opposé.

Ainsi, si nous croisons des plantes ou des animaux offrant des caractères opposés, le résultat sera que les individus issus de ce croisement, c'est-à-dire la première génération, présenteront tous et uniquement le caractère d'un seul des parents.

Le caractère qui apparaît seul, et chez tous, reçoit le nom de *dominant*, et il le mérite. L'autre, qui semble ne pas s'hériter, Mendel le nomme *récessif*.

Cette première génération fait donc apparaître nettement la première loi de Mendel ou la *loi de dominance*.

Mais si l'on croise entre eux ces hybrides qui offrent tous le caractère d'un seul des parents, au lieu de donner, comme on pourrait le croire, des produits identiques à eux-mêmes, puisqu'ils sont identiques entre eux, ils donnent naissance à des descendants présentant, les uns le caractère de l'un des grands-parents, les autres le caractère de l'autre, c'est-à-dire présentant, les uns le caractère dominant, les autres le caractère récessif que l'on croyait disparu, et cela dans la proportion de 9 dominants pour 1 récessif. Le caractère récessif n'avait donc pas été détruit dans la génération précédente ; il existait, mais latent, caché, *récessif* et sa disparition n'était donc qu'apparente. La seconde loi de Mendel, celle de la *disjonction des caractères*, est établie sur le fait que nous venons d'indiquer et en est l'expression.

Nous avons donc en ce moment (deuxième génération), sur 100 sujets, 75 avec le caractère dominant et 25 avec le caractère récessif. Quelle sera leur descendance ?

Cela dépendra évidemment des croisements ; mais si, pour écarter un élément de perturbation, on évite de croiser les dominants avec les récessifs, mais qu'on allie dominants avec dominants, récessifs avec récessifs, on constatera que les récessifs constituent une race absolument *stable*, ne produisant, si longtemps qu'on prolonge l'expérience et quel que soit le nombre des générations, que *des sujets récessifs*. Pour les dominants, c'est tout autre chose, ils peuvent se diviser, — quoique le fait ne soit pas perceptible à nos yeux, et ne se révèle que dans la suite, — car ils engendreront, tant de dominants purs (dans la proportion d'environ 1 : 3) qui donneront des dominants purs indéfiniment, que des dominants non purs (dans la proportion de 2 : 3) dont la progéniture contiendra une moyenne de 3 dominants pour 1 récessif.

Ce fait se continue dans les générations suivantes. Les descendants des deux races stables, dominante et récessive, restent de leur race, ceux de la génération dominante non pure font comme les hybrides de première génération, donnant 3 dominants pour 1 récessif, ce qui prouve que les dominants de première génération étaient aussi non purs.

Le schéma suivant fera mieux comprendre l'apparition de ces caractères dominants et récessifs. Nous noterons : D, dominant pur ; (D), dominant non pur, incomplet ; R, récessif ; G_1, G_2, première génération, deuxième génération.

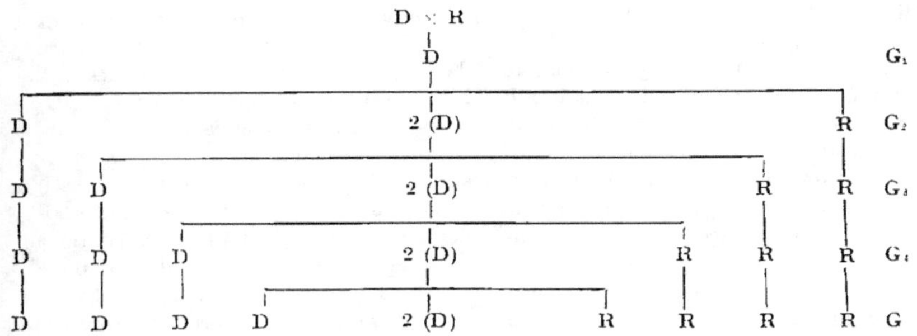

**Application
des lois
de Mendel
à l'aviculture.**

Tel est l'exposé, aussi succinct que possible, de la loi de Mendel, *la disjonction des caractères ;* on en comprend tout de suite l'importance et l'on ne peut qu'admirer la persévérance et l'habileté que les éleveurs ont montrées jusqu'à ce jour pour arriver aux résultats actuels, ne possédant aucun guide et opérant, en quelque sorte, au hasard.

Pour illustrer, dès à présent, cette utilité des lois de Mendel en Aviculture, nous citerons un exemple assez connu. Cook, le créateur de toute la lignée des Orpingtons, se livra aux différents croisements nécessaires pour obtenir la variété blanche, au moment où les volailles à crête fraisée étaient particulièrement recherchées en Angleterre; peu de temps après, il y eut un revirement presque complet, et les éleveurs ne voulaient plus que des sujets à crête simple. Comment transformer ce caractère de la race? Il est évident que le procédé le plus simple consistait à introduire le sang d'un sujet se rapprochant autant que possible de l'Orpington blanc, même un Orpington noir, mais offrant une crête simple, quitte à éliminer dans la suite les sujets présentant des différences avec la race type, ainsi que ceux offrant des crêtes fraisées. Le résultat constaté lors de la première génération ne répondait nullement au but de l'éleveur; la crête fraisée étant dominante sur la crête simple, tous les sujets présentaient la crête fraisée; l'intervention du sujet à crête simple paraissait donc inutile; un aviculteur, non au courant des lois de Mendel, l'aurait cru et n'aurait pas poussé plus loin l'expérience; un autre, plus au courant de ces lois d'hérédité, aura soin d'allier entre eux les produits de cette première génération, et à la deuxième, le caractère récessif (crête simple) réapparaîtra dans 25 pour 100 des sujets, et alors avec une fixité telle qu'il se reproduira invariablement dans leur descendance. Le problème sera donc ainsi résolu.

L'aviculteur qui connaît et sait appliquer les lois d'hérédité abandonnera les méthodes empiriques qu'il suivait autrefois. Il alliait autrefois au hasard, les sujets qui lui semblaient les meilleurs pour le but à atteindre ; des nombreux produits ainsi obtenus, il en conservait un très petit nombre qu'il sélectionnait dans le sens désiré, rejetant les autres; mais, dès qu'il a appris à connaître l'indépendance des caractères entre eux, la dominance de certains d'entre eux, il peut atteindre son but plus rapidement avec une économie de matériel. Quelques

34

individus à peine suffiront pour les essais préliminaires, et, fixé sur ce point, il pourra se servir d'un plus grand nombre avec une quasi certitude de réussite. Il saura avec quoi il travaille. La possession d'un caractère transmissible n'est plus une question douteuse de parenté; ou le sujet l'a, ou il ne l'a pas. Une fois sa présence ou son absence déterminée dans deux générations, l'éleveur peut se fixer la ligne à suivre, établir par synthèse le type désiré. Il ne jugera plus la valeur d'un sujet par son apparence extérieure; la preuve de ses qualités sera seule fournie par sa descendance.

Homozygotes ou hétérozygotes. — Si nous étudions maintenant de plus près les généralités que nous venons d'exposer, et en cherchant particulièrement leurs applications dans la production de la race galline, nous arriverons à déterminer des faits particulièrement intéressants pour les éleveurs.

Les lois de Mendel sont basées sur l'idée de séparation, dans les cellules, du germe lui-même; la cellule mâle et la cellule femelle sont désignées sous le nom de *gamètes* (1), la cellule formée par la fusion d'une cellule mâle et d'une cellule femelle est appelée *zygote* (2); quand deux cellules mâle et femelle, offrant le même caractère, se réunissent dans le *zygote*, on l'appelle *homozygote* (3); si, au contraire, les deux cellules sont dissemblables (l'une, par exemple, offrant le caractère de la crête simple, l'autre celui de la crête fraisée), le zygote est désigné sous le nom d'*hétérozygote* (4). L'hétérozygote offre très souvent comme aspect extérieur celui du caractère *dominant*, les produits qu'il donne démontrent seuls qu'il n'est point un homozygote.

(1) Gamète de γαμειν, se marier.
(2) Zygote de ζυγος ou ξευγος, couple, paire.
(3) Homozygote, de ομος, semblable.
(4) Hétérozygote de ετερος, différent.

Croisement d'un homozygote et d'un hétérozygote. — Nous avons déjà montré dans le tableau précédent que les hybrides (D) de première génération G, alliés entre eux, donnaient des produits offrants les caractères et proportions suivants : 1 D + 2 (D) + 1 R. Or, (D) ou dominant impur, quoique ayant l'apparence extérieure de D pur, contient aussi le caractère récessif; il peut donc s'écrire DR, ce qui est la représentation de *l'hétérozygote*. La formule représentant les produits de G_2 sera : 1 D + 2 DR + 1 R. Dans les alliances précédentes, nous avons toujours considéré les unions entre homozygotes ou hétérozygotes entre eux, soit D × D; DR + DR et R × R; mais, il se peut que l'éleveur veuille allier un hétérozygote DR avec l'un des parents homozygotes purs. Quand les caractères sont purement mendéliens, il est facile de calculer à l'avance le résultat de pareille alliance. Ainsi, s'il allie le croisement DR avec le dominant D, le résultat sera nombres égaux de produits DD et de produits DR; s'il allie DR avec le récessif R, il aura, de même, nombres égaux de RR et de DR. Le résultat sera qu'en moyenne, la moitié des produits seront de race pure, c'est-à-dire homozygotes pour le dominant ou le récessif, et que, lorsque les homozygotes se reproduiront, ils donneront aussi des sujets de race pure. Les nombreuses expériences faites dans ce sens affirment encore l'indépendance des caractères entre eux.

Monohybridisme et Dihybridisme. — Jusqu'ici, nous n'avons considéré que des croisements dans lesquels les premiers parents ne différaient entre eux que par un seul caractère, exemple : *crête simple* et *crête fraisée;* de tels croisements sont connus sous le nom de *monohybridisme;* quand les parents diffèrent par deux caractères, exemple :

plumage noir et *crête fraisée, plumage blanc* et *crête simple*, nous avons un cas de *dihybridisme*. Quel sera le résultat?

Supposons le croisement de *Leghorn noir, crête simple et Wyandotte blanche, crête fraisée*. Ses deux paires de caractères différents seront : plumage noir et blanc, crête simple et fraisée; dans le plumage, le blanc est le dominant du noir, et la crête fraisée dominante sur la simple. Désignons (les dominants ayant une majuscule) par les lettres suivantes :

B : blanc,
n : noir,
F : crête fraisée,
s : crête simple.

Les produits de 1re génération alliés entre eux donneront :

1° Pour la crête (F étant les produits hétérozygotes de 1re génération) :

$$\text{Fs} \times \text{Fs} = \text{FF} + 2\,\text{Fs} + \text{ss}.$$

2° Pour le plumage (Bn étant les produits hétérozygotes de 1re génération) :

$$\text{Bn} \times \text{Bn} = \text{BB} + 2\,\text{Bn} + \text{nn};$$

et si nous considérons maintenant le produit au point de vue de la répartition des deux paires de caractères, nous aurons la formule :

$$(\text{FF} + 2\,\text{Fs} + \text{ss}) \times (\text{BB} + 2\,\text{Bn} + \text{nn});$$

et si nous effectuons l'opération, nous aurons les résultats suivants :

BB FF	Bn Fs	BB Fs	nn Fs
Bn FF	Bn Fs	BB Fs	nn Fs
Bn FF	Bn Fs	Bn ss	nn Fs
BB ss	Bn Fs	Bn ss	nn ss

c'est-à-dire qu'en ne considérant que l'aspect extérieur, nous aurons (proportionnellement) :

9 volailles blanches à crête fraisée.
3 — — à crête simple.

3 volailles noires à crête fraisée.
1 — noire à crête simple.

Mais, si nous regardons la descendance que produisent ces sujets, nous verrons que nous avons sur **16** sujets :

1	blanche,	crête fraisée,	homozygote (1)
8	—	—	hétérozygotes (2)
1	—	crête simple,	homozygote
2	—	—	hétérozygotes
1	noire	crête fraisée,	homozygote
2	—	—	hétérozygotes
1	—	crête simple,	homozygote.

Le tableau I de la page suivante fera comprendre plus clairement la proportion et en fera ressortir les qualités héréditaires.

L'étude de ce tableau montre encore la véracité de la théorie de l'indépendance des caractères entre eux et de leur disjonction; quoique les parents fussent hétérozygotes, on obtient dans la descendance quatre sujets sur seize du groupe parfaitement homozygotes et dont deux, BB FF et nn ss sont des formes nouvelles, des *variétés nouvelles*. Les aviculteurs verront aussi que pour connaître les qualités que transmettra un sujet à sa descendance, il faut non se baser sur l'apparence extérieure, mais connaître ses ascendants, et il faut surtout prendre les plus grandes précautions lorsqu'il s'agit de types croisés, c'est-à-dire hétérozygotes.

Les caractères dominants. — Les lois qui gouvernent la dominance ne sont pas encore très nettement définies, et les caractères dominants peuvent l'être, soit d'une manière complète, soit d'une manière incomplète; les caractères incomplètement dominants peuvent l'être à

(1) 1° C'est-à-dire donnant des descendants pareils à eux-mêmes.
(2) 2° C'est-à-dire donnant des descendants offrant les divers caractères suivant la loi de disjonction. 1D + 2 DR + 1R.

RÉSULTAT TOTAL DES PRODUITS DE PREMIÈRE GÉNÉRATION DU CROISEMENT DE DEUX PARENTS DE CARACTÈRES DIFFÉRENTS (D × R).

[D = dominant; R = récessif] (STURGES).

	CARACTÈRES	D	R	Nombre de jeunes		D Complet	D Incomplet
				D	R		
1	crête	feuille de chêne	simple	110	0	9	101
2	—	fraisée	simple	164	0	164	0
3	—	fraisée	feuille de chêne	6	0	0	6
4	couleur du plumage	blanc	noir	148	19	28	120
5	—	blanc	fauve	53	7	2	51
6	—	noir	fauve	113	0	0	113
7	pattes	5 doigts	4 doigts	113	3	25	88
8	tarses	emplumés	nus	173	0	0	173
9	—	blanc rosé	jaunes	105	0	105	0
10	—	bleuâtres	jaunes	107	0	107	0
11	huppe	huppé	sans huppe	105	0	0	105
12	œufs	fauves	blancs	31	0	0	31
13	aptitude à l'incubation	bonne	nulle	31	0	31	0
	Total			1 254 + 29		466	788
	Pour 100			97,7 + 2,3		36,8	61,4

NUMÉRO du sujet		ASPECT EXTÉRIEUR		QUALITÉS HÉRÉDITAIRES
		Plumage	Crête	
1	× BB FF (1)	blanc	fraisée	Produiront des blancs, crête fraisée, absolument purs, *nouvelle variété*.
2	Bn FF	blanc	fraisée	Produiront ° 1/4 blancs, c. fraisée, purs. ° 1/4 noirs, c. fraisée, purs.
3	Bn FF			° 1/2 blancs impurs, hétérozygotes ° comme les parents.
4	× BB ss	blanc	simple	Produiront blancs à c. simple, absolument purs.
5	Bn Fs			Ceux-ci ayant les deux paires de caractères sont
6	Bn Fs	blanc	fraisée	des dihybrides comme leurs parents et se repro-
7	Bn Fs			duiront comme il est indiqué dans ce tableau.
8	Bn Fs			
9	BB Fs			Produiront blancs avec c. fraisée et blancs avec
10	BB Fs	blanc	fraisée	c. simple dans la proportion de 1 c. simple pur et 2 c. fraisée, hétérozygotes comme leurs parents.
11	Bn ss			Produiront : blancs, c. simple et noirs, c. simple dans les proportions suivantes : 1 blanc, c. simple
12	Bn ss	blanc	simple	+ 1 noir, c. simple + 2 blancs, c. simple impurs représentés par la formule Bs + 2 Bns + ns.
13	nn Fs			Produiront dans la porportion suivante : 1 noir c. fraisée pur + 1 noir, c. simple pur + 2 noirs
14	nn Fs	noir	fraisée	c. fraisée impurs, soit nF + 2 nFs + ns.
15	× nn FF	noir	fraisée	Produiront noirs, c. fraisée, purs.
16	× nn ss	noir	simple	Produiront noirs, c. simple, purs, *nouvelle variété*.

plusieurs degrés, le caractère récessif apparaissant avec plus ou moins d'intensité; le caractère récessif pur est toujours parfaitement distinct des deux sortes de dominants.

Le tableau II de la page pécédente, dû à M. Sturges (résultat de l'observation de 1259 poussins de première génération G_1, c'est-à-dire issus de croisements de parents offrant des caractères opposés différents, les uns dominants, les autres récessifs), nous donne sur ce sujet d'intéressants enseignements.

Il apparaît tout de suite que la complète dominance n'existe que pour certains caractères. Ainsi, n° 2, la crête fraisée est complètement dominante sur la crête simple; n° 9, les tarses blanc rosé dominants complets sur les tarses jaunes, et, n° 13, la bonne aptitude à l'incubation complètement dominante sur l'incubation nulle.

Mais encore convient-il de bien qualifier ce qu'on entend par *dominant complet;* ainsi toutes les crêtes fraisées du n° 2 ne seront pas de même qualité que celles de l'ascendant (d'après M. Sturges, elles sont en général plus petites); cela veut simplement dire qu'il n'y a parmi ces sujets point de crête simple, et, dans le numéro 13, l'aptitude à l'incubation est bien un dominant complet, ce qui veut dire que les sujets issus auront tous plus ou moins une tendance à couver, mais non pas une aptitude à l'incubation excessive, comme dans certains cas asiatiques.

Par *dominant incomplet*, on entend d'une façon générale la disparition de tout caractère récessif peu apparent. Ainsi, dans le numéro 1, croisement de Houdan et de Leghorn blanc, la crête en forme de feuille de chêne est un dominant parce qu'aucune crête simple n'apparaît dans la progéniture, mais c'est un dominant incomplet, car de 110 jeunes,

9 avaient seulement une crête parfaite, les autres ayant une crête double se réunissant à l'avant.

Dans le numéro 8, qui représente le croisement d'un Cochin aux tarses emplumés avec diverses poules à tarses nus, le caractère du Cochin est dominant, car tous les jeunes ont les tarses emplumés, mais il est dominant incomplet, car les pattes de ces jeunes offraient environ la moitié moins de plumes que le Cochin lui-même. De même pour le numéro 11, la Houdan huppée transmet sa huppe à tous les jeunes, mais notablement diminuée comme amplitude.

Dans les autres cas qui concernent la couleur du plumage (voir n° 6), le noir domine sur le fauve, mais le noir est un dominant incomplet et montre des traces de fauve chez les jeunes issus de croisement; dans le n° 4, qui représente le croisement d'un Leghorn blanc et d'un Hambourg noir, ainsi qu'un croisement entre le Leghorn blanc et un Houdan dont le plumage était presque noir caillouté de blanc, on voit que le blanc est dominant, mais dominant incomplet, puisque, des 149, 29 seulement furent d'un blanc pur et les autres plus ou moins tachetés de noir, le blanc occupant néanmoins la plus grande partie du plumage.

L'expérience fut d'ailleurs continuée en alliant les hétérozygotes entre eux et les blancs tachetés de noir accouplés ensemble donnèrent des blancs purs et des noirs suivant la loi de Mendel.

Les caractères récessifs. — Quant au caractère récessif, qui forme environ un quart des descendants de deuxième génération, c'est-à-dire le produit des sujets issus du croisement primitif, il paraît d'une façon générale moins incomplet que le caractère dominant, donnant des descendants mieux fixés. Mendel prouva, avec ses expériences sur les pois, que le caractère récessif (Pois nains) se reproduit toujours pur dans n'importe quelle génération; on remarque le même fait dans la race Galline, quoique d'une façon moins apparente; ainsi, quand une variété à crête fraisée est croisée avec une autre à crête simple, nous savons que, si ces variétés sont pures, tous les métis de première génération auront la crête fraisée, et que ceux-ci donneront à leur tour une crête simple; la crête fraisée est caractère dominant. Mais, s'il est fort difficile de distinguer le dominant pur D du dominant impur DR, il est, au contraire, très facile de distinguer les crêtes simples, caractère récessif R; aussi peut-on être certain des produits ayant le caractère récessif, tandis qu'on ne peut l'être aussi efficacement du caractère dominant, ne sachant pas si les dominants qu'on utilise comme parents sont purs ou impurs, complets ou incomplets.

Néanmoins, quelques cas de caractères récessifs incomplets peuvent être cités. On nous rapporte le fait suivant : un aviculteur éleva un certain nombre d'Orpington fauves à crête fraisée; les deux parents avaient la crête fraisée, mais, ainsi qu'il arrive souvent parmi les jeunes, on trouva une assez grande proportion de jeunes avec crête simple, car les parents étaient des hétérozygotes (DR) et non des dominants purs. Cet éleveur n'allia pas ensemble les sujets présentant le caractère récessif (crête simple), mais les unit à un Coq Orpington à crête simple de race pure. Dans ce croisement, il avait donc comme parents initiaux une crête simple pure et une crête simple récessive, qui devait donc donner des crêtes simples pures; à son étonnement, il eut environ un tiers de crêtes fraisées et un certain nombre de jeunes à crête simple, mais dentelée sur les côtés, comme si une trace du caractère de la crête fraisée se montrait à l'arrière de l'organe simple. Les crêtes simples furent seules unies, mais l'apparition des crêtes fraisées continua encore pendant deux générations. Ce fait prouve la dominance du caractère crête fraisée, mais il démontre aussi que ce caractère dominant peut rester à l'état latent dans le caractère récessif, et quand du sang nouveau est introduit, il profite de cette occasion pour réapparaître. Le caractère récessif peut donc être incomplet aussi bien que le dominant, mais le fait est très rare. D'ailleurs, l'introduction du sang nouveau a souvent pour effet de faire réapparaître des caractères qui, quoique disparus, restaient à l'état latent. Ainsi, les aviculteurs considèrent dans la race de Minorque noire l'œil rouge comme un grand défaut, et, par une sélection constante, on peut parfaitement obtenir et conserver une lignée offrant l'iris de l'œil foncé; mais quand, pour une raison quelconque, l'éleveur achète un nouveau reproducteur, introduisant ainsi un sang nouveau dans son élevage, quelque soin qu'il ait pris pour choisir un sujet à iris noir, il trouvera toujours une grande proportion d'iris rouges dans la descendance; l'iris rouge, quoique dominé par l'iris noir, était resté un caractère à l'état latent, qui se manifeste sous l'influence du croisement.

Un résultat analogue est obtenu dans les Leghorns noirs à tarses jaunes; par sélection, on peut maintenir les tarses jaunes; mais, si on introduit du sang nouveau, même provenant d'un sujet noir à tarses jaunes, le nombre de jeunes à tarses foncés augmente considérablement, ou, si les tarses jaunes sont maintenus, du blanc apparaît dans le plumage. Il y a encore des points sur la dominance complète, incomplète ou latente de certains caractères qui ne sont pas encore bien connus. Nous donnons néanmoins, d'après nos travaux, ceux de M. Sturges et de M. Davenport de Cold Spring-Harbour, New-York, un tableau des principaux caractères dominants et récessifs dans la race Galline (1).

Dans ce tableau, les caractères provenant du Bankiva, l'ancêtre de la race, et ceux qui sont réputés les plus anciens, sont en italiques; il semblerait *à priori* que les caractères anciens devraient être des dominants vis-à-vis de ceux plus récents; il n'en est rien, et l'on voit que la dominance se partage d'une façon à peu près égale entre eux.

Il convient aussi de faire observer que la dominance de certains caractères peut être affectée et même annihilée par l'état de santé, de vigueur du reproducteur qui les offre; il est certain qu'un Coq débile, malade, trop jeune ou trop vieux, quoique offrant un caractère dominant, ne fera jamais dominer ce caractère sur le caractère récessif que possèdent des Poules en pleine santé, en pleine vigueur.

La connaissance des caractères dominants et récessifs de la race Galline est de toute importance, afin de pouvoir bien appliquer la loi de disjonction des caractères qui se manifeste dans la deuxième génération, alors que les métis issus du premier croisement sont alliés entre eux, et qui se traduit par la formule

$$1\ D + 2\ DR + 1\ R$$

et qui montre clairement, qu'à partir de cette génération et dans les suivantes, le caractère dominant est affecté par le caractère récessif, mais le caractère récessif reste, en général, immuable, et se reproduit pur; loi importante pour la création de nouvelles races, pour le maintien, le perfectionnement de celles déjà existantes.

Nous avons toujours parlé de l'application des lois de Mendel et des races croisées, et des métis, et avons démontré leur importance dans leur création; mais

(1) Voir page 536.

ces mêmes lois peuvent-elles s'appliquer aux races pures?

Tout d'abord, il convient de remarquer que la plupart de ce que nous appelons nos races modernes pures, telles que Faverolles, Orpington, Plymouth, Wyandotte, ne sont que des races croisées, des métis plus ou moins récents, pour lesquelles les lois de Mendel sont parfaitement applicables; les autres, plus anciennes, ne proviennent-elles pas de croisements aussi? N'a-t-on pas, à plusieurs reprises, introduit le sang d'une race étrangère pour leur donner de la taille ou toute autre qualité. Ainsi, dans les Minorque actuels, nous voyons souvent apparaître des sujets ayant l'aspect de Langshan; ce qui prouve que, pour donner de la taille aux sujets, l'on a souvent dans les parquets de Minorque purs des Langshan.

La connaissance des lois de Mendel permet donc de découvrir l'origine des races.

La loi de Mendel peut-elle être utile à l'aviculture pour éliminer certains caractères dans les races pures? Telle est la dernière question que nous avons à nous poser.

Nous donnerons à ce sujet deux exemples typiques. Le désir de tous les exposants de la race de Minorque est d'avoir un gros oreillon blanc en forme d'amande; or, il arrive, la plupart du temps, que lorsque deux bons spécimens sont alliés, — et plus souvent encore, lorsque ces deux spécimens sont de famille différente, — la plupart des jeunes se présentent avec un bon oreillon, mais de dimensions moyennes. Il est évident que ce fait se présente suivant la loi de Mendel, l'oreillon de petites dimensions est dominant sur celui de grandes dimensions; mais l'éleveur ne retrouvera-t-il pas le caractère récessif (grand oreillon), s'il accouple entre eux ces derniers sujets et cela suivant les proportions : 1 D + 2 DR + 1 R? L'expérience prouve la véracité du fait, et l'aviculteur a là un moyen de retrouver le grand oreillon (1) perdu dans la génération précédente.

Un autre cas qui mérite d'être cité est celui qui se rapporte aux Poules Leghorn brunes, on exige chez les Poules de cette race les couvertures des ailes d'un brun gris clair sans aucune teinte rouille, rouge, ou sans taches rougeâtres; or, le rouge est dominant sur le brun et le gris; dès qu'un sang nouveau est introduit, on voit apparaître avec puissance la teinte rougeâtre; mais, dans les générations suivantes, le caractère récessif apparaît, et, en faisant reproduire les sujets qui le montrent, on arrive à la coloration désirée.

Inutile d'insister : ces deux exemples montrent l'utilité de la connaissance des lois de Mendel, non seulement pour les croisements, mais aussi pour le perfectionnement des *points* des races pures.

La théorie mendélienne est assez récente, et nous ne savons pas encore en retirer tous les avantages qu'elle nous offre; en aviculture, — comme ailleurs, du reste, — parmi tous les caractères qui se présentent, on n'a pu déterminer qu'un petit nombre de dominants et de récessifs; leur nombre augmentera de jour en jour; mais, dès à présent, on peut admettre que les lois de Mendel modifient complètement les méthodes de sélection telles qu'elles étaient appliquées dans l'élevage de la race Galline, et il n'est pas présomptueux de croire que, grâce à elles, nous pourrons espérer, comme en chimie, créer des corps voulus par un judicieux choix d'atomes, les caractères jouant en élevage le rôle d'atomes (2).

Caractères sexuels secondaires. Il peut être utile de dire ici quelques mots du conditionnement des caractères sexuels secondaires chez les Oiseaux, et en particulier chez le Coq domestique, les recherches scientifiques ayant progressé à cet égard depuis l'époque où H.-L. Blanchon rédigea ses « considérations zootechniques ».

On connaît le phénomène curieux de la régression de la crête chez les Chapons, et l'on sait maintenant, grâce aux mensurations de notre collègue et ami de l'A. S. A., le professeur Pézard, que cette régression obéit à des lois, que cet auteur a pu exprimer par une courbe mathématique.

Nous avons fait allusion, d'autre part, en parlant des Coqs à queue de Poule que l'on trouve en diverses races, à la présence, dans les glandes reproductrices de ces Coqs, de cellules à lutéine, semblables à celles que l'on trouve dans les organes reproducteurs de la Poule, et qui paraissent constituer un empêche-

---

(1) Il convient de faire remarquer que, souvent, en vue des expositions, on fait acquérir à certains sujets le grand oreillon par des massages et le maintien dans un local plutôt chaud; il est évident qu'un caractère acquis ainsi ne se transmettra pas et n'a rien à voir avec les lois mendéliennes.

H.-L. A. B.

(2) Nous n'avons rien voulu changer à cette phrase de H.-L. A. Blanchon, écrite en 1914, bien que nous connaissions les systèmes et les controverses qui touchent à cette question. Les notes de Blanchon correspondent à un état des connaissances zootechniques qu'il est intéressant d'enregistrer. Les théories mendéliennes, et la séparation, parfois un peu arbitraire, des caractères, comportent, dans leur application aux animaux, des difficultés spéciales, à cause de la complexité, et, si on nous passe cette figure, de l'enchevêtrement des caractères. Ces théories, surtout étudiées chez les végétaux, ont encore besoin, sur nombre de points, du contrôle de l'expérience pour ce qui est des animaux, et, en particulier, de ces Vertébrés supérieurs que sont les Oiseaux. Il y a également tout un ordre d'idées à envisager : C'est l'influence du sexe dans la transmission des caractères, et, en particulier, des caractères sexuels secondaires et des aptitudes telles par exemple que celles relatives à la ponte ou à l'engraissement. Cela n'empêche nullement les données contenues dans le présent chapitre d'avoir un grand intérêt théorique et pratique.

D. DE M.

ment à la croissance des grandes plumes et notamment des faucilles caractéristiques du plumage que l'on considérait jusqu'ici comme un plumage mâle, et qui pourrait bien n'être que le plumage neutre de l'espèce.

Les recherches et les expériences de l'Américain Goodale, du Français Pézard et du Russe Zawarowski, ont mis en évidence le conditionnement de ces caractères de plumage, et il semble bien que leur apparition soit sous la dépendance d'hormones ou sécrétions internes.

Les hormones, ou sécrétions de l'ovaire de la Poule, empêcheraient la femelle d'acquérir le plumage du mâle; et l'on sait, depuis fort longtemps déjà, que les vieilles Poules Faisannes à ovaires atrophiés prennent la livrée du mâle. Il existe à la Société Nationale d'acclimatation, une dépouille de Faisane dorée qui offre cette particularité, qui a été constatée également, dans ces derniers temps, sur des Poules ovariectomisées.

En greffant un ovaire de Poule sur un Coq Leghorn, Pézard a fait apparaître, chez cet animal, le plumage partiel de la Poule qui, pour faciliter le contrôle de l'expérience, avait été choisie d'une autre variété.

Zawarowski, qui poursuit ses recherches au pays des Soviets, a obtenu la maturation relative d'ovules dans des ovaires greffés à un Coq, qui, bien entendu, ne pond pas, ces ovules ne pouvant s'entourer de coquille, ni être expulsés au dehors, par défaut d'organes appropriés chez le Coq.

Hérédité des caractères de fécondité. Il y a là tout un ensemble de recherches et d'expériences *in vivo* qui indignent les âmes sensibles, mais que justifient l'intérêt de la science et celui de l'élevage. Nous n'avons voulu qu'effleurer ce sujet, qui mériterait à lui seul de plus longs développements.

On en saisira toute l'importance, quand on saura que certains caractères sont plus particulièrement transmis par le père et d'autres par la mère; que, par exemple, s'il faut en croire les recherches du biologiste anglais Oscar Smart, les Poules grandes pondeuses de la première classe sont issues de Poules appartenant elles-mêmes à cette classe, alliées à des Coqs de même catégorie, tandis que, parmi les Coqs issus des mêmes reproducteurs, la moitié seulement seraient aptes à transmettre à leurs filles les qualités de ponte de la première classe.

La conséquence pratique de ce fait biologique serait qu'on peut garantir une Poulette, quand on connaît les qualités de ses parents, mais qu'on ne peut garantir un Coquelet, et que, pour garantir un Coq, il faut que ses aptitudes aient été contrôlées au nid-trappe chez les Poulettes qui en sont issues.

Toutes ces questions ne sont donc pas seulement du domaine de la curiosité scientifique, mais intéressent encore l'aviculture pratique par les résultats positifs qui peuvent en découler.

Lorsqu'on sera maître de la connaissance exacte des conditions de transmission des divers caractères raciaux et individuels (et l'on a déjà beaucoup progressé à cet égard), il sera possible d'augmenter notablement la productivité des basses-cours d'un pays où les gens de la campagne consentiront à tenir compte des progrès de la science et où les Pouvoirs publics les aideront à en profiter.

CARACTÈRES DOMINANTS ET RÉCESSIFS DANS LA RACE GALLINE

	CARACTÈRES	DOMINANTS	RÉCESSIFS	OBSERVATIONS
1	Crête	fraisée	*simple*	Fraisée comme chez la Hambourg, la Wyandotte.
2	—	en feuille de	*simple*	En feuille de chêne comme chez la Houdan.
3	—	chêne fraisée	en feuille de chêne	
4	Protubérance crânienne	*absente*	présente	Cette protubérance osseuse du crâne se remarque chez les Padoue, les Houdan; elle n'existe pas dans les autres races.
5	Huppe	présente	*absente*	
6	Favoris et cravates	présents	*absents*	
7	Oreillon	*rouge*	blanc	
8	Œil (iris)	noir	*rouge*	L'iris rouge est l'ancien caractère du coq Baukhiva.
9	—	*rouge*	perlé	
10	—	brun	rouge	
11	Couleur du bec	blanc	corne	
12	—	*noir*	*jaune*	Ces deux caractères sont fort anciens et parfois le jaune est dominant sur le noir.
13	—	*jaune*	corne	
14	Couleur de la peau	noire	*blanche*	Noire comme chez la négresse.
15	—	*blanche*	*jaune*	Deux caractères primitifs; le blanc est dominant sur le jaune dans le croisement Dorking × Combattant Indien ou Dorking × Cochin.
16	Tarses	emplumés	*nus*	
17	—	blancs	*jaunes*	
18	—	noirs	*jaunes*	Le noir est généralement dominant, mais le jaune l'emporte dans certains cas comme dans le croisement Minorque × Leghorn noirs.
19	—	*jaune*	*jaune vert*	Deux caractères primitifs.
20	Couleur du plumage	blanc	*noir*	Mais il résulte souvent de l'albinisme.
21	—	*noir*	*rouge*	
22	Couverture de l'aile	rouge	autres colorations	Les couvertures rouges sont un caractère très ancien que l'on retrouve dans les races sauvages.
23	Camail	noir pur	*flammé*	Les Wyandottes argentées croisées avec des Plymouth noires perdent le camail blanc flammé de noir, et beaucoup de races maillées donnent des camails noirs.
24	Crayonnage des plumes	*plumes crayonnées*	plume de teinte uniforme	Est pourtant souvent dominé par le noir zain.
25	Queue	*noire*	autres couleurs	Le pigment noir est toujours très persistant dans les plumes de la queue.
26	—	*normale*	absente	Pas absente comme chez les Walliki.
27	—	de grandeur illimitée	normale	De grandeur illimitée comme chez les Phœnix et Yokohama.
28	Couleur de la coquille de l'œuf	fauve ou crème	blanc	Quand les races européennes à œufs blancs sont croisés avec des volailles asiatiques qui donnent des œufs fauves ou bruns, le fauve l'emporte et les œufs sont teintés plus ou moins.
29	Aptitude à l'incubation	*bonne*	mauvaise ou nulle	Dominance incomplète jusqu'à ce que, par, sélection, l'aptitude à l'incubation l'emporte. Une Minorque ou une Leghorn ne deviendra qu'à la longue bonne couveuse.

CHAPITRE XII

LA PONTE

Anatomie et Physiologie. — Organes de Reproduction de la Poule.
L'Œuf. — Comment augmenter la Ponte.
Concours de Ponte et Sélection des Pondeuses. — Nids-Trappe.

CHAPITRE XII

LA PONTE

OMME les femelles des autres Oiseaux, la Poule est munie d'un appareil reproducteur consistant essentiellement en un ovaire et un oviducte. L'ovaire est situé en dessous de la colonne vertébrale, dans la région du dos, avant les reins proprement dits; c'est un corps charnu, glanduleux, d'un brun rougeâtre, ayant la forme et la disposition d'une grappe de raisin garnie d'ovules ou de petits œufs à divers états de développement. Les jeunes Oiseaux ont deux de ces organes sécréteurs d'œufs; mais lorsqu'ils sont parvenus à l'âge adulte, un des deux s'atrophie et il ne reste plus que celui de gauche, chargé de la reproduction. De ces ovules, les uns très jeunes, petits, en voie de développement, sont blanchâtres; les autres plus âgés, plus gros, sont de couleur jaunâtre plus ou moins prononcée ; ces derniers sont enveloppés d'une membrane celluleuse très vasculaire qui, à l'époque de leur maturité complète, se fend circulairement pour laisser échapper ce que l'on appelle le stigmate; l'enveloppe devenue vide porte le nom de calice; l'ovule, à ce moment, ne se compose que du jaune ou vitellus, et de son enveloppe propre ou membrane vitelline.

L'ovaire ne contient pas dès la naissance le principe de tous les ovules qui seront pondus par la Poule, il en contient un assez grand nombre, mais suivant l'état physiologique, la santé et la vigueur de l'Oiseau, il peut en développer d'autres. En général, un seul accouplement suffit à féconder plusieurs œufs.

L'ovule parvenu à maturité et s'échappant du calice est reçu dans l'oviducte, sorte de conduit long, flexueux très dilatable qui commence par la *trompe* pour continuer par le *tube albuminipare* et se termine par la *chambre coquillière*.

L'œuf, à son entrée dans l'oviducte, n'est composé que du vitellus, de la membrane vitelline et de la vésicule germinative; à mesure qu'il chemine dans les différentes parties de l'oviducte, s'avançant avec lenteur, il s'accroît par les sécrétions produites par les parois intimes de l'oviducte, du blanc ou albumine, puis du test ou coquille calcaire diluée. Ce n'est que lorsqu'il est complètement organisé, parfaitement mûr, qu'il est expulsé ou pondu.

L'œuf se compose : 1° extérieurement d'un test ou d'une coquille calcaire plus ou moins épaisse, destinée à le préserver; 2° en dessous du test et adhérant à lui intimement, excepté du gros bout de la chambre à air, une membrane testacée de structure fibreuse, assez mince; 3° de l'albumen ou blanc, divisé en trois couches : l'une plus externe fluide; la seconde moyenne épaisse, la troisième ou interne liquide; 4° d'une membrane dite chalazifère, entourant le vitellus, formée d'albumine condensée, et à laquelle adhèrent les prolongements dits chalazifères qui se dirigent chacun vers un des pôles de l'œuf; 5° du jaune ou vitellus contenu dans une enveloppe très mince et vasculaire dite membrane vitelline; 6° d'une apparence de cavité, appelée *latebra* au centre du vitellus; 7° d'une apparence de canal destiné à mettre en rapport la latebra avec la cicatricule, dans laquelle se développent les premiers linéaments du poulet.

qui, dans certaines races, en nuance la surface.

Combien de Poules doit-on donner à un Coq. L'œuf, pour être pondu, n'a pas besoin d'être fécondé; mais, bien entendu, pour qu'il éclose, cette opération est nécessaire. Il est utile de savoir le nombre

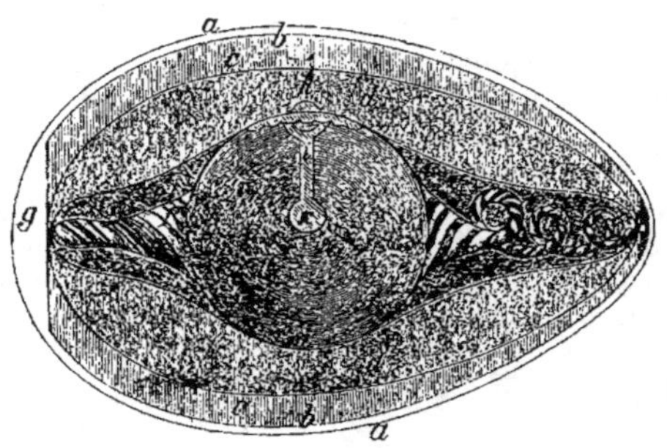

L'ŒUF DE POULE (*Figure schématique.*)

a. Coquille.
b. Membrane coquillière.
c. Blanc, partie la plus claire.
d. Blanc, partie moyenne,
e. Blanc, partie la plus épaisse.
f. Chalazes:
g. Chambre à air,
h. Cicatricule.
i. Canal.
k. Cavité centrale.
l. Vitellus.
m. Membrane qui entoure le jaune.

L'ovule, parvenu à maturité, échappe de l'ovaire, entrant dans l'oviducte et alors composé simplement de vitellus et de ses enveloppes, a une forme sphérique; dans son lent trajet dans les différentes portions de l'oviducte, il reçoit les diverses couches albumineuses, et comme il est en même temps animé d'un mouvement de rotation sur lui-même, il en résulte une torsion aux chalazes destinées à immobiliser à peu près le vitellus au milieu de cette masse fluide. Ce n'est que dans la dernière partie (chambre coquillière) qu'est sécrétée la matière calcaire du test ou coquille, et en même temps la matière colorante

de Poules auxquelles un Coq peut suffire. Ce nombre dépend évidemment de la vigueur propre du sujet; mais la race et l'époque de l'année ont aussi une influence importante. En pleine liberté, les Coqs se montrent plus vigoureux et plus ardents; aussi n'est-il pas rare, dans les fermes, de voir un Coq suffire à 20 Poules et plus; pourtant, avec les races sélectionnées et maintenues en parquet, il convient de ne pas atteindre pareil chiffre

En règle générale, pour les grosses races : Brahma, Cochin, Dorking, etc..., il faut ne donner à un Coq, de décembre à février, que 3 à 4 Poules, et plus tard 6 à 7;

et aux petites races vives : Leghorn, Minorque, Bresse, etc., de décembre à février, de 5 à 6 et plus tard 8 à 10.

Si l'on veut des œufs fécondés en décembre, il convient de former les parquets en novembre.

Il arrive assez souvent que l'aviculteur débutant ne possède pas suffisamment de volailles de même race pour fournir au Coq le nombre d'épouses désigné plus haut; car, en général, les lots sont de 1 Coq et 2 Poules. Si le mâle est vigoureux, ce nombre est insuffisant et le Coq tourmentant trop les Poules, on arrivera ainsi à une forte proportion d'œufs non fécondés; il faut donc donner d'autres compagnes à ce Coq, et on les prendra dans d'autres races; mais, pour éviter des erreurs lors de la mise en incubation, puis pour faciliter le triage des œufs, on aura soin de choisir ces compagnes dans des races pondant des œufs d'une autre couleur que ceux de la race que l'on désire multiplier.

Comment augmenter la ponte. La ponte est sous l'influence directe de la nourriture. Une alimentation rationnelle et intensive, peut la porter à son maximum, vérifiant ainsi le vieux proverbe « la Poule pond par son bec ». Elle est aussi sous l'influence des agents extérieurs : le froid, les vents secs, l'humidité aux pattes arrêtent la ponte; une température modérée, 16 à 18° degrés, l'active au contraire. N'a-t-on pas vu des personnes chauffer en hiver leur poulailler pour avoir des œufs en plus grande abondance? Le résultat n'a jamais été merveilleux, les Poules s'engraissant ou devenant lymphatiques.

D'autres ont essayé d'activer la chaleur du corps, les uns en leur donnant de l'alcool sous forme de morceaux de pain trempés dans du vin, les autres à l'aide de substances stimulantes, telles que le pain, le quinquina, l'anis, le gingembre, mélange qu'on trouve souvent dans les fameuses poudres à faire pondre.

Sans vouloir dénigrer absolument toutes ces poudres, — merveilleuses au dire de leurs inventeurs, — il faut reconnaître qu'elles peuvent, à la longue, présenter l'inconvénient de ruiner plus ou moins la constitution des Poules, par suite des matières excitantes qui forment leurs bases, et arrêter complètement la ponte.

Pourtant, parmi tous les produits recommandés, il en est un, peu connu, qui paraît donner de bons résultats, *la farine de moutarde;* aussi croyons-nous intéressant de reproduire *in extenso* une communication faite par M. Blanchon à la *Société des Agriculteurs de la Drôme :*

« La meilleure des poudres à faire pondre, c'est un régime bien compris, mais il ne faut pas perdre de vue que ce n'est pas la quantité d'aliments *absorbée* mais bien celle *digérée* qui assure la formation de l'œuf.

« La moutarde semble différer des autres condiments en ce qu'elle exerce son action sur les glandes salivaires de la Poule, elle stimule ainsi la sécrétion de sucs qui facilitent la digestion des aliments absorbés.

« Diverses expériences faites par des éleveurs sérieux tendent à démontrer ce fait; celle de M. Allen à Llangammarch Wells est particulièrement intéressante, car elle a été conduite et contrôlée avec un soin tout particulier. En 1909, M. Allen choisit des Poulettes Orpington fauve n'ayant pas encore pondu, absolument identiques comme âge et comme race, il en mit six dans un parquet et six dans un autre.

« Les parquets de 20 mètres carrés chaque, installés sur une prairie, étaient semblables comme exposition, situation, aménagement. Toutes les Poules reçurent une même nourriture, égale comme valeur nutritive et comme poids, avec cette seule différence que tandis que le parquet témoin A recevait les aliments sans addition d'aucun condiment, dans le parquet B la pâtée était journellement additionnée d'une cuillerée à café de farine de moutarde Colman intimement mélangée aux substances qui formaient cette pâtée. Un Coq fut adjoint à chaque lot.

« M. Allen a fourni le tableau détaillé des pontes des deux parquets.

	Parquet A Œufs pondus	Parquet B Œufs pondus
1er trimestre (1er oct. au 6 janv.)............................	142 = 29 fr. 60	222 = 46 fr. 25
2e trimestre (6 janv. au 31 mars).................	227 = 31 fr. 45	310 = 43 fr.
Totaux des 2 trimestres d'hiver (26 semaines)......	369 = 61 fr. 05	532 = 89 fr. 25
3e trimestre (7 avril au 30 juin).................	306 = 31 fr. 85	284 = 29 fr. 60
4e trimestre (1er juil. au 29 sept.).................	239 = 28 fr. 95	207 = 25 fr. 10
Totaux des 3e et 4e trimestres..................	545 = 60 fr. 80	491 = 54 fr. 70

« En étudiant ces résultats, nous remarquerons que le parquet B donna, dans l'année, 1.023 œufs contre 914 qui composaient la ponte du parquet témoin A, mais il convient de remarquer que la moutarde fit surtout ressortir son effet productif *durant le mois d'octobre, novembre, décembre, janvier, février mars,* c'est-à-dire pendant la période froide, car Llangammarch Wels se trouve dans une situation élevée où la température est rigoureuse.

« A la fin de l'expérience, c'est-à-dire après avoir subi ce traitement durant une année, les poules nourries avec addition de moutarde étaient dans un aussi bon état de santé que les autres et l'autopsie ne révéla aucun désordre des organes intérieurs.

« Les œufs mis en incubation se montrèrent parfaitement fécondés dans les deux lots, ceux du parquet B offrant un pourcentage de 8 % de fécondés en plus que ceux du lot témoin A.

« En estimant les œufs à 2 francs la douzaine d'octobre à janvier, à 1 fr. 65 de janvier à mars, et à 1 fr. 25 pour les autres six mois, M. Allen a calculé que les volailles nourries avec addition de moutarde avaient rapporté 143 fr. 75 contre 121 fr. 25. La dépense en moutarde consommée a été de 4 fr. 35, d'où une différence de 18 fr. 15 sur le produit de six Poules. Mais si nous ne considérons que la ponte d'hiver nous trouvons en faveur des Poules nourries avec addition de moutarde une différence de 89 fr. 25 — 61 fr. 05 = 28 fr. 20, dont il faut retrancher 2 fr. 20 de moutarde consommée, soit 26 francs, ce qui n'est pas à dédaigner.

« Ajoutons que la farine de moutarde Colman est un produit de luxe destiné à la table et, par conséquent, soigneusement manufacturée; il est facile de se procurer des qualités inférieures, tout en ayant les mêmes vertus.

« Nous pourrions citer le nom d'autres éleveurs qui se sont trouvés forts satisfaits de l'emploi de la moutarde, mais ils n'ont pu nous fournir des chiffres aussi détaillés que ceux reproduits plus haut.

« Nous sommes, vous le savez, partisans de la réforme des vieilles Poules, mauvaises pondeuses après la troisième année; mais comment les reconnaître? Il y a bien les bagues, mais on n'en trouve pas partout, puis les bagues en celluloïd se détachent parfois. Voici un autre procédé de « marquer » les Poules : il consiste simplement à percer à l'aide d'un emporte pièce de faible diamètre un trou dans la membrane qui relie les doigts entre eux près du métatarse, on peut arriver à une multitude de combinaisons à l'aide de trois trous. Exemple : un trou à la patte droite, sujets d'un an; un deuxième trou à la patte gauche, sujets de deux ans; un troisième à la patte droite, sujets de trois ans.

« C'est évidemment moins visible que les bagues colorées, mais cela ne s'efface pas et ne coûte rien. Ce procédé ne cause aucune souffrance aux bêtes et n'est pas si cruel que la méthode qui consiste à leur couper un ou deux ongles pour les marquer. »

Les concours de ponte et la sélection des pondeuses. — Dans les concours de ponte, les Poules, divisées par lots de six ou douze, avec ou sans Coq, sont enfermées dans des parquets de dimensions variables suivant les concours, mais toujours semblables pour les lots concourant ensemble; ces lots reçoivent journellement une nourriture composée des mêmes aliments et en quantité identique; les œufs, récoltés tous les jours, sont vendus au commerce, et on tient une comptabilité exacte du nombre d'œufs pondus par chaque parquet; les œufs de faible taille subissant une dépréciation, il est évident que les pondeuses de beaux œufs produisent plus, si la ponte est égale. Les prix sont généralement décernés : 1° au parquet qui aura donné le plus grand nombre d'œufs durant toute la durée du concours; 2° au parquet qui aura obtenu le maximum de prix de vente; 3° au parquet qui aura produit le plus grand nombre d'œufs durant les mois d'hiver; 4° enfin, des prix mensuels sont décernés aux parquets ayant donné le plus d'œufs durant le mois. Ceci afin de permettre de déterminer les espèces pondant le plus d'œufs durant l'année, les plus gros œufs et la plus grande proportion durant les mois d'hiver, où les œufs frais sont particulièrement rares.

Si on laisse de côté la question des races, d'après les résultats des derniers concours, on voit que la ponte annuelle moyenne d'une Poule oscille entre 167,9 et 192,1 œufs.

Un record de ponte annuelle moyenne a été obtenu au concours de Queensland (Australie), avec 203 œufs (24.343 œufs au total, pondus par 20 parquets de 6 Poules).

Si, au lieu d'examiner la ponte totale moyenne, on envisage la ponte moyenne par Poule dans chaque parquet, le concours d'Hamoworth College donne les résultats suivants : 1° *Langshan noirs*, moyenne annuelle de ponte de chaque poule, 247 œufs; 2° *Leghorn blancs*, 237; 3° *id.*, 227; 4° *Wyandotte* dorées, 222; 5° *Orpingtons noirs*, 209; 6° *id.*, 209, 7° *id.*, 208; 8° *Leghorn blancs*, 204; 9° *Orpingtons noirs*, 208; 10° *Leghorn blancs*, 201. Dans les dix lots suivants, la ponte totale descend de 201 à 178.

Ces concours ont été organisés d'une façon très sérieuse, — souvent sous la surveillance des autorités compétentes, — et si l'on nourrissait copieusement les volailles enfermées dans les parquets, il faut remarquer que l'on a cherché à les nourrir économiquement et avec une alimentation se rapprochant le plus possible de celle donnée dans les fermes; il est aussi à noter que les volailles,

maintenues captives dans des parquets, ne pouvaient jouir de cette pleine liberté qui, par suite de l'exercice qu'elle fait prendre aux poules, influe favorablement sur la ponte. Un autre fait particulièrement intéressant à relever dans ces concours de ponte qui viennent d'avoir lieu durant plusieurs années ressort de la comparaison des résultats obtenus lors de la première épreuve, et dans la cinquième.

La première année, le lot classé premier n'avait donné que 185 œufs en moyenne par Poule, tandis que les cinq premiers lots de la dernière épreuve fournissent une moyenne de 227 œufs. Les conditions de concours et l'alimentation étant restées les mêmes, cette augmentation notable d'œufs provient seulement d'une plus grande aptitude à la ponte.

Comment les éleveurs sont-ils arrivés à ce résultat? Tout simplement en sélectionnant leurs élèves, en ne faisant reproduire que les Poules pondant le plus; l'aptitude à la ponte se transmet par hérédité aussi bien qu'un caractère extérieur, et va en augmentant progressivement si la sélection continue. La difficulté est de reconnaître les bonnes pondeuses des mauvaises, les œufs de ces dernières ne devant jamais être mis en incubation. Les Américains ont résolu le problème d'une façon assez ingénieuse par l'emploi des *nids-trappes*.

Ces nids sont agencés de telle façon que, par un système de bascule, la pondeuse en entrant referme la porte sur elle et reste prisonnière jusqu'à ce qu'elle soit délivrée par la fermière, qui constate qu'elle a effectué sa ponte journalière; chaque Poule portant à sa patte un anneau numéroté, il est facile d'établir la ponte totale de chaque bête et de reconnaître les meilleures pondeuses, dont les œufs seuls seront mis en incubation.

Il existe aussi d'autres systèmes de nids-trappes; l'ingéniosité des inventeurs a été jusqu'à supprimer l'obligation d'aller délivrer les pondeuses, ce qui a lieu plusieurs fois par jour; la poule s'introduit dans le nid, sorte de long couloir en bois, par la porte de derrière, qu'un système de bascule referme dès qu'elle est entrée; sur le devant, se trouve une porte à deux battants, portant en son milieu une ouverture circulaire; la prisonnière passe la tête dans cette ouverture et presse contre la porte qui s'ouvre; mais, en même temps, elle enfile autour de son cou un anneau en carton qu'elle emporte avec elle; les poules s'habituent fort bien à ce genre d'exercice; le résultat est obtenu : l'anneau enfilé sur le cou constitue le signe distinctif, qui permet de reconnaître la bonne pondeuse.

Sans chercher pareilles complications, on peut parfaitement construire soi-même des nids-trappes. Ils consisteront en des caisses en bois léger de 1^m,20 de longueur sur 0^m,40 de large et de haut; à l'une des extrémités, la paroi en bois sera remplacée par une feuille de carton assez fort, retenue à l'extrémité supérieure de la caisse par deux anneaux en fil de fer; la feuille joue très facilement dans le sens de l'intérieur; au contraire, son mouvement dans le sens de l'extérieur est empêché par deux taquets cloués dans le bas des parois verticales de la caisse. Le carton n'obture pas entièrement l'ouverture; dans le bas, est laissé un espace vide de 0^m,10; tout au fond de la caisse se trouve le nid formé avec un peu de foin et muni d'un œuf en porcelaine, appât pour la pondeuse; sur le dessus se trouve un couvercle, qui permet de retirer la Poule et l'œuf qu'elle a pondu. La pondeuse, pour entrer dans le nid, passe la tête sous le carton, dans la partie vide de 10 centimètres par laquelle elle aperçoit le nid de foin et l'œuf artificiel; ne sentant aucune résistance, elle avance sans effort, la feuille de carton glisse alors légèrement sur son dos pour retomber dans sa position primitive quand la Poule est complètement entrée. Quand elle veut sortir, elle essaye vainement de répéter la même opération, la feuille de carton est retenue par les deux taquets, et le passage inférieur de 10 centimètres est trop étroit pour lui livrer passage : la bête est prisonnière. Il existe d'ailleurs une infinité de modèles.

Le système de sélection par les nids-trappes donne des résultats excellents, à la condition toutefois de pratiquer en même temps une sélection basée sur la santé et la vigueur des reproductrices, car une Poule de santé délicate et maladive peut très bien pondre une grande quantité d'œufs; si on la choisissait pour reproductrice par suite de sa bonne ponte, elle transmettrait son commencement de dégénérescence à ses descendants; c'est là le danger des nids-trappes, et il faut que la sélection s'effectue tout aussi bien au point de vue de la ponte qu'au point de vue de la santé, de la vigueur, de la rusticité de l'animal.

D'après les renseignements recueillis depuis plusieurs années, on peut estimer de 80 à 100 œufs la ponte annuelle moyenne de nos Poules de ferme; il y aurait donc grand intérêt à adopter les méthodes américaines qui permettent d'obtenir des pondeuses de 200 œufs et plus (1).

(1) Voir, au ch. xvii, § 2, renseignements sur les concours de ponte en France, et § 3, toutes indications utiles pour les bagues d'origine en aluminium.

L'INCUBATION

I. — L'INCUBATION NATURELLE.

Des Avantages de l'Incubation Naturelle. — Avantages de la Poule couveuse. — Nombre d'Œufs à donner à la Poule couveuse. — Mirage. — Pour faire passer le désir de l'Incubation aux Poules. Développement du Poulet dans l'Œuf.

II. — L'INCUBATION ARTIFICIELLE.

Origine. — A quelles conditions doit répondre une couveuse artificielle ? — Différents types de couveuses artificielles. — Dispositifs des Incubateurs artificiels. — Conduite de la Couveuse artificielle.

CHAPITRE XIII

I. — L'INCUBATION NATURELLE

Désavantage de l'incubation naturelle. Les éleveurs ont à leur disposition deux méthodes d'incubation, l'*incubation* par la Poule, l'incubation par la couveuse artificielle. Quel est la meilleure? Il est impossible de pouvoir se prononcer sur ce point d'une manière catégorique; car, dans certains cas, la Poule couveuse peut être avantageuse, tandis que, dans d'autres, elle ne l'est pas et la préférence doit être accordée à la machine.

Étudions donc les inconvénients que peut présenter la Poule.

1° *La Poule prête à couver est parfois fort difficile à trouver* lorsqu'on en a besoin. Jadis quand les couveuses artificielles n'étaient pas inventées, là résidait la difficulté des couvées précoces. Toute Poule, en effet, ne demande théoriquement à couver que lorsqu'elle a pondu un nombre suffisant d'œufs pour constituer une couvée; mais, dans la pratique, il existe nombre de races qui ne demandent presque jamais à couver. Ce sont les meilleures pondeuses, celles que le plus souvent on a intérêt à élever et dans ce cas elles ne se mettent à couver que fort tardivement, lorsqu'elles se décident à le faire. La plupart du temps, l'aviculteur sportif désire faire des couvées précoces, afin d'avoir des jeunes Poulets qui puissent profiter de toute la belle saison.

2° *Les Poules couveuses se montrent d'un caractère fort incertain.* Rien n'est aussi vexant pour l'aviculteur que de voir une Poule abandonner la couvée avant la fin du terme et cela surtout lorsqu'on a des œufs précieux et qu'on n'a pas une autre Poule sous la main. Aussi la prudence la plus élémentaire veut que l'on ait toujours à sa disposition un incubateur artificiel pour parer aux défaillances possibles de la Poule.

3° *Les Poules sont souvent sales ou maladroites.* Un œuf cassé dans le nid amène souvent des Insectes ou des Moisissures, à moins qu'on n'ait le soin d'enlever toute trace de l'accident, et souvent pour cela on est obligé de défaire tout le nid et de laver les autres œufs salis par le contact, ce qui est toujours nuisible.

4° Les parasites naissent sur le corps de la Poule pendant la durée de l'incubation et contaminent les jeunes, dès leur naissance. Il est toujours fort difficile de lutter contre cet envahissement, même en faisant usage de poudre insecticide.

5° Une Poule un peu lourde cause souvent le bris de la coquille de l'œuf au moment de l'éclosion et parfois des Poules n'hésitent pas à becqueter et à tuer même un ou deux poussins; on a même vu des couvées entières ainsi détruites. Si ce fait se produit, il vaut mieux transporter les œufs dans un incubateur pour terminer l'éclosion et ne rendre les jeunes à leur mère que quand l'incubation est terminée.

Avantages de la Poule couveuse. D'un autre côté, la Poule de bonne grosseur et d'un poids approprié à celui des œufs qui sont sous elle, est un bon instrument d'incubation, aussi, quand la race est bonne couveuse, aucune machine ne peut être comparée à elle; parmi les races bonnes couveuses que l'on peut indiquer spécialement, citons les Wyandottes, les Orpington de petite et moyenne taille; on peut aussi recommander un croisement de ces deux races avec des Combattants modernes ou des Négresses.

Pour obtenir des Poules prêtes à couver en bonne saison, faites-les éclore de bonne heure, de manière à ce qu'elles pondent durant les mois d'hiver et ayant ainsi effectué leur ponte, elles seront prises par la fièvre de l'incubation dès le premier printemps ou même avant. Il ne faut pas, en effet, oublier que les Poules ne désirent couver que lorsqu'elles auront fini de pondre, aussi lorsqu'on garde des volailles dans ce but et non pour la reproduction, il faut, autant que possible, leur donner de la nourriture azotée, d'origine animale, pour hâter la ponte de tous leurs œufs; ainsi la ponte est plus rapidement terminée et le désir de couver vient plus tôt.

Une Poule, mieux qu'un incubateur, sait mener à bien des œufs de races délicates surtout de familles où la consanguinité a été poussée à un haut degré; la machine la mieux construite ne remplace jamais complètement la nature et la chaleur douce et régulière développée par la Poule. Pour cette raison, il vaut mieux faire éclore la Bantam sous des Poules, quitte à mettre les œufs dans une couveuse deux jours avant l'éclosion pour qu'elle s'effectue normalement.

Choix des œufs pour l'incubation. Tous les œufs ne sont pas propres à être soumis à l'incubation, et surtout lorsque les Poules ont été maintenues dans une séquestration assez absolue et lorsqu'elles sont très grasses par suite d'une nourriture trop abondante, il n'y a qu'une faible proportion des œufs pondus capable d'éclore.

On rejettera en principe tous les œufs pondus dans de pareilles conditions, ainsi que ceux qui sont trop gros, ou qui offrent une coquille rugueuse, des aspérités sur la surface qui doit être parfaitement lisse, ou encore qui sont d'une forme irrégulière. En principe, on rejettera tous les œufs *hardés*, c'est-à-dire ceux dont la coquille est de consistance molle; ils seraient vite brisés par le poids de la Poule qui se repose sur eux; pourtant, si ces œufs sont précieux, on peut en essayer l'incubation dans une couveuse artificielle, pourvu toutefois que la coquille, quoique mince, soit régulièrement formée.

Les vrais œufs hardés sont généralement pondus par des races non couveuses et parfois aussi lorsque la ponte a été poussée d'une façon exagérée par des stimulants ou une nourriture trop azotée. Le remède est d'ailleurs assez simple; il suffit de diminuer la nourriture et de donner aux pondeuses un peu de sulfate de soude dans leur eau de boisson, ainsi que des écailles d'huîtres pulvérisées ou des débris calcaires, pour leur fournir les matériaux nécessaires à la formation de la coquille.

Pour les œufs venant de voyager : il est absolument nécessaire de les laisser reposer sur l'un de leurs côtés 24 heures après leur déballage. D'ailleurs ces œufs devront être donné de préférence à une Poule et non confiés à une couveuse artificielle.

Comment faire le nid. A l'état de liberté, la Poule fait son nid sur le sol, dans un endroit ombragé et aussi tranquille que possible, généralement dans une haie, si elle jouit de sa liberté. Ce nid est une installation très rudimentaire, une cavité circulaire dans le sol meuble, très sommairement garni de plumes et recouvert de foin et d'herbes. Assez souvent même, les œufs sont simplement déposés sur la terre nue.

Mais, dans une basse-cour, on ne peut laisser les Poules couveuses agir à leur guise; les dangers sont trop grands.

Il faut donc installer les couveuses dans des nids spécialement préparés à cet effet. Nous ne signalerons que pour les critiquer vivement les paniers et nids en osier dont les interstices offrent des repaires sûrs à tous les parasites et à leurs œufs.

Le meilleur procédé consiste à installer la Poule a qui l'on veut confier des œufs dans une boîte à couver de dimension proportionnée à sa grosseur (40 cm. sur 30 cm. suffisent pour les plus fortes Brahmas). Cette boîte, grillagée sur un ou deux côtés ou même simplement avec des parois percés d'une rangée de trous pour donner suffisamment d'air à la Poule qui y est enfermée, a son fond simplement garni de grillage métallique pour préserver des attaques des animaux rongeurs, les œufs reposent ainsi sur la terre elle-même. Ce fond doit avoir une forme concave qui a l'avantage de réunir les œufs ensemble et de les maintenir sur la couveuse. La porte qui se rabat sur le sol forme aussi un plan incliné qui permet à la Poule, lorsqu'elle regagne son nid, de se placer aisément sur ses œufs. Quoi qu'il en soit, quelque forme qu'aient les boîtes à couver, une simple boîte en bois est préférable aux paniers condamnables à tous les points de vue comme nous l'avons dit. Elles doivent être garnies de paille bien propre et saupoudrée de poudre insecticide ; cette paille sera changée deux ou trois fois pendant la durée de l'incubation.

La Poule elle-même sera débarrassée de tous les parasites par l'emploi de poudre insecticide, en renouvelant l'application tous les huit jours. Lorsqu'on emploie une boîte en bois à fond plein, voici une bonne manière de garnir le nid : on y entasse au fond une couche de terre pure sans cailloux et on pratique au centre une légère dépression circulaire. On saupoudre après soigneusement de soufre toute la surface de la terre, puis on garnit le creux de fine paille.

Quand le nid est fini, on y installe avec précaution la Poule sur des œufs artificiels et quand on sait qu'elle couve avec assiduité, on peut lui confier de bons œufs.

Nombre d'œufs à donner à une poule couveuse. Le nombre d'œufs à donner à une Poule couveuse dépend évidemment de sa grosseur.

A une Poule moyenne, on peut confier de huit à treize œufs et à une forte Poule, de treize à quinze. Ce n'est point pour satisfaire à un préjudice vulgaire que l'on s'applique à mettre un nombre impair d'œufs, mais surtout parce que ce nombre permet un meilleur arrangement des œufs dans le nid. On augmente le nombre d'œufs durant la belle saison, car on a moins de crainte de voir ceux placés aux bords du nid se refroidir.

Soins à donner à la Poule couveuse. Chaque jour, à heure aussi régulière que possible, on visitera la Poule couveuse et on ouvrira la porte de la boîte à couver. On mettra alors bien à portée de sa vue de quoi boire et de quoi manger. Si la Poule se lève volontiers et vient prendre son repas, se poudrer et satisfaire ses besoins naturels, le mieux est de la laisser agir à sa guise. Si au contraire elle se montre couveuse acharnée et refuse de quitter ses œufs, il faut la lever de force, en ayant grand soin de placer le pouce sur les ailes et les autres doigts sur les cuisses de manière à éviter la chute des œufs qui sont fort souvent maintenus sous les ailes. On aura soin de fermer la porte du nid pour éviter qu'elle ne regagne elle-même ses œufs ou encore on l'enferme sous un crénau. On laisse la Poule levée durant une dizaine de minutes en hiver, plus longtemps en été, car le refroidissement des œufs est alors moins rapide; il faut, en tous cas, que la couveuse ait bien le temps de boire, de manger, etc... Il ne faut pas oublier que l'incubation est une opération fort pénible pour une Poule et elle doit être abondamment et sèchement nourrie pour qu'elle puisse conserver la chaleur de son corps et la communiquer à ses œufs.

En effet, la température qu'une Poule couveuse communique à ses œufs varie, suivant les Oiseaux, leur état de santé et leur race, de 38 à 41 degrés centigrades, mais ce sont là deux extrêmes et les Poules qui les offrent donnent rarement des résultats heureux; les meilleurs sont obtenus avec les Poules qui donnent de 39 à 40 degrés.

Quand la Poule a fini son repas, il faut lui faire regagner son nid; le mieux est de la pousser doucement pour qu'elle regagne *d'elle-même* son nid; toutes ne s'y prêtent pas volontiers, il faut alors les y transporter; le mieux est d'aborder la couveuse doucement en la caressant un peu sur le dos, puis lui passer la main gauche sous le ventre et la soulever. On l'emporte ainsi à son nid les pattes pendantes, la poitrine appuyée sur le creux de la main et on la dépose doucement sur ses œufs; en agissant avec précaution on évite souvent des accidents et le bris des œufs lorsqu'on dépose la Poule trop brusquement sur le nid.

Mirage. Le mirage, qui a pour but de reconnaître les œufs fécondés et ceux qui sont clairs ou dont l'embryon est mort, ne se pratique d'ordinaire que dans l'incubation artificielle; c'est un tort, et il doit se faire aussi bien dans les couvées naturelles que dans les incubations artificielles, et cela en deux fois, les 5e et 16e jours; si on néglige cette opération, les émanations qui se dégagent des œufs sur le point de se corrompre peuvent atteindre et corrompre ceux qui sont bons. (Voir plus loin la manière de mirer). Le mirage offre aussi un autre avantage quand on a plusieurs Poules qui couvent à la fois; si la proportion d'œufs non fécondés est considérable, on peut réunir tous les œufs qui restent sous les mêmes Poules et rendre la liberté à plusieurs couveuses.

Pour faire passer le désir de l'incubation aux Poules. S'il est souvent désirable d'avoir des Poules couveuses, il arrive parfois que l'on veuille faire passer l'envie de couver à des Poules qui la manifestent lorsqu'on n'a pas d'œufs à sa disposition ou bien à des Poules qu'on *découve*. L'aviculteur sportif ne désire que rarement laisser couver ses Poules de race, il en espère surtout des œufs et une incubation retarderait la continuation de la ponte. Autrefois, sous prétexte de diminuer la fièvre qui assaille toutes les Poules couveuses, on essayait de la leur faire passer en les trempant dans de l'eau froide — piètre moyen qui pouvait d'ailleurs nuire à la santé du sujet ainsi traité.

Le mieux est de prendre la Poule qui veut couver et de la mettre sous un crénau, sur le sol nu en pleine basse-cour, mais à l'ombre, on la nourrit simplement de blé; au bout de quelques jours toute velleité d'incubation aura disparu, d'autant plus qu'elle aura envie de rejoindre les autres poules qui viendront rôder autour d'elle. On peut aussi installer la Poule dans une sorte d'épinette ou cagot dont le fond, sera exclusivement formé de barreaux ronds de manière à ce que la bête ne puisse s'accroupir commodément; épinette et poule seront placées dans la basse-cour, même nourriture plutôt parcimonieuse et le résultat voulu sera obtenu très rapidement.

Grande sécheresse. Dans l'incubation naturelle, à part les soins à donner à la couveuse, l'enlèvement des œufs cassés et la réfection du nid s'il est trop sale, l'éleveur n'a pas à s'occuper directement des œufs couvés. Pourtant, lors des saisons *exceptionnellement* sèches, on a remarqué que la réussite laissait à désirer d'une façon générale; dans ces conditions, il est bon de provoquer un peu d'humidité, non en arrosant directement les œufs comme on serait tenté de le faire, mais en versant un peu d'eau tiède aux quatre coins du nid dans les matières qui le compose en évitant d'atteindre les œufs.

Durée de l'incubation. En principe, l'incubation des œufs de Poule doit durer 21 jours; mais en réalité ce n'est jamais très exact, l'éclosion a rarement lieu juste au bout du 21e jour; lorsque des œufs de moyennes dimensions sont confiés à des couveuses de forte taille, ils éclosent en général le 21e jour de très bonne heure s'ils ont été mis à couver très frais, ceux qui sont moins frais n'éclosent, en général, qu'à la fin de 21e jour. Un temps froid, des vents frais et pluvieux retardent l'éclosion, alors que les journées chaudes l'avancent. Les œufs des petites races comme les Hambourg éclosent souvent le 20e jour, ceux de Bantam le 19e jour même. Il n'y a donc rien de bien certain sur la date précise de l'éclosion.

Éclosion. Un jour avant celui de l'éclosion, quelques aviculteurs ont l'habitude de retirer les œufs du nid et de les plonger dans un récipient plein d'eau à 40° environ. Au bout de quelques minutes, les œufs contenant des poussins vivants se mettent à danser d'une façon fort curieuse. Néanmoins cette vérification n'est pas infaillible, elle ne peut donner qu'une idée approximative des futures naissances, et il serait peut-être imprudent d'agiter les œufs qui sont restés immobiles.

Certaines personnes assurent que ce bain préalable facilite l'éclosion; le fait n'est pas bien prouvé, mais en tous cas il ne faut l'effectuer qu'avec des volailles d'un caractère très doux et fort apprivoisées; le mieux est en général de laisser la Poule parfaitement tranquille au moment de l'éclosion.

Comme alors elle reste environ 24 heures sans quitter le nid, il faut avoir soin de lui faire prendre un bon repas avant le moment présumé. On peut se rendre compte de ce qui se passe, en la soulevant en glissant la main sous le ventre et la posant à terre à côté du nid; on enlève vivement les œufs et on laisse la mère remonter sur le nid d'elle-même, ce qu'elle fait presque de suite. Lorsque l'éclosion est terminée, on fait sortir la Poule et les poussins, et on défait le nid pour empêcher la Poule d'y retourner, les jeunes poulets se groupent vite autour de leur mère et se glissent sous elle; on les transportera dans l'appareil d'élevage.

Par les temps froids et lorsque l'éclosion menace de durer, il est surtout prudent de retirer les premiers nés de dessous la mère, de les placer dans un panier garni de duvets, de les recouvrir d'un morceau de flanelle et de mettre le tout dans un endroit chaud près d'un bon feu par exemple. Lorsque tous les poussins seront éclos, on rendra à la mère ceux qu'on lui avait enlevés et on laissera toute la nichée encore quelques heures dans le nid.

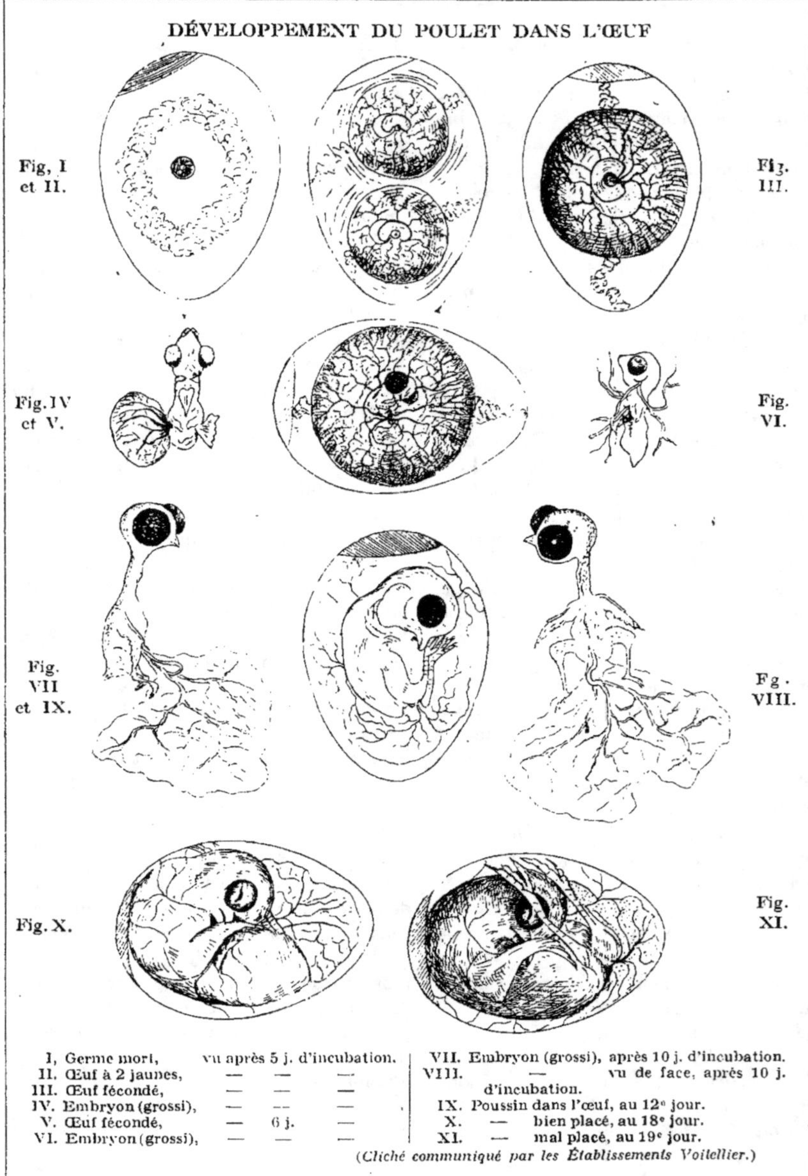

I, Germe mort, vu après 5 j. d'incubation.
II. Œuf à 2 jaunes, — — —
III. Œuf fécondé, — — —
IV. Embryon (grossi), — — —
V. Œuf fécondé, — 6 j. —
VI. Embryon (grossi), — — —
VII. Embryon (grossi), après 10 j. d'incubation.
VIII. — vu de face, après 10 j. d'incubation.
IX. Poussin dans l'œuf, au 12e jour.
X. — bien placé, au 18e jour.
XI. — mal placé, au 19e jour.

(Cliché communiqué par les Établissements Voitellier.)

II. — L'INCUBATION ARTIFICIELLE

Origine. Connue depuis longtemps, puisque les fours égyptiens, les mammals servaient à l'éclosion des œufs, l'incubation artificielle peut cependant être considérée comme une invention française; car ce sont nos savants, nos ingénieurs, nos aviculteurs qui l'ont rendue pratique. Nous ne remonterons pas à l'origine de l'idée de faire incuber des œufs autrement que par la chaleur dégagée par la mère, car cela nous entraînerait trop loin. Disons simplement que ce fut en 1814 que Réaumur reprit cette idée et obtint quelques heureux résultats, en utilisant la chaleur développée par le fumier en fermentation. Après lui vinrent Capimau, Bonnemain et surtout Adrien et Tricoche, qui construisirent un couvoir de 1.500 œufs. Ces tentatives, qui ne furent pas absolument sans résultats, n'amenèrent pourtant point un résultat absolument pratique. Ce fut M. Roullier-Arnoult qui le premier trouva, avec son hydro-incubateur, une heureuse solution; il fut suivi d'ailleurs de près dans cette voie par les frères Voitellier.

A leur suite, il se créa, en Angleterre, en Amérique et en Allemagne, une infinité de modèles qu'il serait trop long de décrire.

A quelles conditions doit répondre une couveuse artificielle. *Chaleur.* — Dans l'intérieur de l'étuve où se trouvent les œufs doit régner une chaleur de 40 degrés. C'est évidemment la meilleure pour l'incubation des œufs de Poule; c'est celle que donne un thermomètre placé sous les ailes des meilleures Poules couveuses. Cette température doit être aussi constante que possible.

En outre, la chaleur doit parvenir sur les *œufs par le haut,* afin d'atteindre plus sûrement l'embryon qui flotte jusqu'à la surface de la coquille.

Position du thermomètre. — Pour vérifier cette température, il faut que l'ampoule du thermomètre soit de niveau avec la face supérieure des œufs et non comme dans certains appareils quelques centimètres au-dessus de ces œufs; car, dans ce cas, il donne une température absolument fausse.

Variation de la chaleur que doit développer l'incubateur. — Le système de chaleur de l'incubateur doit être réglable; car dans le début les œufs réclament plus de chaleur qu'après une certaine période. Entre le 10e et le 14e jour, les embryons commencent à développer eux-mêmes une chaleur propre qui elle-même se propage dans l'étuve où sont contenus les œufs. Il faut donc pouvoir, à cette époque, abaisser légèrement la chaleur que développe la couveuse elle-même.

Distribution de la chaleur. — La chaleur distribuée soit par le récipient d'eau chaude, soit par la lampe doit être également distribué sur tous les œufs contenus dans l'étuve. Dans quelques appareils les œufs du centre sont soumis à une température beaucoup plus élevée que ceux des bords.

Pureté de l'air chaud. — L'air chaud qui pénètre dans la couveuse doit être absolument pur, et ne doit pas contenir des fumées ou des gaz nocifs (acide carbonique) provenant de la combustion d'une lampe ou d'une briquette.

Courants d'air. — Les courants d'air, et surtout l'introduction directe d'air froid sur les œufs, ont une influence fatale sur les embryons.

Ventilation. — Quoique les courants d'air ne doivent pas exister, une certaine ventilation doit exister dans la couveuse, de façon à ce que l'acide carbonique exprimé par les embryons soit expulsé et remplacé par de l'air pur contenant l'oxygène nécessaire à la vie des dits embryons.

Humidité. — Dans l'incubation naturelle, le sol sur lequel reposent les œufs et la moiteur développée par le corps de la Poule elle-même fournit aux œufs une certaine humidité; l'air absolument sec absorbant au contraire l'eau qui peut se trouver dans l'albumine et durcissant la membrane de l'œuf rend impossible la sortie du poussin de la coquille, en admettant même qu'il ait pu atteindre son complet développement. Un certain degré d'humidité prévient cette sorte de dessication de l'œuf; elle est donc indispensable dans l'étuve de l'incubateur, mais cette humidité doit être suffisante, et non en excès; car alors des moisissures se développeraient dans l'intérieur de l'œuf. L'air est évidemment capable de contenir une certaine quantité de vapeur d'eau susceptible de fournir l'humidité nécessaire, mais cette quantité varie avec la température; si cette température diminue, la vapeur se condense et tombe sur les œufs.

L'humidité, à l'inverse de la chaleur, doit parvenir aux œufs par en dessous; car l'air humide peut ainsi mieux entourer la coquille et y pénétrer.

Les différents types de couveuses artificielles. Les couveuses artificielles peuvent se diviser en deux types principaux :

I. Couveuses avec chaudière d'eau chaude; II. Couveuses à air chaud.

I. — *Couveuses à chaudière d'eau chaude.* — Ces couveuses sont essentiellement composées d'un récipient de capacité plus ou moins grande rempli d'eau chaude, qui communique aux œufs la chaleur dégagée par cette eau, et cela d'une manière à peu près constante, car étant donné la grande capacité de la chaudière, la variation de température de l'eau est peu sensible, *durant quelques heures du moins.*

Le problème revient donc à maintenir cette eau à la même température pendant toute la durée de l'incubation.

L'ingéniosité des fabricants a su trouver plusieurs solutions à ce problème.

On peut les classer en trois types différents.

A. *A renouvellement d'eau chaude.* — Dans ce type, qui exige une chaudière de grande capacité, la chaudière étant remplie entièrement d'eau assez chaude pour communiquer aux œufs la température désirable de 40° C.; à maintenir l'eau à cette température, en retirant toutes les douze heures une quantité d'eau, qui dépend de la capacité de la chaudière et du modèle de la couveuse, et en la remplaçant par la même quantité d'eau bouillante, de manière à ramener la masse liquide à la température initiale.

B. *A briquettes.* — La chaudière remplie d'eau chaude est traversée par un cylindre ou tuyau dans lequel on fait brûler une briquette en charbon aggloméré; la grosseur de cette briquette est proportionnée avec la grosseur de la chaudière et le modèle de la couveuse, elle est réglée de manière à ce que sa combustion ne serve qu'à maintenir la masse liquide à la même température sans causer d'augmentation. En général, un registre permettant ou plus ou moins accès d'air dans l'intérieur du tube permet de régler la combustion.

C. *A thermosiphon.* — La chaudière communique par le haut et par le bas à un cylindre vertical au-dessus duquel se trouve une lampe qui brûle constamment. L'eau froide, plus lourde que celle qui est chaude, pénètre dans ledit cylindre par la communication inférieure; au contact de la lampe, elle s'échauffe, monte dans le cylindre, et regagne la chaudière par le tuyau supérieur, elle est immédiatement remplacée par le tuyau inférieur par une nouvelle quantité d'eau froide, il se produit ainsi un courant continu qui amène dans la chaudière une petite quantité d'eau chaude, et maintient la température constante. La lampe doit être soigneusement réglée pour éviter un excès de chaleur.

D. *A lampe ou à courant d'air chaud.* — Dans ce système, la chaleur de l'eau est bien maintenue par une lampe, mais non par un thermosiphon, par un tuyau traversant la chaudière, et qui sert de cheminée à la lampe; les fumées et l'air chaud provenant de ladite lampe suffisent pour maintenir l'eau à sa température voulue.

COUVEUSE A THERMOSIPHON, SYSTÈME VOITELLIER

Perfectionnement du type antérieur dans lequel l'adaptation du thermosiphon permet d'éviter le remplissage partiel qu'exige le modèle précédent.

II. — *Couveuses à air chaud.* — Ce type est une dérivation du précédent, la chaleur est fournie également par une lampe, mais directement, au lieu d'échauffer au préalable une masse d'eau contenue dans une chaudière, qui alors sert en quelque sorte de régulateur. Dans les premiers types, la chaleur provenant de la lampe était directement amenée dans la couveuse, mais par suite des fumées et de l'acide carbonique ainsi introduit, il a fallu modifier ce dispositif, et actuellement la chaleur est communiquée par des tuyaux qui circulent dans la couveuse.

Dispositif des incubateurs artificiels. Afin d'éviter toute déperdition de chaleur, les couveuses artificielles sont en général construites avec des doubles parois, l'interstice étant rempli de matières non conductrices de la chaleur, tel que liège en poudre, sciure de bois, etc.

Pourtant dans quelques systèmes anglais ou américains, les parois de la couveuse sont composés de plumes pressées entre deux tubes métalliques, formant ainsi une cloison maintenant bien la chaleur tout en laissant pénétrer l'air extérieur, ce qui exclue les trous d'aération et les auges pleines d'eau destinées à fournir l'humidité.

Sauf dans la couveuse *Voitellier*, qui se compose d'un réservoir circulaire en

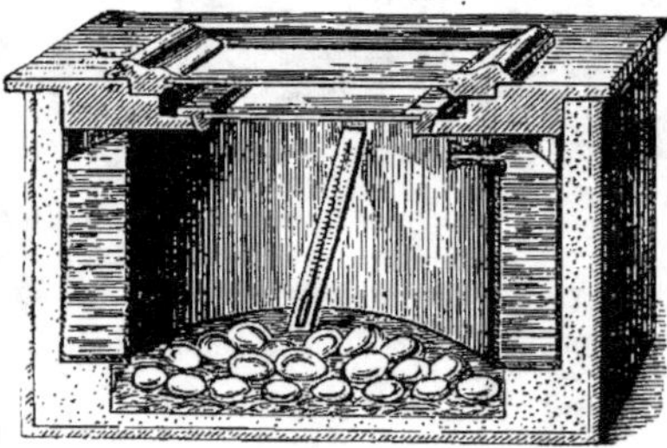

COUPE DE LA COUVEUSE VOITELLIER

forme de manchon, enchâssé dans un bâti antique, au fond duquel se trouve des casiers pour la réception des œufs, les incubateurs artificiels à eau chaude se composent d'une chaudière au-dessus de laquelle se trouve une étuve dans laquelle se glissent des tiroirs contenant les œufs.

Les couveuses à air chaud se composent soit d'une étuve seule, les œufs se manœuvrant par des ouvertures supérieures, soit d'une étuve munie de tiroirs dans lesquels sont disposés les œufs.

Il nous est impossible de décrire ici tous les modèles de couveuses artificielles actuellement dans le commerce, mais, sans donner des indications précises sur telle ou telle marque, nous ne saurions que recommander l'achat d'une machine sérieuse, — il en existe de nombreuses en France. L'économie que l'on peut trouver en achetant des appareils bon marché, n'est qu'apparente; le plus d'usage qu'elles font — les planches se disjoignent, les réservoirs se percent — en admettant même qu'elles offrent tous les perfectionnements désirables — auront vite démontré à l'acheteur qu'une dépense de début plus forte serait de l'argent bien placé.

En tous cas, dans les modèles à eau chaude, nous conseillons toujours l'achat d'appareils avec chaudières en cuivre, — le zinc se perce, se pique facilement, surtout si durant la saison de repos on a négligé de vider entièrement l'étuve.

Régulateurs de température. — Les couveuses artificielles modernes sont actuellement munies de régulateurs automatiques, cette question étant assez importante, nous croyons utile de les étudier avec plus de détails.

Quoique les couveuses soient construites de manière à maintenir à l'intérieur une température aussi constante que possible, on n'est point à l'abri de certaines éventualités, telles qu'augmentation de la température extérieure, emballage de la lampe, qui peuvent produire des élévations de température dans l'étuve. On a donc cherché et trouvé des régulateurs qui évitent automatiquement les augmentations de température au-dessus de 41°.

On peut diviser actuellement les modèles employés en trois classes : 1° les capsules; 2° les régulateurs à mercure et à éther; 3° les bandes thermostiques.

A 41°, ces appareils agissent sur un bras de levier qui, suivant les cas, dé-

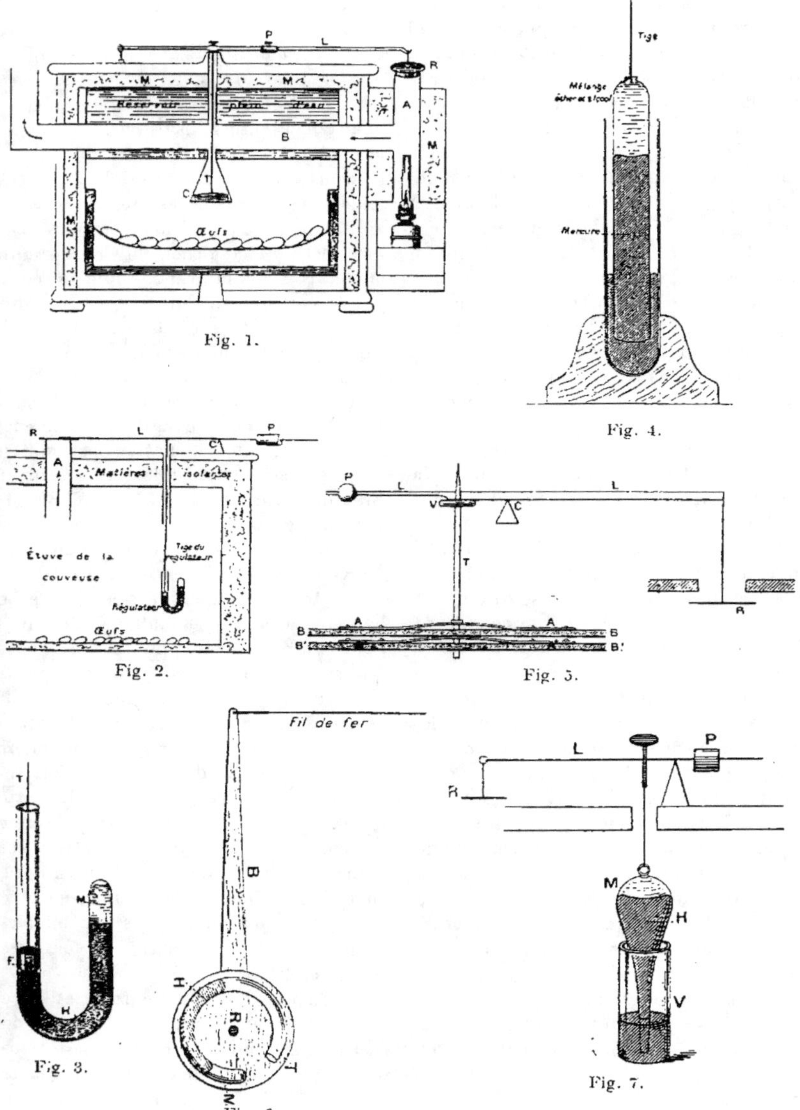

(Clichés de la Chasse Illustrée.)

couvre au haut de la couveuse une ouverture par laquelle s'échappe l'air chaud (fig. 3), d'où refroidissement de l'étuve, ou encore, ouvre le registre d'une sorte de cheminée par laquelle est détournée la chaleur de la lampe (fig. 1).

1° *Capsules*. — Ce système est fondé sur l'augmentation que subissent les corps pour passer de l'état liquide à l'état gazeux. Les calculs et l'expérience ont démontré que le point d'ébullition d'un mélange de deux parties d'éther sulfurique et d'une partie d'alcool méthylique était de 41 degrés centigrades. On introduit une vingtaine de gouttes de ce mélange entre deux plaques carrées de cuivre très mince, de 5 centimètres de côté, dont on soude les bords de façon à obtenir une capsule hermétiquement fermée. Tant qu'elle n'est pas soumise à une chaleur suffisante pour faire bouillir le liquide qu'elle contient, les parois opposées se tiennent l'une contre l'autre; mais, dès que 41° sont atteints, l'ébullition a lieu, les deux parois se distendent exactement, comme le fait un coussin de caoutchouc qui se gonfle quand on y souffle de l'air.

La capsule est disposée à l'extérieur de sa couveuse sur une petite console, et sur la face supérieure vient reposer une tige d'acier. Lorsque la capsule se gonfle, elle soulève la tige, qui, agissant sur un bras de levier qui en multiplie l'effet, provoque le soulèvement d'une plaque métallique ou registre qui ouvre une ouverture par laquelle s'échappe l'air chaud de l'étuve. Dès que la température intérieure est descendue au dessous de 41°, le mélange reprend, dans l'intérieur de la capsule, l'état liquide; les parois de la capsule s'affaissent, la tige reprend sa première position et l'ouverture précédemment ouverte se referme (fig. 1).

Pour que cet appareil soit sensible, il faut que le levier soit équilibré au moyen d'un contrepoids approprié.

2° *Régulateurs à éther et à mercure*. — Ces régulateurs sont également basés sur le point d'ébullition d'un mélange d'alcool et d'éther; ils peuvent se ramener à quelques types principaux :

Dans un tube en forme de J dont la plus petite branche est fermée (fig. 3), on introduit d'abord une certaine quantité d'éther et d'alcool, puis on verse du mercure. Dans la grande branche repose sur le mercure un flotteur en liège, supportant une tige en acier. Lorsque le point d'ébullition (41°) du mélange est atteint, celui-ci entre en ébullition, augmente de volume et chasse dans la grande branche une partie du mercure qui soulève ainsi le flotteur, et la tige en acier, également soulevée, agit sur un bras de levier. Le régulateur représenté par la figure 4 est basé sur le même principe. Il consiste en deux éprouvettes pouvant entrer l'une dans l'autre et ayant toutes les deux 7 centimètres de hauteur. Une tige métallique est fixée au fond de la plus petite éprouvette qui est remplie de mercure aux trois quarts de sa hauteur; on achève de la remplir avec le mélange d'éther et d'alcool méthylique. Ceci fait, on coiffe cette première éprouvette de la deuxième et l'on retourne ensuite vivement le tout. De cette façon, l'éther se trouve emprisonné dans le haut de la petite éprouvette, et ce liquide, entrant en ébullition à 41°, augmente beaucoup de volume, soulève l'éprouvette, et donne ainsi un mouvement ascensionnel à la tige de fer fixée sur le fond.

Le dispositif de la figure 7 est une variante de celle que nous venons de décrire : l'éprouvette centrale est remplacée par une ampoule renfermant le mélange et le mercure; cette ampoule est suspendue à un bras de levier; un contrepoids P, coulissant sur ce levier, est placé de manière à équilibrer le poids du registre et de l'ampoule. Si la température atteint 41 degrés centigrades, le mélange entrant en ébullition, chasse le mercure dans le récipient V, l'ampoule s'allège, l'équilibre est rompu et le registre R démasque l'ouverture de l'étuve.

Le régulateur Thillier (fig. 6) se compose d'un tube T recourbé, fermé à l'une de ses extrémités et fixé contre une rondelle de bois qui porte un bras de levier B. La rondelle de bois est fixée à un support par son centre autour duquel elle peut pivoter. Le tube est rempli d'abord du mélange habituel d'alcool et d'éther, puis partiellement de mercure H; le tout est équilibré de façon que le bras de levier soit horizontal; à 41°, le liquide entrant en ébullition chasse plus loin le mercure dans le tube, détruit l'équilibre, la rondelle effectue un petit mouvement de rotation autour du pivot R, et le bras de levier reçoit une impulsion qu'il transmet, à l'aide d'un fil de fer, à un autre levier qui se trouve en dehors de la couveuse, et qui fait fonctionner le registre.

3° *Bandes thermostatiques*. — Les régulateurs que nous venons de décrire, quelque intelligemment qu'ils soient établis, ne répondent pas absolument aux desiderata voulus, car ils sont soumis à à une influence autre que la température du tiroir aux œufs. En effet, le point d'ébullition des liquides varie avec la pression atmosphérique; plus la pression est forte, plus est élevé le point d'ébullition, et sous notre climat, suivant les variations de la hauteur barométrique, il peut se produire des différences de plus de 2 degrés et, fait grave, c'est justement par beau temps chaud que l'augmentation de la température de l'intérieur de la couveuse est le plus à craindre, les régulateurs ne fonctionnant qu'à une température plus haute que celle nor-

malement voulue, par suite de l'augmentation de la pression atmosphérique. Pour remédier à cet inconvénient, on emploie des thermostats métalliques sur lesquels la pression atmosphérique n'a pas d'action.

Les coefficients de dilatation des différents métaux sont forts différents; ainsi, si nous prenons une bande composée de deux feuilles de métaux, comme le fer ou le platine et le plomb, et que nous enroulions cette bande en une spirale dont une extrémité sera fixée à un support et l'autre sera libre, en ayant soin de disposer le tout de façon que le plomb soit en dedans et le fer ou le platine en dehors, le plomb, se dilatant beaucoup plus que le platine, tendra à dérouler la spirale avec un effort qui, transformé en mouvement, peut être utilisé.

Dans le régulateur « Cyphers », on rive à plat, par ses extrémités, une barre d'aluminium sur une barre d'acier B; le coefficient de ces deux métaux étant fort différent, lorsque la température s'élève la bande d'aluminium, se dilatant beaucoup plus que l'acier, se soulève en son centre et entraîne une tige qui agit sur un bras de levier. Pour augmenter l'effet, on dispose sous la première barre une deuxième barre B, de manière à additionner les soulèvements produits par les deux barres bimétalliques (fig. 5).

En établissant le tout, on a soin de laisser un certain jeu dans les rivets, afin que les barres d'aluminium puissent s'allonger librement jusqu'à 39°, et ce n'est qu'à partir de cette température que, ne pouvant plus s'étendre, elles se soulèvent au centre. Enfin, on règle le système de levier comme le montre la figure. On pourrait encore établir dans les couveuses des régulateurs électriques; lorsque la colonne de mercure atteindrait 41°, elle établirait une communication entre deux fils de platine insérés dans le verre et ferait agir un électro-aimant qui ouvrirait le registre. Les éleveurs de volailles n'apprécient pas ces systèmes, le maniement des piles les effrayant un peu; aussi sont-ils peu usités. Il existe pourtant de bons types de couveuses électriques.

Conduite de la couveuse artificielle. Les fabricants d'incubateurs livrent avec leurs appareils des instructions fort précises sur leur conduite. Le mieux est de les suivre à la lettre; et, comme ces instructions varient pour chaque appareil, nous ne pouvons donner ici que des indications générales et sommaires.

Mise en marche. — Quel que soit le modèle choisi, à eau chaude ou à air chaud, il faut, avant de confier les œufs à l'incubation, bien régler celui-ci, et ce n'est que lorsqu'on se sera assuré d'une marche régulière avec température constante de 40 degrés dans l'étuve qu'on se décidera à mettre les œufs. Dans les modèles qui ont des augettes remplies d'eau pour maintenir l'humidité, il faut mettre ces augettes dès la mise en marche.

Bien entendu, la couveuse artificielle sera placée dans un local à température aussi constante que possible, sans courants d'air, et à l'abri de toutes trépidations.

Choix des œufs. — On ne confiera à la couveuse artificielle que des œufs fraîchement pondus, huit à dix jours au plus; ils ne peuvent attendre le même temps que ceux qui sont destinés à être mis sous la Poule. On aura aussi grand soin de les choisir provenant de reproducteurs robustes, vigoureux et en pleine santé, — les œufs de sujets affaiblis par la consanguinité et par les expositions, ou par une séquestration trop étroite

ne donnant jamais de bons résultats dans la couveuse artificielle, — ils devront bien entendu être choisis de forme et de coquille régulière.

Disposition des œufs dans l'incubateur. — Les œufs seront placés dans le tiroir, le gros bout légèrement relevé, le germe ayant toujours tendance à surnager, la tête du poussin occupera cet emplacement et l'éclosion sera facilitée. La plupart des poussins qui lèchent le petit bout sont incapables de sortir. On obtient de meilleurs résultats en ne remplissant pas complètement les tiroirs, il est bon que les œufs ne soient pas trop serrés et de laisser les coins vides.

Afin de s'assurer de la régularité du retournement, il est bon de marquer les œufs d'une croix au crayon sur l'une de leur face; sur l'autre on peut inscrire la date de ponte et l'indication de la race.

Température. — Une fois l'incubation commencée, il est bon de vérifier la température *deux* fois par jour, la première fois, le matin avant le retournement des œufs, la seconde fois, le soir avant la répétition de cette opération. Le thermomètre doit être placé entre deux œufs *fertiles* (1), son ampoule à peu près au niveau de leur face supérieure. Il faut surveiller ledit thermomètre, et veiller à ce que la colonne de mercure ne soit pas divisée; si cela arrivait, on réunirait les différentes parcelles de mercure éparpillées dans le tube, soit en secouant vivement le thermomètre, soit en le trempant dans de l'eau chaude de manière que par suite de l'élévation de température, les diverses parties se rejoignent. Avant de s'en servir, il est bon de vérifier le thermomètre, ce qui se fait assez facilement en le mettant avec un autre dans un récipient plein d'eau à 40° C. environ, si les deux ins-

(1) Bien entendu, on ne sera sûr de la fertilité qu'après le mirage.

truments marquent la même température on peut être convaincu qu'ils sont bien tous les deux, — sinon il conviendra de les donner à un opticien pour qu'il effectue les modifications utiles sur l'échelle.

La température utile de l'incubation doit être de 40° *sans dépasser* ce point.

Toute élévation au-dessus de 41° causerait, si elle durait un peu, infailliblement la mort des embryons. Une incubation conduite entre 39 et 40° donne de parfaits résultats, et même à 38° donnerait encore une forte proportion d'éclosions, mais ordinairement retardées et en sujets moins vigoureux.

Une élévation de température au-dessus de 41° jusqu'à 42° maximum ne serait pas cause d'un insuccès incomplet, pourvu que cette élévation ne dure que deux ou trois heures; dans ce cas, il faudrait immédiatement sortir les tiroirs, les laisser à l'air pendant que l'étuve se refroidit, et les retourner *quoique cette opération* ait déjà été faite.

L'abaissement de température n'offre pas de si grands dangers, et durant la nuit, le thermomètre s'abaisserait-il au-dessous de 36° pendant plusieurs heures, l'éclosion ne serait pas compromise; elle serait tout au plus retardée durant un temps équivalent à celui durant lequel le refroidissement a eu lieu.

Retournement des œufs. — Les œufs doivent être retournés deux fois par 24 heures. Les expériences du professeur Dareste en ont démontré toute l'utilité; mais il est préférable de ne pas leur faire exécuter un *demi-tour complet*, ce qui arrive avec les appareils dits *Tourne-œufs* dont sont munies certaines couveuses.

Le but du retournement est d'éviter que le germe ne s'attache à la membrane intérieure de la coquille. En effet, le germe flotte toujours vers la partie supé-

rieure de l'œuf; et lui permettre, soit de rester toujours à la même position, soit de le remettre régulièrement dans la même position deux fois par jour, ont les mêmes effets néfastes.

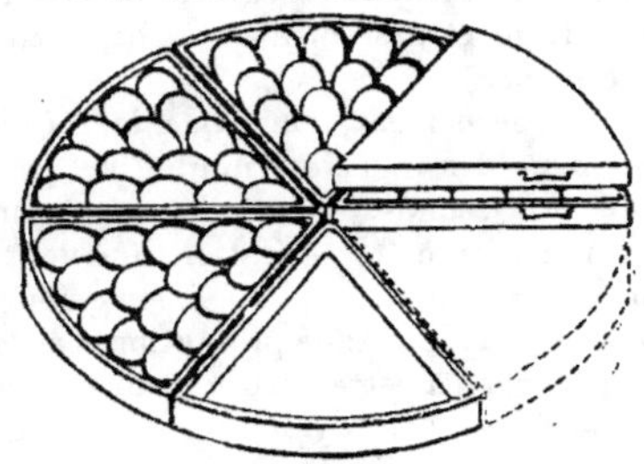

CASIER POUR ŒUFS

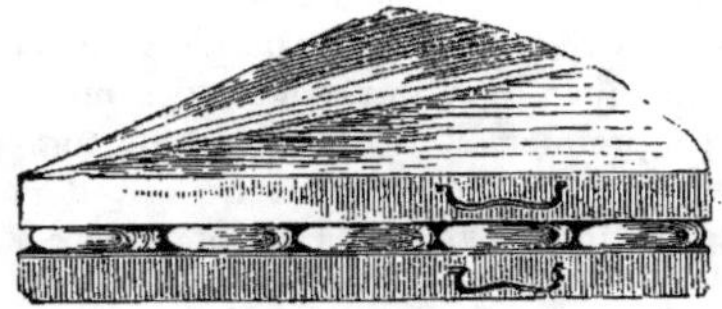

CASIER RECOUVERT

CASIER VIDE

Si, surtout durant les premiers jours, le germe reste attaché à la membrane de la coquille, le jaune dans lequel il est fixé se rompt, et une mince ligne rouge dénote la catastrophe quand l'œuf est maintenu à la lumière pour être miré.

Il y a en effet plus de ruptures de ce genre dans les œufs incubés artificiellement que dans ceux placés sous une Poule. Les causes en sont : 1° le maintien de l'œuf trop longtemps dans une même position; 2° un excès de chaleur; 3° des germes manquant de vigueur.

Lors du retournement, il est aussi utile

de les changer de place, ceux des coins seront placés vers le centre du tiroir, et ceux du centre vers les bords. Les œufs des coins ne paraissent pas dans la généralité des modèles recevoir la même chaleur, ni être si bien aérés que ceux du centre.

Le retournement, ainsi que le refroidissement des œufs, est inutile les premiers et seconds jours; en général, on ne commence cette opération que le 3e jour, mais surtout jusqu'au sixième jour, il faut agir avec grande précaution, car le moindre choc à cette époque peut causer la mort de l'embryon. C'est surtout cette période qui est critique, et qui influe considérablement sur la bonne réussite de l'opération.

A partir du 18e jour, on doit cesser de pratiquer le retournement des œufs; car les premiers sont déjà presque totalement formés, et la majorité ont déjà pris position, le bec en l'air pour percer la coquille. Le retournement dans ces conditions aurait pour résultat un changement total de position, et ces jeunes êtres déjà vivants bécheraient en bas et périraient étouffés par les liquides contenus encore dans l'œuf qui viendront boucher l'ouverture. Quoique le retournement n'ait pas eu lieu à partir de cette époque, il arrive que, malgré tout, des poussins se mettent à bécher par en bas, — aussi malgré le danger que peut offrir l'ouverture de la couveuse lors de l'approche de l'éclosion, il faudra le faire parfois, *mais très rapidement*, et retourner vivement le point béché, s'il se trouvait en dessous.

Refroidissement des œufs. — Le refroidissement des œufs (deux fois par jour), est d'une utilité incontestable; car il permet à l'embryon de puiser dans l'air ambiant une bonne provision d'oxygène; mais, surtout en hiver, il ne faut pas exagérer cette exposition à l'air froid.

Le refroidissement des œufs se pratique deux fois par jour, de suite, lors du retournement des œufs. En hiver, il suffit de les laisser à l'air libre seulement durant le retournement que l'on effectuera aussi rapidement que possible. En été, on peut les laisser dehors durant une dizaine de minutes, durée du refroidissement comprise. On peut même augmenter la durée de cette exposition à l'air libre par les temps chauds et orageux.

Mirage. — Le mirage des œufs est une opération qui, par suite de leur examen par transparence, permet de reconnaître les œufs clairs, de les retirer de la couveuse ou du nid, et même de les utiliser pour la consommation des jeunes élèves, s'ils sont mirés de bonne heure, vers le cinquième jour. En général, le mirage ne se pratique que dans l'incubation artificielle; il y aurait, néanmoins, intérêt à mirer les œufs couvés par les Poules ou les dindes; en enlevant les œufs clairs, on éviterait les dangers qu'ils peuvent présenter pour les autres et les couvées étant ainsi diminuées, on peut réunir les œufs de deux ou trois Poules sous une seule. Nous conseillons vivement deux mirages par incubation, les 5e et 16e jours; nous insistons sur cette seconde opération, car elle permet aussi d'enlever les germes ayant succombé après le 5e jour, et par là d'éviter les émanations délétères qui nuiraient aux autres œufs.

Si le mirage est utile, nécessaire même, il est aussi dangereux s'il est exécuté sans soin. Il faut mirer avec des précautions infinies, surtout quand l'opération a lieu vers le 5e jour. En effet, le germe nage au milieu des liquides de l'œuf, et il est maintenu au centre par les *chalazes*, deux fils très tenus qui viennent s'attacher à chacun des bouts inférieurs de la coquille. Quand l'œuf est dans le nid ou dans le tiroir de l'incubateur, il est placé horizontalement, et les deux chazales se partagent le poids de l'embryon. Mais, quand on dispose l'œuf pour le mirage, soit avec la main, soit avec un ovoscope ou autre appareil, pour pouvoir l'examiner, lui faire prendre une position verticale et un chalaze (celui de la partie supérieure), supporte à lui seul tout le poids du germe. La moindre secousse peut suffire à briser ce fil si tenu, et alors c'est la mort du poussin. Les aviculteurs experts font le mirage à la main et opèrent le soir, dans une pièce sombre, à la lumière d'une bougie ou d'une lampe ; on tient

par transparence, on ne voit absolument qu'une légère ombre flottant au centre : c'est le jaune. Parfois, pourtant, on distingue un petit point noirâtre, ou même l'araignée précitée, mais presque sans pattes. C'est ce qu'on appelle des *faux germes*, embryons qui n'ont pas eu la force de se développer, et qui sont morts après deux ou trois jours d'incubation.

Le mirage à l'aide de la main seule demande une certaine expérience ; aussi, pour faciliter cette opération, les fabricants d'articles de basses-cours se sont-ils appliqués à fabriquer des appareils plus ou moins perfectionnés

ŒUF FRAIS

OVOSCOPE OU MIRE-ŒUF

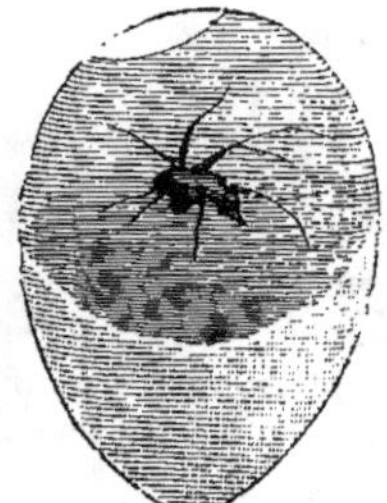

ŒUF VU APRÈS 3 JOURS
D'INCUBATION

l'œuf de la main droite par le petit bout, et un peu sur les côtés de la main gauche qui fait écran, et on le fait légèrement tourner avec les doigts de la main droite.

En cas de fécondation de l'œuf, on aperçoit très nettement flottant au centre du liquide, comme une sorte d'araignée rouge ; dans le corps est l'embryon du futur poussin, et dont les pattes sont les vaisseaux sanguins qui s'étendront peu à peu pour tapisser tout l'intérieur de la coquille. Si l'œuf est clair, en examinant

ou plus ou moins coûteux, destinés à faciliter cette opération en concentrant la lumière dans l'intérieur de l'œuf ; il est évident que des lampes construites dans ce but donnent un éclairage bien supérieur à celui fourni par une simple bougie ; néanmoins, le prix que coûtent certains de ces appareils n'est pas entièrement justifié.

En notre époque de sports à outrance, qui ne possède pas une bicyclette et, par suite, une lanterne destinée à ce véhicule moderne, ou une automobile avec ses phares ? Que ces lanternes soient à pétrole ou à acétylène, voilà la meilleure source de lumière que l'on puisse imaginer pour mirer les œufs. Comme ovoscope, nous prendrons une grande feuille de carton, le couvercle ou le fond d'une de ces boîtes de magasins de nouveautés qui encombrent souvent nos domiciles fourniront le carton nécessaire ; dans ledit carton, nous découperons un trou de la forme d'un œuf, un peu plus petit cependant afin que l'œuf ne puisse passer au travers. On placera l'œuf à mirer dans ce trou qu'il devra boucher entièrement et présentant le tout devant la lanterne de bicyclette dûment éclairée et faisant légèrement tourner l'œuf, on pourra en examiner l'intérieur tout à son aise.

Le système suivant est aussi recommandable : avec une feuille de papier épais, doublée intérieurement d'un morceau de drap noir, on forme un cône tronqué de dix centimètres de hauteur, dont les diamètres inférieurs et supérieurs correspondent à la grosseur des œufs à examiner, sans toutefois que ceux-ci puissent pénétrer dans l'intérieur du tube ainsi formé. Prenant un œuf de la main gauche, et l'appliquant contre l'extrémité de ce mire-œuf tenu de la main droite, l'œil placé à l'autre extrémité du tube, on présentera l'œuf devant la lanterne, et l'on pourra parfaitement distinguer par transparence l'existence ou la non-existence du germe.

Ce sont là deux excellents procédés qui remplaceront avec avantage les appareils les plus coûteux.

Éclosion. — Au bout de 20 ou 21 jours, la plupart des poussins auront becqueté la coquille, et l'éclosion commencera.

Retirer les poussins éclos toutes les 12 heures, et lorsqu'ils sont suffisamment ressuyés ; à chaque fois, dans les systèmes à lampe, augmenter un peu la force de la flamme proportionnellement au nombre des poussins enlevés ; car ces poussins vivant et constituant une source de chaleur, leur abaissement produit un abaissement de température.

Les poussins seront aussitôt confiés à des éleveuses artificielles ou à des Poules. Ne pas ouvrir la couveuse plus souvent qu'à l'ordinaire, sortir les tiroirs le moins longtemps, éviter tout refroidissement qui serait dangereux pour les nouveau-nés.

Lorsqu'on possède une sécheuse, édrédon chauffé au moyen d'eau chaude, on peut retirer de suite les poussins, sans les laisser se ressuyer 24 heures dans l'étuve de la couveuse.

Laver les tiroirs et l'intérieur de la couveuse avec une solution antiseptique, après chaque incubation.

CHAPITRE XIV

L'ÉLEVAGE

ÉLEVAGE NATUREL — ÉLEVAGE ARTIFICIEL
ÉLEVAGE SPORTIF EN VUE DES EXPOSITIONS
ÉLEVAGE DES RACES NAINES
ALIMENTATION — ENGRAISSEMENT

CHAPITRE XIV

I. — ÉLEVAGE NATUREL

Si l'on veut pratiquer l'aviculture de ferme, l'élevage naturel, c'est-à-dire l'élevage des poussins avec des Poules, est encore le plus simple, le plus facile et le plus sûr, quand on a affaire à de bonnes mères.

Certaines races sont particulièrement douées sous ce rapport. Les Orpington fauves, par exemple, nous ont, en général, donné de bons résultats. Elles sont douces et adoptent bien les poussins, de même âge, qu'on leur donne à la sortie de la couveuse artificielle ou ceux qu'on réunit sous une même mère, en cas de couvées insuffisamment nombreuses.

Tous les éleveurs savent les précautions à prendre pour empêcher la rencontre, ordinairement funeste aux jeunes élèves, de deux mères ardentes à défendre le territoire de leur bande de possins.

Il faudra donc placer les mères dans des enclos différents, si elles sont en parquets de dimensions restreintes, ou enfermer la Poule dans une boîte d'élevage ou sous une mue, dont les poussins peuvent sortir sans que la mère puisse s'en échapper.

BILLOT A PATÉE

Cette disposition aura, de plus, l'avantage de permettre à l'éleveur de disposer la pâtée des jeunes sur un billot à pâtée, hors de l'atteinte de la mère Poule, qui, sans cette précaution, aurait vite fait de renverser le billot et d'en disperser la pâtée sur le sol.

La conduite des jeunes au dehors, aux heures favorables de la journée, par la mère, qui leur trouve elle-même des Vers, de petits Insectes et d'autres minuscules proies vivantes, est encore l'un des meilleurs procédés d'élevage; car elle se rapproche davantage de la nature.

On trouvera, dans nos divers chapitres, de nombreux détails sur la nourriture et l'hygiène des élèves, sur la séparation des sexes avant que les sujets ne soient capables de s'accoupler, sur la sélection, etc..., ainsi que sur les particularités d'élevage de certaines races, notamment des races naines, et sur l'élevage sportif en vue des expositions.

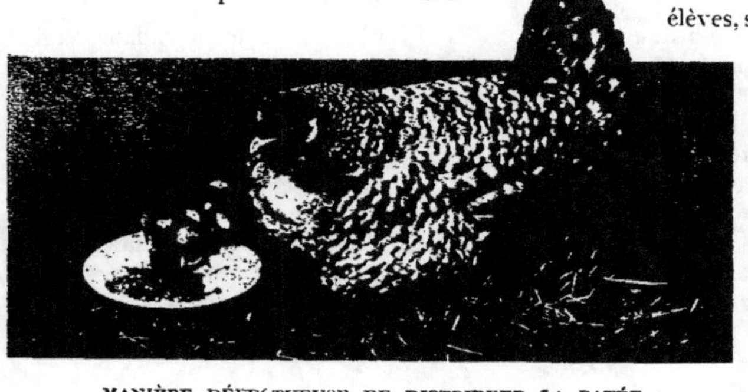

MANIÈRE DÉFECTUEUSE DE DISTRIBUER LA PATÉE

IV. — ÉLEVAGE ARTIFICIEL

Considérations générales. Il est plus facile de faire naître des poussins que de les élever et de les amener au point de perfection qu'ils doivent obtenir suivant leur race. Dans l'élevage naturel, la Poule, conduisant et abritant ses poussins, facilite beaucoup la tâche de l'éleveur. L'élevage artificiel doit donc, tant pour l'alimentation, que pour la protection des jeunes contre le froid, remplacer les soins de la mère naturelle, d'où la création de mères artificielles et d'éleveuses de divers modèles, dont nos gravures représentent quelques-uns des types les plus courants (fig. 1, 2 et 3).

Alimentation et hygiène. Alimentation fréquemment renouvelée et donnée sur des billots à pâtée d'une méticuleuse propreté, eau pure dans des abreuvoirs siphoïdes, logement chaud et confortable, avec parquets vitrés pour l'hiver et grillagés pour l'été, verdure mise en abondance à la disposition des élèves, telles sont les principales conditions que doit réunir l'élevage artificiel.

On évitera une trop grande agglomération, qui peut entraîner des pertes fort graves, les jeunes poussins étant très sujets à diverses affections contagieuses, parmi lesquelles la diarrhée crayeuse dont nous parlons plus loin (1).

On s'abstiendra de donner la pâtée

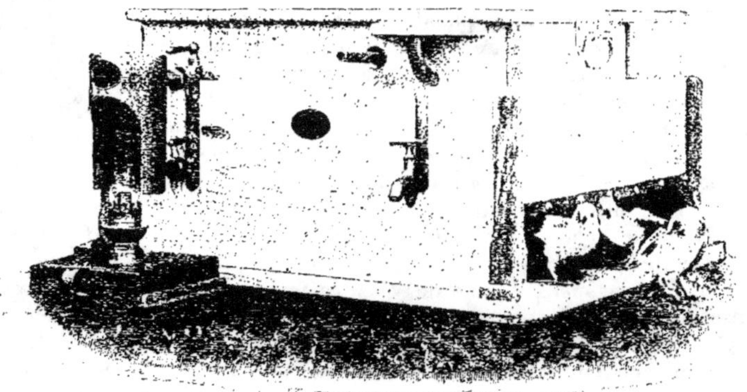

(Cliché Mignard.)

Fig. 1. — MÈRE OU ÉLEVEUSE A THERMOSIPHON

____

(1) Voir *Maladies des Poussins*, p. 621.

trop humide, et l'on pourra distribuer dans le sable de l'éleveuse de menus grains, tels que ceux de millet, pour habituer les poussins à gratter et à s'en nourrir.

Au cas où une épizootie éclaterait dans l'élevage, on n'hésitera pas à séparer les poussins bien portants et à les changer de place pour éviter leur contamination.

Fig. 2. — MÈRE-ÉLEVEUSE A EAU CHAUDE AVEC PANNEAUX GRILLAGÉS MOBILES

Fig. 3. — ÉLEVEUSE VITRÉE POUR L'ÉLEVAGE D'HIVER

(Clichés des Établissements Voitellier.)

III. — ÉLEVAGE SPORTIF EN VUE DES EXPOSITIONS [1]

Séparation des sexes. Pour avoir de beaux sujets d'exposition, il convient de séparer les jeunes avant toute manifestation sexuelle, en constituant un parquet de Coquelets et un de Poulettes.

Chez les races à croissance lente, la séparation peut se faire plus tardivement sans grand inconvénient, mais le plus tôt sera toujours le meilleur.

La connaissance du sexe dans les tout jeunes poulets offre parfois des difficultés assez considérables; pourtant, dans quelques races, on peut, à la suite d'un examen attentif, le discerner aussitôt qu'ils sont nés. La grosseur, la forme de la tête, ses différentes marques, ainsi que la couleur des tarses, peuvent donner des indications suffisantes. Ainsi, des poussins Leghorns noirs avec les tarses et le bec jaunes sont presque toujours des mâles. Des Plymouth Rock barrés ayant un duvet très clair avec une grosse tache blanche sur leur tête sont des coquelets, tandis que ceux qui sont entièrement noirs avec les tarses foncés et sans tache sur la tête, sont certainement des Poulettes.

Dans les races méditerranéennes à grosse crête, le rudiment de crête chez les mâles est plus gros et d'une couleur plus polie que chez les femelles, et cela dès la naissance.

Dans les races gallines de grosse taille, comme les Orpington et les Wyandottes, il est fort difficile de distinguer les sexes même à 12 semaines, dans les deux sexes les crêtes sont de la même

grosseur et les barbillons ne se sont pas encore développés, ceux-ci fournissent la première indication. La croissance des plumes de la queue est un autre signe; les Coquelets s'emplument moins rapidement que les Poulettes, et comme règle générale, les plumes de la queue sont moins développées chez les premières que chez les dernières.

Les plumes des reins sont peut-être le premier signe le plus certain; chez les mâles, elles sortent plus longues et plus étroites, un embryon de lancettes en un mot, elles sont plus longues et plus arrondies chez les Poulettes.

Triage des poussins. Lorsqu'on veut élever des volailles de races ayant le plus possible les mérites exigés par le Standard, on est obligé d'élever une grande quantité de jeunes, mais le grand nombre est pernicieux, et les jeunes se nuisent les uns aux autres; l'éleveur a donc intérêt à trier le plus rapidement possible les sujets de mérite, afin de se débarrasser des inutilités, qui trouveront leur place dans la basse-cour productive. Peu à peu, il éliminera les résultats de ce premier triage de manière à n'avoir plus qu'un nombre restreint de sujets auxquels il donnera tous ses soins, et qui auront l'espace nécessaire à leur entier développement.

Il y a quelques *sérieux défauts*, qui peuvent être observés dans le premier âge, et peuvent faire écarter les poussins encore jeunes. Le lecteur les trouvera détaillés à la fin des Standards que nous avons donné à chaque race. Ce sont,

---

(1) Nous donnons ce chapitre tel que l'avait rédigé H.-L. A. Blanchon.

en général, toute difformité du corps, des doigts recourbés, un bec de travers, etc... Ajoutons aussi, dans toutes les races à quatre doigts, la présence d'un cinquième, dans celles à tarses nus, la présence de la moindre trace de duvet et *vice versa*. Une crête frisée dans les races à crête simple ou crête simple dans les premières, une crête mal dentelée dans les races méditerranéennes, des excroissances latérales à la crête etc., etc.

A ces défauts, qui peuvent amener avec certitude la réforme de très bonne heure des sujets que l'on présente, il faut ajouter une mauvaise coloration des tarses ou des oreillons, mais ces points sont sujets à caution, car des modifications peuvent se produire, et il ne faut pas se hâter de se prononcer.

La couleur des tarses change avec le développement de l'Oiseau, ainsi un sujet à *tarses jaunes* ne présentera à trois mois — en cette partie, qu'une couleur bronzée poussiéreuse, dans certaines races et dans certaines familles. Les tarses ne s'éclairciront et ne deviendront franchement jaune qu'à la maturité de l'Oiseau, et même, chez les Poulettes, que lorsqu'elles sont sur le point de pondre. Si dans un jeune sujet l'arrière des tarses et le dessous du pied est jaune, il y a grande chance de voir améliorer la couleur primitive.

Les variétés à *tarses blancs* ont souvent, à l'éclosion, une légère teinte jaune qu'ils conservent parfois jusqu'à trois mois, et le blanc pur ou rosé apparaît à ce moment même où se forme le plumage des adultes. Mais un poussin qui offrira une teinte ardoisée ou bleuâtre sur les tarses ne donnera jamais des beaux tarses blancs.

Les tarses noirs ou ardoisés foncés n'offrent presque jamais cette coloration dans le jeune âge, et suivent à peu près la même règle que pour le plumage noir lui-même, c'est-à-dire que plus on constatera à l'éclosion de blanc soit dans les tarses, soit dans le duvet, plus le plumage deviendra noir dans la suite. La partie supérieure des tarses peut être noire, mais les parties inférieures ont soit une teinte jaunâtre, soit une teinte chair, et plus cette teinte sera claire, plus on est sûr d'avoir dans la suite des tarses noirs.

L'oreillon est aussi sujet à des changements notables.

Presque toutes les races naissent avec l'oreillon rouge, mais d'un rouge qui est d'une teinte plus pâle dans les races qui l'auront plus tard blanc, et dans celles-ci (races méditerranéennes), il sera un peu plus large et plus proéminent que dans les races asiatiques ou américaines. A mesure que le poussin croît, la blancheur apparaît, mais l'oreillon est encore sablé ou verni de rouge, il ne faudrait pas rejeter pour cette raison pareil sujet. D'ailleurs l'oreillon est encore très petit, jusqu'à ce que l'Oiseau ait acquis son plumage d'adulte. Il se développe à mesure que grossit la crête, et souvent se double en quelques semaines au moment de la ponte chez les Poulettes; sa croissance est plus rapide chez les Coquelets.

Traces de rouge dans un oreillon blanc, comme traces de blanc dans un rouge disparaissent le plus souvent avec l'âge mais s'il existe une teinte générale de cette couleur sur tout l'oreillon, elle disparaît rarement.

Il existe aussi de grands changements dans le *plumage*, tant lorsque les jeunes poussent leurs premières plumes, que lorsque vers trois mois ils muent pour prendre le plumage d'adulte.

Le *duvet blanc* est remplacé par des plumes noires dans toutes les races noires (Orpington, Minorque, Langshan), et plus il y aura de blanc dans ce duvet, surtout vers la tête et la poitrine, plus brillant sera le plumage noir.

Le *duvet noir* des Plymouth Rock barrés devient blanc et noir.

Il est d'ailleurs difficile de juger du plumage futur, quand un sujet n'est encore revêtu que de s n *duvet ;* pourtant, une tache noire sur la tête d'un poussin jaune est un signe de plumage noir ou tout au moins caillouté, ainsi qu'une large tache blanche et un duvet clair est, dans le Plymouth Rock, le signe d'un plumage trop clair.

En général, un duvet enfumé ou ardoisé dans les poussins de race fauve promet un très mauvais plumage. Quand un poussin d'une race noire naît entièrement noir, il ne deviendra jamais, dit-on, un beau sujet, tandis qu'au contraire un poussin naissant avec un duvet brun pourra donner de bons résultats, quoique dans ce cas on puisse constater le plus souvent des traces de brun dans les plumes du vol ou des plumes rouges au cou.

Les *plumes du vol* (rémiges primaires) sont d'une importance capitale dans la valeur d'un Oiseau, tant à son propre point de vue que comme reproducteur.

Les premières plumes de vol d'un poulet ne donnent à ce sujet que des indications assez vagues.

Les poussins de race noire ont généralement plusieurs plumes de vol blanches; celles-ci seront remplacées, plus ou moins tôt, suivant la vigueur du sujet, par des plumes noires; souvent des plumes de vol d'adulte apparaissent dès trois mois, et ce sont là de précieuses indications pour l'éleveur; mais il faut noter que si les plumes blanches sont souvent remplacées par des plumes noires, si ces premières plumes étaient *blanches et noires,* il restera toujours du blanc; le défaut est encore plus grave quand il se constate dans les rémiges secondaires.

Les éleveurs novices feront bien d'apprendre à distinguer les plumes de vol du *premier âge* de celles du plumage d'adulte; les premières sont étroites et pointues, celles qui leur succèdent plus larges et arrondies à leur extrémité.

Dans les variétés *fauves,* les premières plumes de vol sont souvent d'une couleur pâle et blanches à leur extrémité, elles sont le plus souvent remplacées par des plumes entièrement fauves et d'une nuance plus foncée, mais si néanmoins elle conservait trop de blanc, l'Oiseau ne vaudra jamais rien comme plumage.

La couleur de l'œil est aussi fort difficile à déterminer lorsque le sujet est jeune; car l'iris change avec la croissance. Les poussins qui auront les yeux noirs auront en général leur iris d'un brun fumeux presque noir; mais, dans ceux à yeux rouges, l'iris est d'abord d'un jaune pâle qui devient jaune, puis orange, peut passer au rouge.

Ces changements se produisent assez rapidement; et, en règle générale, une fois que l'Oiseau a atteint la moitié de sa croissance, l'œil a plutôt une tendance à s'éclaircir.

Il est fort difficile de deviner, dans le jeune âge, *les marques* du plumage : on ne peut se rendre compte de leur régularité, que lorsque l'Oiseau a déjà un certain âge.

Nous avons résumé les faits à peu près certains qui peuvent guider l'éleveur dans le triage des poussins. En pratiquant depuis des années une race (et même une même famille de ladite race), l'aviculteur arrivera à acquérir des connaissances personnelles qu'aucune théorie ne saurait lui apprendre.

Soins généraux. Pour obtenir des sujets d'exposition, ou des reproducteurs hors ligne, il est un principe qui doit avant tout guider l'aviculteur.

Tous les soins, installation, propreté, nourriture, etc..., doivent tendre à ce que le poussin croisse et prospère depuis sa sortie de l'œuf, sans arrêt aucun. *Toute cause, quelque insignifiante qu'elle puisse paraître, qui arrête, si peu que ce soit, le développement du corps et des plumes, de l'ossature et des muscles, diminue les chances d'excellence de l'Oiseau.*

Grandes crêtes. Bien qu'actuellement la mode des crêtes exagérées semble s'atténuer, néanmoins dans certaines races, on les exige de dimensions plus que respectables, et parfaitement dressées chez les Coqs; nous voulons surtout parler des races de Minorque, Leghorn et autres semblables. Pour obtenir de telles crêtes, certaines précautions sont nécessaires.

Le grand défaut, dans la crête de ces races, est le *Thumb marking ou coup de pouce,* et ce défaut est presque impossible à faire disparaître dans la suite. Il provient, la plupart du temps, de ce qu'on laisse les poussins trop longtemps à leur mère, et au moment même, ce qui arrive de bonne heure dans ces races précoces, où leur crête atteint déjà un centimètre à un centimètre et demi de hauteur, la Poule abritant les poussins sous elle, appuie forcément sur l'organe et lui fait prendre un mauvais pli. La chaleur aide beaucoup au développement des crêtes; mais, si elle est en excès, celles-ci comme des plantes de serre, poussent et manquent de vigueur, elles retombent sur le côté; la chaleur développée par la Poule produit cet effet, puis il est de toute importance que de prime abord la crête pousse lentement pendant les premiers temps, afin qu'elle puisse développer une assez forte base pour la supporter plus tard. Il faut donc, d'une

manière absolue, enlever les poussins, les mâles surtout, dès que leurs crêtes atteignent 3/4 de centimètre.

Si une température extérieure trop basse donnait des craintes, on les confierait à une éleveuse artificielle, qui offre moins de dangers à ce point de vue, à la condition qu'il n'y ait pas d'excès de température.

Une fois qu'ils seront plus âgés, et que leur crête aura déjà acquis la base solide nécessaire, on pourra se servir de la chaleur pour développer cet organe. On les place alors dans un local chaud avec une température constante de 15 à 20° centigrades (par les temps froids, on peut chauffer au moyen d'un petit poêle à pétrole); mais, en général, comme ce traitement se fait durant la belle saison, un poulailler de petites dimensions placé dans l'exposition la plus chaude de l'élevage suffira. Il faut éviter que le local ne soit trop sombre, et surtout qu'il ne soit éclairé que d'un côté, car la crête pencherait du côté du jour.

On peut encore augmenter l'effet de la chaleur en travaillant la crête par un massage fait avec les doigts enduits de vaseline en montant de la base au sommet.

Il arrive parfois que, malgré tous les soins, et par suite d'une croissance trop rapide, la crête vient à tomber d'un côté; dans ce cas, on peut essayer de se servir des *cages à crête,* que l'on trouve dans le commerce.

Les crêtes des Poules, dans ces races, sont au contraire retombantes, et la chaleur est un heureux adjuvant sans danger aucun; si l'aviculteur s'aperçoit que la crête ne prend pas le pli voulu, il peut encore y remédier en massant avec les doigts dans le sens voulu.

Les crêtes des autres races ne demandent pas de traitements particuliers.

Oreillons. — Dans ces mêmes races,

les oreillons doivent être très développés; leur développement s'effectue en même temps que celui de la crête, et la chaleur y aide beaucoup. On parfait en faisant tous les trois jours un petit massage à l'aide des doigts enduits de vaseline.

Pour obtenir une belle couleur blanche, et pour faire disparaître les traces rouges qui s'y manifestent souvent (à la condition qu'elles ne soient pas héréditaires), le mieux est de laver tous les deux jours l'oreillon avec du lait, le sécher ensuite avec un peu d'oxyde de zinc en poudre, et enfin l'enduire d'un mélange de glycérine et d'oxyde de zinc.

On peut aussi augmenter la blancheur de l'oreillon en maintenant l'Oiseau dans un local plutôt obscur; mais il ne faut pas exagérer, car d'un autre côté on pourrait occasionner la pâleur de la crête et de la face.

Les oreillons rouges ne demandent pas tant de soins; pour les maintenir d'une belle couleur, il faut donner aux sujets une nourriture fortement vivifiante, animalisée autant que possible, et éviter que les Poules ne becquètent cet organe, car les coups laissent des cicatrices blanches (1). Si les stries blanches étaient trop marquées, il faudrait placer l'Oiseau dans un endroit plutôt frais, et le forcer à prendre beaucoup d'exercice en éparpillant sa nourriture dans la litière du parquet; on lui donnera aussi un peu de viande.

Le plumage et le plein air. Pour le futur exposant, le plumage étant un des plus importants facteurs pour l'obtention des prix, il s'agit de maintenir en parfait état la robe de l'Oiseau que l'on a pris tant de peine à élever.

(1) A noter que l'inverse se produit dans l'oreillon blanc, les traces de coups de bec se traduisent en rouge.

Les plumages fauves et blancs souffrent peut-être plus que tout autre de l'exposition au soleil et à la pluie. La plupart des gagnants de nos grandes expositions sont maintenus dans des parquets à l'abri de la pluie et du soleil. Rien, en effet, n'est plus contrariant pour un aviculteur que de voir ses meilleurs sujets abîmés par quelques jours d'exposition au soleil ou à la pluie. Ce sont les plumes du dos et des reins qui souffrent le plus dans ces conditions, la pluie semble affaiblir leur pigment, et si elles sont séchées au soleil, elles paraissent avoir été lessivées et mal lessivées, et cela sans remède.

Les *Coquelets* fauves sont peut-être ceux qui supportent le mieux le plein air, ils ne contractent qu'une certaine teinte rouille, qui si elle est trop prononcée peut leur nuire.

Les *Coquelets à plumage coucou ou lamé* souffrent de la même façon de l'exposition au soleil et du plein air, c'est-à-dire certaines parties de leur corps affectant une teinte rouille.

Le même effet se produit *chez les Coquelets blancs;* mais la teinte rouille devient jaune paille plus ou moins foncé et apparaît surtout dans le camail et les lancettes (plumes rouges chez l'ancien Coq Bankiva). Cette teinte paille les abîme complètement, et ils ne sont plus dignes de paraître dans une exposition.

Même danger avec les *Poulettes blanches.*

Dans les *races crayonnées*, le crayonnage, lorsqu'il est délicat, disparaît presque complètement, surtout si le plumage mouillé a été séché au soleil.

Les *races noires* même souffrent un peu du plein air; ainsi les Hambourg noirs perdent beaucoup de leurs reflets brillants.

Moyens d'augmenter le brillant du plumage. Le brillant du plumage, c'est-à-dire les reflets métalliques que présentent certaines races, dépend en grande partie de la condition et de l'état de santé de l'Oiseau, ainsi que de sa vigueur. Ainsi une Poulette ne se montre jamais aussi brillante que lorsqu'elle va commencer sa ponte. L'aviculteur peut aider à l'obtention de ce brillant de différentes manières. Le plus vite un Oiseau effectue sa mue, meilleur est le résultat et plus brillant sera son plumage nouveau; aussi convient-il de bien nourrir et soigner les volailles durant ce moment plutôt critique : un peu de soufre en fleur projeté sur les pâtées paraît agir heureusement ainsi qu'un peu de graine de lin bien bouillie à raison de une cuillerée à café par tête mélangé chaque matin à la nourriture habituelle, qui a toujours d'heureux résultats.

On peut aussi délayer les pâtées un jour pour l'autre avec une eau gélatineuse obtenue en faisant bouillir de la graine de lin dans une très petite quantité et en étendant la gelée grasse ainsi obtenue à quantité suffisante d'eau.

Pour les *races à plumage foncé*, une eau de boisson légèrement ferrugineuse provoque les reflets métalliques; on obtient un résultat meilleur en mélangeant chaque jour à la pâtée 5 milligrammes de carbonate de fer par sujet. Mais tous les aviculteurs ne sont pas d'accord pour savoir si le fer agit lui-même sur le brillant du plumage ou sur le corps tout entier par ses propriétés toniques.

Pourtant, pour les *races à plumage blanc*, l'eau ferrée avec le carbonate de fer donne d'une façon indubitable à tout le plumage une teinte jaunâtre.

Sur les *races fauves*, l'effet du fer est fort douteux, les uns l'accusent de rendre la nuance non uniforme, plus claire, comme tachée en certains endroits, d'autres de faire apparaître plus visiblement le tiquetage noir qui se trouve assez souvent sur certaines plumes, d'autres au contraire assurent qu'il intensifie les reflets dorés du plumage tout entier.

Aliments colorants. Il existe certains aliments qui influent sur la coloration du plumage et qui sont peu connus de la plupart des aviculteurs.

Ainsi un grain d'un usage constant dans les basses-cours a des propriétés assez remarquables : Les pattes jaunes des volailles nourries avec du maïs prennent une coloration plus profonde, plus vive, tandis qu'un plumage blanc jaunit considérablement. Il faut donc éviter de donner ce grain, pendant la mue plus particulièrement, aux volailles blanches ou contenant beaucoup de blanc comme les Hambourg argentés, les Houdan, les variétés Coucou, herminées, etc. Chez les Plymouth-Rock barrés par exemple, le maïs améliorerait très certainement la couleur des pattes, mais il teindrait en jaune les couvertures de la queue. Le maïs sera au contraire très profitable pour toutes les variétés à pattes jaunes n'ayant pas de blanc dans le plumage, ainsi que pour les races fauves ou celles à plumes rougeâtres, Rhode Island Red, Hambourg, dans Padoue, dans Orpington fauves, etc.

Les amateurs de Canaris utilisent depuis longtemps des aliments colorants pour intensifier la couleur du plumage de leurs favoris et même pour le faire passer au rouge cannelle.

Les matières préconisées sont nombreuses; mais celle qui donne les meilleurs résultats est le poivre de Cayenne, à la condition qu'il soit en combinaison avec une matière grasse. Voici une recette qui certainement améliorera la nuance

37

des races fauves, des Coqs des races Perdrix ou celles à fond doré :

Mélanger à la pâtée *durant la mue* et jusqu'à sa fin, c'est-à-dire depuis la pousse de la première plume jusqu'à celle de la dernière (ceci est très important si l'on veut obtenir un plumage uniforme, il est donc prudent de commencer un peu avant le commencement de la mue et de continuer après sa fin), une demi-cuillerée à café de poivre de Cayenne dans la pâtée habituelle et cela pour des cas à traiter et ajouter en même temps à la même pâtée gros comme une noix de saindoux. Donner à boire durant toute la période de l'eau ferrée.

Bien entendu l'effet de ce traitement ne se fait sentir que *durant la mue* et doit donc être renouvelé chaque année.

Soins à donner durant la mue. Pour qu'un Oiseau se présente avec un beau plumage il faut que la mue s'effectue dans les meilleures conditions.

Pour qu'une volaille mue sainement, elle doit avoir en abondance des matières animales et de la nourriture verte. Les végétaux verts sont bons à cause de leurs qualités rafraîchissantes et opératoires (1) et les substances animales telles que les Insectes, la viande, les os verts contribuent à la formation des plumes.

La seule manière sûre de hâter la mue et d'en abréger la durée est de nourrir les volailles franchement avec des matières animales et de les tenir au chaud.

Lorsqu'arrivera l'époque de la mue, les mâles seront séparés des femelles, qui, à cette époque, leur donnent volontiers des coups de bec et leur arrachent les plumes. Ils se laissent dépouiller de leur plumes par les Poules, et l'on peut con-

cevoir les conséquences de ce piquage. En outre les mâles séparés des femelles jusqu'à l'époque propice deviendront plus vigoureux pour le commencement de la saison suivante et le plumage des femelles se conservera mieux durant l'hiver.

On oublie trop souvent que les volailles remplacent non seulement leur plumage, mais encore les écailles dont sont recouverts leurs tarses ; quelquefois ce remplacement n'est pas complet pour l'époque d'une exposition; on peut y aider en *pressant* doucement avec le doigt ou en soulevant les écailles qui ne touchent pas, mais il faut agir avec grande précaution de manière à ne pas les arracher si elles ne sont pas prêtes à tomber. Les tarses qui ont des écailles neuves sont toujours d'un aspect plus brillant.

Entraînement des Oiseaux. Un Oiseau est naturellement effrayé, lorsque pour la première fois de son existence, il se voit enfermé dans une étroite cage d'exposition. Il ne peut se présenter à son avantage. Quelques grosses races s'accommodent mieux que d'autres de cette situation, tandis que les races sauvages Campines, Hambourg, Bresse, etc..., sont au contraire terriblement effrayées; il faut donc les *entraîner*, les habituer à la cage d'exposition. Aussi, dans ce but, l'éleveur dispose, chez lui, une série de cages pareilles à celles du concours et y installe ses sujets quelque temps avant l'exposition; en traitant l'Oiseau avec douceur, en lui apportant des friandises, on l'habitue à chercher non plus à fuir, mais bien à venir au-devant du visiteur ou du juge, à faire en quelque sorte le beau. Pour les sujets qui, comme les Coqs de Combat, doivent se présenter dans un port dressé, un bon moyen est d'avoir le dessus de la cage grillagé et de donner toujours les

(1) Et à cause aussi des vitamines que contiennent les aliments *vivants*.

D. DE M.

friandises par le dessus; par suite, dès que l'Oiseau voit quelqu'un s'approcher, il se dresse de toute sa hauteur pour saisir le bon morceau qu'il attend. — Cet entraînement est chose très importante.

Lavage et toilette final. Un Oiseau qui a le plumage sale n'aura jamais tant de succès qu'un autre qui l'a propre et brillant; aussi convient-il de faire aux futurs lauréats une toilette spéciale deux à trois jours avant l'exposition.

Laver une volaille est une opération peu commune, car les gallinacés ne vont point d'eux-mêmes dans l'eau claire comme beaucoup d'autres Oiseaux; leur bain naturel consiste à se rouler, à se poudrer dans la poussière; ils sont réfractaires au tub hygiénique. L'animal doit donc être lavé et savonné de force et il faut un certain talent pour mener à bien pareille opération. Il est bon de noter que les plumes bien humectées, bien imbibées d'eau, peuvent être légèrement tordues et pressées dans les mains, sans crainte de les casser.

On saisit donc l'Oiseau, et on le plonge dans un récipient assez grand pour que le corps soit entièrement immergé, et contenant de l'eau tiède. On laisse tremper ainsi le patient durant un bon moment, afin d'humecter parfaitement la partie supérieure des plumes. Un aide tenant la volaille, l'opérateur soulève avec les mains les plumes de façon à ce que la chair soit visible, et il asperge vigoureusement avec de l'eau puisée dans un litre en commençant par le cou pour continuer sur tout le dessus du corps. Pour les parties immergées dans le bain, on soulève de même les plumes, pour que l'eau pénètre bien jusqu'à la chair. Sans cette précaution, on pourrait prolonger l'immersion un temps infini, sans que les plumes soient mouillées jusqu'à leur base.

C'est là un secret de l'opération, *humecter entièrement le plumage avant de savonner*. On verse ensuite dans le bain une certaine quantité de savon déjà dissous dans de l'eau tiède, on lave ensuite soigneusement l'animal en commençant par le cou, en faisant pénétrer l'émulsion savonneuse à l'aide des deux mains, en opérant comme une laveuse le ferait d'un paquet de linge. Le savonnage terminé, on plonge le sujet dans un autre récipient, rempli d'eau pure tiède, et on le frotte de nouveau et de façon identique, afin d'enlever à la fois la salcté et le savon.

Lorsque toute trace de savon a disparu, on plonge l'Oiseau dans un dernier bain d'eau presque froide afin de le rincer soigneusement en soulevant, pressant, tordant les plumes.

Le volatile est maintenant lavé à fond; il faut procéder au séchage. On étend sur la table un drap bien propre, on y pose le sujet, on l'essuie avec une serviette légèrement chauffée, on opère comme pendant le lavage frottant de haut en bas en tous sens afin de bien le sécher, changeant de linge plusieurs fois. Il est bon durant ce temps de faire avaler au patient pour le réchauffer une cuillerée de vin chaud ou de thé additionné de cognac. Une fois l'Oiseau presque sec, on le met dans un panier à claire-voie et on dispose le tout près d'un bon feu, sans toutefois trop le rapprocher du foyer, car une chaleur trop vive pourrait roussir les plumes et causer des gerçures aux oreillons et barbillons. Tant qu'il n'est pas complètement sec, le plumage, malgré un lavage parfait, paraît encore terne, le brillant ne revient qu'après un certain nombre d'heures; c'est pour cela qu'il faut faire la toilette deux ou trois jours avant l'exposition.

A partir de ce moment, on cesse la distribution de pâtées, de crainte que les oiseaux ne se salissent.

Les pattes et les tarses réclament ensuite les soins de l'exposant; on les trempe dans de l'eau chaude, pas trop chaude de crainte de brûlure, et avec une brosse à ongles, on les frotte vigoureusement. On les sèche avec un linge lorsqu'ils sont bien propres. On lave en dernier lieu la crête, la face, les barbillons et les oreillons. On emploie, pour bien les nettoyer, une brosse à dents *très douce* et on essuie avec un linge fin pour enlever toute trace d'humidité. Afin de donner aux tarses du lustre et du brillant, on les enduit très *légèrement* d'huile de vaseline, on passe aussi un soupçon d'huile sur les crêtes, oreillons et barbillons.

Enfin, dernier temps de la toilette : l'éleveur étant assis prend de la main gauche l'animal par les tarses et le pose sur ses genoux tandis que de la main droite il frotte dans le sens des plumes la totalité du plumage avec un vieux foulard de soie très douce. Cette opération continuée pendant un certain temps, donne un brillant quelquefois surprenant.

L'Oiseau est maintenant prêt.

(*Cliché Mignard.*)

PANIERS SPÉCIAUX

garnis intérieurement de toile, pour l'envoi des reproducteurs
et des sujets d'exposition.

IV. — ÉLEVAGE DES RACES NAINES

I l'on en excepte leur utilisation pour l'incubation des œufs de Perdrix, Cailles et Faisans, les Bantams doivent plutôt être considérés comme des Oiseaux d'ornement, et ils le méritent, autant par leur forme gracieuse ou originale que par leur plumage brillant; aussi, pour cette raison, doivent-ils être irréprochables, afin d'obtenir le maximum de beauté.

Tandis qu'en France, l'élevage des Bantams est resté longtemps à l'état latent, les Anglais et les Américains se sont, depuis longtemps, surpassés dans la production de ces minuscules Oiseaux, auxquelles ils donnent le fini d'un objet d'art. Il est intéressant de rechercher les méthodes d'élevage adoptées par les lauréats des expositions. Nos éleveurs français y trouveront d'utiles renseignements. Sans doute, il se trouve, en France, des aviculteurs qui s'occupent de l'élevage des Bantams avec toute la science possible; mais, d'une manière générale, les soins spéciaux qu'exigent ces charmants Oiseaux et l'art difficile de former les parquets de reproducteurs, sont plus connus à l'Étranger que chez nous.

Sans chercher à démêler l'origine des Bantams, nous nous bornerons à constater qu'ils étaient connus il y a fort longtemps, puisque Pline en parlait. Il y a plus d'un siècle, Sir John Sebright mit à la mode, en 1800, les Poules naines qui portent encore son nom. Elles furent alors dénommées *Sebright Jungle Fowls* (Poules des jungles), laissant supposer que ces Oiseaux étaient d'origine sauvage et importés des Indes, tandis qu'ils étaient le produit d'une Poule naine commune et d'un Coq Padoue. On sait le soin avec lequel s'attachent certains peuples orientaux, tels que les Japonais, à « nananiser » divers végétaux. Les visiteurs de l'Exposition de 1889 se remémorent les arbres nains exposés par le Japon. Il est fort probable que ces mêmes peuples ont cherché à obtenir parmi les volailles des sujets nains, résultat relativement aisé pour leur patience habituelle.

Les volailles de nos basses-cours ont une certaine tendance à diminuer de taille et de volume. Nous y remédions par sélection, en prenant comme reproducteurs les plus forts sujets. Si nous réservions, au contraire, comme reproducteurs, les plus petits sujets, les tendances qu'ont les races à diminuer aidant, nous arriverions, en continuant pendant plusieurs générations, à obtenir des sujets de plus en plus petits.

En réalité, la chose est un peu moins simple; car, tout en diminuant la taille, nous affaiblirions la race; des croisements doivent donc intervenir, de temps à autre, pour donner de la vigueur à la race.

L'élégance de forme et de plumage, et la petite taille, sont les qualités à rechercher dans les Bantams.

Il existe des variétés naines de quantité de grandes races.

Aucune méthode précise n'étant adoptée en élevage, pour mesurer la taille des volailles, nous prendrons comme terme de comparaison le poids.

D'une manière générale, les races naines doivent peser un cinquième de la grande race type. Ainsi, un Grand Combattant Anglais pesant : le Coq 3 kilos environ, la Poule 2 kilos; le Bantam de combat devra peser : le Coq 0 kg. 600; la Poule 0 kg. 500. Les Malais, Coqs et Poules, ayant respectivement les poids de 1 kilo et de 3 kilos, les Bantams Malais devront avoir 0 kg. 800 et 0 kg. 600; comme pour les Cochins blancs pesant : 5 kilos, le Coq, et 3 kg. 500 la femelle, les Bantams Cochins devront peser : le mâle 1 kilo, la Poule 700 grammes, etc., etc.

Nous parlons, bien entendu, de sujets en bon état, ni trop gras ni trop maigres, et, suivant l'état d'engraissement ou de maigreur, les poids ci-dessus peuvent varier.

On peut évidemment obtenir des sujets encore plus petits, mais on doit plutôt les considérer comme des exceptions, qui ne s'obtiennent généralement qu'au détriment de la santé, de la rusticité et des facultés de reproduction. Néanmoins, on a vu exposer des sujets qui ne pesaient pas plus de 220 grammes.

L'élégance de forme et la beauté du plumage s'obtiennent surtout par un choix heureux des reproducteurs. La formation des parquets est, à cet égard, de la plus haute importance.

Les reproducteurs influent aussi beaucoup sur la taille, mais la manière d'élever les jeunes a également son importance.

Les jeunes Bantams s'élèvent comme les poussins des autres races, et une méthode d'éducation toute spéciale ne leur est point réservée; toutefois, dans l'élevage des grandes races et de la volaille destinée à la table, les efforts des aviculteurs tendent à faire grossir leurs élèves autant et aussi vite que possible, afin d'obtenir de très beaux sujets ou des Poulets pré-

coces. Avec les Bantams, c'est l'inverse : on veut obtenir de très petits Oiseaux, d'où quelques petites différences dans le traitement à donner aux jeunes.

Tout d'abord, à quelle époque vaut-il mieux mettre à couver les œufs de Bantam? Nous savons que, dans les grandes races, c'est surtout parmi les couvées précoces qu'on trouve les sujets qui auront une grande taille. Cela se comprend; car ils ont devant eux une longue suite de beaux jours pour se développer. Les Bantams devant rester aussi petits que possible, les couvées très tardives ne seraient-elles pas préférables? Oui, en principe; malheureusement ces couvées viennent difficilement à bien; les froids amènent avec eux des maladies qui sévissent sur les jeunes poussins, qui n'ont pas encore eu le temps de se fortifier suffisamment. Au début, ils sont vigoureux, mais, aux premières gelées, à la première pluie d'automne, la mortalité se déclare, et la couvée est décimée. Néanmoins, si l'hiver est sec, si l'on prend des soins très minutieux, on peut réussir, en mettant les œufs en incubation très tard et, dans ce cas, l'on obtiendra un assez grand nombre de sujets qui resteront toujours très petits. Si au contraire on confie à une couveuse les œufs à l'époque habituelle, on aura des poussins forts et vigoureux, ils deviendront peut-être un peu plus grands que leurs frères d'arrière-saison, mais ils auront pour eux la santé.

En somme, les couvées tardives peuvent être considérées comme une chance à courir. On peut en essayer, mais en ne négligeant pas de mettre des œufs en incubation à l'époque ordinaire.

Toutefois, dans les variétés où la queue du Coq doit être très développée, il est préférable de mettre les œufs en incubation de bonne heure; car on n'obtiendra cette qualité pour les expositions que chez les mâles issus de couvées normales ou même précoces.

C'est là un peu notre opinion personnelle; mais tous les éleveurs ne **sont pas** d'accord sur ce point.

Un assez grand **nombre**, et c'est aussi l'avis **de la plupart** des auteurs traitant **de cette** question, ne conseillent que des couvées tardives; d'autres, au contraire, ne préconisent que l'incubation normale; quelques-uns, enfin, veulent des couvées très précoces.

Dans le *Poultry*, un éleveur déclarait que, pour lui, la précocité était d'une importance capitale. Une grande difficulté dans l'élevage des grandes races consiste à empêcher les sujets précoces de pondre, ce qui arrête leur développement; le plus tôt pondront les Bantams, le mieux ce sera, et ce seront seuls les poussins éclos de très bonne heure qui pondront avant l'hiver. Les Poulettes nées plus tard resteront tout l'hiver sans pondre et grossiront encore un peu pendant cette période. Il faut donc faire couver en mars ou avril.

Nous citerons encore une autorité en cette matière, M. Entwistle, qui admet les deux systèmes en faisant remarquer qu'on doit les adopter suivant les diverses races et le but que l'on se propose :

« Nous devons maintenant nous occuper de l'époque préférable pour l'incubation des œufs de Bantams, dit ce célèbre éleveur. Ceci dépend surtout du but pour lequel on élève ces charmants Oiseaux. Si l'on désire simplement les conserver comme ornements d'une basse-cour ou d'une volière, il faudra de préférence mettre les œufs en incubation vers la fin du mois de mars ou au commencement d'avril, car, lors de l'éclosion, le climat sera favorable aux jeunes et ceux-ci s'élèveront sans peine.

« Mais, si l'on nous demande qu'elle est la meilleure époque à choisir pour l'incubation lorsqu'on désire que les conditions climatérologiques influent également sur l'obtention d'une forme et d'une taille correctes, nous répondrons qu'il faut mettre les œufs en incubation au tout commencement du printemps pour les Bantams de combat; en août et septembre pour les variétés à petites jambes... »

« Lorsqu'on veut élever des Bantams en vue d'expositions ou de concours, évidemment ceux qui naissent de bonne heure sont le plus vite prêts pour les expositions d'été, mais si on les prépare pour les grandes assises du Cristal-Palace ou de Birmingham (qui se tiennent en novembre), ces Oiseaux n'auront point besoin d'être nés avant mai et juin. Probablement fin avril et commencement mai seront considérés comme les époques les plus favorables pour faire éclore les poussins.

« Quant aux Coqs Game Bantams, qui subissent l'opération de l'écrêtage avant d'être exposés, il est utile de se rappeler que cette opération ne doit s'effectuer que lorsqu'ils ont atteint au moins six mois, et qu'on devra les garder au moins une vingtaine de jours avant de les envoyer au concours. Les Poulettes Game Bantams ne sont jamais aussi élégantes que pendant la période qui dure entre cinq ou six mois d'âge.

« Des sujets d'autres variétés, au contraire, s'améliorent à mesure qu'ils vieillissent; tels sont les Sebright et les Bantams de Pékin ou de Brahma. »

La plupart des éleveurs reconnaissent que l'emploi des couveuses artificielles n'est pas pratique pour l'éducation des Bantams, non qu'on ne puisse faire éclore les œufs, mais les jeunes se passent difficilement de mères et meurent en grande quantité dans leur jeune âge.

Il faut donc avoir recours aux Poules.

On s'est servi avec succès comme Poules couveuses, pour les œufs de Bantam, de Poules issues du croisement.

Bantam de Pékin ♀ ✕ Nègre-Soie ♂.

Ces Poules pondent peu, couvent souvent et bien. Ce sont aussi de bonnes éleveuses bien connues des faisandiers.

Les jeunes, une fois éclos, on s'est demandé si, pour obtenir une petite taille, on pourrait avantageusement recourir à une privation relative de nourriture pendant leur jeune âge.

On obtiendrait peut être ainsi des sujets plus petits; mais, par leur air chétif, leur aspect délicat et souffreteux, ils feraient triste figure dans nos parquets et ne seraient guère présentables aux expositions.

Les poussins Bantams sont des Oiseaux d'une santé des plus robustes pendant les tout premiers jours de leur naissance; mais, au moment où ils prennent leurs plumes, ils deviennent très exigeants sous le rapport de la nourriture.

Vingt-quatre heures après leur naissance, on leur donnera comme nourriture un œuf dur mélangé à mi-partie de miettes de pain et mi-partie de farine d'avoine. On continuera cette nourriture pendant les deux ou trois premiers jours.

Après, sans diminuer l'abondance de la ration, on choisira les aliments suivant le type que l'on veut obtenir. L'on sait qu'il y a des aliments qui aident plus particulièrement à la formation des os; tels que la recoupe et les phosphates. Ceux-ci devront être plus spécialement réservés aux sujets qui doivent avoir de longs tarses et proscrits pour les variétés à jambes courtes, telles que les Nangasaki, Pékin et autres.

Toute nourriture, qui pousse trop vite à la maturité, doit être évitée pour les variétés, qui doivent avoir le plumage serré, comme les Bantams de combat; car alors ces sujets, admirables dans leur tout jeune âge, perdent ensuite rapidement leurs qualités.

Jusqu'à l'âge de quatre à cinq semaines, les poussins peuvent recevoir un régime uniforme d'œufs durs, miettes de *pain*, riz *gonflé* dans du lait, pâtées de farine d'avoine; mais à partir de cet âge, lorsqu'ils auront revêtu leurs premières plumes sur le dos, la poitrine et les ailes, il faudra modifier un peu ce régime en donnant plus de riz, de pâtées d'avoine et occasionnellement du sarrasin aux sujets que l'on veut conserver bas de jambes, grassouillets, avec un plumage doux, tandis que l'on donnera de préférence de la recoupe et des matières phos-

phatés (phosphate de Salmon), poudre d'os, et aux variétés à plumage serré et à longues jambes, telles que les Bantams de combat. Pour ces dernières variétés, il est très bon de leur donner un vaste parcours et de les forcer à chercher leur nourriture, en leur procurant ainsi un exercice salutaire. Du blé répandu dans un parcours gazonné remplira ce but. Les races à jambes courtes et à plumage doux demandent moins d'exercice, mais ce n'est pas toutefois une raison pour les en priver entièrement.

Il ne faut pas non plus oublier que les jeunes Bantams sont très sensibles à la diarrhée. Il faut donc les tenir à l'abri de l'humidité et éviter les aliments trop aqueux.

Nous savons que pour obtenir des sujets aussi forts et grands que possible, il est utile, dans les grandes races, de séparer de très bonne heure les sujets de sexe différent. On évite ainsi ces petits Coqs âgés de deux mois à peine, qui ont la crête et l'apparence d'adultes, tout en ayant un petit corps et des jambes toutes courtes; ces sujets n'atteindront jamais une grande taille. Les rapports sexuels offrent moins de danger pour les Poulettes, mais avancent le moment de la ponte et avec la ponte arrive un arrêt dans la croissance. Pour les Bantams, les inconvénients qu'offre dans les grandes races la réunion des sexes, deviennent au contraire des avantages, et la production de Coquelets formés comme les adultes et de Poulettes pondant de bonne heure, contribue au but que se propose l'éleveur. Le seul danger de cette réunion réside dans les combats que peuvent se livrer les jeunes Coqs et les dommages qu'ils peuvent se causer aux crêtes, dommages peu importants pour les Combattants que l'on écrêtera plus tard, mais plus graves dans les autres espèces.

Un vieux Coq mis avec cette jeunesse aidera, par quelques coups de bec bien distribués, au maintien de la paix, surtout si les jeunes sujets ont à leur disposition un parcours suffisant.

A l'âge de six mois, on écrêtera les jeunes Coqs appartenant aux variétés de combat. Nous ne chercherons point à discuter l'utilité de cette opération, ni à résumer les nombreuses opinions émises à ce sujet dans la presse étrangère. C'est la mode, et l'on ne peut se dérober à sa tyrannie, quand on élève pour les expositions.

Il est très utile, pour exposer avec succès des Bantams, de les rendre aussi familiers que possible, et lorsqu'on expose les sujets par paire, il faut enfermer ensemble les deux Oiseaux quelques jours, afin qu'ils fassent bien connaissance.

Tous les sujets doivent recevoir un entraînement préalable dans des cages d'exposition, afin qu'ils puissent se présenter avec tous leurs avantages. Comme pour les grands Combattants, on utilisera, pour les Combattants nains, des cages d'entraînement grillagées en haut, et par cette partie grillagée, on leur distribuera assez fréquemment des friandises et on maintiendra — à l'aide d'une petite ficelle, si la cage est trop élevée — ces friandises en l'air, de manière à ce qu'ils soient obligés de se dresser pour les saisir. On habituera aussi les sujets à se tenir droits et à faire valoir leur poitrine. Il faut toutefois veiller à ne pas tomber dans un excès contraire, c'est-à-dire à habituer les Combattants à marcher sur la pointe des doigts de pieds, il faut toujours que les pieds reposent à plat sur le sol.

Les Combattants nains Anglais se montrent particulièrement disposés à contracter la mauvaise habitude que nous venons de signaler.

C'est le seul conseil spécial aux Bantams que nous avions à ajouter à nos pages précédentes.

Tel est le rapide résumé des conditions et méthodes pour élever les Bantams, mais l'obtention des sujets parfaits est surtout due à l'habileté et à la science que l'on sait mettre dans le choix des reproducteurs. Pour y arriver, il faut avant tout connaître parfaitement la race et se rendre compte des points principaux à obtenir.

V. — L'ALIMENTATION [1]

Alimentation.
Théorie.
Les bases scientifiques d'une alimentation rationnelle sont actuellement beaucoup mieux comprises et sont assez connues pour permettre l'établissement de rations appropriées aux besoins des animaux et à la production vers laquelle on dirige leur élevage.

On sait que la vie, au point de vue physique, est un processus qui comprend un changement de substance et une consommation de matières. Ces matières consommées doivent, bien entendu, être remplacées; par suite, une certaine quantité de nourriture est indispensable, rien que pour maintenir *le corps en état;* une quantité supplémentaire de nourriture est aussi nécessaire, si le corps *grandit ou grossit;* et une autre quantité encore est nécessaire, si le corps donne *des produits.*

On sait, en outre, que tout *travail* occasionne une perte plus ou moins grande dans les tissus et, par suite, nécessite une certaine quantité d'aliments pour réparer cette perte. En outre, des aliments supplémentaires sont nécessaires pour maintenir la *chaleur* du corps de l'Oiseau.

La *nourriture* étant destinée, partie à remplacer la perte dans les tissus, partie à fournir l'énergie au travail, partie à être consommée pour fournir la chaleur, doit donc contenir elle-même les matières premières de ces tissus et celles nécessaires à la combustion.

La nourriture doit aussi contenir ces matières premières sous une forme qui permette leur digestion. Une simple combinaison chimique de ces matières n'est pas suffisante. La digestibilité des aliments est aussi un point à considérer.

Composition
du corps
des animaux.
La plus grande portion du corps d'un animal quelconque est composée de carbone, d'hydrogène et d'azote; il contient aussi, en quantité moindre, du soufre, du phosphore, de la chaux, et des quantités encore plus petites de fer (surtout dans le sang) et de sels d'iode, de potasse, de magnésie, etc., etc.

De tous ces éléments, les matières azotées sont les plus importantes, mais non tant par elles-mêmes que par l'influence qu'elles ont sur les autres éléments, les groupant, pour ainsi dire, autour d'elles, contrôlant et dirigeant leurs changements continuels et combinaisons incessantes; aussi sont-elles consommées, avec une rapidité en proportion avec l'activité de l'Oiseau. Le carbone, l'hydrogène et l'oxygène sont surtout employés à maintenir l'énergie et la chaleur animales.

Au point de vue de la nourriture, et en considérant son utilisation dans le corps, il ne faut pas croire que les matières azotées soient entièrement consommées ou utilisées pour remplacer les pertes dans les tissus. C'est une erreur grave. Évidemment, une certaine partie de ces matières azotées servent à réparer journellement la perte des tissus, mais la plus grande partie paraît être utilisée en favorisant les continuelles combinai-

[1] Tout ce chapitre est de H.-L. A. Blanchon.

sons chimiques qui forment le **processus** utile, et, tout en ne passant que rapidement dans le corps pour exercer cette fonction; puis elles sont éliminées sous forme d'urine dans l'urée.

La plus grande quantité du carbone et de l'oxygène est utilisée — on pourrait dire brûlée — en donnant de l'énergie et en produisant de la chaleur. Le carbone est ensuite évacué, soit dans les matières fécales, soit encore et principalement par la respiration. L'hydrogène se transforme en eau, et comme l'eau est non seulement constituée par la liaison, mais aussi dans le corps lui-même par la combinaison de l'hydrogène et de l'oxygène, souvent une plus grande quantité de liquide que celle directement absorbée est excrétée par les voies naturelles. La plus grande partie des sels et du soufre, absorbée dans la nourriture, après avoir joué un rôle dans le processus vital si complexe, est évacuée.

Ces constatations, sur lesquelles nous ne nous étendrons pas plus longuement, nous amènent à considérer les formes sous lesquelles ces divers éléments se trouvent tant dans le corps qui doit être nourri, que dans la nourriture qu'on lui donne.

On peut, d'ailleurs, les classer dans un nombre restreint de groupes :

1° *Matières azotées* ou *matières albuminoïdes* (l'albumine de l'œuf étant presque de l'albumine pure additionnée d'eau, a donné son nom à ce groupe). Il y a pourtant certains principes végétaux qui contiennent l'azote sous forme d'*amidon*, et qui sont alors moins actifs, mais nous les laisserons de côté pour le moment. La *fibrine* chez les animaux, le *gluten* dans les grains, la *caséine* dans le lait, la *légumine* dans les pois et haricots, etc., etc., appartiennent à ce groupe, et peuvent, plus ou moins, se remplacer mutuellement, pour fournir aux aliments la préparation de matières azotées néces-

saires. C'est un fait important, qu'il ne **faut** pas oublier en combinant les rations.

2° *Matières grasses*. — Ces matières, qui consistent en huile et graisses, sont très riches en **carbone**; **une** certaine quantité de graisse est nécessaire à tout corps vivant : cela est même si nécessaire que si cet aliment manque, une partie des matières azotées sera changée en matières grasses pour y suppléer, d'où la nécessité de donner des matières grasses pour économiser les matières azotées toujours plus coûteuses.

3° *Hydro-carbonates*. — Ces matières consistent en une combinaison de carbone (beaucoup moins riche en cet élément que les matières grasses) avec de l'hydrogène et de l'oxygène (dans les préparations de l'eau). Ce groupe a une certaine communauté d'effet avec les matières grasses et fournit au corps vivant soit la chaleur, soit l'énergie. Les hydrocarbonates peuvent aussi se transformer en graisse dans le corps animal et économiser aussi les matières azotées. En fait, une bonne préparation de matières azotées albuminoïdes et de carbone (soit sous forme de matières grasses ou d'hydro-carbures) est nécessaire pour la formation des muscles de la chair.

4° *Cellulose*. — Un élément de la nourriture végétale, la cellulose, demande une mention spéciale : la cellulose, c'est elle qui compose les cellules et fibres des végétaux, et elle est à peu près de même composition que l'amidon, un hydrocarbonate, mais elle constitue un produit beaucoup moins digestible et même non digestible pour certaines espèces, aussi doit-on la retrancher du groupe des hydrocarbonates. Une certaine proportion de cet aliment peut être d'une certaine utilité comme stimulant des intestins; mais, sauf chez les Ruminants et les Oiseaux qui en digèrent une certaine partie, la cellulose est de peu d'utilité et de valeur au point de vue alimentaire.

5° La dernière catégorie comprend les sels et les éléments minéraux.

Le phosphore et la chaux sont nécessaires pour les os; le soufre pour la formation des plumes (un peu pour les muscles) le sel pour le processus et la digestion, etc., etc.

C'est au point de vue de ces éléments que les divers aliments sont analysés. Le problème à résoudre au point de vue d'une bonne alimentation est assez simple à résoudre, tant qu'on ne s'appuie que sur la théorie : Il faut que dans les aliments ou dans le mélange d'aliments donnés *les matières azotées ou albuminoïdes soient dans une juste proportion avec les matières productrices de chaleur, les matières grasses et hydrocarbonates.* Cette relation ou rapport s'appelle *relation nutritive.*

La relation nutritive R*n* pourrait donc se formuler ainsi :

$$\text{R}n = \frac{\text{Matière azotée brute}}{\text{Matières grasses + matières hydrocarbonées.}}$$

Mais la chimie ayant fait des progrès et les expériences ayant montré qu'à côté de la substance brute, il y avait la partie digestible qui seule importait, puisque c'est elle seule qui produit un effet utile, la matière non digestible étant évacuée, la formule devient :

$$\text{R}n = \frac{\text{Matières azotées digestibles}}{\text{Matières grasses digestibles + matières hydrocarbonées digestibles.}}$$

Mais, d'autre part, on constata que la combustion des corps gras donnait 24 fois plus de chaleur que les matières hydrocarbonées, ils devaient donc abandonner dans le corps une proportion d'énergie 2,4 fois plus grande, ce qui élevait d'autant leur valeur nutritive; pour les ramener à la même valeur que les matières

hydrocarbonées, il fallait donc les multiplier par 2,4, aussi la formule actuellement adoptée est la suivante :

$$\text{R}n = \frac{\text{Matières azotées digestibles}}{2,4 \times \text{mat. grasses digestibles + mat. hydrocarbonées digestibles.}}$$

Lorsque la relation nutritive est égale ou inférieure à 1/5, on dit qu'elle est *étroite;* plus le dénominateur diminue, plus elle se *resserre;* au contraire lorsque ce dénominateur augmente, il détermine par opposition un élargissement.

Diverses expériences et constatations ont permis d'établir que, pour qu'elles soient nourries dans de bonnes conditions, les aliments donnés aux volailles devaient offrir une relation nutritive de 1/4,5 ou 1/5.

Des tables ont été dressées, en indiquant les éléments utiles dans les aliments les plus courants. Elles permettront à l'éleveur de les combiner ensemble, de manière à offrir à ses élèves des repas offrant autant que possible une relation nutritive variant entre 1/4,5 et 1/5. Elles permettent aussi — et ce n'est point sans importance — de remplacer un aliment par un autre en quantité moindre ou supérieure, mais plus économique, et d'arriver au même résultat alimentaire pourvu que la relation nutritive soit atteinte.

Considération sur la quantité de nourriture nécessaire à une poule adulte. Une question qui se pose assez souvent est la suivante : quelle est la quantité de nourriture nécessaire journellement à une Poule? Il est certainement fort difficile d'y répondre d'une façon précise; car cette quantité de nourriture dépend de la production de cette Poule, de son activité, de son tempérament individuel; puis il y a aussi la richesse et la digestibilité des aliments fournis.

Nous allons néanmoins essayer de donner, à ce sujet, quelques indications. Plus grande est l'activité fonctionnelle chez un animal, plus grande doit être la somme d'aliments mis à la disposition de celui-ci.

Chez la Poule, la digestion, la circulation, la respiration sont bien plus actives que chez les animaux de grande espèce; la nourriture doit être en rapport avec l'énergie de ses fonctions.

Dans des expériences, faites sur un Coq et neuf Poules pesant ensemble 17 kilogrammes, et qui ne pouvaient consommer que la nourriture donnée, Alilent a reconnu que, sans augmenter ni diminuer de poids, ces animaux avaient absorbés 65 grammes de grain par jour.

Dans une autre expérience, portant sur trois lots composés chacun de dix individus enfermés pendant un mois et nourris les premiers avec de l'orge, les seconds avec du sarrasin, les troisièmes avec de l'avoine, à raison de 1 kilo de chacune de ces substances par jour et par lot, Purs a reconnu que le 1er lot, pesant 18 kilos au moment de la claustration, en pesait 18 1/2 à la fin de l'expérience; le second, qui en pesait 17 1/2, n'avait ni augmenté ni diminué de poids; le troisième, qui au début pesait 18 kilos, avait perdu 1/2 kilo de son poids.

De là, Purs conclut qu'une Poule en liberté pourrait se contenter de 75 grammes de grain par jour; car elle trouverait, dit-il, le surplus des aliments qui lui sont nécessaires. Certainement elle les trouverait, mais l'activité dont elle serait obligée de faire preuve dans cette recherche causerait une dépense dont il y a lieu de tenir compte.

Bernon considère comme suffisante une ration de 60 grammes par jour, et

Mand Didieux, tout en indiquant la même quantité, assure qu'avec 45 grammes de sarrasin, une Poule pourrait parfaitement se nourrir.

Et nous pourrions citer nombre d'auteurs qui donnent des chiffres, mais sans apporter plus de précision.

Chez les volailles adultes, il faut considérer quatre états bien différents : 1º L'état de stagnation, où l'animal ne doit ni augmenter ni diminuer de poids, *une ration d'entretien peut donc lui suffire.*

2º L'état de production, où une augmentation d'alimentation doit tourner au profit de la Poule, ou de la plume pendant la mue; il lui faut donc alors une *ration de production.*

3º L'état d'engraissement, où l'alimentation a pour but d'obtenir une augmentation de poids, d'où *ration d'engraissement.*

4º L'état de croissance, où le jeune Poulet croît, forme ses os, etc., ce qui nécessite une *ration d'accroissement.*

Nous laisserons de côté, pour le moment, ces deux derniers états, pour ne nous occuper que des deux premiers.

Plusieurs données physiologiques, basées sur une des fonctions de la vie, nous permettront de déterminer l'alimentation qui convient au premier état et d'en déduire quel sera celui du second.

Dans ses expériences sur la respiration, M. Colin a trouvé qu'un Cheval du poids de 45 kilos ne consomme par heure et par kilo de substance vivante que 55 grammes d'oxygène; une Poule pesant 1 kilo en consomme 103, soit près du double.

Ce même Cheval, ne travaillant pas, consomme pendant 24 heures, sans augmentation ni diminution de poids, 2.200 grammes de carbone et 100 grammes d'azote, soit 0 gr. 22 d'azote et 4 gr. 89 de carbone par kilo de poids vif. — Si cet animal travaillait, il consommerait le tiers ou même la moitié en plus de ces deux substances.

Une Poule, dont l'activité respiratoire est presque le double de celle du Cheval, consommera donc le carbone et l'azote dans un rapport équivalent, soit 0 gr. 41 d'azote et 7 gr. 65 de carbone par kilo du poids vif en 24 heures.

Mais, combien grand est le travail qu'elle exécute, toujours en mouvement, cherchant, fouillant de tous côtés ! On peut dire que sa consommation d'azote et de carbone augmentera de moitié pour la Poule en liberté; la Poule parquée ne consommera guère qu'un tiers en plus.

Partant de ces données, il sera facile, en consultant les tables, de connaître quelle devra être la ration quotidienne, soit, si elle est en liberté, 0 gr. 82 d'azote et 15 gr. 30 de carbone, soit, si elle est en parquet, 0 gr. 55 d'azote et 10 gr. 20 de carbone par kilogramme de poids vif.

Dans la pratique, ce raisonnement ne prête-t-il pas à des critiques?

Certainement; car dans les divers aliments, la quantité d'azote nécessaire à l'alimentation est combinée dans la plupart des aliments à un poids énorme de matières grasses ou hydrocarbonées qui, après avoir formé le carbone nécessaire, sont absorbées par les intestins et forment les tissus divers.

Il y aurait donc continuellement augmentation de poids.

D'après des expériences assez concluantes, on a trouvé que pour des Poules de 2 kilos le régime type se composait par Poule :

		En liberté	Parquées
Matin :			
Avoine		25 gr.	20 gr.
Midi :			
Partie composée { Son		25 —	30 —
Pomme de terre		40 —	30 —
Soir :			
Maïs		20 gr.	20 gr.

Pour arriver à obtenir de la Poule la plus grande quantité d'œufs possible, il faudra nécessairement augmenter les substances nutritives, de façon à compenser la perte des matériaux de l'organisme.

Il convient de chercher, en premier lieu, la composition des différentes parties de l'œuf.

La coque ne renferme :

Carbonate de chaux	89 gr. 60	
Phosphate de chaux	5 — 70	p. 100
Substance renfermant du soufre	4 — 70	

Soit, pour une coquille du poids de 12 grammes :

Carbonate de chaux	10 gr. 75	
Phosphate de chaux	0 — 68	p. 100
Substance renfermant du soufre	0 — 56	

La Poule absorbe dans ses aliments naturels un excès de carbone qui donne lieu, par sa combinaison avec l'oxygène, à la formation d'acide carbonique, qui s'unit à la chaux ingurgitée par la Poule à l'état de sel calcaire.

L'acide phosphorique, qui existe à l'état de phosphate dans les graisses, donne lieu également à la formation du phosphate de chaux nécessaire à la coquille. Quant à la substance soufrée, elle se trouve en grande quantité dans les matières albuminoïdes contenues dans le blé, l'avoine, l'orge, etc.

Nous n'avons donc pas à nous occuper de cette partie de l'œuf; toutefois, on en aidera la formation en ajoutant à la pâte donnée, des os calcinés et réduits en poudre dont la décomposition est plus facile que celle du sel.

Un œuf du poids moyen de 55 grammes, défalcation faite de la coquille, renferme :

Azote	0 gr. 95
Carbone	6 — 87
Matières grasses	3 — 87
Eau	44 — 00

On doit donc retrouver ces différentes substances dans le supplément de nourriture que l'on fournira à la Poule pondeuse.

Une bonne pondeuse produit assez généralement cinq œufs par semaine; c'est donc une augmentation de 4 gr. 95 d'azote que l'on doit donner en 7 jours à chaque Poule pondeuse.

L'alimentation durant la mue est aussi guidée par la quantité de matériaux nécessaire à la formation des plumes.

Une Poule a, en général, 6 % de plumes de poids vif, soit pour une Poule de 2 kilos, 120 grammes de plumes.

La composition pour 100 des plumes est la suivante :

Carbone	52 gr.	47
Hydrogène	7 —	11
Azote	17 —	68
Oxygène	22 —	74
Soufre		

Soit, pour 120 grammes :

Carbone	62 gr.	99
Hydrogène	8 —	53
Azote	21 —	21
Oxygène	27 —	27
Soufre		

La mue et la production de nouvelles plumes s'effectuant dans l'espace de deux mois environ, il faut durant cette période ajouter à la ration d'entretien 0 gr. 53 d'azote par jour, les autres éléments étant fournis en quantité suffisante par les aliments habituels.

Nous compléterons ces renseignements par les tables suivantes, dues au Dr Salmon, chef du Bureau de l'Industrie animale des États-Unis.

Nombre de calories nécessaire journellement pour l'entretien d'une Poule, sous un climat analogue à celui de New-Jersey (États-Unis).

Poule pesant :	Par Poule calories	Par livre (0,4) de poids vif calories
1 k. 586	220,5	63
2 k. 493	302,5	55
3 k. 400	360,0	48

Cette table donne une moyenne qui baisse en été et augmente en hiver. Noter la diminution du nombre nécessaire de calorie, alors que le poids total du sujet vif augmente.

Pratique de l'alimentation. Nous nous sommes étendu un peu longuement sur la théorie de l'alimentation, afin de bien faire comprendre le rôle des divers éléments contenus dans les aliments donnés aux volailles et de faire saisir les besoins qu'elles ont suivant leur production ou leur état de stagnation.

Mais, quoiqu'on nous accuse de n'avoir appris, dans nos écoles nationales d'agriculture, que des théories et de vouloir tout régir l'éprouvette ou la balance à la main, nous sommes au contraire convaincu qu'en fait d'alimentation la meilleure école est la pratique, mais une pratique raisonnée s'appuyant, comme sur une base solide, sur les données théoriques que nous venons de résumer aussi brièvement que possible, qui ouvrira peut-être des horizons nouveaux à certains aviculteurs et en tous cas leur permettra souvent de réaliser des économies, en remplaçant, suivant le cas, un aliment par un autre, tout aussi profitable, mais moins onéreux.

Cette théorie, si critiquée par les uns, nous a montré d'une façon indéniable, — que la pratique confirme journellement, — que toute Poule produisant soit des œufs, soit des plumes lors de la mue, doit être nourrie plus abondamment ou plus richement que celle qui vit dans un état de stagnation. Du reste, le vieux proverbe — ils ont parfois du bon les vieux proverbes — dit : « La Poule pond par son bec », ce qui veut dire que mieux on la nourrit, plus elle pond.

Au point de vue pratique, laissant de côté, pour le moment, la nourriture des poussins et des Poulets en état de croissance, c'est-à-dire la ration d'accroissement dont nous nous occuperons dans le chapitre spécial consacré à l'élevage, nous ne considérons l'alimentation que sur deux points de vue : la production de l'œuf et la production de la viande.

Alimentation pour la production des œufs. La nature nous donne à ce sujet une leçon profitable. Les œufs sont abondants au printemps chez tous les Oiseaux, non simplement parce que la température est propice, et que toute la nature chante le renouveau, la joie et l'amour, mais surtout à cause de l'abondance de nourritures variées et vivantes qui se trouvent dans les prairies, les champs, par suite de la plénitude de la vie, de l'abondance des Insectes, de Vers et des Mollusques qui se reproduisent et se multiplient à cette époque. Remarquez l'activité de la Poule pondeuse, occupée à capturer ces proies vivantes, la gourmandise avec laquelle elle les dévore. Remarquez aussi l'avidité avec laquelle les poussins engloutissent eux aussi ces petits Insectes, alors qu'ils sont en période de croissance et qu'une abondante nourriture animalisée leur est nécessaire.

Si nous voulons des œufs durant toute l'année, nous devons combiner pour nos Poules un printemps éternel, au point de vue de l'alimentation tout au moins (1).

La plus grande faute consiste en ce que les volailles maintenues en parquets sont nourries trop abondamment avec des céréales, sans un supplément suffisant de matières d'origine animale (matières azotées) et de nourriture verte sous une forme ou l'autre; en outre, le plus souvent, le grain donné n'est pas assez riche en matières albuminoïdes.

La ruine du producteur d'œufs consiste dans un troupeau d'Oiseaux trop gras. L'état d'engraissement, même peu prononcé, diminue le nombre des œufs et rend le petit nombre pondu impropre à produire des descendants de bonne vigueur et de bonne santé; en effet, les œufs pondus par une Poule grasse sont la plupart du temps inféconds, ou le germe, s'il existe, ne donne naissance qu'à des Poulets très délicats. Il est parfois nécessaire d'utiliser les œufs d'une Poule d'exposition, mais la vie inactive et indolente qu'elle a été forcée de subir durant la période de préparation au concours l'a rendue grasse et mauvaise pondeuse.

Dans ce dernier cas, on ne rendra à de pareilles Poules la plénitude de leur faculté de pondeuses qu'à l'aide d'une réduction de nourriture, de purgatifs et par l'obligation de profiter de la vie libre et de faire beaucoup d'exercice.

Il est toujours, d'ailleurs, très difficile de transformer des volailles grasses en bonnes pondeuses. L'excès de graisse peut disparaître des parties extérieures, mais les organes intérieurs le conservent longtemps. La meilleure méthode consiste à diminuer les rations, et même à ne leur donner que demi-ration, à éviter tous les aliments riches en matières grasses, comme le maïs et le blé, et à

---

(1) La continuation de cette nourriture printanière est aussi nécessaire aux jeunes poussins ou poulets, afin qu'ils puissent croître rapidement et acquérir une solide ossature; c'est pour cela qu'il convient de leur donner une alimentation composée de matières azotées, de provenance animale, qui remplacera les Mollusques et Insectes divers, qu'ils trouvent dans les champs à cette époque de l'année.

donner la préférence à ceux qui ont une forte teneur en principes albuminoïdes, à les nourrir principalement avec du grain (avoine, sarrasin), non mis dans des augettes, mais éparpillé dans la litière sous un hangar quelconque, de manière à forcer les sujets à faire de l'exercice pour trouver leur nourriture. On leur

Alimentation en vue de la production de la chair. Dans ce cas, contrairement à ce qu'il fallait éviter précédemment, il s'agit de donner des aliments poussant le plus possible à la graisse. Question d'alimentation à part, les meilleurs résultats sont évi-

(*Cliché Chasse illustrée.*)

LA DISTRIBUTION DU GRAIN A LA FERME

donnera aussi en abondance de la nourriture verte, choux, salades, du trèfle sec, haché (ébouillanté et mis sous forme de pâtées), et du son (aussi ébouillanté et sous forme de pâtée) mélangé avec quelque matière d'origine animale comme du sang desséché, de la poudre de viande, etc.

De temps en temps, une petite dose de sulfate de soude aidera à rétablir dans leur état normal les Poules trop grasses.

demment obtenus avec des sujets qui dès leur jeune âge sont habitués, *entraînés* à absorber de grosses quantités de nourriture. Mais nous nous occuperons plus loin de ce point spécial.

Les aliments qui permettent d'obtenir l'engraissemsnt le plus rapidement possible sont ceux riches en matières grasses et en hydro-carbonates, mais sous une forme facilement digestible; en outre, pour obtenir le meilleur résultat, il faudra : 1º que les sujets soient maintenus plutôt au

38

chaud, pour éviter qu'une partie des aliments absorbés ne soit utilisée à fournir la chaleur du corps au lieu de la graisse désirée; 2° qu'ils soient maintenus enfermés (ou dans des épinettes), afin d'éviter le plus possible de l'exercice qui causait une déperdition inutile des aliments absorbés.

Les résultats que l'on obtient dépendent donc en grande partie de la composition des aliments qu'on donne aux volailles.

Les aliments riches en matières azotées aux pondeuses, aux jeunes, aux reproducteurs;

Les aliments riches en matières grasses et hydrocarbonées aux animaux à engraisser.

Il convient donc d'étudier ces différents aliments; nous le ferons aussi rapidement et sommairement que possible.

Différents aliments convenant à la volaille. Les *pois, fèves, haricots* attirent de suite l'attention des éleveurs, par suite de leur forte teneur en matières azotées, la relation nutritive étant de 1/2,5. Les vieux éleveurs de Coqs de combat n'hésitaient pas à donner ces grains aux Oiseaux qu'ils entraînaient. Actuellement, on les distribue surtout aux volailles sous forme de farines qui sont d'une grande utilité pour relever la teneur en azote de certaines pâtées; mais il faut noter que, si ces graisses sont riches en matières azotées, elles sont très pauvres en matières hydrocarbonées, et des Poules exclusivement nourries avec ces aliments (comme avec toutes les légumineuses) deviendraient sèches, dures et étriquées. Les légumineuses *données en petites quantités* réussissent bien avec certains sujets, tandis que d'autres n'en profitent point. Aussi, quand on les fait entrer dans une ration,

convient-il de bien en surveiller l'effet sur les sujets eux-mêmes.

Les *touraillons de Malt* sont presque aussi riches en matières albuminoïdes que les légumineuses, mais ils sont d'une plus forte teneur en matières grasses et surtout d'une digestion plus facile. Le fait provient de la diastase qui transforme l'amidon et une partie de la cellulose en matières solubles, dextrine et sucre, opération analogue à celle qui se fait dans l'estomac même de l'animal sous l'action de la salive et du suc pancréatique.

L'*avoine* paraît, en principe, la meilleure nourriture pour la race galline; elle contient un principe excitant qui produit un effet heureux sur les Poules pondeuses. De récentes expériences ont démontré l'utilité dans l'alimentation des volailles de l'*avoine germée,* l'enveloppe dure de cette graine rend sa digestion assez difficile (1). Pour obtenir de l'avoine germée, il suffit d'emplir en partie un seau d'avoine en grain et d'y verser ensuite autant d'eau qu'il peut en contenir; on laissera macérer le grain durant 24 heures, puis on le versera dans une caisse d'une contenance de cinq seaux, caisse dont le fond est percé de trous pour l'évacuation de l'eau; on couvre l'avoine dans la caisse d'un drap ou d'un vieux sac et on choisit pour la placer une cave, un sous-sol, un cellier à température chaude. Chaque soir et chaque matin, on verse une petite quantité d'eau chaude sur l'avoine et on brasse consciencieusement ensuite. Si la masse d'avoine s'échauffait trop (la grande chaleur tuerait les germes), il faudrait diminuer la couche de graines et arroser d'eau froide.

Les graines commencent bientôt à germer : quand les jeunes radicelles apparaissent, la masse s'échauffe et l'avoine se

---

(1) Néanmoins, à la longue, les Poules tirent une certaine partie de la cellulose dont est formée l'enveloppe de l'avoine.

met à pousser rapidement : le grain est alors prêt à être distribué.

L'avoine germée est l'une des bases du *Philo System*, dont nous nous occupons ailleurs, aussi a-t-on imaginé des dispositifs plus pratiques que celui que nous venons d'indiquer, qui consistent en des séries de caisses peu profondes, dont le fond est percé de trous et dans lesquelles on étend l'avoine humectée comme nous venons de le dire : ces caisses sont munies sur les côtés de montants, ce qui permet de les empiler les unes sur les autres, en laissant néanmoins entre chacune un espace libre nécessaire pour la végétation et le passage de l'air. Lorsque les germes ont atteint une hauteur suffisante, il suffit de retirer une des caisses et de la porter dans le parquet, les Poules y puiseront à leur aise.

Certains éleveurs se contentent, pour éviter l'indigestibilité de l'enveloppe dure de l'avoine, de l'ébouillanter; mais ils sont loin de retirer les mêmes avantages qu'avec l'avoine germée, la germination et la diastase qui s'ensuit transformant partie de l'amidon de la graine en sucre.

L'*avoine moulue* et non blutée forme un excellent aliment pour les sujets à l'engraissement; il existe en Sussex des procédés particuliers de mouture (avec des meules tournant très rapidement) qui font de cette farine grossière un aliment très recherché par tous les engraisseurs de cette région.

La *farine d'avoine pure*, dont la relation nutritive est de 1/4,8, forme, pour ainsi dire, un aliment complet pour la volaille, d'autant plus qu'elle contient elle-même quantité suffisante des autres sels nécessaires. Elle est très utile dans l'élevage des poussins et des poulets, et forme une des bases de l'*alimentation riche* qui, dans certains pays, est adoptée pour leur élevage.

Le *blé* est utilisé sous différentes formes, mais sa relation nutritive 1/6 nous montre qu'il est peu riche en matières albuminoïdes, il est fort riche en hydrocarbonates, moins en matières grasses. Et néanmoins il pousse bien à l'engraissement. La farine est encore plus pauvre en matières albuminoïdes 1/8, de même que le pain.

Le *son*, au contraire, est plus riche en matières albuminoïdes et en matières grasses, et forme un heureux mélange dans certaines rations; mais il faut remarquer que la cellulose qu'il contient est parfois mal digérée; et il peut produire des irritations intestinales à la suite d'une alimentation dont il formerait trop longtemps la base.

La *recoupe*, dont certaines qualités égalent la valeur nutritive de l'avoine, est riche en matières albuminoïdes, et en général peut fournir une alimentation profitable et économique; malheureusement ce produit est d'une composition peu égalisée, et certaines recoupes ne valent pas mieux que du petit son.

Le *sarrasin* est inférieur au blé; sa relation nutritive étant de 1/6,5. Mais il est beaucoup plus riche en matières grasses; par suite, il donne de meilleurs résultats pour l'engraissement. Il constitue aussi une bonne nourriture pour les jeunes poulets.

L'*orge* manque aussi de matières albuminoïdes (Rn 1/9,7) et contient aussi très peu de matières grasses; en outre, la cellulose est abondante et peu digestible. Elle a pourtant des propriétés rafraîchissantes. Mais, si l'orge en grain ne paraît pas très utile pour l'aviculture, la farine d'orge, au contraire (le blutage l'ayant débarrassé d'une grande partie de sa cellulose, celle provenant de son enveloppe), rend de grands services dans l'engraissement, et constitue la plus heureuse base pour les pâtées des poulets destinés à être engraissés.

Le *seigle* ne sera cité que pour mémoire; les Poules se montrent peu friandes de cette céréale peu riche en matières azotées, sa farine peut être d'une meilleure utilisation.

Le *maïs* (Rn 1/9,8) se montre très riche en matières grasses, en huile; cette graine est particulièrement recherchée par les volailles, et donne d'excellents résultats pour l'engraissement. Il faut la donner avec précaution aux reproducteurs et aux Poules pondeuses; car elle offre l'inconvénient de pousser trop rapidement à la graisse.

La farine de maïs a les mêmes propriétés que le grain lui-même; elle forme d'excellentes pâtées, mélangée avec du son et de la recoupe.

Le *riz* (Rn 1,6 1/2) constitue un aliment de peu de valeur, peu riche en matières albuminoïdes et en matières grasses, il n'est composé que d'amidon; il est peu aimé par les volailles, à moins d'être donné bouilli; en cet état, il peut rendre des services en arrêtant les atteintes de la diarrhée.

Le *chanvre* est très riche en huiles (Rn 1,9); il jouit de propriétés excitantes particulières; c'est un bon stimulant pour les reproducteurs, pour les volailles qui muent et aussi pour les jeunes poulets. Il faut en éviter l'abus.

La graine de lin est aussi fort riche en huile.

Parmi les *aliments herbacés*, le *trèfle* est l'un des plus utiles, et des expériences ont démontré l'influence ferme qu'il exerce en hiver sur la production des œufs. Le trèfle contient notamment une grande partie des substances nécessaires à la formation des œufs, et constitue donc une des principales parties de la nourriture à donner aux Poules. Il est encore sans doute peu connu que 1.000 kilos de trèfle contiennent 30 kilos de chaux. Des Poules régulièrement nour-

ries de trèfles pondent beaucoup mieux que celles qui doivent s'en passer. En hiver, le foin de trèfle remplace le mieux la nourriture verte. Maints éleveurs coupent le foin de trèfle et le jettent sur des parquets ou dans les endroits fréquentés par les Poules, de façon qu'elles puissent y gratter et en manger à leur gré. C'est la manière la plus simple, mais qui cause de grandes pertes; car les Poules ne mangent alors que les feuilles. Pour les engager à en manger davantage, on coupe le foin de trèfle très court, et on le mélange à de la nourriture molle. Les Poules le préfèrent, lorsque la préparation se fait de la façon suivante : On prend, le soir, un seau rempli de foin de trèfle très finement coupé, et on y déverse de l'eau bouillante, et après l'avoir recouvert, on le laisse ainsi la nuit. Le lendemain, on ajoute du son ou des graines concassées jusqu'à ce que le tout forme une pâtée. L'eau qui en provient est bue volontiers par les Poules, et est un des meilleurs moyens préventifs contre les maladies des volailles. Le trèfle est non seulement une des meilleures, mais aussi une des nourritures des moins chères.

Les *navets cuits* constituent un bon aliment, et peuvent être donnés seuls ou avec de la farine. On peut donner des betteraves crues, mais il faut craindre la diarrhée, et au plus léger indice suspendre les distributions.

Les *pommes de terre* (Rn 1/6 1/2) contiennent surtout de l'amidon; elles engraissent, mais surchargent l'estomac, et si l'on en fait grand usage, il faut compléter la ration avec des remoulages, de l'avoine et de la viande.

La *viande* est indispensable pour une bonne alimentation, car il est impossible de constituer une ration suffisamment concentrée, constituée par des albuminoïdes végétaux. De toutes les espèces de viande, celle de cheval cru est la meilleure, mais il faut s'assurer que toute viande soit de bonne qualité, et ne provienne pas de sujets tuberculeux, sinon il faut la faire cuire avec soin. C'est aussi une des raisons qui militent en faveur de la viande de Cheval; car la viande des autres animaux de boucherie est toujours fort chère, à moins qu'elle ne proviennent d'animaux malsains. Les abats de boucherie, lavés et cuits jusqu'à consistance molle, sont généralement faciles à se procurer, et quand on ne trouve rien d'autre, on peut toujours acheter de la farine de viande qui, elle, se conserve.

Il n'est pas nécessaire de donner chaque jour une alimentation parfaitement équilibrée; mais il est bon d'avoir toujours sous la main une nourriture qui se conserve bien et se mélange aux autres aliments.

Un bon échantillon, revenant de 34 à 36 francs par couple, est meilleur marché et donne moins d'ennuis que la viande elle-même : des os fraîchement coupés, tiennent lieu de viande jusqu'à un certain point, mais causent souvent des dérangements d'entrailles, s'ils sont donnés en excès.

Dans les petits élevages, le travail occasionné par le hachage de la viande est assez ennuyeux; on trouvera avantage à utiliser, pour fournir l'alimentation animale, deux litres de poudre sèche et un tiers d'os fraîchement coupés à la machine (hozeuse).

Enfin le commerce fournit une foule de nourritures animalisées, qu'il peut être utile d'utiliser dans certaines conditions.

L'alimentation sèche des volailles. Les Américains ont imaginé une méthode d'alimentation connue sous le nom de *Dry Feeding*, ou *alimentation sèche*, qui leur a donné d'excellents résultats, et qui commence à être aussi adoptée en Angleterre.

Cette méthode d'alimentation consiste essentiellement dans la suppression des pâtées humides, c'est-à-dire délayées avec un liquide quelconque : eau, petit lait, lait, etc., et dans la distribution des aliments, qui composent ces pâtées, à l'état complètement sec, soit en mélange, soit séparément.

Ce nouveau mode d'alimentation présente, en outre, une autre particularité fort intéressante : les Oiseaux peuvent disposer à leur gré des aliments qui leur sont destinés; ils mangent quand ils en éprouvent le besoin, et absorbent la quantité qui leur convient. Les farines diverses et le son, qui forment la base de nos pâtées habituelles, sont placés dans les trémies automatiques, qui peuvent recevoir la quantité suffisante pour une semaine. Lorsqu'on désire éviter le mélange des diverses substances, ces trémies sont à trois ou quatre compartiments. Les farines et le son ne forment pas, d'ailleurs, le régime exclusif des volailles ainsi traitées; elles reçoivent aussi des céréales; mais celles-ci, s'il y en a toujours quantité suffisante à la disposition des Oiseaux, sont toujours éparpillées dans une épaisse litière de paille, de manière à ce que leur recherche soit difficile, et force les animaux à prendre un exercice des plus utiles et des plus profitables à la croissance de leur appétit.

Quels sont les avantages de pareil mode d'alimentation?

Les Oiseaux prennent, sans se disputer, leur part de nourriture. De cette façon, il n'y a plus cette ruée sur les augettes, lorsqu'on les remplit de pâtée; chaque Oiseau est assuré d'avoir la part qu'il désire. Une Poule va vers la trémie, prend deux ou trois becquées des produits qui s'y trouvent, en prenant tout le temps pour permettre l'insalivation, puis se met à gratter dans la litière pour trouver une graine, enfin, elle se rend à l'abreuvoir, avale une gorgée d'eau et retourne à la trémie. Un peu de « pâtée sèche », quelques graines, un peu d'eau, cela se rapproche entièrement de la manière naturelle de s'alimenter des Gallinacés.

On est convaincu, en Amérique, que la nouvelle méthode donne des résultats bien supérieurs à ceux que procurent les divers systèmes employés jusqu'ici. Les Poules soumises au nouveau régime pondent des œufs plus gros et en plus grande quantité; les jeunes se développent plus rapidement; il y a aussi une considérable diminution de frais de main-d'œuvre, puisqu'il est loisible de donner en une seule fois toute la nourriture nécessaire pour une semaine, ce qui serait impossible avec les pâtées humides, qui s'aigrissent si rapidement qu'il faut les confectionner une ou plusieurs fois par jour.

La composition de ces *Drymash* —, c'est ainsi que les Américains nomment ces « pâtées sèches » —, est fort variable. Les pondeuses, la plupart du temps, reçoivent un mélange : 100 kilos de son de blé, 50 kilos de farine de basse qualité, 50 kilos de farine de maïs, 25 kilos de farine de lin, 50 kilos de farine de gluten (déchet de la fabrication de la fécule de maïs), 50 kilos de farine de viande, 50 kilos de trèfle sec, finement haché, sec ou vert, 50 kilos de farine d'avoine et 2 kilos de sel.

Pour l'élevage des poussins, on ajoute ordinairement de la poudre et non des phosphates.

En Angleterre, des essais très sérieux d'alimentation sèche ont été entrepris par des éleveurs habiles. On a un peu modifié la méthode américaine, en adoptant un moyen terme.

Prétendant que les volailles, lorsqu'elles ont, durant toute la journée, la nourriture qu'il leur faut, consomment beaucoup, mais ne s'assimilent pas en proportion de cette consommation, ce qui est important, ils ne mettent les trémies garnies de *Dry Mash* à la disposition des volailles que durant l'après-midi.

Voici comment procède le major Falkener pour nourrir ses pondeuses maintenues en parquets : Le matin, il leur donne exclusivement de la nourriture verte; vers 9 à 10 heures, il leur distribue des céréales, une poignée environ pour trois Poules, et il la projette sur une épaisse litière de paille de manière à les forcer à gratter et chercher avec activité; pour rendre plus difficile encore cette recherche, il se sert surtout de grains (blé) concassés. A 2 heures, il apporte les trémies garnies de *Dry Mash*.

Ce dry mash consiste en deux mélanges :

1º Avoine très finement concassée (farine très grossière), 2 parties.

Farine de poisson ou de viande, 1 partie.

Farine de pois (féverolles), 1/4 de partie.

2º Le second mélange qui est distribué aux Poules consiste en :

Mélange numéro 1 (ci-dessus), 1 partie.

Son de blé, 5 parties (ou plus).

Les volailles doivent en absorber une grande quantité; si l'on trouve la consommation trop faible, on augmentera la proportion de son. On laisse les trémies jusqu'au moment du coucher.

Les volailles rentrent au poulailler le ventre plein, dans de bonnes conditions pour la nuit.

Il est bon de varier de temps en temps les matières premières du mélange nº 1, en les remplaçant par d'autres de valeur équivalente.

Lorsqu'on donne des os verts, on peut supprimer les farines de viande ou de poisson.

La ponte est, paraît-il, excellente.

Sans vouloir conclure, nous croyons qu'il y a, dans l'une et l'autre des méthodes, un mode d'alimentation fort intéressant.

(*Cliché Gallina*).

VI. — ENGRAISSEMENT

ES volailles que l'on veut engraisser sont soumises à un régime spécial, soit dans des cages ou volières de dimensions réduites, soit dans des épinettes.

Nous avons donné, en traitant des diverses races que l'on élève pour la production des poulets de table, des indications précises, dans nos monographies.

L'immobilisation relative de sujets soumis à l'engraissement s'obtient en les enfermant dans des épinettes dont il existe différents modèles, et dont nous reproduisons ci-dessous l'un des plus simples.

Nous donnons également une figure reproduisant le gavage mécanique avec pompe à compression, qui est utilisé dans l'Aviculture Industrielle.

Lorsqu'on veut faire en grand l'engraissement des volailles, on se sert parfois d'épinettes constituées par de petites cases en ciment superposées, que l'on peut nettoyer rapidement en les arrosant à la lance. Il en existe une fort belle installation dans l'Élevage du Baron H. de Rothschild, aux Vaulx-de-Cernay.

Nous ne traiterons pas ici longuement des divers procédés d'engraissement auxquels des livres spéciaux ont été consacrés, tel que *Les Conseils Pratiques sur l'Élevage* et l'*Engraissement des Volailles*, de J. Rodillon.

Nous nous bornerons à insister sur ce point d'une importance capitale. Pour avoir des Poulets capables de bien s'en-graisser, il faut dès leur jeune âge, par un régime approprié, développer leur estomac et leurs intestins, les habituer à prendre une ration volumineuse, afin de les habituer à leur rôle de transformateurs de nourriture en viande. On les nourrira dès leur jeune âge avec des pâtées, en évitant le plus possible le grain.

Méthodes d'engraissement. Dans la pratique, on peut considérer :

I. — *L'engraissement libre*, qui consiste à donner aux sujets laissés en liberté une nourriture fort engraissante; c'est-à-dire riche en matières hydrocarbonées et grasses.

II. — *L'engraissement en épinettes*, consistant dans le même régime, mais appliqué à des Oiseaux enfermés dans une épinette afin qu'ils fassent le moins de mouvements possibles, d'où dépense moindre des forces, et moindre dépense inutile de nourriture.

III. — *Engraissement par intromission forcée d'aliments*, consistant à introduire de force des aliments convenables en quantité suffisante pour produire un bon et rapide engraissement. Cette pratique est aussi connue sous le nom de gavage. Il peut se pratiquer de diverses façons, les Oiseaux étant en général enfermé dans une épinette, ou tout au moins dans un local restreint, où ils ne peuvent prendre que le minimum d'exercice.

A. *Gavage aux pâtons.* — On confectionne avec des farines et du lait des pâtons de la grosseur du doigt, on les enduit d'un peu de grain, et on les introduit dans la gorge de l'Oiseau, en pressant

ÉPINETTE POUR L'ENGRAISSEMENT DES VOLAILLES

GAVEUSE VOITELLIER

à compression avec pompe et épinette à deux étages.
Système employé dans l'Aviculture industrielle.

d'une main sur le cou, on force les pâtons
à descendre.

B. *Gavage à l'entonnoir.* — La pâtée
est faite très liquide, de la consistance
d'une crème épaisse, et au lieu d'en former
des pâtons, on en déverse un certain
nombre de cuillerées dans l'œsophage
au moyen d'un entonnoir dont l'extrémité
de la douille est entourée d'une rondille
en caoutchouc que l'on introduit jusqu'au fond de la gorge de l'Oiseau.

C. *Gavage avec la gaveuse mécanique.* —
La gaveuse mécanique se compose d'un
corps de pompe muni d'un tube de
caoutchouc terminé par une douille que
l'on introduit dans la gorge du sujet.
Un coup de piston projette par cette
douille dans l'œsophage de l'Oiseau une
certaine quantité de la pâtée contenue
dans le corps de pompe.

Chapons et Poulardes. On nomme chapons et poulardes des Coqs et des Poules auxquels par cette opération on a
enlevé la faculté de se reproduire. Cette
question assure une profonde modification de l'organisme, la croissance de
l'animal se prolonge, et il obtient un
grand développement de poitrine sans
dureté.

L'opération, sans être difficile, demande une certaine habileté; elle se
pratique à la fin du printemps ou au
commencement de l'automne par un
beau jour. Le jeune Coq étant sain et à
jeun, âgé de trois mois environ, on
l'assujettit sur le dos, le croupion vers
l'opérateur, la cuisse droite tenue le long
du corps et la cuisse gauche portée en
arrière pour découvrir le flanc gauche qui
est le lieu de l'incision. Elle doit être
dirigée d'avant en arrière sur le milieu
du flanc entre le sternum et le croupion. Après avoir arraché les plumes à
cet endroit, on incise avec un bistouri,
la peau et les muscles abdominaux et le
péritoine en un ou deux temps. Quelquefois, il se montre un bout d'intestin qu'on
doit éviter d'effleurer. L'incision étant
faite assez grande pour passer le doigt,
on y introduit l'indicateur huilé, on
l'enfonce dans le ventre en le dirigeant
vers le dos et en avant; on arrive sur le
testicule gauche, on le détache avec
l'ongle et on en fait l'extraction avec le
doigt; puis on parvient au testicule droit;
on le détache et on le tire au dehors
comme le premier. Ensuite on fait rentrer
la portion d'intestin qui serait sortie,
et l'on réunit les lèvres de la plaie par
une suture modérément serrée. Les ménagères frottent la plaie avec un beurre
frais, mais il vaudrait mieux user d'une
pommade antiseptique. On coupe la
crête ensuite.

Il est des pays où l'on saisit cet instant
pour greffer les éperons du Coq qui sont
encore très petits à la place de la crête,
en pratiquant une ou deux incisions,
on y insère l'un des éperons ou tous
les deux, et on les lient par une ligature;
les éperons poussent dans la suite.

L'opération étant terminée, on place
le nouveau chapon dans un lieu tempéré
où il ne puisse faire d'efforts pour se
percher. On lui donne pour aliments
durant une huitaine de la farine et du son
délayés dans de l'eau, et de l'eau pure à
discrétion. Si le lendemain ou les jours
suivants on voit un chapon languissant,
il faut le saisir et visiter la plaie; si celle-ci
est enflammée, on la lave soigneusement
avec une éponge imbibée d'eau tiède,
puis avec une solution antiseptique.
Un peu d'iodoforme en poudre répandu
sur la plaie fera la cicatrisation.

Les Américains (les chapons paraissent
redevenir à la mode aux États-Unis),
tout en suivant le même procédé opératoire, ont modifié l'opération par la
création d'une série d'instruments.

Fig. 1. — LES CÔTES SONT MISES A NU

Dans un but uniquement démonstratif, elles ont été découvertes, sur un Poulet mort,
pour montrer l'endroit précis, marqué par la pointe du couteau,
où doit se faire l'incision par rapport aux autres côtes.

Fig. 2. — DERNIÈRE OPÉRATION

Enlever l'organe avec une canule. Un fil passant dans celle-ci forme une boucle
enserrant le cordon. Tirer sur les bouts libres de ce fil jusqu'à ce que le cordon soit coupé.
Refermer la peau sur l'ouverture pratiquée.

(*Clichés Vie à la Campagne.*)

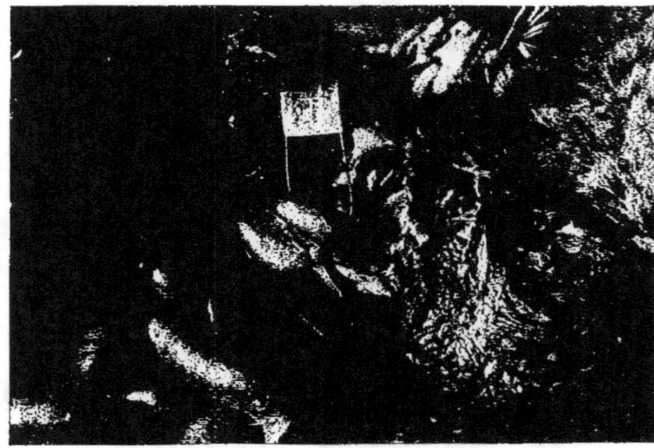

Fig. 3. — CHAPONNAGE

Figure démonstrative indiquant la façon dont on entoure le cordon maintenant l'organe à supprimer, avec la boucle de fils d'une canule spéciale. Il n'y a plus qu'à serrer la boucle.

Fig. 4. — ABLATION D'UN TESTICULE

Détacher celui-ci en tirant sur les bouts libres du fil qui enserre le cordon.

(Les deux figures de cette page sont prises sur un Poulet mort, que l'on a ouvert, pour mieux faire voir le mécanisme de l'opération).

(Clichés *Vie à la Campagne.*)

Pour éviter l'emploi d'un aide, l'Oiseau est fixé sur le flanc sur une table spéciale, un poids attaché à ses jambes, le forçant à se maintenir étendu : des bistouris spéciaux sont à la disposition de l'opérateur pour faire l'incision; enfin, pour saisir le testicule, au lieu de chercher à l'arracher avec le doigt, il introduit dans l'abdomen une canule, sorte de tube fort mince dans lequel peut glisser un fil d'acier replié sur lui-même de manière à former une boucle; en manœuvrant habilement, on introduit le testicule dans cette boucle, et en tirant sur les autres bouts du fil d'acier, on referme cette boucle, de façon à couper les attaches du testicule. En général, un testicule ayant été enlevé, on retourne l'animal et on pratique une incision sur l'autre flanc pour enlever le second.

La castration des Poulettes se fait d'une manière analogue au chaponnage du Coq; toutefois, l'incision se pratique un peu plus près de l'anus, et on rencontre également dans la région des reins l'ovaire que l'on extirpe avec les doigts de la même façon que les testicules; l'ovaire se reconnaît facilement au toucher, il ressemble à un amas de grains très fins. Il n'y a qu'un ovaire, le gauche étant toujours avorté.

La castration des Poules, étant plus difficile que celle des Coqs, ne se pratique que rarement. On vend sous le nom de *poulardes* des Poules *vierges* où même simplement des Poules engraissées.

LE LOGEMENT DES VOLAILLES

LOGEMENT DES POULES — MATÉRIAUX DES POULAILLERS
COLONY HOUSE — SCRATCHING STUD
PHILO SYSTEM — MOBILIER

CHAPITRE XV

LE LOGEMENT DES VOLAILLES

Le logement des Poules. Dans nos fermes, dans la plupart de nos exploitations agricoles, le logement des volailles est, d'ordinaire, absolument défectueux. On leur consacre généralement l'endroit le **pas trop délicates.** la plupart des races se montrent d'une rusticité assez grande. Mais les Poules craignent par-dessus tout l'humidité et le froid humide, et cela beaucoup plus qu'un froid excessif, mais sec. Elles

POULAILLER DE FERME

plus mal exposé, et cela, dit-on, pour éviter toute place perdue. C'est là un raisonnement très faux, qui va justement à l'encontre de ce que l'on veut obtenir, soit le maximum d'œufs, soit des poulets en bon état de chair.

Si les éleveurs constatent si souvent des maladies, des épizooties dévastatrices dans leur basse-cour, elles proviennent, la plupart du temps, des mauvaises conditions hygiéniques dans lesquelles sont logées les volailles.

Les Poules ne sont pourtant Pourtant, les Poules ne sont pas trop délicates. On pourrait même dire que, sous le climat de la France,

redoutent aussi les variations brusques de température, et exigent, pour prospérer, un local bien aéré.

Les modèles de poulaillers sont actuellement fort nombreux; il y en a d'une construction fort simple et fort économique; d'autres, au contraire, fort élégants, luxueux même, et d'un prix de revient assez élevé. L'élégance est complètement inutile, mais elle peut s'accorder avec le style champêtre d'une propriété rurale; et, dans ce cas, pour faire un ensemble harmonieux, ce luxe relatif doit s'appliquer simplement à la forme extérieure de la construction; l'intérieur doit être aussi simple que possible.

Avant tout, un bon poulailler doit être

(Cliché H. Voitellier.)

POULAILLER DE VILLA

(Cliché H. Voitellier.)

POULAILLER MOBILE DÉMONTABLE AVEC PARQUET GRILLAGÉ

à *l'abri de toute humidité*, et par conséquent de toute infiltration des eaux plu-
viales. Son sol doit être parfaitement sec
en toute saison. Il doit être bien aéré, mais
sans courant d'air; l'intérieur en doit
être *bien éclairé*, et il occupera une situation *ensoleillée*. L'exposition de l'entrée
au levant est à recommander.

truction en bois appartient au locataire,
qui peut l'enlever à fin de bail; aux États-
Unis, le bois est très employé, par suite
de son bon marché comparé au prix de
revient des autres matériaux.

Chez nous, les poulaillers en bois ne
constituent pas une économie assez notable pour qu'on doive les adopter sans

(*Cliché H. Voitellier.*)

POULAILLER PORTATIF DÉMONTABLE

Matériaux des poulaillers. Les matériaux les plus divers peuvent être employés dans la construction des poulaillers. Dans certains pays, comme l'Angleterre et les États-Unis, on emploie surtout le bois pour leur construction. La raison en est que, dans la première de ces contrées, l'éleveur s'établit souvent dans une propriété louée par lui, et une cons-

réserve, surtout si l'on tient compte de
leur durée moindre, comparée à celles
des constructions en maçonnerie; mais,
comme la plupart du temps l'établissement d'aviculture n'est pas installé dès ses
débuts sur un plan immuable, on construit les poulaillers en bois pour profiter
de la facilité avec laquelle pareilles constructions peuvent être déplacées. Les
poulaillers en bois, pour durer plus long-

temps, doivent toujours reposer sur une assise en maçonnerie ou en briques, car le contact du sol humide amène rapidement la pourriture des parties en bois qui reposent directement sur lui. Les planches employées dans la construction doivent être d'une bonne épaisseur, 2 cm. 5 au moins, et il sera prudent de clouer sur les joints un petit liteau afin d'éviter tout passage d'air; car, par suite de la sécheresse, les joints s'écartent, laissant entre eux un jeu par lequel s'établissent des courants d'air préjudiciables aux volailles.

En outre, pour augmenter la durée du poulailler, celui-ci, à l'extérieur au moins, devra être soigneusement passé à la peinture; à l'intérieur, au lait de chaux ou mieux enduit d'une couche de carbonyle.

Les poulaillers en maçonnerie sont, en général, de plus grandes constructions que ceux établis en bois; ils sont, le plus souvent, destinés à toute la population galline de l'exploitation rurale, — néanmoins, on peut parfaitement en établir de plus petites dimensions, jouant le même rôle que ceux en bois, pour loger la population d'un parquet.

Pour les grands poulaillers, on utilise, en général, un local quelconque de la ferme, — ce qui n'aurait pas d'inconvénient, si ce local était sain et hygiénique, mais c'est là l'exception, — et on réserve aux Poules toute pièce que l'on ne pourrait utiliser autrement, en général un endroit humide, mal éclairé et encore plus mal aéré.

Pour nous, le meilleur poulailler consisterait en un hangar ou petit bâtiment en cloison pleine sur trois côtés et avec devant partiellement grillagé, laissant ainsi libre accès à l'air; cette partie grillagée devra être placée à une exposition telle que la pluie ne puisse pénétrer dans l'intérieur.

Les formes imaginées pour les poulaillers sont multiples, et nos illustrations en donneront une idée suffisante pour que nous ne nous y arrêtions pas plus longtemps; nous dirons cependant un mot sur les dimensions intérieures.

M. Wright, le célèbre aviculteur anglais, donnait les conseils suivants : « Le poulailler ne doit servir aux Poules que pendant la nuit et au moment de la ponte; il suffit de donner les dimensions suffisantes pour le logement (cinq ou six pieds carrés (1 mq. 5 à 1 mq. 8) pour un Coq et six Poules de grosses variétés, quatre pieds (1 mq. 2) pour le même nombre de sujets de petites variétés sont des dimensions qui conviennent).

M. E. Lemoine donne comme dimensions, pour un poulailler de 10 à 12 têtes : largeur 1 m. 60, profondeur 1 m. 05, hauteur 1 m. 40; pour un plus grand nombre de Poules, on gardera la même façade, mais on augmentera la profondeur (50 cm. par 12 têtes), afin de pouvoir placer des perchoirs suivant les besoins; les Poules ayant une préférence marquée pour les places élevées qui touchent les cloisons, on conservera au poulailler une forme étroite et longue, afin de donner le plus grand nombre possible de coins, et l'on disposera une série de perchoirs au même niveau. Ces perchoirs seront larges et aplatis. M. Bréchemin indique comme dimensions pour un poulailler devant contenir 12 à 15 poules, largeur 1 m. 40, profondeur 0 m. 90, hauteur 1 m. 40.

Toutes ces dimensions varient donc assez peu.

Un moyen plus simple encore d'établir les dimensions à donner au poulailler consiste à compter 1/4 de mètre cube par Poule logée, tout en lui donnant 20 à 25 centimètres de perchoir par tête suivant la race, les perchoirs étant écartés les uns des autres de 25 à 30 centimètres.

Nous ne nous arrêterons que quelques instants sur trois types de poulaillers qui nous arrivent d'Amérique.

1° *Colony House.* — Les Américains, lorsqu'ils élèvent de la volaille au point de vue productif, le font en grand, et c'est par milliers que l'on compte les sujets élevés et entretenus dans un même établissement. Or, l'agglomération est un des grands dangers de l'aviculture intensive. Pour y parer, les Américains divisent leurs troupeaux en petits groupes ou colonies de 25 sujets environ, qui sont logés dans de petits poulaillers éparpillés dans la propriété, à certaine distance les uns des autres.

Ces poulaillers, dispersés dans les parquets, ont environ deux à deux mètres carrés et demi, et ils sont facilement transportables. La plupart du temps, ils n'ont pas de fond et reposent sur le sol. Les modèles sont fort nombreux, mais on donne, en général, la préférence au type dit Tillengtham.

Le Scratching stud ou *hangar à gratter* est aussi une invention américaine, qui complète heureusement les poulaillers. Le poulailler proprement dit consiste en un logement soigneusement fermé, et communique avec un abri ou hangar, dont le devant est grillagé. Son but est de permettre aux pondeuses de faire de l'exercice, et de profiter du plein air même pendant les plus grands froids et la neige. A cet effet, le *Scratching stud* est garni d'une épaisse litière de paille, et c'est dans cette litière que l'on répand le grain qui sert de nourriture aux Gallinacés. Sa recherche dans la paille leur fera prendre l'exercice nécessaire à leur santé et à la bonne ponte dans les régions excessivement froides, comme certaines régions du Canada. Le devant du *Scratching stud* est garni d'une toile en coton et muni d'une fenêtre; la fenêtre fournit la lumière, mais par les temps froids et les fortes gelées, on baisse le rideau en coton; l'air peut bien pénétrer dans l'intérieur, mais tamisé et sans courant d'air.

Les modifications à ce système primitif sont très nombreuses, et l'un des modèles les plus connus est celui qui est désigné en France sous le nom de poulailler canadien. Dans ce type, le *Scratching stud* a été supprimé, mais les dimensions du poulailler proprement dit considérablement augmentées de manière à pouvoir servir à la fois de dortoir et de *Scratching stud*, le dortoir, c'est-à-dire les perchoirs, se trouvant au fond. Le poulailler est muni de fenêtres vitrées pour la lumière, et le devant est garni de grillage, mais il est aussi muni d'un rideau en toile de coton, que l'on abaisse lors des grands froids, et il offre les mêmes avantages que le type précédent.

Nous ne serions pas complet, si nous ne disions pas un mot du *Philo System*, qui a fait beaucoup de bruit en Amérique. C'est un élevage des volailles en stabulation étroite, dans des poulaillers facilement transportables. C'est, pour les Poules, ce qu'est le système des *garennes mobiles* pour les Lapins. Ces maisonnettes, qui contiennent un Coq et 8 Poules, ont 2 m. 50 de long sur 1 m. 20 de large; 0 m. 90 de haut, au faîtage, et 0 m. 50 sur les bords. Le toit, en panneaux pleins, peut se soulever de chaque côté, et par-dessus se trouve une portion vitrée et une autre simplement grillagée, mais souvent munie de rideaux en coton. Les panneaux relevés servent d'auvent et abritent du soleil et de la pluie. Ces maisonnettes n'ont pas de fond. Il existe des modèles plus ou moins compliqués, avec ouvertures sur les côtés, se fermant à l'aide de panneaux glissants; d'autres à double étage, l'étage supérieur servant de logement pour la nuit; mais, en réalité, ces dispositifs ont peu d'importance. Ces maisonnettes, en nombre plus ou moins grand, sont disposées en rangées sur une prairie; au bout de 5 à 8 jours, on les repousse toutes d'une distance égale à leur largeur, les Poules se trouvant dès lors sur un terrain absolument frais, et ainsi de suite, jusqu'à ce que l'on ait atteint le bord du champ. On transporte alors tout le matériel sur l'autre bord, et l'on

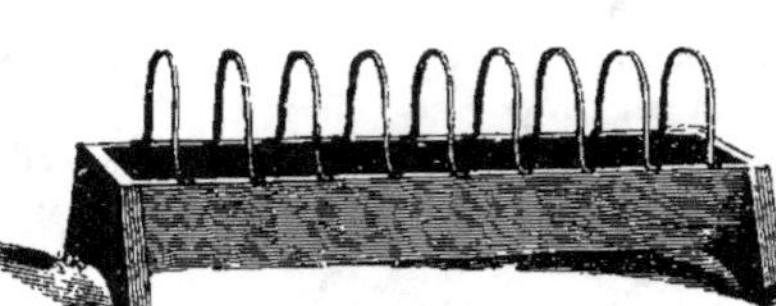

MANGEOIRE A ARCEAUX

distants de 6 centimètres, pour empêcher le gaspillage de la nourriture,

Là est la grande question; aussi l'aviculteur, pour leur faire prendre de l'exercice, utilise-t-il le procédé suivi dans le *Scratching stud*, c'est-à-dire garnit le sol de litière et y répand les grains qu'il donne à ses volailles.

On assure que la ponte peut être très abondante dans ces conditions.

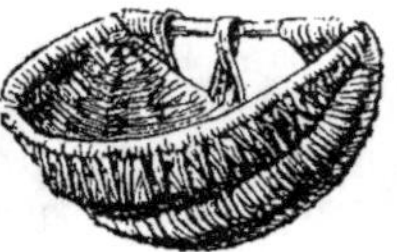
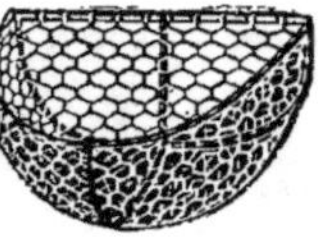

PONDOIRS ORDINAIRES en osier et fil de fer.

recommence le mouvement; l'ample végétation, augmentée encore par l'abondante fumure, a absolument assaini le sol, et les volailles se trouvent donc à ce point de vue dans de parfaites conditions hygiéniques. Reste à savoir comment elles supportent cette captivité très étroite.

Mobilier. Le poulailler sera, en outre, pourvu d'abreuvoirs, de mangeoires, de pondoirs, de nids-trappes, dont il existe, à l'heure actuelle, de forts nombreux modèles, qu'on trouvera aisément dans les catalogues illustrés des constructeurs de matériel avicole.

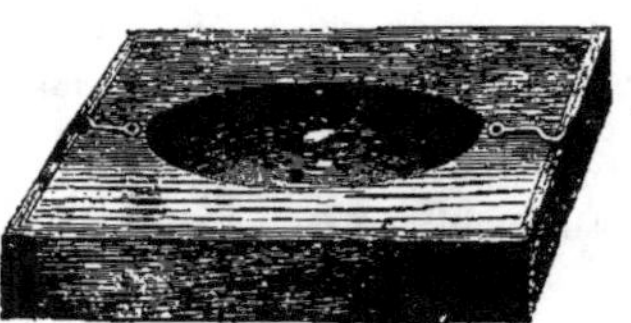

PONDOIR EN BOIS

destiné à empêcher les Poules de casser ou de manger leurs œufs. Au centre, légèrement bombé, est fixé un œuf artificiel. L'œuf pondu glisse sur les côtés intérieurs de la boîte, où on n'a plus qu'à le récolter.

HYGIÈNE, MALADIES

ET

PARASITES DES VOLAILLES

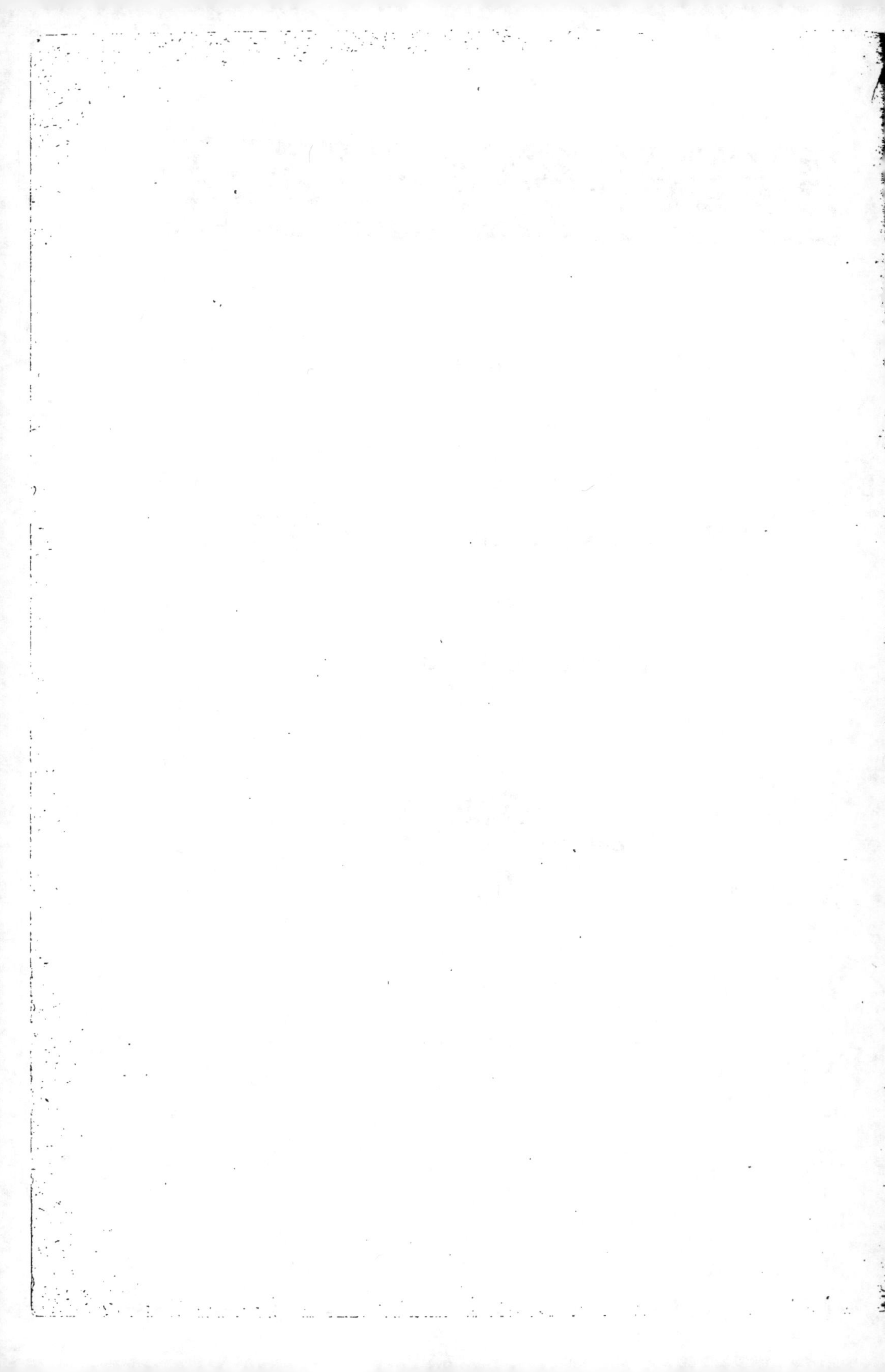

CHAPITRE XVI

HYGIÈNE, MALADIES ET PARASITES DES VOLAILLES

UNE bonne hygiène prévient, le plus souvent, les maladies, ce qui vaut infiniment mieux que d'avoir à lutter contre des épizooties dévastatrices.

Les principales mesures hygiéniques à recommander sont les suivantes : 1º *Aération* abondante, mais sans courants d'air directs; 2º *Boisson* abondante et fraîche, consistant en eau pure, propre, conservée à l'ombre, hors des rayons du soleil, rien n'est plus mauvais pour les volailles que de boire de l'eau échauffée; 3º *Alimentation* correcte, saine, distribuée avec régularité et abondance, mais sans excès. Rien n'est plus dangereux que de distribuer aux volailles une nourriture aigrie, gâtée, corrompue ou contaminée par son dépôt sur le sol même, au milieu des excréments; 4º *Distribution* pour les sujets maintenus en parquets de petits cailloux cassés, du très petit gravier, et cela séparément et non en mélange avec les pâtées; 5º *Propreté* parfaite des locaux, désinfection régulière et enlèvement habituel de la litière.

Comment on reconnaît une volaille malade. On reconnaît qu'une volaille est malade, à la disparition de son appétit et de sa vivacité, à son air endormi et triste, à son plumage hérissé, à la pâleur ou au noircissement de sa crête. Elle se tient dans un coin et *fait la boule*. Il faut l'examiner avec soin et noter les symptômes qui permettront de déterminer la maladie et de la traiter. Si l'on ne peut le faire sûrement, on mettra l'Oiseau en observation dans une cage placée au chaud, jusqu'au moment où l'on sera certain que la maladie n'est pas contagieuse. En principe, toute volaille malade doit être immédiatement isolée; et il sera utile, avant de les lâcher dans la basse-cour, de mettre aussi en observation les sujets nouvellement achetés ou qui reviennent des expositions, de crainte qu'ils n'apportent avec eux les germes de quelque maladie contagieuse.

OUVRAGES A CONSULTER.

BRUMPT E. : *Précis de parasitologie.* — Paris, Masson.

MÉGNIN R. : *Les Parasites et les Maladies parasitaires.* — Paris, Masson.

MOUSSU G. : *Les principales maladies des habitants de la Basse-Cour.* — Paris, Librairie agricole de la Maison rustique.

NEUMANN L.-G. : *Parasites et maladies parasitaires des Oiseaux domestiques.* — Paris, Asselin et Houzeau

NEVEU-LEMAIRE : *Parasitologie des Animaux domestiques.* — Paris, J. Lamarre.

SEGUY : *Parasites de l'homme et des animaux.* — Paris, Lechevalier.

A FIN de renseigner nos lecteurs, d'une façon réellement pratique, et sans prétendre à remplacer, même partiellement, les excellents traités de Médecine vétérinaire, auxquels nous renvoyons pour plus de détails, nous avons cru utile de grouper ici, par ordre alphabétique, quelques renseignements sur les principales maladies et les parasites les plus notoires de la Basse-Cour.

Autopsie et examen bactériologique. Il arrive souvent que l'on voit sa basse-cour décimée par une affection épizootique dont on ignore la nature et l'agent causal.

Dans ce cas, l'autopsie des volailles décédées s'impose et il conviendra de s'adresser à un laboratoire outillé pour déterminer la maladie.

On peut envoyer du sang frais, prélevé sur les malades, ou couper la patte au-dessus de l'articulation inférieure de la cuisse, chez les sujets morts de l'affection suspecte, et expédier par la poste cette patte, bien enveloppée, à un spécialiste, qui, à l'aide d'un prélèvement, de cultures et au besoin d'inoculations, pourra étudier le cas à lui soumis.

L'examen du sang au microscope, avec objectif à immersion, révèle la présence des microbes, bacilles ou bactéries; mais, dans certains cas, lorsqu'il s'agit, par exemple, d'une mycose, il faut recourir à des cultures sur carottes stérilisées à 130° à l'autoclave, pour obtenir les fructifications qui permettent une détermination spécifique.

La simple autopsie, que tout vétérinaire peut faire, et qu'on peut effectuer soi-même, si l'on est un peu au courant, révélera les causes les plus ordinaires des décès; mais elle est insuffisante, en bien des cas, pour faire connaître avec certitude la nature des maladies infectieuses, qui sont dues parfois à un agent causal si petit, qu'il échappe à la puissance de nos objectifs et constitue ce qu'on appelle un virus filtrant.

Décrire la façon de pratiquer l'autopsie, la manière de disposer le sujet sur la table opératoire, de l'y fixer, de l'ouvrir, d'en inspecter les différents organes et de noter leur état, leur forme, leur couleur et leurs particularités pathologiques nous entraînerait trop loin et ne saurait suppléer à l'enseignement utile que donnent seuls à cet égard les travaux pratiques.

Ceux de nos lecteurs qui voudraient se livrer personnellement à un tel examen feront bien d'acquérir tout d'abord quelques notions techniques, qui leur permettront d'établir un diagnostic, en s'aidant de la connaissance des symptômes que présentait l'animal encore vivant; mais, dans les cas embarrassants, le plus sûr est de recourir à un homme de l'art.

Nous ne développerons pas cette matière, et nous nous bornerons à des indications sommaires, sur les maladies et les parasites; car il existe de fort bons ouvrages sur les affections des Oiseaux de basse-cour et leurs traitements : Nous en indiquons quelques-uns au début du présent chapitre.

❀ ❀ ❀

AMIBES. — Protozoaires rhizopodes unicellulaires, à pseudopodes rétractiles, qui se rencontrent dans l'eau et la terre humide, et dont certaines formes parasitent les Oiseaux de basse-cour, telle l'*Amœba meleagridis* Smith, qui est l'hôte du cœcum et du foie des Dindons, et que Klee a trouvée dans un cas mortel chez la Poule.

ARGAS. — Genre de Punaises qui sucent le sang des Poules et peuvent leur transmettre diverses maladies infectieuses (spirochétoses). Citons : *A. reflexus* (Fabricius), qui vient ordinairement des pigeonniers, *A. persicus* (Fischer de Valdheim), *A. miniatus* (L. Koch).

ASPERGILLOSE. — C'est une mycose à issue ordinairement mortelle, dont on confond parfois le diagnostic avec celui de la tuberculose. Elle est contagieuse à l'Homme. Le professeur Rénon l'a étudiée dans sa thèse sur la pseudo-tuberculose professionnelle des gaveurs de Pigeons. Cette affection est due à la présence, dans l'appareil respiratoire et les sacs aériens des Oiseaux, d'un Champignon microscopique, trouvé, décrit et figuré en 1841, par Deslongchamps, chez le Canard Eider, mais nommé en 1863, par Frésénius, *Aspergillus fumigatus*.

Symptômes. — Amaigrissement, gêne dans la respiration, souvent aussi diarrhée à la période cachectique.

Traitement. — Nous ne connaissons actuellement aucun traitement efficace contre cette maladie, et, comme les spores du Champignon responsable se rencontrent dans les fourrages de mauvaise qualité, les poussières, etc..., tout ce qu'on peut faire est de tâcher d'en préserver les volailles, et notamment les œufs des couvées, dans lesquelles cette moisissure pénètre fort bien. On évitera donc de garnir les nids avec des foins poussiéreux ou avariés, et on y maintiendra la plus grande propreté.

Au cours de recherches que nous avons faites sur les œufs du commerce, nous avons observé, dans certains œufs vendus comme frais, diverses moisissures; mais l'*A. fumigatus* y est rare, parce que la température nécessaire à son évolution, qui est réalisée pour les œufs soumis à l'incubation, ne se rencontre pas d'ordinaire, dans les œufs vendus à la consommation. Parfois, cependant, lorsque plusieurs Poules se sont succédées dans des pondoirs mal tenus, il peut y avoir contamination des œufs, qui sont ensuite vendus, quoique impropres à la consommation.

Or, il ne faut pas perdre de vue que l'*A. fumigatus* se conserve fort longtemps, et que, dès qu'il se trouve en contact avec un milieu favorable, il devient pathogène, et prospère, de façon dangereuse, chez ses hôtes involontaires (1).

BOITERIES. — Il faut faire très attention aux boiteries des volailles; car, lorsqu'elles n'ont pas une cause accidentelle, elles sont, le plus ordinairement, l'indice d'une affection grave, souvent contagieuse, telle, par exemple, que la tuberculose.

La boiterie peut avoir aussi pour cause, l'affection connue sous le nom de *goutte des volailles* (voir ce mot), ou encore une *cachexie osseuse*, à laquelle une alimentation riche et abondante peut parfois remédier, si on y a recours dès le début de l'affection.

Mais il existe également une maladie, qui fait d'abord boiter les volailles et finit par les rendre incapables de se tenir debout, c'est le rhumatisme infec-

(1) Voir pour plus de détails, notre étude sur l'*Aspergillose des Oiseaux* de Basse-Cour, Paris, 1919.

ticux, étudié par Truche à l'Institut Pasteur. Cette affection, que nous avions observée, depuis plus de vingt ans, sans en connaître la nature ni la cause, est contagieuse, et il nous est arrivé de perdre successivement un assez grand nombre de sujets dans un même parquet. Nous l'avons surtout constatée chez les Poules de grande race, Langshan, Orpington, Bourbonnaises, etc... C'est parmi les Poulettes « prenant un an » et parmi nos vieilles Poules que nous avons éprouvé le plus de pertes. — Nous avons essayé de divers remèdes, notamment du salycilate de soude, sans grand succès jusqu'ici. Des améliorations ont été obtenues, mais qui ne se sont pas maintenues.

CHOLÉRA. — Cette affection, dont l'agent causal est une Bactérie ovoïde (*Bacterium avisepticum*), dévaste certaines régions, en se propageant de basse-cour en basse-cour. La contamination se fait par les excréments, les fumiers, les eaux (1).

La Bactérie ovoïde pullule dans les excréments des volailles malades et se conserve longtemps. Elle sévit particulièrement chez les Poules adultes, durant l'été, et elle se propage par l'humidité et se transmet par l'introduction de volailles contaminées dans une basse-cour, par les chaussures de ceux qui soignent les volailles ou des habitants de la ferme où elles errent librement, ou encore des personnes qui ont simplement passé dans les endroits où règne la maladie, parfois aussi par l'incurie des propriétaires eux-mêmes, telle cette paysanne citée dans un article de **H.-L.A.** Blanchon, qui s'amusait à suspendre les cadavres de ses volailles, qui se décomposaient lentement, et

dont le vent véhiculait les microbes aux alentours !

Dans cette affection, les malades perdent rapidement tout appétit et toute vigueur. On les voit, le plumage hérissé, se traîner péniblement le long des murs, au soleil, la crête violacée ou noirâtre, les yeux éteints. Ils présentent souvent une diarrhée abondante et rejettent parfois par le bec un liquide glaireux, sorte de bave filante. Enfin, ils meurent au bout de quelques jours.

On observe parfois aussi des formes moins aiguës ou même chroniques de cette maladie.

La première mesure à prendre, en cas d'épizootie cholériforme, est d'isoler immédiatement tous les Oiseaux sains, qu'on éloignera de la basse-cour infectée, en les parquant autant que possible dans une prairie, après leur avoir, au préalable, lavé le bec et les pattes avec de l'eau additionnée d'acide sulfurique (2 gr. par litre d'eau) et passé sur les plumes une éponge imbibée de la même solution.

Les sujets morts seront enterrés très profondément dans de la chaux vive, ou mieux incinérés, le plus tôt possible après leur trépas.

On désinfectera ensuite les locaux contaminés, parois des poulaillers, perchoirs, mangeoires, etc..., ainsi que le sol des parquets.

On changera la nourriture, et l'on s'adressera à un vétérinaire, qui pourra pratiquer, soit des injections sous-cutanées antiseptiques, soit une vaccination préventive destinée à enrayer l'épizootie.

COCCIDIOSE. — La Coccidiose intestinale de la Poule, due à la présence d'un Sporozoaire, l'*Eimeria avium* (Rivolta), provoque souvent ce qu'on nomme, en style d'éleveur, la « diarrhée blanche des poussins », affection grave et contagieuse qui cause parfois des pertes considé-

(1) Le professeur Moussu (*op. cit.*), a signalé que les Corneilles sauvages peuvent contracter cette maladie et la propager.

rables. Cette Coccidie est fort redoutable; car elle peut vivre, d'une année à l'autre, sous forme d'oocystes, dans la terre humide, et les jeunes poulets l'avalent avec leur nourriture, ce qui suffit pour les infester.

Pour en discerner la présence, on recourra à l'examen des déjections au microscope, si l'on sait reconnaître le parasite.

Connaissant le mode de contamination, on conçoit aisément l'importance des désinfections dans la lutte contre cette redoutable affection.

Le sulfate de fer dans la boisson et la purgation à l'huile de ricin sont à conseiller comme traitement.

CRÊTE BLANCHE, *Teigne faveuse*, *White Comb* des Anglais. — Affection contagieuse due à un Champignon parasite, le *Lophophyton gallinæ* (Mégnin), d'où le nom de *Lophophytie de la Poule* donné à cette maladie. C'est ce qu'en style technique on appelle une dermatomycose. Bien qu'elle atteigne parfois le Dindon, elle est plus particulière à la Poule.

Symptômes. — Crête d'abord comme saupoudrée de farine, à petites tâches blanchâtres, qui se rapprochent, puis se rejoignent; ensuite crevassée. L'affection peut gagner d'autres régions, notamment le croupion. La Poule ainsi atteinte « sent le moisi ».

Traitement. — Applications de glycérine ou de vaseline iodée, de savon vert phéniqué, ou d'huile phéniquée.

DERMANYSSUS. — Genre d'Acariens qui piquent les Poules, la nuit, dans les poulaillers, et est surtout redoutable aux jeunes sujets.

Traitement. — Poudres insecticides; désinfection du logement.

DIPHTÉRIE. — C'est une des maladies les plus fréquentes et les plus redoutables de nos basses-cours. Dans presque toutes les expositions, se rencontrent quelques volailles diphtériques, et cette affection se propage le plus souvent par l'introduction de sujets achetés en d'autres élevages, ou par ceux qui reviennent des concours.

On englobe, sous un même nom, toute une série d'affection diphtéroïdes qui se présentent sous des formes très variées : angine diphtérique avec formation de fausses membranes, conjonctivite contagieuse, coryza, diphtérie variolique, etc.

Un remède, qui nous a toujours bien réussi au début de cette affection, et qui est fort simple, consiste à badigeonner l'intérieur de la cavité buccale et le gosier des volailles avec de l'essence de térébenthine, à l'aide d'un petit tampon d'ouate hydrophile enroulé à l'extrémité d'une brindille de bois, que l'on a soin de brûler après chaque application. Sur les yeux, nous faisons couler, en pressant une éponge, une solution de sulfate de cuivre.

Et nous donnons pour boisson à toute la basse-cour de l'eau additionnée d'acide sulfurique, puis, au bout de quelques jours, de l'eau additionnée de sulfate de fer.

Nous avons arrêté de cette façon, en sacrifiant les Oiseaux les plus atteints, nombre d'Épizooties diphtériques.

Lorsque l'Oiseau nous paraît trop sérieusement pris, nous le sacrifions, supprimons la tête, le cou et l'intérieur, et, en le faisant bien cuire, nous le mangeons sans hésiter. A notre connaissance, aucun inconvénient n'en est jamais résulté. Mais nous incinérons les parties retranchées de l'Oiseau.

S'il s'agit d'une autre forme de diphtérie, avec crête violacée, diarrhée, etc..., nous sacrifions le sujet et incinérons le cadavre, ne consommant que les Oiseaux atteints des formes bucco-pharyngée, oculaire ou nasale, et après les précautions ci-dessus indiquées.

Pour les détails relatifs à cette maladie, qui comprend plusieurs affections distinctes, jusqu'ici confondues sous un même nom, nous renvoyons le lecteur aux traités spéciaux, et nous ne ferons pas ici, faute de place, l'historique des opinions qui se sont succédées dans la science au sujet de l'étiologie de la diphtérie. A notre avis, plusieurs agents interviennent dans les affections diphtéroïdes; mais c'est là un sujet qui nous entraînerait trop loin.

DISPHARAGOSE DE LA POULE. — Voir SPIROPTÉROSE.

ENTÉRITE. — Très fréquente chez les jeunes sujets, elle peut tenir à des causes variées, à l'infestation du tube digestif et de l'intestin par divers parasites : Amibes, Coccidies, Hétérakis. La contamination des aliments est le moyen le plus ordinaire de propagation de la maladie.

Le *traitement* préventif résulte d'une bonne nourriture, d'une hygiène bien comprise et de la propreté rigoureuse des locaux et ustensiles d'élevage.

Pour traiter les malades, on peut essayer de leur faire boire du lait tiède, de les soumettre ensuite à une diète de quelques heures, puis de leur donner de la mie de pain trempée dans un peu d'huile de ricin; mais le véritable traitement dépendant de la cause de la maladie, on fera bien de recourir à l'avis d'un praticien qui, après autopsie des victimes de l'épidémie, pourra déterminer la vraie nature de l'affection. Nous ne mentionnerons donc pas ici les diverses formules que l'on conseille dans les traités de Médecine vétérinaire.

FAVUS. — Voir CRÊTE BLANCHE.

GALE DÉPLUMANTE. — Cette affection, qui atteint surtout les volailles à la tête, au cou et au croupion, est due à un Acarien très voisin de celui de la gale des pattes, le *Cnemidocoptes lævis* var *gallinæ* (Railliet).

Cet Acarien pullule surtout durant la belle saison. Il se propage d'un Oiseau à l'autre par les rapprochements sexuels, et tout parquet où il y a un Coq est rapidement contaminé par une seule volaille galeuse.

Traitement. — Les poudres insecticides, que l'on répand sur le corps du sujet, en les fixant par une dissolution savonneuse, sont d'un grand secours. On pourrait essayer également d'un savon au Pyrèthre analogue à celui qu'on a expérimenté dans les traitements insecticide de la Vigne.

GALE DES PATTES. — C'est une acariase, c'est-à-dire une affection parasitaire due à la présence d'un Acarien, qui est encore désigné, dans la plupart des livres avicoles, sous le nom de Sarcopte (*Sarcoptes mutans*), mais dont le nom correct est *Cnemidocoptes mutans* (Robin et Lanquetin).

On ne devrait jamais rencontrer de gale aux pattes dans une basse-cour bien tenue.

Il suffit, pour en débarrasser les volailles, de leur badigeonner les pattes avec du pétrole, baigner ensuite les pattes dans de l'eau tiède, et d'enlever les croûtes avec précaution pour ne pas faire saigner l'Oiseau.

La simplicité du traitement rend les basses-courières inexcusables de ne pas l'employer.

Pourtant, dans bien des expositions, on voit encore des Oiseaux déparés par ces croûtes farineuses que connaissent bien les éleveurs.

Certains sujets et certaines races (Bantam, Cochin, Dorking. etc...) sont plus recherchés par l'Acarien, dont les femelles ovigères savent se creuser des loges confortables sous l'écaillure des pattes.

GONIOCOTES GALLINÆ (Retzius). — Ricinidé, parasite de la Poule, dont la femelle n'a que 1^{mm},3 de longueur et dont le mâle est encore plus petit. Ce Pou est d'un jaune sale et possède une large tête. Une espèce fort voisine, *G. Burnetti* (Packard), se trouve aux États-Unis. — Une plus grande, qui atteint jusqu'à 4^{mm} (femelle) et 3^{mm},3 (mâle). le *G. gigas* (Taschenberg), est de couleur jaunâtre et vit également sur la Poule.

GONIODES. — Genre de Pou, dont une espèce, le *G. dissimilis* (Nitzsch) vit sur la Poule.

GOUTTE. — Boiterie, puis enflure douloureuse, mauvaise alimentation consécutive, amaigrissement, anémie et finalement cachexie. Peut se guérir par incision des tuméfactions avec pansement antiseptique très soigneusement fait.

LIPEURUS. — Genre de Poux de la sous-famille des Philoptérinés, dont plusieurs espèces, *L. heterographus* (Nitzsch). *L. caponis* (Linné), vivent en parasites sur la Poule ou les poussins.

LOPHOPHYTIE DE LA POULE. — Voir CRÊTE BLANCHE.

MALADIES DES POUSSINS. — La marche défectueuse d'une couveuse artificielle mal réglée, la mise en incubation d'œufs manquant de fraîcheur, les accidents du voyage quand on reçoit les œufs du dehors, la pénétration de diverses moisissures dans l'œuf au cours de l'incubation, produisent la mortalité en coquille. Le remède est dans des précautions préventives.

D'autres fois, les poussins naissent languissants et mal conformés. Mieux vaut les sacrifier.

Enfin, des épizooties déciment souvent les élevages : *diarrhée blanche,* due à l'infection des sujets par un Bacille ou à leur infestation par des Coccidies. Cela peut tenir aux Poules, infectées elles-mêmes, qui ont pondu les œufs mis à couver. Dans ce cas, supprimer ces Poules, pour faire disparaître la cause. L'examen microscopique et bactériologique des déjections renseignera sur l'origine bacillaire de l'affection.

C'est encore le microscope qui permettra de distinguer la diarrhée coccidienne de la précédente. Les jeunes se contaminent en avalant les parasites. Il faut donc séparer les bien portants et changer de place l'éleveuse, en la mettant sur un sol neuf.

Traitement. — Avoir soin, dans les cas de diarrhée, d'empêcher l'obstruction du cloaque, qui amènerait une mort rapide, en se servant au besoin d'un peu d'huile.

On conseille comme remèdes, le Cachou et diverses poudres toniques, dont on trouvera la formule dans les livres spéciaux.

Les poussins résistent d'autant mieux, et sont d'autant plus utilement traités qu'ils sont plus âgés au moment où ils sont atteints par la diarrhée.

MENOPUM. — Genre de Poux, dont une espèce, le *M. trigonocephalum* (Olfers), vit sur la Poule.

MUGUET. — Le véritable muguet des volailles est une endomycose due à un Saccharomycète, l'*Endomyces albicans* (Ch. Robin).

Si l'affection se manifeste par la présence d'un enduit blanchâtre sur la muqueuse du gosier, on peut badigeonner l'intérieur du bec avec du sublimé au millième ou avec une solution de borate de soude au dixième (Neveu Lemaire).

Cette affection a été souvent confondue avec la diphtérie.

Quand le siège de la maladie se trouve dans l'œsophage ou le jabot, on ne l'identifie qu'après la mort de l'Oiseau.

PÉPIE. — Nom donné à une affection qui se manifeste par la présence d'une pellicule blanche à la langue des Oiseaux. C'est ordinairement la diphtérie. La véritable pépie serait une glossite.

PESTE AVIAIRE. — Affection épizootique que l'on confond souvent avec le choléra des Poules et la typhose aviaire. Les symptômes sont assez semblables à ceux du choléra : abattement, tristesse, fièvre, etc...

PHTIRIASE DES VOLAILLES ou MALADIE DES POUX. — Les accidents provoqués chez nos Oiseaux de basse-cour par la présence de diverses espèces de Poux sont désignés sous le nom de *phtiriase*. Les grosses volailles sédentaires y sont surtout sujettes, ainsi que les sujets malades et anémiés, qui réagissent moins en se poudrant.

Traitement : Fleur de soufre, poudres insecticides; fixation par une dissolution savonneuse; bain sulfureux, etc...

PNEUMONIE DU POUSSIN. — Peut avoir pour cause l'infection des œufs par une moisissure. Voir ASPERGILLOSE. Pas de remède connu. Éviter les causes de cette infection; propreté des nids, pas de foin poussiéreux ou avarié au contact des œufs. Les Poussins infectés dans l'œuf, quand ils naissent, sont généralement perdus.

POUX (MALADIE DES). — Voir PHTIRIASE DES VOLAILLES.

PUCES. — Nos Poules ne sont pas exemptes de Puces; mais elles en ont d'une espèce spéciale, *Ceratophyllus avium* (Taschenberg), et, bien que ces Puces ne séjournent guère sur l'Homme, elles peuvent le piquer, de même que celle de l'Homme, *Pulex irritans* (Linné), peut, accidentellement, piquer la Poule.

Traitement. — Blanchir à la chaux, pour détruire les larves. Poudres insecticides, sciure à la naphtaline, etc...

PUNAISES DES POULAILLERS. — Sont à détruire soigneusement; car elles tourmentent et épuisent les Oiseaux, et elles peuvent leur inoculer le germe de diverses maladies infectieuses.

RHUMATISME. — Voir BOITERIES.

ROUGET. — Trois espèces parasitent la Poule :

Trombidium holosericeum (Linné), *T. poriceps* (Heim et Oudemans), et *T. striaticeps* (Heim et Oudemans). Ces Acariens sont fort abondants au printemps. Leur larve hexapode vit sur divers hôtes et notamment les Poules, d'où la trombidiose des Poulets. Les jeunes ont surtout à en souffrir et ils en meurent souvent.

Traitement. — Fleur de soufre, pétrole. Si l'on emploie cette dernière substance, ne toucher que les points où sont fixés les Rougets.

SEPTICÉMIE BRÉSILIENNE. — Voir SPIROCHÉTOSE DES POULES. C'est la même affection.

SPIRILLOSE. — Voir SPIROCHÉTOSE.

SPIROCHÉTOSE. — Maladie infectieuse due à la présence de divers Flagellés, surtout *Spirochetœta gallinarum* (R. Blanchard), dans le sang des Oiseaux. On l'appelle aussi Spirillose. C'est par la piqûres des *Argas* (voir ce mot) que les Poules contractent cette affection.

C'est donc en détruisant les *Argas* qu'on pourra enrayer la propagation de la maladie.

SPIROPTÉROSE. — Affection causée par la présence d'un Nématode, *Spiroptera pectinifera* Neumann, qui parasite le gésier.

Symptômes. — Anémie, cachexie.

Observation. — D'autres Nématodes, *Dispharagus nasutus* Rudolphi, par exemple, s'installent aussi dans le gésier. En ces divers cas, l'Oiseau continue à manger, tout en s'épuisant peu à peu. Ce dernier Ver se trouve également dans le ventricule succenturié. Il provoque parfois de véritables épizooties, dues à ce que les spécialistes nomment la *dispharagose de la Poule*.

Traitement. — Capsules d'essence de térébenthine.

TEIGNE FAVEUSE. — Voir CRÊTE BLANCHE.

TÉNIASIS DE LA POULE. — Divers Ténias peuvent infester nos volailles.

Symptômes. — Diarrhée, amaigrissement, bien que l'appétit persiste, soif, tristesse, ailes pendantes, plumes hérissées.

Traitement. — Noix d'arec, sulfate de cuivre, essence de térébenthine, purgatifs.

Observation. — Les Cestodes qui occasionnent cette affection, grave par leur nombre, sont, à l'état larvaire, les hôtes de certains Mollusques, Vers ou Insectes, dont les Gallinacés sont friands, et c'est en les consommant qu'ils s'infestent. On trouvera, dans les traités spéciaux, les noms et la description de ces Cestodes, ainsi que la formule et le mode d'emploi des médicaments à utiliser pour en débarrasser les Poules.

TUBERCULOSE. — Affection contagieuse très fréquente chez la Poule, dont la réceptivité est très grande. N'a-t-on pas saisi, rien qu'au Halles de Paris, plus de 1.100 Poules tuberculeuses, de 1908 à 1911, sans compter les innombrables sujets atteints qui ont échappé à l'examen de qui de droit, et ont été consommés par la population ! Quand cette maladie s'installe dans une basse-cour, il est bien difficile de s'en débarrasser.

L'agent causal de cette infection est le Bacille tuberculeux aviaire que l'on considère comme un Bacille particulier.

Symptômes. — Amaigrissement, anémie, crête et muqueuses pâles, puis, en fin de période, affaiblissement prononcé et diarrhée, suivie de la mort du sujet épuisé.

Traitement. — Le plus sûr est de sacrifier et d'incinérer les Oiseaux atteints, et de désinfecter sol et locaux. Quand la maladie est déjà avancée, on peut éprouver les Oiseaux suspects par l'épreuve de la tuberculine pour préciser le diagnostic.

TYPHOSE AVIAIRE. — Très redoutable affection épizootique, encore trop peu connue, qui dévaste des basses-cours entières, et se propage d'une exploitation à l'autre par les chaussures de ceux qui ont visité les fermes contaminées. Ce mode de propagation a été observé notamment dans les cantonnements, lors de la dernière guerre, par d'Hérelle.

Faire faire, par un laboratoire compétent, un examen bactériologique. Envoyer du sang frais et une patte de sujet décédé, dont on pourra utiliser la moelle pour les recherches nécessaires.

VER ROUGE OU VER FOURCHU. — Cette affection parasitaire, qui provoque le baillement (*gape* des Anglais), l'éternuement ou « toux sifflante et brusque » (Mégnin), puis l'asphyxie des sujets, est bien connue des faisandiers; mais elle atteint aussi bien les Poules que les Faisans. Elle est due à un Ver (Nématode) qui s'installe dans la trachée et les grosses bronches et qu'on nomme, pour cela, le *Syngamus trachealis* (Von Siebold), d'où le nom de Syngamose donné à la maladie.

Le nom de Ver fourchu vient de l'aspect que présentent ces parasites lorsque le mâle et la femelle sont accouplés.

Traitement. — 1° Mécanique, à l'aide d'une plume ébarbée que l'on tourne entre ses doigts après l'avoir enfoncée dans le gosier, et qui enlève les parasites fixés sur la muqueuse; 2° Ail, *Asa fœtida*, racine de gentiane (Mégnin); acide salycilique, fumigations diverses (tabac, acide sulfureux, etc...).

L'AVICULTURE EN FRANCE

I. — MOUVEMENT AVICOLE EN FRANCE
II. — CONCOURS DE PONTE. — III. — BAGUES D'ORIGINE
IV. — RENSEIGNEMENTS AVICOLES DIVERS

CHAPITRE XVII

I. — MOUVEMENT AVICOLE EN FRANCE

EPUIS un certain nombre d'années, par suite du développement de l'Aviculture française, il s'est constitué dans notre pays un grand nombre de Sociétés avicoles, de Clubs de races et de Syndicats qui s'occupent, soit des expositions d'aviculture, soit de l'amélioration des races et de leur sélection.

La Société Nationale d'Acclimatation de France avait ouvert la voie, qui fut suivie par la Société Nationale d'Aviculture de France et la Société des Aviculteurs Français.

Ces deux grandes Sociétés, qui organisèrent à Paris de brillantes expositions dont le succès alla toujours croissant, finirent par fusionner en une même association, la Société Centrale d'Aviculture de France, dont l'éminent Président est M. Jules Méline, l'ancien Président du Conseil des Ministres, qui présidait la Société des Aviculteurs Français avant la fusion, et dont le Président d'Honneur est M. le sénateur Deloncle, l'ancien Président de la Société Nationale d'Aviculture de France.

L'ancienne Section d'Aviculture de la Société Nationale d'Acclimatation est devenue depuis l'Association Scientifique Avicole, dont la présidente est Mme la marquise de Noailles.

D'autre part, depuis mars 1907, une Fédération Nationale des Sociétés d'Aviculture de France existe, dont le siège est à Paris, 46, rue du Bac, et qui s'occupe plus spécialement de tout ce qui concerne les Standards, la distribution des Bagues d'origine et l'amélioration des races.

On trouvera, soit au siège de cette Fédération, soit à celui de la Société Nationale d'acclimatation, 198, Boulevard Saint-Germain, soit à la permanence qui se tient au siège social de la Société Centrale d'Aviculture de France, 34, rue de Lille, tous les renseignements désirables, tant au point de vue avicole, qu'en ce qui touche aux différentes Associations et aux très nombreux Clubs et Syndicats avicoles, dont nous ne pouvons ici donner la liste faute de place.

La Société Centrale d'Aviculture publie mensuellement, dans la *Revue Avicole*, qui est son organe officiel, des articles, dont on ne saurait trop recommander la lecture, sur toutes les questions avicoles d'actualité.

L'Association Scientifique Avicole (A. S. A.) publie également, dans son Bulletin *La Basse-Cour Française*, des études ayant pour auteurs les principaux spécialistes, techniciens ou praticiens, qui ont coutume d'aborder devant ses lecteurs les questions d'élevage et de zootechnie susceptibles de concourir au progrès de l'élevage avicole français.

De son côté, la Société des Agriculteurs de France possède une Section d'Aviculture, dont les procès-verbaux sont résumés au Bulletin de cette importante Association.

II. — CONCOURS DE PONTE

E n'est pas tout d'arriver à produire de beaux Oiseaux d'exposition.

Ces manifestations avicoles, dont les magnifiques exhibitions organisées chaque année au Grand Palais des Champs-Élysées par la Société Centrale d'Aviculture offrent le plus bel exemple, ne renseignent que sur les qualités extérieures de type, de forme et de couleur des sujets présentés.

Aussi a-t-on, depuis longtemps, exprimé le désir que des épreuves spéciales fussent consacrées à mettre en évidence les qualités de ponte des volailles de race.

De nombreux Concours de Ponte avaient déjà eu lieu en Angleterre, en Amérique et en Australie, (1) et on ne s'était pas encore occupé en France d'en organiser, lorsque la Section d'Aviculture de la Société des Agriculteurs de France fit approuver, en 1909, par l'Assemblée générale de cette Société, sur notre proposition, un vœu en faveur de la création en France de semblables épreuves.

La question fut mise au Concours comme sujet du Prix agronomique de la Section pour 1910, et le lauréat de ce prix fut précisément H.-L.A. Blanchon, dont l'intéressant rapport parut ensuite, chez Laveur (2).

Les difficultés financières de l'organisation d'un tel Concours en empêchèrent tout d'abord la réalisation; mais, en 1914,

sur l'initiative du regretté baron de Segonzac, l'Orpington Club français, qui était alors présidé par M. Gourdin, s'entendit avec le Jardin d'Acclimatation, pour organiser un Concours de ponte réservé à la seule race Orpington et qui allait avoir lieu lorsque survint la mobilisation.

L'idée fut reprise après la guerre, et une Commission réunissant les membres de différentes Sociétés agricoles et avicoles étudiait la mise au point d'un concours de ce genre, lorsque la généreuse intervention du baron Henri de Rothschild permit au Centre national d'expérimentation zootechnique des Vaulx-de-Cernay de réaliser enfin la desideratum de nos éleveurs.

Une installation de tout premier ordre, analogue à celles qui existent en Angleterre, avec des poulaillers d'un modèle très récent et très bien compris et le contrôle au nid trappe, sur le terrain mis à la disposition du Centre Zootechnique par le baron H. de Rothschild, des lots de Poules des principales races gallines de produits.

Une Commission, présidée par M. René Berge, et comprenant des spécialistes tels que les Professeurs Dechambre et Voitellier, secondés par le dévoué et actif M. Laplaud, surveille et dirige l'organisation technique des Concours, qui se succèdent maintenant régulièrement chaque année.

Chaque Concours comprend une période de 12 mois d'épreuve, durant laquelle tous les œufs pondus sont soigneusement contrôlés et pour le classement desquels il est tenu compte à la fois

---

(1) Voir chapitre XII.

(2) *Exploitation Productive des Oiseaux de Basse-Cour.* — Ovoculture et Concours de ponte, Paris, Lucien Laveur.

du nombre des œufs pondus et de leur poids.

D'autre part, M. le Comte Gandelet, président du Bresse Club de France (1),

(1) Ce Club, qui a pris une grande extension, comprend maintenant une Section parisienne.

dirige à Coligny, dans l'Ain, un autre Centre d'expérimentation où d'intéressantes recherches ont été poursuivies, notamment sur la détermination du sexe des œufs, et sur diverses autres questions d'un intérêt à la fois théorique et pratique.

III. — BAGUES D'ORIGINE

Bague fédérale française. Pour concourir d'une manière efficace à l'amélioration des races et à la création de familles sélectionnées, la Fédération Nationale des Sociétés d'Aviculture de France a, dès l'année de sa fondation, en 1905, créé un type de bagues d'origine en aluminium. Ces bagues sont des bagues fermées, que l'on passe à la patte de l'Oiseau encore jeune, et qui ne peuvent plus être mises ni ôtées lorsqu'il a atteint sa croissance. Elles portent, avec le poinçon de la Fédération, qui est une garantie de leur authenticité, les initiales du Club distributeur, le millésime de l'année d'élevage et le numéro matricule de l'Oiseau. Elles lui constituent donc un véritable état civil ou, si l'on veut, une sorte de pedigree. Les Oiseaux, ayant obtenu des récompenses dans les Expositions et portant la bague fédérale française, peuvent être inscrits au Livre des origines de la Fédération.

Ces bagues sont délivrées par la Fédération aux Sociétés et Clubs affiliés, qui les remettent à leurs adhérents sous leur propre responsabilité.

Lorsqu'on achète un Oiseau ainsi bagué, il est donc facile, en écrivant soit à la Fédération, soit au Club dont la bague porte les initiales, de savoir très exactement à quel éleveur la bague de cet Oiseau a été distribuée.

Il serait à souhaiter, dans l'intérêt de l'Élevage national, que l'usage de la bague fédérale française devînt obligatoire dans les grandes Expositions avicoles et dans les Concours de ponte qui ont lieu dans notre pays. On éviterait ainsi, d'une part, toute incertitude au sujet de l'identité des Oiseaux primés qui viendraient à être achetés après l'Exposition ou le Concours, et d'autre part, les récompenses importantes que les Pouvoirs Publics et les grandes Associations agricoles ou avicoles attribuent aux éleveurs français se trouveraient par là même réservées à des sujets d'élevage français et n'iraient pas, comme il arrive trop souvent, à des Oiseaux qu'on a fait venir à grands frais de l'Étranger peu de temps avant l'exposition. Cela n'empêcherait pas de récompenser, dans les Expositions internationales, les éleveurs étrangers qui nous font l'honneur d'exposer chez nous, sous leur nom, et qui seront toujours les très bienvenus dans nos grandes manifestations avicoles.

Baguage d'Oiseaux adultes. Lorsqu'on veut baguer un Oiseau adulte, on peut employer, soit des bagues ouvertes en aluminium, dont il existe plusieurs types différents qui se ferment avec un poinçon, soit des bagues en celluloïd. Les premières peuvent porter un numéro d'ordre permettant de reconnaître l'Oiseau; les secondes, qui se font de diverses couleurs, permettent, en choisissant une couleur différente, pour chaque année d'élevage, de discerner de loin dans la basse-cour les sujets de la même année. Notre figure montre une de ces bagues, en grandeur naturelle, et indique la façon de la passer à la patte de l'Oiseau.

IV. — RENSEIGNEMENTS AVICOLES DIVERS

Revues et Périodiques.

N vue de faciliter à nos lecteurs les recherches qu'ils pourraient avoir à faire sur des questions avicoles d'actualité, qu'on ne trouve pas toujours dans les livres, nous croyons utile de donner ci-dessous la liste de quelques publications, revues et bulletins français et étrangers, dans lesquels paraissent habituellement des articles concernant l'Aviculture.

A. — Périodiques français.

ACCLIMATATION (L') (bihebd), Journal des Éleveurs, 46, rue du Bac, Paris.

AGRICULTURE NOUVELLE (L') (bimens.), 18, rue d'Enghien, Paris.

AVICULTEUR FRANÇAIS (L'), 8, faubourg Montmartre, Paris.

BASSE-COUR FRANÇAISE (LA) (mens.), Organe de l'Association scientifique avicole, 198, boulevard Saint-Germain, Paris.

BULLETIN DES HALLES (quot.), 33, rue Jean-Jacques Rousseau, Paris.

BULLETIN DE LA SOCIÉTÉ DES AGRICULTEURS DE FRANCE (mens.), 8, rue d'Athènes, Paris.

BULLETIN DU SYNDICAT CENTRAL DES AGRICULTEURS DE FRANCE (bimens.), 42, rue du Louvre, Paris.

CHASSE ILLUSTRÉE (LA), (bimens.), 28, rue de la Trémoïlle, Paris.

CHASSEUR FRANÇAIS (LE) (mens.), Saint-Étienne.

ÉLEVEUR (L') (hebd.), revue cynégétique et canine, 5, rue de Stockolm, Paris.

JARDINS ET BASSES-COURS (mens.), 79, boulevard Saint-Germain, Paris.

JOURNAL D'AGRICULTURE PRATIQUE (hebd.), 26, rue Jacob, Paris.

PETIT JOURNAL AGRICOLE (LE) (hebd.), 61, rue Lafayette, Paris.

PROGRÈS AGRICOLE (LE), Amiens.

RÉVEIL AGRICOLE (LE) (hebd.), Marseille.

REVUE DE ZOOTECHNIE (mens.), 24, rue de Londres, Paris.

REVUE AVICOLE (mens.), organe de la Société centrale d'Aviculture de France, 34, rue de Lille, Paris.

REVUE AVICOLE NORD-AFRICAINE, 82, rue Annibal, Tunis.

VIE A LA CAMPAGNE (LA) (mens.), 79, boulevard Saint-Germain, Paris.

VIE AUX CHAMPS (LA) (bimens.), 22, rue d'Anjou, Paris.

VIE AGRICOLE ET RURALE (LA), (hebd.), 19, rue Hautefeuille, Paris.

B. — Périodiques étrangers.

AVICULTURA, Groningen (Hollande).

AVICULTURA (mens.), 14, rua da Quitanda, Rio de Janeiro (Brésil).

AVICULTURE PRATIQUE ET SPORTIVE (L') (hebd.), Corseaux-Vevey (Suisse).

BASSA-CORTE, Genova (Italie).

BASSE-COUR (LA), (Mens.), 317, rue Saint-Joseph, Québec (Canada).

BASSE-COUR CANADIENNE (LA) (mens.), Sainte-Scholastique (P. Q. Canada).

CHASSE ET PÊCHE, 1, avenue de la Toison-d'Or, Bruxelles (Belgique).

DOMINION POULTRY GUIDE (mens.), Ottawa (Canada).

ÉLEVAGES BELGES (LES) (mens.), 15,

rue Bonne-Fortune, Liège (Belgique).
ÉLEVEUR BELGE (L'), Bruxelles (Belgique).
FEATHERED WORLD (THE), Londres (Angleterre).
MUNDO AVICOLA (mens.), Arenys de Mar (Barcelone; Espagne).

NOS CAMPAGNES (Bi-mens.), 1, avenue de la Toison-d'Or, Bruxelles (Belgique).
POULTRY JOURNAL (THE NATIONAL) (hebd.), organe de la National Utility Poultry Society, 3, Vincent Sqr. Q. W. 1, Londres (Angleterre).

ÉLEVEURS SPÉCIALISTES

chez qui on peut se procurer :

Œufs, Jeunes Sujets et Reproducteurs.

RACE D'ANCONE.

M. le Dr Paul MONNIER, *La Chartre-sur-le-Loir* (Sarthe).
M. BRIDOUX, 2, rue du Pont-à-l'Herbe, *Douai* (Nord).

RACE DE BOURBOURG.

M. BRIDOUX, 2, rue du Pont-à-l'Herbe, *Douai* (Nord).

RACE DE BRESSE.

M. le Comte D'AUBIGNY, Élevage des Hayes, château des Hayes, *Autrèche* (Indre-et-Loire).
M. BRIDOUX. 2, rue du Pont-à-l'Herbe, *Douai* (Nord).

RACE GATINAISE.

M. le Comte D'AUBIGNY, Élevage des Hayes, château des Hayes, *Autrèche* (Indre-et-Loire). ·
M. BRIDOUX, 2, rue du Pont-à-l'Herbe, *Douai* (Nord).

RACE LEGHORN.

M. le Comte D'AUBIGNY, Élevage des Hayes, château des Hayes, *Autrèche* (Indre-et-Loire). — Spécialité de Leghorns blanches.
M. le Dr Paul MONNIER, *La Chartre-sur-le-Loir* (Sarthe). — Spécialité de Leghorns argentées.
M. BRIDOUX, 2, rue du Pont-à-l'Herbe, *Douai* (Nord),

On trouvera, à la suite des monographies de races, les noms d'un certain nombre d'autres spécialistes et, dans les annonces des Revues et Journaux avicoles spéciaux, dont nous donnons ci-contre la liste, il sera facile de relever les offres correspondant aux desiderata de chaque éleveur; un nombre considérable de transactions se font constamment par l'intermédiaire des Journaux et Revues et par celui des Sociétés avicoles elles-mêmes au cours des expositions qu'elles organisent.

A plusieurs reprises même, des Expositions-Ventes ont été organisées à l'issue desquelles les sujets exposés étaient vendus aux enchères, ainsi qu'on le fait souvent en fin de concours.

TABLES

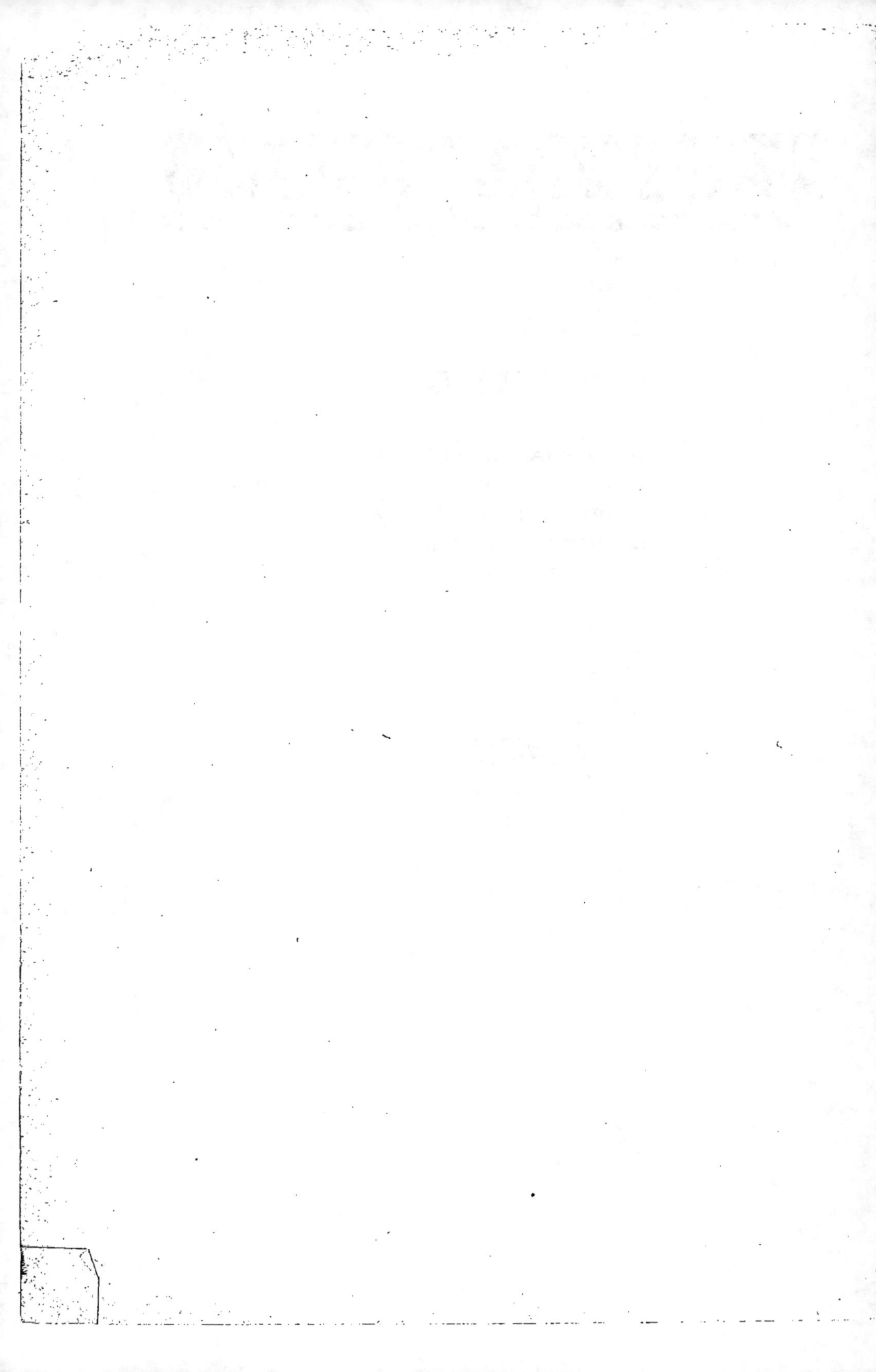

INDEX ALPHABÉTIQUE DES RACES

— ✳ —

TABLE GÉOGRAPHIQUE DES RACES DE PRODUIT

— ✄ —

La répartition géographique de cette table range les espèces dans les régions auxquelles on rapporte le plus ordinairement leur origine, sans préjuger pour cela de cette origine elle-même, souvent controversée et parfois multiple, comme dans le cas des anomalies héréditaires communiquées par croisement à plusieurs races.

Races Allemandes. — Barbus de Thuringe. 457. — Elberfeld, 453. — Lakenfelder, 79. — La Merveille (Wundheimer), 457. — Nassau, 457. — Ramelsloher, 456. — Rheinlander (Rhénane), 455. — Sundheimer, 455. — Wundheimer (La Merveille), 457.

Races Anglaises. — Combattant Anglais. 251. — Coucou d'Écosse. 139. — Courtes-Pattes Écossais, 142. — Dorking, 125. — Marsh Daisy, 404. — Mendel, 401. — Orpington, 339. — Red-Cap, 223. — Scotch Dumpies. 142. — Scotch Grey (Coucou d'Écosse), 139. — Sussex, 357.

Races Belges. — Brabançonne. 187. — Braeckel, 120. — Campine, 120. — Campine Courtes-Pattes, 462. — Coucou d'Iseghem, 461. — Combattant de Bruges, 269. — Combattant de Liège, 271. — Courtraisienne, 460. — Hergnies, 120. — Iseghem, 461. — Herve, 153. — Malines, 335. — Modave, 461. — Seloigne, 428, 460. — Sottegem, 462.

Races Espagnoles. — Andalouse, 71, 463, 465, 471. — Castillane, 465. — Catalane del Prat, 406, 467. — Espagnole, 56. — Gallines Espagnoles (Races), 463. — Minorque, 63, 463, 465. — Paraiso, 406, 471. — Race Méditerranéenne des Côtes Espagnoles, 464.

Races Françaises.

RÉGION PARISIENNE ET DU NORD. — Bourbourg, 117. — Combattants du Nord (Grands), 263. — Combattants du Nord (Petits), 267. — Coucou de Flandres, 137. — Hergnies, 120. — Coucou Picard, 452. — Estaires, 332. — Gauloise, 149. — Houdan, 174. — Mantes, 328. — Faverolles, 319.

RACES AUTOCHTONES DE L'OUEST. — Blanzac, 451. — Caumont, 181. — Caux, 185, 465. — Crèvecœur, 168. — Coucou de Rennes, 131. — Courtes-Pattes, 52. — Gournay, 147. — Janzé, 136. — La Flèche, 161. — Le Mans, 209. — Pavilly, 181.

RACES DE L'EST. — Alsacienne, 227. — Ardennaise, 149. — Bresse, 15.

RACES DU CENTRE. — Bourbonnaise, 111. — Contres, 114. — Gâtinaise, 103. — Géline de Touraine. 143. — Noire du Berry, 145.

RACES DU SUD-OUEST ET MIDI. — Barbezieux, 47. — Caussade, 41. — Gasconne, 44. — Landaise, 156.

Races Hollandaises. — Barnevelder. 399. — Brabander, 474. — Bréda, 473. — Drenthe, 474. — Frisonne, 475. — Gueldres, 474. — Hollandaise, 199. — Padoue, 199. — Polish, 199. — Uilebaarden, 475.

Races Italiennes. — Ancône, 100. — Bouton d'Or Sicilien (Sicilian Buttercup). 477. — Italienne. 476. — Leghorn, 81. — Polverara, 478. — Valdarno, 479.

Race Polonaise. — Zielono Nuzki, 480.

Races Russes. — Barbu ou Cosaque, 481. — Orloff, 279. — Pavlovsk, 481. — Poltava, 481.

Race de l'Europe Centrale. — Hambourg, 211.

Races Asiatiques. — Aseel, 242. — Brahma, 294. — Cochin, 283. — Combattant Indien, 244. — Combattant Japonais, 280. — Combattant Malais, 248. — Indien, 485. — Java, 436, 485, 507, 509. 510. — Langshan, 308. — Nègre-Soie, 498.

Races Africaines. — Races de l'Afrique du Nord, 482. — Dénudé de Madagascar, 275, 502. — Marocaine, 482.

Races Américaines. — Amérique Tropicale (Coqs et Poules de l'), 483. — Chantecler (Canadienne), 395. — Combattant Américain, 272. — Plymouth-Rock, 385. — Rhode-Island. 391. — Wyandotte, 363.

INDEX ALPHABÉTIQUE DES MATIÈRES

— ✄ —

TABLE DES PLANCHES HORS TEXTE

TABLE GÉNÉRALE

IMPRIMERIE DE MONTLIGEON. — LA CHAPELLE-MONTLIGEON (ORNE). — 12781-11-23.

ANNONCES